U0342933

染整工业
资源综合利用技术

陈立秋 白濛 程晧 等编著

RANZHENG GONGYE

ZIYUAN ZONGHE LIYONG JISHU

化学工业出版社
·北京·

本书根据纺织工业节能减排工作及再生资源综合利用的相关政策要求、研究方向，阐述了国内外染整行业实施循环经济方面的重大应用成果。书中精选了行业资深专家、学者、一线科技工作者的论点、实用文献，主要介绍了染整工业资源综合利用企业管理的进步、生产用水、生产用电、生产的供热用热、染整生产的余热回收、资源综合应用的物料回收、染整织物生产的生态资源应用、资源节约型的染整工艺装备、一次准印染工艺装备等内容，具有较强的实用性和参考借鉴价值。

　　本书提供了大量资源综合利用的知识、技术和经验及相关信息，可供染整行业、环境工程、能源工程等领域的工程技术人员、科研人员和管理者参考，也可供高等学校相关专业师生参阅。

图书在版编目（CIP）数据

染整工业资源综合利用技术/陈立秋等编著. —北京：
化学工业出版社，2014.6
ISBN 978-7-122-20361-8

Ⅰ.①染…　Ⅱ.①陈…　Ⅲ.①染整工业-工业资源-综合利用　Ⅳ.①TS19

中国版本图书馆 CIP 数据核字（2014）第 071568 号

责任编辑：刘兴春
责任校对：王素芹　　　　　　　　　　　　　　　装帧设计：张　辉

出版发行：化学工业出版社（北京市东城区青年湖南街 13 号　邮政编码 100011）
印　　　刷：北京永鑫印刷有限公司
装　　　订：三河市胜利装订厂
787mm×1092mm　1/16　印张 53¾　字数 1455 千字　2015 年 5 月北京第 1 版第 1 次印刷

购书咨询：010-64518888（传真：010-64519686）　售后服务：010-64518899
网　　　址：http://www.cip.com.cn
凡购买本书，如有缺损质量问题，本社销售中心负责调换。

定　　价：268.00 元

❮序❯

　　环境保护和资源节约是我国的基本国策。党的十八大把生态文明建设纳入中国特色社会主义事业五位一体总体布局，明确提出大力推进生态文明建设，努力建设美丽中国，实现中华民族永续发展。2015 年 3 月 24 日的中央政治局会议提出了一个新概念——绿色化。"绿色化"概念的提出是对十八大提出"新四化"的拓展与延伸。在经济领域，"绿色化"是一种生产方式，即"科技含量高、资源消耗低、环境污染少的产业结构和生产方式"。这表明了国家加强生态文明建设的坚定意志和坚强决心。

　　资源环境约束是纺织行业面临的新常态。由此可见，随着经济发展与资源环境承载能力之间的矛盾进一步加剧，纺织行业面临的资源环境瓶颈制约将不断增强。国家对水、大气等污染物排放控制标准更趋严格，行业现有软硬件实力与强制标准之间存在差距，使得有效保护生态环境成为行业面临的最紧迫任务和生存发展的根本前提。

　　生态文明建设要从口号变为落地行动，要实现理念的具体化、规则化、操作化。其中，通过资源综合利用可以提高资源利用效率，减少污染物排放，有利于建设资源节约型、环境友好型社会，是推进生态文明建设的重要抓手。国家政府出台了一系列清洁生产、循环经济、节能减排以及资源综合利用的相关法规政策，对引导和加快节能减排、资源综合利用等工作具有重大意义，其中包括由国家发展和改革委员会、科学技术部、工业和信息化部、国土资源部、住房和城乡建设部、商务部组织编写的《中国资源综合利用技术政策大纲》等法规政策，对综合利用提出更高要求。

　　纺织染整工业在生产中的资源综合利用，以及生产过程中产生了"三废"问题，且具有产生量大、排放集中、影响广泛等特点，对生产资源及"三废"资源进行综合利用，可以达到减少污染物排放、提高资源利用效率，并产生经济社会效益的目的。在此背景下，由中国纺织工程学会染整专业委员会组织节能环保领域知名专家编著的《染整工业资源综合利用技术》适逢其时。

　　该书侧重技术应用和工程实例，具有较强的实用性和参考价值，对于纺织染整工业资源的有效利用，尤其是废弃物的综合利用，加快资源综合利用技术开发、示范和推广应用，为相关单位开展资源综合利用工作可提供技术支持。相信该书的出版将会有力地推动我国纺织染整工业资源综合利用事业的发展。

中国纺织工程学会理事长

2015 年 3 月于北京

◈ 前言 ◈

染整清洁生产作为一种集约型增长方式主要生产模式,强调了生产排污的源头设计、过程控制、末端处理;强调节约资源和充分而清洁、安全地利用资源,实现循环经济,生产中的废水、废气、废热、废物料变废为宝;回收利用"第二资源",且无害化处理。

加强资源的回收与循环优化利用是染整行业突破资源"瓶颈"实现可持续发展的重要途径,是提高染整企业经济效益和市场竞争能力的重大举措。

全书共分 10 章,主要包括绪论、染整企业管理的进步,染整生产节约用水、用电、合理的供热用热及余热回收,资源综合应用的物料回收,染整织物生产的生态资源应用,资源节约型的染整工艺装备,一次准印染工艺装备等内容。内容上,推介了近年国内外染整行业在资源综合利用方面的重大应用成果资料;精选了行业中资深专家、学者、一线科技工作者的论点、实用文献,供读者参考、借鉴。

本书编著分工:第 1、6、7、8 章由中国纺织工业联合会环境保护与资源节约促进委员会办公室主任程晧编著;第 2、3、4、5 章由中国纺织工程学会科技推广普及部主任白濛编著;第 9、10 章由中国纺织科技暨人才服务战略联盟副理事长陈立秋编著。书中由陈立秋做相关的"点评",且完成全书统稿。

在本书编著过程中,得到杨惠珠老师的精心支持、帮助及中国纺织工程学会、中国印染行业协会领导、专家们的关心、帮助,在此一并致谢。

染整工业资源综合利用涉及多种学科,各种实用新型项目层出不穷,由于编著时间短,与各方面联系不够,以及编著者的水平,难免会有好项目、新技术、经典文献未能收编在本书中,对此表示遗憾、抱歉。

书中不当之处在所难免,敬请专家及读者不吝赐教。

编著者
2015 年 1 月

◀目录▶

10　一次准印染工艺装备 …………………………………… 687

1

绪　论

　　中共十八大报告指出："全面落实经济建设、政治建设、文化建设、社会建设、生态文明建设五位一体总体布局"，将生态文明建设提升到与经济、政治建设同样的地位。充分证明了党和国家对环保相关领域的重视，释放了强烈的关注环境保护、资源循环利用、节能减排等相关领域的信号。

　　从十八大报告中，可以清楚地看到了生态文明建设对于经济持续发展的至关重要性以及生态文明建设的发展方向。中国经济经过三十多年的快速发展，现已成为世界第二大经济体。然而，我们也付出了巨大的环境污染代价。从全球范围看，节能、循环、低碳正成为新的发展方式，"绿色工业革命"已然拉开帷幕。而在中国，依靠投资、加工出口、国内消费为拉动力的经济发展模式已越来越难以为继。在这三大拉动力中，最有效益的出口贸易是建立在相对中低档的中国制造业上的，而庞大的中国制造业所造成的资源大量消耗、环境污染严重、生态系统退化、资源耗竭（或者资源价格大涨）和产生大量二氧化碳等，也已使中国制造业出现难以为继之虞[1]。

　　在之前召开的全国工业节能与综合利用工作会议上，已明确 2013 年工业节能减排目标：力争实现单位工业增加值能耗和二氧化碳排放量下降 5％以上，单位工业增加值用水量下降 7％，工业固体废物综合利用率提高 2 个百分点。

　　会议确定了 2013 年工业节能与综合利用工作，要重点抓好七项内容[2]。

　　一是以电机能效提升计划、铅循环利用体系建设试点、工业固体废物综合利用工程为抓手，组织实施节能与绿色发展专项行动。

　　二是扎实推进终端用能产品能效提升，加大技术推广力度，加强企业节能管理，强化重点行业指导。

　　三是深入推行清洁生产，组织开展产品生态设计试点、清洁生产企业评价，继续开展有毒有害原料（产品）替代，扩大清洁生产技术示范，启动清洁生产园区建设。

　　四是深化节水型企业建设，制定和发布高耗水工艺技术淘汰目录和国家鼓励的重点节水工艺技术和装备目录，继续推进节水约束机制探索。

　　五是大力推进循环经济和资源综合利用，选择确定 1～2 个行业，重点突破大宗工业固体废物综合利用问题，加强资源再生利用行业准入管理，开展有色金属再生利用示范工程建设，组织实施内燃机、机床、电机等再制造示范工程。

六是认真推进节能环保产业三大重点工程的实施，开展重大技术示范推广，开展工业绿色转型工程科技对策和重大工程技术创新工程研究，培育节能环保龙头企业和产业园区。

七是加强工业绿色发展重大问题研究，起草促进工业绿色转型发展的意见，扩大两型企业建设试点，开展绿色生态产品税收政策和节能减排减量置换政策研究，建立完善工业节能与综合利用领域标准体系，创新节能减排投融资机制。

1.1 纺织工业节能减排与综合利用新要求

《国民经济和社会发展第十二个五年规划纲要》明确提出，"十二五"期间经济社会发展必须以科学发展为主题，以转变经济发展方式为主线，强调把资源节约型、环境友好型社会作为加快转变经济发展方式的重要着力点，提出了资源能源节约、环境保护约束性指标，并在应对全球气候变化、加强资源节约和管理、发展循环经济、保护生态环境等方面做出了具体部署。"十二五"规划纲要明确把单位国内生产总值能耗指标、单位工业增加值用水量、主要污染物排放总量作为约束性指标，同时增加单位国内生产总值二氧化碳排放指标，主要污染物排放总量指标中增加氮氧化物和氨氮指标。工信部等有关部委随后逐步确定了衡量发展方式转变成效的关键指标。

对于纺织工业来说，这些约束性指标包括能耗指标、环境保护指标以及资源综合利用指标。

能耗指标包括：到 2015 年，全国单位国内生产总值能耗比 2010 年下降 16%，按比例分摊，纺织工业能源消费总量下降为 1323.85 万吨标煤；单位工业增加值能耗下降 20%；主要产品如万米印染布、吨纱、万米布等单位综合能耗下降 8%，黏胶纤维（长丝）单位综合能耗下降 5%。减排指标包括：到 2015 年，化学需氧量（COD_{Cr}）削减总量与 2010 年相比下降幅度不低于 8%；氨氮削减总量不低于 10%；二氧化硫排放总量比 2010 年下降幅度不低于 8%；氮氧化物（NO_x）排放总量下降幅度不低于 10%；印染行业重复用水率达到 25%，纺织服装、鞋、帽制造业重复用水率达到 41.15%，化学纤维制造业生产工艺废水重复利用率达到 70%，空调水、冷却水保持在 95% 的高水平。资源综合利用的指标包括：工业固体废物综合利用率 72% 以上，初步建立纺织纤维循环再利用体系，再利用纺织纤维总量达到 800 万吨左右[3]。

1.1.1 五大环保指标的目标任务

（1）重复用水率 根据《国家环境保护"十二五"规划》中对约束性指标提出的消减任务，以及三大门类重复用水率水平的差别，设定了纺织工业"十二五"减排的比例为 10%。到"十二五"末，纺织业平均水平达到 35.9%，纺织印染业水回用率要达到 25%，纺织服装、鞋、帽制造业 41.15%，化学纤维制造业中，生产工艺废水达到 70%，空调水、冷却水保持在 95% 的高水平。

染整生产用水一定要依照工信部公布的《印染行业准入条件》中规定，定额取水，减排回用。节水应从源头抓起，过程控制，末端处理。

源头抓工艺的优化、染化料助剂的环保、设备的创新组合；过程控制中水回用，清浊分流、分质回用，污水的"避盐"回用；末端处理难处越来越大，这与节水后提高污水中污物浓度有关，尤其是电解质高，随着回用水的次数盐的累积量递增，靠深度"双膜"处理成本是个问题，因此，实施少盐、无盐染色是关键。

染整生产用水的质量指标因工艺而异，但回用水的应用必须有利工艺"无缺陷"、"一次准"的要求。

（2）化学需氧量（COD_{Cr}）《国家环境保护"十二五"规划》指出，到"十二五"末，纺织工业主要污染物排放指标（如 COD_{Cr}）削减总量较 2010 年不低于 8%，推进造纸、印染和化工等行业化学需氧量和氨氮排放总量控制，削减比例较 2010 年不低于 10%。2012 年 8 月，国务院印发了《节能减排"十二五"规划》，指出工业（包括纺织印染行业）化学需氧量排放量消减 10%。综上，设定纺织工业 COD_{Cr} 消减比例较 2010 年不低于 10% 的目标，2015 年 COD_{Cr} 排放量为 39.5 万吨。到"十二五"末，纺织业 COD_{Cr} 排放量 27.1 万吨，其中印染行业 COD_{Cr} 排放量 21.6 万吨；纺织服装、鞋、帽制造业 COD_{Cr} 排放量 1.2 万吨；化学纤维制造业 COD_{Cr} 排放量 11.3 万吨。

所谓 COD_{Cr} 是指水中受还原性物质污染的程度，这些物质包括有机物、亚硝酸盐、亚铁盐、硫化物等。坯布浆料 PVA、涤纶碱减量的对苯二甲酸、蜡染布的松香对废水提供了极高的 COD_{Cr}，进行回收工艺，既降低 COD_{Cr}，且可变废为宝，循环利用；前处理实行少碱、无碱、少双氧水工艺，筛选 COD_{Cr} 含量低的染化料助剂；提倡深加工四大要素：水、能量（热能、机械能）、化学品、时间的互补，化学做减法，物理做加法，如不用渗透剂、不用"酸中和"、热清水机械退浆等；丝光工艺的淡碱，生产过程的残碱回收；洗毛污水中 COD_{Cr} 高达 20000～30000mg/L，将污水中废弃物回收再利用，且可使污水达标排放。

（3）氨氮 《国家环境保护"十二五"规划》指出，到"十二五"末，主要污染物指标（如氨氮）削减总量较 2010 年不低于 10%。但国务院《节能减排"十二五"规划》指出，工业氨氮排放量需消减 15%，纺织印染行业氨氮排放量消减 12%。综上，设定纺织工业氨氮消减比例较 2010 年不低于 12% 的目标，到 2015 年氨氮排放为 1.94 万吨。其中，纺织业氨氮排放量 1.54 万吨，纺织服装、鞋、帽制造业氨氮排放量 616t，化学纤维制造业氨氮排放量 3381t。

氨氮排放来源于印花（或染色）工艺液中的尿素，因此，对印花工艺进行技改，少尿素或无尿素工艺，如给湿蒸化，两相法印花工艺；液氨整理必须严格控制氨回收，令污水排放及排气中的氨含量达标。

（4）二氧化硫和氮氧化物 《国家环境保护"十二五"规划》指出，到"十二五"末，主要污染物指标（如 SO_2）排放总量的削减比例较 2010 年不低于 8%。但国务院《节能减排"十二五"规划》指出，工业二氧化硫排放量需消减 10%。综上，设定纺织工业二氧化硫消减比例较 2010 年不低于 10% 的目标，2015 年二氧化硫排放量 32.98 万吨。其中，纺织业二氧化硫排放量 22.25 万吨，纺织服装、鞋、帽制造业二氧化硫排放量 1.01 万吨，化学纤维制造业二氧化硫排放量 9.62 万吨。

《国家环境保护"十二五"规划》指出，到"十二五"末，主要污染物指标（如氮氧化物）排放总量的消减比例较 2010 年不低于 10%。但国务院《节能减排"十二五"规划》指出，工业氮氧化物排放量消减幅度不低于 15%。综上，对纺织工业而言，设定氮氧化物消减比例不低于 15% 的目标，到 2015 年氮氧化物排放量 18.19 万吨。其中，纺织业氮氧化物排放量 11.0 万吨，纺织服装、鞋、帽制造业氮氧化物排放量 5600t，化学纤维制造业氮氧化物排放量 6.63 万吨[4]。

减少煤炭的燃烧量，间接减少二氧化硫和氮氧化合物的排放。提高燃煤锅炉运行效率的技改；热电联产的供汽；生产过程节约蒸汽；利用天然能源，采用中温（300℃）太阳能集热技术与生产中供热设备互补，有太阳时提供热能，无太阳时原有供热设备全力工作；节电就是减少燃煤发电，节能"西瓜要抱，芝麻不丢"。

1.1.2　两大再生资源的综合利用

近三十年来，我国纺织行业再生资源综合利用的规模逐步扩大，其中聚酯瓶和废旧纺织品是纺织行业加以利用的最大宗的两类再生资源。到 2010 年，我国再生聚酯行业已经发展为产能超 700 万吨/年，产量超 500 万吨/年的规模产业。废旧纺织品综合利用方面，中国纺织工业联合会与中国资源综合利用协会、总后勤部军需装备研究所于 2010～2012 年联合开展的实地调研表明，我国废旧纺织品的回收和再加工利用已经在全国各地形成了客观存在的产业链。

了解和分析我国纺织行业再生资源综合利用的现状对发展工业循环经济、缓解资源紧缺矛盾、构建完整的纺织行业循环经济体系意义重大[4]。

1.1.2.1　两大再生资源的社会储量与产量

20 世纪 70 年代，杜邦公司研制成功聚酯瓶并进入市场，80 年代前后，我国开始自行生产聚酯瓶，据测算，自从国内的聚酯瓶诞生以来，我国聚酯瓶的社会存量积累已超过 2500 万吨。废旧纺织品的社会储量更是惊人。我国每年纤维加工总量的 2/3 用于内需，随着时间的推移，沉淀在社会中的大量废弃纺织品演变成固体废物，存量估算为 2300 万吨/年。

根据化纤协会再生化学纤维专业委员会统计以及调研小组调研估算，2011 年，我国纺织行业使用这两大再生资源的量分别是：547 万吨瓶片，338 万吨废旧纺织品。已使用的聚酯瓶占社会存量的 9%左右，已使用的废旧纺织品占社会每年存量的 14%左右。

1.1.2.2　废旧纺织品再利用产成品及主要加工地点

我国废旧纺织品综合利用的方向主要有四个：一是完全资源化，如棉短绒作为纤维素原料造纸、黏胶，废旧涤纶衣物生产压缩料、摩擦料、泡料，再用于再生聚酯的生产。二是回到纺纱织造环节，生产出纱线再用于下道产品的生产，如棉纤维与其他纤维混纺织造牛仔布，毛粗纺面料，编织毛衣裤以及装饰布、毛毯、手套、拖布等。三是通过粘合、针刺等方式制成非织造布，用于生产产业用纺织品，如鞋帽衬里、家具内衬、建筑隔音隔热层、坐垫靠垫的填絮材料等。四是出口。

我国浙江苍南地区是全国闻名的纺织废料回收利用基地，每年处理的纺织废料可达上百万吨，有 2000 多家专门从事再加工纤维的纺织企业，工业产值超过 150 亿元。再加工纤维被广泛应用于家具装饰、服装、家纺、玩具和汽车工业等各个行业领域。苍南地区以棉制品的生产交易为主，产品包括气流纺纱、再生棉布、拖把等。

废旧毛纺织品综合利用的主要地区集中在江阴等地，约有 200 家废旧毛纺织品综合利用企业，年可利用废旧纺织品 15 万吨左右。该类毛纺类综合利用企业主要是根据客户要求，将废旧纺织品经开毛、纺纱、织布，生产成布匹。

废旧纺织品也有经过精密处理和设计生产高值产品的，比如江苏省健尔康医用敷料有限公司利用纯棉废旧纺织品再生纱制成坯布，再经脱脂、消毒、染色后生产符合国外标准的医用敷料，出口欧美。

在河北赵县，石家庄华信泥浆助剂有限公司将废旧腈纶通过水解方式制成聚丙烯腈铵盐，供给中石油等企业，用于野外钻井作业，主要作用是浇注在井壁上，防止塌方。

每年，我国废旧纺织品中一部分可以再穿的产品以二手服装的形式出口非洲等地。仅北京地区每月间接出口废旧服装就接近 1000t。这些"洋垃圾"的分拣标准、品级以及收购价格由下游出口商决定，内容包括服装、内衣、包、帽等。

1.1.3 我国再生资源综合利用的有关政策及发展方向

2011 年 12 月，国家发改委发布了《"十二五"资源综合利用指导意见》，其中对废旧纺织品的指导意见是：建立废旧纺织品回收体系，开展废旧纺织品综合利用共性技术研发，拓展再生纺织品市场，初步形成回收、分类、加工、利用的产业链。

在此之前，中国纤维检验检疫局曾与 2008 年出台《再加工纤维质量行为规范》，其中明确了再加工纤维的定义，并对再加工纤维的原料环节、生产环节、包装标识、建立再加工纤维的综合整治机制等方面进行了阐述。

废旧聚酯瓶的综合利用方面，2010 年 9 月，国家环保部出台了《进口废 PET 饮料瓶环境保护管理规定》，明确了进口废 PET 饮料瓶砖的定义适用范围，并对加工利用企业类型进行了限定。

这些政策显示，在工业节能减排、可持续发展的大趋势下，我国将进一步合理规范、加强引导和扶持废旧资源的综合利用。围绕这一发展方向，《中国纺织工业"十二五"循环经济规划》明确提出了"构建废旧纺织品循环利用体系，推动纺织工业废旧资源综合利用规范化、规模化发展"的发展目标。提出了"通过准入方式建立健全废旧纺织品定点回收和处理加工网络"、"突破技术瓶颈，制定合理经济的废旧纺织品循环利用技术路线"、"引导消费意识，扩大废旧纺织品再利用产品的市场应用"、"建立并完善清洁生产标准体系和质量标准、检测、监督体系"等多项举措。

2011 年，中国纺织工业联合会成立环境保护与资源节约委员会，2012 年下半年，我国再生资源综合利用协会和中国纺织工业联合会再生聚酯专业委员会也先后成立了"中国废旧纺织品综合利用产业技术创新战略联盟"和"化纤再生与循环经济产业技术创新战略联盟"。

可以预见，随着相关政策、制度、组织的不断完善，以及新技术的突破与应用，我国纺织行业再生资源综合利用将迎来一个新的发展时期。

1.2 纺织工业"十二五"循环经济

我国《国民经济和社会发展第十二个五年规划》明确提出，要大力发展循环经济，"以提高资源产出效率为目标，推进生产、流通、消费各环节循环经济发展，加快构建覆盖全社会的资源循环利用体系"。纺织工业是我国工业产业的重要组成部分，大力发展循环经济，促进发展方式转变，提高可持续发展能力，既是我国纺织工业有效突破资源环境瓶颈约束，继续实现平稳健康发展的根本途径所在，也是行业加快建设现代纺织产业体系，实现到 2020 年建成纺织强国目标的根本要求。按照"减量化、再利用、资源化"的基本原则，纺织工业发展循环经济重点包括四方面内容：一是强化资源综合利用，在工业生产中从源头开始系统地减少资源消耗，提高原辅料利用效率，节约能源、水资源等，实现多种资源的综合利用；二是推行清洁生产，开发更清洁的加工制造技术，更新替代对环境有害的产品和原辅料，对污染物实行全过程控制，减少污染物产生，实现对环境和资源的保护和有效管理；三是加强污染物治理，提高对印染废水、黏胶废气等纺织行业主要污染物的综合治理能力，全面实现达标排放；四是推进废弃物循环利用，对废旧聚酯瓶片、废旧纺织品以及生产过程中产生的废料、边角料等进行回收再加工，推进再生资源利用的规模化发展[5]。

1.2.1 我国纺织行业循环经济发展概况

1.2.1.1 纺织工业发展循环经济的产业基础

纺织工业是我国国民经济中的传统支柱产业、重要的民生产业，也是国际竞争优势明显的产业。自新中国成立以来，我国纺织工业经过不断地调整、提升、发展、逐步建立起了产业链条完整、专业门类齐全的产业体系，不仅在繁荣国内市场、出口创汇、增加就业、促进城镇化发展和带动相关产业等方面发挥了重要作用，近年来，其作为高新技术应用产业和时尚文化创意产业的特征也日益凸现。

表 1-1 为 2000～2010 年我国纺织工业主要指标情况。

表 1-1 2000～2010 年我国纺织工业主要指标情况

年份	工业总产值/亿元（规模以上）	主要产品产量					纺织品服装出口总额/亿美元(全社会)
		化学纤维/万吨	纱/万吨	布/亿米	印染布/亿米	服装/亿件	
2000 年	8894.5	695.4	660.1	277.0	158.7	209.3	520.8
2005 年	20632.2	1664.8	1450.5	484.4	362.2	148.0	1175.4
2006 年	25138.5	2073.2	1743.0	598.6	430.3	170.2	1470.9
2007 年	31023.5	2413.9	2068.2	675.3	490.2	201.6	1756.2
2008 年	35381.0	2415.0	2123.3	710.0	494.3	206.5	1896.2
2009 年	37890.1	2747.3	2393.5	753.4	539.8	237.5	1713.3
2010 年	47611.7	3090.0	2717.0	800.0	601.7	285.2	2120.0
2000～2005 年	累计增长率/%						
2006～2010 年	132.0	139.4	119.7	74.9			125.7
	130.8	85.6	87.3	65.2	66.1	92.7	80.4
2000～2005 年	年均增长率/%						
2006～2010 年	18.3	19.1	17.1	11.8			17.7
	18.2	13.2	13.4	10.6	10.7	14.0	12.5

注：1. 2005～2010 年印染布、服装产量为规模以上企业数据，其余为全社会数据。由于统计口径不同，2005 年印染布、服装产量数据不与 2000 年数据做比较。

2. 数据来源于国家统计局、中国海关、中国纺织工业联合会统计中心。

1.2.1.2 纺织工业发展循环经济取得的进展

（1）资源节约（节能、节水）成效较显著 "十一五"期间，一批自主研发、具有较好节能、节水、降耗效果的纺织加工新工艺、技术、装备及通用节能节水技术、装备在纺织行业中得到较广泛应用。

（2）污染物（COD、SO_2）排放呈下降趋势 "十一五"期间，纺织污染物减排及治理技术明显进步。印染自动调浆、在线检测、数码印花等信息化加工技术的推广应用实现了少水染整加工，有效减少了污染物的排放。

（3）资源循环利用水平不断提高 加强资源的回收与循环利用是纺织行业突破资源瓶颈，实现可持续发展的重要途径。"十一五"期间，行业围绕资源再利用加强了新技术、新装备的研发攻关与产业化推广，取得了积极成效。废旧聚酯瓶回收利用技术得到有序推广，技术不断升级。据国家环保部统计，纺织工业固体废物综合利用率一直处于 90% 以上的较好水平。在"十一五"开年之初就高于国家提出的"十一五"时期固体废物综合利用率达到 60% 的要求。

表 1-2～表 1-6 分别列出了 2005～2009 年纺织工业能源消耗量、用水量、化学需氧量排放总量、二氧化硫排放总量以及固体废物产生量。

表 1-2　2005～2009 年纺织工业能源消耗量

统计指标	计量单位	2005 年	2006 年	2007 年	2008 年	2009 年	2010 年
全国工业能耗总量	万吨标煤	158058.37	175136.64	190167.29	213221.43	221008.48	222000
其中:纺织工业	万吨标煤	6866.82	7803.14	8437.81	8016.16	7945.65	7900

注：纺织工业能耗总量数据采用 2005～2009 年国家统计局统计年鉴和统计快报数据（工信部提供）。纺织工业增加值（可比价）的数据是采用纺织工业品出厂价格指数进行计算的数据。"纺织工业增加值"对应国家"十一五"规划中的"生产总值"。

表 1-3　2005～2009 年纺织工业用水量

统计指标	单位	2005 年	2006 年	2007 年	2008 年	2009 年	2010 年
全国工业用水量	万吨	30036084	32511694	35487668	34962343	36126529	3612.00
其中:纺织工业用水量	万吨	879845	855303	943233	927025	923860	91.00

注：工业用水量数据采用国家环保部 2005～2009 年年报。万元工业增加值为国家环保部年报中纺织工业生产总值折算数据。

表 1-4　2005～2009 年纺织工业化学需氧量排放总量

统计指标	单位	2005 年	2006 年	2007 年	2008 年	2009 年	2010 年
全国工业化学需氧量排放总量	万吨	493.2	462.6	453.1	404.8	379.2	—
其中:纺织工业	万吨	42.4	44.7	46.1	43.4	45.2	45.30

注：化学需氧量数据来源国家环保部 2005～2009 年统计年报。

表 1-5　2005～2009 年纺织工业二氧化硫排放总量

统计指标	单位	2005 年	2006 年	2007 年	2008 年	2009 年	2010 年
全国工业二氧化硫排放总量	万吨	1980.5	2041.8	1972.2	1839.2	1694.1	1560.0
其中:纺织工业	万吨	42.6	45.6	41	39.3	38.3	37.3

注：二氧化硫排放总量数据采用国家环保部 2005～2009 年统计年报。

表 1-6　2005～2009 年纺织工业固体废物产生量

统计指标	单位	2005 年	2006 年	2007 年	2008 年	2009 年
全国工业固体废物产生量	万吨	124324.00	142053.00	164239.00	177721.00	190674.00
其中:纺织工业	万吨	1062.00	1119.00	1066.00	1194.00	1152.00

1.2.2　纺织行业发展循环经济"十二五"规划目标/指标

　　纺织工业发展循环经济，要树立和落实科学发展观，围绕纺织工业"十二五"规划制定的总体方向，以提高资源利用效率和减少废弃物排放为目标，以科技进步为支撑，以实施节能降耗、清洁生产、废水处理、废弃物循环利用为基本途径，在从原料、中间产品，到产品、废弃物的全过程达到资源、能源的优化利用，协调行业发展与经济、环境、社会三者之间的关系，建设低消耗、高效率、低污染的集约型现代纺织工业生产体系，为实现国民经济可持续发展，为满足人民的纤维消费需求和提高生活水平、生活质量做出持久的贡献。见表 1-7。

表 1-7　2015 年纺织行业循环经济发展主要指标

序　　号	指标类别		2015 年比 2010 年变动
1	单位工业增加值能源消耗		−18%
2	单位工业增加值二氧化碳排放量		−18%
3	单位工业增加值取新水量		−30%
4	主要污染物排放总量	化学需氧量	−10%
5		二氧化硫	−10%
6		氨氮	−10%
7		氮氧化合物	−10%
8	再利用纺织纤维总量		850 万吨

数据来源：Fiber Organon、国家统计局年统计年报。

1.2.2.1 推进原料结构多元化、缓解纤维资源紧缺矛盾

（1）挖掘天然纤维生态优势，提高天然纤维集约化利用水平 通过良种研发、基因工程等方式，实现天然纤维在盐碱地、荒滩地等非耕地的种植、生产，并进一步改善天然纤维线密度、形态、柔软度、卷曲度等可纺、服用性能，满足纺织品日益高档化的市场需求。形成合理的天然纤维加工规模，改善天然纤维加工技术，提高优质纤维的产出率和使用率。集成多学科交叉技术，全面利用天然纤维生产中的各种副产物如麻秆芯、棉秆皮、羊毛脂、蚕蛹、果胶、木质素等，扩大天然纤维材料在医药、化工、造纸、化纤等领域的应用。

（2）开发新型生物质纺织纤维材料，扩大天然原料在纺织原料中的比重 充分利用农作物废弃物如竹、麻、速生林及海洋生物等资源，开发替代石油资源的新型生物质纤维材料。突破生物质纤维材料绿色加工的新工艺、装备集成化技术，实现产业化生产。加强生物质纤维原料的生化转化及熔融纺制纤维素衍生物纤维工程技术、可再生高分子纤维材料成形机理及制备新技术、生物聚酯的熔融纺丝关键技术、离子液体溶剂法再生纤维素纤维关键技术与工程、海洋生物高分子高效纺丝技术及高性能化等的研究。

1.2.2.2 大力推广先进和新型适用技术，促进纺织生产加工低碳和可持续发展

推广已经发展成熟的高效短流程前处理工艺技术。推广少水及无水印染加工高新技术，以及自动化助剂中央配送、印染过程控制、在线检测技术。通过采用高效环保的染料、助剂、浆料，实施水耗、能耗、染化助剂最集中的染色工序改良。研究印染生产全过程全流程的网络监控系统、高效数字化印花集成技术等印染在线检测及数字化技术，提高生产效率。研究碳纤维、聚乳酸等新型纤维，差别化、功能性高附加值纤维，多组分纤维面料的染整技术以及纺织品特殊功能整理技术。推广中水回用和余热回收技术，改变染整企业传统用水管理方式，推行热能梯级利用等改进能效工程，实现节能和集约化用水。推广废水深度处理及资源回收技术，如印染低浓度及在线废水回用系统集成技术，包装材料废弃物、过程废弃物以及废水污泥的固体废物减排工程。

1.2.2.3 建设以产业链为依托的循环经济产业园区

（1）推进纺织企业，尤其印染企业集中入园，开展纺织循环经济园组织形式实践 根据循环经济理论和工业生态学原理，一方面依托园区内、外项目的纵向延伸，设计合理的产业链链接模式；一方面通过相关产业的横向拓展，培育关联度高的企业群落，统一布局、合理规划，最终形成产业特色突出、企业优势互补、产品梯次递进、土地利用集约化、技术手段现代化、企业发展集群化、资源利用可循环化、生产经营清洁化、管理规范化的循环经济示范产业园区。大力推进园区内企业清洁生产、资源综合利用、产品结构优化升级和节能减排工作。

（2）建立并完善纺织循环经济园区制度、指标体系，保障园区健康、良好运行 建立园区内协调机制，对区域规划设计、环境控制、统计评价、清洁生产推进、项目实施等进行统筹。研究并完善纺织特色循环经济产业园区资源产出、资源消耗、清洁生产、资源综合利用、污染控制等指标系统，全面反映园区企业、园区企业与区域、园区与社会三个层面的循环经济发展状况，提高资源环境监管能力，保障园区循环经济体系的建设和发展。

1.2.3 "十二五"期间纺织工业发展循环经济的重点工程与推广技术

重点工程与推广技术见图1-1及表1-8。

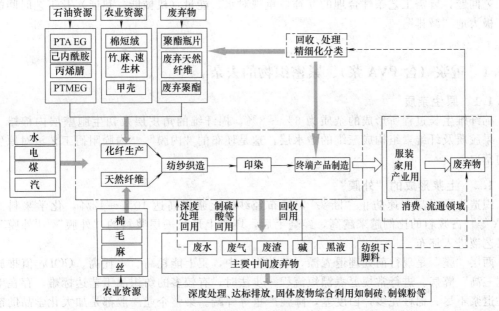

图 1-1　重点工程

表 1-8　推广技术

应 用 领 域	技 术 内 容
原料开发与高效 利用关键技术	棉、麻等天然作物良种培育技术；家蚕基因工程研究与开发；粗羊毛粉碎制人造血管技术；生物质纤维环保型加工技术产业化、工程化；废旧聚酯再生饮料瓶片生产技术；废旧聚酯再生涤纶长丝优化技术；废旧聚酯再生中高强涤纶短纤技术及成套装备；废弃聚丙烯生产丙纶再生纺丝技术
生产环节"减量"、 "替代"关键技术	棉浆粕黑液、黏胶废水、废气治理、回收工程与技术的国产化；大型装置乙醛回收、己内酰胺回收利用技术；低耗、低污染着色纤维技术；热电厂余热综合利用技术；低温短流程连续聚酯聚合成套技术；棉纺、化纤企业能源系统优化；嵌入式纺纱技术在棉、麻纺行业的工艺突破；可生物降解（或易回收）浆料应用技术；麻类纤维生物及生物化学联合脱胶技术；广洗毛羊毛脂回收技术；生物酶退浆精练前处理工艺技术研究；棉织物低温漂白、茶皂素退煮新技术产业化；冷轧堆前处理加工技术产业化；新型转移印染技术产业化；气流染色技术推广；活性染料湿蒸染色技术研究；新型涂料纱线染色技术研究；印染生产过程全流程网络监控系统应用于推广；高效数字化印花集成技术应用与推广；服装企业信息化集成制造系统、大规模定制技术开发与应用；绿色产品原料选择与管理研究
废旧纺织品循环 利用关键技术	废旧纺织品精细化分类技术；纯化纤废旧纺织品的再利用技术研发；天然纤维及混纺废旧纺织品的再利用技术研发；废旧纺织品再利用制成品技术研发

1.3　工艺条件互补的资源综合应用

染整湿处理应具备四大要素：水、能量、化学品和时间。目前工艺制订方案往往突出化学品的应用，例如，印花工艺处方中尿素的应用棉织物用到 100g/L，纤维素纤维织物用到 200g/L，而对水、能量、时间的协调、互补忽视了。如何在湿处理过程化学做减法，物理做加法，这应是对使用过多的化学处理而导致环境污染的反思，节能减排的需要[6]。

如何退浆尽、毛效好？怎么解决丝光工艺品质的优化？工艺过程获取中性 pH 值一定要采取"酸中和"吗？印花工艺少尿素、无尿素的要素是什么？印花后水洗效果如何提高？等等工艺问题，皆需工艺条件合理的互补，重视对水、能量（机械能、热能）及工艺时间的应用，极大地"减排"。

1.3.1　重浆（含 PVA 浆）、紧密织物的去杂

1.3.1.1　原生杂质

棉纤维生长过程所形成的杂质为 6%～8%，棉纤维的角皮层及初生胞壁层内棉蜡、棉脂、果胶质及纤维素构成三维的憎水层，这是坯布的"内膜"，"内膜阻碍工艺液对原生杂质的萃取。

1.3.1.2　上浆形成的"外膜"

织造为了提高车速防止"断头"，坯布经纱的上浆率高达 10%～12%，化学浆料（如PVA 等）占浆料的比例越来越高，经烧毛后，坯布上形成一层浆料的"外膜"，"外膜"阻碍工艺液进入坯布。

两层"膜"是现行前处理退煮漂，工艺生产中，犯上能耗高、水耗高、COD_{Cr} 值排放高的"三高"弊病。进行常规退煮漂短流程一步法时，有较多的纺织品工艺达标难，存在毛效低、退浆不尽、棉籽壳多、白度差，降强严重等弊端。染整企业一般都是加大化学品助剂的投放量，而这些成分复杂的助剂，提高了 COD_{Cr} 值的排放，增加水洗的负荷，弊端解决不了，生产成本随增。

PVA 与水相容，但常规短流程工艺由于 PVA 在线溶胀时间太短，达不到充分溶胀，致使退浆难；"内膜"的消除重点不是全部去除，关键是"内膜"必须撕裂，这就需要通过能量（机械能、热能），打开工艺助剂进入织物纤维的"通道"。

采用专利技术退浆预处理装置（专利号：ZL201020621807.4），对充分溶胀的坯布表面实施"刷、搓、冲洗"，打开上浆坯布的"通路"。

采用专利技术透芯高给液装置（专利号：ZL200420027792.3），液下轧液，织物形成"微真空"状况下，大气压逼迫工艺液渗透施液。

坯布两层"膜"的去除，撕裂，物理做加法，依靠水、时间、能量（机械能、热能）的组合对化学品助剂互补，为退煮漂短流程提供工艺达标的保证。

1.3.2　丝光工艺可免用高浓度碱渗透剂

1.3.2.1　烧碱浓度

烧碱浓度决定其水化合物能进入纤维素微胞内，在晶格间的溶胀，达到棉纤维的纤维素Ⅰ改性成纤维素Ⅱ，烧碱是一种丝光溶胀剂，当 NaOH 浓度在 154g/L 时，水分物组成为 $NaOH \cdot 10H_2O$，属于溶剂化偶极水化物类型，其直径（1nm）已可以进入纤维高侧序晶区，但直径偏于上限。

常规紧式丝光工艺碱浓视织物而异，有 220g/L 和 270g/L 两种，其 NaOH 的水化物直径为 0.6～0.7nm，这是考虑到丝光碱作用时间短，NaOH 的水化物直径小些容易进入微胞；松堆丝光棉织物的烧碱浓度 180g/L，其水化物直径小于 1nm，组成为 $NaOH \cdot 8.6H_2O$。紧式丝光以提高烧碱浓度补偿工艺反应时间，而松堆丝光以堆置延长反应时间来降低烧碱浓度。

一台丝光机全年按加工 2500 万米织物，工艺过程烧碱损耗按总量 20% 计，松堆丝光与紧式丝光碱浓度对比，节省 100% 烧碱 110t。

紧式丝光由于采用了高浓度烧碱，室温下不易渗透，因此采用耐高浓度烧碱的渗透剂变

为热点，这是一种典型的化学做加法的表现。

新添设备可考虑购置松堆丝光机，或老机改造成松堆丝光；紧式轧碱轧车改换成透芯高给液轧车，由于透芯轧液，利用机械能量、大气压力，属物理做加法的表现。

1.3.2.2　湿布、热碱丝光

（1）湿进布可节省退煮漂一道烘燥，全年生产 2160 万米织物，节能 0.2MPa 蒸汽 3000t。湿布丝光的织物不仅得色均匀丰满，而且缩水率好于干布丝光工艺，易渗透无需添加渗透剂，这是水的作用。

（2）热碱丝光采用 60℃热碱，提高丝光碱液的透芯、溶胀效果，缩短丝光工艺时间，增加生产能力，这是热能的作用。

综上所述，水、能量、时间与浸轧烧碱互补，可免用化学品渗透剂，且节能减排明显。

1.3.3　关于"水洗酸中和"

丝光后水洗及染色后水洗采用"酸中和"的化学处理，是一种"表面文章"，pH 值达到中性仅是织物表面现象，这里缺少一个"时间"的互补。

丝光后水洗在末台水洗前，滴酸中和，丝光的残留碱是在毛细管道中，要让其亦受酸中和，一格平洗槽的时间反应，只能是织物表面的中和反应，烘燥落布后，进入染色工序，在高温、练染工况下，残碱会逐渐解析出来。"酸中和"给污水中添加不少的 COD_{Cr} 及电解质。

活性染色进入连续皂洗，要求冷水洗、温水洗，必须洗到中性，所以采用"酸中和"，短时中和反应只能获得表面中和效果，一旦进入高温中性皂洗，纤维中碱剂解析出来，与未上染的染料反应，是目前皂洗色牢度低下的重要原因。这里用了化学品酸，且时间太短，未能很好地互补。

"酸中和"既消耗化学品，且效果不好，若在设备上考虑，延长去碱时间，尤其丝光去碱，更需要经"煮碱"，在热能、水、时间的组合下萃取织物上的残留碱剂。

1.3.4　印花工艺的优化

1.3.4.1　两相法印花工艺的应用

两相法印花的印浆内不含碱等固色剂，在印花烘干后再轧蒸第二相的固色液，然后蒸化、皂洗、烘干。可进行少尿素、无尿素的工艺。

两相法将化学品固色剂从一相法的色浆中移到蒸化前施加，固色剂还是要用的。而两相法蒸化前轧液量将是重点。

（1）还原染料两相法轧液　在还原染料两相法印花的轧液工艺中，合理的低轧液率非常关键，不同重量、组织规格的纤维素织物，不同面积花型的染料量与固色液烧碱、保险粉浓度、带液量的关系，原糊与印浆的制作，染料的溶解（撒粉法），蒸化固色温度与时间等各种工艺参数，都将直接影响印花质量。应通过试验，确定合适的工艺条件，固色过程水、能量、化学品及时间的优化组织、互补很重要。

（2）活性染料两相法轧液　不能浸轧，容易增加染料的水解，造成渗化或沾色疵点。可以采用各种低给液装置，对织物可控施液在 35%～50%。

1.3.4.2　蒸化工艺水是最好的助剂

蒸化有效热仅占供入蒸汽热量的 20% 左右，排气损失热量约占 62%，进出口散逸热

约13%。

按行业"限定蒸化机排汽按箱体容积每小时排出二次为有效排气",例一台容积21m³ 工艺过程测得排气量422.424m³/h,其排气次数$\frac{422.424}{21}=20$次/h,而有效排气量应为 $\frac{422.474}{20}\times 2=42.24m^3/h$,可见,无效排气热损失:380.18m³/h,582MJ,占总热量的 61.27%。形成低热效原因何在呢?按下面的测量得出:

纤维素纤维织物蒸化时,初始含水率4%,织物通量/蒸汽流量比1:1时,织物过热 8.3℃,平衡含水量11.4%;当织物通量/流量比提高到1:4,初始含水率仍为4%,织物 过热降至6~4℃,平衡含水率增加到13.3%;当对织物施加8%的水分(或控制印花烘燥 落布回潮率在12%),流量比仍为1:1,织物过热降至2.2℃,平衡含水率提高到20.5%。

蒸化机箱内温度过高、湿度不足,织物过热,会产生质量事故,织物脆化,或颜色发褐 暗等弊端。合理进蒸汽、排气可提高蒸化机热效率。

某公司一台433蒸化机甲班耗汽1100kg/h,乙班注意进布织物含水率(适当提高印花 后烘燥落布回潮率),及排气量控制,耗汽700kg/h,两班加工同一织物,产量、质量均符 合生产要求,所不同的乙班耗汽量仅为甲班的63.6%。

给湿蒸化可节省蒸汽,可少尿素,无尿素印花,这是水工艺要素的特别贡献。

1.3.4.3　印花后水洗真空吸浆

采用堆置溶胀(水与时间的功能),真空狭缝吸浆(糊料),极大提高水洗传质效果,少 用或不用渗透剂、净洗剂,糊料回用。

印花织物蒸化后水洗,织物上色浆经浸渍、膨化、冲洗,其印花原糊的去除率和未固着 的染料洗除率应达80%以上,这样对减轻皂蒸箱的净洗负荷和改善白底的洁白度是有利的。 因此,印花后织物在去除浮色、糊料之前,必须要有一段时间充分溶胀、膨化。如海藻酸钠 经浸润、膨化后溶解的过程,时间约为40s,淀粉浆所需时间更长。若无时间的保证,一味 添加渗透剂、净洗剂效果甚微。经充分浸渍、膨化的印花后织物上原糊,采用真空抽吸,较 多地去除色浆,有利水洗。利用时间与机械力的配合,远比添加化学品助剂有效。

染整湿整理物理做加法,加强水、能量(机械能、热能)及时间的配合,优化工艺;化 学做减法,采用生态高效助剂,少用、不用化学品助剂,有利节能减排。染整湿整理工艺条 件的互补,是染整清洁生产的创新之举。

纺织工业作为国民经济传统的支柱产业、重要的民生产业和国际竞争力优势明显的产 业,在繁荣市场、吸纳就业、增加农民收入以及促进社会和谐发展等方面发挥了重要作用。 随着纺织工业的快速发展以及国家节能减排政策的不断出台,环境问题正受到国内外社会更 多的关注。从国内看,受资源保障能力和环境容量的制约,我国纺织工业发展面临的资源环 境约束更加突出,节能减排工作难度不断加大。从国际看,贸易保护主义不断抬头,部分发 达国家凭借技术优势计划实施碳关税、绿色贸易壁垒等日益突出。全球范围内绿色经济、低 碳技术正在兴起,很多发达国家不断增加资金投入,支持节能环保和低碳技术等领域的创新 发展,抢占未来纺织工业发展制高点的竞争日趋激烈。

从过去30多年发展历程看,发展方式粗放仍然是纺织工业发展面临的突出问题,增长 主要依靠物质资源消耗支撑,重外延、轻内涵现象仍较普遍,尤其支撑发展付出的资源环境 代价过大。2010年,纺织行业取水量从2005年的27.78亿吨增加至36.22亿吨,在39个 工业行业中排名第五,废水排放量排名第三。此外,纺织行业主要产品单位能源消费量与国 际先进水平相比仍有较大差距。再生资源综合利用率维持低位。从工业企业生产成本构成 看,企业能源资源消耗占成本的比重都在70%以上。

　　资源与环境是制约我国纺织工业可持续发展的瓶颈，具体来说，环境保护、节能减排与资源循环利用三个主要方面的制约已成为目前纺织工业发展中急需关注的问题，正确解决这些问题是实现纺织行业由大变强的重要和关键途径。

　　节能减排、环境保护是印染行业转型升级中的重要一环。全行业要全面贯彻落实党的十八大精神和中央经济工作会议部署，围绕调结构、转方式、增效益，大力推广应用新工艺、新技术和新设备，推进能源、用水三级计量管理，加强资源回收与循环利用，加大污染物治理力度，增强经济发展的协调性和可持续性，提高行业抵御和化解外部风险的能力，提高经济增长的质量和效益，获得持续健康发展的新空间。

　　可持续发展是建设纺织强国的四大目标之一，也是纺织工业各行业及企业实施"低碳、绿色、循环"工程及项目的重要依据。纺织行业及国家的政策中对可持续发展的目标有硬规定：一是，《纺织工业"十二五"规划》中关于节能减排和资源利用中明确指出单位工业增加值能源消耗比 2010 年降低 20%，工业二氧化碳排放强度比 2010 年降低 20%，单位工业增加值用水量比 2010 年降低 30%，主要污染物排放比 2010 年下降 10%，初步建立纺织纤维循环再利用体系，再利用纺织纤维总量达到 800 万吨左右；二是工业和信息化部《工业节能"十二五"规划》提出到 2015 年，万米印染布综合能耗下降 8%；吨纱（线）混合数综合能耗下降 8%；万米布混合数综合能耗下降 8%；黏胶纤维综合能耗（长丝）下降 5%。

　　"十二五"期间，纺织工业节能减排与综合利用工作任务十分繁重，全行业上下要做好长期、艰苦奋战的思想准备。中国纺织工业联合会将在现有工作基础上，进一步完善体制机制，针对行业现状，不断促进企业及行业的节能减排技术进步、节能降耗管理，推进纺织行业资源节约、综合利用，要把节能减排、资源节约工作作为重要抓手，推动纺织行业优化产业结构、转变发展方式。

参 考 文 献

[1]　生态文明建设将成为新的经济增长点. 印染, 2012, 23: 55.

[2]　2013 年工业节能减排目标. 印染, 2013, 4: 56.

[3]　董廷尉. 纺织工业环保现状与"十二五"展望. 2012 年全国纺织行业节能减排工作会议. 北京：中国纺织工业联合会环境保护与资源节约促进委员会. 文件之四. 9-10.

[4]　徐寰. 纺织工业再生资源综合利用现状与未来发展. 2012 年全国纺织行业节能减排工作会议. 北京：中国纺织工业联合会环境保护与资源节约促进委员会. 文件之五. 5-8.

[5]　徐寰, 程晗. 中国纺织工业发展报告. 北京：中国纺织出版社, 2012. 6: 202-209.

[6]　陈立秋. 染整湿处理工艺条件的互补. "佶龙杯"第五届全国纺织印花学术研讨会论文集. 绍兴：中国纺织工程学会染整专业委员会. 6-9.

染整企业管理的进步

染整企业管理进步的目标如下：

以高效率、低成本的规模化量产技术和管理模式满足占市场主体的面大量广的广大消费者可支付的纺织品服装等的需求；进行"无缺陷"一次准（RFT）染整加工；

以高品质、高性能、高时尚、差别化的设计、研发和制造技术满足不同层次、不同群体、不同地区、不同文化的多样化、多元化需求；

以柔性、精益、敏捷的计算机化、信息化、自动化快速反应生产系统和及时供应（JIT）、配送流通和管理流程，满足消费者的个性化、时尚化、快流行、短周期和买家小批量、多品种以及从大单，慢单、长单变"快单、急单、小单、补单"的采购倾向；

以数字化、网络化集成技术的制造基地和贸易平台，满足国际买家"一站式采购"，从设计到店铺（D2S）"打包式服务"的全球商品链趋势；

以高效、低耗、节能、降排的清洁生产、循环经济和环境友好技术满足企业、公众、社会的健康、生态、永续增长和可持续发展的目标。

2.1 染整企业的精细化管理

精细化管理是一种管理理念和管理技术，是通过规则的系统化和细化，运用程序化、标准化、数据化和信息化的手段，使组织管理各单元精确、高效、协同和持续运行。

2.1.1 染整企业推行精细化管理

2.1.1.1 印染企业的精细化管理涉及整个企业管理的各个方面。包括人事与企业文化、营销、生产、工艺、操作、设备、质量、成本、财务等各方面[1]。

（1）人事管理与企业文化　要抓住加强人力资源开发，培养创新人才的各个细节，要有"以人为本"的管理理念，激发人的潜能。同时要培育结合本企业实际的特色文化，因为企业文化是企业的灵魂、大脑和潜意识，是企业凝聚力和活力的源泉。要用科学的管理思想，开放的管理模式，柔性的管理手段，为企业管理创新开辟广阔的天地。

（2）营销 拓宽经营思路，建立强有力的营销手段，调整产品结构，搞好售后服务，树立客户第一的思想。

（3）生产 加强生产调度，有序地搞好"小批量、多品种、高质量、快交货"的生产秩序，不允许任何生产环节上的浪费，实现高质量低成本。

（4）工艺 实行工艺创新，优化工艺路线，优选染料或助剂，优化工艺处方、条件，达到工艺路线最短，用料、耗能最低，产品质量最佳。

（5）操作 制定出各工艺阶段的操作细则，明确要点，对每个操作细节都要有章可循，加强安全操作，杜绝安全事故发生。

（6）设备 以提高运转率为目的，防止带病运行，树立预防为主的思想，加强计划检修，制定严格细致的周期检修和检修内容，质量标准，开展技术创新，搞好热能回收，充分利用资源。

（7）质量 严格执行质量标准，准确判定质量等级，及时进行质量分析，防止任何质量事故，追求全优。

（8）成本 准确核算成本，及时传递成本信息。争取成本最低，产能最高。

（9）财务 加强资金管理，充分利用资金，开展增收节支，定期进行财务状况分析，为企业决策提供有效、准确依据。

2.1.1.2 推进精细化管理的步骤

第一步，管理诊断。通过管理诊断的方式对自己企业的管理状况进行全面了解。管理诊断的方式有：资料调阅、行业分析、问卷调查、深度访谈、专题讨论、客户探访等，通过3~4人专业团队5~8天的管理诊断，基本上能对企业的管理现状做出客观、系统、深入的分析和判断。

第二步，在管理诊断的基础上，对企业的相关规则进行梳理，即规则的系统化和细化，提出适合于企业自身系统以及各模块管理工作的精细化管理解决方案，也就是程序化、标准化、数据化和信息化管理手段的应用与解决方案等。具体包括流程与制度、对组织与岗位的明晰等。

第三步，通过系统训练的方式，确保各部门、岗位了解掌握所需用到的解决方案，并顺利导入与实施执行。

第四步，企业文化的塑造与建设。优秀企业文化的导入，员工的价值观以及言行取向将趋向一致，组织及岗位之间的协调与沟通效率大大提高，确保组织管理各单元能精确、高效、协同和持续运行。

精细化管理的最终目标是使组织管理各单元精确、高效、协同和持续运行，提高管理质量。在这个目标的前提下，其在管理程序化、标准化、数据化和信息化的改造过程中，体现的是简单、明确、精确，一目了然，易操作，反而使操作执行更简单。

从管理的角度上讲，精细化管理只会使企业的管理问题程序化、简单化、明确化，并提升企业的整体管理效能。

2.1.2 信息化与精细化的结合

信息化管理可以提高管理的现代化，在我国的印染行业里不少企业已应用和实践了好多年，但是真正用得好的企业不多，相反不少应用企业往往开始积极性很高，后来看不到效益，应用又麻烦，逐渐又缩小应用功能，甚至放弃、瘫痪。这是由于认识上的问题，人们以为实施了信息化肯定现代化了，理应取得效果，其实信息化只是一种现代化的管理手段，要想使企业生产取得明显绩效，还必须从精细化管理着手，从生产计划、原料管理、生产技术、操作过程、设备保养和维护、人员、生产成本、能源计量与统计、绩效考核等各个细节管理做起，再充分利用信息化手段与方法进行有效管理，才能真正实现管理的升级和现代化[2]。

2.1.2.1 建立精细化管理体系

为了从根本上提升企业的管理水平，根据多年来的生产经验和印染生产的特点、设备情况、人员情况，对全公司、各车间、各部门制订非常详细的精细化管理制度，包括目标指标（年度和月度）；成本和消耗限额；人员管理制度；生产技术管理制度；质量检验管理制度；能源计量管理制度；环境减排管理制度；安全生产管理制度。并着重完善和补充了各生产工序的操作规程、设备的操作规程；细化了各产品的工艺流程和工艺配方，从而形成了精细化管理体系。

2.1.2.2 信息化促进精细化

虽然我国印染行业信息管理开展已有很多年，但是应用厂家少，应用好的厂家更少。以往的管理系统都是典型的 ERP 模式，难以满足印染企业生产过程管理，与很多现代化控制仪器和设备不相连，更缺少从生产工艺过程和质量控制去管理水、电、汽、煤、染化料资源的消耗，缺少对生产过程排废减少的控制。"怡创"印染的经验是紧紧围绕印染生产的工艺过程，从生产计划，工艺设计，技术管理，生产管理，水、电、汽、煤、染化料管理，以及充分应用各种先进的在线检测与控制仪器，有效地控制消耗，提高质量，提高产量，减少污染物排放，具有很好的节能降耗效果。为解决长期困扰我国印染界信息化管理体系难以有效应用的难题提供了参考方案，取得了通过信息化、自动化、精细化管理系统应用促进节能减排的一些经验。对生产过程的人、机、物、环境、成本、能耗等制订了精细化管理制度与实施的方法，充分利用了信息化技术手段，使原来人工难以做到的、及时的、大量的、具体的管理和统计工作都能快速准确做到，所以信息化促进了精细化，信息化使精细化得到更好的实现和开展。

2.1.3 数字化管理工具在染整企业中的应用

染整企业的生产管理特性，除了经常提到的进销存，财务管理等常规管理以外，最重要的特性是生产过程中的管理，生产管理是印染企业成本控制的重要支撑，是企业盈亏的最重要的关键点。纵观印染生产管理全过程，印染实验室装备的数字化经过十多年的发展，目前基本成熟；前处理、印花/染色、后整理等主生产设备的智能化和数字化改进也日渐成熟，如何进一步挖掘印染生产管理潜力，主要可以从生产过程中的布匹物流、工艺、能源、化学品管理等几个关键层面来开展工作，以下将分项阐述数字化管理工具在印染企业的应用和管理提升效果[3]。

（1）生产过程布匹物流管理 传统的印染布匹物流管理，主要靠人工的运转卡、布车记号等等，通过运转卡跟踪布匹的流转过程，在批量增加后，经常发生工艺搞错，订单不知在哪个位置，少布丢布等情况发生。针对这些情况，很多企业在逐步引进一些新的技术，如通过运转卡上加条码条，或者运用网络手段在每个机台上装条码条，通过条码条直接摄取，或者通过射频卡的摄取，从而给每个机台、每个订单，每车布输上身份标识。

采用如上所述的信息化手段，通过机台刷取条码，可以实时通过网络，管理人员可以实时准确地监控到布匹的流转到哪个工序，通过程序设定对未做完的订单无法强制关闭，杜绝丢布少布、工艺做错等错误，并根据工厂实际需要，系统还可以提供报警、提示等功能，方便生产操作人员及时干预，避免生产失误。另一方面，借助物流管理系统提供的基础数据，客户通过基于互联网的远程终端或者设立于印染企业的查询终端可以随时了解其订单加工进度，提高客户满意度。目前国内很多企业已经部署了这些物流系统，实现了从摆布开始到验布整个流程的物流管理。

此外发达国家印染企业广泛采用的自动仓储系统，是未来印染车间布匹物流的发展方向，值得国内印染企业关注。

（2）生产过程工艺管理　印染生产过程的工艺管理分采集和控制两个层面。传统的生产工艺管理主要是工艺流转卡和工艺端完成，实际操作随意性大，有些靠运转卡上标注的一些工艺要求，但是究竟工厂实际是不是按照这个工艺要求来做，很难严格保证。

通过运用数字化管理工具，可以轻松实现电子化的工艺单下载到机台上以及管理人员操作电脑上，将工艺要求与实际发生的情况进行对比、统计、分析，确保工艺的准确有效执行。

更高层面的数字化管理是对生产工艺的控制，可以将工艺直接下载到机台或者是一些数字化的子系统，这些子系统不需要人工再做第二次干预，实现自动控制。

通过数字化工艺管理手段的运用可以有效避免工艺做错造成的生产返修，减少浪费，提升产品品质，另外通过技术开发和生产积累，持续对生产工艺和配方进行优化，形成产品工艺的知识库，显著提升产品工艺的重现性。

（3）生产过程能源管理　目前很多印染企业开始在生产线上安装各种能源表，实现对水、电、蒸汽能源的单独统计和核算，并结合一些绩效管理方法，深化对能源的精细化管理。

数字化的能源管理手段一个概念就是总线式分布系统，以蒸汽总线系统为例，该系统可与做到蒸汽管配送到每个机台的压力是匀称的，杜绝压力过量，过量的压力很容易产生跑冒滴漏等浪费。另外，近年来很多企业用分布式系统来控制能源的表的系统，包括电力系统变频控制、三相平衡等问题，实现电的自动调度；用水方面，水量的控制也是极其重要的，水的控制，特别是机台的进水量控制。按照布种，按照工艺要求，通过数字化手段自动设定进水量，不单是节能资源的问题，同时也将对品质提升带来有益的影响。以水洗机为例，针对厚薄不同布种，如果进水量不做控制的话，极可能导致达不到工艺要求，净洗率低等严重质量问题。蒸汽是印染生产最大的能耗点，其管理方面的诸如干湿度、布面含潮率等问题，也将显著减少能源的浪费。

（4）化学品管理　化学品使用是印染企业除了布匹流转外最大的物流系统，印染生产过程从某种意义上来讲就是化学品流转的过程。对于印染过程化学品的使用新老工厂都在逐步改造，应用数字化技术实现化学品自动配送，取代人工流转，是印染企业化学品使用方式转变的发展趋势。传统印染企业生产过场靠人工来加载染料助剂，粗放式的管理方式，将导致浪费和工艺达不到要求等问题。生产车间化学品的输送需要大量的人力，随着人力成本的上升，印染企业都有普遍的减少用工的需求，比如车间里染化料搬运、机台边倒料加料等岗位如能取消将极大节约生产成本。采用数字化手段的好处一方面可以确保实际生产严格按照既定的工艺要求做，保证生产工艺重现性，提升质量稳定性，同时也能减少染化料助剂浪费，降低劳动强度，促进安全生产。以全自动电脑调浆系统为例，该系统可实现准确控制浆料工艺配方的关键参数，通过智能残浆管理工具实现残浆近 100% 回用，显著提高浆料配制精度，提升产品一等品率，节能降耗，减少用工。

（5）新型数字化装备　利用数字化手段开发的电脑分色制版、测配色、数码印花、数字化制网等新型装备，正逐步改变一些老的传统印染生产工艺方式。以蓝光制网机为例，相对于传统成像包片法制网，按年制网 3000 个中型制版车间测算，按每套网耗胶片 $2.8m^2$，具有可观的经济效益和环境效益。

2.2 染整管理体系的建设

2.2.1 清洁生产提升环境管理系统运作绩效

绿色代表着生命，显示绚丽和活力；绿色象征着和平，呈现出生机和清新，绿色在电磁频谱属"可见光"频段，波长为 $0.5 \sim 0.56 \mu m$。如今，人类返璞归真、回归自然的强烈愿望，美好、健康的生存意念，呼唤着绿色，期待着绿色，世界"绿色消费"的呼声日益高涨。1992 年联合国环境和发展大会通过了《里约热内卢环境和发展宣言》、《21世纪议程》等决议，从此，在全世界范围内掀起了一个以保护生态环境为核心的绿色浪潮。

"绿色产品"需要清洁生产。我国的《中国二十一世纪议程》中正式采用"清洁生产"这一术语，并定义为：清洁生产是指既可满足人们需要，又可合理使用自然资源和能源，并保持环境的实用生产方法和措施，其实质是一种物耗和能耗最少的人类生产活动的规划和管理，将废物减量化、资源化、无害化或消灭在生产过程之中。纺织品关键在染整，染整必须实现清洁生产。按 GB/T 2400《环境管理体系》标准，执行"绿色工艺"、建立"绿色企业"、生产"绿色纺织品"，与国际 ISO 14000 接轨，参加国际竞争。

清洁生产是染整行业实现可持续发展战略的重要举措，"绿色纺织品"必将成为 21 世纪纺织品的主流，辛勤耕耘的染整工作者希冀获得绿色的硕果[4]。

在 ISO 14001 蔚为潮流的今天，产业界纷纷申请验证。事实上，证书并不代表环境问题的终点；产业界于取得证书之后，仍应持续思考管理系统的效能、管理系统的技术本质、环境绩效、经济效益等问题。

对于一个真心想改善环境问题，创造环境与经济效益的企业而言，管理系统只是一个工具，其技术本质为"清洁生产"。依据联合国环境规划署对"清洁生产"定义如下：清洁生产是持续地应用整合性污染防治理念于制程和产品的开发，以及服务的提供；期能增加生态效率，减少制程、产品和服务对人类及环境有害的影响。因此，清洁生产涵盖的层面极广，包含了物料的选用、产品的环境化设计、制程与操作的最适化、能资源的有效利用，以及废弃物的回收利用与资源化等。

早在 ISO 14001 标准推出前，台湾地区已积极地借由辅导、宣导、推广、选拔等方式推动工业清洁生产与清洁生产相关计划。以一染整厂为例，介绍台群纤维股份有限公司（以下简称台群公司）推动清洁生产的方法与具体案例，并借由技术案例引导读者思考如何与 ISO 14001 环境管理系统的运作有效整合，提供业界作为导入清洁生产技术，提升厂内环境管理系统运作绩效的参考[5]。

台群公司创立于 1986 年，为一专业染纱厂，以合作外销方式代染各种筒子纱。台群公司于成立之初就积极推动清洁生产，并不时检讨制程的合理性、法规的符合性与资源的有效利用等。此外，为配合国际环保趋势，台群公司以既有的清洁生产推动模式，依据 ISO 14001 的条文要求，顺利导入并建制 ISO 14001 管理系统。

台群公司以涵盖物料改变、产品改变、操作改善、设备改善、回收再利用等五大类的清洁生产案例与丰硕的环境/经济效益，获选 2000 年工业减废绩优工厂。

以下兹举该厂清洁生产的四个改善案为例，说明并分享该厂以清洁生产为技术本质落实 ISO 14001 环境管理系统运作的实务经验。

2.2.1.1 物料改变

（1）背景说明 国际间，特别是欧盟对于纺织品所使用的染料、助剂的环保性和安全性有许多的规定，包括众所皆知的禁止使用含偶氮染料，此外还包括 Eco-Tex Standard 100 中亦规定一系列的禁用成分，以及 Oko-Tex 100 的检验要求等。国际间因纺织品不符合前述相关规定的事件时有耳闻，不仅无法外销，甚至因严重影响信誉与企业形象，而使厂商一蹶不振，因此，业者不可轻视。为此，以外销为导向之台群公司不仅密切掌握国际间相关的规定与要求，并与染料、助剂的供货商沟通，将采购的原则，由原先的价格、功能的评估基准，加入环保的考量，因此，更换了数种原料，务使所有的物料均符合环保的相关规定。同时，台群公司也要求供货商必须提供符合 Oko-Tex 及 Eco-Tex 的产品证明，作为采购的基本条件。

（2）效益分析

① 环境效益：符合环保法规及国际要求。

② 经济效益：企业形象、产品信誉，无价。

（3）应用于 ISO 14001 在本案例中可看到 ISO 14001 条文 4.4.3 沟通的精神。一个工厂的环境绩效不仅仅是做好厂址内的环保工作，也包括应妥善传达相关环保要求、配合事项于员工、供货商、承揽商及下游的使用者。如此，才能确保产品于物料、生产、使用、弃置每一个环节对环境的冲击都是最小的。此外，于采购化学品时，请厂商提供物质安全资料表（MSDS），不仅应要求员工了解每一化学品的危害性，也应将 MSDS 标示于明显处，当意外发生时，能做最有效的应变。另外，厂商若发现部分替代染料、助剂的功能性不足时，可尝试透过与供货商沟通改善的机制，或向专家、同业请益，或可借由调整操作条件等种种方式，以提高其功能，避免一味地墨守成规，使用不符合环保的原物料。

2.2.1.2 制程技术改变

（1）背景说明 台群公司产品众多，包括棉、CVC、T/C、PET、Rayon、Lycra 等。于染色制程中，每一种不同的材质对应不同的染料或助剂，均存在着所谓最适化的条件。台群公司针对 PET、全棉、PET/棉，不断测试各种操作条件，应用高温精练、提高水洗效率、高温排放等技术，寻找最适化的条件。这些条件包括浴比、升降温度、精练温度与时间、总投染量等。不仅可缩短染色制程，也有效降低能资源的耗用量。

（2）效益分析

① 能/资源绩效：

a. 缩短生产时间，年节省用电量 25.6 万千瓦时；b. 减少水洗次数，年节省用水 6.4 万吨；c. 减少热水洗，年节省用油 77t。

② CO_2 绩效：因省电与节省用油而减少之 CO_2 产生量为 358t/a。

③ 经济效益：184 万元/年。

（3）应用于 ISO 14001 许多染整厂还是依靠老师傅的经验在运作，而不愿去思考或尝试寻找更好的作业条件。在 ISO 14001 标准中 4.4.4～4.4.6 与文件管制、作业管制相关的要求，均是希望将所有作业予以标准化、程序化，而不是依靠人为的经验法则。而在制定标准化、程序化之前，应追求物料、制程、设备、操作的合理化与最适化。

2.2.1.3 设备改善

（1）背景说明　台群公司为改善染色过程中芒硝的添加作业，减少人力、药剂漏失及包装袋，在观摩国外厂商之设备后，自行设计芒硝溶解自动输送系统，并要求供货商以1t太空包取代30kg的芒硝供应，同时由厂商回收包装袋。

（2）效益分析

① 能/资源绩效：

a. 节省药剂搬运损失43t/a。

b. 节省作业人员3员。

② 环境绩效：减少包装袋废弃物6.5t/a。

③ 经济绩效：116万元/年。

（3）应用于ISO 14001　此方案最值得肯定的是：厂方自行研发与设计的能力。一般厂商习惯直接引用整套之设备或机具，却未事先衡量设备或机具与本厂之环境、现况、原料、产品、制程、人员作业等条件之兼容性。以台群公司而言，在清楚厂方自身条件之下，观摩与学习他人之长处，投入研发与设计人力，必定能以最经济而有效的方式改善制程与设备，并掌握后续维修与保养的关键技术。

2.2.1.4 用水回收

（1）背景说明　染整厂因制程特性，故用水量大，但也存在着水回收再利用的机会和空间。过去，台群公司每天有60t的冷却水排入废水处理场，不仅浪费水资源，亦增加废水处理量。因此，台群公司于各染缸配置收集管，将冷却水回收于储槽，再集中用于中深色筒纱的染色。由于回收水温达55℃，因此，冷却水回收再利用的效益还包括节省后续制程之重油耗用量，以及降低废水厂的进流水温等。

（2）效益分析

① 能/资源绩效：

a. 省水18600t/a。

b. 省重油48t/a。

② CO_2 绩效：因节省用油量而减少 CO_2 产生量142t/a。

③ 经济绩效：55万元/年。

（3）应用于ISO 14001　由此方案尚可延伸至配管回收烘干机之冷凝水，以台群公司而言，烘干机冷凝水每天有270t，回收经济效益更高达194万元/年。普遍而言，染整厂的作业环境较湿热，在致力于水资源的回收之后，废热回收应是另一个思考方向。于锅炉安装热交换器（板式）可有效回收高温废热。在回收废水、废热的过程中，不仅赚进了水费、电费、燃料费，减少了 CO_2 的排放，无形中也改善了原先又湿又热的作业环境。

就ISO 14001环境考量面的角度，原物料、用水、能耗、废热、废水、废弃物等都是染整业者应关注的焦点。业者应掌握相关数据资料，且不宜自满于现况，应时时保持追求最适化条件的研究精神。本节所报道台群公司的四个清洁生产案例，均可供业界作为制定环境管理方案的参考。"ISO 14001"可让以外销为导向的企业产品顺利取得国际市场的通行证，而"清洁生产"则协助业者成为兼顾环保与利润的大赢家。

2.2.2 质量管理体系建设

要确保企业产品的质量，就需要建立质量管理体系，而按ISO 9000（GB/T 19000）标准进行的认证则是提升企业质量管理水平的有效手段，但更重要的是要保证质量管理体系的有效运行。

建立质量体系是企业实现质量好、成本低的目标的必由之路，可使企业具有减少、消除、预防质量缺陷的机制。其中 ISO 9000 系列标准是在总结各工业发达国家质量管理经验的基础上产生的世界上统一的国际标准，是市场经济的产物。

实施 ISO 9000 系列标准给企业带来的好处主要体现在：第一，每项工作都规定得很明确、具体，并便于检查；第二，真正做到了凡事有人负责、有章可依、有据可查；第三，发生了事情，很清楚应该由谁来处理，不再像过去那样互相扯皮；第四，无论总经理是否在公司，各项工作都有人负责，并井井有条地进行着；第五，严格对来料和生产环节进行控制后，原料、半成品质量都有改进，堵住了不少漏洞；第六，产品质量稳定，客户的投诉减少。因此该质量管理体系的实施可以让企业的质量管理水平上一个新的台阶，在激烈的国际竞争中占据了有利的地位，赢得长期的竞争优势。

不少企业虽按 ISO 9000 标准通过了质量管理体系认证，但仍然会出现产品质量不稳定的问题，甚至出现重大质量事故。这并不是质量体系的问题，是在实施质量管理体系的某些环节上出现了问题。一些企业的认证是因为国际市场的需要，只是为了一纸证书，为认证而认证，流于形式；一些企业拿到证书后就以为万事大吉，放松了管理和体系的运行，质量管理体系仅停留在《质量手册》上；一些企业的质量体系只体现在少数管理或技术人员的工作中，没有全员的参与，难免顾此失彼；也有的企业的体系仅限于维持运行，缺乏不断自我完善的机制，在情况发生变化时往往使体系的运行缺少有效性。由于质量管理需要一个完整的体系支撑，体系的某些方面出现偏差就可能有各种各样不同的表现形式，使产品质量出现问题。

对许多染整企业而言，ISO 9000 标准已经不陌生，毫无疑问其将冲击我们旧有的生产管理模式，赋予它崭新的意义。可以肯定地说，在染整品管理工作中引入 ISO 9000 标准将使我们的染整管理更科学化、系统化、文件化、制度化，全面提升管理水平。就目前看，我国染整产业的整体素质和实力与国外的染整业相比差距还比较大，总体水平相对较低。主要表现在虽然染整企业的数量众多，但多数企业是中小企业，生产规模小；我国区域经济发展的不平衡导致染整生产厂质量管理水平高低相差悬殊，导致经济效益不高、产品质量一般。如何提升染整企业整体素质和水平，这是每一个染整企业面临的实际问题。其中染整企业在改善工艺装备、提高技术水平的基础上引入 ISO 9000 标准，提高管理的科学水平，是我国染整生产企业的必由之路[6]。

2.2.2.1 推行 ISO 9000 标准的必要性

ISO 9000 是以标准为中心的质量管理方法，它在形成过程中吸取了全面质量管理的优点，并且具有标准独有的科学性、系统性、严密性以及具有统一评价尺度、内外监督机制和便于贯彻实施等优点。又由于 ISO 9000 标准的世界通用性，有利于打破国际贸易壁垒，与国际经济接轨，创造外向型经济环境。因此，ISO 9000 标准在加强企业质量工作中显得更加有效和实用。

（1）有利于提高人员质量意识 ISO 9000 质量管理体系所强调的质量意识，将迫使染整企业强化责任意识、提高管理水平、改善管理模式、提高工作效率。它将极大地提高企业的工作水平和业务素质，锻炼一支过硬的队伍，为今后的工作打下坚实的基础。

（2）有利于企业提高产品质量 现代科学技术的发展，使染整产品应用新纤维和功能性变化很快。但是，消费者在采购或使用这些产品时，一般都很难对产品加以鉴别。即使产品是按照技术规范、标准生产的，但当技术规范和标准本身不完善和组织质量管理体系不健全时，就无法保证持续提供满足要求的产品。按 ISO 9000 标准建立质量管理体系，通过体系的有效应用，促进组织持续改进产品和过程，实现产品质量的稳定和提高，无疑是对消费者利益的一种最有效的保护，也增加了消费者选购合格供应商产品的可信程度。

（3）提高企业的持续改进能力　ISO 9000 标准鼓励企业在制定、实施质量管理体系时采用过程方法，通过识别和管理众多相互关联的活动，以及对这些活动进行系统的管理和连续的监视、控制，以实现顾客能接受的产品。此外，质量管理体系提供了持续改进的框架，增加顾客和其他相关方满意的机会。因此，ISO 9000 标准为提高企业的持续改进能力提供了有效的方法。

（4）持续满足顾客的需求和期望　因为顾客的要求和期望是不断变化的，这就促使企业持续改进产品和过程。而质量管理体系要求恰恰为组织改进其产品和过程提供了一条有效的途径。

2.2.2.2　建立和实施质量管理体系步骤

（1）质量体系建立的组织策划　在管理者或受益者的推动下，企业有建立和实施质量体系的想法，质量体系建立前期的工作包括：①领导决策，统一思想，达成共识；②组织落实，成立领导小组和精干的工作班子；③拟定贯标工作计划；④进行质量意识和标准培训。

以上工作中，企业管理层的认识与投入是质量体系建立与实施的关键，组织和计划是保证，教育和培训是基础。确定推行组织，这是成败的关键所在。

（2）质量体系的总体设计　这一阶段的工作包括：①质量体系现状的调查与评价；②质量保证模式选择；③确定质量方针和质量目标；④确定管理者代表；⑤确定组织结构，明确与质量有关人员的职责、权限和相互关系；⑥配备资源；⑦确定质量体系结构和选择质量体系要素。

质量体系由组织结构、程序、过程和资源构成。在质量体系总体设计过程中，选择和确定质量保证模式和质量体系要素，制定适合本身特点的方针和目标，构建适合自身实际情况的体系结构是保证质量体系有效运行的必要条件。在质量体系的设计过程中，组织结构的设计是本阶段工作的重点和难点。很多企业在认证后仍然出现权责不清、多头管理、效率低下的现象，皆同企业组织结构维持原状，设计不科学、不合理有关。组织结构的设置应坚持精简、效率原则。职能完备且各部门之间无重叠、重复或抵触现象存在。

（3）质量体系文件的编制　编制适合企业自身特点，并具有可操作性的质量体系文件是质量体系建立过程中的中心任务。这项工作包括：①质量体系文件结构的策划；②体系文件编写培训；③体系文件的编制（包括质量手册、程序文件、质量计划、作业指导书、质量记录的编制）；④文件审核、批准和发放。

质量手册是描述质量体系的纲领性文件，其编写要求可参照 ISO 10013《质量手册编制指南》；程序文件是描述为实施质量体系要素所涉及的各职能部门的活动，是质量体系有效运行的主要依据。程序文件应具有系统性、先进性、可行性以及协调性；质量计划是针对特定产品或项目所规定的措施和活动顺序的文件；作业指导书、质量记录属详细的作业文件，企业可根据需要增加或减少。质量手册、程序文件的编制顺序可依企业情况而定。文件发放前，要由授权人审批，发放时应做好记录，以便修改、收回。

（4）质量体系的实施、运行和保持　质量体系文件是否可行有效，要在运行中检查，这一阶段的工作包括：①质量体系实施的教育培训；②质量体系的实施运行；③内审计划的编制与审批；④内部质量体系审核；⑤纠正措施跟踪；⑥管理评审。

评价质量体系，首先看文件化的质量体系是否建立，然后看是否按文件要求贯彻实施，并且在提供预期的结果方面是否有效，以上三个问题的回答决定了对质量体系的评价结果。内审与管理评审是企业内部对质量体系评审、检查、评价的方法，在体系文件中，对开展此项工作的目的、要求、时间间隔等均应有所规定。在质量体系实施、运行过程中，企业应逐步建立起一种长期有效的信息反馈系统，对审核中发现的问题，应及时采取纠正措施，建立起一种自我改进和完善的机制。

（5）质量体系的合格评定 在以上工作全部完成后，企业可根据需要申请第三方认证，这项工作包括：①选择认证机构；②提出认证申请；③认证日程表确定；④认证时的准备；⑤认证后纠正措施的跟踪。选择合适的认证机构对企业进入市场、提高信誉非常重要。很多企业过于迷信国外的认证机构，他们不了解认证机构无等级之分，只有信誉之别。认证机构的选择同样要以市场为导向、以顾客需求为导向。

2.2.2.3 实施过程中应注意的问题

众多收效显著的认证企业的实践证明，通过认证确实使企业提高了综合管理水平，提高了产品的市场竞争能力。但是，在如何认识质量认证和如何获取质量认证的问题上，一些企业出现了理解上和操作上的差异。因此，企业在实施认证工作时应注意以下问题。

（1）要正确看待 ISO 9000 在我国，很多企业之所以实施 ISO 9000 是因为有很多其他企业进行了 ISO 9000 的认证，并且世界上的一些著名企业都进行了认证，所以这些企业才去认证，而不是觉得自己企业真的是需要进行 ISO 9000 的认证工作。在实施与认证的过程中，对其可能与本国或本企业的实际不相一致的一面注意与考虑不足，这种认证自然不会达到预想的效果。

（2）要与提高质量管理水平相结合 一些企业对 ISO 9000 认证存在片面的认识，把认证仅作为企业进入市场的一个工具，所以在实施 ISO 9000 的过程中，一切都是为了通过认证，而没有将其与提高企业的质量管理水平相结合，更没有考虑企业的实际和加以创造性实施，而是突击搞花架子。其实，质量认证只能证明企业有能力按规定的质量标准提供产品，至于产品质量、管理水平和市场竞争力的提高，必须依靠企业扎实、艰苦的工作和不懈的努力才能实现。

（3）要保证全员参与 ISO 9000 2000 版的 ISO 9000 提出的 8 项管理原则中第三条便是全员参与。ISO 9000 标准提出：各级人员都是组织之本，只有他们的充分参与，才能使他们的才干为组织带来收益。ISO 9000 的成功实施是需要企业全体员工来参加的，否则 ISO 9000 的实施不会得到好的效果。全员参与是指企业在开始实施 ISO 9000 的时候就应该让全员参与，而不是等到了企业将 ISO 9000 的各种文件都制定好了以后，然后让大家来学习，这是对全员参与的一种误解，事实上全员参与是指全过程的参与。

（4）要根据企业的具体情况进行运作 ISO 9000 只是一个框架性的文件，在实施与贯彻标准时，需要企业进行创造性的运用，要与企业实际相结合，而绝对不能照抄照搬。中国香港旭日集团是染整制衣业较先通过 ISO 9002 认证的企业，在推行 ISO 9000 计划中建立了独具风格的推行方案——"信、言、载、行、证"，通过 5 个阶段把企业的现况结合 ISO 9000 标准，形成完善的质量体系，使一级品率大幅提高，增加了企业的整体效益。没有对 ISO 9000 的准确领会，没有对企业实际的认真研究，没有将 ISO 9000 的标准体系与企业实际相结合的实事求是的精神，而只是形式地执行与贯彻 ISO 9000 标准，则对企业将产生极其不利的影响。

（5）要消除对自身价值的片面认识 有的企业在认证时，认为自己根本不存在质量体系，必须请专家重新构造一个质量体系。其实很多染整企业多年来通过推广各种工作方法，开展 QC 小组等活动，从产品开发到投入市场，客观上就存在着一个质量体系。有的素质高的企业其质量保证能力已达到相当高的水平，完全可以根据自己的实际情况进行质量体系认证，不用根据 ISO 9000 重新构造一个质量体系。这些企业如能通过 ISO 9000 认证，将会使企业的生产管理和市场行为更加规范化和系统化。

（6）要认真保持并不断完善提高 不少企业在质量体系认证前确实进行了相当充分的准备，在认证中也能严格按照有关程序作业，但拿到证书后，便认为万事大吉，放松了管理，致使产品和服务质量出现大的滑坡。企业通过认证，并不意味企业已成为市场经济要求的角色，只能说明企业开始进入了市场经济所要求的角色。认证证书并非是企业产品质量过硬的绝对标志或有了一张进入市场竞争的通行证，是否可以取胜还有赖于企业的不断提高。

2.2.3 循环经济纳入企业管理体系

发展循环经济是我国未来社会经济可持续发展的最佳模式选择，发展循环经济其实质就是绿色经济，企业需要进行绿色生产，也就是可持续生产。随着社会的发展，企业对消费的引导已不局限于传统的产品信息传播方式。通过微观的、单纯产品性能的传播促进消费者加深对企业整体形象的正确认识，更具有宏观效应。在一定意义上说，企业的竞争，是技术的竞争，是提高资源与能源效率的竞争。循环经济的实质是通过采用高新清洁生产技术提高资源利用率，因此，必须对资源利用和管理方式做出重要调整，进一步实现我国经济结构的战略性调整和产业结构的优化升级[7]。

2.2.3.1 循环经济及分类

循环经济是以资源的高效利用和循环利用为核心，以减量化、再利用、资源化为原则，以低消耗、低排放、高效率为基本特征，符合可持续发展理念的经济增长模式，是对大量生产、大量消费、大量废弃的传统增长模式的根本变革。发展循环经济的目的是在不影响经济、社会高速发展的前提下，达到节约资源、改善生态环境的目的，使人类进入可持续发展的轨道。

从资源流程和经济增长对资源、环境影响的角度考察，增长方式存在着两种模式：一种是传统增长模式，即"资源—产品—废弃物"的单向式直线过程，这意味着创造的财富越多，消耗的资源就越多，产生的废弃物也就越多，对资源环境的负面影响就越大；另一种是循环经济模式，即"资源—产品—废弃物—再生资源"的反馈式循环过程，可以更有效地利用资源和保护环境，以尽可能小的资源消耗和环境成本，获得尽可能大的经济效益和社会效益，从而使经济系统与自然生态系统的物质循环过程相互和谐，促进资源永续利用。

所谓循环经济（recycle economy），即在经济发展中，遵循生态学规律，将清洁生产、资源综合利用、生态设计和可持续消费等融为一体，实现废物减量化、资源化和无害化，使经济系统和自然生态系统的物质和谐循环，维护自然生态平衡。循环经济的本质是生态经济，以"减量化（reduce）、再使用（reuse）、再循环（recycle）"为基本行为准则（称为"3R"原则），具有低开采、低投入、高利用、低排放的特征，是解决目前可持续发展中资源和环境问题的最佳途径。

循环经济是一种以资源的高效利用和循环利用为核心，以"减量化、再利用、再循环"为原则，以低消耗、低排放、高效率为基本特征，符合可持续发展理念的经济增长模式，是对"大量生产、大量消费、大量废弃"的传统增长模式的根本变革。循环经济也称为资源闭环利用型经济，在保持生产扩大和经济增长的同时，建立"资源→生产→产品→消费→废弃物再资源化"的清洁闭环流动模式。循环经济是把清洁生产、资源综合利用、可再生能源开发、灵巧产品的生态设计和生态消费等融为一体，运用生态学规律来指导人类社会经济活动的模式。

2.2.3.2 实施循环经济有利因素和重要意义

（1）现代印染工业是技术和资金密集型产业，需要有适当规模和较大投入，积极研发和采用节能、降耗、减污的高效新工艺新设备，将清洁生产、资源最充分地循环利用，使经济效益、生态效益和可持续发展融为一体，是实施循环经济，取得良好发展效果的必要举措。许多企业的实践体验证明，这既提高了环境资源的配置效率，为企业降低生产成本，开拓新的盈利空间，也为控制环境污染创造了条件。这种看似需要较高资金投入的循环经济发展模式，实际能取得高效率、高产出、高回报并有效遏制污染的效果，是企业进入可靠的多赢的良性发展格局的应有选择。

（2）现代印染工业是一种具有实施循环经济良好客观条件，并已取得较多经验的产业。循环经济在我国印染业中的发展并非一帆风顺。从印染企业循环型生产环节分析，它有多重效益。一是社会效益，我国人口众多，资源相对不足，生态环境承载能力弱，印染业的快速增长和能源、水、环境等的矛盾越来越突出。印染生产的循环发展，有利于社会整体的可持续发展。二是经济效益，从印染的废弃物转化为商品可产生的经济效益，从减少废弃物和节约排污后降低生产成本的经济效益。然而，目前普遍存在的印染原材料价格障碍和循环过程成本障碍，使得印染业循环经济的效益难以显现。一是价格上的问题，印染企业在循环经济生产中发现，现行市场条件下可再利用和再生利用的原料在性能、质量上不占优势，以致在现行市场条件下印染的循环经济生产方式很难有大的发展。二是成本上的问题，印染生产过程中，各地区的环境标准在不同的经济发展水平影响下，显著不同。目前我国的环境还没有严格监管，企业的废弃物和排污费远低于污染治理的费用，使得循环型生产企业支出大于收益。

（3）传统印染工业，特别是国内一些老小简陋的制浆印染企业，虽然在市场竞争和环境保护双层压力下，对发展循环经济的认识逐步有所提高，但仍有不少企业由于原有建厂条件过差，企业管理体制改革迟缓乏力，技术改造资金短缺等客观因素，加上领导班子缺乏面对困难的拼搏精神，或应对决策失误，一直未能摆脱"资源—产品—污染排放"的传统工业生产模式，仍然是生产效率低，资源浪费大，水资源、能源耗费大户，环境污染大户。时不我待，这类企业已意识到如不能及早转变经营模式，努力争取各方面的支持，奋发图强，着力创造条件推进循环经济，在降耗减污方面取得明显进展，将难免遭受淘汰。

2.2.3.3 印染企业与循环经济发展的矛盾分析

企业是发展循环经济的主体，发展循环经济离不开印染企业的配合与支持，但在我国当前的社会经济环境中企业与发展循环经济之间还存在着一定的矛盾。主要体现在以下几个方面。

（1）企业目标与循环经济的经济效益方面的矛盾　在市场经济条件下，企业的目标是追求经济效益最大化，即单位产出成本消耗最小化，经济效益是企业生存和发展的物质基础。任何企业在生产中都会产生各种废弃物，但如果废弃物的排放量不足以达到规模化处理的最小规模，内部独立循环利用资源在经济基础上就没有可行性。因而，对单个企业来说，只有规模大、排放的废弃物足够多时，企业才具备独立对其进行循环利用的经济可行性。并且发展循环经济需要改变企业原有的生产经营思路，引进新的有利于减少资源消耗和环境污染的技术设备等等，这必然会增加企业生产经营投入和费用支出，从而使产品成本增加，经济效益和企业竞争力下降，这显然有悖企业目标。

循环经济的经济效益主要体现在废物再生和新资源的开发利用带来的直接经济效益被企业所看重，在整个社会层面实现对不可再生资源的节约；废弃物充分利用有助于减少环境污染，国家由此获得降低环保投资的社会效益；资源共享节约的重复消费，循环经济倡导产品的标准化和兼容性，使资源能被更多的人同时或分批次共享，减少了资源的浪费，缓解了自然生态系统的压力，国家由此获得生态效益等。

可见，企业参与循环经济建设着眼点在生产效益和提高利润率上，国家促进循环经济建设着眼点在环境效益和生态附加值上，不同利益主体对循环经济有着不同的效益追求。

（2）企业发展与资源节约方面的矛盾　企业是从个体的角度出发，通过生产经营活动获取经营成果，而资源是社会的公共的，企业不可能像追求经济效益最大化那样追求资源的节约和有效利用。许多资源之所以得到不可持续的开发利用，一个重要原因就是资源的归属问题未能有效解决，是由于缺乏明确清晰的产权。市场一般不会对于没有产权的物品进行交易，使得稀缺的自然资源和诸如荒野、河流、空气等成为人人可以免费开采和使用的公共物品，这在一定程度上减轻了人们通过清洁生产、绿色消费和循环利用等措施节约资源、消除环境污染的激励。

（3）企业领导人知识结构、能力、经验及企业社会地位等方面的矛盾　企业领导人原有的知识结构、能力、经验及接受的培训等往往与企业经营管理、经济效益等密切相关，但他们不一定熟悉循环经济，往往缺乏将企业发展与循环经济有效联系起来的意识和经验，对于发展循环经济的认识也可能是肤浅的片面的，更谈不上自觉地采取一些有效措施促进循环经济的发展。

虽然政府倡导循环经济，对在发展循环经济方面做出杰出贡献的企业予以表扬或表彰，但力度不够，缺乏足够的社会影响力和有效的激励政策体制。发展循环经济需要政府的宏观调控和政策激励。但我国还没有建立有效的激励政策、回收处理体系和费用机制。评价企业社会地位是以其上缴的利税额和回馈社会的多少为标准，而不是他们是否发展了循环经济。

2.2.3.4　提高印染企业自身发展循环经济能力的措施

提高企业发展循环经济的能力，最根本的是建立有利于循环经济发展的自主技术研发机制、经营管理机制和长效发展机制。

（1）把环保管理纳入企业管理体系　印染企业的生产离不开对废弃物的处理，提高印染企业的经济效益更需要在生产过程中进行深入细致的环保管理。然而要把环保管理真正地纳入企业的管理体系，深入到产品生产中的每个环节，确实要进行深层次的工作。

首先要进一步提高环境意识和素质，这包括普通职工、管理人员和技术人员的环境意识和素质，更重要的是企业领导层和决策者的环境意识和素质。

其次，建立一套行之有效的环保管理制度，并纳入企业的管理体系。这决定了环保法律、法规的具体定位，决定了企业的所有人员能否把环保方面的各项指标落实到产品生产、营销过程中的每个环节。

还要建立起从企业领导层、中间管理层到班组基础层次的具体人员的责任目标和奖惩办法，形成三级管理网络。例如，对车间排放口和有关机台所排废水的 pH 值的控制，设置专、兼职人员按时测定，超出规定范围的给予处罚，并且查找原因，制定措施。这样一方面减少了烧碱的用量，另一方面保证了废水的可生化性。例如，对水耗的控制，除了有严格的管理制度和消耗指标外，还在各车间、有关机台安装了计量装置，确保数据准确，指标到人。还例如，对染化料的消耗进行了严格控制。筛选出工艺配方后，定量、称量、发送、调浆、回收等等，都有专兼职环保管理人员参与，定期测定各车间和主要机台所排废水的化学耗氧量，衡量染化料的耗用情况。

（2）用循环经济理念指导企业发展规划和战略的制定　发展循环经济具体系统性、整体性、长远性的特点，同时又是经济发展、资源节约与环境保护的一体化战略。广大企业需要用循环经济理念指导各类规划的编制，把循环经济理念体现在"十一五"规划和中长期发展规划中，争取资源和能源的消耗以及污染物排放的增长速度明显低于经济增长速度。

要注重实施"适度相关多元化"战略。循环经济的理念为企业实施相关多元化战略提供了基础，企业通过发展循环经济，强化资源的综合利用，发展与主导产业密切相关的多元产品和产业，可以充分发挥自身在资源、技术、人才和管理上的比较优势，避免过度多元化经营给企业带来的风险。

要注重实施双赢和多赢战略。建立资源和能源的循环体系有小循环、中循环和大循环之分，覆盖的范围越大发展循环经济的效果就越好。单是一个企业、一个地区发展循环经济还只是初步的，企业必须自觉地将自身的循环经济纳入全社会系统。企业要树立合作共赢的理念，强化供应链的设计和管理，使本企业与其他企业、其他产业之间实现物资流、能量流和信息流的关联和交换，逐步形成生态型企业网络。

(3) 努力建立发展循环经济的长效企业管理机制　要使企业发展循环经济取得实效，就必须把发展循环经济作为一项重要的公司政策和管理的重点领域，建立长效管理机制，不断提高对发展循环经济的管理水平。在企业内部，首先要认真贯彻《清洁生产促进法》、《节约能源法》和《环境影响评价法》等一系列法律法规，充分利用国家不断实施的有利于清洁生产的财政税收政策、产业政策、技术开发和推广政策，限期淘汰制度落后的生产技术、工艺、设备和产品。要大力实施绿色管理，推动清洁生产，不断提高产品的附加值和技术含量，向社会提供使用寿命长、能够节约资源消耗、有利于环境保护的绿色产品。同时还要做好循环经济统计体系和信息平台、循环经济评价指标体系和循环经济发展指标考核体系，并要逐步建立定期向社会发布环境公报和社会责任公报的制度，广泛接受社会公众监督。

(4) 抓好治理，提高效益，促进发展　印染企业是消耗水的大户。怎样处理好废水，保证达标排放？如何降低水耗，尽可能地回收利用废水？这是关系到印染企业生存和发展的重要因素之一。处理好废水，要有一套完备的污水处理系统，还要尽可能采用先进的处理工艺和设备。推行清洁生产，把由末端治理转变为全生产过程中的预防污染的产生，依靠改进工艺和加强管理消除污染。在生产过程中，努力节约原材料，降低所有废弃物的数量和毒性；减少从原材料的提炼到产品的最终处置的全生命周期的不利影响；对于产品，把环境因素纳入设计和提供的服务中。以上，将是印染企业赖以生存和持续发展的紧要措施。

(5) 建立健全适应循环经济发展要求的管理体制和机制　循环经济体系是一种以产品清洁生产、资源循环利用和废物高效回收为特征的相对复杂的生态经济体系，推行循环经济，涉及社会的生产与生活、资源开发与环境保护等诸多方面的社会行为，人际关系和人与自然的和谐关系，是一个复杂的系统工程，要发展循环经济，不仅依靠人们在生产生活中提高认识自觉配合，还特别需要政府部门依据循环经济的理念和目标，制定相关政策法规，规范协调人们共同遵守的行为准则、某些相应的具体控制标准，并监督其实施，也就是建立健全适应循环经济发展要求的管理体制和机制，其中，环境保护和资源保护的机构和法规、控制标准最为重要。我国印染工业正是在这种管理体制下，特别是环境保护政策与水污染控制指标的监控下，产业结构得到较大调整，如一批消耗高、污染重的落后生产企业或生产线被关停，一些降耗减污的重要技术如碱回收、白水封闭循环、无氯漂白技术获得重视推广，使循环经济取得较大进展。从国内外的经验看，进一步的发展需要逐步提出更严格的污染物排放控制指标、各种资源消耗限额指标（当前执行的标准大都偏于保守，不利于刺激技术和管理的进步），并建立更严格有效的监管制度与方法；还需要建立一些有利于循环经济发展的支持奖励制度，如研发利用降耗减污新技术的组织协调、经济支持和奖励。

(6) 加快和完善立法，建立促进循环经济发展的法律法规和政策体系　根据发达国家的经验，在发展循环经济实践过程中，必须加快制定和完善相关法律法规和政策体系，做到有法可依，有章可循。要认真研究相关产业相应的发展模式、产业政策、产业结构、技术支撑体系、标准规范、产业化示范和推广等诸多问题。这些都是发展循环经济，适应产业更新和转型所必然要涉及的内容。全行业要高度重视，尽早介入，提升企业和行业的竞争力和可持续发展能力。加快发展需要国家大环境的支持，包括国家法律法规、经济、科技和环境等政策、产业政策和标准与规范等。

总之，印染企业的生产离不开环保，离不开深层次的环境意识的提高，离不开切实可行的环保管理制度，离不开先进的治理废弃物的工艺和设备。要提高印染企业的生存和竞争能力，必须采用能耗低、物耗小、毒性小、污染物少的生产产品的先进工艺和设备，保持印染企业的持续发展。

2.3 染整企业管理的改进

2.3.1 中小型染整企业生产管理

2.3.1.1 生产管理中存在的问题[8]

纺织品是我国在世界贸易上其中一个最具有竞争力的产品，每年可为中国带来巨额的贸易逆差。中小型染整企业不能像大企业那样要投入大量的资本、先进技术和先进管理因素去促进质量、管理和环保等方面的发展，推动企业的升级，但是中小型企业可以通过分析自身生产管理上的问题，及时调整生产方向，提高产品质量，降低生产成本，在出口市场上提高竞争力。

由于各种原因，中小型染整厂每年由于管理不善而需要多支付10％左右的费用，图2-1是一组对某中小型染整厂2009～2011年三年全年次布（和被客人退回的好布）的成因分析图。

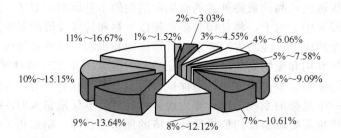

图 2-1　全年次布（和被客人退回的好布）成因分析图

1—生产工序——烂、痕、渍；2—生产工序——颜色；3—生产工序——定形整理；4—生产工序——食/抓/刷毛；
5—跟单及生产；6—织造；7—原料；8—仓存/退回；9—多布；10—客人；11—其他

从图2-1数据分析可知道，中小型染整厂的仓存布主要来源于第1、2、7、8和第9项，这五项就占了全年仓存布总量81.44％，换句话来说，企业只要在生产和管理中控制好这5项内容等于将整个成本降低8％左右。而在这5项里面，第1和第2项（43.84％）是次布的来源，属于染整厂生产技术问题，也属于重点研究和整改的项目；第7项则属于供应商相关的质量问题，这需要在购布、购染料和其他相关助剂的时候加强验收，或者先经过批量生产后，没有质量问题才大量投入生产；而第8和第9项则是退布、仓存布的来源，这可以通过加强营销人员培训，加强管理人员和生产人员、仓管人员之间的沟通，尽量减低退布和降低仓存量。表2-1生产过程中次布的成因。

表 2-1　生产过程中次布的成因

序号	工　序	成　因
1	生产工序——烂、痕、渍	布底粘胶，布底发霉，改染后布发霉，定形后布发霉，织物中有字，钩纱，全缸布有破洞，整匹布中弹性纤维都有断裂，弹性纤维外露，弹性纤维熔化严重，刷断面纱，断纱，全缸布色花，布上有折痕、刮痕和骨痕等，布面上停机痕明显，全缸风花，定形后织物纹路弯曲，织物接口多，酸洗不好，织物上有锈渍，织物上黄渍严重，全缸布有油点，全匹污渍，布面有色点

续表

序号	工　　序	成　　因
2	生产工序——颜色	色黄,黄白,定形后变黄,煮布漂白后底色不够白,白印,织物带青色不够白,色渍,沾色,掉色,沾加白剂,全缸阴阳色,全缸有色差,回修后织物颜色不对,回修(剥色)后染不回原色,颜色太浅,颜色匹差大,牢度不达标
3	生产工序——定形整理	幅宽不够,平方米克重超重严重,织物太脆,布纹有问题,回修多次后织物平方米克重过轻,织物卷边不能拉平整,织物拉伸能力不够,织物弹力太差,织物手感不好,织物爆破能力低
4	生产工序——食/抓/刷毛	织物食毛效果不好,织物上有浮毛,织物抓毛后毛的方向不一致,抓毛茸度不够,刷毛痕迹明显,重新抓毛后出现毛茸高低不平,断纱严重

2.3.1.2　对存在问题的原因分析

　　广东省的中小型染整企业,尤其是珠三角这一带的企业,很大一部分是原来在中国香港办的企业由于生产成本和环保等问题而搬到内地来继续生产的,所以这些企业常常是沿用港式管理的模式。但由于市场竞争激烈,企业不得不通过各种方式降低成本来提升竞争力,人员工资成本是其中一环。由于全国的染整技术人才培养相对滞后,因而中小型企业内的各部门主管人员一般都是从香港招聘过来的经验丰富的技术人员,而其他生产和管理人员的素质就显得参差不齐,他们大部分专业素质较低,导致生产水平不高,因而企业基本处于一个恶性循环的状态,港式的管理模式在中小型企业没办法制度化,也不能发挥其原有的作用。

　　在对某中小型染整厂2009~2011年三年全年次布(和被客人退回厂家的好布)的情况的分析来看,表面上是质量技术问题占了很大的比重,但实际上,这些生产技术的问题主要还是由于管理不善而导致的,因此,因管理不善带来的次布和退布、仓存布的和应超过总量的65%,因此在现阶段必须在管理方面寻找问题存在的根源,才能为产品质量提供大环境上的基础保证。

　　首先,工作环境的不规范。如中小型染整厂染整车间的运送织物的小推车一般都是没有固定的位置摆放,都是按照各个工人习惯的位置放置。由于小推车运送的是半成品或成品,它们的放置没有固定位置,经常会造成车间秩序混乱,容易造成织物各种各样的质量问题。如织物在染色后,还没有完全干燥时,受到热风吹后产生变色就形成了风花或者阴阳色;取染料的工人经过装有染好织物的小推车时,装染料的塑料袋没有密封好,染料受风吹后落在织物上形成的色点,等等。诸如这些问题,就是因为企业并没有为工人和小推车停放和运行路线制定好,而造成了产品不可改变的质量问题,只能通过将织物脱色重染来补救。这不单给生产带来额外的负担,更严重的是,万一工厂发生险情,这就会成为企业的安全隐患。

　　其次,工人上岗培训不规范,人员缺乏工作热情。由于中小型染整企业普通工人工资水平一般不高,工人体力劳动繁重,而且长期在高温、化学品充斥的环境内工作,这造成人员流动性大,因此企业全年处于"人员招聘"的状态。当新工人通过身体检查,招募进入工厂工作后,由于企业缺乏培训意识,培训成本高等原因,他们基本上安排工人随进随上岗,一般只会派指导工具体给新工人安排工作任务,简单讲解工作内容,没有安排任何培训指导,只有工人工作出现问题时才会对其进行纠正。这些没有经过专业培训的工人由于对工作不了解,只是机械地进行"搬运",他们只会模仿而不具备任何判断能力,当被模仿的对象操作本身就不符合生产准则甚至是存在一定安全隐患时,光依赖指导工照顾是不可能避免问题的发生。在一个长时间段内工人的技术水平一直在一个不稳定的状态,如对同一色号的织物进行染色,在不同的工人的处理下,会产生织物有缸/色差,严重的会出现花布、黄斑、色牢度差、锈点等质量问题;染完深色后,或者染完荧光漂白的织物后,没有彻底清洗染缸,就会使后染的织物发生沾色等;这些问题都是由于生产管理不到位,操作不规范而造成的。另外,工人对工作缺乏热情也是产品质量留在瓶颈的原因之一。中小型企业常年是看单吃饭,对工人福利方面做得不到位,加上培训机制不完善,工人感到工作压力大,而又没有持续发展的空间，加上工资待遇不高，因而缺少对企业的凝聚力，这导致工人对自身要求松懈，责任心缺乏，这使产品质量在生产一线上就没有办法提高。

再次，企业各部门间的管理人员缺乏沟通，英语水平低。次布和被退回厂的好布造成积压，很大部分的原因也在于管理的人员不熟悉生产，而管理人员普遍存在比工场生产人员地位上"高人一等"的心理，因而和工场人员沟通少，形成各部门间各自为政的局面，这种局面一旦形成很难改变。在生产新品种产品时，管理人员对实际生产损耗预算不当，常常超量下单生产，而余布也没有请求客人最大限度地接受，只是按照订单出货，加上没有及时的调度，导致仓存量上升；在外贸单生产时，管理人员英语程度低或者是翻译不专业，引起对客人反馈意见翻译不当的问题，导致工场没有办法准确按照客人的要求调整工艺，最后只能是客人退布，造成积压。

最后，企业对技术管理意识不高。技术分为两部分：第一是新型纺织材料染整技术掌握不高；第二是对国外准入市场的技术不了解。大部分的中小型染整企业，由于民营企业占了大多数，为尽快收回成本，一般只会最大限度地接单生产，而对新材料新技术关心度不够，或者是望而却步。但是市场不断变化，新型纺织材料不断涌现，新材料的染色技术还不稳定和投入成本问题给中小型染整企业带来了一系列的质量问题，如莫代尔纤维染色上染速度太快，容易染花；针织牛仔布染色后出现横纹等。这些技术问题只能依赖于临时高薪聘用技术人员来解决，因而企业生产一直处于被动状态，技术管理缺乏连续性，质量提不上去。另外，欧盟国家对我国针织品生态安全指标提出种种要求，成为出口的技术贸易壁垒，这些国际标准使中小型企业应接不暇，而各个国际标准之间和中国国准之间的差异也是距之甚远。如我国在新的纺织产品分类虽有改进，将婴儿服装单独分列，但是检测项目只有唾液和汗渍色牢度要求较高，但对于可燃性却没有要求。在美国一般所有的织物都应达到 1 级，儿童睡衣就更加严格，为此出口企业蒙受的退货赔偿的损失是可想而知的。技术贸易壁垒不再是过去简单式的质量问题，对企业来说是意义深远，成为企业发展的"拦路虎"，逼着企业提高质量管理技术水平。

2.3.1.3　改进的方法

中小型染整企业在激烈的大环境下成长没有任何退路，只能发现问题，解决问题，尽可能地及时调整心态，开阔思维才能摆脱"成长的烦恼"。

第一，将厂内的生产进行规范化，在厂内张贴操作规范和关于危险品处理的安全细则。

规范化有利于生产质量稳定，减少非技术性的问题带来的质量波动；同时由于染整厂使用的化学药品种类繁多，其中很大一部分都是化学危险品。基于工人本身文化水平不高，对化学品性质不了解，企业应在厂内相应的位置张贴安全指南、派发使用手册等，防止工人的"无知"操作引起生产质量问题和产生人员伤亡。

第二，加强人员培训，补充人性化的管理条例。

人员培训分为三个部分。第一部分是对新进人员的进行必要的安全和技术培训；第二部分是对普通生产人员在生产任务相对少时进行技术培训，如对染色实验室人员、生产人员进行关于光、色和染料、助剂等理论培训，可以达到提高实验室配色速度，而所得实验室配方与大生产配方能配对使用，减少大生产的风险；第三部分是对高端技术人员的培训，包括厂内和厂外的培训，提高他们对新技术应用的适应能力和对市场变化的调节能力。通过这三方面的培训，整个生产的质量就得到保证，而且可以降低运营成本，同时可以进行多元化的生产，增加生产品种数量。除此之外，在生产管理过程中企业除了制定一些关于惩罚违规操作的条款外，还应适当加入奖励机制，刺激工人提升自身业务水平；另外，企业安排一些活动可以减轻工人的工作压力。适当的奖励和放松能给所有的工人对工作带来意想不到的热情和对企业的向心力。

第三，加大对自身和市场的认识，做好定位管理。

我国的纺织品出口贸易集中在美、日、欧盟，这三大经济实体是技术性贸易壁垒的积极倡导者，产品出口市场决定了不得不面临技术性贸易壁垒威胁。我国纺织品实验室有关输欧、日纺织品日晒牢度、甲醛含量、重金属元素镍等项目检测的咨询不断增多，以欧美作为出口目的国的高档服装生产企业应客户要求，在与面料供应商签订合同时，对面料的色牢度等级、甲醛含量等项目提出了明确要求。随着我国国内市场的不断规范化，国家也相继出台相关的标准。只有通过认识标准，对企业自身的市场做一个合适的定位，尽可能地不高攀也不低就，只有积极主动了解市场，跟上市场才可以参与竞争，从而被市场所牵制。

2.3.2　PDCA 循环在中小印染企业质量管理中的应用

过程方法的应用是质量管理体系持续改进的关键。过程方法的优点是对诸过程之间的相互作用和联系进行系统的识别和进行连续的控制，可以更高效地得到期望的效果。目前，我国许多企业由于各种原因，造成过程方法不能够在质量管理体系中的持续改进得到有效的应用，使 ISO 9000 认证流于形式，不能发挥认证应用的效果[9]。

2.3.2.1　过程方法在 ISO 9000 质量管理体系中的表现

PDCA 循环是由美国统计学家戴明博士提出来的，因此也叫戴明环，它反映了质量管理活动的规律。戴明认为：一般人做工作总是先有个设想、计划和目标，然后根据这个计划目标去做，在做的过程中还要看看是否达到了原来的计划目标，以修正自己的行为或目标，直至计划目标得以实现，再提出更高一层次的目标。PDCA 循环法就是按照计划（Plan）、实施（Do）、检查（Check）、处理（Action）这四个阶段按顺序开展管理工作，并且不断循环进行的科学方法。PDCA 循环是提高产品质量，改善企业经营管理的重要方法，是质量保证体系运转的基本方式。PDCA 管理法的核心在于通过持续不断的改进，使企业的各项事务在有效控制的状态下向预定目标发展。从宏观角度分析事物的发展变化过程，每个过程中包括的各种活动是相互联系、相互作用的，过程本无原始的起点，也不可能有最后的终点。但是，从微观的角度和事物发展的阶段来分析，一个过程却可以包括以输入为起点，以输出为终点的一组活动。因此，可以认为过程的划分是人为的，是为实现一定目的服务的。过程的输出，应该是一组活动的目的，而输入则是一组活动要求和需要提供的资源。因此，一个微观的过程，就是配备适当资源实现一定目的和明确要求的一组活动。每一个过程都有输入，这些输入可以是各种硬件、软件和信息。过程输出是过程的结果——产品（包括硬件、软件、流程化材料和服务四大类）。每个过程的活动只有利用资源（包括人力资源、物质和环境），才能使输入转化为输出。因此，资源是实现过程的条件。各种过程，因其输入不同、输出不同，包括活动的不同和利用资源的不同，就导致了过程的多样化和复杂化。如何把握各种过程的共性、一般规律以及各种过程的个性、特点，是探讨过程方法的首要问题。

PDCA 循环的特点：PDCA 表明了质量管理活动的四个阶段，每个阶段又分为若干步骤。

在计划阶段，要通过市场调查、用户访问等，摸清用户对产品质量的要求，确定质量政策、质量目标和质量计划等。它包括现状调查、原因分析、确定要因和制订计划四个步骤。

在执行阶段，要实施上一阶段所规定的内容，如根据质量标准进行产品设计、试制、试验，其中包括计划执行前的人员培训。它只有一个步骤：执行计划。

在检查阶段，主要是在计划执行过程之中或执行之后，检查执行情况，看是否符合计划的预期结果。该阶段也只有一个步骤：效果检查。

在处理阶段，主要是根据检查结果，采取相应的措施。巩固成绩，把成功的经验尽可能纳入标准，进行标准化，遗留问题则转入下一个 PDCA 循环去解决。它包括两个步骤：巩固措施和下一步的打算。

任何管理活动都是一个不断运动、不断循环的动态过程，都是企业使用一定的管理方法和手段，对企业质量管理活动也是如此。正如戴明先生提出的 PDCA 循环一样，这个过程以对未来的计划为起点，经过对各种要素的组织和对经营活动的指挥，使计划付诸实施，再通过检查，了解计划的执行和企业目标的实现情况，最后，通过处理，使企业经营管理过程中的经验、教训及时得到总结和提炼。在总结过程中，发现问题，分析原因，制定目标和对策，以进入下一个管理循环。企业质量管理工作中，可以引用 PDCA 循环法指导企业质量管理体系的运行。在应用 PDCA 循环法的过程中，恰当地使用各种技术方法，又可大大提高企业质量管理工作的速度和效果。

过程为基础的质量管理体系模式的主要有以下含义。

（1）顾客为中心。过程模式以调查、确定顾客需求为起点，通过四大过程的运作向顾客提供所需产品。四大过程可视为一个更大的过程，该过程始于顾客，终于顾客，在产品实现和支持过程中，顾客始终起着重要作用。

（2）产品实现的主体地位。产品实现过程的输入和输出都直接与顾客相联系，它直接从顾客那里获得信息输入，又直接输出产品提供给顾客。在四大过程中，产品实现是最重要的过程，其他过程都是围绕它运作的，物流和信息流只有通过产品实现过程才能完成组织的根本任务。

（3）基于过程来组织体系要求。四大过程可以分别依据实际情况分为更详细的过程，质量管理体系的所有要求都可以列入过程模式之中，形成分级的过程层次结构，一切过程及其相互作用便组成错综复杂的过程网络。

（4）遵循 PDCA 方法。过程模式展现了建立质量管理体系所应经历的主要过程和活动规律。它将管理职责，资源管理，产品实现，测量、分析和改进这四大过程列为建立质量管理体系的主要过程，并揭示了它们遵循 PDCA 循环原理进行活动的过程。

（5）对组织过程和员工的全面覆盖。虽然过程模式未详细地反映过程，但它全面覆盖了组织的过程和员工。也就是说，组织的所有过程、所有员工都能在这个过程模式图中得到反映，找到自己的位置，每一个过程、每一个员工都应当按照质量管理体系的要求去工作，并加以控制。

（6）强调了体系的持续改进。过程模式强调对质量管理体系的持续改进。

2.3.2.2 过程方法在质量管理体系中的应用

组织在运用过程方法的实际操作中，对已识别的任何过程都应按 PDCA 循环模式实施控制。这一模式可以反映过程控制的基本规律，组织已识别的任何过程、子过程，都可以运用这一模式实施管理。

（1）策划（P）

① 管理体系的策划。对管理体系进行策划，要求组织按过程方法的基本观点，将质量管理体系、环境管理体系和职业健康安全管理体系实施有机整合，而不是简单拼凑。通过整体策划确定组织的总方针和总目标、指标。为实现既定方针和目标、指标，应通过统筹安排组织结构、分配职责权限、整合资源的使用、统一对所需过程识别，并在实施中统一进行协调运作等。这样的整合，有利于提高组织管理体系的整体效果。

② 产品实现过程的策划。产品实现过程的策划，是针对组织的特定产品、项目或合同要求，对产品实现的全过程所作的总体安排。同时，配合管理职责、资源管理以及测量分析和改进等支持性过程展开。组织应策划和开发产品实现所需的过程。这些过程应包括通过市场调查，了解顾客需求、法律法规及相关方要求，进而确定产品目标；与顾客签订销售合同

及合同管理、产品设计、采购、生产和服务的提供、产品验证、销售、交付和售后服务等过程。应根据需要，确定是否存在删减过程和外包过程等。对过程进行识别和确定以后，根据产品和本过程的实际需要，配备必要的资源，给出文件和记录的需求，并对各过程的监视和测量做出规定，以及确定产品接收准则。

根据已识别的产品形成的全过程，也要通过策划对产品在设计和生产中的环境影响及安全预防等做出总体安排。特别应针对重要环境因素和重要危险源制定环境和职业健康安全目标、指标，提出制定管理方案的需求，实施重点控制，以防止或减少环境污染和安全事故的发生。

③ 设计和开发过程的策划。根据组织产品特点，还需要对产品实现策划中所识别和确定的较大范围的过程，分阶段和分过程地进一步展开，进行较小过程或子过程的策划。通过决策分析，给出产品设计任务书或设计计划书，作为决策过程的输出。通过后续的初步设计、技术设计和工作图设计等过程，初步完成产品的阶段性设计任务。通过样机试制过程（试制样机、样机试验、样机鉴定），改进设计过程，小批试制过程（确定工艺方案、小批鉴定试销售），批量生产过程（产品定形和批量生产）等过程全面完成产品设计和开发任务。还要针对产品的特点和实际需要，在设计的适宜阶段安排设计评审、设计验证和设计确认等过程。针对设计和开发策划中已识别的过程，还要通过策划配备资源（包括安排具备设计和开发能力的人员从事相关过程的设计任务），明确设计过程中不同步骤工作人员的职责及不同设计小组之间的技术接口关系等。通过设计和开发的策划，可以确保设计和开发产品的目标顺利实现。

组织针对产品设计和开发策划已识别和确定的任何过程，都应针对产品质量、环境和职业健康安全等因素做出全面安排。

对产品的设计和开发进行策划，还应注意各过程之间的相互作用和影响，明确各种因素之间的相互关系，从而达到统一的策划效果。例如，为提高某种化工产品的质量水平，需要在产品实现过程中加入某种添加剂。但由于这种添加剂的加入，会产生有毒、有害物质，造成较严重的环境污染，甚至可能产生安全事故，因此，在产品设计和开发的策划中，应注意各种因素和各过程之间的相互影响，实现各个过程和各种因素的统一协调。

④ 生产和服务提供过程的策划。应对产品实现策划中已识别的生产和服务提供过程的展开。通过进一步的策划，识别、确定生产和服务提供过程中所需的子过程及各过程所需开展的活动，以便进一步对过程实施控制。

过程和活动应加以区分。过程都应具备明确的目标，而活动是过程转换中的组成部分，是过程转换中应实施的具体操作，是为实现已定过程目标所应开展的步骤。因此，在对生产和服务提供的策划中，还需对已识别的各个过程转换所需要开展的活动进行识别和确定，以便对过程的转换实施有效控制，使确定的过程目标顺利实现。

在对生产和服务提供的策划中，除对产品的工艺过程进行策划之外，还要对环境和职业健康安全等因素进一步进行识别和策划。根据已识别的过程进行全面排查，对环境因素和危险源进一步识别，并按照已确定的重要环境因素和重要危险源及已制定的环境和职业健康安全管理方案严格执行，从而顺利实现目标、指标。

⑤ 其他相关过程的策划。组织除对上述过程实施精心策划之外，对所需任何过程都应进行策划。例如，市场调研、了解顾客需求及法律法规要求的过程、合同管理过程、采购过程等都需要进行精心策划，并做出总体安排，为后续的过程控制提供充分依据。对产品实现过程之外的其他支持过程，也应根据实际需要及产品特点进行策划，如人力资源及培训、设备管理、工作环境管理的策划，以及测量、分析和改进的策划等。

(2) 实施（D） 过程的实施就是按策划的结果所规定要求执行的过程，通过过程的运作并对过程实施控制实现过程目标。

① "过程"的概念。GB/T 19000—2008 标准 3.4.1 条款将"过程"定义为，一组将输入转化为输出的相互关联或相互作用的活动。该条款的注 1 指出，一个过程的输入通常是其他过程的输出；注 2 指出，组织为了增值通常对过程进行策划，并使其在受控条件下运作；注 3 指出，对形成的产品是否合格不易或不能经济地进行验证的过程，通常称之为"特殊过程"。

根据以上定义，可以看出对过程的控制就是控制过程的输入、转换和输出，以及过程所需要的资源。

② 控制过程的输入、转换和输出。过程的输入就是过程操作的依据和要求，包括通过过程策划所确定的过程目标，如产品的质量目标、环境和职业健康安全的目标、指标。过程的输入还包括对本过程其他相关的要求和对过程控制提供的相关依据，如过程操作中需执行的工艺文件、岗位操作法、设备操作规程和施工组织设计，以及环境和职业健康安全管理方案等作业文件。

过程的转换则应使用通过策划所配备的资源，实施本过程需开展的活动。这种转换活动主要是按照策划的结果实施，如按作业指导书和工艺文件的要求进行操作。环境管理体系和职业健康安全管理体系则按操作要求对环境因素和危险源实施控制，包括按环境管理方案以及职业健康安全管理方案的要求，对重要环境因素和危险源实施控制，进而实现确定的环境和职业健康安全目标、指标。

③ 控制过程的预期产品和非预期产品 ISO/TC176/SC2/N544R2 指出输入和预期的输出可以是有形的（如设备、材料和元器件）或无形的（如能量或信息），输出也可能是非预期的，如废料或污染。这就说明对过程的控制应包括有形产品的控制，也应包括无形产品的控制。特别是过程的输出应包括预期产品和非预期产品。这里所指的预期产品是向顾客提供的产品，这是组织应达到的主要目的，而非预期产品则是伴随预期产品在实现过程中产生的废物或污染，以及健康安全隐患或危害等。GB/T 19000—2008 标准 3.4.2 条款将"产品"定义为，过程的结果。这里所指的预期产品和非预期产品，都属过程的结果。因此，过程的控制除对组织的预期产品实施控制之外，更应注意对非预期产品实施控制。

④ 对组织已识别的所有过程实施控制。对过程的控制应以产品实现过程为主，对已识别的过程和子过程按策划的要求实施控制。同时，应对组织的其他管理过程实施控制，如制定质量方针和目标的过程以及实施过程；组织的资源配备和管理过程，包括生产设备和工作场地等基础设施，以及对配备的监视和测量装置的控制过程等；也包括对测量、分析和改进过程实施控制，如管理评审、内部审核、纠正和预防措施，以及数据分析、监视和测量过程等。这些过程都应按策划所规定的程序或操作规程严格执行，使这些过程全部处于受控状态。

⑤ 注意控制过程之间的相互作用。按过程方法对过程的实施进行控制，还应注意过程的顺序和过程之间的相互作用。每个过程都有输入和输出，前一个过程的输出可以是下一个过程的输入，并对下一个过程产生影响。一个过程目标的实现可能与多方面的因素相关，如购进的原材料不合格，则直接影响产品质量目标的实现。因此，在对过程转换进行控制和制定控制措施时，应权衡利弊，注意分析各方面的影响。其中，特别应注意分析预期产品和非预期产品的关系，在关注预期产品的同时，更要关注非预期产品的产生，如环境污染和安全事故的发生等。

（3）检查（C）"检查"是对照方针、目标和产品要求，对过程和产品进行监视和测量，并报告结果。该指南还指出，测量、分析和改进过程包括测量和收集业绩分析及提高有效性和效率的数据的那些过程，如测量、监视和审核过程，纠正和预防措施，它们是管理、资源管理和实现过程不可缺少的部分。由此可以看出，"检查"是管理体系运作过程中不可缺少的组成部分，组织应在通过策划做出总体安排的前提下，认真实施策划结果的安排。组织在管理体系运作过程中对检查的安排应注意以下活动。

① 检查的对象应包括组织管理体系的全过程，其中包括对管理体系总体业绩的检查评定，已确定的质量、环境、职业健康安全方针和目标、指标实现的程度，包括组织管理体系大过程和相关于过程的实施情况。这些过程可以是产品实现过程，也可以是高层领导管理过程或资源管理过程，也包括组织过程能力的监视和测量。

② 检查的目的是评定组织管理体系的总体业绩和相关过程的有效性和效率。对检查的结果，应根据组织的实际需要给出报告。组织应依据检查结果及所收集到的相关数据和信息，通过分析和汇总，找出管理体系和各个过程运作中的规律和趋势，为改进提供充分依据。

③ 为确定过程的有效性和效率，识别过程控制和过程业绩的测量和监视的准则时，应考虑如下因素：符合要求、顾客满意、供方业绩、按时交付、订货至交货时间。故障率、浪费、过程成本、事故频次。这就表明，在对组织业绩和过程实施的效果进行检查时，应依据通过策划已制定的监视和测量准则，对过程的有效性和效率及对管理体系的总体业绩进行综合评价。这样的监视和测量准则应包括产品接收准则、供方评价准则、顾客在合同中规定的有关要求、过程成本分析、组织总体业绩的综合评定等。

（4）改进（A）　为确定过程业绩，应对由监视和测量获得的数据进行评价，可行时应用统计技术；将过程业绩的测量结果与规定的过程要求进行比较，以确定过程的有效性、效率和需要采取的纠正措施。这说明，组织的改进过程应注意开展以下活动。

① 组织应依据监视和测量所获得的数据和信息，与规定的过程要求进行比较，从而确定管理体系的总体业绩和各个过程运作的有效性和效率。通过汇总分析和统计技术的应用，找出过程运作的规律和发展趋势，为改进提供依据。

② 组织应针对已识别影响过程运作有效性和效率的项目，或存在不合格等问题的潜在因素，采取纠正或预防措施。应规定实施纠正措施的方法，以消除问题的根本原因。实施纠正措施，并验证其有效性，以实现预期目标。

③ 组织应按持续改进的基本理念，不断地实施持续改进从而不断提高组织管理体系的有效性和效率。但值得注意的是，改进目标的提高，应以组织的实际需要和产品具体特点为准，质量目标不是越高越好，而是应在满足顾客要求的基础上，掌握在适宜水平。环境和职业健康安全的目标。指标，也应根据国家法律法规的要求和本组织的现状体现持续改进。

2.3.2.3　中小印染企业用过程方法进行质量管理应注意的问题

一个组织要用过程方法去进行质量管理，并使自己的质量管理体系实现"持续改进"、"不断提高"的目标，应当牢牢把握以下 10 个要点。

（1）识别过程　识别过程实际上也是对过程进行策划。一般来说，如果某一过程尚未存在，可以称之为过程策划；如果已经存在，则是识别问题。所谓识别，包括两层含义：一是将组织的一个大的过程分解成若干个小过程，二是对已经存在的过程进行定义和分辨。

过程的特性之一是可分性。组织的生产经营是一个大过程，将这样的大过程分到何种层次的小过程为好，应视具体情况而定。例如组织已有了设计所、供应科、加工车间、装备车间等机构，那么就可以将大过程分为开发设计过程、采购过程、加工过程、装配过程等。而这第二层次的过程如何分解，则只要交给下属机构去进行即可。例如装配过程，可以分为部件装配、总装。而总装如果是在流水线上进行，则可以分解到每个员工所干的工作为止。

（2）抓住主要过程　一个组织的过程网络大多很复杂，不管哪一级管理者，他都不可能包揽组织的全部管理职能。平均使用力气，往往会造成管理失败。因此，强调主要过程并对其进行重点控制，对质量管理来说尤为重要。

所谓主要过程，不同的管理人员应有不同的对象。最高管理者的主要过程是自己的决策过程。生产车间的主要过程是关键过程（工序）。对组织的质量管理部门来说，加强对设计开发过程、采购过程、检验过程、不合格品处理过程的监控尤为重要。一般来说，对主要过程应当有特殊的监控方法，例如对关键过程就应设立质量控制点。

（3）简化过程　过程越复杂，就越容易出问题。根据实际情况，对一些过程进行简化，是质量管理的重要方法。所谓简化，一是将过于复杂的过程分解为若干简单的小过程，二是将不必要的过程取消或合并。

装配流水线是将复杂的大过程分解为简单的小过程的典型示例。无论是大型复杂产品还是一般的电子产品，早期都是由一名工人负责整台产品的装配，这种方式既对员工的素质要求很高，又很难保证不因偶尔疏忽而出问题。后来将这样的装配过程分解成简单的小过程，形成装配流水线，不仅降低了对员工素质的苛求、提高了工作效率，而且质量也得到了很好的保证。这样的简化，即使在现有的组织中也应努力发掘并付诸实施。

（4）按优先次序排列过程　由于过程的重要程度不同，管理中应按其重要程度进行排列，将资源尽量用于重要过程。当然，这并不是说对次要过程可以放弃管理，可以不给予资源保障。高明的管理者应该是既统揽全局，又突出重点。"统揽全局"要求管理者对所有过程合理分配资源，"突出重点"则要求管理者优先保证主要过程，而不是平均用力、不分主次，"眉毛胡子一把抓"。

（5）制订并执行过程的程序　要使过程的输出满足规定的质量要求，必须制订并执行过程的工作程序。没有程序，过程就会混乱，不是过程未能完成（例如漏装），就是过程输出现问题（例如错装）。程序包括两种，一种是形成文件的书面程序，另一种是工作习惯形成的非书面程序。前者往往是针对主要过程和关键过程制定，如加工文件、作业指导书、生产流程图等，也包质量管理体系程序。大量的程序都是后者，这些过程主要靠员工自己去控制，过分的约束反而不利于发挥员工的积极性。非书面程序的执行主要靠员工自己掌握。当然，这并非否定培训。

（6）严格落实职责　任何过程都只有人去控制才能完成。因此，必须严格落实职责，确保"人员"资源的投入。严格落实职责，包括三方面内容：一是任何一个过程（包括过程中的任何一道程序），都必须规定由谁去"做"；二是这种规定必须严格执行，即被规定去"做"的人必须去"做"；三是对他"做"的结果应当进行适当的监督、检查，并给予适应的奖励或惩罚。不然，即使过程明确也无法完成，或其完成的结果可能会与期望相差甚远。

（7）关注接口　所谓接口，是上一个过程的输出和下一个过程的输入之间的连接处。如果接口不相容或不协调，就会出问题。过程方法特别强调接口处的管理，把它作为管理的重点。

一般情况下，接口可能出现以下问题，上一过程的输出不能满足下一过程输入需要；上一过程的输出信息未能传递给下一过程；接口处无人管理；接口之间尚需另加过程来补救；下一过程对上一过程的输出的情况没有反馈意见；上、下两个过程都争夺接口的权利等。对这些问题，需要在上、下两个过程之间进行协调，必要时应由高一级的管理人员来协调。通过协调，采取对相关事项进行必要的规定，对违反规定的予以及时纠正、定期检查等措施，上述问题便可以得到解决。

（8）进行控制　过程一旦建立、运转，就应对其进行控制，防止出现异常。控制时要注意过程的信息。当信息反映有异常倾向时，应及时采取措施，使其恢复正常。例如，对加工组织来说，控制的主要对象是产品实现过程，包括与顾客有关的过程、设计和开发、采购、生产和服务提供等。除此之外的其他过程也应进行控制，例如文件的形成过程就应经过评审、本部门领导审批、相关部门会签、高层领导批准签发以及复核、校对、检查等控制过程。

（9）改进过程　任何过程都存在改进的可能性。对过程进行改进，可以提高其效率或效益。2008版GB/T 19000-ISO 9000族标准对这一点特别加以强调，持续改进的原则几乎渗透了2008版标准所有条文之中。而持续改进的对象主要就是过程。过程存在改进的可能性是根据：第一，过程存在不足（未能充分发挥所投入的资源的潜力）；第二，过程存在缺陷（例如其输出质量达不到规定的要求）；第三，可以改进得更好（例如与先进水平相比较还有差距）。这些可能性，可以通过测量和分析来发现，可以通过分析原因、采取措施来解决。

（10）领导要不断改进自己的过程　任何领导的工作也是一类过程，一般属于决策过程。领导对自己的过程进行改进，可以提高过程质量，因此对组织的影响也就更大。特别是领导的决策，往往可能关系到整个组织的兴衰。因而领导更要注意对决策过程加以改进，例如加强决策过程的科学性（运用决策技术）、民主性（吸收员工的意见作参考）、及时性（不误时机）等。另外，提高自己的演说能力，改进会议过程；提高自己的组织能力，改进协调过程等，都是可供领导者尝试的、改进自己过程的途径和方法。然而，"运用之妙，存乎一心"，一个领导者要自如地驾驭自己的组织，只有不断学习、不断总结、不断积累，才可望提高自己的综合素质，进而改进并完善自己的过程。

质量管理体系的有效运行及持续改进以过程方法为主导已成为衡量质量管理体系是否达到 ISO 9001：2008 标准要求的重要方面，从上可见过程方法的应用是质量管理体系持续改进的关键。

2.3.3　推行 5S 标准化，提升现场管理水平

现在，在一个企业推行 5S 已经是非常普遍的了。但各个企业推行 5S 的内容和方法是不尽相同的，其推行的效果自然也是不同的。当然，每个企业有每个企业自身的性质和特点，因而不能让每个企业推行 5S 的方法和内容都相同。但在一个企业里如果有一个规范的推行系统和完善的推行方法和标准，在企业里依照规范的方法和标准来推行，则对于推行 5S 一定会有很大的帮助作用，也会大大提升 5S 现场管理的推行效果[10]。

互太公司近年来推行"五常法"，将 5S 推行标准化、系统化，制定了明确的 5S 推行目标及将推行方法标准化，取得了一定的成绩。

"五常法"是在 5S 的基础上创立的更优于 5S 的全面系统的现场管理规范，它将现场管理明确到有具体的条文指引，并且辅之以检查评审规则。"五常法"不仅仅是一个现场管理的指引和方向，而且还是一个现场管理的标准框架。"五常法"的 50 个条文为现代管理提供了一套全面系统的现场管理规范，做到、做好了不仅能使工作环境清洁亮丽和井然有序，更能不断提高产品质量，还能够明确各作业人员的职责、加强公司内部的沟通，提高工作效率、减少安全隐患，更重要的是能令全员树立积极向上的态度、养成自律精神、从而使企业业务蒸蒸日上、进而提升企业的形象和竞争力。

互太公司推行"五常法"，在效率、品质、安全、卫生和形象五方面设立了改善目标，制定了《五常法手册》，将推行工作标准化，务使每个员工依照统一的规范作业，达到安全有保障、品质有保障、作业场所清洁亮丽、工作效率得以提高、减少浪费、提升企业形象的目的，更重要的是在这个过程中让每个员工得以提升自身的素质修养。

推行五常法的第一步，先做到"单一最好"。就是先组织每个现场，将不需要的东西丢弃，将暂不用的东西回仓，现场剩下的都是有用的东西，然后将这些有用的东西同类集中、分类管理、划分区域，利用各种层架和容器。尽量做到减低存量、保留最少，便于管理、降低管理成本。

第二步，让每个物品有"名"有"家"。就是给每个物品都固定一个放置位置，并且明确标示，任何人使用都能在最短的时间里找到该找的这个物品，用完后，必须放回它原来的"家"，不可随意更改放置位置，让后面使用的人都能够在最短的时间内找到。我们的要求是30s 内能找到你该找的东西。我们的物品标识分为"定位标识"，任何移动的物品都按照这

个标识在用完后放回这里;"状态标识",可以让任何人都知道现在这个物品目前处于什么状态,是"待检"、"待回修"还是"合格品",不至于错用误用;"识别标识"是告诉人这是什么。太多的物料和产品,从外观和形状上是难以区分和识别的,加以明确的标识可以有效防止错测误使用,更能提高作业效率。同时,对消耗类物品、文件资料类物品、工具物料类物品等,都有不同但规范统一的标识,这些标识的使用,可以大大提高工作效率,并且能有效控制误用错用。

第三步,让每个人都有自己的责任,让每个区域都有人负责,让每个物品都有人管理,这包括了高层管理和基层员工,大到机器设备,小到剪刀计算器,明处的办公桌和走道,暗处的机底和犄角旮旯。我们划分了每个责任区域和责任对象,规定了从使用、管理、清洁到检查的责任,其目的就是始终保持所有用品的良好使用状态和清洁。

第四步,作业标准化。不但制定了公司的《五常手册》,每个部门根据自身的特点也制定了各自部门的《五常手册》,将推行工作具体化、规范化和标准化。物品放置的标准、标识格式的标准、物料存量的标准、先进先出的标准、设备清洁的标准、设备检查的标准、电源控制开关的标准、危险工作操作的标准等,让每个人都依照标准去做,知道怎么去做,知道该什么不该什么。同时做到透明化、目视化,运用各种颜色来区分不同的物品状态,要求对整个现场的状态一目了然,如布车的摆放是否做到了直角直线,文件资料是否放置在自己的家,机器设备是在正常运行状态还是在保养状态等。

第五步,培养员工良好的习惯。为此制定了"办公人员每日五常法"和"操作人员每日五常法",要求每人每天5分钟五常作业,坚持下去,让大家养成良好的习惯,做一个有素质有修养的人,这是推行五常法的重中之重。同时编制了新工五常法培训教材,让每一个刚进厂的工人都知道五常法是什么,该怎么做。为了更有力、更有效地推行五常法,公司成立了五常法推行委员会,五常法推行委员会除了承担培训的工作外,还对各个部门的五常工作进行检查评比,针对检查中发现的问题督促责任部门进行整改提高。同时,每个部门的五常成绩都列入部门的KPI指标,且这个指标又与每个管理人员的工作管理绩效挂钩。这就大大激发了每个管理人员推行五常法的积极性,而这个积极性又促使他在他的负责区域积极地推行五常法。

2.3.4　创造高效的化验室管理

作为印染企业,化验室是非常重要的技术部门,可以这样认为,化验室是技术工作的心脏,化验室技术水平的高低,化验室运作是否高效是关系企业产品质量和企业发展的重要一环。因此必须加强化验室各项工作的管理,提高工作效率和技术水平,为企业良性发展提供有力支撑[11]。

2.3.4.1　化验室人才的选拔

(1) 从纺织大专院校毕业的学生中选拔,学生在经过一段时间生产实践之后,根据实际的工作能力决定是否选用。

(2) 从一线员工中选拔,具有高中以上学历,工作反应快,工作积极主动的参与选拔。

(3) 进行色觉检验。对色光特别敏感的优先录用。这项工作具有一定的可信度。

(4) 选拔责任心强,做事有耐力的人进入化验室工作。

2.3.4.2　人才培养激励机制的建立

今天的社会崇尚文明管理,人文管理,尊重人理解人激励人成为现代管理的主要方式。因此必须建立人才培养激励机制。

（1）定期开会。搭建沟通平台。和技术人员交流企业动态，化验室动态。从日常的一点一滴的小事发现各位技术人员的"闪光点"，适时进行激励教育。采纳大家的建议。

（2）定期技术交流。根据一段时间发现和解决的技术问题进行交流解答。订阅技术杂志，交流体会。

（3）定期能力培养。化验室打样色光判断是一种能力，笔者认为需要有计划的锻炼。笔者采取的方法是，建立一套打样集，这套打样集是每位员工平时都有留下的样品，规范的整理好，写好隐藏工艺。让每位技术人员定期训练，定期交流心得。

（4）定期打样比赛。组织称料速度比赛，同打一个标样比赛。明显感到技术人员的节奏感加快，工作起来有活力。

（5）打样个数每月统计上墙明示，另外考勤，表彰奖励，各种比赛，平时训练结果都上墙明示，使激励机制公开，公平，透明。

2.3.4.3　化验室的规范管理

（1）打样的半成品采用"实用"（实际投入使用）坯布。化验室的半成品实行动态管理。安排定人跟踪各货单的半成品动态，及时取回"实用"半成品打样。

（2）染化料的更换要定期，可以7天换一次。防止染化料吸潮或长期用量少变质或被污染。

（3）电子天平需要定期校对。最好每天校对一次。

（4）小轧车轧余率要定期测量。这要与长车轧车的轧余率一起测。小轧车的轧余率和大车的轧余率并不是完全一致最好。要根据生产品种的不同确定好轧余率。一般情况下，化验室小轧车轧余率要比大车大 10％～20％。

（5）打样的规范化管理。化验室打样工具的定置摆放管理，工具使用的即时清洁管理，标样的整洁保存管理，是技术人员养成严谨、认真、仔细等良好习惯有力促进。

2.3.4.4　建立好技术档案

技术档案是化验室一项非常重要的工作。笔者认为打破化验室与长车联系的障碍，使技术档案记录的不仅仅是化验室的技术数据，更有长车生产技术资料，为下一次返单生产提供便利。同时也能很好地总结化验室与长车之间的差距规律。

2.3.4.5　建立预先审单制度

染料的选择和工艺流程的尽早确定是化验室必须先行的工作。可以组织技术人员和经营人员共同分析货单，把一些技术问题和染化料的选择预先沟通好。特别是染化料不同引起的跳灯问题，染色牢度问题等预先确定好。把问题想到前头，往往能避免重大问题的发生。

2.3.4.6　色样管理

化验室每天都会有很多颜色不同的染色样。即使客户的坯布原料相同，但由于织物的密度、组织及厚度不同，用相同配方染色的小样往往颜色区别较大。这需要化验室须由专人负责对染色样进行整理。经过整理的色样就可作为打样前确定配方的参考样本。由化验室色样管理员及时搜集生产大样，并贴在客户来样与化验室打出的色样旁，就可成为具有比对效用的打样用参考样卡。由技术主管对这些颜色样进行比对，可发现共性问题。通过对比，系统地纠正染色配方，既是技术主管的职责之一，也是染厂颜色管理的常用方法之一。

为提高打样效率，从参考样卡上选择配方时，不仅要求该配方的染出颜色须与客户来样接近，还要求坯布规格尽可能一致或接近。配方确认前，多寻找近日的生产大样作参考，可提高打样的准确性。

客户来样包括颜色样、手感样和风格样几种。对于化验室来说，颜色样更加重要。在客户档案中保留尺寸适中、可准确反映来样颜色的小样，对于染色配方的制定和颜色管理都具有重要意义。当色样不慎丢失时，化验室主管须及时通知业务人员再次提供色样。客户色样的尺寸必须足够大。色样过小会影响打样员对颜色的判断。客户的颜色样最好是单色的纺织材料，或者与待加工坯布一致。纸板样或其他色样对于最后的颜色确认都有影响。有时客户使用"潘冬"色卡作为色样。纸质色样与纺织材料制成的色样对光的反射不同，纸质色样比纺织材料制成的色样发白。客户的色样必须有唯一性，模棱两可的色样、麻灰的双色色样、不同材料制成的混纺制品、多色的色样都会影响颜色准确性。化验室值班人员在接受色样时，须与客户进行必要的交流，问清楚客户对颜色的基本要求。

总之，把激励机制引入化验室的管理中，带来的往往是有朝气和动力的管理，进而促进化验室各项工作的标准化、有序化、高效化。使各项工作可以进入良性运转的轨道，得以顺利完成化验室的各项任务。

2.3.5 染整企业的能源管理

今天的制造商日益清醒地认识到：大部分买来的水、电和煤气或油，到最终实际上都成为废弃物而被排放。所花的金钱或者随废液排放，或者成为废气。这些可能是无法避免的，甚至超出你的掌控，但却可以通过管理来减少浪费[13]。

一套综合的水和能源管理程序能有效减少工厂的能耗，降低成本，并减轻对环境的影响。此外，还能减少运行时间，提高生产效率，实现一次准和提高批次间的重现性。

2.3.5.1 目标

设计水和能源管理程序的目的是使水和能源的消耗分别减少40％和25％。无论何时，只要可行水和能源都可以回收、回用或者再循环。理想情况下，24个月或更少的时间便可收回投资。预计产品的水和能源综合成本至少可以减少5c/lb[c＝cent（美分），1lb（磅）＝0.454kg]。在日益激烈的竞争中，用水受到限制，有时还需交纳额外费用，能源价格又反复无常，因此，这个数字是非常难能可贵的。此外，由于减少了运行时间，节约的总金额可能更高（例如，减少了劳动力和电力以及管理费成本），实现一次准，减少了回染。

不断变化的生产需求和产品品种会影响设备间的供需平衡，因此需要经常考察生产需求和操作成本。很少有工厂安装了能显示实时消耗和成本的信息系统。因此，管理部门往往直到下个月公用事业费账单来了才意识到浪费或损耗。开发和使用最新的工艺流程图（process flow diagrams，PFDs），将有助于对这些成本保持可控。

2.3.5.2 能源管理系统[12]

（1）水和能源需求

① 物质资源

工艺流程图（PFDs）简要地描述了生产设备和支持系统，并注明了设备和工艺参数，包括每个设备工艺用水和能源的平衡，以了解有关设备、工艺和基础结构方面潜在的可进行的改进。图2-2和图2-3是简单的工艺流程，描述了两种可能的染厂冷却水供应系统。

② 成本 在工艺流程图中加入成本数据，有助于测算生产成本，并评估可能的节约潜力。以下列举的典型的成本数据，是以下面的假设为依据：水和排污费用是2.00~5.00美元/1000USgal（约3785dm³，1USgal＝3.785dm³）；超过供水60°F（15.6℃）的1gal水含500Btu能量（Btu为英国热量单位，1Btu＝1055J）；高温废水温度超过城市供水80°F（26.7℃）；能源费为6.00~10.00美元/10散姆天然气[10散姆（decatherm）天然气，约合10⁶Btu或304.8m³（1000ft）³]；锅炉和传送系统效率为80％；直接用天然气烧水的加

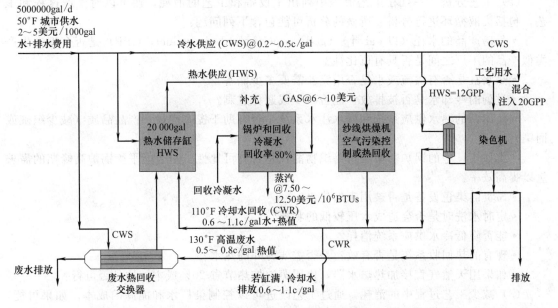

图 2-2 冷却水回流量大于热水需求时染厂工艺流程（仅热水供应系统）

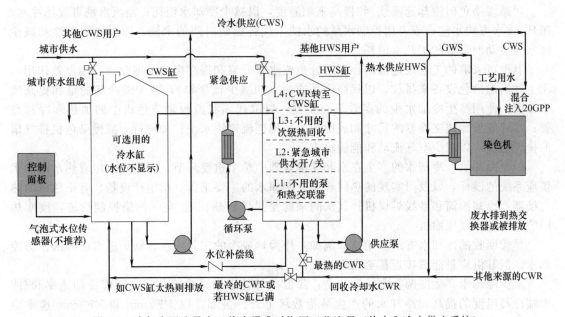

图 2-3 冷却水回流量大于热水需求时染厂工艺流程（热水和冷水供应系统）

热器能效超过 95%。

• 1gal 冷水其供应费和排污费总计为 0.2～0.5c。

• 1gal 超过供水 60℉ 的热水含 0.4～0.6c 能源费。

• 1gal 清洁的 110℉（43.3℃）可循环冷却水的费用为 0.6～1.1c，包括水费、排污费和能源费用。

• 1gal 130℉（54.4℃）工业废水包括 0.5～0.8c 热能费用。其回收与否取决于是否需要补充预热水。

• 每 304.8m³/min 的 250℉（121℃）烘燥机的排气，含 0.90～1.50 美元/h 的热能，不包括潜热。

（2）工艺分析　一旦在工艺流程中列出了设备和工艺的消耗，便可以对生产过程和工艺，包括染液循环进行分析。所做的分析可能包含下列问题：

• 每磅产品的水耗（以 gal 计）（gallons per pound of product，GPP）是否合理？生产类似产品的工厂之间是否具有可比性？

• 热水缸是否有溢流或水是否用完？需要多少储备量？

• 过剩的冷却水是否被排放？能否减少或避免过剩？

• 使用新的热水供应系统和温水注水系统是否有助于提高产量和产品品质（减少织疵或回染）？

• 类似工厂中的锅炉功率和每磅织物能耗是否有可比性？是否能平衡锅炉高峰期的需求量以提高效率？

• 昂贵的染色设备是否被用来加热水？

• 定时水洗时是否会造成水压较低的状况？

• 能否降低冷水供应系统消耗？

• 现有的热回收系统是否有效？是否需要另外的热水？

• 如果用天然气直接加热热水器，比用蒸汽加热节省 20% 成本，这是否可行？

（3）减少工艺过程中的消耗　通过工艺改进可以控制染厂水和能源的成本。如果可能，可采用小浴比的喷射染色机或卷装染色机，以减少需加热或冷却的工艺用水量。

可减缓染色时冷却速度或/和提高末端温度，以减少冷却水消耗；溢流水洗可改用注水/循环/排水方式水洗；或者用控制水量的水洗来代替控制时间的水洗，以提高重现性和减少因水压波动而造成的工艺水消耗。

其他可采取的工艺改进措施：利用分流废水来升温和提高废热的回收（利用温差作用），用上述高温染色设备来排放，以提高产品质量（如减少低聚物），减少需冷却的量和提高废水温度；使用产生冷却水少的高效热交换器，以取代绳状或经轴染色机中的加热和冷却盘管；尽可能增加热交换器的尺寸和表面积；采用逆流连续水洗；如可行，减慢染色机排气扇的排气速度，以减少空气流动和能源输入。

（4）冷却水　冷却水的产生在水和能源管理中是个重要环节，因为它决定着热水和冷水供应系统的设计，以及可实现的热回收率。冷却水的主要来源（指生产设备）有染色机的热交换器，冷却滚筒和纱线烘燥机；其次的来源是烘燥机热回收/空气污染控制设施，废水热回收系统和空气压缩机。

尽管回收的冷却水有诸多用途，例如，作为热或冷的工艺用水，锅炉进水或再次作为冷却水，但其供应量能够接近甚至大于需求。

减少冷却水产生的两个有效方法是：降低冷却速率和减少冷却量。随着冷却速率和/或末端冷却温度的提高，冷却水的产生呈指数级上升。例如，以 4℉/min 和 5℉/min 速率冷却，前者时间略有增加，但冷却水却显著减少。另一种是采用分步冷却法（如先以 6℉/min 冷却，再以 4℉/min 速率冷却），其平均冷却速率与 5℉/min 一步法相同，但产生的冷却水减少了，时间也没有增加。如果随后的注水和水洗需要热水，那么冷却至 120℉ 相比至 100℉（37.8℃）时间缩短。另外，由于机器温度接近于冷却水温度，产生的冷却水至少减少一半。缩短加工时间，减少冷却水产量和提高冷却水温度，将减少热水量和产生更多可再使用的冷却水。

较大的或更高效的热交换器亦有助于减少冷却水的产生，即以较少量的冷却水带走相同的热量。冷却水的产量亦随季节而改变。由于城市供水温度的变化，一般冬季冷却水较少，而夏季较多。

实施了减少工艺消耗和冷却水量后，需对冷却水的供应潜能与工艺需求量进行比较。如果供少于或等于热水的需求量，建议单独设立热水供应（HWS）系统；如果供大于 HWS 的需求，建议设立冷却水供应（CWS）系统，以接收和循环过剩的"较冷的水"。

（5）热水供应（HWS）　许多工厂都配有热水供应系统，由储水缸、加热单元和供应泵等组成，以输送达到一定温度和压力的热水。热水供应充足，可减少或避免使用昂贵的染色设备来加热水，缩短运行时间，减少排放和随后注水前的冷却量和冷却水消耗。减少骤热（或裂解）和多次循环，也助于提高产品质量和减少回染。

热水储存缸接收来自于主来源和次来源的冷却水，前者如染色机热交换器，后者如废水热能回收系统。如果冷却水回流量（CWR）大于需求，可不使用次来源。

由于城市每逢周一供水紧张，所以热水供应系统的储水缸容量要能储存周一早晨所需的注水量。由于储水缸在系统总成本中仅为很小的一部分，只要空间许可，建议其容积最少为 20000gal。本文中所用的 20000gal 缸，其直径 12dm×高 24dm。

常压储存缸通常根据需求量来调节液面的升降，以平衡供应速率。同时需要两个高压泵来满足设备需求量的变化，并使供应的压力均匀。第二个泵在压力下降时启用，在压力增加超过限定值时关闭。

加热系统由低压循环泵和增压热交换器组成，当延长停机时间时，能持续加热 2～4h，并保温 1 周。由于循环泵和热交换器不受供应泵和设备需求波动的影响，因而减少了蒸汽需求，提高了锅炉效率。

温度和压力控制很重要，但水位控制更关键。当缸水位较低，如低于 3dm，就不能使用泵和加热源。当水位界于 5～10dm 时需紧急供水，以防止缸内无水而使染色机等待加水。无论是主要还是次要冷却水供应源，水位需达到 18dm，超过部分由主或非分立的冷却水供应源供给。如果缸内水位到达 24dm 时则有水溢出（或冷水回流量超过了短时储存容量，或设备长期需求），回流的冷却水就需排放，或回到冷水供应缸中回用。

精确的水位指示和控制相当重要，它能确保单独供应的热水不会用尽，节约废热的回收，并能防止缸中水的溢出。水位高低随季节调整。每英尺缸约容纳 845gal（3198dm^3）热水，价值 10 美元。

起泡式水位传感器可调节供应到缸中的空气量。精确的测量要求传感器测量线上无水，因为检测的是气-液界面，而不是缸的水位。合适的维护和校正起泡式水位控制器，可提供既不昂贵又很准确的测量和控制；如果维护不当，其错误的水位控制将导致重大的损失。

（6）废热回收　热的废气和废水的排放，为"水冷"废热回收提供了可能，并能为热水缸提供预热水。作为强制性污染控制体系，如消除烟雾中的一部分，可对烘燥机废气进行废热回收。这些冷却水产生的量取决于污染控制要求，而不是可回收热的量。

废热水的排放通常是冷却水回流的来源。废水和城市供水在几个大的热交换器内循环，较冷的水被废水预热。城市供水的补充，通常根据染色机的要求，由热水供应系统中储水缸的水位调节。另一方面，废水通常被收集在废水槽内，根据废水槽的水位，再泵入热交换器。

通常采用多个废水泵，以防废水溢出。比较棘手的问题是如何处理染机循环，因为染机的水需求量和废水的排放不是同步的。当连续稳定供应的补充水和废水同时在热交换器循环时，回收的热量达到最大。该系统是按照需求总量和各分立单元的需求量为基础而设计的。其最大热回收时间被限制在每小时运行几分钟。

（7）冷水供应　某些工厂也配有与热水供应（HWS）相似的冷水供应（cold water supply，CWS）系统。冷水供应系统有助于克服城市供水的水压不稳定，能为染色机混合/注入阀提供压力均衡的热水和冷水。有了可靠重复的供水压力，可以减少定时溢流水洗时的水耗。

冷水供应系统也可接收从热水供应储水缸来的水，或将超过一定温度的冷却水回送到热水供应系统。进一步调节冷却水回流支路，能防止冷水缸内的温度过热。可以安装水位平衡线和检查阀，将冷水供应缸的水供应到热水供应缸。

（8）信息系统 每家染整工厂都可以安装耐久的水表和/或 BTU 表，以监测其消耗量。至少要有一个不固定的表，能在需要的时候进行测量，为工艺流程图提供所需的数据。这些表的每个费用低于 2000 美元，或接近许多工厂一天水和能源的花费。千万不要低估这些表和监测的重要性，因为没有测量就无法进行管理。

许多现有的控制系统都有独立的控制器、开关或转换仪表，分别控制水位、温度和压力。有些使用可靠的电子控制器和传送器，但设定点仍需操作人员手工调节。只有少数控制器带有记录器或数据记录仪，以便提供所需要的信息，减少损失，或提供管理记录。

可编程序逻辑控制器（简称 PLCs）在系统操作和数据获取方面取得了很大的进步。个人计算机控制系统能提供前摄系统的控制和响应，并记录操作数据，在出现不正常情况警告时进行通知。通过因特网连接，便能对这些系统进行监测和控制。例如，让远处的工厂管理人员实时掌握系统的运行情况和使用成本，安排维修和提供管理报告。

2.3.5.3 小结

有效的水和能源管理程序要求工艺过程消耗最少，回收和循环最大，并要求能进行实时控制的信息系统。热水和冷水供应系统的设计和废热回收系统的实取决于冷却水的产量。工厂的需求和预算决定了系统或控制的选择。

今天的需求会成为明天的历史，因此设计时要灵活，以便在需要时能对系统升级。在初次设计水和能源管理程序和最新的工艺流程时，染整厂富有经验的工艺工程师会提供有用的帮助。

2.3.6 能源三级计量的管理网络化

"能源管理系统（energy management system，EMS）"是印染企业信息化系统的一个重要组成部分，在能源数据进行采集、加工、分析，处理以实现对能源设备、能源实绩、能源计划、能源平衡、能源预测等方面发挥着重要的作用。

为了能使企业更好地完成资源调配、组织生产、部门结算、成本核算，需要建立一套有效的自动化能源数据获取系统，对能源供应进行监测，以便企业实时掌握能源状况，为实现能源自动化调控扎下坚实的数据基础，同时方便企业的计量和成本核算工作。能源数据具有标准化、专业化、科学化、时效性强的特点，采集难度较高。同时，考虑到能源数据对于企业决策的重要意义，以及能源本身具备危险性的特点，需要对企业建立的能源数据获取系统提出更高的要求。因此，企业能源管理系统必须满足专业性强、实时性好、可进行远程资料交换、可用性强的需求。能源管理系统的建设和投入使用，可对企业的能耗情况进行有效的监督和管理，为企业的精细化管理提供了准确的统计数据，为企业的决策层和管理层进行能耗概算和对技术节能措施的投资决策等方面提供有效的判断依据，可直接或间接地降低和改善企业的能源消耗，为企业增收节支提供了技术保障，并为企业带来可观的经济效益。

国家印染数字化研发中心—常州宏大科技（集团）研发的印染能源管理系统，实行了管理网络化[13]。

系统的总体建设目标：通过能源管理系统的实施，达到对整个生产过程实现远程状态监视，完成对现场各机台的水、电、汽实时数据采集。并分析各部门或各班次资源利用效率和节能潜力，统计各部门、各车间，各班次的能源消耗状况。统计数据可以及时为财务及相关的生产部门掌握制造成本跟踪、控制提供依据。从而实现节能节耗降低生产成本。系统对厂区 ERP 系统数据开放，完成 ERP、EMS 的衔接。

2.3.6.1 系统架构

典型能源系统架构包括能源管理中心、通信网络、远程数据采集单元等三级物理结构。基于基础自动化向信息化建设发展的原则，并分析比较了实时数据库和 SCADA 软件的技术特点，本方案以 SCADA 系统为核心构建能源管理系统，结合网络通信、数据库产品和技术建立一套先进的、符合印染企业管理应用功能的能源管理系统。现场数据采集采用串口转以太网服务器，在信息传递方面，基于主动信息交换、分检服务系统，透过出版/订阅（Publish/Subscribe）信息传送方式，提供主动式的数据分发服务，这样企业各应用程序得到的，都是各自订阅的关键数据，可大幅度提高数据处理的效率。

企业需要进行能源管理的机台有拉幅机 3 台、定形机 1 台、丝光机 1 台、烘干机 2 台、退浆机 2 台、打底机 3 台、水洗机 3 台、焙烘机工台、冷堆 2 台；根据车间的布局情况比较适合采用单车间机台用有线网络连接，车间之间采用无线 AP 桥接的方式进行联网，最终用无线 AP 和上位的数据采集服务器连接，形成整个厂区的网络布置。

系统构成如图 2-4 所示。

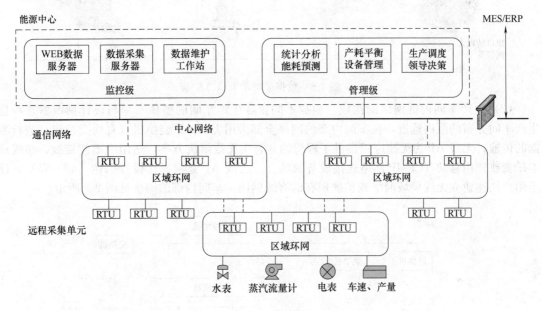

图 2-4 系统构成

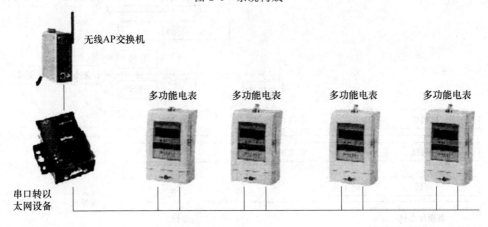

图 2-5 数据采集示意（一）

2.3.6.2 硬件及网络构建

（1）底层数据的采集与数据传输 由于底层的数据采集大多来源于远传设备，而现有的远传设备（如电表、水表、流量计等）大多采用的是串口通信方式，因此，这些数据的采集与传输仍然采用串口采集数据（见图2-5、图2-6）。通信方式采用RS485方式：RS485方式具有通信速率高、数据传输远、抗干扰能力强的特点。串口数据通过串口转以太网模块的转换后，经过无线AP交换机（有线交换机）把所采集到的数据传输到生产车间内部主干网络上。

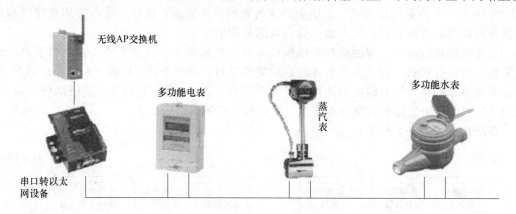

图2-6 数据采集示意（二）

（2）生产车间内部网络的构成 根据不同企业生产车间的整体布局与设计情况看，根据生产车间分布的距离远近，在车间内部的网络全部采用无线AP交换机（有线交换机）进行数据的传输；无线AP为无线应用提供了理想的3合1无线解决方案，适用于不便接线、布线成本昂贵或使用移动TCP/IP网络连接设备的场合。无线AP宽温操作设计高达−40～75℃，便于用户快速建立无线局域网络或扩展现有的有线网络。车间内部的网络见图2-7所示。

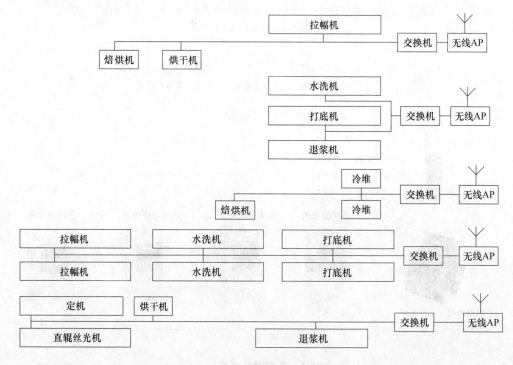

图2-7 车间内部网络布局示意

③ 能源管理中心和应用客户端网络构成　系统通过与车间现场的无线（有线）控制网络来实现对各类型设备的实时监测、报警和自动化控制以及对实时的在线数据进行采集和存储，实现部分能源分析和策略的执行功能。企业能源管理中心系统采用先进成熟的网络分布式体系结构，以软总线和中间件为基础组成系统底层的数据交互接口，创建网络管道传输、网络代理、订单传递等数据访问机制，通过图形框架、报表框架、安全框架等集成平台，实现系统应用的"即插即用"，为企业新的应用扩展提供开放的开发平台。

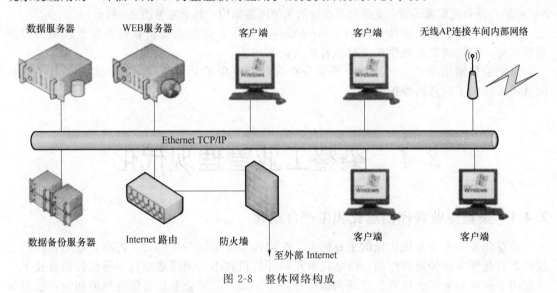

图 2-8　整体网络构成

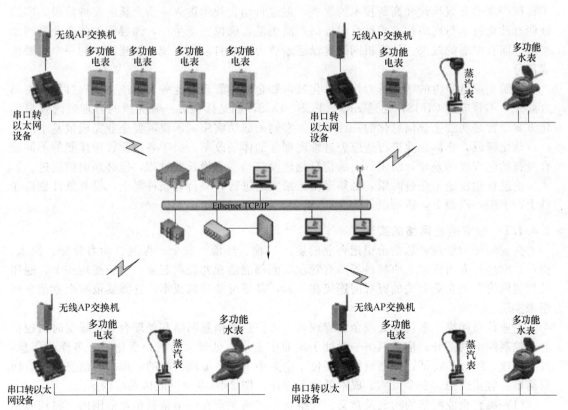

图 2-9　网络架构

能源数据展现和管理采用 B/S（Browser/Server）架构设计，用户工作界面通过浏览器实现，主要事务逻辑在服务器端实现，极少部分事务逻辑在前端实现，形成三层结构。能源数据交换基于 WebService 接口实现，方便与第三方系统互联接口。其整体网络构成如图 2-8 所示。

④ 能源管理系统整体网络构成　根据上述的网络结构，不难看出本能源管理系统的整体网络构成包括了 3 个层次：现场数据采集通信网、车间环网以及能源数据管理中心主干网。通过对 3 层网络的整合就形成了整个能源管理系统的主体网络架构，其示意见图 2-9 所示。

实践证明基于真正多任务的 Windows Server 操作系统在大规模数据并发处理能力方面更具优势，可以满足企业生产规模日益扩大的需求。

系统采集端使用了 C/S 架构，报表分析等管理使用了 B/S 架构实现，大大提升了软件的性能及降低了软件的维护成本。

2.4　染整工业管理现代化

2.4.1　染整企业管理信息化和生产自动化

信息化是一个企业现代化的主要标志，在增强企业市场竞争能力、提高企业综合经济效益等方面起到举足轻重的作用。信息化就是将计算机技术、网络通信技术等现代信息技术广泛应用于企业的生产、经营、管理和销售等各个层面。随着企业信息化进程的加快，它带动了传统产业的升级换代和高新技术的发展，促进自动化技术进入一个全新的发展阶段。实践证明自动化技术与网络技术相结合对提高产品质量，确保安全生产，改善和加强企业管理水平等方面有明显的效果。计算机网络建设逐渐成为企业自动化系统工程建设中的一个重要组成部分。

纺织企业竞争力的增强需要将信息化技术和企业的管理、业务、生产、发展过程紧密结合起来，不管应用 CIMS，还是 ERP、FCS、DCS，都是代表着一种先进的管理理念及自动化方案，皆是实现企业信息化的一种手段。它们的成功实施，不仅需要企业完成最基本的生产自动化建设，亦需企业进行适应先进管理理念的体制改革。由于各企业管理体制的不同及自身自动化程度的差异，纺织行业的信息化建设将是一个漫长的过程，但必须向前迈进。

信息化建设绝不是赶时髦，必须谨慎、踏实地进行，坚持有条件要上，没有条件创造条件上；不能一哄而上，遇难而退[14,15]。

2.4.1.1　企业信息网络的实现

企业的经营管理者总是希望把企业的生产过程、环境、安全、保卫、动力分配、给水、资产、库房、人力资源、原材料等所有管理功能都能监视并控制起来；希望能用一个"通用的控制网络"把企业有关的资源网连接在一起，并尽可能降低成本，这需要依靠企业信息网络来实现。

企业信息网络一般包含处理企业管理与决策信息的信息网络和处理企业现场实时测控信息的控制网络两部分。信息网络一般处于企业中上层，处理大量的、变化的、多样的信息，具有高速、综合的特征；控制网络主要位于企业中下层，处理实时的、现场的信息，具有协议简单、容错性强、安全可靠、成本低廉等特征。图 2-10 企业网的体系结构示意。

（1）染整企业网络的构成及意义　染整企业网络是指在一个染整企业范围内，将信号检测、数据传输、处理、存储、计算、控制等设备或系统连接在一起，以实现染整企业内的资源共享、信息管理、过程控制和经营决策等，并能够访问到企业的外部信息资源，使得各项工作协调运作，从而实现染整企业集成管理和控制的一种网络环境。网络框架如图 2-11 所示。

在网络技术的推动下，控制系统向开发性、智能化与网络化方向发展，产生了控制对象形成的网络，简称控制网络（Intranet）。就染整企业而言，控制网络与信息网络互连，架构相互通信的网络具有如下意义：①控制网络与染整企业高层网络之间的互联，建立综合实时的信息库，有利于管理层的决策；②现场控制信息和生产实时信息可以及时在染整企业网内交换，相关人员能方便地了解企业生产情况；③建立分布式数据库管理系统，使数据保持一致性、完整性、和互操作性；④对控制网络进行远程监控、远程诊断、维护等，节省大量的用于交通的投资和人力，特别适合用于大型染整企业或区域较广的染整企业；⑤为染整企业提供完善的信息资源，在完成内部管理的同时，加强与外部信息的交流，从而带来巨大的经济效益。

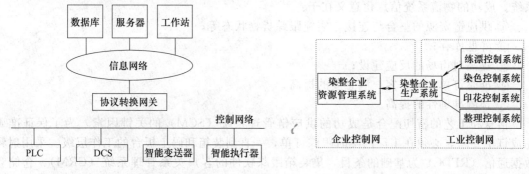

图 2-10 企业网的体系结构　　　　　　　　　图 2-11 染整企业网络框架

（2）染整企业网络的体系结构和分布式控制结构　染整企业的控制与管理层次大致可分为 5 层，如图 2-12 所示，底层的单元层和设备层是染整企业的信息流和物流的起点，以控制为主，能否实现柔性、高效、低成本的控制管理，直接关系到产品的质量、成本和市场前景。传统的 DCS（Distributed Control System，分散控制系统）、FCS（Fieldbus Control System，现场总线控制系统）、RTU（Remote Terminal Unit，远程终端控制系统）、PLC（Programmale logic Controller，可编程逻辑控制器）等控制系统由于其控制相对集中和独立性，导致了通用性的下降和成本的上升，且无法实现真正的互操作性。同时由于其自身系统的相对封闭，与上层管理信息系统的信息交换也存在一定困难。染整企业网络在体系结构上包括信息管理系统和网络控制系统，体现了染整企业管理控制一体化的发展方向和组织模式。网络控制系统作为染整企业网中一个不可或缺的组成部分，除了完成现场生产系统的监控以外，还实时地收集现场信息和数据，并对信息管理系统进行数据交换。

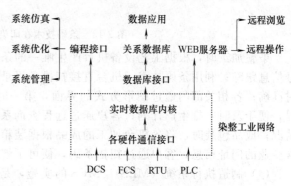

图 2-12 染整企业网络体系结构

分布式网络是相对于主从式网络提出来的。主从式网络的不足是：增加系统的复杂性与额外的资源开销；通信控制器一般为专用控制器，不具有开放性系统的基本条件；控制网络的层器结构使用网络间通信受到限制。该分布式控制网络的上层为一般的 WAN、LAN、Internet/Intranet，下层是现场总线/以太网控制网络，下层通过 IP 路由器与上层网络连接。

分布式控制网络的软件分层结构分为三层，上层为全局控制服务器和 Web 控制客户机。全局控制服务器的功能包括 Web 服务器、数据文件管理、对局与控制器的管理等。控制客户机实现控制网络的监控、操作和维护等功能。中层 IP 路由器在逻辑上起网关作用，其功能是网络连接、路由连接、协议转换等。下层现场总线/以太网控制节点，其功能是实现现场设备的控制功能和过程 I/O、控制节点接入网络的通信协议。分布式控制网络上层全局控制网络与中层 IP 路由器的连接遵循 TCP/IP 协议，下层控制节点遵循现场总线/以太网通信协议。

（3）建立面向供应链的管理信息集成　20 世纪的 ERP 解决方案的缺点，在于只看到一个公司的内部，对于企业以外的事情了解得很少。物流信息系统涵盖企业的整个供应链，包括企业的 ERP 和 ERP 之外的内向和外向物流，以及保证内外向及创造物流运作的各种支持系统。成功的物流系统信息化意义在于：

① 供应链资源的整合与连接，实施跟踪货物状态等；

② 降低库存；

③ 提高对市场的反应建设；

④ 准时订单交付，客户满意度的提高；

⑤ 预测准确性的提高。

信息和工艺的密切配合是成功的供应链管理系统（SCM）的关键因素。为了保证准确完成订单要求，必须在工厂内实时跟踪订单，一直到装箱和码上板台的工作层级。采用射频数据通信（RFDC）为基础的条目，集装箱跟踪软件的客户关系管理系统（CRM）、仓储管理软件（WMS）、ERP 系统整合，ERP 负责所有订单的管理工作，然后交给 WMS 系统负责发货，实现信息流的自动化。

图 2-13 是条码技术在印染企业中应用的示意框图。

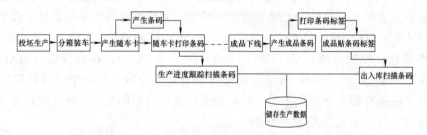

图 2-13　条码技术在印染企业中的应用

染整加工时，根据工艺设备机台产生唯一的条码，打印缸卡或车卡，工艺过程进行条码号信息跟踪；利用条码技术，机台直接扫描条码录入订单生产的进度，跟踪信息系统做到及时准确；各相关部门通过图形方式的界面，第一时间了解各订单在每个车间的详细生产情况，便于及时安排生产计划；客户通过远程查询系统，及时方便了解自己订单在工厂的生产情况；成品包装时，将各机台加工的成品根据装箱的情况打印各箱的唛头条码；成品条码中含企业的网址信息，客户通过扫描条码，便可了解企业的门户网站地址。

（4）制造执行系统（MES）　MES 的实施，是完成上层信息网络 ERP 和现场作业、生产设备（PLC、DCS、FCS）间的制造信息整合系统，实现企业生产管理一体化。MES 的功能组合如下。

① 实时信息系统（RMIS）：具有良好的开放性，可与不同厂家的 PLC、DCS、现场总线（Fieldbus）数据整合。

② 质量分析系统（QAS）：提供完整的实验室数据管理，对关键的过程控制参数和质量

检测参数进行监控。

③ 设备维护管理系统（MMS）：完成从工厂设计到企业生产运行全过程的设备管理。

④ 能源管理系统（EMS）：对企业内部水、电、汽等公用工程资源管理，为工艺生产正常运行提供监控与管理。

⑤ 批量管理系统（BMS）：实现生产记录自动化，提供一套完整的批量生产过程的历史记录，提高生产灵活性和可跟踪性。

⑥ 生产成本核算系统（MCAS）：监控直接生产成本（能源、消耗）、工资成本、设备折旧及管理费用等的分摊，算出生产的实际成本。

⑦ 生产调度系统（PSS）：在企业生产能力的约束下，依据来自ERP的产品计划制定生产作业计划，并将相关信息下达到过程控制层（PCS）。

MES从现场设备中获取数据，完成各种控制、运行参数的监测、报警和趋势分析等功能，且还包括控制组态的设计。制造执行系统的功能由计算机完成，它通过扩展槽中网络接口板与现场总线相连，协调网络节点之间的数据通信，或者通过专门的现场总线接口（转换器）实现现场总线网段与以太网段的连接，这种方式使系统配置更加灵活。制造执行层处于以太网中，因此其关键技术是以太网与底层现场设备网络间的接口，主要负责现场总线协议与以太网协议的转换，保证数据包的正确解释和传输。制造执行系统还为实现先进控制和远程操作化提供支撑环境，如实时数据库、工艺流程监控、先进控制和设备管理等。图2-14是基于总线控制企业网络系统示意，已明示MES与ERP、PCS的集合。

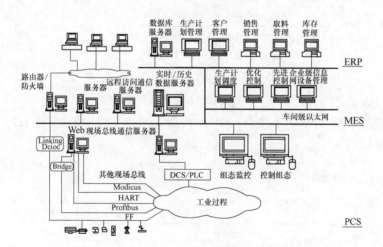

图 2-14　企业网络系统示意

2.4.1.2　染整现场总线控制系统的应用[16]

现场总线控制系统（FCS）既是一个开放通信网络，又是一种全分布控制系统，作为智能设备的联系纽带，把挂接在总线上作为网络节点的智能设备连接为网络系统，并进一步构成自动化系统，实现基本控制、补偿计算、参数修改、报警、显示、监控、优化及控管一体化的综合自动化功能。这是一项以智能传感器、计算机控制、数字通信、网络集合的综合技术。PCS是位于染整企业局域网的底层现场设备级，以太局域网将过程管理级和生产管理级三者联系起来。

（1）FCS的技术特征及对控制系统的影响

① 现场总线对微机控制的影响　现场总线给当今的微机控制带来7个方面的变革：用一对通信连接多台数字仪表，代替一对信号线连接一台仪表；用多变量、双向和数字通信方式代替单变量、单向和模拟传输方式；用多功能的现场数字仪表代替单功能的现场模拟仪

表；用分数式的虚拟控制站代替集中式的控制站；用 FCS 替代传统的分散控制系统（DCS）；变革了传统的信号标准、通信标准和系统标准；变革了传统自动化系统体系结构、设计方法和安装调试方法。

② 现场总线对 DCS 的影响

a. FCS 的信号传输实现了全数字化，从最底层的传感器和执行器就采用现场总线网络，逐层向上直至最高层均为通信网络互联。

b. FCS 的系统结构是全分散式。其废弃了 DCS 的输入/输出单元和控制站，由现场设备或现场仪表取而代之，即把 DCS 控制站的功能化整为零，分散地分配给现场仪表，从而构成虚拟控制站，实现彻底的分散控制。

c. FCS 的现场设备具有互操作性，不同厂商的现场设备即可互联，也可互换，并可以同一组态，彻底改变传统 DCS 控制层的封闭性和专业性。

d. FCS 的通信网络为开放式互联网络，既可同层网络互联，也可以每层网络互联，用户可既方便地共享网络数据库。

e. FCS 的技术和标准实现了全开放，无专利许可要求，可供任何人使用。

（2）现场总线的体系结构与控制层 图 2-15 是 FCS 的体系结构。

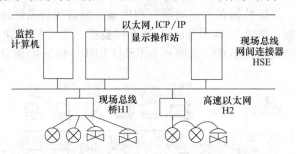

图 2-15 现场总线控制系统体系结构

服务器上接局域网 LAN，下接 H1 和 H2 网段，网桥上接 H2，下接 H1。图 2-16 是新一代 FCS 控制层示意。

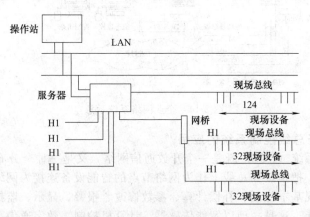

图 2-16 新一代 FCS 控制层

现场设备或现场仪表是指传感、变送器、执行器、服务器和网桥，辅助设备以及监控设备等。这些设备通过一对传输线互联（见图 2-16 可使用双胶线、同轴电缆、光纤等进行传输）。

（3）FCS 是综合自动化系统（CIPS）的基础 染整企业实施节能减排、一次准染整加工、资源循环应用的清洁生产生产模式，企业把提高综合自动化水平作为挖潜增效、提高竞争能力的重要途径。集常规控制、先进控制、过程优化、生产调度、企业管理、经营决策等功能于一体的综合自动化发展的趋势。只用基于 FCS 的 CIPS 才能集成整个工厂的控制流程（见图 2-17）。由于具备了开放式数据库的采集、处理和软测量技术、多变量动态过程模型的辨识技术以及合理的控制目标、控制结构和实施方案，可使得整体硬件费用大幅度下降，提高质量，节省时间，维护迅捷。通过互联网可进行全球电子商务。

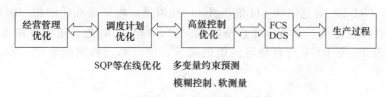

图 2-17　控制流程集成示意

（4）CAN 总线在染整设备中应用　CAN 即控制器局域网，是国际上最广泛应用的现场总线之一。我国染整设备，如退煮漂联合机、丝光机、蒸化机、圆网印花机等产品，皆应用着 CAN 总线。

2.4.1.3　染整生产过程亟须工艺参数在线测控[17]

纺织工业"十二五"科技进步纲要中，重点要求研究印染生产过程全流程的网络监控系统、高效数字化印染集成技术等印染在线监测及数字化技术，提高生产效率，促进节能减排。

染整生产从小批量、多品种加工，提升为实现及时化生产和一次精确化生产，这就需要不仅能迅速地进行生产过程的工艺变量监视，而且能迅速地进行工况分析、判断，做出工艺优化的操作决策，生产过程自动地检测、控制，严格、准确的信息采样、变送，替代操作者的部分直接劳动，使生产在不同程度上自动进行。生产过程按规定的工艺变量（如温度、湿度、速度、张力、浓度、液位、色泽、时间、克重、门幅、导布、含氧量、pH 值、纬密、预缩率及化学药剂的施加量等）值要求"上真工艺"，确保产品质量的稳定性、再现性，达到节能、降耗、低成本、安全、可靠、少污染的清洁生产，提高染整企业综合技术实力和市场竞争能力。

（1）染整生产过程的自动测控　染整生产过程中，由于自然或人为的原因，工艺变量值往往发生波动，偏离工艺变量的规定值。要达到稳定的工况，工艺的再现性好，就必须对生产过程实现自动控制。

检测任务是正确及时地掌握各种工艺变量的信息，而信息采集的主要含义，就是测量和取得工艺数据。计算机的发展，促进了常规传感器的革新，适合染整生产信息采集的数字、智能传感器应运而生。

染整生产过程大多数是连续生产，由多台单元机组成的联合机完成一工艺加工过程；浸染工艺采用单台机生产。生产过程某一工艺条件发生变动时，皆可能涉及其他工艺变量的波动，偏离正常的工艺条件。为此，就需要自动控制装置，将传感器采集、变送的信息，由计算机的运算，在数据库的支持下，做出纠正偏离工艺设定值的变量，或优化工艺保证生产过程正常、可控地进行。

（2）工艺参数在线测控的热点系统

① 湿布丝光更需要浓碱浓度的测控　国家工信部在《印染行业准入条件》中规定，"丝光必须配置浓碱自动控制和浓碱回收。"

湿布丝光可以免除退煮漂预制品的烘燥热能，全年按 6000h 工作计，可节省圆筒烘燥3000t 蒸汽；湿布丝光的织物不仅得色均匀、丰满，而且缩水率亦好于干布丝光工艺，因此说其是一种优质节能的工艺，极受业内采纳。

湿布丝光工艺必须严格控制半制品的含水率波动；棉纤维与烧碱的亲和力，致使碱槽内减浓度的衰减应及时得到补偿。只有控制半制品所浸轧、渗透的碱浓度，才能保证半制品的丝光钡值可靠的一致性，以利后续染色无色差弊端，这就需要采用 MAX-300 丝光浓碱浓度在线监测及自动加碱系统，实时监测，控制配碱，循环过滤输液。

② 一次准（RFT）染色亟须 pH 值、H_2O_2 残留量、电导率在线测控　国家规定每百米织物的取水量及综合能耗，是指入库合格品的织物，修色、剥色、重染将增加耗水、能耗、加大排污量。表 2-2 是 RET 与有缺陷的染色成本、生产率、利润的对比。表 2-2 成本生产率、利润对比

表 2-2　成本生产率、利润对比　　　　　　　　　　　　　　单位：%

工　艺	成　　本	生　产　率	利　润
RFT	100	100	100
偏色小修色	110	80	48
偏色大修色	135	64	−45
剥色、重染	206	48	−375

实现 RFT 染色是一个复杂多因素的染整系统工程，其涉及企业的科学管理、工艺优化、高效环保的染化料助剂的应用、装备的创新组合。RFT 是一种先进的受控染色技术，工艺参数在线测控是 RFT 生产的一个先决条件。

③ 活性染料对 H_2O_2 非常敏感，染浴中一旦有微量 H_2O_2 存在，活性集团就会不同程度地遭到破坏，从而产生明显色差、色花等染疵。采用过氧化氢酶脱氧，快捷有效，且可缩短 20% 的水洗时间。氧漂工艺完成后，H_2O_2 的残留浓度大于 60mg/L，传统水洗 90min H_2O_2 残留 0.5mg/L，酶洗 50min 亦同，再洗 20min 残留 0mg/L。氧漂后的 H_2O_2 残留量有多少？酶洗多久为好？只能依靠 HD-100 双氧水浓度在线检测控制系统的实施测控了。

④ 根据现场检测，工艺设定的 pH 值不等于实际染浴的 pH 值。其原因：染前 pH 值的调节未到位。实际染浴的 pH 值受着水质、待染半制品、染料、助剂等因素的影响。

根据测试，许多地区的水为碱性水，冷时基本为中性，工艺升温后则为弱碱性；待染半制品（特别是含纤维素纤维的织物）大多带碱，在热的染浴中有释碱现象；常用分散染料 5g/L 的染液 pH 值可达 8～9（受热后有所下降）；常用染色助剂 2g/L 的溶液 pH 值可达 7～8。外界带入的这些碱性物质完全有可能使原本正确的染浴 pH 值突破安全上限，进入工艺 pH 值超标的危险区。

弱碱性染料染锦纶 pH 值控制在 5，吸附速率和吸色量都很高，当 pH 值变化到 6，则变得很低，其深浅差距在 1 倍以上；从得色深度和匀染效果考虑，中性染料染锦纶的染浴 pH 值，控制在 5～6，在 pH 值为 7 时增得 5%～10%，而丽华素翠蓝 3G，在 pH 值为 7 时几乎不上色，pH 值为 5～6 时得色可提高 4 倍以上。表 2-3 是活性染料染锦纶 pH 值影响得色的对比。

表 2-3　活性染料染锦纶不同 pH 值得色对比　　　　　　　　单位：%

项　目	pH=4	pH=5	pH=6	pH=7
红 M-3BE	95	100	40	25
黄 M-2bg	100	100	50	25
黑 KN-B	100	100	50	30
艳蓝 KN-R	得色严重灰暗			得色深艳

浸染工艺过程采用 pH500pH 值检测及控制系统实施测控十分必要。

⑤ 染色用水的电导率要求低于 $1200\mu S/cm$ 为好，高于 $2000\mu S/cm$ 会产生严重色花；电导率在 24h 内的波动范围不宜超过 10%，否则会产生严重色差，这亦是打小样、放大样符样率低及产生缸差的重要原因之一。

目前染整企业要求回用水 35%，"盐"的累积将大幅提高了电导率。采用 pH800 电导率在线测控系统，测控染色进水的电导率，提高一次准染色；然后洗涤在线测控电导率，可管控水洗时间，有利于节能、省水。

⑥ 热风拉幅排气适度测控的节能　热平衡计算表明：织物热风拉幅时水分蒸发需要热量占总能耗的 65%～70%；加热织物占 3%～5%；机体热损耗 3%；排气损耗占 20%～30%。可知拉幅工艺节能重点是织物含水量及排气损耗两项。

某织物常规拉幅工艺：带液率 68%，工艺车速 40m/min，排气相对湿度 10%RH，全年工作 6000h 消耗蒸汽 1222.4t。将织物进布含水率降至 38%；排气采用节能湿度 20%RH，由 MRC-X 气氛湿度在线监测及控制系统实施测控，全年蒸汽消耗降到 371t，使蒸汽消耗下降到 30%。

信息化将成为我国生产高品质纺织品，行业经济转变增长方式的最新动力；它能使行业增强对全球市场的快速应变能力。纺织企业信息网络能帮助企业进行有效与效益的信息管理和利润最大化，保证准确完成订单要求，提高客户的满意度。

先进的 ERP 若想获得预期高回报，应与 MES、PCS 整合。工厂信息化的基础是数据的实时准确采集，应用条码技术，完成产供，销过程实时跟踪订单颇有实效。

应用网络将限于局域网的 CAD/CAPP/CAM 系统，通过建立 NATD 系统扩展于广域网，实现电子商务。

网络系统的建立必须在单机自动化水平较高、运行可靠的基础上，而今后的自动化生产，将不仅是单台机器的自动化控制和单一车间的自动化管理，而是整个企业的网络实时监控和整个行业的信息沟通。

工艺变量测量的传感器是关键的自动化元件，智能化的传感器潜在市场极大；FCS 网络系统将成为实现纺织生产综合自动化最有效的装备。

2.4.2　制造执行系统的生产管理技术

过去的若干年来，ERP 在国内纺织印染企业中得到了较广泛的重视，一些企业花费了大量资金实施了 ERP 系统。但就实际使用情况而言，作为流程生产行业的纺织印染企业从 ERP 中获得的利益远没有离散型生产企业（如机械加工等）和商业流通型企业那么明显，甚至受到不同程度的损害。根据相关部门的调查结果显示，大部分的纺织印染企业认为他们的 ERP 系统是不成功的。因此就形成了人们常说的：不上 ERP 是等死，上了 ERP 是找死。这里反映出在 ERP 实施过程中确实存在一些不可忽视的问题，其中最主要的是作为具有鲜明行业特点的纺织印染企业，光有 ERP 并不能帮助和指导分析其工厂生产的瓶颈，改进和控制产品的质量，以及对具体的产品生产进行排产；ERP 不但没有调动工厂管理人员的积极性，反而把他们降格为一种信息的收集者；ERP 虽有生产控制模块，但难以真正在实际生产层中使用。如果不加分析和改进这些问题，其结果则是实施 ERP 系统的初衷与企业现实生产越走越远[18]。

那么如何解决这一主要问题呢？根据我们对于实施纺织印染企业 ERP 的经验和对于行业自身特点的深入分析，尝试引入 MES（制造执行系统）来将企业管理计划层的 ERP 系统和企业 SFC（现场生产自动化系统）相结合。从而真正实现企业生产指令信息自上而下的传递，和车间生产数据自下而上的实时反馈跟踪。通过强调制造过程的整体优化来帮助企业建立一个覆盖全厂或者整个流水线的完整的闭环信息管理系统，即形成一体化和实时化的ERP/MES/SFC信息体系。

2.4.2.1　纺织印染企业计划层与过程控制层之间的信息"断层"问题

现在我们纺织印染企业多年来采用的传统生产过程的特点是"由上而下"按计划生产。简单地说是从计划层到生产控制层：企业根据订单①制订生产计划；②生产计划到达生产现场；③组织生产；④产品派送。纺织印染企业的管理信息化建设的重点也大都放在计划层，以进行生产计划的制定、管理及一般事务处理。如ERP系统就是"位"于企业上层计划层，用于整合企业现有的生产资源，编制生产计划。在下层的生产控制层，企业主要采用自动化生产设备、自动化检测仪器、自动化物流搬运储存设备等解决具体生产（制程）的生产瓶颈，实现生产现场的自动化控制。如目前大多数的纺织印染企业都使用的是国际上最先进的纺机设备。从去年的第十一届国际纺机展看，全线的纺纱印染设备都配置了数据在线采集装置，并大多数配有计算机监测系统。企业通过这些系统来实现对生产现场的监督控制。

随着纺织品市场环境的不断变化和市场竞争的加剧，要求我们的纺织印染企业不断更新生产管理理念，一个纺织印染企业能否良性运营，关键是使"计划"与"生产"密切配合，企业和车间的管理人员可以在最短的时间内掌握生产现场的变化，做出准确的判断和快速的应对措施，保证生产计划得到合理而快速修正。虽然ERP和现场自动化系统已经发展到了非常成熟的程度，但是一方面由于ERP系统的服务对象是企业管理的上层，一般对车间层的管理流程不提供直接和详细的支持。生产计划下达后，计划在生产车间的执行情况，如订单所处生产流程中的位置、各工序的生产实时进度、质量情况等却无法掌握。另一方面现场自动化系统的功能主要在于现场设备和工艺参数的监控，它可以向管理人员提供现场检测和统计数据，但是本身并非真正意义上的管理系统。而且每个纺织印染企业所使用的机器设备不可能完全统一，采用同一品牌。因此，各种机台自带的数据采集装置和计算机监测系统必然五花八门，无法集中统一。从而导致各个机台的数据采集和监测系统独立运行，无法集中监控，更不可能将生产控制层（即生产一线）的数据反映给生产计划层（ERP系统），使之对生产计划的执行情况进行指导和跟踪。所以，ERP系统和现场自动化系统之间出现了管理信息方面的"断层"，这也就使我们企业所使用的ERP管理系统与具体生产实际情况相隔离。对于用户车间层面的调度和管理要求，它们往往显得束手无策或功能薄弱。比如面对以下车间管理的典型问题，它们就难以给出完善的解决手段：

• 出现用户产品投诉的时候，能否根据订单编号追溯这批产品的所有生产过程信息？能否立即查明它的生产时间日期、经过的工序、经过的操作机台、操作人员、关键的工艺参数、所使用的坯布、染化料批次和供应商？

• 能否自动校验和操作提示以防止工人生产工艺错误、产品生产流程错误、产品混装和货品交接错误？

• 过去12h、24h、1周、1月之内生产线上出现最多的5种质量问题是什么？回修数量各是多少？

• 目前仓库以及各工序的前道工序、后道工序线上的每种产品数量各是多少？要分别供应给哪些客户？何时能够及时交货？

• 生产线上的各个机台有多少时间在生产，多少时间在空闲？影响设备生产潜能的最主要原因是：设备故障？调度失误？物料供应不及时？工人操作不当？还是工艺指标不合理？

• 能否对产品的质量检测数据自动进行统计和分析，精确区分产品质量的随机波动与异常波动，将质量隐患消灭于萌芽之中？

• 能否废除人工报表，自动统计每个过程的生产数量、合格率和回修率？

因此，尝试引入 MES（现场生产自动化系统），在计划层（ERP 系统）和现场自动化系统（SFC）之间加入执行层，主要负责车间生产管理和调度执行。在统一平台上集成诸如生产调度、产品跟踪、质量控制、设备故障分析、网络报表等管理功能，使用统一的数据库和通过网络连接可以同时为计划部门、生产部门、质检部门、工艺部门、物流部门等提供车间管理信息服务。系统通过强调制造过程的整体优化来帮助企业实施完整的闭环生产，协助企业建立一体化和实时化的 ERP/MES/SFC 信息体系。

2.4.2.2　生产流程作业指导

首先，绘制出生产的总体流程图，如图 2-18 所示。

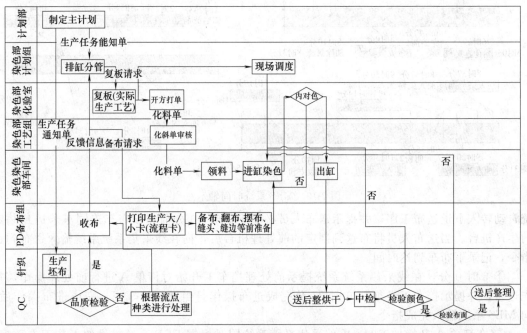

图 2-18　针织面料分厂总体流程

整个系统我们"以时间为关键"，利用"时间"的绝对客观性，来测量及优化流程。在分析清楚生产流程后，接着我们再根据各工序的实际生产要求将整个生产流程定位于一个具体的时间轴上，如图 2-19 所示。

可以看到，在时间轴上将一个订单的整个生产流程工序划分为备布、前处理、染色、后整理四个阶段。然后在每个阶段中，又根据不同的工艺及每道工艺操作人员所要执行的动作进行了细分。并详细标注了各个工艺及动作开始和结束的具体时间，当然不同的布种根据加工工艺要求不同时间点也会不同，这就需要首先建立一个详细的布种工艺参数数据库。

在知道了每个工艺及动作开始和结束的具体时间后，就可以制订出一份详细的工艺操作指导书。通过该标准工艺指导书来要求各部门及各岗位操作员工严格根据指导书要求进行标准动作操作。同时，还要利用软件和硬件对指导书的执行情况进行调度和监控。例如：

① ERP 系统中生产计划制定订单 A 在 1 时 0 分进入备布工序，在线采集系统系统就会自动在该时间向备布工发出提醒，并提示最迟在 4 时 0 分完成订单 A 备布。

② 当备布工完成订单 A 备布后，向在线采集系统系统输入备布完成，由在线采集系统系统自动转入下道工厂缝头，并提示该工序操作工开始工作，并提示必须于 4 时 26 分前打印车卡，在 5 时 0 分完成缝头。

③ 当缝头完成后，操作工向在线采集系统系统输入缝头完成时间，由在线采集系统系

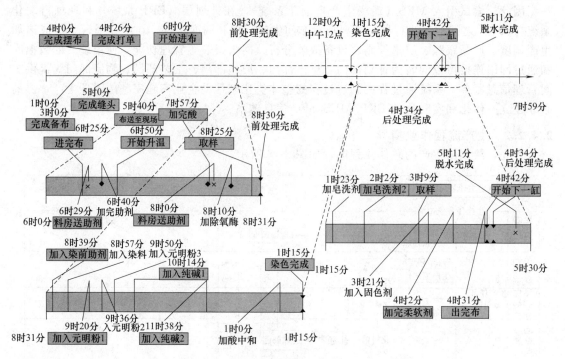

图 2-19　MES 系统时间轴示意

统自动转入下道送布工序，并提示送布人员必须于 5 时 40 分前将该布车连同车卡送到制定的生产机台。当送布人员将布这到制定的前处理机台后，向在线采集系统系统输入送布到达指令，记录下布车到达时间。

④ 6 时 0 分，在线采集系统系统提示前处理挡车工开始对订单 A 进行前处理操作，首先进布，并提示挡车工必须在 6 时 25 分完成进布操作。当处理挡车工，完成进布操作后，向 MES 系统输入完成指令。

⑤ 在订单 A 开始加工时，在线采集系统系统同时根据 ERP 系统提供的工艺配方数据，提示称料间在 6 时 29 分前必须完成前处理助剂的称量，并送至制定前处理机台。当前处理助剂送达机台，由操作工向在线采集系统系统输入送达指令，并记录下送达时间。

⑥ 当前处理挡车工完成进布后，在线采集系统系统提示进行前处理助剂添加动作，并提示需在 6 时 40 分添加完成（根据上面第 5 步操作，此时助剂已送至该机台）。

⑦ 当 6 时 50 分系统在线采集系统系统自动提示挡车工开始进入升温操作，并根据 ERP 系统提供的工艺配方及工艺操作数据，提示何时完成升温，何时加入其他助剂，直到前处理工艺完成，由挡车工向在线采集系统系统输入前处理完成时间（进入染色工艺）。

⑧ 根据时间轴设定，在线采集系统系统对操作工进行每道工艺及动作的操作提醒，指导操作工按时间和工艺要求进行操作。同时协调称料间在规定工艺要求时间配置好相应染化料并于制定时间内送达指定机台。

（1）数据采集站　为了提高整个系统的运行效率和考虑到生产车间一线操作工的系统操作水平，在线采集系统系统要求操作简便，速度快。因此通过在车间现场架设多处无线或有线数据采集站（一体机），采用条码扫描方式对车间生产流程信息进行采集。

同时在车卡上和配方单上打印条码，并根据生产工艺号，对工序过程细分为多个小过程，每个小过程结束后，操作工只需要在数据采集站上刷入条码信息，相应信息就可实时输入 ERP 系统，精确的实时反映车间生产状况。计划管理调控人员，可根据信息及时处理指挥进度，有利于实物流的有序高效流动。

（2）信息发布 以机台执行计划为核心，设定相关平行工序的最佳完成时间段，并通过现场大屏幕显示以简洁可视化的内容，和机台程控电话以及广播系统实时发布和确认，保证执行人能实时接收信息和反馈，并通过信息采集系统进行考核。整个生产流程作业指导系统设计流程如图 2-20 所示。

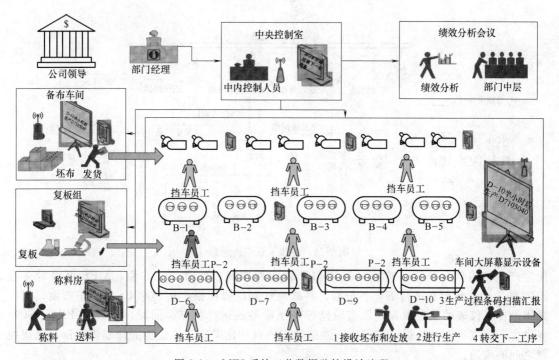

图 2-20 MES 系统工艺数据监控设计流程

通过该部分，就可以把 ERP 系统的计划信息直接细化并下达到具体的生产线机台，同时通过在线采集系统系统，收集各工序指令执行情况及数据，反馈给 ERP 系统，以备生产计划管理人员对生产线进行执行情况监督及指导。

在线采集系统系统下达了正确的工艺操作指令后，并不能保证操作工严格按照工艺操作指导书进行操作，因此就必须利用现有的生产机台上的数据采集端口，将各具机台上的重要工艺执行参数进行收集，并集中反映到在线采集系统系统中。通过对整个生产线甚至整个车间的机台数据的集中采集监控，来及时发现并纠正操作工的违规操作，从而保证生产工艺严格按照工艺操作指导书执行。

现有普遍的纺织印染企业所使用的机台上都带有相应的工业 PC/PLC/HMI 等数据采集设备，将在现有机台上加装数据采集器，读取不同机台上的各种数据，然后统一传输到在线采集系统系统中进行统一监控。系统如图 2-21 所示。

通过生产流程作业指导和工艺数据监控两部分，组成的完整的在线采集系统（制造执行系统）就可以成功的实现企业计划层和生产控制层的信息共享，并很好地下达生产计划指令，执行相应操作。一方面解决了长期困扰纺织印染行业的生产设备数据自动采集问题，为企业实现生产制造管理自动化提供了基础条件；另一方面，将计划执行情况、生产进度、质量信息传递给 ERP 系统真正发挥 ERP 系统的计划执行及资源分配作用。

制造执行系统（Manufacturing Execution System，MES）是近年来兴起的一项车间制造管理技术，属于制造业信息领域。它定义为位于企业上层 ERP 与底层设备自动控制系统（CS）之间的、面向车间层的管理系统。其内容包括：制造过程中的生产调度、生产过程监控、物料跟踪管理、质量管理、设备管理等，强调制造计划的执行和产品制造过程的控制，

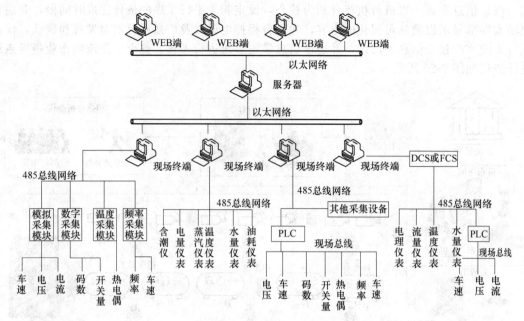

图 2-21　在线采集系统示意

使生产现场的信息收集、传递、处理和反馈做到准确、及时。一方面，MES 可以对来自 ERP 的生产管理信息进行细化、分解，将来自计划层操作指令传递给 CS；另一方面，可以采集设备、仪表的状态数据，以实时监控底层设备的运行状态；同时，可以为 ERP、SCM 提供生产现场的实时数据，实现生产制造数据的自动化采集，从而加强计划管理层与底层控制之间的沟通。

MES 的目标是为企业提供快速反应的、有弹性的、精细化的生产管理环境，协助企业保证产品质量、提高劳动生产率、减少残次品、降低资源能源消耗，从而实现先进制造的管理要求。

MES 是连接企业管理层和生产控制层的桥梁。正如专家的形象比喻：如果说企业信息化系统是一个"王"字，ERP 是上面一横，CS 是下面一横，MES 则是中间的一横和一竖，起承上启下的作用。

参 考 文 献

[1]　马学亚，柴化珍. 推行精细化管理，实现可持续发展. 开源首届全国印染行业管理创新年会论文集. 常州：中国印染行业协会，63-65.

[2]　傅继树. 信息化促进印染精细化管理和节能减排. 开源首届全国印染行业管理创新年会论文集. 常州：中国印染行业协会，45.

[3]　金万树. 数字化促进印染管理创新. 开源首届全国印染行业管理创新年会论文集. 常州：中国印染行业协会，39-40.

[4]　陈立秋. 绿色硕果. 第五届全国染整环保节能学术讨论会论文集. 无锡：中国纺织工程学会染整专业委员会，1.

[5]　汤弈华. 以清洁生产落实 ISO 14001 之案例介绍. 2003 年中国国际染整技术与发展会议论文集. 杭州：中国印染行业协会，98-100.

[6]　杨辉. 染整企业推行 ISO 9000 质量体系认证. 染整技术，2008，10：38-40.

[7]　杨辉. 如何把环保管理纳入印染企业管理体系. 染整技术，2009，11.

[8]　林丽霞. 中小型染整企业生产管理研究. 开源首届全国印染行业管理创新年会论文集. 常州：中国印

染行业协会，90-93.

[9] 杨辉．过程方法在中小印染企业质量管理中的应用．开源首届全国印染行业管理创新年会论文集．常州：中国印染行业协会，261-267.

[10] 马建华．推行 5S 标准化，提升现场管理水平．开源首届全国印染行业管理创新年会论文集．常州：中国印染行业协会，56-57.

[11] 姜春林，等．创造高效的化验室管理．开源首届全国印染行业管理创新年会论文集．常州：中国印染行业协会，150-151.

[12] 陈颖译，何叶丽校．染整厂能源管理．印染，2005：3.

[13] 顾仁．印染能源管理系统．常州宏大科技（集团）文档：HDP-2010-12-15.

[14] 陈立秋．纺织工业的管理现代化和生产自动化．纺织导报，2005，6：14-15；18；22.

[15] 陆玉亭．浅谈染整企业网络的建设．染整技术，2010，2：44-45.

[16] 陈立秋．现场总线在染整生产中的应用中国纺织报纺机周刊，2013-05-13.

[17] 陈立秋．工艺参数在线测控助力节能减排．中国纺织报纺机周刊，2013-04-22.7.

[18] 王韬．纺织印染精益生产．第四届全国染整行业技术改造研讨会．济南：中国纺织工程学会，173-179.

3

染整生产用水

全球对水的需求量正以超过人口增长率 2 倍的速度增长。在过去的 100 年中,世界人口增长了 3 倍,而水的消耗量却增长了 7 倍。从 1970 年开始,全球人均可利用的水量已下降了 40%。

据国家统计局统计,2000~2009 年,我国淡水资源总量约 2.8 万亿立方米,人均淡水资源 2160m³,人均可利用淡水资源仅 900m³,成为世界严重缺水的国家之一。目前,全国 655 个城市中,400 多个缺水,其中 110 个严重缺水,再加上人为因素所致的水污染问题,使得我国水资源贫乏的形势更加严峻。2008 年,全国废水排放总量为 571.7 亿吨,比 2007 年增加 2.7%。其中,工业废水排放量为 241.7 亿吨,占废水排放总量的 42.3%,严重污染长江、黄河、淮河等重大流域,造成污染性缺水问题。

印染行业的生产多为湿处理过程,从纺织品的染整前处理过程一直到后整理过程,包括退浆、煮练、漂白、丝光、染色、印花以及常规的整理等都需经过水系统完成。纺织印染行业不仅是高碳排放大户,也是高耗水行业。据不完全统计,中国纺织行业的总能源消耗为 6867 万吨标准煤,年耗水量达 95.48 亿吨,新鲜水用量居全国各行业第二位,废水排放量居全国第六位,目前我国纺织行业 80% 的用水量和污水排放量来自印染行业,而印染行业的排放水年回用率不到 10%。按照印染纺织品单位质量计的耗水量最大为国外的 3 倍,能耗是国外的 3~5 倍,能源费用占到加工费用的 30% 以上,有些企业甚至达到了 50%,染化料耗用量比发达国家高出 20%~30%。在近年对全国 39 个行业进行第 1 次污染源调查时,纺织行业的污染状况升至第 2 位,能耗占行业总能耗的 4.3%,是能耗大户之一,废水排放量列各行业的第 3 位。

纺织工业节水工作取得进展。"十一五"期间,用水量最大的印染行业百米印染布新鲜水用水量由 4t 下降到 2.5t,累计减少 37.5%,印染布生产用水回用率由 7% 提高到 15%,提高 8 个百分点。高效短流程前处理和连续染色设备、新型间歇式染色机、冷轧堆染色、生物酶退浆等先进装备及工艺技术的推广应用,可实现节水 20% 以上。

水是人类生存无可替代的有限资源,我国人均可用水量仅为世界人均可用水量的 1/3。节约水资源的消耗,染整生产过程,采用高效水洗技术,小浴比工艺,一次准确染色,冷却水、凝结水回用,中水回用等节水措施很重要。

3.1 节 水 技 术

3.1.1 高效水洗技术要点

3.1.1.1 洗涤的基础理论

织物水洗过程是一个传质过程。根据费克（Fick）第一定律，水洗物质交换方程式如下：

$$G=(D/H)(C_1-C_2) \tag{3-1}$$

由式（3-1）可知，要达到高效水洗的效果，重要的是具有高的扩散系数（D），高的浓度梯度（C_1-C_2，C_1 为织物上污物浓度，C_2 为洗液内污物浓度）；缩短扩散路程（H）[1]。

要去除存在于织物等纤维集合体中的需洗净的物质，一般要经历以下四个阶段：第一阶段，解除要洗除的物质同纤维的结合；第二阶段，使在纤维内要洗除的物质向纤维表面移动；第三阶段，通过纱线和织物内纤维之间的水向纤维集合体（纱线、织物等）的表面移动；第四阶段，从纤维集合体表面向洗涤液移动。

其中，第一阶段，洗除物同纤维结合的解除因纤维和洗除物的种类不同而异。第二阶段是洗除物在纤维内的移动，是以洗除物的扩散移动为中心。还有，各种浆料和聚合的树脂等高分子物质一般不进入纤维内部，所以，这个阶段就不存在了。第三阶段中，洗涤液搅拌激烈的时候，随着水的移动，洗除物质的移动就同扩散移动合二为一子。第四阶段，实际工厂现场的水洗，洗涤液的移动是以洗除物移动为中心而移动。

一般而言，扩散移动同随着水的移动两者相比较，前者速度非常慢，是支配洗涤整度的重要因素，因此，在考察洗涤速度时，必须考虑扩散的因素。

现在，把含有均一的洗除物的均质圆柱和平板放入完全不含洗除物的无限大的洗涤浴中浸渍时，均质圆柱或平板中的洗除物在洗涤浴中移动，并逐渐减少下去，其残留率 y（t 秒洗涤后的洗除物残留量/洗涤前洗除物含有量）以下式表示：

圆柱
$$y = \sum_{n=1}^{\infty} \frac{4}{Q_n^2} \exp\left(-D \frac{Q_n^2}{p^2} t\right) \tag{3-2}$$

平板
$$y = \sum_{n=1}^{\infty} \frac{8}{(2n-1)^2 \pi^2} \exp\left[-D \frac{(2n-1)^2 \pi^2}{4p^2} t\right] \tag{3-3}$$

式中，Q_n 为 J_0。$(Q_n)=0$ 的 n 次根；J_0 为 0 次的容器函数；D 为洗除物在圆柱或平板中的扩散系数，cm^3/s；p 为圆柱半径或平板厚度之半，cm，t 为浸渍洗涤时间，s。

上述式（3-2），式（3-3）的第 2 项随时间延长急速地减少，可以省略，分别简化如下：

圆柱
$$y \approx 0.69 \exp\left(-D \frac{2.4^2}{p^2} t\right) \tag{3-4}$$

平板
$$y \approx 0.81 \exp\left(-D \frac{\pi^2}{4p^2} t\right) \tag{3-5}$$

把纱线或织物等纤维集合体浸入洗涤液时，就变成纤维及其间充满洗涤液的复合体，决不再是均质的圆柱和平板子。但是，洗涤实验的结果很多同这些公式非常一致，同时，在理论方面，当洗除完全不进入纤维内部的高分子物质时也符合这些公式。进一步分析，洗除物在纤维中的扩散系数为在水中的扩散系数的 1% 以上时根据上式计算的结果同实验值大体上一致。

用附有 NaOH 和 PVA（聚乙烯醇）的织物做洗涤实验，其结果同根据上式计算的结果比较，两者非常一致。PVA 的情况，相当于洗除物（PVA）不可能进入纤维内部的情况，NaOH 的情况，相当于洗除物（NaOH）在纤维中的扩散系数为在水中的扩散系数的 1% 以上的情况。

在染料等的洗除时，染料在纤维中的扩散系数非常小。这时，以一根纤维，如果应用式（3-4）或式（3-5），可以得到同实际相近的值。

由式（3-4）、式（3-5）可得下列 3 点结论。

（1）提高洗涤温度，使扩散系数提高，就能缩短洗涤时间，这是短流程前处理工艺快速反应的需要。

（2）织物平幅洗涤，在织物表面与洗液之间即形成一层"界面层"，叫作能斯特层，或称黏性阻滞层。洗液中的浓度不断降低，"界面层"不断变薄，织物上高浓度的洗涤物就不能通过"界面层"向洗液中置换出去。对比式（3-4）及式（3-5）可知洗涤液的搅拌振荡，对洗涤效果的影响很大，洗涤速度是按指数倍率加快的。提高温度和采用振荡的方法，都是致力于破坏"界面层"的饱和状态，提高浓度梯度（$C_1 - C_2$ 差值大），加快传质速度。

（3）洗涤速度同纱线的粗细或织物的厚度（p）二次方成反比，因此，p 增加，其他洗涤条件不变，时间就要按二次方增加了，也就是说除非降低工艺车速，损失生产效率，或是将水洗装置工艺流程加长。这都不符合短流程前处理的工艺原则。

3.1.1.2　高温水洗获得高扩散系数

洗液温度高了，可以减弱氢键结合力，减小库仑力，降低纤维表面溶液的黏度，增加分子动能（大于分子扩散能阻），从而提高扩散系数。水的运动黏度在一个大气压（0.1MPa）下，20℃ 时为 $1.004 \times 10^{-6} \, \text{m}^2/\text{s}$，水温升到 100℃ 时黏度降至 $0.3 \times 10^{-6} \, \text{m}^2/\text{s}$，因此，轧水时，95℃ 水温比 20℃ 的脱水效果提高 20%～80%，洗涤过程提高了浓度梯度，而用 85℃ 热水代替 95℃ 洗液洗涤织物，洗涤效果约下降 15%；冷轧堆前处理过程中烧碱难以分解的杂质，在 95℃ 高温条件下，能与果胶生成果胶酸钠而溶解，使它的水溶性增大；织物浆料中的 PVA 是非等规聚合物，在热的碱液作用下，水解断键使其聚合度下降，溶解度显著增加，因此易实现净洗。由于 PVA 对冷热极敏感，洗涤效果随水温升高而去除率提高，而在 80℃ 以下达到一定浓度时，会发生凝集现象，沾污织物及导布辊。因此，必须稳定控制洗涤液温度，织物进轧车前的喷淋亦应用高温水；织物平幅洗涤，在织物表面与洗液之间形成一层"界面层"，或称黏性阻滞层，洗液温度的提高，破坏了"界面层"的饱和状态，黏性阻滞层变薄，织物上高浓度的洗涤物就不断通过"界面层"向洗液中扩散。

应用温度变量测宾仪表控制洗涤用水的合理温度，对水洗过程具有高的扩散系数（D），极为重要。

3.1.1.3　提高水洗的浓度梯度

（$C_1 - C_2$）决定子织物洗涤过程中的污物浓度梯度，提高浓度梯度（$C_1 - C_2$），就要设法使洗液内污物浓度（C_2）降低。如逆流供水，高效水洗机中的平洗槽从进布至出布阶梯排列，由低到高，尾部进清水，逐槽循序逆流供水，逆流水洗的织物向前进给，接触沾污浓度渐减的洗液，提高了浓度梯度，有利于织物上洗涤去除物的扩散；水洗箱采用分格逆流结构（见图 3-1），作丝先去碱水洗。

以下 6 上 4 导布辊的低水位逆流水洗槽为例，设以挡板分割的小槽中洗液烧碱浓度（自进布端起）分别为 C_1、C_2、C_3、C_4、C_5 和 C_6，与各小槽相对应的进布带液浓度分别为 C'_1、C'_2、C'_3、C'_4、C'_5 和 C'_6。各小槽洗液间均存在着稳定的浓度差，其浓度沿织物运行方向递减；进布带液间也存在着稳定的浓度差，其浓度沿织物运行方向递减，且其带液浓度大于洗

3　染整生产用水　**65**

液浓度，即 $C_i' > C_i$（$i = 1, 2, \cdots, 6$）。

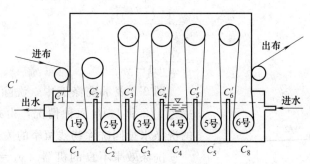

图 3-1　低水位逆流水洗槽结构示意

　　将织物在一平洗槽洗涤后所带的洗涤液，经轧车机械挤压脱水，尽量降低织物上的非织合水，避免带到下一单元平洗槽，而导致后续单元 C_2 值的上升，水洗的浓度梯度 $C_1 - C_2$，减小，不利于传质反应，按照轧车的轧余率要求，轧车的轧辊直径要小，橡胶硬度要高，压强要大，因此，平洗轧车应有轧辊橡胶层硬度以邵尔 A80 度为宜，而且回弹性要好，有利于织物的手感，橡胶材料应采用合成橡胶，推广应用中固辊轧辊，轧液均匀；线压力在 1.5~2.5MPa 之间选用，不宜过大，可配合热水脱水，减小轧余率。

　　研究表明：用轧辊挤压织物，能使洗除物比不用挤压的工况减少 2/3；贝宁格水洗上导辊加压后，带液率是传统导辊式水洗机的 55%，增大了浓度梯度，提高传质效果。

3.1.1.4　缩短扩散短程

　　扩散路程（H）主要由织物内的路程和"界面层"（黏性阻滞层）的膜厚度 δ 组成，δ 起主导作用，其与洗液的流动状态的关系式：

$$\delta \approx \sqrt{\frac{\nu l}{V}} \tag{3-6}$$

　　式中，δ 为"界面层"膜厚度，m；ν 为洗液运动黏度，m^2/s；l 为布液接近区长度，m；V 为洗液流速，m/s。

　　由式（3-6）可知，若使 l、ν 减小，V 加大，则能使 δ 值减小而缩短扩散路程。在平幅水洗过程中，缩短扩散路程的方法：提高洗液温度，降低 ν 值；振荡洗涤破坏"界面层"的饱和状态，减小 δ 值，极大提高 V 值；采用各种"水穿布"洗涤模式缩短接近区长度 l。

3.1.2　逆流水洗技术

　　实际洗涤时，从节能的观点出发，需要尽量减少用水量，但减少用水量，从织物上落入洗涤液的洗除物使洗涤液更污秽，洗涤效果会随之降低。在其他条件完全相同。仅仅改变洗涤液的浓度的情况下，洗除物残留率用式（3-7）表示[1]：

$$y = \frac{C_L}{C_0} + y_0 \left(1 - \frac{C_L}{C_0}\right) \tag{3-7}$$

　　式中，C_L 为洗涤液中洗除物的浓度，g/mL；C_0 为洗涤前织物上洗除物的浓度，g/mL；y_0 为在同一条件下，采用完全不含洗除物的洗涤液洗涤时洗除物残留率。

　　该式是假定洗涤前后织物中的水分不变，纤维不对洗除物选择性吸收的情况下的公式，同实验结果非常一致。

　　假如使用的洗涤水为织物中所含水分的 x 倍，由于物质均衡，式（3-8）便成立，且由式（3-7）和式（3-8），可以导出式（3-9）：

$$C_L = \frac{C_0(1-y)}{x} \tag{3-8}$$

$$y = \frac{y_0 x + 1 - y_0}{x + 1 - y_0} \tag{3-9}$$

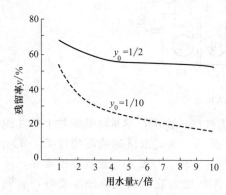

图 3-2 用水量和洗涤效果关系

图 3-2 表示洗涤液中，洗除物浓度为零时残留率为 1/2 和 1/10 两种情况，由式（3-9）计算得出的洗涤水量同洗除物残留率的关系。

洗涤效果不良的机器（$y_0 = 1/2$），即使增加用水量，洗涤效果提高也不显著。在这种情况下，常常用提高洗涤温度或延长洗涤时间等方法来提高洗涤效果，而用减少洗涤水量来达到节能的目的。

相反，洗涤效果良好的机器（$y_0 = 1/10$），多量地使用洗涤水有效。但这种的情况下，可以分为几种方式，后述以逆流方式使用洗涤水来节约洗涤水是其中一种方式。

采用逆流法，前面各槽采用喷淋等方法供给洗涤水。仅仅最后一个槽供给洗涤水，并逐槽往前送。

式（3-10）和式（3-11）是表示根据两种方式得出的洗除物残留率的公式：

$$\frac{1}{y} = \left(\frac{1-y_0+x}{1-y_0+y_0 x} \right)^n \tag{3-10}$$

$$\frac{1}{y} = \frac{x^n(1+y_0)}{(1-y_0+y_0 x)^n} + \frac{x^{n-1}(1-y_0)}{(1-y_0+y_0 x)^{n-1}} + \frac{x(1-y_0)}{1-y_0+y_0 x} + 1 \tag{3-11}$$

式中，x 同式（3-8）的情况相同，表示洗涤水量对织物中含水量的倍数，式（3-10）表示采用各槽分别供水时，因为 x 是每槽洗涤水的用量，所以全机洗涤水用量就是 nx 倍。

表 3-1 由式（3-10）和式（3-11）计算的结果，比较一下表 3-1 中的 A 和 G，B 和 H 就可得出结论：任何情况下，逆流方式用水量少，洗涤效果好。

表 3-1　五槽水洗机供水量和洗涤效果

序号	给水法	每一槽的用水量（x）/倍	总用水量/倍	水洗效果差异（y_0）	药物残留率/%
A	各槽供给	5	25	1/2	4.8
B	同	5	25	1/10	0.076
C	同	10	50	1/2	4.0
D	同	10	50	1/10	0.016
E	逆流方式	5	5	1/2	6.3
F	同	5	5	1/10	0.13
G	同	10	10	1/2	4.4
H	同	10	10	1/10	0.022

一般洗涤中使用温水的实例很多，这时采用这种逆流方式对节能有利。

由表（3-1）可以看出：逆流用水量仅为各槽自供的 40%，且洗涤效果好。逆流供水由于用水少，因此，升温用的蒸汽亦降低。

五洗槽自给水每小时补充的水（溢流排出水量）约为 7.5t，逆流水洗每小时溢流排出水量为单台自给水的 2 倍（3t），而总的溢流排水量仅是自给水的 40%，每年按 6000h 工作计，节约的 60% 水量就是 $27×10^3$ t。

3.1.3 振荡水洗技术

声化学加工的潜在利益极高。使用声波在液体介质中振动，可以粉碎工艺液体中的聚合体，增加洗涤剂的表面活性，在退、煮、漂工艺水洗中，可提高化学药剂的扩散速率、活化助剂和促进反应。声波弹性振动具有分散、脱气及扩散功能。在弹性振动下，化学品的微粒集聚体被分解成均匀的分散体，提高了化学助剂的扩散、渗透速率。在声波的作用下，介质（溶液）中的粒子振荡，其方向与波的传播方向平行而形成纵向波，而分子的纵向振动产生了压缩和稀疏现象，即高和低的局部压力区，产生闸阀效应，把溶液或截留的气体、空气分子，从织物纱线的交织点处、纤维间隙处和毛细管内驱赶到溶液中，随之排除，这就是声波的脱气功能。对比式（3-4）、式（3-5），洗涤液的搅拌振荡，洗涤速度是按指数倍率加快的。提高洗液温度和采用搅撞振荡洗液，都是致力于破坏"界面层"的饱和状态，使"界面层"变薄，从而织物上的高浓度 C_1 容易通过"界面层"加快传质的速率。洗液的搅拌振荡亦有效地缩短了水洗扩散路程[2]。

3.1.3.1 菊形振荡滚筒水洗

基于菊形滚筒旋转，在凹凸表面进行排水、吸水、产生波动（见图 3-3）以 30～60Hz 频率进行反复波动，属动态波动。通过赋予在多孔滚筒上运行的织物以激烈的振动及水的渗

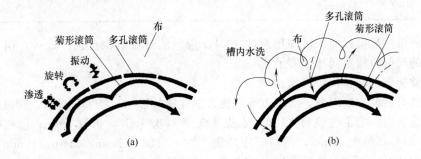

图 3-3 菊形滚筒振荡示意

透来完成清洗工序。此外，由于槽内的水不在一处滞留，呈搅拌状态，所以不会造成干净有用清洗水的多余排放。

菊形滚筒振荡水洗槽结构由 3 部分组成：①水洗槽（水洗机方体）；②菊形滚筒（通过旋转使清洗水产生波动，波动频率为 30～60Hz）；③多孔滚筒（多孔，织物在表面运行，滚筒轴承为特殊构造，不使用水下滚珠轴承）。

菊形滚筒振荡的关键条件是"水穿布"，能形成排水、吸水。

振动水洗机的最大特长是受到波动影响的污染织物，其所含污垢成分由内向外慢慢地排出。

3.1.3.2 声波振荡工艺效果

(1) 煮练烘干的布样再经漂白处理后的毛细管上升率、含潮率、灰分、白度见表 3-2。

由表3-2可见，用100Hz声波弹性振动处理的煮练、洗涤布样，毛细管上升率（包括热处理后的毛细管上升率）与白度均较未经声波加工的空白试验样布为佳。

表 3-2　精练后品质指标对比

品质指标\品名	煮练后		含潮率/%	灰分/%	漂白后				白度/%
	30min 后毛细管上升/mm				空气干燥的织物 30min 后毛细管上升/mm		100℃1h 干燥后的织物 30min 后毛细管上升/mm		
	经向	纬向			经向	纬向	经向	纬向	
100Hz振动	120	117	9.1	0.149	142	141	136	134	84
处理空白	90	100	8.9	0.151	123	127	117	124	78

（2）经精练和漂白后的棉粗平布半成品，取相同两块，一块仍做空白试验对比，另一块则加上100Hz的声波弹性振动，分别用下列染液及工艺条件染色：直接纯天蓝2%（对织物的质量计）；食盐10%（对织物的质量计）；染色温度60℃；染色时间30min；浴比1∶50。

布样染色后，经受相同条件的水洗、轧液、烘干。

测定棉粗平布染色后纤维所吸收的染料数量和色泽坚牢度，结果见表3-3，从表3-3的数据对比可知，声波弹性振动处理的织物上染率为一般染法（空白试验）的2.14倍。这说明声波性振动促使染料粒子在，染液中分散，增加染料扩散人棉纤维的速度。其中干摩擦牢度之所以比空白试验差，可以认为纤维上染料浓度较高所致。

表 3-3　染色后品质指标对比

品质指标\品名	1g 干纤维吸收的纯染料/g	与空白试验对比的染料吸收率/%	色泽坚牢度/级			
			40℃皂洗牢度	汗渍牢度	干摩擦牢度	湿摩擦牢度
棉布档品声波染色	0.00176	214.6	3/1	3/2	4	3
空白试验	0.00082	100	3/1	3/2	5	3

观察棉纤维的显微截面，可知用声波100Hz染色的纤维既深且透。此外，用分光光度计测定染样的反射曲线亦同样证实了这一点。

（3）声波振荡水洗无损纺织品。

低频声波对府绸、塔府绸、缎纹布等织物力学性能的影响，经手、机械、声波3种不同洗涤方法试验表明：①手洗织物20次，水温40℃，每次5min，再刷2min；②机械洗织物20次，水温54℃，每次17min，然后顺序地刷3次，时间为1min、5min、15min，经轧辊轧水烘干；③120Hz声波弹性振动加入，洗涤方式同机械洗涤。

在400c水温下用手洗16min，织物强度损失较在54℃下用声波弹性振动洗涤34.5min大；用声波弹性振动洗涤较薄织物10次时，强度减小8.5%，而用水洗机械洗10次后，强度减小达34.2%，洗涤20次后各为16.4%和48%。当织物更薄时，这种强度降低的差别还要增加。

（4）染整应用超声波的可行性　目前，超声波在染整工艺上的应用文章，时有面见。染整工艺应用超声波或声波进行织物染色，初步结论：①在染色过程中发生声波，可以使织物更快地吸收染料，并缩短染色时间；②不易染色的织物（化纤）在超声波作用下，吸收染料效果明显；③所染的织物不得折叠（绳状），应使全幅面都要受到声波的均匀作用；织物距离声源越近越好。结论③是判断实验室试验能否产业化的重要依据，我们看到超声波在染整工艺上应用的文章呈上升趋势，重视超声波的人越来越多，但并不代表进入产业化应用阶段。

例如，在洗涤溶液相同、洗涤液更换次数相同，在10次试验的平均结果：不同弹性振动作用的样品在 100℃ 液温下，需花时 150min；在 20kHz 的辐射器弹性振动洗液，在 50℃ 液温下，仅需花时 15min，100℃ 液温下，仅需花时 10min。可知，弹性振动的作用，加速织物污垢的洗涤过程，降低洗涤液温。

在研究超声波洗涤时必须注意：织物浸在水中，声波很快被吸收，振动频率越大，其作用半径越小，高频的超声波由于作用半径极小，故不适合大生产洗涤织物。试验仅在小的环境中进行。上述的 20kHz 超声波弹性振动洗液，在 50℃ 需花时 15min，大生产用什么设备来提供 15min 的洗涤时间呢？就算设备造出来了，这超声波振动源的装机容量多大？需花多少钱？织物染整生产的洗涤成本将陡增。

声波振荡频率 50～100Hz 的机械振荡，生产实践佐证了是一种高效水洗的方法；高频超声波在染化料分散，细微颗粒化上应用或在印花浆液配置时的搅拌应用是可行的。菊形振荡滚筒获得广泛的应用，说明坚实可靠的机械声波振荡，得到水洗工艺的认可。

3.1.4　小浴比染色节水技术

纺织品染色浴比因机种、型号不同而大小不一。一般连续轧染浴比为 $1：(0.05～0.7)$，卷染工艺浴比为 $1：(2～3)$。染色浴比直接关系到染液中染料和化学品浓度，能量和水的消耗。小浴比染色是节能减排，改善染色工艺质量的重要技术。

国家工信部在 2011 年 6 月 1 日起实施的《印染行业准入条件》中明确规定：间歇式染色设备浴比要能满足 1：8 以下的工艺要求，在生产工艺中，小浴比并非仅仅针对间歇式染色机，还包括平幅冷轧堆工艺等[2]。

浸染分液流染色和卷染两大类，液流染色采用流染色机，节能环保的溢流染色机、气流染色机、多流单布坯染色机与传统的间歇式绳状染色机相比，不但具有省电、省水、省蒸汽、省染料、省化学品助剂、少污染、低成本，而且还能提高丝、毛、化纤等织物的品质；卷染机适合平幅加工织物小批量，多品种。其由于浴比小 $[1：(2～3)]$，在节能、限排的今天，不少企业将其取代液流染色的大浴比机（1：8 以下），目前卷染机存在的问题是卷径不大，这是未能达到恒线速度、恒带液防患色差所致。

3.1.4.1　小浴比染色的优点

染色浴比直接关系到染液中染料和化学品的浓度，因此也关系到染料的上染率和固色率，同时亦关系到染液稳定性、染色匀染性和重现性。染料的上染率和固色率在一定范围内随浴比减小而增加，不同的染料增加不同，上染率与固色率的增加也不相同，一般上染率比固色率增加得多。

例如，当染料浓度为 5％（owf）时，如果染色浴比为 1：40，则食盐浓度高达 540％（owf），而当浴比降到 1：3.5 时，食盐浓度可降到 6％（owf）左右，且可获得相同的染色浓度。

同理，浴比减小后，染得相同浓度颜色所需染料量也可降低，例如 Levafix 翠蓝 E-BA 在浴比为 1：40 时染料相对浓度为 1.25，而当浴比降到 1：3 后相对浓度只需 0.84，约为前者的 2/3。

由于小浴比染色不仅可以加快上染速率，还可以在一定程度上提高固色率，故可以减少盐用量，即进行低盐染色。其还可提高染料和碱剂的利用率，降低污水排放的色度和 pH 值，减轻污水处理的负荷。

一般来说，水浴比染色至少有以下几方面的优点：减少能源和水的消耗；降低盐和碱剂用量；减少染料用量；有利于改善染料重现性；匀染性。

小浴比染色虽然具有许多优点，但实际染色中存在许多困难。首先，小浴比染色所用染料的溶解性和稳定性要好，特别是染深色品种和多只染料拼色时，不同染料对浴比的依存性是不同的。其次，小浴比浸染时要达到匀染，还要求浸染设备的染液循环和施加装备良好。

3.1.4.2　溢流喷射染色机的浴比[3]

溢流喷射染色机从诞生之日起，就以其相对低的浴比（1∶15左右）向环保染色迈出一大步［当时六角盘拖拉式染色机（俗称拉缸）的浴比在1∶25以上］。降低溢流染色机的染色浴比，应尽量降低循环管路中的水量，特别是贮布槽中的水量。U形或O形溢流染色机在降低浴比的发展历程中经过了3个主要阶段。

（1）织物全浸染型　织物几乎全浸渍在贮布的染液中，浴比为（1∶10）～（1∶15）。

（2）织物部分浸染型　20世纪90年代发展的布液分离技术，在贮布槽底部增加了一个隔层，使织物在贮布槽内运行，染液在隔层中快速循环，仅部分织物浸在染液中。因此，降低了染液的用量，使染色浴比降到了（1∶7）～（1∶10）。

（3）布液完全分离系统　采用染液快速循环隔层，布槽底板条网结构及侧板筛网结构设计，可使流入贮布槽中的染液及织物上所带的多余染液，通过隔板上的缝隙及网孔快速回到染机的隔层中，即快速进入管路循环。此项创新技术使溢流喷射染色机浴比可达（1∶3.5）～（1∶4），棉织物染色浴比降至1∶5。染棉织物比纯涤纶等疏水性织物的浴比要大，这是因为棉织物吸附水量大约为织物的3倍，加上配制染料、盐、碱液用水量较大的缘故。

降低浴比并使织物在染色机中顺畅运行是达到生态环保染色的最基本条件，而达到均匀染色目标的关键是如何在超低浴比的状态下使织物松弛展开，克服折皱，从而达到均匀染色的效果。

立信公司开发的ECOTECH环保系列溢流喷射染色机，是布液完全分离型染机。其成功的关键是既降低了浴比，又通过优化设计合理配置喷嘴、导布管和贮布槽。因此减少了水及染化料的消耗，缩短了染色周期，降低了能耗，达到生态环保染色，且显著地改善了织物的布面质量。图3-6是ECO系列溢流喷射染色机的几种机型。可控入水系统能准确计量入水量，智能水位控制系统可准确控制水位，保证了染色的再现性。

由图中可看出贮布槽中染液很少，这三种机型皆采用布液完全分离系统。

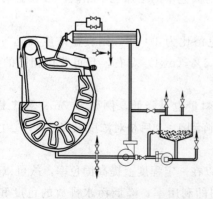

图3-4　立信ECO-38型常温染色机

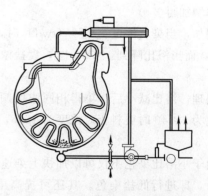

图3-5　立信ECO-6型高温染色机

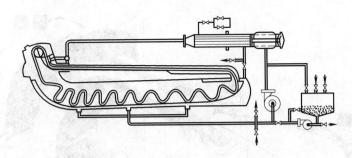

图 3-6　立信 ECO-8 型多环松式染色机

3.1.4.3　溢流喷射染色的加工周期

传统的溢流喷射染色的工艺周期较长（例如棉织物活性染料加工过程长达 8～9h），不仅产量低，由于织物在缸内的运行时间长，织物易产生褶皱和起毛弊端。因此，缩短溢流喷射染色的加工周期，是工艺装备的发展方向。立信 ECO-6 型染色机成功地将棉织物的常规染色时间缩短 50%。棉织物高温快速染色技术及相关的工艺装备的技术创新阐述如下：

（1）增加织物染液的交换次数　液流染色过程中染料的上染速率（E）由式（3-12）可知：

$$E = C \times F = C \times (N_F + N_L) \tag{3-12}$$

式中，C 为织物单次循环的染料上染率；F 为染液循环频率总和；N_F 为每分钟织物循环次数；N_L 为每分钟染液循环次数。

表明在染色过程中染料的上染速率（E）与织物单次循环的染料上染率（C）和染液循环频率总和（F，每分钟织物循环次数 N_F 加上每分钟染液循环次数 N_L）的关系。织物的运行最高线速度由 400m/min 提高到 600m/min，提高织物通过喷嘴频率、缩短上染时间、减少褶皱；应用了布液完全分离系统，染色浴比低，织物在运行过程中所携带的水量少，降低了织物的运行重量，从而降低了织物所受的张力及因摩擦造成起毛现象，改善了织物的表面效果，降低了织物的缩水率；采用了染液快速循环隔层，增加了染液循环次数。布液完全分离系统对缩短染色周期效果明显。

图 3-7 是 ECO-6 型染色机的功能示意。

图 3-7 中织物提升系统 1 有效减低织物与提升滚筒之间的滑移问题，使织物表面得到良好的处理效果。提升滚筒提供足够的提升力，确保滚筒及织物接近同步运行，在导布辊的配合下，以整齐的方式进入喷嘴中。喷嘴 2 提供柔和的织物处理以及理想的染液与织物交换条件，圆环喷嘴提供更强的染液渗透力及更有效的运行织物的能力；织物在喷嘴中被染液完全包围，因此织物在松弛状态下浮于喷嘴管染液中，避免了起毛现象。织物绞缠处理装置 3，一旦前端发生织物绞缠坠下，自动停止循环泵，同时提升滚筒反向转动，直至织物恢复正常，即自动正向运行。液体分离及内置摆布装置 4 将织物中的染液分离及引导回返至循环系统中，使染液的循环次数得以增加，获得更均匀的染色效果；贮布槽中只有极少的染液，改善了织物起毛的弊端，且增加产量。布速系统 5，织物经提升系统及摆布系统同步运行，确保织物整齐的摆放，充分利用贮布槽阔度，从而达到最大的载布量，且减少织物运行中的绞缠。洗水系统 6，从织物中分离出的染液及杂质被收集及引导至溢流喉中，不会被织物再吸收，提高了洗水效率，节省了用水量及提高了织物的染色品质。

（2）连续快速水洗的创新　ECO-6 染色机具有 MSR 多省水洗系统，MIR 多功能智能水洗系统以及热水储备缸。其使水洗连续进行，是常规染色机间歇水洗方式的重大突破。

MSR 利用工艺冷却降温的同时，能够从高温至低温进行连续冷却水洗。利用冷却水进行水洗，在达到降温的同时，节省了清洗用水及缩短了水洗时间。

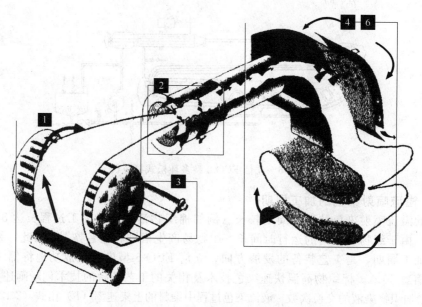

图 3-7　立信 ECO-6 型染色机功能示意图
1—货物提升系统；2—喷嘴；3—织物绞缠处理装置；
4—液体分离及内置摆布装置；5—布速系统；6—水洗系统

MIR 根据水洗的不同工艺要求，引入热水储备缸中的热水（70～85℃）或主进水管中的冷水或将冷水直接加热到 50～60℃ 的温水进行水洗，并可按洗液污浊程度，控制水洗进水量的大小 [50～250L/(min·管)]，承担主要水洗作用。

在水洗全程中，缸内水位始终保持为最低待机水位，可加大污水与清水的交换比例，既提高了水洗效率，亦节省了用水量；高温排放功能（在高温条件下逐渐将污水排掉）及高温注料功能（在 120～130℃ 注入 H_2O_2 分解剂，加速残余 H_2O_2 的分解）。

连续快速水洗功能使纯棉高温煮漂工艺过程缩短至 70min，染后水洗缩短至 78min。

3.1.4.4　溢流喷射染色的再现性

ECO-6 染色机采用 50～60℃ 恒温法染色工艺，并结合快速先加盐技术，可缩短加料时间，省略升温时间，最终将染色时间显著缩短，达到快速染色的目的。

恒温快速染色在不同缸次中，应能保持所有工艺条件的相同，是减少缸差，确保染色再现性的关键。如升降温速率、车速、水量、布周循环时间、布通过喷嘴的次数等必须在线自动控制。ECO-6 染色机装备有先进的 Fong's FC28 电脑控制系统，加盐桶和加盐车，DOSING 定量加料系统，充分保证染色质量；智能水位控制系统，可确保染色水量的准确性，有效防止缸差产生；布周循环时间显示及布速自动调节系统，可根据设定的布周循环时间自动调节布速的大小，以确保布周围循环时间恒定，在不同缸次染同一色布时，即使织物的质量、长短不一，由于布周循环时间相同，即布通过喷嘴的次数相同，可确保染色的重现。

溢流染色机加工织物是靠液流推动织物运行的，因此不能说浴比小好，就变成越小越好，重要的是如何在超低浴比的状态下，通过设备结构的创新设计，具有布液完全分离的工况，使织物能松弛展开，无折皱，无擦伤，达到均匀染色的目的。

亟须缩短常规溢流染色机的加工周期，提高生产效率，降低生产成本。传统主泵出口采用截流调节控制，人为因素影响到工艺流量和压力的最佳工况点偏移，可改用交流变频调速；配置热水储备缸，快速换液、注水，节省换液时升温的时间；设置织物绞缠处理装置，使工况安全、可靠地快速运行。

在线工艺变量差值［如速度、温度（升降温速率）、水量、pH 值、布周循环时间、布通过喷嘴的次数等］的自动控制是工艺再现性的保证，是染色工艺技术更新的重中之重。

3.1.5　气流与液流染色的技术比较

用气流代替液流的喷射染色机，是德国特恩（THEN）公司在 1979 年最先研发推出的[4]。

气流染色技术主要是采用空气动力学原理，将传统液流喷射染色中带动织物循环的水以高速气流来替代，并完成染料对织物的上染过程。在整个染色过程中，水仅仅是作为染料的溶剂和织物浸湿的溶胀剂。因此，所需的浴比非常低。浴比的降低，意味着加热所需的热量、冷却时所需的间接冷却水、染化料的消耗以及排污的降低；高效的气流染色缩短了染色的工艺时间，亦降低了电耗。气流染色工艺符合生态环保的经济染色四要素，即水、能源、助剂、时间的最少消耗。

3.1.5.1　气流染色与液流喷射染色比较

（1）气流染色织物是依靠气流牵引运动，与液流牵引织物相比，空气的质量比液体小得多，即使用很高的速度来带动织物，也不会对织物表面造成损伤；液流喷射染色中，因液体质量较大，若以高速液流来带动织物，对织物表面会造成损伤，严重时织物还会形成纬斜。因此，液流喷射染色的布速总是受到限制，这对比表面积较大的织物来说，无疑会存在产生色差的可能。

（2）在气流喷嘴中，织物一方面受到气流的牵引，另一方面在气流中悬浮激烈抖动，这对加速染液向织物纤维边界层的运动是非常有利的。依靠这种快速变换动态平衡，可以缩短织物的匀染时间，提高生产效率。

染液与织物表面形成一层"界面层"，或称黏性阻滞层，阻碍染液中染料向纤维中扩散。液流喷射染色是一种"布穿水"的工艺，而在气流染色中，由于织物导入喷嘴中，因气流而产生振荡，能有效使"界面层"变薄，且是一种"水穿布"的工艺，扩散较好。

（3）织物在进入喷嘴前是呈绳状的，进入喷嘴和导布管后，在气流场作用下，横向得到一定扩展，可充分与雾化染液接触，同时，改变织物横向束状位置以及原来的经向折叠位置。当织物离开导布管（喷嘴之后），气流压力突然释放，速度锐减，织物又恢复绳状有规律地摆动落入槽体。整个染色过程中，即使织物在槽内没有浸在染液中也不会产生永久性折痕。

（4）由于气体具有可压缩性，所以在气流风量不变的条件下，通过不同截面的通道（如喷嘴和导布管的变截面）的气流速度会发生变化，这种快慢变化对织物会产生一种柔和的松紧作用（挤压或拉伸），使得织物及其纱线在整个加工过种中的各种应力消除，因而织物的手感非常好。

（5）气流染色中，温度仍然是由循环染液来传递的。由于这部分染液的量非常少，所以需要的热量也很小，通过很高的循环频率保证了温度分布的均匀性。

采用气流雾化染色，布液完全分离，染液除在喷嘴中与织物交换的那一部分外，其余大部分是通过一个旁通支路直接回到染槽底部，且不断循环。染浴量少，再加上很高的循环频率，可以减小温度梯度，提高升温的控制精度，这对染料的上梁速率及上染率的控制起到很重要的作用。因此，经气流染色后的织物匀染性一般都比较好。

3.1.5.2　气流雾化喷嘴的技术特点

德国特恩公司的气流染色机采用气流雾化喷嘴，其由拉伐尔喷嘴演变而成。为了能使染液在任何条件下，气、液两相进入喷嘴后都能混合成雾化状，根据拉伐尔原理，将雾化区设计成渐缩渐扩形。环状狭缝的喷嘴轴向截面中，狭缝由渐缩段、直段、渐扩段三部分组成。高压风机产生的气流通过该狭缝时，产生动能很大的高速气流，在直段（亦称喉部）与染液相遇，并将染液击碎成雾状，从而达到染液雾化的目的。带有染化料的雾状混合气流喷向织物，是一种非常均匀的吹洒，对织物表面很少损伤。

织物在喷嘴中基本上是与雾化状染液接触，非常有利于染液向纤维的边界层扩散。由于雾化染液密度很小，对高速气流形成的阻碍非常小，所以高速气流主要牵曳和扩展织物，使得织物的运行速度非常快。

3.1.6 小浴比染色工艺效果的对比

3.1.6.1 溢流染色浴比与盐的用量[2]

表 3-4 浴比与盐用量的关系

染色深度/%(o.w.f)	盐用量/%(o.w.f)		
	1:3.5	1:5	1:10
0.1	0.1	5.0	15.0
0.5	0.5	7.5	·22.5
2.0	2.0	12.5	40.0
6.0	6.0	20.0	60.0

由表 3-4 可见，浴比愈小，染料直接性越高，反应性亦越强，故盐用量减小。

3.1.6.2 小浴比匀流染色机工艺效果

小浴比匀流染色机水、电、蒸汽消耗情况见表 3-5。

表 3-5 匀流染色机水、电、蒸汽消耗

织物品种	浴比	载布量/kg	总耗水量/t	总耗电量/(kW·h)	总蒸汽耗量/kg
汗布	1:4	478	16.67	45.5	1013.4
毛巾布	1:5	600	26.40	66.0	903.0
单面布	1:4.5	250	11.11	31.2	533.0

新型匀流染色机的储布槽设计了新型提布轮和胶条，能保证织物更顺畅地在布槽中低张力运行，加强了染液注入机器时底部染液的循环、交换，且改善了机器的排放功能。

3.1.6.3 高温染色机工艺效果

立信 HSJ 起低浴比高温染色机水、电、蒸汽消耗与常规（浴比 1:8）溢流机的对比见表 3-6 纯棉织物应用活性染料工艺。

表 3-6 HSJ 高温染色机水、电、蒸汽对比

机型	HSJ 染色机	常规溢流机	节省率/%
载量/kg	200	200	—
浴比	1:5	1:8	—
煮漂/min	88	120	26.67
染色/min	148	194	23.71
水洗/min	74	153	5.63
总时间/min	310	467	33.62
水/(L/kg)	46.89	77.55	39.54
蒸汽/(kg/kg)	3.920	6.272	37.50
电/(kW·h/kg)	0.1359	0.2872	52.70

注：立信 HSJ 快速工艺水、电、蒸汽、助剂成本节省率可达 33%。

立信 HSJ 超低浴比高温染色机采用了许多新技术：

（1）MSR 多种节省清洗水功能，降温的同时将冷却水引至缸内清洗织物。

（2）AIR 先进智能水洗功能，以流量计和随动阀控制水流量与布重比例为 1：1，水位在水槽以下，布水分离，浓度梯度高，水洗传质效果好，以水位控制放水速度。

（3）在线监测洗液中电解质的导电率，洗到一特定的 TDS 值（溶解性总固体值，主要显示水的清洁度）时放水，其控制标准为 2000mg/kg Na$_2$SO$_4$。

3.1.6.4　溢流染色与卷染对比

表 3-7　溢流染色与卷染对比

项目	溢流染色	卷染
前后色差/级	3	3.5
边中色差/级	3	4
一等品率/%	92.0	98.5
色皱印/%	5	0.5
水耗/t	20	12
蒸汽/t	15	12

注：水耗和蒸汽消耗以每万米布计。

由表 3-7 知，卷染的质量要优于溢流，水耗和汽耗也低于溢流染色。有些品种，在不影响生产效率的前提下，可以改为卷染。

3.1.6.5　巨卷装卷染机的缸次比

卷染机卷径与缸次的关系：

ϕ1100mm　投料染　10 缸

ϕ1400mm　投料染　6 缸

ϕ1500mm　投料染　5 缸

上述关系表明，如从 ϕ1100mm 卷径改成 ϕ1500mm 卷径，成本费下降约 50％，水下降 40％，蒸汽下降 47％。

3.1.6.6　某公司卷染替代溢流染色实例

（1）溢流染色　125g/m 双管平均 800m×2，重 200kg，配液平均 3000L，浴比 1：15。

（2）卷染　中卷平均 1600m，配液 500～600L，浴比（1：2）～（1：3）。

（3）助剂　按液量及染色深度配制，溢流比卷染用料多 5～6 倍。

（4）染料　按布克重，溢流配液用染料比卷染多 10％～20％。

3.1.6.7　冷轧堆染色与溢流染色的比较

溢流染色（浴比 1：8）与冷轧堆染色耗水量比较见表 3-8（棉针织物）。

表 3-8　冷轧堆染色与溢流染色的比较

项目	溢流染色	冷轧堆染色
前处理用水/m³	8	1
前处理水洗用水/m³	32	6
染色用水/m³	8	1
染色水洗用水/m³	40	15
染色用盐/kg	500	0
后整理用水/m³	8	1
总耗水量	96	24

由表 3-8 可见，棉针织物平幅冷轧堆染色的总耗水量，每吨仅是浴比为 1：8 的溢流机

浸染染色的1/4。说明连续轧染浴较浸染工艺用水大幅减少,且可以实施无盐染色。

由表3-8还可见,溢流染色工艺前处理用水与水洗用水之比是1∶4,染色用水与水洗用之比是1∶5。因此,其节水的重点是水洗用水。立信HSJ超低浴比高温染色机(1∶5)的用水比溢流染色机(1∶8)节省39.54%。这主要归功于小浴比和多省清洗水功能及先进的智能洗水功能。

3.1.6.8 棉针织物冷轧堆前处理实例

某公司对170g全棉汗布(18.4tex)进行冷轧堆与溢流煮漂工艺成本对比见表3-9所示。

表3-9 冷轧堆与溢流煮漂工艺成本对比

项目	溢流(1∶8)	冷轧堆
蒸汽消耗/t	3	0.3
水消耗/t	38	16
电消耗/(kW·h)	90	22
污水排放/t	38	16
COD排放/mg	4500	2100
白度	一致	一致
毛效/(cm/30min)	8~10	8~10
上染得色率	基准	较高
布面	毛不光洁、折皱多、手感僵硬板结	光洁、平整、柔软、蓬松
染色重现性	不佳	高
成本/元	957.5	380.2

注:以每吨布计。

该公司以冷轧堆前处理替代溢流机氧漂工艺,可节约蒸汽90%、水65%、电80%,降低排污量65%,提高产量30%,织物损耗降低2%,白度85%,毛效8~10cm/30min,强力提高15%以上,每吨布节约生产加工费577.3元。

小浴比是节能减排的重要措施。小浴比间歇式染色机尤其是溢流机,一定要按国家工信部2010年6月1日发布的《印染行业准入条件》规定,满足1∶8以下的浴比要求。而间歇式平幅加工的卷染机和平幅连续冷轧堆工艺,就浴比而言,比超低浴比溢流机更小,因此,绳状加工向平幅加工的转变,是工艺改革的趋势之一。

3.2 节水措施

3.2.1 新液流平幅连续逆流水洗机的应用

水洗装备的种类繁多,按洗涤原理分类,有逆流、强力冲洗、振荡和高温蒸洗等;按结构形式分类,则有平幅回形穿布、全汽封式(内设轧辊、张力架)波浪辊、菊花辊、"水刀"、压力辊加分隔小槽和凸沟网洗等。在生产实践中,不管采用何种水洗装备,都应遵循最大程度地节水、节能,缩短工艺流程,节省综合加工成本,减少污水排放等原则[5]。

3.2.1.1 不同水洗装备技术特点

表3-10是几种水洗机水耗、蒸汽消耗量及效率的对比。

表 3-10 几种水洗机水耗、蒸汽消耗量及效率对比

水洗形式	水洗效率	水耗	蒸汽消耗量
老式水洗	1.0	1.00	1.00
波浪辊	1.6	0.60	0.64
压力辊加分隔小槽	2.0	0.56	0.59
螺旋式逆流	2.4	0.48	0.45
高温水洗	3.0	0.46	0.36

表 3-10 中以老式水洗机为基准对比了不同水洗形式的效果。

（1）波浪辊式水洗　老式自排式平洗，是织物进给路径中仅仅在布面两侧进行水洗传质交换，大部分的水无功溢流排入下水沟，利用率极低。波浪辊式水洗机通过波浪辊搅拌水浴，令参加传质交换的水增加。

波浪辊水洗可起到振荡水洗的效果，其关键是"水穿布"作用，产生抽吸、排水，缩短扩散路程（H）。振荡水洗适合组织结构疏松织物，不适合厚重、紧密、弹力梭织物。采用"花瓣"转鼓振荡水洗同理。

（2）压力辊加分隔小槽式水洗　在平洗槽的上导布辊上加压橡胶小轧辊，以提高水洗的浓度梯度（$C_1 - C_2$），使织物上所带杂物浓度（C_1）始终比水浴的杂物浓度（C_2）高，有利于水洗传质的交换。采用上导辊加压小轧辊水洗，应注意结构设计，防止导布辊变形导致织物起皱；每根下导辊采用分隔板形成一独立小槽，是为了配合小轧辊轧液，提高浓度梯度。

图 3-8 是贝宁格（BENNINGER）公司的 Extracta-LG 高效水洗装置中 DA-6 型和 DA-4 型高效水洗箱的示意。DA 型水洗箱由里外直径不等的导布辊组成回形双穿布，回形双穿布可使水洗箱容布量增加 50% 左右。下导辊穿布区浸没于低液位水洗介质中，织物经洗液介质的挤压，提高了洗涤效果。在上导辊处压有橡胶轧辊（Extracta），其挤压作用可确保织物获得最佳的液体分离作用和水洗效果。水洗箱由隔板分隔为多个独立的小水槽，织物在每个小水槽中，经过两次浸洗后到达橡胶轧辊接受挤压。洗液在槽中交错流动，织物在逆流中运行，为织物带来强大的液体交换。DA 型水洗箱，每个小槽具有 60% 的溶液交换率，水洗效率为 43%。

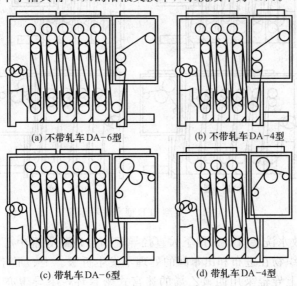

(a) 不带轧车 DA-6 型　　　　　　(b) 不带轧车 DA-4 型

(c) 带轧车 DA-6 型　　　　　　(d) 带轧车 DA-4 型

图 3-8 瑞士贝宁格公司的 DA 型高效水洗箱示意

图 3-9 是瑞士贝宁格公司 EA 型高效水洗箱的示意。EA 型高效水洗箱的设计原理与 DA 型相同。水洗箱内共有 5 个或 7 个单穿布的小槽。但是由于织物只在每个小槽浸洗一次，若

以布的单位质量使用相同的水量计算，其水洗效果比 DA 型差。EA-6 型容布量 22m，DA-6 型容布量 29m；EA-4 型容布量 15m，DA-4 型容布量 19m。显而易见，织物在 EA 型水洗箱中的滞留时间比双穿布形式短。

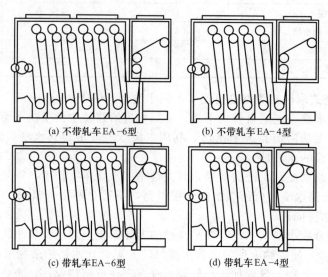

(a) 不带轧车 EA-6 型   (b) 不带轧车 EA-4 型

(c) 带轧车 EA-6 型   (d) 带轧车 EA-4 型

图 3-9　瑞士贝宁格公司 EA 型高效水洗箱示意

图 3-10 是 D 型和 E 型水洗箱的示意。D 型和 E 型的导辊上无橡胶轧辊，这类型式的水洗箱上导辊不带传动装置。D-6 型容布量 29m，D-4 型容布量 19m；E-6 型容布量 22m，E-4 型容布量 15m，皆配有箱内中转轧车。

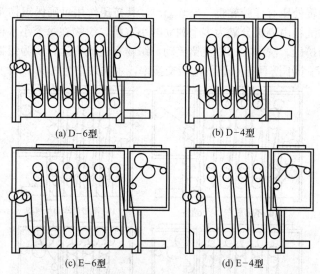

(a) D-6 型   (b) D-4 型

(c) E-6 型   (d) E-4 型

图 3-10　D 型和 E 型水洗箱示意

Extracta-LG 高效水洗装置，采用了大直径导辊和合适的导辊中心距，防止织物进给中发生歪斜，从而保证织物在进布和出布间的处理不发生折皱。上、下导辊都采用密封式调心球轴承，不需润滑。上导辊采用四氟乙烯的迷宫式密封环，下导辊亦采用密封式调心球轴承，也无须润滑，采用陶质/石墨滑动式密封环。水洗箱实行织物张力在线电脑调控，Extracta 轧辊为 100～500N，不带 Extracta 轧辊为 200～600N。织物运行速度 15～150m/min。

逆流水洗结合洗液分离，可以大大减少洗涤用水量。逆流水洗是目前常用的技术，而洗液的分离尽管效果很好，但目前没有一台洗涤设备能够达到完全的洗液隔离效果。目前对额外增加的成本以及设备设计时水洗箱的复杂性有过分夸大的现象，其实，整体的评估发现这个效果是极其显著的。采用严格的洗液分离，极少量的污物会被带到下一个水洗槽。采用洗液分离装置，在相同的洗涤区域，4L/kg 的水其洗涤效果，与不采用洗液分离装置时 10L/kg 的洗涤效果相当。

多年来，贝宁格在其开发的 Exteacta 洗涤系统就是采用该原理。洗液分离就是在每个水洗箱间安装气动加压的轧辊，见图 3-12。

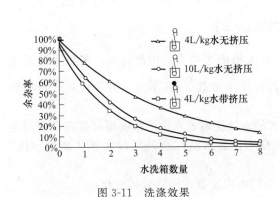

图 3-11　洗涤效果

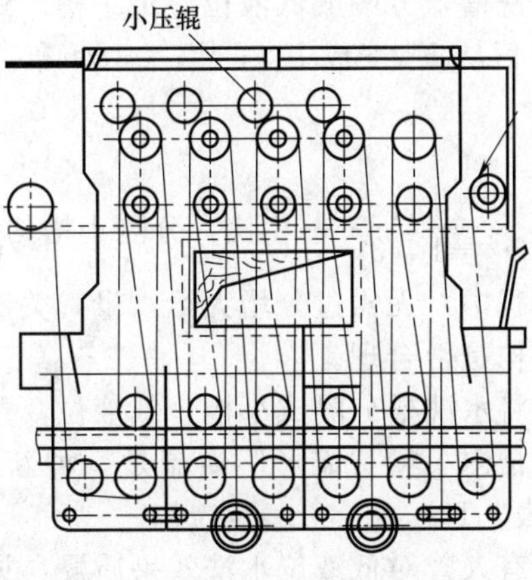

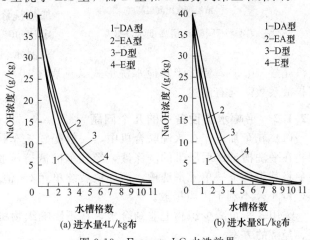

图 3-12　Extrata 水洗单元中的洗液分离

该水洗单元除了节约大量的水外，也节约了大量的能源。因为加热洗涤用水的能源在机织物加工中占了 30%，在针织物加工中占 40%。因而合理使用高效水洗设备可以大大减少二氧化碳的排放。

图 3-13 中，纯棉斜纹织物为 $300g/m^3$，车速 70m/min，水液温度 95℃，水洗效果是：D 型每个小槽的溶液交换率为 45%，水洗效率为 34%；E 型每个小槽溶液交换率为 40%，水洗效率为 30%。从水洗效果看，DA 型优于 EA 型，而 D 型和 E 型分列第三和第四。

类型多样的贝宁格水洗箱采用模块式设计，工艺适用性较灵活且方便。其清水耗量少，降低了水耗、废水回收及能源成本，织物在高温下水洗可获得较快且佳的效果。贝宁格的水洗设备具有汽封结构，箱体间连接紧密，无蒸汽逸出，可以提高水洗温度，节省能源。

（3）螺旋式逆流水洗　"蛇形"逆流供水是指水洗槽间逆流，水洗槽中分隔的小槽呈上下逆流。多单元逆流水洗机水洗过程的净洗效率（C_n/C_0）按式（3-13）计算：

图 3-13　Extracta-LG 水洗效果

$$\frac{C_n}{C_0} = \frac{F-1}{F^{n+1}+1} \tag{3-13}$$

$$F = \frac{W_1}{W_2} \tag{3-14}$$

式中，C_0 为织物水洗前含污程度；C_n 为织物水洗后含污程度；F 为流动比；W_1 为给水量；W_2 为织物带流量；n 为水洗槽数。

由式（3-13）和式（3-14）可见，净洗效率与流动比 F 成反比，而 F 则与给水量成正比，与织物带液量成反比，多单元逆流水洗的流动比一般在 3.5 以内。织物带液量（W_2）决定水洗过程中的脱水方式及脱水能力，当无小轧辊轧压时，W_2 决定于导布辊直径、织物进给张力、洗液动力黏度等因素。织物带液量一般在 $1\sim1.2\text{kg/kg}$ 布。

由式（3-13）可见，C_n/C_0 的大小与水洗槽数 n 值关系很大。例如将上 4 下 5（导布辊）的平洗槽，分隔成低液位 5 个小槽"蛇形"逆流，一台 5 单元水洗机的槽数可扩大到 25 槽，F^{n+1} 值从 F^6 变成 F^{26}；$W_1=3\text{t/t}$ 布，$W_2=1\text{t/t}$ 布，流动比 $F=3$，代入式（3-13）得：

$$\frac{C_n}{C_0}=\frac{3-1}{3^{25+1}-1}=\frac{2}{3^{26}-1}$$

$\dfrac{2}{3^{26}-1}$ 与 $\dfrac{2}{3^6-1}$ 相比，分隔小槽的 $\dfrac{C_n}{C_0}$ 比 5 单元大槽值小得多。由此可见，多单元逆流水洗过程中，无需过分增大给水量，关键工艺过程保证小槽数（n）不变，可考核其分隔小槽的结构是否合理。

将水洗槽分隔成小槽、低液位，单位逆流水的流速提高、水洗的浓度梯度提高，槽间逆流、槽内小槽"蛇形"逆流是一种新颖的液流技术，其水洗综合效果仅次于"高温水洗"（见表 3-10）。

有人曾对低液位水洗效果质疑，见图 3-14 不同液汽层高度洗涤效果对比。

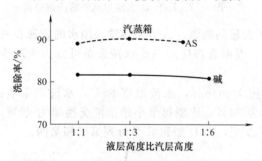

图 3-14　不同液汽层高度洗涤效果

图 3-14 中，织物 3032 人棉织物采用清水洗碱工艺，当改变蒸洗箱内液相与汽相高度之比为 1∶1、1∶3、1∶6 时，去碱效果较接近，说明织物经低液位浸洗后，进入汽相亦有传质效果。

（4）高温水洗　近来提倡低温水洗者认为，"低温水洗比高温水洗节省加热蒸汽"。就加热洗涤水温而言，60℃水温所用加热蒸汽肯定比 90℃ 的少。然而，从水洗综合效果而言，高温水洗的水洗效率（3.0）、水耗（1.15）、蒸汽耗量（0.8），皆优于其他水洗形式（见表 3-10）。其原因在前文"3.1.1.2 高温水洗提高扩散系数"已有阐述。

3.2.1.2　平幅水洗设备中的几个问题

（1）轧车加压　在水洗联合机中，一般配置轧车挤压织物，操作时应注意轧车的工况。织物在平洗槽洗涤后所带的洗涤液，经轧车机械挤压脱水，以尽量降低织物上的非结合水，避免将其带到下一单元平洗槽，而导致后续单元 C_2 值的上升，使水洗液的浓度梯度（C_1-C_2）减小，不利于传质扩散。

采用轧车可减少织物上非结合水，在不影响织物机械强度及手感的前提下，应是一种方便、经济的方案。

水洗过程降低织物上非结合水，可有效地提高浓度梯度。当织物从水中导出，水分以薄膜状附于织物表面及织物交织格间和纱线内部。采用常规轧车机械挤压脱水，存在于织物交织格间的非结合水，大部分可被挤去。

目前水洗联合机中配置的轧车，一般加压是其额定总压力的 60% 左右。非结合水的去除量与施加压力成正比，加大压力去除非结水可提高水洗的浓度梯度（C_1-C_2），对水洗效果的提高非常重要。

（2）水洗轧车进布口喷淋水　在水洗联合机单元组合中，在织物出平洗槽出轧进水车时，进布轧点处常设有喷淋水。通常将该喷淋水解释为清浊置换，其实是不对的。织物经平洗槽洗涤后所带水，在进入轧车轧点时，轧车轧去织物上所带的部分非结合水淌回平洗槽，所喷淋水只会随轧下的水淌回平洗槽，增加平洗槽的净水量。因此，中途无需加水，故而不必对每台轧车加设喷淋水。

（3）末台平洗槽敞口注冷水　运行中的水洗机倒数第二台平洗槽是高温水洗，而末台平洗槽则注入冷水（一般采用敞口槽），高温织物进入冷水槽中"冲凉"，该平洗槽内水温在50～60℃，织物在此降温35℃左右，经轧车轧水后进入烘筒烘燥，可以看到1～6只烘筒织物处于加热升温，一直到第7只烘筒还能看到蒸汽冒出。

理论与实践证明，高温轧水轧余率比低温轧余率低，经"冲凉"的织物带液量高，仅说明烘燥热能增加；织物降温35℃后进烘筒烘燥，需要升温蒸发，这又要增加烘燥热能。

（4）超声波水洗的可行性　超声波水洗需要一定的时间，织物必须平整接受超声波"场"，在绳状、溢流机中长时间处理方可满足要求，但不符合"平整"要求。有学者研究，超声波振荡水洗其实就是一种利用电子技术、声化学技术代替简单的机械振荡。通过大量的试验证明，用声波50～100Hz洗涤水的振荡，在天然纤维洗涤中效果与超声波功效等同，故有必要加强声波振荡水洗的研究。

（5）转鼓声波振荡水洗，一般在网形转鼓内设置"梅花辊"、"菊花辊"，花瓣多少及转动速率，决定了声波振荡的频率，研究表明声波振荡频率在50～100Hz，条件"水穿布"。

"水刀"利用高压喷射的原理，当大量的液体通过喷淋管时，由于管径急剧变小，管口和管内的水形成了压差，当压差达到120t/h时，从管中喷射出的洗液形成喷淋水刀，具有很强的喷射力度，保证水力穿透布面，使糊料、浮毛、杂物迅速脱离。这种装置显著提高了洗涤能力，达到了普通水洗机2～3倍的功效。

（6）水洗低轧余率轧车　考核水洗效果的优劣主要是洗净、少用水和蒸汽。因此，水洗机末台轧车采用低轧余率轧车应是节能之举。目前市场上低轧余率轧车颇多，要注意的是轧液是否均匀，以及低轧余率对不同织物的适合量值，过大的压力是否对织物产生降强。

（7）烘筒凝结水直排末台水洗槽　将烘筒的凝结水直接排入末台水洗槽，可节水节支。一台圆筒烘燥机耗汽量500kg/h。采用直排凝结水，排水管口径32mm，每小时跑汽125kg，凝结水500×0.95＝475kg，以每年工作6000h计，可获得优质高温水2850t，减少水洗升温加热蒸汽至少300t。每小时125kg蒸汽其实就是提供逆流供水加温的一小部分的蒸汽。

该技改还可省去疏水阀，按疏水阀5％漏汽率计，全年可节省蒸汽150t。

在采取烘筒直排凝结水技改措施时，在平洗槽注入处应设置止水单向阀，防止停车时洗涤水倒灌进烘筒。

（8）水洗溢出热污水的热回收　针对染整平洗机溢出污水的特点，采用自洁式转鼓水/水热交换器为好。该热交换器净水圆盘经铆焊、耐压试验出厂，设有电子降垢器，防止硬水结垢。

每吨热污水至少可回收0.1MPa（表压）蒸汽60kg，以每小时回收6t热净水，全年6000h计，可节省蒸汽2160t。由于具备自洁功能，常年应用，热交换率保持在90％以上。

3.2.2　退煮漂后高效水洗机

退煮漂工艺充分萃取坯布中杂质很重要，而将坯布上萃取出来的杂质及工艺残液，清洗去除一样重要，尤其是含PVA重浆坯布。

图3-15系列新的卜公茶皂素退煮漂短程联合机后段的新液流高效水洗机流程。

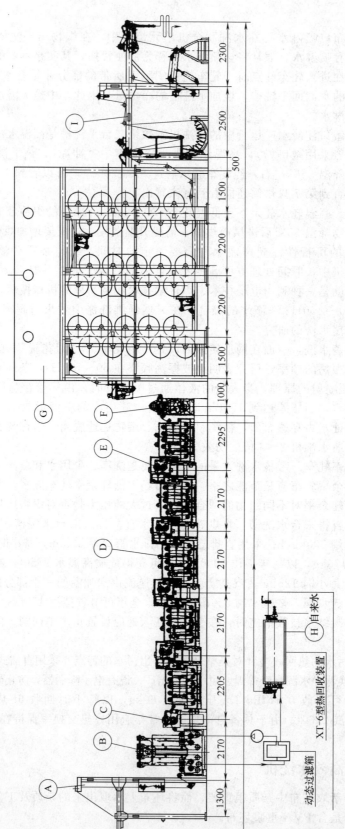

图 3-15　退煮漂新液流水洗机流程

图 3-15 流程单元特点如下。

A 单元：中间进布架，坯布经退煮漂工艺萃取，经 A 展幅居中，进入水洗机工序。

B 单元：水洗预处理装置，该单元借用了退浆预处理装置[6]。

图 3-16 是专利技术退浆处理装置（ZL2010 2061807.4）示意。

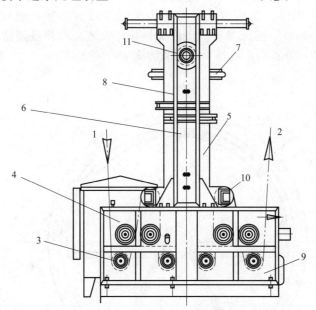

图 3-16　退浆预处理装置示意

1—进布；2—出布；3—液下导布辊；4—液上毛刷辊；5—"搓板"；6—固定双
面"搓板"；7—喷水管；8—狭缝；9—水槽；10—槽上导布辊；11—导布辊

坯布 1 进入水槽 9，经液下导布辊（共四支）向上进给，螺纹开幅毛刷辊 4（共四支）对溶解的坯布正面刷浆，行进至槽上导布辊 10（两支，可移动调节坯布在液上毛刷辊 4 的接触面），随后下行至液上毛刷辊 4 坯布反面刷浆，后经液下导布辊 3 转向，通过狭缝 8 转向通过狭缝 8 下行至液下导布辊 3 后，再经液上毛刷辊 4 正、反面刷浆，出布 2。

坯布经退煮漂工艺的萃取，杂物必须清洗去除，B 单元是一台纯物理机械清理装置，螺旋开幅毛刷辊 4 对坯布展幅防皱，刷洗杂物；坯布经左右两道狭缝，狭缝由活动"搓板" 5 及固定双面"搓板" 6 构成，形似搓布板的锯齿波"搓板"，在上方强力高温水的立足点喷下，与坯布共同形成"湍流"，揉搓布面，将已萃取的杂物冲喷入水槽 9；该水槽连通一动态过滤循环装置，大流量强力冲喷，其配有过滤、转鼓、毛刷辊、排渣斗、循环增压泵，经过滤循环洗液，清除洗液中絮状杂物，避免二次沾污坯布半剖品。

B 单元水洗预处理装置极大地降低水洗负荷，高效水洗明显节水。

C 单元：牵引轧车，将半剖品牵引导入水洗槽 D 单元，降低半制品上的非结合水。

D 单元：创新的水洗槽。

（1）箱体结构

① 顶盖锁封密封、外围保温等，保温节能。微压下，水洗温度高，有利于蒸洗，蒸得透，易溶胀，洗涤传质活跃，易使污物从织物上分离，不重沾污。

② 防漏，机械密封的特殊设计水洗。

③ 机械防皱，端面板计算机控制尺寸，高强度的导布辊，特殊设计和制作工艺。

④ 保温层与喷涂层结合，内 90℃，面温 20～30℃。双层钢化玻璃大观察窗，方便观察，操作，卫生。

⑤ 内松紧架辊筒轴承双密封，加高温油脂，方便检修，加油，解决传统设计3个月就坏的问题。

张力传感器，±5V显示明了，动作灵敏，运行平稳张力均匀。

⑥ 斜底，放水干净，卫生洁净，不重沾污。

（2）低液位分隔小槽 槽内以液下导辊为单元分隔成小槽，液位为传统的1/2，约250mm，槽内上下"蛇形"逆流供水。洗液交换快、流速高致使洗液浓度梯度大、洗液充分利用，传质效果佳，节省用水，易于半制品清洗。

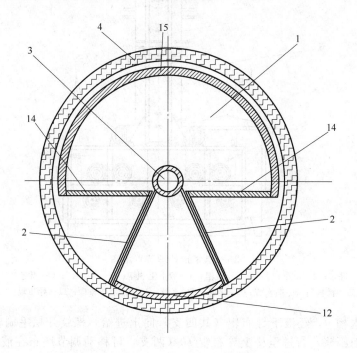

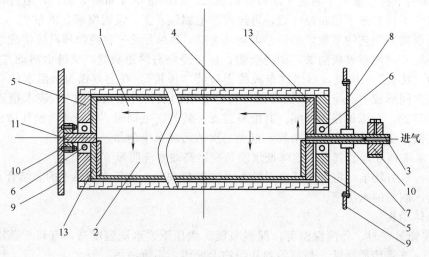

图 3-17 多功能导布辊示意图

1—弧形贮汽筒；2—喷汽嘴；3—进汽管；4—网孔辊；5—闷头；6—轴承；7—密封件；8—法兰；
9—箱体板；10—固定座；11—汽筒轴；12—弧形板；13—汽筒端盖；14—汽筒平板；15—汽筒弧形板

新液流水洗的蒸洗箱导布辊上5下6，液下分隔6小槽，创新设计的小槽隔板，确保槽内上下逆流，防患小槽"灭顶"之灾，使多小槽变成一大槽。

(3) 专利技术多功能导布辊（ZL 2006 20126856.4）　图3-17是多功能导布辊示意[6]。

① 导布　图3-17中，网孔辊4，闷头5、轴承6组成一转动体，织物包覆在网孔辊上，进给时带动其转动，起导布作用。

② 加热　图3-17中，蒸汽由进气管3进入弧形贮汽筒1，加热洗液；蒸汽进入狭缝喷汽嘴2，蒸汽加速喷出，经网孔辊4及织物进入洗液加热。

③ 去杂　蒸汽加速冲喷织物，将织物萃取下来的杂物清除。

④ 搅拌　由狭缝喷出的蒸汽，进入小槽低液位洗液，实施搅拌，洗液充分交换；且清除织物与水间界面层，缩短水洗扩散路径，提高传质效果。

每一水性槽液下第一根异布辊采用多功能导布辊。特殊的狭缝喷汽嘴轻汽少，蒸汽进入由液温测控。

多功能导布辊的应用，取消传统水洗槽底设置的回形蒸汽加热管，减少保养，降低液位。

E单元：水洗轧车采用了密闭式轧车，保证高温水洗的蒸汽最少消耗。

轧洗一体化设计，织物在封闭通道中运行，不会在空气中冷却，织物上萃取的杂物不会沾结，易于洗除，蒸汽由于封闭通道密封有效防止污染空气，减少蒸汽跑冒损失。

F单元：低轧余率轧车，比传统轧车降低30%轧余率，有效减轻烘筒烘燥负荷，节省蒸汽。

G单元：烘筒烘燥机，上进布节省蒸汽；烘筒端面防散热涂层；烘筒内凝结水经虹吸管集中直排来台水传播。直排中少量蒸汽供洗涤送流水加热，注水管道连接单向阀防止槽中水倒流进烘筒，常规疏水阀免装，节省5%泄漏蒸汽。

H单元[6]：采用专利技术热交换器（ZL2006 20069658.9）开发的自洁式转鼓水/水热交换器。该热交换器效率在90%以上，每吨热污水从B单元的动态过滤箱溢出，径热交换至少可回收60kB蒸汽的热能。

I单元：联合机的落布架，设有落布回潮率测控装置。

新液流水洗机平均工艺车速70m/min，按不同织物消耗洗涤用水3.5～4.5t/h（含烘筒烘燥直排凝结水），约为国家行业标准的15%～20%［江苏新联公司丝光机产品应用新液流水洗机，220g/m² 的织物，90m/min工艺转速耗水3t/h（含烘筒烘燥直排凝结水）］。

3.2.3　锦氨经编弹力织物的平幅除油加工

锦氨经编弹力织物由于穿着舒适时尚，市场需求量越来越大，产品用途也由供缝制泳装的弹力印花布逐步扩大到供缝制贴身内衣和运动休闲服的弹力染色布。由于锦氨经编弹力织物在编织过程中，为利于纺织和消除静电，纱线往往施加大量油剂，油剂的存在不但降低了织物的白度，沾污织物，而且会严重影响织物的染色等后道加工，所以锦氨经编弹力织物的前处理加工主要是去除这些油剂。传统的除油加工在溢流染色机上进行，操作简单易行，但耗时长，用水量大。通过实际操作证明，若采用新式的平幅加工，可大大节约用水量，而且节省时间，反应也更直观迅捷。在一切为了节能，一切为了环保的今天，采用Coller设备对经编织物进行平幅除油加工不失为染整工艺的优选[7]。

3.2.3.1　Coller前处理设备

设备剖面见图3-18。

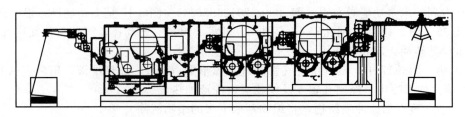

图 3-18　平幅除油水洗机示意

3.2.3.2　设备单元介绍

（1）加料堆量单元　加料堆量单元为一反应箱，底部为水浴加热槽，温度最高可升至 98℃。箱内部有 5 处喷淋装置，工作液依靠泵的作用强力冲击布面，提高工作液的渗透及去污能力，持续的喷淋使网带上的织物始终被工作液完全浸没，循环流动的工作液提高了反应速率，同时使布面杂质不断带走。所以加料堆量单元是高效处理单元，不但可以去除矿物油剂，而且用于印花后水洗效果也很理想。

过滤器内配有液位自控装置和自动加料装置，保证了工作液的浓度和处理效果的前后一致。

（2）真控抽吸　狭缝式真空抽吸装置可根据织物幅宽调整为不同的狭缝幅度，而且其抽吸强力可连续调节，依靠真空抽吸，可强力去除布面及纤维间的杂质，减轻后道水洗的压力，而且抽回的工作液又重新过滤返回加料堆量单元，过滤后重新利用，提高了水洗效率，又节约了助剂。

（3）水洗　每一水洗单元由 3 只多孔网辊组成，下两只网辊浸于水下，内各有一多棱转辊，转辊的高速旋转使液流往复穿透织物，将布面及纤维间杂质冲击分散开来。大网辊上有可加热喷淋管，高温水流强力喷向布面，进一步提高了水洗效果。两个水洗单元采用逆流，末格水洗槽定量补充新鲜水（可根据杂质不同及工艺状况设为不同值）。此外，洗液还可以通过过滤装置进行毛羽等杂质的过滤，始终保持清洁，保证了前后水洗效果的一致。

（4）多孔转辊　洗槽内的多孔转辊直径大，光滑度高，而且其转速可以变频控制。织物运行时，大包角包覆在转辊上，加上轧车前后扩幅辊及扩幅板的扩幅，织物运行时无折皱无卷边，可平整地经过各轧点。

3.2.3.3　平幅除油工艺实践

（1）织物　织物类型及其规格见表 3-11。

（2）化学助剂　去油剂 Clariant Humectol LYS liquid、纯碱（工业用）。

（3）工艺流程

干进布→对中→加料堆置→真空抽吸→水洗→水洗→湿落布。

（4）工艺设定　工艺参数见表 3-12。

表 3-11　织物类型及其规格

织物类型	织物组成	克质量/(g/m²)	幅度/cm
米高布	18％3.33tex(30D)氨纶＋82％3.33tex(30D)/28f 亚光锦纶	280	128
色丁布	6％7.78tex(70D)氨纶＋94％2.22tex(20D)/6f 有光锦纶	188	143
平纹布	18％4.44tex(40D)氨纶＋82％4.44tex(40D)/10f 亚光锦纶	231	137
网布	16％15.56tex(140D)氨纶＋84％3.33tex(30D)/12f 半光锦纶	126	172

表 3-12 工艺参数设定

设备单元	温度/℃	补水量/(L/kg)	助剂浓度/(g/L)	堆量时间/min	压强/Pa	车速/(m/min)
加料堆置	85	0	4(Humectol LYS)	3		
			2(Na$_2$CO$_3$)			
真空抽吸					10^4	15
1号水洗	65	0				
2号水洗	50	4				

① 加水 设定水洗槽的水量（900L），将设定值传送至计算机。通过流量计和自动截止阀给设备加水，通过人机界面可以观测到加水量。

② 升温 在温度设定窗口，设定水洗槽的工艺温度，设备会自动升至设定温度。Coller机采用非直接加热板加热，加热板包覆整个水槽。直接蒸汽高速通过加热板间均匀曲折的通道对水洗槽内的水加热，升温迅速均匀，避免了直接加热造成的洗槽内温度局部忽高忽低而影响水洗效果的现象，而且蒸汽冷凝水可以回收供锅炉直接利用，降低了软化水的费用。

③ 电机传动参数设定 根据不同织物所需的张力，分别设定各电机的传动参数。使设备达到不同的张力状态，特别适合低张力织物的加工。

④ 助剂浓度设定 将除油剂及纯碱按工艺配方准确称重加入过滤器内，启动循环泵将料打匀，生产时工作液连续地流过过滤器，对工作液进行过滤，除去纤毛等杂质，使工作液保持洁净。

⑤ 加料堆量单元设定 加料堆量单元根据加工工艺有两种模式供选择：紧式状态（织物不在网带上堆置），松式状态（织物在网带上堆布运行）。除油工艺选定为松堆，并设定堆置时间3min，同时真空抽吸设定为10^4Pa。

⑥ 补充水量设定 根据不同加工工艺及织物含杂量设定不同的补充水量，除油工艺设定为4L/kg。

3.2.3.4 结果

（1）除油效果 采用同一布种分别在Coller设备与染缸内除油，将除油后染色结果进行对比得知，Coller机除油后产品手感丰满，色泽和客户的产品颜色一致，说明Coller设备平幅除油的效果完全可满足染色的需求。

（2）缩水率 织物缩水率见表3-13。

表 3-13 织物缩水率

织物类型	缩水率/%	
	纬向	经向
米高布	−12.5	−2.5
色丁布	−2.0	−1.0
平纹布	−9.0	−6.0
网布	−6.0	−5.5

表3-13数据显示，此设备可以设定较低张力。织物加工时低张力运行，尤其适合针织物加工。

（3）用水量比较 以加工1t 250g/m^{2}的织物为例。

Coller机用水量：

加料堆量单元850L

水洗单元900L×2＝1800L

生产补充水量

$1000kg \times 4L/kg = 4000L$

则生产总水量为：

$850L + 1800L + 4000L = 6550L$

溢流机除油用水按浴比 1：10 计，则用水量为：

$1000kg \times 10 = 10000kg = 10000L$

可见在溢流机除油而未经水洗的前提下，平幅水洗比溢流水洗节约用水 33.5%，既节约了用水量又减少了废水的排放。而且随生产量的增大，节能效果尤其显著。

3.2.3.5　结论

（1）经实际生产，Coller 机可以满足锦氨经编弹力织物的除油要求，除油后染色效果良好。

（2）Coller 设备对针织物连续处理，解决了卷边起皱问题，而且用水量比常规染缸少，更环保，效率也更高。

3.2.4　针织平幅去油预缩精练水洗机

图 3-19 是两种水洗流程。

江阴福达公司是中国纺织工程学会针织平幅水洗装备技术研发中心，该公司针对去油水洗加工过程中常见问题，装备设计的解决方案[8]：

（1）产品重现性差。设计自动化控制系统，工艺参数精确测控，工艺液流量计定值供液，多条工艺处方的储存。

（2）除油不均匀，布面有色花。设计强力循环系统，均匀施液；织物无褶皱平覆传送。

（3）容易卷边。采用 1200mm 直径的大转鼓，极短的"空气道"，转鼓独立传动，张力精确调节，低张力的织物进给，防止卷边、纬缩。

（4）耗水、耗汽大。槽内加热板间接加热；箱体密封（见图 3-19），防蒸汽泄漏；逆流供水，提高水洗传质效果；转鼓上方设有强力"水刀"冲喷，对织物实施"水穿布"，缩短水洗扩散路径，有效冲破织物与洗液间的"界面层"。每单元配有动态过滤箱自动清洗，循环、充分利用洗液。

图 3-19 中，a 图以大转鼓加"水刀"组成；b 图中加入松堆浸渍推冲单元，a、b 两种流程使联合机适应织物的工艺范围更广。

3.2.5　针织印花后平幅水洗机

3.2.5.1　工艺设备流程[9]

经过印花的针织布，通过蒸化固色，布面的浮色、浆料已经固化，所以水洗过程分为四大步骤：

平幅进布→浸泡（5~8min）→预洗（冷洗-皂洗-热洗）→皂洗（8~15min）→水洗（热-温-冷）→出布

印花织物蒸化后水洗，织物上色浆经浸渍、膨化、冲洗，其印花原糊的去除率和未固着的染料洗除率应达 80% 以上，这样对减轻它蒸箱的净洗负荷和改善白底的洁白度是有利的。因此，印花后织物在水洗去除浮色、糊料之前，必须要有一段时间充分溶胀、膨化。如海藻酸钠经浸润、膨化后溶解的过程，时间在 45~60s，淀粉浆所需时间延长。若无时间的保证，一味添加渗透剂，净洗剂效果甚微，这正是为何常规印花后水洗要两遍，甚至要三遍才

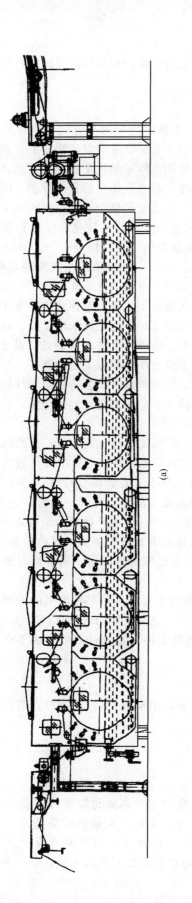

(a)

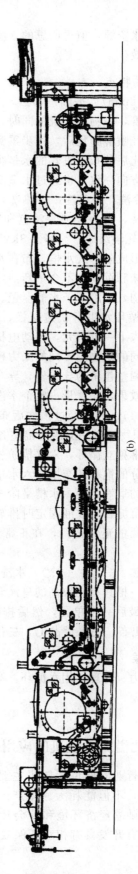

(b)

图 3-19 针织平幅去油预缩精练水洗流程

洗得净，浪费大量水资源，值得所思的。实践与理论皆作证，利用时间与机械力的互补远比添加化学品助剂有效。

3.2.5.2 单元机的特点

（1）浸泡（5~8min） 平幅进布后，通过四角辊将织物较为平整的折幅在网带上，四角轮上方设有喷淋管，织物在堆置的同时，能够获得充分的清水润湿，网带上方四组循环喷管，织物向前运行经喷淋膨化后，逐步得到交换，织物出网带经轧车到下一单元，轧车下方设有一个水盒，膨化后的布经重轧的水是很浓的污水，经水盒集中后直接排走。网带箱的水的走向和布行走的方向一致。也经过水盒溢流排走，耗水量是整个水洗过程的 3/10。

（2）预洗（三冷洗，一皂洗，一热洗） 经过浸泡印花布已经软化、浮色和浆料已被洗去一部分，三道喷洗，进一步去除浮色和浆料，加热加皂一个，热洗一个。喷洗槽由一支 750mm 网辊和一对轧辊组成，循环泵 3kW，循环量 60t/h，喷洗槽的水洗原理是布液分离：布液分离后，五槽形成阶梯式水槽，布在水的上方运行，逐格喷淋重轧脱水，水在下方大通道倒流，冲洗的泡沫和沉淀物不会重新沾污布面，大通道形成平面阶梯式排除泡沫，气动放液阀定时排除沉淀物，而溶解于水的浮色、浆料倒流排水口，达到高浓度排放。每槽通过四支喷淋管大流量的循环水进行快速交换，槽内设有过滤箱，确保水流畅通，轧车压力 2t，织物高效脱水后进入下一个单元，传动电机的同步系统靠织物的张力自动调节，程序可以预设定张力，确保不同的织物用不同的张力模式运行，轧点前设有扩幅防卷边丝线辊，分丝辊与轧点之间有一支调整包角的导布辊，导布辊可升降来调整布对分丝辊的包角，从而控制不同织物的分丝最佳效果，耗水量占整个水洗过程的 4/10。

（3）皂洗（8~15min） 经过预洗后布面带有一定温度，进皂洗箱 8m 长的网带，堆置可达到 600m 布，织物经过一支四角辊整齐的堆置在网带上，布在运行中要经过六道瀑布式水帘冲淋，每道冲淋独立循环，六水槽阶梯式排列，循环泵流量 30t/h，1.5kW，瀑布式水帘可使织物得到充分的饱和和交换。六水槽形成倒流使皂液清污分开，织物在皂洗过程中，始终在向比较干净的皂液运行，水槽呈阶梯式，皂洗的泡沫形成平面朝着倒流方向流去，而且不会二次沾污，沉淀物由放液阀定时排放，出网带设有布量控制器，自动控制出布速度，自动对中器确保织物的正常运行，在正常情况下，它还作为扩幅用，用水量占整个水洗的 1/10。

（4）水洗（一热、一温、一冷） 水洗形式与预洗单元一致从皂洗出来的织物带有一定的皂液和温度，第一槽具有比较高的皂液含量和温度。这是很好的水洗液，通过高度差，将洗液倒流到预洗的最后一个单元，然后排掉。经过热温冷三道水洗，就完成了全部水洗工艺，最后 10t 轧车出布，用水量占 1/5 左右。

3.2.5.3 水洗效果

防卷边、低张力、合理使用水循环，高浓度排放，用水量 1：（8~12），用汽量 10：7，用电量 10：1。

3.2.6 超低浴比溢流染色机的应用

在现阶段针织行业的染色工序仍主要以溢流机为主，高浴比溢流机需要大量的染化助剂、水、电、汽，不但能耗大、生产成本高，而且要处理大量的印染废水，对生态环境的破坏也很大。随着经济环境和社会环境的改变，降低生产成本和环保生产变成了企业生存的根本，只有开发具有相对环保效果意义的超低浴比溢流机才能走上一条可持续发展的道路[10]。

应市场需求，立信公司适时地推出染色浴比为1：（4～5）的Jumboflow HSJ高温染色机，此机能做到低浴比主要是储水罐的大小要合理，能做到布和水分离，液流管道在设计上要顺畅和紧凑，其他参数如下：

载量：200kg/管（HSJ-T20）、280kg/管（HSJ-T28）

浴比：1：（4～5）

机速：400～500m/min

喷嘴压力：12psi（喷嘴规格为：ϕ120mm×6mm）、16psi（喷嘴规格为：ϕ80mm×6mm）（喷嘴规格是根据客户织物克重和封度进行配置，1psi＝6894.76Pa）

适染织物：针织物（特殊混纺或交织物需合理调整工艺处理，如经编涤纶/氨纶织物要把循环时间控制在1min/圈，可防止形成折皱痕）。

3.2.6.1　设备结构和工作原理

（1）储水罐　储水罐的大小以装满水时能保证主泵不抽空为准，另外液流路程要短和顺畅，这样染液可以尽快回流到储水罐才能做到低浴比，并且做到布和水分离。染液与织物交换的次数越少（此机织物循环1～2/圈就可以做到布身染液和储水罐染液的浓度一致），匀染性越好。

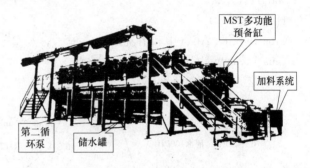

图3-20　Jumboflow HSJ机总图

（2）加料系统　以随动定量控制加料速度，定量曲线有直线和递增曲线，按经验加染料、盐用0%直线，固色用碱以50%递增曲线加料。加料位置在储水罐中底部，并用第二循环泵在储水罐再次混料后才经主泵输送至喷嘴喷淋到织物上。此加料系统不但能缩短加料时间，而且匀染性大幅提高。

（3）MST多功能预备缸　预备缸容积按1：5水比计算，不但可预先准备好下一缸水，而且能把染料提前加到预备缸并升到目标温度，可大大减少工艺用时。

（4）洗水系统

① 为了能利用冷却水，立信开发出MSR多省清洗洗水功能。针对没有回收用水的染厂，在降温的同时把冷却水引到缸内清洗织物，避免直接排放掉，节省用水。

② 为了改变传统间歇洗水工艺、缩短工艺用时和提高洗水效率，立信公司同时开发出AIR＋先进智能洗水功能。以流量计和随动阀控制入水速度，流量越大，可以越快洗干净，用时越少、但用水量大。一般流量与布重比例为1：1（载量280kg：280L/min）时的用水量和用时最合理。同时控制水位在布槽以下令到布和水分离也能加快洗水效率，同步以水位控制放水速度。在洗水的同时自动在线监测染液中电解质的导电率，以洗到某一特定的TDS值才放水（标准为2000ppm＝2g/L Na_2SO_4），因为碱用量与TDS值成正比，而TDS值下降率和醋酸用量也成正比，根据克当量原理，这样不但能确定中和醋酸份量，而且不会浪费水，用时也大幅减少。

（5）织物循环系统

① 多管时每管都由独立电机和变频控制，一管出现问题，其他管可正常行机。出布速度很快。

② 不锈钢提升滚筒，摩擦力小。

③ 高喷嘴压力和机速能确保各种织物达到合理的循环时间。

④ 后布槽摇折由变频控制与机速同步，令织物均匀地进入布槽。VL 变载布槽在染薄布时能调小，储布槽使用高分子物料的特氟隆管。所有一切都让织物在缸内所受的带动力减到最小，织物规格稳定。

3.2.6.2 快速工艺应用（纯棉活性染料工艺）

（1）煮漂

① 处方

药剂	单位用量（g/L）
Cibafluid C（防皱剂）	2
Ciba Tinoclarite COM（稳定净洗剂）	2
NaOH（片碱）	1.5%
H_2O_2（50%）	3%
Ciba Invatex AC（中和清洗剂）	2
Ciba Invazyme CAT（除氧剂）	0.5%

② 工艺

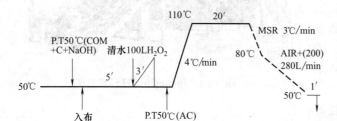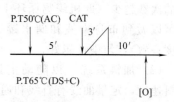

a. 由于浴比低，煮漂中的 NaOH、H_2O_2、Invazyme CAT 属于消耗型助剂，不能以 g/L 计算，需以布重的百分比计算（owf），这样才有足够的助剂保证煮漂质量。

b. 在上一缸的后处理工序时用 MST 多功能预备缸准备好这一缸的煮漂助剂，抽入主缸后就入布。

c. 加完双氧水后就可以准备下一过酸工序的用水和醋酸并升温到 50℃。

d. AIR＋（200）代表洗水到指数为 200（2.0g/L×10^{-6}），洗水流量为 280L/min。

e. 由于采用滑动酸中和，过酸除氧后不放水染色。

（2）染色

① 处方

药剂	单位用量（g/L）
Cibaceel DS（螯合分散剂）	1
Cibafluid C（防皱剂）	1
Cibacron Yellow FN-2R	0.2%
Cibacron Red FNR	0.5%
Cibacron Blue FNR	1%
Na_2SO_4	45
Na_2CO_3	17

② 工艺

a. 如果是先加盐的染色工艺，可以把盐也加到预备缸。

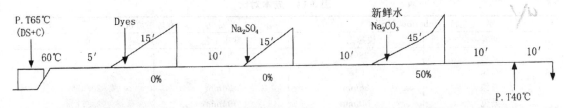

b. 应用带精密流量控制的加料系统和第二循环泵再次混料，可大幅缩短加料时间。

c. 低浴比染色要选用溶解度好的染料。

d. 如果以回流水化解 Na_2CO_3，回流水中所含的染料由于 pH 值高会加快水解，导致色浅，所以要用清水化料。

e. 把 Na_2CO_3 加料时间加长，而染色保温缩短，既可加强匀染性又不会因此加长了工艺时间。

（3）洗水

① 处方

药剂	单位用量（g/L）
HAc（98%）	0.4
Cyclanon XC-W（皂洗剂）	1

② 工艺

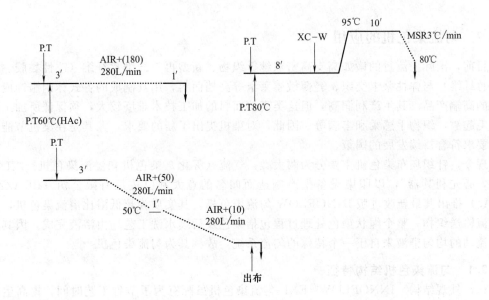

应用 AIR＋洗水功能减少了间歇洗水的入、放水时间，可节省时间。

皂煮前洗至指数 180（1800ppm＝1.8g/L Na_2SO_4），既可节省用水，又可不会因电解质过多而煮到色浅和导致浮色难以洗除。

一般洗水至指数为 10（0.1g/L）时浮色也已洗干净。

3.2.6.3 成本分析

立信 Jumboflow HSJ 与常规溢流机效益成本分析比较见表 3-14。

HSJ 型超低浴比溢流染色机是立信公司在 ECO-6 型染色机小浴比基础上的提升，更有利于溢流染色的节水。

表 3-14 成本对比

	立信 Jumboflow HSJ	常规溢流机	
能耗	快速工艺	常规工艺	节省
载量	280kg	200kg	
水比	1∶5	1∶8	
煮漂	88min	120min	26.67%
染色	148min	194min	23.71%
水洗	74min	153min	51.63%
总循环时间	310min	467min	33.62%
蒸汽/(kg/kg)	3.920	6.272	37.50%
水/(L/kg)	46.89	77.55	39.54%
电/(kW·h/kg)	0.1359	0.2873	52.70%
蒸汽生产成本/(元/kg)	0.4704	0.752640	37.50%
水生成本/(元/kg)	0.070335	0.116330	39.54%
电生产成本/(元/kg)	0.12911	0.272935	52.70%
单位织物总能耗/元	0.669845	1.141905	41.34%
染料成本	3.497200	3.497200	0.00%
化学助剂成本	1.253000	1.815200	30.97%
单位织物化工总成本/元	4.7502	5.3124	10.58%
单位织物生产总成本/元	5.420045	6.454305	16.02%

注：由于染料所占成本比例较大，而且是不能节省的（染料按织物重的百分比计算），所以单位织物生产总成本节省率不大。如果此项成本不计算在内，节省率可达到 34.98%。

3.2.7 匀流染色机的应用

目前，国际上流行的诸如高支高密双纱针织物、新型再生纤维素纤维（改性黏胶、莫代尔、竹纤维）与弹性莱卡交织、轻薄敏感莱卡等高档面料，用其制成的各式休闲服饰成为国内外的高端产品。其生产利润高，但这类高档面料的加工技术难度较大，须保证所加工面料不起毛起皱，织物手感柔和丰满等。因此，对染机提出了新的要求，尤其是在染机节能减排方面要求符合持续发展的国策。

现今，针织坯布染色机主要分为两大类：气流（雾化）染色机和溢流染色机。"工欲善其事，必先利其器"，以印染设备生产制造而闻名的意大利巴佐尼有限公司（BRAZZOLI S.PA.）推出其最新改进版 INNOFLOW 匀流染色机。其实质为超低浴比溢流染色机，不使用气流输送织物，整个绳状染色处理过程包括染色及后续水洗工艺均由浴液完成。因其在染缸里流动的均匀染液来自于一个特殊的匀流系统，故称其为匀流染色机[11]。

3.2.7.1 匀流染色机结构特征

（1）外观结构 INNOFLOW® EXL-匀流染色机虽配有为了节省工艺时间，提高生产效率的预备缸、双料桶等辅助装置，但是配放的设计非常合理。

新型的辅助装置合理配放设计使机器的结构更加紧凑，有效地减少了设备的占地面积。同时该部分在原厂已经预安装完毕，运往客户处后只需要非常简单的连接即可设入生产，为客户节约了时间和场地。

（2）适合多样化生产的高压可调喷嘴 INNOFLOW® EXL-匀流染色机拥有圆锥形的高压可调喷嘴，不同于气流染色机的方形喷嘴，它既保证了布坯和染液接触面的均匀性，同时通过电脑自动控制，可将液流的方式从喷射状态到完全液流状态之间自由地调节，因此达到了喷嘴流速、流量、喷压可任意调整的目的，增加了染机对产品多样化发展的适应性，为加工型染厂接单提供了极大的便利和品质保障。

　　喷嘴是匀流染色机的核心部件，喷嘴中液流是输送织物的主要动力，也是被染物与染液进行物质/能量交换的场所。液体的能量取决于液流流量、喷嘴处的液流速度和液流/织物间的冲击角度。液流流量、液流速度可以较直观的控制，液体冲击的角度经研究可通过对布的周围均匀喷液将织物起球和产生痕迹的可能性减为最小。

　　（3）染液的横动循环　INNOFLOW® EXL-匀流染色机，美其名曰，在染缸里流动的染液是完全均匀的。均匀的液流来自于一个特殊的匀流系统，也就是意大利巴佐尼有限公司（BRAZZOLI SPA）成功研发的染液横动再循环技术（INNOTECHNOLOGY）。

　　该特殊的匀流系统是利用一个崭新的染液横移运动的动态分子交换理论，通过染液横动运作，创造了分子交换的新动力。该技术的重要技术参数是流体动态限定区域的两个速比：织物的循环速度和浴液横向流动速度，后者速度总是超过织物运行的速度，于是产生速度差。匀流染色机将染液横动原理直接应用于动态限定区域，降低织物与处理液的相对速度差，从而降低了运动中的染料分子与织物接触的反向阻力，使织物的运行与染液横动产生双向运动效果，该运动可以连续混合处理液，极大提高染色和处理速度，使实际生产中的上染环境几乎等同于实验室打样时的上染环境。

　　该技术通过增加一个极小功率的横向循环泵使染槽底部的染液除了像传统染机一样只通过主泵纵向单向循环的同时，也横向地来回循环，这样一来，3.3倍的染液循环效率使得该染机有能力将染缸内所有染液瞬间搅拌均匀，使得机器即使在极低浴比的条件下也能够达到匀染的效果。染机的加料也是通过此匀流系统来完成的，见图3-21。

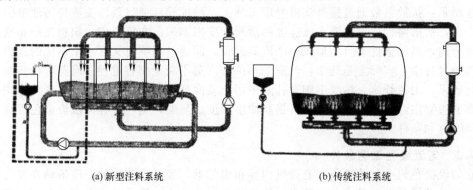

(a) 新型注料系统　　　　　　　　　(b) 传统注料系统

图 3-21　注料对比

新型注料系统的主要技术优势：

① 通过比例注料阀注料，可使整个注料过程的时间和曲线受到连续性的控制；

② 通过新型注料系统的化料效果比传统注料系统提高了8倍；

③ 均匀有效地注料和化料系统保证了低浴比状态下的染色均匀。

　　（4）摆布系统　INNOFLOW® EXL－匀流染色机的摆布系统彻底排除了传统"O"形缸的"机械臂"摆布方式，用改变液流方向对织物进行柔和、有序的摆动，以此来避免"机械臂"摆布时以及摆动提布时对织物所产生的巨大张力，同时也避免了轻薄织物缠绕在"机械臂"上的风险，全面保护了一些含有莱卡纤维的轻薄、敏感的高档织物。

　　（5）动态质量控制系统　现在客户对产品的对样色差、前后色差、色泽的重演性等要求很高，而生产线上影响产品质量稳定的工艺参数涉及几十个之多，要把这些工艺参数全都控制在工艺允许的范围，仅仅依靠人的努力，是勉为其难的，应该将这些工作交由电脑自动测控设备去执行，这样才能确保工艺参数的执行准确无误，保证产品质量的稳定。

　　在传统染色机的染色程序设计时，采用时间为单位来设定一个过程，但事实上布坯长度、运行速度和喷嘴中液流状态不同都会使被染物周围有不同的浴液更新频率，从而有不同的加工效果，所以单一地用运行时间来设定所有过程是不太合理的。

为了合理地控制染色过程，匀流染色机引入3个新的概念。

① 圈（LAP）：指布坯通过喷嘴进入储布槽再输送到下一个喷嘴的过程，也是被染物上染环境更新和染料泳移、扩散的单元过程，是编制染色程序的时间单位。

② 一圈时间（LAP时间）：完成这一单元过程所需时间，它是控制储布槽容布量的依据。

③ 圈数（LAP数）：实现某一过程所需单元过程的次数。如升温速度设定为3℃/圈。

在实际编制染色程序时，用圈数来设定前处理、染料/助剂注入、升/降温速度、水洗和排液等过程。这些过程主要受浴液更新频率的影响，因此程序对布坯长度、织物重量、运行速度的变化具有适应性。这一方法使得对某种工序只需作一次编程（即最大装布量），然后，在程序的执行过程中可自动适应各种变化。由于染液织物接触的次数不发生改变，因而保证了处理过程的最大可重现性。有利于实现"一次成功率"，同时能获得较好的节能减排效果。

（6）快速排液系统　传统染色机的织物清洗，采用自然重力排液，需先将染槽内的染色残液排尽，再注入清液。每次排液大约需要4～6min。因染槽内的染色残液不可能全部排尽，故当清液注入时，还会与部分染色残液混合，既降低水洗效率，又浪费时间。匀流染色机采用独特的清洗系统，通过微处理机设定，使循环泵和通气阀配合动作，实现有压力下强制抽液排放。在整个清洗过程中，排水阀始终打开，污水直接排放，而不与织物接触，排液时间只有30～45s，缩减了无效等待的时间。

根据净洗基本原理，净洗效率影响因素有扩散系数、浓度梯度和扩散路程。对这三个参数的控制是：扩散系数通过提高洗液温度来增大，浓度梯度通过新鲜洗液与污浊液的快速分离来提高，扩散路程通过洗液水流速度的激烈程度来缩短。在染机中，织物在储布槽内与主体洗液分离，高温条件下自然形成一个汽蒸过程，而通过喷嘴时又有一个热洗的过程。织物在水洗的过程中，实际上是处于：汽蒸—热洗—汽蒸不断地交替过程。汽蒸可提高织物纤维的膨化效果，加速纤维、纱线毛细管孔隙中污杂质向外表面的扩散速度，热洗可尽快打破洗液平衡的边界层，缩短扩散路程并且提高浓度梯度。显然，这一过程为溢流染色提高净洗效率提供了有利条件。

3.2.7.2　匀流染色工艺条件

在匀流染色机中，待染色布通过机内导布辊带动，经溢流喷嘴的溢流带动在缸内作同向而不同步的共同运动。其染色过程为：待染色布浸湿膨化，随着染液温度的升高，被染物在喷嘴处与"新鲜"染液接触，为物质/能量交换和染料上染创造条件，染液中的水分子带动染料分子以一定的动能在纤维间吸附、渗透、固着，进行染色"泳移"运动，经过如此上百次的重复，染料分子"泳移"达到平衡，完成染色。

（1）上染率　上染率的控制是保证被染织物在整个上染过程达到均匀上染的基本条件，尤其对那些具有上染速率快的织物，如比表面积较大的超细纤维更是要控制上染速率。

$$E = C \times F = C \times (N_F + N_L) \tag{3-12}$$

式中，E 为上染速率；C 为织物单次循环的染料上染率；F 为染液循环频率总和；N_F 为每分钟织物循环次数；N_L 为每分钟染液循环次数。上式表达了在染色过程中上染速率（E）与织物单次循环的染料上染率（C）和染液循环频率总和（F）的关系。影响上染率最大的是染液与织物的交换频率，二者的快速循环，增加了它们的交换频率，所以提高了染料的上染率。同时染液快速循环可以缩短染液温度和浓度在变化过程中出现织物所带染液和主体染液各部分差异的滞留时间，减少织物吸附不匀和温差的影响。这种条件实际上提高了染料吸附的均匀性，降低了对移染的依存性，可以获得更好的色牢度。

（2）染料和助剂　匀流染色的低浴比对染化料的浓度变化影响较大，染料和助剂在用回液进行溶解时，虽然在一定程度上要减成，但浓度的变化还是比较明显的。从实际应用来看，采用动态溶解和注入的方式，可以较好地控制浓度的变化率，使整个注入过程中的前后浓度不发生过快的变化。另外，染料和助剂在低浴比条件下刚开始加入时，主体染液与被染物所含带的染液存在一定浓度差，必须通过一定的循环系统进行稀释，以防这种差异存在的时间过长对匀染不利。

（3）温度　在染色机中，被染织物除本身所吸附的染液外，与主体染液在槽体内不接触（所谓的布液分离），这就使得整个被染织物各处的温度在升温过程中出现分布不均现象，从而导致上染不均匀。如果在后面的过程中没有足够的移染时间，那么肯定会色花或色差。因此，温度是一个非常重要的参数，除了染色设备具备温度控制系统外，还要依靠染液和织物的快速循环来及时减少各部分之间的温差。

（4）时间　在间歇式染色加工中，在一定的条件下缩短染色时间，不仅可以提高生产效率，而且还可以避免时间过长对染色带来的不利影响。例如，弹力针织物加工时间过长，张力的持续作用会导致弹力纤维（如氨纶）的疲劳损伤。又如，加工时间过长会造成某些染料（如活性染料）的水解，降低了染料的上染率。除此之外，一些娇嫩织物表面也会因长时间的加工摩擦而出现起毛现象。

3.2.7.3　小浴比特点

小浴比节水的真正含义是包括前处理、染色和后处理的全过程节水。目前间歇式溢流染色可兼作前、后处理工艺，其中水洗过程的耗水所占比例最大。这主要是传统大浴比水洗工艺都是采用溢流式水洗，以耗费大量水来不断稀释残留在织物中的废液而造成的。

（1）匀流染色机　采用染液横向运行的多向抽吸系统，极大地降低了浴比，增加了浴液的均匀度，第一次实现了绳状溢流染色机（1∶4.0）～（1∶4.5）的低浴比。每千克布总耗水量仅为25～45L（浅色至深色），由于浴比小，使各道工序的时间相应减少，缩短了整个染色时间（染中深色仅需4.5～5h）。同时热交换效率高，升温速率可达8～10℃/min，大大缩短了升温时间，降低了蒸汽的消耗量。由此耗电量也相应减少，仅相当于气流染色机的1/3。匀流染色机的小浴比条件可提高活性染料的直接性，提高染料的利用率和染色深度；还可大大降低各种印染助剂的耗量，减少污水排放，减轻治理负担。

（2）不堵布打结　在以往染色浴比较大的条件下，储布槽中的织物是悬浮在染液中。织物之间容易相互挤压、相互纠缠，造成堵布打结现象。匀流染色机设计了特殊的渐扩形染槽，使得织物在染槽中堆置时，虽没有水，也能靠自重顺序向前推进。同时该机在喷嘴的出口处设置了摆布装置，落入染槽后形成了很有规律的堆置，帮助消除运行痕迹，从而避免了由于堵布打结停车造成织物色花或折皱的情况。但值得注意的是，织物循环的频率要高，尤其是容易起皱织物，在槽体内滞留的时间不得超过2.5min。

3.2.7.4　适应范围广

结合世界上先进的软件，匀流染色机有能力用最低的耗能处理多品种、高品质的织物。匀流染色机特别适合那些表面积大、吸收染料快的织物，如Tencel纤维和超细Lyocell纤维等织物。这种有较快布速的染机既能保证织物的匀染性，对织物的损伤小，又能使织物的手感好。

3.2.7.5　工艺效果

实践表明，匀流染色机与常规染色机相比染色时间缩短14%～16%，染料可节省10%左右，节省助剂（盐、碱）30%左右；耗水量节省50%以上，蒸汽节省50%左右，电能节省25%左右；排污也相应减少50%以上。除此之外，其他有形无形的节省，例如因为高效高产量，可以减少购买机器台数而达到同样产量，节省了投资，更节省占地面积，减少建筑费及其他相关费用，有利环保。匀流染色机，其设备的适用性广，自动化程度高，在节能、降耗、减排等方面取得重大突破，织物加工质量优，符合生态环保要求。

3.2.8 小浴比筒子染色节水工艺的应用

受到传统观念的禁锢，现在大部分染厂的正常筒子（经轴）染色仍然采取全浴染色，即染液要覆盖在经轴（筒子）之上，泵循环采用正反双向循环的染色方式，此种染色方法纱线全部浸没在染液中可以很好地保证染色质量，但是浴比较大，造成水、电、汽、染料、助剂的浪费也相当严重。

纱线筒子染色水耗竟高达（200～500）：1。这种发展趋势必然要求我们纱线行业从节水做起，而染纱节水的重点在于减少浴比。

21世纪现代化筒纱染色方向为低能耗、高品质。在市场竞争激烈的今天，降低原材料的耗用，提高染色一次成功率势在必行，而用小浴比染色则是一项比较有效的方式。

3.2.8.1 立信ALLWIN染色机[12]

（1）设备组成

① 结构特点　ALLWIN染色机与染液接触部分采用316Ti/316L优质不锈钢制作，强度高，耐酸碱性好。其他部分采用316不锈钢制作。主泵采用REV水泵，能提供足够的染色流量该机配备与主缸等容量的预备缸，加热、搅拌功能齐全。由于采用独立的输送泵，抽入、抽出相比气压式抽出安全可靠并且水量可灵活准确控制；同时，输送泵还可进行预备缸"混料功能"，使预备缸化染料及助剂效果更充分、均匀。两个单独的颜料桶配合大药桶，有效缩短工艺时间，控制系统为Setex737XXL电脑，中文显示。

② 技术参数　ALLWIN染色机主缸内最大压力设定为5.0bar（1bar＝10^5Pa），超过该压力设备自动排压；最高工作温度设定为140℃，超过该温度不能继续升温；主缸安全温度最高设定为90C，超过该温度设备不能运行如下功能：主缸入水、普通放水、快速放水、预备缸抽入、抽出、颜料桶加料、回流等功能。上述压力、温度都有电气、机械双重保护，确保设备安全运行。动能传送为轴传动主缸满载情况下，升温速率为：30～80℃，6℃/min；80～130℃，3.5℃/min。降温速率为：130～80℃，4～5℃/min。温度控制误差±1℃。

③ 功能配置　ALLWIN染色机配备一大副缸和两药桶，设计染色浴比为1:8，比流量可控染色控制，定浴比及定纱层入水，配备专业离心水泵及智能温控技术，创意智能水洗技术。

ALLWIN染色机筒子载量最小的机台放1个筒子纱，最大的机台载量为390kg。主要染棉纤维，采用活性染料染色。

（2）应用实践

立信ALLWIN染色机是基于小浴比染色的，在实际应用中，如何突破现有的技术瓶颈改善品质？如何提高生产力，降低生产成本？具体问题包括：

a. 由于设备及器材的局限性，实验室能否实现更小的浴比（小于1:10）打色？

b. 大生产中最小的极限浴比理论值与实际值的偏差怎样，我们是否能突破业内专业人士所谓的筒纱染色浴比不可低于1:5.5的说法？

c. 生产中的内外差如何保证？染色的重现性如何保证？

d. 经轴如何实现小浴比染色？

e. 染机对现有的染色工艺的适用性如何？应怎样制定合理的染色工艺？

① 实验室解决小浴比小样打色　立信ALLWIN筒子纱/经轴染色机浴比较小，一般满载时浴比1:(6～8)，而在打小样时的浴比一般为1:15，因为浴比小时染液太少，暴露在染液外的纱线较多，容易引起色花。但在1:15时打的小样放在大生产时由于浴比变化较大，颜色重现难控制，对此，专门设计实验室小染杯打小样，改进了染杯的大小与性状，经过反复试验—制定尺寸—做样品—试验打色—再修改—再试验，最终

确定了染杯的外形及尺寸。新染杯可以实现浴比为（1∶8）～（1∶15）之间的小样打色。

　　而对于放中样的问题，ALLWIN 染色机最小载量为 1kg，染色浴比在 1∶（7～12）之间，放样的条件和正常大生产相差无几，这样有效地模拟大生产进行放中样。

　　② 工艺制定及执行　ALLWIN 染色机配备一个大副缸和两个小药桶，在其有效配合下，执行染色工艺相当流畅，染色过程中的备水、备药均提前进行，极大节约染色流程的总时间。

　　由于 ALLWIN 染色机浴比小，因此在染色工艺方面具有特殊性。主缸在满载时由于纱线要吸收 200% 左右的水，因此，在工艺执行过程中可以自由回流到药桶的染液相对较少，如果回流过多，则导致主缸液位太低，特别是在加元明粉时需要大量的染液来溶解，而用分次加入的方式弊端较多。当然用循环加料（即一边回水一边加料）的方式效果不错，但化料时间太长，元明粉浓度前后不均匀，助剂浓度在瞬时会出现浓度过大现象，而且一不小心会堵塞加料管路，在染深色时不可取。

　　ALLWIN 染色机的特性适合使用特殊的工艺，即预加盐法染色，该方法为元明粉在加染料前一次性加入。见图 3-22。

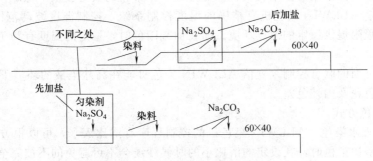

图 3-22　普通工艺与预加盐工艺的比较

可能大家会有这样的疑问，先加元明粉会不会引起染料的快速上染导致染花及内外色差？立信 ALLWIN 染色机从下面 3 个方面进行有效解决。

　　a. 流量控制　ALLWIN 染色机有流量控制功能，因此在生产过程中使用比流量染色为达到完美的比流量染色效果，在不同流量下试验以确定最佳效果，如 CM50S 筒子纱的密度在 $0.42g/cm^3$ 时，染色浴比为 1∶6 时，流量在 24L/（min·kg）左右时效果最好。在程序设定时，根据不同密度设定不同的流量，表 3-15 为 CM50S 经轴纱在浴比为 1∶6 时不同密度时的部分流量数据。

表 3-15　部分流量数据

纱支	染色浴比	筒纱密度	设定流量(i-o)
CM50	1∶6	0.37	18
CM50	1∶6	0.38	20
CM50	1∶6	0.39	21
CM50	1∶6	0.40	22
CM50	1∶6	0.41	24
CM50	1∶6	0.42	24

　　b. 合理使用 Dosing 曲线　预加盐工艺对染料的加入方式有较高要求，由于盐的浓度较大，促染能力较强，染料被纤维的吸附较快，因此，染料的加入方式对染色质量有较大影响，ALLWIN 染色机配有 Dosing 加料模式，加药实践在 5～30min 范围内自由选择，如有需要，也可以设定为 60min 以内的任何事件，加料% 曲线从 0～100% 均有。在实际生产中，需根据不同的染料组合选用不同的 Dosing 曲线，比如较难染的翠蓝色，如果用住友化学 B

BGF 拼色，则选用 70％曲线，加药时间为 30min。而普通的用三原色拼的蓝色，用 30％曲线加药时间 10min 即可。表 3-16 为立信 ALLWIN 染色机自选的部分 Dosing 加料曲线及加药百分数。

表 3-16　ALLWIN 染色机 Dosing 加料曲线（节选）

加药时间/min	加药百分数/%					
5	4.1	3.7	3.3	2.8	2.4	1.9
10	8.3	7.4	6.5	5.6	4.7	3.9
15	12.1	11.1	9.7	8.4	7.1	5.8
20	16.5	14.8	13.1	11.3	9.5	7.8
25	20.6	18.4	16.2	14.1	11.9	9.7
30	24.8	22.1	19.6	16.9	14.4	11.8
曲线百分数	20％	30％	40％	50％	60％	70％

c. 精确的温控　在小浴比高盐条件下，加染料过程中能否保持稳定的温度是影响染色结果的一大因素。如果温度波动较大，在此环境下，染料的吸附会很不稳定，从而影响染料的初染率。立信 ALLWIN 染色机有精确的温度控制系统，控制温度波动范围在 ±0.3℃之间，为染料的吸附提供稳定的温度环境。而在加减固色时，稳定的温度有利于染料与纤维的稳定结合。

通过这三方面的联合控制，立信 ALLWIN 染色机能在高盐染液的环境下实现染料的加入而极少导致色花及内外色差。

③ 新型染色方式

a. 定浴比入水染色　ALLWIN 染色机的控制程序有浴比入水，可以很方便地控制染色浴比。实行定浴比染色时，在设定的浴比小的时候纱线会不可避免的不被完全浸泡这样无法实现"外—内"的染液循环方向。因此在染液循环方向上需要重新考虑。

ALLWIN 染色机配有立信专利设计的 REV 水泵，其流量和压力输出稳定，且 ALLWIN 染色机的循环管路部分的喉路及弯头少，管路中的乱流少，更重要的一点：水泵的功率足够大，产生的染液流量足够大，而且染色机配备纱轴架的弹簧锁头设计新颖，能有效避免流量损失，因此可以完全使用"内—外"单一循环流向。在实际生产中也证明了这一点。ALLWIN 染色机定浴比染色时采用"内—外"单一循环流向染色，染色质量稳定，同时也减少了因染液流向频繁转换引起的换向器损耗。

定浴比染色可实现 1∶6 以下的超小浴比的染色，在超小浴比条件下，染料的上染率也大幅提高。经验证，在 1∶5 的浴比条件下，浅色上染率比在 1∶10 的浴比条件下提高 5％～8％，中深色能提高 10％～12％。

用水量决定助剂的使用量，在超小浴比条件下，用水量大减，助剂使用重量也极大减少，最重要的一点，在超小浴比条件下，活性染料染色使用的元明粉和纯碱不仅在加入量上减少，而且其对应的染料浓度范围内的使用浓度也降低。

sunifix 染料元明粉纯碱用量如表 3-17 所列。

表 3-17　sunifix 染料元明粉纯碱用量

项目		浓度(o.w.f)	0.5 以下	0.5～1.0	1.0～3.0	3.0～6.0	6.0～7.0	7.0 以上
常规	元明粉/(g/L)		10	30	50	60	70	80
	纯碱/(g/L)		10	15	20	20	25	25
小浴比	元明粉/(g/L)		8	25	40	50	60	60
	纯碱/(g/L)		5	12	15	18	20	20

由此可见，定浴比为1：6以下的超小浴比的染色在染化料消耗方面有极大的优势，减少了排污量。

b. 定纱层入水染色　虽然定浴比染色有极大的优势，但由于定浴比染色时，部分纱线不被染液浸泡，在染一些土黄色，灰色等敏感色时需要谨慎。在客户要求越来越严格的大环境下，使用比较保险的工艺还是必须的，针对这部分颜色，采用纱层入水染色，实现纱完全被染液浸泡，增大染色一次成功系数。

ALLWIN染色机配备新型的纱架，纱杆为固定套管＋活动套管组成的，从第五个纱的高度以上的纱层是可以活动的，可以根据纱的总个数合理安排装纱的层数。而其程序设定中对每层纱的水位都有精确控制，在尽可能减少染色用水量的情况下浸泡所有纱线，保证染色质量。

c. 大卷装染色　ALLWIN染色机的流量充足，染液穿透力强，因此采用大卷装染色，即增加筒子纱的单纱重。通过调整松式纱密度成形，合理确定染机比流量、选择合适的加药曲线等方法，单纱重为1.2～1.3kg时也能顺利染色。

通过制订合理的染色工艺及采用适当的染色方法，染色质量得以保证，质量部分数据见表3-18。

表3-18　筒子纱染色质量部分数据（ERP数据）

色号	纱支	总浓度(owf)	设定浴比	设定流量/[L/(min·kg)]	级别	牢度			判定
						皂洗	干摩	湿摩	
Z0385	CM50	3.433	7.5	23	4级	4级	4/5级	4级	合格
H51160	CM60	1.249	6	23	4级	4/5级	4/5级	4/5级	合格
G50653	CM50	3.749	5.5	22	3/4级	4级	4/5级	4/5级	让步使用
K53534	CM60	9.15	6	19	3/4级	3/4级	4级	3/4级	合格
K53516	CM50	9.252	5.5	20	3/4级	3/4级	4级	3/4级	合格
B59178	CM60	0.293	6	22	4/5级	4/5级	4/5级	4/5级	合格
B66254	CM60	1.501	6	22	4级	4/5级	4/5级	4级	合格
K0010	CM40	4.95	6	19	4级	4级	4级	3/4级	合格

④ 染特殊颜色的优越性

a. 敏感色的一次成功率高　ALLWIN染色机染土黄色、灰色、咖啡色等敏感色时一次成功率高，很大一部分得益于ALLWIN染色机染液循环及液流换向系统。众所周知，敏感色之所以重现性差，主要因为其拼色中各染料的上染率不同导致，因此，敏感的颜色需要将拼色中的染料尽可能地均匀分布到每一根纤维上，这样，单靠一个流向是很难达到的，因此必须有平均的内流及外流以达到染液均匀分布的目的。ALLWIN染色机换向方式为翻板式换向，靠翻版在不同的位置来决定染液的流向，犹如手掌的正反面，正面为内流，反面为外流。见图3-23这与传统的换向阀或换向弯头相比，换向速度快；液流变换平稳，而且不会像换向阀或换向弯头那样在水流大时换向不到位导致通过纱线的有效流量降低，造成颜色的重现性及内外色差较差。

通过设定合理换向时间以及适合的内流和外流流量，极大提高敏感色的一次成功率。

b. 深色的牢度提高　ALLWIN染色机配有智能水洗系统，水洗效果明显，其工作过程为：主缸入水至低水位，主泵快速运行，一段时间后排水并进行压力脱水一次，染后再入水至低水位，重复以上过程。在生产中，根据颜色深浅设定合理水洗时间及次数以提高染色牢度。

ALLWIN染色机的智能水洗系统不仅有效增加水洗效率，提高水洗效果，而且能减少总洗水量。经过实际生产来看，使用智能水洗比用常规水洗要节省20%左右的水。

c. 适用于筒子纱士林染色　筒子纱士林染色颜色不易控制，主要在于士林染料在氧

"内—外"流向　　　　　　换向中　　　　　　"外—内"流向

图 3-23　换向器翻板工作图

化发色时，筒子纱较厚，内外氧化程度不均匀。导致严重的内外层差。虽然采用药品进行辅助氧化，但效果也不十分理想。ALLWIN 染色机的强大及稳定的流量以及高效的液流循环周期可以减轻此类现象。在实际生产中，ALLWIN 染色机染色的士林染料合格率较高，产生疵纱较少。

d. 弹力纱的染色质量稳定　弹力纱比如 XLA 纤维、尼龙纤维等在染色过程中纱线收缩较大，造成在染色过程中纱线密度骤增，染液很难顺利染透纱线。ALLWIN 染色机能提供稳定的流量及压差，较好地解决了弹力纱染色的流量问题。XLA 品种在我公司染色数量较多，使用 ALLWIN 染色机染色的 XLA 弹力纤维合格率达 97%。

e. 染后筒子纱直接织布　ALLWIN 染色机能够染透密度为 $0.42 \sim 0.43 kg/cm^3$ 的筒子纱，这样接近于紧式筒子纱的密度，这样的筒子纱经过特殊的平滑处理，可以不纺为紧式纱而直接去织造。

⑤ 中央控制系统　ALLWIN 染色机配备智达 Setex737XXL 型控制器，连接 orgaTEX 平台进行中央控制，实现统一汇编染色工艺，监控记录每一台染机的运转情况，并实现排缸最优化。另外可以连接染色厂中央自动注料系统，实现染厂自动化管理。

ALLWIN 染色机于 2006 年 5 月份该公司投产使用，以其染色质量稳定，染色周期短，染色浴比小，消耗少等众多优点备受欢迎。投产后，染色合格率大于 98%，且节能效果明显，染吨纱用水已经小于 95t。

3.2.8.2　半浴法筒子染色[13]

色织品种的特点是批量少、品种多，在染色过程中经常会遇到染纱实际重量与染色机的染纱能力不一致的情况，浴比较大，影响染料的吸固率，造成水、电、汽、染料和助剂的浪费。大浴比还造成工艺员符样困难，影响染色一次命中率。减少染色浴比是降低染色成本、提高染色质量的有效途径。

原染色方法：筒子（经轴）染色采取传统工艺，满缸染色，即染液要覆盖在经轴之上，泵循环采用正、反循环方式，染色浴比较大，造成水、电、汽、染料、助剂的浪费。

新染色方法：采用半浴法染色，将染缸水位减少原来的 40%，筒子（经轴）不完全浸泡在染液中，泵循环全部采用正循环，降低浴比，节约用水，减少电、汽、染料和助剂的使用量。

(1) 设备及用纱　松筒设备：HS-101 松筒机；染纱设备：德国 THIES 染色机。

纱线：JCl4.6tex。

(2) 染色工艺

① 前处理

a. 助剂及用量（液体，mL/L；固体，g/L）：

螯合剂（天津金腾达）　　　　0.5
稳定剂 BS（天津金腾达）　　　1.0
渗透剂 JFC（天津金腾达）　　　1.5
净洗剂（天津金腾达）　　　　　0.5
片碱（淄博永嘉）　　　　　　　2.0
双氧水（章丘）　　　　　　　　6.0
去碱剂 NA-AC（德桑）　　　　　0.5
除氧酶 KDT（石家庄武杰）　　　0.1

b. 前处理工艺条件：煮漂（110℃，20min）→热水洗（80℃，8min）→水洗（加去碱剂，40℃，8min）→溢流 2min→除氧（加除氧酶，40℃，10min）→水洗（40℃，8 min）。

② 染色

a. 染料处方（g/kg）：

	棕色	灰色
MZ-BD 黄	9.7	1.9
MZ-BD 红	9.1	1.3
MZ-BD 藏青	7.3	3.46

注：MZ-BD 染料为宁波市明利化工染料有限公司生产的活性染料。

b. 助剂及用量（g/kg）：

	棕色	灰色
螯合剂（天津金腾达）	0.5	0.5
元明粉（四川眉山）	60	40
纯碱（山东海化）	20	15
棉用匀染剂 L-450（信守）	1.5	1.5

c. 染色工艺条件：加入染料和元明粉→染色（60℃，40min）→加碱和匀染剂→固色（60℃，棕色 50min；灰色 30min）。

③ 染后处理

a. 助剂及用量（mL/L）：

	棕色	灰色
去碱剂 NA-AC（德桑）	0.3	不加
净洗剂（天津金腾达）	1.5	0.5
无醛固色剂（天津金腾达）	3.0	不固色
平滑剂（天津金腾达）	1.0	1.0
柔软剂 SRD-301（金腾达）	3.0	3.0

b. 后处理工艺条件：去碱水洗［加去碱剂（灰色不加），60℃，8min］→溢流 2min→皂洗（加净洗剂，98℃，15min）→水洗（60℃，8min）→溢流 2min→水洗（40℃，10min）→固色（加固色剂，40℃，10min，灰色可省此工序）→平滑处理（加平滑剂，40℃，15min）→柔软处理（加柔软剂，40℃，20～30min）。

（3）半成品检测

① 前处理毛效测试　纱线前处理后毛效测试结果见表 3-19。

表 3-19　纱架各部位纱的毛效测试结果

品种	毛效/cm			
	全浴	纱架上层	纱架中层	纱架下层
棕色	13	12.5	13	13.5
灰色	12.5	13	12.5	13

由表 3-19 可见，JC14.6 tex 纱线采用半浴法前处理后的毛效与采用全浴法的不相上下，

能满足染色加工的要求。

② 色差检测　在同纱架的上层、中层、下层随意取一个筒子进行色差检测，然后随意抽一个筒子取内层、中层、外层的色纱进行色差检测，检测结果如表3-20、表3-21所列。

表3-20　纱架各部位染色纱的色差

色差评定		纱架上层	纱架中层	纱架下层
棕色	灰卡评级/级	5	4~5	4~5及以上
	ΔE	0.31	0.35	0.42
灰色	灰卡评级/级	5	4~5	4~5
	ΔE	0.33	0.43	0.38

注：以上层纱为标准纱样。

表3-21　染色筒子纱内、中、外层的色差

色差评定		内层	中层	外层
棕色	灰卡评级（级）	5	4~5	4~5
	ΔE	0.3	0.32	0.42
灰色	灰卡评定（级）	5	4~5	4~5
	ΔE	0.3	0.35	0.43

注：以内层纱为标准纱样。

测试色差时灰卡评级在4~5级，电脑测配色ΔE值小于0.6，便为合格。由表3-20、表3-21可见，采用半浴法染色时，不管是纱架的上、中、下层，还是筒子的内、中、外层，灰卡评级的色差均在4~5级或以上，ΔE值均在0.43以下，都在规定的范围内，完全达到染色的色差要求。

（4）半浴法染色节能降耗分析　采用半浴法染色不但提高了染液浓度，节省了染料和助剂，水、电、汽的使用成本也比原来降低了，且减少排出污水40%。与此同时，还提高了染色的一次命中率，提高了染色质量。若染纱产量以150t/月计算，其中1/3（即50t）是半浴法染色，其经济效益分析如下：① 正常工艺吨纱用水按109t计，水费加排污费为2元/t，则每月节约水费用为：109×40%×2×50=4360（元）。

② 正常工艺吨纱用汽为28.4t，蒸汽单价按95元/t计算，水节约了40%，蒸汽按节约30%计，每月节约用汽费用为：28.4×30%×95×50=40470（元）。

③ 正常工艺染色按吨纱用40kg染料计算，采用半浴法可节省5%的染料，染料价格按80元/kg计，则每月节约的染料费用为：40×5%×80×50=8000（元）。

④ 正常工艺吨纱用助剂（包括前、后处理）费用2800元，半浴法工艺可节约助剂1/3，则每月可节约的助剂费用为：2800×50/3=46666（元）。

⑤ 上述4项总和为：99496元。

3.2.8.3　浅色经轴（筒子）"无浴"染色[14]

（1）"无浴"染色介绍

① "无浴"染色：就在是在染浅颜色纱线时染液全部在经轴（筒子）下面，纱线处于无浸染状态，保留染液水位高度是正常高度的15%左右，纱线全部暴露在空气中，采用由内向外的正循环。此种染色方法的浴比较小（浴比1:1.58），所用染液较少，单位时间内染液循环次数多，染色均匀度好。

② 浅颜色：规定染色时所用染料的浓度小于1%时所染的颜色为浅颜色。

③ 由于筒子暴露在空气中，容易被染液冲出沟槽而"短路"，也容易发生变形，建议增加卷绕密度，低流量启动。

④ "无浴"染色保留染液水位高度是正常高度的15%左右，如果液面再降低，总液量减少，不能形成一个完整的流量循环，检测传感器检测泵内无水，造成停泵，同时主泵容易吸入空气，出现"抽空"，流量不足，形成色差，纱线受染不匀降强等现象。

（2）浅蓝色"无浴"染色工艺

松筒设备：HS-101 松筒机。

染纱设备：德国 THIES 染色机。

纱线：JC11.7tex。

① 前处理工艺

a. 助剂及用量（助剂的用量按正常水量计算×2/3）：

天津金腾达螯合剂	1mL/L
天津金腾达稳定剂 BS	2.0mL/L
天津金腾达渗透剂 JFC	1mL/L
天津金腾达净洗剂	0.5mL/L
淄博永嘉片碱	1.5g/L
德州化工厂双氧水	5.0mL/L
德桑去碱剂 NA-AC	0.5mL/L
天津金腾达酵素除氧酶 KDT	0.1mL/L

b. 前处理工艺条件　室温加入螯合剂、稳定剂、渗透剂、净洗剂、片碱、双氧水→高温处理（110℃×20min)→保温（80℃×8 min)→中和（加入去碱剂 40℃×8min 溢流 2min，pH 值控制在 7)→加入除氧剂（40℃×10min)→水洗（室温×8min)

② 染色工艺

a. 染料、助剂用量

MZBD 艳蓝（宁波明州化工）	0.6g/kg
MZBD 红（宁波明州化工）	0.036 g/kg
MZBD 藏青（宁波明州化工）	0.15 g/kg
天津金腾达螯合剂	1.5 g/kg
山西南风元明粉	10 g/kg
山东海化纯碱	5 g/kg
上海信守棉用匀染剂 L-450	1.5g/kg

b. 染色工艺条件　室温加入染料→促染（加入元明粉 60℃×30min)→固色（加纯碱和匀染剂 60℃×50 min)→排液水洗（60℃×8min 溢流 2min)

③ 后处理

a. 助剂及用量：（助剂的用量按正常水量计算×2/3)

天津金腾达净洗剂	0.5mL/L
金腾达平滑剂	1.0mL/L
天津金腾达柔软剂 SRD-301	3.0 mL/L

b. 后处理工艺条件　皂煮（加入净洗剂 98℃×15min)→水洗（60℃×8min 溢流 2min)→柔软（加入平滑剂 40℃×15min→加入柔软剂40℃×20min)→排液

（3）粉红色"无浴"染色工艺

松筒设备：HS-101 松筒机。

染纱设备：德国 THIES 染色机。

纱线：JC11.7tex。

① 前处理工艺

a. 助剂及用量：参照（2）①中的 a。

b. 前处理工艺条件：参照（2）①中的 b。

② 染色工艺

a. 染料、助剂用量

MZBD 黄（宁波明州化工）	0.1g/kg
MZBD 红（宁波明州化工）	0.55g/kg
天津金腾达螯合剂	1.5g/kg
山西南风元明粉	10g/kg
山东海化纯碱	5g/kg
上海信守棉用匀染剂 L-450	1.5g/kg

b. 染色工艺条件：参照（2）②中的 b。

③ 后处理

a. 助剂及用量：参照（2）③中的 a。

c. 后处理工艺条件：参照（2）③中的 b。

（4）色差检测　分别对同一个筒子的内层、中层、外层三层和筒缸纱的上、中、下三层进行色差的检测，所得结果如下。

① 浅蓝色　见表 3-22、表 3-23。

表 3-22　筒子纱内、中、外层色差对比

纱位	内层	中层	外层	备注
灰卡评级(TSG001 标准)	5 级	5 级	4.5 级	以内层纱
电脑测配色 ΔE 值(CIE 国际标准)	0.5	0.45	0.45	为标准纱样

注：测试内、中、外层色差时规定灰卡评级在 4~5 级，电脑测配色 ΔE 值小于 0.6 便为合格，现在采用"无浴"染色时以内层纱为标准纱样测得灰卡评级在 4.5 级以上，ΔE 值在 0.5 以下，都在规定范围之内，达到染色标准。

表 3-23　同一纱架上、中、下三层的色差对比

纱位	上层	中层	下层	备注
灰卡评级(TSG001 标准)	5 级	4.5 级	4.5 级	以上层纱
电脑测配色 ΔE 值(CIE 国际标准)	0.45	0.45	0.45	为标准纱样

注：测试上、中、下层色差时规定灰卡评级在 4~5 级，电脑测配色 ΔE 值小于 0.6 便为合格，现在我们采用"无浴"染色时以上层纱为标准纱样测得灰卡评级在 4.5 级以上，ΔE 值在 0.45 以下，都在规定范围之内，达到染色标准。

② 粉红色　见表 3-24、表 3-25。

表 3-24　筒子纱内、中、外层色差对比

纱位	内层	中层	外层	备注
灰卡评级(TSG001 标准)	5 级	4.5 级	4.5 级	以内层纱
电脑测配色 ΔE 值(CIE 国际标准)	0.4	0.45	0.5	为标准纱样

注：测试内、中、外层色差时规定灰卡评级在 4~5 级，电脑测配色 ΔE 值小于 0.6 便为合格，现在采用"无浴"染色时以内层纱为标准纱样测得灰卡评级在 4.5 级以上，ΔE 值在 0.5 以下，都在规定范围之内，达到染色标准。

表 3-25　同一纱架上、中、下三层的色差对比

纱位	上层	中层	下层	备注
灰卡评级(TSG001 标准)	5 级	5 级	4.5 级	以上层纱
电脑测配色 ΔE 值(CIE 国际标准)	0.45	0.45	0.45	为标准纱样

注：测试上、中、下层色差时规定灰卡评级在 4~5 级，电脑测配色 ΔE 值小于 0.6 便为合格，现在采用"无浴"染色时以上层纱为标准纱样测得灰卡评级在 4.5 级以上，ΔE 值在 0.45 以下，都在规定范围之内，达到染色标准。

（5）经济效益分析　采用"无浴"染色可以为染色节约水 85%，同时节约大量的汽、助剂、染料，同时减少排污量 85%。

① 染纱产量按 100t/月计算，若其中 25% 是"无浴"染色，即 25t。

② 正常工艺吨纱用水按 109t，水费加排污费为 2 元/t，每月节约水费用为 $109 \times 85\% \times 2 \times 25 = 4632.5$ 元

③ 正常工艺吨纱用汽为 12.4t/吨纱，吨汽价格按 163 元计算，水节约了 85%，即汽也

节约了 85％，每月节约用汽为 12.4×85％×163×25＝42950.5 元

④ 正常工艺染浅色按吨纱 7kg 染料计算，采用"无浴"染色染料可节约 5％，染料价格按 80 元/kg，7×5％×80×25＝700 元

⑤ 正常工艺染色助剂费用 1200 元，节约助剂（前、后处理）为 1/3

每月可节约助剂费用为 1200×1/3×25＝10000 元，即每月共计节约各项费用＝4632.5＋42950.5＋700＋10000＝58283 元。

3.2.9 成衣染色水洗机的应用

3.2.9.1 Tonello（通乃路）染色机优势[15]

该系统和其他传统机器相比的优势显著，主要如下所述。

（1）多功能性 能在一台机器中实现多种功能，比如前处理、漂洗、石磨、染色、酶洗、脱水等。

（2）染色和水洗过程中可根据不同的纤维（羊毛、丝绸、人造纤维、纤维素纤维以及混纺织物等）以及不同的染色整理类型设定不同的转速。

（3）染色质量更高 机器的高速染色系统不仅增加了染料的渗透，同时由于全自动电脑操作，保证生产具有更高的重演性，没有次品，无需重复染色。机器的高速旋转使衣物能附着在转鼓上从而极大地减少衣物的磨损、缠绕和折痕。

（4）更大的装载量 根据我们的经验通乃路无挡板机器的装载量比有挡板的机器多 50％。

（5）更少的消耗 更小的浴比（1∶5/1∶7），配置最新专利的 JETSYSTEM（喷射系统）可达到 1∶2/1∶3 的浴比。（浴比是指在水洗和染色过程中每千克的衣物与所需水的公升数的比例）。这意味着该机器极大地节约了水，减少了机器内进水和排水的时间并减少了的废水处理费用。同时节约蒸汽和加热时间以及其他能源，最重要的是极大地节省染化料的用量并且保证均匀性。

（6）更少的处理时间 装载/卸载衣物更为简单（因为无挡板），并配备自动装卸系统。浴比低缩短了加热的时间。同样因为浴比低进水和排水时间也缩短了。脱水时间更短因此整个染色水洗过程也缩短了。

（7）更加环保 节省大量水资源，极大地降低污水排放；节省染化料助剂，节省蒸汽；为节能降耗做出突出贡献。

（8）节省人工 操作人员劳动强度大大降低，一名员工可同时操作多台机器，节省了人力成本。

3.2.9.2 Tonello 立式和国产卧式水洗机的区别

（1）Tonello 立式和国产卧式水洗机的结构 见图 3-24。

（2）参数对比 如表 3-26 所列。

表 3-26 参数对比

项目	浴比 $L∶R$	转速	容量	装卸	染化料	控制	水洗作用
Tonello 立式转鼓水洗机	低 (1∶4)~(1∶8)	可调	转鼓总容积的 1/3~1/4	方便快捷	从料桶直接进入染液	电脑全自动控制	高
国产卧式水洗机	高 (1∶15~1∶25)	固定	转鼓总容积的 1/5~1/8	繁琐复杂，效率低	打开机器，从前面倒入	手动操作	低

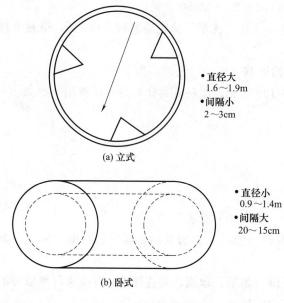

• 直径大
1.6～1.9m
• 间隔小
2～3cm

(a) 立式

• 直径小
0.9～1.4m
• 间隔大
20～15cm

(b) 卧式

图 3-24　水洗机结构

② 每次水洗过程后多清洗几次。
③ 用中性酵素来代替酸性酵素。
④ 酵素洗、石磨或漂白后进行皂洗。

3.2.9.4　石磨机 G1 420 的水洗石磨工艺

见表 3-27。

3.2.9.5　石磨打样机 G1 70

（1）该型号机器的优点

（3）卧式水洗机的优点和不足

① 卧式水洗机的缺点

a. 消耗大量的水，能源，染化料助剂（浴比高）。

b. 效率低（浴比高，装卸复杂，加工效果差）。

c. 产量低（装载量少）。

d. 功能少，不灵活（转速固定）。

e. 质量问题多，重演性不高（手动控制，进料方式不科学）。

f. 石磨效果差（机械作用不高）。

② 优点　不容易出现粘色（因为浴比高）。

3.2.9.3　如何解决靛蓝牛仔服装水洗时的粘色问题

① 在整个退浆、石磨、酵素水洗过程中使用较好的分散剂（抗粘色剂）。

表 3-27　水洗石磨工艺流程

水洗步骤	%	g/L	物品	浴比	温度/℃	时间/min	酸碱值	速度参数（旋转次数—停顿—转速）
退浆		2	退浆剂	1：4	60	15～20		20—3—27
		0.5	除泡剂					
		1	分散剂					
排水								
清洗×2				1：6	—	3	—	20-3-27
排水								
石子（1：1）			浮石	1：4	55	45～60	6.5	20-3-27
	2		中性酶					
		0.5	除泡剂					
		1	分散剂					
排水								
清洗				1：6	—	3		20-3-27
取出石子								
清洗				1：6	—	3		20-3-27
排水								
皂洗		2	洗衣粉	1：4	50	10		20-3-27
排水								
清洗×2				1：6	—	3		20-3-27
排水								
柔软	1.5		柔软剂	1：4	40	10	5.5	20-3-27

① 市场上唯一可达到与大货加工同样效果的石磨打样机。

② 多功能机器。

③ 打样参数和程序可拷贝到生产型机器中，重演性极高。

（2）以下操作可保证打样与大货加工效果一致

① 装载 10kg 织物。

② 加工时最少的水量为 40L。

③ 与大货加工机器使用同样的浴比。

④ 与大货加工机器使用同样的转速。

3.2.9.6　新型水洗机 G1 420 LS

（1）水洗效果前后一致，重演性好。

（2）装配 3 个、6 个或 4 个加强筋，结构更加稳定，水洗效果更佳。

（3）管道、阀门、转鼓、料桶等全部由不锈钢制造，耐腐蚀性更强。

3.3　冷却水、凝结水回用

蒸汽作为一种载热体，在锅炉内产生，经管网输送到用热设备，将约 80％的热量经用热设备释放出来，气态的水蒸气变成液态的凝结水。一个年产 3000 万米织物小型印染企业，约消耗 10 万吨蒸汽，将产生 9.5 万吨凝结水，高温凝结水含有 20％左右的蒸汽显热。由此可见，蒸汽供热过程中的凝结水回收，对节省资源和环境友好是相当重要的。《印染行业准入条件》中明确要求："完善冷却水、冷凝水及余热回收装置"。供热蒸汽的凝结水回收和利用，涉及安全输汽、节省用汽和合理回收方案。

染整生产过程中对工艺冷却应用水介质颇多，例如烧毛火口冷却，染色落布冷却辊，高温高压染色的降温，碱回收的冷却用水，空压机冷却用水等。大量的工艺冷却用水，皆应合理回收，循环应用[16]。

3.3.1　供热过程的凝结水回收

3.3.1.1　降低供汽湿度

水蒸气自锅炉形成过程中，皆带有小水珠，当输送管道内聚集一小部分凝结水时，形成高速流动的水块，易导致破坏管道、阀门的"水击"事故发生。因此，降低供汽湿度极为重要。

蒸汽品质是锅炉的主要技术指标之一。合格的蒸汽品质是保证锅炉安全经济运行和染整产品质量的重要条件。若蒸汽的带水量过多，就将使蒸汽的品质下降。因此，蒸汽湿度的高低标志着"蒸汽品质"的优劣，亦即蒸汽湿度是蒸汽品质的一个重要指标。饱和蒸汽的湿度 W 是指湿饱和蒸汽中携带的水滴质量 G_S 与湿饱和蒸汽总质量 G_P 的比值，即式（3-15）：

$$W = \frac{G_S}{G_P} \times 100\%$$

（3-15）

对于工业锅炉，饱和蒸汽湿度指标包括，带有过热器的水管锅炉，其饱和蒸汽的湿度 ≤1％；无过热器的水管锅炉，其饱和蒸汽的湿度 ≤3％；无过热器的蜗壳式锅炉，其饱和蒸汽的湿度 ≤5％。

为使饱和蒸汽湿度达标，就产生了各种各样的锅内汽水分离装置，如水下孔板、挡板、旋风分离器、波形板分离器、钢丝网分离器、集汽管、匀汽压板、锅壳式分离器等，它们均有各自的特点和应用范围。

例：某单位的1台SHF20-1.27-W型沸腾锅炉汽水分离装置经过技术改造，采用锅内旋风分离器后，蒸汽湿度从原来的10％以上降低到1％，既满足了生产工艺用汽要求，又提高了锅炉热效率，节约了能耗。按平均蒸发量20t/h，工作压力0.5MPa，蒸汽湿度降低10％计算，锅炉热效率约可提高6.3％。

发电厂提供热联蒸汽，但据反映含湿量高，因此，应做好监管工作，以利提高蒸汽品质。

在蒸汽供热系统中，水蒸气自锅炉输送出来后首先进入分汽缸。由于分汽缸的散热，必然会有部分蒸汽发生相变，即饱和蒸汽释放出"潜热"，生成凝结水。为降低供汽湿度，分汽缸必须在底部安装疏水阀，及时排除缸内的凝结水。

3.3.1.2　输汽管道中凝结水

蒸汽的输送管道，无论采用何种保温材料，总是存在管道散热损失，致使管道内部分蒸汽凝结成水（凝结水量约为输汽量的2％）。如果这些凝结水不及时排除，一方面会使管道允许蒸汽通过的有效截面逐渐减小，且影响蒸汽品质；另一方面可能形成"水击"事故，也就是当管道内聚集一小部分凝结水时，很有可能被高速流动的水蒸气（水蒸气在管道内的流速可达30～50m/s）带走，形成高速流动的水块。由于其密度大，冲出管道、阀门时，犹如锤子敲击，导致破坏管道、阀门的"水击"事故发生；聚集的部分凝结水从流动的水蒸气中吸收热量而局部汽化，体积突然膨胀，也可能破坏管道，影响蒸汽的输送。表3-28是在不同蒸汽压力、不同管径的保温管道每百米凝结水量。

表 3-28　保温管道每百米凝结水量

水蒸气压力 /MPa	主管道凝结水量/(kg/h)					
	50mm	85mm	100mm	150mm	200mm	300mm
0.2	11	16	20	29	37	55
0.4	15	21	28	42	51	75
0.7	18	26	32	48	60	89
1.2	27	34	39	57	79	117

注：环境温度21℃，管道绝热保温效率80％。

为了提高蒸汽品质，防止"水击"事故发生，保证管网设备安全通畅运行，必须迅速及时排除蒸汽输送管网中的凝结水。因此，有关供热系统节能工作规定要求，每隔100～200m，必须安装蒸汽疏水阀进行排水堵汽。

3.3.1.3　用汽设备中凝结水

水蒸气经过输汽管道进入用汽设备，经热交换后，蒸汽发生相变，释放出大量"潜热"，生成凝结水。这些凝结水若储存于烘筒、散热器及间接加热蒸汽管内，如不及时排除，将会产生如下后果：

① 使热交换器中的热交换面积减少，设备规定的生产工艺温度下降，生产速度变慢，影响产品质量。

② 热交换器中蒸汽管路内壁形成一层较厚的水膜（例如，烘筒在较高线速度旋转时），影响热交换效率。

③ 大量凝结水积存于设备中，若越积越多，可能会引发"水击"事故。烘筒在较低线速度旋转时，由于过多凝结水的积存，表现出"动不平衡"（指中心主惯性轴与转子轴线既不平行又不相交的不平衡状态），速度不平稳。

因此，必须在工艺过程中，迅速及时地排除凝结水，同时又必须防止蒸汽大量泄漏。工程设计时，在每台热交换设备上，按凝结水生成量和设备排水口的压力大小，以及排水口接口规格，选用合适的优质疏水阀，确保设备热交换的正常运行。

排除的凝结水由于水质极好，且含有热能，因此凝结水的回用是节能减排的重要工作。表3-29是蒸汽的有效热量和凝结水的回收热量。

表3-29　蒸汽的有效热量和凝结水回收热量

蒸汽、凝结水的状态		全热量/(kJ/kg)		百分含量/%
		0℃基准	15℃基准	
0.4 MPa	饱和蒸汽	2748.8	2685.9	100
	潜热	2108.1	2108.1	76.69
	凝结水	640.7	577.8	23.31
大气压	100℃凝结水	421.2	358.0	13.32
	80℃凝结水	336.98	273.78	10.19

注：环境温度21℃，管道绝热保温效率80%。

1kg饱和蒸汽热交换时放出2108.1kJ/kg潜热，在0.4MPa（表压）下，凝结水温度152℃，经由大气压下排出因消耗蒸发热量，排水温度降至100℃或80℃，以15℃基准凝结水计算，回收热量达到13.32%或10.19%。这说明凝结水值得回收，年回收9.5万吨凝结水，至少节汽1万吨。

3.3.1.4　蒸汽疏水阀的应用

疏水阀在一般供汽、用汽系统是一个小器件，而其对于供汽、用汽系统的安全正常运行，以及节省蒸汽热能都很重要。对于一种优质的蒸汽疏水阀，其新颖的技术结构、可靠的应用性、较高的节能效果，有别于一般的蒸汽疏水阀。

蒸汽疏水阀若选择不当，会造成新装疏水阀失效。一般根据下述四个方面选用。

（1）国内外疏水阀产品类别繁多，按动作机理分为三大类，即机械型、热动力型和热静力型。各种形式疏水阀（器）特性见表3-30。

表3-30　各种形式疏水阀（器）的特性

形式	正浮筒式	钟罩式包括浮碟式	杠杆浮球式	自由浮球式	双金属片式	波纹管式	隔膜式	热动力式	脉冲式	孔板式
排水方式	间歇	间歇	连续	连续	间歇	间歇	间歇	间歇	接近连续	连续
动作反应速度	快	快	快	快	慢	慢	慢	快	快	快
排水温度	接近饱和	接近饱和	接近饱和	接近饱和	低于饱和	低于饱和	低于饱和	接近饱和	接近饱和	接近饱和
排空气性能	无	有	无	能排冷空气	有	有	有	无	有	有
背压允许达进口压力的百分比	80	80	80	80	80	80	50	50	25	小于进口压力
负荷变化的适应性	差	差	好	好	好	好	差	良	好	差
可否用于过热蒸汽	不可	不可	可	可	不可	不可	不可	可	可	可
是否要防冻	要	要	要	要	不要	不要	要	不要	不要	不要
是否耐水击	稍耐	稍耐	不耐	不耐	耐	不耐	耐	耐	耐	耐

优质的疏水阀应具有如下特点：不应有空心构件；在水封状态下，使蒸汽泄漏减少到最低程度；排水口密封应是随机的，以减少磨损，延长阀的使用寿命；排空能力可靠；删掉杠杆机构，提高工作可靠性；排水口位置不宜设置在阀的下部，设计时要将泄漏率降低到最小，过冷度亦小。

相关标准要求疏水阀的漏汽率≤3%，染整行业所用疏水阀的泄漏率在6%～7%，有的因年久或维护不当，泄漏率达到10%，蒸汽浪费很大。

（2）疏水阀对疏水阀前后的压力差有一定的适应性。如所装处与所选疏水阀额定的压力差相差很大，疏水阀排水会不正常。疏水阀额定压力差可在说明书中查得，疏水阀前后压力差由式（3-17）算得：

$$疏水阀前后压力差 = p_1 - p_2 \tag{3-16}$$

式中，p_1 为疏水阀后压力，MPa；p_2 为疏水阀后压力，MPa。

$$p_2 = \Delta p + 0.1H + p_4 \tag{3-17}$$

式中，Δp 为管道摩擦阻力造成的压力损，MPa；H 为凝结水回收箱进口标高与疏水阀出口标高差，MPa；p_4 为凝结水回收箱内压力（如为开口箱 $p_4 = 0$），MPa。

（3）用汽设备每小时凝结水生成量，必须由实际排量相当的疏水阀排出。染整工艺用汽一般为传导热加工，凝结水生成量较大。表3-31是依据伯努利方程式，忽略管道损耗及其他次要因素，根据进入用汽设备的输入蒸汽管的通径，蒸汽在管道内的流速为30m/s条件下凝结水生成的估算值，供参考。

（4）根据备用系数选择。备用系数 K 是疏水阀的连续疏水量和凝结水排出量之比，一般 K 值取 $2 \sim 4$。

表3-31　凝结水生成量估算值

蒸汽压力/MPa	不同管径凝结水生成量/(kg/h)							
	15mm	20mm	25mm	32mm	40mm	50mm	80mm	100mm
392.8	45	85	127	174	324	509	1303	2035
577.2	61	113	170	238	423	679	1737	2714

3.3.1.5　凝结水的输送

凝结水水质好，可以用作锅炉给水或就地利用。无论如何利用，凝结水总是要经过输送才能达到利用目的。

凝结水输送管中，除凝结水外，还有凝结水因压力降低闪蒸产生的二次蒸汽。因此，凝结水的输送管中，既有液体又有气体，管径计算颇为困难，有人根据多年经验列出表3-32每小时凝结水量，以供判断输送管的管径。

表3-32　凝结水输送管管径经验用表

克服阻力每米管长的倾斜度/mm	不同管径凝结水的流量/(kg/h)										
	15mm	20mm	25mm	32mm	40mm	50mm	70mm	80mm	100mm	125mm	150mm
1.64	50	140	305	580	905	1950	3540	5805	12610	22900	37280
2.49	60	175	380	695	1135	2450	4445	7255	15680	28570	46485
3.30	70	205	445	810	1320	2860	5170	8480	18320	33290	54420
4.17	80	230	505	910	1490	3220	5850	9525	20635	37595	61225
4.92	85	255	555	1005	1640	3550	6440	10565	22765	41815	67530
5.84	90	280	600	1095	1780	3880	7030	11520	24805	45985	73560
6.67	100	300	650	1180	1925	4170	7560	12425	26620	49435	78910
7.50	105	320	690	1255	2040	4420	8075	13150	28390	51700	84355
8.30	115	340	730	1330	2170	4670	8525	13920	30070	54695	89340
12.50	140	420	910	1655	2695	5850	10615	17325	37415	68025	111110
16.70	165	490	1060	1930	3150	6805	12380	20180	43720	79365	129705
20.80	185	555	1200	2175	3555	7665	13970	22765	49295	89705	146485
25.00	205	610	1325	2405	3925	8480	15420	25170	54420	99600	161450
29.20	225	660	1435	2615	4260	9210	16780	27440	59635	107480	175510
33.30	240	715	1540	2810	4580	9890	18006	29340	64535	115645	188935

例如：疏水阀每小时排出 225 kg 的凝结水，由一根 30m 长管通向热水箱，查表 3-32 可知，管径 15mm 和 20mm 通径皆可用。15mm 管径海米管长要向水流方向倾斜 29.2mm，现管长 30m，则必须倾斜 876mm，这是一个比较大的落差，实际的输送路途可能不允许；20mm 管径海米管长要向水流方向倾斜 4.17mm，需倾斜 125.1mm，该落差值应易施工。因此，采用 20mm 通径输送凝结水，可避免疏水阀形成背压，确保正常排水。

3.3.1.6 凝结水的回收系统

（1）凝结水开式回收系统 图 3-25 是凝结水开式回收系统示意。该系统的优点是设备简单，操作方便，初始投资小；缺点是凝结水直接与空气接触，会吸收空气中的氧，致使疏水阀和设备的内部腐蚀，开口水箱散热大。

图 3-25 中，若凝结水全部送入锅炉给水箱，箱内温度高于 80℃，一般离心热水泵工作温度小于 80℃，将发生汽蚀而打不出水。因此，只能将 1/2 左右的凝结水放入室外的排出道，这样损失了凝结水的水量及热量，而且溢出的二次蒸汽又影响环境。

若采用热交换器将凝结水降温后再进入锅炉给水箱，则势必使系统复杂且增加投资。

（2）凝结水闭式回收系统 闭式回收系统的优点是凝结水不与空气接触，系统寿命长；缺点是操作条件较差，因系统为受压系统，必须安装安全阀及压力表。该系统比较复杂，初始投资也大。

图 3-26 由图 3-25 改进而成的凝结水闭式回收系统。该系统在锅炉 4 附近增设 1 台射流泵 6，直接向锅炉输送回收的高温凝结水，在回收管道末端加装 1 只压力调节阀 7，以确保一定的回收管道内的压力，从而保证疏水阀的工作压差，使回收顺利进行，可回收凝结水的全部热量。凝结水输送到锅炉内，应特别注意水的质量。如果水中金属碱以碳酸氢钠的形式存在，进入锅炉中发生热分解，将产生二氧化碳混入蒸汽中，在与凝结水同时排出的时候，因排水中溶存物质少，所以缓冲作用差，容易将二氧化碳溶解成弱酸，促进腐蚀，当锅炉水中有铁的成分，就会在锅炉内产生二次腐蚀。为防止上述现象，锅炉必须用软水，排水回用通过过滤器，或经测定后采用中和的办法，做到节能和安全两不误。

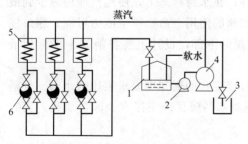

图 3-25 凝结水开式回收系统
1—给水箱；2—泵；3—排水道；
4—锅炉；5—热交换器；6—疏水阀

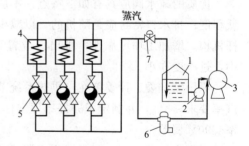

图 3-26 凝结水闭式回收系统
1—给水箱；2—泵；3—锅炉；4—热交换器；
5—疏水阀；6—射流泵；7—压力调节阀

3.3.2 烘筒烘燥凝结水直排回用

3.3.2.1 烘筒烘燥利用疏水阀阻汽排水[17]

0.2MPa 饱和蒸汽的饱和温度为 120.42℃，所含总热能（焓）为 2706.7kJ/kg，其中汽化潜热为 2201.1kJ/kg，占总热能的 81.32%；饱和水显热为 505.6kJ/kg，占总热能的 18.68%。用汽设备对"潜热"利用率高低，除了设备本身结构的合理与否外，作为在用汽设备末端起"阻汽排水"作用的疏水阀的优劣，起到了十分关键的作用。由于疏水阀是在较高的压力、温度下工作，再加上汽蚀等因素，条件相当"恶劣"，疏水阀的损坏率较高。

烘筒烘燥由每组十只 ϕ570mm 的烘筒组成，每个烘筒通过旋转接头供汽，并由虹吸管通过旋转接头疏水，难度较大。尽管一组十只烘筒的工况条件基本一致，但事实上是不可能完全相同的。因此，无论疏水系统采用集中疏水（即每组安装一只疏水阀），还是一个烘筒安装一只疏水阀，都易产生组内某几只烘筒由于疏水管路产生负压而影响疏水效果，从而影响烘筒表面温度，影响工艺效果，且浪费蒸汽。所以烘筒组疏水系统，特别是凝结水量较大的，必须用疏水及时、过冷度小的疏水阀，并设计安装合理的疏水管路，防止一部分烘筒疏水管路出现负压。

水蒸气经过输汽管道进入用汽设备，蒸汽发生相变（即饱和蒸汽凝结成水），释放出大量"潜热"，生成凝结水。这些凝结水若储存在烘筒、散热器及间接加热蒸汽管内，如不及时排除将会产生如下后果。

(1) 热交换器件中的热交换面积极大减少，设备规定的生产工艺温度下降，造成生产速度变慢，影响产品质量。

(2) 热交换设备中蒸汽筒、管内壁形成一层较厚水膜（例如烘筒在较高线速度旋转时），影响热交换效率。

(3) 大量凝结水积存在设备中，若越积越多，有可能会引发"水击"事故。烘筒在较低线速度旋转时，由于过多凝结水的积存，将明显地表现出"动不平衡"，织物在烘筒上易起皱。

由上述，所以必须在工艺过程中迅速及时地排除凝结水，同时又必须防止蒸汽大量泄漏。因此应当在每一台热交换设备上，按凝结水生成量和设备排水口的压力大小，以及排水口接口规格选用合适的优质疏水阀，确保设备热交换的正常运行。

优质的疏水阀应具有如下特点：不应有空心构件；在水封状态下，使蒸汽泄漏减少到最低程度；排水口密封应是随机的，以减少磨损，增加阀的使用寿命；排空能力可靠；删掉杠杆机构，增加工作可靠性；排出口位置不宜设置在阀的下部，设计上要将泄漏率降低到最小，过冷度亦小。

原国家经委、计委曾在《供热系统节能工作暂行规定》的通知中要求装用疏水阀。且漏汽率要求≤3%，并制定了完好率评定标准：完好率≥95%属优；完好率≥90%属良；完好率＜90%属差。

运行中的疏水阀，正常工作（漏汽率≤3%）的仅占一小部分（约 10%），大量在装的疏水阀泄漏大（约 6%～7%）或严重泄漏（约 10%），使得能源大量浪费。更有甚者，干脆不疏水，形同虚设。

经管路水力计算及实践总结，烘筒组供汽疏水系统主要部位压力分布如下。

① 供汽压力：0.2MPa。

② 烘筒内压力：0.18MPa。

③ 疏水阀进口压力：0.17MPa。

④ 疏水阀出口压力：0.04MPa。

⑤ 回水管爬高段底部压力：0.03MPa。

⑥ 回水管爬高段顶部压力：0.015MPa。

⑦ 回水管出口压力：0.00MPa。

上列数据可知，烘筒烘燥机实施凝结水无泵背压回收是可行的。

排放的凝结水经过10m左右的水平埋地管，接着垂直拔高至5.7m，再经108m的水平架空管直接自流到锅炉间，节省了常用的蓄水池及提升装置，实现"无泵"回收凝结水，输送管网中凝结水全封闭流动更有利环境保护。该疏水阀能做到如此正常排水、远距离高水柱输送，原因是其高背压率≥85%所致。

要防止疏水阀选择不当，造成新装疏水阀失效。一般按下列几方面选用。

（1）疏水阀类型的选择　按动作机理可分为三大类，即机械型、热动力型和热静力型。优质的疏水阀应具有如下特点：不应有空心构件；在水封状态下，使蒸汽泄漏减少到最低程度；排水口密封应是随机的，以减少磨损，增加阀的使用寿命；排空能力可靠；删除杠杆机构，增加工作可靠性；排水口位置不宜设备在阀的下部，设计上要将泄漏率降低到最小，过冷度亦小；漏汽率要求≤3%。

（2）根据疏水阀前后的压力差来选择　额定压力差由疏水阀制造厂供给的说明书中查得。当所装地点的压力差与所选疏水阀额定的压力差相差很大，疏水阀就会不正常排水。疏水阀前后压力差，等于疏水阀前压力（p_1，MPa）减去疏水阀后压力（p_2，MPa），p_2等于管道摩擦阻力造成的压力损失（Δp，MPa）加上十分之一的回水集水箱进口标高与疏水阀出口标高差（H，m），再加上回水集水箱内压力（p_4，MPa，若为开口集水箱，$p_4=0$）。

（3）用汽设备的每小时凝结水生成量，即要求知道疏水阀的实际排量来选择。

（4）根据备用系数来选择　备用系数K就是疏水阀的连续疏水量和排凝结水量之比。K值可以是2∶1，甚至可大到8∶1。一般K值在2~4之间。

例如：三柱烘筒烘燥机以55m/min工艺车速烘燥0.15kg/m的织物，轧余率70%烘至8%落布，经计量每小时消耗0.2MPa蒸汽460kg若配置疏水阀总疏水量应在920~1840kg/h。

烘筒烘燥理想的烘燥能力是1.4~1.6kg蒸汽/kg水，上例每小时烘燥水量：55×60×0.15×(0.70-0.08)=306.9(kg)，460÷306.9=1.4988，应属正常的烘燥作业。

此例按95%凝结水计每小时可疏水量为437kg，饱和水显热为505.6kJ/kg，折算成蒸汽0.2MPa应是81.63kg，全年按6000h工作计可省高质量凝结水2622t，0.2MPa蒸汽约490t。

3.3.2.2　烘筒烘燥凝结水直排回用[17]

跑汽操作浪费惊人，这是人所共知的。但在实际操作中，还有人这样做，恐怕原因颇多。首先是对充分利用水蒸气热认识不足，或者有些人的节能意识不强，另外还有些具体原因，如下所述。

（1）当开冷车时，由于管路和设备中有大量冷凝水，所以打开旁通阀，迅速排除冷凝水，可使设备迅速升温。这时应注意及时关旁通阀，使疏水阀正常工作。若不及时关旁通阀，继续跑汽操作，实是极大浪费。但在实际操作中，因种种原因忘了关旁通阀是经常有的事。

（2）当供汽车压力不足时，打开旁通阀可以减少阻力，使通过用汽设备的蒸汽流量增加。这就造成了"跑汽操作管用"的错觉。

（3）由于对疏水阀的应用技术不够熟悉，装置后的疏水阀与用汽设备所产生的凝结水不匹配，以致设备中凝结水不能及时排除，也能造成"跑汽操作好"的错觉。

（4）疏水阀损坏了，不排水了，此时只能打旁通阀门，排除凝结水，增加热交换面积。事后不及时换新的疏水阀，时间长了"跑汽"既成事实，也就无人问津了。

人为操作圆筒烘燥机"跑汽"，该设备应用蒸汽量为 500kg/h，设备排水口直径 32mm，蒸汽的流速 $v=20$m/s，则每 1h 内可跑掉的蒸汽量为：$(\pi/4) \times 0.032^2 \times 20 \times 3600 = 57.88$ (m^3)，在 0.2MPa 下，饱和蒸汽的密度为 1.135 kg/m^3，因此，每小时跑汽 65.7kg，年按 6000h 计将跑汽 394.2t。上例中若蒸汽在 0.4MPa 下，饱和蒸汽的密度将为 2.169kg/m^3，因此，每小时跑汽将增量至 125.55kg，年跑汽增量至 753.3t。这是一种极大的浪费。

将高温凝结水及蒸汽直接"跑汽"进了污水沟，这实在是浪费。有一灯芯绒染整企业，圆筒烘燥机上不安装疏水阀，将"跑汽"直接注入水洗机末道平洗槽，作为水洗机逆流供水的汽、水补充，获取以下几种效果：

① 高温凝结水每年工作 6000h 计，节水 2850t；至少节省蒸汽 300t。

② 节省了圆筒烘燥机配置疏水阀的开支。

③ 由于烘筒烘燥机删除了疏水阀，可以避免每年因疏水阀泄漏而浪费的蒸汽 500×6000×5% = 150t。

④ 从圆筒烘燥机至水洗槽，无蒸汽泄漏、无滴水，既节省蒸汽，且改善了环境。

⑤ 操作简便、安全，减轻劳动强度。

⑥ 因无高温水排入污水沟，降低了生化处理污水的温度。

采用烘筒烘燥机就地直排水洗槽方案时，平洗槽进水口应连接单向阀，以防止停机时水洗槽中的水逆流进烘筒。

有人担心烘筒烘燥机直排凝结水时的"跑汽"，会浪费蒸汽，根据理论计算及实践生产应用的结果，结论是"跑汽"还不足提供水洗机逆流供水加热的热量，因此，在技改时，还需适量控制加热蒸汽进入末台水洗槽。目前已有不少染整设备制造公司，将此技术作为产品改造，以达到资源节约的目的；不少染整企业自行技改。亦收到很好的节能减排效果。

3.3.2.3　几个应用疏水阀回收凝结水的实例

（1）某公司 2 台圆网、5 台平网印花机和 5 台圆筒烘燥机的疏水系统，实施高温凝结水无泵背压自动提升回收，12 台设备年消耗蒸汽量为 59700t，回收 85℃凝结水 56715t，将 1t 20℃的水加热到 85℃，约消耗 0.2MPa 饱和蒸汽（全热量）100kg，则年节省蒸汽 5671.5t。

高温凝结水无泵背压自动提升回收技术，是利用疏水阀阀后的高背压率及高温凝结水在管道内流动时密度变化的规律（水、汽两相流体），将高温凝结水无泵背压自动提升输送到锅炉房软水箱或其他需用热水的工序。该系统凝结水回收率＞95%，无外加动力装置。

（2）某公司染色车间设备疏水系统进行技改时，亦实施高温凝结水无泵背压自动提升回收利用，耗汽量从原先的 18t/h 下降到 15t/h，节汽率达 16.7%，以年工作 6000h 计，一年节水、节汽可达 200 万元之多。

（3）某公司采用"李氏"牌自由浮球式疏水阀更换 10 多台间歇式染色机上的疏水阀，实施高温凝结水无泵背压自动提升高度 5m，输送距离 200m 至锅炉房软水箱。技改后平均每天节煤 1t 左右，节约锅炉用水 20 多吨。

3.3.3　冷却水、凝结水回用系统方案

3.3.3.1　高温高压染色机生产过程冷却水、凝结水的回用[18]

（1）高温高压染色机生产过程分析　过程分析如图 3-27 所示。

高温高压染色机可用于各类化纤织物的前处理、碱减量、染色和水洗等加工。

由于生产过程中的升温和降温部分是通过热交换器进行，所以在升温过程中，要将常温

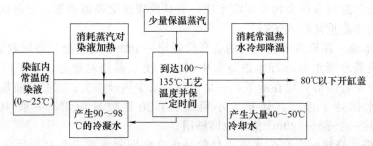

图 3-27　染缸生产过程蒸汽、冷却水的消耗与冷凝水、冷却水的产生示意图

（0～30℃）染液（3.5～4.5t/缸织物）加热到 130～135℃高温状态，要消耗大量的蒸汽，这些蒸汽在热交换器中冷凝后从交换器的排水口排出，其温度相当高（90～98℃），且有一定的数量。当保温完成时，又要用大量的冷水通过热交换器将染缸内 135℃的染液降温，直至降到 80℃以下才能打开染缸盖（若高温开盖将造成人员伤亡和布匹的损伤），在此降温过程中又产生大量的冷却水，其温度有 40～50℃。这些冷凝水和冷却水都是干净的，所以收集后可以利用。

（2）印染生产用水过程分析　在间歇式的印染生产过程中，用水量要比连续式生产大得多。一方面，为了满足工艺的要求，在生产中染料和助剂通常是在 40～45℃时加入，故在加料前对水有个加热的过程，这需要消耗蒸汽和电及一定的时间。另一方面，染缸内任何一种工序结束前都有个水洗过程，为了达到水洗干净、保证质量的目的，在水洗中往往要提高水温，又要将常温的水加热升温到 50～80℃之间，这又需要消耗一定量的蒸汽、电和一定的时间。所以如果采用 45～55℃的热水，将可减少蒸汽用量、电的消耗和减少升温时间，从而缩短工艺时间。

染缸内的高温蒸汽冷凝水和冷却水都是通过热交换器与染缸内染液进行热量交换后排出的，故既干净又有一定的温度，完全适用于印染生产过程。因而把生产中染色机产生的冷凝水和冷却水回收，用于后面的生产过程，可降低能耗、节约成本、提高效益。

染色机凝结水、冷却水回用系统见图 3-28。

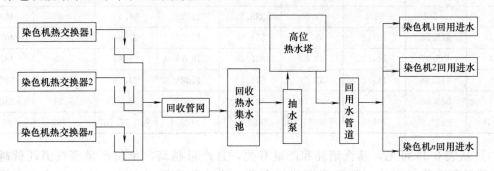

图 3-28　染色机冷凝水、冷却水回用系统示意

（3）回用系统的技改内容

① 收集口及回收管路　在各染缸的热交换器排水口接一个喇叭形的收集口，$\phi \geqslant 25\text{cm}$，用于收集冷凝水和冷却水，将这些收集口全部与回收管道（$\phi \geqslant 15\text{cm}$）连接形成热水回收管路网。

改造中要注意，回收管路应选用直径较大的水管，保证冷凝冷却水能自动快速流向集水池；热交换器排水口和收集口之间不是直接封闭型连接，而是出水口在上，回收接水口在下，中间相距 5～10cm 垂直安装，便于生产过程中操作人员观察回收水质，因为有时热交换器会漏，染液等缸内液体会污染回收水质。一旦发现热交换器裂漏，要将该染缸的回收暂停，待修理好后才能重新投入运行。

② 回收集水池　在靠近染色车间的适当位置挖一个回收集水池，将回收管路接入其中，目的是将各个机器冷凝水和冷却水进行集中调节，使水温相对稳定，便于回用时操作工控制。该回收池应呈封闭形，建在地下，一是保温，减少热量损失；二是节省场地；三是减少灰尘污染，使水保持干净。其体积大小可视各厂染缸数量而定，一般 40～50 只染缸（400kg 容量）建一个 80～120m³ 集水池即够用。

③ 高位水塔　修建一个高位水塔，目的是将这些回收水提升到高位后，利用高位水压将水送至车间利用，便于操作工控制和防止直接用泵压送可能造成的不利因素。建该水塔时应选用高标号水泥和适当加强结构，防止热水对水塔牢度的影响。

在回收集水池和高位水塔之间用抽水泵连接，可设计自动液位控制开关控制抽水泵的工作，当集水池水位达到一定高度时，即抽水至高位水塔。也可人工控制，当集水池较大和高位水塔也较大时，人工控制抽水不成问题，不必设专职人员，只要附近车间二人兼管一下，根据高位水塔水位和集水池水量多少，过一段时间开启一次水泵即可。

④ 回用管路　从高位水塔到各用水染缸要另铺设一条回用热水管路，该管路的直径可和接到各染缸上的水管一样大小，因为用水时有染缸泵的吸引力，能顺利地将热水打入染缸内。注意，回用管接入染缸时应单独重新装一个进水阀，与原来的进水管并联，以便操作工能根据生产工艺需要，灵活选择进冷水还是进回用热水，因为在夏天回用水温度较高，在染色操作时冷水与热水应控制适当的混合比，达到所需的温度。当执行加工后的漂洗时，则完全采用回用热水，尽量提高进水的温度，缩短生产时间。

(4) 回用系统的技改效果　表 3-33 是热水回收系统技改前后对比。

表 3-33　回收系统技改前后效果对比

项目 月份	改造前			改造后			节汽计算	
	产量 /万米	用汽量 /t	单位产量汽耗/(吨/万米)	产量 /万米	用汽量 /t	单位产量汽耗/(吨/万米)	万米节汽 /(吨/万米)	实际节汽量/t
1	387.8	15042	38.79	276.02	8098.4	29.34	9.45	2608
2	148.2	6971	47.04	333.12	12129	36.41	10.63	3541
3	475.36	16742	35.22	551.96	15367	27.84	7.38	4073
4	437.97	14466	33.03	632.76	16078	25.41	7.62	4821
5	444.68	14572	32.77	628.54	15324	24.38	8.39	5273
6	332.89	1124	33.79	436.08	12433	28.51	5.28	2303
合计	2226.9	79041	平均 35.49	2858.48	79429.4	平均 27.787	7.703	22619

① 从表 3-33 可见，蒸汽消耗和产量有关，月产量越高，单位产量蒸汽消耗就越低，蒸汽消耗和季节也有关，冬天蒸汽消耗上升。改造前染缸设备少，改造后染缸也增加，由于规模效应，也使改造后单位产量蒸汽消耗下降，但主要还是靠改造形成热水回用产生的效果。

相比之下，改造后 1～6 月份总和，单位产量蒸汽消耗从 35.49 吨/万米下降到 27.79 吨/万米，汽耗下降幅度 21.7%，实际节约蒸汽量相当可观，2000 年 1～6 月份节约蒸汽 22619t，扣除因设备增加带来的单位产量汽耗下降因素，估计全年节汽 30000t，减少生产成本 250 多万元。

② 改造后由于大量的冷却水和全部的冷凝水回用于生产过程，使用水量大幅度下降，经估算，公司每天回用冷却水约 3000t，冷凝水约 350t，故日节约用水 3350t，对于用自来

水的工厂来说，这是一笔很大的节约，以取河水为主，自来水为辅，若以减少取河水3350t/d计算，一天节约水资源费200多元（3350t×0.06元/t），全年至少节约水资源费66330元（201元/天×330天）。实际节约要比此大得多。

③ 缩短生产时间、提高产量　当前的产品是化纤及混纺织物为主，往往有碱减量加工。采用热水回用系统后，在碱减量进水时完全可以进热水（50~60℃），这比用常温水加热到该水温减少生产时间5~7min。在减量或染色后水洗时也要进清水然后加热升温，使用热水后同样可省时5~7min。所以一缸布生产下来可缩短生产时间15~25min，提高了产量。

④ 用电量下降　从③可见使用回用热水后，每缸布生产时间缩短，故单位产量的电耗下降，特别是冬天时很明显。

（5）要注意的问题

① 使用该热水回用系统时必须保持热交换器没有破损，当高温高压染色机使用年限较长、操作工使用不当（即内有蒸汽时突然进冷水），或热交换器质量不好（如热交换器加热管排列焊接处容易产生裂纹），在高温高压染色保温或降温时，染缸内的染液或减量液会向回收水里渗漏，因而污染整个回收池里的热水，影响回用水质量。所以操作工要经常注意检查，当观察到回收接口处有颜色的水或混浊水时，即可判断交换器内有裂纹，应及时维修或更换新的热交换器，在没有排除故障前该染色机应停止回收水，防止影响整体回用水的质量。

② 回用热水要合理。冬天时所有的热水都能很好地被加以利用。但夏季时，由于外界的温度提高，冷却水量增加，整个回用热水温度也较高，这时操作工要注意控制热水和冷水的混合应用。在预缩处理时，注意不要全部应用较高温度的热水进布，防止产生皱印。而染色后的热水洗仍可全部用热水，出布前再用冷水，以降低落布时织物的温度。

3.3.3.2　水热平衡分析的技术改造方案[19]

（1）用水、用能要求及排放数据统计　根据各机台用水温度要求和可回收情况，对用水、用能进行分类统计，汇总数据如下列：

① 用水

需求	料槽	烘筒冷却		蒸馏塔	
	冷却水	冷却水	蒸汽凝水	冷却水	蒸汽凝水
日用（产）水量	220t	300t	180t	350t	30t
需要温度	20℃	20℃	—	20℃	—
排放温度	25℃	35℃	100℃	40℃	100℃
水回收利用	可	可	可	可	可
热能回收	可	可	可	可	可

② 用水

需求		水洗槽用水		其他
	冷水	热水1	热水2	冷水
日用（产）水量	670t	750t	1060t	700t
需要温度	30℃	40~50℃	80℃	20℃
排放温度	40℃	50℃	90℃	20℃
水回收利用	否	否	否	否
热能回收	否	否	可	否

（2）平衡分析用水、用能情况　对以上资源、能源需求。（产出）标准以及其他能源数据进行综合平衡分析，得出如图3-29所示资源、能源循环利用，供求变化关系。通过资源利用流程图3-29看出，对企业进行技术改造，能够实现内部多种资源、能源相互利用，循环回收，从供应系统上整体提高资源、能源的利用率，降低消耗，节约成本，减少排放。

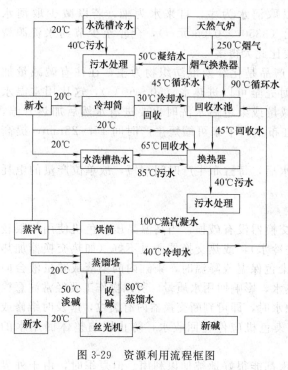

图 3-29　资源利用流程框图

（3）技术改造方案制定　根据资源、能源利用流程图和车间实际生产管理情况，公司确定了"整体规划、分步实施、模块独立、互不干扰"的技术改造方针和"以稳定生产供应为前提，以保证节能减排为目的"的工作思路，将节能减排的技术改造工作，分解成"冷却水、冷凝水的回收利用改造"、"高温污水热能的回收利用改造"、"碱回收冷却水、蒸馏水的回收利用改造"、"油炉烟气的热能回收利用改造"等几个独立的技术改造项目。对各项技术改造，制定改造目标和要求，进行投资回报分析和改造效果评估验收。

（4）技术改造方案的实施及效果

① 冷却水、冷凝水的回收利用改造　改造目标和要求如下所述。

a. 铺设不锈钢回收管路，将车间29台套设备的可回收冷却水、冷凝水，全部收集回收。

b. 修建储水池，将回收的冷却水、冷凝水统一集中储存，并实现液位自动控制调节功能，确保车间供水稳定。

c. 铺设热水供应管路，将回收水池的热水供应到需要热水的机台。

d. 改造示意图　见图 3-30。

② 投资回报分析

a. 铺设回收管路1800余米，投入成本100万元左右；修建储水池投入成本60万元左右；铺设供水管路600余米，投入成本20万元左右；共投资180万元。改造完成后，每月运行费用1.5万元。

b. 月回收40℃热水2.1万吨，节约用水及污水处理成本11万余元；节约蒸汽12万元左右，回收有效热能4.2亿千卡，折标准煤60t；每月可节约用水、用汽成本23万元。

c. 根据以上投资收益预算，此项目的投资回报期为7.5个月。

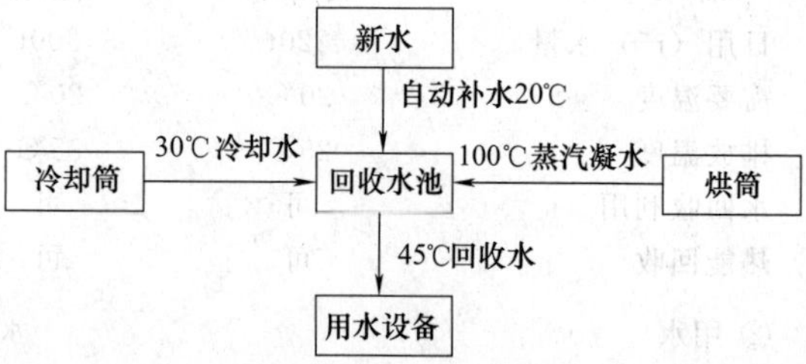

③ 实际效果验收　项目改造方案实施完成后，对各项要求和投资收益进行评估验收，确认技术改造的实际效果。

图 3-30　回收改造框图

a. 车间冷却水、冷凝水全部实现回收；所回收热水得到全部利用，储水池实现液位自动补水控制，和供水恒压控制；整个回收、供应系统运行稳定，未出现影响正常生产和产品质量情况；达到了技术改造的目的。

b. 实际投资控制在预算范围之内；春夏秋季月均实际回收42℃热水2.1万吨，冬季月均实际回收40℃热水1.5万吨。月均实际节水1.9万吨；节能3.8亿千卡，折标准煤54t；节约蒸汽582t，节约金额11.6万元，共节约成本20.8万元。实际投资回报期8.7个月。

（5）碱回收冷却水、蒸馏水的回收利用改造

① 改造目标和要求

a. 建造储水池将碱回收设备的冷却水、蒸馏水全部回收。储水池实现液位自动控制调节功能，确保车间供水稳定。

b. 铺设热水供水管路，将储水池热水供应到丝光机、漂白机使用。

c. 改造示意图　见图 3-31。

② 投资回报分析

a. 修建 200m³ 储水池和铺设 600m 管路需投资 100 万元。

b. 月回收 40℃冷却水 1 万吨、80℃蒸馏水、蒸汽凝水 0.4 万吨；节约用水及污水处理成本 7.3 万元，节约蒸汽 12 万元，回收热能 4.4 亿千卡，折标准煤 62.9t。节约蒸汽 677t，节约金额 13.5 万元；总节约金额 20.8 万元。

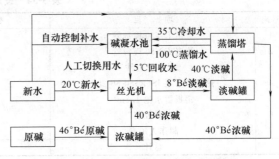

图 3-31　冷却蒸馏水回收改造框图

c. 根据以上投资收益预算，此改造项目的投资回报期为 5.2 个月。

③ 实际效果验收

a. 项目实施以后，实现了碱回收设备冷却水、蒸馏水的回收利用；回收及供水系统运行稳定。

b. 实际回收冷却水温度为 35℃，蒸馏水有效使用温度为 70℃；每月实际节水成本 7 万元，回收热能 3.5 亿千卡，折标准煤 50t。节约蒸汽 538t，节约成本 10.8 万元；总节约成本 17.8 万元；实际投资回报期为 5.6 个月。

3.3.3.3　冷却水回收案例三则[20]

(1) 烧毛机冷却水回用

① 技术分析　烧毛机每小时产生冷却水 4.5m³，水温 45℃左右，每天消耗量为 108m³。其水质洁净可重复使用。将这部分水用于退浆机退浆，既满足退浆工艺要求，又利用了热能，使退浆效果比原来的冷水好。

② 执行情况　2007 年 10 月开始，紫荆花公司开始将烧毛机冷却水收集回用至退浆机水洗槽作为补充用水。

③ 实施效果

a. 水费及水处理费用的节省

工业用水费：以 0.8 元/m³ 计算为 86.4 元/d。

废水综合处理费：以 3 元/m³ 计算为 324 元/d。

总共 410.4 元/d。

b. 热能利用节省　冷水温度为 20℃，热水温度为 45℃，热能利用 270 万 kcal/d，折合燃烧煤 (5000kcal/kg) 0.54t/d。按煤价为 680 元/t 计算每天可以节省 367.2 元。

c. 日常运行费用支出　输送管道配 1 台热水泵，功率 2.2kW。按电费单价 0.75 元/(kW·h) 算，节省 39.6 元/d。另外每天维护成本计为 10 元，合计需支出 49.6 元/d。

d. 经济效益＝水费与水处理费的节省＋热能利用节省－日常运行费用支出：

$$410.4＋367.2－49.6＝728元/d$$

若每月按 25 天运行算，则可节省开支 18200 元/月。

④ 设施投入预算见表 3-34。

投资回收期：半个月。

（2）空压机冷却水回用

① 技术分析　空压站螺杆压缩机冷却水采用自来水作为冷却水使用，每天水量耗用约 130m³，排入后收集进入工业用水总管道，现拟采用锅炉软水作为螺杆压缩机冷却水。经压缩机冷却器后仍回到锅炉软水箱，循环利用，既节约了自来水，又利用了压缩机的热能。

表 3-34　设施投资

号码	项　目	数　量	总成本/元
1	管道 DN50 镀锌管	60	1500
2	管道 DN80 镀锌管	15m	600
3	阀门，管道件		1500
4	热水型水泵 IS(R)80-50-200	1 台	2600
5	钢板蓄水池 1.8m³		1100
6	电器控制		1000
7	制作人工费		1200
	总计		9500

② 实施过程

材料：

1.5 寸 PVC 上水管	80m	约 1000 元
1.5 寸 PVC 配件	一批	约 210 元
集水箱 1 只	自制	约 280 元
1.5 寸浮球阀	2 只	150 元
循环水泵 ES65-40-250	1 台	1200 元
阀门 1.5in	2 只	210 元
人工		500 元
合计：		3550 元

③ 进度：7 天内完成。

④ 经济效益

a. 自来水每立方米 2.75 元。

b. 工业用水每立方米 0.8 元。

c. 电费消耗：每天约 52.8kW·h，需 0.8 元/kW·h，小计 42.24 元。

d. 维保费用每天 10 元。

18 天投资全部回报。

对于非接触冷却水应该采取循环再利用措施。冷却水含有一定热量，水质好，可用于前处理退煮原工序。当排放温度 45℃，且排量大时，冷却水的排放会给污水处理系统造成压力。染整行业目前对凝结水的回收循环应用已普遍重视，而冷却水的合理回用还有待加强。

（3）扩容蒸发器喷射循环水的改造利用[21]　淮北印染集团公司在 2001 年安装了一台用于丝光机淡碱回收的 PH200 型连续扩容蒸发器。该扩容蒸发器具有节约蒸汽、连续操作、工况稳定、冷凝水不含碱等优点，其抽空真用的喷射水经冷却搭冷却后循环利用，具体工艺流程如图 3-32 所示。

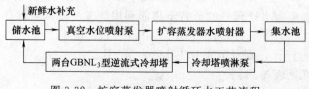

图 3-32　扩容蒸发器喷射循环水工艺流程

① 喷射循环水的现状及问题　喷射循环水经过两年运行基本正常。储水池水温一般维持在 18～25℃之间，pH＝7；集水池水温一般为 40～48℃之间，pH＝7，但也存在如下问题。

a. 冷却塔内水垢堵塞了部分 PVC 斜波片孔隙，使得冷却效果变差，另外噪声较大。

b. 在每年的 7～9 月份，储水池水温偏高，甚至到 34℃，集水池水温高达 50℃。由于喷射水水温高，不能满足扩容蒸发器正常工艺要求，致使碱浓缩效率低下，运行不稳定。

② 印染前处理、水洗等设备现状　该公司现有 1 台 LMH085 绳状煮、漂设备，1 台 LMH011-200 型和 2 台 LMH021-200 型退、煮、漂联合平漂线，3 台 LMH634-200 型印花水洗机等 7 台设备，其中工艺要求水温 50℃以上的水洗槽有 72 个。若对这些水洗槽中 18℃ 的水加热至 50℃以上至满足工艺要求，需要大量热能。

③ 方案选定　根据以上两处实际情况，决定把水温约为 43℃的扩容蒸发器喷射出水，用泵送到上述 72 个水洗槽后，再用蒸汽把 43℃的热水加热至满足各设备工艺要求的温度，这种方案既解决了用冷却塔冷却循环水中出现的问题，又充分利用喷射循环水中的热能。

④ 喷射循环水改造方案　喷射循环水改造利用的工艺流程如图 3-33 所示。

⑤ 改造方案设备清单　新添与原设备利用情况见表 3-35。

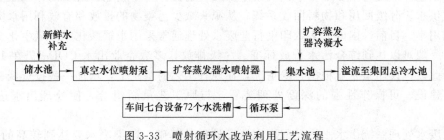

图 3-33　喷射循环水改造利用工艺流程

表 3-35　新增及原有设备利用一览表

设备名称	型号、结构	数量	工艺参数	新增	原有
储水池	半地下式圆形钢筋混凝土	1 座	$D=5m$　$H=4.5m$		√
真空水位喷射泵	IS100-65-50 清水离心泵	2 台(1 备)	$Q=100m^3$　$H=50m$		√
集水池	地下式钢结构，钢板厚 $\delta5$	1 座	$L\times B\times H$　$5\times4\times4.5$	√	
循环泵	ISR100-65-50 热水离心泵	2 台(1 备)	$Q=100m^3$　$H=50m$		√
输水管道(保温)	DN125 型号以下	1100m		√	

⑥ 设计要求

a. 储水池补充进水管上安装一只型号为 HC100X-16 的液位自动控制阀来自动保持储水池的水位。

b. 在集水池的顶端 4.4m 处安装一根 DN125 的溢流管，自流入 140m 外的集团总冷水池。

c. 采用型号为 YXC100 磁助式电接点压力表进行恒压控制循环水泵的启停。

⑦ 效益计算

a. 水洗槽水获得的热量

$$Q=G(t_2-t_1)C \tag{3-18}$$

式中，Q 为水洗槽从 18～43℃获得热量，kJ/h；G 为循环水量 100m³/h；t_2 为集水池水温 43℃；t_1 为水洗槽冷水水温为 18℃；C 为水的比热容为 4.1868kJ/(kg·℃)。

$$Q=100\times1000\times(43-18)\times4.1868=1.0467\times10^7 kJ/h$$

b. 合煤量

$$B=Q/(\eta\cdot Q_{dw}^y)$$

式中，B 为煤量 kg/h；η 为锅炉效率 80.17％；Q_{dw}^y 为煤的低位热值 18000kJ/kg。

$$B = 1.0467 \times 10^7 / (80.17\% \times 18000) = 730\text{kg/h}$$
$$= 0.73\text{t/h}$$

3.4 中水回用

水是染整生产消耗量最大的资源,减少水的消耗,适度进行中水回用,不仅是降低染整行业生产成本的需要,更是保护环境,使行业可持续发展的需要。

工信部在 2010 年 6 月 1 日发布的《染整行业准入条件》中明确规定,印染企业回用水要达到 35% 以上。中水回用是一个系统工程,水回用工程在进一步降低 COD_{Cr}、色度、SS (悬浮物)、铁离子、总盐度、总硬度的同时,亦要注重各类盐离子、金属离子、泡沫、异味、有机物和微生物的去除。

印染工艺与水处理结合是中水回用技术发展的前提。对于新建或规划的印染企业,建议采取分质供水、分级回用和物料回收系统,从源头减少污染物的排放和有效利用水资源,提高水的利用率。目前,国内大多数印染行业废水处理通常采用水解酸化+好氧生化+物化处理工艺,一般难以达到综合污水排放标准。一级排放,多数企业出水 COD_{Cr} 仍在 150mg/L 左右。为此,建议印染企业根据自身情况,在现有工艺的基础上,增加一些投资低、运行成本少、易建设、可操作性强的深度处理装置,与原工艺重新组合,使处理出水达到回用标准。

印染废水处理系统出水水质是回用水深度处理的基础。印染废水要达到较高的回用率,并长期稳定运行,必须解决好回用水的污染物和无机盐的累积问题,维持循环系统盐的平衡,保证产品质量及污水处理系统的稳定运行。

3.4.1 中水回用的源头控制

3.4.1.1 印染废水回用技术展望

印染废水已成为印染行业发展的制约性因素,其经深度处理后回用,不仅能大大减少企业的排污费用,而且还可以减少用水量,为企业带来巨大的经济效益。印染废水回用是将废水治理从末端治理向清洁生产工艺、物质循环利用和废水回用综合防治阶段发展。

印染废水的回用应打破仅靠末端深度处理的观念,应在印染废水回用技术的选择上,充分考虑其水质、规模、投资和运行管理水平等方面的因素。本着清洁生产的理念,结合自身情况,提高染料的上染率、资源的转化率和循环使用串,从源头预防开始,尽量以废治废、综合治理,进一步削减和降低污染物的排放。

从源头控制,需采用低碱或无碱、低盐或无盐和低尿素工艺,选用生态环保、节能减排的染化料,即化学处理做"减法"、物理处理做"加法"等工艺,以及"避盐回用"新工艺等[22]。

3.4.1.2 中水回用 COD_{Cr} 的源头控制

印染回用水中存在着不能处理的污染物。这些污染物将随回用水转移到生产中,势必会影响产品质量。若长期循环使用,则这部分污染物会在系统中积累,转移到污水处理系统中,由于其不易降解,累积到一定程度后,会对污水处理系统产生较大影响。

化学耗氧量 COD_{Cr} 系指一定条件下,用强氧化剂处理水样时所消耗的氧化剂的量。

COD_{Cr}越高，表示水中污染物越多。

印染废水COD_{Cr}来源：①印染助剂；②残余染料；③织物上处理下来的杂质、溶解物等；④水中原来含有的COD_{Cr}。

PVA退浆污水中PVA含量为$1\sim8g/L$，其COD_{Cr}值在$1572\sim12000mg/L$；碱减量废水中含有低聚物、对苯二甲酸及乙二醇等有机物，其COD_{Cr}高达$20000\sim80000mg/L$；卡其布退浆液，由于坯布上浆PVA含量高达$10g/L$，需采用$30\sim40g/L$的NaOH退煮，残液排放COD_{Cr}达$30000mg/L$以上，这是因为烧碱对纤维起溶胀作用，对杂质不起分解作用，大量纤维杂质和浆料排放贡献了大量的COD_{Cr}。

常州某印染厂产品为染色灯芯绒，生产工艺流程：坯布→烧毛→冷堆前处理→冷染染色→拉幅定形后整理。2010年完成灯芯绒染色1050万米，生产污水排放量全年133750t（该厂为纳管企业，一厂一管接入污水处理厂），百米排水量为$1.27m^3$，远低于常规灯芯绒染整厂$4.0m^3/100m$，也低于工信部颁布的$4.91m^3/100m$的指标。该厂废水纳管标准为$COD_{Cr}500mg/L$，但经预处理后排放浓度经常超标，废水排放浓度$COD_{Cr}800\sim2000mg/L$，最高达$12000mg/L$。经调查，该生产存在生产工艺及管理上的问题，也有末端治理的问题。生产车间废水抽样测定见表3-36。

表3-36　某印染厂灯芯绒染整废水测定

序号	名　称	$COD_{Cr}/(mg/L)$	pH值	备注
1	冷堆前处理废水	16300	13.01	
2	冷染染色废水	617	11.95	
3	染缸染色废水	815	9.17	
4	生产车间水口	1820	11.4	
5	冷堆前处理精练剂	193768		液体状精练剂
6	中和废水碱度的废酸	19715		含亚铁盐19715mg/L

从表3-36可以看出，冷堆前处理废水COD_{Cr}浓度最高达$16300mg/L$，pH值为13.01，其中精练剂COD_{Cr}高达$193768mg/L$，生产管理人员未能提供该精练剂品牌和成分（据称为附近某地助剂厂产品）。选用助剂必须弄清成分。

为了使外排废水COD_{Cr}不超过$500mg/L$，企业经常采用自来水稀释排放，废水呈强碱性，使用酸进行中和，但是废酸中也存在COD_{Cr}问题，导致用水量和成本更高。

（1）不同工序废水COD_{Cr}的浓度　对某染整企业不同工序废水COD_{Cr}浓度进行测试，结果见表3-37。

表3-37　印染厂不同工序废水COD_{Cr}值

工序	pH值	$COD_{Cr}/(mg/L)$	工序	pH值	$COD_{Cr}/(mg/L)$
间歇式碱减量	10	4060	活性染色	10.5	1226
氧漂	10	716	活性皂洗	6	257
染色前处理	6.5	1397	冷轧堆前处理	10	2229
分散染色	5	1222	丝光水洗	10	425.1
酸性染色	5	1213	平前处理	7	2524
硫化染色	13	18000	连续碱减量	14	20000

表3-37显示，各工序废水COD_{Cr}浓度的相对关系，各厂家不同工序排放废水的COD_{Cr}浓度因设备、产品、工艺不同会有较大差别。

由于硫化染料染色和碱减量加工废水的 COD_{Cr} 浓度很高，所以要调整产品结构，尽量少用硫化染料；对涤纶的碱减量需进行去杂、回收对苯二甲酸（TA）。

（2）助剂与染料对 COD_{Cr} 浓度的影响

① 前处理工艺对 COD_{Cr} 浓度的影响　棉织物不同前处理工艺废水的 COD_{Cr} 浓度见表 3-38 和表 3-39。

表 3-38　不同前处理工艺废水 COD_{Cr} 值对比（一）

工艺	配方	用量/(g/L)	COD_{Cr}/(mg/L)	
			处理前溶液	处理后溶液
1	液碱	16	1312	9240
	双氧水	10		
	精练剂 TF-108	2		
	去油灵 101	1		
	双氧水稳定剂	1		
2	液碱	8	1231	7430
	双氧水	10		
	精练剂 TF-108	2		
	去油灵 101	1		
	双氧水稳定剂	1		
3	纯碱	6	1294	7351
	双氧水	10		
	精练剂 TF-108	2		
	去油灵 101	1		
	双氧水稳定剂			
4	双氧水	10	722	7640

注：工艺温度 100℃，时间 40min。表 3-39 同。

表 3-39　不同前处理工艺废水 COD_{Cr} 值对比（二）

液碱工艺	1	2	3	4	5	6
液碱/(g/L)	8	8	8	—	—	—
纯碱/(g/L)	—	—	—	6	6	6
双氧水/(g/L)	10	10	10	10	10	10
精练剂 JC-3/(g/L)	2	2	2	2	2	2
去油灵 101/(g/L)	0	1	0	0	1	0
双氧水稳定剂/(g/L)	0	0	1	0	0	1
处理前溶液 COD_{Cr}/(mg/L)	645	665	680	1193	656	674
处理后溶液 COD_{Cr}/(mg/L)	5610	6270	6751	6440	6451	6680

表 3-38 和表 3-39 显示，加入双氧水稳定剂，织物白度提高，但是会增加 COD_{Cr} 浓度，故在加工浅色时加入稳定剂，深色时少加。

采用液碱的前处理废水 COD_{Cr} 浓度与采用纯碱相差不大，但其白度和毛效好，成本更低。故前处理应用液碱更合理。随着液碱用量增加，废水 COD_{Cr} 增加。故加工中碱用量要控制。

去油灵可以提高白度，对 COD_{Cr} 影响不大，故做浅色时可以适当加入。

② 染料与助剂对 COD_{Cr} 的影响　在染液中加入各种助剂与染料，其废水 COD_{Cr} 测定见表 3-40。

表 3-40　染料与助剂对 COD_{Cr} 的影响

助剂名称	质量浓度/(g/L)	COD_{Cr}/(mg/L)	助剂名称	质量浓度/(g/L)	COD_{Cr}/(mg/L)
元明粉	10	51	食盐	30	2137
	30	54		60	2336
	60	139		90	2524
	90	138	阳离子匀染剂	1	353
醋酸	1	979		2	546
	2	1231	分散染料	0.2	642
活性染料	0.5	439		0.4	1165
	1.0	570	阳离子染料	0.2	353
酸性染料	0.2	466		0.4	546
	0.4	778	高温匀染剂	1	699
食盐	10	2071		2	1080

从表 3-40 看出，食盐作为染色的促染剂，对废水 COD_{Cr} 的影响较大，无盐染色 COD_{Cr} 可下降 90%。

元明粉用量对 COD_{Cr} 影响不大，染料对 COD_{Cr} 有很大的影响，所以降低 COD_{Cr} 浓度的关键，是要调整配方和条件，减少食盐和染色残液中的残余染料。

中水回用应清浊分流取水处理。要降低废水 COD_{Cr} 浓度，应从优化工艺配方着手，选用好助剂、染料，制定合理的配方和工艺条件，减少水中残余染料和助剂，降低回用水中不能处理的污染物积累量，提高中水回用的安全性。

3.4.1.3　中水回用电导率的源头控制

"盐"是指水体中一切溶解状离子态化合物的统称，如元明粉、工业盐、食盐等。当染液中盐分发生波动，电导率超过时，染色会出现明显的色差。

在煮练及染色过程中，工艺需投入大量的烧碱、纯碱、元明粉、工业盐等，造成排放污水含盐量高、碱性大。

传统污水处理系统无法去除无机盐，如回用率太高，又不进行脱盐处理，则系统中盐类累积到一定程度，会使整个生产和污水生物处理单元无法进行。若要求较高中水回用率，则需进行脱盐处理。盐类的累积与回用次数存在一定关系。若不进行回用的污水二级处理，出水中无机盐含量以 2000mg/L［以 TDS（总含盐量）表示］计，一般河水中的 TDS 为 200~300mg/L，如回用率为 80%，则循环一次系统内的 TDS 会增加到 3400mg/L，第二次循环 TDS 就会增加到 4560mg/L。随着循环次数的增加，回用水中的 TDS 会非常高，导致生产及污水处理系统瘫痪。

(1) 回用水质对染色效果的影响　在漂染废水能否回用于生产的工艺中，除了关注废水的色度、硬度、浊度、pH 值等关键指标外，水的电导率也是一个不容忽视的重要指标。电导率是水中金属离子含量的表现。电导率高，对化纤产品的染色影响较小，但对于纯棉产品的染色，特别是活性染料染色有较大影响，会加快上染速率，造成上色不匀，形成色渍等现象。例如，有人曾对达标排放的废水采用多种方法进行再处理，然后用于染色，结果发现相同的染料和染色工艺，部分水质染色均匀性好，五色花；而部分水质则前期上色很快，并有明显色花现象，具体情况见表 3-41。

(2) 高电导率的成因　为了进一步扩大中水回用的程度，对印染厂不同区段进行水质测定，表 3-42 几种水质测定结果对比。

表 3-41   不同水质的染色效果对比

水样	pH 值	色度/倍	COD/(mg/L)	硬度/(mg/L)	电导率/(μS/cm)	浊度/NTU	染色效果
饮用纯净水	6.60	0.5	0.43	0.001	10	0.6	均匀
生产用水	6.98	2.0	10.0	48.0	240	2.0	均匀
深度处理水	6.30	16.3	33.5	55.7	2650	1.0	明显色花
活性炭化水	6.43	4.0	24.2	40.0	2700	0.09	明显色花
精滤水	6.75	15.0	31.0	42	2250	1	明显色花
反渗透膜处理水	7.10	0	0	1.0	26	0	均匀
纳滤水	6.70	2.0	0	2.0	70	0	均匀

表 3-42   几种水质测定结果对比

水样	pH 值	色度/倍	COD/(mg/L)	硬度/(mg/L)	电导率/(μS/cm)	浊度/NTU	硫酸盐/(mg/L)	溶解性总固体/(mg/L)
生产用水	7.0	2.0	10.0	42.0	240	3	17.7	110
污水进水	10.7	507	540.6	52.0	2728	16	1720.0	2350
达标排放水	6.2	19.0	35.9	56.7	2662	3	1679.5	2290
无阀滤池出水	6.3	16.3	33.0	55.7	2650	1	1650.0	2278

从表 3-42 可知，电导率从 240μS/cm 上升到 2650μS/cm，硬度变化并不明显，而硫酸盐和溶解性总固体却增加了 20 倍以上。说明废水电导率与水中硫酸盐和溶解性总固体含量有关，也可以理解为硫酸盐和溶解性总固体含量过高是导致废水电导率高的主要原因。废水中硫酸盐和溶解性总固体含量高，表明水中的金属离子多、含盐量高，因此影响对盐敏感染料的匀染性。

针织品染色各阶段的电导率变化见图 3-34。

从图 3-34 可以看出，前处理氧漂阶段电导率较低。染色开始后，电导率逐渐上升。随着元明粉的加入，电导率快速上升。当纯碱全部加入后，电导率达到最高值。由此可知，元明粉和纯碱是导致废水电导率升高的主要因素。

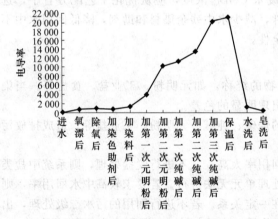

图 3-34   染色各阶段电导率变化

（3）低盐无盐染色途径   进行低盐或无盐染色有以下几种途径：

① 开发直接性高和对盐依存性低的染料；

② 合理制定染色工艺，减小浴比，降低染色温度等；

③ 对纤维改性，提高对染料的吸附能力；

④ 开发新助剂或选用高盐效应的盐类。

（4）浴比   有专家测定了浴比与盐用量的关系见表 3-43。

表 3-43   浴比与盐用量的关系

染色深度/%（omf）	盐用量/%（omf）		
	1:3.5	1:5.0	1:10.0
0.1	0.1	5.0	15.0
0.5	0.5	7.5	22.5
2.0	2.0	12.5	40.0
6.0	6.0	20.0	60.0

纯棉针织物在染深色、浅色时，气流染色机采用 1∶4 浴比时消耗的元明粉约为 1∶8 浴比溢流染色用量的 1/2。

（5）柠檬酸盐　柠檬酸盐是多元有机羧酸盐，它对阴离子染料的促染作用比食盐强得多，用它代替食盐和元明粉，用量可大大降低，由于其可以自然降解，对环境污染甚少。

采用两阶段染色工艺时，用柠檬酸钠促染，活性染料第一次和第二次上染率均比用食盐的高，而且用量较低时就有很高的上染率，而食盐只有在用量较高时，上染率才有明显提高。当食盐和柠檬酸钠均为 1.711mol/L 时，就 C.I. 活性红 180 的上染率而言，使用后者比前者高，用食盐最高固色量仅 2.61mg/g 纤维，而用柠檬酸钠则可达 3.24mg/g 纤维。测定染色牢度还证明，用柠檬酸钠，水洗牢度比用食盐高 1~2 级，干摩擦牢度高 2 级，湿摩擦牢度高 1 级，耐晒牢度也可以提高 1 级。

（6）色媒体　色媒体是一种含反应型官能团的阳离子预聚体，纤维经色媒体预处理后，对阴离子型活性染料有优异的吸附力，染色不使用盐、碱，染料利用率达到 95％以上，残液基本无色。

表 3-44 是色媒体染色与传统工艺的对比。

表 3-44　色媒体环保型染色新工艺与传统工艺的对比

对比项目		色媒体工艺	传统工艺
基本性能	适用纤维	全部	以棉为主
	得色率	高	中
	鲜艳度	仿古、偏暗	明亮鲜艳
	皂洗牢度	良	良
	干、湿摩擦牢度	中(可提升至优)	良
	日晒牢度	中	良
染料助剂消耗量	染料利用率	大于 95％	约 60％
	色媒体(100％)	0.6％(omf)(540 元/t 布)	—
	盐	—	50％(omf)
	碱	—	30％(omf)
	皂洗剂	可不用	1％(omf)
废水中有机物无机物含量	染料	基本没有	约 40％(omf)(480 元/t 布)
	色媒体	基本没有	—
	盐	—	50％(omf)(340 元/t 布)
	碱	—	30％(omf)(360 元/t 布)
	皂洗剂	基本没有	1％(omf)(200 元/t 布)
	处理废水的投入	基本没有	需投入大量其他化学助剂处理,能耗大,成本高

（7）离子对　"离子对修饰无盐染色技术"是设计一类带有多活性基的离子对，通过离子对来修饰纤维素纤维，使纤维素纤维对活性染料有合适的亲和力。通过对纤维的溶胀和修饰后，纤维素纤维分子间的氢键得到拆分，更多的羟基得到反应，控制染色速率和提高上染率实现无盐染色。不同活性染料染色性能的比较如表 3-45 所列。

表 3-45　不同活性染料染色性能的比较

染料名称	常规加盐		阴阳离子对改性	
	$E/\%$	$F/\%$	$E/\%$	$F/\%$
雅格素红 BF-38 150％	85.4	79	95.33	92.60
雅格素黄 BF-3R 150％	88.68	78.7	97.24	94.55
雅格索藏青 BF-RRN	89.03	90.96	96.1	90.0
科华素黑 B 133％	78.235	73.87	97.34	96.45

续表

染料名称	常规加盐		阴阳离子对改性	
	$E/\%$	$F/\%$	$E/\%$	$F/\%$
科华索深蓝 ED 150%	81.62	77.35	96.91	95.74
科华素艳蓝 BB 133%	64.96	55.66	94.16	91.97
科华素藏青 BF	89.77	80.10	98.62	96.41
科华素红 3BSN 150%	84.83	75.40	97.70	95.17
科华素红 3BSN 100%	83.28	73.13	98.20	96.71
科华素特深黄 ED 200%	90.50	75.00	97.89	95.16
科华素金黄 RNL 150%	46.67	40.00	92.67	85.56

"离子对修饰无盐染色技术"效果：

① 上染率达到 95%左右，在废水中染料浓度由 20%降到 5%。

② 与传统有盐染色相比，无盐染色同种染料染色织物的干、湿摩擦色牢度基本一致，个别品种改性后湿摩擦牢度提高 0.5 级；耐水洗色牢度都能达到 4～5 级。

③ 多活性基离子对修饰纤维素纤维无盐染色是一种染色清洁生产技术。

染整生产过程的中水回用是重要的节水举措，为达到较高的回用率，安全回用，必须解决好回用水的污染物和无机盐的累积问题。

中水回用是系统工程，从源头减少污染物的排放，如采用少碱、无碱，少盐、无盐，少尿素、无尿素印染工艺；应用短流程，小浴比生产方式，结合生态环保的高效染化料、助剂的应用；中水清浊分流、分质供水。注重从源头控制水质中 COD_{Cr}、电导率，减少硫酸盐、溶解性总固体的排放，确保中水回收和处理后的安全生产。

3.4.2　印染污水的"避盐"处理回用

目前，纺织染整过程是以化学处理为主的工艺过程。印染前处理中，使用碱和酸，在水中形成了盐；在染色过程中，活性染料和直接染料都需加中性盐，如加食盐、硫酸钠促染；还原染料需加还原剂保险粉，硫化染料需加硫化钠，在氧化还原反应中形成盐。此外，还使用各种含盐助剂以满足印染工艺的需要。在印染废水处理中又因 pH 值高，需加酸中和而形成了各种盐。

如今，随着短流程、冷堆、小浴比等工艺的应用，相对而言，废水中染化料浓度增大。最终结果，不仅 COD_{Cr} 浓度增大，还导致废水含盐量大大增加。COD_{Cr} 和盐浓度高，会影响污水处理效果。随着废水回用率提高，由于盐分等积累，再生回用水受到限制。

常州某纺织工业园区开展印染废水集中处理厂尾水脱盐试验中，发现该污水处理厂出水电导率达 6397～9090$\mu S/cm$，平均电导率 7255.6$\mu S/cm$。电导率越高，脱盐成本越高，给回用水制水成本上造成困难。

"避盐回用"工艺是把染色生产中加入的工业盐、元明粉等大量盐分的染液浓污水直接排入外排调节池，同时排走的还有染色后第一缸和第二缸水（深色可排三缸～四缸）。漂洗水经分流排放后可去除染色污水中 90%以上的盐分，这类高盐浓污水经合理处理后进行外排。此外，把基本不含盐的清污水（少量含盐已不会影响染色）进行单独收集，经处理后回用。这样的回用水可解决常规污水回用时脱盐装备的高投入、高耗能、高耗材问题。[23,24]

3.4.2.1　筒子纱染色避盐回用工艺

（1）工艺选择　该项目选择了"避盐回用"生化加物化处理的新工艺。该工艺是在常规生产污水分质分流基础上的提升，目的是把影响回用水的盐分在染后排放时就被分质分流排走，使含盐量很低的清污水经生化、物化处理后即可回用。这样一方面节省了一大笔脱盐设备的投资，另一方面又可降低运行能耗约50%。

（2）工艺流程　染色生产（浓污水经达标处理后外排）→低盐低色的浅污水→格栅→回用调节池→初沉池→活性污泥回流（水解酸化池→好氧生化池→二沉池）→气浮池 $\xrightarrow{\text{臭氧}}$ 化学物理氧化反应池→除铁除锰过滤→活性过滤器→软化器→染色专用精滤器→回用水池→供生产

（3）工艺流程说明　"避盐回用"工艺是本工程的核心，目的是避开盐分，也就是把染色生产中产生盐分的污水首先排入外排系统，如染液，此段含盐（全棉）电导率约 $2\times10^4\mu S/cm$，染色后第一缸洗水电导率约 $7000\sim8000\mu S/cm$，第二缸电导率约 $4000\mu S/cm$，第三缸已接近进水原来的电导率 $2500\mu S/cm$。以上的一缸染液和三道洗水都要排走；这样就把染色生产过程可能产生的90%以上盐分排走，而回收的清污水一般是前处理和三道水及染色后的第四道至最后一道水。一般情况下，还可以把煮纱或煮布的一缸水排走。实践证表，"避盐回用"工艺避开盐分的办法具有可操作性，而回收的清污水则需要经前文所述的生化、物化、化学氧化、物理氧化、后级处理等一系列处理，从而达到生产回用的需求。

（4）处理前后水质指标　见表3-46。

表 3-46　处理前后的进出水指标

项目指标	进水指标	出水指标	项目指标	进水指标	出水指标
COD/(mg/L)	≤300	≤50	pH 值	6~9	6.5~8.5
色度/倍	≤80	≤5	硬度(CaCO$_3$)/(mg/L)	—	≤150
浊度/度	—	≤15	悬浮物	60~100	≤10
BOD 值	30~40	—	铁、锰离子/(mg/L)	—	≤0.1

3.4.2.2　避盐回用水项目效果

（1）处理成本　清污水前处理费用 $0.8\sim1.0$ 元/t 水；后级处理费用 $0.7\sim0.9$ 元/t 水；合计回用处理成本 $1.5\sim1.8$ 元/t 水。

（2）改造前实际用水单价

进水　工业自来水：4.77 元/t（饮用水、软化成本约 0.5 元/t 水计）。

出水　外排污水厂处理费：5.8 元/t（COD≤1000mg/L）。

每吨用水成本　进水水价加外排处理费合计：10.57 元/t 水。避盐回用水节省 $8.7\sim9.0$ 元/t 水。

3.4.3　染整污水的脱盐回用

常用的除盐技术包括离子交换、电渗析、电吸附、膜分离等，针对印染废水再生回用中的脱盐，离子交换树脂法需要酸碱再生，产生的废液会造成二次污染；蒸馏法能耗高，易于结垢，且印染废水再生回用水量大，采用此工艺很不经济；电渗析能耗高，易发生电解，而渗析膜易被有机物及某些离子污染，在污水再生过程中应用很少。

电吸附除盐法和膜法除盐法是近年来比较常用的脱盐技术，因各自特点在众多种类的废水深度处理领域得到较好应用。针对江苏某棉针织染整企业回用水除盐的需求，分别进行了电吸附（EST）除盐、反渗透（RO）除盐、纳滤（NF）除盐的中试研究，以比较三种工艺的脱盐效果、污染物去除效果和运行成本[25]。

3.4.3.1　试验材料和装置

（1）水质　江苏某染整企业排放废水中含有活性染料、酸性染料、表面活性剂、无机盐等。企业对排放废水进行清浊分流，通过物化工艺和生化工艺对废水进行分质处理，处理后的清废水经中水处理器（絮凝-沉淀-气浮-砂滤）处理。经过中水处理器处理后，COD$_{Cr}$、色度、浊度和 SS 的平均去除率分别是 58.3％、70.4％、92.5％和 79.0％，去除效果明显，但是对盐度和硬度的去除微乎其微。考虑到再生水循环使用中可能造成盐度积累的问题，目前企业通过补充大量的自来水进行稀释（中水/新鲜水＝1/3）以消除盐度积累对产品质量的影响，这造成企业废水的回用率停留在 25％～30％，很难再有所提高。为了提高企业整体的废水回用率，考虑采用脱盐工艺。清废水生化出水和除盐工艺的进水（预处理后的中水处理器出水）水质如表 3-47 所列。

表 3-47　废水水质汇总

水质指标	色度/倍	pH 值	COD$_{Cr}$/ (mg/L)	电导率/ (μS/cm)	浊度/ NTU	SS/ (mg/L)	硬度/(以 CaCO$_3$ 计,mg/L)
清废水生化出水	120～150	7.2～7.8	100～140	3200～4500	12～20	40～60	250～260
脱盐装置进水	≤15	7.0～7.5	≤20	3200～4500	0.6～1.0	≤6	230～250

（2）试验流程和试验装置

① 试验流程　见图 3-35。

图 3-35　三种脱盐工艺流程

试验的工艺流程如图 3-35 所示。二级生化出水首先经过中水处理工艺（絮凝—沉淀—气浮—砂滤），即图中的中水器，再经过脱盐装置的预处理工艺（活性炭吸附塔—多介质过滤器—保安过滤器）预处理后进入脱盐装置，试验分三个阶段进行，每一阶段更换一种脱盐装置。

② 试验条件　电吸附脱盐装置：EST400 型电吸附模块，多层炭电极板。控制进水流量 400L/h，工作电压 1.6V，吸附时间 30min，再生时间 30min，产水率 75％。

RO 脱盐膜组件：RO 膜组件为美国海德能公司生产的卷式 LFC1-4040 膜，芳香聚酰胺材质，膜荷中性，膜面积 7.9m^2，运行压力控制在 1.1MPa，进水流量 600L/h，产水率控制在 35％。

NF 脱盐膜组件：NF 膜组件为美国海德能公司生产的卷式 ESNA1-LF 膜，芳香聚酰胺材质，膜电荷为荷负电，膜面积 37.2m^2，运行压力控制在 0.8MPa，进水流量 1600L/h，产水率控制在 40％。

（3）试验结果分析

① 废水处理效果比较　表 3-48 汇总了三种试验工艺的出水水质情况。对表 3-48 进行分析可知，电吸附处理后的出水电导率在 675～700μS/cm，平均脱盐率高于 82％；RO 出水电导率 20～40μS/cm，平均脱盐率大于 99％；NF 出水电导率 130～190μS/cm，平均脱盐率大于 95％。而 RO 和 NF 的产水几乎没有色度，浊度为 0NTU，COD$_{Cr}$ 分别小于 1mg/L 和 3mg/L，水质指标远超回用指标；而 EST 对 COD$_{Cr}$ 去除效果不好，对色度的去除能力较膜法处理也稍差。单从试验结果来看，三种除盐工艺均达到了除盐、提高废水水质的目的。

表 3-48 三种脱盐工艺综合处理效果比较

水质指标	色度/倍	pH 值	浊度/NTU	电导率/(μS/cm)	COD_Cr/(mg/L)
EST 出水	5～8	3.2～3.4	0	675～700	12～14
RO 出水	0	6.6～6.9	0	20～40	≤1
NF 出水	≤1	6.7～6.9	0	130～190	≤3

② 离子去除效果比较　三种装置对各价态阴阳离子的去除存在明显差异，如表 3-49 所列。电吸附对于离子电迁移率低的水、离子和带电荷的胶体物质去除效果不明显，通常 EST 对高价离子吸附能力强，但解吸附能力要弱些，这是造成铁离子去除率比其他阳离子略低，而硫酸根去除率低于氯离子去除率的原因。而反渗透对于各价态离子的截留率都很高，产水水质最好。NF 对高价离子的截留效果明显优于氯离子，这是由于 NP 膜表面带有荷电基团，这些基团可产 Donnan 效应，使 NF 膜具有独特的离子选择性，从而对高价离子的截留率远高于对一价离子的截留率。

表 3-49　三种脱盐工艺离子去除效果的比较

项目	$[Ca^{2+}]$ /(mg/L)	$[Mg^{2+}]$ /(mg/L)	$[Fe^{2+}]$ /(mg/L)	$[Mn^{2+}]$ /(mg/L)	$[SO_4^{2-}]$ /(mg/L)	$[Cl^-]$ /(mg/L)
进水	155～180	11～12	0.16～0.68	0.38～0.52	1900～2300	240～280
EST 出水	30～46	1.8～2.8	0.02～0.20	0.06～0.14	230～280	15～16
ROW 水	1.2～1.5	0.07～0.09	未检测出	未检测	11～16	3～5
NF 出水	3.6～8.5	0.5～0.8	未检测出	未检测出	33～55	30～43

（4）能耗及成本分析　若将三种脱盐系统投入生产，生产性工业装置按 3000t/d 计，则三种工艺的运行费用估算如表 3-50 所列。

表 3-50　三种脱盐系统运行费用估算

费 用 名 称	EST	RO	NF
人工费和药剂费/(元/m³)	0.20	0.40	0.35
电耗/(元/m³)	1.55	1.35	1.15
更换组件/(元/m³)	0.15	0.35	0.30
运行费用合计/(元/m³)	1.90	2.10	1.80

EST 吨水处理电耗 1.55 元/m³，比膜法要高，电极材料使用寿命按 6 年计算，折旧费按 0.15 元/m³ 计算，人工费和药剂费合计为 0.2 元/m³，则电吸附运行费用共计为 1.90 元/m³。

RO 和 NF 在工业应用上能耗计算类似，运行费用中 RO 电耗 1.35 元/m³，预计膜寿命按 3.5 年，膜耗以 0.35 元/m³ 计算，运行过程中添加阻垢剂、杀菌剂等药剂费和人工费合计为 0.40 元/m³，则 RO 运行费用共计 2.10 元/m³；纳滤操作压力一般比反渗透低，因此电耗比反渗透小，以 1.15 元/m³ 计，预计膜寿命按 4 年，膜耗以 0.3 元/m³ 计算，药剂费和人工费合计为 0.35 无/m³，则 NF 运行费用共计 1.80 元/m³。

比较三种除盐系统的综合效果和成本可知：RO 的综合处理效果最好，但是反渗透设计产水率低，操作压力大，产水率年衰减 7%～10%，运行费用最高，为 2.10 元/m³；EST 运行费用为 1.90 元/m³，除盐能力和其他水质指标去除能力偏差，可能原因是棉针织染整废水中含有一定量的阴离子表面活性剂等载电有机物，造成 EST 能耗偏高，并影响对盐的吸附；NF 脱盐能力和其他指标去除能力比 EST 强，虽然较 RO 稍差，但是 NF 产水水质指标已经完全的符合印染回用水水质指标，并且 NF 的运行费用较低。因此，选择 NF 作为适度脱盐系统。

3.4.3.2　纳滤运行情况

将 NF 系统的进水压力设定在 0.8MPa，产水率控制在 40%。连续运行 550h 观察膜的产水量和脱盐率变化情况，结果如图 3-36 和图 3-37 所示。

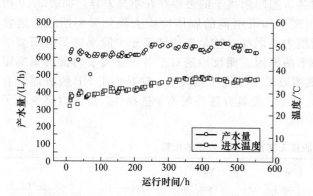

图 3-36　纳滤运行期间进水温度和产水量随时间变化

从图 3-36 知，NF 运行情况比较稳定，在运行中期膜的产水量出现了明显的上升趋势，原因是水温随季节变化逐渐升高的结果，通常膜的产水通量会受温度变化的影响，温度升高，水的黏度变小，膜的产水通量会升高。

由图 3-37 知，纳滤运行期间内，进水电导率在 $3200\sim4700\mu\text{S/cm}$ 之间起伏，变化很大，而产水电导率在 $90\sim190\mu\text{S/cm}$ 之间，运行期间，盐的平均去除率大于 96%，几乎不受进水电导率影响。

在纳滤中试运行期间，还定期取样监测了纳滤系统浊度、COD_{Cr} 和色度去除率随运行时间的变化情况，具体如图 3-38 图 3-39 和图 3-40 所示。

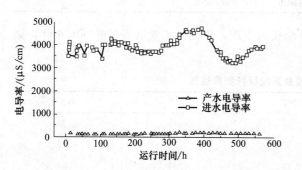

图 3-37　纳滤运行期间的盐截留效果

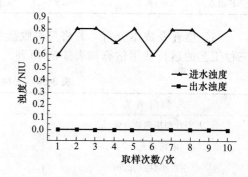

图 3-38　NF 运行期间浊度随运行时间的变化

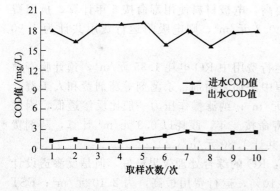

图 3-39　中试运行期间 NF 系统
进出水 COD_{Cr} 的变化情况

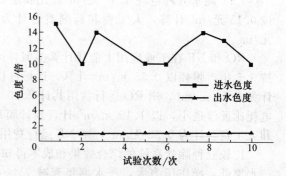

图 3-40　中试运行期间 NF 系统
进出水色度变化

从图 3-38、图 3-39 和图 3-40 可知，纳滤系统出水浊度为 0，色度为 1 倍，COD_{Cr} 值小于 3mg/L。可见用纳滤系统作为印染废水的脱盐装置，不仅具有良好的脱盐能力，对 COD_{Cr}、色度和浊度的去除能力也比较理想，处理后的水质远优于自来水和深井地下水水质，可直接回用于生产各个工段。

3.4.3.3　结论

（1）对 EST、RO 和 NF 三种中试脱盐装置进行废水脱盐处理研究，并作成本综合评估，结果表明：尽管 RO 系统脱盐能力很强，脱盐率高于 99%，但是运行费用（2.10 元/m³）较高；EST 运行费用（1.90 元/m³）低，但是综合处理效果较膜法稍差；NF 脱盐率高于 95%，较 RO 稍低，但其出水已完全达到印染行业的再生水回用指标要求，且 NF 处理费用（1.80 元/m³）较 RO 低，因此选用 NF 作为脱盐的深度处理的主要工艺单元。

（2）NF 系统运行期间，进水电导率平均值为 $3950\mu S/cm$，产水电导率平均为 $140\mu S/cm$，电导率平均去除率为 96.45%。此外，NF 对 COD、浊度和各种离子的去除结果表明，NF 产水满足棉针织染整企业生产各阶段用水水质要求。

（3）NF 使用过程中会面临膜污染的问题，针对水质的特点，选择合理的阻垢剂、杀菌剂及合理的预处理工艺，寻找最佳操作条件以减轻膜污染都十分重要，这是下一步应进行的研究内容。

3.4.4　印染废水处理回用的盐类累计

在煮漂及染色过程中，要在水中投加大量的碱和盐类，如烧碱、纯碱和硫酸钠等，造成印染废水含盐量高，碱性大，而这些盐类进入废水后较难去除。印染废水经深度处理后，仍有小量残留进入回用水系统。由于无机盐的粒径小于微滤膜孔径，无法被有效截留，回用过程中这些盐会在回用系统中积累。回用次数累计到一定数量，回用水中的盐类含量可能影响布料的印染质量。因此，有必要在研究处理回用工艺时，分析和控制回用水中盐类含量[26]。

3.4.4.1　盐类质量衡算

假设对 3 只常温染色缸 C_1、C_2、C_3 进行回用水染色试验，染色过程为 1 染 6 漂，共排放废水 420t/d。其排放的废水进行清浊分流，染色和首漂的 2 道浓废水占总废水量的 28.57% 排出，其余 5 道占 71.43%，排入调节池 300t，回用率 75%，即有 225t 回用到工艺中。

这 3 只染缸每天用水 420t，其中 225t 来自回用处理的出水，195t 为新鲜水，将这两股水混合后供该 3 只染缸的正常生产。

以硫酸钠为例进行衡算，染色时加入硫酸钠 40g/L，然后全部进入废水系统，假设进入淡废水系统的硫酸钠的残留率为 15%。则进入回用处理系统调节池的硫酸钠浓度为

$$(40g/L×4t/缸×3缸×5批/d×15\%)/300t=1.2g/L$$

生化＋物化和陶瓷膜深度回用处理对盐类的去除效果不明显，因此假设回用出水中仍残留的硫酸钠浓度为 1.0g/L，残留率为 83.33%。

图 3-41 为用回用水混合新鲜水的染色工艺过程中盐类的循环过程，图中 C_n 为回用水的硫酸钠浓度。

3.4.4.2　盐度积累模型及模型极限

（1）第一次回用后进入回用处理系统调节池的硫酸钠浓度：

[1.0g/L×225t×71.43%＋（40g/L×4t/缸×3缸×5批/天＋1.0g/L×225t×28.57%）×

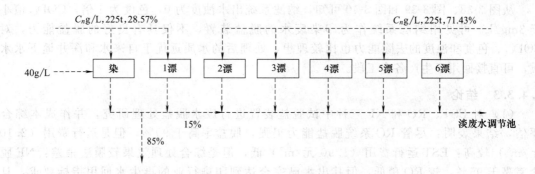

图 3-41　染色工艺中硫酸钠平衡

$15\%]/300t=[1.0g/L\times160.72+(2400+1.0g/L\times64.28)\times15\%]/300t=1.768g/L$

经回用处理后，回用水中盐类含量为 $1.768g/L\times83.33\%=1.473g/L$。

(2) 第二次回用后进入调节池的硫酸钠浓度：

$$[1.473g/L\times160.72+(2400+1.473g/L\times64.28)\times15\%]/300t=2.037g/L$$

经回用处理后，回用水中盐类含量为 $1.697g/L$。

有递推公式成立，回用 $(n+1)$ 次后调节池中盐类浓度为：

$$C_{n+1}=[160.72C_n+360+9.642C_n]/300/83.33\%=0.4732C_n+1.000$$

C_n 为回用 n 次后调节池中盐类浓度，mg/L。

现知，$C_1=1.000g/L$，$n=1,2,\cdots$，证明 $\lim C_n$ 的存在及求该极限值：

① 有界性

已知 $C_1=1.000$，$C_2=0.4732\ C_1+1.000=1.473$，有 $1.000<C_2<1.900$；

假设 $1.000<C_n<1.900$，又因 $C_{n+1}=0.4732C_n+1.000$，即 $C_n=(C_{n+1}-1.000)/0.4732$　有 $1.473<C_{n+1}<1.899$；

知 C_{n+1} 有界

② 单调性

$$C_{n+1}+C_n=(0.4732C_n+1.000)/C_n=0.4732+1.000/C_n$$

由于 $1.000<C_n<1.900$，有 $0.5263<1.000/C_n<1$，

有 $C_{n+1}/C_n>1$，知 C_n 为单调增函数，

C_n 为单调有界数列，其极限 $\lim C_n$。存在

③ 求取 $\lim C_n$

设 $\lim C_n=A$，则有

$$\lim C_n=\lim C_{n+1}=\lim(0.4732C_n+1.000)=0.4732\lim C_n+1.000=A$$

即 $A=0.4732A+1.000$，求得 $A=1.898$

即 $\lim C_n=1.898g/L$

由盐类积累模型可知，经分流的轻度污染水在处理回用过程中，盐的含量会积累，但其积累有规律可循，且存在积累极限，极限值与回用率 η（回用水量与总用水量的比值）成正相关关系。

若不进行清浊分流，则其盐类累计结果为：

采用上述工程性试验中的 3 只常温染色缸 C_5、C_6、C_7 进行回用水染色试验，这 3 只染缸每天排水 420t，按处理回用率 50%，则有 210t 回用水混合 210t 新鲜水后供该 3 只染缸的正常生产。

染色时加入硫酸钠 40g/L，则经过 6 道漂洗水稀释，进入调节池的硫酸钠浓度为

$$40g/L \times 4t \times 5批/d \times 3缸/420t = 5.714g/L$$

生化＋物化和陶瓷膜深度回用处理对盐类的去除效果不明显，因此假设回用出水中仍残留的硫酸钠残留率为 83.33%，浓度为 4.761g/L。

第一次回用后进入淡废水回用处理系统调节池的硫酸钠浓度：

$$(4.761g/L \times 210t + 40g/L \times 4t \times 5批/d \times 3缸)/420t = 8.095g/L$$

经回用处理后，回用水中盐类含量为 8.095g/L × 83.33% = 6.745g/L。

第 n 次回用后进入淡废水回用处理系统调节池的硫酸钠浓度：

$$(210C_n + 2400)/420/83.33\% = 0.4167C_n + 4.762$$

有 $\lim C_n = 8.163g/L$。

由此可见，对于未进行清浊分流的混合废水回用处理后，若按照盐类残留率为 83.33% 计算，在平衡时回用水中硫酸钠浓度将达到 8.163g/L。将严重影响染色质量。因此建议先进行清浊分流后再对淡废水进行处理后回用。

3.4.4.3　盐度积累模型分析

根据上述假设得出的盐类积累模型为：

$$C_{n+1} = 0.4732C_n + 1.000。 \tag{3-19}$$

试验采用印染废水分流方案，把浓污染水和淡污染水分开。模型中 $\lim C_n$ 的数值与回用率 η 正相关，当 η 大时，回用水量比例大，补充新鲜水少，盐类残留量大，盐类积累上限 $\lim C_n$ 大，对印染生产不利；反之，当 η 小时，回用水量比例小，补充新鲜水多，盐类残留量小，盐类积累上限 $\lim C_n$ 小，对印染生产影响小。

（1）采用淡污染印染污水进行处理回用时，必须补充部分新鲜自来水，回用过程水中盐度会积累，但其积累有规律可循，且存在积累极限。

（2）盐度积累极限值水平直接影响印染生产质量和污水处理质量，而积累极限值与回用率正相关，各印染企业可根据自己的特点和要求设定经济合理的回用率。

从盐度积累的模型可推知，采用污水分流回用方案后，水中微生物代谢物含量也存在积累模型，并且收敛。根据污水处理系统能接受的代谢物浓度水平来确定合适的回用率，这可保护污水处理系统的正常运行。

3.4.5　组合膜浓水循环中水回用

印染废水具有高 COD、高色度、高盐度等特点，传统的处理技术已经较难达到排放要求。膜技术是目前国际上研发和工程化应用的热点之一。作为一种有效的工程预处理手段，先进的膜处理技术可以去除废水中绝大部分污染物，出水品质高，能直接回用于印染环节，可实现废水减排和清洁生产[27]。

3.4.5.1　技术概况及创新性

（1）技术概况　"SMF＋HAPRO"浓水循环中水回用技术是厦门市威士邦膜科技有限公司和厦门绿邦膜技术有限公司合作研发的一项印染工业废水深度处理及回用技术。其中 SMF 是基于"一种中空纤维多孔膜过滤组件"等专利技术而集成的高效浸没式超滤系统，该系统的膜组件单边出水、另一边曝气，采用 U 形结构，可增大膜面积，增强膜的自清洁能力。HAPRO 是基于"一种反渗透膜组件"等专利技术而集成的短流程、大通量、抗污染型节能高效反渗透膜处理系统，其创新性在于率先采用了"浓水循环"（或称"浓水在线增压回流"）和"双向进水"技术，弥补了一般反渗透系统膜容易污堵的缺点，抗污染能力强，而且具有节能效果。

根据印染工业废水的水质特点，设计了特定的处理工艺流程及相关技术参数，以适应印染废水的水质。将 SMF 处理系统和 HAPRO 处理系统组合起来，同时设计控制系统、清洗系统等，从而形成一整套的印染废水膜处理系统。由于采用了新型的超滤膜组件和反渗透膜组件，采用了新的工艺技术，整套系统运行稳定、自动化程度高、操作管理方便。

（2）创新性　与其他膜处理系统不同的是，本处理工艺创造性地采用了"浓水循环"技术，通过一个循环泵，把部分浓水在线上回流到反渗透膜的进水口。浓水在线增压回流，一方面利用了浓水的能量，因为经过反渗透膜后的浓水具有较高的流速和能量，可选较低功率的进水泵来实现同等流量的进膜废水，具有节能效果；另一方面，在较短的流程下（1～5支反渗透膜芯）实现了较高的回收率，一般可以达到 80％以上，避免了长流程下的膜组件易污堵、使用率低下的现象。

此外，本工艺技术还首创了"双向进水"技术，即反渗透膜压力容器的两端均可以进水，可轮换作为进水口来运行。由于膜组件的两端均可进水，从而可以对各膜组件进行正反向冲刷清洗，能降低膜组件的污堵概率，从而延长膜组件的使用寿命；并且，由于两端均可作为进水口，因而使各膜组件的污堵程度比较接近，从而提高了膜组件的使用效率。

3.4.5.2　应用情况

"SMF＋HAPRO"浓水循环中水回用技术已在多家印染企业的中水回用工程中得到应用，这里以某大型印染企业的中水回用工程为例[28]。

（1）工程概况　该中水回用工程处理原水为经生化处理的印染工业废水，水量 10000t/d，回收水量为 8000t/d，回收率 80％。项目所采用的工艺技术是"SMF＋HAPRO"组合膜浓水循环中水回用技术。

（2）工艺流程　见图 3-42。

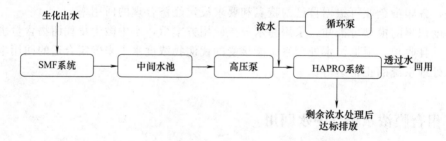

图 3-42　工艺流程

该中水回用工程的工艺流程如图 3-42 所示。生化池出水作为原水进入中水回用处理系统，分别经过超滤膜处理、多介质过滤、反渗透膜处理，通过过滤、截留、分离、脱盐作用，使出水满足印染工艺生产用水的各项要求后进入回用水池。回用水池中设置清水泵，回用水提升至厂区用于生产。剩余的反渗透浓水经再处理后达标排放。

（3）技术指标　经回用水系统处理后的出水水质达到 GB/T 19923—2005《城市污水再生利用　工业用水水质》中关于工艺与产品用水的标准，满足该企业印染的印染生产用水水质指标要求，主要水质指标见表 3-51。

采用该项技术后，出水水质得到显著提高。经生化处理后的废水通过系统深度处理后，对 COD_{Cr}、色度、SS、硬度的去除率分别达到 80％、70％、85％、50％以上。

（4）效益分析

① 经济效益见表 3-52 所示。

表 3-51 系统处理前后水质对比表

序号	水质项目	单位	进水水质	出水水质	再生水标准
1	COD_{Cr}	mg/L	$100\sim200$	<20	60
2	色度	稀释倍数	$40\sim60$	$\leqslant10$	30
3	pH 值		$6\sim9$	$6.5\sim8.5$	$6.5\sim8.5$
4	SS	mg/L	$\leqslant70$	$\leqslant10$	—
5	硬度	mg/L	$\leqslant200$	<100	450
6	透明度	cm		>30	—

表 3-52 经济效益分析表

成本费用		回收效益	
项　　目	费用/(万元/年)	项　　目	效益/(万元/年)
中水回用系统	504.2	节省自来水费用	730.0
		节省排污费用	554.8
		总计	1284.8
获得效益	780.6 万元/年		

综上分析，项目每年节省的废水处理费用和自来水费用总计 1284.8 万元，每年中水回用系统成本费用 504.2 万元，项目每年可产生 780.6 万元的经济效益。由此可见，项目在节水减排的同时还具有较高的经济效益。

② 社会效益

a. 通过建设本项目，实现企业内部印染废水回用处理，可减少废水的排放量，每年减少排放污水 292 万立方米。同时，废水经过处理每年可减少污染物排放，每年水污染物的削减量达到 COD_{Cr}292t，氨氮 29.2t，总磷 2.92t，减轻了对周边水环境的影响。

b. 有利于企业的可持续发展。本工程有效地控制印染废水的无序排放，实现水资源的大量回收再利用，为实现清洁生产迈出了重要一步。废水的减量排放使企业不再缴纳高额排污费，资源的变废为宝减少了企业大量的用水成本，降低了生产成本。

c. 有利于带动同行业的节水减排。项目的成功实施将为当地其他印染企业起示范作用，有利于印染废水回用技术的推广，从而带动地方同行业节水减排。

3.5 染整废水处理的回用

纺织工业和其他的化学工业一样，会产生各种污染。纺织工业在各种加工操作中会消耗大量的水，其中，以物理加工为主的纺纱和织造，与大量其他湿加工，如退浆、精练、漂白以及染色、印花和整理工艺相比，其耗水是非常少的。

在纺织湿加工中，几乎全部的化学品、染料等都从污水中排放，产生大量的水污染[33]。

各类纺织产品在印染整理加工中排放的废水是环境污染最为严重的一种。主要来源于在对各类纺织品进行印染加工时的几十道工序，几乎每道工序都是废水源。一般每加工一万米棉布（化纤布）需要 $250\sim350$t 工业用水，加工一万米毛纺织品则需要 $2000\sim3000$t 工业用水。一个大型印染厂每天用水量高达 $8000\sim10000$t，中小型印染厂每天用水量也在数百吨至上千吨。这些工业用水有 $80\%\sim90\%$ 是作为工厂废水排放的，废水量很大，污染度高。不重视治理，任意排放，必然造成环境污染（主要是水污染），产生对人类的直接危害和间接危害，威胁很大。

根据《国家环境保护"十二五"规划》中，对约束性指标提出的消减任务，以及三大门类重复用水率水平的差别，纺织工业"十二五"减排的比例为10%。纺织印染业水回用率"十一五"期间重复用水率从70%提高到15%，"十二五"期间要求达到25%。工信部2010年6月1日起实施的《印染行业准入条件》中，要求"实行生产排水清浊分汊、分质处理、分质回用，水重复利用率要达到35%以上"。

染整废水具有水量大、有机污染物含量高、色度深、碱性大、水质变化大等特点。染整废水是四个加工工序废水的总称：预处理阶段（包括烧毛、退浆、煮练、漂白、丝光等工序）要排出的退浆废水、煮练废水、漂白废水和丝光废水；染色工序排出染色废水；印花工序排出印花废水和皂液废水；整理工序则排出整理废水。染整废水的水质随采用的纤维种类和加工工艺的不同而异，污染物组分差异很大。近年来由于化学纤维织物的发展，染整后整理技术的进步，使PVA浆料、人造丝碱解物（主要是邻苯二甲酸类物质）、新型助剂等难生化降解有机物大量进入染整废水，传统的生物处理工艺和物化处理工艺已受到严重挑战，因此开发经济有效的染整废水处理及综合回用技术成为当今环保行业关注的课题[33]。

3.5.1 科德染色水处理系统

（1）适用于筒子纱 （棉织物）染色的专用水处理系统。是江苏常州科德水处理成套设备有限公司的产品。

① 工艺流程（流程一） 制备软化水如图3-43所示。

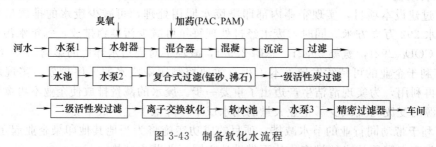

图3-43 制备软化水流程

② 工艺流程说明 由于筒子纱染色过程相当于是水处理的精密过滤器，对水质要求相当高，污染稍高就会对染色有很大影响。本工艺通过臭氧氧化、活性炭吸附着重处理水中有机物、色度、铁离子污染，通过常规净水工艺处理河水中的浊度，通过锰砂过滤器处理水中的铁离子，通过离子交换软化处理水中的硬度，后置的精密过滤器用于截留水中细小污染物，避免二次污染对用水的影响。

（2）适用于化纤织物染色的染色专用水处理系统（科德水处理）

① 工艺流程（流程二） 制备工业自来水如图3-44所示。

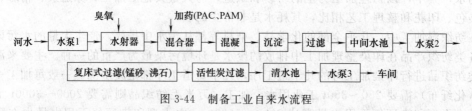

图3-44 制备工业自来水流程

② 工艺流程说明 由于化纤织物染色对水质要求相对来说比较低，流程相对来说较简单，如水质硬度不是太高，可以采用上述工艺流程。

（3）经济效益分析

① 河水处理软化水（以流程一为例）　处理水按每天处理 6000t（相当于 250t/h）。

a. 电费　见表 3-51。

表 3-51　电气负荷计算

序号	设备名称	单台装机功率/kW	数量	备用	工作时间/(h/d)	计算平均功率/kW
1	水泵 1	15	3	1	24	30
2	水泵 2	15	3	1	24	30
3	水泵 3	15	3	1	24	30
4	加药泵	0.18	4	2	24	0.36
5	加药搅拌器	18	2	0	24	1.5
6	臭氧	3	1	1	24	18
7	盐泵	3	1	1	24	3
8	汇　总					112.86kW

每度电按 0.60 元计算（峰谷电平均），则每小时用电 112.86×0.60 元＝67.716 元，则每吨水用电 67.716÷250≈0.271 元。

b. 河水资源费　0.22 元（以常州地区收费为例）。

c. 药剂费　加药量按 15mg/L 计算，则每吨水需加药 15g，1t 药剂 2300 元，则每吨水药剂费为 2300÷1000000×15≈0.0345 元。

d. 再生用盐费　盐价按每吨 550 元计，水硬度按 2.0mmol/L 计，再生水平（再生每摩尔树脂所耗盐量）取 0.13kg/mol。

则每吨盐耗：（0.13×2.0×550）÷1000＝0.143 元。

e. 人工费　每班一人，一班 8h，共产水 250×8＝2000t，工资按 80 元计，则每吨水人工费：80÷2000＝0.04 元。

f. 活性炭滤料更换费用　（按两年更换一次）　每年运行时间以 300 天计。

本工艺中活性炭滤料总重量按 25t 计，每吨按 7500 元计算，则折算分摊每吨水费用为（25×7500）÷（300×6000×2）＝0.052 元。

g. 树脂更换费用（按五年更换一次）　每年运行时间以 300 天计。

本工艺中树脂总重量按 30t 计，每吨按 5500 元计算，则折算分摊每吨水费用为（30×5500）÷（300×6000×2）≈0.046 元。

以上费用合计：

0.271＋0.22＋0.0345＋0.143＋0.04＋0.052＋0.046≈0.81元

② 自来水处理软化水　处理流程为：自来水→机械过滤器→活性炭过滤器→离子交换软化→软水池→水泵→精密过滤器→车间处理水量按每天处理 6000t（相当于 250t/h）。

a. 电费　见表 3-52。

表 3-52　电气负荷计算

序号	设备名称	单台装机功率/kW	数量	备用	工作时间/(h/d)	计算平均功率/kW
1	水泵	15	3	1	24	30
2	盐泵	3	2	1	24	3
3	汇　总					33kW

每度电按 0.60 元计算，则每小时用电 33×0.60 元＝19.8 元，则每吨水用电 19.8÷250＝0.0792 元。

b. 自来水费 1.72 元（以常州地区为例）。

c. 再生用盐费 盐价按每吨 550 元计，水硬度按 2.0mmol/L 计，再生水平（再生每摩尔树脂所耗盐量）取 0.13kg/mol。

则每吨盐耗：$(0.13×2.0×550)÷1000=0.143$ 元。

d. 人工费 每班一人，一班 8h，共产水 $250×8=2000$ t，工资按 80 元计，则每吨水人工费：$80÷2000=0.04$ 元。

e. 活性炭滤料更换费用 （按两年更换一次） 每年运行时间以 300 天计。

本工艺中活性炭滤料总量按 25t 计，每吨按 7500 元计算，则折算分摊每吨水费用为 $(25×7500)÷(300×6000×2)≈0.052$ 元。

f. 树脂更换费用（按五年更换一次） 每年运行时间以 300 天计。

本工艺中树脂总重量按 30t 计，每吨按 5500 元计算，则折算分摊每吨水费用为 $(30×5500)÷(300×6000×2)≈0.052$ 元。

g. 树脂更换费用（按五年更换一次） 每年运行时间以 300 天计。

本工艺中树脂总重量按 30t 计，每吨按 5500 元计算，则折算分摊每吨水费用为：$(30×5500)÷(300×6000×2)≈0.046$ 元。

以上费用合计：$0.0972+1.72+0.143+0.04+0.052+0.046≈2.1$ 元。

上述两项对比分析：

采用河水制备软化水费用为 0.81 元/t，而采用自来水制备软化水费用为 2.1 元/t，每年节省费用 232.2 万元。

③ 河水制备工业自来水（以流程二为例） 处理水量按每天处理 6000t（相当于 250t/h）。

a. 电费 见表 3-53。

表 3-53 电气负荷计算

序号	设备名称	单台装机功率/kW	数量	备用	工作时间/(h/d)	计算平均功率/kW
1	水泵 1	15	3	1	24	30
2	水泵 2	15	3	1	24	30
3	水泵 3	15	3	1	24	30
4	加药泵	0.18	4	2	24	0.36
5	加药搅拌器	0.75	2	0	24	1.5
6	臭氧	18	1	1	24	18
7	汇 总					109.86kW

每度电按 0.60 元计算（峰谷电平均），则每小时用电 $109.86×0.60$ 元 $=65.916$ 元，则每吨水用电 $65.916÷250≈0.264$ 元。

b. 河水资源费 0.22 元（以常州地区为例）。

c. 药剂费 加药量按 15mg/L 计算，则每吨水需加药 15g，一吨药剂 2300 元，则每吨水药剂费为 $2300÷1000000×15=0.0345$ 元。

d. 人工费 每班一人，一班 8h，共产水 $250×8=2000$ t，工资按 80 元计，则每吨水人工费 $80÷2000=0.04$ 元。

e. 活性炭滤料更换费用 （按两年更换一次） 每年运行时间以 300 天计。

本工艺中活性炭滤料总重量按 25t 计，每吨按 7500 元计算，则折算分摊每吨水费用为 $(25×7500)÷(300×6000×2)≈0.052$ 元。

以上费用合计：$0.264+0.22+0.0345+0.04+0.052≈0.61$ 元。

与自来水对比分析：采用河水制备工业自来水费用为 0.61 元/吨，而采用自来水费用为 1.72 元/吨，每年节省费用 199.8 万元。

（4）科德高效、低能耗的污水处理回用。

① 污水处理设施的现状

a. 污水处理流程中无厌氧处理，仅有物化工艺和接触氧化。

缺点：由于缺少了厌氧生化的反硝化流程，对污染物处理能力的极限值在 90% 左右，并且能耗高、污泥量大，出水很难回用。

b. 厌氧有但太小，一般在 6～8h 停留，停留时间太短，厌氧不彻底，这样工艺也不合理。

c. 厌氧池太浅，由于厌氧菌大量接触空气而难以存活，导致厌氧不彻底。

② 可回用的污水处理要求

a. 工艺选择。厌氧处理与接触氧化处理相结合。

厌氧处理工艺是利用自然界中存在的单细胞原生菌，充分利用了细菌生物特性的硝化与反硝化机理和对水中难降解的高分子化合物，经厌氧酸化菌分解转化成易氧化的低分子类有机物。

b. 厌氧处理的原理。使所需处理的污水更具有可生化性，而在印染污水处理实践中一般采用了半厌氧处理工艺，即把厌氧处理工艺的发酵生化段采用，放弃后面的产气段，把处理的重点放在了水解、酸化部分，这样目的是既能使处理后出水满足接触氧化要求，又使处理的水中不产生甲烷和硫化氢等有毒气体，正常的厌氧出水可去除 30%～60% 的 COD，如多级处理出水 COD 去除可达 70% 以上，降低 1～2 个 pH 值，去除 60%～70% 的色度，并且无能耗、无污泥排放，还可消化接触氧化池排出污泥。

c. 厌氧时间要大于 24h 停留时间，设计耗氧时间不得低于 18h，实际应用时根据水温、天气温度、水质污染浓度进行调节接触氧化时间。

d. 厌氧池池深一定要大于 8m 以上，并且要多级串联处理。

e. 处理流程：整个处理流程尽可能做到低耗能、低废固、高效能。

苏州地区一家染厂，该厂以针织染色为主，日污水量 3500m³/d，污水中 COD 1000mg/L 左右，色度 800 倍，pH9.5～11。在实施项目时直接让污水从调节池自流进厌氧池，经三级厌氧处理后出水达到：COD 200mg/L 左右，pH<8.5 左右，色度<50 倍。

无污泥排放之后经 8～10h 接触氧化处理，出水达到 COD≤60mg/L、pH 值<8、色度 25 倍。污泥全部回流至厌氧池消化，无排放。

如再经物化处理（加药、沉淀），COD 稳定在 50mg/L 以下，色度≤25 倍。

该工艺特点：a. 运行成本低，达一级排放要求处理成本低于 1 元/t 水，COD<100mg/L，如 COD 达到≤50mg/L，处理成本在 1.5～1.6 元/t 水；b. 无污泥，减少污泥对环境的二次污染，并且无污泥处理成本；c. 该处理工艺的生化效果彻底，出水不会变质发臭，为回用打下了坚实的基础。

③ 加酸调 pH 值的要求 a. 尽可能选择自然酸化工艺，即设计合理厌氧酸化水解时间；b. 加不含铁离子的废酸，c. 杜绝钢厂与金属表面处理厂的废酸。

说明：由于钢厂与金属表面处理厂的废酸都含有大量的二价、三价铁离子，其在调节污水中 pH 值的同时也造成水体中铁离子的污染。

目的：不能使废酸中含有大量的铁离子污染后级处理设施及影响回用水的水质。

④ 回用处理的实施 回用水工程流程如图 3-45 所示。

进入回用设施的水必须是充分生化的达标水，COD≤100mg/L；色度≤80 倍以下。

第一步，调 pH 值。目的是增加聚凝效果，保证终端出水 pH 值符合染色要求，一般把

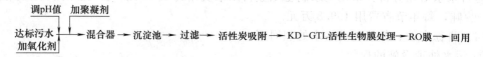

图 3-45　回用水工程流程

pH 值调至 7.8 左右。

第二步，加氧化剂，杀菌剂。作用是杀灭水中残存细菌、藻类，并起到脱色、氧化铁离子和稳定水质的作用。

第三步，进行常规的加药、聚凝、沉淀、过滤处理。作用是去除水中的悬浮物、胶体颗粒及去除部分色度。

第四步，活性炭吸附（吸附能力：900 碘值以上）。作用是去除水中残余色素、胶体、重金属离子及残留氧化剂，保护反渗透膜元件。

第五步，采用该公司自主研发的 GTL 活性生物膜技术，该技术的原理是利用多层叠加的活性生物膜滤层，对水进行过滤吸附，消化水中残余的污染物，去除水中微量的胶体、色素等。

特点：可替代超滤设施，另外，具备超滤不具备的吸附、消化功能。

第六步，反渗透处理。反渗透亦称为 RO 膜，美国最早应用于航天生命科技领域，其特点是：截留去除万分之 $0.01\mu m$ 以上的溶解物、细菌、病毒等，在污水回用中该设备可去除水中的盐分、色素和一些难降解的有机物。反渗透出水的水质已可满足所有印染要求。反渗透出水电导率低，已接近初纯水，使用时可节省染料的用量。

回用的成功与否主要在于污水的前处理，酸化工艺的科学性，还有传统水处理工艺与膜处理技术如何有机的结合，从切合实际的角度出发，真正为用户的投资效益考虑：做到低耗能、低废固、高效率的回用设计理念，让实行污水回用的用户既产生企业效益，又得到社会效益，从而达到企业发展与环境友好的双赢和多赢的效果。

3.5.2　漂染废水处理回用

在福建泉州某漂染厂废水处理工程的设计中，通过分析各工艺产生的废水，实行废水清污分流、分类处理的设计思路，在保证达标排放的同时，实现近 70％ 的废水回用。处理工程投入运行后，处理效果稳定，运行费用较低，具有显著的经济效益和社会效益。

① 废水水质　福建泉州某漂染厂是一家外商独资企业，主要从事棉纱、毛线、毛衣等织物漂染加工业务。常用染料有阳离子染料、酸性染料、活性染料等，助剂有元明粉、碳酸钠、双氧水、洗涤剂、柔软剂等；该厂始建于 1993 年，建厂时设计一套废水的物化处理设施，处理规模为 2000m³/d。2002 年该厂进行技术改造，预计废水排放量将达到 6000m³/d，因此需要对原有处理设施进行扩建或重新设计。综合废水水质如表 3-54 所列。

表 3-54　综合废水水质

COD_{Cr}/(mg/L)	BOD_5/(mg/L)	色度/倍	SS/(mg/L)	pH 值
448100	12925	18040	26070	8.56～9

② 废水处理工艺　泉州地区用水实行总量控制，该厂每年分配到的计划用水量指标较少。由于生产规模不断增大，因此在改扩建方案选择上，厂方希望废水处理后尽可能回用。承接设计项目后，通过对各生产工艺产生的废水水质进行分析，发现前处理和染色残液水量

较少，但其 COD_{Cr} 浓度和色度均较高，且变化很大。这部分废水经处理后可达标排放，但却很难确保稳定达到回用标准，因此对这部分废水单独收集处理，以达到排放标准；其余废水水质相对较好，经深度处理后可回用于生产。根据这一思路，设计废水处理工艺流程见图3-46。

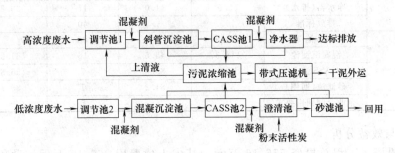

图 3-46　废水处理工艺流程

③ 设计要点

a. 清浊分流。漂染过程各工艺废水水质特点见表 3-54 所示。低浓度废水，经深度处理达到中水回用。

b. 周期循环活性污泥系统（CASS）。CASS 反应器是改进型的 SBR 工艺，主要技术特征是根据生物选择性原理，将整个反应器划分为生物选择区、预反应区、主反应区三部分，整个系统以推流方式运行，而各反应区则以完全混合的方式运行。通过控制供氧方式，使反应器以厌氧-缺氧-好氧状态周期运行，从而提高了整个系统的处理效果。

运行时，生物选择区不曝气，废水首先在生物选择区的前端与系统的回流活性污泥混合。在该区，回流污泥中的微生物能大量吸附废水中的有机物，在高底物浓度条件下，菌胶团细菌比增殖速率较丝状菌大，菌胶团细菌成为优势菌种，从而抑制了丝状菌的生长与繁殖，阻止在其后的主反应区发生污泥膨胀。预反应区采用搅拌方式充氧，溶解氧通常控制在 0.5mg/L 左右。在这一条件下，兼氧菌在胞外酶的作用下，可将吸附的大分子的结构复杂的有机物转化为小分子的容易被好氧菌吸收的简单有机物，从而提高了废水的可生化性。主反应区溶解氧一般控制在 2～4mg/L，微生物处于好氧环境中，有机污染物的降解主要在主反应区进行。

c. 添加活性炭粉末。在工程中，向澄清池添加活性炭粉末，对废水回用起重要作用。设计初期，认为实行清污分流后，低浓度废水的 COD_{Cr} 和色度均不高，经深度处理，应该能够达到回用要求，特别是采用先进的 CASS 系统，很多工程实践证明，其对于提高废水的可生化性和最终的生化效果，具有显著作用。但是，实际工程建成后，经 4 个多月调试，砂滤出水 COD_{Cr} 虽然能够达到回用要求（一般为 6.0～10.0mg/L），但色度却较高，出水始终呈现淡淡的黄色。小样试验发现，出水对染深色织物无明显影响，但对于白色、粉红等织物则有显著色差，且光泽较差，无法满足回用要求。

经实验室小试，最终确定向澄清池添加少量活性炭粉末，出水水质，尤其是色度明显降低，近于无色。低浓度废水最后经活性炭粉末吸附和砂滤过滤处理后，直接回用于车间生产。

④ 运行结果　经半年调试，各项指标均达到设计要求，低浓度废水经处理后开始回用于生产。废水处理工程运行监测结果（5 天平均值）如表 3-55 所列。

表 3-55　废水处理工程运行监测结果

废水类型	处理单元	COD_{Cr}/(mg/L)	去除率/%	色度/倍	去除率/%	pH 值
高浓度废水	调节池 1	865.4	—	356	—	8.7
	斜管沉淀池	451.5	47.8	55	84.6	7.2
	CASS 池 1	106.7	76.4	28	49.1	7.0
	净水器(排水)	62.9	41.0	17	39.3	7.1
	排放标准	100	—	40	—	6~9
低浓度废水	调节池 2	216.9	—	85	—	7.5
	混凝沉淀池	118.3	45.5	16	81.2	7.3
	CASS 池 2	19.6	83.4	7	56.3	7.2
	砂滤池(回用)	3.1	84.2	1	85.7	7.0
	企业合同回用要求	10	—	5	—	6~8

⑤ 投资与效益分析

a. 工程投资。工程总投资 576.16 万元,其中土建费用 366.19 万元,设备、材料及其他费用 209.97 万元。

b. 运行费用。运行期间,实际处理水量 5800m³/d,运行费用平均 7308 元/d,其中药剂费 3694.3 元/d,电费 2617.2 元/d,人工 516.5 元/d,其他费用 480 元/d。折合 1m³ 废水处理成本为 1.26 元。

c. 效益分析。废水处理设施投入运行后,每天回用于生产的废水约 4000m³,当地水价 2.3 元/m³,每天可减少水费开支 9200 元,扣除运行费用 7308 元,实际盈余 1892 元。按每年 12 个月,每月 26 天运营计算,年实现盈余近 60 万元。若将由此而免缴的超标水费、排污费等其他费用一并考虑,则工程投入运行后,具有显著的经济效益和社会效益。

3.5.3　针织漂染废水处理回用

纺织染整工业是耗水大户。在针织染色方面目前虽然有正在发展的先进工艺。然而,浸染仍是最实用、最简单和最广泛使用的染色工艺。浸染工艺有耗水量大和污水量大的严重缺点。

(1)针织漂染废水的特点　与机织布染色工艺相比,针织漂染废水具有 BOD、B/C 值低、色度低和浆料少等特点。然而,染色的各个工序所排放的废水中其污染物的含量有一定的差异。通过对各个工序排放废水进行的测定,得到各个工序排出污水的污染量范围。实验数据列入表 3-56 针对每个工序废水的污染量,实施分工序处理污水,以达到降低处理成本的目的。

表 3 56 部分针织染整厂所排放废水的检测结果,可以描述针织染色工艺废水的特点。

在表 3-58、表 3-59 给出两个具体实例,可描述在染色过程中各个工序废水的情况。

表 3-56　针织染色中各个工序排放污水的污染物范围

工序	前处理	活性染料染色	分散染料染色	皂洗	柔软处理
pH 值	9.5~11	9.5~11.5	6.5~7.5	9.8~10.8	6~7
色度/稀释倍数	130~180	400~3500	250~1200	200~2000	70~150
SS/(mg/L)	500~1400	2000~15000	1500~8000	200~400	130~250
COD_{Cr}/(mg/L)	600~1700	300~2500	300~2500	180~350	150~1480
BOD_5/(mg/L)	300~800	50~350	50~150	10~50	70~350
硬度/(mg/L)	60~100	250~550	120~200	50~120	≤50
氯化物/(mg/L)	10~80	350~18000	30~60	300~800	20~50
硫化物/(mg/L)	≤0.02	≤0.1	≤0.1	≤0.1	≤0.05

表 3-57　针织染整厂废水中污染物指标范围

pH 值	8.5~11.5	COD_{Cr}/(mg/L)	300~600
色度/稀释倍数	400~800	BOD_5/(mg/L)	100~400
SS/(mg/L)	200~15000	硬度/(mg/L)	100~400
氯化物/(mg/L)	500~1200	硫化物/(mg/L)	≤0.1

值得注意的是氯化物有一个较大的浓度范围。当使用氯化钠时,浓度较高;使用硫酸钠时,浓度较低。

(2) 回用水　回用水可以通过将废水进行深度处理后得到。在选择处理技术和工艺时,必须考虑废水的温度、废水中 COD/BOD 值、处理时间、处理设备的占地面积和投资成本、运行成本、回用水中的含盐量和硬度、二次污染等问题。絮凝-絮凝-吸附的方法适合许多染整厂的实际情况,尤其是在城市内或附近较多居民的地区。在研究中,使用的处理方法是絮凝-絮凝-吸附处理方法。初级处理和深度处理的工艺见图 3-47。

根据处理技术的成熟程度、处理费用的大小、处理后水中的杂质以及染色生产的要求,提出一个可用于针织漂染的回用水标准。当回用水中的污染物浓度小于或等于这个标准,可以认为该水能作为回用水,用于漂染生产过程。具体数据列入表 3-60。

(3) 回用水在煮漂工艺中的运用　针织物的煮漂有两种工艺,一种是碱-双氧水工艺,另一种是生物酶煮漂工艺。我们研究了许多回用水和新鲜水用于漂染的实例,比较了两者的结果。在色度比较中,是以新鲜水作为对色的标准。部分结果列于表 3-61 中。

表 3-58　全棉染色过程中排放污水的污染物量

工序		前处理	染色	皂洗	柔软处理
pH 值		10.90	10.86	9.12	7.00
色度		100	3200	1000	80
SS	浓度/(mg/L)	826	14500	124	154
	占总量的比例/%	20.15	27.00	47.32	5.53
COD_{Cr}	浓度/(mg/L)	1478.40	1305.60	307.20	337.92
	占总量的比例/%	54.20	19.15	22.52	4.13
BOD_5	浓度/(mg/L)	654.44	280.45	33.77	88.44
	占总量的比例/%	61.91	26.53	3.19	8.37
硬度	浓度/(mg/L)	91	472	53	41
	占总量的比例/%	22.78	47.26	26.54	3.42
硫化物	浓度/(mg/L)	0.015	0.077	0.065	0.010
	占总量的比例/%	8.98	46.11	38.92	5.99
氯化物	浓度/(mg/L)	68	15121	690	20
	占总量的比例/%	0.91	80.61	18.39	0.09

注:织物为全棉双面。染料为活性染料。

表 3-59　T/C 织物染色过程中排放污水的污染物量

工序		前处理	分散染料染色	活性染料染色	皂洗	柔软处理
pH 值		10.03	7.19	10.60	10.61	6.87
色度		150	300	1600	500	120
SS	浓度/(mg/L)	1080	5200	11020	885	374
	占总量的比例/%	5.82	28.02	59.38	4.77	2.01
COD_{Cr}	浓度/(mg/L)	864.00	364.80	288.00	119.04	1305.60
	占总量的比例/%	29.37	12.40	9.79	4.05	44.39

续表

工　序		前处理	分散染料染色	活性染料染色	皂洗	柔软处理
pH 值		10.03	7.19	10.60	10.61	6.87
色度		150	300	1600	500	120
BOD$_5$	浓度/(mg/L)	384.44	126.77	43.77	36.44	285.45
	占总量的比例/%	43.84	14.46	4.99	4.16	32.55
硬度	浓度/(mg/L)	91	147	262	105	n[1]
	占总量的比例%	15.04	24.30	43.31	17.36	—
硫化物	浓度/(mg/L)	0.02	0.04	0.01	0.01	0.01
	占总量的比例/%	22.22	44.45	11.11	11.11	11.11
氯化物	浓度/(mg/L)	68	54	472	314	46
	占总量的比例/%	7.13	5.66	49.48	32.91	4.82

①未检出。柔软剂中可能有络合物。

注：织物为 T/C 双面；染料为活性染料和分散染料。

表 3-60　用于染色工艺回用水的标准

COD$_{Cr}$	BOD$_5$	pH 值	SS	色度
≤30mg/L	≤10mg/L	6.5～7.5	≤10mg/L	≤10 稀释倍数
其余重金属总量		Cu	Fe	硬度
≤3mg/L		≤0.5mg/L	≤5.0mg/L	≤80mg/L

从表 3-61 看到，在这些工艺中，使用不同水质的水，不存在明显的差异。在实际中，建议在生产白布和染颜色鲜艳时，尽可能不使用回用水煮漂。

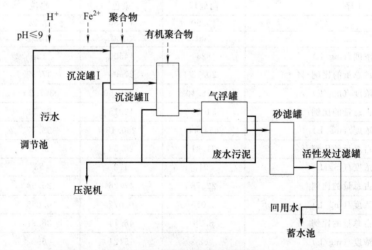

图 3-47　漂染废水处理工艺

表 3-61　针织煮漂工艺的部分情况

项目		碱-双氧水工艺				生物酶工艺	
织物		全棉双面		T/C 双面		全棉双面	
水		新鲜	回用	新鲜	回用	新鲜	回用
失重/%		5.74	5.94	2.42	2.43	4.70	4.70
毛效/(cm/30min)		10.0	8.6	8.0	6.5	18	17
强力/(N/m²)		634	680	711	646	620	574
白度①		相似		相似		相似	

① 白度是人眼判断的。

（4）回用水在染色中的运用　在实验中使用不同的水进行染色，并测试染浴的特点和染物的色牢度。实验的部分结果列入表 3-62～表 3-64。

表 3-62　使用不同水质的上染率和固色率

颜色	染料用量(o.w.f)	用水种类	上染率/%	固色率/%	颜色	染料用量(o.w.f)	用水种类	上染率/%	固色率/%
军蓝	6.00%	新鲜水	80	48	艳红	2.00%	新鲜水	67	58
		回用水	76	42			回用水	65	54
翠蓝	1.00%	新鲜水	92	65	粉红	0.05%	新鲜水	69	66
		回用水	89	62			回用水	68	66

注：织物为全棉双面。染料为活性染料。

表 3-62 数据表明：使用不同水质的水进行染色，对活性染料的上染率和固色率没有造成明显的差异。

表 3-63　染色物的部分牢度　　　　　单位：级

颜色	使用水种类	水洗牢度		摩擦牢度		色牢度	汗渍色牢度	
		变色	沾色	干擦	湿擦	变色	酸性	碱性
军蓝	新鲜水	5	4	4～5	2～3	4～5	4～5	4～5
	回用水	5	4	4～5	2～3	4～5	4～5	4～5
翠蓝	新鲜水	4	3～4	5	3～4	4～5	2～3	3
	回用水	4	3～4	5	3～4	4	2～3	3
艳红	新鲜水	4～5	3～4	4～5	3	4～5	4～5	4
	回用水	4～5	3～4	5	3	4～5	4～5	4
军蓝	新鲜水	4～5	3～4	4～5	4～5	3	2～3	2
	回用水	4～5	5	5	4～5	3	2～3	2～3

注：织物为全棉双面。染料为活性染料。

表 3-64　部分染色物的升华牢度

颜色	染料用量(o.w.f)/%	升华牢度(变色)/级	
		新鲜水	回用水
军蓝	3.00	3～4	3～4
鲜黄	1.00	4	4
粉红	0.05	4～5	4～5

注：织物为涤纶双面。染料为分散染料。

结果显示：使用两种不同水质的水进行染色，染色物的色牢度稍有差异。但不影响织物的性能和分级。

表 3-64 数据表明：用不同水质的水进行染色，不会影响到染色物的升华牢度。

3.5.4　牛仔服饰洗漂废水回用

广州中环万代环境工程有限公司牛仔洗漂废水回用工程采用"水解酸化＋好氧＋沉淀＋氧化塘＋砂滤"工艺，进水 COD_{Cr} 700mg/L，处理后回用水质 COD_{Cr} 25mg/L 以下，废水经处理后 40% 回用到生产车间。运行效果稳定，实现节能减排。

某集团公司是全国最大的牛仔休闲服装生产厂商之一，企业形成了设计、裁剪、洗水、整烫、销售一体化生产模式，日产 5 万件的生产能力，共配备 600lb 洗水机近 200 台，每天排放牛仔服装洗漂生产废水为 1 万吨/d。

洗漂是牛仔服饰生产中一个关键的工序。通过不同的洗漂工艺达到不同的效果。采用的洗漂工艺有普洗、酵洗、扎洗、石磨、轻磨、石染、普染、酵染、轻酵、重酵和双酵等，以求达到磨损、脱色和斑驳等特殊的效果。其废水主要来自洗漂和脱水等工序。废水中主要污染物为浮石渣、短纤，以及从牛仔服饰上洗下染料、浆料和助剂等。废水的特点是含有大量的悬浮物、有机污染物浓度和色度不高、废水水质和水量变化大。

该企业原有一套日处理能力为1万吨/d废水生化处理系统，经过大量的试验和生产实践，企业实现了中水40%稳定回用。

该工程生化系统原有砂滤利用原有给水系统快滤池，新增氧化塘。氧化塘于2006年9月动工，2006年11月投入运行。氧化塘出水各项指标均达到回用水要求，40%回用于生产，现已稳定运行中。

进水水质及回用水质如表3-65所列。

表3-65 进水水质及回用水质

项目	pH值	COD$_{Cr}$/(mg/L)	BOD$_5$/(mg/L)	SS/(mg/L)	色度/倍
进水水质	6～9	700	300	500～800	100～300
生化系统出水水质	6～9	≤70	≤15	≤25	≤15
氧化塘回用水质	6～9	≤25	≤10	≤20	≤10

(1) 处理工艺流程　见图3-48。

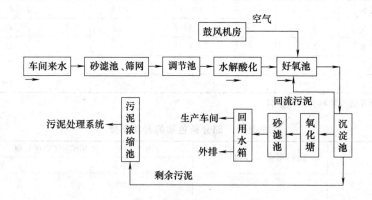

图3-48　工艺流程

从生产车间来的废水经过沉砂池去除浮石等重杂质，然后经筛网滤池，去除布毛等轻杂质，进入调节池匀质匀量后提升至水解酸化池，在水解酸化池内染料的不饱和键被打开，大分子变小分子，达到脱色、提高废水可生化性日的。水解酸化出水进入好氧池，好氧微生物在氧气充足的条件下，利用自身的新陈代谢将有机物分解为二氧化碳和水，降解有机污染物。好氧池需要的氧气由鼓风机供给。好氧池出水进入沉淀池进行泥水分离，沉淀池的污泥一部分回流至好氧池，剩余污泥排入污泥浓缩池。沉淀池出水排入氧化塘，再提升到砂滤池，砂滤池过滤后自流入回用水箱，由回用水泵送车间回用水箱。

生化剩余污泥，在污泥浓缩池重力浓缩，初步减容，减小体积，含水率减少到98%左右，泵送至带式压滤机压榨脱水，压榨后的泥含水率在75%～80%，外运填埋处理。主要构筑物及其工艺参数见表3-66。

(2) 工程分析

a. 废水回用，首先要考虑工艺用水特点即回水水质。不是什么印染废水都可轻松实现回用，本项目为牛仔洗漂，用水水质相对较低，为废水回用提供了好的条件。本项目氧化塘

混合出水稳定在 $COD_{Cr} \leqslant 25mg/L$，$BOD_5 \leqslant 10mg/L$，用到洗漂车间，生产及产品质量稳定。

b. 氧化塘是保证。在洗漂生产过程中加入的一定量的洗涤剂、染料以及从牛仔服饰上洗下染料、浆料和助剂等，废水中有部分可溶解的无机盐，而普通的生化处理对溶解的无机盐去除量有限，必须在氧化塘中通过水生动植物的生物及物理吸附作用去除，避免累积。同时氧化塘也是调节水质水量的大水箱。

c. 水解酸化的重要作用。废水经过水解酸化单元色度的去除率可达 80%，为保证废水循环起到关键作用，水解酸化同时产生二氧化碳，可使水中的部分阳离子通过碳酸盐沉淀去除。

（3）运行效果及分析

① 回用水使用情况　企业为保证生产用水水质，氧化塘引入水质较好的水库水及河水，生化系统向氧化塘排水 10000t/d，在氧化塘补充 15000t/d 地表水（河水及水库水），生产车间从氧化塘取混合水 10000t/d，其余外排，即回用水比例为 40%。

企业将经过氧化塘深度处理的混合水，提升至砂滤池，经砂滤处理后回用至车间。主要作为洗漂车间生产用水，尽量使用在第一道、第二道洗漂工序。相对来说第一道、第二道洗漂用水水质相对较低。染线及锅炉用水采用新鲜自来水。

② 运行成本经济分析　见表 3-67。

表 3-66　主要构筑物及其工艺参数

序号	项目 名称	外形尺寸 $L(m) \times B(m) \times H(m)$	工艺参数	主要设备
1	沉砂池	$15 \times 8 \times 2.5$	HRT=0.6h	
2	筛网滤池	$8 \times 4.0 \times 2.5$	筛网目数:60 目	
3	调节池	$32 \times 20.5 \times 4.0$	HRT=4.1h	
4	水解酸化池	$18 \times 15 \times 6.5$，2 组	停留时间:HRT=6.9h	8 个布水器
5	好氧池	$19 \times 18 \times 5.5$，2 组	HRT=6.9h，MLSS3.5g/L DO:2.5～4.0mg/L 污泥回流比:40%～80% 气水比:11.4:1	罗茨鼓风机 3 台(2 用 1 备)，单台供气量 39.77m³/min，气压 53.5kPa，N=55kW
6	沉淀池	$\phi 17m \times 4.5m$，2 组	表面负荷:0.99m³/(m² · h)	刮泥机 $\phi 17m$，2 台
7	快滤池	$13 \times 4.5 \times 3.5$，3 组	过滤速度:8.7m/h	
8	污泥处理系统			2 台 2m 带式压滤机
9	氧化塘	占地面积约 3 万立万米，平均水深约 1.0～1.5m		氧化塘为迴流式

表 3-67　运行成本经济分析表

项目	单耗/m³	成本/(元/m³)	基 础 数 据
电耗	0.256kW · h	0.20	总装机:310kW，电费:0.78 元/(kW · h)
药剂费	0.008kg(PAC)	0.144	PAC:1800 元/t
	0.0010kg(PAM-阴)	0.025	阴离式 PAM:25000 元/t
	0.0010kg(PAM-阴)	0.035	阴离子 PAM:35000 元/t
	0.020kg(尿素)	0.042	尿素 2100 元/t
	0.010kg(磷肥)	0.025	磷酸三钠 2500 元/t
清水	0.010m³	0.010	1.0 元/t
人工		0.040	10 人(人工按 1200 元/月计)
总运行费		0.5210	

3.5.5 源头控制废水处理回用

(1) 工厂基本情况 杭州某印染厂，是一家大型的染色印花综合公司，日加工各类工业布 15 万～20 万米，主要是化纤、伞面绸、涤棉布等品种。该公司现有高温 J 型染缸 96 台，高温卷染缸 36 台，印花机 6 台，定形机 15 台套。所用染料以分散染料为主。该公司累计投入 2000 余万元用于水、气等环保治理。

(2) 清洁生产措施 该公司推行 "5S" 管理已有 5 年，各项管理制度及措施落实的非常到位。首先在厂内实行严格的清污分流，不仅雨水单独设置分流，在废水排放下，采用管渠结合，密闭轻重分质分流。其中仅将染缸冷却水回用一项，就铺设了 2000 余米专用回用管道，每天可减少废水排放约 3000t。同时因热能回收，每天可节约蒸汽 150t；其次采用一系列降耗节能措施，例如染缸均采用进口流量控制阀，在一些设备上加热能回收设备，将多余水量、蒸汽、染料减少到最少，可减少排污 10% 左右。该公司同时在所有 5.5kW 以上电机采用变频控制措施，节约电能；另外该公司在气、噪声等环保问题上也采取了行之有效的方法，投入 450 万元，购买 3 套甲苯回收设备，使涂层废气中甲苯回收达 90% 以上。产生的经济效益不到半年就可收回投资；定形废气采用管道收集并用导热油炉焚烧和降温喷淋除尘等措施解决。在染色车间等高噪声产生源采用隔声板和吸声材料降噪。

(3) 废水处理及回用设施 该公司累计投入 1500 万元用于废水处理及回用项目，处理设施总占地 15 亩（1 亩＝666.7m²），处理能力为 10000t/d。具体处理工艺后述，设计处理要求及标准如表 3-68 所列。

表 3-68 处理水量及水质

主要指标	原水	排放水	回用水	备注
水量	10000t/d	2000t/d	8000t/d	
执行标准		GB 4289—92	CJ/T 48—1999	排入Ⅲ类水域
pH 值	8～10	6～9	6.5～9	
COD_{Cr}	1000mg/L	100mg/L	60mg/L	
SS	600mg/L	70mg/L	5mg/L	
色度	800 倍	40 倍	30 倍	

(4) 处理工艺设计

① 污水处理工艺流程 详见图 3-49。

② 工艺技术参数 该污水处理工程各工艺段的主要设计参数如下。

调节池：总容积 6000m³，HRT 12～13h，鼓风穿孔曝气，前置格筛和冷却塔。

一沉池：折板反应加平流沉淀，HRT 2～3h，$q'=1.0\text{m}^3/(\text{m}^2 \cdot \text{h})$。投加药剂为硫酸亚铁、石灰和 PAM。

兼氧池：潜水搅拌模式，HRT 10h，有机负荷 0.2kg（BOD$_5$)/[kg（VSS）· d]，DO 控制在 0～0.6mg/L。

接触氧化池：变频射流曝气，挂半软性填料，HRT 10h，有机负荷 0.4kgBOD$_5$/[kg（VSS）· d]，容积负荷 $N=4.0\text{kgBOD}_5/(\text{m}^3 \cdot \text{d})$，DO 约控制在 2.5～3.5mg/L。

二沉池：中间进水周边出水辐流式沉淀池，HRT 3～4h，$q'=0.7\text{m}^3/(\text{m}^2 \cdot \text{h})$，污泥回流比 $R=80\%$。

斜管沉淀池：$q'=5.0\text{m}^3/(\text{m}^2 \cdot \text{h})$，反应 HRT 为 20min，沉淀 HRT 约为 0.8h，投加药剂为硫酸铝和漂白粉。

无阀过滤池：滤料介质为单层石英砂，粒径 0.5～1.0mm，过滤速度 8m/h，平均冲洗强度 15L/(s·m²)。

③ 工艺流程表述　由于染整废水水温很高，特别在夏季平均水温高达在 60℃，所以废水从车间收集后经过一系列格栅格网逐步除去水中布条、线头等大颗粒杂物，再集中提升至二套高温型冷却塔进行降温处理，使水温降低到 35℃左右后自流入预曝调节池。印染废水随产品和季节不同水质水量变化较大，因此必须具有较大调节功能的预曝调节池进行调节均匀水质。预曝调节池出水通过泵的提升送入折板反应池，同时废水中加入 $FeSO_4$、石灰水、PAM 等药剂。以分散染料为主的印染废水，通过上述药剂的物化反应，能够非常有效地去除色度、COD 及 SS。一沉池采用平流式沉淀池，C 型集水槽出水，行车式刮泥机排泥。

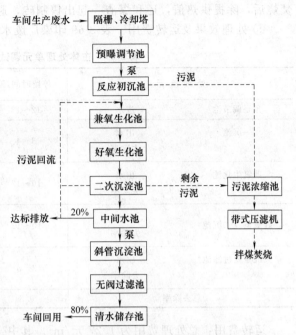

图 3-49　印染废水处理回用工艺流程框图

经过混凝沉淀的出水自流入兼氧生化池，池中 DO（溶解氧）控制在 0～0.6mg/L 之间，通过微生物的厌氧分解作用，将大分子物质降解为小分子物质，提高废水的 B/C 比，为下一步的处理提供条件。而后污水再进入接触氧化池中。接触氧化池采用变频射流曝气，接触氧化池污泥浓度 SV_{30} 控制在 20%～30%，DO 控制在 2.5～3.5mg/L，通过特定驯化的微生物进行分解处理，COD_{Cr} 可降至 100mg/L 以下，BOD_5 可降至 15mg/L 以下，而后经过二沉池泥水分离，出水水质指标可达到《纺织染整工业水污染物排放标准》（GB 4287—92）的一级排放标准，因此 20% 处理后废水可以排入河流，其他 80% 废水进入深度处理设施，主要深度处理工艺是投加铝盐混凝沉淀和无阀过滤。进一步去除水中的 COD_{Cr}、SS、色度等。出水可以达到《杂用水水质标准》（CJ/T 48—1999）满足该厂继续印染加工需要。

一沉池产生的污泥定期排至污泥浓缩池，二沉池污泥大部分回流到生化池，回流比控制在 80%，剩余污泥打入污泥浓缩池。污泥浓缩池采用中心刮泥机进行污泥浓缩，可使污泥含固率从 1% 左右提高到 4% 左右。浓缩后的污泥由污泥泵送至带式压滤机同时加入絮凝剂脱水，脱水后的滤饼含固率可提高到 22%，晒干后污泥运至锅炉房拌煤焚烧，其热值达 3000kcal/kg（1kcal=4.1868kJ）。污泥浓缩上清液及污泥压滤冲洗滤液重新打回调节池再次处理。

④ 工艺流程特点　a. 运转稳定可靠。通过近 3 个月的试验和实际应用表明，物化＋生化＋物化工艺流程在上述运转参数下，对于原水 COD_{Cr} 为 800～1000mg/L 的分散染料印染废水处理效果完全可以达到一级排放标准，进一步深度处理还可大部分回用。

b. 操作管理方便。该污水站共设操作管理员 6 人。其中化验兼管理 1 人，白班工人 3 人，晚班 2 人。除加药脱泥需现场操作，其余基本实现半自动运行。同时因采用带式压滤机脱水，工人操作强度大大降低。

c. 二次污染相对减少。由于生化较彻底，基本无生化污泥剩余。物化污泥脱水后拌煤焚烧后，除提供热值，还和煤渣一起出售制砖，避免了二次污染。

⑤ 处理效果及运转费用　表 3-69 印染厂废水处理工艺运转水质去除情况。

表 3-69　主体处理单元调试运行平均处理效果

处理单元		停留时间/h	水质		
			pH 值	COD_{Cr}/(mg/L)	SS/(mg/L)
预曝调节池	进水	12~13	8~10	1000	600
一沉池	出水 去除率	3~4	8.5~9.5	400 60%	120 80%
兼氧生化池	出水 去除率	10~12	8~9	320 20%	— —
好氧池及二沉池	出水 去除率	10~12	7~9	95 70%	35 70%
三沉池及过滤池	出水 去除率	2~3	6.5~8	60 40%	<7 80%
总去除率		0.3	—	94%	99%

运转费用：总处理费用为 1.27 元/m³。其中：电费为 0.44 元/m³ 废水；药剂费为 0.75 元/m³；人工费 0.03 元/m³ 废水。维护修理费 0.05 元/m³ 废水。

3.6　节　水　案　例

3.6.1　具有在线水循环应用的水洗机

具有双重功能汽蒸机的高效洗涤设备见图 3-50。

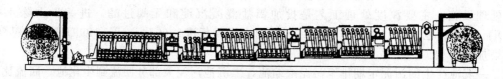

图 3-50　具有双重功能汽蒸机的高效洗涤设备

3.6.1.1　Benninger 高效洗涤机[29]

Benninger 公司的高效洗涤机，以逆流原理工作。这意味着织物和洗涤用水的流动方向是相反的。该机器包括以下标准组件：①液体注入装置（可用不同液体）；②双重功能 Reacta 罗拉式汽蒸机，可以作为染色织物初次洗涤的洗涤容器，也可以作为预处理过程的汽蒸机；③具有 6 个垂直罗拉和 Extracta 水平罗拉的洗涤厢；④2 个油压真空抽吸装置。该设备有以下特点：

（1）该机器别具一格的特征是各部件的组合工作方式和洗涤液引导系统（图 3-51）。

（2）BENNINCER EXTRACTA 罗拉式高效洗涤机对逆流洗涤特别适用，因为每个洗涤厢内还装有 7 个洗涤舱（图 3-52），织物通过位于每个洗涤舱之间的气压式水平罗拉拧干。洗涤液以逆流原理在洗涤厢内流动，这意味着洗涤液的流动方向与织物运动方向相反。这种

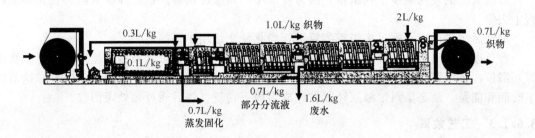

图 3-51　预处理过程中的分流液引导装置

处理方法使得在洗涤液流动方向废水含量很高。其他一些大家熟悉的循环型洗涤机，如水平成倾斜洗涤机，由于在每个洗涤厢内最多只有 2 个洗涤舱，因此不适用于这种应用场合。因而，洗涤用水废水浓度变化相当小。

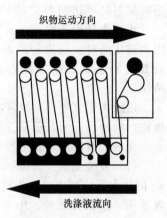

图 3-52　具有 7 个洗涤舱和逆流水流引导系统的 EXTRACTA 高效洗涤厢示意

该洗涤设备参数可以任意设定，并由一新型自动控制系统控制来实现进水、逆流、水流引导等各种不同操作。

3. 6. 1. 2　汽蒸机和洗涤厢

处理过程中具有以下功能：①连续退浆：可分离和再利用高浓度分流，例如浆料的回收；②在分流、有效回收和利用废水的基础上实现连续和/或半连续漂洗；③冲洗染料的用水量很小，可分离出水中的浓缩物质并将洗涤液再次循环利用。

（1）预处理过程　在预处理过程中，最后 3 个洗涤厢以传统的方式工作。洗涤用水以逆流的方式通过这 3 个洗涤厢。溢出的水流被分流并送入前面几个洗涤厢内。这部分分流液使洗涤液的浓度发生变化，并决定了预处理洗涤液中的浆料含量。部分洗涤用水再次逆向流过前面几个洗涤厢。另一部分高浓度洗涤水在织物喂入部分冲洗织物。

织物然后送入汽蒸机。浆料在汽蒸机中膨胀，并且黏度减小。离开汽蒸机后，织物立即通过第一个抽气室以去除浆料。浆料然后送入汽蒸机水封。该水封以溢流原理工作。通过溢流作用，积聚的浆料量即是可用于再利用的浆料量。

浆料量决定于从最后 3 个洗涤厢流出时的流出量。这确保处理条件和参数固定不变。预处理过程和退浆过程可以两种不同的方式进行：①使用氧化退浆剂的冷处理方式。②水溶性浆料的退浆：退浆直接在洗涤机中进行，这种方法的优势在于当织物进入洗涤机时是干的，而当织物离开洗涤机时是湿的，水分在退浆过程中去除，因此减少了废水量。另外，浆料不会发生变化或降解，因此可循环再利用。

将预处理过程中积聚的浓缩液收集到一个单独的容器内，然后送入一个专门的蒸发器。将浓缩液进行蒸发，然后去除剩余固状物。从原则上来说，这是一个二步法干燥器。加热罗拉的一小部分浸在液体中，并覆盖一层浓缩液膜。第一步是为了增加浆料浓度。第二步是将水分完全蒸发，然后用铲刀去除剩余的固状物。然后对剩余固状物进行热处理。

（2）活性染料的冲洗　在染料冲洗过程中，所有的洗涤厢，包括汽蒸机都起到洗涤厢的作用。汽蒸机用逆流冷水冲洗织物上未固着的块状染料和残余的碱性物质。织物然后送入第一抽气室。为了获得良好的分离效果，在此要尽可能地多去除水分。位于第一洗涤厢之后的第二抽气室进一步加强去除水分的作用。后面的洗涤厢使用热水。

油压真空的使用减少了耗水量，因为纤维中的高浓度水解产物已经提取出并在预冲洗过程中去除。

冲洗后出来的废水通过多级膜装置进行净化使之适用于再循环。

有色废水汇集至一个容器中，然后抽入膜装置中。杂质含量（染料，盐，纤维伴生物质等）滞留在多级膜装置中，洗涤液则回收。净化后的水作为热处理水再次用于生产。这节约了时间和能量。液态染料浓缩液经蒸发后成为固态物质，然后通过热处理回收。

3.6.1.3　工艺效果

（1）退浆/预处理　由于 Benninger 洗涤机具有分流液引导装置，每公斤纺织品只产生 0.5～0.7L 污水排放量。分流液中含有预处理过程产生的 90％以上的 COD 含量。当使用水溶性浆料时可达到 95％的 COD 含量。

小排水量使蒸发在一开始就可进行。这从经济和生态角度都符合 Van Clewe 的要求，因为这比通过公共排污厂处理要经济。Van Clewei 增加了罗拉蒸发器中的溶剂含量，然后如前所述通过热处理方式回收残余固态物质。表 3-70 列出处理过程中物质和液流情况。

以液态形式处理浓缩液或将其转变为固体取决于厂家所在区域的环境。官方条例或公共排污厂的排污能力和适用性很重要。

在该项目的前期就考虑了区域环境因素。只有按照情况进行选择才能保证预期效果。

（2）冲洗染料　Benninger 公司的高效洗涤机 Extracta 和油压真空系统成功地以 1.5L/kg 的用水量应用于浅色织物的洗涤（0.5L/kg 冷水，1.0L/kg 热水），而以往传统的洗涤机需要 7L/kg 的用水量。中等色调织物需要 3.1(1.0＋2.0)L/kg 用水量，深色织物需要 4.5(1.5＋3.0)L/kg 用水量，而在传统洗涤机中需要的用水量是 8～10L/kg。特别深色的织物，如黑色和藏青色通常需要 12L/kg 用水量，而现在只需要 6L/kg。

表 3-70　冷漂洗预处理过程中的质量平衡和液流　　单位：L/kg

项目	引入的液体	排除液体
吸收（织物）		0.7（排出）
汽蒸冷凝	0.9（引入）	
洗涤用水	0.1	
废水	2.0	1.6
蒸发器		0.7
总计	3.0	3.0

（3）洗涤用水喂入一个多级膜装置　由于用水量的减少，该多级膜装置相对传统洗涤系统要小。这大大降低了投资，也减少了膜装置的电耗，因而降低了整个系统的运行成本。

多级膜装置（见图 3-53），生产排放的废水①进入机械式过滤器②，滤去固体废物，然后废水进入超滤膜③拦阻 0.1～10μm 颗粒、混凝体，进入反渗透膜④拦阻，盐类、染料从水中去除，经过净化处理的废水重新回用到设备流程中⑤。

结合使用高效过滤器和反渗器可使废水回收率达到 80％以上。回收的废水经过膜装置处理后五色，其 COD 值为 100～300mg/L，

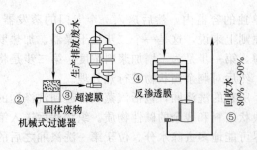

图 3-53　多级膜装置系统

其电导率约为 $100\mu S/cm$。

预处理和染料冲洗过程中水流量的减少程度很引人注目。废水中的 COD 含量减少了 $90\%\sim95\%$。洗涤过程中所有的水能再次循环利用。这使得处理 1kg 织物所需的有效用水量减至传统洗涤过程所需的用水量的 1/7。

【点评】

(1) 贝宁格公司出品的该台高效水洗机采用了符合水洗传质高效的逆流、分隔小槽、上导布辊加压脱水、回形穿布等节水技术。

(2) 该台水洗机可适用于前处理退浆及染色（活性染料）后的水洗。

(3) 进布后的汽蒸机中设置有两台油压式真空抽吸机，对退浆工艺的浆料及染色后水洗的染化料助剂的收集（有的可回用），降低水洗负荷，值得推广。

(4) 多级膜装置系统因高效水洗耗水量少而简约、投资少、回收 $8\%\sim90\%$ 的水循环应用，COD_{Cr} 去除率高达 $90\%\sim95\%$。

3.6.2 活性印染逐格逆流全沸洗工艺

活性染料色谱齐全，色泽鲜艳，成本低，工艺简单，湿牢度高，被广泛应用于纤维素纤维、再生纤维素纤维及蛋白质纤维的染色和印花。但是，活性染料的吸附固色是非常复杂的过程，其在与纤维发生反应的同时，也与固色碱剂发生水解反应，这种竞争反应直接影响活性染料的固色率。因此，活性染料染色或印花后必须充分水洗，以彻底去除织物上的浮色染料（水解和未反应的染料）、化学品和其他杂质，防止浮色染料的二次返沾，以及碱剂等残留的化学品造成染料断键水解，从而获得优良的色牢度，确保颜色的重现性和鲜艳度[30]。

3.6.2.1 水洗机理和影响水洗效果的因素

(1) 水洗机理 织物上的浮色染料主要有纤维表面的浮色和纤维内部的浮色。前者包括吸附在纤维表面的浮色染料和纤维间毛细管道中的浮色染料；纤维内部的浮色染料是指已扩散进纤维孔道中的浮色染料和吸附在孔道壁的纤维分子链上的浮色染料。水洗时，前者容易洗除，后者因其要先从纤维内扩散出来后才能洗去故较难。水洗分以下 2 个阶段。

① 脏洗阶段 轧染织物主要是去除纤维表面的浮色染料、大量的盐和碱剂等化学品，达到色泽鲜艳度和色牢度；印花织物主要是去除纤维表面大量的浮色染料、糊料和其他化学品，使白底沾污少，达到色泽鲜艳度和色牢度。其水洗机理是：纤维表面的浮色染料因为与水洗溶液之间存在浓度差，因此在纤维表面发生解吸，向水溶液扩散、稀释而逐渐去除。硬水和大量的电解质会造成浮色染料的凝聚，因此纤维表面一些难溶的染料颗粒或聚集体，主要是通过皂洗设备的机械作用和皂洗剂的分散作用而脱离纤维，并被分散到水洗液中。

② 牢度水洗阶段 主要是去除纤维内部的浮色染料，达到要求的色牢度，提供较好的手感。其水洗机理是：纤维内部的浮色染料先从纤维孔道溶液中扩散出来，在纤维表面发生解吸，被水洗溶液稀释交换而去除。

(2) 水洗效果的简单测试方法 如何简单有效地检测浮色染料残留量，对印染企业非常重要。下面介绍两种实用的检测方法。

① 湿熨烫法 按 ISO 105-X11—1994《纺织品色牢度试验 第 X11 部分：耐热压色牢度》方法，150℃压烫 15s。用灰卡评定白布沾色等级，沾色越严重，说明浮色洗涤越不干净。

② 开水浸泡法 将 5cm×10cm 待测样布放入 150mL 沸水中，浸泡 20min，目测比较水

中的浮色，评定织物上的浮色染料残留量。

（3）影响水洗效果的主要因素

① 染料（亲和力或直接性）的影响　染料结构不同，其性质（特别是其亲和力）不同。一般直接性高的染料，从纤维内部扩散出来的速率很慢，而且在纤维表面解吸速率也很慢，因此直接性高的染料不易洗净。如藏青 M-2GE 染色织物很难洗除干净；黄 K-RN 和深蓝 K-R 印花织物不但浮色难以洗净，而且解吸下来的浮色染料又会返沾白底；翠蓝活性染料都是铜酞菁结构，呈大分子立体形态，虽亲和力很低，但扩散性也很差，水洗时浮色染料很难从纤维内部扩散至纤维表面，而且其溶解度低，在硬水中或电解质作用下很容易凝聚，因此，纤维表面的浮色也难以去除，即使洗除也容易返沾，使印花织物白底沾色严重，织物染色牢度差。

② 电解质浓度的影响　活性染料轧烘轧蒸工艺的固色液中，有大量的电解质盐，因此纤维内部的浮色染料对纤维有很高的亲和力，很难从纤维内部扩散出来，而且在大量盐的作用下，染料凝聚，溶解度下降，很难解吸至水洗浴中。同时，电解质会降低织物与水洗浴中浮色染料之间的静电斥力，增加了浮色染料的返沾。因此要尽可能降低水洗浴中电解质的浓度，在平幅水洗工艺中的脏洗阶段，前几格水洗槽需要大量水进行更新。

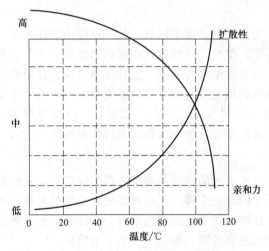

图 3-54　水洗温度对水洗效果的影响

③ 水洗温度的影响　从图 3-54 知，水洗温度越高，纤维溶胀越充分，染料的分子运动加剧，染料的扩散性明显提高；染料对纤维的亲和力越低；染料的溶解度也增加，水洗液的表面张力能也降低，可较好地润湿织物；使糊料膨胀可能性增加，能较快地去除糊料。因此高温水洗时，浮色染料很容易从纤维内部扩散出来，而且很快解吸扩散进水洗液中；即使在大量电解质的条件下，浮色染料也不会聚集返沾，从而白底很白，浮色去除很干净，色牢度极佳。

④ 水洗溶液 pH 值的影响　以 pH = 7时的浮色残留量为 100，以不同 pH 值条件下的浮色残留率为纵坐标作图 3-55。

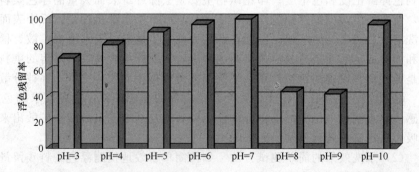

图 3-55　水洗溶液的 pH 值对水洗效果的影响

由图 3-55 可知，pH 值在 8～9 时浮色染料最容易去除。

⑤ 织物带液量的影响　织物的带液量越高，织物上的浮色染料和水洗浴中的浓度差越小，浮色染料与水的交换率越低，浮色染料越不易洗下来。因此要尽可能地降低织物的带

液量。

⑥ 浴比的影响 浴比越大，水洗浴中的浮色染料和电解质浓度越低，浮色染料越容易解吸扩散至水洗浴中，浮色染料和水洗浴中的水的交换率越高，浮色染料去除越干净。在连续水洗工艺中，表现为新鲜水的更换率。

⑦ 水洗溶液硬度的影响 水洗浴的硬度越大，浮色染料的凝聚越严重，越不易洗除，而且凝聚的浮色染料很容易返沾，从而使印花织物白底不白，染色织物色牢度下降。因此尽可能使用软水水洗或在水洗槽中加入螯合剂。

⑧ 皂洗剂的影响 目前市场上的皂洗剂品种很多，根据水洗机理不同，常用的皂洗剂可分为表面活性剂类（常用阴离子、非离子复配），螯合类（如多聚磷酸盐类）、螯合分散类（如聚丙烯酸盐）和复配类等。其作用机理是：在水洗浴中，在表面活性剂皂洗剂的作用下，渗透进入纤维内部，促进纤维内部的浮色染料扩散出来，并削弱纤维表面的浮色染料与纤维之间的吸附力，在机械作用下浮色染料脱离纤维，解吸扩散进水洗浴中，同时在皂洗剂的螯合作用下，凝聚的浮色染料解聚，增溶，均匀地分散进水洗浴中。皂洗剂的分散作用很重要，可以使凝聚的染料聚合体均匀分散进水洗浴中，皂洗剂胶束还会包覆浮色染料，防止其再次返沾在织物上。近年来，为了顺应低碳经济的潮流，市场上出现大量低温皂洗酶，其主要是利用一种含铜的多酚氧化酶可以催化绝大部分浮色染料氧化降解，使染料消色，而其对已固色的活性染料几乎没有作用。

⑨ 机械作用的影响 机械作用主要用于脏洗过程中，它能使轧染织物大量的盐、碱和表面浮色染料快速从织物上分离，解吸扩散进水洗浴中；使印花织物上大量的糊料，浮色染料和化学品，快速解吸扩散进水洗浴中。通过机械作用加快水的流速，使纤维表面的动力界面层和扩散界面层变薄，浮色染料和其他化学品更容易扩散进水洗浴中。因此机械作用在脏洗阶段非常重要。近年来，印染设备商也在不断地改进完善水洗机，新的高效水洗机改变了传统平幅水洗机布动液不动的状况，使大流量的水经水刀均匀喷冲于织物表面，增强了浮色染料和水洗浴中的水的交换效率。

⑩ 水洗时间的影响 从图3-56知，前5min主要是脏洗阶段，也就是洗除大量的表面浮色染料。5min以后，主要洗除纤维内部的浮色染料，来进一步清洗浮色，提高色牢度。

从图3-57知，前5min的脏洗阶段，沾色牢度逐步提高至3~4级。5min以后，随着浮色染料的进一步去除，沾色牢度逐步提高至4级以上。

3.6.2.2 传统平幅水洗工艺

（1）传统平幅水洗工艺基本原则：冷洗→温洗→沸洗→温洗→冷洗

（2）主要流程

进布→冷水大喷淋→第一、二格冷水→第三格55~60℃热水→第四格70~75℃热水→第五格98℃以上热

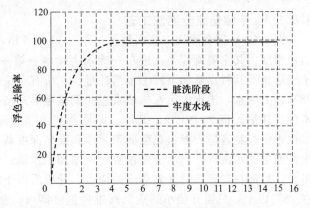

图3-56 水洗时间对水洗效果的影响

水→第六格75~80℃热水→第七格65~70℃热水→第八格冷水→烘干→落布。其特点是：

① 水消耗量巨大：每个水洗槽都用新鲜水喷淋，国内大多数印染厂是用冷的新鲜水喷淋，个别企业用回用水，大概是50~60℃的温水，因此八格平洗槽所有新鲜水的消耗量大概为20L/kg织物，深色水洗2~3遍时新鲜水的消耗量为40~60L/kg织物。②蒸汽消耗量

沾色牢度
0
1
2
3
4
5
1
3
5
7
9
11
13
水洗时间/min

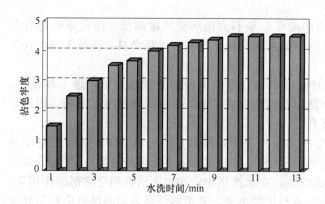

图 3-57 水洗时间对皂洗沾色牢度的影响

巨大：每格大量冷的或温的新鲜水的注入，使所有平洗槽水温度降低很快，特别是第三、四、五、六、七格干洗槽，因此这几格干洗槽必须开大蒸汽阀门，确保水温不下降。也就是说织物的温度是在低—高—低—高—低……的不断变化中，这是能源最大的损失。③浮色染料水洗不干净，色牢度差：从图 3-58 可知，第 1～6 格都是在脏水槽内清洗，不利于纤维表面的浮色染料与水浴中的水的交换；而且水温低，也不利于浮色染料从纤维内部扩散出来。④ 水洗效率低：深色大块面花型必须水洗 2～3 遍。⑤印花织物白底沾色严重：水洗温度低，浮色染料的亲和力增大，凝聚机会增加，返沾现象加剧。而且在多格脏水浴中水洗，白底沾污更严重。

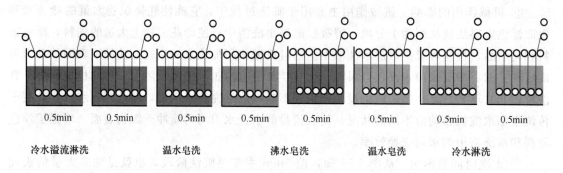

0.5min
0.5min
0.5min
0.5min
0.5min
0.5min
0.5min
0.5min
冷水溢流淋洗
温水皂洗
沸水皂洗
温水皂洗
冷水淋洗

图 3-58 传统平幅水洗工艺

3. 6. 2. 3 平幅逆流全沸洗工艺

图 3-59 平幅全沸洗工艺实例图，图 3-60 是各格水洗浴中织物的浮色染料去除率和皂洗沾色牢度。其主要流程是：进布→冷水大喷淋→第一格到第八格全是 98℃以上沸水口→烘干→落布。其特点是如下。①水消耗量少：所有干洗槽的喷淋全关掉，只在第八格平洗槽供 98℃以上沸水，沸水由第八格依次逆向倒流至第一格平洗槽，第一格平洗槽排液。因此新鲜水的消耗量大概为 10L/kg 织物，即使深色水洗 2 遍时新鲜水的消耗量为 20L/kg 织物。②供水量控制容易：根据花型面积大小和颜色深度调节。具体操作是用透明烧杯检查第三格平洗槽中的水洗液，当水洗液很脏时，增加供水量；当水洗液很清时减少供水量。③蒸汽耗量小：只需在初开机时开大蒸汽阀烧水，开机后由于没有冷水的注入，八格平洗槽的水温都在 98℃以上，只需开很小的蒸汽阀维持温度即可，整个过程几乎没有能源的浪费。④浮色染料水洗很干净，色牢度好：从图 3-59 可知，只有第一、二格是在脏水槽内清洗，其余都是在较干净的水洗浴中，有利于纤维表面浮色染料与水浴中的水的交换；而且水温高，有利于浮色染料从纤维内部扩散出来；织物一直处于从浓到淡的水洗浴中，极佳的浓度梯度，很有利于浮色染料的清洗。⑤水洗效率高：大多数深色大块面花型洗一遍就可以了，即使个别花型最多只需 2 遍即可。⑥印花织物白底更白：水洗温度高，浮色染料的亲和力降低，水洗

浴中的浮色染料溶解度增大，开始大量解聚，返沾机会减少，而且在逐格变淡的梯度水洗浴中，白底更白。

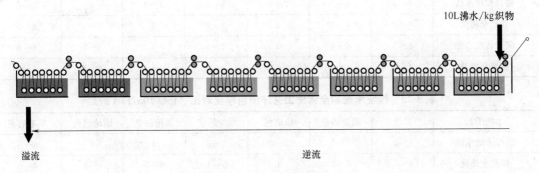

图 3-59　平幅全沸洗工艺

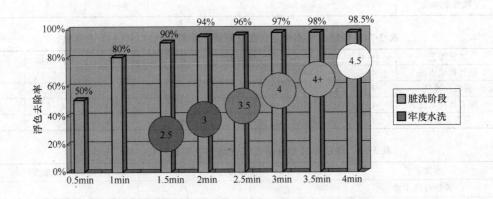

图 3-60　平幅全沸洗工艺中浮色染料的去除率和皂洗沾色牢度

3.6.2.4　平幅全沸洗工艺的实践

① 印花织物：$40^S \times 40^S 120 \times 60\ 63''$ 共 10000m。

② 花型：深色满地花型，一花两配色，各 5000m。

③ 工艺流程：圆网印花→蒸化→传统干幅水洗或平幅全沸洗。

④ 酱红配色处方：（单位：g/kg）。

NOVACRON 橙 PH-3R（33％液体）	47
NOVACRON 深红 PH-R（33％液体）	97
NOVACRON 黑 P-SG（粉状）	21.7

⑤ 藏青色处方：（单位：g/kg）

NOVACRON 藏青 PH-R（40％液体）	82
NOVACRON 深红 PH-R（33％液体）	0.48
NOVACRON 黑 PH-GR（33％液体）	41.5

表 3-71　传统水洗和全沸洗工艺皂洗色牢度对比（ISO 105/C04，95℃×30min）

水洗工艺	变色	醋酯沾色	棉沾色	尼龙沾色	涤纶沾色	腈纶沾色	羊毛沾色
酱红传统水洗	4～5	3	2～3	3	4	4～5	4
酱红全沸洗	4～5	3～4	3～4	3	4	4～5	4
藏青传统水洗	4～5	4	3～4	3～4	4～5	4～5	4～5
藏青全沸洗	4～5	4	4	3～4	4～5	4～5	4～5

表 3-72 传统水洗和全沸洗工艺水浸色牢度对比 (ISO 105/E01)

水洗工艺	变色	醋酯沾色	棉沾色	尼龙沾色	涤纶沾色	腈纶沾色	羊毛沾色
酱红传统水洗	4~5	4~5	2~3	2~3	3~4	4	4~5
酱红全沸洗	4~5	4~5	4	3~4	4	4~5	4~5
藏青传统水洗	4~5	4~5	3	3~4	4	4~5	4~5
藏青全沸洗	4~5	4~5	4	4	4~5	4~5	4~5

表 3-73 传统水洗和全沸洗工艺汗渍色牢度对比 (ISO 105/E04 酸)

水洗工艺	变色	醋酯沾色	棉沾色	尼龙沾色	涤纶沾色	腈纶沾色	羊毛沾色
酱红传统水洗	4~5	4~5	2~3	2~3	4	4	4~5
酱红全沸洗	4~5	4~5	4	3~4	4~5	4~5	4~5
藏青传统水洗	4~5	4~5	3	3	4	4	4~5
藏青全沸洗	4~5	4~5	4	4	4~5	4~5	4~5

表 3-74 传统水洗和全沸洗工艺汗渍色牢度对比 (ISO 105/E04 碱)

水洗工艺	变色	醋酯沾色	棉沾色	尼龙沾色	涤纶沾色	腈纶沾色	羊毛沾色
酱红传统水洗	4~5	4~5	2~3	3	4	4	4~5
酱红全沸洗	4~5	4~5	4	4	4~5	4~5	4~5
藏青传统水洗	4~5	4~5	2~3	3	4	4	4~5
藏青全沸洗	4~5	4~5	4	4~5	4~5	4~5	4~5

表 3-75 传统水洗和全沸洗工艺摩擦色牢度对比 (ISO 105/X12)

水洗工艺	干摩擦	湿摩擦
酱红传统水洗	4~5	2
酱红全沸洗	4~5	2+
藏青传统水洗	4~5	2
藏青全沸洗	4~5	2+

从表 3-71~表 3-75 可看出，全沸洗工艺比传统水洗工艺各项色牢度均有所提高，特别是反应浮色染料清洗干净程度的棉沾色牢度，很明显地提高了 1 级以上。

经过一个月的统计与核算，活性染料平幅全沸洗工艺在轧烘轧蒸染色工艺的水洗工序中可以节水 40%，节约蒸汽 20%；在印花水洗工序中可以节水 50%，节约蒸汽 30%。

经实践证明，本工艺不但适用于 NOVACRON P/PH 型染料印花织物的水洗，同样适用于 NOVACRON NC/C/S 型染料轧烘轧蒸染色工艺的水洗，但不适于冷轧堆染色工艺。主要是因为其碱性太强，容易造成染料大量水解。总而言之，活性染料平幅全沸洗工艺是真正的节水、节能、高效的低碳工艺。

【点评】

(1) 传统导布辊平洗机实施逆流供水的技改，提高传质水洗效果，提高浓度梯度。

(2) 采用全沸高温水洗，提高水洗的扩散系数、缩短扩散路径。

(3) 节水、节省蒸汽明显。

(4) 既适用于轧烘轧蒸染色工艺的水洗，也适用印花后的水洗，有利染整企业的传统水洗设备的技改。

(5) 对于冷轧堆染色后水洗，可在进布后增设冷水堆置溶胀单元，以利冷水喷冲去除浮色、碱剂。

3.6.3 敏感织物的高温低浴比染色加工

近年来，各种轻薄类针织面料以其触感舒适、美观大方而深受消费者青睐。由于该类针织面料一般由两种或两种以上纤维混纺或交织而成，纤维组分复杂，织物表面敏感，大多使用大浴比染整加工，不符合节能减排的要求。

立信染整机械公司新推出的 MINITEC 高温低浴比染色机，机身小巧，织物在运行过程中张力小，处于轻柔状态，特别适合各种敏感织物的染整加工。MINITEC 是立信工业新近推出的针对密度大、易产生褶皱及敏感织物的全新 TEC 系列高温染色机的一种，该系列还包括 JUMBOTEC、MIDITEC 染色机，适合不同质量织物的染整加工[31]。

3.6.3.1 技术特点

立信最新 TEC 系列高温染色机取得多项技术飞跃，如大载量、低浴比、高质量、更环保等，特别适合加工处理组织结构比较紧密以及布面敏感的针织物。其具有以下特点。

(1) 低浴比　最低行机浴比低至 1.4（不包括织物含水）。

(2) 节能省时　配合各种先进的控制功能，如 MSR（Multi Saving Rinsing system，多省节能洗水系统）、MIR（Multi-function Intelligent system，多功能智能洗水系统）、AIR＋（Advanced Intelligent Rinsing system，高级智能洗水系统）、第二循环系统以及全自动加料系统，可以大大缩短工艺时间，并具有良好的匀染性和重现性。

(3) 织物运行顺畅　通过凋节储布槽可以使不同质量的织物在布槽内有序堆置；运行顺畅的创新喷嘴设计和内摆装置，可以减少皱痕及扭曲；低张力设计，则使染色效果更理想。

(4) 注盐功能　新式注盐功能，注盐更快更顺畅。

(5) X-Y 向摇折及出布装置　配备 X-Y 向摆幅、长臂出布，可配合储布车容布量，以 120m/min 较高布速多管同步出布，可节省约 50% 的出布时间。

(6) 缸体人体工程学设计　降低机身及操作高度，弃用巨型工作台，操作方便。独特缸底设计更能有效减少储水，降低浴比。

(7) 立式 LSD 离心泵　吸口更低，用水更少，而且比上一代离心泵更耐用。

(8) 立式热交换器　高效而美观，能实时排冷凝水及染液，缩短冷热转换时间，同时避免水垢形成，延长热交换器使用寿命，减少时间和能源。

(9) 碎毛收集器　专利设计的碎毛收集器，特别为脱毛量多的布种，如毛巾、卫衣布等设计，可以收集碎毛、堆积和自动排放。

(10) FC30 彩屏多功能控制系统　配备快速逻辑温控，设有行机参数自动领航和耗能自动统计功能。

3.6.3.2 生产实例

(1) 织物、试剂和设备

① 织物　112T AIRCOOL（铜氨纤维）/60T 半消光涤纶/20D 氨纶针织平纹（48.6/47.8/3.6），幅宽 171cm，单位面积织物质量 92g/m² （坯布已在立信门富士 6500 上进行预定形）

② 试剂　精练剂，涤纶匀染剂，低聚物分散剂，酸碱缓冲剂，冰醋酸，分散染料，柠檬酸

③ 设备　MINITEC 低浴比高温溢流染色机

(2) 工艺流程

松布→缝头→开幅→预定形→精练→染涤→染铜氨→脱水→开幅→成品定形

① 精练处方

| 精练剂/(g/L) | 1.0 | 时间/min | 20 |
| 温度/℃ | 80 | | |

② 涤纶染色处方

匀染剂/(g/L)	1.1	分散染料/%	0.0818
分散剂/(g/L)	0.5	温度/℃	132
冰醋酸/(g/L)	0.8	时间/min	30
酸碱缓冲剂/(g/L)	2.0		

涤纶染色采用分段升温法,在玻璃化温度以上,采用慢升慢降。MINITEC 的最新 FC30 控制器可以精确控制升降温速率在 $0.3 \sim 0.5$℃/min,保证高温下涤纶和铜氨纤维在 MINITEC 低张力下收缩均匀,保持布面平整。

③ 铜氨染色处方

螯合分散剂/(g/L)	1.0	纯碱/(g/L)	10
匀染剂/(g/L)	1.0	温度/℃	60
活性染料/%	0.5345	时间/min	30
元明粉/(g/L)	20		

铜氨纤维与黏胶纤维性能类似,上染速率快,因此采用三次加盐三次加碱工艺。

④ 中和处方

| 冰醋酸/(g/L) | 0.3 | 时间/min | 10 |
| 温度/℃ | 50 | | |

⑤ 后处理处方

| 柠檬酸/(g/L) | 0.5 | 时间/min | 20 |
| 温度/℃ | 45 | | |

针对此种面料贴身穿着的特点,后处理时加入柠檬酸调节布面 pH 值至弱酸性。

鉴于此种面料对温度的敏感性,在染色加工过程中,一般都降温至 50℃ 以下才排水,以保证两缸水之间较小的温度差,防止收缩。利用 MINITEC 的 MST 多功能备用缸可以提前准备热水,既保证两缸水的温度相同又节约了时间。

(3) 能耗比较 见表 3-76。

表 3-76 MINITEC 与传统大浴比染缸能耗比较

	项 目	MINITEC	传统大浴比染缸	节省/%
	载量/(kg/管)	180	125	—
	染色浴比	1:5	1:10	
	助剂/(g/L)	1	2	50.0
能耗	耗水/(L/kg 布)	45.8	70	34.6
	耗电/(kW·h/kg 布)	0.192 8	0.286 0	33.6
	耗汽/(kg/kg 布)	4.26	6.29	32.2
	工艺时间/min	595	660	65

注:该织物含水率 220%。

说明,此种织物完全适合在 MINITEC 染色机中进行染色加工,并且可以得到良好的布面质量,大大节约了能耗,降低了生产成本。

3.6.3.3 结论

(1) 功能型针织面料轻薄,布面敏感,在染缸中极易产生勾丝,采用立信 MINITEC 高温小浴比溢流染色机可以避免出现折痕,解决匀染性问题。

(2) MINITEC 可以成功应用于功能型和高档针织内衣面料的生产,改变此类面料浴比大、能耗高的粗放式加工方式,向低浴比、低能耗的环保节能加工方式转变。

【点评】

(1) 该机针对密度大、易产生褶皱的针织物及敏感织物设计的张力小、低浴比染色机。

(2) 设有节能省时的先进控制功能。

(3) 设有运行顺畅的创新喷嘴和内摆装置，减少皱痕及扭曲。

(4) 该机具备向超小浴比发展的条件。

3.6.4 毛巾低浴比染色技术的应用

印染行业属于高能耗高污染行业，印染废水色度深，碱性较大，循环回收利用低，极难处理，处于各行业的较低水平，染整生产是一项高耗水高污染的工程，特别是在毛巾类产品的染色加工中更为突出。

由于毛巾产品的平方克重大，一般产品的平方克重为 $400\sim600g/m^2$，游戏产品的平方克重可以达到 $800g/m^2$ 以上，且毛巾类产品需具有极高吸水性，因此在染整加工中浴比一直居高不下，现国内毛巾类染整加工的浴比一般都在（1:10）～（1:15）之间，染整加工过程中能耗高、污水量大，制约着毛巾类染整加工的发展。本文从染整设备、操作程序、染色工艺进行试验论述，将毛巾类染整加工的浴比控制在 1:6 以内，通过工厂的实际生产，得到很好的染色效果同时，取得了很好的经济效益和社会效益[32]。

3.6.4.1 材料与设备

(1) 毛巾原材料 提花缎档毛巾，毛经线为 46.6tex、地经线为 18.2tex×2，纬纱线为 36.4tex，平方克重为 $500g/m^2$。

(2) 染整设备 德国第斯溢流染色机，脱水机，退捻开幅机、震荡烘干机，南通宏大摩擦色牢度仪 Y571B，南通宏大耐洗色牢度仪 12A，水浴恒温振荡器，HANNA 数字式 pH 计，织物强力仪 YG065HC，Datacolor 分光光度仪。

3.6.4.2 生产工艺

退浆→煮漂→染色→皂煮→柔软

(1) 染整设备 染整设备在染整加工中占有相当重要的作用，低浴比染色工艺的实施必须建立在好的溢流染色设备上。生产中采用的染整加工设备为德国第斯溢流染色机，第斯溢流染色机性能优良，能够采用极低的浴比染色，并配备两个加料缸和一个 100% 的大副缸，能够有效地缩短染色时间，电脑为 T858 液晶触摸屏操作系统，系统中有四种进水方式以确保在染整加工过程中对不同水位操作要求，系统中的高温排放功能能够保证缩短染色时间，提高生产效率。

(2) 操作流程及染色工艺 毛巾产品需要很高的吸水性以及极佳的手感，且由于毛巾产品平方克重大，在处理过程中容易出现毛羽，影响产品的外观，这就决定了毛巾产品在染整加工过程中的特殊性。

① 为满足毛巾产品染色和成品质量要求，毛巾在前处理后需要达到的物理指标为：

项目	毛效	pH 值	含氧量	白度值
要求	≥10cm/30min	7.0 左右	≤0.5mg/L	≥80

正常的浴比下的工艺较容易能够满足上述条件，但在低浴比的情况下，这些条件较难达到。在实际生产中，灵活应用设备的性能，将高温排放功能与普通排放功能相结合，较好地解决了坯布含氧量和 pH 值的问题；并灵活应用不同的进水方式来改变关键过程的水量，以满足产品的毛效和白度较差的问题，同时，在前处理煮漂时使用性能稳定的煮漂三合一助

剂，以解决产品毛效不好和双氧水分解过快引起的降强问题。

② 低浴比活性染色工艺已经相对成熟，但应用到毛巾产品上还不多，主要因为毛巾产品吸水率太大，平方克重较大，染色起来较难控制，容易出现色花和染不透现象。在染色工艺上了做了大量的工作，将元明粉提前加入到大副缸中，充分混合搅拌均匀加入到主缸中，这样在加染料时就能使染料充分地匀染在布面上，加纯碱固色时采用 70％的曲线加料方式，保证染化料吸收固色均匀，很好地解决了染色色花现象。并利用设备性能，采用较高扬程的泵速和较低的转速，确保染色染透不色花。

③ 染色后处理由于毛巾产品较厚，不容易洗净，在此灵活应用进水，确保水洗时间和用水量达到最低。为保证毛巾产品的手感和吸水性，在最后一步采用吸水性柔软剂和中和酸进行 pH 值调节，以确保产品有好的外观和内在质量。

3.6.4.3 检测结果

通过分光光度仪对产品色差进行评级，并按照纺织品安全性能检测标准 GB 18401—2003（B 类）与毛巾类产品行业标准 GB/T 22864—2009（一等品）进行检测。

大货生产出的毛巾与化验室小样通过分光光度仪评定色差 $\Delta E=0.65$，满足产品质量要求。

通过化验室检测设备对毛巾产品的内在物理指标进行检测，各指标测试结果如下：

测试项目	标准	测试结果
pH 值	4.0～7.5	6.3
吸水性/s	≥20	4.2
强力（经向）/N	≥180	245
强力（纬向）/N	≥180	286
脱毛率	≥1.0	0.4
干摩	≥3～4	4～5
湿摩	≥3	4
耐皂洗（棉沾色）	≥3～4	4～5
耐皂洗（变色）	≥3～4	4～5
耐碱汗渍（棉沾色）	≥3	4～5
耐碱汗渍（变色）	≥3	4
耐水色牢度（棉沾色）	≥3	4～5
耐水色牢度（变色）	≥3	4～5

3.6.4.4 低浴比染色的社会效益和经济效益

（1）经济效益分析 每吨产品比正常处理能够节约 30％的水、汽，并能减少染化料和助剂的使用量，产品处理时间比普通工艺能够减少 30％左右，每吨产品在染整加工中能够比正常工艺节约 1000 元。

（2）社会效益分析 每吨产品能够减少 30％的污水排放，为印染行业节能减排做出了应有的示范，具有广阔的的前景。

3.6.4.5 结论

经过对产品的外观质量和内在质量的检测以及工厂在大货实际生产中可以看出，毛巾产品低浴比染色完全可以实施，既能生产出满足质量要求的产品，又能产生较大的经济效益和社会效益，并满足低碳经济的要求，具有广阔的前景。

【点评】

（1）间歇式溢流低浴比加工毛巾制品，有难度。该文提供了生产实践 1∶6 的加工工艺，值得毛巾加工企业学习、研究。

(2) 毛巾制品改用连续加工，冷轧堆染色、供参考、探讨。

3.6.5 匀流染色工艺实例

(1) 汗布[33]　93%～7%超细莫代尔——莱卡，载布量 478kg，布长 1677m，门幅 150mm，预定形，染黑色。

浴比 1：4，总耗水量 16670L，每千克布耗水 34.8L；总耗电量 45.5kW/h；每千克布消耗蒸汽 2.12kg。

(2) 毛巾布[33]　200%棉，载布量 600kg，布长 491m，布幅 220mm；漂白，染色，皂洗，固色，制软。

浴比 1：5，总耗水量 26400L，每千克布耗水 44L；每 kg 布耗电 0.11kW·h；每千克布消耗蒸气 1.5kg。

3.6.6 印染废水的回用处理

印染生产用水量大，其废水中难降解物质含量高、色度深、水质变化大，是我国工业废水治理的重点之一。目前，国内已对印染废水的深度处理与回用进行了大量的研究，如膜处理、高级氧化等新技术的研究与应用大大促进了印染废水回用率。本书通过对企业废水回用处理项目的介绍，阐述印染废水回用，要根据生产要求而采用不同的处理方法[34]。

3.6.6.1 项目概况

福建某印染企业比较重视环保治理工作，多次投巨资对水处理工程进行建设与技术改造，以适应生产发展要求，形成了完善的供排水体系。其污水治理工程于 2005 年被评为国家环保示范工程。为发展循环经济、提升企业市场竞争力，该公司于 2005 年成立了清洁生产小组，在印染生产中推广全程清洁生产，研究印染废水的深度处理回用技术，分步建设实施该工程项目。

深度处理与回用工程应建立在污水二级处理良好出水的基础上，以形成完善的废水处理与回用系统。其工艺流程见图 3-61 所示。

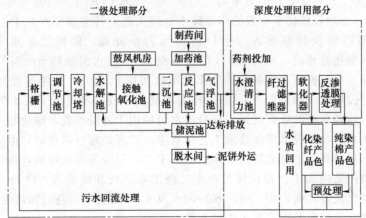

图 3-61　废水处理与回用工艺流程

印染废水的处理与回用研究，应与印染生产实际情况相结合。该企业确立了"**分质供水、清污分流**"的清洁生产方针，实施染整生产全过程清洁生产。生产废水清污分流排放，降低厂废水的处理难度；以分质供水方式，将回用水分类回用于不同生产工序，降低了处理成本。该企业生产最大用水量为 30000t/d，规划回水量为 20000t/d。二级处理后，出水与自来水源水（河水）混合，进入深度处理。其中，深度处理软化后，出水直接供应化纤类产品生产用水；深度处理反渗透（RO）膜处理后，出水回用于纯棉类产品生产。深度处理软化前部分工程已建成，并投入运行；RO 处理工艺已完成中试。公司化纤类和纯棉类产品染色工艺对回用水水质要求见表 3-77。

表 3-77　印染回用水水质要求

水质指标	pH 值	浊度/(mg/L)	色度/倍	硬度/(mg/L)	Fe³⁺/(mg/L)
化纤类产品用水	6.5～7.5	≤3	≤10	≤50	≤0.1
纯棉类产品用水	6.5～7.5	≤3	≤10	≤40	≤0.05

3.6.6.2　水处理工艺与效果

（1）污水二级处理工艺与效果　将印染生产的工业废水分类排入污水处理厂。其中，轻污染废水直接排入，重污染废水回收部分可利用物料，再经物化初步处理后排入。污水二级处理工艺采用（厌氧）水解酸化→好氧生物接触氧化→投药气浮处理工艺，其处理流程见图 3-60 二级处理工艺对 COD 和色度的去除效果见图 3-62 和图 3-63。

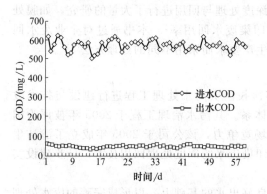

图 3-62　二级处理 COD 的去除效果

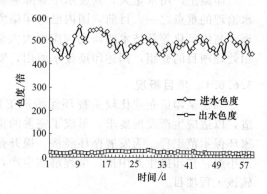

图 3-63　二级处理色度的去除效果

该工艺对 COD 及色度处理的效率均高于 90%，出水 COD 值为 40～60mg/L，出水色度平均值为 20 倍，处理效果优于一般的印染废水处理工艺。其主要原因在于：a. 由于实施清污分流，部分难降解物质在排入污水厂前得到初步处理，降低了废水生化处理难度；b.（厌氧）水解酸化处理前，将废水 pH 值调节至 7～8 及水温冷却至≤37℃，保持水解酸化处理环境的稳定性，提高水解酸化的效率及废水可生化性；c. 气浮前投加自制液体硫酸铝和脱色剂，并投加聚丙烯酰胺（PAM）作为助凝剂，进一步提高了废水处理效果。废水经二级处理后可达到良好的处理效果，部分出水可回用于冲洗地板及绿化等用途。

（2）二级出水混合水源水深度处理工艺与效果　二级处理效果良好，但出水的色度、浊度和硬度等指标仍较高，不能直接用于印染生产工艺，但经深度处理后，可回用于对水质要求较低的化纤类产品的加工。若直接对废水二级出水进行深度处理，将加大处理难度与成本，出水稳定性也较差，而采用二级出水与河水以 2∶1 混合，再进行深度处理则较为可行，混合比例可根据水质情况及生产要求进行调整。

深度处理采用澄清→纤维过滤＋软化处理工艺，对混合水的色度、浊度和硬度等指标处理效果较好（见表 3-78），除 Fe³⁺ 浓度外，其他水质指标均达到化纤类产品的染色用水要求，并保持良好的稳定性。

表 3-78　深度处理水的水质情况（RO 处理前）

项目	水源水（河水）	二级处理出水	深度处理后出水
COD/(mg/L)	3～5①	40～60	30
pH 值	6.0～7.5	6.0～6.5	6.0～9.0
SS/(mg/L)	—	15	
浊度/倍	30	2～4	<1
色度/倍	15～25	20	<10
硬度/(mg/L)	30～50	50～80	5
电导率/(μS/cm)	100～300	2300～3200	2000
Fe^{3+}/(mg/L)	0.15	0.30	0.10～0.20

① 数值为高锰酸盐指数。

3.6.6.3　盐分处理方法与效果研究

废水二级出水经混合深度处理后，大多数指标能达到印染用水的水质要求，但 Fe^{3+} 浓度和电导率仍然偏高。Fe^{3+} 浓度较高，将导致纯棉类产品色光萎暗、色斑、脆损等质量问题。在一些对盐敏感的活性、直接染料的染色中，如果溶液电导率（含盐量）过大，容易导致织物染色不匀和产生色花等现象。因此，降低回用水中的 Fe^{3+} 浓度和电导率（含盐量）成本，是印染废水回用的关键，也是目前处理技术中的一个难点。

（1）铁离子螯合处理与效果　水中的铁离子主要来自 $Al_2(SO_4)_3$ 混凝剂，而出水中存在的 Fe^{2+} 含量很少。在研究中，铁离子以 Fe^{3+} 计。二级处理后的 Fe^{3+} 浓度平均值为

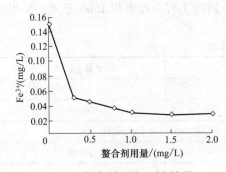

图 3-64　螯合剂去除 Fe^{3+} 效果

0.3mg/L，软化后为 0.1～0.2mg/L。一般漂染要求 Fe^{3+} 浓度应保持在 0.1mg/L 以下，在深度处理中增加去除 Fe^{3+} 工艺，这将大幅增加成本。螯合剂捕集重金属离子效率高、稳定性好，形成的金属螯合物沉淀快、易去除，在印染前处理中，可采用螯合剂处理水中的铁、铜、锌、镁等金属离子。结合公司的生产情况，选用螯合分散剂（乙二胺四亚甲基膦酸，EDTMP）作为 Fe^{3+} 处理剂。经过小试，发现螯合剂对 Fe^{3+} 的处理效果较好（见图 3-64），当螯合剂用量 0.3g/L 以上时，Fe^{3+} 浓度降低到 0.05mg/L 以下；螯合剂用量 1g/L 以上时，Fe^{3+} 去除效果基本不变，最低浓度为 0.027mg/L。在实际生产中，螯合剂用量控制在 0.3～0.5g/L，效果最佳。

（2）高电导率处理方法　由于染色中使用了大量的元明粉（Na_2SO_4）和纯碱（Na_2CO_3），导致废水中的低价钠盐量较高，二级出水电导率为 2300～3200μS/cm，深度处理后的平均值仍为 2000μS/cm。曾有研究发现，电导率较低的回用水可用于棉织物的活性染料染色。通过染色小试对比可以发现，在使用深度处理水进行浅色纯棉织物染色时，其织物鲜艳度明显比低电导率回用水差，而在染深色纯棉织物时，鲜艳度差别较小。

而反渗透（RO）膜处理技术在除盐方面有明显的优势。试验进行了一级 RO 膜处理技术除盐的中试，即在 RO 前设过滤，进水为经软化后深度处理水，中试规模为 $3m^3/h$，产水回收率为 75%。经 RO 处理后，电导率保持在 40μS/cm 以下。直接采用 RO 处理出水进行染色，虽产品质量很好，但成本较高。在试验中，将 RO 处理前后的水以 1:3 混合后进行染色，其产品质量与直接采用 RO 处理水差异很小，可满足纯棉产品的染色要求。

反渗透膜处理技术在印染废水回用处理中的应用越来越广泛，本试验仅研究其对电导率的去除效果，以及将 RO 处理前后的水混合用于染色的效果，而 RO 处理深度处理水的运行条件、影响因素、使用寿命和膜清洗等问题还有待进一步研究。

3.6.6.4 印染全过程清洁生产工艺实施

印染生产对水质的要求很高，排放废水中的污染物大部分为生产中使用的染化料助剂。在生产中推行清洁生产工艺，才能降低废水处理与回用的难度和成本。公司在清洁生产工艺中主要采取以下技术措施：

（1）纯棉前处理采用精练酶工艺代替常规烧碱前处理工艺。棉纱的损耗降低 5%～10%，废水 COD 降低 10%，用水量也有所减少。

（2）氧漂后采用脱氧酶脱氧，代替传统的大苏打脱氧，脱氧后直接投入染料染色，减少一次水洗和污水排放量。

（3）活性染料染色采用 1/8～1/10 量的代用碱代替纯碱固色，减轻了劳动强度，降低废水 COD。

（4）采用先进的气雾染色设备，以 1∶4 超低浴比染色，节约染料 10%、助剂 50%、蒸汽 30%、用水 20%～30%，废水 COD 减少 20%。

（5）采用经筛选的环保型染料、助剂，印染废水中的难生物降解物质大大减少。

3.6.6.5 技术经济分析

该公司 2007 年生产总用水量 30000t/d 废水回用：工程全部建成后回用水量 20000t/d，深度处理水总处理量 30000t/d（含水源水 10000t/d）。软化处理后直接回用 20000t/d，RO 处理后回用水 10000t/d，废水实际回用率为 66.7%。回用工程总投资约 1500 万元。采用回用水与直接采用自来水的用水成本比较见表 3-79。

表 3-79　用水成本比较

项　　目	成本/(元/t)	水量/(t/d)
废水二级处理	0.8	30000
自来水	2	30000
全部自来水用水总成本	(0.8+2)×30000＝8.4 万元/日	
深度处理	0.6	30000
RO 处理	1	10000
回用水总成本	0.8×30000＋0.6×30000＋1×10000＝5.2 万/元/日	

由表 3-79 实施废水回用工程后，用水成本每日节约 5.2 万元，每年节约 1000 万元，工程投资可在一年半内收回，经济效益显著。由于对印染生产实施清洁生产技术革新，每年节约用水约 300 万吨，减排 COD 约 2500t，环境效益显著。

3.6.6.6 结论

（1）实行清污分流有利于废水的二级处理，加强（厌氧）水解酸化和投药气浮工艺的处理，可提高二级出水水质，为深度处理提供了水质保障。将二级出水与水源水混合进行深度处理保证了出水水质，降低了处理成本。

（2）Fe^{3+} 与盐分对染色生产影响较大，螯合剂去除 Fe^{3+} 效果好、成本低，完全可达到化纤类产品染色要求。RO 处理后的水可与 RO 处理前水混合，用于纯棉类织物的染色，既保证产品质量，又降低水处理成本。

（3）印染生产过程的清洁生产是废水回用工程的基础，实施清洁生产技术革新，每年可减少生产用水量 300 万吨，减排 COD 2500t，降低了回用水的处理难度和成本。

（4）实施废水回用工程，可每年节约生产用水成本800万元，建设投资费用即一年半可收回。

【点评】

（1）清浊分流有利于废水二级处理，降低处理成本。

（2）根据化纤或纯棉织物采取不同的去除Fe^{3+}及盐分，既保证制品质量，又降低处理成本。值得业内参考。

（3）该公司实施清洁生产，开展废水回用工程，是企业可持续发展的重大举措，应引起业内重视。

3.6.7　漂染废水经济处理回用

3.6.7.1　本技术的工艺路线及主要特点[35]

（1）采用双运行路线

① 本技术的工艺路线如下：

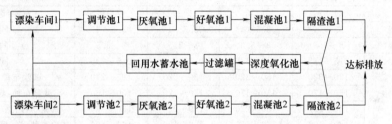

② 双运行路线的优点

a. 有利于根据生产企业的实际情况，有选择地实施清污分流或深浅色分流，从而有针对地实施各项废水处理工艺过程控制。

b. 有利于控制中水循环处理回用的次数，从而控制中水多次循环处理回用对生产可能造成的影响。

c. 有利于利用生产淡季时间进行交替维修。

（2）采用长厌氧停留时间　为确保厌氧水解效果，彻底打碎污染物中的大分子链，使后道工序的处理更容易，本技术设计的厌氧池停留时间为24h以上，比传统技术设计的停留时间延长一倍。实践证明，这种设计是十分成功的，对长期稳定运行、降低运行成本和减少用药、减少排渣量起到了关键作用。

表3-80　厌氧停留时间对COD的影响

厌氧停留时间/h	0	8	16	24
10次取样COD平均值/（mg/L）	522	497	458	403
COD平均下降百分数/%	0	4.8	12.3	22.8

（3）采取先生化后物化的处理方法，以生化方法为主，物化方法为辅　在生化物化处理方法的传统应用中，一直存在着先生化后物化和先物化后生化的两种不同方法。两种方法对比起来，采用先生化后物化处理方法有如下优点：大分子降解在前，使物化处理更容易，可明显节约用药量；用药量的减少不但节约了成本，而且排渣也明显减少；排渣的减少不但节约了排渣和反冲洗时间，提高了效率，而且降低了污泥处理的费用。

3.6.7.2　本技术的应用效果

（1）各阶段的水质情况　见表3-81。

表 3-81　各阶段水质主要指标情况

序号	检测点	COD/(mg/L)	pH 值	色度(稀释倍数)	碱度/(mg/L)	Cl⁻/(mg/L)
1	调节池原水	400~550	8~9	100~200		
2	厌氧水解后	320~440	8~9	80~130		
3	接触氧化后	180~250	7~8	40~70		
4	混凝沉淀除渣后	120~180	7~8	20~50		
5	深度氧化后	80~130	7	20~40		
6	过滤除渣后	70~100	7	10~25	7~8.5	440~700

经过连续四个月的大生产实践证明：本技术的漂染废水处理回用中水的水质指标稳定，对各颜色及布种的产品漂染质量无明显影响，能完全满足漂染生产需要。

（2）回用中水对漂染生产的影响　见表 3-82。

表 3-82　回用中水对漂染生产影响情况表

项目	新鲜水漂染	一次回用中水漂染	一二次回用中水各50%漂染	二次回用中水漂染	备注
染色返工率/%	2.12	2.13	2.56	3.05	布种:棉针织布
	1.95	1.92	2.33	2.88	布种:涤/棉混纺针织布
	1.52	1.55	1.95	2.33	布种:涤针织布
水洗牢度/级	3.5~4	3.5~4	3.5~4	3.5~4	同上
摩擦牢度/级	3~3.5	3~3.5	3~3.5	3~3.5	同上
色差/级	0.5~1.5	0.5~1.5	0.5~2.0	0.5~2.5	同上
顶破强度/N	180~220	180~220	180~220	180~210	试验布种:棉平纹布
	150~170	150~170	150~170	150~160	试验布种:棉拉架平纹布
	180~220	180~220	180~220	180~220	试验布种:涤/棉混纺平纹布
	160~190	160~190	160~190	160~190	试验布种:涤/棉混纺拉架平纹布
	240~300	240~300	240~300	240~290	试验布种:棉双面布
	240~350	240~350	240~350	240~350	试验布种:涤/棉混纺双面布

上述结构表明，用漂染废水处理回用中水进行漂染生产，随着中水循环回用的次数增加，染色返工率上升，主要影响质量指标为色差（含色花），对色牢度和强力则没有什么影响。其中用初次回用水进行漂染生产对产品质量影响很小，用第二次回用水进行漂染生产对产品质量影响明显，用第一、二次回用水各 50%（即中水循环回用次数为 1.5 次）进行漂染生产对产品质量的影响在可接受的范围内。

3.6.7.3　经济效益和社会效益

应用本技术建设相应规格的漂染废水处理回用项目，从投资、运行、成本、效果等各方面衡量，都具有较大的吸引力，具体表面如下：

（1）投资省　以建设一座处理能力为 10000t/d 的漂染废水处理及回用项目（其中中水回用量为 6000t/d，平均回用次数为 1.5 次，三级排放标准的达标排放量为 4000t/d）为例来计算，总投资约需 2000 万元（不含征地及拆迁补偿费用），单位废水处理的项目投资为 2000 元/(t·d)，见表 3-83。

（2）能长期稳定运行，能耗低，用药少，排渣量少，运行成本低廉　应用本技术按上述规模建设的漂染废水处理回用项目，漂染废水处理回用的运行费用情况如下：单位回用水费用为 0.87 元/t（其中用电 0.39 元/t，用药 0.25 元/t，工资福利 0.13 元/t，维修费等 0.1 元/t），另固定资产折旧、管理费、财务费用等固定费用约 0.91 元/t，中水回用完全成本约为 1.78 元/t（详见表 3-84）。

（3）节能减排效果显著，具有良好的经济效益和社会效益。

表 3-83　6000t/d 漂染废水处理回用项目节能减排情况

序号	项目	单位	每天数量	年总量	备 注
1	废水处理量	t	1000	3300000	年生产 330 天
2	中水回用量	t	6000	1980000	项目实施前为 0
3	节约水资源	t	6000	1980000	
4	COD 减排量	t	1.5	495	与达标排放比(按达标准排放平均 COD 为 250mg/L 计)

表 3-84　漂染废水处理回用项目经济效益核算表

序号	项目	单位	单耗/(单位/t)	单位金属/元	年总金属/元	备 注
一	运行费用	元				总量 10000t/d,年运行 330d,下同
1	电费	kW·h	0.55	0.385	1270500	电 0.7 元/(kW·h)
2	药费	元		0.255	841500	
3	工资福利	元		0.127	420000	21 人×20000 元/(人·年)
4	维修费	元		0.05	165000	含污泥清理等
5	其他	元		0.05	165000	
二	固定费用					
6	折旧费	元		0.545	1800000	按固定资产 1800 万元,年折旧率 10% 计
7	管理费用	元		0.15	495000	含管理人员工资、排污费、监测费等
8	财务费用	元		0.218	720000	按货款 1000 万元,年息 7.2% 计
三	成本合计	元		1.378	5874000	
四	水费收入 (减少支出)	元		2.05	4059000	6000t/d×330d×2.05 元/t
五	经济效益	元			−181500	单纯本项目计算
六	综合经济效益	元			2884200	综合计算,详见附注

注:1. 按废水处理量为 10000t/d,回用量为 6000t/d 计算。

2. 在总投资和总运行费用中,污水至达标排放部分约占 80%,达标排放至中水回用部分占 20%。因此,在达标排放的基础上,中水回用投资和运行实际增加的成本约为 5874000×20%=1174800 元,因此,中水回用的综合经济效益为:水费收入−成本增加=4059000−1174800=2884200 元。

【点评】

(1) 在有条件的情况下进行双运行路线的中水循环处理回用,有利于清浊分流、深浅废水分流。

(2) 中水回用的次数是个重点,双运行路线有利于控制中水多次循环处理回用。

(3) 回用水应从实际出发,应在各工序应用中"无缺陷"生产。

3.6.8　针织回用水电吸附除盐技术中试

3.6.8.1　项目背景

目前,除盐的方法主要有电吸附、反渗透、电渗析、离子交换等。反渗透、电渗析、离子交换这些方法对前道预处理要求普遍较高,而本项目中处理的废水成分复杂,水质变化大,沿用这些传统的方法势必对设备的前期预处理提出很高的要求,且增加投资和运行成本。电吸附水处理技术为近年来的一项新兴技术,技术上已比较成熟,其最大的特点就是对进水的水质要求较低,且运行中基本不消耗化学药剂,所以不需要增加过多预处理设施,运行维护也较方便[41]。

宁波某针织有限公司中水站的出水仍然不能达到该公司回用水要求,尤其是出水的硬度和氯化物浓度过高,为了进一步降低出水的硬度和氯化物含量,必须对上述水质进行深度处理。所以，本上程建议采用电吸附除盐装置，为了能更好地进行设计，积累数据，需进行电吸附除盐中试试验。

3.6.8.2 试验目的

(1) 电吸附除盐技术应用于印染行业了业用水处理的可行性的验证。

(2) 主要考察产水氯化物、硬度以及吨水能耗等指标。

3.6.8.3 试验原理

电吸附（electrosorption）除盐的基本思想是通过施加外加电压形成静电场，强制离子向带有相反电荷的电极处移动，对电极的充放电进行控制，改变电极处的离子浓度，并使之不同于本体浓度，从而实现对水溶液的脱盐。由于碳材料，如活性炭和炭气凝胶等制成的电极，不仅导电性能良好，而且具有很大的比表面积，置于静电场中时会在其与电解质溶液界面处产生很强的双电层。双电层的厚度只有 1～10nm，却能吸引大量的电解质离子。一旦除去电场，吸引的离子被释放到本体溶液中，溶液浓度升高，通过这一过程实现电极材料的再生，其原理如图 3-65 所示。

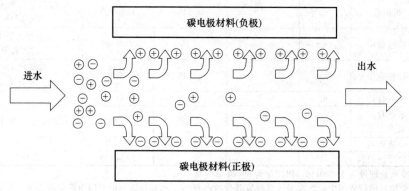

图 3-65　电吸附原理

电吸附除盐工艺的优点叙述如下。

(1) 耐受性好，运行成本低　核心部件使用寿命长（实际工程连续运行已达 5 年以上），避免了因更换核心部件而带来的运行成本的提高。该技术属于常压操作，能耗比较低，其主要的能量消耗在于使离子发生迁移，并通过控制电压使电极表面不发生极化现象。由于电吸附技术净化/淡化水的原理是有区别性地将水中作为溶质的离子提取分离出来，而不是把作为溶剂的水分子从待处理的原水中分离的来，因此与其他除盐技术相比可以大大地节约能源。

(2) 水利用率高　EST 技术可以大大提高水的利用率，一般情况下水的利用率可以达到 75％以上。

(3) 无二次污染　电吸附技术不需任何化学药剂来进行水的处理，从而避免了二次污染问题。电吸附系统所排放的浓水系来自于原水，系统本身不产生新的排放物。

(4) 操作及维护简便　由于电吸附系统不采用膜类元件，因此对原水预处理的要求不高，而日即使在预处理上出一些问题也不会对系统造成不可修复的损坏。铁、锰、余氯、有机物、钙、镁等对系统几乎没有什么影响。在停机期间也无需对核心部件作特别保养。系统采用计算机控制，自动化程度高，对操作者的技术要求较低。

3.6.8.4 试验地点与设备

(1) 试验地点与水源　本试验为中试试验，选择的试验地点在宁波某针织有限公司中水回用站。

试验水源：a. 为该公司中水站处理之后的出水（生化处理、混凝沉淀、过滤）；b. 污水站处理之后的排水。

（2）主要试验设备与规模

本试验采用的主要设备如下：

① 电吸附模块：型号 EMK400，1 套，规模 $0.6\sim1.0m^3/h$，爱思特公司生产。

② 精密过滤器：$\phi200\times1200\times5$ 芯，精度 $5\mu m$，3 套（1 套备用）。

③ 水泵：流量 $2m^3/h$，扬程 18m，功率 0.37kW，2 台。

④ 水箱：$\phi1.3m\times1.6m$，2 个。

3.6.8.5　试验流程

工艺流程分为两个步骤：工作流程和反洗流程，如图 3-66 所示。

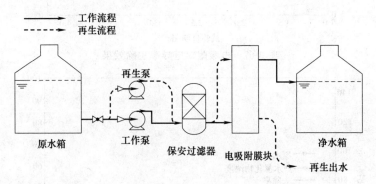

图 3-66　工艺流程

工作流程：原水池中的水通过提升泵被打入保安过滤器，固体悬浮物或沉淀物在此道工序被截流，水再被送入电吸附（EST）模块。水中溶解性的盐类被吸附，水质被净化。

反洗流程：就是模块的反冲洗过程，冲洗经过短接静置的模块，使电极再生，反洗流程可根据进水条件以及产水率要求选择一级反洗、二级反洗、三级反洗或四级反洗。本实验采取的是一级反洗流程。

3.6.8.6　数据与分析

本次试验自 2009 年 8 月 28 日起正常运行 6 天，其中前四天为中水站处理出水，最后两天为污水站处理之后的排放水。每天取样检测电导、COD_{Cr}、总硬度、氯化物等指标，并提出水质分析报告单，数据分析如下。

（1）中水试验情况

① 电导率　水的电导率与其所含的无机酸、碱、盐的量有一定关系。当它们的浓度较低时，电导率随浓度的增大而增大，因此常用于推测水中离子的总浓度或含盐量。本试验对电导的去除效果如图 3-67 所示（报告以中水站试验室检测的结果为准，但与实际有较大出入，实际进水电导率在 $750\sim1100\mu S/cm$ 之间、产水在 $120\sim220\mu S/cm$ 之间）。

从运行结果看，原水电导率波动较大，而产水的电导率则比较稳定。原水平均电导率为 $282\mu S/cm$；产水平均电导为 $73\mu S/cm$，平均去除率为 72.3%。

② 氯化物　见图 3-68。

由图可知，原水进水氯化物有所波动的情况下，电吸附产水的氯化物浓度仍然比较稳定，原水氯化物平均浓度为 53.18mg/L，产水平均值 2.17mg/L，平均去除率达到了 95%，可见电吸附技术对水中氯化物的去除效果非常好。

③ COD　见图 3-69。

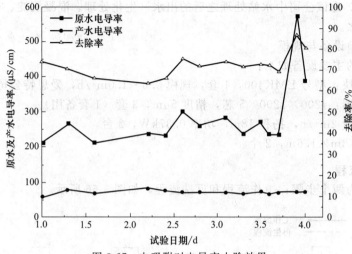

图 3-67　电吸附对电导率去除效果

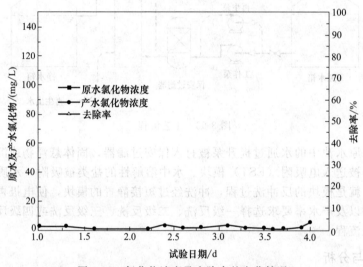

图 3-68　氯化物浓度及去除率的变化情况

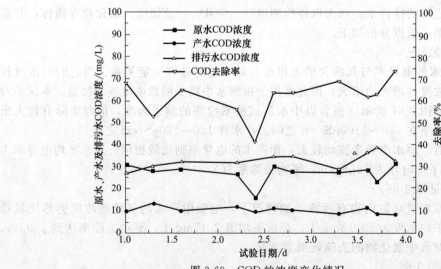

图 3-69　COD 的浓度变化情况

由图可知，在原水的 COD 平均浓度为 27mg/L，而电吸附产水的 COD 只有 10mg/L 左右，去除率为 61.6%，而电吸附排污水的 COD 也只有 33mg/L，略高于原水。

④ 浊度　见图 3-70。

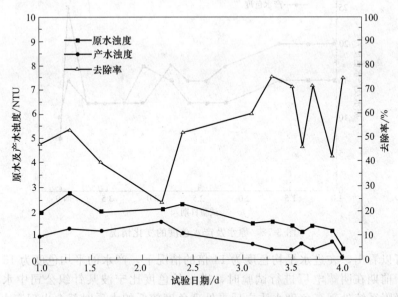

图 3-70　原水及产水的浊度变化情况

由图 3-70 可知，在原水浊度为 1.64NTU 情况下，产水平均浊度只有 0.78NTU，去除率为 54.7%。

⑤ 硬度　见图 3-71。

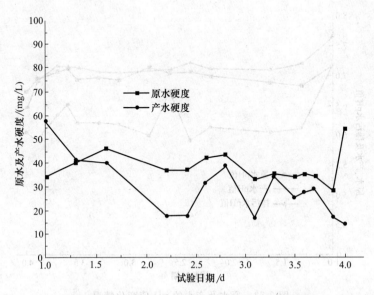

图 3-71　原水、产水的硬度的去除效果变化情况

从图 3-71 看出，原水的硬度（以 $CaCO_3$ 计）平均值为 37.9mg/L，产水的硬度平均值为 25.6mg/L，对硬度的去除率偏低，这可能是因为原水的总的含盐量较高（主要为硫酸盐），而总的硬度含量相对较小造成的。

⑥ 色度　见图 3-72。

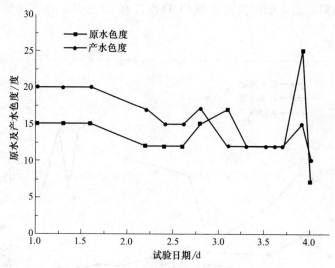

图 3-72　原水及产水色度的变化情况

由上图可以看出，在进水平均色度为 14 倍的情况下，产水的平均色度为 15 倍。出现这种情况是由于前期在明耀电厂进行试验时，进水的色度比宁波某针织公司中水站的出水要高，所以电吸附系统处理高色度水质之后再处理色度较低的水质时就会出现产水色度高于进水的现象，但是在稳定一段时间之后，产水的色度就会低于进水。但是如果进水色度进一步降低，仍会出现上述状况，直至工作一段时间之后，即恢复正常，这也是电吸附系统的一个工作特点，这点由图 3-72 完全看出来。

⑦ pH 值　见图 3-73。

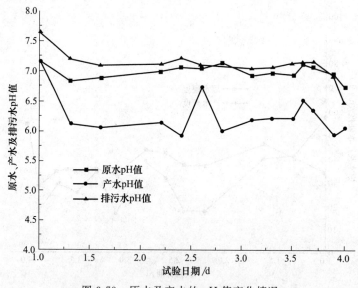

图 3-73　原水及产水的 pH 值变化情况

由图 3-73 可知，电吸附进水的 pH 值平均值 6.98，而产水 pH 值平均值为 6.26，略低于进水，排污水的 pH 值为 7.09。

⑧ 耗电量及产水率　试验总共进行 4d，每天的耗电量及产水情况由表 3-85 所列。

表 3-85 每天的耗电及产水情况

日期\项目	8月28日	8月29日	8月30日	8月31日
耗电能/(kW·h)	8.7	13.4	14.3	6.1
产水量/t	10.5	16.8	16.8	7.1
吨水电耗/(kW·h/t)	0.83	0.80	0.85	0.85

由表 3-85 可以看出每天的吨水能耗都在 $0.8kW·h/t$ 左右，平均值为 $0.83kW·h/t$。在工作和反洗流量一样的情况下，其中每周期工作时间为 62min，反洗 18min，所以

$$产水率＝工作时间×100\%/(工作时间＋反洗时间)$$
$$＝62×100\%/(62＋18)$$
$$＝77.5\%$$

（2）污水试验情况

① 电导率 本试验对污水站出水的电导的去除效果如图 3-74 所示。

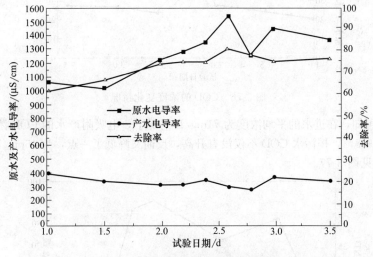

图 3-74 电吸附对电导率去除效果

从试验结果来看看，原水电导率波动幅度达到 50% 以上，而电吸附产水的电导率还比

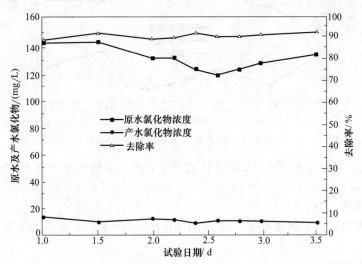

图 3-75 氯化物浓度及去除率的变化情况

较稳定，原水平均电导率为 1277μS/cm（实际在 4000～4500μS/cm 之间），产水平均电导为 328μS/cm（实际在 800～1200μS/cm 之间），平均去除率为 73.8％，略高于中水的 72.3％。

② 氯化物　见图 3-75。

由图可知，电吸附进水和产水的氯化物浓度比较稳定，原水氯化物平均浓度为 131mg/L，产水平均值 10mg/L，平均去除率达到了 92.4％。

③ COD　见图 3-76。

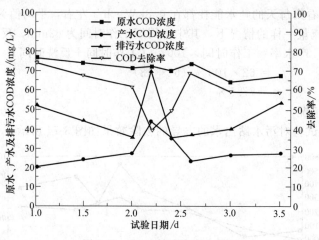

图 3-76　COD 的浓度变化情况

由图 3-76 可知，在进水的平均浓度为 71mg/L 情况下，电吸附产水的 COD 浓度为 28mg/L，平均去除率为 59.8％，排污水 COD 不仅没有升高，反而又降低了一点，为 46mg/L。

④ 浊度　见图 3-77。

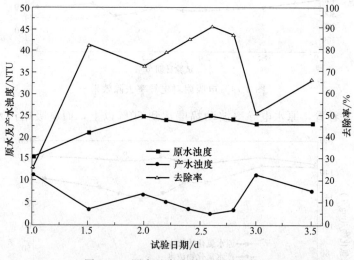

图 3-77　原水及产水的浊度变化情况

由上图可知，在原水浊度为 22.6NTU 情况下，产水平均浊度只有 6.1NTU，去除率达到了 70.9％。

⑤ 硬度　见图 3-78。

从图 3-78 看出，原水的硬度平均值为 91.8mg/L，产水的硬度平均值为 63.9mg/L，去除率仍然不高。

⑥ 色度　见图 3-79。

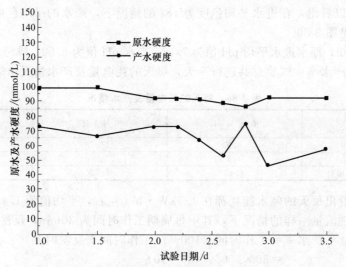

图 3-78 原水、产水的硬度的去除效果

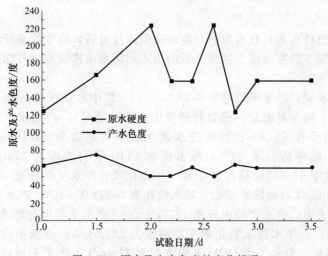

图 3-79 原水及产水色度的变化情况

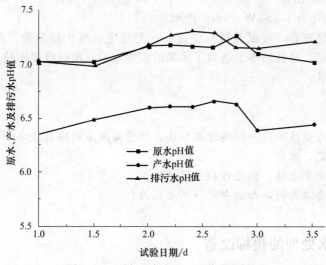

图 3-80 原水及产水的 pH 值变化情况

由图 3-79 可以看出，在进水平均色度为 167 的情况下，产水的平均色度只有 59。

⑦ pH 值　见图 3-80。

由图 3-80 可知，原水进水平均 pH 值为 7.12，产水 pH 值为 6.52，排污水 pH 值为 7.17。

⑧ 耗电量及产水率　试验总共进行 5 天，每天的耗电量及产水情况由表 3-86 所示。

表 3-86　每天的耗电量及产水情况

日期 项目	8 月 31 日	9 月 1 日	9 月 2 日
耗电能/kW·h	6.9	14.7	6.2
产水量/t	4.8	9.6	4.2
吨水电耗/(kW·h/t)	1.43	1.53	1.48

由上表可以看出每天的吨水能耗都在 1.5kW·h/t 左右，平均值为 1.48kW·h/t。

在工作和反洗流量一样的情况下，其中每周期工作时间为 30min，反洗 10min，所以

$$产水率 = 工作时间 \times 100\% / (工作时间 + 反洗时间)$$
$$= 30 \times 100\% / (30 + 10)$$
$$= 75\%$$

3.6.8.7　结论

本试验采用爱思特水务科技有限公司的电吸附除盐设备，在宁波某针织有限公司，对其中水站经过生化处理、混凝沉淀、过滤之后的出水和污水站排放水进行深度除盐处理试验研究，历时 6d。

中水试验结果表明，进水平均电导率 282μS/cm（以中水站试验室检测的结果为准，但与实际有较大出入，可参见附录一爱思特研发中心化验结果），产品水平均电导率为 73μS/cm，电导率平均去除率 72.3%；原水进水氯化物平均浓度为 53.18mg/L，产水平均值 2.17mg/L，平均去除率达到了 95%；原水进水 COD 平均浓度为 27mg/L，产水平均值 10mg/L，平均去除率 61.6%，排污水 COD 为 33mg/L；原水平均硬度 37.9mg/L，产水的硬度平均值为 25.6mg/L，去除率偏低；吨水电耗为 0.83kW·h/t，产水率 77.5%。

污水试验结果表明，进水平均电导率 1277μS/cm，产水平均电导率为 328μS/cm，电导率平均去除率 73.8%；原水进水氯化物平均浓度为 131mg/L，产水平均值 10mg/L，平均去除率达到了 92.4%；原水进水 COD 平均浓度为 71mg/L，产水平均值 28mg/L，平均去除率 59.8%，排污水 COD 为 46mg/L；原水平均硬度 91.8mg/L，产水的硬度平均值为 63.9mg/L；吨水电耗为 1.48kW·h/t，产水率 75%。

从上述实验结果来看，在试验过程中设备运行稳定、维护较简单，前期预处理要求较低，产水水质较稳定，并且基本上达到了预期的实验效果。所以电吸附技术基本上能够满足处理该种水质的要求。

【点评】

(1) 电吸附水处理技术是一种物理做加法，化学做减法的除盐技术，运行中基本不消耗化学药剂。值得研究，推广。

(2) 对进水水质要求低，预处理相应简单。

(3) 试验结果是满意的，加速中试→产业化推广。

3.6.9　印染废水处理的提标改造

针织物染整每吨布废水量为 60～120t，染整废水水质指标大致为：pH 值为 9～10，

$COD_{Cr}\leqslant1000mg/L$，$BOD_5\leqslant350mg/L$，$SS\leqslant500mg/L$，色度≤600（倍）；机织物染整加工中每百米布废水量为1.6~2.4t，其染整废水水质因品种不同和工艺不同而有所差别。

GB 4287—1992《纺织染整工业水污染物排放标准》中的一级标准规定，排放水的$COD_{Cr}\leqslant100mg/L$。2007年，江苏省出台了 DB 32/1072—2007《太湖地区城镇污水处理厂及重点工业行业主要水污染物排放限值》的地方法规，规定排放水的COD_{Cr}降至≤60mg/L。由于末端治理标准的提高，印染企业的废水处理设施已经不能满足上述要求，需对现有废水处理系统升级改造，将提标后达标排放的废水经过进一步处理，以实现水的部分回用[37]。

本文介绍江苏省张家港市益联印染有限公司的废水处理的提标改造项目，提供同行参考。

3.6.9.1 废水处理系统改造前的基本情况

（1）原水水量和水质 张家港市益联印染有限公司的废水排放总量为≤10000m³/d，其中约1200m³/d为碱减量和退浆废水，其余为印染废水。各类废水的水质情况见表3-87。

表 3-87 原水水质

指 标	pH 值	COD_{Cr}/(mg/L)	BOD_5/(mg/L)	SS/(mg/L)	水温/℃	色度/倍
碱减量退浆废水	12~14	10000				
混合废水①	7~10	800~1200	400	600	35	600

① 碱减量退浆废水经预处理后与印染废水的混合废水。

（2）改造前的废水处理工艺 公司废水处理厂现有污水处理能力10000m³/d，分东、西两套系统（处理工艺相同），本次提标改造前经多次改造扩容，其废水处理工艺流程见图3-81。

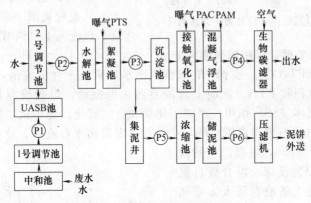

图 3-81 改造前废水处理工艺流程

（3）改造前废水处理工艺评价

① 高浓度的碱减量、退浆废水经 pH 值调节后采用向上流动厌氧污泥层（UASB）处理，处理效果不理想，原因是碱减量退浆废水经冲洗之后，COD 浓度不够高，其厌氧发酵作用未得到充分发挥，且 UASB 的池深和水力搅拌的设计也存在问题。反应器污染物的去除率约为30%，未能达到预期44%的要求。

② 系统设置了很大容量的水解池，潜水搅拌，水质较均匀；在水解后段采用空气强曝气，以利于生物絮凝；投加聚合硫酸铁（PFS）混凝剂进行混凝沉淀，沉淀污泥回流至水解池，类似生物铁法。因此水解效果较好，COD 去除率在55%~60%，混凝出水COD_{Cr}一般低于510mg/L。

③ 接触氧化池停留时间为16h，填料的接触时间约10h，负荷适中。COD 去除率在

65％～70％，出水 COD_{Cr} 一般低于 170mg/L。

④ 混凝气浮 COD 去除率在 40％左右，出水 COD_{Cr} 一般低于 100mg/L。

3.6.9.2 提标改造工艺方案的确定

（1）水量和水质标准设计

① 水量标准 混合废水处理能力：日污水处理量 10000m³，每小时污水处理量 420m³。其中，碱减量、退浆废水的日处理能力 1200m³，每小时污水能力 50m³。

② 水质标准 按照《太湖地区城镇污水处理厂及重点工业行业主要水污染物排放限值》标准执行，见表 3-88。

表 3-88 出水水质标准

指标	pH 值	COD_{Cr} /(mg/L)	BOD₅ /(mg/L)	SS /(mg/L)	色度/倍	总磷(TP) /(mg/L)	氨氮(NH₃-N) /(mg/L)	总氮(TN) /(mg/L)
数值	6～9	≤60	≤15	≤50	≤40	≤0.5	≤5(8)	≤15

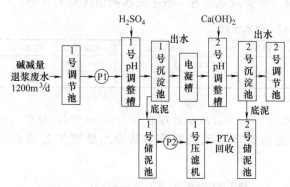

图 3-82 碱减量退浆废水预处理工艺流程 I

（2）碱减量退浆废水预处理工艺的选择 碱减量、退浆废水经热水、冷水冲洗后，COD_{Cr} 仍为 2500～6500，这两股水量占全部印染废水 10％左右，属高浓度有机废水。拟将其分流进行局部预处理，然后，再与其他印染废水混合处理。碱减量、退浆废水的预处理拟定两个方案。

① 酸析电凝方案（方案 I） 方案 I 工艺流程见图 3-82 中，碱减量、退浆废水自流入 1 号调节池，经水泵 1（P1）提升至 1 号 pH 值调整槽，采用浓硫酸调节 pH 值至 5.5 左右，在调节 pH 值的同时会析出部分精对苯二甲酸（PTA）。1 号 pH 值调整槽出水自流入 1 号沉淀池，沉淀池底泥流入 1 号储泥池，经压滤机回收 PTA。沉淀上清液自流入电凝槽，电凝槽兼具电凝聚、电气浮、电氧化和去除悬浮固体（SS）作用，增强了化学和空气氧化。经中试，混合废水 COD 的去除率在 50％以上，并可有效提高废水的可生化性。电凝出水自流入 2 号 pH 值调整槽，投加石灰乳调节 pH 值至≥8.0，电凝产生的铁离子与石灰乳发生混凝反应。混合液自流入 2 号沉淀池，沉淀上清液自流入 2 号调节池。

② 酸析分离方案（方案 II） 方案 II 的工艺流程如图 3-83 所示。

由图 3-83，碱减量、退浆废水自流入 1 号调节池，经水泵 1（P1）提升至 1 号 pH 值调整槽，采用浓硫酸调节 pH 值至 ≤4.0，在调节 pH 值的同时析出几乎全部的 PTA。1 号 pH 值调整槽出水自流入 1 号沉淀池，沉淀底泥经污泥泵 2（P2）提升至 1 号压滤机回收 PTA。

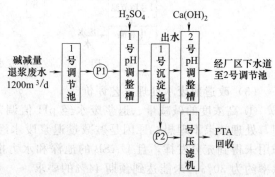

图 3-83 碱减量退浆废水预处理工艺流程 II

沉淀出水和压滤机滤后液自流入 2 号 pH 值调整槽，投加石灰乳调节 pH 值至中性，出水经厂区下水道流入 2 号调节池。1 号调节池、1 号 pH 值调整槽和 2 号 pH 值调整槽利用原碱减量废水调节池分隔改造和防腐；空气搅拌、压滤机利用原有设备；浓硫酸、石灰乳投加装置需新建。

③ 碱减量、退浆废水预处理主要工艺参数

a. 1号调节池　混凝土结构，内壁玻璃钢（FRP）防腐，空气搅拌，水力停留时间 HRT≈5h，配置在线 pH 计。

b. 1号 pH 值调整槽　混凝土结构内壁，FRP 防腐，水力停留时间 HRT≈2h，表面负荷≤0.5m³/(m²·h)，空气搅拌。

c. 1号沉淀池　混凝土结构内壁，FRP 防腐，水力停留时间 HTR≈7h。

d. 2号 pH 值调整槽　混凝土结构内壁，FRP 防腐，空气搅拌，水力停留时间 HRT＝2h，配置在线 pH 计。

e. 98%浓硫酸投加装置　10m³ 钢储罐，聚偏氟乙烯（PVDF）计量泵 2 台（1用1备）。

f. 石灰乳投加装置　10m³ 的 CS＋FRP 溶药箱，机械搅拌，50m³ 混凝土结构石灰乳储槽，ZW 型自吸式排污泵 2 台（一用一备）。

④ 预处理方案技术经济效果比较　碱减量、退浆废水经方案Ⅰ和方案Ⅱ预处理后，其技术经济效果比较见表 3-89。

表 3-89　预处理方案技术经济效果比较

方案	COD 去除率/%	预处理产物	工程直接费/万元	运行费用
方案Ⅰ	≈50	PTA 和铁盐/石灰无机污泥无回收价值	约 190	0.71 元/m³ 废水,含电费、药费和极板损耗等
方案Ⅱ	≈75	PTA 污泥有回收价值	约 100	0.91 元/m³ 废水,含电费和药费等

比较方案Ⅰ和方案Ⅱ的预处理产物指标和运行费用，最终确定选用方案Ⅱ，即碱减量、退浆废水预处理工艺采用酸析分离方案。

（3）混合废水处理工艺的选择

① 混合废水处理工艺构想

a. 水解池、生物絮凝池、沉淀池均沿用原有成熟的生物厌氧（兼氧）-好氧处理工艺路线，基本不变。

b. 综合池（先水解后接触氧化）为增设单元，水解和接触氧化的分格可通过调节曝气量进行转换。西区利用原水解池北面的 2 格改建，东区采用原 UASB 改造。东、西区综合池都分为 4 格，前 2 格为 2 号水解池，后 2 格为接触氧化，均内设曝气装置，以氧化还原电位计（ORP）控制水解的氧化还原电位。水解、接触氧化的分格可通过调节空气量进行转换。因生物絮凝池投加了聚合硫酸铁（PFS）絮凝剂，因此，BOD/N/P 的比例失调，东、西综合池各设 1 套营养投加装置，以补充氮磷不足。

c. 原接触氧化池、混凝气浮池沿用，不作变动。

d. 增设的风机采用变频控制以节约能耗。

② 混合废水处理工艺流程　混合废水处理工艺流程如图 3-84 所示。

③ 混合废水处理主要工艺参数

a. 1号水解池　水解池减少 2 格，为 25.0m×12.5m×2.7m，池容积减少 1687m³，水力停留时间减少约 4h，实际水力停留时间为 18h。

b. 2号综合池　东、西区两套均分为 4 格，前 2 格为水解段，后 2 格为接触氧化段。

水解容积共增加 4860m³，水力停留时间增加约 12h；填料高度 3m，填料共增加 1950m³，填料接触时间增加约 4.5h。

接触氧化容积共增加 4860m³，水力停留时间增加约 12h；填料高度 5m，填料共增加

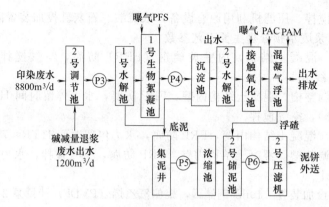

图 3-84　混合废水处理工艺流程

$3250m^3$，填料接触时间增加约 8h。

接触氧化有机容积负荷率由原来的 $0.5kg\ BOD_5/(m^3 \cdot d)$ 下降至 $0.3kg\ BOD_5/(m^3 \cdot d)$。

（4）主要工艺特点

① 碱减量、退浆废水预处理，预计 COD 去除率约 75%，可改变原 UASB 去除率较低的现状。

② 原有成功的工艺基本沿用以下方式。

大容量的 1 号水解池（约 $10000m^3$）和机械搅拌可充分均和不同时间/浓度的来水，有利于保持混凝沉淀的稳定效果；

原水较高的 pH 值也适合 PFS 的混凝和吸附，强曝气生物絮凝可改善沉淀效果；

沉淀污泥回流到 1 号水解池，因污泥停留时间长，污泥中被吸附的大量有机物可实现一定的水解和厌氧，污泥量也可减少。

③ 混凝沉淀后，新增 2 号综合池水解段安装填料并补充氮磷营养，可改变原流程中无生物膜水解工艺的状况。在 pH 为中性、水解停留时间约 12h 和 ORP 控制较适宜的氧化还原电位条件下，充分利用填料上附着的水解菌，有效改善废水的可生化性，提高后续的接触氧化效果。

④ 综合池接触氧化段可新增填料接触时间约 8h，原有的中负荷接触氧化将成为低负荷延时接触氧化，系统出水得到保证。

⑤ 增设的综合池 2 号水解段水深 6.5m，水解填料高 3m，填料下保持一定高度的悬浮污泥层，类似原 UASB 工艺；接触氧化段水深 7.0m，填料高 5m，可提高充氧效率、节约能耗。

⑥ 增设的水解和延时接触氧化工艺可进一步减少系统的产泥量。

⑦ 本系统未增加污水的提升次数。

（5）各单元废水处理效果预测　各单元废水处理效果预测见表 3-90。

表 3-90　废水处理效果预测

指　标	$COD_{Cr}/(mg/L)$	COD 去除率/%	$BOD_5/(mg/L)$	BOD 去除率/%	pH 值
碱减量退浆废水	10000		2000		12
酸析-沉淀-压滤	2500	75	500	75	4
2 号调节池混合废水	1200		360		9
絮凝-沉淀池	600	50	200	40	7
2 号综合池-水解	500	15	200		6.5
延时接触氧化	100	80	20	90	7.5
混凝气浮	≤60	40	≤15		7

3.6.9.3 调试与运行

（1）工艺调试情况

① 本改造项目调试的重点是综合池，综合池由水解段和接触氧化段两部分组成。调试以投加接种活性污泥开始，污泥来源于 1 号水解池和沉淀池，同时投加复合肥以补充氮磷元素，并全部开启曝气以促使尽早提高池内污泥浓度和在填料上挂膜。维持污泥浓度和稳定 pH 值是综合池调试的关键。

② 经调试一段时间后，综合池水解段的曝气量逐步减少，随着溶解氧 DO 值的降低，使其从接触好氧状态转为兼氧状态；接触氧化段的曝气继续，控制 DO 值为 1.5～4。如果水面翻动均匀，水色成咖啡色，无强烈臭味，且出现少量泡沫并一吹即散，表明曝气效果和微生物生长良好，预期处理效果较佳。

③ 原有的水解池、絮凝池、沉淀池和接触氧化池等处理单元由于运行基本正常，调试情况从简。

（2）监测运行报告　本提标改造工程于 2009 年 4 月竣工，4 月中旬进入调试，调试期为 2 个月。经环境监测站监测和运行数据，主要污染物（COD_{Cr}）处理效果汇总见表 3-91。

表 3-91　主要污染物（COD_{Cr}）处理效果汇总

日　期	调节池原水/(mg/L)	排放水/(mg/L)	总去除率/%	日平均水量/(m³/d)
6 月 11～30 日	672	55.5	91.7	5472
7 月 1～10 日	657	45.4	93.1	5348
7 月 11～20 日	678	51.9	92.3	5830
7 月 21～31 日	660	44.5	93.3	6520
8 月 1～10 日	723	56.5	92.2	6192
8 月 11～20 日	714	59.8	91.6	6070
8 月 21～31 日	798	75.4	94.3	4961
9 月 1～10 日	752	52.2	93.1	4711
9 月 11～20 日	838	59	93.0	4794
平均值	721	52.1	92.8	5544

由表 3-91 知，本提标改造工程设施于 2009 年 6 月下旬进入正常运行阶段，历经 3 个月，排放水的 COD_{Cr} 平均值为 52mg/L，COD 去除率为 93%，达标率为 100%，达到了预期效果。

3.6.9.4 结论

（1）碱减量、退浆废水预处理原采用 UASB 反应器，处理效果不理想。提标改造中，对酸析电凝方案和酸析分离方案通过中试对比和技术经济效果论证，最后采用了酸析分离方案。

（2）混合废水处理中，肯定并保留了原来生物厌氧（兼氧）-好氧处理工艺路线，基本不做变动。在此前提下，增设了较大容量的综合池（先水解，后接触氧化）处理单元。水解和接触氧化的分格可通过调节曝气量进行转换，大大增加了工艺调控的回旋余地。

（3）对工艺参数如水质、水量，水解池、接触氧化池的水力停留时间，接触氧化填料的接触时间，水解池和接触氧化池的有机容积负荷率等都进行了优化。

（4）调试运行中应重视 pH 值的控制和氮、磷等营养物的补充，通过 ORP 计控制较适宜的氧化还原电位，关注生物膜的生成和代谢，从而提高生物处理的运行水平，保证出水的达标率。

（5）通过以上措施，提标改造后的运行数据表明，排放水 COD_{Cr} 平均值为 52mg/L，

COD 去除率为 93％，达标率为 100％，达到了预期效果。

【点评】

（1）染整末端治理标准的提高，迫使对现有废水处理系统升级改造。

（2）提标改造必须根据本企业的生产实情，排查出重点工艺污水的现状，制订出改造方案。

（3）碱减量、退浆污水预处理提标改造，设计酸析电凝方案和酸析分离方案中试对比，效果论证后采用后者，改造思路正确。

3.6.10 太湖流域污水提标项目的实践

本案例介绍的是苏州地区的一家国内知名品牌企业。该企业以针织成衣生产为主，有两家针织染色分厂和后整理车间。企业原来已有污水处理设施，自太湖蓝藻事件爆发后，应环保部门的要求开始了提标改造的准备，公司技术人员自 2007 年年中～2009 年上半年与该企业一起做了大量的水质化验、水样小试、投资分析等前期工作后实施提标改造的工程。工程实施于 2009 年 5 月动工，由于土建改造时间的延长，2009 年 12 月全工程安装结束，春节后正式调试。2010 年 3 月，工程调试正常并通过了苏州环保部门的验收。以下做些相关的交流[38]。

3.6.10.1 工程概况

（1）工程处理总水量   1000m³/d。

（2）染色品种   全棉占 85％左右，混纺、涤纶占 15％。

（3）染机情况   80％染机为进口小浴比染缸（小浴比染缸所排污水浓度高，处理有一定的难度）。

（4）染料种类   活性染料为主，少量分散染料。

（5）进水水质指标

项目名称	单位	进水上限值
COD	mg/L	≤1200
BOD	mg/L	≤400
SS	mg/L	≤300
pH 值		5～13

（6）处理后出水指标

项目名称	单位	处理后出水指标
COD	mg/L	≤60
氨氮	mg/L	5
磷	mg/L	0.5
pH 值		6～9

注：依据国家 2008 年对太湖地区重点工业行业主要水污染物排放限制。

3.6.10.2 处理工艺与效果

（1）处理工艺

① 处理工艺的说明   本工程采用泥、膜共用处理工艺，目的是有效降解和去除水中的污染性有机物，处理后达到 COD≤60mg/L，满足排入自然水体的环保要求。

② 工艺流程

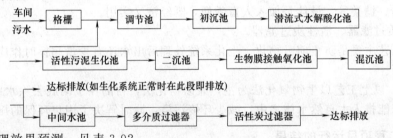

（2）处理效果预测　见表 3-92。

表 3-92　处理效果预测

序号	处理设施	指标项目	进水指标	出水指标	去除率	排放指标
1	格栅调节池预曝气	COD_{Cr} pH 值	≤1200mg/L 5～13	≤1100mg/L 6～9	5%	
2	潜流式水解酸池生物膜接触氧化池活性污泥生化池	COD_{Cr} pH 值	≤1100mg/L 5～13	≤80mg/L 6～9	≥93	
3	沉淀过滤	COD_{Cr} pH 值	≤80mg/L 6～9	≤60mg/L 6～9	≥25	
4	系统整体	COD_{Cr} pH 值	≤1200mg/L 5～13	≤60mg/L 6～9	95	≤60mg/L

（3）处理设施的功能

① 调节池（停留时间：18h）

功用：调节水质、水温、水量。

② 初沉池

表面负荷 $0.58m^3/(m^3 \cdot h)$；有效面积 $400m^3$；功用：去除原污水中容易去除的悬浮胶体、色素、纤维类杂质等，同时可去除部分的 COD。

③ 潜流式水解酸化池（停留时间：22h）

工作原理：依靠水力和少量间歇的空气推动池内菌泥上下循环，池内成圆周运动，使水体中的各种兼氧菌、水解菌、不产甲烷菌等悬浮于水中，并同时对水中的有机污染物进行有效的酸化水解。这样做的作用是：经有效水解的水体有利于好氧菌的生长和工作，对最终出水至关重要；是这样设计的水解池水质不会发臭，对周围的空气环境有利；水解酸化工艺是厌氧工艺的前半段，原理是利用水体中的缺氧菌、兼氧菌等不产甲烷菌的生命特征，让这些细菌在其生命活动的时候把各种复杂有机物，如高分子碳水化合物、脂肪、蛋白质等进行酸化发酵，生成游离氧、CO_2、氨、甲酸、乙酸、丙酸、丁酸、甲醇、乙醇等产物，一般水解酸化段对 COD 的去除率为 20%～35%，色素去除率则在 60%～80% 之间。

（4）好氧处理工艺

① 活性污泥生化池　停留时间 25h，处理目标 出水 COD≤80mg/L。

② 生物膜接触氧化池　停留时间 18h；处理目标 混沉池出水 COD≤60mg/L。

③ 两种好氧工艺原理简述　好氧工艺就是让好氧微生物生长繁殖成一个带泥质的菌胶团，在其菌胶团上共生着其他微生物，长成形的活性污泥成褐色，有些泥土腥味，当这些菌胶团在小体中运动繁殖，进行新陈代谢时降解、消化了水中有机污染物。

④ 好氧池管理的注意事项

a. 控制好水温，不宜过高。一般适宜水温为 28～20℃，不超过 35℃（染厂水温容易超高，特别夏天高温天气）。

b. 控制水中的溶解氧的含量。一般活性污泥生化池水体中溶解氧控制在 2mg/L 以上，为防止污泥膨胀，溶解氧浓度宜控制在 2～3mg/L。

c. 适当加入营养。因为染色污水缺少足够微生物生长的养分，所以在运行中要加入如粪便类、面粉、糖类等。最佳是加入人畜粪便，既经济又实用。

d. 多介质过滤器、活性炭过滤器。

此两道工艺主要是防止前级物化、生化系统处理后出水还有少量超标时作应急之用，平时一般不常开。

⑤ 小结：以上工艺以生物氧化法为主，兼以物化法，目的在于彻底去除水中的污染物，使处理后出水能排入大自然水体之中，减少环境污染，同时解决了用户环保的压力。

3.6.10.3　工程项目运行的结果

（1）工程实施时间　工程实施时间为 10 个月，含春节休假和土建延长时间。

（2）运行吨耗费用　每吨水处理总费用：2.5 元/m^3。

（3）调试后出水监测结果

时间：2010.4.15

监测单位：苏州环保监测部门

调试后出水监测结果见表 3-93。

表 3-93　调试后出水监测结果

监测时间	监测点位	监测结果					
		pH 值	COD_{Cr}/(mg/L)	TP/(mg/L)	NH_3-N/(mg/L)	色度/倍	出水量/(m³/d)
上午	原水 1	10.85	979	4.96	10.4	350	
	排放水 1	8.74	38	0.17	1.01	20	
中午	原水 2	10.83	1000	5.03	9.4	410	
	排放水 2	8.73	35	0.16	1.23	20	900
下午	原水 3	10.8	980	5.06	9.95	280	
	排放水 3	8.74	37	0.15	1.28	20	
排放水日均浓度			37	0.16	1.17	20	

【点评】

（1）由表 3-93 出水监测结果可见，该项太湖流域污水提标项目是成功的。

（2）污水排放标准会逐年修订、提高，提标改造首先方案可行性论证很重要，再者因地制宜少花钱办好事乃上策。

3.6.11　凤竹针织染整的节水

凤竹公司在推进针织漂染生产的节水、节能和污水回收利用方面做了大量的工作，一是从工艺技术的改进上研究生产全过程的节水降耗；二是应用先进生产设备，采用低浴比染色节能降耗；三是采用分质供水、清污分流，合理用水和排污，并使生产中产生的污水得到有效的处理，达标排放；四是研究废水的深度处理，达到回收利用的目的。通过以上几个方面的研究，使整个漂染生产过程尽可能做到了清洁、环保。公司在取得良好经济效益的同时，取得了可持续发展的良好的社会效益[39]。

（1）漂染全过程的清洁生产　针织染整生产用水量大，特别是活性染料染色平均每吨布用水在 150t 左右，其产生的废水 COD、BOD 值高，各种化学药剂严重污染了水质，需经过多次处理才能达到国家制定的排放标准。凤竹公司在生产过程中的节约用水、降低污水排放量及污水的回收利用方面投入了大量人力、物力，做了多年的技术改进工作，采取了下列行之有效的清洁生产措施。

① 纯棉产品前处理采用精练酶工艺，代替了常规的烧碱前处理工艺，它的优点在于：a. 降低棉纱损耗，与常规烧碱前处理工艺相比可降低织物损耗 10%～15%；b. 氧漂后的水洗次数比常规烧碱前处理工艺减少一次，减少用水 15%；c. 降低了废水中的 COD 值，经测定与常规烧碱前处理相比 COD 值可下降 10%，减轻了污水处理的负担，降低了污水处理成本。

② 氧漂后的脱氧采用除氧酶生物脱氧，代替了传统的大苏打化学脱氧，由于除氧酶对染料的上染没有影响，因此脱氧后不必排水水洗可直接投入染料染色，这样又减少了一次水洗，节约用水 15%，减少了污水的排放量。

③ 活性染料染色采用代用碱代替纯碱作固色碱剂，将大量的纯碱用 1/8～1/10 的代用碱取代，一方面减轻了工人劳动强度及仓储占用，另一方面由于代用碱容易清洗，可以省略一次热水洗和酸中和，比传统纯碱固色工艺节约用水 20%，工艺时间缩短 10%，废水的 COD 值降低 50%，大大降低了污水处理费用。

④ 在设备选型上，公司斥巨资引进德国 THEN 公司的气雾染色设备，由于 1∶4 超低浴比的染色技术，比传统染色机染色节约染料 10%，助剂节约 50%，蒸汽节约 30%，吨布节约用水 30%，废水 COD 含量减少 20% 以上。同时由于气雾染色设备的特殊结构，在染色过程中能不断地将织物吹开，更换折叠位置，消除折皱，因此染色产品布面平整无折皱，品质得到提升，是一般染机无法达到的良好的布面外观效果，采用该设备既节能降耗又提高了产品质量。

⑤ 在染化料的筛选方面高度重视清洁环保，凤竹公司的产品在 2001 年就已通过国际生态纺织品 Oeko-Tex Standard100 标准认证，达到一类标准要求，目前又通过了 ITS 公司的 Intertek 认证，取得 Intertek 生态产品第一级别认证证书，为公司产品走向世界提供了绿色通行证。公司应用的染料助剂均为经过严格筛选的汽巴、科来恩等国内外知名公司环保型染料、助剂，这就使得漂染污水中的有害物质大大减少。

以上五项措施是在生产过程中各道工序采取的清洁生产措施，它保证了生产过程的环保性，有了清洁生产的基础，为污水的达标排放和深度处理后的回收利用打下了良好的基础，以下是污水处理回收利用情况。

（2）污水的深度处理和达标排放 染整废水是难以处理的工业废水，其特点是废水量大，水质复杂，有机物浓度高，难生物降解的物质多，色度深，其中主要是以芳烃和杂环化合物为母体，并带有显色基团和极性基团有机染料的污染最为严重；随着染料工业和后整理技术的发展，新型助剂、染料、后整理剂等在染整工业中被大量使用，进一步加重了废水处理的难度。

凤竹公司从 1989 年开始就进行印染污水处理设施的建设，十几年来也一直在进行印染污水处理工艺的探索，并进行了多次处理设施的改造。虽然每次的改造均能满足当时的环保要求，但随着社会与经济的发展，对印染废水的处理要求也在不断地提高。为了解决印染废水对环境的污染问题，彻底解决环保问题对公司今后发展的制约，凤竹公司决定采用国内外最先进的污水处理技术进行印染废水的处理，并对处理后的废水再进行深度处理回用于生产中。

在综合多年来在漂染废水处理的经验及考察国内外染整处理技术的基础上，公司污水处理厂最终采用了水解（厌氧)-接触氧化-气浮处理工艺进行建设。该工艺具有以下的特点：处理工艺成熟，该工艺为目前印染废水处理应用最为广泛的处理工艺，处理效果稳定，运行管理方便，处理成本较低。工程实践证明该工艺适合于凤竹公司的废水处理，处理效果达到国内同类废水的一流水平。

深度处理再回用的处理工艺主要结合污水处理厂处理达标后的水质情况及染整用水的水

质特点，采用混凝沉淀、过滤、离子交换除盐等处理工艺，主要用于去除水中的 COD、色度、浊度、硬度及部分金属离子，其中还有部分回用水根据染整生产的需要再进行反渗透除盐处理。该回用处理工艺已于 2005 年 7 月前进行了中试，试验效果也证明了回用水水质除含盐量外基本能达到染整用水的水质要求。

凤竹公司污水处理及深度回用处理工艺流程见图 3-85 所示。

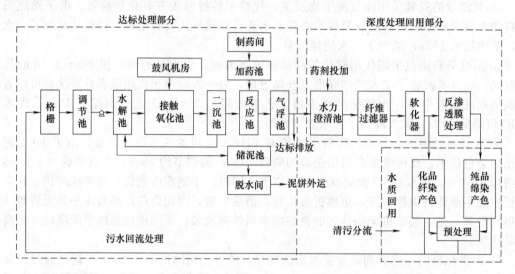

图 3-85 废水处理工艺流程

凤竹公司污水处理厂于 2003 年 6 月正式投入运行，在 2 年多的连续处理运行中，污水厂的最终出水均优于《纺织染整工业水污染物排放标准》（GB 4287—92）中的一级排放标准，稳定、良好的出水水质为凤竹公司的污水经深度再处理回用于生产提供了良好的基础。凤竹公司于 2004 年开始进行污水深度处理试验，试验结果表明，深度处理的技术工艺是适合凤竹公司的污水深度处理，处理后的水质基本可以达到染整生产的水质要求。具体的水质情况见表 3-94。

表 3-94 凤竹公司污水处理及回用处理试验水质情况

项 目	COD /(mg/L)	pH 值	SS /(mg/L)	浊度/NTU	色度/倍	硬度 /(mg/L)	电导率 /(μS/cm)	Fe^{3+} /(mg/L)
污水厂进水	650	7～9	300		450			
污水厂出水	40	6～6.5	15	2～4	18	50～80	2300	0.3
达标要求(GB 4287—92)	100	6～9	70		40			
深度处理出水	30	6.2～6.7		<1	5～10	5～6	2000	0.1～0.2
公司漂染用水要求		6.5～7.5		≤3	≤10	≤50		≤0.05

（3）漂染废水回用工艺研究 从表 3-94 看出，漂染废水经深度处理后大多数指标已达到漂染用水的水质要求，但电导率和铁离子浓度仍然偏高（一般自来水的电导率为 250～280μS/cm），电导率和铁离子浓度超过标准要求对染色过程造成的影响有如下几个方面。

① 铁离子浓度高对染色产品的影响 铁离子浓度稍高，对分散染料、酸性染料、阳离子染料的染色影响不大，经过与自来水打样对比色光、深浅度、鲜艳度均无明显差别，但对于纯棉类产品活性染料和直接染料的染色则有一定的影响，它将导致色光萎暗、织物色渍、脆损等质量问题。

② 电导率高对织物染色的影响　电导率主要由染浴中的电解质和金属离子决定，溶液中的有机物、无机盐都能使电导率升高，这些金属离子对活性染料、直接染料等织物的染色有较大的影响，正常使用的自来水中加入元明粉之后，电导率随着元明粉加入量的不断增加，也快速上升，可见元明粉的加入对溶液电导率的高低影响很大，在一些对盐敏感的活性、直接染料的染色中如果元明粉加入量太大或太快都容易导致织物上染不匀，产生色花现象，因此回用水中电导率的指标远远高于自来水就相当于预先在染浴中加入了元明粉，是否会影响活性染料的匀染性这个问题值得去考虑和研究对策。

③ 对于铁离子浓度超标　采取的措施采取的方法是在回用水中加入 0.3～2g/L 螯合分散剂用来螯合铁离子，然后测量不同用量螯合剂的螯合效果。经试验采用整合分散剂 540 对铁离子浓度的降低效果明显。试验情况如表 3-95 所列。

表 3-95　螯合剂螯合铁离子效果

螯合分散剂 540/(g/L)	0	0.3	0.5	0.8	1	1.5	2
Fe^{3+}/(g/L)	0.15	0.05	0.045	0.035	0.03	0.027	0.027

由表 3-95 可知回用水中加入螯合分散剂，可将铁离子浓度降低到 0.027g/L，实际生产中只需要加入整合剂 0.3～0.5g/L。就可达到漂染用水的水质要求。

④ 对于电导率过高采取的措施　由于染色过程中加入了大量的元明粉（Na_2SO_4）和纯碱（Na_2CO_3），其中大部分是元明粉。而钠盐是废水中很难处理的物质，因此电导率过高分析为水中含有部分元明粉。元明粉的预先加入，可加快染料的上染，如果使用的几种配色染料对电解质敏感程度不一也会造成染料上染不同步，色花和色差现象均可能产生，因此考虑采取以下方法来解决：a. 对染料进行筛选，选择对电解质不敏感的染料，例如汽巴克隆 FN 型染料、雷玛素 RR、RGB 染料都可以采用预先加盐工艺，这些染料在电导率高的水质中染色不容易产生色花；b. 重新制定染色工艺曲线。为了配合回用水的染色，专门制定了一套有针对性的染色工艺曲线，来配合回用水的染色，确保利用回用水染色，产品品质不受影响。

(4) 分质供水、清污分流，回用水再次深度处理　综合以上情况可以看出，染整废水深度处理回用于生产中最大的问题是水中含盐量高、电导率大，最终影响到正常的染整生产。目前反渗透膜分离技术是废水的深度回用处理中研究较为广泛的技术，也是一种比较有效、经济的除盐技术。但相对于常规的水处理技术，仍存在投资大、处理成本高、管理技术要求高等问题。

因此，为了最大限度地提高废水的回收率，同时考虑到降低回用水深度处理的成本，对回用水处理采取了"分质供水、清污分流"处理方法。所谓分质供水即对不问的染整工艺用水要求提供不同的水质，水质要求不高的可以采用一般的回用水，水质要求高的可以再进行反渗透的脱盐处理。处理达标后的废水经过滤、软化等工艺深度处理后基本达到一般产品染色用水要求，但对于一些特殊产品，如棉漂白产品和一些特别鲜艳的染色产品的用水，采取再增加一道反渗透膜处理工艺以提高水质。清污分流即根据污水的不同污染情况进行分别处理，对于浓度较高的污水先进行必要的预处理再进入污水深度处理，以降低水处理成本。

(5) 污水回用经济效益与社会效益分析　公司生产过程的节水降耗是在原生产基础上采取的措施，不必增加新的投资，项目的主要投资在于污水的深度处理部分，污水的深度处理总投资估算为 2200 万元，2007 年废水回用率达到 70%，公司漂染年产量 50000t，每吨布节约用水 105t，全年可节约用水 525 万吨。项目实施后取得了如下环境效益：每年 COD 排放量约减少 5520t，BOD 排放量约减少 1320t，SS 排放量约减少 2555t。

《印染行业准入条件》中，现有印染企业针织物及纱线的新鲜水取水量≤130t 水/t；新建或改扩建印染项目的针织物及纱线新鲜水取水量为≤100t 水/t。凤竹技术改造后从≤130/t 水/t 降至 45t 水/t，节省 85t 水/t 的取水，佐证了节能减排、中水回用的节水巨大潜力，说明循环经济在染整企业实现清洁生产过程中的重大作用。

【点评】

(1) 福建凤竹是业内首家实现废水处理数据可视化企业。

(2) 印染废水深度处理回用，出水水质优良，是针织企业废水回用的示范。

(3) 二沉池出水水质好，减少后续对膜的冲击负荷，工程实施以来反渗透膜正常运行，经验可供业内参考。

3.6.12　印染废水中水回用工程的建设

太湖流域地跨江、浙、皖、沪三省一市，流域面积 36500km²，其中江苏占 52.5%。流域内有 37 个大中城市和县级市。太湖流域是我国经济发展最快的地区之一，也是工业化、城市化程度较高的地区之一。随着经济发展、城市扩大、人口增长，水资源供需矛盾日益突出，河网水污染日趋严重，由此引起的水质型缺水和水污染已制约了太湖流域国民经济持续发展和人民生活质量的提高。遵照国务院的指示，2001 年国家环保总局会同江、浙、沪两省一市有关部门编制了《太湖水污染防治"十五"计划》，到 2010 年，要求根本解决太湖水污染问题，并为逐步恢复太湖良性循环的生态系统奠定基础[40]。

吴江盛泽地区是织造、印染的集中地区。纺织行业是吴江的三大支柱产业之一，吴江盛泽地区现已成为享誉全国乃至世界的纺织品生产基地和出口贸易基地，具有十分完整的产业链。而印染行业在整个产业链中具有十分重要的地位，产品的档次和附加值的提高，关键要依靠印染后整理来解决。盛虹集团有限公司是盛泽地区龙头印染企业，一直以来非常重视节能降耗、污染治理方面的工作，印染作为盛虹集团主业之一，在集团印染板块的发展过程中，加大技术改造力度，从 2002 年开始至今每年投入数千万引进国际上先进的设备，不断淘汰落后的高能耗、高耗水、低效率的设备。2002 年公司在国家清洁生产中心专家的指导下，开展了清洁生审计，致力于节能、降耗、抑制和减少末端治理的负担，注重污染预防，节约用水、降低废水 COD 值，减少印染废水的排放量，取得了阶段性的成果，通过了国家清洁生产中心组织的专家组的审核验收。历年来，采取的节能降耗节水减排的具体措施如下。

(1) 碱减量废水物化处理　大部分的涤纶面料须进行碱减量处理，以改善织物的手感和风格该工序耗碱量大，而且加工过程中产生的对苯二甲酸钠是废水 COD 值高的主要原因。而通过碱减量废水的物化处理 COD 去除量可达 70% 以上。

(2) 使用连续平幅退浆机进行退浆　传统的退浆是利用间歇式设备退浆，主要采用平幅卷染机或绳状溢流染色机退浆来完成，采用以上设备退浆，一方面用水量大，造成水资源严重浪费；另一方面是污水产生量大。而采用连续式平幅退浆机采用逆流式给液，省水、省助剂，给水和给药操作简单。经测算每万米节约用水和降低退浆废水的产生量 180t/万米。

(3) 引进低浴比染色设备，降低染色废水的排放量　染色浴比由 1∶15 降为 1∶5，在保证产品质量的前提下，可减少污水排放量 60t/万米，小浴比染色，还可降低染料、助剂的使用量。

(4) 对染色设备进行改造，安装变频器可节约用电　安装变频器、降低单机能耗、可节电 20%～30%，以 200 台溢流染色机计每年节电可达 600 万千瓦时。

(5) 燃煤导热油锅炉安装水幕脱硫除尘装置　淘汰原机械式除尘器，全部改为喷淋双旋脱硫除尘装置，喷淋水采用含碱废水，使含碱废水得到回用。

(6) 淘汰落后设备，引进先进的定形机　老式定形机，电耗、热耗大，而且产能低，而进口定形机马达均采用变频控制，电耗小，热效率高，经测算，改造后每年每台定形机节电12.7 万千瓦时，节煤 1600t。

(7) 生产过程中冷却水回用　高温高压溢流染色机冷却水量较大，公司专门铺设管道，集中回用。

(8) 燃煤导热油炉内涂覆红外涂料　燃煤导热油炉涂覆红外涂料，经测算，公司每年可节煤 4000t。

(9) 高温染色设备包覆保温绝热材料，可节约蒸汽，可减少蒸汽用量 10% 左右。

(10) 公司热电厂投入运行，实现了热电联产，原印染厂蒸汽小锅炉全部淘汰，实行集中供热，大大提高了资源的利用效率，降低了煤耗。

3.6.12.1　印染废水中水回用工程

(1) 项目简述　盛虹集团有限公司印染废水回用工程项目总投资 3630 万元，目前项目已全部完成。工程起止日期 2007 年 4 月至 2008 年 8 月，项目包括两个组成部分：一是建设一个日处理能力为 2 万吨的生化、物化两级印染废水深度处理系统，此系统处理后的印染废水 COD 浓度可达到 100mg/L；二是引进一套废水深度处理膜处理系统，以生化、物化深度处理系统产生的废水为原水，在后端采用厦门威士邦自组研发 Flow-splitTM 浸没式超滤技术及 RO 系统，对废水进行进一步深度处理后回用于生产，回用率达 40%。水污染物削减量 COD292t/a，氨氮 29.2t/a，总磷 2.92t/a。

(2) 技术特点

① 模块化、标准化的设计，使系统配置更加合理，膜法循环回用系统可实现水资源的循环回用和减量排放。

② 膜分离过程为纯物理过程，无相变、无化学反应过程，在无二次污染物产生的情况下便可实现水资源的回收，达到清洁生产，回收资源的目的。

③ 膜系统装置占地小，工艺简单，自动化程度高；膜的高效分离（截留率 99% 以上），保证了水资源的高效回用。

(3) 生化处理系统工艺流程　根据本项目进水水质特点和出水水质要求，采用生物＋絮凝沉淀处理工艺作为废水生化处理工艺，具体工艺流程如图 3-86 所示。

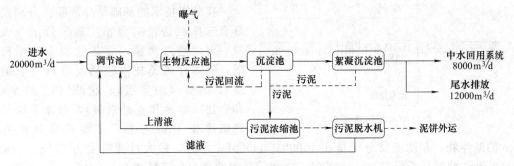

图 3-86　生化处理系统工艺流程

工艺流程简述：

印染废水经收集后通过管道排入调节池，调节池前端设置格栅，拦截废水中较大的漂浮物和颗粒粗杂质等；在调节池内进行废水均质均量调节，以减轻冲击负荷对后续处理工序的影响；调节后的废水由潜污泵提升进入生物反应池，生物反应池由水解酸化＋好氧两部分组成，通过水解酸化处理不但有较高的色度去除率，而且废水中难降解的大分子有机污染物被分解，提高废水的 BOD/COD$_{Cr}$ 比；废水经水解酸化后进入好氧池，采用好氧活性污泥处理工艺，在好氧条件下，实现对废水中大部分有机物的降解；生物反应池出水进入沉淀池，进行废水的固液分离；沉淀池出水进入下一步絮凝沉淀池，通过投加絮凝剂和助凝剂，使小颗粒悬浮物及小分子有机污染物聚集成絮状，经沉淀去除，达到进一步去除有机污染物和色度的目的。絮凝沉淀池出水达到排入城镇二级污水处理厂的排放标准和中水回用预处理标准，出水进入后续中水回用系统进行回用处理。

沉淀池污泥部分回流生物反应池，剩余污泥会同絮凝沉淀池污泥一并进入污泥浓缩池，浓缩后的污泥经由脱水机脱水后外运处置，污泥浓缩池上清液和污泥脱水滤液均回流至调节池。

（4）中水回用系统工艺流程　随着技术的进步，膜分离技术的不断开发是未来废水深度处理的重要方向。根据本项目回用水水质要求，项目中水回用系统拟采用膜处理技术。具体工艺流程如图 3-87 所示。

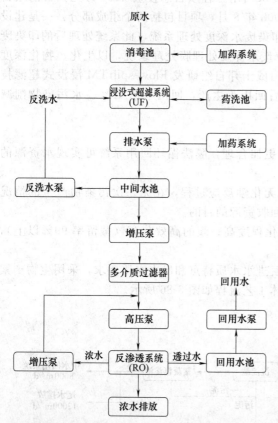

图 3-87　项目中水回用系统工艺流程

工艺流程简述如下。

絮凝沉淀池出水作为原水进入中水回用处理系统，分别经过超滤膜处理、多介质过滤、反渗透膜处理，通过过滤、截留、分离、脱盐作用，使出水满足印染工艺生产用水的各项要求后进入回用水池。回用水池中设置清水泵，回用水提升至厂区用于生产。反渗透浓水排入盛泽水处理发展有限公司处理。

虽然膜组件对物质的分离精度高，但其对原水的要求也高，造成膜面污染的非溶解性物质为大分子物质、胶体和悬浮物，溶解性物质为氯化物、难溶盐等。这样对进入膜处理系统的原水进行预处理则变得非常重要，因原水呈碱性，所以化学预处理以采用加酸、加阻垢剂为主。

膜分离技术的基础是分离膜。分离膜是具有选择性透过的薄膜，某些分子（或微粒）可以透过薄膜，而其他物质的则被阻隔。液体分离膜技术包括反渗透（亚纳米级）、纳滤（纳米级）、超滤（10 纳米级）和微滤（微米和亚微米级），微滤系统其过滤精度在 1μm 左右，主要截留对象为 ≥ 1μm 的悬浮物；超滤截留分子量在 10000～50000Da 之间，最大过滤精度为 0.1～0.2μm；纳滤膜组件截留分子量在 200～2000Da 之间；反渗透截留分子量在 50Da 左右。

项目中水回用系统主要工序简介如下。

① 浸没式超滤系统　本项目采用的浸没式超滤系统，即膜生物反应器工艺（MBR 工艺）的改型，是将膜生物反应转型的又一新型废水处理技术。以往的 MBR 系统主要存在清

洗不便、组件断丝、处理能力较小等技术难题,而本系统设计的浸没式超滤系统就专门针对这三大技术难题进行了技术改进。同时采用浸没式超滤系统工艺控制较为简单、系统也无需预处理措施,在本项目过程中将改变原有 MBR 生化系统使用的本来界限,由于其原理与 MBR 类同,为区别其应用领域称为"浸没式超滤系统"。由于系统采用鼓风曝气作为膜丝气洗系统,其鼓风曝气时使膜丝产生剧烈的抖动,进而大大减缓了膜面污染;由于透水孔径一定而使得产水水质较稳定,并且系统能接受较高负荷的悬浮物浓度。

针对浸没式超滤系统在众多污水处理厂中水回用中存在的断丝、处能力小、不易清洗技术难题,公司引进最先进的漂悬海藻式技术,该技术改变传统的双边出水为单边产水,这样也便于增加同一规格内膜丝长度,从而增加了单位膜面积。在膜组件的设计中采用单边上出水,另一边充气搅拌的设计方式更有助于降低膜组件的体外清洗频率,浸没式超滤得以长期安全运行的技术保障。

一体式膜生物反应器与传统中水处理工艺的比较见表 3-96。

表 3-96　一体式膜生物反应器与传统中水处理工艺的比较

项　　目	膜生物反应器工艺	传统中水处理工艺
基建费用	较低	较高
运行费用	相当	相当
出水水质	稳定优质符合回用水标准	水质不稳定、较差
维护管理	易管理、易实现自动化	不易管理、较难控制
可改造性	可改造、易扩建	不易改造、扩建
适用性	高浓度废水皆可适用	高浓度废水需稀释后再处理

采用占地省、能耗低的一体化浸没式超滤系统,比采用管柱式分离系统在技术和经济上更为可行。

浸没式超滤膜组件结构见图 3-88。

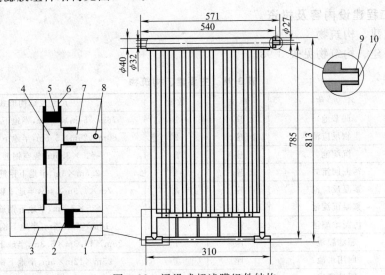

图 3-88　浸没式超滤膜组件结构

② 多介质过滤器　超滤出水通过排水泵入中间水池,将水进行增压进入多介质过滤器,多介质过滤器是作为保护系统进行设计的。为了防止随机掉入的一些大分子颗粒物对反渗透系统造成污染和堵塞。经过过滤的水再通过高压泵进入反渗透系统。

③ 反渗透系统 反渗透系统由几部分组成，包括预处理部分、反渗透主机（膜过滤部分）、后处理部分和系统清洗部分。此系统设计的目的在于针对要求的产水量和产水水质，尽可能地降低系统运行压力提高系统回收率，降低系统污染速度从而延长系统清洗周期，降低清洗频率，提高系统的长期稳定性，降低清洗维护费用。

反渗透的基本原理是利用滤膜的半渗透，即只透过水，不透过盐的原理，利用外加高压克服水中淡水透过膜后浓缩成盐水的渗透压，将水"挤过"膜。水分成两部分，一部分含有大量盐类的盐水，另一部分含有极少量盐类的淡水。反渗透系统是利用高压作用通过滤膜分离出水中的无机盐，同时去除有机污染物和细菌，截留水污染物。流程配制增设化学预处理加酸、加阻垢剂、加杀生剂为辅助化学预处理系统，通过适当的化学预处理措施提高膜系统的安全、稳定运行系数；增设自动控制、分段电导、分段压力在线监测系统为辅助控制系统，获取系统各段运行参数，也可实现无人值守运行。

超滤系统和 RO 回收水系统参数见表 3-97。

表 3-97 超滤系统和 RO 回收系统参数

类型	性 能	参 数	类型	性 能	参 数
浸没式超滤系统	过滤组件数	12 组	RO 回收水系统	过滤组件数	280 支
	过滤面积	800m²/组		过滤面积	148.16m²/支
	过水通量	30～40L/(m²·h)		过水通量	18～25L/(m²·h)
	过滤精度	0.1～0.2μm		操作压力	0.55MPa
	空气流量	透水量的5～25倍/h		pH 值范围	2～10
	反洗压力	0.15MPa		系统脱盐率	80%～95%
	跨膜压差	<0.15MPa		最高 SDI 值	<5(15min)
	操作负压力	<0.05MPa		自由氯浓度	<0.1mg/L
	系统耗气量	2500m³/h		使用最高温度	45℃
	使用温度范围	5～45℃		进水最高浊度	1.0NTU
	使用 pH 值范围	2～10		系统日通量	4000～4100m³/d
	系统日通量	5000～5200m³/d			

3.6.12.2 工程建设内容及投资

（1）工艺建、构筑物

项目主要建、构筑物见表 3-98。

表 3-98 主要建、构筑物

序号	名 称	单位	数量	尺寸及结构形式
1	调节池	座	1	76m×54m×5.5m，半地下钢筋混凝土
2	生物反应池	座	2	80m×25m×5.5m，半地下钢筋混凝土
3	沉淀池	座	2	φ20×3.5m，架空钢筋混凝土
4	污泥回流井	座	4	2.5m×3m，半地下钢筋混凝土
5	絮凝反应池	座	2	7m×4.9m×4m，半地下钢筋混凝土
6	絮凝沉淀池	座	2	φ25×3.5m，半地下钢筋混凝土
7	污泥浓缩池	座	2	16m×4m×7m，半地下钢筋混凝土
8	超滤膜池	座	1	25m×14.3m×5.3m，半地下钢筋混凝土
9	回用水池	座	1	25m×12m×5m，半地下钢筋混凝土
10	膜处理房	间	1	1400m²，轻钢
11	鼓风机房	间	1	300m²，砖混
12	污泥脱水机房	间	1	600m²，砖混
13	化验室	间	1	650m²，砖混
14	变电间	间	1	50m²，砖混

（2）主要设备　根据项目所选工艺和建设规模确定生产设备，设备主要包括机械格栅、螺旋输送机、潜水搅拌机、吸刮泥机、污泥浓缩机、带式脱水机、超滤系统、反渗透装置、水泵、风机等。主要设备明细详见表 3-99 所列。

表 3-99　主要设备表明细

序号	设 备 名 称	单位	数量	
1	闸板与闭合器	台	2	
2	机械格栅	台	4	
3	螺旋输送机	台	2	
4	提升泵	台	6	
5	潜水搅拌器	台	4	
6	沉淀池吸刮泥机	台	4	
7	污泥回流泵	台	4	
8	带式脱水机	套	1	
9	增压泵	台	3	
10	回水泵	台	3	注:上述带式脱水机、超
11	风机	台	5	滤装置、多介质过滤装置、
12	超滤装置	套	6	反渗透装置均为成套设
13	多介质过滤装置	台	6	备,包含了各类配套设备
14	反渗透装置	套	6	和组件
15	复合填料/支架	m^3	2500	
16	曝气管及附件	支	5000	
17	化验室及监测仪器		若干	
18	电动葫芦	台	3	
19	电磁流量计	台	2	
20	管道及阀门		若干	
21	自动控制系统		若干	
22	电器照明		若干	

（3）工程投资汇总　见表 3-100。

表 3-100　工程投资汇总

序　号	项　目		费用/万元
1	土建费用		
		其中:生化、物化处理系统土建费用	1655
		膜回收系统土建费用	30
2	设备费用		
		其中:生化、物化二级处理系统设备费用	300
		膜回收系统设备费用	1620
3	工程管理费		15
4	其他间接费用		10
	合计		3630

（4）效果评估　印染废水中水回用工程建成运行后所排放出来的水质达到了理想的效果和染色用水的要求。下面是一组预处理工艺出水水质和膜处理系统出水水质处理效果，如表 3-101、表 3-102 所列。

表 3-101　预处理工艺出水水质统计

项目 名称	pH 值	色度 /倍	COD_{Cr} /(mg/L)	BOD_5 /(mg/L)	NH_3-H /(mg/L)
尾水指标	6～9	30	100	25	15

表 3-102　膜处理系统出水水质统计

水质指标	透明度	色度/倍	pH 值	铁/(mg/L)
数值	>30	≤10	6.5～6.8	≤0.1
污染因子	锰/(mg/L)	悬浮物/(mg/L)	硬度(以 CaCO₃ 计 mg/L)	COD$_{Cr}$/(mg/L)
数值	≤0.1	<10	<100	≤10

3.6.12.3　经济效益

本项目投产后没有直接经济收入，但间接带来经济效益，主要体现在以下两方面：减少废水排放量，减少废水处理费用；中水回用节约自来水费用。

（1）减排经济效益　本项目建成后每天的废水减排量为 8000m³，盛泽水处理发展有限公司收取的废水处理单价为 1.9 元/m³，据此测算，每年可节约废水处理费用 554.8 万元。

（2）节水经济效益　本项目建成后每天回用水量为 8000m³，企业可以节约自来水用量 8000m³，自来水价格为 2.5 元/m³，据此测算，每年可节约自来水费用 730.0 万元。

上述两项费用合计 1284.8 万元。

综上分析，项目每年节省的废水处理费用和自来水费用总计 1284.8 万元，每年的废水处理系统成本费用为 551.2 万元，中水回用系统成本费用 504.2 万元，项目每年可产生 229.4 万元的经济效益。由此可见，项目在节水减排的同时还具有一定的经济效益。

3.6.12.4　生态、社会效益

（1）通过建设本项目，实现盛虹集团企业内部印染废水回用处理，可减少废水的排放量，每年减少排放污水 292 万立方米。同时，废水经过处理每年可减少污染物排放，每年削减 COD292t/a，氨氮 29.2t/a，总磷 2.92t/a。减轻了对周边水环境的影响。

（2）本项目采用膜技术深度处理印染废水生化处理出水，具有良好的经济效益，项目的成功实施将为当地其他印染企业起到示范作用，有利于印染废水回用技术的推广，从而带动地方同行业节水减排。

（3）项目建成后为社会提供一定量的就业岗位，也能为印染行业培养废水回用技术人才。

【点评】

（1）为地区环境污染提供了有效的治理方法。

（2）是化纤印染企业废水治理回用技术的示范。

（3）印染废水分质分流、深度处理回用系统稳定运行 4 年，回用水 50% 以上。

3.6.13　低压膜法超净化水处理

3.6.13.1　低压膜法超净化水处理技的 DCS 工艺特点[41]

（1）权威推荐　DCS 工艺被中华人民共和国建设部作为高新技术向国内外推荐被列为《建设部科技推广项目》。

（2）尖端科技　DCS 深度水处理工艺代表了当代水处理工艺先进组合模式和实用性工艺的突破性延伸。

（3）高精度　DCS 工艺合理、运行稳定，出水指标按要求达到排放、回用标准，实现水的循环再生利用。

（4）经济效益　DCS 工艺特点之一就是经济效益显著。与常规技术相比较，一次性投资可节省 1/3，符合中国国情。

（5）运行成本低　DCS工艺属于电耗低，耗水率低，可以有效节约资源，其运行成本为 RO 法的 1/55。

（6）占地少　DCS工艺提倡一体化设计，结构紧凑，节省占地面积，和基建费用，使总投资降低。

（7）控制简单　DCS工艺施工、安装、操作简单。可直接接在二级处理后，一次性达到回用标准。

（8）分级处理　DCS工艺引进模块化系统概念，可按双重标准分级处理，可按要求一次性达到排放和回用标准。

（9）反冲洗简单　DCS工艺反冲洗简单，而且耗水率低，体现了工艺的实用性和低成本工艺原则。

（10）耐冲击性强　DCS工艺处理生物量大，容积负荷高，并能较好地缓冲进水水量、水质的波动，耐冲机性强。

3.6.13.2　处理系统的组成及用途

（1）工艺流程　工艺流程如图 3-89。

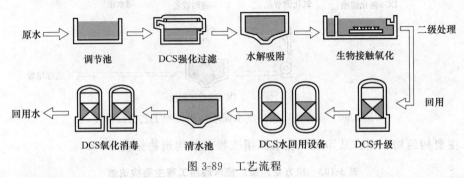

图 3-89　工艺流程

（2）适用范围　可应用于退浆废水、煮练废水、漂白废水、染色废水、印花废水、皂洗废水等各种纺织印染废水。处理后的纺织印染废水可根据要求达到排放和回用两个标准。

（3）主要技术指标　COD≤15mg/L，BOD_5≤10mg/L，SS≤10mg/L，pH 值为 6.5～9.0，色度≤30 倍。

游离余氯（mg/L）：管网末端不低于 0.2。

3.6.13.3　DCS 一体化深度处理废水及回用工程方案

① 业主名称：南方某中型印染厂

② 设计单位：鞍山安东净化设备制造有限公司

③ 施工单位：鞍山安东净化设备制造有限公司

④ 运行管理单位：南方某中型印染厂

⑤ 废水用途：印染废水循环回用

（1）印染废水来源及回用水用途

① 原水来源　印染废水是在印染生产过程中形成的，印染工艺共分四个阶段，有预处理工序、染色工序、印花工序和整理工序。各阶段废水中含有诸如染料、浆料、纤维、酸碱类、漂白剂、树脂、油剂、果胶、无机盐等多种污染物，印染工业废水是以上各种污染的混合废水。

② 回用用途　深度处理后的回用水重新加放到生产使用，参与预处理工序、染色工序、印花工序和整理工序，成为生产用水。

（2）设计参数及依据

① 原水水量：$Q=3000\text{m}^3/\text{d}$

② 工程设计处理水量：$Q=3200\text{m}^3/\text{d}$

③ 原水水质指标：COD＝100mg/L、BOD_5＝50mg/L、SS＝40mg/L、色度＝50倍、pH＝6～9。

④ 回用水质指标：COD＝20mg/L、BOD_5＝10mg/L、SS＝5mg/L、色度＝5倍、pH＝6.5～8.5。

（3）原水处理流程　采用DCS为主体的深度处理工艺，其工艺过程是由原水经过DCS强化滤池后进入氧化调节池，由提升泵进入DCS水回用设备进行吸附、过滤、消毒三效一体化深度回用处理，出水进入清水池然后作为循环回用水，进入生产工艺流程。

（4）深度处理工艺流程图　南方某印染厂废水循环回用工程工艺流程设计图见图3-89所示。

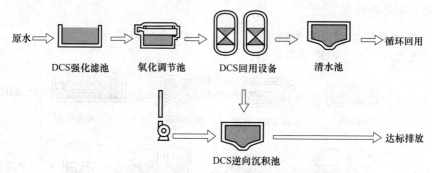

图 3-90　南方某印染厂废水循环回用工程工艺流程设计

① 主要构筑物　南方某印染厂废水回用工程主要构筑物见表3-103。

表 3-103　南方某印染厂废水回用工程主要构筑物

总计	构筑物名称	规格/m	有效容积/m³	数量	金额/万元	备注
1	氧化调节池	$10\times10\times2$	200	1	5	钢筋混凝土
2	DCS强化滤池	$10\times5\times2$	100	1	6	钢筋混凝土
3	清水池	$10\times10\times2$	200	1	5	钢筋混凝土
4	DCS逆向沉积池	$10\times5\times2$	100	1	6	钢筋混凝土
总计					22	

② 主要设备　南方某中型印染厂废水回用工程主要设备见表3-104。

表 3-104　南方某中型印染厂废水回用工程主要设备

序号	设备名称	规格	单位	数量	金额/万元	备注
1	罐体（Ⅰ、Ⅱ级）	$\phi3000\times3300$	个	2	10	
2	罐体（Ⅲ、Ⅳ、Ⅴ级）	$\phi2400\times3850$	个	3	18	
3	小型元件	$\phi50\times1600$	个	6400	9.6	
4	大型元件	$\phi300\times2000$	个	108	113.4	
5	水泵	200t/h	个	2	3	
6	空压机	$Q=10\text{m}^3/\text{min}$	个	1	14	
7	阀门	Dn219	个	14	20	
8	配件及防腐				10	
9	自动化控制		套	1	20	
总计						

表 3-105　低压膜法与常规膜处理工艺及常规物化处理工艺的比较

项　目		低压膜法工艺	常规膜处理工艺	常规物化处理工艺
技术	历史	21世纪推广的技术	20世纪90年代应用	应用历史长
	工艺	产水水质稳定,适应性强	产水水质稳定,适应性强	成熟,适应性强
	流程	简单	简单	简单
	技术水平	高	高	高
技术	单位水量电耗	$0.24kW \cdot h/m^3$	超滤 $0.14kW \cdot h/m^3$ 微滤 $0.10kW \cdot h/m^3$ 超滤+反渗透 $1.07kW \cdot h/m^3$	$0.25 \sim 0.30kW \cdot h/m^3$
	土建结构	简单	简单	复杂
	单位水量水处理占地	小($0.21m^2/m^3$)	小($0.06m^2/m^3$)	小($0.51m^2/m^3$)
环境	水质情况	产水水质好,稳定,不用消毒剂,能安全脱除大肠杆菌	产水水质好,稳定,不用消毒剂,能安全脱除大肠杆菌	产水水质一般,不稳定,须使用消毒剂才能安全脱除大肠杆菌
	二次污染	不使用药剂,无二次污染	不使用药剂,无二次污染	使用药剂,存在二次污染
	周围环境	封闭运行,不干扰周围环境	封闭运行,不干扰周围环境	敞开运行,干扰周围环境
经济工程实施效果	单位水量投资	$695 \sim 795$ 元/m^3	微滤 930 元/m^3 超滤 1020 元/m^3 超滤+反渗透 2329 元/m^3	$752.62 \sim 816.24$ 元/m^3
	单位水量拆迁费		32.82 元/m^3	229.18 元/m^3
	单位水量运行成本	$0.19 \sim 0.26$ 元/m^3	微滤 0.37 元/m^3 超滤 0.53 元/m^3 反渗透 0.98 元/m^3	$0.23 \sim 0.27$ 元/m^3

由表 3-105 可见低压膜法与常规膜处理工艺及常规物化处理工艺的对比,优势凸显。

(1) 3.6.13.3 预期处理效果　南方某中型印染厂废水回用工程预期处理效果见表 3-106 所列。

表 3-106　南方某中型印染厂废水回用工程预期处理效果

取样点	分析项目	COD /(mg/L)	BDO$_5$ /(mg/L)	SS /(mg/L)	色度/倍	pH 值	备注
原水		100	50	40	50	$6 \sim 9$	
DCS	出水	20	10	5	5	$6.5 \sim 8.5$	
	去除率	80%	80%	87.5%	90%		

(2) 技术经济指标

① 占地面积:$600m^2$

② 工程投资:工程总投资 240 万元人民币。其中,土建投资 22 万元人民币;设备投资 218 万元人民币。

③ 运行成本:南方某印染厂废水回用工程运行成本为 0.74 元/m^3,运行成本构成见表 3-107。

表 3-107　南方某印染厂废水回用工程运行成本

项　目	电费	折旧费	人工费	合计
费用/(元/m^3)	0.24	0.15	0.35	0.74

(3) 经济效益分析

① 本项工程实施后,出水指标可以达到印染厂回用要求。

② 按目前工业新水 3 元/m^3 计算的话,每天获得 3000t 工业新水,其价值 9000 元,即每天可创造 9000 元的效益。

③ 去掉运行成本(9000 元-0.74×3000 元=6780 元),每天可获得纯利润 6780 元。

④ 每天效益如此，一年可获得纯利润 6780 元×365＝247.47 万元。

⑤ 按照这样，一年就可收回投资。

【点评】

（1）该项目系国家建设部 2003 年科技成果推广项目。

（2）该项目的实施及效果，提示企业在进行循环回用超净化水方案制定时，DCS 工艺应重点论证、应用。

参 考 文 献

[1] 陈立秋. 水洗高效优质的应用技术装备. "科德杯"第六届全国染整节能减排新技术研讨会论文集. 常州：中国纺织工程学会染整专业委员会，8-20.
[2] 陈立秋. 小浴比染色. 印染，2011，23：43-44.
[3] 陈立秋. 溢流喷射染色机的技术进步. 首届全国流体染色研讨会论文集. 无锡：东华大学国家染整工程技术研究中心. 19-23.
[4] 陈立秋. 节能减排的气流染色机. 染整技术，2008，4：45-46.
[5] 陈立秋. 高效水洗装备技术. 印染，2011，18：44-46.
[6] 陈立秋. 高效水洗装备技术（专利技术）. 印染，2011，17：42-45.
[7] 李进军，张旺笋. 锦氨经编弹力织物的平幅除油加工. 针织工业，2008，6：48-50.
[8] 张琦，周炳南. 针织平幅去油预缩精练水洗机. 江阴福达染整联合机械有限公司产品资料.
[9] 张琦，周炳南. 针织印花后平幅水洗工艺及设备探讨. "佶龙杯"第五届全国纺织印花学术研讨会论文集. 绍兴：中国纺织工程学会染整专业委员会. 33-34.
[10] 莫庸生，等. 超低浴比溢流染色机的开发与应用. 染整技术，2010，1：31-33.
[11] 梁海波. INNOFLOW 匀流染色机的应用实践. 2010 威士邦全国印染行业节能环保年会. 杭州：中国印染行业协会. 742-746.
[12] 王家宾，唐钢. 立信 ALLWIN 染色机的生产实践. "科德杯"第五届全国机电节能减排新技术研讨会. 苏州：中国纺织工程学会染整专业委员会. 193-198.
[13] 李晓键，等. 筒子（经轴）半浴法染色的生产实践. 染整技术，2009，6：24-25.
[14] 任进和，等. 浅色经轴（筒子）"无浴"染色实践. 染整技术，2010，7：21-23.
[15] 欧机商务. TONELLO 成衣染色水洗机. 2009 蓝天中国印染行业节能环保年会论文集. 常州：中国印染行业协会. 634-637.
[16] 陈立秋. 蒸汽供热的凝结水回收. 印染，2011，12：46-49.
[17] 陈立秋. 烘筒烘燥机能不用疏水阀吗？染整技术，2008，8：52-53.
[18] 傅继树. 印染厂冷凝冷却水回用系统与节能降耗. 2005 染整清洁生产、节水，节能降耗新技术交流会论文集. 苏州：中国纺织工程学会染整专业委员. 376-379.
[19] 张战旗，等. 染整工厂节能减排的技术改造. 染整技术，2012，1：42-44.
[20] 向静. 江苏紫荆花纺织科技股份有限公司节能减排工作交流. 2010 威士邦全国印染行业节能环保年会. 杭州：中国印染行业协会. 190-192.
[21] 程刚. 扩容蒸发器喷射循环水的改造利用. 第四届全国染整机电装备技术发展研讨会论文集. 无锡：中国纺织工程学会染整专业委员会. 315-316.
[22] 陈立秋. 中水回用的"源头"控制. 印染，2012，9：41-43；10：39-41.
[23] 李春放. 实用印染污水回用工艺的探讨. 第六届全国染整节能减排新技术研讨会. 常州：中国纺织工程学会. 46-50.
[24] 黄瑞敏，林德贤. 印染企业节能减排技术的应用. 印染，2011，9：31-32.
[25] 曹晓兵，等. 棉针织染整废水再生回用适度脱盐工艺中试研究. 2010 威士邦全国印染行业节能环保年会. 杭州：中国印染行业协会. 372-376.

[26] 马春燕，等. 印染废水深度处理后回用过程中盐类累计分析. 诺维信全国印染行业节能环保年会. 苏州：中国印染行业协会. 316-318.

[27] 威士邦. 浓水循环中水回用技术在印染废水深度处理及回用中的应用. 2009 蓝天中国印染行业节能环保年会. 常州：中国印染行业协会. 151-153.

[28] 陈立秋. 染整废水治理的紧迫性. 染整工业节能减排技术指南. 北京：化学工业出版社，2008.

[29] 陈立秋. 染整深加工的节水技术（5）. 染整技术，2008，12：45-47.

[30] 武丰才，等. 活性印染逐格逆流全沸法工艺. 印染，2010，24：23-26.

[31] 赵宏军. 敏感织物的高温低浴比染色加工. 印染，2012，12：24-25.

[32] 罗安桥. 低浴比染色技术在毛巾染整加工中的应用. 染整技术，2011，5：16-17.

[33] 陈立秋. 小浴比的匀流染色机. 染整技术，2010，3：53-54.

[34] 黄华山，等. 印染废水的回用处理. 印染，2008，5：28-30.

[35] 陆桑，等. 经济实用的漂染废水处理及回用技术. 2009 蓝天中国印染行业节能环保年会论文集. 常州：中国印染行业协会. 128-131.

[36] 王波. 针织企业电吸附除盐技术中试试验. 2011 传化股份全国印染行业节能环保年会论文集. 常州：中国印染行业协会. 193-203.

[37] 尤近仁. 袁晓峰. 印染废水处理的提标改造. 印染，2010，1：29-32.

[38] 周盘岳，等. 太湖流域污水提标项目的实践. 染整技术，2010，8：40-42.

[39] 陈立秋. 凤竹针织染整的节水 染整工业节能减排技术指南. 北京：化学工业出版社，2008. 10.

[40] 黄中权. 印染废水中水回用工程建设和运行效果. 2008 诺维信全国印染行业节能环保年会论文集. 苏州：中国印染行业协会. 240-248.

[41] 安东. 低压膜法超净化水处理技术. 全国印染优质、高效. 节能、清洁生产经验交流会资料集. 杭州：浙江印染行业协会. 162-165.

染整生产用电

　　我国"富煤、少气、缺油"的资源条件，决定了能源结构以煤为主。电力中，火电占比达70％以上。低碳经济对电力的"开源节流"要求很高，因为每发一度电需消耗0.4kg标准煤，4L水；而节省一度电可以减少排放0.272kg碳粉尘，减排0.997kg二氧化碳（低碳的"碳"就是二氧化碳的简称），减排0.3kg二氧化硫，减排0.015kg氮氧化合物[1]。

　　电力通过水力、火力和核能等发电，由水力、石油、煤炭、天然气和铀等一次能源转换而来。目前，总发电量的约70％来自火电，而发电端的热效率只是30％～40％。也就是说，一次能源仅30％～40％转变成电能。为把电能送到用户，需通过变电所、输配电线路等，又损失约2％，送至用户处，仅剩下一次能源的28％～38％[2]。

　　用户根据自己的使用目的，又将电能转换成动力、热和光等。其转换效率是：电动机75％～95％，风机和泵60％～85％；而照明的效率极低，即使是高效的高压钠灯，也只有15％～20％，如果换算到一次能源，其转换效率最大限度也只有30％左右被有效利用。

　　图4-1示意电能从生产到用户的传输路径和转换效率。

　　染整行业在上世纪末曾成功地推广了两次节电技术方案，其一是将国产74型染整直流共电源调磁协调运行系统改成交流变频传动系统；其二是载热体加热炉提供热油，取代高温设备的电加热。

　　染整联合机或单机主传动工艺已普遍采用交流变频调速。织物加工辅助传动中大量的循环风机、排风机、给液泵，污水处理的曝气风机、污水泵及锅炉的引风机等，采用交流异步电动机配合阀门、挡板的调节，节电潜力甚大。

　　当前染整风机、泵类机械的调频节电技术及染整企业应用节能型纺织无极磁电灯作为低碳节电项目的重点推广。

　　压缩空气是工业领域中应用最广泛的动力源之一。其具有安全、无公害、调节性能好、输送方便等诸多优点，在现代工业领域中应用越来越广泛。在大多数纺织印染企业中，压缩空气的能耗占全部电力消耗的10％～35％。从一个运行5年的空压机系统的资金投入分析来看，电费约占总费用的77％，所以降低电费就意味着降低运行成本。

　　在纺织印染企业里，大多数空压机系统运行效率低是由于设备不匹配、管网损失大、系统泄漏、人为需求、使用方法不正确和系统控制不适当等原因造成的。通过节能改造，对空

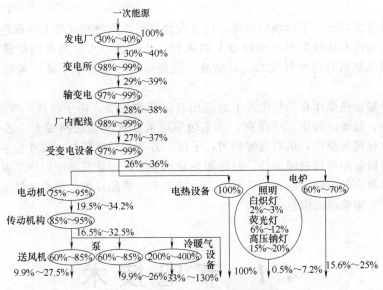

图 4-1　电能的传输路径和转换效率

压机系统进行合理的资源配置优化，不仅可以达到显著的节电效果，同时也可使系统组件充分发挥效能[3]。

　　印染行业是以染料、化学助剂、水为主要介质的热加工过程，近年来印染以节水、节能、降耗为目的的新技术已成为染整领域清洁生产的重要研究方向之一，引起人们的广泛关注。微波作为一种高新技术在染整领域中的应用，国内外报道较少。国外曾报道采用微波加热对棉织物进行轧染固色研究，结果表明某些染料在微波辐射下，可以快速地将染料固着在棉织物上。在涤纶织物印花加工中，也有人试图用微波代替印制后的烘干和汽蒸以达到固色目的，实验结果表明采用微波与高温汽蒸并用的方法，织物固色均匀性好，得到比单独高温汽蒸更高的色浓度。在所有染料的染色过程中，活性染料是通过共价键与纤维结合，且活性染料以色泽鲜艳、色谱齐全、应用简便、成本低廉、牢度优良而著称，微波可望促进活性染料的反应[4]。

　　随着微波应用技术的普及和不断完善，微波元器件性能在不断地提高，成本亦大幅度降低，作为一种高新技术在染整行业已得到了应用，且与传统染整技术之间的结合正日趋成熟。后整理加工是纺织品染整加工中的一个重要组成部分，将微波应用于纺织品后整理加工具有节能、优化环境、改善纺织品的品质及缩短产品加工周期，符合快交货的市场要求，具有广阔的发展前景[5]。

　　以加热的方式来讲，有热风、蒸汽和电磁能等等。到目前为止，将电磁辐射能用于加热的有高频、微波、紫外和红外等多种方法。红外辐射（通称红外线），早在19世纪初发现，1935年美国福特汽车公司首先将红外线用于加热和干燥工艺上。日本在60年代研制远红外辐射元件，1968年宣布成功，70年代进入实用阶段。我国应用红外加热技术是在50年代后期，1974年引进远红外加热技术，四年后召开首次全国远红外加热技术应用经验交流会，这对我国应用远红外加热技术是最大促进。

　　染整工艺应用远红外加热技术由来已久，如连续轧染中的红外预烘及拉幅定形工艺。从辐射器材来说，就应用过氧化镁管、碳化硅板、石英管、乳白石英管、直热式电阻带以及近年面市的定向辐射高温远红外板等。这项新技术的优越性愈来愈被业内人士所认识，但对它的机理与各种织物加热干燥及定形的复杂关系，目下尚处于探索提高阶段。如何正确选用远红外辐射器实施远红外加热，将是染整工艺推广应用远红外加热技术的关键[6]。

　　射频烘燥已成功地用于纱线的烘燥，以及酸性染料在聚酰胺纤维上的固色、分散染料在聚酯纤维上的固色和活性染料在棉纤维上的固色。为了进一步提高射频烘燥设备的经济效益，可以对加工制品时行加强脱水、低给液，使制品的非结合水下降，减轻射频烘燥的工作量。

　　近年来射频加热烘燥在染整生产上的应用有了较快发展。筒子纱线、绞纱、上浆经纱、散纤维、毛条、绞丝、丝饼、纤维束、羊毛包等可放在聚酯输送网带上，进行射频连续烘燥，被烘物没有机械损伤，烘后含湿均匀，手感、外观和白度较好。放在包装袋中的针织物以及脱水后的服装亦可用射频加热。射频加热除用于平网印花机的中间烘燥及成衣、织物易熔黏合剂点状黏合等方面，亦可用于羊毛条、散羊毛、聚酯纤维、尼龙6纤维，聚丙烯腈纤维束等纤维浸轧染液后的固色[7]。

4.1　节电技术

4.1.1　风机、泵类调速技术

　　染整生产因季节和工艺的变化，风机的风量和水泵的流量是不同的。以节电、高效运转为出发点，对风机、泵类进行调速控制，既满足生产条件，又可明显节能[1,8]。

4.1.1.1　风机、泵类变频调速技术

　　染整工艺设备中应用机泵颇多，如各种烘燥机、汽蒸设备、拉幅定形机、流体染色机、柔软整理设备，以及污水处理装备等。风机是传送气体的装置，泵是传送液体的装置，一般由笼型异步电动机拖动，恒速运转。前者通过调节风门来调节风量，后者则通过调节阀门来调节流量。从风机和泵类用电设备实际管网运行情况来看，风机、泵类（以下简称机泵）耗电有效功率仅占 $30\%\sim40\%$，其他 $60\%\sim70\%$ 的电能都消耗在调节风门、阀门及管网的压力降上，再加上实际负载常有变化及工程设计容量大，造成"大马拉小车"。因此，机泵实际应用的总效率很低。若按工艺要求实施变频调速运行，节能潜力很大。

　　(1) 风（阀）门调节流量的情况

　　① 风压（扬程）H 随流量 Q 的增加而下降，随转速变慢而下降。

　　② 管网特性见图 4-2，管阻 R 越大，曲线越陡。R 随风门（阀门）关小而变大，损耗增大。

　　③ 机泵的 H-Q 曲线与管网阻力 X 曲线的相关点就是机泵的工作点，见图 4-3。假设机泵额定转速为 $2950r/min$，对应图 4-3 曲线 n，阀门的开度为 3/4，其阻力曲线如 R_1 所示，此时工作点为 M。若人工调节阀门使流量减少 40%，阀门开度为 1/2，对应的阻力曲线为 R_2，减少流量后的工作点为 M_1，扬程为 $1.15H_n$。此时管网损失增大，能源浪费，泵的效率下降到额定的 75%，由式（4-1）可推算出此时功率（P_1）为：

$$\eta = QH_n/P \tag{4-1}$$
$$0.75\eta = 0.6Q \times 1.15H_n/P_1$$
$$P_1 = 0.6 \times 1.15/0.75 = 0.92P$$

　　机泵通过管道输送物质，管道对物质输送有一定阻力，产生一定的损耗，其管网特性可由式（4-2）阻力定律确定：

$$K = RQ^2 \qquad (4-2)$$

式中 K——管网阻力，Pa；

      R——管阻，kg/m^3；

      Q——流量，m^3/s^3。

用阀门将流量调节到 $0.6Q$（减小 40%），功率仅减小为额定值的 8%。

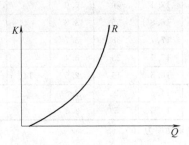

图 4-2   管网特性

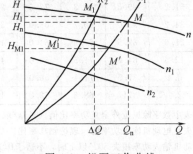

图 4-3   机泵工作曲线

④ 机泵流量与转速成正比，压头（转矩）与转速平方成正比，轴功率与转速立方成正比。若采用变频调速，流量减少 40%，则转速降低到额定的 60%，功率将下降到额定的 21.6%，节电比手工调节阀门高 70.4%。

（2）节电调速的情况   图 4-4 是风机和水泵各种调速节电的比较曲线。

① 挡板控制节电效果不大。挡板在风道安装的位置分为出口挡板和入口挡板。出口挡板关小则增加风阻，从而调节风量，但调节范围不宽，特别是在低风量范围，轴功率减小不多，从节能的观点看，不适合于风量调节。入口挡板控制风量范围比出口挡板控制宽，关小入口挡板的轴功率与风量基本成比例下降，但此种控制与理想的转速控制节电效果相差很大。

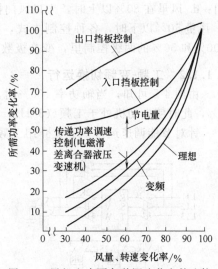

图 4-4   风机和水泵各种调速节电的比较

② 变频器调速控制接近理想控制曲线，与理想控制曲线有差距的原因是电动机效率降低，与变频器无关。

③ 泵的阀控制仅在排出侧使用，如同风机出口挡板一样，是最不好的控制方法。

泵在节电方面有 3 个要素：a. 减少需要的流量；b. 减少管路阻力；c. 高效率的流量控制。

首先应减少需要的流量，这是最好的方法，甚至可做到高效率的流量控制。管路阻力在设备安装时已固定下来，对已有设备进行管路阻力改造相当困难。管路阻力有以下几种：a. 直管的摩擦损失；b. 管路要素的损失，弯曲部分、突然扩大和急剧缩小部分、节流孔部分、分流部分、合流部分和放流部分等；c. 阀类的损失。

总而言之，管路应尽量采用直管，加大管径，缩短管路长度，尽量不带多余的东西，这样就能减少阻力。

表 4-1 是风机电动机功率各种方式的消耗特性表。由表 4-1 可看出，a. 在全部范围内，

VVVF 变频调速控制效率最高；b. 出口风门控制不适于作为节电措施；c. 风量在 90％以上

表 4-1　风机电动机功率消耗特性

风量/%	轴功率（理论值）	出口风门控制		进口风门控制		液力离合器		VVVF 变频		变换极数	
		电动机输入功率	总损失	电动机输入功率	总损失	电动机输入功率	总损失	电动机输入功率	总损失	电动机输入功率	总损失
100	100.0	107.0	7.0	106.0	6.0	108	8.0	108	8.0	106.0	6.0
90	72.9	103.5	30.6	84	11.1	86	13.1	79	6.0		
80	51.2	99.5	48.3	72.5	21.1	68	16.8	55	3.8		
70	34.2	95.0	60.7	68.0	33.7	52	17.7	38	3.7		
60	21.6	89.5	67.9	64.0	42.4	39	17.4	25	3.4		
50	12.5	84.0	71.5	60.0	47.5	29	16.5	15	2.5	14	1.5
40	6.4	77.5	71.1	56.0	49.6	21	14.6	9	2.6		
30	2.7	71	68.3	52.0	47.3	15	12.3	5	2.3		

注：1. 表中数字除风量外全是功率比值（%），取 100％风量时的轴功率为 100。

　　2. 总损失＝电动机输入功率比－理论轴功率比。

　　3. 当电动机输入功率损失 50％以上时，不适于作为节电方法。

时，入口风门控制、转子外加电阻或液力离合器、VVVF 变频调速控制方式，功率大体相同；d. 风量在 80％以上时，入口风门控制、液力离合器或转子外加电阻控制功率大致相同；e. 风量 50％以下时，各种控制方式，除 VVVF 变频调速控制以外，都不适用；f. 在风量 100％和 50％的两级控制里，变换极数方式效率最高，泵类控制特性亦同。

4.1.1.2　工频-变频切换运行

由图 4-5 可知，当轴功率 100％时（风量 100％），变频电动机输入功率达 108％，损失 8％，此时使电动机处于工频（50Hz）状态，可避免损失。

针对节能调速运行，下文介绍工频电源-变频器输出切换顺序。图 4-5 中机泵负载电动机馈电切换顺序：按 1S 按钮→2K↑→1K↑，1K 接触器常开触点闭合对 1S 封锁，电动机运行在变频调速状态。由图 4-5 可知，这一操作有一个逻辑关系，即按变频运行启动按钮 1S 后，只有 2K 接触器吸合，使变频器输出与电动机可靠连接，变频器才能通过 1K 接触器馈入由空气断路器输出 L11、L12、L13。而完成这一程序操作，还有一制约条件：3K 接触器必须处于释放状态，否则 1K、2K、3K 皆吸合，变频器输出 U、V、W 将馈入工频电源，这是绝不允许的毁机行为。当机泵运行接近额定工频时，为达到更好的节能效果，此时按 2S 按钮：1K↓→2K↓→＋3K↑，电动机直接运行在工频电网上（由空气断路器保护）。在这一切换过程中，一定要保证变频器的工频电源先"断"，而后再断开电动机与变频器输出端之间的连接。以上阐述了工频电源-变频器切换原理，某些自身带有切换功能的变频器只需按规定应用即可。

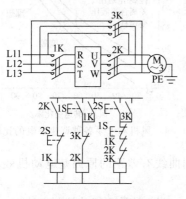

图 4-5　工频电源-变频器
切换原理

4.1.2　压缩空气系统节能技术

气动系统由于成本低、无污染、易维护等优点在工业自动化中得到了广泛的应用。但是，在原油价格日益高涨，能源问题突出的今天，气动系统效率偏低、能量浪费严重等问题逐渐引起了人们的关注，气动系统的节能在我国已成为一项重要的节能减排课题。随着气动系统节能技术的研究，业内人士达成共识，认为"分压供气，降低供给压力"是气动系统节能的一项重要的措施。分压供气，降低供给压力的关键技术为气动系统的局部增压技术，目前通常采用的有气动增压与电动增压两种方法[9]。

4.1.2.1　气动系统分压供气技术

分压供气是根据气动系统所需压力分别进行供气的一种方式。现代工厂中通常使用一组空压机为全厂提供压缩空气，由于各处所需压缩空气的压力不同，所以供气压力须为气动系统所需的最高压力，对于需要低压的场合，则用减压阀进行减压，如此会造成巨大的能量损失：

① 供气压力每增加 0.1MPa，空压机耗能将增加 5％～10％，气动系统增加耗气 14％；

② 提高供给压力将会增加输气管路的泄漏；

③ 降低供给压力可减少减压引起的能量损失。

在我国，2007 年压缩机用电量 2000 亿千瓦时，供给压力每降低 0.1MPa 每年就可节约 90 亿～190 亿千瓦时电，折合人民币 72 亿～152 亿元。工业现场供气压力一般在 0.8～1.0MPa 之间，实际 95％的气动执行元件所需最大压力为 0.7MPa。压力由 0.8MPa 降低为 0.7MPa，可以减少由泄漏造成的损失的 15.88％左右，不同孔径的泄漏点每年的泄漏量如表 4-2 所示。

表 4-2　泄漏点年泄漏量

泄漏孔径/mm	泄漏量/(L/min)(ANR)，(0.8MPa)	泄漏量/(L/min)(ANR)，(0.7MPa)	气动功率损失/W(0.8MPa)	气动功率损失/W(0.7MPa)	功率节省率/%	折算成压缩机年节省耗电(16h×251d)
0.5	18.81	16.72	68.88	57.94	15.88	43.91
1	75.23	66.87	275.51	231.77	15.88	175.66
2	300.94	267.50	1102.04	927.08	15.88	702.64
4	1203.74	1069.99	4408.16	3708.32	15.88	2810.56

目前工业现场实施"分压供气、降低供给压力"进行节能改造主要采取如下两种方式：①空压机分组供气，即将一个空压机组分为几组，每组根据用气设备的需求提供不同压力的压缩空气；②局部增压，即气源提供低压空气，局部采用增压设备进行增压为需求高压空气的设备供气。这两种方法的优缺点如下：

（1）空压机分组供气　此方法可以提供大流量压缩空气，压力可调范围大，但是各组空压机都需配备独立的排水器、过滤器、干燥器、后冷却器等装置，如果将空压机放置在空压机房则需要重复敷设输气管道，投资高，施工复杂，实施难度大；如将空压机放置工业现场，但其体积大、维护、保养及管理不方便。所以此种技术受到严重地制约。

（2）局部增压　此方法可以灵活地为局部提供高压空气，局部增压又可分为气动增压、电动增压两种方式。在工业现场，一般气动系统需要高压（＞7atm）空气的量约占空气总需求量的 5％，采用局部增压技术是最切实可行的方案。效果比较见表 4-3。

表 4-3　各种节能措施效果比较

措施	优点	缺点	结论
分组供气	压力可调范围大、供气量大	1. 压缩机放在压缩机房：管道需要重复敷设、投入大； 2. 压缩机放在工业现场：压缩机体积大、不利于维护及保养	适用于高压空气需求量高的场合
局部增压	实施方便，投入小	1. 气动增压：压力可调范围小，供气量小，能量利用率低； 2. 电动增压：频繁起停对自身及电网损害严重、效率低	适用于高压空气需求量小的场合

4.1.2.2 气动系统局部增压技术

空气增压技术作为气动系统中重要的一个领域,随着气动节能技术的发展,其作用越来越引起人们的重视。目前气动系统增压技术主要有如下两种。

(1)电动增压 利用电力为压缩空气增压提供所需能量,如各种电动空气增压机。此类增压机大都是对压缩机的改进设计而成,其输出流量大,压力高,大多用于对特种气体(例如氧气、氮气、二氧化碳、氢气、氩气、天然气等)进行增压。

电动增压机对低压空气进行压缩时,原低压空气所具有的有效能一部分(即传送能)未被有效利用,压缩空气的传送能所占总有效能的比例随着空气压力的降低而升高,空气在压力为 0.42MPa(G)时传送能所占比例高达 50%。另外普通的空气增压机缺少控制器,频繁起停,对工厂的电网、气路冲击以及对设备本身的损坏很大,故而此类技术有待改进。目前对此种技术研究文献很少,但产品较多,我国有多家空压机制造厂生产该类增压机,其中二级增压式增压机结构原理如图 4-6 所示。

为了克服以上缺点,顺应气动系统增压技术的发展,安庆市佰联无油压缩机有限公司(原安庆市无油压缩机厂)携手北京航空航天大学正在积极研发智能控制节能空气增压机,图 4-7 为该公司研制的无油电动空气增压机。

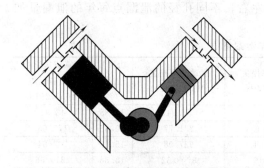

图 4-6 增压机结构简图 | 图 4-7 无油电动空气增压机

(2)气动增压 通过改变压缩空气回路,利用活塞对空气进行压缩,达到增压的目的。市场上此类产品较多,比如 SMC 公司生产的 VBA 系列的气动增压阀,CKD 公司的 ABP 空气增压器、欧境企业股份有限公司生产的 PW 系列的气动增压泵等。SMC 公司生产的 VBA 气动增压阀的结构简图及流量特性曲线如图 4-8 和图 4-9 所示。

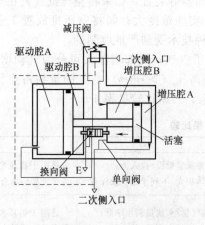

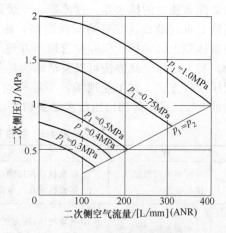

图 4-8 VBA 气动增压阀的结构简图 | 图 4-9 VBA 气动增压阀的流量特性

大连海事大学熊伟教授对气驱气体增压器的静态特性及其工作过程进行研究，分析了该增压器的工作过程，研究了此过程中增压器的动作特性，推导出了增压器静态性能参数如吸排气压力、吸排气体积和耗气量的计算公式和停机压力公式及它们在集气过程中的变化规律；并根据这些公式，得出了增压器的压缩比和容积效率的变化规律；分析了余隙容积对增压器各项工作性能的重要影响；建立该增压器工作过程的数学模型并证明了该模型的正确性；研究并分析了该增压器供气压力、输出气体压力与流量对其工作特性的影响；对加深了解增压器的工作性能以及增压器的选型、设计和使用具有重要的参考意义。

西北工业大学的董飞、何国强等提出一种新的气动增压泵的设计如图 4-10 所示，其工作原理为当汽缸活塞移动到死点时顶开阀$_1$，由 A$_1$ 口进入的低压空气通过阀$_1$ 进入 N$_腔$，气体作用在主阀大端的力大于作用于主阀小端的力，推动主阀活塞向右移动，最后由 A$_1$ 口来的低压气通过主阀芯部的通路进入 R$_腔$，推动汽缸活塞向下移动，同时将 T 腔中的低空气压缩至高压，通过阀$_4$ 从 B 口排出，此时阀$_3$ 关阀。当汽缸活塞移动至下死点时，顶开阀$_2$，N$_腔$ 通过阀$_2$ 与大气相通，主阀活塞在 M$_腔$ 低压气作用下向左移

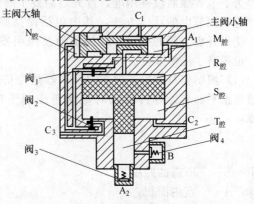

图 4-10　增压泵原理

动，使 R$_腔$ 通过 C$_1$ 口与大气相通，此时阀$_4$ 已关阀，T$_腔$ 剩余气体膨胀后阀$_3$ 打开，低压气通过 A$_2$ 口进入 T$_腔$，汽活塞向上移动，开始第二个吸气压缩循环。

此类增压器以压缩空气为动力，不需电源、结构简单、体积小、易于使用等特点，在一些需要少量、局部高压空气的场合下得到广泛的推广。该增压器工作时，驱动腔内低压空气驱动活塞对增压腔内空气进行压缩，当活塞抵达终端时，驱动腔内压缩空气排出，此时低压空气只有传送能被利用，膨胀能完全损失掉，另外从能量转换的角度上讲，气动系统的效率仅为 20%（电力系统的效率为 80%、液压系统的效率为 40%），故而此类增压技术效率低，另外该技术增压比固定、排气量小，当工业现场空气需求量大时，需增加多台增压装置，如此便提高了设备的投入，限制了它在工业现场的应用。

4.1.2.3　结论及展望

生产压缩空气是现代工业生产中的主要耗能作业之一，气动系统的节能改造可以降低工业的能耗，气动系统分压供气作为气动系统节能的一项重要的措施，其效果显著，实施方便，随着我国节能工作的推展，该方法定会得到推广、实施。

局部增压技术是一种方便并行之有效的气动系统节能方法，该技术的发展与推广将会带来可观的经济效益以及重要的社会效益。随着气动系统节能技术的发展及应用，现代气动系统局部增压技术的局限性日益显著；同时市场需求的日益增长，也极大地促进了气动系统局部增压技术的发展，新的增压及其控制方式将会在最近一段时期内出现。

4.1.3　照明节电技术

电是一种高价的能源，然而它仅仅利用了一次能源的 30%。

照明节电要求我们按需开灯，不开无人灯，减少开灯时间，有些辅助照明露灯、甬道灯可采用亮度自控。灯具的清洁直接影响灯的亮度，必须及时保养。对于染整车间用灯，更要考虑采用节能环保的新源灯照明，其色彩还原性要好，利于工艺操作时对样，而我国自主发

明的高频磁电灯则是值得推广应用的新光源[2]。

磁电无极灯和其他无极灯相比发光机理有所不同。传统高频无极灯使用偶合器产生电磁感应，而磁电无极灯使用按照磁场分布设计的磁发生器，磁材料亦采用了高磁导率的材料，磁场引除经过特殊设计，所以改变了其他无极灯偶合器纯电感结构，突出了磁发射的作用，形成了正交电磁场放电发光原理，这种放电原理具有更高的效率。

4.1.3.1 照明装置的节电

为了节省照明设备用电，首先，需要了解照明器具和灯在节电方面具有怎样的特性；其次，应掌握节电的具体方法，其中包括提高照明效果，采用高效灯及照明器材；利用自然光，使用开启方便的线路；灯的更换及照明器的清扫能集中进行等，在达到节电目标的同时，也提高了经济效益。

(1) 照明器具的发光效率　照明器是为获得所需的照度水平而采用的。因此，对于所需的照度水平而言，灯具消耗的功率越少越节电。工厂和办公室的照度一般可按式（4-3）计算：

$$E=\frac{NFUM}{A} \tag{4-3}$$

式中　E——所需的照度，lx；
　　　A——室内面积，m^2；
　　　N——灯数；
　　　F——灯发出的光通量，lm；
　　　U——照明率（到达工作面的总光通量对灯所发出的总光通量之比，<1）；
　　　M——保养率（经过一定时间以后，工作面的照度对初始照度之比，<1）。

式（4-3）表明，照度正比于灯的光通量。因此，最好应使用尽量少的电功率发出较多的光通量，即发光效率（lm/W）高的光源。表4-4给出了各种光源的特性。

表4-4　各种光源的特性实例（东京芝浦电气公司）

光　源	功率/W	全光通量/lm	效率/(lm/W)	一般显色指数	额定寿命/h
白炽灯	60	840	14.0	100	1000
卤灯	500	9500	19.0	100	2000
荧光灯（日光色）	40	3000	75.0	65	10000
荧光灯（白色）	40	3300	82.5	64	10000
荧光灯（白色、节电型）	38	3270	86.0	64	10000
快启动型荧光灯（白色）	40	3200	80.0	64	10000
快启动型荧光灯（节电型）	37	3000	81.0	64	10000
荧光水银灯	400	24000	60.0	44	12000
荧光水银灯（节电型）	400	25000	62.5	50	12000
金属卤化物灯	400	32000	80.0	68	9000
高压钠灯	400	52000	130.0	28	12000
高压钠灯（适用水银镇流器型）	400	41500	103.0	28	12000

随着科技的发展，新型电光源出现，为照明节电提供了全新的选择。

保养率比较容易实现，照明器的脏污程度，直接影响其亮度。除了人工清洁照明器具，还可选用图4-11中带切缝的灯罩，使上升气流经切缝排出，不易积灰。

(2) 提高照明效果必须考虑反射率　提起"亮度"，人们就很快会联想到照度（勒克斯）。但是，严格地讲，"物体的亮度"指的是照度和反射率的乘积（见图4-12）。也就是说，人眼所感觉到的，是进入人眼的光量，即现场物体所反射的光量（光束散射度）。亮度可用式（4-4）表示：

$$物体的亮度（光束散射照度）＝照度×反射率 \tag{4-4}$$

为了提高照明效果，除增加照度外，还可采用提高反射率的方法。如果现场的照度是几百勒克斯，但反射率很小，则人的眼睛就不会感到该处有多么明亮。从节能角度考虑，当需要提高明亮程度时，不能只靠增加照明器具和加大灯泡瓦数，更为重要的是应该考虑提高构成现场的各物体的反射率。

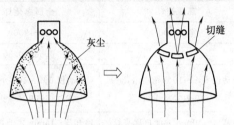

图 4-11 抽吸空气的切缝实例

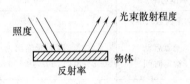

图 4-12 光的反射

（3）照明节电方法 式（4-3）可改写成式（4-5）：

$$F=\frac{AE}{NUM} \tag{4-5}$$

设灯的效率为 η，则消耗功率 $P(W)$ 如式（4-6）所列：

$$P=\frac{F}{\eta}=\frac{AE}{NUM\eta} \tag{4-6}$$

由式（4-6）出发，节电方法如图 4-13 所示。

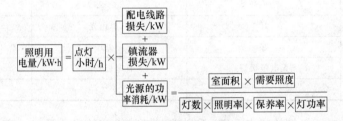

图 4-13 照明节电要素

所谓照明节电，就是减少用电量（kW·h）。因此，认为有下述一些方法：①减少用电时间；②减少供电线路损失；③减少镇流器损失；④降低需要的照度；⑤减少灯数；⑥提高照明率；⑦提高保养率；⑧采用高效灯等。

4.1.3.2 磁电灯

高频磁电灯（简称磁电灯）采用电磁感应技术在灯泡内产生电磁回路，通过以高频感应磁场的方式将能量耦合到灯泡内，这些能量使灯泡内的气体以雪崩电离形成等离子体，当这些受激发的等离子体原子返回基态时，会将原来所获的能量以 253.7nm 的紫外线形式辐射出来，完成一个能量转换过程；灯泡内壁的荧光粉受到紫外线激发而发出可见光，由于磁电灯在上述工作过程中，未使用传统光源中的灯丝（或电极），避免了传统光源的电极损耗问题，具有寿命长的特点，从而提高整个照明系统的寿命。

（1）主要特点 该新光源无电极，使用寿命 6 万小时，免维护，非常适用于高层厂房、运动场馆、道路、建筑物等场合，特别是难以维护的照明场所。高频磁电灯光无闪烁，光色柔和，显色指数达 80 以上，视觉效果好。它光通量高；光衰小，能保证正常使用寿命内的照明需求。该光源热态即开即亮，可防止因意外断电而难以立即启动的问题。目前，磁电无极灯最大功率已达 200W，光效可达 80lm/W 以上，在不降低照明质量的情况下节能效果好。其配用的节能电子镇流器功率因数高，电流小，能直接降低配电设备和输电线路的初始成本。

（2）高频磁电灯与常用灯的对比　表 4-5 是国产高频磁电灯与常用高压钠灯及金属卤化灯的性能对比。

表 4-5　各种光源参数对比表

性能参数	高频磁电灯	高压钠灯	金属卤化灯
单体功率/W	15～165	70～400	35～2000
功率因数/$\cos\phi$	0.98	0.50	0.60～0.90
光源启动稳定时间	瞬时光输出 80%～85%，60s，达 100% 光输出	启动仅 6%～10% 光输出，3～10min 达 100%	启动仅 6%～10% 光输出，5～15min 达 100%
热启动时间	瞬时≤0.5s	冷却 3～10min 才能再次亮灯	冷却 5～15min 才能再次亮灯
配套电器效率	98%	80%～85%	85%～90%
电源电压变化	电压波动 20%	电压波动 10%	电压波动 10%
对灯功率（照度）的影响	照度波动 <2%	照度波动 <20%	照度波动 <20%
光效/(lm/W)	75～90	70～100	60～100
流明维持率	70%@60000h	50%@7000h	50%@7000h
光源寿命/h	60000～100000	3000～7000	3000～7000
显色指数/CRI	80～85	20～25	65～85
色彩还原能力	好	差（单色光）	一般
视觉清晰度	好	差	中
耐震性能	无电极很好	有电极较差	有电极较差
表面温度/℃	<90	300 左右	300 左右

（3）帝殷磁电无极灯的特点　EB 系列磁电灯其优越的光质量——高显色性及全系列色温的选择，可以正确地还原物体的色彩，使得印染企业在生产全过程中，更好地把握生产质量；其无频闪和护眼性能则可以显著地提高员工的工作效率。

帝殷特有的双磁组磁电无极灯是完全按照磁场分布规律而设计的磁场发生装置，由于设计的结构特性，使得任何形状的灯泡（尤其瘦长型）都能充满磁场，所以任何形状的灯体表面都会有均匀的高亮度，这是单磁组结构灯无法做到的，故双磁组灯更明亮。通过实测比较，帝殷磁电无极灯其光效达到了传统高频无极灯的 144%～160%。

三基色是色彩学方面的术语，色彩学研究发现，三种单色红、绿、蓝按照一定的比例相混，即可调配出各种颜色。所以把这三种颜色（波长 680nm，546.1nm，450nm）定为三元色或三基色，其他颜色大部分是混合波长的光。

显色指数的标准是按照人眼感光和适应太阳光的光色而定的，100 为 100% 的含义。把太阳光定为显示指数 100，偏离得越多，数值越小。选用三基色荧光粉，就是因为，三基色是母色，最易找到理论上的最佳质量的显色性，配出最好的显色指数的粉，所生产出的产品其标称显色性为 88.6，帝殷磁电灯的显色性实测均达到 85 以上。

荧光粉的各色温是三原色粉配出的。要达到预想的色温，就要按不同比例的三基色进行配比，从而配出不同的颜色。帝殷磁电无极灯正是采用了高品质三基色荧光粉进行调配生产，从而生产出无极灯的色温可从 2700K 至 9000K，即为色温全系列覆盖。设计生产时通过选择不同的荧光粉配比便可达到不同的色温，满足客户不同需要。

由于帝殷磁电无极灯无电极无灯丝，同时配置了副汞装置，不仅可以瞬间启动或再启动，而且可以瞬间达到额定光效。

由于帝殷磁电无极灯的技术特点，同时在灯具设计时采用了独特的专利技术使其工作时萨生的热量较小，它能够使用更多种的材料（如抛光铝材等）制作反光罩，从而适用于多种环境的使用。

正是由于帝殷磁电无极灯先进的技术，使得帝殷磁电无极灯的发光效率较之高频无极灯有了大幅度的提高，同时其他各项指标能够达到或超过高频无极灯，色温又可根据用户的要求确定。同时由于磁致放电发光技术使其对温度和电压的适应能力大幅度的提高，能够适用于宽温度范围和宽电压范围场合使用。

帝殷磁电无极灯的实测指标：EB-GF135 型灯，光效 115.2lm/W，显色指数 86；EB-LF135 型灯，光效 127.6lm/W，显色指数 85。

4.1.4　辐射能应用技术

广义讲，凡具能量的波及射线都称为辐射线，其种类、波长各不相同（见表4-6）。物质受辐射线照射的过程，称辐照。

表 4-6　辐射线种类及波长

射线种类		波长/cm
电磁波	无线电波	$0.1 \times 10^2 \sim 2 \times 10^6$
	微波	$0.1 \sim 100$
	红外线	$0.76 \times 10^{-4} \sim 1.0 \times 10^{-3}$
	可见光	$0.38 \times 10^{-4} \sim 0.76 \times 10^{-4}$
	紫外线	$0.38 \times 10^{-4} \sim 5 \times 10^{-7}$
	X 射线（伦琴射线）	$5 \times 10^{-4} \sim 4 \times 10^{-10}$
	γ 射线	4×10^{-10}

辐照技术主要研究电离辐射与单体和聚合物相互作用产生的变化及其效应，是指利用 γ 射线、电子束、等离子、微波、紫外线等射线对物质的激发诱导作用，产生物理化学变化（例如交联、聚合、接枝、降解等），对材料进行加工或改性。由于辐照过程几乎不产生污染，与常规方法相比，具有节能、无环境污染等特点，因此被公认为一种绿色清洁的加工技术。近年来，随着辐照加工的发展，辐照技术在纺织上的应用越来越广泛，可用于纺织纤维和织物的辐射接枝改性，织物后整理等[10]。

4.1.4.1　辐照技术种类和特点

辐照就是利用特性波长或强度的电磁波、射线对目标对象进行照射处理。根据辐射对目标物质原子或分子是否能够直接或间接造成电离效应可将辐射分为电离辐射和非电离辐射。电离辐射包括电子、质子、致电离光子（X 射线和 γ 射线）、中子射线和电子束等照射，由于它们都属于高能荷电粒子和高能光子对物质进行照射，因此又可称为高能辐照。其中以 ^{60}Co-γ 射线和电子束辐照较常见。非电离辐射一般不能引起物质分子的电离，只能引起分子振动、转动或者电子能级状态改变，紫外线、红外线、等离子和微波等属于非电离辐射，由于它们的能量较低，因此可称为低能辐照，其中以等离子、微波、紫外线等辐照较常见[11]。

辐照技术的主要特点在于：辐照技术处理纺织品无需水作介质，也无需化学品、蒸汽，省去了烘干过程和废水处理，其设备投资费用低，可操作性强，具有节能、高效、无污染、耐久性、节省资源和利于环保等优点。

4.1.4.2　高能辐照技术在纺织上的应用

（1）γ射线辐照在纺织上的应用　γ射线辐照在纺织上应用主要用于材料的改性，如上浆用淀粉的接枝共聚作用、合成纤维高模量化、改善吸湿及染色性能等。

γ射线辐照在纤维改性方面研究非常热门，与纺织相关的集中在改变纤维表面性能，提高纤维的力学性能等，但产业化应用方面却少有成功。后整理方面较为成功实例是丝绸抗皱整理。由于蚕丝织物具有可染性、吸湿性好，柔软光亮等优点；但也存在易泛黄、折皱回复性差等缺点。黄晨等在 ^{60}Co-γ射线辐照条件下以丙烯酰胺为单体对蚕丝织物进行接枝改性；接枝改性后，织物的抗皱性能获得很大的改善。

尼龙纤维易燃，将尼龙 66 长丝浸入醋酸和水的混合液中，一起用γ射线辐照，当接枝率达 50%，产物就难以燃烧。γ射线辐照技术对涤纶织物进行接枝改性，使纤维表面上具有可溶于水的单体，从而拥有良好的染色效果。

美国狄灵米利肯（Deering Millken）公司用 N-羟甲基丙烯酰胺经电子束辐照与织物接枝再经焙烘而生产的耐久压烫及易去污产品 VISA，年产数百万米；美国联合染布厂（United Piece Dye-Works）用低温等离子体在聚酯织物上接上丙烯酸等亲水基团，赋予吸湿性、抗静电性、易去污性并具穿着舒适感的涤纶仿真产品 REFRESCA，周产五万码；另外在植绒和涂层方面亦有用辐照能固化而工业投产的。

（2）高能辐照对生活污水及工业废水的处理　崔淑凤等人较为详细阐述了辐照在三废治理中，特别是在常规方法很难解决的问题上所具有的实用价值。如高能辐照对生活污水及工业废水的处理，由于水来源广泛，体系非常复杂。废水经高能辐照处理，由于产生氧化、还原、分解、凝聚等化学反应而直接减轻了毒害或使有害物质容易除去。如合成洗涤剂是一种不能被微生物分解的水污染物。它含有较多的磷酸盐，有利于水中藻类和微生物的繁殖，而且表面活性剂集中在水面上，抑制氧气溶入水中，因此水中氧浓度显著降低，鱼类难以生存，厌氧细菌却大量繁殖。辐照可以使其失去发泡能力，大量分解。污水中溶解的微量氧在废水处理中起着重要作用，氧含量高无论是生化处理还是化学处理都容易进行，由于辐照对水分子作用产生多种具有氧化能力的活性基因，好比增加了污水中氧的含量，相应地降低了BOD 值或 COD 值，废水变得容易处理。

4.1.4.3　低能辐照技术在纺织上的应用[12]

与高能辐照不同，低能辐照只能引起分子振动、转动或者电子能级状态改变，因此低能辐照的应用更多的是集中在纺织材料的表面性能的变化上。目前的研究资料表明，改善纤维（或织物）的润湿染色性能是主要的研究方向。

（1）等离子辐照在纺织上的应用　P. J. Broadbent 等采用低温等离子体对精练后的棉织物进行改性处理，并测试了处理后棉织物的性能。结果表明，经等离子改性处理后，在扫描电子显微镜下可观测到棉纤维表面有明显刻蚀现象，棉织物的拉伸断裂强力和毛细管效应有明显提高。用低温氧等离子体对羊毛织物进行改性处理，可以获得较好的防毡缩效果，并能改善织物的润湿性能。有效控制处理条件，织物的断裂强力和伸长率不但不会减小，反而可以得到一定程度的增强。亚麻纤维具有很好的物理机械性能和织物服用性能，但由于结晶度、取向度高，其染色性较差，不易得深、艳色。赵莹等利用低温等离子体与亚麻作用，对其表面刻蚀并引发接枝乙烯基单体后导入亲水性基团，使亚麻纤维的亲水性改善，从而提高染料在纤维中的扩散速率、增加纤维对染料的吸附量以及与染料的结合牢度，有效改善染色性能。

（2）微波辐照在纺织上的应用　微波在纺织染整加工中不仅可用于亲水性纤维染色，在加入适当助剂的情况下，还可用于疏水性纤维的染色。当浸轧在染料溶液中的织物受到微波照射后，由于纤维中的极性分子（如水分子）的偶极子受到微波高频电场的作用，因而发生反复极化和改变排列方向，在分子间反复发生摩擦而发热，这样可迅速将吸收的微波能量转变为热能。与此同时，一些染料分子在微波的作用下，也可发生诱导而升温，从而达到快速上染和固色的目的。微波对分子具有活化作用，可用于纺织品后整理，如在微波辐射下用环氧树脂整理织物，整理后可以改善折皱回复性，提高染色性能、耐酸碱性以及耐光性，并缩短处理时间，节约能源。

（3）紫外光辐照在纺织上的应用　紫外光接枝聚合，既可以达到表面改性的目的，又不致影响材料本体，且工艺简单，便于操作，易于控制，设备投资少，是有望实现工业化的改性技术 J. S. Lee 等采用紫外光引发，将丙烯酸接枝共聚到西米淀粉上，合成共聚物（S-g-AA），结果表明：紫外光引起的西米淀粉接枝，产生了颗粒的局部，水合作用，淀粉糊化温度，峰值黏度和回生性提高。丁钟复等采用紫外线照射技术对高分子纤维材料表面性质改性。研究表明，以照射距离为 40mm，照射时间为 10min，照射能量为 $3.4J/cm^2$ 的剂量辐照 3 块涤纶纬平针织物，并用壳聚糖处理后，织物的接触角降低了 59%，回潮率提高了 2.8 倍，静电压为 15.6kV，半衰期为 1.8s，具有很好的抗静电性，且能耐 20 次水洗。

辐照改性技术是一种公认的绿色、无公害、清洁化的生产工艺技术。而每种辐照方式都有相应的应用场合，如高能辐照在材料改性方面具有无可比拟的优点，高效率、节能，在大多数情况下无需添加化学引发剂，很少的水即能实现反应过程，无污染无残留等，但高能辐照也存在着一定的应用局限，一次性投资较大安全防护要求高，受特种行业的投资限制等。在纺织品领域应用高能辐照的主要是能赋予材料特殊功能的高附加值产品。相对于高能辐照而言，低能辐照在改善纤维的力学性能方面所起的作用要小得多，在大部分情况下研究的重点在于材料表面性能改变，尤其是对于纺织工业而言，表面性能的改善有助于提高可染色性。另外高能辐射技术在环境保护中，可应用处理工业废水、废泥、废气等，成本相对低廉，美日等国将高能辐照技术应用于工业三废的辐射净化等有相当成熟的技术，我国在此方面的应用几乎是空白，随着国家对环境保护意识的增强及技术进步，高能辐照在纺织印染企业环保方面的应用将大有可为。

4.1.5　射频烘干技术

根据避免高频发射与电视、广播、通信以及其他业务所使用的频率相互干扰的要求，国际协定允许工业生产使用的高频加热频率为 13.56MHz、27.12MHz、40.68MHz[7]。

当将射频发生器所产生的交变电场施加于湿的纺织材料上，就会激发其中的水分子快速而连续不断地变换它们的极性而运动。外电场的变化越快，即频率越高，则水分子的这种反复极化运动也越激烈，从交变电场获得的能量亦越多。由于水分子的反复极化的激烈运动，促使水分子间的剧烈摩擦，从而使分子升温。因此，水分子在交变电场中加热升温，在温度梯度和湿度梯度方向一致的最佳情况下，水分由物料内部扩散到表面，而后由设备内的热风循环系统，利用射频烘燥物料中排出的废热气来增加烘燥效率。水分子加热升温要求较高的交变电场频率，这就是射频烘燥的基本原理。高频和微波都是电磁波，频率在 300MHz 以下称为高频，300MHz 以上称为微波，射频设备一般采用 13.56MHz 或 27.12MHz 的频率发生器。

射频加热烘燥是在电容器（亦称高频电极）电场中进行的。加热烘燥纺织品的高频电极有平板状和梳齿状两种，平板电极适用于烘燥体积比较粗大的纺织材料，如筒子纱线、卷绕纱线、折叠纤维束等；不锈钢管构成的梳齿状电极（亦称杂散场电极）适用于面积大且薄而宽的纺织品，如上浆经纱或纱线薄层、平幅织物。

4.1.5.1　射频烘干机特点

毛条、筒子纱线等物料常放置在聚酯网眼输送带上进入交变电场，进行连续运行烘燥。纺织品的烘燥处理强度、烘燥程度以及出烘房的回潮率，一般通过改变输送带的运行速度和电极与加热烘燥纺织品的间距来实现。

图 4-14 是射频烘干机流程示意。

本机采用国际先进的烘干工艺，将电磁能直接转移到需要干燥的纱料水分子中，烘干过程几乎没有外围的能量损失，输出能量完全被利用，能耗直接与含水率成正比，降低运行成本。

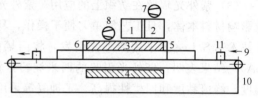

图 4-14　射频烘干机流程示意

1—高频发生器；2—主配电柜；3—上电极；4—下电极；
5,6—防辐射门；7—排汽风机；8—风幕风机；
9—传送带；10—保护罩；11—筒子纱

电磁场的穿透性使产品烘干迅速、均匀，设备的进出口结合了传统的暖空气循环系统，使纤维具有一定的膨化效应，极大地改善了弹性、柔软度、手感和色彩的效果等，保证了产品质量。如此卓越的效果不可能以任何传统的热空气烘干系统能达到。

电子管的冷却系统用风冷却与双水循环制成，从而使其具有最长的使用寿命。

（1）技术优势

① 操作灵活（一机多用）；

② 能即时运行；

③ 可连续工作（电脑程序控制）；

④ 控制简便、可靠；

⑤ 工作时对环境无特殊要求；

⑥ 工作时无环境污染（低噪声，无热扩散，无烟雾散逸）；

⑦ 便于自动化生产。

（2）产品特性

① 可精确地控制含水率；

② 优异的干燥均匀度；

③ 无染色泳移；

④ 无泛黄/无退色/无沾染；

⑤ 改善纱线延展性；

⑥ 减少纱线毛羽；

⑦ 无整理剂蒸发；

⑧ 更好的手感/柔软度。

（3）经济效益

① 节省操作作用人；

② 安装便捷；

③ 占地空间小；

④ 便于清洁和保养；

⑤ 高效的蒸发率；

⑥ 总的运行成本低；

⑦ 投资的性价比高。

4.1.5.2 射频烘燥的工艺特点

（1）加热速度快 由于被加热烘燥物体通过高频交变电场，其内部产生分子热，可在极短时间内达到快速加热，因为大多数电介质同时亦是热的不良导体，而射频介质加热与物质本身的热传导能力无关，所以，越是隔热性能好的纺织品，射频介质加热越能显示其加热速度快的这一特点。例如采用 50kW 射频烘燥机烘燥锦纶紧身衣，烘燥时间仅为 15min，每小时可烘干紧身衣 425kg，而采用蒸汽为热源的烘燥机烘燥同样产量则需 6h。

（2）加热有选择性 处于同一电场中的不同介质，由于各自的电物理特性不一样，所以吸收的电场能量也不相等。例如，在烘燥加工中，由于水的介电常数和损耗角正切值较高，因而吸收能量较多而易发热蒸发，因此，采用 10MHz 的频率则可（烘燥机允许频率为 13.56MHz）。再如对成衣、织物采用黏合剂加热黏合时，可根据黏合剂的 ε''（$\varepsilon \tan \delta$）值，也就是介质的介电常数（ε）与损耗角正切值（$\tan \delta$）的乘积，选择合适的频率使黏合剂发热而黏合织物。

（3）提高加热烘燥纺织品的质量 由于射频电场对纺织品的穿透作用，使处在电场作用下的被加热烘燥纺织品各部分同时被加热，亦内外加热均匀，升温一致，避免了纺织品表面过烘，特别对具有较大厚度的卷装纺织材料，可使烘后内外含水率比较均一，能控制在 ±1% 之内；一般不会造成纺织品的色差、泛黄等疵病，且烘后手感改善。

（4）加热过程易控制 被加热物体在电场中，通电就升温，断电便停止升温，不需要一般烘燥机的预热阶段，节省时间和热能，易于实现自动控制。

（5）操作方便 操作者可方便地改善传送带运行速度、射频发生器的输入电压及电极位置各设定值，以适应各种待烘的纺织品要求。而且丝束、绞纱、卷装纱线、散纤维和袋装纺织材料等可在同一设备上烘燥；不同颜色、不同卷装的纺织材料亦可同时烘燥；烘前含水率有所差异的纺织材料在电场中也可获得均匀烘燥，使其烘后含水率达到所要求的规定范围内，无过热、过烘危险。

4.1.5.3 射频固色的特性

（1）锦纶固色 当锦纶通过射频反应箱，单用射频加热，在功率达到一定值时，固色率不随射频功率的继续增强而提高。保持纤维上的水分是射频固色成功的原因，也就是说，射频加热时产生的蒸汽必须保留在纤维周围而不能遗失。这就要求纱线包装得紧些，或者从外部通入一些蒸汽。若纱线装填过紧，亦会出现尚未达到固色温度就产生压力过高的情况，因此通过可控的张力，限制过紧的包装是必要的。

锦纶固色的初始阶段，提高固色率与功率增大有关，纤维升温到 100℃ 的时间较短。为了利于固色，在 100℃ 时保温的时间要长些，一旦温度到达 100℃，功率再增大，将会使水分蒸发，含湿量降低到一定值时，将降低扩散作用，反而会使固色率下降。

（2）涤纶固色 采用 Terasil 蓝 X-2G，频率为 27.12MHz。

涤纶由轧余率 28% 进入局部通风的正压反应箱，反应时间 300s，到达 100℃ 时仅需 30s，最终温度为 160℃，固色率达 98.1%；松散湿纤维射频加热选用常压反应箱，反应时间 360s，到达 100℃ 时需 85s，最终温度 132℃，涤纶由轧余率 30% 烘干，固色率

96.2%；湿纤维用聚乙烯薄膜包裹，常压，用射频加热，反应时间360s，到达100℃时需120s，最终温度157℃，涤纶由轧余率22%烘干，固色率98%。上述三种情况可知，射频加热对这种染料不须采用加压的复杂系统，而固色期间水分的存在不是必不可少的。反应中发现，当水分蒸发后，纤维和上染的染料能吸收足够的能量，使本身升温到工艺温度。

4.1.6　染整应用微波加热技术

微波是指波长1m到1mm的电磁波，它的频率在300MHz到300GHz。微波加热和干燥的微波频率，目前只有915MHz和2450MHz得到广泛使用。

在微波加热领域中，被处理的物料通常是不同程度地吸收微波能量的介质。这类物料往往称为有耗介质。由于染色常用的介质是水和有机溶剂，所以染色中采用微波加热是极为适合的[13]。

4.1.6.1　微波加热的原理

微波加热就是介质物料吸收微波能量，并把它转化为热能。它的原理可以用介质分子在外电场作用下呈现的电性来解释。

电介质可分为两类：在一类电介质中分子呈电中性，分子内部正负电荷中心是重合的，叫做非极性分子电介质；另一类电介质中，即使没有外加电场，分子的正负电荷中心也不重合，叫做极性分子电介质。

非极性分子在外电场的作用下，分子的正负电荷中心会发生相对位移，形成电偶极子。所形成的电偶极子的方向都沿着外电场的作用方向取向。因此，在电介质的表面便感应出极性相反的电荷，这种电荷不同于自由电子，所以叫做束缚电荷。宏观上，把电介质出现束缚电荷的现象叫做电介质的极化。非极性分子的极化是使正负电荷中心的距离发生变化，所以亦称之为位移极化。外电场越强，每个分子正负电荷中心的距离也越大，极化的程度也就越高，介质物料中储存的能量也就越多。

对于极性分子来说，当没有外加电场时，每个分子正负电荷的中心并不重合，但是由于热运动使这些偶极子的排列十分紊乱，整个电介质呈中性，对外不显示电性。这种电介质在外电场的作用之下，每个分子的正负电荷都要受到电场力的作用，电偶极子转动并趋向于外电场的作用方向。若外电场较弱，电场的作用就不能完全克服分子的热运动而使所有的分子全都整齐地排列起来；若外电场越强，偶极子排列得越整齐，在宏观上电介质表面出现的束缚电荷也就越多，因而电极化的程度也越高。

将电介质放在交变电场中，则电介质在交变电场的作用下被反复极化，介质中偶极子的取向亦同样随交变频率改变。交变频率越高，外电场的变化越快，偶极子反复极化的运动也越剧烈，从电磁场所得到的能量也就越多。由于分子的热运动和相邻分子间的相互作用，那些偶极子随外加电场方向的改变而作规则摆动时受到干扰和阻碍，就产生了类似摩擦的作用，使杂乱热运动的分子获得能量，于是就以热的形式表现出来，介质的温度也随之升高。介质吸收的功率与电源频率和电场强度成正比。为了提高吸收功率的能力，可以提高电场强度或提高工作频率。过高提高电场强度，电极间将会出现击穿现象。而提高工作频率到微波波段，则可以避免放电击穿的弊端。值得注意的是，对于烘干某一物料，并不能从单纯加大微波功率或提高其频率来获得越来越短的作用时间，而是要根据物料的性质及加工工艺特点来选定功率、频率及最佳的作用时间。

微波染色的机理除了织物中含有水分吸收微波功率而发热升温外，水分子在外电场作用下急剧极化，同时促使染料分子也发生剧烈运动，原来附着在织物表面的染料粒子，以超高速向纤维内部扩散，当扩散达到一定程度后，染料粒子充满了纤维内部间隙，不再浮在表面游移，并与纤维分子发生物理化学反应，从而达到固色目的。

水被微波加热，其升温速度很快，达 $20.2℃/s$，这个速度是传统加热方法的十分之一到百分之一。由于升温快，可缩短染色工艺时间，染色中应用微波加热是高效的，但也要注意织物上染过程染料的扩散、固着及均匀上染对工艺时间的关系，因此对微波染色过程温升速度应予以控制。

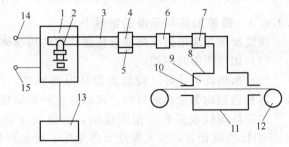

图 4-15　微波加热装置示意图
1—微波发生器；2—微波振荡管；3—波导管；4—隔离器；
5—水负载；6—功率监测器；7—调配器；8—加热器；
9—微波照射口；10—出入口屏蔽；11—供热装置；12—导布器；
13—循环水冷却系统；14—电源；15—控制电路

4.1.6.2　微波加热装置

图 4-15 是微波加热装置结构示意图。微波发生器部分由微波振荡管及其所需电源、控制电路组成，由微波振荡管发出的微波功率由波导管经隔离器、功率监测器、调配器输送到加热器。加热器出入口设有屏蔽装置。此外还装置了被加热织物的导布器和供热装置。用于连续加工的微波加热装置，有箱型加热器和波导型加热器。波导型加热器，在波导末端应有水负载，以吸收剩余微波功率。

（1）微波发生器　加热用的微波振荡管为连续波磁控管，该类管子在 $915MHz$ 单管可以获得 $30\sim60kW$ 的微波功率，$2450MHz$ 时磁控管可以得到 $5kW$ 的微波功率。微波振荡管需要用水冷却，因此要设置循环水冷却系统，采用优质的离子水可延长管子的使用寿命。另外，为防止冷却水在冬天冻结和梅雨季节结露，要装热交换器。

（2）波导管　波导管是用来传输微波功率的，在微波加热与干燥设备中广泛采用，这是因为需传输的是厘米波段的微波功率。波导管横截面的尺寸决定于传输微波的频率，由于导体表面的电流会引起微波功率损耗，故而要求波导管内壁的光洁度较高，因此若波导尺寸、内表面光洁度符合质量要求，则功率的损耗是很小的。

（3）隔离器　隔离器是用来吸收反射功率的附件，因而设有水负载，可防止反射功率回到磁控管，减少对磁控管工作的影响。

（4）功率监测器　功率监测器用来监测微波发生器的输出功率和加热器的反射功率。

（5）调配器　它可以使微波发生器的输出功率有效地射入加热器内，减少反射功率。

（6）加热器　这是将微波照射到被加热物上的加热装置。根据加热目的和被加热制品的性质、形状，加热器一般有箱型（谐振腔型）、波导型及天线型等。

箱型加热器适合对块状的被加热物进行加热，箱子用不锈钢、铝等金属制成。日本的市金工业株式会社所生产的 Apollotex 微波染色机就采用了间歇式箱型加热器，非常适合被打卷的织物在箱内加热。箱型中还有一种与传送带结合使用的形式，叫传送带式，如果几只箱子连接使用，则叫隧道式，它们适用于对块状物料做连续加工。

波导型适用于对薄片状物料加热，它有曲折波导、组合波导等形式。国内某厂在热熔染色机上代替近红外预烘的微波加热器就是组合波导型加热器。这种波导在场强最强的宽边中央开有狭缝，加工物料连续通过狭缝在波导内被加热。

微波加热若与蒸汽、热风等加热方式结合使用，则箱型加热器无疑比较合适。

（7）导布器　导布器亦叫搬运机构，结构应根据加工物料的形状等进行设计。在加热器内使用金属材料时，要注意防止微波泄漏和短路，防止反射波影响电场的均匀分布。例如 Apollotex 加热室内的打卷辊筒表面开满小孔，两边阀头上也开孔，使微波不致在辊筒上反射而影响布卷头尾的染色均匀性。

(8) 供热装置　在微波加热中，虽然被加热物内外同时发热，但由于物体表面的散热，表面温度比内部温度要低。为了防止内外温差，常常将微波加热和其他加热方式结合使用，要向加热器内供热。Apollotex 微波加热室内，就充满了 2.99MPa 的饱和蒸汽。

4.1.6.3　微波加热和干燥的特性[5]

微波加热是靠电磁波把能量传播到被加热物体的内部，这种加热方法有下列特点。

(1) 加热所需时间短。

(2) 加热均匀性好　微波加热是内部加热，而且有自动调节作用，所以和外部加热比较，容易达到均匀加热的目的。可以防止外侧烧焦。

加热均匀性也是有一定限度的，它取决于微波对物体的透入深度。对于 915MHz 和 2450MHz 微波而言，投入深度大致为几十厘米至几厘米的范围，只有在加热物体的几何尺寸比透入深度小得多时，微波才能够透入内部，达到均匀加热。

(3) 加热易于瞬时控制　微波加热的热惯性小，可以立即发热和升温，易于控制，有利于自动化流水线。当把加工对象的温度、湿度检测出来，并转化为电信号时，则可以实现实时控制，加热没有"余热"现象。

(4) 选择性吸收　某些材料非常容易吸收微波，另一些材料则不易吸收，这种特性也有利于微波加热。如前所述，水极容易吸收，而干燥的物质则不容易吸收，所以可利用此性能来烘干物体，又如对于某些无损耗介质上的涂层，如果该涂层能吸收微波，用微波来干燥也极有效。

(5) 高效率　微波加热设备虽然在电源部分及电子管本身要消耗一部分热量，但由于加热是以加工物料本身开始，基本上不辐射散热，所以加热效率高，总效率超过 50%。同时，避免了环境的高温，改善了劳动条件，也缩小了设备占地面积。

但微波加热也不是万能的，对于某些物体的加热就不能采用。例如，对金属物体或金属材料上薄的涂层，应用就很困难，因为金属对微波的反射能力很强。又如一个物体的损耗正切值能随着温度升高而迅速增加，对于这种材料，可能会形成热击穿，不宜采用微波加热。又如聚苯乙烯和聚四氟乙烯，吸收很少，因为也是难于加热的。目前，影响采用微波加热的主要问题是经济问题。一次性投资偏高，经常性的耗电量较大而使生产费用增高，必须努力改进。

4.2　节 电 措 施

4.2.1　风机、泵类调建节电措施

织物加工的辅助传动中的大量循环风机、排风机、给液泵、污水处理的曝气风机、污水泵及锅炉的引风机等，仍采用交流异步电动机配合阀门、挡板的调节，节电潜力甚大。

风机、泵类耗电有效功率仅占 30%～40%，60%～70% 的电能都消耗在调节风门、阀门及管网的压力降上，再加上实际负载量有变化及工程设计裕量大造成"大马拉小车"，因此，风机、泵类的实际应用效率是很低的。

风机、泵类的流量与转速成正比，压头（转矩）与转速平方成正比，轴功率与转速立方成正比。人工调节阀门，使流量减少 40%，功率仅减小 8%，若采用转速调节则功率下降到额定的 21.60%，节电 78.4%，两者相比，显而易见，调速节能效果极好。下面介绍部分染整企业风机、水泵节能的实例[1]。

4.2.1.1 风机变频调速节电

（1）风机采用变频调速时，调速范围不宜过大，在 70%～90% 之间最佳，不宜低于额定转速 50%。这是因为过低转速运行，风机本身的效率明显下降，不够经济；当调节超过90% 额定转速时，变频器效率下降。例如一台由 7.5kW 电动机传动的风机，其工况是100% 转速的时间占 40%，50% 风量的时间占 20%，35% 风量的时间占 40%，以全年运行7000h 计，变频调速比出口风门调节节省 18 万千瓦时，比入口风门控制全年节省 11.18 万千瓦时，可见变频调速节电效果好。然而，在负载测试中发现，100% 用风量时，变频调速耗能反而比风门控制多用电 6.4%～8.3%。故而在设计时，必须增加 100% 用风量切换到工频馈电控制的操作电路。

（2）某公司空调风机装置容量 45kW，由工频恒速交流电动机传动改为变频调速运行，根据温度控制降低转速 20%（约在 40Hz 处运行）。经运行实测，改前耗电每月 21388kW·h；改后耗电每月 10170kW·h，节电率 52.5%。

（3）热风烘房排气风机变频调速。热定形机平均热效率为 25%～28%，排气热损失占60% 左右；织物水分蒸发所需热量占 65%～70%，排气热损失占 25%～30%。目前染整企业技改，测定排气温度，控制在最佳值 20%，由交流变频调节排气风机转速完成烘房湿度的自动控制。既节电，又省蒸汽。

某公司织物含水率及排气湿度控制实例：织物重量 200g/m²，幅宽 1600mm，织物进热风烘房前带液率 68%，以 40m/min 工艺车速烘干至 8% 落布，每年开工 6000h。排气湿度10% 时全年消耗 0.3MPa 饱和蒸汽 2157t；带液率减少到 38%，排气湿度 10% 时，烘燥负荷减半，蒸汽消耗为 1078.5t；带液率仍为 38%，由变频调速控制排气风机流量，使烘房湿度由 10% 提高到 20%，进一步节省 423.5t 蒸汽，比烘房湿度 10% 省 39% 的蒸汽。

（4）污水曝气机变频调速。某厂污水曝气机原来采用摆线叶轮减速装置，为了能根据工艺要求调节曝气机的转速和叶轮进水深度，改用 GKGJA 系列可控硅串级调速装置，但由于该系统的绕线式异步电动机的碳刷和滑环维护工作量大，经常因接触不好而跳火烧坏，当电动机速度达到 1000r/min 以上时，常出现跳闸现象。

采用 Y 型笼型式电动机交流变频调速后，从实测数据来说，该机常运行在 35～39Hz 之间，电动机对应的转速 1050～1170r/min，实际节电率 40% 以上，22kW 的曝气机年运行7920h，一年可节电约 7×10⁴kW·h。

曝气池内的活性污泥里含有一种微生物群，要求持续稳定地供给其生命活动所需的营养物质和溶解氧。在技改前常因设备故障使曝气机停机维修，需要较长时间活性污泥的性能才能恢复，降低了污水处理效果。改成交流变频传动后，未发生停机故障，不但使活性污泥的生长条件和性能得到保证，提高了污水生化处理的效果，而且可将曝气机的转速提升至1050～1170r/min 之间，提高了曝气池抗水质冲击能力。因此，改成交流变频调速后，不仅节电，而且提高综合效益是非常明显的。

4.2.1.2 泵类变频调速节电

（1）丝光机真空吸液泵改造 布铗丝光机一般设有五冲吸去碱机构，在实际应用中，为避免"凹纬"的发生往往实施多冲一吸的工况，吸的次数减少，去碱效果相应降低，这样导致两大恶果：①纤维在浓 NaOH 的作用下，产生了溶胀，除了纤维素改性、分子重排外，纤维之间、纱线之间同时导致滑移，使纤维进入塑性状态在有条件地外加张力的影响下，原先存在于织物内的各种应力得以消除，织物的外形在新的张力条件下被固定下来。这种外形被固定是有条件的，即在张力未消除之前（布铗脱铗处），织物上残留的碱量必须在每千克织物 50g NaOH 以下，棉纤维新的结构和已实现的扩是定形尺寸才能充分稳定，新排列的各纤维素分子之间新的氢键才会形成。冲吸去碱不净，织物尺寸稳定性无保障。②由于脱铗后织物带有较多的 NaOH，进入水洗段无法将其洗净，致使织物落布时 pH 值偏高，这将影响到后续染色。在研发松堆丝光机时，根据松堆丝光工艺特点，NaOH 质量浓度比常规紧式丝光低 30%，将"五冲五吸"改设计成"三冲三吸"，而且将真空吸水盘由表面滑动摩擦，改设计成滚动摩擦，防患"极光"，改善"凹纬"。在工艺调试中，发现棉氨弹力在布铗拉幅时，"凹纬"极为严重，40×40+40D/105×58 棉氨（纬）弹府绸丝光落布门幅 122cm，而"凹纬"达 9cm（7.38%），于是将真空吸液泵改成交流变频调速（见表 4-7），可根据不同织物在线调节泵的频率控制"凹纬"的加剧。

表 4-7　不同运行频率"凹纬"对比

运行频率/Hz	50	42	19
凹纬长/cm	9	5	2
百分比/%	7.377	4.098	1.639

棉氨弹力布具空吸液泵运行在 18~20Hz，泵消耗≤12%；全棉卡其真空吸液泵运行在 40~42Hz，泵消耗功率≤60%。真空吸液泵变频调节既节省了电能，且将布铗丝光的"凹纬"顽症得以克服。

(2) 高温压溢流染色机主泵改造　某公司高温高压溢流染色机的主泵 30kW，采用阀门调节机器缸内水压。恒速，50Hz，每台平均电流 47A，每月 20 台高温高压溢流染色机总用电量 302560kW·h；采用交流变频传动改造，将阀门调节至最大开启度（直通），根据工艺要求运行在 43.2Hz 的主泵转速，从而调节染缸内水压，每台平均电流 38A，每月同等加工能力情况下，总用电量 230156kW·h，节电率 24%。

另一个公司应用 RG 系列节能自动化系统节能改造，该系统是根据三相电磁平衡、斩波、降压、变频、能量转换、功率因素补偿、增压恒温闭环控制原理，节能效率在 20%~40%。采用高温高压染色机水泵变频调速后，改变了水泵电机的启动方式，小电流、平稳加速启动，降低机械应力，提高电器使用寿命，染缸节电 20% 左右，节省蒸汽 30% 左右；利用变频节能调节系统对水泵的流量均匀调节，使染色产品质量得到改善。

(3) 最佳油气比控制系统　国内对烧毛机的研究主要集中在对火口的研究上，如前述的 Q 型火焰火口及热板火口，成功地降低了千米织物的油耗量。然而，由于汽油燃烧过程中最佳油气比是根据汽油和空气质量的优劣在（1:30）~（1:80）之间，则烧毛火焰温度不仅与火口的优劣有关，还与汽油气的供给量、汽油质量以及空气供给量、温度等因素有关。

图 4-16 所示是最佳油气比控制系统示意图。图中热电偶测得火焰温度信号馈入控制器，经模糊控制技本以维持烧毛火焰的最高温度为准则，控制器输出指令，调整变频器的输出，调节油泵转速，控制燃气的最佳油气比。调节设定好空气旁通阀的开启度后，气路就无须再控制。

最佳油气比控制系统的应用，使烧毛质量稳定在 4 级以上，耗油量比系统投入前常规烧毛降低 5%~15%。

最佳油气比控制系统不仅可作为烧毛机产品设计时的参考，更方便现有运行中的烧毛机节能、改善加工质量的技术改造。

4.2.1.3　供水系统节电

TD2100S 型供水专用变频器等于普通变频器加 PLC，是集供水控制和供水管理于一体的全套闭环多泵供水控制系统。内置 PI 供水专用调节器，只需加一只压力传感器，即可方便地组成供水闭环控制系统。其主要功能如下。

(1) 有 8 种控制模式选择，能实现最多 4 台泵的变频循环切换，或 7 台泵的变频固定方式控制。这八种供水模式主要根据先启先停和先启后停等两种切换方式以及循环泵方式（变频泵台数为 2～4 可选）或固定泵方式（变频泵台数为 1）等来进行选择。当变频泵台数不多于 3 时，还可灵活配置多台消防泵，或 1 台污水泵以及 1 台休眠泵，以满足各种供水应用场合。

（2）为了适应生活供水中的压力/流量波动特性，如通常白天的 3 个用水高峰期流量波动，以及其他一些特殊应用，如染整工艺用水中的早、中、晚三班的开工率不平衡，系统提供了最多 6 段的定时压力给定控制，以满足使用要求。一天的流

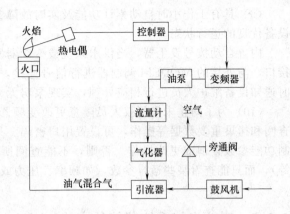

图 4-16　最佳油气比控制系统示意

量波动和多段压力控制，包括用户常规日和用户指定日多段压力给定控制。其中，用户常规日是指除用户指定日以外的日期时间段，用户可以自由选择是否打开或关闭常规日控制。而用户指定日控制，则包括周六、周日或工厂指定的生产休假日，以及年/周循环方式下的 3 个日期段的指定选择。

（3）休眠泵控制功能特别适合于夜间供水量急剧减少的情况，可方便指定每日休眠工作的开始/停止时刻，并可设定休眠时的压力给定值。休眠期间，休眠小泵工作，变频器只监测管网压力，当管网压力低于设定的休眠压力时，系统自动唤醒，变频泵投入工作；而当管网压力高于设定时，系统再次进入休眠状态，即只有休眠小泵运行。这样，实现了休眠泵的控制，最大限度地实现节水节电功效。

（4）定时轮换控制的设置，可以有效地防止备用泵因长期不用而发生锈死的现象。提高了设备的综合利用率，降低了维护费用。

当泵的容量基本相同时，选择定时轮换工作比较合适，系统工作不易振荡（主要针对加/减泵过程）。循环方式工作时，所设置的泵全部参与定时轮换；固定方式工作时，变频固定泵为主调节泵，将不参与轮换，只有工频泵进行定时轮换控制。

考虑到节能和降低磨损以及稳定性等方面因素，对于不同容量的泵，不宜采用定时轮换功能。

（5）消防控制功能方面，设有消防信号外部输入接口，当发生火警消防信号时，系统能自动切换到消防模式，有 6 种消防工作模式，可根据消防和生活管网以及进水池是否共用等条件供选择。

（6）排污泵控制功能是由泵房污水积水到达警戒水位信号，馈入变频器内置污水液位变送器，输入继电器控制信号，实现排污泵的自动排污控制。污水液位的上、下限检测由三点传感棒电阻检测。

（7）内置集成的液位传感器很容易实现进水池液位的检测和控制。当检测水池水位低，或输入外部低水位开关信号时，系统告警输出，并停止运行，当水池达到正常水位，或输入正常水位开关信号时，系统自动恢复运行。这样有效地防止了水泵系统设备因缺水而造成的损坏。

（8）通过管网超压信号外部输入端子，可直接进行管网超压故障检测。还可以通过模拟量输入信号检测的方式检测出实际压力值，然后根据所设定压力上/下限值进行管网超压/欠压的故障判断，并完成相应的系统告警和故障处理。这有利于实现对管网系统的良好保护，进一步提高供水系统设备的使用寿命。

（9）具有工作小时自动累计功能及实时故障参数记录，方便节能分析及故障分析，确保设备优良的运行状态。

内置自动拨号发生器，当供水系统或变频器发生故障时，通过内置的 RS232C 串行通信接口，与外接的 MODEM 调制器进行信号连接，自动启动预先设定的电话号码和信息，及时通知设备维护人员进行相应处理，实现泵房无人值守运行。

（10）为了防止未经授权人员随意更改变频器控制参数而造成的不良后果，或禁止非法查阅和拷贝重要数据等操作，可设置用户密码。只有密码输入正确后，才能进入系统进行控制功能参数查询或更改操作。否则，不能查阅所设置的功能参数（如控制方式、供水模式等），而只能查看某些运行参数（如频率、压力或时间等）。

4.2.2　压缩空气系统节能的实施

4.2.2.1　当前我国企业压缩空气系统使用中存在的主要问题

在当前我国用户的压缩空气系统中，能源浪费主要表现为泄漏偏大、压缩机配置及运行仅以保压为目的、供给压力不合理、设备用气存在浪费、现场工人用气成本意识淡薄等问题。

在泄漏问题上，工厂中的泄漏量通常占供气量的 10%～30%，而管理不善的工厂甚至可能高达 50%。有时一个车间的泄漏点就有 2 万个，其中，泄漏量的 90% 以上来自设备使用中的零部件老化或破损。而尤为严重的是，现场管理人员远远地低估了泄漏造成的损失。比如，焊工的一个焊渣在气管上导致的一个直径 1mm 的小孔每年导致的损失高达约 3525kW·h，几乎相当于两个三口之家的全年家庭用电。加强泄漏损失意识、普及泄漏检测及预防手段是当前工作重点。当前国内一些企业在开始利用泄漏检测仪及泄漏点扫描枪查漏堵漏，并已取得一些成效[15]。

表 4-8　空气泄漏导致的电力损失

泄漏孔径	泄漏量（0.7MPa 压力下）	气动功率损失	折算成压缩机年耗电量（24h×3600d）
0.5mm	17L/min(ANR)	60W	881kW·h
1mm	68L/min(ANR)	239W	3525kW·h
2mm	272L/min(ANR)	955W	14100kW·h
4mm	1088L/min(ANR)	3820W	56402kW·h

压缩机的合理配置及合理运行对节省用电非常重要。通常，为使输出压力波动小，很多压缩机采用吸气阀调节方式。这种方式在没有供气的情况下也仍需消耗 40%～70% 额定功率的电力，浪费较严重。为此，导入变频控制、采用压缩机群的台数控制等措施对削减电力十分奏效。而这些在工厂的实际操作中基本都被忽略，保证压力成为大多数工厂对压缩机管理的唯一要求。

另外，由于管道压力损失不确定，设备启动存在流量高峰等原因，压缩机的供气压力有时比现场要求压力高出 0.2～0.3MPa，浪费非常严重。有时也会为了少数几台压力要求高的设备，而整个调高供气的压力，这在能源使用配置上极其不合理，非明智之举。

具体到压缩空气系统中三大环节，可按图 4-17 的流程采取如下的节能措施。

（1）压缩空气的产生　压缩机的合理配置与运行，供给压力的降压及运行模式优化，压缩机与空气净化设备状态的日常管理。

（2）压缩空气的传送　泄漏的日常点检与最小化，接头处的压损改进，管网节点配置的合理化，耗气量分配的监测与日常管理。

（3）压缩空气的使用 喷气织机喷嘴的合理化，各用气节点压力及流量的合理化，机器非工作时供气的停止，分压供气，测量管路的最短化。

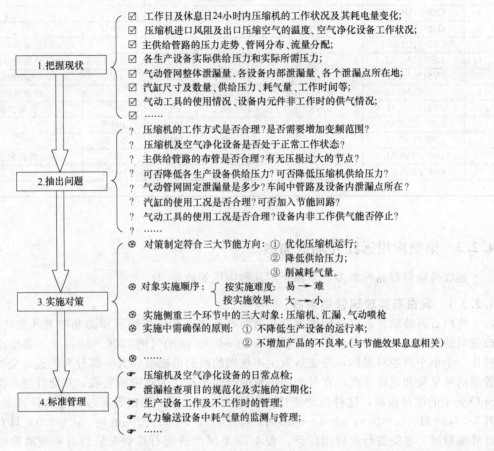

图 4-17 压缩空气系统节能实施流程

从 0.7MPa 的高压减压到 0.1～0.2MPa 使用的现象非常普遍，浪费得令人痛心。从工艺上把握设备的实际需要压力和最低耗气量是使设备耗气合理化的前提。由于设备用气不合理导致的浪费平均估计为供气量的 20%。

染整生产设备中的大量轧车、"抓紧架"氧缸等加压器使用空压机供气。就一台轧车的加压压力，就是单元间速差调节的"抓紧架"汽缸两倍，后者经减压阀获取工艺压力，然而两者是同一气源供气，可见工作实际压缩空气的压力比空缩机供气压力低得多了，损失明显。

4.2.2.2 压缩空气系统的节能

当前，中国在气动节能技术的研究和应用上几乎还是一片空白。我国压缩空气用户在气动技术使用中存在效率偏低、浪费严重、欲实施节能也无从下手和缺乏经验等问题。

为此，2008 年 1 月，北京航空航天大学和 SMC（中国）有限公司进行产学合作，针对压缩空气系统，成立了全国首个节能环保中心，深入研究压缩空气系统合理化技术，面向全国压缩空气用户快速推进和普及气动节能环保技术，促进行业健康发展。该中心对国内一家外资企业实施了全面的节能改造，使工厂每单位产量压缩机耗电量削减了 34.5%，压缩机从原来的 10.5 台满负荷运行变为 7.5 台满负荷运行，3 台压缩机完全停机。国内压缩空气系统节能案例效果见表 4-9。

表 4-9　国内压缩空气系统节能案例效果

序号	压缩机型号	额定压力 /MPa		额定功率 /kW	额定气量 /(m³/min)	负载率平均值		备　注
						节能前	节能后	
1	OSP-75U5ALI		0.85	75	12.4	100%	100%	
2	OSP-75U5ALI		0.85	75	12.4	100%	100%	
3	OSP-75U5ALI		0.85	75	12.4	100%	—	已完全停机
4	OSP-75M5AL		0.83	75	12.4	100%	—	已完全停机
5	VS1310A-H	低压	0.83	75	10.2	20%	40%	变频控制
6	OSP-75M5AL		0.83	75	12.4	100%	—	已完全停机
7	VS1310A-H		0.83	75	10.2	95%	80%	变频控制
8	OSP-75M5AL		0.83	75	12.4	100%	100%	
9	OSP-75M5AL		0.83	75	12.4	100%	100%	
10	OSP-75M5AL		0.83	75	12.4	100%	20%	待机为主
11	OSP-75U5A1I		0.85	75	12.4	100%	100%	
合计功率						761kW	480kW	节约电力 37%

4.2.3　染整应用远红外辐射加热

远红外辐射器品种繁多，下面介绍几种应用的效果[16]。

4.2.3.1　乳白石英玻璃管辐射器

乳白石英玻璃管远红外辐射器是在透明石英玻璃管红外辐射器的基础上开发的新品种。改进后的管壁上，每平方厘米有直径为 0.03～0.8mm 的气泡 2000～8000 个。每个小气泡可视作一个小小的绝对黑体，受光后发生不规则的散射电磁波。其一部分为能透过全透明石英管壁的可见光和近红外线，在气泡中停留的时间变长，为管壁所吸收，并使管壁升温，产生 Si-O 分子的键伸振动，这种振动使管壁变成两次辐射源。乳白石英玻璃电热管属于旁热式，其 $\lambda < 4\mu m$ 时，$\varepsilon_n = 0.4$；$\lambda = 4 \sim 8\mu m$ 时，$\varepsilon_n = 0.9$；$\lambda = 11 \sim 25\mu m$ 时，$\varepsilon_n = 0.9$，具有高的远红外辐射率，在染整行业应用广泛。表 4-10 是国产透明石英管与乳白石英玻璃管电热远红外辐射器烘燥能力对比。不同织物的不同烘燥初始带液量，经烘燥所测得每千克水烘干消耗的电功率，乳白石英玻璃管比透明石英玻璃管的烘燥能力平均提高 20%。

4.2.3.2　远红外多孔陶瓷板

远红外多孔陶瓷板是采用燃气的远红外辐射器。该类辐射器采用具有远红外线高辐射系数物质，与配制的陶瓷基体一起充分混合和烧结成形。由于远红外多孔陶瓷板均以水和织物吸收光谱特性为依据，其重点在于配方、成形方法和烧结工艺，烘燥效果比普通多孔陶瓷板节能 20%～30%。

表 4-10　烘燥能力对比

织物品种	车速 /(m/min)	轧车压力 /(kg/cm²)	每小时蒸发水分/kg		电水比/(kW/kg)	
			透明	乳白	透明	乳白
纯棉细布干布 重 110.95g/m²	40	油压 3.3 气压 2.7	33.41	42.98	3.31	2.52
		油压 2.2 气压 1.8	40.55	43.57	2.72	2.49
涤棉府绸干布 重 98.26g/m²	40	油压 3.3 气压 2.7	52.64	86	2.10	1.26
		油压 2.2 气压 1.8	49.97	55.75	2.21	1.946

注：对比是在红外预烘打底机上进行。

长期以来，国内多孔陶瓷板辐射面的形状都以平板结构为主，而国外的一些样品则不同，如日本的菱形、三角形等凹凸形多孔陶瓷板，德国蜂窝状凹凸形多孔陶瓷板等。分析认为，多孔陶瓷板表面结构设计对辐射器的辐射特性和燃烧特性皆有影响。国内在 20 世纪 90 年代初期试制的蜂窝状多孔陶瓷板，其大部分烟道都在凹穴燃烧面内。此板一是增加了辐射表面积，提高了辐射能量；二是烟道在凹穴内，焰道较短，阻力较小，有利于稳定燃烧。试验证明，蜂窝状多孔远红外陶瓷板比金属网辐射器节能 20%。

4.2.3.3　煤气催化燃烧器

煤气的催化燃烧以红外辐射形式进行热能传递。

目前催化燃烧的燃气源还仅局限于管道煤气。煤气的催化燃烧是指在活性催化剂的作用下，使煤气在低于着火点时实现完全两次燃烧。煤气着火点在 600℃ 以上，但在催化剂（Al_2O_3-Pd）的作用下，煤气的着火点降到 $100 \sim 150℃$，是无烟、无火的完全燃烧。催化剂表面辐射出来的电磁波波长为 $2 \sim 15 \mu m$。

某厂催化燃烧器表面温度为 350℃ 左右，燃烧器可以十分靠近被烘燥织物（40mm 左右），提高了热效率，缩短了加热时间。表 4-11 是催化燃烧器与金属网红外辐射器烘燥能力对比。

表 4-11　烘燥能力对比

项　　目	催化燃烧器		金属网红外辐射器	
	6030 涤棉白府绸	4221 涤卡	6030 涤棉白府绸	4221 涤卡
车速/(m/min)	20	20	20	20
煤气流量/(m³/h)(标准状态下)	12.52	12.57	35.09	35.09
板面间距/mm	70	70	150	150
热效率/%	45.36	35.7	24.02	26.84
热量单耗/(kJ/g 水)	5.89	7.6	10.8	10.3
节通俗/%	45.56	25.02		

由表 4-11 可知，由于催化燃烧器辐射 $2 \sim 15 \mu m$ 波长的电磁波，表面温度为 350℃，可以靠近加工织物（辐射强度与辐射距离的平方成反比），这样煤气催化远红外燃烧器比金属网红外辐射器节能 $25\% \sim 45\%$。

表 4-12 是同一种布在三种烘干机上的热效率对比。

表 4-12　三种烘干机的热效率对比

设备名称	车速/(m/min)	烘前含水量/(g/cm²)	烘后含水量/(g/cm²)	热量总耗/($\times 10^5$ J/h)	脱水量/(kg/h)	热量单耗/(J/g 水)	热效率/%
蒸汽热风烘干机	46	0.01308	0.01049	4706	53.66	8770	29.7
日本复合式煤气红外预烘机	89.86	0.00678	0.00115	7146	144.14	4958	52.62
锆质陶瓷煤气红外预烘机	44.38	0.006399	0.002347	5436.7	115.46	4185	55.79

4.2.3.4　快速起始辐射的红外辐射器[17]

红外辐射器要求既具有可控制性及高的热能效率、通用性，又具有快速反应。

一般红外辐射器的加热和冷却时间在 $3 \sim 5min$，更有高达 15min 的。这不仅是预热耗能，而且停车防止高温烘焦织物，必须设置辐射器转向机构，使烘燥设备复杂化。

（1）碳中波长红外辐射器　假设有一烘燥工序要求能 5min 烘燥一批物品。如果用一般的中波长红外辐射器则可能要把加工物品放置一段时间，而碳中波长红外辐射器因具有快速反应的特性而在需要进行烘燥时只要接通电流就立刻进行烘燥了。因此能源的节省可多达 80％。

英国的一家制线织带公司生产粗的缝纫线和织带。其使生产工艺包括退卷绕成股，在高压染色釜中以 130℃ 温度染色 14h，然后经离心脱水机脱水后在烘房中烘 24h，下一步把纱线绕到锥形筒子上送入汽蒸箱内蒸 30min 以使纱线表面光滑，最后在纱线上上润滑剂后再去湿箱内烘干。

虽然上述已成为成熟的工艺，但该公司仍在研究能明显缩短加工时间的工艺以在当今激烈的市场竞争中能够具有更强的竞争力，在研究了各种烘燥技术后，最终认定红外烘燥是解决烘燥问题的最佳技术。经过多次试验证实碳中波长红外辐射器用于上述工艺的优点，并开发出用于纱线的烘燥和卷绕的连续加工工艺。

现在纱线通过一个功率为 24kW 安装成盒式的碳中波长红外辐射烘燥箱和一个高温电热烘燥箱。然后通过润滑剂槽，最后通过第二个碳中波长红外辐射烘燥箱进行末道烘燥。此工艺方式的设备可大量缩小占地面积，只需 8h 加工 200kg 纱线，老工艺则需 3d 的加工时间。另外，可节能 57％，还可节省化学助剂和染料。

由于此新的红外辐射器能够瞬时反应辐射，因此在加工中能够根据需要投入工作和停止工作。再则此新加工方法的速度和灵活性使得工厂可以扩大其生产能力和增加新生产设备。

（2）扁丝中红外辐射器[18]　扁丝中红外辐射器是中国纺织科学技术有限公司研发的新产品。

中红外线（MIR，波长在 $2\sim4\mu m$ 之间），包括电红外或燃气红外辐射器，其颜色呈红色（在 1000℃ 时介于橙色与暗红之间，波长为 $2.3\mu m$）。由于其具有极高的能效，中红外线被广泛应用工业作业中。

由于扁丝中红外辐射器辐射效率为圆丝辐射器的 1.2 倍，且前者热响应时间快、表面负荷低等，因此，其具有更高效、节能效果更佳、使用寿命更长等优点，目前在印染厂已得到广泛应用。

① 表面温度的设计　根据已公布的各种物质吸收光谱波长，纺织品在红外加热中吸收红外最有效边界点，多数以 $2.5\mu m$ 为下限。水的羟基（—OH）基振波长为 $2.7\sim3.0\mu m$，因此，水在 $2.7\mu m$ 左右有一个强烈吸收峰。当下限在 $2.5\mu m$ 时，可确保波长 $2.7\mu m$ 的辐射强度。当 $\lambda_m=2.5\mu m$ 时，由前述维恩位移定律，可计算 $T=1159K$，即表面温度应为 886℃。

② 合金电阻扁丝的选择　选择铁铬铝合金材料的扁丝。

规格：宽 $8\sim12mm$；厚 $<1mm$；最高温度 1000℃；最快热响应时间 10s。

铁铬铝合金丝的使用寿命要长于镍铬合金丝，因为其表面的氧化铝层可以抗腐蚀。扁丝被套在石英管中。

③ 扁丝辐射器的结构　辐射器的外形尺寸为 $1800mm\times125mm\times80mm$；设计功率 7000W；宽度 10mm，厚度为 0.2mm。此时设计的辐射器表面负荷 $3.55W/cm^2$。

扁丝辐射器的结构示意见图 4-18 所示。

表 4-13 列示了扁线辐射器的实测数据。

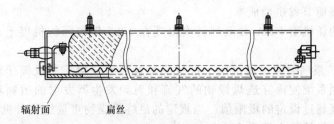

辐射面　　　扁丝

图 4-18　扁丝辐射器的结构

表 4-13　扁丝辐射器与圆丝辐射器对比

辐射器	功率/W	表面温度/℃	响应时间/s	表面负荷/(W/cm²)
扁丝	7000	860	15	3.55
圆丝	7000	810	900	3.72

当温度为 860℃时，可计算得波长 $\lambda_m = 2.55\mu m$。

由表 4-22 可见，在相同的功率和相同规格尺寸条件下，扁丝辐射器的表面温度比圆丝辐射器的高 50℃，此时，扁丝和圆丝的辐射效率的比值为 $1.2[(E_{扁丝}/E_{圆丝}) = (273+860)^4/(273+810)^4 = 1.046^4 = 1.2]$；扁丝热响应时间比圆丝快将近 60 倍；扁丝表面负荷比圆丝低 4.6%。

4.2.4　染整应用射频烘燥

射频烘燥（RF）技术广泛用于棉和毛的散纤维、筒子纱以及绞纱的烘燥和染色后的固色，所需能量仅为普通的以蒸汽作为热源的烘燥机的 70%左右。但这种机器由于诸如布铁和针板之类的输送织物装置均会破坏射频烘燥场而使其的应用受到限止，不能适用于加工机织物或针织物[19]。

（1）意大利的 Stalam 和 Bisio 两家公司在射频烘燥技术方面做出了显著的开发成果，他们的 RF/T 型射频烘燥机是用于烘燥针织物和机织物的具有革命性的一台松式烘燥机。该机被称为是唯一一台工业用的专为烘燥织物设计制造的射频烘燥机。

RF/T 射频烘燥机能将高射频能量传递到一块小的面上，因此能在小的空间里获得高的生产率，烘燥是在低的温度（烘房和织物温度均在 40～60℃）下进行并只需几秒钟的时间。

包括织物的无张力输送在内的其他优点有在线计算机控制织物烘余率、积木式结构。可根据生产要求将两单元或更多单元进行组合，以及根据客户要求设计制造的进、出布组合和配套件。

该公司的 LTRF（低温）和 TCRF（热控制）射频系列烘燥机的特点是利用强力循环风穿透烘燥物达到对烘燥物内部温度的精密控制。向烘燥物提供的射频能量和穿透烘燥物的气流均可控制以获得最佳的烘燥效率和烘干物质量。

LTRF 烘燥机用于低温连续烘燥散纤维、非卷装的丝束、毛条及绞纱。

此机的革新包括气流抽吸和鼓吹箱（一般是每室烘房里有两组），它们放置在下射频放射电极的正下方，并与离心风机相连通，将来自三极管冷却系统的热空气通过鼓吹和抽吸穿透受射频辐射的烘燥物品。

烘燥过程的温度可以根据烘燥物厚度、密度和湿度进行调节，但在正常工作条件下绝不会超过 60～70℃。

穿透烘燥物的干热空气可使每千瓦射频能量的蒸发率提高 15%～40%，因此与标准的射频烘燥比可明显地节省烘燥成本。

这类烘燥机的新机型 RFA/S 系列首次出现在 1995 年国际纺机展上，显示出更高的强的烘燥效率。

先进的 TCRF 系列射频烘燥机用于批量烘燥卷装纱或粗毛条或筒子纱。烘燥周期完全全电脑控制，控制系统使得穿透烘燥物的气流和射频发生器发射的射频功率具有最佳的效率，决不会使温度超过设定的极限值。当规定的最终烘燥物重量达到时机器会自动停车，规定的最终烘燥物重量的最小精度为±1％。

TCRF 射频烘燥机与传统的 RF 机型相比可节电 15％～25％。

Strayfield 公司的射频烘燥机以配备公司的标准的 MAC 操纵控制和监测装置为其新特点。

基本工作原理是以预先设定的烘余率来蒸发纺织纤维所含的水分，确保这规定的烘余率为了保证烘燥物的温度不会超过其热特性及造成对已施加的染料和化学品的损害。这就是为什么自动化的 MAC 装置比人工操作优越的地方。

MAC 的作用是保证使射频发生器发生的能量在电容横向均匀分布，因此使得射频装置总能在正确的能量密度条件下工作。

（2）为了进一步提高射频烘燥设备的经济效益，可以对加工制品进行初始脱水，使制品的非结合水下降，减轻射频烘燥的工作量，节能。如采用常规的离心脱水机初始脱水，应在筒子纱外套袜管，防止在高速离心脱水时筒子"倒角"。

立信公司的国产 TDW 型射频烘干机在业内已得广泛应用。

① 某公司用一台 60kW，27.12MHz 的射频烘燥机代替两台快速蒸汽烘燥机和四台笼式烘燥机，每小时烘燥 21600 件紧身布，可以节省 80％的热能成本。

② 某公司用一台 40kW 的射频烘燥机，蒸汽耗量 2L/h，压缩空气 2L/h，24h 烘纱 4t，每吨纱烘燥费用 188 元；采用普通暖风式烘干机，耗能 15kW/h，每吨纱蒸汽耗量 2.8t，压缩空气 2L/h，每吨纱烘燥费用＞400 元。

4.2.5　染整车间的节能照明应用

由于帝殷磁电无极灯具有超常的寿命、超高效的节能、高稳定性、高功率因数、高显色性、低谐波含量、无频闪、可频繁开关、可快速和低温启动、稳定光通输出、产生热量小、适用宽温度范围和宽电压范围场合、品种繁多，适用于工矿企业、商业、办公、室外、道路隧道等各种场合使用，创造良好、舒适的照明环境提高照明工程的节能效率[2]。

针对印染企业，其生产车间均为高大的空间，安装使用帝殷磁电无极灯节电效果显著，同时可以减除一切维护、更换的工作及费用。

印染企业使用帝殷磁电无极灯，其优质的光质量——高显色性及全系列色温的选择，可以正确的还原物体色彩，使得印染企业在生产全过程中，更好地把握生产质量，同时由于其无频闪和护眼性能可以显著的提高员工的工作效率。

4.2.5.1　高频磁电灯与金属卤化灯应用对比

厂房装灯高度 10m，以每天亮灯 16h，每年工作 300d，电费 0.76 元/(kW·h) 计。

（1）高频磁电灯（帝殷吉诺尔®）80 盏，165W，照明总功率 14.08kW，三个月后平均照明约 160lx。初期投入 7.5 万元，每年电费 5.14 万元，5 年内免费更换配件，无更换费。

（2）全卤灯（飞利浦亚明）115 盏，400W，照明总功率 51.75kW，3 个月后平均照明约 150lx。初期投入 9.36 万元，每年电费 18.88 万元，每年光源电器维修更换费用 2.76 万元。

4.2.5.2　染整车间照明改造实例

(1) 江苏省常州市东高印染公司采用磁电无极灯对部分照明系统实施工程改造。经过一年的使用，磁电无极灯不仅运行稳定，使用环境的照度、色彩还原性也优于原有的金属卤化灯。

据东高公司介绍，照明系统改造工程的投资回收期不到一年，未来几年不但每年可以节电，还省去了更换光源的投入和人工。

据该企业工程技术人员介绍，$3000m^2$ 筒染车间的安装高度10m，使用 35 只 120W 帝殷磁电无极灯替代 35 只 400W 金属卤化灯；$5000m^2$ 染整车间的安装高度10m，使用 50 只 160W 帝殷磁电无极灯替代 50 只 400W 金属卤化灯。两车间日平均使用照明时间约 13h，实施改造后，日节电 350kW·h 以上。按年工作 300 日、当地电价 0.8 元/(kW·h) 计，实施改造后，每年节约电费 8.5 万元左右。

(2) 常州东南印染有限公司老车间进行了照明节能改造，车间高度为 8.5~9.0m，用 142 盏 120W 磁电无极灯替代原有的 142 盏高压钠灯和金属卤化灯，照度由原先的 158lx 提高到改造后的 265lx，提高了将近 67%。120W 磁电无极灯实际耗电量为 0.12kW·h，250W 高压钠灯和金卤灯的实际耗电量为 0.29kW·h，照明节电率达到 60%，按每天平均亮灯 20h，电费按每度 0.69 元计算，仅 142 盏灯每年就为东南印染有限公司节约电费近 12 万元。磁电灯质保期为 5 年，而金属卤化灯和高压钠灯的质量保证期均为 1 年。

染整车间一般较高，照明换用受到原先设置的限制，在新厂房、车间照明设置时，应遵守"逆二次方原则"，即照明灯具在尽可能的情况下，离工作面距离近为佳，这是因为"距离若是减半，亮度可增加到 4 倍"。

4.3　节电案例

4.3.1　一家染整企业的综合节电经验

某染整企业针对染整行业僧多粥少、低价竞争的现象愈演愈烈；染化料价格、蒸汽价格的大幅飙升；用电紧张，"拉电"频繁。他们靠的是强化管理、废水回用、工艺创新、调荷节电、优化用电装置，狠抓节能降耗工作，提高企业的经济效益，提升企业的竞争力。以下介绍几点经验[20]。

4.3.1.1　靠强化管理来节能

能源管理工作是一项综合的管理工作，如何做好能资源管理特别是节能工作对公司而言意义重大。由于能资源管理与使用是一个系统工程，只有充分发挥大家的智慧，齐抓共管，才能真正做好这项工作。如何才能调动大家做好节能工作的积极性呢？只有靠制度保证，也只有靠制度规范。针对公司能资源管理现状，能源管理制度从用电管理、生产用电、照明用电、生产用水、污水排放、生产用油等方面制订了详细的规定和具体指标、责任部门及奖罚考核条件。此外，针对重点岗位、重点用能设备，还制定了重点岗位、重点用能设备的能耗定额指标。通过制定规章制度，使公司能资源管理工作有章可循，层层抓好能源管理和节能工作，使能源管理和节能工作落到实处。另外还加强电能计量统计工作，对用电异常的设备、岗位能够及时进行跟踪分析，对浪费油料、水、电等项目负责人根据情节分别予以批评和罚款处理，每天有专人对离厂离岗时的电灯、空调和电脑进行一次巡视，每月一次考核，年终评比，这样做既增强了职工的节能意识，同时也调动了节能降耗的积极性，让节能降耗成为全厂上下的自觉行动。

4.3.1.2　靠合理运筹来节电

面对日益严峻的用电形势，着重做好三件事：一是避峰用谷。实现谷电满负荷，峰电用刀口。通过扩大经销、压缩加工的办法，加大生产计划的超前性和计划性，有序科学地安排生产；二是科学搭配。在节电过程中，该厂如果按以往单纯从方便管理考虑，应至少设 4 台变压器，以保证生产和生活用电，但从节能角度重新设计，节约变压器一台，减少总容量200V·A；三是量身定制。鉴于染色设备与整理设备的不同工作性能和用电特点，通过采取措施，尽量做到染色与定形相衔接，整改一切"大马拉小车"现象，实现电费最低化。专线电主要保证染色设备的运行，自备发电机保证实形和整理设备的运行。以上三步，基本上做到了削峰填谷，提高了电能的负荷率和利用率。

4.3.1.3　靠启用节能新装置节电

积极采用节能新装置，该厂在赶赴外地考察和科学论证的基础上，通过先实验、再推广的办法，对所有动力设备安装变频器。公司投资 278 万元，安装了大小变频器 369 台，经测算对比，节电效果明显，每米成品布的电费由原来的 0.1323 元下降到 0.1119 元，节电率达到 18.2%。同时还投资近 200 万元从日本引进一套大功率综合节电装置，运用特殊的接线方式安装在高配房，经过一段时间的试用、测试对比，节电效果又有明显提高，每米成品布的电费又从 0.1119 元下降到了 0.103 元，节电率达 8%。这两个装置，对该厂的节能起到了雪中送炭、如虎添翼的作用。通过安装变频器和综合节电装置，不仅节电率达到 26.2%，而且设备的运转率也有大幅度提高，由原来的 53% 上升到 66.9%。在节电效果方面，如按每月生产成品布 600 万米计算，则每月可节约成本 18 万元。按最新电价计算，两年时间可以收回全部投资。

4.3.1.4　靠设备选型降耗

印染设备基本上都是"能源老虎"。事实上，该厂从项目立项和设备选型时就开始把设备的节能指标作为选取型号的重要依据，尽可能选择日本和德国产的印染设备，一般比台湾和国产设备可以节省能源 10%。此外还将淘汰部分技术含量不高、耗能过大的设备。由于去年的限电减到 1700kW，设备的运转率下降到 53%，只能靠自备发电弥补电力不足。但对选购何种发电机当时就有两种选择，一种是随大流，买柴油发电机，另一种选择是独辟蹊径，买重油发电机。经反复比较，认为越来越多的企业选择柴油发电，柴油供应和价格必然水涨船高，发电成本将会居高不下。相反，重油发电，如果直接从北仑港买油，运输上不存在问题。尽管投资成本高出十万元，但运行成本低 40%。因此通过成本核算比较，决定购买重油发电机。

【点评】

(1) 建立能源管理制度，三级计量管理，定额考核，奖罚并举，有利节电。

(2) 削峰填谷，调荷节电应大力提倡。

(3) 提高配电功率因素，降低变频调速的谐波损失，应在行业中引为注意。

(4) 重油发电是柴油发电成本的一半。

4.3.2　RG 系列节能自动化系统

浙江振越染整砂洗有限公司（大和集团三分厂）现有高温高压染色机 36 台，其中每台染缸平均每小时耗电量在 32kW 左右。其水泵电机通常采用的是常规的启动方式，电机的启动电流约为额定电流的 3～6 倍，一台 30kW 的电动机，启动电流可达到 100A 以上，大大降低了接触器等元器件的使用寿命，增加了维修工作量和备用零部件的费用。其次，较大的启动电流还会在电机和变压器中引起极大的电能损失，造成电气设备发热等问题。

为此，公司于 2005 年引进了绍兴亚控节能设备有限公司开发的 RG 系列节能自动化系统，高温高压染缸节约了 20％左右的电能，节省了 30％左右的高压蒸汽，提高了印染中的能源利用率[21]。

（1）工作原理　RG 系列节能自动化系统，是根据三相电磁平衡、斩波、降压、变频、能量转换、功率因素补偿、恒压恒温闭环控制等自动化控制原理，节能效率在 20％～40％。

（2）工作流程

a. 高温高压染色机的主泵采用变频开环技术控制，水流由操作人员根据所染产品自由调节。

b. 水流和频率成正比关系，操作人员可以直读频率完成对流量的精确控制。

c. 工作人员操作可分为启动和停止两个部分。

① 启动　合上空气开关检查节能系统的频率是否在零位，如果在零位表示节能系统正常，先启动主泵接触器，再启动节能系统运行按钮（RUN）此时节能系统按程序运行，因变频启动会出现 10～15s 的水流延时，请操作人员做好进布的准备工作。一般进布时应根据布的厚薄选择合适的进布水流，厚布进布选择 47～48Hz 为宜，进布完后，选择 40～43Hz 染布、升温，当升温至 100℃时，应设定频率在 40Hz 左右。薄布应缓慢进布，配合使用阀门调节以防止水流过大造成偏丝，染布以合适水流为宜。

② 停止　染布完成后，调节水流电位器，使水流慢慢减小，找到布头后，按停止按钮，停止运行。

4.3.2.1　变频技术的先进性

由于 RG 系列节能自动化系统应用了先进的电力电子技术、计算机控制技术、现代通信技术和高压电气、电机拖动等综合性领域的学科技术，因此具有其他调速方式无法比拟的优点：

（1）变频器采用液晶显示数字界面，调整触摸式面板，可随时显示电压电流、频率、电机转速，可直观地显示电机在任何时间的实时状态。

（2）精确的频率分辨率和高的调速精度，完全可以满足各种生产工艺工况的要求。

（3）具有电力电子保护和工业电气保护功能，保证变频器和电机在正常运行和故障时的安全可靠。

（4）电机可实现软启动、软制动；启动电流小，小于电机的额定电流；电机启动时间可连续可调，减少了对电网影响。

（5）减少配件的损耗，延长设备使用寿命，提高劳动生产效率。

4.3.2.2　项目完成情况

（1）目前已改造数量　公司于 2005 年底完成了对 36 台高温高压染色机的主水泵的电机进行变频节能技术改造。

（2）项目投资费用明细　如下所示。

序号	项目名称	数量	金额/万元
1	变频器	2	1.49
2	变频器	30	24.266
3	变频器	4	3.067

4.3.2.3 改造成效

采用变频节能调节技术改造，在染色生产中起了很大的成效。

(1) 提高了产品质量 利用变频节能调节系统对主水泵的流量均匀调节，使染色产品质量稳定并有所提高。

(2) 提高电器使用寿命 使用变频节能调节系统后，改变了电动机的启动方式，降低了启动电流，使原电动机的拖动部分不再承受电动机启动的大电流，理论上接触器使用寿命是未改造前的十倍。

(3) 节约能源 使用变频节能调节系统后可以节约一部分电能，最低在 20% 以上。

例：以下为 10 号 30kW 染缸测试记录

① 原工作状态下

时间：2005 年 6 月 2 日到 2005 年 6 月 11 日

开始时间 /h	停止时间 /h	共计用时 /h	
0	129	129	

电度数			
开机时底数 (kW/h)	停机时底数 (kW/h)	共计电度数 (kW/h)	每小时用电度数 (kW/h)
10	4074	4064	31.5

② 节能状态下

时间：2005 年 6 月 22 日到 2005 年 7 月 11 日

开始时间 /h	停止时间 /h	共计用时 /h	
288.3	539.3	251	

电度数			
开机时底数 (kW/h)	停机时底数 (kW/h)	共计电度数 (kW/h)	每小时用电度数 (kW/h)
8907.7	13002	4094.3	16.3

③ 结论

a. 10 号染缸机在原工作状态下，每小时用电 31.5kW·h；

b. 10 号染缸机在节能工作状态下，每小时用电 16.3kW·h；

c. 10 号染缸机每小时节约 15.2kW·h。

【点评】

高温高压染色机主水泵变频调速，动态"软启动"防止大电流冲击，配套 RG 系列节能自动化系统，有效地功率因素补偿，值得推广。

4.3.3 连续轧染红外预烘热源对比

染整工艺上的连续轧染、化学整理的预烘工序普遍采用红外线加热烘燥技术。采用红外线烘燥织物主要是利用它的下列特性[22]：

a. 加热强度高；

　　b. 被辐射材料对不同波长红外线有选择吸收的性能；

　　c. 红外线对纺织材料与薄水膜有贯穿特性。

　　该技术防止预烘时在织物上产生染料泳移、表面树脂、整理剂分布不均等现象有较好效果，为烘筒烘燥、热风烘燥所不及。

　　红外线辐射装置是将辐射红外线的材料加热到一定温度，使其辐射一定波长红外线的装置。加热所采用的热源一般有电或燃烧气体两种。

4.3.3.1　燃气式红外线辐射器

　　燃气式红外线辐射器形式很多，根据辐射材料的不同可分为金属网式和陶瓷板式；根据形状，可分为小方匣红外线辐射器和长条形红外线辐射器等。以小方匣与长条形辐射器比较，各有其优缺点：长条式辐射器经向表面上皆有热源，烘燥均匀性应该较好，且可使辐射器与织物接近，提高辐射效率；进气管路少，安装方便。但辐射器受热后易变形、破裂。小方匣式辐射器面积小，变形较小，表面辐射强度均匀，在加工织物幅度不同时，小方匣进气阀可以开或关，以调整幅度。其缺点是两辐射器之间，有一段没有辐射源。

4.3.3.2　电热式红外线辐射器

　　20 世纪 50 年代，前苏联和德国等发达国家在印染行业成功应用了电红外加热技术。70年代，中国引入，随后推广于印染行业，大致经历了近、中红外辐射器和远红外辐射器两代。

　　(1) 近、中红外辐射器　这是国内大多数印染厂家仍在使用的一种辐射器，该辐射器是一种近、中辐射能为主的加热元件，其主辐射能峰值一般在 $2\sim3.5\mu m$ 之间，光谱覆盖范围较窄。根据红外加热"光谱匹配吸收原理"（见表 4-14），不能充分与织物在中远红外波段吸收峰相匹配，且定向性差，因而能源浪费较大。相对而言，辐射器中间与两边温差较大，石英管寿命短，维修费高。

表 4-14　织物对红外线的最佳吸收波长范围　　　　　　单位：μm

织物	近红外区吸收带	远红外区吸收带		
		第一吸收带	第二吸收带	第三吸收带
纯棉府绸	2.75～3.3	8.3～10.5		
8080 纯棉绒布	2.75～3.3	8.3～10.5		
人造丝	2.75～3.3	8.5～10.5		
毛涤粘三合一	2.75～3.3	5.6～6.5	7.1～15	
腈纶	3.35～3.55	4.5～4.9	5.7～5.85	6.8～7.65

　　(2) 远红外定向辐射器　20 世纪 90 年代，我国吸收并成功仿制国外先进远红外定向辐射器，光谱范围为 $1.5\sim15\mu m$。辐射面具有高效性的定向辐射，最大散射角为 15°。特殊涂层对红外线有很高的反射率，防止热量损耗。但该辐射器存在两个缺陷：

　　① 仍然未能解决好中间与两边温差较大问题，如图 4-19 的曲线 1。

　　② 涂层高温情况下易脱落，污染布面且影响电热丝寿命。

　　近年来，国内一研究单位对此进行了改进。

　　其一，针对原远红外辐射器温度不匀问题，应用红外场强积分原理，使辐射器的温度排布如图 4-19 的曲线 2，在曲线 1、2

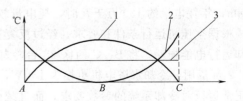

图 4-19　辐射器温度曲线

的共同作用下，产生一均匀温度线 3，两边与中间的温差为±3℃，很好地解决了温差问题。（其中 A、C 为辐射器两边，B 为辐射器中间）。

其二，采用先进的 1～1.5mm 厚的陶瓷化红外辐射涂层，使光谱覆盖范围更宽，辐射强度更大、更坚固，从而克服了远红外辐射器在使用中出现的粉尘污染，大大延长了电热丝的使用寿命。其独特的双源辐射结构再次激发了 3.5～15μm 的红外线，加强了织物的吸收。

4.3.3.3　燃气式与电热式性能比较

与电红外线比较，气体红外线辐射强度高。目前，染整生产红外线烘燥过程中所用的加热功率，电热红外线 25～35kW/m² 织物，煤气红外线可达 100kW/m² 织物。辐射织物蒸发的水分前者达到 20kg/(h·m²) 以上，后者可达 100kg/(h·m²)。但其辐射的红外线波长以 1～6μm 的波长为主，其辐射能占全部辐射能的 70%，峰值波长为 2.8μm，且燃气式辐射器使用过程中存在回火现象；如用城市煤气，由于一天内气压波动范围较大，可能引起烘燥不均匀；机台温度难以控制，影响产品的质量和产量。电加热调节方便，能稳定供热，满足工艺要求，提高产品质量与产量。

4.3.3.4　燃气式辐射器与电热式辐射器能耗比较

燃气式红外辐射器，如应用城市煤气所需量为 106.4m³/h，以 0.95 元/m³ 计，每小时约需 101 元。近、中红外辐射器装机功率为 240kW，以 0.45 元/kW 计，每小时约需 108 元。远红外定向辐射器只需 72kW 便可达到同样效果，每小时约需 32 元。可以看出，远红外定向辐射器较前两者可节能 60% 左右。

通过以上的分析与比较，远红外定向辐射器因其温度均匀、寿命长、节能效果显著，必将在印染行业使用上具有广阔的前途。

【点评】

文章从企业应用红外技术的总结，肯定了 1.5～15μm 波长的远红外、定向辐射器，节能明显、温度均匀、使用寿命长，值得推广应用。

应用红外技术，节电及提高工艺品质必须同时考虑。在连续轧染红外预烘这一工艺，应考虑：①辐射器适合浅色、深色布加工无选色法；②考虑防止急烘引起连续轧染时的色差"泳移"。

4.3.4　印染厂空压机系统的节能改造

4.3.4.1　空压机冷却系统优化改造[3]

以广州锦兴纺织漂染有限公司漂染车间为例，该公司由 18 台空压机和 10 台干燥机提供工艺用压缩空气。公司内分为 B、C 两区，每区各有 9 台空压机及 5 台干燥机的压缩空气系统，均采用单台冷却水塔循环冷却。冷却水塔电机总功率 180kW，年平均工作时间为 7200h，年耗电量约 130 万千瓦时，耗电量较大。

根据空压机运行条件和要求，经过反复论证，决定采用多台合并冷却方式来减少空压机冷却运行电能损耗。将 B、C 两区 28 台冷却塔改为 4 台 50t/h 的冷却塔循环冷却，2 台运行，2 台备用。冷却水塔电机更换为 15kW，水塔风扇电机为 1.5kW，这样不仅保障了空压机正常运行时冷却系统的参数要求，而且减少了空压机冷却水塔电机功率，大幅度降低了空压机运行耗电量。改造前后冷却系统示意如图 4-20 所示。

4.3.4.2 空压机系统变频联动控制

生产车间 18 台空压机的功率从 55kW 到 450kW 不等，均没有加装变频联动控制。空压机运行均由人工操作控制，运行负荷波动变化大，各生产部门用气量不平衡，空压机加载卸载频繁，导致电能损耗巨大。经论证，采用人机界面 PLC 变频调峰联动控制空压机运行（见图 4-21），通过网络传输数据，微机实时监控，实现了远程控制等功能。

经过改造后，变频器只对一台空压机实施循环软启动。PLC 的模拟量输入通过压力传感器采集汽缸内的压力值，与设定压力值进行 PLC 调节后，输出模块输出信号至变频 99，调整 1 号机的运行速度。当达到 25Hz 时，在设定的时间内，PLC 给变频器信号，命令 1 号机待机，控制空压机的启停及切换，将变频参数回传给 PLC 压力传感器，流量传感器分别将汽缸内气体压力和瞬时流量回传给 PLC。触摸屏显示工作状态和实时参数。

各 PIG 通过 RS-485 总线进行通信，触摸屏将开机或停机信号传给 PLC，PLC 将收集到的各个参数通过触摸屏显示；由 PLC 记录各个数据，并显示实时参数，计算累计流量，自动生成历史记录和历史曲线及其报表，并可通过打印机打印。

当测定压力值超过正常工作压力 0.65MPa 时，PLC 将输出一个较小的电压，线性减小交流电的频率，以减慢空压机的速度，使汽缸内的压力变小；当测定压力值小于 0.6MPa 逐渐接近 0.55MPa 时，PLE 将逐渐地增大输出到逆变器的电流，减小电流频率降低的速度，以减慢空压机的转速，使汽缸内的压力尽量稳定在 0.6MPa。

4.3.4.3 技术改造效果监测

（1）改造现场情况 该空压机节能改造项目主要分两部分进行：一是对空压机冷却系统进行优化改造，减少空压

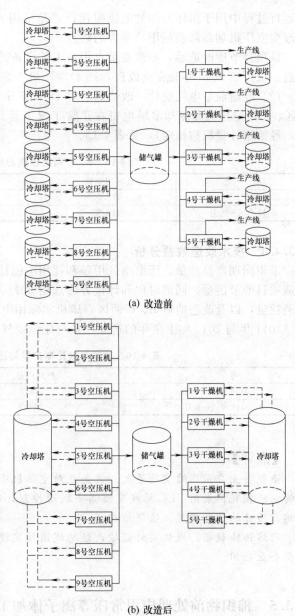

图 4-20 改造前后空压机冷却系统比较

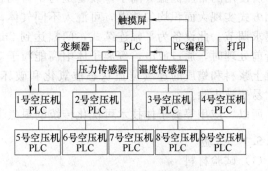

图 4-21 人机界面 PLC 变频调峰联动控制示意

机运行过程中用于循环冷却的电能损耗;二是采用人机界面 PLC 变频调峰联动控制,以有效改变空压机加载卸载耗用功率大的缺点。

该项目节能改造后,不改变重点用能工艺设备的性质,仅是对空压机系统进行优化运行改造。工厂于 2010 年底完成改造,18 台空压机一直处于稳定工况状态下运行。

(2) 改造前后电耗统计　改造前后对 18 台空压机和冷却水塔进行电量监测。取用工厂 B 区、C 区空压机和冷却水塔电机在正常工况下运行半年的电量统计数据(由电度总表计量,经法定计量机构检定),见表 4-15。

表 4-15　B、C 两区改造前后耗电量对比　　　　　单位:万千瓦时

年　　度	B 区用电量	C 区用电量	合计
2010 年 1~6 月	415.0	509.8	924.8
2011 年 1~6 月	249.3	374.4	623.7

4.3.4.4　技术改造效益分析

采用同期产品产量、压缩空气用量和耗用电能计量数据对比方法,确定空压机系统节能改造项目的节能量。同期对比和计量方法选用 2011 年与 2010 年上半年的产品产量和压缩空气消耗量,以及改造前后 B、C 两区空压机实际用电量进行分析对比,测算出项目的年节能量。2011 年与 2010 年上半年的产品产量与压缩空气消耗量的对比数据见表 4-16 所示。

表 4-16　基期与对比期产量与压缩空气消耗统计

年　　度	产品产量/t	压缩空气/万立方米
2010 年 1~6 月	27478	17106
2011 年 1~6 月	26891	16784

【点评】

染整企业应用压缩空气量大。该企业对空压机冷却系统优化集中改造,有效降低循环冷却的电能损耗;采用 PLC 总线变频调峰联动控制,有效解决空压机加载卸载耗用功率大的弊端。项目的节电明显,值得推广。

网络传输数据,微机实时监控,经总线通信实现远程控制的信息化技术,应大力提倡在染整企业应用。

4.3.5　棉织物前处理应用常压等离子体加工

等离子体加工工艺属于干态加工,具有加工周期短、清洁、环保的特点。

所使用的常压低温等离子体设备是与中科院合作研制的。该设备的基本特征是:以介质阻挡方式实现大面积均匀放电,可混入不同气体,气体流量可以控制,放电强度也可根据工艺要求调节。此设备为平幅连续式,门幅达到 2m,车速可达 50m/min。在用其对纯棉织物进行前处理时,通过放电,等离子体中高能粒子对织物表面发生刻蚀作用和化学改性,使棉纤维上浆料和蜡质的连续覆盖状态被氧化和破坏。浆料的分子链被切断,杂质的可溶性提高,易于被去除。

所以,应用等离子体技术可优化传统的退煮工序,达到节能减排、清洁生产的目的[23]。

4.3.5.1　试验

(1) 试验材料

① 织物　14.8tex×14.8tex3 78 根/10cm×3 78 根/10cm 78g/m² 纯棉府绸 PVA 浆坯布

（绍兴海神印染有限公司）。

② 助剂 氢氧化钠（化学纯，北京试剂化学公司），精练剂 YH21000（上海洪洋化工有限公司），螯合剂 FK2425（绍兴中纺化工有限公司），双氧水（广州成畅化工有限公司），稳定剂 FK2601（绍兴中纺化工有限公司），整合分散剂 710（100％，苏州联胜化学有限公司），以上均为工业级。

（2）试验仪器 常压低温等离子体设备（中样机，自行研制）；烧毛机 LMH003（江阴市江南纺印机械有限公司）；煮漂联合机 LH2022（江苏红旗印染机械有限公司）；丝光机 LM0822340（黄石纺织机械厂）；DatacolorSpectrafiashSF600X 测色光谱仪（美国 Datacolor 公司）；LCK2800 型纺织品毛细效应测定仪（山东纺织研究院测控设备开发中心）；YG026 断裂强力仪（江苏南通三思机电科技有限公司）。

（3）试验方法

① 工艺流程

a. 工艺一 原布→等离子体处理→烧毛→半煮练→漂白

b. 工艺二 原布→等离子体处理→烧毛→煮练→漂白

c. 工艺三 原布→等离子体处理→烧毛→直接漂白

d. 工艺四 原布→烧毛→退浆→煮练→漂白（传统工艺）

② 工艺条件及处方

a. 烧毛 车速 100m/min，一正一反等离子体处理氩气 10L/min，氧气 0.6L/min，车速 50m/min。

b. 退浆 烧碱 10g/L，渗透剂 5g/L，汽蒸 102℃×40min。

c. 煮练 NaOH30g/L，精练剂 YH21000 4g/L，螯合剂 FK2425 3g/L，汽蒸 102℃×60min。

d. 半煮练 即把煮练的助剂用量和汽蒸时间适当减少（NaOH20g/L，汽蒸时间 40min）。

e. 漂白 H_2O 23.5g/L（100％双氧水），精练剂 YH21000 2g/L，稳定剂 FK260 15g/L，螯合分散剂 710 100％ 2g/L，汽蒸 102℃×45min。

③ 测试方法

a. 毛效 按 FZ/T 01071—1999《纺织品毛细效应试验方法》测定。

b. 断裂强力 按 GB/T 3923.1—1997《纺织品织物拉伸性能第 1 部分：断裂强力和断裂伸长率的测定条样法》测定。

c. 白度 用 DatacolorSpectraflashSF600X 测色光谱仪测定。

4.3.5.2 结果与讨论

（1）不同生产工艺处理对织物性能的影响 试验工艺流程均在煮练后取样，工艺三在直接漂白后取样，检测样品的毛细效应。不同工艺的毛效比较见表 4-17。

表 4-17 不同工艺流程处理棉织物的毛效

指 标		工艺一	工艺二	工艺三	工艺四
毛效/(cm/30min)		11.8	12.8	6.0	12.0
白度		77.1	78.8	61.7	76.5
强力/(N/5cm)	经向	279.5	273.3	288.8	258
	纬向	209.9	205.2	216.9	194

注：原布经向强力 310.6N/5cm，纬向强力 233.2N/5cm。

由表 4-42，工艺一、二、四的毛效和白度差不多，即织物经工艺一、二处理后，已完全达到纺织品后道工序的要求，且省略了退浆工序。这是因为织物上的 PVA 浆料经氩气和氧气低温常压等离子体处理后，聚乙烯醇分子链不同程度地断裂；棉纤维上蜡质连续覆盖状态被破坏，形成含—OH、—COOH 等水溶性基团的物质，织物润湿性提高。利用等离子体以上特性可改进传统工艺，即织物先经等离子体处理和烧毛后，直接进入煮练，以替代传统的退浆工序。

工艺三的毛效和白度较差，达不到质量要求，说明等离子体处理纯棉织物还不能完全替代退浆及煮练。而织物经等离子体处理和烧毛后进行半煮练，则可以达到要求，即工艺一比较理想。

应用低温常压等离子体处理工艺，棉纤维的损伤比工厂传统工艺要小。这是因为棉纤维经氩/氧低温常压等离子体的高能粒子撞击后，尽管棉纤维上个别部位连接的 β-D-葡萄糖残基上的 1,4-糖苷键被击断，但平均聚合度（DP）下降很小，而且低温常压等离子体处理仅在纤维表面 $10\mu m$ 深度内发生作用，加之纤维表面有浆料和其他杂质，所以对纤维损伤不大。表 4-42 表明，工艺一、二和三的经纬向强力都大于工艺四。

（2）最佳工艺和工厂传统工艺实际成本比较　通过大量试验，确定工艺一为最佳工艺，它与工厂常规工艺的具体参数比较见表 4-18。

表 4-18　等离子体处理与常规工艺参数

工艺	退浆碱浓度/(g/L)	退浆汽蒸时间/min	退浆用水/(t/m)	煮练碱浓度/(g/L)	汽蒸时间/min
常规工艺	10	40	0.23	30	60
等离子体处理工艺	0	0	0	20	40

（3）与常规工艺相比，等离子体处理工艺成本较低，如下所示：

① 节省碱剂用量　按 28% 浓度的液碱价格 0.75 元/kg，带液率为 90% 计，每万米布节省碱的成本为：

$$78g/m^2 \times 1.6(幅宽) \times 10^{-3} \times 10000 \times (10+30-20) \div 28\% \times 90\% \times 0.75 \times 10^{-3} = 60元$$

② 节省蒸汽消耗量　每万米布常规工艺用汽量，退浆 4t，煮练 6t；而等离子体处理最佳工艺用汽量为 4t。每吨汽按 150 元计，则每万米布节省蒸汽 900 元。

③ 节省水用量并减少排放　每万米布等离子体处理节省退浆用水 23t。按每吨水（含污水处理费用）3 元计，则每万米布节省 69 元。

④ 增加的等离子体处理加工成本等离子体设备用负荷为 80kW，退浆机用电负荷为 30kW，每万米增加的耗电费用为：

$$(80-30)kW \cdot h \times 0.75元/(kW \cdot h) \div (60m/min \times 60min) \times 10000m = 104元$$

⑤ 用等离子体处理工艺，每万米节约加工成本为：

$$(60+900+69) - 104 = 925(元)$$

此外，应用等离子体技术，能减少碱用量，降低污水 COD 值，具有明显的环境效益。

【点评】

由中国纺织科学研究院江南分院与中科院合作研制的常压低温等离子体设备，已在染整企业进行工艺试生产。常压低温等离子设备比低压设备更具有工艺可操作性，希望定形的设备早日面市。

4.3.6　隧道式微波烘干机的应用

4.3.6.1　CWW-80/1600 微波烘干机结构[24]

（1）主架部分　包括底座、各种框架。主架部分采用碳钢板喷塑制造；底部采用地脚螺栓调节高度。

（2）传输系统　包括减速机、链板传送带及快速逃逸系统，通过变频调速控制运行速度；采用承重能力强、不跑偏、耐高温、阻燃的链板传送带传送物料。

（3）谐振腔　采用不锈钢板制作，谐振腔外覆隔热层。谐振腔侧面安装具有安全联锁功能观察门，方便打扫箱体内的卫生及观察物料加热情况；箱体底部留有透气孔方便热风馈入。

（4）微波抑制区　在设备进出料端设计有微波抑制区，微波防泄漏部分安全可靠，保证微波泄漏符合国家 GB 10436—89 微波辐射安全标准（＜5mW/cm²），保证人员安全。

（5）排湿热系统　设备顶部安装有轴流风机，降低磁控管表面温度，延长其使用寿命；烘干过程中产生的湿蒸汽经排湿离心风机排出设备。

（6）控制系统　实现设备的自动化控制及报警提示。

（7）设备性能指标如表 4-19 所列。

图 4-22　CMW-80/1600 微波烘干机

表 4-19　设备性能指标

序号	项　目	CMW-80/1200	CMW-80/1600
1	电源输入	三相五线,380V±10％,50Hz	
2	总电源输入功率	约128kW	
3	微波输出功率	80kW,功率可调	
4	微波频率	(2450±50)MHz	
5	设备外形尺寸	18300mm×2140mm×3180mm	14900mm×2700mm×3180mm
6	传送带宽度	1250mm	1680mm
7	进料口高度	240mm	240mm
8	传送带速度	0～90m/h	0～90m/h
9	去水量	85～90kg 水/h	
10	微波泄漏量	符合国家 GB 10436—89 微波辐射安全标准(＜5mW/cm²)	
11	设备安全	符合 GB 5226 电器安全标准	

4.3.6.2　节能数据分析

将 CMW-80 微波烘干机与国际先进的射频烘干机（英国 Strayfield）进行筒子纱烘干对比。

在烘干时，微波烘干机及射频烘干机烘干相同种类、相同含水率的筒子纱卷，在总电源输入处接上功率表，记录工作工程中的能。表 4-20 数据可知，微波烘干机的单位耗电量为 1.46kW·h/kg 水，而射频烘干机的单位耗电量在 2.06kW·h/kg 水，在烘干物料相同的情况下，微波烘干机比射频烘干机节能 30％左右。

表 4-20　微波与射频能耗对比表

项　目	微　波			射　频		
装机容量/(kW·h)	128			170		
输出功率/(kW·h)	80			100		
纱线质量/kg	179	1800	304.2	209	166	127
车速/(m/h)	14.2	14.2	14	20	20	22.5
去水量/kg	115.3	501	135.3	52.8	39.2	26
耗电/(kW·h)	168.8	672	216	110.3	81.3	60
单位耗电量/(kW·h/kg 水)	1.46	1.34	1.60	2.08	2.07	2.03

4.3.6.3 维修成本分析

英国 Strayfield 公司生产的 100kW 射频烘干机的核心部件为 100kW 二极管，只有 1 件，当三极管发生故障时，设备必须停车。目前，射频烘干机的三极管全部依靠进口，供货周期长，对生产影响较大；且目前一支射频用三极管的价格约为 6.5 万元人民币，使用寿命为 5000～6000h，后期维护费用较高。

80kW 微波烘干机的核心部件——磁控管有 100 只（或 98 只），当 1 只或几只发生故障时，不影响设备的运行，只是微波输出功率有所降低，可通过降低烘干速度来弥补。磁控管已经国产工业化，其使用寿命为 5000h，批量购买价格在 150 元左右，购买及更换方便。

微波烘干机在纺织工业中的应用范围极为广泛，无论是毛纺、色织、棉、化纤、印染以及后整理的各个烘干环节都可应用。微波烘干可用于毛纺行业的散毛、毛球以及筒子纱等纺织品的干燥，以及印染行业的非定幅布匹的干燥。

【点评】

微波与射频烘燥同类纺织品时，能耗前者低于后者，节省 30%。

微波烘干机应在防微波泄漏、安全可靠方面下功夫。

磁控管国产化应对延长使用寿命方面研究，提供性价比高的磁控管，创造民族品牌。

4.3.7　纺织烘干技术对比

4.3.7.1　烘干技术的发展及其工作原理

纺织烘干技术主要有传统烘干法、射频烘干法、微波烘干法三种。其中传统的蒸汽烘干法依然是目前应用较多的烘干方法；射频法、微波烘干法经过在食品、化工等工业领域广泛应用后，逐渐转向纺织行业进行使用。以下对 3 种烘干方法进行对比分析[25]。

（1）传统烘干法　主要是利用蒸汽散热原理除去物料中部分水分的一种烘干方式。传统烘干法最常用的方法有间接法和直接传热干燥法，即以热蒸汽为介质，通过热传导的方式将热间接或直接传递给湿物料，使湿物料表面上的水分汽化。并通过表面的气膜向气流主体扩散；与此同时，由于物料表面水分汽化的结果，使物料内部和表面之间产生湿分差，物料内部的水分以气态的形式向表面扩散，从而使物料得到干燥。

（2）射频烘干法　可用于烘干绞纱、筒纱以及毛条等，烘干效果均匀，通常会改善纱线的手感和外观，使纱线外观变得更加洁白。射频烘干技术是利用水分子在高频电场作用下的极性运动，在烘干物内引起剧烈碰撞，从而使水分子从内部逃逸蒸发。它区别于传统的直接加热烘干方式，不需要通过热传导的方式使水分汽化，而是通过磁场直接作用于物料内的水分子，使之相互高速摩擦并碰撞共振，最终获得较高的温度及逃逸速度，进入外部空间从而达到物料干燥的目的。射频烘干机一般配置 1～2 个射线发射源，主要发射波长较长的红外射线。

（3）微波烘干法　微波烘干法的工作原理和射频烘干法大致相同，其基本原理为：微波碰到金属后会发生反射，微波可以穿过玻璃、陶瓷、塑料等绝缘材料，但不会消耗能量；而含有水分的物料，微波不但不能透过，其能量反而会被吸收。同射频烘干法相比，微波烘干法有自己的设计特点：一是微波烘法的发射频率远高于射频烘干机，一般在 2000MHz 以上，波长为较红外线更长的毫米波、厘米波；二是微波烘干法的微波发射源一般为几十个甚至上百个。

4.3.7.2　3 种烘干方法分析对比

烘干技术广泛应用于纺织纤维烘干、纱线材料烘干、成衣烘干等各个工序，作为主要的耗能工序，如何对烘干设备进行合理选型，是各个纺织企业进行能源成本控制的关键。为充分将以上三种烘干机的性能进行对比分析，将从设备原理性能对比、能耗使用对比、产能质量对比、使用维护对比等四个方面进行说明。

(1) 设备原理性能对比　传统烘干机由几组散热片组成，配备风机，以加速空气流动，链轨采用金属材料制成，可采用自动化控制系统。射频烘干机采用电控系统，分别控制射频发射仓、烘干加热仓，配有排湿风机，链轨采用塑料或树脂材料。微波烘干机设计与射频烘干机类似，因介质源数量分布不同，微波发射仓稍有不同。三种烘干方式工作原理分析对比如表 4-21 所列。

表 4-21　3 种烘干方式工作原理分析对比

烘干机	发热介质	介质源	穿透厚度/cm	烘干方式	加热及时性
传统烘干机	蒸汽	蒸汽管道	5～10	直接加热物料与水分；由外而内烘干	预热
射频烘干机	红外线	射频管 1 个～2 个	小于 5	直接加热水分，间接加热物料；内外同时烘干	直接使用
微波烘干机	微波	磁控管近百个	5～10	直接加热水分，间接加热物料；内外同时烘干	直接使用

通过表 4-46 对比分析可以看出，传统烘干方式对水分的加热为直接与间接两种方式，需要预热使用，于是在对水分进行加热的过程中，使得一部分热量对物料及设备加热做了无用功，从而造成能源的浪费。微波烘干机磁控管数量较多，看似较为烦琐，可是这恰恰避免了因为介质源的故障造成的坏车停台。另外，因为微波波长较长，所以其穿透性能较红外线要好，在提高烘干效率方面成效显著，这也是微波烘干法优于射频烘干法最重要的原因。

(2) 能耗对比分析　热风烘干机使用前要进行预热，频繁换批时要一直开车运行，加之蒸汽管耗等，长期使用电耗指标为 0.13kW·h，用汽指标为 5.1kg。正常情况下，传统烘干法每千克去水耗电量 0.11kW·h，每千克去水耗汽量 4.15kg；射频烘干法每千克去水耗电量 1.12kW·h，微波烘干法每千克去水耗电量 0.86kW·h。

由上可知，在相同条件下，将原料内的 1kg 水烘干，3 种设备各需费用如下（电价按照 0.78 元/(kW·h)，计算，蒸汽按照 190 元/t 计算）：

① 传统烘干法　电费＋蒸汽费＝0.13×0.78＋5.1×0.19＝1.0704 元
② 射频烘干法　电费＝1.12×0.78＝0.8736 元
③ 微波烘干法　电费＝0.86×0.78＝0.6708 元

上述数据表明，相对于传统烘干法，射频烘干法节能 18% 左右，微波烘干法节能 37% 左右。

(3) 产能质量对比　因射频、微波烘干方式主要是对水分直接加热且内外同时进行，而传统烘干方式是对水分进行间接热传导加热，且为由外到内顺次蒸发，因此传统烘干方式的蒸发效率远远不及射频法及微波烘干法。此外，因为微波波长较红外线要长，其穿透性能要远远优于射频烘干法，处于物料内部的水分将更容易蒸发，故微波烘干机的烘干效率是最高的。我们在生产实践中发现，在单产上，射频烘干法较传统烘干法提高 10%～20%，而微波烘干法则提高 20%～30% 左右。在对产品质量的影响上，几种烘干方式也存在明显区别，具体情况如下（见表 4-22）。

表 4-22　3 种烘干方式对产品质量影响的对比

烘干方式	纤维强力	手感	颜色	柔软度	回潮均匀性
传统烘干法	变差	变涩	泳移、泛黄、褪色	变差	内湿外干
射频烘干法	不变	平滑	不影响	不变	回潮一致
微波烘干法	不变	平滑	不影响	不变	回潮一致

由表 4-22 看出，射频法、微波烘干法对产品质量（强力、手感、颜色、柔软度）影响不大或者基本没有影响，而传统烘干法却会造成不同程度的纤维损伤或者改变纤维特性，这主要是因为射频法、微波烘干法具有加热选择性，只对极性分子（水分子）有加热作用，对非极性分子（物料）不具有加热作用，而传统烘干法是无法做到这一点。此外，射频法和微波烘干法通过内外同时加热，可保证材料的回潮一致性。

（4）使用维护对比　传统烘干法多采用机械零部件，故后期的使用维护相对较为经济，而射频法、微波烘干法因射频管、磁控管等均为电器元件，故使用寿命有一定的局限，特别是进口金属射频管，价格较为昂贵，一般为几十万元，这大大加重了射频烘干机的使用成本。需要指出的是，尽管微波烘干法的使用维护成本比传统烘干法要高得多，但是相比节能 37% 的优势，这点不足就完全得到弥补。

由上可知，无论是设备性能还是使用经济性，微波烘干法都拥有较强的优势。需要指出的是，微波烘干法在使用过程中，仍然存在着一些缺陷和不足，需要进一步完善。

4.3.7.3　微波烘干法存在的缺陷

（1）磁控管冷却技术　磁控管是微波烘干法的技术核心元件，多为日本松下生产，设计使用寿命一般为 2000h（风冷），实际使用寿命一般不超过 5000h。随着使用时间的延长，磁控管的微波发射效率会急剧下降，这会大大影响烘干效率。

（2）金属打火　微波烘干机在烘干原料的过程中，一旦遇到纤维里面混有金属物质，经常会出现打火现象。特别是混有尖锐的金属物体时，更易出现打火现象，故微波烘干法在使用中存在一定的安全隐患。

（3）微波电磁辐射　电磁辐射对人体的有害性是不言而喻的，微波烘干机在设计过程中必须满足安全要求，采取多项屏蔽措施，否则就会造成操作工人的人身伤害。

4.3.7.4　结束语

（1）传统烘干方式是对水分进行间接热传导加热，为由外到内顺次蒸发，而射频、微波烘干方式主要是对水分直接加热且内外同时进行，因此传统烘干方式的蒸发效率远不及射频法及微波烘干法。而且微波波长较红外线长，其穿透性能优于射频烘干法，处于物料内部的水分将更容易蒸发，故微波烘干方式的烘干效率最高。生产实践结果表明，射频烘干法单产较传统烘干法提高 10%～20%，而微波烘干法则提高 20%～30% 左右。

（2）射频法、微波烘干法对产品质量（强力、手感、颜色、柔软度）基本没有影响，而传统烘干法却会造成不同程度的纤维损伤或者改变纤维特性，这主要是因为射频法、微波烘干法具有加热选择性，只对极性分子（水分子）有加热作用，对非极性分子（物料）不具有加热作用，而传统烘干法无法做到这一点。

（3）微波烘干法在设备性能上和使用经济性上，都具有较强的优势。需要指出的是，微波烘干法在使用过程中，存在着一些缺陷和不足，如核心元件磁控管的使用寿命问题，纤维中混有金属物时会出现打火现象等，需要进一步完善、解决。

【点评】

设备是工艺的条件，不同纺织品加工工艺需要不同的烘干机。

（1）热风烘燥机的有效热能达 65% 左右，排气热损失 25%～30%，若将进布含水率减少，排气湿度合理控制，应该说热风烘燥机还是有望成为节能型烘燥机。

（2）烘筒烘燥机理论烘燥能力 1.4～1.6kg 蒸汽/kg 水。织物加工有效热 60% 左右，若将凝结水 10% 的热量回收；烘筒两头圆盘散热 11% 防患（加保温层）。那么，烘燥能力将从有效热 60% 提高到 80%，工艺中再将烘燥进布的含水率（轧余率）控制低些，每 kg 水的耗汽量有望明显下降。

（3）文中热风烘干机"每千克去水耗汽量 4.15kg"，来处不明，比实际高得太多。

（4）微波加热烘在进机前，设置金属异物检测装置，可有效防止金属物体混入，引起"打火"。

4.3.8　射频技术在纯棉筒纱烘干中的应用

纯棉纱线利用筒子染色机进行染整处理，由于可降低原纱成本（棉纺厂筒纱比绞纱要低约 200 元/t）并且失重小，回丝少，近几年在我国应用较为普遍。但是，由于筒纱圈绕密度较大，对烘干造成困难。罐式筒纱烘干机，烘干时间短，烘干质量较好。但因配备的动力很大，耗电太多，造成烘干成本太高，很少应用。箱式热风烘干机，烘干时间长，整个过程要不断加热，能耗大，易沾污，纱线断头率高。而利用射频技术，对纯棉筒纱烘干，质量好，能耗低，是比较理想的筒纱烘干技术。[26]

（1）喜盈门集团现有大、小筒纱染色机 16 台，年耗纱 3500t，原来用箱式烘干设备需15 台，占厂房 $500m^2$，现在只用 3 台射频烘干机，可全部代替以前的烘干设备，而三台射频烘干机占厂房只有 $200m^2$。15 台箱式热风烘干机每班需 6 人，并且劳动强度大，3 台射频烘干机每班只需 3 人。产量及能耗比较如表 4-23～表 4-25 所列。

表 4-23　产量、机台比较表

机　　型	机台数量/台	年产量/t
箱式热风烘干机	15	3500
射频烘干机	3	3500

表 4-24　耗电比较

机　　型	年产量/t	耗电/(kW·h)	全额/万元
箱式热风烘干机	3500	1450000	101.5
射频烘干机	3500	1980000	138.6

注：每千瓦时 0.7 元。

表 4-25　耗蒸汽比较

机　　型	年产量/t	汽消耗量/t	金额/万元
箱式热风烘干机	3500	18700	224.4
射频烘干机	3500	50	0.6

注：蒸汽每吨成本 120 元。

从以上的对比可以看出，同样的产量利用射频烘干机烘干比利用箱式烘干机烘干多耗电530000kW·h，金额为 37.1 万元。而射频烘干机烘干不需要蒸汽，只是在冬季加少量蒸汽，以便使蒸发的水蒸气在射频区内不形成水滴。因此，每年可节约蒸汽为 18650t，金额为223.8 万元。综合计算，可年节约资金 186.7 万元，同时节约了大量的煤炭，从而也减少了对环境的污染。

另外，射频烘干机所出的纱线成形好、沾污少、回丝率降低了 0.5 个百分点，可节约20 余万元。因此，喜盈门集团 2004 年加工筒纱 3500t，综合效益为 200 余万元。购买一台射频烘干机为 60 万元，当年即可收回设备投资，也推动了企业的清洁生产。

（2）利用射频烘干应注意的事项　首先应注意，在原纱络筒时要求圈绕密度一致，大小一致，这样便于脱水时使纱线含水率均匀。要求含水率不能超过 50%，以免对设备及产品造成损失。其次应注意设备在运转过程中，绝对不能打开侧门，如遇紧急情况，要先关掉射频开关，以免高频辐射，对人体造成伤害。设备运转时，铁等极性金属不能进入射频区，以免引起火灾。

另外三极管是射频机的心脏，要注意保护。生产过程中，需要用水冷却，这部分水因没有被污染，因此，可以回收利用。冬季要适当加一点热，以免在射频区形成水滴对设备和产品造成损害。

最后应注意，开机的速度不仅与纱线的含水率有关，还要考虑不同纱支和筒纱在履带上摆放的密度。速度要调节适中，太快烘不干，太慢能将纱线烘焦，引起火灾。

【点评】

（1）青岛喜盈门集团公司利用射频烘干机改造箱式热风烘干机，是众多纯棉筒纱烘干改造单位之一，生产实践结论了技改是成功的。

（2）节能明显，纱线成形好、沾污少、回丝率降低0.5％，用工从每班6人降到3人。

（3）年加工3500t筒纱，综合效益200余万元，3台射频烘干机购价180万元，一年不到回收投资，此技术可行。

参 考 文 献

[1] 陈立秋. 染整设备风机、泵类调速的节电. 印染，2011，16，46-49.
[2] 陈立秋. 染整企业照明节电. 印染，2012，12：40-42.
[3] 卢其伦. 印染厂空压机系统的节能改造. 印染，2012，14：P33-34.
[4] 吴良华，等. 微波染色技术初探（一）. 2008诺维信全国印染行业节能环保年会. 苏州：中国印染行业协会. 606-615.
[5] 展义臻，赵雪. 微波技术在纺织品后整理中的应用. 佶龙杯第九届全国印染行业新材料、新技术、新工艺、新产品技术交流会论文集. 上海：中国印染行业协会，562-566.
[6] 陈立秋. 染整工艺应用远红外加热技术的研究. 染整技术，2000，1，2：9-11；8-12.
[7] 陈立秋. 射频加热压染整烘燥工艺中的应用. 染整技术，2007，8：52-53.
[8] 陈立秋. 变频调速技术. 染整工业节能减排技术指南. 北京：化学工业出版社，2008：10.
[9] 石岩，蔡茂林. 气动系统分压供气与局部增压技术. "科德杯"第六届全国染整节能减排新技术研讨会论文集. 常州：中国纺织工程学会染整专业委员会，337-340.
[10] 石婷婷，王晓广. 辐照技术在纺织上的应用. 2008诺维信全国印染行业节能环保年会. 中国印染行业协会，苏州：601-604.
[11] 陈立秋. 等离子体加工技术. 染整节能，北京：中国纺织出版社，2001.
[12] 展义臻等. 低温等离子体前处理对织物整理的影响. 传化杯第七届全国染整前处理学术研讨会论文集. 杭州：中国纺织工程学会染整专业委员会. 133-140.
[13] 陈立秋. 微波的应用. 徐谷仓，陈立秋. 染整节能. 北京：中国纺织出版社，2001.
[14] 陈立秋. 染整工业自动化. 北京：中国纺织出版社，2005.
[15] 蔡茂林. 空压机能耗现状及系统节能潜力. "科德杯"第五届全国染整机电装备节能减排新技术研讨会论文集. 苏州：中国纺织工程学会染整专业委员会. 27-30.
[16] 陈立秋. 染整应用远红外加热要点. 印染，2004，12：36.
[17] 郑定铮泽. 烘燥技术向增加高技术含量发展. 印染机械，1997，2：14-16.
[18] 陶镕. 新型扁丝中红外辐射器. 印染，2012，13：40.
[19] 冯仑仑，等. 棉织物等离子体预处理后的前处理工艺研究. "源明杯"第九届全国染整前处理学术研讨会论文集. 烟台：中国纺织工程学会染整专业委员会. 335-339.
[20] 陈立秋. 染整生产的节电技术（3）. 染整技术，2009，6：48-49.
[21] 大和. 简论变频器在高温染色机上的应用. 2006凤凰全国印染行业环保工作年会. 青岛：中国印染

行业协会. 199-201.

[22] 黄建峰，等. 印染预烘红外线热源分析与对比. 染整技术，2000，8：29-30.

[23] 徐憬，等. 常压等离子体设备在棉织物前处理中的应用."康地恩杯"第八届全国染整前处理学术研讨会论文集. 青岛：中国纺织工程学会染整专业委员会. 248-249.

[24] 陈队范，等. 纺织品微波干燥成套技术及装备研究. 2011 传化股份全国印染行业节能环保年会. 常州：中国印染行业协会. 650-651.

[25] 孙洪刚，孙翠翠. 纺织烘干技术对比分析纺织科技精萃，2012，5：40-41.

[26] 江新旭. 浅谈射频技术在线棉筒纱烘干中的应用. 2005 年全国染整清洁生产、节水、节能、降耗新技术交流会论文集. 苏州：中国纺织工程学会染整专业委员会. 380-381.

5

染整生产的供热用热

在纺织工业中，染整企业的能耗较大，是一个重点耗能行业。一个染整大厂年综合能耗可达 5 万吨以上标煤，用水量达每年 400 万～500 万立方米。

染整工业中能源消耗的形式占较大比重的主要是蒸汽，占总能耗的 80％以上。其能耗构成以热能（蒸汽）为主，主要用于烘燥（约占 30％～40％）、洗涤（约占 25％～35％）、蒸煮（约占 10％～15％）、高温热处理（约占 8％～12％）及其他（约占 5％～10％）。因此要了解能耗上的浪费，主要就要以蒸汽为主来进行分析[1]。

供热系统是影响全厂能否抓好节能工作的关键所在。

① 由于染整厂供热与用热之间负荷压力的不匹配而造成能源上的浪费达 5％～15％。

② 全厂的冷凝水未能回收到锅炉上而造成能源浪费达 8％～12％。

③ 锅炉小未能控制好低氧燃烧和风机转速及空气预热器、省煤器、排污膨胀器的失效而浪费的能源达 10％～25％。

如能针对上述几点采取措施，则可减少浪费达 20％～40％。

据有关资料介绍：全国在蒸汽供热系统中，每年要浪费标煤约 3000 万吨，其中回水系统浪费达 1100 万吨左右，由于疏水阀阻汽排水不好造成的浪费竟达 900 万吨。

在二次能源中的蒸汽、热风、热水的跑、冒、滴、漏和散热的损失，其有形和无形的散热浪费是十分惊人的。

① 一个直径 2mm 的小孔，年泄漏蒸汽（表压为 5kgf/cm² 的饱和蒸汽）折合标煤竟达 10.34t，其危害不可低估。

② 一只法兰每小时泄漏低压饱和蒸汽 1kg，一年就要浪费约 5t 蒸汽。

③ 一只疏水阀因失灵而泄漏，一年就要浪费标煤达 9t。

④ 一只较为正常的疏水阀的漏汽损失与回水闪蒸损失大约为蒸汽用量的 15％，不正常的疏水阀热损失更大。

⑤ 目前染整厂的泄漏率一般都在 10‰以上（有的厂泄漏率甚至高达 20‰以上）。按国家规定泄漏率要求在 2‰以下，也就是说，按目前染整厂的泄漏率，一年就要浪费标煤几百吨。

⑥ 蒸汽管道如不保温，则其散热损失也是巨大的。如 1m 长、直径 200mm 未保温的管

子（管内蒸汽温度为200℃），一年的热损失折合标煤达2.88t。1m长、直径51mm未保温的管子，一年的热损失折合标煤达0.3t。

供热及输送蒸汽的热力管道的改造如下所述。

① 供热系统的改造 据不完全统计，我国染整工业采用锅炉，不少单炉容量小（蒸发量在4t以下的约占60%），热效低（平均在60%），机械化程度低，污染严重，要根据不同条件需改造和更新。

工业锅炉改造的范围为：凡大于或等于1t/h，热效率低于55%；大于或等于4t/h，热效率低于65%；大于或等于10t/h，效率低于70%的锅炉都应进行改造，并需配备必要的热工监测计量仪表、除尘设备等，控制排污量在5%以下。同时采取如下提高锅炉效率的技术措施：a. 有条件的单位，可安装蒸汽蓄热器提高锅炉效率5%～10%；b. 全厂冷凝水回用到锅炉作进水，提高效率8%～12%；c. 采用空气预热装置，可提高效率3%～8%；d. 采用省煤器，可提高效率4%～6%；e. 进行低氧燃烧控制，可节煤1%～7%；f. 采用排污膨胀器，可提高效率1%～2%；g. 进行风机转速控制，可节电5%～10%；h. 锅炉房应设分汽包以合理均匀地输送蒸汽；i. 对有条件的单位，尽可能采取集中供热、热电结合和采用大容量锅炉等措施。供热系统的节能措施如图5-1所示。

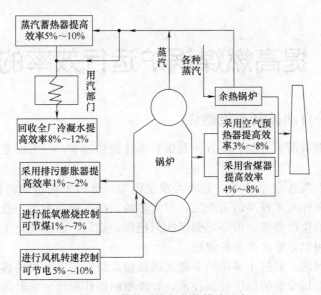

图 5-1 供热系统的节能措施示意

② 在热力输汽管道方面的改造 其重点是减少各种有形与无形的散热泄漏的浪费。根据各地经验，可采取如下措施：a. 对用热设备及蒸汽热网，如热力管道、阀门、法兰等加强绝热保温；b. 除了锅炉房应设分汽缸外，在用汽设备较多的车间也应装设分汽缸，以保证把蒸汽合理均匀地输送到机台；c. 蒸汽管道的铺设，应根据用汽机台热负荷的分布进行，力求热网工作安全。特别要注意以下内容：管道总长度越短越好；管道直径要按蒸汽流量和饱和蒸汽流速15～30m/s来考虑；其主干线应接近主要用汽区；其支管要并联装置，尽量避免串联；管网一般采用树枝状布置，并考虑地形、交通运输及建筑物的影响；"盲肠"管道不得保留，要尽快切除；尽量避免直角弯头、小月亮弯、十字管接头等；阀门的选用与安装要考虑降低阻力、方便调节等因素，并需装设疏水阀和空气阀。

染整行业在纺织系统中是用能的大行业，其工艺是织物干、湿的重复和高温定形过程。因此在能源的消耗中热能占据主要地位，产生热能的设备主要是燃煤锅炉和热媒体锅炉。根据染整工艺和设备的用能特点，构建合理的供、用热方式，是提高热能利用率的重要途径；

改善锅炉运行条件，优化运行水平，是提高锅炉效率的重要保证。只有当二者全面实现技术进步，辅以科学的管理，才能最大限度地提高企业的能源利用率，真正做到降低产品单耗，实现燃煤的减量化。

染整工艺对蒸汽的压力要求不高，一般压力≤0.4MPa，对应蒸汽温度≤150℃，但耗用蒸汽量大。锅炉产生的蒸汽大多数是饱和蒸汽，使用过程分为间接用汽和直接用汽。

间接用汽——用于织物的烘燥（圆筒或热风烘燥），所用蒸汽都形成冷凝水。若使用过热蒸汽易造成热渗透水平下降，织物表面烘燥过热，影响色光。

直接用汽——蒸汽加热用水，用于丝光、染色、气蒸、洗涤等工艺过程。若使用过热蒸汽易造成汽、水热交换过程的跑汽，增加蒸发损失。

目前，有些企业使用集中供热单位的外购蒸汽，这些蒸汽基本都是过热蒸汽，企业在应对其过热度对产品质量的影响要进行认真的评估，若有问题则应转换为饱和蒸汽，不但保证了成品质量，而且提高了蒸汽的利用率。

染整工艺的织物定形温度一般在200～260℃，高温源有城市煤气、天然气、热媒油，当前热载体锅炉应用相对比较普遍。也有企业根据自身特点，将热媒油通过换热器产生热水用于水洗等工艺，从而取消蒸汽锅炉的案例。

5.1 提高燃煤锅炉运行效率的技改

5.1.1 燃煤锅炉自动控制节能燃烧

锅炉的燃烧效率有两个方面：一方面是锅炉本体的热效率；一方面是司炉操作员现场调节情况。

随着工业化的发展各企业对司炉工的需求量激增，经过短期培训的司炉工纷纷应聘上岗，他们中间不乏操作水平较高的司炉工，但更多的司炉工操作水平一般，他们可以把锅炉烧起来，满足车间的生产要求，但是不知道如何把锅炉烧好，由于司炉工操作水平有限最终导致锅炉多用煤多用电，造成多余的浪费。

针对这些存在问题，通过十多年的节能实践经验总结，自主开发的燃煤链条锅炉优化燃烧节能控制装置：采用全新的燃烧控制技术，智能型的操作程序，实时采集和即时调控，弥补了司炉工操作水平的差异，减少人为因素对燃烧效率的影响，使锅炉运行在最佳的工作状态，为企业节电节煤。

5.1.1.1 系统具有的控制特点[2]
(1) 风煤比燃烧控制模式，节省用煤3%～15%。
(2) 炉膛恒负压燃烧控制模式，节省用电10%～50%。
(3) 连续燃烧控制模式。
(4) 风煤比自动寻优控制模式。

5.1.1.2 系统组成
本系统由硬件和软件两部分组成。
(1) 硬件 日本三菱FX2N程序控制器、昆仑动态触摸屏。
(2) 软件 自主开发的LY导热油炉优化燃烧节能控制软件V2.0；LY蒸汽锅炉优化燃烧节能控制软件V2.0；LY热风炉优化燃烧节能控制软件V2.0。

燃煤链条锅炉优化燃烧节能控制装置的核心是软件的控制，是一种对锅炉燃烧控制理念的编程，将先进的燃烧经验，最优的燃烧方法编制成软件，然后控制锅炉的燃烧。

5.1.1.3 风煤比燃烧控制曲线

(1) 风煤比控制意义　锅炉的燃烧效率，主要体现在配风和配煤，如果进风量太大，就会有过剩的空气中和炉膛的热量，是炉膛温度降低，煤中的固定碳燃烧不完全，炉渣含碳量增加，锅炉的热效率下降；如果进风量偏小，煤就不能充分燃烧，产生大量的 CO，不经燃烧，直接排出。而且煤在炉排烧到尽头还是红煤渣，使煤炭燃烧不完全，造成燃煤的浪费。打个比喻，就像汽车的化油器，混合比太浓或太淡，都会造成汽车的动力不足或浪费汽油。那么如何能达到配风合理、燃烧最优，根据多年的实践经验，建立了一套风煤比燃烧曲线模型，适用于所有的工业燃煤锅炉，能使客户的锅炉始终处于最佳燃烧状况，节电节煤。

(2) 风煤比曲线的生成　根据不同的锅炉，在现场调试时，正常负荷和较小负荷时鼓风和炉排的频率输入计算机，计算机会根据系统内的风煤比模型自动生成对应该锅炉的风煤比曲线，在锅炉的实际运行中，鼓风会根据风煤比曲线自动跟随给煤量的变化而变化。锅炉负荷变大时，炉排的速度自动加快，计算机会自动依据风煤比曲线计算出鼓风频率，从而自动调大鼓风的风量；当负荷变小时，炉排的速度自动放慢，计算机会自动根据风煤比曲线计算出鼓风频率，从而自动调小鼓风的风量；这样就不会出现鼓风量时而偏大，时而偏小的现象。使锅炉始终处于最佳的燃烧工况。

5.1.1.4 炉膛恒负压燃烧方式

(1) 炉膛恒负压控制意义　炉膛负压在锅炉燃烧控制中是一个很重要的参数，负压控制的好坏直接影响到锅炉的热效率，主要体现在：

① 引风负压过大，会加大排烟速度，炙热的烟气与导热油管（水冷壁管）热交换时间偏短，同时锅炉后部出渣处和炉膛的漏风量加大，空气过剩系数上升导致炉膛温度降低；

② 引风负压过大，会把炉膛的温度后移，是热量移向烟道，使排烟温度升高，是炉膛热量的利用率降低；

③ 引风负压过大，会造成引风出力过剩，而这过剩的出力需要增加电动机输出功率来弥补，浪费的将是大量的电能；

④ 引风量过小，会造成炉膛负压过小，甚至正压燃烧，这样容易烧坏炉门、炉墙，造成停炉停产。

(2) 恒负压控制原理

恒负压控制方式是采用传感器，实时检测炉膛内的实际负压，并转换成电信号送入计算机，当鼓风因外界负荷变化时，传感器将检测出炉膛负压的变化，计算机根据实际负压测量值与设定负压值相比较，输出控制信号给引风变频器，调节引风机的转速时负压回复到设定值，从而始终保持炉膛负压恒定。

5.1.1.5 连续燃烧控制模式

锅炉厂配套的控制柜一般为接触器控制的工频工作方式，燃烧时引风、鼓风都处于最快速度，烟道内烟气流速很快，炽热的烟气与锅炉导热油管（水冷管）的热交换时间相对就短，排烟温度相对偏高，热利用率较低。而且每次停炉后，炉膛温度和煤层温度下降很快，当锅炉再运行时，由于鼓风的进入和再燃烧有一个过程，炉膛温度会持续下降，需要较长时间才能把炉膛温度升上去，同时锅炉的频繁启停影响了电机的使用寿命，增加了启动能量损耗。

针对这种弊病，采用先进的变频技术、微电脑计算机技术，按照锅炉的负荷需要自动调节炉排速度，同时根据风煤比曲线来控制鼓风引风的转速，是锅炉的燃烧力度根据负荷的变化而变化，是煤炭燃烧时间变长，烧尽烧透，同时由于引风鼓风速度变慢，烟道内烟气流速变慢，炽热的烟气与导热油管的热交换时间相对变长，排烟温度相对偏低，热利用率变高。

5.1.1.6 风煤比自动寻优

由于用户的煤种经常变化，风煤比曲线经常有偏移，如何实时微调风煤比曲线呢？国产中小型锅炉具有时变、多干扰、强耦合、非线性、大滞后等特点，在线修改风/煤的合理配比是优化燃烧的关键，风煤比自寻优控制原理：建立一个数据库，定时存储炉排频率、鼓风频率、蒸汽流量（导热油炉检测进出口温差）为了比较精确的反应实时工况，采集频率为10s/次，在规定的时间间隔内计算采集数据的平均值，一般为30min/次，在计算平均值的同时给鼓风一个扰动增量，根据蒸汽流量（导热油炉检测进出口温差）前后两次平均值的比较，得出这次扰动结果是导致产热量增加还是降低，从而确定优化的方向。这种优化方案是通过采集大量的数据在较长时间内求出平均值，消除了中小型锅炉具有多干扰、强耦合、非线性、大滞后等因素的影响，使煤在炉内燃烧始终处于最佳状态。

（1）自寻优控制设计原则 ①如果本步热量信号为正，则保持原来鼓风机频率变化方向不变。②如果本步热量信号为负，则改变原来鼓风机频率变化的方向。

（2）锅炉燃烧自寻优控制装置的优点 节能效果显著、改善环保条件，本系统采用"燃烧风煤比自寻优控制"方法，使煤在炉内燃烧处于最佳工作点（也就是风煤比为最佳），不但能减少机械与化学不完全燃烧损失，而且也减少了排烟损失，比人工司炉热效率提高1%～3%，节约煤2%～5%，有利于节能增效；由于燃烧处于最佳风煤比，煤在炉内实现完全燃烧，大大减少了烟囱排烟中的含碳量，减少了烟囱冒出黑烟对大气和周围环境的烟尘污染。解决了当前锅炉使用单位日益迫切的环保压力问题。

5.1.1.7 排烟含氧量与过量空气系数控制[3]

根据国家质监总局 TSG 0002—2010《锅炉节能技术监督管理规程》，锅炉排烟处的过量空气系数应当符合以下要求：

① 流化床锅炉和采用膜式壁的锅炉，$\leqslant 1.4$；
② 除前项以外的其他层燃锅炉，$\leqslant 1.65$；
③ 正压燃油（气）锅炉，$\leqslant 1.15$；
④ 负压燃油（气）锅炉，$\leqslant 1.25$。

烟气含氧量和过量空气系数的关系式：

$$\alpha = \frac{20.6}{(20.6 - O_2)} \tag{5-1}$$

根据上式层燃锅炉要达到管理规程要求，氧量应控制在 8.1% 以下，没有氧量分析仪参与调整，不太可能达到这个要求。

通过调节锅炉的过剩空气系数 α，来调节参与燃烧实际空气量和理论上所需空气量的比例，使燃烧保持在最佳状态，从而达到节约燃料，合理燃烧的经济环保目的。

使用不同燃料所需的过剩空气系数不尽相同，因此需要合理的参照。

在生产过程中，一般可以根据氧量就可以粗略的计算出过剩空气系数。过剩空气系数过小，燃烧不完全；过剩空气系数过大，产生的废气量大，热量也会被过多带走。

本技术主要通过安装于锅炉烟道出口处的 ZOS 系列在线氧化锆氧量分析仪，对蒸汽锅炉燃烧时所排放烟气中含残余氧量数据进行在线监测，来实时反映锅炉的燃烧状态。随后可以通过手动或自动调整燃烧工况，使锅炉始终处于最佳燃烧状态。从根本处解决燃烧不完全或者过度燃烧的状态，直接达到节约燃料、降低排烟温度和减少排放目的。

（1）ZOS 系列氧化锆氧量分析仪的结构和工作原理 ZOS 系列氧化锆氧量分析仪由氧传感器（探头）和氧量二次仪表组成。氧传感器内的关键元件是氧化锆固体电解质制成的氧浓差电池，该元件必须具备响应速度快，本底电势小，比电阻小等特性。氧量表接受传感器送出的氧电势信号"E"和温度信号"t"，按"奈斯特"公式实时快速的计算出烟气中的氧含量，并在计算中引入双参数校正法，同时有温度显示、传感器氧电势修正、传感器恒温控制，还具有4~20mA双路隔离模拟量输出，供用户扩展至DCS和自动控制。

（2）浓差电池工作原理　二氧化锆（ZrO_2）参入一定量添加剂所制成的材料即为固体电解质。当二氧化锆（ZrO_2）处在高温中就成为氧离子的导体。在电极两侧（内外壁）黏附上白金作为电极，当电解质两侧或管状的内外壁间气体的氧浓度有差异时，就会产生电势"E"，称之为浓差电势。电势"E"可按奈斯特公式计算：

$$E = \frac{RT}{nF} \ln \frac{p_x}{p_A} \tag{5-2}$$

式中，E为氧浓差电势，mV；R为理想气体常数；n为参加反应电子数；T为热力学温度；F为法拉第常数；p_A为参比气体氧浓度；p_x为被测气体氧浓度。

（3）氧量表工作原理　氧量表接受传感器输入的氧电势信号，经运算，电路放大到0~10V信号与热电偶，本底补偿电势一起送至A/D转换电路，即本机电压/频率，转换成0~100kHz频率，送入单片微机进行数据采集处理，即可得到被测气体含氧量（体积分数）。同时系统可执行氧电势，传感器温度的显示，并对传感器加热元件进行恒温控制。

最终将传感器测得的含氧量在显示面板上显示，同时转化为4~20mA的电流模拟量输出。

该机的模拟输出电路均采用光电隔离，抗干扰性强，温度适用范围广。现场式安装仪表密封性能优异，能在相当恶劣的环境下工作。

（4）技术创新点

① 低温电极，600℃工作　ZOS系列氧化锆氧量分析仪是完全由雅锆科贸有限公司自行开发研制和生产，拥有自主知识产权的产品。

在传感器部分，氧化锆电极（锆管）的技术研发主要负责人来自原上海第二耐火材料厂特种陶瓷研究室，拥有数十年氧化锆特种陶瓷电性能研究积累。公司研制生产的氧传感器电极（锆管）工作温度仅需要600℃（其他同类产品工作温度都在700℃或者以上）。相对较低的工作温度对于长期处于腐蚀性烟气中的电极来说无疑是增加了使用寿命，同时对传感器内部的加热套等也有很好的保护。这点已经在诸多应用场合得到了证明。

② 飞灰阻挡设计　头部过滤器的特别设计，保证了烟道中的飞灰被完全阻挡在传感器外面，使得仅有干净的烟气得以进入过滤器内部和电极接触。这种设计在烟尘很大的烟道上效果特别明显。从而真正做到免拆、免维护的设计要求。

③ 免校验即装即用　每支ZOS系列氧化锆氧量传感器出厂前都经过72h老化，双标准气标定，高温老化试验等检测。因此用户只要按产品说明书阐述的安装方法正确安装就能使用。不需要再次标定。

④ 二次表多重保护　ZOS系列氧化锆氧量二次表，经过十多年的现场经验积累，已经升级到第六代产品。温控精度高，加热效率高。内部有多重保护设计，有效避免了因接线错误或者其他因素对核心部件的破坏。万一有接线错误或者其他因素，加热电压输出将停止或者直接断开第一级保护，以确保二次表和传感器的安全。二次表仪表不需要现场设置参数，完全做到通电即用。

（5）适用范围　ZOS系列氧化锆氧量分析仪，适用于发电厂、热电厂、印染厂、毛纺厂等各种类型的燃煤、燃油和燃气蒸汽锅炉和热水锅炉。还可拓展至垃圾焚烧炉、钢厂加热炉、其他工业炉窑等需要控制尾部烟气残余含氧量的厂况检测点。

（6）节能减排效果　正确控制尾部烟气含氧量是工业锅炉节能减排最直接有效的手段。

　　根据公司技术人员长期现场经验得知，大部分锅炉运行时往往伴随过剩空气系数过大，即残余含氧量偏高的现象。比如：一台 35t 链条炉排蒸汽锅炉，满负荷时尾部烟道烟气中残余含氧量一般控制在 8%～9% 左右。但是实际上往往会高出不少。根据国外参考文献，每降低 1% 的烟气含氧量，就会节省大约 3% 的燃料。如果对司炉人员强化烟气含氧量监控意识，正确掌握根据残余含氧量来对鼓风引风进行合理配比，将会对节能降耗起到实质性的关键作用。烟气含氧量控制在大型发电厂已经得到很高的重视程度和成熟的运用，这直接关系到每千瓦电能的煤耗指标。公司的技术人员也认为这项成熟的技术应该更加广阔的推广到所有工业锅炉上，让电厂技术走进中小企业，带来很多的经济效益和环境效益。

　　以常州某一印染厂锅炉房为例，因生产需要，该厂一台 20t 蒸汽锅炉经常是满负荷甚至超负荷运行。该厂购买 ZOS 系列氧化锆氧量分析仪后发现：原先锅炉一直处于高进风高排风的高氧燃烧状态。结果是对煤质要求很高，不是 5500kcal 以上的煤很难满足供气要求。ZOS 氧量分析仪第一次投入氧量显示值为 16%。公司技术人员在电话里得知这个情况，立即要求该厂司炉人员对鼓风机和引风机的转速进行下调。15min 后，降低鼓引风机转速降至原先 1/2 左右后，氧量降低到 10% 附近。随后发现蒸汽压力立即上升到 0.9MPa，同时排渣开始掉红渣。说明氧量调整后，整个锅炉的燃烧效率得到了很大的提升，随后将炉排转速调慢，明显地降低了煤耗。鼓引风机转速的调慢也明显地节约了电耗。可谓双节增效。

　　(7) 投入产出可行性分析　ZOS 系列氧化锆氧量分析仪整套产品基本型第一次投入不超过 1 万元。按照最低节约燃料 1% 的数据来推算：某蒸汽锅炉运行每天平均煤耗约 50t，每月约 1500t。如果安装了 ZOS 系列氧化锆氧量分析仪，以最低限度节约 1% 的煤耗计算，每月可节煤 15t，每年节煤约 180t。按市场煤价 950 元/t 计算，每年可节约燃料费用约 17 万余元。

　　ZOS 系列氧化锆氧量分析仪探头电极部分一般使用寿命为 2 年（在含硫量较高时不小于 1 年）。一般更换电极费用在 2500 元/个以内。探头外壳部分和二次表平均使用寿命为 6 年。

　　综上所述，投入和产出的性价比是极高的。

5.1.2　高效环保循环流化床锅炉的应用

5.1.2.1　循环流化床锅炉的燃烧控制与调整[4]

　　循环流化床锅炉是现代一种新型高效节能、低污染清洁的燃烧设备，是解决燃煤污染的重要途径之一，它同时还具有燃料适应性广、负荷调节性能好等优点。近几年来，大容量的循环流化床锅炉在国内得到大量应用，循环流化床锅炉在运行操作中与煤粉炉、层燃炉有很大不同，而实际运行中，许多运行人员更倾向于用原来操作煤粉炉的方式和经验操作循环流化床锅炉，结果往往导致经济性降低，甚至出现故障。经查阅大量有关资料和长期锅炉设计工作的经验以及现场运行数据的总结，分析了循环流化床锅炉的燃烧特性和传热机理，对循环流化床锅炉燃烧的控制与调整做了一下简述，希望能给锅炉运行人员一些参考。

　　(1) 循环流化床锅炉的总体结构　循环流化床锅炉主要有燃烧系统、物料循环系统、尾部烟道三部分组成。其中燃烧系统包括风室、布风板、燃烧室、炉膛、煤及石灰石供给系统等几部分；物料循环系统包括旋风分离器和 J 阀回料系统两部分；尾部烟道布置过热器、省煤器、空气预热器等受热面。

　　(2) 循环流化床锅炉的燃烧特性和传热机理　循环流化床锅炉的主要特征在于颗粒在离开炉膛出口后经适当的气固分离装置和回料装置不断送回床层燃烧。燃料由炉前给煤系统送入炉膛，送风设有一次风和二次风；一次风作为一次燃烧用风和床内物料的流化介质由布风板送入燃烧室；二次风一般沿炉膛高度分两层布置，以保证提供给燃料足够的燃烧用空间并参与燃烧调整；燃烧室内的物料在一定的流化风速作用下，发生剧烈扰动，部分固体颗粒在高速气流的携带下离开燃烧室进入炉膛，其中较大颗粒因重力作用沿炉膛内壁向下流动，炉膛内形成气固两相流；一些较小颗粒随烟气飞出炉膛进入旋风分离器被分离下来的颗粒沿分离器下部的返料装置送回到燃烧室循环燃烧，经过分离的烟气通过尾部烟道内的受热面吸收后，离开锅炉。因为循环流化床锅炉设有高效率的分离装置，被分离下来的颗粒经过返料器又被送回炉膛，使锅炉炉膛内有足够的灰浓度，强化了传热，因此循环流化床锅炉炉膛不仅有辐射传热方式，而且还有对流及热传导等传热方式，大大提高了炉膛的传导热系数，确保锅炉达到额定出力。

（3）循环流化床锅炉主要参数的控制与调整　循环流化床锅炉的燃烧运行中，床温、风量、燃料粒度和料层厚度等几个最为关键的指标。

① 床温　维持正常的床温是循环流化床锅炉稳定运行的关键。为保证良好的燃烧和传热，床温一般控制在850～950℃之间稳定运行。在运行过程中要加强对床温的监视，温度过高，容易使流化床内结焦造成停炉事故，并且影响脱硫脱氮的效果；温度太低易发生低温结焦及灭火。影响床温的因素主要有负荷、投煤量、返料量、风量及一二次风配比等，具体有以下几方面：

a. 运行中煤种的变化时，发热量的改变会改变床内热平衡，从而影响燃烧、传热和负荷，也会影响排放量，易造成床温波动，发热量越高，床温就越高。

b. 给煤量不均，时多时少，会使床温忽高忽低，尤其有时操作不慎或短时间断煤会使床温急剧下降。

c. 负荷改变后，风煤配比未及时调整，如负荷增大、煤量、风量未相应增加，床温就会下降，反之，床温就会上升。

d. 运行中给煤粒度控制不严或煤质太差，排渣不及时，会使流化层底部流化质量恶化，同时料层阻力增加使风量减少，风煤比失调，造成床温逐渐下降。

e. 风煤比调整不当，给煤过多，风量过小时，煤在炉内不能良好燃烧，使床温降低。如果运行人员误认为煤量不够，继续增加煤量，会使风煤比严重失调，床温急剧下降。如果风量过大，则会使烟气带走粒子热量增加，也会使床温下降。

床温的调整控制主要根据负荷和煤质的变化，及时调整给煤量，并保持合适的风煤比和料层厚度，使床温维持在最佳的范围内运行。运行中当床温汽压有变化时，要及时按变化趋势相应调整给煤量和风量。对于床温的调整和控制应当特别仔细，由于运行中热电偶所反应的温度总是滞后于实际温度，所以不能等到床温表的指示已超过正常范围后再去调整，这时即使完全停止给煤或给煤加到最大，床温还是可能继续上升或下降，有造成结焦和熄火的危险。在床温波动不是很大时，要进行细调，分几次进行。等到床温变化较大时，再做大幅度调整的做法是不妥的。无论如何调整给煤量、风量，都必须保证底料有良好的流化质量，以防止结焦和熄火。

② 风量　一次风的作用主要是使床料保持良好的沸腾工况，并且提供燃料燃烧所需的氧气。二次风的主要作用是增加烟气的扰动，加强气固两相的混合，减少炉膛内的热偏差，提高炉膛出口烟温，同时也能提供燃烧所需的氧气。对风量的调整原则是在一次风量满足流化的前提下，相应地调整二次风。一次风量的大小直接关系到流化质量的好坏。循环流化床锅炉在运行前都要进行冷态试验，并做出在不同料层厚度（料层差压）下的临界流化风量曲线，在运行时以此作为风量调整的下限，如果风量低于此值，料层就可能流化不好，时间稍长就会发生结焦。对二次风量的调整主要是依据烟气中的含氧量多少，一般控制在3％～5％左右，如含氧量过高，说明风量过大，会增加锅炉的排烟热损失 q_2，同时，烟气流速也

较大，对受热面磨损加剧；如过小又会引起燃烧不完全，增加化学不完全燃烧损失 q_3 和机械不完全燃烧损失 q_4。如果在运行中总风量不够，应逐渐加大引、送风量，满足燃烧要求，并不断调节一、二次风量的配比，使锅炉达到最佳的经济运行指标。

应当注意的是投入二次风一定要根据负荷和炉温的不断升高、逐渐缓慢进行，切忌快速大量的投入。因为锅炉刚刚投运时，炉内热强度还很低、系统燃烧还不够稳定，此时如大量快速的投入温度较低的二次风，势必造成炉温较大的波动，给运行调整带来许多困难，如果控制不好会造成灭火。

③ 燃料粒度　我国循环流化床锅炉用煤为宽筛分物料，一般要求为 $0\sim8mm$，燃料粒度的大小会引起送风量、燃烧份额和飞灰浓度的变化，从而影响汽温的变化。当燃煤的粒度大于 $8\sim10mm$ 时，若维持在设计风量下运行有可能使粗颗粒沉积而引起事故（这是我国流化床锅炉不能长期稳定运行的主要原因之一）。为使粗颗粒流化，必须加大送风量，结果造成颗粒扬析率增加，密相区内的燃烧份额降低，稀相区内的燃烧份额增加，同时增大送风量又使过热器区域的烟增加，使气温上升，严重时还可能使部分细颗粒煤在过热器区域燃烧，而造成汽温超限。造成燃煤粒度不合要求的原因由以下几个方面，运行中应严格控制，保证锅炉的安全经济运行：a. 制煤系统不合适，原煤未先经过筛分就进行破碎，造成细粉煤含量过多；b. 筛子运行不正常，运行一段时间后特别当煤较湿时，筛孔发生部分堵塞，使煤的粒度越来越细；c. 输煤系统上无吸铁装置或运行不正常，使铁钉、铁块等进入流化床中；d. 破碎机运行不正常，破碎效果不佳，破碎后煤不过筛，都将造成大颗粒煤大量进入床中；e. 筛子出现破损，使筛孔变大，造成粗颗粒煤大量进入床中。

（4）料层厚度　料层厚度是通过监视料层差压值来得到的，通常将所测得的风室与燃烧室上界面之间的压力差值作为料层差压的监测数值。合理的控制好料层厚度，直接影响风室压力和风机电耗，料层过厚会使送风量降低，有可能引起流化不好造成炉膛结焦和灭火；料层太薄，虽送风量调节范围大，但运行不稳定，负荷较低时风机节流损失大。一般低负荷采用小风量薄料层运行，高负荷时采用大风量、厚料层运行。保证料层的薄厚和流化质量可通过炉底排渣控制，排渣时应根据所燃用煤种设定上下限。

以上参数对循环流化床锅炉稳定燃烧和安全运行是非常关键的。在运行中要结合所燃用煤质及当时负荷的情况，严格控制料层差压和床温，通过不断调整给煤量、风量，使锅炉达到最佳的运行效果，最大限度地发挥循环流化床锅炉高效节能的优势。

下面就该公司近几年锅炉现场运行案例进行分析。

【案例一】　根据用户传真反映该公司一台 SHX20-1.25 循环流化床锅炉运行一段时间后发现该锅炉出力比原来减少了，到现场经过运行分析发现一些问题：

（1）锅炉煤种为粉状无烟煤，分离器和返料器的负荷加大经常造成堵塞，而由于无烟煤的后燃特性，则会出现超温甚至结焦现象，长期运行并且不及时清理焦块就会越积越多，最后造成堵塞。

（2）发现分离器内筒砌筑成椭圆形，旋风分离器的分离效率与旋风分离器的形状有很大的关系，旋风分离器的效率降低，容易破坏锅炉的正常灰循环，使锅炉的返料系统工作不正常，造成锅炉燃烧困难，不利于锅炉的正常运行，并且使锅炉的燃烧效率和运行效率降低。分离效率减少，循环量减少而影响到锅炉出力，同时炉膛出口温度低也说明循环量少。

解决办法：

（1）调整燃料粒度，应控制无烟煤粒度在 $0\sim8mm$ 之间，同时应保证 $0\sim2mm$ 粒度不超过 20%，以减少返料器的运行负荷。

（2）修复分离器，保证分离器的各项尺寸，内壁光滑，提高收集效果和循环量。

（3）调整返料器原有布风方式，加大返料器通道，由现在的 $\phi200$ 改为 $\phi250$，同时要求返料风应接至一次风机出口，保证返料风压，从而避免燃烧粉状煤而出现的返料器堵塞超温现象。

（4）提高炉膛温度可以解决无烟煤难燃问题，但只要低于煤的灰熔点 200℃ 以下就可以，但不宜长时间超过 1000℃，应通过提高锅炉循环量来增加锅炉出力。

【案例二】 根据用户反映，该公司所提供的一台 F25-2.5 锅炉不能达到额定负荷，而且右返料器返料不畅，堵灰，根据对现场检查情况及甲方运行记录的分析发现：

（1）该锅炉的给煤颗粒度过大，原煤没有经过破碎，直接进入锅炉，流化床放渣颗粒大多达 20~40mm。根据锅炉运行记录，在 9 月份之前的运行中，一次风机电流基本在 130~150A 之间，而在 10 月份之后的运行记录中，一次风机电流保持在 180A 以上，甚至达到 200A；而锅炉负荷、料层压差基本变化不大。由此可以说明因给煤颗粒较大，造成料层阻力过大，影响一次风的风量。在一次风量偏小的情况下，使锅炉在提负荷时受到限制，而且因为排渣次数增多，燃料燃烧不完全，造成热损失加剧，降低了锅炉的热效率。同时由于给煤颗粒过大，容易加剧风帽、卫燃带、受热面等部位的磨损，使锅炉的寿命受到影响，影响锅炉的安全生产。

（2）根据现场情况还发现用户自己调整了除尘方式，由原来的水膜除尘器改为布袋除尘器，而引风机没有做相应调整。锅炉引风机前弯头增加较多，由原来的水膜除尘器直接接引风机进口改为由布袋除尘器通过 3 处 90° 弯头进入引风机，造成局部阻力过大；并且布袋除尘器本身阻力相比水膜除尘器来说阻力就过大，使锅炉引风机工作负荷变大。因为锅炉的引风系统是一个整体系统，这种改变造成锅炉在高负荷时形成引风机压头不能克服引风系统的阻力，导致炉膛形不成负压，从而使锅炉不能提高负荷。

（3）锅炉没有配备除氧系统，锅炉给水温度为外系统回水，水温在 80℃ 左右。首先给水温度没有达到锅炉设计给水温度 105℃，造成锅炉实际负荷比额定负荷降低；其次因为给水没有进行除氧，容易造成锅炉本体系统形成氧腐蚀，严重影响锅炉的使用寿命，危及锅炉的安全运行。

（4）该炉的右返料器返料不畅，堵灰。经过查看以前的锅炉运行日志发现两返料器温度差别并不大，温度变化也一致，说明返料器结构没问题，工作完全正常，经现场右返料器返料不畅分析来看，很可能是在锅炉运行中，因返料器超温或其他原因，造成返料器上部及分离器下锥体部位挂焦或者出现其他杂物阻塞，从而影响返料器的正常工作。

所以用户反映锅炉不能达到额定负荷，这与用户的燃料颗粒度过大及除尘器和烟道阻力增大等原因有着很大的关系，并提醒用户增加除氧设备，以免使锅炉出现更大的安全隐患。

5.1.2.2 循环流化床锅炉结焦预防措施[5]

循环流化床锅炉技术是目前迅速发展起来的一项高效、清洁燃烧技术。但由于其固有的一些特点，运行中仍时常出现技术上的问题。结焦就是循环流化床锅炉运行中较为常见的故障，它直接影响到锅炉的安全经济运行。

（1）循环流化床锅炉结焦的现象

① 床温急剧上升。

② 氧量指示下降甚至为 0。

③ 一次风电流减小。

④ 炉膛负压增大。

⑤ 引风机电流减小。

⑥ 床料不流化，燃烧在料层表面进行。

⑦ 放渣困难，正压向外喷火星。

⑧ 观察火焰时，局部或大面积火焰呈现白色。

（2）循环流化床锅炉结焦的原因分析 结焦分为高温结焦和低温结焦。高温结焦是由于运行中温度过高，床料燃烧异常猛烈，温度急剧上升，当温度超过灰的熔化温度 T_2 时就会发生高温结焦。低温结焦则是因为流化不良使局部物料达到着火温度，但此时的风量足以使物料迅速燃烧，但不能充分地沸腾移动，致使局部物料温度超过灰熔点 T_2，如不及时处理就会发生结焦。如何控制低温结焦和高温结焦呢？

高温结焦主要的原因是启动过程和正常运行中，给煤过多过快未及时加大一、二次风量，加减煤和风时大起大落，风和煤比例失调，监盘不认真或调整不当造成床料超温，放渣过多而料层太薄，造成床料忽升忽落不稳定，返料器回送装置返料不正常或堵塞，运行中热工控制系统不完备，仪表配置不合理，测点不足，司炉盲目操作等。

低温结焦主要的原因是一次风过小和局部区域故障，在低于临界流化风量运行，点火前，没有常规做冷态临界流化试验，运行操作心中无数，在运行中没有根据床层压差值进行分析和放渣，造成料层太厚，而流化形成泡状状态，局部区域故障及锅炉耐火材料脱落，耐火材料大面积脱落或炉膛内有异物，破坏高温返料器工作或锅炉床料流化不良，还有风帽损坏较多或风帽堵塞，渣漏至风室造成风量分配不均。均可能导致物料不能充分流化，床料超温而结焦。

锅炉在压火期间，易造成低温结焦。因床料处于静止状态，如果锅炉本体及烟、风挡板不严密，特别是在密相区漏风，灼热的床料中的可燃物获得氧气，便会产生燃烧。由于燃烧产生的热量不能及时带走，在扬火操作过程中，煤量加太多，流化风量不足也是使局部区域床料超温而结焦。

（3）循环流化床锅炉结焦的预防措施　循环流化床锅炉一旦产生结焦，便会迅速增长，焦块长大速度越来越快，因此预防结焦和及早发现结焦及处理是运行人员必须掌握的。

① 保证良好的流化工况，防止床料沉积。

② 保证临界流化风量，必须在每次锅炉启动前，应认真检查风帽、风室，清理杂物，启动时，应进行冷态临界流化试验，确认床层布风均匀，流化良好，床料面平正。

③ 确保燃烧系统正常运行，给煤粒度符合设计要求，随时查看入炉煤粒情况并加强煤控联系。

④ 严格控制料层差压，均匀排渣。采用人工放渣要及时，做到少放勤放。若排出的炉渣有渣块应汇报司炉，排渣结束后排渣门要关闭严密。定期对水冷风室和返料器风室进行放灰。保证水冷风室和返料器小风室不堵灰。

⑤ 认真监测床底部和床中部温差，如果温差超出正常范围，说明流化不正常，下部有沉积或结渣，此时可开大一次风增大流化风量，并打开热渣管排渣；如不能清除，应立即停炉检修。

⑥ 严格控制高温旋风筒下部和返料器温度，随时调节返料增压风机的压力和风量，确保返料器工作正常。

⑦ 点火过程和燃烧工况调整。点火过程中，一般床温达到 $400 \sim 500℃$ 可加入少量的煤（点煤）以提高床温。如果加煤量过多，由于煤粒燃烧不完全，整个床料含碳量增大，这时一经加大风量，就会猛烈燃烧（爆燃），床温上升很快，会导致整床高温结焦，为此，在点煤和连续加煤时，严格控制进煤的时间和进煤量，要特别注意氧量和床温的变化，当床温超过 $1050℃$，虽经减煤加风措施，床温仍然上升，此时必须立即停炉压火，一般待床温低于 $800℃$ 再启动。

⑧ 调整锅炉负荷运行时，严格控制床温在允许范围内，做到升负荷先加风后加煤，降负荷先减煤后减风，燃烧调节要做到"少量多次"的勤调节手段，避免床温大起大落，做到"三勤三稳"。

⑨ 运行中要加强监视返料的情况，看返料器温度是否正常，若超出正常值很多，可能

是发生了二次燃烧。此时应加大返料风量，提高灰溶度和灰的循环倍率 K，增高锅炉的效率。若炉膛压差过高在 500Pa 以上时，返料器温度也会超过正常值，有必要时应对返料器进行放灰，如返料器发生了堵塞，此时应打开返料器的排灰阀放灰，同时加大返料风量。若仍不能消除故障，则必须停炉检修。

⑩ 在正常运行中，保证良好的燃烧工况，控制锅炉出口烟气含氧量不低于 $O_2 = 3\% \sim 5\%$，合理调整一、二次风比例使燃烧工况良好，一般一、二风比例为 $6 : 4$ 左右，保证风和煤的结合充分燃烧，以降低飞灰可燃物含碳量，可防止分离器和返料机构内发生二次燃烧而超温，减少机械和化学不完全燃烧。根据流化情况控制床料压差在正常范围 $8.5 \sim 10\text{kPa}$ 左右，保证床料良好的物料正常沸腾流化状态，使温度均匀，做到配风适当，火焰中心不偏斜。

⑪ 压火时正确操作。压火时将锅炉负荷降至最小值，停止排渣并保持较高的料位。停止给煤，减小二次风。维护床温 $920 \sim 950℃$ 之间，待床温有下降趋势时，则停止二次风机、一次风、引风机和返料风机。迅速关闭各风机进出口、风烟道挡板和闸门，防止漏风。压火期间，加强床温下降速度的监视和分析。

⑫ 改善运行设备健康水平。运行设备好坏直接影响流化床锅炉的正常运行，锅炉耐火材料脱落，耐火材料大面积脱落或炉膛内有异物，破坏高温返料器工作和床料流化不正常，风帽损坏较多、风帽局部堵塞、风帽漏灰渣、风室内有大量灰渣、布风板烧坏变形漏风、床温测点失准未及时修复、热工控制系统不完备，仪表配置不合理，测点不足，司炉盲目操作，也是造成锅炉结焦主要原因。我们要利用锅炉检修时间，对炉内的耐火材料、风帽、热工设备等进行全面检修和修补。

⑬ 改变燃煤的焦结特性。做好入炉煤的搭配（无烟煤和烟煤），煤控应及时汇报司炉运行中煤种的分析情况，做到科学搭配，搭配均匀，改变燃煤的焦结特性，对经济运行和预防循环流化床锅炉结焦具有明显的实用意义。

在流化床锅炉运行中，良好的流化质量是防止结焦的关键，同时运行中应认真调整好煤量和风量关系，严格控制床温及料层差压等运行参数，流化床锅炉结焦就可以避免的，锅炉的安全运行就可以得到保证。

5.1.2.3 得胜公司循环流化床工业锅炉的技术优势[6,7]

(1) 煤及煤价 煤炭作为不可再生资源，人类不断开采意味着其价格将不断的提高，而我国又是以煤为主要能源的国家，所以煤的利用率对于我国国民经济的长远发展有着至关重要的意义。以当前山东、河南、江苏和浙江等部分地区为例，适用于链条锅炉的煤价一般在 700 元/t，其热值在 5500kcal/kg；而劣质煤的价格就相对低得多，一般在 180 元/t，其热值在 2000kcal/kg。核算热量可发现，劣质煤便宜很多。循环流化床锅炉便是以烧劣质煤所著称的炉型。

(2) 运行效率 根据相关部门的统计，我国现有在运行的工业用链条锅炉的热效率在 65%，这是一个极低的热效率，也就是说企业每年投入的燃料成本有 35% 作为废渣处理，是极大的浪费，增加了企业的运行成本。

循环流化床锅炉的热效率可达 91%，中小型循环流化床锅炉热效率一般在 85%，其热效率比链条锅炉高 20%，保守估计也要高 15%，也就是说使用循环锅炉单从热效率的角度即可节约 15% 以上的燃料成本。

(3) 燃料消耗量计算 燃料消耗量是由锅炉的效率、燃料性质、蒸汽参数要求决定的，以下举例说明。

已知条件：锅炉蒸发量 $D = 20\text{t/h}$，给水温度 $t_{f,w} = 104℃$，蒸汽压力 $p_{ah,s} = 2.5\text{MPa}$，蒸汽温度 $t_{sh,s} = 400℃$；排污率 $\rho_{b,w} = 2\%$；锅炉效率 $\eta = 84\%$；燃料低位发热量 $Q_{net,ar} =$

4800kcal/kg（4800×4.18kJ/kg）。

首先查蒸汽焓温表：2.5MPa，400℃下蒸汽为过热状态，焓值为 $i_{sh,s}=3238.45$ kJ/kg；2.5MPa 下饱和水焓 $i_{s,w}=961.93$ kJ/kg；2.5MPa，104℃下水的焓值为 $i_{f,w}=437.74$ kJ/kg。

综合以上数据，燃料消耗量 B 为：

$$B=[(i_{sh,s}-i_{f,w})+\rho_{b,w}\times(i_{s,w}-i_{f,w})]\times D\times 1000/(\eta\times Q_{net,ar}\times 4.18)=[(3238.45-437.74)+2\%\times(961.93-437.74)]\times 20\times 1000/(84\%\times 4800\times 4.18)=3335.98\text{kg/h}$$

由上可知公司生产的 20t/h，2.5MPa，400℃锅炉消耗 5000kcal/kg 的煤为 3336kg/h。

（4）循环流化床锅炉与链条锅炉效益比较 锅炉运行成本中两个主要方面是煤耗和电耗，以 20t/h，2.5MPa，400℃锅炉为例，链条锅炉热效率一般在 65%～74%，按 72% 计算，其他条件同上例，可知：

$$B=[(i_{sh,s}-i_{f,w})+\rho_{b,w}\times(i_{s,w}-i_{f,w})]\times D\times 1000/(\eta\times Q_{net,ar}\times 4.18)=[(3238.45-437.74)+2\%\times(961.93-437.74)]\times 20\times 1000/(72\%\times 4800\times 4.18)=3891.88\text{kg/h}$$

链条锅炉与循环流化床锅炉耗电量方面的差异来自风机电机的不同，循环流化床锅炉为了更好地组织燃烧和为用户提供更宽泛的负荷调节范围，往往风机的装机容量留有较大富余空间，循环流化床锅炉风机装机容量一般要比链条锅炉高 40% 左右，实际运行电耗要高 22% 左右。仍以 20t/h，2.5MPa，400℃锅炉为例：

序号	名称	链条锅炉	循环流化床锅炉
1	锅炉参数	20t/h,2.5MPa,400℃	
2	煤种	烟煤（高热值烟煤）	烟煤（可适应多种煤种）
3	燃料热值	$Q_{dw}=5000$kcal/kg	$Q_{dw}=5000$kcal/kg
4	锅炉热效率	72%	84%
5	小时耗煤量（吨汽耗煤量）	3892kg(194.6kg/t)	3336kg(166.8kg/t)
6	燃料价格	600 元/t	600 元/t
7	每小时耗煤价格	2335.2 元	2001.6 元
8	每小时耗电量（吨汽电耗）	168kW·h(8.4kW·h/t)	248kW·h(12.4kW·h/t)
9	电价	0.6 元/(kW·h)	0.6 元/kW·h
10	每小时耗电价格	100.8 元	148.8 元
11	每小时综合运行费用	2335.2+100.8=2436 元	2001.6+148.8=2149.6 元
12	每小时净效益	2436 元-2149.6 元=286.4 元	
13	每天净效益（24h）	286.4 元×24=6873.6 元	
14	每年净效益（330 天）	6873.6 元×330=2268288 元=226.8288 万元	

使用链条锅炉要烧 700 元/t 的烟煤，其热值约在 5500kcal/kg，而使用循环流化床锅炉可以将 80 元/t 的煤矸石（1000 多千卡）和烟煤混合到 2400kcal/kg，这样燃料成本降低为原来的 40%，而且循环流化床锅炉排出的灰渣具有良好的活性，每天排出的灰渣可以卖出 3600 元左右。

（5）循环流化床锅床的环保效益

① 低温燃烧，低 NO_x 排放 循环流化床锅炉的燃烧温度在 950℃以下，属于低温燃烧，在这个温度区间内氮氧化物不易生成，这一点是与其他燃烧方式的锅炉重要区别之一，也就是说不必再增加任何设备及运行投入的情况下就可以实现低 NO_x 排放。

② 炉内脱硫 在烧高硫煤并需要脱硫时，可利用白云石废料，破碎到 0～4mm 的颗粒，与煤一同送入炉内，流化床特有的燃烧方式可在 Ca/S=2 时大量降低烟气中 SO_2，脱硫效率可＞80%，每吨煤只增加数元费用。

③ 燃烧充分林格曼黑度可达标 链条锅炉经常存在碳燃不尽而随烟气一起排放，往往会造成林格曼黑度不好达标，造成污染。而循环流化床锅炉煤燃烧充分，经除尘处理后及可林格曼黑度达标。

（6）外循环流化床锅炉的技术优势

① 炉膛外循环分离效率高于其他炉型　采用高效的旋风分离器，效率最高可达 99％，高于其他形式的循环流化床锅炉，较高的分离效率意味着可以使更多的未燃尽颗粒被送回炉膛再次燃烧，从而提高燃烧效率进而提高锅炉的整体热效率。并且可根据煤种的需要设计适应性广的旋风分离器。

② 负荷调节比大，外循环流化床锅炉床面较小，并且分两级配风，所以可以得到较好的负荷调节比，在不低于额定负荷的 25％时即可稳定运行，而且不降低燃烧效率。

③ 炉膛没有埋管，不存在埋管磨损，密相区炉膛内无受热面，可常年运行，所以可以长时间压火。

④ 炉膛面积小、点火容易、升压快，点火燃料（木柴、木炭和玉米芯等）经济方便。

⑤ 可实现床下点火，可根据用户需要安装程控点火装置。

⑥ 外循环流化床锅炉无转动（活动）部件，所以需要维护部位少，司炉工劳动强度小，工作环境好。

⑦ 锅炉的风机、水泵和给煤机均可安装变频器，在低负荷情况下避免电能浪费，节约电耗。

⑧ 可实现计算机控制，根据用户需要可将控制系统做成先进的计算机控制，实现"用鼠标和键盘烧锅炉"。

外循环流化床锅炉作为燃煤工业锅炉中高效、节能、低污染的炉型，应在广大中小企业中广泛推广使用，进一步提高我国能源利用率和降低污染物的排放。作为最早的中小型外循环流化床锅炉的生产厂家，河南开封得胜锅炉股份有限公司任重道远，将为推动国家工业发展、提高能源利用率和降低污染物排放做出更多努力。

5.1.3　生物质能燃烧机利用技术

生物质能是世界第四大能源，仅次于煤炭、石油和天然气。根据生物学家估算，地球陆地每年生产 1000 亿～1250 亿吨干生物质；海洋年生产 500 亿吨干生物质。生物质能源的年生产量远远超过全世界总能源需求量，相当于目前世界总能耗的 10 倍。我国可开发为能源的生物质资源到 2010 年可达 3 亿吨。随着农林业的发展，特别是炭薪林的推广，生物质资源还将越来越多。生物质属可再生资源，生物质能由于通过植物的光合作用可以再生，与风能、太阳能等同属可再生能源，资源丰富，可保证能源的永续利用；生物质的硫含量、氮含量低、燃烧过程中生成的 SO_2、NO_2 较少；生物质作为燃料时，由于它在生长时需要的二氧化碳相当于它排放的二氧化碳的量，因而对大气的二氧化碳净排放量近似于零，可有效地减轻温室效应。

5.1.3.1　利用生物质（木屑）颗粒能源节约资源保护生态环境 MQ 系列燃烧机的几大特点[8]

（1）燃烧完全效率高　沸腾式气化燃烧加切线旋流式配风设计，使得燃烧机燃烧完全，燃烧效率可达 95％以上。

（2）燃烧完全、稳定　设备在微正压状态下运行，不发生回火和脱火现象。

（3）热负荷调节范围宽　燃烧机热负荷可在额定负荷的 30％～120％范围内快速调节，启动快，反应灵敏。

（4）原料适应性广　含水率小于 30％，尺寸小于 30mm 的各种生物质（木屑）颗粒原料如玉米秸、稻壳、花生壳、玉米芯、锯末、刨花、造纸废料等均适用。

（5）无污染环保效益明显　以可再生生物质（木屑）颗粒能源为燃料，实现了能源的可持续利用。采用低温分段燃烧技术，烟气中 NO_x、SO_2、灰尘等排放低。

（6）无焦油、废水等各种废弃物排放　采用高温燃气直接燃烧技术，焦油等以气态的形式直接燃烧，解决了生物质气化焦油含量高的技术难题，避免了水洗焦油带来的水质二次污染。

（7）操作简单、维护方便　采用自动给料，风力除灰，操作简单，工作量小，单人值班即可。

（8）加热温度高　本技术采用三次配风，炉压在 $500\sim700\text{mmH}_2\text{O}$ 以保证射流区正常流化。可以连续供料连续生产，火焰稳定，高温段温度可达 $1300\sim1500\text{℃}$，适宜于工业化应用。

（9）设备应用范围广　MQ 系列生物质燃烧机适用于民用锅炉、小型电站锅炉、窑炉或其他加热设备。

5.1.3.2　生物质（木屑）颗粒燃料产品、质量参数

①直径 6mm；②长度 $10\sim30\text{mm}$；③相对密度 $1.1\sim1.4$；④水分 8% 以下；⑤灰分 1.5% 以下；⑥热值 $4500\sim5000\text{kcal/kg}$；⑦含硫 0.01%；⑧含氯 0.004%；⑨含氮 0.082%

该生物质（木屑）燃烧机具有火力强、完全燃烧等特性。木料经由打碎后形成微小颗粒状，这些细微的颗粒在进入炉膛后，经过增压旋转成为雾状，而生物质（木屑）点火后瞬间爆燃，在最短时间内完全燃烧产生热能。

5.1.3.3　生物质（木屑）燃烧机运行成本

生物质（木屑）燃烧机的运行成本略高于普通燃煤，是油的 1/2、气的 3/4、电的 1/3。列举了目前应用与工业锅炉的主要燃料运行成本情况（燃料单价为 2011 年 2 月统计见表 5-1）。

我国秸秆总产量居世界首位，现实总产量达到 8 亿吨多，其中水稻秸秆约占 25%。作为农作物进行光合作用所形成的副产品，秸秆含有多种可被利用的有用成分，在石油资源日益枯竭和生态环境不断恶化的形势下，生物质能源成为当前越来越重要的发展领域，使得秸秆资源利用受到了世界各国前所未有的重视。

表 5-1　各种燃料运行成本分析［按每小时 1 蒸吨（NT）计算］

序号	项目	单位	煤	水煤浆	重油	轻油	天然气	生物质	计算依据
1	热效率	%	65	82	80	85	86	70	热力计算
2	燃料单价	元/kg	0.8	1.05	5.3	7.5	3.45	1.28	10-2-20
3	低位发热值	kcal/kg	4500	4500	9600	10200	5000	4500	
4	燃料耗量	kg/NT	205	162	78	69	105.68	190	热力计算
5	燃料成本	元/NT	164	170.1	413.4	517.5	364.49	243.2	(2)×(4)
6	耗电量	kW/NT	18.3	23	16.5	15.5	15.5	16.1	综合计算
7	电成本	元/NT	10.98	13.8	9.9	9.3	9.3	9.66	(6)×0.6
8	人工费	元/NT	5.8	5.8	3.75	3.75	3.75	5.2	综合计算
9	维修费	元/NT	0.6	0.8	0.6	0.3	0.3	0.8	综合计算
10	综合成本	元/NT	181.38	190.5	427.65	530.85	377.84	258.56	(5+7+8+9)

以往我国在收获季节，全国农田上燃烧秸秆成风，烟气严重影响公路运行；大量二氧化碳的排放增加温室效应；极大浪费生物质秸秆资源。近年来，我国在促进农业持续发展，净化生态文明，利用各种传媒，乡镇集市横幅标语，"严禁焚烧秸秆"、"提高秸秆综合利用"……

温州奇净环保防腐设备有限公司及苏州奇净生物质木屑颗粒有限公司所研发的 MQ 系列生物质颗粒燃烧机、生物质（木屑）颗粒燃料面市很受欢迎。进一步将废弃的水稻、小麦、芝麻秸秆，各种五谷杂粮的秸秆剖成生物质颗粒燃料，是低碳时代的需要；是循环经济资源充分利用的需要。

5.1.4　天然气分布式供能系统技术及应用

分布式供能系统在我国主要指的是小型热电联产系统，是指在用能集中的区域内采用小规模、分布式的方式，独立地输出热能、电力和/或冷能的系统，包括使用液体或气体燃料的内燃机、微型/小型燃气轮机、外燃机和燃料电池等，一般发电装机容量在 1 万千瓦以下。

由于一次能源天然气的普遍使用，实际上分布式供能系统目前主要是指燃气小型热电联产系统。

5.1.4.1　小型热电联产优势[9]

资源综合利用：

① 任何发电过程都会产生大量的废热，单纯发电的电站通过大型的冷却塔，将60％～40％能量作为废热给释放掉了。

② 能源的质量是有高低之分的，电能是高级能源，高温高压的蒸汽又比低参数的汽或水更有价值，热用户如果只是将天然气用来取暖或烧开水的话，即使效率为100％，其能源的利用率也是很低的。

③ 热电联产将以上两种需要进行了科学整合，大大提高了能源综合利用效率。热电联产的综合能效最高可达 90％以上。一般来讲，热电联产机组同热电分供（即电网供电和锅炉供热）相比，可回收 50％的能量损失，能源利用率可提高 15％～40％。

能够节约能源开支：合理的配置能够节约 35％的能源开支。投资回报率高：回收期 5 年左右。

上海市对分布式供能的主要优惠政策如下：

① 设备投资补贴：1000 元/kW。

② 天然气价格优惠：2.04 元/m³。

③ 天然气排管优先，收费优惠。

④ 项目投产后，节能量补贴：200 元/t 标煤。

5.1.4.2　小型燃气热电联产原动机的主要形式

"分布式供能系统"核心的技术就是原动机，目前世界上的主流技术是往复式内燃机和燃气轮机，除此还有外燃机、燃料电池以及太阳能发电等新兴技术。但是这些新兴技术离大规模商业化应用还有一段距离，故目前分布式供能系统适用的主要是以往复式内燃机和以燃气轮机为原动机。

5.1.4.3　燃气发动机的优缺点

燃气发动机的经济运行范围是 50～500kW 热电比 2～1，发电效率 33％～42％，综合效率可达 75％～90％。燃气发动机作为"分布式供能系统"的应用中其最大的竞争力是具有较低的设备价格，每千瓦的设备的价格为 6000～8000 元左右。

燃气发动机和燃气轮机相比其还存在废气排放控制难、维修成本高、可靠性相对差和余热品位低的缺点。

5.1.4.4　燃气轮机的优缺点

(1) 燃气轮机热电联产系统热电比一般为 2.5～1.4，发电效率 25％～36％，综合效率可达 70％～80％。

(2) 可靠性高、尾气排放可控、余热资源品位高。

(3) 缺点是价高。小型燃气轮机（100～10000kW）

目前微型燃气轮机的"分布式供能系统"每千瓦的价格在 15000 元左右。要求燃气进口压力为 0.5MPa 以上。

5.1.4.5　热电联产系统容量选择原则

（1）热电联产系统机组配置的热效率应尽可能高，不低于 70%。

（2）热电联产发电容量应基本保证在满负荷运行条件下，一般运行时间为 12～16h。

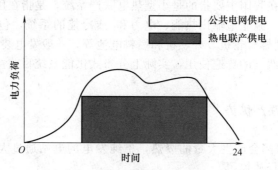

图 5-2　小型热电联产日电负荷构成

（3）热电联产系统所生产的热负荷应小于所需热负荷，不足部分由锅炉补足。日电负荷构成见图 5-2。

由图 5-3、图 5-4 表明，内燃机，燃气轮机热电联产的装备流程及满负荷率利用小时与发电成本的关系曲线，充分体现热电联产系统容量选择原则。

5.1.4.6　乐祺公司生产所用热能全部来自宜兴协联热电公司的集中供热系统，热网参

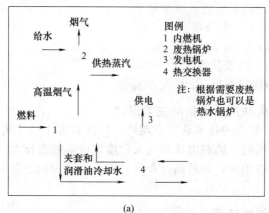

(a)

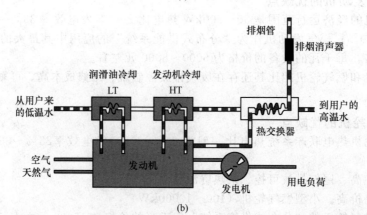

(b)

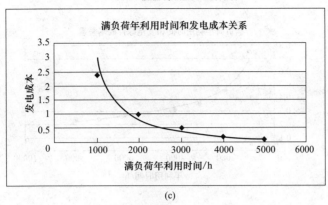

400kW级燃气内燃机经济分析

图 5-3 内燃机热电联产系统容量选择

数达 1.6MPa，而公司主要用热为 0.5MPa 和 0.7MPa 的蒸汽，热负荷平均达到 62.5t/h，公司距宜兴协联较近，较大的蒸气压差需要建设一个差压热电工程，实现能源梯级使用，资源综合利用。

该公司投资建设了一组 1500kW 差压热电工程，利用蒸汽供用差压发电，在保证原有生产用汽的前提下年可节电 $9.4 \times 10^6 kW \cdot h$，折合节水 3.76 万吨，减排二氧化碳 9371.8 吨，二氧化硫 282t、氮氧化合物 141t，公司年节约开支 833.5 万元。

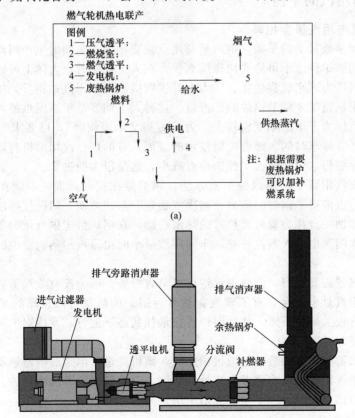

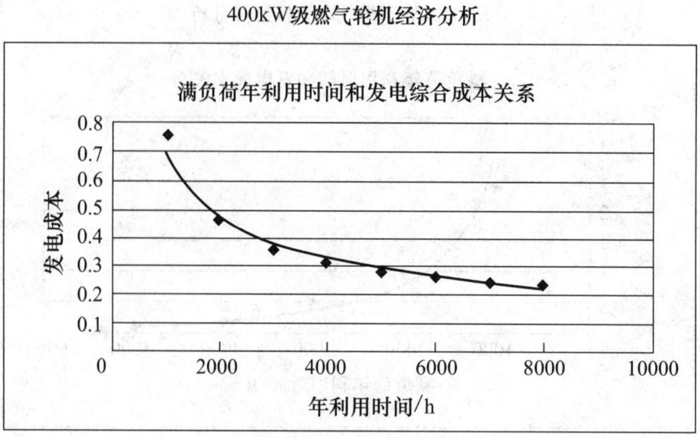

400kW级燃气轮机经济分析

(c)

图 5-4　燃气轮机热电联产系统容量选择

5.2　染整蒸汽供热系统的优化

5.2.1　供汽与用汽的平衡

5.2.1.1　供汽量与用汽量要相等[1]

（1）所谓平衡是数量上的平衡，供汽量与用汽量要相等。车间的生产用汽量随着机台开停而上下波动，而锅炉供汽不可能变化得那么快。在人工控制时，大体上可以做到平衡，这可从锅炉房的蒸汽压力表来观察变化。压力上升说明供汽大于用汽；相反，压力下降说明供汽小于用汽，并根据情况来调节锅炉的产汽量。这种人工调节是相当困难的，滞后的时间较长，锅炉房的蒸汽压力上下的幅度也较大。为了做到"未雨绸缪"，可要求车间提前通知用汽量大的机台的开、停车时间。随着高新技术的发展，有的厂已改用微机自动控制，滞后时间比人工控制大大缩短，煤耗比人工控制略有减少，这是很大的进步。

（2）以锅炉供汽跟踪车间用汽的平衡办法，锅炉处在被动局面，不能在最佳状态下运行。浪费了煤耗，也浪费了锅炉的能力。解决"稳定"与"波动"的衔接办法是在中间增加缓冲调节装置，即加一台称为蒸汽蓄热器的热水贮罐，在锅炉恒定供汽量的条件下，车间用汽量增大时由热水闪蒸出二次蒸汽补充，车间用汽量小时由蒸汽加热贮罐中的热水，使水温上升蓄热。

增加蒸汽蓄热器需要投资，而减少锅炉可以节省投资。因为没有蒸汽蓄热器时锅炉的数量要按车间最大用汽量来配台，有了蒸汽蓄热器后锅炉的数量可以按车间平均用汽量来配台，后者费用可有较大幅度下降，并且锅炉可在最佳状态下运行，发挥锅炉效能，提高热效率，得到最佳经济效益。

（3）加装蒸汽蓄热器与加装控制微机相比较，微机先进，但是蒸汽蓄热器的效果好。蒸汽蓄热器可解决供汽用汽系统中两者衔接处的缺陷，这是微机所不能达到的。但是没有微机就没有锅炉房的自动化管理，一个先进的锅炉房是两者都要，缺一不可。

5.2.1.2　蒸汽管网系统的优化[1]

蒸汽网络系统是整个蒸汽供热系统的重要组成部分，也是直接影响蒸汽品质以及系统热能利用效率的重要环节。典型的蒸汽管网系统一般主要包括蒸汽输送管路、疏水器、各种连接元件、调节流量、温度、压力等参数的各种阀门、用热设备、水汽分离器、凝结水回收管路以及凝结水回收泵等主要部分。作为老企业来讲，蒸汽管网系统节能工程主要是对现有蒸汽管网系统的改造，具体包括：

①管网系统运行状况诊断与网上产品工作态检测；②管网系统热能利用效率与蒸汽损耗状况的检测与核算；③凝结水的回收和利用；④二次蒸汽的再利用；⑤网上各类阀门、连接元件的检测和维修；⑥管网的在线补漏。

过热蒸汽需要给湿，对湿蒸汽的处理，实行除湿的工厂较少，湿蒸汽是由没有过热器的锅炉所发生的，中、小型锅炉的设计、制造中，常常省去过热器，又没有考虑除湿措施。这是锅炉制造上的大缺陷。锅炉汽包的蒸发面积太小，剧烈沸腾的蒸汽在离开液面时夹带了大量雾状水滴。由于蒸汽在管内的流速很高，使水滴随着蒸汽输送出去，在装有过热器的锅炉内，湿蒸汽受过热器进一步加热，能解决蒸汽的带湿问题，没有过热器的锅炉，必须用汽水分离的办法来解决蒸汽的带湿问题。尤其是炉膛进行过改造的，炉温比改造前高，传热速度加快，汽包内沸腾更为剧烈的蒸汽带湿更多，更需要加装汽水分离器。

蒸汽中大量带水，对印染生产是不利的，在卷染机上会冲淡染浴的浓度，而且对冲淡的程度也无法控制；不是同缸染色会有色差；在烘筒烘干机上，蒸汽带来的水分会积聚在烘筒内，因为进水量多了，细口径的虹吸管来不及排出；在立式烘干机的下面的几只烘筒是积水的主要部位，在积水以后烘筒的拖动困难，增加电耗，甚至发生烧坏电机；积水烘筒的温度降低了，烘燥速度减慢，减少了产量。为了保证积水的烘干机正常生产，必须打开疏水阀的旁通管，将积水不加阻拦地尽量排出。这样烘筒的温度虽可提高，但蒸汽随同积水排出，蒸汽的损失大为增加，从而影响到供汽不足，附近蒸汽管内的汽压降低，受到影响的烘干机也要打开旁路，蒸汽漏失更多，造成恶性循环，对生产极为不利。

将蒸汽夹带的水分离收回并返回到锅炉内，被加热成为蒸汽，水的热量不会损失掉，由于蒸汽夹带水的温度为沸点温度，比锅炉进的冷软水的温度为高，加热成为蒸汽所需的热量比加热冷软水可省 20%左右，又能节省冷软水的软化费用，也不会造成烘筒烘干机再打开疏水阀旁路"跑汽"。加装汽水分离器花钱不多，而长期效益显著，因而对有烘筒积水现象的印染厂甚为适用。

低压供汽比高压供汽可以节汽是由于高压蒸汽的汽化潜热比较小，降压以后蒸汽的汽化潜热增大。在间接加热中传递的热量等于汽化潜热，如将 0.3MPa（表压）的蒸汽降压到 0.1MPa（表压），蒸汽的输出热量可以增加 4.5%左右。

研究这 4.5%热量的来源，可以知道是冷凝水在降压中提供的，0.3MPa（表压）的冷凝水温度为 143℃，0.1MPa（表压）的冷凝水温度为 120℃，冷凝水的显热降低了。在冷凝水回收工作完善的工厂，低压供汽并无节能效果，带来的缺点是传热温差降低，传热速度减慢。只有不回收冷凝水的工厂，低压供汽节能才是成立的，但是节能的努力方向，还是抓好冷凝水回收系统比低压供汽的节能效果更为显著。

在有余热发电的工厂，汽轮机输出的蒸汽压力降低，可以增加发电量。但是汽轮机输出的汽压降多少应根据实际情况决定。因为出汽轮机的蒸汽要经过输出管道进车间分汽包，再从分汽包输送到车间内各个用汽点，因而蒸汽压力是不断下降的，在车间输汽管的末尾的汽压更低，常常不能满足需要，只有减慢车速或打开疏水旁路。在蒸汽供应不足的条件下进一步泄漏蒸汽，会造成得不偿失。

选择低压供汽，应该做好以下的工作：车间供汽管道的管径不宜过细，细管应该更换，减轻管内摩擦的压力损失。供汽管道的布置要全面安排。在树枝状布管时每根树枝不宜过长，负荷不要相差很大。有条件的应采用环状布管，避免末梢压力的偏低。疏水器应该选用低阻力的，并应有足够大的排水器，使排水通畅，如果仅在供汽总管道上节流降压，没有应有的配合，难免造成生产上的不利或更多的蒸汽损失。

5.2.2 蒸汽蓄热器的应用

5.2.2.1 蒸汽负荷波动的热效率

为满足生产用汽的需要，锅炉负荷必须要随着用汽负荷的变化而变化，使得锅炉热效率明显下降。当负荷波动幅度达到 50% 时，锅炉的热效率比稳定状态下要下降约 10%，如图 5-5 所示。如果在供热系统中配置了合适的蒸汽蓄热器后，用汽负荷的波动部分（低谷和高峰）则基本上由蓄热器通过充热和放热过程实现自动调节，使锅炉在相对稳定的工况下或额定负荷工况下稳定运行，从而提高锅炉运行效率。实践表明，安装蒸汽蓄热器后节能率一般在 4%~6%，节省燃料消耗 5%~15%。

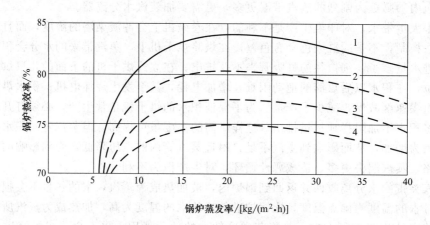

图 5-5 锅炉负荷变化与效率关系图
1—均匀负荷；2—±25% 变动负荷；3—±40% 变动负荷；4—±50% 变动负荷

负荷波动往往是由于厂家的生产工艺要求所产生的，如前处理蒸煮过程。由于用汽负荷的波动，锅炉产汽量也要随之变动以便与用汽负荷波动相适应。由此会带来如下几个问题：a. 锅炉在负荷调整过程中，由于进煤量和送风量不可能做到完全匹配，特别在锅炉的启停阶段，锅炉运行远离最佳工况，热效率大大下降；b. 锅炉频繁启停，显然要影响锅炉各部件的使用寿命；c. 若采用微机自控的锅炉，由于链条炉燃烧的惰性较大，工况变化的过渡时间较长，微机自控难以投运；d. 用汽负荷的波动幅度大时会使汽包中的水位剧烈波动，使蒸汽中带水量急剧增加，会使某些企业的产品质量下降。在具有过热器的工业锅炉中，蒸汽中带水量增加会使过热器管子中大量结盐，造成超温爆管事故；e. 锅炉的容量一定要按照最大用汽负荷来配置，设备的利用率很低[1]。

5.2.2.2 装置蒸汽蓄热器平衡波动负荷

解决这个问题的根本办法是加装蓄热器。变压式蓄热器工作原理见图 5-6。在采用变压式蓄热器时，锅炉的出力保持不变，自动控制阀 V1 保持锅炉出口压力 p_1 恒定，而自动控制阀 V2 则保持用汽的压力 p_2 恒定。当负荷 D 小于产汽量 D_e 时，p_1 和 p_2 趋于升高，故 V2 阀自动关小，而 V1 阀自动开大，使与蓄热器并联的管道中的压力 p_3 升高，当 p_3 大于

蓄热器中的压力 p_4 时，一部分蒸汽就通过管道 m 进入蓄热器，使其中的饱和水压力和温度升高，这便是蓄热过程。反之当 $D > D_c$ 时，p_1 和 p_2 趋于降低，故 V2 阀自动开大而 V1 阀自动关小，使 $p_3 < p_4$，这时蓄热器中便降压降温，释放出蒸汽来，沿管道 n 流向用户，这便是放热过程。采用蓄热器后，锅炉的压力和用汽的压力都可保持恒定，而且锅炉的出力可以维持在一段时间的平均负荷水平上，不必随用汽负荷的波动而频繁改变，锅炉的配置也只需按平均负荷来选取。

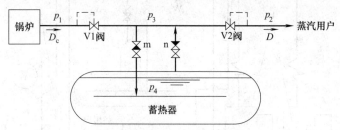

图 5-6　变压式蓄热器工作原理

蒸汽蓄热器一般安装于锅炉与用汽设备之间，平衡用汽设备的波动负荷。当用汽设备负荷减小时当蓄热器充热；当用汽负荷增大超过锅炉供汽量时，蓄热器进行放热，补充锅炉供汽不足。根据蒸汽蓄热器在系统中的位置和起的作用，锅炉配用蒸汽蓄热器的布置方法有串联和并联两种。

（1）串联布置　串联布置就是将蒸汽蓄热器安装在锅炉蒸汽至蒸汽用户必经的管路中，蒸汽蓄热器起贮汽中转和稳压的作用，串联布置的系统适用于脉冲式间断用汽的供热系统或者蓄热器兼作稳压器的场合。

（2）并联布置　并联布置时进汽管和放汽管相连通，高压蒸汽可直接通过自动调节阀组流入低压供汽管系。并联布置系统通常应用于用汽负荷波动频繁并是一定周期性的工矿企业，如造纸、化工、纺织、酿造、机械等行业。我国日前应用的蒸汽蓄热器基本上都是采用并联方式。

5.2.2.3　蒸汽蓄热器的设计要求

蒸汽蓄热器具有缓和系统的高峰负荷和平衡连续的不均匀负荷波动的功能。对于"热电联产"企业来讲，蒸汽蓄热器的设置是提高锅炉热效率，使锅炉、汽轮发电机组在较经济的满负荷情况下得以长期、稳定地运行，是降低系统能耗的有效节能措施，适宜于装在锅炉与低压用户之间系统上。

蒸汽蓄热器（以下简称蓄热器）的工作原理，通过蓄热器内的工作介质（蒸汽或热水）的温度和压力的变化，来实现贮存或送出蒸汽的作用。但在使用蓄热器后，整个系统只会增加运行对蒸汽负荷波动适应程度的灵活性，从而达到均衡供汽的目的，而其本身，并不能增加蒸汽的产量。

由于蓄热器是以充入其中的蒸汽，凝结为相应"充汽"压力下的饱和水状态来完成"蓄热"过程的，而饱和水的热焓值却随压力降低而升高，因此蒸汽蓄热器在应用于低压时更为经济和有利，这从图 5-7 中可明显地看出这一点，即蓄热器对使用在 1.5MPa 以下的热用户最为有利，因此时在相同充热放热压力差值下，其单位水容积蓄热量较大，经济性也就会更好些，但整个情况还要综合分析和平衡后来确定，绝不能一概而论，具体情况要具体分析，应根据详尽的技术经济方案的比较结果，来最后确定设计施工方案。

蒸汽蓄热器主要由蓄热器筒体、充热装置与送汽装置、附属装置（包括止回阀、液位计、安全门等）、自动调节装置、保温设备五部分组成。其中，筒体的单台容积最大的目前已达

$2500m^3$ 以上，并有向更大容积发展的趋势，同时，其成形工艺已远不局限于原传统的钢板卷焊的老办法，并已开始采用预应力混凝土结构、预应力铸铁器和地下岩层中构筑等结构型式。

图 5-7 是增设蓄热器后供热热力系统。

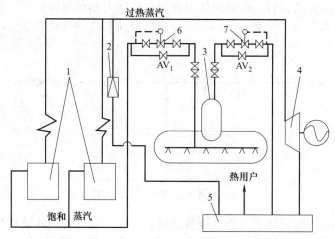

图 5-7　增设蓄热器后供热热力系统
1—锅炉；2—减温减压器；3—蓄热器；4—背压汽轮发电机；
5—供汽集箱；6,7—自动调节阀

选用卧式的变压蒸汽蓄热器较为理想，一则采用此种形式蓄热器蓄热能力较大，适用于热负荷变化较大的场合；二则节约场地，节省投资，其简单结构如图 5-8 所示。

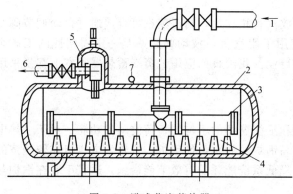

图 5-8　卧式蒸汽蓄热器
1—蒸汽入口；2—筒体；3—集箱；4—喷嘴；
5—集汽包；6—蒸汽出口；7—压力计

其工作过程如下：当锅炉额定产汽量大于用户用汽量时，系统压力升高，多余的蒸汽进入蓄热器内的集箱中，通过喷嘴与蓄热器内的水混合，同时蒸汽发生凝结，并将汽化热储存于水中，使水的温度和含热量升高，此即蓄热器的"充热"过程。相反，当经背压汽轮发电机排汽缸出来的供汽量小于用汽量时，系统压力将下降，蓄热器内一部分水（即相应压力下的饱和水）吸收缸内存水的潜热后，又被蒸发成蒸汽，从而增加了供出的蒸汽量，同时由于水的不断蒸发，水位会有所下降，这一过程即为蓄热器的"放热"过程。

随着外界热负荷的增减变化，系统压力也会相应地升高或降低，蓄热器也就不断地进行"充热"或"放热"进程，同时蓄热器内的水位也就跟着上升或下降，而蒸汽同时得以储入或放出，从而能较平稳地适应热负荷的变化。

由于变压式蓄热器的蓄热容量与充热、放热压差（亦即变压幅度）成正比，在一定的蓄热器容积下，压差越大，蓄热容量也越大，因此有时增大变压幅度往往是有利的，这就是我们为什么要选用蓄热器与背压发电机并联的供热热力系统的道理，同时也说明它是在使锅炉和背压发电机都能最大限度地在最经济、安全的设计额定工况下较长期地运行所必需的设备，因此对蓄热器和背压汽轮发电机前、后的压力差基本相同，这样做可有效地减小蓄热器的尺寸和投资费用，同时由于仍有一部分蒸汽确实足要通过蓄热器后而直接进入低压蒸汽管网的，因而会相应地造成一些发电的损失。上述结论是通过技术经济分析和比较，通过蓄热器的投资费用、发电损失和蒸汽供求状况以及综合经济效益的分析和比较而得出的。

　　此外，蓄热器的汽源所以是取自锅炉汽包引出的饱和蒸汽引出管，主要是出于尽可能减小蓄热器的蒸汽空间及容器容积，并避免使蓄热器可能因采用过热蒸汽导致温度升高而必须使用价格昂贵的合金钢材或增加壁厚的考虑，从而可以大大地减少设备材料及制造加工和日常维修费用的支出。

　　同时，安装蓄热器应注意确保满足下列设计必须具备的要求：a. 热电企业具有的锅炉总容量应小于热用户综合的最大用汽量，但同时必须大于平均用汽量；b. 热电企业供汽压力与热用户用汽压力之间的压差，至少应保持在 0.3MPa 以上，以确保具有克服沿程阻力的足够能力和发展余地；c. 安装蓄热器的热电企业必须具备装设蓄热器必要的安装场地和地理、施工条件以及担负所有相应投资的人力、财力、物力的切实保证和能力。

　　图 5-9 是上海市节能服务中心推荐应用的蒸汽蓄热器（上海九星蓄热器动力环保工程有限公司）结构示意。

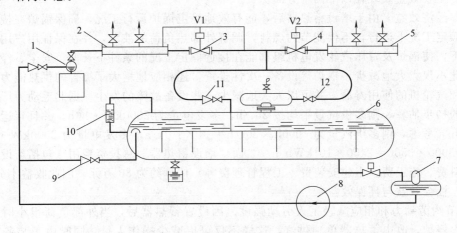

图 5-9　蒸汽蓄热器结构配置示意
1—锅炉；2—高压分汽缸；3—V1 走动调节阀组；4—V2 自动调节组；5—低压分汽缸；
6—蒸汽蓄热器；7—除氧水箱或锅炉给水箱；8—锅炉给水泵；9—给水管止回阀；
10—水位计；11—进汽管止回阀；12—放汽管止回阀

5.2.2.4　供热系统运行和调节

　　由图 5-7 知，从锅炉送出的高压新蒸汽，除一部分直接通过背压汽轮发电机发电后直接送给用户，当背压发电机停止运行或用户用汽量超过背压发电机排汽量时，也可通过蒸汽减温减压器送汽，这样，由锅炉额定经济蒸发量减去外界负荷的余量，则可经蓄热器先进行"充热"后，再向热用户"放热"以补充当背压机组在热负荷较大时汽轮机额定排汽量的不足，即当汽轮机额定排汽量小于用户耗汽量时，此时，可由蓄热器"放热"以补充其不足。而当汽轮机额定排汽量超过用户用汽量时，可减少进入汽轮机的进汽量，此时，可由锅炉通过汽包直接向"蓄热器"充汽。这样，锅炉和汽轮机不但均可经常处于接近额定负荷工况的条件下经济运行，而且即使在热用户热负荷较低时，也可调节使降低汽轮机负荷的幅度不致太大。

　　正常运行时，用户的蒸汽大部分应是由汽轮机的排汽供给的，当排汽量不足时，则供用户的蒸汽集箱或总管压力降低，直降到小于和汽轮机额定排汽量相应的背压之后，蓄热器出口管上的阀后压力调节阀 AV_2 自动开启，且随压力的继续降低而开度增大，此时，系统中蒸汽量的不足是由蓄热器的"放汽"过程来承担。当用户耗汽量减少，并等于汽轮机的排汽量时，调节阀 AV_2 则自动关闭，此时用户的蒸汽可全部由汽轮机的排汽供给。当用户用汽量小于汽轮机的额定排汽量时，汽轮机则随用汽量变化调节进汽量，相反地，则降低负荷运行，后面两种情况蓄热器不再"放汽"，至于何时由锅炉出口向蓄热器"充汽"，是连续还是间断，则要按当时用户热负荷大小的具体情况而定，也即视汽轮机的额定排汽量是大于还是小于用户小时平均耗汽量的具体情况而定，此时可将锅炉出口压力由阀前的压力调节阀 AV_1 维持成一定值，当超过此值时，调节阀 AV_1 便自动升启，进行"充汽"，低于此值时，AV_1 阀则自动关闭。

由此可见，此系统对自动调节阀 AV_1、AV_2 以及蒸汽混合喷嘴等的制造质量、工作特性以及对其管理、操作水平都提出了准确、可靠、耐用的较高要求，据了解，国内产品和技术水平完全可以满足要求。

5.2.2.5 采用蓄热器后的效益分析

增设蓄热器确实是一项对中、小型热电企业相对来讲，投资少、见效快、易于实现的有效措施，主要效益表现在以下两个方面。

(1) 经济效益 由于增设蓄热器后，能有效地稳定锅炉运行工况，确保锅炉在接近设计的经济额定工况下运行，不仅能节约燃料，调解外部热负荷的波动，并在保证用户用热质量的前提下，使锅炉及背压汽轮发电机组都能在接近额定工况的条件下长期、安全、经济地运行，在此不仅大大地减少了锅炉等设备一次性投资，还相应地增大了综合的供热能力，延长了锅炉和汽轮机的使用寿命，并可以大大地减少一些设备故障的发生。据北毛动力厂装没蓄热器后的初步估算，则多供汽量平均按 $20t/h$、多发电量为 $2000kW \cdot h/h$，并且年运转小时按 $7000h/a$ 考虑，则多供汽量为 $7000h \times 20t/h = 14 \times 10^4 t/a$，多发电量为 $2000kW \cdot h/h \times 7000h + 3000 \times 3500 = 2450 \times 10^4 kW \cdot h/a$。而"增设蓄热器"总投资费用（包括新设备购置费、材料费、施工费、土建安装费、工程管理费等）估算约为 80 万元。因此收益十分可观。

(2) 社会效益与环保效益

① 节约劳动力和相应减轻工人劳动强度。因设置蓄热器后，当外部负荷很小时，不仅可以压火停炉，改由蓄热器单独供汽，这样不仅可以减少操作人员，同时由于装备蓄热器后，能使锅炉按接近额定设计工况连续和稳定运行，这样就消除了司炉人员的心理上的紧张压力，从而大大地减轻了工人的劳动强度和精神负担。

② 有利于环境保护条件的改善。使本地区的工业锅炉烟囱可部分停用或少用，从而大大地减少了粉尘排放量，减少了对环境的污染；由于采用蓄热器后，因锅炉燃烧工况稳定，并使供给锅炉的空气量更为适中合理，就能大大减少烟气中的含尘量和氮氧化物（NO_x）的含量，从而也就大大地有利于环境保护条件的改善。

从全局来看，今后必将建设大批热电站，来替代或更新目前全国几十万台耗能大的小锅炉所构成的小型工业锅炉房群，但为取得较好的效益，除了为获取稳定可靠的热负荷而必须采用一些有效的技术、组织措施外，增设蓄热器的措施，相对来讲具有节省投资、操作便利、维护简单、安全可靠、收效显著、切实易行等的优点。

5.2.3 供汽与用汽设施的保温

为加快印染行业结构调整，推进行业节能减排和可持续发展，根据国家有关法律、法规和产业政策，国家工业和信息化部公布了自 2010 年 6 月 1 日起实施的《印染行业准入条件》，对染整加工过程综合能耗做出新的规定，从而使染整企业对热力设施防护散热的要求更为紧迫。

散热是指热损失，是生产过程中供热、用热所产生的无效热，会造成热能的浪费。针对导热的 3 种形式：热传导、对流和辐射，对热力设施防护散热主要采取保温、限排，加强设备热平衡测定等措施，节能目标要明确[10]。

5.2.3.1　典型设备的散热与防护

通过测定典型设备的热平衡，发现这些设备散热严重，节能潜力很大。

（1）圆筒烘燥机（供入蒸汽热 100%）

织物加工有效热/%	60.75
烘燥机外壁散热/%	23.26
泄漏热/%	3.64
回汽水排放热/%	11.07
正反热平衡计算误差/%	1.28

由以上热量分析可知，外壁散热达总供热的 23.26%，其中：

立柱表面散热量/%	4
底盘表面散热量/%	0.547
烘筒两头圆盘散热量/%	11.46
烘筒未覆盖布表面散热量/%	7.2

其中，烘筒两头圆盘、回汽水排放及未覆盖布表面散热是重点。防护这几项散热可采用以下措施：

① 在圆筒两头圆盘端面进行保温隔热涂层。

② 回汽水排放一般采用疏水阀阻汽排水。合格的疏水阀达标漏汽率为 3%，而许多疏水阀在应用一段时间后的漏汽率高达 5%～10%。目前最简便的防护方法是将烘筒凝结水改成直排至逆流水洗机的末格平洗槽，提供高温洗涤水，直排蒸汽加热逆流洗涤水。

③ 设备幅值以与加工织物门幅接近（一般设备幅值比加工最大门幅宽 20cm）为好，即用 180cm 幅宽设备加工 160cm 为合理；若用 180cm 幅宽的设备加工 112cm，织物圆筒上未被覆盖的部分散热严重。在生产中安排设备时应予以重视。

（2）平洗机（供入蒸汽热 100%）

布和水加工有效热/%	55.13
开口蒸发热/%	13.9
壁面散热/%	1.37
布面散热/%	10.5
废热水溢出热/%	13.6
正反热平衡计算误差/%	5.5

其中，开口蒸发热及布面散热占总供热的 24.4%。将平洗机改造成汽密式加盖平洗槽，并将槽与槽间轧水机封闭处理，可以节省这部分热损失。布和水加工有效热与平洗机结构和机能有关，采用低液位、新液流可明显减少加热蒸汽；废热水溢出热仅需通过自洁式旋转水/水热交换器（热交换效率高达 90%），则可大幅度减少排放的热能浪费。

（3）蒸化机（供入蒸汽热 100%）

织物蒸化过程有效热/%	20.11
排气损失热/%	61.27
进出布口散逸热/%	12.82
外壁损失热/%	2.24
泄漏热/%	3.11
正反热平衡计算误差/%	0.45

蒸化的目的是使印花织物完成纤维和色浆的吸湿和升温，促使色浆中的染料向纤维中转移并固着。

蒸化过程包括溶解、吸湿、放湿、吸热、放热和化学反应等，在设备热效率测试中，仅测算织物加工过程中需要的物理热。

由热量分析可知，排气损失热及进出布口散逸热占总供热的74.09%，此耗汽量极大。若蒸化机温、湿度工艺不可控，或给湿装置失灵，则此耗汽量会因操作人员而不同。例如，某企业印花甲班操作得当，耗汽量为700kg/h；乙班同样工艺蒸化，因操作不当，耗汽量高达1100kg/h，热能消耗差距甚大。在操作中若加大流量蒸汽，则排汽量亦增加，而织物的过热降低不明显，蒸汽消耗明显。

例如，纤维素纤维织物蒸化时，初始含水率为4%，蒸汽流量/织物通过量之比1:1，织物过热8.3℃，平衡含水率11.4%；若将蒸汽流量/织物通过量之比提高到4:1，初始含水率仍为4%，织物过热降至4~6℃，平衡含水率仅增加到13.3%；若对织物喷加8%的水分，蒸汽流量/织物通过量之比仍为1:1，织物过热从8.3℃降到2.2℃，平衡含水率可以从11.4%提高到20.5%。

排气损失热占总热量的61.27%，说明蒸汽流量/织物通过量之比值高，织物给湿进蒸箱可有效限制排气的散热。

（4）热定形机（供入煤气热100%）

织物加工定形有效热/%　　　　　　　28.25
排气损失热/%　　　　　　　　　　　59.76
设备及壁面散热/%　　　　　　　　　9.72
正反热平衡计算误差/%　　　　　　　2.27

热定形机、焙烘机等高温热处理设备的传热介质有煤气燃烧加热、热载体油炉加热，在供入热的计算上有所区别。此热平衡以煤气燃烧加热测定计算，由热量分析可知，排气损失热与设备及壁面散热占总供热量的69.48%，工艺加工有效热仅占28.25%（该数据已是优良的定形机效率）。

《印染行业准入条件》中明示："拉幅定形设备要具有温度、湿度等主要工艺参数在线测控装置，具有废气净化和余热回收装置，箱体隔热板外表面与环境温差不大于15℃。"按上述要求，定形机散热需要很好的防护。

5.2.3.2 散热防护的保温技术

（1）散热面的热损耗　染整企业的特点是蒸汽管道和用热设备多，热量消耗多。当前提高热力设备保温效果最通行的办法是加厚保温材料，增加绝热层的数量，提高绝热材料的质量，对于无法包覆绝热层的设施，应涂布工业隔热涂料。

① 绝热材料的选择　由于绝热材料品种繁多，需根据用热设备和蒸汽管道内的节气温度加以选用。宜选择热导率小、传热性能低的材料。这样，用热设备升温快，热工况稳定，散热慢，传输设备保温好，供热质量高，热损失小。

② 保温层的维护　保温层应不受潮、不损坏。因为保温材料受潮后，会提高导热性能，因此，要特别重视室外架空蒸汽管道外表防水层的维护。室内的用汽设备和蒸汽管道要防止由于配件或法兰、阀门等漏汽而浸湿绝热材料，从而降低绝热能力。若设备呈周期性工作状态，反复受热和冷却，更应注意保持绝热材料的干燥。因此，从保温角度出发，也要防止设备损伤而引起的"跑、冒、滴、漏"现象。

③ 保温绝热措施　采用保温绝热措施时，最好与设备大修相结合，这样可减少投资也不影响生产。在确定保温方案时，需进行技术经济的比较和论证，确定最佳经济保温层的厚度，使用合适的保温绝热材料，以最少的投资来获得最佳的节能效果。

④ 蒸汽管道   蒸汽管道最佳保温绝热层按式（5-3）计算：

$$\Delta OP_t = \frac{d_1 - d_0}{2}, \quad \left(\frac{\lambda}{\alpha} + \frac{d_1}{2} \right) \ln \frac{d_1}{d_0} = \sqrt{\frac{\lambda (T_s - T_\tau) h b}{K \alpha N}}$$

$$N = \frac{n(n+1)m}{(n+1)^m - 1} \tag{5-3}$$

式中　ΔOP_t——最佳保温绝热层厚度；

　　　　λ——保温材料的热导率；

　　　　α——表面散热系数；

　　d_1，d_0——保温层内外径；

　　　　T_s——表面温度，裸面时，T_s 相当于内部介质温度；

　　　　T_τ——环境温度；

　　　　h——年使用时间；

　　　　b——热能价格；

　　　　K——热价为基础的平均物价上升比；

　　　　α——保温材料及施工价格；

　　　　N——投资回收系数；

　　　　n——年利率；

　　　　m——使用年数。

⑤ 箱式加热机器   由于对流而散发的热量按式（5-4）计算：

$$Q_c = 1.9 \beta F \Delta t^{1.25} \tag{5-4}$$

式（5-4）中，β 值决定于箱体形状，平面约为 0.7，薄而高的机壁约为 1，一般 $\beta = 0.85$；F 为全部表面积，m^2；Δt 为箱体外壁温度和周围气体温度之差。给出温差，就可测算每平方米的散热面积及每小时的平均散热量，见表 5-2 所示。

表 5-2   箱式加热机器的表面平均散热量

$\Delta t / ℃$	$Q_c / [J/(m^2 \cdot h)]$	$\Delta t / ℃$	$Q_c / [J/(m^2 \cdot h)]$
10	96200	40	673600
20	284500	80	765700

⑥ 自由表面的热损耗   从敞口设备冒出的蒸汽，其含有的热量与生成该蒸汽量一半沸水所含的热量相等。蒸汽的泄漏会使印染车间热汽弥漫。

从正方体的槽子里散出的热量，当六面都是容器壁，比例散热，4 个侧面占 $1 \times 4 = 4$，底面占 0.7，上面占 1.3，合计 6。如果无罩盖，而是热水的自由表面（热水为 100℃饱和水），在蒸发情况下，由水面上散失的热量是有罩盖的 3~8 倍。假设为 4 倍，上面占 $1.3 \times 4 = 5.2$，合计为 $4 + 0.7 + 5.2 = 9.9$，所以敞口水槽的散热量是有罩盖的 1.65 倍。实践证明，加罩盖的水洗槽升温快，热散失少，节能效果明显。

⑦ 辐射热损失   容器壁上的对流作用会造成热量散失，但是辐射也会造成热能散失。例如，体形庞大的烘燥机，外形简单，多半是箱形，温度为 40~50℃。但是，外壁辐射到大气中的热损失一般为对流损失的 2 倍。所以，除了保温之外，还要采取防止辐射的措施。

烘燥机外壁热辐射散热不仅浪费热能，更严重的是导致烘房内边中温差，是形成织物边中色差的主要原因之一。例如，某染整企业的焙烘机烘房一侧面正对厂房的大门，发现进入冬季后，加工的织物易发生边中色差。经分析，发现大门侧烘房边区温度比中间低 6℃，故在烘房外壁覆盖一层保温隔热层后，边中色差消除。

⑧ 建筑物的保温   除生产设备外，还应重视建筑物的保温。我国不少地区需在冬季采暖，厂房保温尤为重要。据资料介绍，北方某印染厂生产车间的一扇 3m×3m 大门，因关

闭不严，绝热不好，一个采暖期的热损失相当于 8t 石油，这个问题应引起重视。

（2）散热防护的应用

① 配管保温的经济性　散热是从配管系统以及其他高热表面散失的，所以配管要采取保温措施。包覆的保温材料随管子传热面积的增加而增加；保温层的厚度越厚，保温效果就越好，但其厚度不能超过管径的大小。表 5-3 蒸汽 150℃，平均大气温度 15℃时的能耗对比。

表 5-3　配管保温能耗对比

管径/mm	25	50	80	100	125	150
保温材料厚/mm	25	25	40	40	40	40
裸管热损失/($\times 10^5$ J/h)	8	14	21	27	33	39
保温管热损失/($\times 10^5$ J/h)	1.3	1.9	1.9	2.3	2.7	3.1
节约热量/($\times 10^5$ J/h)	6.7	12.1	19.1	24.7	30.3	35.9

由表 5-14 可知，配管经保温后，节能效果较好。例如以管径 150mm，配管长 300m，全年工作 6000h 计，每千克 0.3MPa 饱和蒸汽热焓为 2737.7kJ/kg，潜热占蒸汽热焓的 78.2%（2140.9kJ/kg），折算成 0.3MPa 饱和蒸汽，则查表 2 计算：

$$3590000 \times 6000 \times 300 \div 2140900 = 3018t$$

目前染整厂对大口径蒸汽管道一般都采取了保温隔热措施，但对小口径管也不应忽视。例如，每 1m 管径 25mm 裸管每小时热损失 8×10^5 J，按每年 6000h 计蒸汽（0.3MPa），将浪费 2.24t 蒸汽。而对于 2.54mm 蒸汽管不加保温层，在企业中是常见的。

② 保温材料的应用　矿渣棉及其制品保温、隔热、绝冷，是一种很好的节能材料。矿棉及其制品的特点：a. 耐火性能好，最高使用温度为 600℃；b. 耐低温，最低使用温度为 −200℃；c. 热导率低，仅为石棉的 1/2；d. 密度小，小于石棉的 1/2；e. 热稳定性好，在使用温度范围内尺寸无明显变化；f. 使用方便，可根据需要随意切割使用。

矿棉和矿棉板适合箱式加热设备的隔热保温，可用于直形哈夫管、弯形哈夫管，以及输热管道的保温包裹。

③ LEADER™工业隔热涂料的应用　工业隔热涂料具有热导率低，可有效阻隔热量的传递，降低表面温度的效果。对于圆筒烘燥，各种间歇式染色机的缸体等，实施覆裹困难的设备，可推广应用工业隔热涂料。表 5-4 为其隔热的效果。

表 5-4　涂层隔热的效果

序号	加热温度/℃	隔热层厚度/mm	表面实测	序号	加热温度/℃	隔热层厚度/mm	表面实测
1	135	4	48	3	155	4.3	48
2	155	4.3	47	4	155	4.3	50

注：环境温度为 27℃。由纳米陶瓷隔热层和工业隔热涂层组成隔热层。

由表 5-4 可知，表面温度最低也下降 87℃，达到国家对工业设备保温的要求。

2 台高温高压溢流染色机喷涂隔热涂料（6 号机）后与空白（H59 号机）效果对比见表 5-5 和表 5-6 所示。

表 5-5　蒸汽流量测试效果

项　目	6 号/t	H59 号/t	项　目	6 号/t	H59 号/t
15℃升温至 100℃（直升温）	0.92	1.29	132℃保温 40min	0.16	0.44
100℃,5min（恒温）	0.05	0.10	132℃保温 60min	0.23	0.62
100℃升温至 132℃（自控升温 2℃/min）	0.55	0.56	合计用气量	1.75	2.57
132℃保温 20min	0.09	0.23			

表 5-6 升温时间对比

项 目	6号/s	H59号/s	项 目	6号/s	H59号/s
15℃升温至160℃（直升温）	972.6	1338.6	合计用时	2050.8	2351.4
100℃升温至132℃（自控升温2℃/min）	1054.2	988.8			

注：主缸水量8000L，水冲压力3.45×10⁴Pa，主泵速率62%。

对比结果，喷涂隔热保温涂料工艺蒸汽消耗量减少了32%，升温时间缩短12.76%。目前国内有大量溢流染色机正在使用，若逐步推广该项防护技术，节能效果显著。

染整热力设施的散热防护，应在做好热平衡测定工作的基础上，普查供热、用热设施，对表面散热的保温、烘房排气量的控制及余热回收，进行有效的控制，从而达到节能减排的实效。

5.2.4　蒸汽输送的自动控制及多级重复利用

5.2.4.1　蒸汽输送的自动控制[1]

一个在生产上需要蒸汽的企业，无论是自备锅炉产汽，还是外单位输入，在供汽方式上一般有三种形式可供选择。

（1）手控方式　输送到各用汽部门的蒸汽，其参数完全依靠手动的方式加以控制，目前大多数企业均采用该方式输送蒸汽，由于控制方式原始，蒸汽压力、温度波动范围大。

（2）汽源自控　进入分汽包内的蒸汽进行压力、温度自控，然后通过分汽包上的手控阀门将蒸汽输送到各用汽部门，热电厂联片供热的企业大部分采用这种方式。由于分路输出不能自控，如若企业内各用汽部门对蒸汽参数要求差别大，仍难以达到要求。

（3）全自动控制　如图5-10分汽包输送到各用汽部门的蒸汽，按各部门对蒸汽参数的不同要求及用汽特征分别进行自动控制。该控制方式是企业应用现代技术对蒸汽进行科学合理使用的基本模式，对后面讲到的热定形机蒸汽加热、蒸汽多级重复利用、凝结水密闭回收等项技术改造，是不可缺少的基本条件。具体来讲有以下几方面好处。

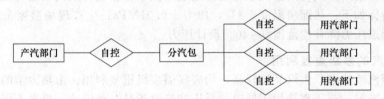

图 5-10　蒸汽输送自控框图

① 节约能源。输送到各用汽部门的蒸汽，在保证工艺和生产需要的前提下，使蒸汽的压力、温度和流量（速）自动控制在最佳状态，蒸汽浪费现象大为减少，特别像一些开启式常压染色设备，节能效果尤为明显。由于蒸汽参数稳定，跑、冒、滴、漏现象减少。根据绍兴丝绸练染厂实际测算，蒸汽输送实行自动控制后，节约蒸汽6%以上。

② 提高产品质量。企业的产品质量提高一般注重于工艺和管理方面的工作，在印染行业，蒸汽的质量如何对产品的质量影响颇大。这里指的蒸汽质量有两个方面：品位和稳定性。蒸汽的品位主要指温度和压力；稳定性是指控制能力。若蒸汽的质量达不到要求，将出现工艺参数控制能力下降、操作时间不稳、染色浴比变化大等问题。即使对蒸汽质量要求不高的手工台板印花，其影响也是不可忽视的，若蒸汽温度波动而使台板框架温度变化1℃/h，印花套板误差将有0.2~0.4mm误差。

③ 有利于安全生产。印染行业一般压力容器较多，由于蒸汽压力波动大，经常出现超压运行现象，使生产潜伏着危机，对蒸汽的压力进行自控和监察，将从根本上消除了超压运

行现象。

④ 其他方面如对提高供热调荷能力，减少蒸汽计量误差等方面同样表现出其优越性。

在企业内蒸汽输送自控一般可分：压力自控、温度自控和流量（速）自控三大部分，它们之间既相对独立又互有关联，企业可根据实际情况和需要进行选择。在设计和设备选型时，对规模不大，系统不太复杂的企业，可采用 DDZ 型控制组件，如系统复杂可考虑应用微处理机。

图 5-11 典型的控制模式，输汽管路中的温度、压力、流量参数经变送后输入到处理调节单元，其信号与相应的给定值比较后，经处理、调节、放大过程，输出控制信号操纵温度、压力、流量执行机构，达到预定控制目标。应指出的是，流量信号不仅作为计量及调荷之用，在这里还可用作压力补偿，减少因流量变化导致生产现场蒸汽压力的波动。

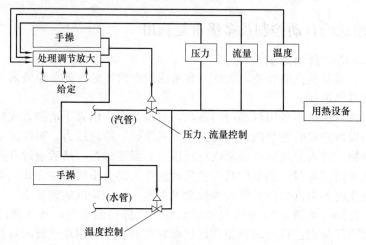

图 5-11　典型控制模式

绍兴丝绸练染厂生产耗用蒸汽主要由市热电厂供给，自实行蒸汽输送自控后，其参数自控能力主要指标如下：热配房温度±3℃，压力±0.01MPa；生产现场温度±10℃，压力±0.02MPa；管道压力降补偿范围 0～40％设计压力。

5.2.4.2　蒸汽的多级重复利用[1]

若自产蒸汽或热电厂供汽品位较高，均应提倡多级重复利用。由热力学的概念可知，高品位的蒸汽经减温、减压直接用于低温、低压加热设备是一种浪费。根据不同的用热设备对蒸汽品位的不同要求，分级加以输送，是节约能源、提高经济效益的有效途径；印染行业蒸汽加热设备多，对蒸汽的要求各异，具备多级利用的客观条件。

图 5-11 是多级重复利用的一种模式。由热配房出来的高温高压蒸汽，首先用于热定形机加热，因热定形机仅利用了过热蒸汽的部分显热，排出的蒸汽仍有过热度，可再用于间接加热设备（如烘干机、用热交换器加热的染色机等），间接加热设备排出的蒸汽，再用于直接加热设备（即蒸汽与被加热介质直接接触的设备）。这种多级重复利用的供汽方式，一是可最大限度地提高加热温度，减少疏水器热损，用过热蒸汽加热的设备一般不应也不宜装疏水器，因过热蒸汽的传热性质比饱和蒸汽要差，安装疏水器不仅浪费疏水热，而且还会降低设备的加热温度，因而，提高过热蒸汽在设备内的流速，是增大换热量的有效途径；二是可以汽代替其他高级能源，若用蒸汽热代替电热，消耗单位热量的蒸汽折标煤仅为电热的 1/3 左右，单价也仅为电热的 1/3 左右，效益是十分明显的。绍兴丝绸练染厂一台热定形机利用蒸汽加热，月节电 50000kW·h 以上。

应注意的是，热定形机要以蒸汽作为主要热源，对设备的加热系统和控制装置应进行改

图 5-12　多级重复利用框图

造，其中蒸汽散热器是一个关键部件，足够的散热面积和放热系数、尽可能小的风压损失是散热器设计制造的中心内容。因篇幅有限，这方面的内容不在这里叙述。

图 5-12 支路 1 是热定形机的进汽管，支路 2、支路 3 是补汽管路，当前级设备排出的蒸汽参数达不到设定值时，由补气管路自动补充。为了使多级重复利用供热系统中的各用热设备在蒸汽利用上相互配套和经济运行，可靠性、合理性和应变能力是系统设计中不可忽视的几个问题。

5.3　太阳能热水系统

国务院《节能减排"十二五"规划》指出，对比 2010 年 SO_2 减排 10％，NO_x 减排 15％；《纺织工业"十二五"规划》指出，单位工业增加值能耗比 2010 年降低 20％，工业二氧化碳排放强度比 2010 年降低 20％。二氧化硫（SO_2）及氮氧化物（NO_x）燃料燃烧的贡献率达 99％。在染整工业产业规模不断扩大的今天，要实行减排目标，任务是十分艰巨的。

采用太阳能集热技术，在物质能燃烧技术，充分利用天然能源，减少煤炭的燃烧量，是有效减排措施。

我国太阳能资源十分丰富，可以分为 4 个太阳能辐射资源带，见图 5-13 和表 5-7 全国有 90％以上的地区年辐射总量大于 $5000MJ/m^2$，除四川盆地和毗陵地区外，绝大部分的太阳能资源相当或超过国外同纬度地区的太阳能资源，特别是青藏高原中南部太阳能资源尤为丰富，具有良好的开发条件和应用价值[11]。

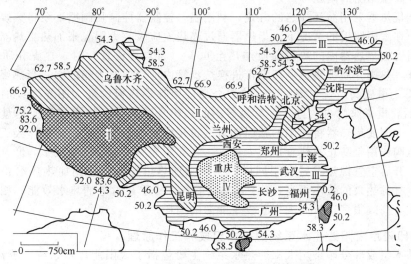

图 5-13　我国大部分地区太阳能辐射资源带

表 5-7　中国太阳能资源分布带

资源带号	名　　　称	年辐射总量	资源带号	名　　　称	年辐射总量
Ⅰ	资源丰富带	≥6700MJ/(m² · a)	Ⅲ	资源一般带	4200～5400MJ/(m² · a)
Ⅱ	资源较富带	5400～6700MJ/(m² · a)	Ⅳ	资源贫乏带	<4200MJ/(m² · a)

我国太阳能资源非常丰富，理论储量可以达到每年 1.7 万亿吨标准煤，是现在我国全年煤炭总产量的 8500 倍。据苏州气象中心提供资料显示：苏州太阳能年日照时间 1800～2000h，年辐照总量为 4700MJ/m²，具有丰富的太阳能资源。我国太阳能的光热利用技术已十分成熟，在国际上处领先地位，且拥有完全自主知识产权，我国的太阳能光热利用转换效率已达 60%。按此计算，每平方米太阳能设备每年可节约 220kg 煤、450kg 油、800 千瓦时电或 1.3t 蒸汽。既节约了大量的能源，又大大减少了二氧化碳、二氧化硫等有害气体的排放，降低了对环境的污染。目前我国的太阳能热能利用，主要应用于家庭热水器和民用热水系统。但在太阳能的大规模工业化应用上，特别是在太阳能热能大规模工业化应用上，还处于起始阶段。中温太阳能（300℃）的应用是发展趋势。

在遵循低热低用、高热高用、循环用热（废热回收）、常规能源与可再生能源联合使用的基础上，太阳能热水系统工程项目设计可以充分考虑清洁生产和利用可再生能源。可以利用印染厂房的巨大屋面资源尽可能多地安装太阳能热水系统利用工程，利用太阳能提升热水温度，在热水温度不能满足工艺要求的情况下启用常规能源补充以提升能源品质，从而达到最大限度地利用可再生能源——太阳能，使太阳能的利用率最大化。

5.3.1　太阳能热水系统的组成和工作原理

5.3.1.1　空气源热泵辅助的太阳能热水系统的组成和工作原理

如图 5-14 所示，太阳能热水系统由集热器方阵、保温水箱、空气源热泵，控制系统，集热循环泵和水输送管组成。由于大型工业热水系统的承压性要求，采用平板集热器具有一定优势。原因是平板集热器的吸热板管均由金属制成，集热器与贮水箱的连接也是金属零件，这样集热器和连接件都可以承受自来水和循环泵的压力。而且平板太阳能集热器和水箱间换热可以采用间接加热方式，管道走的加热介质可以是乙二醇水溶液（防冻温度可达零下40℃），有效地解决冬天结冰的问题；同时由于采用间接系统，水不会直接跟集热器接触，又可以减少高温结垢的问题[12]。

太阳能集热器采用循环加热的方式，利用温差控制器控制强制循环泵将热媒工质压入集热器吸热。在太阳照射的情况下，集热器通过光热效应吸收太阳光来加热集热器内的热媒介质，当太阳光把集热器内的热媒介质加热至 60℃（可自行设置）时，热媒介质管上的电磁阀自动打开，热媒介质被集热循环泵带进换热盘管内加热保温水箱的水；当热媒介质探头温度低于 55℃，电磁阀门就立刻关闭，热媒介质停留在集热板内被太阳光继续加热，等温度达到 60℃后，电磁阀门再次打开，集热器内的热媒介质又带到热水箱的换热盘管中，按此规律循环，太阳能集热器将太阳的辐射能量的转化成热水的能量，传送到印染工艺中去，膨胀阀和泄压阀作用是防止集热管道压力过大。在太阳光照不充足的情况下，断开热媒介质的循环路线，开启空气源热泵，利用同样的原理来加热热媒介质达到加热热水并用于工艺用水，由于空气源热泵的效率很高，1 千瓦时电能产生 4 千瓦时电的热水效能，相比蒸汽直接加热的方式要高效很多，从而大大减少了能源的消耗。

5.3.1.2　印染用太阳能热水系统的基本组成和工作原理

（1）基本组成部分印染用太阳能热水系统主要包括了太阳能热水系统，蒸汽产生系统，余热回收系统和供水管道系统 4 大部分（见图 5-15），各个部分的具体功能如下。

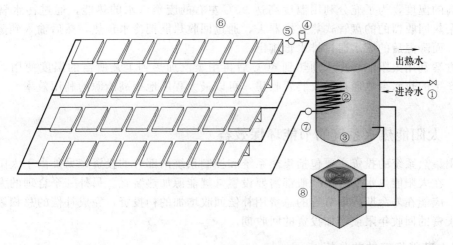

图 5-14　太阳能热水系统（太阳能＋空气源热泵）工作原理示意

1—输送管道；2—换热盘管；3—保温水箱；4—膨胀罐；5—泄压阀；
6—平板集热器；7—集热循环泵；8—空气源热泵

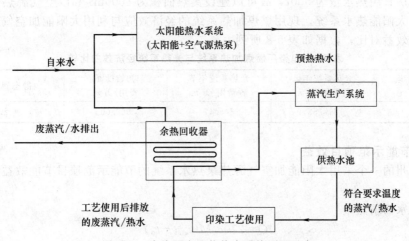

图 5-15　印染用太阳能热水系统原理示意

① 太阳能热水系统：包括足够多的太阳能集热器和合适型号的空气源热泵及自动控制系统。本系统是利用太阳能集热器吸收太阳光，通过光热效应把光能转化为热能来加热热质，再把自来水或冷水加热；空气源热泵在阳光不足时辅助加热，来保证热水供应不受阴雨天影响。

② 蒸汽生产系统：利用太阳能热水系统产生的热水再辅以常规能源得到高温蒸汽，再加热热水和冷水从而产生达到工艺要求温度的热水。

③ 余热回收系统：它是利用废水余热使冷水升温，包括一个保温余热利用热水池、两个保温清水水池和一个大型盘管式热交换器。

④ 供水管道系统：保证水流均匀分布，提高集热效率的分组自控系统。

（2）工作原理　首先，由太阳能集热系统和热水供应系统构成的太阳能热水系统通过太阳能光热效应将热质加热到 60℃（可自行设定），经保温水箱中的换热盘管产生预热热水，热水供应系统将预热热水在蒸汽生产系统加热产生蒸汽，再在蒸汽产生系统加热的热水流入供热水池，根据工艺要求，同时冷水管和蒸汽管向染洗设备中输入冷水和蒸汽以调节水温，从而达到工艺不同温度热水的要求。染洗设备中的热水用于染洗后就成了废水，但废蒸汽水还有较高的温度，为了充分利用温度高达 90℃ 左右的废蒸汽水的热能，通过污水管输入废热水到余热回收器的的盘管式热交换器去，通过回收热能把冷水预热，然后输入到蒸汽产生系统中；而降温后的废水通过排水管排出。

本方案利用太阳能将冷水预热到 60℃ 后再用蒸汽加热到工艺所需的温度使用，并将工艺过程产生的热水余热通过回收装置收集，可以最大程度地提高能源的利用效率。

5.3.2 太阳能热水系统的节能环保效益

太阳集热系统的投资主要包括集热系统和控制系统两部分的投资，另外由于太阳能的不稳定性，在太阳能热水系统中一般都需要设置常规能源加热装置。另外一个合理的太阳能热水系统，应能在寿命期内用节省的总费用补偿回收增加的初投资，完成补偿的总积累年份即为增加投资的回收年限或增加投资的回收期。

5.3.2.1 节能经济效益分析[12]

由于江浙一带的印染行业比较繁盛，所以以杭州一个节能示范项目为例，把太阳能热水系统应用到杭州某印染厂做节能效益分析。

假设厂房日用热水量为 500t，故可以建设集热面积为 8000m² 和以空气源热泵作辅助热源的平板型太阳能热水系统。现用燃煤加热系统的经济效应与利用太阳能加空气源热泵的光热系统经济效益对比，数据如表 5-8 所列。

表 5-8 印染厂燃煤加热系统与光热系统经济效益比较

燃煤系统年运行费用/万元	光热系统年运行费用/万元	光热系统年节省费用/万元	初始投资费用/万元	静态回收期/年
662.70	317.53	345.17	960.00	2.78

5.3.2.2 节能示范项目效益

位于杭州的一个采用太阳能加空气源热泵热水系统的节能示范项目节能效益计算例子如下所述。

其年热水需求热量

$$Q = 270 c_p M (t_{end} - t_o) \tag{5-5}$$

式中，c_p 为工质比热容，$4.187 kJ/(m^3 \cdot ℃)$；M 为日用水量，$500 m^3$；t_{end} 为热水温度，取 60℃；t_o 为平均初始温度，取 20℃。需求量按工作日计算，一年大概 270 天。

$$Q = 22609800 MJ$$

（1）燃煤需要热量与电费，煤炭价格为 1.1 元/kg，燃煤加热设备的效率按 58% 考虑，折算的热价 C_c 为 0.17 元/MJ。

$$C_c = C_c'(q\eta_c) \tag{5-6}$$

式中，C_c' 为系统评估当年的常规能源价格，元/kg；q 为常规能源的热值，MJ/kg，标准煤热值为 29.308/MJ/kg，燃煤的排放因子 $F_{CO_2} = 2.662$，故有 $q = 29.308//2.662 = 11.01 MJ/kg$；$\eta_c$ 为燃煤加热设备的效率，58%。

燃煤加热需要热量

$$Q_c = Q/\eta_c \tag{5-7}$$

式中，η_c 为燃煤加热设备的效率，58%；N 为经济分析年限，此处为系统寿命期，取 15 年。

则

$$Q_c = 38982814 MJ$$

年燃煤加热电费

$$Fee = Q_c C_c \tag{5-8}$$

式中，Q_c 为杭州节能示范项目其年热水需求热量，MJ；C_c 为系统评估当年的常规能源热价，0.17 元/MJ。

设年燃煤加热电费为 Fee_1，$Fee_1 = 662.70$ 万元。

（太阳能＋热泵）系统节能量及需要电费如下计算。

太阳能热水系统的年节能量：

$$\Delta Q_{save} = 270 A_{in} J_T \cdot (1 - \eta_c) \cdot \eta_{cd} \cdot f \tag{5-9}$$

式中，ΔQ_{save} 为太阳能热水系统的节能量，MJ；A_{in} 为间接系统的太阳能集热器面积，8000m²；J_T 为太阳能集热器采光表面上的日总太阳辐照量，11668kJ/m²；η_{cd} 为太阳能集热器的年平均集热效率，50%；η_{cd} 为管路和水箱的热损失，20%；f 为太阳能保证率，取 0.4。

$$\Delta Q_{save} = 4032460.8 MJ$$

系统的热水循环泵运行一年所需要的能量：

$$Q_p = 3600 \times 3.24 n P_x T_{ime} \tag{5-10}$$

式中，n 为热水循环泵个数，取 40；P_x 为热水循环泵功率，0.8kW；T_{ime} 为循环泵一年运行时间，取 270d，按日均最强辐射时间 3.24h 计算。

则 $Q_p = 100776.96 MJ$。

将 $Q_p = 100776.96 MJ$ 代入（5-8）中的 Q_c，得 $Fee_2 = 1.81$ 万元

设年空气源热泵运行费用为 Fee_3，光热系统运行费用为 Fee_4。

系统的空气源热泵运行一年所需要的能量

$$Q_{hp} = (Q - \Delta Q_{save}) \tag{5-11}$$

由式（5-11）得 $Q_{hp} = 18577319.2 MJ$。根据式（5-8）得 $Fee_3 = 315.81$ 万元，将 $Q_p + Q_{hp} = 18678116.2 MJ$ 代入式（5-8）得 $Fee_4 = 317.53$ 万元。

（太阳能＋热泵）热水系统的年节能量：

$$\Delta Q_s = Q_c - Q_p - Q_{hp} \tag{5-12}$$

式中，ΔQ_s 为（太阳能＋热泵）热水系统年节能量；

将 $Q_c = 38982814 MJ$、$Q_p = 100776.96 MJ$ 和 $Q_{hp} = 18577319.2 MJ$ 代入（5-12）得 $\Delta Q_s = 20304297.6 MJ$

（2）太阳能热水系统的简单年节省费用

$$W_j = C_c \Delta Q_s \tag{5-13}$$

式中，W_j 为太阳能热水系统的简单年节能费用，元。

则 $W_j = 345.17$ 万元

（3）回收年限　按静态回收期计算法。

$$Y_t = W_z / W_j \tag{5-14}$$

式中，Y_t 为太阳能热水系统的简单投资回收期；W_z 为太阳能热水系统与常规热水系统相比增加的初投资，本文为 960 万元；1% 为年维修费用。

则 $Y_t = 2.78$ 年。

（4）太阳能热水系统寿命期节省费用 W_s 为 $W_s = (N - Y_t) W_j = 4217.98$ 万元

如果按照每平方米集热面积为 1200 元的造价来算，该太阳能热水系统的总初始投资约为 960 万元，由表 1 可知用光热系统每年可以节约 345.17 万，因此初始投资在 2.78 年后可以收回，即静态投资回收期在 3 年之内。

平板集热器的太阳能系统的寿命一般可达 15 年以上，图 5-16 太阳能光热系统的寿命期回报资金图。

由图 5-16 可知，在该系统的工作年限中，共获得投资回报净值可 4 千多万，是初始投

资的 4 倍多，节能经济效益明显。

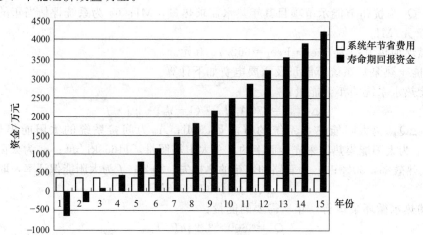

图 5-16　光热系统寿命期回报资金

5.3.2.3　环保效益计算

太阳能热水系统项目是太阳能利用中最成熟的，性价比最好的技术，将它应用到印染工艺中去，利用可再生能源——太阳能提供大部分热能以减少蒸汽的消耗，降低了燃煤的耗用，减少了二氧化碳，二氧化硫和烟尘的排放，从而降低了对环境的污染。太阳能热水系统的环保效益体现在因节省常规能源的消耗并且减少了污染物的排放，主要指标为二氧化碳，二氧化硫和氮氧化物的减排量。

根据示范项目的计算结果得知本系统的年节能量 ΔQ_s 为 20304297.6MJ，而每千瓦时电的发热量相当于 3.6MJ，即年节电量为 5640082.67kW·h。

因为电与标煤的等价值折算系数为：每消耗 1kW·h 电相当于消耗 0.4kg 标准煤，所以每节约 1kW·h 电，就相应节约了 0.4kg 标准煤，同时减少污染排放 0.997kg 二氧化碳（CO_2）、0.03kg 二氧化硫（SO_2）和 0.015kg 氮氧化物（NO_x）。由上述关系，可计算出光热系统环保节约量，计算结果列于表 5-9。

表 5-9　印染厂光热系统环保节能数据表

年节约标准煤量/t	CO_2 年减排量/t	SO_2 年减排量/t	NO_x 年减排量/t
2256.03	5623.16	169.20	84.6

由表 5-9 知该太阳能热水系统年节约标准煤量约 2256.03t，年减排 CO_2 量 5623.16t，年减排 SO_2 量 169.2t，年减排 NO_x 量 84.6t。在太阳能光热系统寿命期的 15 年内可以减少约 3.38 万吨标准煤的用量，减少 8.43 万吨的二氧化碳排放，环保效益非常明显，也能取得很好的社会节能减排示范效应。

5.4　实用案例

5.4.1　华纺股份蒸汽系统设计与汽轮机的应用

华纺股份是全国印染企业中的大型企业，日印染布 65 万米以上，蒸汽在煤、水、电、汽中占最大份额，同时一个设计良好的蒸汽系统可以降低蒸汽用量，实现蒸汽供应的自动控制，可以充分的利用蒸汽的动能将其转换为电能，以达到节汽、节电的目的[13]。

(1) 华纺股份的蒸汽系统设计之初，充分考虑到了能源的变化趋势，把能源的最大限度的利用、综合利用为主要课题，结合设备的更新换代我公司淘汰了原来的 25t/h 蒸汽锅炉，新购进安装了 3 台 75t/h 循环流化床锅炉，热效率达到 86%。同时，配置了背压式 1.2 万千瓦和抽凝式 1.5 万千瓦汽轮机组各一台。这次改造使华纺股份的能源利用率有了大幅度提高。煤、汽比较使用 25t/h 锅炉提高了近 20%。这次锅炉改造不仅满足了华纺股份生产用蒸汽的需求，同时还向社会提供了电力、热力资源。在锅炉及管网设计、安装上我们请山东工业设计院对我公司的锅炉、供热管网进行了设计，山东电建公司进行安装，保证了设计、安装的质量。在后续的运行管理和技术改造上我们主要完成了以下几个部分的工作：

① 夏季保证 1.2 万千瓦背压式汽轮机的最大运行负荷。日发电量 20 万千瓦时以上，冬季城市供暖期间运行同时运行背压机和抽凝机，日发电量在 60 万千瓦时，汽轮机凝结水、冷却水进入城市供暖管网系统，不再经过冷却塔降温，使蒸汽利用率提高，蒸汽用量减少。

② 优化了锅炉给煤系统，能源利用效率显著提高。通过合理配煤，优化燃煤质量，并合理调整锅炉运行参数，使锅炉处于最佳运行状态；通过碎煤机改造，使燃煤颗粒由原来 13mm 降至 6mm 以下，提高了入 炉燃烧初始灰浓度，使传热效率明显提高；通过锅炉飞灰循环系统改造，加强了分离效果，增加了锅炉的物料循环倍率。通过以上措施，锅炉热效率提高了 4 个百分点。

③ 进一步完善了供热管网的设计方案，增加了辅助供热管道，可以保证在汽轮机检修等非正常状态下的正常供汽。完善了地下管道的输、排水系统，地下管涵维修更加方便，在主外网管道的保温处理上，使用了新型保温材料，效果更好。

④ 经过改造，3 台 75t/h 循环流化床锅炉锅炉给水泵全部实现汽轮机带动多级泵运行，蒸汽往复泵、电动机做为应急、补充的格局。

⑤ 经过分析，我们认为背压式汽轮机蒸汽输出温度在 300 千瓦时左右，压力 0.8MPa 仍然有利用的价值，为了使蒸汽的动能得到进一步的利用，我公司的工程技术人员与山工大等科研单位一起论证，在保证汽轮机蒸汽压力 0.8MPa，温度 300℃以上的条件下，决定安装一台 3000kW 二次汽机，实现蒸汽动能的梯级利用，这样在我公司技术人员与科研单位的协同下，一个蒸汽动能梯级利用的方案在我公司得到实施。

⑥ 在蒸汽管道的设计上，为了满足各生产车间对蒸汽压力的不同要求，我公司设计了二条不同压力的蒸汽供应管道，一条由 3000kW 汽轮发电机输出至热力站，另一条由二台拖动式汽轮机组成供应生产需求压力较高的机台，各汽轮机输出压力由气动调节阀做细微调整后供应，这样华纺公司的蒸汽系统的动能基本得到利用。

蒸汽供应流程①：热电车间汽轮机输出——3000kW 汽轮机输出——分汽缸——气动调节阀微调——低压使用机台。

蒸汽供应流程②：热电车间汽轮机输出——拖动汽轮机输出——计算机压力控制调节——相对高压使用机台。

(2) 3000kW 汽轮发电机是公司根据蒸汽参数与山工大、青岛汽轮机厂、临沂汽轮机厂的工程技术人员一起对购进的汽轮机、发电机进行了改造，增加了辅助进汽阀、增加了导流板、改造了叶片，使其满足了汽轮机在供汽压力、温度及输出压力、温度范围内的要求。3000kW 汽轮发电机在正常状态下发电量 2000kW/h，高峰时可以达到 2200kW/h，安装后仅 3000kW 汽轮机的发电量就占公司用电总量的 1/3，华纺蒸汽系统二次汽轮机的应用在山东乃至全国印染企业也是第一家，起到了很好的带动作用，现不少企业应用这一技术。

2 台 500kW 拖动式汽轮机组成的供汽系统是公司依据公司部分机台需要使用较高的蒸

汽压力而设立的。高、低压的分供可以减少蒸汽系统整体提压带来的能源浪费，流量计显示每提高 0.01MPa，蒸汽系统就增加 5~8t/h 的流量，同时二台拖动式汽轮机分别带动污水处理车间的爆气风机、射流泵，在运行状态上，只要生产需要蒸汽就可以保证污水处理的正常运行，这也是污水处理长期正常运行的必要条件之一。

选择使用拖动式汽轮机有以下优点：①设备投资小，没有输配电设备，安全性好；②节电效果明显，尤其取代大功率电机；③运行稳定，故障率低。

2 台拖动式汽轮机的使用每天可节电 2 万余度，使华纺公司的印染布百米电耗下降到 16 度以下。

（3）华纺公司的蒸汽系统在设计上先后完成了几次改进：①锅炉的改造与新技术的利用；②能源智能化系统的使用；③汽轮机的锅炉、蒸汽系统中的多次应用；④蒸汽的机台化计量与精确配给；⑤冷凝水的回收利用。

（4）经过公司持续的技术改造，公司的热电、印染主业的蒸汽的消耗量在同行业中处于较好水平（见表 5-10 和表 5-11）。

表 5-10　热电车间 2007 年产品单位消耗量与 2005 年产品单位消耗量对比

名称	单位	2007 年	2006 年	2005 年	2007 比 2006 增（＋）减（－）%	2007 比 2005 增（＋）减（－）%
发电标准煤耗	克标准煤/千瓦时	347.85	348.86	414.65	−0.29	−16.11
供电标准煤耗	克标准煤/千瓦时	369.12	371.34	451.77	−0.60	−18.59
供热标准煤耗	千克标准煤/吉焦	42.85	43.60	43.07	−1.72	−0.51

表 5-11　印染主业 2007 年印染布单位消耗量与 2005 年印染布单位消耗量对比

名称	单位	2007 年	2006 年	2005 年	2007 年比 2006 年增（＋）减（－）%	2007 年比 2005 年增（＋）减（－）%
蒸汽消耗	kg/hm	240.03	253.99	307.17		
电消耗	kW·h/hm	15.7	18.2	20.1		

① 2007 年产品单位消耗均有所降低，供电标准煤耗为 369.12g/(kW·h)，供热标准煤耗为 42.85kg/GJ，供电量为 13813 万千瓦时，供热量为 2753044GJ。

② 实现了 2007 年度节能任务，实现节能量 2371.43t 标准煤（比 2006 年），比 2005 年节能 9456.26t 标准煤，其中 2006 年节能量为 7084.83t 标准煤（比 2005 年）。

从表中可以看出完成锅炉热网、汽轮机改造实现以上几个步骤后使华纺公司百米耗电量明显下降，蒸汽消耗量也有所下降。

当然，该公司的蒸汽系统还包括蒸汽冷蒸水的回收利用，公司建立了以生产车间为回收单位的冷凝水回收系统 6 个，冷凝水回收量占蒸汽总量的 1/2，烘筒疏水全部回收。部分机台的二次闪蒸得到利用，在蒸汽疏水器的选型上，对比了国内外十余家疏水器生产厂家，数家生产商在该公司进行了现场性能测试，并依据该公司烘筒的特性、工作压力进行了改进，最终该公司选择了在主要机台使用美国阿姆斯壮蒸汽疏水器，该公司还在前处理机台安装了多级高效换热器，从污水中提取热量，多级换热器换热效率达 90%，这也是蒸汽系统的完善和补充。

能源的循环利用、节能降耗是我们人类共同面临的一大课题，更是企业需要下大力气解决的首要问题之一。

在能源的管理上，华纺公司坚持走持续改进，不断提高，坚持走循环利用，综合利用的道路，从公司决策层到中层管理者，一把手亲自抓能源已是各级管理者的日常工作之一。公司坚持目标、指标的量化管理，参照先进印染企业、行业的标准，制定企业的内部标准，各项能源指标考核到机台，责任落实到人，做足、做好节能降耗，节能减排这篇文章。

【点评】

（1）管理出效益，能源管理技术，给华纺公司带来实惠。

（2）蒸汽供热按生产实际需要分压供汽，值得借鉴。

（3）汽轮机发电、供给蒸汽，且技改成蒸汽动能的梯级利用，蒸汽系统二次汽轮机的应用，带动了行业热电联的节能技改。

（4）燃煤锅炉采用微煤雾化技术，合1吨煤出9吨蒸汽，锅炉热效率达90%，排放指标优于天然气，是小型燃煤锅炉停开改造的首选。

5.4.2　蒸汽系统节能设备在印染生产中应用

浙江大和纺织印染服装有限公司位于我国最大的纺织印染基地——浙江绍兴市，该公司又是绍兴地区最大的纺织印染企业之一，公司下有三家印染企业及热电厂等，从针织、染色、印花到摇粒一条龙生产，纺织印染是高耗能行业，如何降低能耗，提高企业经济效益，改善环境是摆在企业面前的问题，不少企业明知有些工艺浪费能源，但苦于没有找到合适的技术。[14]

沈阳飞鸿达节能设备技术开发有限公司是专业从事蒸汽供热系统节能技术和设备研制的高科技企业。其以喷射技术为基础的各种节能设备已在国内畅销十余年，大和集团与沈阳飞鸿达合作，于2004~2005年对印花、摇粒、热电等分厂进行节能改造，取得了十分满意的效果，下面详细加以介绍。

5.4.2.1　印染厂凝结水回收

大和集团洗染、印花、摇粒、毛绒、轧染等很多生产工艺用蒸汽加热，用量较大，这些蒸汽在用后生成了凝结水和闪蒸汽，如果凝结水和闪蒸汽不回收，造成了宝贵的热能和水资源浪费，而且车间噪声很大，环境受影响。

大和集团与沈阳飞鸿达强强联合，由沈阳飞鸿达公司制造了"热泵式凝结水回收装置"，于2005年安装，已调试，运行成功。该成套设备运行后，车间里由闪蒸汽造成的噪声立刻消失，闪蒸汽经特制的"蒸汽喷射式热泵"被抽吸走，升压，再用于印染车间，凝结水通过专门的渠道以防汽蚀泵打回回收处（见图5-17）。

本套装置（专利）的特点：①用"热泵"抽吸闪蒸汽，升压再利用，回收利用效率最高；②凝结水回流顺畅，由于闪蒸汽已被吸走，闪蒸罐保持在系统中较低压力状态，故系统回流好，而且高温凝结水在此过程中，亦有部分汽化，升压再用，能源利用率更高；③由于闪蒸汽不再泄漏，可以用简单的"孔板式"疏水阀代替结构复杂、昂贵的疏水阀，省劳力、省钱；④专门设计的"防汽蚀泵"保证高温凝结水在被打回过程中不汽化，不破坏泵。

这套装置在印染厂运行中已充分证明了上述优点。

使用凝结水回收装置经济效益分析：

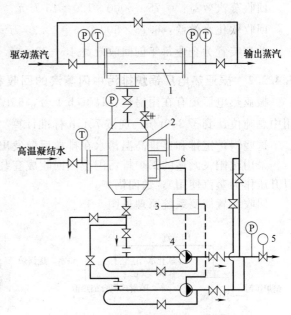

图5-17　热泵式凝结水回收装置

1—热泵（或喷射式混合加热器）；2—闪蒸罐；3—电控柜；
4—防汽蚀水泵组；5—自力式调节阀；6—水位计

(1) 印染厂洗染车间　洗染车间电站来汽 0.6MPa，生产用蒸汽 0.4MPa（0.3～0.5MPa），蒸汽用量平均 10t/h。

回收流程：生产工艺排出的凝结水及闪蒸汽回流至闪蒸罐，罐中压力可达 0.2MPa，用电站来的 0.6MPa 蒸汽通过热泵喷嘴喷射，吸入自闪蒸罐的 0.2MPa 闪蒸汽，在热泵中混合升压到 0.35MPa 左右，进入厂低压蒸汽网，再次用于生产，被吸走闪蒸汽后的凝结水打回锅炉。

这套装置可将排放的闪蒸汽及凝结水全部回收。

闪蒸汽约为用汽量的 10%，即 1t/h，120℃软化水 9t/h，以年运行 5000h 计，回收蒸汽5000t，软化水 45000t，蒸汽按 120 元/t、软化水按 6 元/t（水及热量），则年效益为：

5000×120＋45000×6＝87 万元。

(2) 印花、摇粒两个分厂共用一套"热泵式凝结水回收装置"　根据印花、摇粒两个分厂设备分布情况，凝结水回收收集到一起，回收装置共用一套。其中印花分厂蒸汽用量130t/d，摇粒分厂蒸汽用量140r/d，电站来汽压力 0.6MPa，生产用加热蒸汽压力 0.35～0.4MPa，闪蒸罐工作压力<0.2MPa。

回收流程同上。

设备安装运行后，回收闪蒸汽 27t/d，合 1.125t/h，软化水 243t/d，合 10.1t/h，年运行 5000h，可回收蒸汽 5615t，软化水 50544t。

蒸汽按 120 元/t、软化水按 6 元/t 计，年效益 516×120＋50544×6＝97.7 万元。

(3) 轧染、毛绒两个分厂共用一套"热泵式凝结水回收装置"　两个厂凝结水收集一起，共用一套装置。其中轧染分厂蒸汽用量 130t/d（5.4t/h），毛绒分厂蒸汽用量 50t/d（2.08t/h），电站来汽 0.6MPa，生产用汽 0.35～0.4MPa，闪蒸罐工作压力<0.2MPa，在该工况下，可回收二次蒸汽 18t/天（0.75t/h），软化水 162t/d（6.75t/h），按年运行5000h，蒸汽按 120 元/t、软化水按 6 元/t 计算。

回收蒸汽效益：0.75×5000×120＝45 万元

回收软化水效益：6.75×5000×6＝20.25 万元。

此套装置为企业每年创回收效益 45＋25＝65.25 万元。

5.4.2.2　振亚热电厂锅炉排污中闪蒸汽的回收利用

振亚热电厂现有在用锅炉：130t/h 1 台，65t/h 2 台，共计总吨位为 260t/h，实际在使用中总吨位达到了 300t/h，现按 75t/h 标准计算（合 4 台）。

这些锅炉定排和连排高温污水在排放后散发出大量闪蒸汽，以往都白白排放掉。

采用沈阳飞鸿达的锅炉排污闪蒸汽回收成套装置，可将闪蒸汽全部回收制成热水（亦可以升压作为蒸汽使用），送回锅炉。

回收装置简要系统原理见图 5-18。

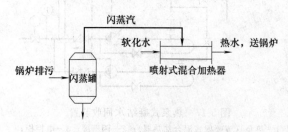

图 5-18　锅炉排污闪蒸汽回收示意

流程为锅炉排污水首先流入闪蒸罐，在罐中汽水分离，闪蒸汽由罐上方排出，进入喷射式混合加热器，将冷水制成热水输出，可以送回锅炉（有的生产工艺用热水亦可送生产用）。

这套装置的关键设备是喷射式混合加热器，是沈阳飞鸿达的喷射系列专用设备。其原理是将水以高速喷射，喷嘴处形成低压将蒸汽吸入，特别适合于压力很低的蒸汽回收，用喷射式混合加热器可以使用压力比水压低的蒸汽用于加热水。

成套装置于 2005 年初成功运行。

经计算，定排＋连排折算成连续排放蒸汽量 11088t/年，蒸汽单价 120 元/t，回收价值：11088×120＝1330560 元。

热水循环泵一年耗电量 3×7000＝21000kW。

水泵耗电所需费用（每千瓦时 0.7 元）：21000×0.7＝14700 万元。

理论上全年共产生利润：133－1.47＝131.53 万元。

以上四套装置累计可创造节能效益（87＋97.7＋65.25＋131.53＝381.48)≈381 万元。

【点评】

(1) 大和公司应用热泵式凝结水回收装置及锅炉排污闪蒸汽回收技术，对企业热能管理起到积极的作用，值得持推广应用。

(2) 大和节能技改为企业全年减支 381 万元，而且明显地改善了生产环境。

5.4.3 蒸汽蓄热器在热力系统中的节能效果

5.4.3.1 蒸汽蓄热器可以均衡锅炉负荷

该厂真空脱气装置用蒸汽喷射泵抽真空是一个周期性间断峰谷用汽的工艺过程。真空装置用汽负荷极不均衡，峰谷波动很大，迫使供汽锅炉的负荷也处于峰谷波动。由于锅炉的蓄热量有限，供汽压力总是随着用汽峰谷的波动而时降时升，导致锅炉的燃烧工况很难稳定，特别是燃料不能完全、充分燃烧，锅炉运行效率下降，且直接影响真空工艺产品的产量和质量[15]。

在热力系统中设置变压式蒸汽蓄热器可以消除供汽锅炉负荷的峰谷波动，稳定锅炉燃烧工况、稳定供汽压力，提高锅炉的运行效率，达到节能的效果。

5.4.3.2 在负荷波动极大的热力系统中采用蒸汽蓄热器

该厂蒸汽站现有燃煤蒸汽锅炉 5 台，其中 4 台 10t/h，1 台 20t/h，总装机容量为 60t/h。锅炉设计压力 2.5MPa，目前工作压力为 1.6～1.8MPa，工作温度为 204.3～209.8℃。蒸汽站热力系统：5 台锅炉的蒸汽管分别接入高压分汽缸；由高压分汽缸分 5 路对外供汽：A1及 A2 管 ϕ219×7 送往新真空泵及老真空泵，B 管 ϕ219×7 接至第二高压分汽缸，C 管 ϕ89×4.5 送往 C02 站；自用蒸汽管 ϕ57×3.5。第二高压分汽缸对外供蒸汽接管有 4 根：ϕ57×3.5 动能公司自用；ϕ108×4 送往 16500t 油压机；ϕ108×4 送往油泵房；ϕ219×7 接至低压分汽缸，再由低压分汽缸送往低压蒸汽用户：至煤气站 ϕ108×4；至氧气站中 108×4；至16500t 油压机 ϕ159×4.5；至二水丙烷站 ϕ57×3.5。低压分汽缸供汽压力为 0.4MPa 左右。

高压蒸汽蓄热器投运前的锅炉运行情况：40t/h 容量处于开炉状态，20t/h 容量处于备用状态。2007 年耗烟煤量 10596t，2008 年耗烟煤 13948t。

前述，该厂冶铸厂真空脱气装置采用蒸汽喷射泵抽真空，这是周期性间断高峰用汽。目前供汽压力＞1.2MPa，平均用汽量 12～15t/h，瞬间负荷变动很大，达 2～38.4t/h，这是造成锅炉运行效率低的主要根源，因此采用蒸汽蓄热器平衡热力系统的负荷波动是有效的节能措施。

5.4.3.3 确定蒸汽蓄热器参数，实现节能

蒸汽蓄热器具有均衡波动负荷，减少锅炉运行台数的作用和功能。根据我厂热力系统运行状况，决定采用变压式蒸汽蓄热器串联于高压分汽缸与冶铸厂真空泵之间，即锅炉高压蒸

汽通过蓄热器供应真空泵，达到减少目前锅炉开炉容量、停运一台锅炉也就是每小时 30t 容量运行、保证锅炉燃烧工况和供汽负荷稳定的目的。当冶铸厂真空泵用汽量小时，将锅炉产生的多余的蒸汽储存于蒸汽蓄热器中；当蒸汽喷射真空泵高峰用汽时，蓄热器进行放热，补充锅炉供汽不足。

蒸汽蓄热器参数的确定：

(1) 蓄热器充热压力和放热压力

① 蓄热器充热压力 p_1　锅炉设计压力 2.5MPa。目前锅炉运行压力为 1.6～1.8MPa。为了提高蓄热器热力效果，蓄热器的充热压力定为 2.2MPa。

② 蓄热器放热压力 p_2　蒸汽喷射泵设计用汽压力为 0.9～1.2MPa，蓄热器放热压力定为 1.2MPa。

因此，蓄热器工作压力为 2.2～1.2MPa。

(2) 单位水容积蓄热容量　根据充热压力 $p=2.2$MPa 和放热压力 $p_2=1.2$MPa，确定单位水容积的蓄热容时 $g_0=50$kg 汽/m³ 水。

(3) 蓄热器的蓄热容量　装设蓄热器后，目标停运一台 10t/h 锅炉。蒸汽喷射真空泵的每个操作周期用汽时间为 20～30min，并考虑 2 台真空泵同时用汽的高峰负荷，蓄热器的蓄热容量 $G_0=12000$kg。

(4) 蓄热器容积　150m³，2 台。

(5) 热态运行模式　2 台 150m³ 蒸汽蓄热器并联运行。

(6) 蒸汽蓄热器热力系统　根据我厂蒸汽站目前供汽热力系统运行状况，采用将二台蒸汽蓄热器并联运行后设计的热力系统。

5.4.3.4　蒸汽蓄热器节能效果分析和节能量核算

(1) 节能效果预期分析

① 根据 2008 年 8 月工锅所对我厂 5 台锅炉热效率测定报告：1993 年安装的上海四方锅炉厂 3 台 10t/h 锅炉和 2006 年安装的 10t/h 的 20t/h 锅炉各 1 台的测定，平均热效率为 81.33%，前后二者热效率差 3.68%。停运 1 台 10t/h 锅炉后，可全部采用高效率锅炉运行。

② 锅炉散热损失 q_5：1.7%，停运 1 台锅炉后，可减少 1.7% 散热损失。

③ 理论和经验表明，锅炉在额定负荷稳定燃烧时效率最高，在超负荷和低负荷运行时热效率均要降低，在波动负荷运行时热效率一般降低 5%。

④ 蒸汽喷射真空泵用汽急骤变化，用汽阀门打开，瞬间即达最大用汽量；汽阀关闭，用汽为零。锅炉燃烧工况来不及同步调整，造成目前大量向空排放，浪费蒸汽。

综合上述分析，节煤量 10% 在技术上是可期的。

(2) 竣工后节能量核算　2 台 150m³ 高压蒸汽蓄热器 2010 年 6 月竣工，调试后投入试运行。直至目前，运行基本正常可靠。同时也积累了一些对节能量核算有一定价值的数据资料。

① 从运行工况来看，蒸汽蓄热器投运后，基本改变了真空脱气用蒸汽峰谷波动变化极大的状态。无论是蒸汽流量还是蒸汽压力都从原来的峰谷巨变趋于平衡。可见采用蒸汽蓄热器平衡负荷波动是有效的节能措施。

② 蒸汽锅炉生产的蒸汽约 60%～70% 用于真空脱气装置。

高压蒸汽蓄热器投运前，由于缺少调控手段，锅炉机组开机、停机频繁，不利于节能。高压蒸汽蓄热器投运后，锅炉机组频繁地开炉、停炉、闷炉的作业状况得到了根本的改善。可见锅炉机组平稳运行同样有利于节能。

2010 年 11 月上海应用技术学院热工实验检测中心对蒸汽蓄热器节能项目进行节能量

审核。

高压蒸汽蓄热器所产生蒸汽主要供炼钢真空工艺使用。所以节能量计算以我厂高压蒸汽蓄热器安装前、后两年同期两个月的脱气钢产量与脱气钢煤耗量的数值为依据进行计算。

计算公式：

节能量＝（改造前吨脱气煤耗－改造后吨脱气煤耗）×改造前钢产量

吨钢脱气煤耗量＝（煤耗量÷脱气钢产量）×折标数

改造前、后节能量计算中使用的数据如表 5-12 所列。

表 5-12 改造前、后 2 个月的数据对比

项目	时间	脱气钢/t	耗煤/t	煤单耗/(t/t)	标煤/(t/t)
改造前	2009-06	8681	1083	0.1248	0.0891
	2009-07	4429.4	849	0.2007	0.1434
平均					0.11625
改造后	2010-06	6877	862.2	0.1254	0.0895
	2010-07	7980.3	1031.8	0.1293	0.0924
平均					0.09095

改造前的真空脱气钢产量为 71393t。

节能量＝（0.11625－0.09095）×71393＝1806.24 吨标煤

通过对蒸汽蓄热器投运前后的节能预期分析和节能核算，可以看到：节能预期是科学的，节能核算是实事求是的。可见在热力系统中采用蓄热器节能是一项值得推广的实用技术。

值得指出的是，我厂蒸汽蓄热器节能项目自始至终都得到了上海市节能服务中心和上海九星蓄热器动力环保工程有限公司的大力支持和无私帮助。

【点评】

"他山之石，可以攻玉"。蒸汽蓄热器在重型机器制造业的热力系统中，应用取得明显节能效果，触类旁通可借鉴、可作为染整业的学习经验。

5.4.4 溢流染色染液导热油节能加热

5.4.4.1 加热装置主要技术参数[16]

表 5-13 是加热装置主要技术参数。

表 5-13 加热装置技术参数

项目名称		计量单位	基本参数				
			RLR-2004A	RLP-2004B	RLP-2004E	RWP-1	RSP-2
最大容布量		kg	250	500	1000	200	400
导热油换热器最大工作压力	管程	MPa	0.44	0.44	0.44	0.44	0.44
	壳程	MPa	0.18	0.18	0.18	0.18	0.18
导热油换热器最高工作温度		℃	280	280	280	280	280
热交热器面积		m²	9	11	18.5	6	11

5.4.4.2 加热装置的结构、工艺流程

该公司自主开发的染色机用染色液加热装置，包括换热器和染缸，换热器由筒状壳体、管板和若干换热管组成。其中的筒状壳体是卧式布置，其两端分别有介质进口和介质出口。染缸的出液口通过水泵和水管与介质进口相连，染缸的进液口通过水管与筒状壳体的介质出口相接。其管板有两块，该两块管板的板面与筒状的纵向中心线垂直，它们分别与筒状内腔的两端间留有间距，它们的上面对应地加工有若干通孔。换热两端分别插入两管板上的相应

通孔内，并使换热管的端部外侧面与管板上的通孔间相封接，从而使换热管的内腔与筒状体两端的介质进口和介质出口相连通。筒状壳体两端的筒壁上分别有进口和出口，该进口和出口均与两管板之间的筒状壳体内腔连通。其结构特点还设置油锅炉，油锅炉的出油口通过油泵，进油阀和油管与筒状体上的进口相连通，筒状壳体上的出口通过出油阀和油管与油锅炉的进油口相连通，从而使油锅炉与筒状壳体间形成一个闭合的循环油路。油锅炉和筒状壳体内均有导热油，同时还设有冷却器，冷却器的结构和和形状与换热器相同，其介质出口与换热器的介质进口相连，其介质出口通过水泵和水管与染缸的出液口相接，冷却器的进口与出口之间有冷水源，该冷水源的进、出水口分别通过水泵和水管与冷却器的出口的进口相接，从而使冷却器的筒状壳体与冷水源间形成一个闭合的循环水路。

5.4.4.3 蒸汽加热改导热油加热实例

以宁波长丰针织漂染有限公司的改造为例，改造前 3 台定形机是一台 250 万千卡的油锅炉，使用的是电厂蒸汽，平均每吨坯布出厂成本折合成煤约 2.5t 煤，改造使用一年后测算每吨成本折合成煤约为 1.3t，在原有的生产量相同的情况下节约了 30%～50%，大大降低了使用成本，增强了市场的外贸单子竞争力，并通过了浙江大学清洁生产审核，得到了宁波市了改委的认可，同时通过了市改和环保部门给予了节能清洁能源奖励，并开了现场会。

2007 年底，集针织、经编化纤为一体的染厂无锡市振华印染有限公司，原有自己烧的 20t 蒸汽锅炉和一台 600 万千卡的油锅炉，供 7 台定形机、1 台烘干机，大小 80 台左右的染缸。日产量在 50t 左右（20t 左右棉针织、30t 左右经编布）蒸汽锅炉每天耗煤量在 60t 左右，油锅炉在 16t 左右。在能源和成本的紧迫感下，对油加热装置的全面了解和对该公司用户的考察，就决定了全厂的改造。

2008 年 5 月开始用 1 台 1200 万千卡的导热油锅炉全公司供热，通过几个月的运行，在产量基本相同的情况下，日耗煤不到 60t，平均每月节约 500 多吨煤和蒸汽锅炉用软水 15000t。

5.4.4.4 技改的经济效益及社会效益

表 5-14 是不同加热方式的效益对比。

表 5-14 不同加热方式染色机经济与社会效益

生产规模	年产 6000t 纯棉（日产 20t）		年产 12000t 纯涤（日产 20t）		年产 6000t 涤棉（日产 20t）	
加热方式	蒸汽	导热油	蒸汽	导热油	蒸汽	导热油
煤/(t/吨布)	0.55	0.3	0.94	0.52	1.39	0.77
节煤/(t/a)		1500		5040		3720
减排 SO_2 排放量/(t/a)		13.50		43.36		33.48
节约成本/(万元/年)		87.00		292.32		215.76

【点评】

（1）国家对染整行业的取水及综合能耗的考核要求越来越高。既节能又节水，以导热油代替蒸汽加温，无疑是一种行之有效的方法。由文中介绍的染色机（染缸）以油代汽，加工针织品节煤、节水明显。

（2）企业改造时，一定要请专业单位施工，热变换器是重点，供热管路及控温系统必须合理设计，确保安全、可靠、精准。

5.4.5 印染企业太阳能热水应用技术探讨

当电力、煤炭、石油等不可再生能源频频告急，能源问题日益成为制约国际社会经济发展的瓶颈时，越来越多的国家开始实行"阳光计划"，开发太阳能资源，寻求经济发展的新动力。太阳能作为一种用之不竭又到处可取的无污染的清洁能源成为了人类首选的可再生能源，且越来越引起人们的关注。中国蕴藏着丰富的太阳能资源，理论储量可以达到每年 1.7 万亿吨标准煤，是现在我国全年煤炭总产量的 8500 倍，故我国太阳能利用前景十分广阔。我国比较成熟的太阳能产品有两项：太阳能光伏发电系统和太阳能热水系统。其中，我国太阳能的光热利用技术已十分成熟，在国际上处领先地位，且拥有完全自主知识产权，目前我国的太阳能光热利用转换效率已达 60%。按此计算，每平方米太阳能热水器每年可吸收转换的有效热量为：4700×10^6 丁$\times 60\% \div (4.18 \times 10^3) = 6.75 \times 10^5$ kcal；这个热量相当于 1.125t 蒸汽的热量。将此技术应用于印染企业，可有效降低企业的蒸汽用量，提高生产效率，达到节能减排的目的。[17]

5.4.5.1　太阳能热水技术简介

综合考虑经济性及使用需求，生产用水采用 58/1800mm 工程专用三高管。

真空集热管是太阳热水器的核心部件，太阳能热水工程专用三高管引进国际领先的双靶磁控溅射生产技术，采用不锈钢紫铜金属干涉膜技术，新一代复合选择吸收涂层，替代了普通真空管膜原有的铝氮铝（Al-N-Al）吸收涂层，彻底解决了普通真空管膜层在高温、长期使用条件下有脱落、老化、氧化导致集热性能的衰减。三高管耐高温，抗高寒。该集热管还能吸收太阳的红外光线，因此在半阴天的吸热效果较普通真空管效果更佳，是太阳能利用技术的全面领先和重大突破。接口免焊式连接，杜绝焊接存在，大大增加了抗点蚀和晶间腐蚀的能力。内胆采用进口 SUS304 不锈钢板，经过等离子氩气保护自动焊接成形，质量更稳定。支架采用角钢热镀锌，紧固件全部为不锈钢螺栓螺母，支撑稳固，防腐能力强。

控制系统功能采用全中文显示器，水箱的水位、水温、集热器水温、上水指示、循环泵指示，各部状态一目了然。有手动按键方便操作。以上所标数值，均可按在实际使用中的合理情况在操作显示器中进行调整。

太阳能集热面积计算：

直接系统集热器总面积根据用户的日用水量和用水温度来确定，按下式计算：

$$A_s = \frac{Q_{rd}C(t_r - t_1)f}{J_T \eta (1 - \eta_c)} \tag{5-15}$$

式中，A_s 为直接系统集热器采光面积，m^2；Q_{rd} 为日均用水量，kg；C 为水的压比热容，4.18kJ/(kg·℃)；t_r 为储水箱内水的终止温度，℃；t_1 为水的初始温度，℃；f 为太阳能保证率，取 40%～50%；J_T 为当地春分或秋分所在地集热器受热面积平均太阳辐照量，13200kJ/m^2；η 为集热器全日集热效率；η_c 为管道及储水箱热损失率，取 20%～30%。

集热面积：

$$A_s = \frac{1000000 \times 4.18 \times (50 - 25) \times 0.5}{13200 \times 0.5 \times 0.75} \approx 8500 m^3$$

5.4.5.2　太阳能热水技术在印染企业中的应用

对于棉针织物染色过程，热水使用量占整个染色用水的 30%～40%，对于整个印染企业来说，蒸汽成本也占到动力成本之首。太阳能热水的利用有效降低了蒸汽使用量，同时缩短了染程时间，提高染色效率。

按照每天产 50℃热水 1000t 来计算。

日供 1000t 50℃热水年需要的热量计算：（基础水温 15℃；温升为 35℃）按此计算，该系统年产能力为 $1000 \times 10^3 \times 35 \times 300 = 10.5 \times 10^9$ kcal。

蒸汽热值为 60 万千卡，蒸汽使用效率按 85%，1 吨蒸汽使用热值为：60 万千卡×

85%＝51 万千卡。

该项目年产热能 10.5×10^9 kcal 折合蒸汽 20588t。

该工程系统设计产能为年产热能 10.5×10^9 kcal；相当于年节约蒸汽 20588t。

针对现场安装情况，需采取的防护措施如下所述。

（1）太阳能热水系统防雷装置　综合的太阳能防雷方案措施，并安装专门的防雷装置，可以有效地防护太阳能免遭雷击，从而保护用户的财产、人身安全不受损害。热水器防雷应注意以下几点：

① 避雷针高度及安装位置应按照其要保护的范围来确定（由专业设计人员计算）。

② 太阳能集热器支架、水箱等金属部件必须有可靠的金属连接，并且每排集热器至少有两处与建筑物顶部的避雷带进行可靠焊接，同时避雷针与避雷带进行可靠焊接。

（2）暴雪天气下的对策

① 每两排集热器之间设置一个旋转碰头，当下雪时，碰头靠压力自动打开，形成具有一定温度的水环境，以达到融雪的目的。

② 管道排空减少负载。

（3）太阳能主体安装

① 集热器吸热面的摆放应朝南，偏东不大于 10°，偏西不大于 15°（如屋面条件不允许，可根据实际情况自定）。

② 水系统的基础角铁的制作要做到前后平行、整齐美观，系统整体水平误差不大于5mm。焊缝整齐圆滑，垫铁要垫实，并焊接牢固。

5.4.5.3　经济效益和社会效益

（1）经济效益　该工程项目建成后，年产热能 10.5×10^9 kcal；可为公司年节约蒸汽20588t。按目前蒸汽每吨 190 元计算，年节省蒸汽费用 391.17 万元。

设备电力消耗为太阳能热水系统总功率 48kW（水泵 6 用 6 备），每天累计循环时间为5h；余热回收系统水泵总功率 22kW（水泵 11kW，水泵 1 用 1 备），每天累计工作时间为12h，供水泵总功率为 11kW（水泵 1 用 1 备），设计每天工作 10h。则每天电费为（昼夜平均电费为 0.6 元/度电）：

$(24 \times 5 + 11 \times 12 + 15 \times 10) \times 1 = 402$ 元，全年按 300 天计算，全年动力费为：$402 \times 300 = 12.06$ 万元。

该工程全年可为建设方节约使用费 379.11 万元（391.17 万－12.06 万）。

该项目投资回收期为 0.32 年左右。

（2）社会效益

① 10.5×10^9 kcal 热量折合节约实物煤 3300t；每年实现减排 CO_2 气体 1650t，SO_2 88t，及减少大量的烟尘和灰渣。

② 提高生产产量：50℃左右热清水直接进入生产设备，可缩短蒸汽加热时间，提高生产效率。

③ 隔热：车间楼顶日照时间长，导致室内温度较高，利用太阳能集热器装在楼顶，可降低车间内温度，改善工人工作环境。

5.4.5.4　合同能源管理

合同能源管理运作办法为推动太阳能光热工业规模化应用，消除客户对项目节能效益的疑虑和投资风险；让客户以项目实施后减少的能源费用来支付"太阳能及余热回收综合利用项目"全部投资。这种投资方式让客户用未来的节能收益实施节能项目，降低了节能风险和前期资金投入，是"零投资、零风险"的节能改造方式。具体实施办法为：由常州旭荣针织印染有限公司和常州而今太阳能设备制造有限公司签订能源项目服务合同，以合同期内客户的节能效益来支付当前的节能项目成本，为客户实施节能项目。企业实现了"零投资、零风险"的节能技改，享受巨大的节能收益。

【点评】

改造中注意热与水的平衡。

旭荣公司应用太阳能热水技术，有效降低了蒸汽的消耗，缩短了染程时间，提高了生产效率。合同能源管理的运作，实现了"零投资，零风险"的技改投资。

5.4.6　印染企业太阳热能和节能改造

目前，印染企业生产用热水的现状是用常温水直接补入，然后再用蒸汽进行加热，这样蒸汽的消耗就大大增加了。阪神太阳能针对印染、化工、热电等大量使用蒸汽或热水的有关耗能企业，在经过众多企业调研的基础上，综合了"太阳能热利用"、"废热回收利用"等节能技术，与科研单位携手合作，在太阳能陈列自动检漏系统、太阳能集热模块连接器、远程可视化控制系统等环节攻克了众多难关，并获得了多项国家专利；开发了"太阳热能工业利用及余热回收综合利用系统"，并经过计算机实行过程即时远程监控，以达到最大程度的智能化。印染企业节能流程大致为：

利用"太阳热能及余热回收综合利用系统"后，可以利用太阳能将常温水预热到染缸染色所需要的温度，然后再供染缸进水使用，从而节约了从常温水到染色用热水这样一段加热用的蒸汽消耗，降低了生产成本。同时还可以将消化不掉的低品位热能进一步提高温度后送入生物质能导热油炉或锅炉产生蒸汽供生产使用。另外，还可利用太阳能的热效富余段采用溴化锂吸收式制冷机制冷供生产用冷或生活用冷，实现太阳热能优化综合利用[18]。

另一方面，利用废热回收系统，可以将常温水经交换器和废热污水中的热能交换，从而将常温水提升部分温度，然后进入太阳能加热系统，进一步加熟后供连续生产使用。

以常熟市凯达印染有限公司为例，通过"太阳能余热回收综合利用系统节能"改造后，该系统每天向凯达公司供 1200 多吨 50℃ 的生产用热水；150t 85℃ 左右的热水供锅炉加热后产生蒸汽。系统全年可为企业提供生产用热水 50 多万吨/年，折合节约蒸汽 2.5 万立方米/年，按目前蒸汽价为 200 元/t，年节省蒸汽费用 500 万元；扣除该项目运转费用（电费）25万元，年节约蒸汽费用为 475 万元，项目总投资为 1515 万元，3.2 年节约的费用就可将设备投入收回。

凯达印染有限公司对项目实际运行进行了前后比较，效果令人满意。改造前，公司主要靠煤产生蒸汽用于满足生产过程中热量的需求，每天烧煤 40 多吨；改造后，一部分太阳能产生的热水直接进入染缸，节约了大量加热水的蒸汽，大大缩短了加热水升温时间，提高了工作效率；另一部分热水供锅炉使用，节约了大量煤的使用；改造后，年节约标准煤 3500多吨；同时可减少 CO_2 气体排放近 9000t，减少 SO_2 排放 100t，还减少了大量的烟尘和灰渣；另外，车间楼顶日照时间长，导致室内温度较高，利用太阳能集热器装在楼顶，可降低车间内温度，起到隔热作用，改善工人工作环境。该项目既产生了良好的经济效益，又为节能减排、保护环境做出了贡献。

【点评】

太阳能将常温水加热，将低品位热能提高温度供锅炉产生蒸汽，利用太阳能热效富余将采用溴化锂吸收式制冷机制冷，实现太阳能优化综合利用，值得提倡。太阳能集热器装置在车间楼顶，可降低车间内温度，改善工作环境，节省降温空调用电。

太阳能集热系统在印染企业应用应注意：

（1）太阳能由于地区不同，年日照时间的差异及年辐射总量的差异；由于年内的晴阴不定，雨季的影响，设计项目时皆应考虑。

（2）太阳能应用无能是低温（太阳能热水系统），还是中温（300℃）集热系统，设计的理念是与企业现行的供热设备互补，而不是取代。导热油中温（300℃）太阳能应用值推广。

（3）在选择中温太阳能集热系统时，有此是新技术，存在不断改进、提高的过程，因此，必须按企业所需的供热、制冷、发电、择优选用回报期短、对厂房承压要求小、少维修、售后服务好的集热系统。

参 考 文 献

[1] 陈立秋. 供热与节能——染整工业节能减排技术指南. 北京：化学工业出版社，2008. 10.
[2] 梅士清. 燃煤链条锅炉优化燃烧节能控制装置. 2011 传化股份全国印染行业节能环保年会. 常州：中国印染行业协会，2011. 276-278.
[3] 雅锆. ZOS 系列氧化锆氧量分析仪燃烧控制节能技术. 常州：中国印染行业协会. 279-282.
[4] 冯建华. 简述循环流化床锅炉的燃烧控制与调整. 得胜锅炉论文集. 31-35.
[5] 张超. 循环流化床锅炉结焦预防措施. 得胜锅炉论文集. 河南开封得胜锅炉股份有限公司. 6-67.
[6] 刘任峰. 循环流化床工业锅炉的技术优势. 2010 威士邦全国印染行业节能环保年会杭州. 中国印染行业协会，2010. 269-270.
[7] 刘任峰. 两个常见问题的解决. 得胜锅炉论文集. 河南开封得胜锅炉股份有限公司 P49-50
[8] 温州奇净环保防腐设备有限公司产品样本
[9] 楼振正. 三联供和热电联产. "能效电厂规划和建设"研讨与培训会会议资料集. 上海：美国自然资源保护委员会，2010. 196-203.
[10] 陈立秋. 染整热力设施的散热防护. 印染 2011；13：43-45.
[11] 舒适之. 印染热水节能新技术—太阳能热水系统. 第四市届全国染整机电装备技术发展研讨会论文集. 无锡：中国纺织工程学会染整专业委员会. 62-65.
[12] 潭军毅，等. 太阳能热水系统在印业中的应用. 2010 威士邦全国印染行业节能环保年会. 杭州：中国印染行业协会. 257-261.
[13] 高鹏. 华纺股份蒸汽系统设计与汽轮机的应用. 第四届全国染整行技术改造研讨会论文集. 济南：中国纺织工程学会. 131-133.
[14] 汪军华. 蒸汽系统节能设备在印染生产工艺上的应用. 2009 蓝天中国印染行业节能环保年会改文集. 常州：中国印染行业协会. 865-867.
[15] 翟道和，孙洪艳. 蒸汽蓄热器在热力系统中的节能效果. 2011 传化股份全国印染行业节能环保年会改文集. 常州：中国印染行业协会. 303-305.
[16] 叶云德. 印染行业节能减排新技术—染色机用染液加热装置. "科德杯"第五届全国染整机电装备节能减排新技术研讨会论文集. 苏州：中国纺织工程学会染整专业委员会. 204-206.
[17] 张国成. 刘慧情. 印染企业太阳能热水应用技术探讨. 2010 威士邦全国印染行业节能环保年会. 杭州：中国印染行业协会，2010；265-267.
[18] 周连兴. 吴卫东，太阳热能工业利用催热印染企业节能改造. 2010 威士邦全国印染行业节能环保年会论文集. 杭州：中国印染行业协会州，2010. 249.

6

染整生产的余热回收

随着国家法规政策的健全和能源价格的上涨，节能环保已成为纺织印染企业的重要制约因素。在纺织印染企业用能中，热力所占比例接近 1/2。提高热能利用率是节能的一个重要方面，而余热回收是提高热能利用率的最有效途径。在纱线染色和坯布后整理过程中有许多热加工工序，使用蒸汽、导热油加热水、空气等工作介质来完成热加工过程，能源消耗量很大。其中的大部分热能没有得到有效利用，随热介质排放掉。纺纱、织布过程中，大量的设备散热要通过制冷空调系统冷却塔或对空排放，生产高温导热油过程中燃料燃烧的热量也有很大一部分排放到空气中，既浪费了能源，又对环境造成不良影响。

印染企业蒸汽凝结水回收系统凝结水及余汽余热回收效率、系统运行状况等直接反映出企业的能源管理水平，与企业的生产及经济效益密切相关。回收利用凝结水及余汽余热，加强供热系统技术改造，能显著降低企业的蒸汽消耗量，改善内部生产环境，提高企业热能利用率，节省电力，减少设备维修量，降低对环境的热污染，具有明显的经济效益、环境效益和社会效益。回收利用蒸汽凝结水及余汽余热是印染行业回收利用大量低品位余热、节能降耗的有效途径之一。

烧毛机加工的有效热 33%，蒸化机加工的有效热 20%，定形机加工的有效热 25%～28%，过低的有效热与工艺、设备有关，而排气散热占很大比例。企业采用蒸汽锅炉供给蒸汽，采用有机载热体加热炉供热的烟气热回收亦很重要，是节能降耗的有效途径之一。

6.1 热污水的热回收

染整生产消耗大量的水，其湿热工艺使大量污水含有高热量。据统计，1 条 1800 印染线每日排出热污水约 350～500t，其中，退煮漂联合机约排放 150～250t/d，污水温度 80～95℃；丝光联合机约排放 120t/d，污水温度 65～85℃；汽蒸皂洗机约排放 80～130t/d，污水温度 80～95℃；印花后水洗机约排放 100～150t/d，污水温度 75～95℃。若将这些热污水直接排放，不仅浪费大量热能，同时严重影响末端污水处理生化菌种的生存。热污水的直接排放不利于染整企业营造资源节约型、环境友好型的清洁生产企业[1~3]。

热污水的热量回收是循环经济的体现，符合《印染行业准入条件》的要求。

6.1.1 染整水/水热交换器的技术要素

液相之间的热交换效率比气相间要高，即使是 100℃以下的温度，亦能有效地进行热回收。因此，100℃以下排液的热损失，可借助于水/水热交换器进行热污水的热量回收。

染整生产连续排放的热污水与工艺补充的冷净水量大致相等，若在热污水和冷净水管道之间加装一个热交换器，将热污水排出时水中的热量交换给冷净水，这样便可以将通常随污水排放掉的热量实现循环利用。

6.1.1.1 染整热污水中的杂质

染整湿加工工序会产生杂质，这些杂质不断随水排出。染整热污水中的杂质可归纳 4 种类型：

① 化学杂质　染料、助剂、酸、碱等。

② 萃取物　棉蜡、果胶、低聚物、浆料等。

③ 沉淀物　不溶解的碳酸盐类等。

④ 机械性杂质　纤维、纱线、棉线等。

染整热污水中的众多杂质，对染整水/水热交换器的设计、制造提出较高的要求。

水/水热回收设备着重应对：

（1）污水中大量的棉絮　纺织印染污水中含有大量的棉絮，如灯芯绒面料冷堆后退浆，其棉絮含量高达 0.5%，而且随着面料纤维不同，棉絮的特点也不一样，这样对于其他污水热能回收系统中的过滤装置有着很大的挑战。由于污水中其他化学成分的作用，棉絮会凝结成颗粒状的固体，黏附力极强，导致一般过滤网式的过滤系统无法彻底清除，从而导致一般过滤型热回收系统无法正常持久工作。根据大量用户的使用总结，有过滤装置的热回收系统，不能完全适合于各种印染污水和持久工作。

（2）污水中各种浆料　印染污水中会溶解大量的浆料（PVA），并且随着加工品种不同，浆料的成分也完全不同。这些浆料溶解于污水中，通过热交换系统的过程中，污水经过快速降温，溶解于污水中的浆料极容易吸附于交换器上，经过长期的积累，交换器效率就会下降。虽然有的换热器采取蒸汽加热反冲与水冲洗，试图想通过加热的模式把吸附在交换器内壁上的浆料溶解，然后再用清水冲洗，但是这样冲洗模式对于特殊浆料也不适合，有些吸附在换热器内壁上的浆料在使用蒸汽加热反冲洗的情况下，本来是黏糊状的浆料通过加热会变成硬状物体，从而导致交换器堵塞。对于这些特殊的浆料，反冲洗无能为力，另外，反冲洗的过程中，浪费了节约下来的一大部分蒸汽和水。

（3）清水的硬度　印染企业分布于世界各地，各个地方水质都不太一样，有些地方的水质硬度高达 400mg/kg，比如山东潍坊地区。这样的清水在急速升温的情况下，会产生一种钙镁固体结晶物，从而导致交换器结垢堵塞，致使其他热能回收无法长期使用。

6.1.1.2 高效热交换器的相关技术

设计热交换器应使热交换面积具有较高的热交换效率。热交换器所传递的热量（Q）等于有效系数（K）与热交换器表面积（S）及两种液体的温差（D）的乘积。显然 K 值越大，热交换效率也就越高。

有效系数 K 取决于热交换器的物理特性（壁厚等）和流体的动力特性（流体速度等）。为了取得高效率，必须尽量减小热交换器的壁厚，增加流体的强度和两种流体的温差，在控制热交换器整体最小的前提下扩大表面积。

流体的强度和温差，则取决于流体各自的特性。当流体处于静态或层流运动时，会产生许多不同温度的流体层。图 6-1 中，P 壁接触 A 和 B 两种不同温度的流体。静止状态时，由 A 到 B 的热传递会受到不同温度流体层的阻力，使各流体内部的热交换很少，致使 A 流体中最靠近 P 壁的部分与 B 流体中相应的流层保持温度平衡。由于层流的特性，即使流速很慢，穿过 P 壁传导交换的热量也很小。

针对层流的弊端，在热交换器设计中，将 P 壁外观改成波纹状，并促使两种流体逆相快速运动（见图 6-1），层流将变成湍流，使流体内部混合，避免产生不同温度的流层，结果增大了 P 壁两边 A 流体与 B 流体的温差。几乎所有高效热交换器的设计都使用这种原理。

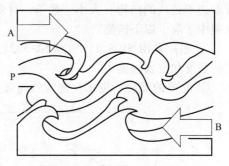

图 6-1　流体处于静态和动态时的热交换器截面示意

6.1.1.3　管式、板式水/水热交换器的应用

染整热污水中的众多杂质进入热交换通道，若无适当措施阻止，将导致热交换器效率降低，最终使系统阻塞而停止工作。

对于管式、板式水/水热交换器，为了控制过滤器和热交换器产生的压力损失，使用泵将污水泵入缓冲箱。一般染整企业的配水系统采用高槽，在这种情况下，需要另一个泵将干净水加压流过热交换器。一个完整的回收系统包括热交换器、清洁过滤器、输送泵、缓冲箱、冷净水泵、回收装置各部分的连续管道及电气控制台。

某公司采用列管式水/水热交换器，开始时热交换效率在 85% 左右，可将 15℃ 净水加热至 50～60℃。运行一段时间后出现了以下问题。

① 棉布煮练后水洗排放的污杂物质，丝光工艺产生的碱泥，染色后水洗排放的未固着染料等在热交换器中积聚沉淀，令热交换器无法工作。

② 该公司采用地下水，水质硬度高达 400～480mg/kg，属极硬水。列管内外壁结垢，使热交换效率明显下降。

针对弊端该公司采取以下应对措施：

① 热污水首先进行初级过滤，去除大部分悬浮物后再流入热交换器。

② 利用汽缸活塞连杆机构往复运动，带动毛刷刷除列管外壁污物，改善列管导热性能。

③ 冷净水输送系统安装电子除垢仪，防止列管内结垢堵塞。

④ 在热交换器箱底安装一套空压气曝气管，定时曝气，防止杂物沉淀箱底。

⑤ 在污水排放管上加装一管道泵，在刷管、曝气的同时，开启管道泵，抽干箱体内的杂物。毛刷、曝气、管道泵由一个同步器控制，根据污水中杂物量，设定间隔时间控制运行。

6.1.2　自洁式转鼓水/水热交换器的创新应用

6.1.2.1　XT08 型水热交换机的结构性能

江苏新联印染机械有限公司研制成功的新型 XT08 型旋转式水热交换器系采用专利技术研制开发的产品，已解决不被沾污结垢，使热效率维持在 90% 以上，能全天候高效持久使用，且维修要求低。经一年多数十家厂的应用，受到用户广泛好评。

公司通过广泛调研、论证并结合陈立秋高工授权的热交换器专利技术原理（专利号 ZL200620069658.9）研制开发了新型、具有自清洁功能、高效率的 XT08 型旋转式水热交换机。

该换热器变静止式热交换为旋转式，且采用独特的翅片式换热结构，换热效率的大小主要取决于翅片的结构、大小、数量、材质及流体的流速等因素。为提高换热器的换热效率，研制中采取了以下措施：

① 翅片采用 SUS304L（或 SUS321）不锈钢板冲压而成，即有优越的导热性能又有一定的强度和抗腐蚀能力。

② 介质的流向：废水在翅片外而清水在翅片内，两者逆向流动（见图 6-2）换热充分。

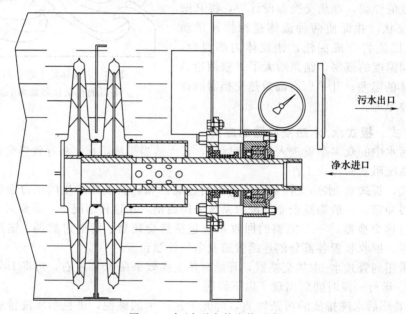

图 6-2　水/水逆向热交换示意

③ 独特的冲压结构，能使翅片在转动中形成高效率的湍流，从而提高换热效率。

④ 翅片在壳体上有若干凹凸坑，在热废水中以每分钟 15 转以上转速旋转，会产生高效率湍流来提高热交换效率，且自洁翅片，优化热传导效果。翅片旋转后内部净水产生离心力便于在内部做迷宫式流动并有效地清洗了主动体。

⑤ 翅片在废热污水中旋转起了搅拌作用，使污水中的杂物保持悬浮状态，避免纤维、纱线及染化料类物质沉淀。当长线、布条等较大的杂物被水流冲过槽处理区时可不妨碍翅片的运行，污水的振荡、湍流冲洗热交换器内壁，自洁作用。

⑥ 为了提高污水的热交换效率，在箱体内设置了多块折流板使污水做蛇形流动。进出口位置采用低进高出，以利充分热交换。为了方便在已有水洗类设备上安装，管道接口采用同一口径，热废水流动全部依靠液位差不必另配泵输送。

⑦ 箱体采用隔热保温设计，减少热量的流失。

⑧ 全不锈钢的支承与可靠的机械密封设计，结合高质量的铜质旋转接头，安全阀，提高设备可靠性，达免维护效果。

6.1.2.2　XT08 型水热交换机的应用

① 水热交换器在水洗类设备就近安装，使首个逐格倒流蒸洗箱的排放口接至本交换机

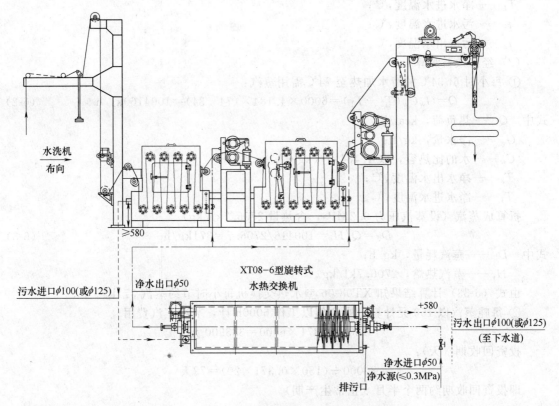

的进水口（见图 6-3）一般保持 30mm 高度差。

图 6-3 XT08-6 型旋转式水热交换机安装原理

② 在有热污水排放的印染主机传动侧，每台主机的水洗段配备一台旋转式水热交换机，结构简单，占地空间小，安装方便，挡车工乐于使用。既高效节汽，又可热水进箱或喷淋，提高产品质量，还可降低污水处理运行成本，一举多得，有优越的节能增效性能，推广应用十分方便。为满足服装面料、色织整理、家纺等不同印染企业的需求，本系列开发了每小时 4t、5t、6t、8t、10t 等产品可供用户酌情选配。

6.1.2.3 应用效益分析

（1）热交换效率测算

XT08-06 型旋转式水热交换机通过在常州杰多印染有限公司实测，得到如下数据：

蒸洗机热废水温度 80℃，经过水热交换机后出水温度为 37℃。

清水进水温度 34℃，经过水热交换机后出水温度为了 74℃。

清水流量为 6t/h，也就是说本水热交换机在 1h 内将 6t 34℃的冷水加热到 74℃，将水洗机的热废水从 80℃降至 37℃。

热交换率 η 计算如下（注：一般污水出水量和补充净水进水量大致相等，为计算方便取相等值）：

$$\eta = G_j C_w (T_2 - T_1)/G_w C_w (t_1 - t_2) = (74-34)/(80-37) = 93\% \tag{6-1}$$

式中　η——热交换率，%；

G_j——净水量，kg/h；

G_w——污水量，kg/h；

C_w——水的比热容，4184J/(kg·℃)；

T_2——净水出水温度,℃;

T_1——净水进水温度,℃;

t_1——污水进水温度,℃;

t_2——污水出水温度,℃。

（2）经济效益测算

① 每小时 6t 34℃的清水加热至 74℃需用蒸汽:

$$Q=G_wC_w(T_2-T_1)=6000×4.184×(74-34)=1004160\text{kJ/h} \tag{6-2}$$

式中　Q——热负荷,kcal/h;

G_w——净水量,kg/h;

C_w——水的比热容,取 4.184kJ/(kg·℃);

T_2——净水出水温度,℃;

T_1——净水进水温度,℃。

折算成蒸汽（设蒸汽压力 0.2MPa,含热量 2706.7kJ/kg）

$$D_b=Q/H_i=100416/2706.7=371\text{kg/h} \tag{6-3}$$

式中　D_b——蒸汽耗量,kg/h;

H_i——蒸汽热焓,2706.7kJ/kg。

由式（6-33）计算结果知 XT08-06 型水热交换机每小时节约蒸汽 371kg。

② 每吨蒸汽以 150 元计算,则全年以工作 6000h 计,节约蒸汽费用

$$150×0.371×6000=333900 元$$

投资回收期（天）:

$$80000÷(150×0.371×20)=72天$$

即投资回收期约两个半月（正常生产期）。

6.1.2.4　GTG 系列污水热回收系统

常州蓝博纺织机械有限公司,按陈立秋高工授权的热交换器专利技术所研发的 GTG 系列污水热回收系统特点如下所述。

（1）高效的回收效率　换热器采取的是盘式回收装置,通过旋转运动式对污水进行热回收。其转动能够带来以厂帮助:

① 自清洁、无黏附　换热器的盘片在污水中以 75m/min 的线速度运动,并在转动的过程中产生离心力,能够使污水中的棉絮、浆料及其他物质无法吸附于交换器外壁上。内壁清水则由于旋转撞击力作用,钙镁结晶体也无法停留在内壁,从而能够保持换热器长期高效使用。

② 增加换热频率　换热器在旋转的过程中,能够对污水进行搅动,增加污水与清水交换频率,大大地提高了交换效率。

③ 无积累、无沉淀　盘片在以 75m/min 的线速度旋转的同时,充分搅拌棉絮和浆料的转动,保证无沉淀。

（2）特殊盘片设计　旋转的盘片上,有特殊的流道设计,通过换热盘片的转动,增加污水的自流速度,再次确保因污水的停留造成污水中的杂质沉淀。

① 无过滤　印染污水的热回收,最让用户担心的就是换热器的堵塞,为了解决堵塞,很多企业采取的是过滤装置,但如上文分析过滤装置有它存在的缺点。对于堵塞现象,该 GTG 回收装置则采用无过滤、旋转方式,同时换热盘片之间有一定的间距,使一些杂质不会停留余于换热盘片之间,旋转确保不会堵塞。

② 电子除垢功能　GTG 系列的回收装置,对于水质硬度比较高的地区,我们配置了自主研发的特高频电子除垢器,再次确保换热器内部不会结垢,确保设备的长期使用性。

③ 特殊的加工工艺　该热回收系统换热盘片,采取特殊的焊接技术,在换热盘片加工完成后使用 0.5MPa 的水压试验,确保换热器盘片的承受压力。

④ 电子计量系统、数字量化　系统对清水采用无间断式计量,计量送往主机处理,同时与主机采集到的清水温度进行运算,结算出节约蒸汽,并以数字量化显示。图 6-4 所示为 GTG-600 热能回收连续性使用示意图。

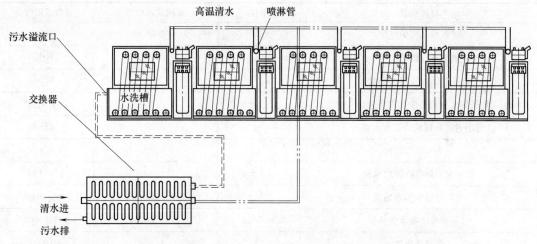

图 6-4　GTG-600 热能回收连续性使用示意

自洁式转鼓水/水热交换器经多年使用,热效率维持在 90% 以上,表 6-1 是一台 3t/h 的测试报告。

表 6-1　自洁式转鼓水/水热交换器测试报告

自来水					热污水				热交换效率 /%
流量 /(kg/h)	进水/℃	出水/℃	吸热量 /(kJ/h)	折合蒸汽 /(kg/h)	流量 /(kg/h)	进水/℃	出水/℃	给热量 /(kJ/h)	
3000	35	75	502080	183.0	300	80	37	539736	93.0
3000	28	70	527184	192.5	300	76	30	577392	91.3
3000	20	56	451872	165.0	300	68	28	502080	90.0

6.1.3　间歇式设备污水集中热回收系统

6.1.3.1　蒸汽冷凝水回收设备系统[4]

(1) 不同回收方式对比

① 密闭式回收　由于一些回收系统容易造成积水等问题影响回收效果和效率,但是如果技术成熟,设计完善,性能与质量达标可最大程度的解决此问题。

② 半密闭式回收　开放式回收虽已取得相当程度的回收效果,但是存在"排汽"的问题,而且仍有 5%～15% 的回收空间。

③ 开放式回收　开放式回收在常压下水的温度若高于 100℃ 时,任何多余的热能则立刻将部分水沸腾并转变为蒸汽散至大气中,其浪费显而易见。

(2) 密闭式冷凝水回收系统介绍　此系统设备以"强制"的抽吸方式将制程的冷凝水吸回,而非传统的挤压回储水槽的方法。另外过程中不降压,不产生"二次蒸汽"杜绝浪费,达到真正的"全封闭式"回收效果。

（3）经济效益分析　假设贵公司使用4t燃煤蒸汽锅炉，现场设备用气压力为7kgf/cm²（1kgf/cm²＝98.0665kPa），热机设备冷凝水温度为160℃，煤炭燃烧效率70%，每年操作时数为：12月×26日×20小时，见表6-2。

表6-2　"密闭式"回收系统与常规"开放式"回收系统的效益分析对比

对比项目	单位	密闭式回收法	开放式回收法
燃煤蒸汽锅炉吨位	kg/h	4000	4000
燃煤蒸汽锅炉效率	%	80%	80%
每小时回收冷凝水水量	kg/h	3200	3200
散失到大气的再生蒸汽百分比①	%	0	9.8%
每小时实际回收冷凝水水量②	kg	3200	2880
年平均操作时数	h	6240	6240
每年实际回收冷凝水水量	kg	19968000	17971200
每吨冷凝水所含温度	℃	160－20＝140	100－20＝80
每年回收冷凝水含热量	kcal/kg	2795520000	1437696000
管道热损耗	%	10%	10%
每年实际回收冷凝水含热量③	kcal/kg	2515968000	1293926400
煤炭净热值	kcal/kg	5500	5500
煤炭燃烧效率	%	70	70
每年节省煤燃料量④	kg	653498	336085
每年可节省燃料费	元	392099	201651
每年可节约水的费用	元	26957	24261
每年可节约水处理费	元	53914	48522
每年可节约总费用合计	元	472970	274434

燃料与水处理费用	价格	单位
煤炭	元/t	600
工厂锅炉取水	元/t	1.5
软水处理	元/t	1.0

① 散失到大气的再生蒸汽百分比＝（所使用蒸汽显热－高压显热）/高压潜热
② 每小时实际回收冷凝水水量＝燃煤蒸汽锅炉吨位×1000×燃煤锅炉效率×散失到大气的再生蒸汽百分比
③ 每年实际回收冷凝水含热量＝每年实际回收冷凝水水量×每吨冷凝水所含温度×10%
④ 每年节能煤燃料量＝每年实际回收冷凝水含热量×煤炭净热值/煤炭燃烧效率

（4）技术优势分析

① 成熟的技术　本系统自1980年在中国台湾创始以来，已经更新换代到"第五代"产品，以其独到的技术和专业品质保证为超过1000余家企业提供整体系统规划与设备配套服务。在最难处理的"管道积水"和"能源二次浪费"等问题上有着完善的处理方法，彻底解决了"全密闭式"回收系统中理论和现实难题，达到系统的最理想使用效果，拥有全球多国的专利许可，堪称全球领先技术的楷模。

② 优质的工艺　回收设备整装一体组成，功能周全，设计精巧，主要零件均采用进口

优质产品，保证了设备的稳定运行要求；回收桶采用高品质钢板制造，符合压力容器的制作规范要求，具有许可证及申报安装所需的证明文件；设备所使用的钢材均为国标正品。

（5）案例分析：某印染企业冷凝水回收系统改造

原系统能耗情况：燃煤锅炉蒸发量 4 台×35t/h，背压式汽轮发电机 3 台×3000kW，背压过热蒸汽 0.3MPa。用汽设备主要为印花、染色、整装车间，蒸汽凝结水没有回收，全部排出。

年排放冷凝水/t	冷凝水水温/℃	冷凝水热焓/(kJ/kg)	年排放热量/GJ	年耗能量/t
115200	105	440	41011	1758

（6）服务模式介绍　　企业欲购 15t/h 冷凝水设备一台，预投资 54 万元，基于对设备运行效果及达到节能效率的不确定性，采取节能设备采购新模式。首先由设备提供方负责资金来源共计 55 万元，节能受益方负责运输费用、布管、人工等安装期间费用。在设备运行第一年，双方按照服务合同按比例分享节能效益，设备的正常检修维护由设备提供方负责。

年回收冷凝水/t	燃料价格/(元 t)	软化水价格元/t	年节能量/t	年节能效益/万元	综合经济效益/万元
115200	311	5	1758	54.68	112.31

安装运行节能减排效果：选择一个正常生产时段，计量回收冷凝水的数量和温度，折算出年回收能源量，企业平均每年节约能源折合标煤量 1758t，设备寿命 10 年，总计标煤 17580t。大气污染物减排效果每年减少 CO_2 1249t，SO_2 32t。

6.1.3.2　废水热能回收设备系统

首先为您的企业算一笔账，在恰当的位置填写相关信息，即可大致计算出每年在废热水方面浪费的燃料费用。表 6-3 所列为废热水热回收信息。

表 6-3　废热水热回收信息

用水量/(t/d)		—		运行天数/年	
废水温度/℃	—	清水温度/℃	—	废水和清水的温差	
浪费热量/(Mcal/a)	废水和清水的温差×每日用水量×运行天数				
使用蒸汽为燃料时,废水浪费热能/年	浪费热量×蒸汽燃烧热量 650Mcal·kg×蒸汽燃烧效率 80%				
浪费金额/(元/年)	浪费热能×燃料金额/180 元/t				
使用煤炭为燃料时,废水浪费热能/年	浪费热量×煤炭燃烧热量 5000Mcal·kg×蒸汽燃烧效率 70%				
浪费金额/(元/年)	浪费热能×燃料金额/600 元/t				
使用重油为燃料时,废水浪费热能/(元/年)	浪费热量×重油燃烧热量 9000Mcal·kg×蒸汽燃烧效率 90%				
浪费金额/年	浪费热能×燃料金额/2700 元/t				

（1）废水热能回收系统介绍　　"废水热能回收设备"采用韩国专利技术，在不使用任何燃料的情况下，可以预热工厂和建筑物使用的低温水，因此节约大量的燃料费用。图 6-5 所示为废水热能回收系统。

（2）经济效益和环境效益分析　　效益分析见表 6-4，不同燃料效应对比见表 6-5。

图 6-5 废水热能回收系统

1—废水入口管道；2—颗粒型过滤器；3—废水出口管道；
4—离心力过滤器；5—控制板；6—热交换机；
7—温清水出口管道；8—凉清水入口管道

表 6-4 效益分析

日平均用水量	t/d	500	1000	1500	2000	3000	4000
废水温度	℃	45	45	45	45	45	45
供水温度	℃	17	17	17	17	17	17
年平均运行日数	d	300	300	300	300	300	300
废清水温度差	℃	28	28	28	28	28	28
年浪费热量	Mcal	4200000	8400000	12600000	16800000	25200000	33600000
各种燃料浪费量/年							
蒸汽	t	7179	14359	21538	28718	43077	57436
重油	t	583	1167	1750	2333	3500	4667
煤炭	t	1200	2400	3600	4800	7200	9600
各种燃料浪费金额/年							
蒸汽	元	1292308	2584615	3876923	5169231	7753846	10338462
重油	元	1575000	3150000	4725000	6300000	9450000	12600000
煤炭	元	720000	1440000	2160000	2880000	4320000	5760000
能源回收率	%	80%	80%	80%	80%	80%	80%
各种燃料可节约金额/年							
蒸汽	元	1033846	2067692	3101538	4135385	6203077	8270769
重油	元	1260000	2520000	3780000	5040000	7560000	10080000
煤炭	元	576000	1152000	1728000	2304000	3456000	4608000

表 6-5 不同燃料效应对比

燃料种类	单位	蒸汽	重油	煤炭
燃烧效率	%	80	90	70
燃料热量	Mcal	650	9000	5000
燃料价格	元	180	2700	600

① 节约燃料 供应通过废水热能回收设备升温的温水，节约升温工序所需的燃料。

② 增加生产效率 减少水洗次数而节约用水量，缩短工序时间。把供水平均温度 17℃升到 50℃ 左右缩短升温时间，而不需要增加生产设备、人员等投资，使用温水水洗提高被染物的坚牢度，减少摩擦而提高产品质量。

③ 减少设备费用 缩短染色机工序时间而不需要染色机辅助温水箱等设备。

④ 减少电力 缩短清水升温时染色机循环泵运行时间。

⑤ 保护生态环境 因降低废水排放温度，减少废水处理费用，保护生态环境，缩短锅炉运行时间，减少大气污染排出量。

⑥ 与同行相比能节约生产成本，提高竞争力，增加销售额。

（3）技术优势分析 由于废水中含有大量污物，随着使用时间的增加，废水中的纤维、有机物等杂质在热交换器重沉积结垢，若不能采取有效地排放和清洁措施，热交换效率会直线下降，影响使用效果。简单被动的人工拆洗清理，不仅加大了劳动强度，更浪费了大量的人力物力。经过长期研发与实践，本系统利用智能化的自控系统解决了此问题，并实现了全程自动化监控，获得韩国国家专利。

① 过滤系统 采用双重自动冲洗过滤系统，通过调节冲洗频率有效降低热交换机中高温水的纤维杂质含量，并将其控制在换热系统以外，保证热交换效率。

② 换热效率高 设备选材采用优质耐腐蚀不锈钢管式换热器，经过特殊工艺加工，配载高效能过滤装置，应用自我开发的流体控制技术，使用高效率热交换机，无管道堵塞现象，换热效率高达 80% 以上。

③ 远程监控系统 设备自带远程监控系统，可即时监控系统 14 个阀门运转状况，并调节流量变化达到温度要求。对于温度的控制起到直接监测作用，可随时关注设备的运行情况和节能效果。

④ 维修方便 系统采用卡箍式连接方式，方便安装与拆卸。在整个系统的设计过程中，减少机械运转组件，除易损部件（如阀门）的定期损耗外，几乎没有维修情况的产生。

⑤ 无动力运行 较其他动力型换热器，除温水池一次提升和电脑监控系统外无需动力消耗，节省电费和人工费。

⑥ 技术成熟 本系统设备已在韩国、美国、中国及东南亚其他国家安装并运行，至今运行稳定，节能效果显著。

6.1.4 热泵系统对低温污水的能量转换

目前，我国只有极少数印染企业对 60℃ 以上的高温废水采取了余热回收措施，而更多的高温废水和几乎全部的 45～60℃ 的低温废水中的热能资源任其流失了。而正在运行中的废水余热回收设备也存在着很多缺陷和不足，大大降低了废水余热回收效率[5,6]。

6.1.4.1 传统印染工艺流程能源利用现状

目前普遍采用的印染工艺流程是利用燃煤（燃油、燃气）锅炉产生 0.5MPa 的水蒸气，然后水蒸气进入染缸内的盘管将常温水加热至工艺要求的温度（55～95℃），并按要求在一定时间内维持相应的温度，加热过程中释放热量的水蒸气凝结成液态水排至污水池。印染结束后，印染废水排至污水池。由于印染结束后，还需用常温水对染织物进行漂洗，产生的废水也排至污水池，因此最后汇集到污水池的废水温度在 40～50℃ 之间。汇集到污水池的印染废水经暴气处理达标后排放。图 6-6 为原有印染工艺流程。

由以上工艺流程可知，传统印染工艺流程能源利用存在以下弊端。

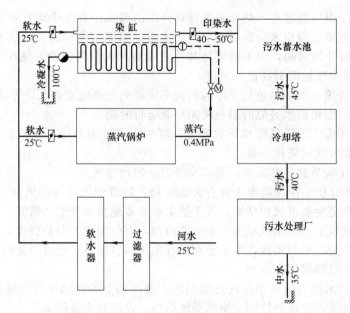

图 6-6　原有印染工艺流程

① 利用 0.4MPa 温度高达 144℃的蒸汽加热 25℃以下的常温水,最高需求温度也仅为 95℃的热水。

② 一般采用单级热交换方式,只能回收 60℃以上高温废水中相对高品位热能。

③ 采用低效率换热器,热能回收效率低。

④ 换热前废水预处理不够充分,使得余热回收设备经常出现堵塞、结垢、腐蚀等现象,影响设备正常运行,降低余热回收效率,缩短设备使用寿命。

⑤ 系统智能化程度低,运行维护成本高;如果现场管理不完善,会导致余热利用效果不理想。

⑥ 为满足污水处理暴气的温度要求,印染废水在进入污水处理厂前,还需要冷却塔降温,耗用大量的电能。

6.1.4.2　热泵技术发展过程

水源热泵技术诞生于 1912 年,距今已有近百年的历史。其原理就是利用制冷剂自身的相变过程从地下水中吸收热量然后进行释放,完成热量的逆自然转移过程。目前,热泵技术主要应用在两个方面:一是为建筑领域提供制冷供暖及卫生热水;二是在工业领域可回收工艺中产生的废热,制取高温热水再次应用于生产工艺过程中。

至 20 世纪 80 年代,热泵已广泛应用于欧美发达国家,随之在 90 年代初热泵技术被引入国内并得到迅速推广。因为热泵技术在建筑供暖、供冷方面的应用比传统的供暖和供冷方式节约能源高达 40%以上;在有关工业领域的应用能够达到节能减排的最佳效果。另外,在运行过程中没有化学变化,对大气和环境没有任何污染,属于当今国际上最具节能、环保特点的先进技术。所以我国和欧美国家一样,正在全力推广与应用。

根据热泵能够把一般不加以运用的低品位(10~40℃)能源转化为可用于生产的高品位能源这一特点,蓝德公司对印染行业做了重点调研,在调研中发现,印染行业存在严重的能源浪费现象。目前大多数的印染企业都使用燃煤锅炉和热电厂蒸气来加热生产工艺用水,而使用完的 40~50℃的印染水经过处理后直接排放出去。从中可以发现,河水或者自来水由常温的 15℃加热到最终的排放温度 40~50℃所需要的能量全部来自于燃煤,这部分能量没有被回收即被直接排放了,里面有大量的热能被直接释放的空气当中白白浪费了,而蓝德工业热泵系统恰好能够将废水中的热量提取出来用于为前段的河水或者自来水进行预热，从而大大减少了蒸汽需求量，降低运行费用。

（1）冬季制热原理　通过抽出地下水进入机组蒸发器和制冷剂进行热交换，此时制冷剂吸收了地下水中所蕴含的热量，地下水就完成了任务通过回灌井回灌到地下，而制冷剂则通过自身的循环过程把吸收的热量带至冷凝器中，再把热量释放给在冷凝器中循环的系统水，系统水被加热后进入房间内的末端散热装置，如暖气片、风机盘管、地暖管等，这样就实现了房间的供暖目的。实际上总结起来一句话，就是热泵机组把地下水中蕴含的热量提取出来运输并转移至房间实现了采暖。

（2）夏季制冷原理　制冷与制热过程能量的传递刚好相反，系统水在房间里也通过末端装置，如风机盘管、空调器等和室内空气进行热交换，吸收房间的热量后进入机组蒸发器和制冷剂进行热交换，此时制冷剂吸收了系统水中吸收的房间的热量，制冷剂则通过自身的循环过程把吸收的热量带至冷凝器中，再把热量释放给在冷凝器中循环的地下水，地下水就完成了任务通过回灌井回灌到地下同时也把房间的热量带到了地下，从而实现制冷的目的。实际上总结起来一句话，热泵机组把系统水中吸收的房间的热量提取出来运输并转移至地下实现了制冷。

水源热泵用于供暖其效率（能效比）高达5左右；供冷能效比高达6左右。

6.1.4.3　CTWS中纺智能废水余热回收系统

针对印染废水的特殊性质和实际情况，北京中纺节能服务中心联合清华大学、哈尔滨工业大学和日本川崎重工集团，采用国内外最先进的技术和理念，共同研制开发出智能高效的低温印染废水余热回收装置——"CTWS中纺智能废水余热回收系统"（CNTextile Smart Waste heat recovery System）。

CTWS是针对印染厂废水余热研发的两级热能回收系统，首先通过废水源热交换系统将废水中的热能交换到净水中，再通过吸收式热泵系统将净水中的低品位热能提升到工艺要求的高品位热水供其他设备使用。回收系统将废水中的余热能源充分利用，能源回收率达80%以上，节能减排效果明显。

（1）CTWS主要特点
① 采用多级自清洁式过滤系统，提高换热效率和运行可靠性；
② 采用电子高频水处理装置，保持换热器高效换热性能；
③ 使用高效板式换热器，设备占地面积小，换热效率高；
④ 系统采用高效吸收式热泵将低品位热能转换为高品位热能；
⑤ 使用蒸汽作为主要动力源，极大提升能效比，节能效果明显；
⑥ 全部计算机控制，系统自动运行，无人值守；
⑦ 配备自动计量系统，设备能源消耗及节能量统计自动完成；
⑧ 具备无线网络连接功能，实现远程数据通信；
⑨ 余热回收系统提供高品位的生产用热水，将极大改善产品质量极大提升产品的柔软的，改善外观质量；
⑩ 余热回收系统还将提升工作效率，缩短设备的预热周期，节能效果将在生产工艺的改进中进一步体现；
⑪ CTWS中纺智能废水余热回收系统的系统结构见图6-7。

（2）CTWS系统组成　CTWS中纺智能废水余热回收系统由自清洗过滤系统、高频电子水处理系统、废水源换热系统、热泵余热回收系统、智能控制系统五个系统模块组成。
① 多级自清洗过滤系统　印染废水中含有染料、浆料、助剂、油剂、酸碱、纤维杂质、砂类物质、无机盐等。多级自清洁废水过滤系统可以去除悬浮物及可直接沉降的杂质，是余

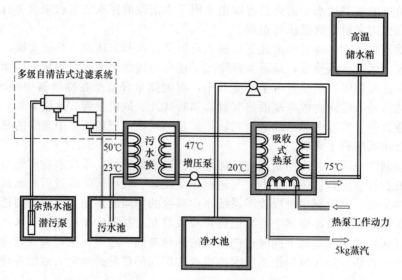

图 6-7　CTWS 系统结构框图

热回收系统的连续、长期运转的可靠保障。

其工作原理是：废水进入多级自清洗过滤系统后，水中的杂质沉积在不锈钢滤网上，由此产生压差。通过压差开关监测进出水口压差变化，当压差达到设定值时，电控器给水力控制阀、驱动电机信号，引发下列动作：电动机带动刷子旋转，对滤芯进行清洗，同时控制阀打开进行排污，整个清洗过程只需持续数十秒钟，当清洗结束时，关闭控制阀，电机停止转动，系统恢复至其初始状态，开始进入下一个过滤工序。

由于采用 PLC 智能化设计，系统可自动识别杂质沉积程度，给排污阀信号自动排污。全自动自清洗过滤器克服传统过滤产品的纳污量小、易受污物堵塞、过滤部分需拆卸清洗且无法监控过滤器状态等众多缺点，具有对废水进行过滤并自动对滤芯进行自动清洗排污的功能，且清洗排污时系统不间断供水，可以监控过滤器的工作状态，自动化程度很高。

② 高频电子水处理系统　印染废水经过高频电子水处理装置后，分子聚合度降低，产生一系列物理化学性质的微小弹性变化，水偶极矩增大，极性增加，水合能力和溶垢能力增加。特定的能场改变 $CaCO_3$ 结晶过程，抑制水垢产生。同时溶解氧得到活化，产生活性氧，活性氧可在换热器和管道的内壁上生成氧化膜，并在运行中持续镀膜、钝化，抑制微生物腐蚀和沉积腐蚀。

③ 废水源换热系统　废水源换热系统采用的德国引进技术生产的相变换热和板式换热结构，进行高效率的换热，采用抗腐蚀的不锈钢材料，结构简单，性能稳定，易维护。

④ 热泵余热回收系统　水源热泵可以从各类水体中捕获低品位热能，转移并提升至可供人们生产、生活用的高品位热能。热泵消耗 1 份热能，可提供 3～6 份高品位热能，其一次能源利用率超过 100%，因此水源热泵是低温废水余热回收的最优选择。水源热泵按照工作原理分为机械压缩式热泵、吸收式热泵、化学热泵、蒸汽喷射式热泵、热电热泵等。

热泵系统的选择对热泵回收系统的能效比的影响十分大，同时不同种类的热泵对温度提升的幅度也有很大区别。因此选择合适的热泵直接影响系统的节能效果，而用蒸汽作为驱动源的吸收式热泵在印染厂这样的特定环境下具有很大的优势。

图 6-8 为低温废水吸收式热泵工作示意。

⑤ 智能控制与计量系统　印染废水余热回收系统的使用推广将以合同能源管理模式实施，因此系统的智能化控制和节能量的实时在线自动计量和数据存储与管理将是系统长期安

全可靠使用的重要保障。

（3）投资和效益分析　系统每天回收 2000t 45℃印染废水中的余热，并将 1200t 20℃清水提升为 75℃工艺用水。

实现上述理论需要蒸汽量：33000t/a（按全年 300 个工作日计算）。

回收系统电气系统总装机容量：24.5kW

余热回收系统工作驱动蒸汽的能源消耗消耗蒸汽：12960t/a

电能：176400kW·h/a，折合蒸汽：759t/a

全年节能统计：

年节约蒸汽＝33000－12960－759＝19281t

按每吨蒸汽 180 元计算，"CTWS 中纺智能废水余热回收系统"工作效率 80% 计算

年节约资金 19281×180×80%＝277.6 万元

投资回收期：

投资预计回收期 8 个月就可实现。

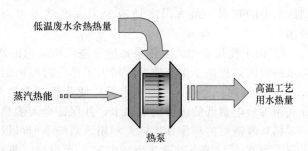

图 6-8　低温废水吸收式热泵工作示意

6.1.4.4 蓝德工业热泵系统的余热回收

蓝德公司作为一家专业生产热泵的企业，也在探索如何为建设节约型社会做出自己的贡献，现在民用领域的样本工程已遍布全国。在雄厚的技术研发力量及多年实践经验积累的基础上，蓝德率先开拓了热泵技术在工业领域的应用，通过热泵技术回收在工艺过程排放的低温水中所蕴含的废热，转移至需要热量的环节实现了热量有效、有序的转移。因此热泵技术在工业领域的应用将为耗能企业带来了新的降耗思路，为我国可持续发展的能源战略做出突出贡献。

仅以常州地区为例，此地区的印染企业数量按照 300 家左右计算，企业规模不等，各家的污水排放量一般在 500～2000t/d 之间，按照平均 1000t/d 计算，每天排放的污水总量 30 万吨，每天可回收的热量 $300×10^3×(45-20)×4.1kJ＝1100t$ 标准煤（煤的热值为 $27×10kJ/t$）全年可节约标准煤 $1100×360＝39.6$ 万吨标准煤。直接减少了向大气中排放粉尘 4752t，二氧化硫 7920t，氮化物 2772t。使用蓝德工业热泵大大减少了粉尘和有害气体的排放，具有巨大的经济效益和社会效益。

（1）推荐印染工艺流程　利用蓝德工业热泵系统回收印染过程中排放污水中的热量，将水在进入染缸前由 15℃升至 55℃，然后再由蒸汽加热至印染工艺要求的温度并维持相应的温度。具体流程见图 6-9，原理示意见图 6-10。

（2）蓝德工业热泵系统优势说明

① 使用蓝德工业热泵用于回收排放

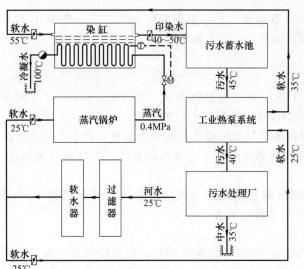

图 6-9　蓝德工业热泵余热回收系统

到污水中的热量,最大限度地减少了一次性不可再生能源的消耗量,节省了大量的运行费用。

② 由于使用蓝德工业热泵系统使进入染缸内的水温直接提升至55℃,减少了加热染缸内水的时间,提高了生产效率,增大了单位时间内的产量。

③ 通过建一个较大的蓄热水箱,使蓝德工业热泵系统只在夜间低谷电价期间工作,充分利用谷价电费低的优势制取热水,并保证全天的热水需求量,进一步降低运行费用。

(3) 改造后的环保性指标　利用该系统不但可以充分利用排放废水的废热,还可以减少将近50%的蒸汽需求量,从而减少50%用煤量,每减少1t用煤,将减少向大气中排放粉尘12kg,二氧化硫20kg,氮化物7kg。使用蓝德工业热泵大大减少了温室气体的排放,具有巨大的环保效益。

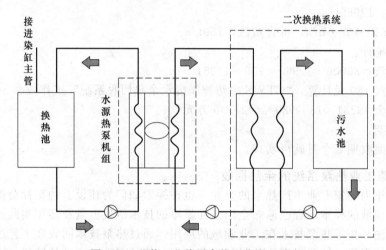

图 6-10　蓝德工业热泵余热回收原理示意

(4) 工业热泵系统投资方案分析

① 工程概况

a. 此印染企业是采用是4kg的蒸汽来加热自来水的,印染的水温要求90℃左右。每吨蒸汽的价格是按照181元计算。

b. 印染厂的废水情况:废水排放温度,春、夏、秋三个季节在39℃左右,冬季在24℃左右;废水的水量每天是960t,平均小时排放量为36m³/h。

c. 用热水情况:车间需热水600t/d。

② 方案说明

现在方案:锅炉制得的0.4MPa蒸汽进入染缸内蒸汽盘管,将染缸内的常温(夏季20℃,冬季15℃)水加热至生产工艺要求的温度后并维持相应的温度。

推荐方案:利用蓝德工业热泵系统回收印染过程中排放污水中的热量,将水在进入染缸前由(15℃)20℃升至50℃,然后再由蒸汽加热至印染工艺要求的温度并维持相应的温度。具体工艺流程见图6-11。

③ 机组设备选型　综合整体的生产情况决定选用我公司生产的工业热泵机组 GSHP-C0738DG 一台,机组在回收废热水热量时技术参数见表6-6。

④ 系统装备造价　见表6-7。

⑤ 经济性分析　现通过两种方案把自来水从20℃加热到50℃,以比较两者所需要的费用,从而分析使用工业热泵减少能耗的经济性。

电费峰价:8h,为0.937元/(kW·h);

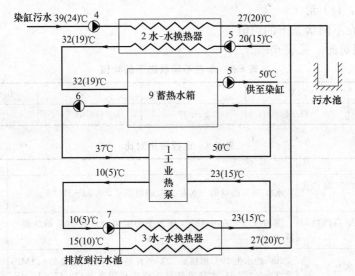

图 6-11 推荐系统工艺流程

表 6-6 热回收技术参数

机型		GSHP-C0738DG	
季节		春、夏、秋季	冬季
制热量		750kW	681kW
染缸补水	温度	32～50℃	19～50℃
	流量	36m³/h	19m³/h
热源水	温度	23～10℃	15～5℃
	流量	37m³/h	43m³/h
输入功率		179kW	176kW

表 6-7 系统装备造价

序号	项目名称	规格型号	单位	数量	单价/万元	合价/万元	备注
1	工业热泵主机	GSHP-C0738DG	台	1	89.64	89.64	蓝德
2	水—水换热器	换热量 500kW	台	1	7.50	7.50	高效专
3	水—水换热器	换热量 550kW	台	1	8.25	8.25	用耐腐
4	污水循环泵(4)	$Q=45m^3/h,H=16m,N=4kW$	台	2	0.33	0.66	一用一备
5	循环泵(5)	$Q=44.7m^3,H=12.5m,N=2.2kW$	台	2	0.23	0.46	一用一备
6	循环泵(6)	$Q=100m^3/h,H=20m,N=11kW$	台	2	0.70	1.40	一用一备
7	循环泵(7)	$Q=45m^3/h,H=16m,N=4kW$	台	2	0.33	0.66	一用一备
8	热水供水泵(8)	$Q=43.3m^3/h,H=24m,N=5.5kW$	台	2	0.43	0.86	一用一备
9	高位膨胀水箱	$V=0.5m^3$	台	1	0.08	0.08	自制
10	蓄热水箱	有效容积 60m³	个	1	9.00	9.00	—
11	电缆	ZR-RJV(3×150＋2×70)	m	120	0.0645	7.74	—
12	动力配电柜水泵配电柜					1.7	
13	机房安装					15.52	
14	机房到车间管路,保温等					5.54	
15	机房合计					149.01	—

电费平价：8h, 为 0.562 元/(kW·h)；

电费谷价：8h, 为 0.247 元/(kW·h)。

蒸汽价格为：181 元/t

表 6-8 为水在不同状态下的焓值。

⑥ 运行费用对此　见表 6-9。

表 6-8　水在不同状态下的焓值

水的状态	20℃	50℃	100℃	0.4MPa 饱和蒸汽
焓值(kJ/kg)	83.86	209.33	419.06	2752.00

表 6-9　运行费用对比

	公　式	结　果
单位质量的水由 20℃ 加热至 50℃ 消耗热量	水在 50℃ 的焓值－水在 20℃ 的焓值＝209.33－83.86	125.47kJ/kg
单位质量的 0.4MPa 蒸汽冷凝成 50℃ 水释放热量	饱和水蒸气在 0.4MPa 压力下的焓值－水在 50℃ 的焓值＝2752.00－209.33	2542.67kJ/kg
1m³ 的水由 20℃ 加热至 50℃ 消耗蒸汽量	1m³ 的水由 20℃ 加热至 50℃ 消耗热量÷单位质量的 0.4MPa 蒸汽冷凝成 50℃ 水释放热量÷蒸汽利用率＝125.47×1000÷2542.67÷98%	50.35kg
用蒸汽加热 1m³ 水由 20℃ 加热至 50℃ 所需要的费用	消耗蒸汽量×蒸汽价格＝50.35×181÷1000	9.11元
工业热泵系统春夏秋季产生 36m³ 的 50℃ 的热水耗电量	工业热泵主机输入功率＋水泵输入功率＝179＋4＋2.2＋11＋4	200.2kW
用工业热泵系统春夏秋季每天工作 16 个小时的运行费用	工业热泵系统耗电量×电价(优先利用谷价和平价时段)＝200.2×(8×0.247＋8×0.562)	1295.69 元
工业热泵系统冬季产生 19m³ 的 50℃ 的热水耗电量	工业热泵主机输入功率＋水泵输入功率＝176＋4＋2.2＋11＋4	197.2kW
用工业热泵系统冬季每天工作 16 个小时的运行费用	工业热泵系统耗电量×电价(优先利用谷价和平价时段)＝197.2×(8×0.247＋8×0.562)	1276.27 元
春夏秋季 1m³ 水由 20℃ 加热至 50℃ 所需要的费用	工业热泵每天工作的运行费用÷每天工业水泵制水量＝1295.69÷(36×16)	2.25 元
冬季 1m³ 水由 20℃ 加热至 50℃ 所需要的费用	工业热泵每天工作的运行费用÷每天工业水泵制水量＝1276.27÷(19×16)	4.19 元
用工业热泵全年运行费用	2.25×36×16×270＋4.19×304×90	46.49 万元
用蒸汽加热 1m³ 水由 20℃ 加热至 50℃ 1年所需要的费用	9.11×(576×270＋304×90)	166.60 万元
机组在制取 50℃ 热水的同时可以提供 699kW 的冷量	溴化锂机组制取 699kW 的冷量每小时需耗 0.78t 蒸汽	
夏天两个月制冷共可节约的费用	0.78×181×16×60	13.55 万元
制热水 1 年可节约运行费用	166.60－46.49	120.11 万元
空调制冷和制热水 1 年共节约的费用	120.11＋13.55	133.66 万元

（5）机组运行说明　机组配备有 GSM 无线监控系统（专利号 ZL02214653.9）。

传统的中央空调系统国内外目前还没有采用无线监控的先例。设备运行过程中，生产厂家对售后产品运行的数据了解不充分，当设备出现问题时无法及时对用户进行指导。针对以上问题，蓝德充分利用现今飞速发展的 GSM/GPRS 无线网络，在热泵机组上实现了 GSM 无线监控功能，这就相当于为热泵机组配上了手机，使用手机短信息等方法建立了设备本身与操作人员和生产厂家的联系，使设备可以实现无人值守。配备了手机的热泵机组成了智能化的设备，实现了：

① 随时可接受操作人员的操作和查询，并在工作状态改变或运行偏离设计工况时主动向操作人员和生产厂家报告。这样操作人员不必到现场在任何地方任何时间都可以利用普通手机通过发送和接收短信息实现对设备的开关机控制和运行参数的监控。

② 在机组出现故障或运行状态改变时给操作者和厂家发送短消息，热泵机组生产厂家可以随时接收记录所有售后产品的运行报告，在机组运行偏离设计工况时，及时通知该机组的操作人员，指导维护方法或解决途径，保证问题在最短的时间内发现并解决。

经以上分析比较可知：

a. 由以上计算可以看出，利用工业废热源热泵系统每年可节省运行费用 133.66 万元。按热泵使用寿命 25 年算共可节约 3341.5 万元。

b. 随着煤价上涨蒸汽价格逐年上涨节约费用将会更多。

c. 改造原有方案需增加投资 149.01 万元；按年运行 360 天计算，年节约运行费用 133.66 万元投资回收期在 14 个月。

6.2 生产排气热回收

染整生产过程重点机台的无效排气热能：烧毛机约占 66%，蒸化机约占 60%，热风拉幅机约占 25%～30%，热定形机约占 60%～65%，浆染联合机约占 30%～40%，蒸汽锅炉约占 10%～15%，有机热载体炉约占 15%～25%。可见，生产过程排气、排烟形成极大的无效热能的浪费。

锅炉尾气温度高达 200℃，若直接排放，不但造成热能的浪费，而且还会对环境造成一定影响。

根据国家统计局的信息，估算全国共有定形机生产线将近 10000 条以上，而所有定形机工作时都有油（烟）雾挥发出来，经不完全统计 10000 条生产线年废气排放量达到 40 万吨。

烘干机和定形机是利用热空气对织物进行干燥和定形的设备，工作过程中排放出大量的废气。以定形机为例，定形机的工作温度一般在 200℃，离开定形机的废气温度一般在 170℃左右，废气中含有热能。经预算，织物加工定形时有效热能仅为总加热量的 30% 左右，散热损失占 70%，其中废气排放损失占 60%，设备、壁面及其他损失占 10%。

拉幅定形机的热源，一般都使用导热油。过去加热导热油的热载体锅炉，大多以燃烧重油为主，由于重油的燃烧值高，调温容易，燃烧后杂质少，烟尘相对也少，对环境的污染比燃煤小，而被广泛使用。近年来，因国际原油价格居高不下，1t 重油价格一直维持在 2500 元左右，生产企业难以承受油价上涨带来的成本压力，纷纷改烧以燃煤为主的热煤炉。

定形机废气中不仅含有大量纤维和粉尘，同时还含聚苯类有机物、印染助剂等多种油类成分。当废气在定形机排放口与净化装置之间进行传递以及在净化装置内移动时，这些纤尘和油污极易粘附到装置或其配辅件内部而影响净化效果，且会造成烟气堵塞、漏油、自燃自爆等现象，使定形机无法正常工作。

人长时间接触高浓度油烟气可造成肺部炎症和组织细胞损伤，肺活量下降；油烟烟气影响人体的免疫细胞、巨噬细胞功能，造成人体免疫功能下降；油烟气中的苯类等有机污染物能引起基因突变、DNA 损伤、染色体损伤，具有潜在的致癌性。

废气净化、热回收是节能减排的重点之一，亦是染整企业降低生产成本，改善生产操作环境的需要。

热定形机废气问题的解决途径主要包含两方面，即废气净化与余热回收。目前热定形机废气净化方式主要为集中处理法和分散处理法，处理工艺主要有力学方式、过滤式、静电式和喷淋式，余热回收的主要方式是通过"气-气"热交换从排出的热废气中将热能回收到热定形机内[7]。

6.2.1　热定形机废气热回收与净化

热定形机是利用加热处理使涤纶、腈纶、锦纶等及其混纺、交织的机织物、针织物获得定形效果的设备。现普遍采用卧式针板链拉幅式热定形机，便于控制定形温度和织物幅度，用高温热空气为传热介质，温度 180～220℃，在作业过程中会排出强烈刺激性废气，不利于人们的身体健康，对区域性大气环境的影响较大，且排放时散失的热量浪费了大量能源。

热定形机废气问题是随着我国纺织印染行业的发展特别是 2005 年取消配额后服装、化纤、纱、丝、布、呢绒世界产量第一的形势下逐步引起人们关注的。2005 年以来，定形机废气处理技术已列为纺织产业印染专项科技攻关项目。中国印染行业协会发布的首批 35 项节能减排先进技术中分别有 3 项技术涉及热定形机废气的治理 。广州、浙江有关定形机废气治理都已提上议程。印染行业治污工作逐渐开始从"治水"转向"治气"。

6.2.1.1　热定形机废气的特点[8,9]

印染行业中定形机废气是定形机在布匹高温定形过程中挥发出来的油脂、有机质及其加热分解或裂解等产物的统称，其排放及组成特点受工艺影响大。

（1）热定形机废气温度高、排放量大　织物或纤维的热定形温度在 180～220℃之间，排放的废气温度均在 150℃之上，直接排放极大地浪费了能源。一般来说一台定形机排放颗粒物 150～250mg/m³，日排放 50～100kg，油烟 40～80mg/m³，日排放量 20～40kg。定形机数量上仅浙江省绍兴县就拥有定形机高达 1054 台，全国定形机数量更是巨大，由此可见定形机废气问题已不容忽视。

（2）热定形机废气组成复杂　表 6-10 是染整各工序中的污染物所提供定形机废气的组成。

表 6-10　定形机废气的组成

污染物	含量/%
纺织品纺织过程用的蜡和油	1～2
精练、煮、漂过程用的有机溶剂	10～20
染料及染色助剂（导染剂）	5～20
印花糊料中的尿素、染料和溶剂	10～20
定形加工用的树脂、柔软剂等聚合物	5～10
油烟中氢、氧、碳等化学成分	30

热定形机废气成分主要由织物在热定形整理前的加工工艺以及所使用的纺织染整油剂和助剂所决定，所含有机油类主要来源于三部分：纺丝油剂、后整理助剂以及挥发性有机溶剂，如表 6-11 所列，其主要成分为醛、酮、烃、脂肪酸、醇、酯、内酯、杂环化合物、芳香族化合物等。

表 6-11　热定形机油烟废气来源及主要成分

热定形机废气所含有机油类来源	主要成分
纺丝油剂	烷基磷酸酯钾盐、烷基醇醚磷酸酯钾盐、烷基磷酸乙醇胺、聚氧乙烯蓖麻油、脂肪酸聚乙二醇酯、脂肪醇聚氧丙烯聚乙烯醚等
后整理助剂	以氨基硅油类柔软整理剂、二羟甲基二羟基乙烯脲及丙烯酸衍生物低聚物等为主的树脂整理剂、聚乙二醇聚醚多胺衍生物等的抗静电整理剂为常用组分
挥发性有机溶剂	在热定形机油烟废气中所占比例相对较少,常用物质如下:三氯甲烷、四氯化碳、二氯乙烷、甲醇、乙醇、正丁醇、氯乙醇、二丙酮醇、乙醚、丙酮、乙酸乙酯、乙酸丁酯、乙酸正戊酯、N,N-二甲基甲酰胺、苯、甲苯、苯酚、吡啶、松节油等

人长时间接触高浓度油烟气可造成肺部炎症和组织细胞损伤,肺活量下降;油烟烟气影响人体的免疫细胞、巨噬细胞功能,造成人体免疫功能下降;油烟气中的苯类等有机污染物能引起基因突变、DNA 损伤、染色体损伤,具有潜在的致癌性。

6.2.1.2　余热回收及废气治理现状[8]

热定形机废气问题的解决途径主要包含两方面,即废气净化与余热回收。目前热定形机废气净化方式主要为集中处理法和分散处理法,处理工艺主要有力学方式、过滤式、静电式和喷淋式,余热回收的主要方式是通过"气-气"热交换从排出的热废气中将热能回收到热定形机内。表 6-12 为热定形机废气处理方法及方法特点。

表 6-12　热定形机废气处理方法及方法特点

处理方法	方法特点
力学方法	主要有重力法、惯性力法、离心力法。由于油烟粒径分布广,该方法对较细粒径烟气处理能力非常弱,净化效果低下
过滤吸附法	利用某些特殊材质的滤布对油烟的吸附,达到油烟去除效果,存在过滤纸(网)要求高、更换(或清洗)频繁,系统阻力大,处理量小等缺点
喷淋法(湿法)	烟气经过加有洗涤液的水幕完成净化,洗涤液消耗增加了运行费用,且洗涤废液排出造成二次污染
静电法	已成熟运用于除尘技术,但由于油烟的强黏性,静电式净化器运行一段时间后,电场上会粘附一层厚厚的油渍和纤维,极难清洗,阴、阳极板就会降低甚至失去吸附作用,导致油烟去除率下降

为提高定形机废气处理及余热回收效率,国内外技术人员做了大量工作。德国 GerhardvanClew 公司的 Brückner 三步骤排气处理系统通过 Eco-Heat 热回收系统、带有集雾气的 AIR-CLEAN 涡流空气除尘器和带有自动清洁单元的 AIR-CLEAN 两步静电除尘器的有效组合弥补了喷淋法与静电法单一处理的不足,余热回用于干燥工艺可使热消耗减少12%~15%,回用于热定形工艺可使热消耗减少高达33%。德国 Babcock 公司经过长期研究开发出了占地面积小,处理效率高的旋风洗涤器,该装置投入资金和运转费用较低,不需备件,没有堵塞危险,用水量很少,废气被大量吸收,废气的含碳量减少到100mg/m³。Krantz 公司开发的废气净化和热回收装置将含有有害物质的热废气在燃烧室中燃烧净化为无色无味的高温废气后通过一热交换器降至 110℃。该装置有效利用了废气中的有机物质,可以回收2~3 倍于燃料所提供的热量,热耗总量可有效地节省 10%~15%,节省了 30%~35%的热能。瑞士 Koenig 公司的"Sparal"废气净化和节能装置亦在废气净化和热回收上取得了较好的效果。中国印染行业协会朱仁雄对瑞士 Koenig 公司的"Sparal"废气净化和节能装置处理效率进行测定,结果如表 6-13 所列。

我国绍兴县政府于 2006 年 3 月出台了《对市区印染行业定形机废气进行整治的通知》,通知规定至 2007 年 6 月底所有印染行业的定形机都必须配置定形机废气净化设施,废气净化必须应用成熟适用技术,废气净化设备必须是环保、质监、安监等部门认可的合格产品。

表 6-13　"Sparal" 废气净化和节能装置处理效率

污染因子	德国标准	瑞士标准	测定结果	结论
粒状物质	5	—	＜2	通过
CO	100	100	＜30	通过
NO₂	200	200	180	通过
HC	20	20	＜5	通过
HCl	30	30	10	通过

注：HC 为烃类化合物，下同。

这一政策的出台，进一步推动了我国热定形机废气的治理研究。"永利印染"、"欣印印染"及"东盛印染" 3 家企业在全国率先开展了水喷淋技术、直接冷凝法、热回收加吸收塔技术等三种不同形式的定形机废气治理试点工作。绍兴永利印染有限公司进行了印染定形机废气治理技术的研究开发，经多次攻关研制成功先进的"YL 定形机废气处理系统"。该系统集喷雾、沉降、复喷水幕过滤和物理吸附等技术为一体。经浙江省环境监测中心对废气处理效果监测表明：颗粒物总去除率＞285％，油烟总去除率＞280％；热交换系统每小时能够回收 6t 热水，相当于每天节煤 950kg；油水分离器回收废气中矿物油超过 75％，一台定形机每年可回收油近 10t，节约能源价值达 4 万多元。同时水回用率在 95％以上。东盛印染公司开发的废气处理装置使废气中的纤维、油脂、染化料、水污等通过高效水幕，喷淋柱吸附在水中，后流入隔油池进行油水分离、矿物油回收，废水排入污水处理池，净化气体通过特殊装置排向外界。废热回用，通过热交换器使烟气的热量传递到新鲜空气中，对定形机前东箱进行预热，使定形机热效率提高。广州采用高压静电废气去除率高于湿法处理效果，约 40 万/台。

6.2.1.3　分散式定形机废气净化装置[7]

除处理工艺外，废气净化装置的处理效果受废气接收和处理方式的影响相当大。常见的定形机废气净化处理装置，其废气接收和处理的方式采用的是将定形机上多个废气排放口所排放的废气通过管道系统收集后，集中到一台净化装置上进行处理（即称"集中式收集和处理方式"）。其主要缺陷有：①需配套安装大量废气输送管道，废气在输送管道中移动时，废气中的纤维、粉尘和油渍极易在风管内壁积贮，造成堵尘或漏油，影响废气净化效果；②废气在管道中移动时，废气中的纤维与管道内壁摩擦后会产生静电引起火花，油污在高温废气中会气化形成压力，这些均会引起自燃或爆炸，有较大的安全隐患；③系统风阻大，需加装大功率排（引）风机，不仅增加装置的自耗能，并且因强迫性抽（引）风会破坏定形机烘箱的热风循环，打破织物定形处理过程的热平衡，有可能严重影响生产工艺；④整套装置体积庞大，造价高（30 万元/台套以上），且安装难度大。

（1）分散式定形机废气净化装置系统　工作原理框图示意见图 6-12。

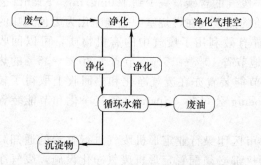

图 6-12　净化装置工作原理框图示意

（2）分散式定形机废气净化装置工作机理

① 分散式定形机废气净化装置由若干个废气处理塔（根据定形机的自身风机数确定个数）、一套水循环系统（内含油水分离器）组成。废气处理塔包括壳体和壳体外的上水管、壳体内的喷淋头和防水装置。

② 将废气处理塔直接安装于定形机自身风机废气排放口，废气一出定形机就通过进气口进入废气处理塔，上水管从循环水箱内引

水，喷淋头喷水雾化，对废气进行降温和净化。经三级喷淋净化和降温，最后流经脱水叶片脱水后进入烟囱排空。

③ 喷淋头喷出的水雾被防水装置的挡板挡住后流向废气处理塔壳体的周边，不会通过进气口进入定形机废气出气口而影响定形机的正常工作。

④ 流向废气处理塔周边的废水沉积在壳体下端的凹槽内，通过排水沟流到废气处理塔外的油水分离器中，经油水分离后，洁净的水通过水循环系统被重复利用，废油分离后经处理可回用或市售。

详见图 6-13 定形机废气净化工作原理。

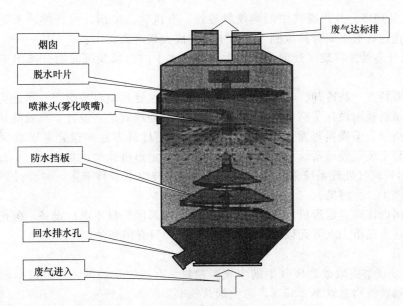

图 6-13　定形机废气净化工作原理

（3）分散式定形机废气净化装置的投资效果

① 投入成本：本产品每台套的造价仅 6 万元。

② 运行成本：全年的运行成本约 2.5 万元，其中水费、电费、人工成本如下。

a. 水费：喷淋的洗涤水经油水分离后，其循环利用率达 95% 以上，每天（运行时间以 24h 计）的实耗水量少于 4t，全年（按 300 天共 7200h 运行时间计）需耗水 1200t。以水价 1.6 元/t 计，全年水费约 2000 元。

b. 电费：仅循环系统的水泵需耗电，水泵功率 3kW，全年耗电约 2.2 万千瓦时。按平均 1 元/千瓦时计，全年电费计需 2.2 万元。

c. 人工：无需专人管理；全年仅需清理 4～6 次、每次 1～2 个普工工日即可，全年的人工费不超过 1000 元。

③ 经济产出：除减排效益外，该产品还能为使用单位带来的经济收入如下。

a. 毛收益：经测算，该产品每台套每天平均可回收废油 110kg，全年废油回收量约 33t。对回收后的废油通过精制工艺，65% 经配制后能直接作为纺织用油剂，30% 左右可用作润滑油。扣除废油提炼成本，单位产品全年回收废油的销售收入在 8.5 万元以上。实际上，从定形机废气上回收的废油可直接销售，价格在 2500～3200 元不等，如不加提炼直接销售的话，也能获得 8.5 万元以上的毛收益。

b. 净收益：减去上述 2.5 万元的运行成本，单位产品全年的净收益在 6 万元以上。

c. 投资回收期：产品的投资回收期最多 1 年。

6.2.1.4　湿式静电废气处理系统

系统由烟气结合体、热交换器、废气处理塔和油水分离器组成。

（1）主要功能

① 烟气结合体。烟气结合体用于将定形机废气集中在一起后，导入废气处理系统，该结合体有平衡管道压降，防止烟气回流等作用，其中增设的喷淋装置用于烟气的先期降温和清洗集中器内颗粒沉淀物的作用。

② 热交换器。将定形机废气中的热量有效地进行回收利用，防止余热排放到大气当中，变废为宝。

③ 废气处理塔。处理废气中的尘埃颗粒物、有机物、油烟、短纤维、苯类、醛类等有害成分，防止这些有害成分排放到大气当中，造成大气污染。

④ 油水分离器。将废气处理子系统生成的废水中的油以及沉淀物分离出来，使水循环利用。

（2）主要特点　将冷却、喷雾、沉降、复喷水幕过滤和填料吸附等技术融为一体；复喷水幕过滤和填料吸附设计了三层组合结构，达到最佳处理效果；设计了高效除油雾装置，处理后的气体洁净、干燥接近常温。在设计结构及选用材料方面均充分考虑减少废气压力损失，保障在整个废气处理系统中排气畅通，不会影响定形机废气正常排放，不改变定形机工艺；YL定形机废气处理系统采用喷淋结构，污染物被喷淋水幕带走，并经过回收处理，变废为宝，不产生二次污染。

目前，国内该同类定形机废气处理系统也有采用韩国、日本进口设备，但价格昂贵，至少一套设备在人民币100万元以上，而YL定形机却只有国外的1/10。

（3）效果

① 该系统能够有效处理废气中的尘埃颗粒物、有机物、油烟、短纤维、苯类、醛类等有害成分，除颗粒物总效率≥85%，除油烟总效率≥80%。

② 热交换系统每小时能够回收6t热水，使一缸布从常温升至60℃用于染色，相当于每天节煤950kg。

③ 油水分离器将废气中矿物油回收超过75%，一台定形机每年可回收油近10t，节约能源价值达4万多元。同时水回用率在95%以上。

YL-B湿式静电废气处理系统原理示意见图6-14。

湿式静电除尘器极板表面有水膜，黏着性油脂不易积聚，当粒子到达充电区域上游，粒子通过电晕放电而被充电，充电粒子进入收集阶段，被吸引到除尘管内壁，再由除尘管上的水膜将沉降微粒物质冲刷下来。

该系统主要用在收集次微米粒子，是利用极线电晕放电，使废气中微粒在离子化气体（ioni zed gas）中因撞击离子而带有电荷，再利用静电力使微粒运动到带相反电荷的收集极板上，达到去除的目的。湿式静电除尘器本身具有收集液态粒状物和去除腐蚀性、静性、少量臭味废气的功能，去除效率可以达到95%以上，目前对于粒径微细、黏着性废气处理有愈来愈广之势。

6.2.1.5　定形机热能环保装置烟气处理工艺[9]

该装置内部结构是由多组风槽组成一个换热面积较大的热交换器，在热烘干定形工艺产生的废气，所含有的热能量在气与气的交换器得到回收，将热交换后的新鲜空气送入定形机前段烘箱内，同时将降温后的废气输送到锅炉鼓风机作助燃用，一方面增加炉膛温度，另一方面将烟气中残余油烟燃烧干净，达到节能减排目的。该装置安装有自动消防和清洗系统，定时清洁装置内部油烟和污垢，保障热交换器处于良好工作状态。这种烟气处理工艺的优

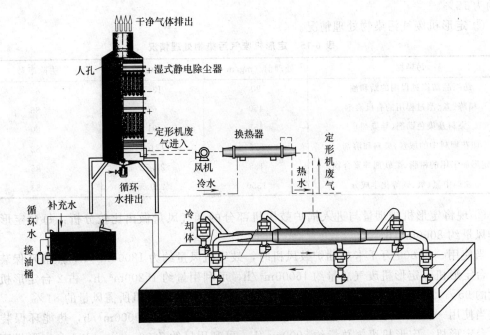

图 6-14 YL-B 湿式静电废气处理系统原理

点：①不会产生二次污染；②烟气净化效果好；③废油回收效果好；④省地方，长方形置于烘箱顶上。如图 6-15 所示。

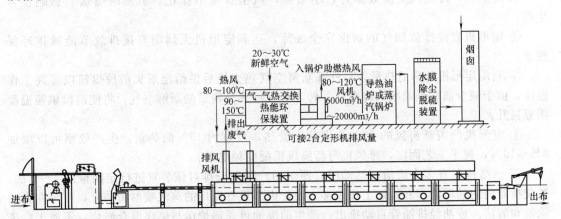

图 6-15 定形机热能环保装置烟气处理工艺示意

表 6-14 定形机生产运行过程油烟排放情况

机型	加工定形布种	使用温度/℃	油烟排量/(m³/h)
中/高温形机	涤棉/化纤维混纺（速度快产量高）	180～200	5000～10000
低温定形机	精纺棉/丝光（速度慢产量低）	130～140	4000～8000

（1）烟气排放流向示意图说明

① 由于蒸汽锅炉或导热油炉运行时达到设定温度后会间歇停炉，所以在间歇期间就不能吸入定形机烟气。该部分废气经旁路直排到除尘塔，再经喷淋，油质及溶剂类的 VOCs 冷凝吸附后以液态形式收集，油类的去除率高达 95% 以上，总 VOCs 量降低 80% 以上。据监测分析，单从定形机产生的烟气，经过热能环保装置后，废气中的有害物质去除率已达 80% 以上，再经过二次燃烧，总去除率达 90% 以上，虽有部分烟气经旁路排出，仅占的比

例约为 15%。

② 定形机废气污染物处理情况。

表 6-15　定形机废气污染物处理情况

污染物	处理前/(mg/m³)	处理后/(mg/m³)	去除率/%
纺织品纺织过程用的蜡和油	90	13.5	85
精练、煮、漂过程用的有机溶剂	450	63	86
染料及染色助剂(导染剂)	455	91	80
印花糊料中的尿素、染料和溶剂	675	121.5	82
定形加工用的树脂、柔软剂等聚合物	185	27.75	85
油烟中氢、氧、碳等化学成分	1350	229.5	83

③ 现将定形机排烟量与进入锅炉鼓风机部分的烟气风量做出比较分析：每台定形机烟气排风量约 8000m³/h。

当使用一台 600 万千卡热油炉鼓风机时，鼓风机风量约为 18000m³/h，热能环保装置连接 2 台定形机，定形机废气总量约 16000m³/h，可利用量约 15200m³/h，占 2 台定形机废气总量的 95%，经热能环保装置处理后供给鼓风机，风量占鼓风机所需风量的 84%。

当使用一台 300 万千卡热油炉鼓风机时，鼓风机风量约为 9000m³/h，热能环保装置连接 1 台定形机，定形机废气总量约 8000m³/h，可利用量约 7600m³/h，占 1 台定形机废气总量的 95%，经热能环保装置处理后供给鼓风机，风量占鼓风机所需风量的 84%。

(2) 定形机热能环保装置主要特点

① 传热快，冷热风交换效果好，不堵塞，风槽管壁不挂花、不黏附油烟而影响正常生产。

② 定形机直接排放烟气的烟囱完全废除，达到定形机无烟囱直接排放节能减排环保理念。

③ 利用定形机外排的热量，将外部新鲜空气热交换后供给定形机前段烘箱以提高工作温度，由于减少前段烘箱吸入冷空气，转为吸入经热交换后的新鲜空气，将使前段烘箱温度明显提升。

④ 定形机所需新鲜风的 60% 会因此而受热，可节约 15% 的热量，生产效率可以增加 8%~10%，视乎工艺而定，排风机与新鲜风机配变频电机。

⑤ 该结构备有多个清洁用活动门，便于用户每年安排对该装置进行定期检修 1~2 次。热交换器内的油垢清理和检修工作非常方便，内部设有专用的蒸汽喷淋清洁管，可定期自动除油和清洁。废油经排油管自动排出，产生的废油可送锅炉房与燃煤混合燃烧，不属于危废处置范围。

⑥ 通过污染物的消除和烟气温度的降低，提高了后期净化效果，同时减少火灾现象的发生。

⑦ 通过供热系统的改善，加工面料比以前手感更好，更柔软，提高了产品的质量。

⑧ 将定形机外排的烟气，经过气-气冷热交换热能环保装置后，将由油烟、纱毛和粉尘组成的烟气与燃煤燃烧，达到环保和综合治理的目的。

(3) 安装使用过程中应注意的主要内容

① 定形机热能环保装置的配置和使用　为了控制好废热烟气抽出对烘房中气流的影响和回用热风的使用，该装置可与单台定形机配套使用，也可同时与 2 台、3 台或 4 台定形机同时配套使用；设计时要考虑该装置与定形机烘房所排放出的风量、热交换面积、排风机的风量和电机功率等内容的配套；合理调节排风机的转速，根据布的品种、速度和温度等，来

选取理想的转速，例如与 2 台定形机配套使用的热能装置，排风机功率为 11kW（转速250～500r/min），回用热风机功率为 5.5kW（速度 150～250r/min），烟气不从烘房的出入口散发为宜（即处于负压状态）。

② 定形机热能环保装置风管设计要求　风管尺寸大小根据定形机的排烟风量决定，另外还参照输气距离和风管的路线顺畅程度以及费用成本等因素，通常单台和双台定形机配套使用风管直径为 φ680mm，三台和四台定形机配套使用风管直径为 φ960mm。定形机与锅炉房间的输气风管尽量减少弯头，输气距离视空间位置不影响生产的最短距离设计，输气距离一般控制在 20～100m。

③ 定形机烟气静电净化器　主要工作原理：将烟气混合污染物送入净化器初级前导风分流管内，由初级导风分流管将烟气均衡送入净化器内模块式高压静电电场，烟气粒子在高压静电场中被电离、吸附、分解和碳化，有效去除污染物，达到处理要求。

（4）经济效益分析

① 安装使用定形机热能环保装置前后的效果比较　见表 6-16。

表 6-16　安装使用定形机热能环保装置前后的效果比较

内容	安装前	安装后	省煤量	经济效益分析
定形机前段烘箱吸入空气温度	30℃冷空气	90～120℃热空气	235t/年	235t/年×800 元/t =188000 元/（台机·年）
热煤炉鼓风机温度	30℃冷空气	90℃～160℃热空气	450t/年	450t/年×800 元/t= 360000 元/（台鼓风机·年）
增加风机耗电量	0	16kW		16kW×24h×40%×0.8 元× 30 天×10 月=36864 元/年
综合节能经济效益（以配套 2 台定形机为例计算）				188000 元×2 台＋360000 元－ 36864 元（耗电）=699136 元/年
定形机增加产能效益		提速 2 码/min		18000kg/（台·月）×1 元/kg× 10 月×2 台=360000 元/年

② 投入与产出的经济效益比较　每台定形机的投入约 20 多万人民币，（包括电器自控、消防清洗系统部分），另外配套风管部分，包括风管材料制作安装等，每台定形机安装热能环保装置系统，投资成本回收期约 18 个月内。

a. 从经济效益分析表 6-16 中列出定形机安装热能回收装置后，每台定形机每年节煤费用 188000 元。

b. 热能回收装置配套 2 台定形机使用时，2 台定形机每年节煤费用：188000 元×2＝376000 元。

c. 每套热能回收装置每年增加用电成本：36864 元。

d. 热煤炉用定形机热能空气助燃后，燃煤更加充分，相对用常温空气助燃每年节煤费用 360000 元。

e. 投入热能回收装置配套 2 台定形机使用，投入正常使用后 18 个月即可收回投资成本。

③ 投入热能回收装置后，对燃煤的状况进行比较

a. 锅炉有热风助燃煤助燃，炉堂中的火床相对无热风助燃的火床要短些，燃煤燃烧相对更充分；

b. 外购的煤如果相对较湿或者煤质差些，由于有热风助燃后，燃烧时相对更充分，不会影响生产。

④ 热能环保设备检修及维护内容

a. 要求每个星期对该装置进行巡查一次，将新鲜风入风口网板上挂的纱毛清洁干净，保证通风顺畅。

b. 将电柜内的粉尘清洁干净，特别要注意风机变频器的通风清洁工作。

c. 每月检查风机的运行情况，特别要求保持风机轴承油位正常。

d. 注意检查该装置的排油状况是否正常。

e. 注意检查该装置的消防系统状况是否正常。

6.2.1.6　静电式烟（油）雾净化回收[10]

(1) 技术原理分析　工业油（烟）雾净化-回收设备采用的专利技术——圆筒状蜂巢电场，利用阴极在高压电场中发射出来的电子，以及由电子碰撞空气分子而产生的负离子来捕捉烟尘粒子，使烟雾粒子带电，再利用电场的作用，以及电烟雾粒子被阴极所吸附，以达到除烟的目的。由于电子的直径非常小，其粒径比烟雾粒子的粒径要小很多数量级。而且电场中电子的密度很高（可达到每立方厘米 1 亿的数量级），可以说无所不在。处在电场中的烟尘粒子很容易被电子捕捉（即荷电）。烟雾粒子在电场中的荷电是遵循一定机理的必然现象，而不是简单的偶然碰撞引起的。其中包括电场荷电荷扩散荷电。带电粒子在电场中会受到电场力（库仑力）的作用，其结果是烟尘粒子被吸附到阳极上。因此静电除烟雾的效率能达到 95％以上，而且特别适用于捕捉粒径较小的质量较小的烟尘粒子。在静电除烟雾里，电功率主要是用来发射电子和推动烟尘粒子，与空气几乎不产生作用，因此静电场的能耗较小，阻力也较小，无须使用较大压力的风机。所以设备的总能耗比起其他的除烟方式要小。

因此，利用静电的方法来净化回收烟雾可以达到很好的效果，其他方法很难替代，但是易挥发的有机烟雾往往是可燃的，解决设备的防火问题尤为重要。很多工业过程排放的废气温度都比较高，回收这些烟气的热能能够减小燃料的耗费，降低企业的运行成本。

科蓝公司通过以下几个方面来解决这个问题。

① 根据实验的数据，定形机烟气在 160℃以上，较容易着火，在 100℃以下，不容易着火。因此烟气在进入静电除烟机之前降温到 85℃以下，可以有效地减少烟气在设备里的着火。一旦进入工业油（烟）雾净化-回收设备的烟气温度超过 100℃，静电场的高压电源会自动停止，同时发出报警信号通知有关人员。

② 安装管道防火阀：在净化设备的两端（进风口和出风口处），分别安装一个防火阀，当其中一边管道烟气的温度超过着火温度的时候，两个防火阀会同时关闭，以切断设备里空气的来源。

③ 每组电场的后面，都装有火苗监测网，在任何情况下，一旦电场的局部发现火苗，监测网便会发出信号，通知控制器，控制器会停止静电场的供电并关闭设备两着的电动防火阀，切断空气来源从而消防火苗。

④ 高压电源控制器带有敏感的网络放电监测线路，保证电场在的放电控制在极小的火花能量之内。

⑤ 有效处理烟雾净化-回收设备的积油：由于风机负压的作用，设备的油槽内，常常会存有几十升废油不能排走。解决方法是在烟雾净化-回收设备的每一个排油口加装一个"U"形保压装置，确保设备内部废油有效排出。

⑥ 在进入设备的管道和设备的连接前面，安装一个自动直排阀门。确保当净化设备两着的防火阀关闭的时候，直排阀门会自动打开，烟气能够从直排的阀门排走。如果是管道着火，直排阀门能够泄放管道给净化设备带来的高温烟气，保护净化设备；如果是净化设备着火，直排阀门能够阻止烟道的烟气，防止由于防火阀的漏气，管道的烟气漏入净化设备，以

使净化设备里的火苗蔓延。

⑦ 净化设备内部安装灭火装置：无论是管道带来的火，或者是静电除烟设备产生的火苗，当设备检测到火苗后，在设备关闭防火阀的同时，打开灭火装置。

⑧ 增加电场绝缘子防护装置，确保在用户长期不对设备进行清洗的情况下，不会产生绝缘子爬电火花，而是停机报警。

（2）工业油（烟）雾净化-回收设备工作原理如图 6-16 所示。

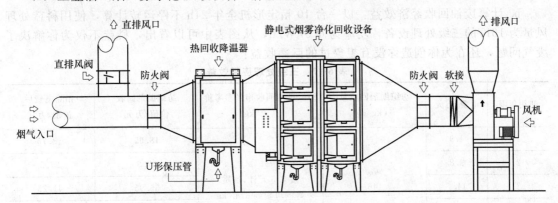

图 6-16　回收设备工作原理示意

如图 6-16 所示，烟气在抽风装置风机的作用下，经过热能回收降温系统将烟气的温度降到合适的范围内，保证高温易挥发性气体的充分采集，便于后工艺过程的回收。降温后的气体再经多级静电场的捕捉分离，成为干净的气体然后排出，达到烟气净化的目的。在静电场中分离出来的液滴、油污被沉积在电场组件的各个阴极筒内壁上，然后汇流到集油槽，通过 U 形保压管排出，做统一回收处理。当电子温度计检测到设备内烟气超温时，信号传到 PLC 控制单元，PLC 控制单元会马上停止运行静电。当设备内某一块火苗监测网检测到设备内部有火焰产生时，信号传到 PLC 控制单元，PLC 控制单元立即关闭前、后防火阀，隔绝设备内部和管道的空气交换，同时开启电动球阀将消防水引进供水管，通过一组喷嘴向设备内部喷水灭火，避免设备受到损坏。

（3）热能回收主要是通过以下两种方式实现（根据使用情况选择）：

① 水气交换：利用降温器排出的热水来实现的，送入降温器的冷水在降温器里与高温废气进行热交换，在高温废气降温的同时，温度可上升到 80℃ 以上，此水没有受到污染，可回用。

② 气-气式换热设备：空气热交换器，热端通入废气，以此加热散热片。再使冷空气从散热片的冷段通过热交换器，被加热成干净热气。在两种气体不相接触的情况下实现能量的转换：一方面降低废气的温度；另一方面，把冷空气加热，将外界的空气从 30℃ 加热到约 120℃，再通过管道送入烘箱前端中，用来补充定形机所需的干净空气，以节省烘箱的运行成本。

（4）以定形机为例分析使用该设备经济效益

① 本产品净化效率可达到 95% 以上，全部的回收物转变成废油回收。从废油回收进行经济效益分析：

a. 计算

企业设备的排气量 Q（m³/h）、烟气的含尘浓度 H（g/m³），以及设备的运行时间：每天运行 24 小时，每年运行 365 天，生产设备的运行率假设为 0.8，生产设备的数量

B，烟雾净化回收设备的净化效率 η，净化设备的价格 A（万元），回收物的市场价格 C（元/kg）。

可以算出：

年总排放量：$\qquad W=QH\times24\times365\times0.8\times B/1000000$

净化设备市场容量（万年）：$\qquad R=BA$

通过出售回收物收回净化设备投资年限（年）：$\quad Y=A/(QH\times24\times365\times C\eta)$

b. 计算废油回收经济效益：以一台 10 箱定形机全年 24h 不停运转计算，使用科蓝处理风量为 16K 的三级处理设备，功率为 6.9kW/h，从图表中可以看出，科蓝不仅为你解决了废气问题，还在为你创造你没有想象过的巨额收益！

表 6-17　三级处理应用效益

使用年限	电费/万元	纺织助剂回收量/(kg/d)	纺织助剂回收市场参考价/(元/kg)	纺织助剂回收价值/万元	扣除电费后盈余/万元
1	4.9			18.65	13.75
2	9.8			37.3	27.5
3	14.7	146	按 3.5 元计，油质好的可卖到 6 元/kg	55.95	41.25
4	19.6			74.6	55
5	24.5			93.25	68.75

根据表 6-17 数据分析（不计热能回收），使用方一年可收回总投资，第二年便可创收利润，既环保又实惠。回收的烷烃可提炼些油等。

② 热能回收效益分析　本次分析计算采用：一台热能回收装置能将定形机烟气约有 16000m³/h，从 170℃ 高温降到 135℃ 左右，并将 4000m³/h 的外界空气，从 30℃ 的干净空气加热到约 120℃，再通过管道送入烘箱前端中。

按照能量守恒定律，这样热能回收装置每秒能回收的热能为 133kJ，即相当于 31.8kcal 热量，按 1kg 标准煤的热值为 7000kcal 计算，那么 31.8kcal 需要用煤 0.00454kg。锅炉按 50% 的效率计算，实际烧煤量为 0.00908kg/s。那么一天 24h 省煤量为：

$$0.00908kg/s\times3600\times24=784.5kg$$

按一年工作 300d 计算，即一年省煤量为：

$$784.5kg/d\times330d=235350kg\quad 即 235.35t$$

按每吨煤 550 元计算，那么一年可以节约费用为：

$$235.35t\times550 元/t=129442.5 元$$

热能回收装置配套的引风机的功率为 2.2kW·h，按电量每千瓦时是 0.7 元计算，一年电费为：$2.2\times24\times330\times0.7=11088$ 元。

最后抵消风机耗电费用，一年能节约生产经费为：

$$129442.5-11088=118354.5 元$$

6.2.2　国外定形机废气净化热回收[11]

6.2.2.1　德国 Babcock 公司的旋风洗涤器

（1）工艺过程　热定形机烘房中出来的废气直接进入旋风洗涤机，在旋转的水/空气形成的涡流以及由此产生的细小的浪花被清洗净化了。在旋风洗涤机后面有一个水雾消除器，防止气流将水带走。通过冷却废气回收的热量用于加热冷水。污水沉淀在旋风洗涤机低部的污液储存槽内，达到预定的浓度传送到薄膜式蒸发器，汽化物重新进入旋风洗涤机，残渣作为固体污染物排放。如图 6-17 所示。

如热定形机排放废气体积 10000m³/h，耗电量：鼓风机耗电量大约是 15kW，循环泵耗电量是 0.5kW 左右，转动向下流动薄膜式蒸发器旋转机件的耗电量是 1.5kW。另外，启动向下流动薄膜式蒸发器的蒸汽所需的能量大约是 3 万千卡，这些能量每小时可蒸发 50kg 水，即 55kg 蒸汽/h。

（2）效果 达到一般技术标准该装置将严重污染的废气的含碳量减少到 < 100mg/m³，达到一般技术标准。

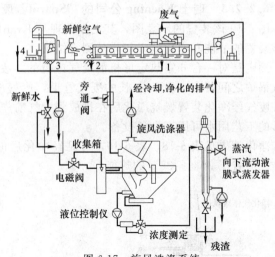

图 6-17 旋风洗涤系统

1—自动清洗热回收装置的清洗水；2—自动清洗网带的清洗水；
3—轧槽中上残余液和轧车清洗水；4—其他废水

投入资金和运转费用较低；旋风洗涤器在运转时没有磨损，不需备件；由于工作横截面大，没有堵塞危险；用水量很少，可利用设备内的废水；通过冷却使排出废气温度降至 65℃ 所回收的热量用于蒸发水分；废气臭味被大量吸收。该装置占地面积小，储存箱、旋风洗涤室和蒸发器可以安装在烘房旁边，整个机组的后面，或者装在机组附近的小房间内。占地 25m²，所需的厂房高度 3m。缺点是残余液和污水通常经过蒸发浓缩后再排放。

6.2.2.2 Krantz 公司的废气的净化和热回收装置

该装置的示意图见图 6-18 其工作原理是：从热定形机烘房中排出的含有害物质的热废气，通过燃烧净化后排向大气，热废气在进入燃烧室前先经过与燃烧室组装在一起的热交换器与经过燃烧净化的高温废气进行热交换达到预热目的，而进行燃烧所需的燃烧温度（反应温度）所需的热量则由燃料提供。经燃烧净化后无色无味的高温废气在排放至大气前通过热交换器预热脏废气后温度降至约 300℃。燃烧净化然后再通过另一热交换器加热载热油、新鲜空气或蒸汽锅炉用水至此其温度降至 110℃ 就可排入大气了。

此废气净化装置配有废气流量调控装置可把废气排出量调节到最小，从而使燃烧的耗量处在经济的范围内。净化装置可通过旁通风门和截止风门而与用热装置隔绝断开。此时维持燃烧所需氧气由新鲜空气风门进入燃烧室，以使燃烧室保温随时可用。燃烧的耗量首先取决于排出的废气量和废气中所含的有机物质量，其次与所采用的热交换器有关，废气中所含的有机物质越多燃烧耗量越低，由于利用废气中的有机物质所含的能量因此可以回收 2～3 倍于燃烧所提供的热量。

据 1979 年资料介绍，没有热回收系统，拉幅机所需要补充的新鲜空气必须经组装式热交换器 25℃ 加热到 150℃，而排出的温度约为 105℃ 的废气则白白浪费掉了。

在拉幅机上安装了 KWS 热回收系统之后，利用排出废气的热量，新鲜空气可以被预热到 80℃，然后按所控制的比例补充进入拉幅机。采用了这个方法后，热耗总量可有效地节省 10%～15%。

在采用热风循环方式的热定形机中（即定形温度达 180℃），废气排出的温度高达 160℃，在采用了 KWS 系统之后，排出的废气可以使新鲜空气预热到 120℃，因此便节省了 30%～35% 的热能。

6.2.2.3 瑞士 Koening 公司的 "Sparal" 废气的节能和净化装置

图 6-19 该装置的示意图,其工作原理与 Krantz 公司的废气的净化装置相同,下面介绍对该装置的节能和净化效果所作的测定结果。

测定是对一台 6 室热定形机的废气进行的,废气流量为 8000m³/h,从热定形机到 8t/h 蒸汽锅炉之间装有一段 77m 长的废气管道,废气净化装置装在锅炉房内,从热定形机排出的脏废气经净化装置燃烧净化后在排放到大气前先流经一组热交换器加热工艺用水,加热到 60℃的工艺用水可用于染色设备。

净化效果见表 6-18、表 6-19,可见经净化后的废气中所含的有害物质量低于大气污染标准。节省了 30%～35%的热能。

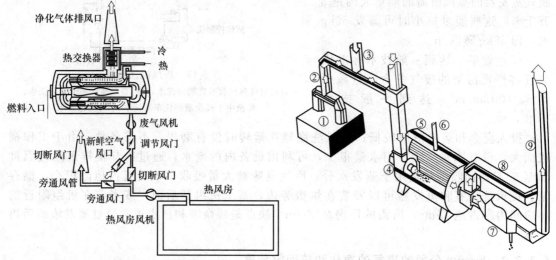

图 6-18　废气净化热回收装置示意　　　图 6-19　Sparal 废气净化装置

1—废气源;2—废气汇集管;3—膨胀管;4—燃烧器;
5—燃烧室;6—蒸汽管;7—热交换器;
8—旁通管;9—排气管

表 6-18　定形净化后污物含量

污　　物	德国标准	瑞士标准	测定结果	结　　论
粒状物质	5	—	<2	通过
CO	100	100	<300	通过
NO₂	200	200	180	通过
HC	20	20	<5	通过
HCl	30	30	10	通过

表 6-19　烘燥净化后污物含量

污　　物	德国标准	瑞士标准	测定结果	结　　论
粒状物质	5	—	<3	通过
CO	100	100	<35	通过
NO₂	200	200	100	通过
HC	20	20	<5	通过
HCl	30	30	9	通过

6.2.2.4　德国 Brueckner 公司的 Power-Line 型拉幅定形机

德国 Brueckner 公司的 Power-Line 拉幅定形机采用了一套三级热回收/排气清洁系统，减少了热耗。该公司定形机可提供余热回收和废气净化系统，可将废气中的余热传送给新鲜的空气或水，并使废气中的污染物得到冷凝和过滤。废气中的热量可以反馈给后整理机组。气-气和气-水热交换器热回收系统、空气洗涤系统、静电沉降系统，如图 6-20 所示。

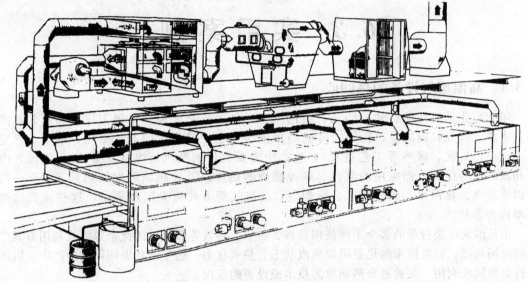

图 6-20　三级热回收/排气清洁系统

拉幅定形机还有一个特点是将供气与排气同自动气流控制相结合来实现最低能耗：

① 空气循环，采用两面对吹（逆向布置）的喷风嘴，可通过每半箱烘房中之一只变频器控制风机，将热风送至上喷风嘴，而另一变频风机将热风送入下喷风嘴，以此来调节上下喷风嘴的气流，不用传统的自动或手动风门来调节上下喷风嘴的风量。

② 当织物运行停止时，电子系统使旁通通道自动开，以便保护织物。变频控制的风机自动切换至待机状态，上层风机关闭，下层风机处于低速运行，可节省电能。

③ 调节烘干时排气和新鲜空气的流量，并根据废气的湿度控制提供给热定形各单元新鲜空气的数量，减少热能的消耗。

6.2.2.5　德国门富士（Monforts）MONTEX-6500 型拉幅定形机热能回收系统

图 6-21　自清洁热能回收系统

今年北京第 10 届国际纺机展德国门富士（Monforts）公司推出最新的 MONTEX-6500 型拉幅定形机，其热能回收采用新的集成系统，变革更新后整理上更经济和更生态环保的概念。定形机烘房持续排出的废气和废热通过集成的排风槽输送到气/气热交换器。废气的余热在热交换器内对流用于加热新鲜空气。加热后的新鲜空气通过集成的新鲜空气槽进入定形机的入口处。高达 60% 的新鲜空气被预热，根据加工状况可节省 10%～30% 的能源。同时可提供热交换器的自动烘干清洁装置。该自动清洁系统（专利）按预先设定的时间间隔，全自动清洁热交换器。确保机器恒定的高效率和高应用，避免不必要的停车保养。

该装置称为 Koening 系统，为新型离子单元，该特殊的电离技术可免保养，并自清洁装置，提升了的排气清洗和低维修需要。该系统的热交换器节省空间，集成到定形机的烘房顶。它是自支撑，不需要再次花费成本安装支撑架。如图 6-21 所示。

6.3 实用案例

6.3.1 高温废气设备的热回收

印染行业是高耗能行业，印花、染色工序，包括前处理和后整理工序（如退浆、煮练、水洗、丝光、碱减量、轧染、高温高压溢流染色、卷染、印花、蒸化、烘干、热定形、烧毛、轧光、罐蒸等工艺过程），生产中需要大量的蒸汽、煤（或柴油）、汽油、电力和新鲜水等能源。而应用的蒸汽、煤等燃烧的热量以及导热油散发的热量等，有一部分以冷凝水、热污水、废弃热水、废烟气、废热气等方式流失到环境中，这些流失的热量即称为余热。

正是因为印染行业的多个工序使用蒸汽、热水、热气等热能，因此余热回收利用有其广泛的应用基础，回收回来的热量可以蒸汽状态、热水状态、热空气状态回用到生产中。因此进行余热回收利用，关键是余热回收的技术或设备的应用。

由于印染企业都开始重视余热回收利用，以进行节能降耗降低生产成本，因此市场上对余热进行回收的技术研究和设备的开发越来越多。目前，对烘干定形设备的高温排放废气的余热回收、高温废水（污水）的余热回收、锅炉高温废烟气的余热回收、蒸汽冷凝水的余热回收等技术已经逐渐成熟，但目前市场上相关技术设备的合理性、有效性、热回收效率等也良莠不齐，印染企业要进行余热回收利用，则必须严谨、认真探讨和选择，既要避免为节能影响产品质量、避免为节能影响原设备安全、影响生产环境，还要保证余热回收设备使用寿命长、回收投资期短。因此，余热回收利用必须遵守一定的原则，结合企业实际情况，认真考察，选择适合自己企业的余热回收利用技术和设备是非常重要的。

下面从定形机等排放高温废气的设备进行余热回收、锅炉高温烟气的余热回收、高温废水的余热回收等印染企业最常见、最常用到的余热回收进行应用性探讨和比较。

余热的流失，造成了能源的浪费，更直接导致了印染行业的百米布成本增加。但由于余热的回收存在技术的难度和应用的实际困难，因此余热的回收利用除了比较简单的降温水和蒸汽冷凝水的回收利用外，像高温废水、高温废水、锅炉高温废烟气等的余热，很长时间以来并未能在印染企业中得到广泛实施。近年来，随着蒸汽、原煤，以及水、电力价格的增长，印染企业生产成本进一步增加，产品竞争更加激烈，能源的回收利用才逐步得到了企业越来越高的关注和重视。从近几年余热回收利用的实践证明，无论从宏观的节约能源的角度，还是从企业的自身生存发展来看，进行余热回收利用节能降耗，都是必然的选择，是节能降耗的重要途径，而且是完全可行的。

6.3.2 定形机废热回收与烟气净化工艺应用

近几年，我国印染行业出现了前所未有的快速发展局面，在全球的产能份额持续上升，已经成为世界印染业中规模最大的国家。但是，印染行业是耗能排污的"大户"，随着我国大力推进节能减排政策和措施，印染纺织行业对节能减排的需求日益突出。染整企业定形机数量众多，热定形过程燃料消耗大，是企业生产成本的重要部分；定形机排出的烟气具有温度高、湿度大、含油烟和成分复杂等特点，危害职工和居民的身体健康，也影响区域大气环境质量。定形机烟气中油脂在管道和设备中的沉积，也是印染企业发生火灾事故的重要原因。印染行业所配用的后处理环保设备，在消除定形机烟囱排出的滚滚浓烟，缓解印染企业与周围居民之间矛盾的同时，还可创造经济效益。

目前，我国定形机烟气的治理技术，主要有"气/气热回收—喷淋洗涤法"和"水/气冷却—静电除尘法"两种组合工艺。前者具有热能回收效果好，运行安全稳定，但油烟净化效率较低；后者具有较高的油烟净化效率，但热能回收效率低，且存在严重的火灾事故隐患。在对国内外相关技术调研的基础上，宁波大学环境工程研究所于 2006 年提出"热能回收—喷淋洗涤—湿式静电除尘"的三级处理工艺，2007～2008 年先后进行了小试和中试验证，于 2008 年 9 月完成了定形机热能回收与烟气净化新型设备的设计和试制，并在江苏省苏州市常熟色织集团完成安装，开始工业应用试验。2010 年 3 月，项目组对该套设备的运行状态进行标定，并对定形机废气成分进行检测和性能评价[12]。

6.3.2.1 工艺原理

工业应用试验的工艺流程如图 6-22 所示。

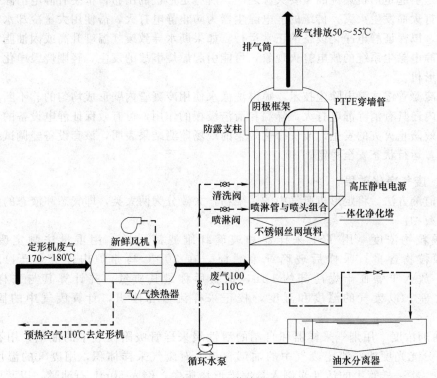

图 6-22 工艺流程

定形机外排的废热空气约 170～180℃，集中通过余热回收换热器进行热能回收。新鲜空气由回用风机提供，被加热后温度约 10～180℃，通过风管回用到定形机的前两段定形室内，用于阻止进布口处的冷空气进入，可提高前两段定形室内温度。

废气经过换热后温度降低到约 110℃ 的废气，从底部进入喷淋-静电一体化净化塔内，在洗涤单元内与喷淋水形成的多重水幕逆流接触进行第一级净化；经静电除尘进一步除尘除雾，完成第二级净化后温度在 50～55℃，向上经塔顶的排气筒排入大气。

废气中含有的多种污染物，包括染料、助剂、硬化剂、阻燃剂、纤维油等复杂有害物质，均被洗涤转移到循环洗涤水中，在油水分离器中冷却、分离，密度小于水的污染物以废纤维油脂的形式回收利用。

6.3.2.2 主要设备

工业应用试验所有设备的主要参数，如表 6-20 所示，成套设备的总装机功率小于 10kW。

表 6-20 工业试验设备清单

序号	设备名称	规格型号
1	喷淋洗涤-静电除尘一体化净化塔	不锈钢材质，直径 2000mm，高 4500mm；逆变式高频高压静电电源，输入电压 220VAC，输出 100kV/100mA
2	余热回收换热器	$DN50$ 碳钢列管式；新鲜风机 220VAC，2.2kV·A，$Q = 2000 \sim 4000\text{m}^3/\text{h}$
3	油水分离器	不锈钢材质，$V = 4.0\text{m}^3$；循环水泵 220VAC，2.2kV·A；$Q = 15\text{m}^3/\text{h}$，$H = 15\text{m}$
4	电气控制柜	带废气高温报警，废气和回用风管的温度显示

6.3.2.3 安全运行

静电是引起定形机燃烧的重要火源之一，所有定形机的出布口都装有静电消除器，防止静电积聚打火而发生火灾。传统的静电除尘器为防止静电打火，需使用大量冷却水将废气的温度降低，以保证静电净化设备的正常运行。如果断水导致废气温度升高或因油脂积聚太多等原因，静电除尘系统的放电打火现象，可能引起燃烧事故的发生，轻则烧毁净化设备，重则烧毁定形机。

采用冷凝管湿式静电除尘技术，喷淋洗涤水使用冷凝管内壁形成均匀的、不断更新的水膜，在塔内还具有消除静电打火，降温和清洁极板的作用，可有效保证静电设备的安全稳定运行，有效防止火灾的发生。废气净化效果的现场监测结果表明，该套设备经调试投入正常工作以来，运行状态安全稳定。

6.3.2.4 废气净化效果

（1）监测方法　将定形机废气中的污染物，大致分为两大类，即气态和液态的油烟，与固态的颗粒物。

① 颗粒物浓度　用 TSP 采样器和玻璃纤维滤筒采样，用重量法测定废气中的水汽和颗粒物含量；采样后玻璃纤维滤筒，在 300℃ 马弗炉内连续烘干 1h，去除水气后，放入干燥皿干燥冷却约 12h，恒重后称量其质量，并计算其与采样前的初始质量之差；以废气的温度和湿度，校正采样流量和体积，计算废气中的固体颗粒物浓度。

② 油烟浓度　用烟气采样器和自制的活性炭采样管吸附废气中的油烟，用石油醚萃取和紫外分光光度法，测定废气中的油烟含量。对废气采样体积，用废气的温度和湿度进行校正。将采样管中的活性炭倒入具塞锥形烧瓶中，倒入 50mL 石油醚，以萃取活性炭吸附的油烟；3h 后将烧瓶中的石油醚溶液倒出，用 UV-2000 紫外分光光度计，测定溶液的吸光度。

取定形机废油脂，加入到石油醚中配制成废油标准溶液，在紫外分光光度计上测定吸光度，绘制标准曲线。从标准曲线上，得到活性炭采样管上吸附的油烟质量，从校正后的采样流量和体积，计算废气中的油烟浓度。

（2）采样工况

① 工况调节　为配合本次废气检测过程，定形车间专门安排两种坯布定形加工，分别

进行两轮测试：一种是薄的黑色坯布，定形温度为180℃；另一种是厚的白色坯布，定形温度为200℃。根据经验，高温定形厚的白色坯布，产生的废气温度高、油烟浓度大、气味较重，是废气治理的难度和重点。

如表6-28所列，通过启动关闭废气治理成套设备中的新鲜风机、循环水泵和高压静电3台设备，在每一轮测试中，可以得到3种运行状态：①为仅有"热能回收"的一级处理，停止循环水泵和关闭静电电源，仅开启新鲜风机；①②为"热能回收＋喷淋洗涤"的二级处理，开启新鲜风机、循环水泵，关闭静电电源；①②③为"热能回收＋喷淋洗涤＋静电处理"的三级处理，新鲜风机、循环水泵和静电电源均处于开启状态。

② 采样步骤 一个废气采样点，设在定形车间厂房顶上的排气筒出口中心处；厂房顶上排气筒处设3人，分别持TSP采样器、烟气采样器和温度测定仪。控制采样流量和时间分别为，TSP采样5～15min，流量30L/min；烟气采样器为5～10min，流量0.7L/min。

留1人在定形车间厂房内，按表6-21第4行所述的状态，利用电气控制柜，依次调节废气治理设备的运行工状；对应一种织物，三种状态废气的排气温度从高到低，待排气筒出气温度稳定5分钟后，开始该运行状态下的采样过程，共得到3组样品。

两轮测试，共采得6组样品；采样后滤筒和活性炭管，用塑料管两端扎口密封、冷藏保存。

（3）检测结果 废气污染物检测结果列于表6-21所列。

表 6-21 排气筒废气污染物检测结果

序号	样品编号	设备状态	排气温度/℃	颗粒物		油烟	
				浓度/(mg/m³)	去除率/%	浓度/(mg/m³)	去除率/%
1	A₁	①	75	170.81	/	46.92	/
2	A₂	①②	52	36.51	78.63	15.60	66.75
3	A₃	①②③	48	12.80	82.50	2.04	95.64
4	B₁	①	85	146.87	/	51.73	/
5	B₂	①②	56	30.85	78.99	15.85	69.37
6	B₃	①②③	50	21.30	85.50	4.46	91.38

注：样品A₁₋₃与B₁₋₃分别对应180℃定形的黑色坯布与200℃定形的白色坯布；①②③分别表示新鲜风机、循环水泵与高压静电电源等三台运行设备。

从表6-21数据可知，两种织物中厚的白色坯布在较高的温度下定形，废气中油烟浓度较高，而颗粒物浓度却稍低。废气经一级处理后温度有所降低，再经喷淋洗涤作为二级处理，颗粒物和油烟的去除率分别达75%以上和65%以上；再经高压静电净化单元，对废气中油烟的去除率可达90%以上。经过三级处理，两种织物热定形废气中总颗粒物去除效果良好，其中油烟的去除率分别达到95%和91%以上，对颗粒物的去除率达到92.5%和85.5%。采样过程中可以观察到，经三级处理后，排气筒出口处透明度显著增大；原有的恶臭气味明显减弱，排气筒下风向5m以外难以察觉。

为减少对企业生产的不良影响，本次现场监测过程始终没有停止新鲜风机的运行，上述的去除效率，是以一级处理即热回收后的废气浓度作为参比值；由于只在排气筒出口采样，即使不开启进行循环喷淋和静电除尘处理，塔内的不锈钢丝网填料对废气中的油烟仍具有过滤作用，导致监测结果低于实际值；此外，经喷淋后废气含水分较高，影响活性炭对油烟的吸附容量。以上3种因素的共同作用，导致颗粒物和油烟污染物的净化效率数值存在误差，即测定值低于实际值。

6.3.2.5 热能与油脂回收

废气处理工程的经济效益，来自于热能利用和废油脂回收。

(1) 热能利用 定形机废气收集系统，如图 6-23 所示。热能利用工程实施前的初始工况见图 6-23 (a)，每两节定形室共用一台排气风机，流量为 2000m³/h，一台 10 室定形机的废气总量为 10000m³/h，折合 12937kg 干空气/h。定形室内温度为 190~200℃，排出废气初始温度 $t=170℃$，含水率 $H=0.07kgH_2O/kg$ 干空气（绝对湿度），废气比容 $V_{湿空气}$ 为 1.40m³/kg 干空气。在 101.3kPa 和 170℃ 下，定形机废气折算湿热废气流量 $Q_气$ 为 18000m³/h，总焓值为 4139840kJ/h。

热能利用工程，包括废气减排与气气换热两部分，如图 6-23 (b) 所示。

① 废气减排 将前两节定形室的排气口改为进气口，其余 4 台风机照常工作。改造后废气总量为 8000m³/h，折合 10305kg 干空气/h，排气初始温度 $t=170℃$，含水率 $H=0.09kgH_2O/kg$ 干空气（绝对湿度），废气比容 $V_{温空气}$ 为 1.437m³/kg 干空气。在 101.3kPa 和 170℃ 下，定形机废气折算湿热废气流量 $Q_气$ 为 14878m³/h，总焓值为 3932898kJ/h。

废气排放量从 10000m³/h 减到 8000m³/h，废气总焓值从 4139840kJ/h 降至 3932898kJ/h，从废气减排方面，可减少排气总焓值 206992kJ/h。折合锅炉热负荷降低 49472.3kcal/h，每年减少燃煤消耗 71.2t。

② 废热回收 废热回收可显著降低废气的温度，有利于后续净化单元提高油气的去除效率。采用一台风机使 2000m³/h 新鲜空气与 8000m³/h 的排气，进行气/气热交换；将 2000m³/h 新鲜空气，从温度 20℃、相对湿度 80%，预热到 120℃、相对湿度小于 1%，空气的焓值从 50kJ/kg 增加到 150kJ/kg；可削减热负荷 61825kcal/h，每年节约燃煤 89t。

8000m³/h 废气降温过程释放的显热，共计 197896.7kcal/h；如全部用于新鲜空气的预热，忽略换热设备的热损失，新鲜空气流量可达 6400m³/h；将 2000m³/h 新鲜空气加热至 120℃，只相当于利用了废气显热能量的 30%，故气气热能回收仍有相当大的潜力可挖。做好设备管道的保温，尽量减少定形机操作过程的热损失，安装气气换热设备，用于新鲜空气的预热过程，可以进一步提高定形机废气显热的利用效率。

从废气减排和气气换热两部分可知，每年可节约燃煤 160t，综合节能效率大于 10%；上述分析，均按煤炭热值 5000kcal/kg 计，锅炉的热效率按 75% 计。

(2) 油脂回收 从换热器底部和油水分离器处，可收集回收废气中的废化纤油，按废气流量 10000m³/h，废气中的油脂含量从 150mg/m³ 降到 10mg/m³，去除率按 93.3% 计，则可回收废油 1.4kg/h，折合每天 33.6kg。

(3) 综合效益 安装一套废气热回收与净化设备，一次投资约 20 万元，在满负荷运转的条件下，每年从节省燃料和回收油脂两个方面可获收益约 20 万元；扣除设备运行电耗约 5 万元后，染整企业每年可获利约 15 万元，故全套设备的投资回报期为 1~2 年。

工程实施后投入运行 2 年时间来，基本消除了定形机排气的刺激性恶臭气味，排气筒出气无明显可见的颜色，未发生因定形机废气排放导致的空气质量恶化和周周居民投诉现象。

工业应用试验结果表明，带有湿式静电净化单元的三级处理工艺处理效果良好，对定形机废气中颗粒物和油烟的净化效率分别达到 85% 和 90% 以上，废气中总颗粒物的排放浓度低于 30mg/m³，其中油烟的排放浓度低于 5mg/m³。

定形机废气处理成套设备运行安全、性能稳定，通过废气减排和气气换热进行热能回收利用，综合节能效率大于 10%；工程实施后，染整企业从节省燃料和回收油脂两个方面获

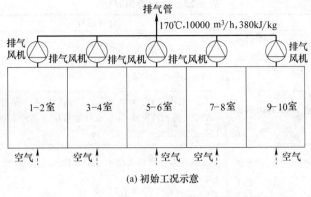

(a) 初始工况示意

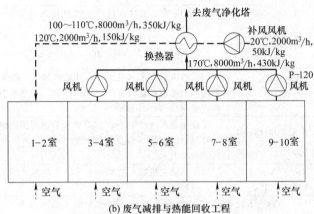

(b) 废气减排与热能回收工程

图 6-23 定形机废气收集系统示意

得经济收益，可望在 1～2 年内收回全部设备投资。

【点评】 热能回收—喷淋洗涤—湿式静电除尘的三级处理工艺，是定形机废热回收与烟气净化较成熟的技术。量变到质变，在应用中不断提升实效。

6.3.3 应用水源热泵回收印染废水能量

常州某集团是一家生产精纺呢绒、各类服装和塑料制品的大型综合企业。该集团在生产快速发展的同时，积极响应国家号召，利用水源热泵对染整厂区排放的印染废水进行废热回收，用于染缸前端自来水的预热，供应公司员工洗澡用水，对毛纺、毛织和条染车间进行夏季供冷，从而减少一次能源的消耗，降低一次能源使用对环境的危害，实现国家节能减排要求，使企业生产与环境保护同步发展[13]。

（1）经济效益理论分析 采用新旧两种方案（旧方案为购买蒸汽，新方案为采用工业热泵系统），将自来水从 20℃ 加热至 50℃，比较两者的费用，从而分析工业热泵的经济性。

整个工程共三台机组，现以一期工程一台热泵系统进行分析，见表 6-22～表 6-24。

表 6-22 水在不同状态下的焓值

水的状态	焓值/(kJ/kg)
20℃	83.86
50℃	209.33
100℃	419.06
0.7MPa 饱和蒸汽	2762.75

表 6-23　运行费用对比

项　目	计算过程	结果
单位质量的水由 20℃加热至 50℃消耗能量/(kJ/kg)	$I_{50℃水}-I_{20℃水}=209.33-83.86$	125.47
单位质量的 0.7MPa 蒸汽冷凝成 50℃水释放热量/(kJ/kg)	$I_{饱和水蒸气}-I_{50℃水}=2762.75-209.33$	2553.42
1m³ 的水由 20℃加热至 50℃消耗蒸汽量/kg	1m³ 水由 20℃加热至 50℃消耗热量÷单位质量 0.7MPa 蒸汽冷凝成 50℃水释放热量÷蒸汽利用率＝$125.47×1000÷2553.42÷98\%$	50.14
工业热泵系统春夏秋季产生 36m³ 50℃的热水耗电量/kW	工业热泵主机输入功率＋水泵输入功率＝179＋4＋2.2＋11＋4	200.2
工业热泵系统春夏秋季产生 1m³ 50℃的热水耗电量/kW	（工业热泵主机输入功率＋水泵输入功率）÷36＝200.2÷36	5.56
工业热泵系统春夏秋季产生 1m³ 50℃的热水折合成的耗汽量/kg	$5.56×860÷662$(1kW＝860kcal,1kg 蒸汽＝662kcal)	7.22
工业热泵系统春夏秋季产生 1m³ 50℃的热水节约的蒸汽量/kg	1m³ 的水由 20℃加热至 50℃用蒸汽加热消耗蒸汽量-工业热泵系统春夏秋季产生 1m³ 的 50℃的热水节约的蒸汽量＝50.14-7.22	42.92
用工业热泵系统春夏秋每天工作 13h 节约的蒸汽量/t	工业热泵系统产生 1m³ 50℃热水节约的蒸汽量×每小时制取的水量×春夏秋的天数＝42.92×36×13×240÷1000	4820.78
工业热泵系统冬季产生 24m³ 50℃热水耗电量/kW	工业热泵主机输入功率＋水泵输入功率＝176＋4＋2.2＋11＋4	197.2
工业热泵系统冬季产生 1m³ 50℃热水耗电量/kW	（工业热泵主机输入功率＋水泵输入功率）÷24＝197.2÷24	8.22
工业热泵系统冬季产生 1m³ 50℃热水折合成的耗汽量/kg	$860×8.22÷662$(1kW＝860kcal,1kg 蒸汽＝662kcal)	10.68
工业热泵系统冬季产生 1m³ 50℃热水节约的蒸汽量/kg	1m³ 水由 20℃加热至 50℃用蒸汽加热消耗蒸汽量-工业热泵系统春夏秋季产生 1m³ 50℃热水节约的蒸汽量＝50.14-10.68	39.46
用工业热泵系统冬季每天工作 13g 节约的蒸汽量/t	工业热泵系统产生 1m³ 50℃热水节约的蒸汽量×每小时制取的水量×冬季工作的天数＝（39.46×24×13×100）÷1000	1231.15
制热水 1 年可节约的蒸汽量/t	4820.78＋1231.15	6050.93
每年节约蒸汽折合标煤量/t	三台热泵每年节约蒸汽量÷（标准煤发值÷0.7MPa 饱和蒸汽热值×锅炉效率）＝6050.93÷7000÷662×0.8 (1kg 蒸汽＝662kcal,1kg 标准煤＝7000kcal,电厂锅炉效率为80%）	715.31
节省费用(按购买蒸汽计算)/元	（工业热泵组系统春夏秋每天工作 13h 节约的蒸汽量＋工业热泵组系统冬季每天工作 13h 节约的蒸汽量）×蒸汽价格(198 元/t)＝6050.93×198	1198084.14

表 6-24　机组在回收废热水热量时的技术参数

机型			GSHP-C0738DG	
制热量/kW			750	681
染缸补水	温度/℃		32～50	25～50
	流量/(m³/h)		36	24
热源水	温度/℃		23～10	15～5
	流量/(m³/h)		37	43
输入功率/kW			179	176

注：机组参数以厂方实际选用型号为例。

该工业热泵系统除可作为热源外,夏天还可作为车间空调冷源,也可节省很多费用。

作冷源时节省费用=溴化锂机组制取 699kW 的冷量需耗 0.78t 蒸汽/h×蒸汽价格×工作天数(以四个月计)×每日工作时间(此处按车间工作时间 16h 计)=0.78×198×120×16=296524.8 元

全年共可节约费用=作为热源时节省费用+作为冷源时节省费用=119.81 万+29.65 万=149.46 万元

(2) 实际运行经济效益分析

该厂一期 1 台热泵机组于 2009 年 10 月安装完成,在试运行期间,实测 10~12 月同比往年节省费用 30 多万元,且运行稳定。试运行期间,某日实测经济效果分析如表 6-25 所示。

表 6-25　试运行经济效果分析

项目	计算过程	结果
热泵 4h 水箱 150t 水从 33℃ 加热至 41.8℃ 耗电量/kW	—	700
4h 厂区 60t 水从 12℃ 升至 41.8℃ 耗电量/kW		
150t 水从 33.0℃ 加热至 41.8℃ 所需热量/kW	加热水量×水温差热值=$150×10^3×(41.8-33)÷860$	1535
60t 水从 12.0℃ 加热至 41.8℃ 所需热量/kW	加热水量×水温差热值=$60×10^3×(41.8-12.0)÷860$	2079
工业热泵组 4h 共制取热量/kW	1535+2079	3614
工业热泵组运行 4h 节省电量/kW	3614-700	2914
工业热泵组每小时节省电量/kW	2914÷4	728.5

试运行期间,实测热源节省费用=工业热泵组每小时节省电量×用电时间×电价[平价电 0.562 元/(kW·h),低谷电 0.247 元/(kW·h),优先使用低谷电]=728.5×(5×0.562+8×0.247)=728.5×4.786=23486.601 元

该热泵技术在运行期间,只需派人定期抄表,并将热泵操作系统与负责人手机相连,发生故障可自动发送手机短信息,便于灵活管理。现热泵运行 1 年多来,效果稳定,已收回设备投资费用,每年实际节约费用在 105 万元左右(主要根据生产量决定,实际制备热水价值 120 万元),运行期间的节能降耗效果已显现。

在热泵机组运行情况良好的情况下,该企业又采用两台热泵机组代替原先的两台溴化锂机组,用于夏季车间降温。在夏季实际运行过程中可节省 25.16 万元,大大降低了企业的费用成本,提高了企业竞争力。

【点评】　采用工业热泵将低品质废热水提升为适用的热水,且夏季作为车间空调冷源简明并节能,值得在毛染整企业推广应用。

6.3.4　热泵机组余热回收

纺织染整工业中,前处理需耗用大量热能,如果直接排放不仅造成浪费,由于在后续污水处理过程中还需进一步降温,造成连续的能源浪费。通过对印染污水(退浆废水、碱回收废水、水洗废水)实施余热回收,使之转换为生产可利用能源,不仅节约了正常生产工艺的高品位蒸汽消耗,同时降低了污水排放温度。

采用污水余热回用热泵机组对染整生产工艺中所产生的中温余热进行能量回收转换,同时将 60℃ 的清水加热到 90℃,进入热水池,供给生产使用,可实现整个生产工艺的能源优

化，减少能源消耗，降低生产成本[14]。

6.3.4.1 热泵机组余热回用技术

（1）热泵机组设计技术条件　见表 6-26。

表 6-26　热泵机组设计技术条件

制热量/kW(10^4kcal/h)		1600（138）
热水	进出口温度/℃	67～90
	流量/(t/h)	60
	阻力损失/(mH_2O)	11
	接管直径(*DN*)/mm	100
余热水	进出口温度/℃	70～43
	流量/(t/h)	21
	阻力损失/(mH_2O)	6
	接管直径(*DN*)/mm	65
蒸汽	压力/MPa	0.6
	耗量/(kg/h)	1433
	凝水温度/℃	≤90
	汽管直径(*DN*)/mm	80
	凝水管直径(*DN*)/mm	40
电气	电流/A	17.3
	功率容量/kW	5.9

注：1. 技术参数表中各外部条件——蒸汽、热水、余热水均为名义工况值，实际运行时可适当调整；

2. 热水允许出口温度最高 60℃；

3. 制热量调节范围为 20%～100%，热水和余热水流量调节范围为 60%～120%；

4. 热水、余热水侧污垢系数 0.086m^2 · K/kW（0.0001m^2 · h · ℃/kcal）；

5. 机组运输加为下沉式；

6. 热水、余热水室最高承压 0.8MPa；

7. 机组蒸发器的传热管及水室整体材质均为 00Cr17Ni14Mo2（316L 不锈钢板）。

（2）热泵机组技术　余热回收制热（HRH）技术系利用工艺系统中的废热和部分驱动热源，获得大量的较高品位的生产、生活用热，可以节约 40% 以上高品位能源。

图 6-24 为 HRH 热平衡示意。

图 6-24　HRH 热平衡示意

注：视余热的品位与中温热源的需求温度不同，热平衡中的系数会有所不同。一般，中温热源的需求温度越低，平衡中的参数就越高。

（3）技术特点

① 节能　实现节约能源消耗的相对百分比高达 40% 以上。

② 废热利用　一般可以使用温度在 30～70℃ 的废热水、单组分或多组分的气体或液体。

③ 提供热媒　可以获得比废热温度高 40℃ 左右，不超过 100℃ 的热媒。

④ 驱动热源　0.8MPa 以下的蒸汽、高温热水、燃油、燃气、高温烟气等。

⑤ 制热 COP 值　制热量与输入功率的比率定义为热泵的循环性能系数 COP（coefficient of performance）。COP 值在 1.84～2.25，即利用 1 个单位的驱动热源就可以获得 1.84～2.25 个单位的生产、生活需要的中温热量。

⑥ 品位说明　余热进出口温度越高，获得的热媒温度就越高。

技术原理：余热回收制热过程包括余热热量的提取、余热热量的转移、吸收工质的浓缩和热媒介质的二次加热。

（4）蒸发器　余热热量的提取在蒸发器中进行，参见图 6-25。

技术原理：水在不同的压力下对应的蒸发温度不同；在近真空的蒸发器内，利用水在负压状态下低沸点的原理，将蒸发器液态水进行低温蒸发，吸收管程内废热源的热量，同时产生蒸汽进入吸收器，完成热量的提取回收过程。

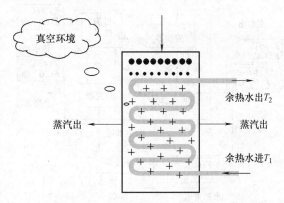

图 6-25　余热热量提取示意

（5）吸收器　余热热量的转移在吸收器中进行，参见图 6-26。

技术原理：溴化锂浓溶液具有强吸水性。在吸收器内，利用溴化锂浓溶液的强吸水性特点，吸收来自蒸发器的水蒸气，提高溶液的温度，加热需要提高温度的热媒，实现了所吸收废热的热量转移，同时溴化锂溶液由浓变稀，不再具有吸水性。

（6）发生器　吸收工质的浓缩在发生器中进行，参见图 6-27。

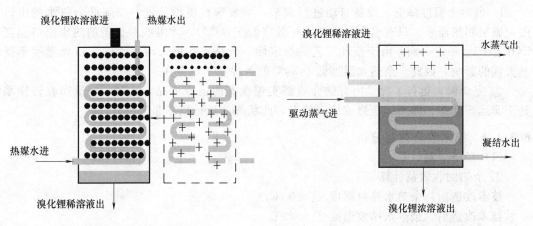

图 6-26　余热热量转移示意　　　　　　　图 6-27　吸收工质的浓缩示意

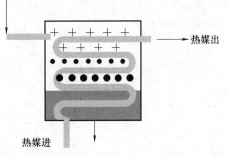

图 6-28　热媒介质的二次加热

技术原理：在压力一定的条件下，不同的物质，水和溴化锂的蒸发温度不同。在发生器内，利用外界驱动热源的热量，对溴化锂稀溶液进行浓缩，产生的浓溶液进入吸收器进行吸收，同时产生的水蒸气进入再加热器，对热媒进行再次加热。

（7）再加热器　热媒介质的二次加热在再加热器中进行，参见图 6-28。

技术原理：基本的热传递原理在再加热器

内，利用来自发生器高温水蒸气的热量，对经过初步加热的热媒进行再次加热，最终产生所需要的热媒水。

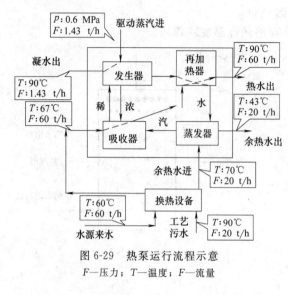

图 6-29　热泵运行流程示意

F—压力；*T*—温度；*F*—流量

6.3.4.2　热泵运行流程

（1）热泵运行　热泵运行流程见图 6-29。

① 污水　经换热设备热交换后，进入蒸发器完成热量的提取回收过程后排出。

② 清水　经换热设备热交换后，进入吸收器，利用溴化锂溶液强吸水性的特点，吸收来自蒸发器的热量，进入再加热器对经过初步加热的清水进行再次加热，最终产生所需要的热媒水。

（2）设计工况分析

① 设计运行工况　能量回收转换系统在各个设计条件下正常运行，所有的工艺余热水都经过能量转换系统，将清水加热到 90℃进入热水池。

② 部分负荷运行工况　当工艺运行发生变化时，各条件的变化可能出现的影响：

a. 部分时间大量地进冷水，解决方案是对热水池实行水位控制，节能技术在此时仍运行，制出的热水在水池内贮存。只有在极个别情况（生产的热水过多），可通过水位控制实现节能设备停止运行。

b. 余热水温度降低，设备自动进行调节，增加蒸汽供给与进一步降低余热水的出口温度，满足制热需求。只有当余热水温度过低（低于 80℃），才可能对设备的热水出口温度和 COP 值产生一定影响。由于整理工艺的稳定性，余热水在进入污水池的入口处温度不受自然天气的影响，因此，余热水温度低于 80℃的条件基本不存在。

③ 完全偏离运行工况　所有的介质都实现现有的运行工况，此时，能量回收转换系统处于非运行状态，即系统检修或故障状态，此状态的运行概率非常小。

6.3.4.3　技术改造效益分析

（1）经济效益计算

① 余热回收效益计算

技术改造前　余热水排放温度 $T_2 = 90℃$

技术改造后　余热水排放温度 $T_1 = 43℃$

② 回收热量计算

$$Q = cm\Delta T = cm (T_2 - T_1)$$
$$= 20 \times (90 - 43) / 10 = 940 \text{kcal}$$

年运行时间　8000h

年回收热量　$Q = 8000 \times 940 = 7520000 \text{kcal}$

式中　Q——水吸收的热量；

c——水的比热容；

m——水的质量；

ΔT——回收水处理前后的温差；

T_1——回收水处理后温度；

T_2——回收水处理前温度。

以 1t 蒸汽热值为 600kcal 计，年节约蒸汽量（A）为：A＝7520000/600＝12533t

以 1t 蒸汽价格为 180 元计，年节约外购蒸汽费用（B）为：B＝A×180＝225.6 万元

系统运行的效率按 95％进行计算，年实际实现的经济效益为：B×95％＝214.3 万元

（2）技术改造投资及回收期

设备投资及改造费用　120 万元

投资回收期＝设备投资改造费用/年效益×365d＝120/214.3×365＝204.4d

（3）综合效益

① 通过对现有工艺系统进行节能技术改造后，每年将产生直接经济效益为 214 万元。

② 由于直接加入高温水，将缩短印染设备的加热时间消耗，提高产能。

③ 采用高温水洗涤，提高产品质量。

④ 通过工艺技术改造，可以减少环境污染，提高企业的社会责任和竞争力。

【点评】

① 热泵的循环性能系数（COP）高达 1.84～2.25。将染整排出的低品位废热水及高温废水热变换效率高。

② 环保与资源节约值得推广热泵技术。

参 考 文 献

[1] 陈立秋. 染整生产排出污水的热回收. 印染，2011，14：45-47.

[2] 李忠贤. XT08 型旋转式水热交换机的研发与应用. "科德杯"第五届全国染整机电装备节能减排新技术研讨会论文集. 苏州：中国纺织工程学会染整专业委员会. 138-142.

[3] 冯玉报，等. GTG 污水热能回收系统. "海大杯"第六届全国染整机电装备既资源综合利用新技术研讨会论文集. 元锡：中国纺织工程学会染整专业委员会. 266-268.

[4] 厚丹冰. 工业余热回收—投资给企业的未来. 2010 威士邦全国印染行业节能环保年会. 杭州：中国印染行业协会. 278-284.

[5] 张青峰. 工业热泵系统应用于印染行业在节能降耗方面的社会效益. 2009 蓝天中国印染行业节能环保年会. 常州：中国印染行业协会. 874-882.

[6] 冯国平. 印染废水余热回收系统的研制和开发. 2010 威士邦全国印染行业节能环保年会. 杭州：中国印染行业协会. 54-59.

[7] 陈立秋. 定形机废气净化及热回收. "海大杯"第六届全国染整机电装备暨资源综合利用新技术研讨会论文集. 无锡：中国纺织工程学会染整专业委员会. 242-250.

[8] 陈玲，等. 热定形机油烟废气治理现状及监测方法研究. 2009 全国染整行业节能减排新技术研讨会论文集. 山东：中国纺织工程学会染整专业委员会. 101-103.

[9] 杨汉成，汤奔. 定形机热能环保装置技术的应用. 染整技术，2011，5.

[10] 曹新年. 工业静电式烟（油）雾净化—回收设备. 2009 蓝天中国印染行业节能环保年会论文集. 常州：中国印染行业协会. 902-905.

[11] 朱仁雄. 热定形机废气的热回收和净化装置. 2006 凤凰全国印染行业环保工作年会论文集. 青岛：中国印染行业协会.

[12] 高华生，等. 定形机废热回收与烟气净化工业应用试验. "海大杯"第六届全国染整机电装备暨资源综合利用新技术研讨会论文集. 无锡：中国纺织工程学会染整专业委员会. 251-254.

[13] 夏冬. 水源热泵在回收印染废水能量中的应用. 印染，2011，3. 28-30.

[14] 吕文泉，等. 热泵机组在余热回收中的应用. "海大杯"第六届全国染整机电装备暨资源综合利用新技术研讨会论文集. 无锡：中国纺织工程学会染整专业委员会. 261-265.

资源综合应用的物料回收

染整废水中的许多物料，如PVA浆料、丝光淡碱、碱减量的对苯二甲酸、液氨整理的氨、真蜡印染的松香、羊毛水洗中的羊毛脂、染色及印花残液中的染料，后整理有机废气净化苯类，印花镍网的循环应用，污泥的资源应用，既是循环经济实施资源节约，也是环境保护清洁生产的必需工作。

7.1　PVA浆料回收

PVA浆料退除后使废水中污染物增加，总固体和悬浮物增加，PVA含量1~8g/L的退浆废水中，COD_{Cr}值在1570~12000mg/L正比上升。

回收退浆废水中的PVA生成物，可循环利用在经纱上浆、造纸、黏合剂、黏合助剂、胶片等，实现废弃物的绿色循环。

PVA回收方法有泡沫分离法、凝聚沉淀法、吸附法、重金属螯合法、等离子分解法、超过滤法、生物（细菌）分解法等多种方法，其中以凝聚、胶化、吸附综合的效果最佳。

织造上浆减少PVA或无PVA是方向，而对含PVA的经纱浆料在染整前处理过程，进行回收，循环利用，降低COD_{Cr}的排放值得研究、应用。

7.1.1　含PVA退浆废水处理技术及分析[1]

退浆工序主要是去除织造过程中加在经纱上的浆料，使织物与染料间有更好的亲和力。目前棉混纺一般退浆废水中的PVA浓度都比较低，实际工程中，目前针对此类废水普遍采用的处理方法是"物化＋生化"。废水经调节池进行水质水量的调节后，进入混凝沉淀池（通过加入混凝剂），后进入厌氧（只控制在水解酸化阶段）、好氧等生化处理单元，通过筛选培育高效菌种降解部分PVA，PVA的去除率可达到60%~80%，一般很难满足行业排放标准。在某些纺织工厂的圆网糊料印花工艺（如窗帘布印花）中，一般也使用PVA作为染料的载体，印花废水中的PVA浓度较高，一般可以达到1000mg/L以上，其对应的COD$_{Cr}$可以达到1600mg/L左右。此类废水因其浓度很高，故采用传统的"物化＋生化"处理方法也很难处理。

国内外对含PVA废水的治理进行了较多研究，处理方法基本上分为两大类，即物化法和生化法。物化法中主要有泡沫分离、超滤盐析、氧化剂氧化等技术。生化法常采用活性污泥法，利用微生物的新陈代谢作用，通过分离高效PVA降解菌的生物强化技术，降解PVA。

(1) 生化法　PVA废水相对好氧速率大于内源呼吸好氧速率，即PVA对微生物无毒，但高浓度PVA浆料只能溶于高温热水中，在生化处理中，随着温度的降低，呈胶状析出，微生物难以破开其中的反应键，COD较高，B/C的比值比较小，因此难以被生物降解。若用生化法，需选择合适的预处理技术，增加可生化性是处理的关键。

采用缺氧反硝化-接触氧化系统处理含PVA废水，处理后COD$_{Cr}$去除率可达到96.3%。采用混凝气浮＋兼氧生化作为废水的预处理措施，后续生物接触氧化和氧化塘，可使得出水的COD浓度低于150mg/L。但生化法对废水的要求比较高，目前一般印染厂的退浆废水往往是多种废水混合在一起，降解耗时长，且退浆废水的排放通常是季节性的，是经常变化的，往往会因措施滞后而达不到预期效果。

(2) 膜法处理PVA退浆水　膜法是一种较好的方法，不需要外加其他的药品和设备，操作简便，耗能低。采用中空纤维超滤膜装置，研究了料液运行时间、膜两侧压差、温度、主流液循环流量对渗透通量及截留率的影响，解决工业上PVA退浆水的处理。如某纺织印染厂采用超滤膜装置将含PVA质量分数为1%的退浆废水浓缩至10%，其处理量为4.5m³/h，浓缩液产量为0.45m³/h，运行最高压力为7×10⁵Pa，浓缩液回用到棉布退浆。研究发现，采用分子截留量为3万的聚砜纤维膜的超滤设备，在压力为2×10⁵Pa、温度80℃、搅拌速度为200r/min情况下，COD去除率可达87.5%。

(3) 高级氧化技术处理　近年来，高级氧化技术在处理难降解有毒有害废水中得到了成功的应用。它是通过双氧水的光解、TiO$_2$的光催化、臭氧的光解等方法产生·OH，从而诱导并激发了氧化反应的进行。根据雷乐成等研究，Fenton氧化，尤其是在紫外和可见光辐射下的光助Fenton氧化技术处理难降解的PVA高分子退浆废水，氧化效率有极大提高。在低浓度亚铁离子、理论双氧水加入、中压紫外和可见光汞灯的辐射、反应时间0.5h，溶解性有机碳去除率达90%以上。

(4) PVA退浆废水的盐析回收法　随着经纱上浆浆料的发展，合成浆料聚乙烯醇日益增加，纺织废水的可生化性大大降低，传统的工艺效果不佳。因此，首先分流回收难降解成分是必要的。聚乙烯醇（PVA）具有1,3-己二醇结构，它属于非离子型聚合物，不能用一般所采用的产生电荷的凝聚剂进行凝聚沉淀，但它的水溶液会由于受到盐析作用而增稠变浓。退浆废水中的PVA呈溶解态，其分子较大，性质类似于亲水胶体。

当盐类的浓度足够大，盐离子可以产生很强的水合能力，借助于其自身的极性作用，将大量的水分吸附到自己的周围，从而导致PVA发生脱水沉淀，这是盐析作用。通常在PVA水溶液中加入的凝结剂是由盐析剂和胶凝剂构成，盐析剂通常是元素周期表中第Ⅰ或第Ⅱ族金属元素的无机盐，硫酸钠是一种较为经济有效的盐析剂。但是若只用Na$_2$SO$_4$回收PVA，其用量很大，药剂费较高，因此不能单纯采用Na$_2$SO$_4$进行凝聚回收。经实验发现，PVA是多元醇，硼砂可以在PVA大分子间产生双二醇型结构，形成立体交联，其胶凝作用较大。反应式如下：

$$\text{PVA} + Na_2B_4O_7 \cdot 10H_2O \longrightarrow \text{双二醇型结构}$$

硼砂　　　　　　　　　　双二醇型结构

　　根据闫德顺、刘三学等研究，使用硫酸钠 12g/L，硼砂 1.2g/L，反应时间 15min，反应温度 30℃，溶液 pH 值为 8.5~9.5，当 PVA 浓度较高（达到 10g/L 时），PVA 回收率 >92.5。在相同条件下，加入 1.2g/L 的助凝剂，硫酸钠用量减少了 50%，而处理效果并没有降低，出水中二价盐类的浓度降低了，有利于后续生化处理。同济大学徐竞成等人对盐析法回收的 PVA 进行再利用研究，东华大学早在 20 世纪 90 年代初就成功采用超滤浓缩盐析法处理含 PVA 退浆废水，回收液可用于经纱上浆，二价盐类浓度较大的可作民用黏合剂、信封、邮票等的粘贴用。

　　因此，对于浓度较高的退浆废水，可直接用盐析法进行回收，而对于浓度较低的，可先采用其他方法进行浓缩，再用盐析法回收工艺，有利于后续的生化处理，具有较好的经济效益和环境效益。

　　（5）结论

　　① PVA 虽有环境问题，但它的上浆性能使它还会有一定的市场，尤其是对棉混纺织物，在某些领域内还有增加的趋势。

　　② 生化法处理 PVA 废水，降解耗时长，处理效果差；膜法虽操作简便，耗能低，但膜污染严重，进口膜组件价格昂贵；高级氧化技术的运行成本太高，很难在工业上推广使用。采用盐析回收法虽可使资源合理利用，但盐析后，水中由于盐类含量很高，进入生物处理构筑物时，会导致微生物细胞脱水，生物活性下降，甚至完全丧失，生物膜大块脱落，盐析水不可单独进行生物处理，需先采取措施降低盐类浓度。

　　③ 含 PVA 退浆废水采取 PVA 回收循环应用、节约资源，且减轻废水末端处理的难度及成本。

7.1.2　退浆废水中 PVA 的定向凝胶分离回收技术[2,3]

　　PVA 的定向凝胶分离原理如下所述。

　　根据聚乙烯醇（PVA）的高分子化学特性，其分子链上含有大量亲水性羟基，有良好的水溶性，只有降低其水溶性才能使 PVA 从水中自然分离出来。通过合成具有选择性反应活性的凝胶剂，使凝胶剂与 PVA 的羟基发生高分子化学反应，对羟基进行封闭处理，使PVA 失去水溶性，进而沉淀分离。

PVA　　　　　　　　　　不容性PVA络合物

　　定向凝胶技术不受水中其他物质的影响，只针对水中的 PVA 及其他含羟基的物质反应，理论上可以完全分离水中所有 PVA，将最难处理的退浆水 COD 降到最低，减轻生物处理的负担，提高污水处理效率。

　　（1）不同处理方法的 PVA 去除效果　分别采用了硅藻土吸附法、絮凝法、盐析法、定向凝胶法处理了含 PVA 的退浆废水，处理结果见表 7-1，原水中 PVA 含量为 0.38%，经

PAC-PAM絮凝处理的去除率仅为8%，说明常规的物化处理方法对PVA的作用很小，因为PVA本身为水溶性高分子，其化学性质与PAM相似，PVA不会被PAM沉淀，所产生的絮凝物可能主要为废水中其他污染物。经硅藻土吸附处理后去PVA除率仅为10.5%，效果同样不理想。采用盐析法未分离出PVA，说明盐析法对低PVA浓度废水效果不好，只有大幅度提高盐含量时才会有作用。定向凝胶法该废水PVA的去除率达到74%，效果显著，而且对高PVA浓度的废水去除效果更好。

表7-1 不同处理方法的PVA去除率

处理方法	剩余固含量/%	去除率/%	备注
未处理原水	0.38		
絮凝法	0.35	8	絮凝物细小，难以分离
硅藻土吸附法	0.34	10.5	
盐析法	1.4(含盐)	0	对低浓度PVA废水作用小
定向凝胶法	0.10	74	原水PVA含量越高,去除率越高

考虑到现有PVA分离技术主要为盐析法，对盐析法做了重点研究。从不同工艺段取了含PVA 0.38%和1.2%的退浆水，分别用盐析法和凝胶法处理。对于含PVA 0.38%的退浆水，用1%~2%的硼酸/硫酸钠盐析几乎不出现絮凝，加大药剂用量到5%时，开始出现PVA凝块，去除率约40%；对于含PVA 1.2%的退浆水，用2%的盐析可以析出大量PVA凝块，去除率约72%。在采用定向凝胶法时，用0.5%的药剂均能沉淀出大量PVA凝胶，其中PVA含量1.2%的退浆水可以达到88%的去除率（见表7-2）。

表7-2 盐析法和定向凝胶法效果比较

处理方法	退浆水PVA浓度	去除率	药剂用量	成本估算/(元/t水)
盐析法	0.38%	40%	5%	50
	1.2%	72%	2%	20
定向凝胶法	0.38%	74%	0.5%	8
	1.2%	88%	0.5%	8

（2）浓度及温度对去除率的影响 定向凝胶处理含PVA废水技术可以处理低浓度PVA废水，而且随PVA浓度越高，处理效果越好。图7-1是废水中PVA浓度对去除率的影响。当PVA浓度达到1%以上时，分离回收效率达到85%以上；PVA含量高于1.5%时，分离回收效率可以达到90%以上，对退浆废水中PVA的去除有优良效果。

选取了PVA含量为0.8%的废水，模拟不同季节条件下温度对PVA分离效果的影响（表7-3）分别采用50℃、23℃、4℃条件下，考察含PVA退浆水加入凝胶药剂后的反应情况。随温度升高，凝胶时间缩短，在23℃室温条件下25min可出现凝胶，经反应2h后分离出凝胶体，PVA去除率可达80%；在温度较低情况下，达到同样去除率需要更多的时间。在实际工艺中，采用反应罐或反应池进行间歇式处理完全可以满足生产要求。

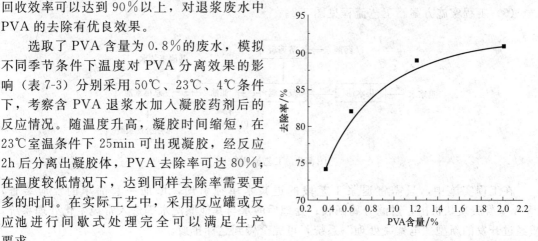

图7-1 PVA浓度对去除率的影响

表 7-3　温度对处理效果的影响

处理温度	凝胶时间	达到 80％去除率的时间
50℃	10min	1h
23℃	25min	2h
4℃	40min	3h

（3）PVA 分离对废水 COD 的影响　对某企业生产线上的退浆、漂洗水依次经过分离 PVA、电絮凝处理、物化生化处理后，分别测试 COD 值，对比原有物化生化处理工艺中不同阶段的 COD 值，结果见表 7-4 原处理工艺中出水 COD 一般在 1000mg/L 左右，为降低 COD 值采用将生活污水、其他污水混合处理的方法，出水仍然难以达到排放要求，只有长时间循环生化处理，其主要原因就是 PVA 的可生化性差。采用分离回收 PVA 处理工艺后，仅 PVA 分离段就使 COD 由 13000mg/L 下降到 2800mg/L，经电絮凝和物化处理后 COD 在 400mg/L 以下，生化处理的负担大大减轻，SBR 出水 COD 稳定在 80mg/L 以内，并且整套系统的处理效率得到极大提高。

表 7-4　PVA 分离回收对废水 COD 的影响　　　　　　　　　　　单位：mg/L

工　艺	原水	分离 PVA	电絮凝	物化＋水解	SBR 出水
原处理工艺	13000 →			6200 →	870
分离 PVA 工艺	13000 →	2800 →	680 →	360 →	65

（4）回收 PVA 的应用　分离回收的 PVA 添加甲醛尿素反应，制备了改性胶黏剂，用于纸箱瓦楞纸的粘接。瓦楞纸粘接一般采用淀粉胶，耐水性和强度较差，PVA 改性胶黏剂用于纸箱胶可以提高耐水性和强度，而且成本较低。表 7-5 是淀粉胶中添加 PVA 改性胶对瓦楞纸板耐水性的影响。评价纸板耐水性采用浸泡方法，考察纸板分层时的浸泡时间。由表 7-5 见，随 PVA 改性胶添加量增加，纸板耐水性显著提高，由未添加改性胶的 30min 提高到长期浸泡不分层开裂。回收 PVA 的重新利用不但解决了环保问题，更能产生经济效益。

表 7-5　PVA 改性胶黏剂对瓦楞纸板耐水性的影响

PVA 改性胶含量	0	5％	10％	20％	30％
开裂时间	0.5h	4h	16h	72h	不开裂

（5）工程实施方案　工艺流程见图 7-2。

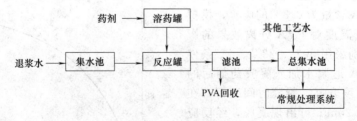

图 7-2　工艺流程框图

在工程实施中，只需将退浆工艺段的退浆水单独引出，增加一套简单的反应装置，PVA 呈凝胶块状析出，过滤分离回收；处理后的水与其他漂洗水等进入常规生化处理系统，或经过开发的新型"电絮凝处理"系统，可完全做到达标排放。

（6）效益分析　PVA 回收系统工艺简单，工程成本低，在现有污水处理系统的基础上改造简便；回收的 PVA 可以销售到胶水涂料企业中，具有明显的经济效益，而且实现了废弃物的绿色循环。

以日排放退浆水 100t 的生产线测算：

退浆水中含 PVA 一般为 1.5%～2%，按日回收 PVA 约为 1.5t 计，目前市场上回收 PVA 的价格约为 5000 元/吨，每天产生效益：1.5×5000＝7500 元/天（按 2010 年市价计）。

系统运行费用（药剂、电费、人工等）约 2500 元/天

系统每天净收益：5000 元/天；年净收益：150 万元/年

一次性工程总投资：约 50 万元

半年内即可回收所有投资，并产生经济效益。

采用本技术处理退浆废水，不但解决了退浆水难处理的问题，减少污染物的排放，更使企业得到明显的经济效益。

（7）工程实例

① 烟台万华超纤股份有限公司　该公司生产超细尼龙纤维工艺中排放含二甲基甲酰胺（DMF）的 PVA 退浆水，日排放量 300t。自 2006 年 5 月采用 PVA 分离回收技术，PVA 分离后余水蒸馏 DMF，节能效果明显。

② 山东阿尔曼达纺织有限公司　该公司涤棉白布的退浆漂染工艺中现在日产生废水 500t，其中退浆水 30t，改扩建后日产生废水 1500t，其中退浆水 100t，COD 为 15000～20000mg/L。原有的生化污水处理系统对退浆水基本没有处理效果，处理后排放水的 COD 仍然在 1000mg/L 以上，经化验分析，其中主要是 PVA。

经过中试，将退浆水单独引出经过分离回收 PVA 后，退浆水的 COD 由 20000mg/L 下降到 2000mg/L 以下，再与其他工段的污水混合经物化处理，进入生化系统的 COD 为 1000mg/L 左右，出水的 COD 为 60mg/L，达到南水北调地区的排放标准。目前改扩建工程正在建设。

7.2　对苯二甲酸的回收

1952 年，英国 ICI 公司首先推出了聚酯织物的碱减量加工技术，通过热碱对涤纶高聚物分子中酯键的水解作用，使纤维表面剥皮腐蚀，组织松弛，纤维本身重量也随之减少，从而获得丝绸般的柔软手感、柔和光泽和良好的悬垂性。自此，碱减量工艺就成为印染行业的一个加工工序。我国自 20 世纪 80 年代末以来，也逐步采用碱减量工艺。1991 年我国涤纶产量为 101.5 万吨，占合成纤维总产量的 64%，至 2012 年我国涤纶产量达到 3018 万吨。碱减量工艺已成为处理涤纶纤维的重要方法之一。

碱减量工艺减量率一般控制在 10%～30%。一方面改善了涤纶纤维的性能，另一方面却产生了含大量烧碱和纤维降解副产物的高浓度、难降解废水，传统的印染废水处理工艺已不能适应碱减量废水的治理要求。解决涤纶碱减量废水处理问题迫在眉睫。

7.2.1　涤纶碱减量的化学本质[4]

（1）涤纶原料的化学构成　对苯二甲酸乙二酯（PET）在我国被称为涤纶，是国内生产量最大，应用范围最广的聚酯品种之一。它是以对苯二甲酸与乙二醇为原料，经酯化、聚合生成的高分子化合物，其相对分子质量一般在 18000～25000 之间，分子结构式为

$$H-[O-CH_2CH_2O-C(=O)-\bigcirc-C(=O)]_n-O-CH_2CH_2OH$$

（2）反应机理及目的　涤纶仿真产品"涤纶碱减量"过程的化学本质是利用涤纶分子结构中的酯键易被碱水解的特性，在一定温度下，用高浓度烧碱溶液，对涤纶织物进行减量反应，使纤维表层（聚对苯二甲酸乙二酯）水解，产生不同程度不规则凹坑，水解程度随碱的浓度、温度、作用时间不同而有别，减量过程对纤维芯层无大影响。

经碱减量处理后的织物手感柔软滑爽富有弹性，改善了织物的悬垂性和透气性，形成类似真丝飘逸的质感，由此达到满足服用性、提高品质的目的。

7.2.2　涤纶连续碱减量工艺装备[5]

间歇式碱减量处理，存在的问题：浴比大，助剂耗量大，残余碱含量高，环境污染严重，处理时间长，能源消耗多，减量程度难以控制，再现性差，不符合清洁生产要求。同时存在易产生匹差、缸差，工艺重演性差，工人操作劳动强度大等缺点，因此难以加工高档仿真丝绸产品。平幅松弛碱减量联合机是涤纶长丝织物仿真处理的关键设备，是"新型染整设备及工艺技术一条龙"项目中的攻关设备。

（1）碱减量机理及用途

① 涤纶碱减量是一复杂的反应过程，主要发生聚酯高分子物与 NaOH 间的多相水解反应。涤纶在 NaOH 水溶液中，主要是纤维表面的聚酯分子链的酯键被水解断裂，不断生成不同分子量的低聚物，最终生成水溶液的对苯二甲酸钠和乙二醇。

催化过程不消耗碱，碱的消耗是用以中和水解生成的羧基，所以每水解生成一分子对苯二甲酸钠就要消耗二分子 NaOH。在充分水解时，涤纶减量率与 NaOH 的消耗量是呈线性关系的。然而，在实际加工中，由于反应条件，纤维和织物结构的不同，反应产物的组成和反应过程中低聚物脱落或残留在纤维表面的程度不同，减量率和 NaOH 消耗量的关系不是线性关系，耗碱量低于理论值较多。理论减量率由下式求得：

$$浸轧液\ NaOH\ 浓度(\%)=\frac{a \cdot X \cdot 100/P \cdot 100/F}{b}=4167 \cdot \frac{X}{P \cdot F} \qquad (7\text{-}1)$$

式中　X——预定减量率，%；

　　　　P——轧液率，%；

　　　　F——烧碱反应效率，%。

很多人认为：采用轧-蒸连续减量加工时，烧碱反应率接近 100%，因此，只用控制轧液率（%）测定浸轧液 NaOH 的浓度，就可以很方便地控制减量率。在实际生产中烧碱的反应效率（F）是一个随多因素变化的变量，F 值远小于 100%，若按 100% 的反应效率，不仅影响到减量率的控制，而且对烧碱也造成浪费。

② 连续碱减量机适用于各种涤纶织物的连续碱减量处理，能改善涤纶长丝的表面形态和内在性能，提高纤维的可曲挠性、柔软性、悬垂性、抗静电性，并减轻织物起毛、起球倾向，改善吸水性、亲水性，减少极光，使织物性能更接近毛织物和真丝织物产品。经处理的涤纶仿真丝绸具有手感柔软、刚度适中、光泽柔和、悬垂性好、防缩抗皱、免烫易于、洗涤方便等优点。

（2）设备流程　平幅进布架→红外扩幅对中装置→浸渍槽→轧液轧车→导辊/网帘式蒸箱→真空吸水→高效水洗（3格）→真空吸水→轧水轧车→落布装置。

（3）主要结构　松弛连续碱减量联合机由碱液浸轧、松弛反应蒸箱、水洗三大部分组成。

主要单元装备的结构特点如下：

① 进布架由钢板折边结构组成，配有紧布架调节进布张力，设置新型的红外扩幅对中导布装置，三根螺旋辊开幅器确保织物平整无折皱进给，自动对中装置导致不同门幅的织物居中导布。

② 浸渍槽上、下导辊式（上二、下三），导辊直径 $\phi150mm$，液下容布量约 2.8m；槽内设有间接蒸汽加热装置，碱液温度可根据工艺要求设定并自动控制；槽内设有液位自控，确保织物工艺过程具有相同的浸渍时间。延长导带使用寿命有两种方法，LMV131* 机采用浸渍槽下部装置快速排液阀，在织物全部出浸渍槽后，将槽内碱液快速排放于储液槽内；ZLMD821B 机浸渍槽采用汽缸四连杆升降的结构，使导带不会浸碱。

③ 轧液轧车，LMV131* 机为立式轧车，采用气袋加压，轧辊为中固辊，有利轧液的均匀性，轧辊外层包裹耐强碱合成橡胶；ZLMD821B 机轧液轧车采用低硬度，大直径的双橡胶辊斜轧车，织物的轧面较宽，易使织物带液量均匀。

④ 导辊/网帘式蒸箱属组合式汽蒸箱，其结构示意如图 7-3 所示。反应箱由预热段箱体、堆置段箱体、导布辊、落布辊、打手、输送网带、出布检测装置、出布装置、温度自控装置等组成。

反应箱进布口气封，出布口水封。出布前的检测装置确保网帘通道上织物反应时间恒定，也就是在多孔结构网带传输台的工艺设定进给速度下，传输台上堆置的反应织物总量不变。检测装置根据堆布量的增减，发出蒸箱后序水洗轧车的线速度相应升降指令。

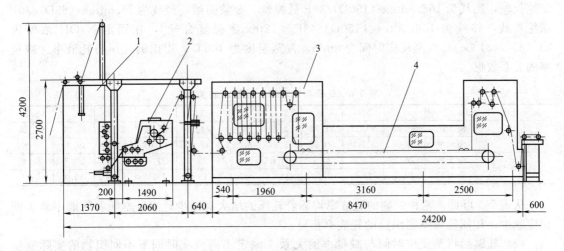

图 7-3　松弛碱减量反应蒸箱示意
1—进布架；2—浸渍轧液；3—预热段；4—堆置段

汽蒸反应箱前段预热区容布量约为 25m，导辊采用 $\phi200mm$，上导辊主动导布，交流变频调速传动。

织物经接触式导辊预热区后，进入堆置区时采用了落布八角辊和一对打手，落布辊、打手的线速度与预热段导布辊线速度呈微量超速，使织物不会缠绕在落布辊上，整齐地落在输送网带上。堆置区的多孔结构网带传输台能保证织物对蒸汽良好、均匀地吸收，织物传输过程与网带间无滑移功能。织物反应时间独立设定，与联合机工艺车速无关，在碱减量的减量率控制时，可方便地控制反应时间。

反应汽蒸箱采用左、中、右三组直接蒸汽加热和间接蒸汽加热保温，确保工艺设定温度左、中、右一致，以利织物整幅反应均匀。

⑤ 反应蒸箱水封出布口及三格水洗机后面各装一台真空吸水装置，该装置采用高压离心风机作动力源，对涤纶具有较强的吸水能力，织物经过人字形狭缝吸口时，可把大量水分及碱减量反应残余物吸去。前台可以提高水洗的浓度梯度，增强水洗的传质效果，后台降低织物上非结合水量，减轻烘燥负担，节省能源。

⑥ 水洗槽两种机器皆为 3 台套（包括轧水轧车），80℃以上热水洗涤。

ZLMD821B 型机水洗导辊采用低张力大直径（ϕ150mm）主动导布辊（上排），每组水洗导辊上七、下八。3 台水洗槽为高效蛇形逆流供水，前两台设有循环喷淋装置，有效洗净织物组织内的反应生成物和残留碱。3 台水洗槽由后向前逆流供水，节约用水，槽内设有蒸汽加热及温度自动控制装置。

LMV131* 型机 3 台高效水洗，进、出布口采用水封，内有加热装置，可使织物在高温下洗涤。全机由上、中、下四排导布辊构成回形穿布，上排导布辊上设有压辊，多浸多轧，主动导布，主动辊轴头上设有气动摩擦离合器，以借织物张力的调节。3 台水洗槽间逆流供水，槽内分格逆流，具有较高的洗涤效果，节约水，蒸汽消耗少。

7.2.3 工艺技术条件及工艺效果

影响涤纶织物减量率的因素颇多，主要有涤纶丝的规格、生产加工条件以及织物的组织规格；织物前处理条件；碱减量加工工艺及条件：温度、碱浓度、轧液率、反应时间。

（1）轧压与轧液率、减量率的关系 表 7-6 是波士绉［经线为 133.2dtex（120D）/96F 涤纶长丝，纬线为 166.5dtex（150D）/36F 低弹丝］及蒙丽绒［经线为 75.5dtex（68D）/30F 涤纶长线，纬线为 166.5dtex（150D）/48F×12tex 涤棉复合丝］，在固定 NaOH 浓度为 24.48%（31°Bé），汽蒸反应时间为 8min，汽蒸温度为 100℃，得出的轧压与轧液率、减量率的关系数据。

表 7-6 轧压与轧液率、减量率的关系

轧压/98.2kPa		1	1.5	2	2.5	3	3.5	4	4.5	5	5.5
轧液率/%	波士绉	94.25	85.18	81.35	78.52	75.40	74.50	70.80	69.80	68.90	64.58
	蒙丽绒	53.60	52.00	50.30	48.67	46.62	42.45	42.04	40.08	39.20	—
减量率/%	波士绉	26.1	24.9	24.1	24.0	23.8	23.2	22.5	21.7	20.5	20.1
	蒙丽绒	22.1	22.9	22.0	21.1	20.1	19.9	19.9	19.7	19.3	—

从表 7-6 可见：两种织物的轧液率均随着轧压的增大而减少；减量率随着轧液率减少而相应减少；相同轧压不同织物的轧液率相异。

（2）轧碱后汽蒸反应时间与减量率的关系 测定不同汽蒸时间下不同织物的实际减量率，应用前述求减量率的公式，分别计算出不同汽蒸反应时间下 NaOH 的反应效率，其结果如表 7-7 所列。

表 7-7 反应时间、减量率、反应效率的关系

汽蒸反应时间/min		5	6	7	8	9	15	30
减量率/%	波士绉	13.6	16.5	19.8	22.3	25.0	28.6	29.6
	蒙丽绒	12.9	15.1	18.3	20.5	23.0	25.9	26.8
反应效率/%	波士绉	24.4	29.6	35.5	39.96	44.3	51.3	52.2
	蒙丽绒	23.1	27	32.8	36.7	41.2	46.4	48

结果表明，在 100℃汽蒸反应条件下，随着反应时间的延长，反应效率提高，减量率增大，但反应率最高在 55%左右，若用轧蒸减量的反应效率接近 100%的观念指导工艺生产，显而易见，误差是较大的。

（3）不同织物的各工艺参数与减量的关系　某单位测试了实际生产中不同织物在不同工艺参数时的减量率，应用前述求减量率的公式计算出反应效率，这样可看出工艺参数与减量之间的关系。其结果如表 7-8 所列。

在实际生产中，由于工厂锅炉压力波动原因，致使轧蒸碱减量机汽蒸温度在 108～112℃之间变化。通过不同织物在不同工艺参数下，测得减量率，计算反应效率的结果说明，反应效率在 22%～35%之间（表 7-8）。

表 7-8　不同织物的各工艺参数与减量的关系

品　种	烧碱浓度/%(°Bé)	车速/(m/min)	汽蒸温度/℃	减量率/%	反应效率/%
涤乔其	23.50(30.0)	13	110	17.63	32.6
涤乔其	23.50(30.0)	15	110	15.81	29.3
涤乔其	24.48(31.0)	16	108	12.32	22.1
涤乔其	24.48(31.0)	13	108	15.94	28.1
细旦涤乔其	24.48(31.0)	13.5	107	19.69	35.3
涤亚纺	24.48(31.0)	15	112	17.92	32.1
涤丽绸	24(30.5)	12	111	15.41	28
涤丽绸	24(30.5)	12	111	15.23	27.7
涤层纺	24.48(31.0)	12	108	11.70	23
涤平纺	24.48(31.0)	15	112	11.03	21.7

在表 7-8 中涤乔其织物，在车速为 13m/min 的情况下（相同反应时间），由于汽蒸反应温度 110℃E 与 108℃有 2℃差异，尽管烧碱浓度反差 0.98%（1°Bé），导致减量率增加 1.69%，反应率增加 4.5%。温度高于 100℃后，减量率增加快的原因，除了水解反应速度随着温度增加外，还可能此时明显地超过纤维的玻璃化温度，碱剂易于进入纤维表层，和水解产物易于溶解和脱落等原因有关。

涤乔其在烧碱浓度、汽蒸温度一致时，不同车速（不同反应时间）减量率不同。表 7-8 中车速 13m/min 与 15m/min 及 16m/min，反应时间相差 15.38% 及 23%，减量率相应增加了 11.5% 及 29.38%。说明在轧液率、轧液浓度、汽蒸反应温度恒定的前提下，只要控制织物堆置反应时间，也就是控制多孔结构网带传输台的进给速度，则可实现织物减量率的控制。

由以上客观事实说明轧蒸连续碱减量加工时，不能单靠测定碱浓度的方法来测定减量率。

（4）碱液浓度及织物带液量的控制　影响织物带碱量均匀性的因素有 3 个，即碱液浓度的均匀性和稳定性、织物浸透性、轧车轧液均匀性。

为保证碱液浓度的均匀性和稳定性，LMV131* 型机引进了瑞士的碱液自动控制及自动配液装置，其工作原理为比重法，通过安装在调配桶内检测头的测量反馈信号，控制供水的控制阀和供浓碱液的连续控制阀动作，连续往调配桶内加注浓碱液和水，按设定的浓度自动调配碱液，其控制精度为±3g/L。该装置还具有液位控制作用，能对织物浸渍时消耗碱液所造成的液面下降，通过自动配液进行补充。为避免织物浸渍时引起浸渍槽内碱液浓度变化，在调配桶与浸渍槽间装有流量较大的循环泵，每小时碱液循环 8 次。通过循环，不断对碱液进行检测及调配，使浸渍槽内碱液浓度变化控制在最小范围内。

为了使碱液渗透性稳定，对热碱处理液进行温度自控，浸渍槽液下容布 2.8m，较长时间浸渍。轧辊采用中固辊有效克服加压后的挠度，加上较软的橡胶辊，轧辊间隙可调，有效地控制轧后织物的均匀定量带液。

常规的减量加工机因碱液蒸发是扩散在大气中，不仅在机器四周，连其附近的设备操作工，也感到眼睛受刺激的痛感。浸渍槽和轧车一体结构，敞开部分极少，设有排气装置，有效地改善了作业环境。

（5）碱减量温度的控制　温度变化对减量率的影响较大，超过100℃，涤纶的碱减量率幅度增加很大。一台理想的碱减量机的反应蒸箱要达到良好的减量效果，对温度的控制范围和控制精度有较高的要求。要求升温快、保温稳定、箱内不同空间（前后、左右、上下）温差极小、箱顶无滴水，只有这样才便于操作及工艺参数储存，才能使不同的织物、不同的批号具有良好的工艺再现性。

碱减量机采用饱和蒸汽为热源，预热段下面有大面积热交换器，直接加热蒸汽通过喷汽管上的小孔沿幅宽方向均匀喷出，自然上升，经加热器时产生过热，快速加热预热段的织物至减量反应温度。采用自然对流加热，箱体内温度均匀性好，温差极小，应用比例式气动薄膜阀，通过铂热电阻反馈控制箱体内温度，控制精度在±1℃范围内。

堆置区是碱减量的主要反应区，织物除需要一个稳定的反应温度外，还要求箱内蒸汽的含湿程度，堆置区应提供饱和蒸气，若为过热蒸汽将造成织物许多疵病。如堆置织物外层织物水分易蒸发，产生风干印；只要蒸汽稍许过热，将导致烧碱在堆置储存的织物上发生迁移，形成减量率不匀，造成永久的斑渍和染色时上色不匀。

堆置区箱体下部的蒸汽管喷出的蒸汽加热水，被加热水产生饱和蒸汽透过多孔结构网带传输台对织物进行加热、给湿。温控采用切断式气动薄膜阀和铂热电阻控制，控制精度在±1℃范围内。

（6）碱减量时间的控制　碱减量时间即织物浸轧工艺碱液后的反应时间，也就是在反应蒸箱内的停留时间。预热段反应升温时间取决于联合机工艺车速；堆置段反应停留时间取决于多孔结构网带传输台的进给速度。研究表明轧蒸连续碱减量加工时，不能单采用测定碱浓度的方法判定减量率。在轧液率、轧液浓度、反应温度不变的条件下，控制反应时间可方便地改变减量率。松弛式网带传输台堆置反应，与导辊式紧式反应不同处是紧式控制工艺车速将影响工艺效率，而松弛式控制网带传输台进给速度与工艺车速无关，在不超过网带传输台最大堆置量（300m）的前提下，可根据实际工艺减量率改变进给速度，致使织物的减量符合工艺预定值。

连续碱减量工艺的时间控制可接受在线织物定量监测信号，经与减量目标的对比差值控

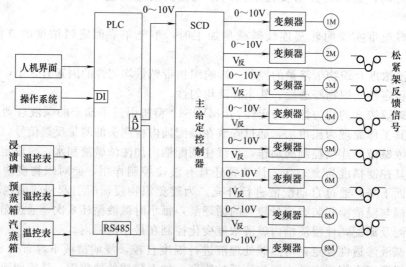

图7-4　平幅松弛碱减量联合机电气控制系统示意

1M—碱液轧车电动机3kW；2M—预蒸电动机3kW；3M—出布电动机1.5kW；
4M—1#水洗电动机5.5kW；5M—2#水洗电动机5.5kW；6M—3#水洗电动机5.5kW；
7M—落布电动机2.2kW；8M—网带电动机1.5kW

制传输台的速度实现，具有减量反应时间显示及减量率的显示。

箱体出布区网带上方装有出布自动检测装置，自动控制出布线速度，使网带上堆置的织物总量不变，保证减量时间的连续稳定。

(7) LMV131*型机电气控制系统

① 采用多单元分部变频调速跟随系统。

② 采用 PLC 控制，人机界面操作方式，操作显示直观，人机对话。

③ 对每组工艺参数能直接上载保存及下载应用，并能储存 30 组以上的工艺参数，适应加工织物品种多。

④ 网带传输台电机单独调速，在人机界面上显示减量时间。

LMV131*型机电气控制系统示意如图 7-4 所示。

7.3　残碱回收

现代丝光工艺除了要改善织物表面光泽外，还要达到较好的综合效果，即最小的门幅收缩量，残余收缩率低，织物尺寸稳定性好；需改善褶皱及弓纬，染料均匀上染率，手感重见性好。还要符合节能减排，降低碱耗，减少淡碱回收蒸发量，提高碱浓缩的汽水比。

国家人工信部在 2010 年 6 月 1 日起实施的《印染行业准入条件》中，明确规定："丝光工艺必须配置碱液自动控制和淡碱回收装置"。

7.3.1　残碱回收的净化处理

染整前处理工序的烧碱回收是回收丝光机用过的淡碱液，经净化、浓缩后补充部分新碱液，供丝光、煮练等工艺重复使用，以达到降低成本和改善环境污染的目的。

碱液净化在整个回收过程中是很重要的，若不净化或净化不好，不但不能配制出洁净的丝光碱液，还给回收全过程带来很多不便，主要表现在管道、容器和设备被碱液中的杂质堵塞，碱泵的密封被杂质破坏，进而造成经常检修和碱液的溢流、漏失等现象。可以说碱液不净化是运转不正常及跑、冒、滴、漏的祸源之一。有些厂的碱液基本上未做净化处理，造成碱泵几乎隔日修理；有的厂在回收的淡碱中存在大量的"碱泡子"（即悬浮物），往往将这些"碱泡子"大量地向外排放，仅此一项的碱耗就是比较大的损失[6]。

7.3.1.1　碱液净化

碱液净化包括回收的淡碱液、购进的新碱（含液碱与固碱）和再回收的废碱液三部分。

(1) 淡碱净化　在回收的淡碱液中，含有短绒、浆料和残留的果胶、棉蜡、木质素等杂质。长期回收杂质会不断增多，所以必须经过净化处理。过去多采用苛化法处理，该法还是比较科学的，但由于操作不易掌握，易形成二次污染，遭到弃用，但又无经济适用的设备替代，只能采用传统的过滤与沉淀的方法。

简单易行的初滤在丝光机下的碱槽内进行，即在槽的出液方位加装 2～3 道由粗到细的滤网（在抽液泵吸液口的外围），借助泵的吸力，滤网可以密一些。淡碱在此过滤容易操作和清理（最好每天清理一次）。

初滤后的淡碱已除去了大部分杂质，再进入淡碱槽内贮存、沉淀。淡碱槽一般采用两个，轮流作进、出液用。这样的沉淀效果欠佳，因为碱液在沉淀过程中，为不断地进液和频繁地出液造成槽内的波动所干扰，由于出液口都在槽的下部，所以出液的洁度较差。若采用

3个槽并适当增大容量（即增长沉淀时间），使3个槽分别轮流作进液、出液和静态沉淀用，可以想象，碱液在静态中沉淀，其效果必将优于前者。3个槽还便于检修时碱液换槽（即将被检修槽内的碱液转入至另一个槽）。

（2）新碱液净化　不论购进的是液碱还是固碱，都含有一定量的杂质（固碱含杂质率在4％以上），所以新碱也需要净化。考虑到浓碱的进、出液不像淡碱槽那样常流不断，碱液在沉淀过程中受到的干扰较少，采用两个槽就可以了。2个槽分别轮流作进、出液用。沉淀后的浓碱经过滤后再进入碱液调配槽，滤网装在槽的上方与出液管之间。

溶解固碱一定要在完全溶解并沉淀后才能输入浓碱槽（同时也是为了降低温度，减少对槽的腐蚀）。有的厂直接用丝光机排出的温度较高（约65℃）的淡碱去溶解固碱，这无疑是节能的措施，但一定要经过滤才能人槽，因为淡碱中的悬浮物不易沉淀。尽可能不用蒸汽去溶解固碱。

（3）回收废液的净化　放碱设备、容器需要定时检修清洗，检修时需要放尽设备内的碱液，排液口都在设备的最下部，排出液必将带走槽下部的部分沉渣，所以在进入回收槽前，均需过滤再入槽。在回收槽沉淀适当时间后，再输入淡碱或浓碱槽内贮存。清洗设备、容器的头道洗水，也有回收价值，经过滤后再进入废液回收槽，沉淀后再进淡碱槽沉淀。

7.3.1.2　回收碱液的纯度

经浓缩回收再使用的烧碱纯度有所下降，如表7-9所列。

表7-9　回收碱液和原液的烧碱纯度比较

碱液分类	测定浓度(15℃)	Na_2CO_3/%	NaOH/%
浓缩回收碱液	25％(31.48°Bé)	0.630	23.95
原液	25％(31.48°Bé)	0.165	24.75

烧碱纯度改变的原因，是由于浓缩→回收→再使用，这一反复循环过程，吸收了大气中的CO_2，反应生成Na_2CO_3。因此，在再使用时，为保持烧碱纯度，需要在浓缩回收碱液中添加原液。一般说，丝光加工工艺烧碱用量大，只要采用补充添加烧碱这一方法，就能满足工艺需求。例如，在丝光加工时，需求用23.5％（30°Bé）烧碱溶液，因此只需要用65％～75％浓缩回收碱液和35％～25％原液混合，就能得到大致1％损失的烧碱纯度。

7.3.2　丝光淡碱回收蒸发新技术装备

扩容蒸发器是对生产过程用量多的废碱（淡碱）进行浓缩回收。如不加以回收，不但浪费且将这些大量的淡碱液排入污水会增加污水的碱度。过高的碱度会抑制微生物的生长，使生化处理无法运行。为使污水处理设施正常运行，必须对污水用相等的酸来中和，从而来调节pH值，这样一来增加了费用的投入，也加重浪费资源。

烧碱回收是回收丝光工艺产生的淡碱，经净化，浓缩后补充部分新碱液，供丝光、退浆、煮练工序使用，以达到降低生产成本和减少污染环境的目的。

7.3.2.1　碱回收的浓缩设备

传统一般都应用三效蒸发器，随着技术的进步，产生了"多级分效法"及"扩容-沸腾组合法"两种设备，汽水比大幅度提高，能耗显著下降。

（1）三效蒸发器　丝光回收淡碱液的蒸浓长期以来采用三效蒸发器。某市染整工业有三效蒸发器10套，其能耗约占企业总热耗的8％。1995年统计，全年平均每月蒸发淡碱液15000t（从45g/L蒸浓至300g/L），蒸碱的平均汽水比仅1∶1.8，蒸汽耗量多，没有达到三效蒸发器的设计值。下面对比几种蒸发器的水汽比，如表 7-10 所列。

表 7-10　蒸发器水汽比的对比

名　　称	水汽比		名　　称	水汽比	
	理论	实测		理论	实测
三效蒸发器	—	2.3	15 级分效扩容蒸发器	4.67	3.8
单效扩容蒸发器	—	2.6	9 级组合扩容蒸发器	4.8	≥4.5

（2）"多级分效"蒸发技术　将多级分组，各组的溶液自成独立的循环系统，则溶液的浓度会分成不同的档次，前组的溶液浓度稍低，后组的溶液浓度稍高，直到最后一组内的浓度达到排放的规范浓度。这种分组的办法可以提高扩容蒸发的效率，也可以改变浓碱液造成碳钢苛性脆化的条件，减轻腐蚀。分组在蒸发技术中习惯称为分效，故称为"多级分效"法。

采用"多级分效"的蒸发器比初期的扩容蒸发器的级数增多，增加了一个循环系统（循环泵）。在应用上有以下特点：能连续进行（排放浓碱液叫不停机）；汽水比显著提高，节省蒸汽；对碳钢的苛性脆化腐蚀减轻（浓溶液的最高温度为 85℃，而最初期的扩容蒸发器内，浓碱液的温度要达到 100℃ 以上，温度低时脆化减轻）。

1 级扩容蒸发器是由前面一台扩容蒸发器（1 级，称为"前效"）与另一台扩容蒸发器（5 级，称为"后效"）串联而成。"后效"的蒸发温度范围为 28℃，其碱液循环量为前效的 1/2，蒸发量相应减少，蒸发有效温度范围除以热端温差得 10.5℃，得到"后效"的理论汽水比为 1∶1.33。

（3）扩容蒸发原理　扩容的原理就是利用了热的碱液本身降温时放出的湿热来蒸发水分。要实现这一过程，先在一定的压力下加热碱液，然后通向一个压力较低的蒸发室，此时，高温碱液就开始扩容蒸发（即自身的温度逐步下降到和蒸发室压力相对应的饱和温度），同时在降温时所放出的显热量作为水分蒸发所需的潜热量。由扩容蒸发出来的二次蒸汽进入一个加热器被冷凝后生成冷凝水，在二次蒸汽冷凝时所放出的潜热通过加热器管内循环碱液的吸热而予以回收。几个这样压力不同的蒸发室和加热器连接起来便是一个典型的多级扩容蒸发器（又称多级闪蒸器）。

由于任何液体在一定的压力下，有其对应的沸腾温度，以水为例 $15kgf/cm^2$（$1kgf/cm^2$ ＝98.06665kPa，下同）绝对压力时，沸点温度为 110.8℃，$0.15kgf/cm^2$ 绝对压力时，沸腾温度仅为 53.6℃。如果预先将溶液在一定压力下加热到一定温度，然后将其注入一个压力较低的容器时，这时，由于注入溶液的温度高于此容器压力下的饱和温度，此时，溶液中一部分水就将散热汽化为蒸汽，使溶液的温度降低，一直到溶液和蒸汽都达到该压力下的饱和状态为止。若不断将此蒸汽取出再注入经过预热的液体，就可以连续产生蒸汽。一方面得到二次蒸汽冷凝水，另一方面可以使液体的浓度得到增加。由于这种蒸发过程不是靠受热沸腾，而是靠过热溶液（其温度高于该压力下的饱和温度）本身所具有的热量而发生蒸发的，这种蒸发过程即称为扩容蒸发。其流程如图 7-5 所示。

由于扩容蒸发是靠溶液本身温降时所蒸发的余热来蒸发水分，且靠蒸发出来的二次蒸汽余热循环液体，而烧碱有明显的沸点升高特性，并随着浓度的升高而增大。可以用测量的数据来证明：当第一级内蒸室碱温 109℃ 时，而它相应的凝结水温为 105℃（亦可使它相应的二次蒸汽温度为 105～106℃）而与预热器里碱液进行热交换是靠二次蒸汽的温度反其凝结时释放的潜热来进行的，因此预热器管道内碱液出口温度受此二次蒸汽温度的限制，不会超过 105℃，内蒸室碱温 109℃ 与二次蒸汽 105℃ 之差 4℃ 即为沸点升高值。这 4℃ 在扩容室加热器的热交换中是不起作用的。而在外加热器中却必须对碱液增加 4℃ 温度的热量。所以，碱液浓度越高，沸点升高值就越大，而汽水比也就越低（指其他条件都相

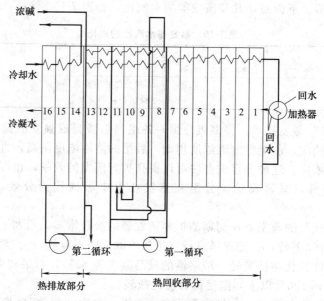

图 7-5 扩容蒸发流程示意

同的情况下），所以在多级扩容器中为了尽可能提高汽水比，均采用间歇运行方式，使箱体内碱液蒸发状态由低浓度逐步增到高浓度，可以取得平均 2.5～2.2 的汽水比水平。如果要连续操作，得到更高的浓度，势必造成箱体内接近 300g/L 浓度的碱液在蒸发，此时的沸点升高达到 15℃，这样就会大大降低汽水比，一般多级扩容蒸发连续运行时，汽水比将降低到 1∶2.6 以下。

（4）"扩容-沸腾组合"蒸发技术 九级组合式蒸发器由 8 个扩容器室与 1 个沸腾室组合而成，这是我国自行开发的蒸发技术，是一种新颖的淡碱回收设备，沸腾室与 15 级扩容蒸发器的"后效"相当，其蒸发温度范围为 18℃，比"后效"少 10℃，沸腾室减少的 10℃增加到扩容部分。扩容部分热端温差为 11.75℃，扩容部分将增大理论汽水比 10÷11.75＝0.85，这是沸腾室的技术贡献。沸腾室自身的理论汽水比为 1∶1.85 大于后效的汽水比，说明一级沸腾室的作用大于 5 级扩容室的作用，按汽水比的数值计算 1.85÷1.33×5＝7 级，可见，在减少组合蒸发器的级数方面，沸腾室起着主要作用。

① 设计上的新颖 9 级组合式扩容蒸发器与 15 级扩容蒸发器在单元组成、单元数量及设计方法上不同。

a. 9 级组合式蒸发器由扩容室与沸腾室两种单元组成，因此称为组合式。15 级扩容蒸发器全部由扩容室组成。

b. 9 级组合式蒸发器设置 8 个扩容室与 1 个沸腾室组合，从单元上比 15 级扩容蒸发器少 6 个单元，造价便宜。

c. 15 级扩容蒸发器采用"多级分效"设计法，实际上是 1 台前效扩容蒸发器（10 级）与 1 台后效扩容蒸发器（5 级）串联而成。9 级组合蒸发器是在无现成资料的情况下，我国自行开发的新颖扩容蒸发器。

② 沸腾室的特殊作用 尽管 9 级组合蒸发器只用 1 个沸腾单元，但所起到的蒸发作用不小，能抵得上 15 级扩容蒸发器的最后 5 个扩容室。

15 级扩容蒸发器由于第二效的碱液循环量为第一效的 1/2，蒸发量相应减少，第二效的蒸发温度范围 28℃仅等于 14℃的作用。有效蒸发温度范围除以热端温差 10.5℃，得到第二效的理论水汽比为 1.33。沸腾室与第二效相当。沸腾室减少的 10℃就增加到 9 级组合蒸发器的扩容部分。扩容部分的热端温差为 11.75℃。扩容部分将增大理论水汽比 10÷11.75＝0.85，这是沸腾室的贡献。沸腾室本身的理论水汽比为 1，两数相加为 1.85，与第二效汽水比相比，可得出 1 个沸腾室相当于 7 级扩容室的结论。

③ 蒸发温度范围的有效利用率　蒸发温度范围是指碱液加热达到的最高温度与碱液蒸发后的最低温之间的范围。对比最高温度为 120℃，最低温度为 57℃。有效温度为 63℃。

15 级扩容蒸发器的第一效温度范围 35℃ 全部为有效温度，第二效温度范围 28℃，有效温度如前所述折算为 14℃，有效温度利用率为(35＋14)÷63＝77.8%。

9 级组合蒸发器前 8 级温度范围 45℃，全部为有效温度，沸腾室有效温度为 11.75℃，有效温度利用率为(45＋11.75)÷63＝90.1%。

两种蒸发器的有效温度利用率是 9 级，组合蒸发器为高，相差 12.3%。

④ 水汽比与蒸发温度范围的关系　蒸发温度范围由 63℃ 调整到 72℃（自 124℃ 至 52℃）。

15 级扩容蒸发器第一效自 35℃ 增加为 40℃，第二效自 28℃ 增加至 32℃，热端温差增大至 12℃。理论汽水比为1：[(40＋32÷2)÷12]＝4.67。蒸发温度范围从 63℃ 增加至 72℃，水汽比并没有增加。这是由于"多级分效"的扩容蒸发器的总级数与多级分到各效去的级数都已经固定，随着温度范围的增加，各级的温度也相应增加，仍维持总级数排热级数之比。

9 级组合蒸发器，8 个扩容室的温度范围增大至 51℃，热端温差增大至 12.5℃，扩容部分的理论汽水比为1：(51÷12.5)＝4.08，再加上沸腾室的理论水汽比为 1，这样总的理论水汽比等于 5.08。蒸发温度范围自 63℃ 增加至 72℃，9 级组合蒸发器的理论水汽比自 4.83 增加至 5.08。说明 9 级组合蒸发器不存在级数的比例关系，使其能够增加理论水汽比的灵活性。

⑤ 浓碱液的碳钢脆化腐蚀　烧碱对碳钢的脆化腐蚀决定于浓度、温度两个因素。当烧碱的浓度为 300g/L 时，脆化的温度为 60℃ 左右，高于 60℃ 时脆化随着温度的升高而加速，低于 60℃ 时脆化并不显著。

单效扩容蒸发器的浓碱温度到达 100℃ 左右，脆化腐蚀的速度相当快，均 5 年左右就报废。

9 级组合蒸发器设计时特别注意耐用性，浓碱温度为 52℃，低于脆化温度，大大减轻了脆化腐蚀，已经使用了 15 年的 9 级组合蒸发器，尚未发生碱脆损坏。

⑥ 冷却水的腐蚀与结垢　15 级扩容蒸发器的最后 3 级在冷却器管内通冷却水。曾经发生冷却水对碳钢产生点腐蚀的问题，亦发生过冷却水管内结垢堵管事件。一旦发生腐蚀或结垢堵管，处理很麻烦，而且还影响生产。9 级组合蒸发器在设计时考虑到上述弊端，改为喷水直接冷却，避免了受腐蚀与堵管的麻烦。

7.3.2.2　连续扩容蒸发器的结构

PH-120 型系列连续扩容蒸发器是按"扩容-沸腾组合"技术研制开发的两效九级连续扩容蒸发器。图 7-6 PH-120 型连续扩容蒸发器流程示意。全机由本体 9 级，外加热器 1 台，捕液器 2 台，水喷射冷凝器 1 台，冷凝水桶 2 台，F 型循环泵 2 台，另配喷射水泵、冷凝水泵、喷淋泵、浓碱泵与流量计等仪表组成。

(1) 储碱罐　由丝光机产出的废碱用泵送入储碱罐。储碱罐一般为立式，每个罐根据用户场地安排容积大小。再用泵送入过滤器进行过滤处理，使碱液比较干净进入扩容蒸发器。淡碱进入 PH 型连续扩容蒸发器时用流量计控制流量，进碱量按机台设计处理量为准。

(2) 水喷射冷凝器　抽真空，目的是使 pH 型连续扩容蒸发器设备产生负压，在负压状

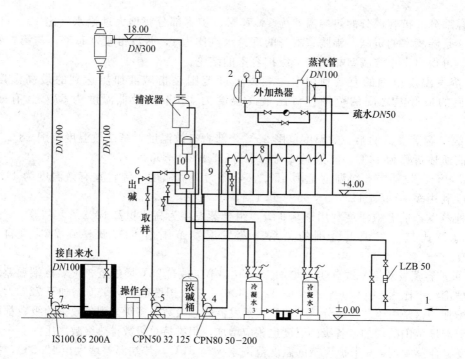

图 7-6　PH-120 型连续扩容蒸发器流程示意
1—淡碱；2—外加热器；3—凝结水；4——效循环量；5—二效循环量；
6—浓碱；7—水喷射泵；8—预热冷凝段；9—排热段；10—沸腾段

态下，温度沸点可降低很多，节约能源。负压数值最高时应为 0.09MPa 以上。对抽真空设计为用水喷射冷凝器进行（用水泵提升产生水压给水喷射冷凝器，高压水在水喷射冷凝器上部喷嘴喷射入文氏管，同时把空气带走，产生负压）。目前国内蒸馏设备已大部分采用该办法进行。

由于设备内通过水喷射冷凝器抽真空后产生一定的真空，通过调节使各级产生真空差，离水喷射冷凝器距离越近，真空度越高，越远真空越低，装上调节片调节后使各级有一定的真空差。

（3）外加热器　目的是液体在常温情况下，要将常温 20℃ 的液体进行蒸发，则仍然要加温，温度到 105℃ 以上时才能蒸发。外加热器的作用是负责把液体温度升高到一定的所需温度。

（4）循环泵　主要作用是液体在一定工作范围内用泵强制提升，送到外加热器进行加热处理，经加热后的液体进入扩容第一级内，由于真空差的作用，回流到循环泵进口第八级的扩容箱内，不断循环。由于液体在循环对流，各级蒸发速度比静态热交换要高出许多。

（5）浓碱循环泵　液体在一定浓度，但未达到所需浓度时，再次通过浓碱循环进行喷淋蒸发，提高浓度，达到浓度时由该泵附带出碱。

（6）扩容本体　扩容箱体主要作用是在通过水喷射冷凝器抽真空产生负压同时在外加热器作用下，加热使温度升高成正压情况下进行汽化，达到汽水分离的作用。

（7）蒸发盘　蒸发盘主要作用是由于循环泵作用，液体在流动时蒸发面积越大越容易蒸发，蒸发盘就是为增加蒸发面积而设，蒸发盘有很多小孔，使液体在蒸发盘小孔中流出，液体流动时其与空间接触面积可扩大几倍。

（8）挡水板　液体汽化后会产尘上升汽流。挡水板的作用是在一定高度时使水蒸气进入挡水板内槽，碱液由于相对密度关系挡在挡水板外，回落到箱体底部。

（9）冷凝水桶　该设备主要接受蒸发流出的冷凝水，收集后一次次排出机体。

（10）捕液器　在蒸发过程中，汽化后的水汽及部分碱液同时向上蒸发，由于在抽真空（抽汽），把部分碱液也会带到外边，捕液器作用是不使碱液向外跑出，它产生一种螺旋（即旋风），利用碱液密度比水分密度大的原理，使水蒸气随着抽真空向外跑出，碱液通过旋风分离后凹流进箱体内。

7.3.2.3　PH-120 型连续扩容蒸发器的技术特性

（1）蒸发温度范围是指碱液加热达到的最高温度与碱液蒸发后的最低温度之间的范围，为统一比较 9 级组合蒸发器与 15 级扩容蒸发器，设定最高温度为 120℃，最低温度为 57℃，进行有效利用的计算。

（2）15 级扩容蒸发器的第一效 10 级扩容室温度范围为 35℃，全部为有效温度；第二效的温度范围为 28℃，由于第二效的碱循环量减半，相应的蒸发量也减半，有效温度折算为 14℃，总有效温为 35＋14＝49℃，有效温度利用率为 49÷63＝77.8%。

（3）9 级组合蒸发器前 8 级的温度范围为 45℃，全部为有效温度。沸腾室的温度范围为 18℃，其中有效温度为 11.75℃，总有效温度为 45＋11.75＝56.75℃，有效温度利用率为 56.75÷63＝90.1%。由上述对比可知，9 级组合蒸发器的有效温度利用率，高于 15 级扩容蒸发器 12.3%。

（4）蒸发温度范围以72℃[（124－52）℃]替代63℃[（120－57）℃]，统一对两种蒸发器比较汽水比的影响。

（5）15 级扩容蒸发器的蒸发温度范围增大至 72℃时，第一效自 35℃增加至 40℃，第二效自 28℃增加至 32℃，热端温差增大至 12℃，由于第二效的循环量减半，32℃相当于 16℃，理论汽水比为1：[（40＋16）÷12]＝1：4.67，汽水比没有因为温度范围的增加而提高，这是由于"多级分效"的扩容蒸发器的总级数与多级分到各效的级数已经固定，随着温度范围的增加，各级温度也相应增加，仍维持着级数的比例。既"多级分效"的理论汽水比等于总级数除以热级数。

（6）9 级组合蒸发器在蒸发温度范围增大至 72℃时，由于蒸发量的增加，沸腾室的温度范围从 18℃增大至 21℃。前 8 个扩容室的蒸发温度范围相应增大至 51℃，热端温差增大至 12.5℃。扩容部分的理论汽水比为1：（51÷12.5）＝1：4.08，而沸腾室的理论汽水比为 1，这样总的汽水比应为 5.08，说明蒸发温度范围自 63℃增加至 72℃时，9 级组合蒸发器的理论汽水比提高了。

7.3.2.4　牛仔布、色织布丝光碱回收[7]

近年市场要求牛仔布实施丝光工艺，全国牛仔布丝光机在 400～500 台，每天每台产 5 万米牛仔布，产出 45g/L 的废碱液约为 90t，全国每天约为 36000～45000t。

（1）牛仔布丝光工碱回收的难点　丝光后去碱的废水不仅水量大，而且碱性重，含有多种有机、无机化学品。废水排出将消耗溶解氧，有机物厌氧分解产生硫化氢等有害气体，破坏生态平衡。

牛仔布丝光工艺产出废淡碱中比传统"白织布"丝光多以下几种杂质：

① 花毛绒 12g/L；

② 牛仔布丝光工艺在烧毛后，丝光碱液中添加有 4～6g/L 的渗透剂，是引发碱回收时起泡沫的原因；

③ 牛仔布由靛蓝经纱"色织"而成，靛蓝经纱属"环染"，以其水洗后泛白仿旧效果，较差的色牢度在丝光时容易脱色，使废淡碱液色度达到 600 倍左右（排放标准为 60 倍），影

响淡碱浓缩回用。

牛仔布淡碱回收装置要求更高汽水比，节省蒸汽，冷凝水回用外还需解决三大难点。

牛仔布丝光工艺的废淡碱采用通用的"白织布"碱浓缩装置不可行，目前牛仔整理厂家一般有用酸碱中和反应。

因烧烧碱排入污水中会使水的 pH 值增高，所以直排前需采用大量的硫酸进行中和处理。1g/L 的碱需要 1.225g/L 的浓硫酸进行中和，一台丝光机产量在 50000m/d 时，产出 45g/L 废碱液约 90t，需要浓硫酸 5.6t 进行中和。硫酸的市场价格约为 400 元/t，每天约出 2250 元硫酸加入污水中，浪费了大量的资金，并产生了 7t 多的盐，增加了污水尘化处理的难度。

公司针对实际情况，经技术人员与牛仔布、色织布丝光工艺厂方的技术人员多方合作、反复实验下，研制了一套色碱丝光淡碱回收的可行方法，并在广东某印染整理厂实施，得到了该企业的大力支持，达到了回收利用的目的。

（2）牛仔布丝光碱回收工艺流程　见图 7-7。

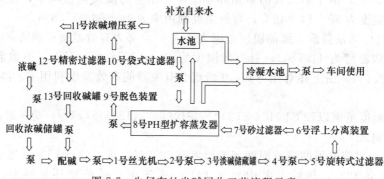

图 7-7　牛仔布丝光碱回收工艺流程示意

图 7-8 是牛仔布丝光碱回收装置示意。

① 丝光机产出废碱液，通过水泵送入淡碱储罐存放，淡碱储罐装有排污溢流管，储存量在 150t 左右为妥。存放时尽量到溢流管流出为止。

② 为了除去丝光后碱液中大于 3mm 的颗粒杂质，通过水泵抽取淡碱储罐中间段碱液送入旋转式过滤器过滤。旋转式过滤器应安装在碱回收平台上，使过滤后的液体可自流进入浮上分离装置，且能控制流量，不使淡碱液溢出。

③ 经旋转式过滤器过滤后的碱液自流进入浮上分离装置。该装置是将空气压缩成溶气水与碱液混合，使废碱液中含有大量的空气，利用空气上升的浮力，把废液中的小颗粒杂质去除，同时也把沾在毛绒等杂质上的渗透剂一起带走，减少了渗透剂对 PH 型扩容蒸发器加温后起泡沫的影响。由于废碱液中充入了溶气水，固液分离后使废碱液的颜色也大大降低了。如对色度有更高要求的，可适当加一些双氧水和活性炭，进行脱色。所以在牛仔丝光碱回收装置中必须配备浮上分离装置。

④ 经浮上分离装置处理后剩余的小部分杂质（主要是绒毛）再经砂过滤器去除，废碱液方可进入 PH 型扩容蒸发器进行浓缩。

⑤ PH 型扩容蒸发器是集扩容沸腾为一体的两效蒸发器，将经过旋转式过滤器、浮上分离装置、砂过滤器处理过的淡碱进行浓缩。该设备设有废热、二次蒸汽再利用的结构，充分提高了热能利用率，其处理中的汽水比可达到 1∶4 以上。设备配有捕液器，使蒸发后的冷凝水含碱量低于 0.08mg/L，捕液器收集后的含碱液体回到沸腾室进行再处理，蒸发的冷凝水采用自动排出，可直接供机台回用。沸腾室采用了合理的负压和温度控制，在不影响设备材料碱脆化的前提下，使碱液浓缩效果更好、处理量更大、设备的寿命更长。因碱液在处理过程中会使设备内部表面结碱垢，时间长了（1 年左右），设备运行效果大大降低，而本设

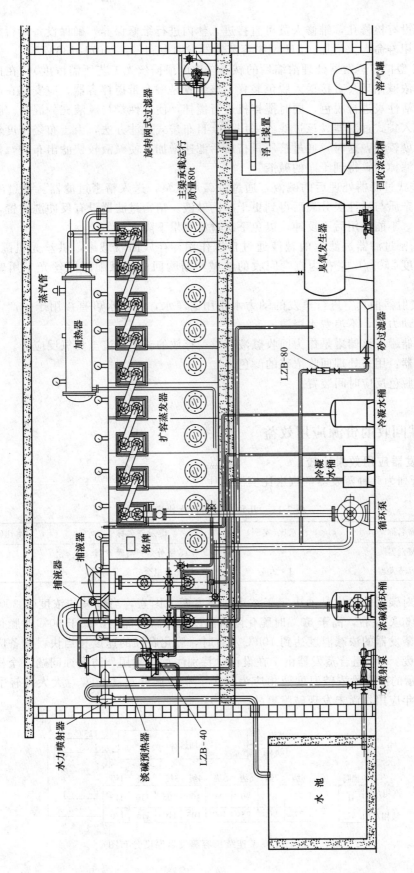

图 7-8 牛仔布丝光碱回收装置示意

备的每一级都设有检修孔，维修人员可直接进入体内进行维修保养，确保设备运行始终保持良好状态，使用寿命大大增加。PH 型扩容蒸发器发明专利号：200710133372.1。

⑥ 经 PH 型扩容蒸发器处理浓缩后的碱液（浓度根据丝光工艺所需浓度），在排浓缩碱液时，可通过浓碱循环泵直接送入脱色装置。该装置是一个带搅拌容器，应安装在高位，容积 2m³，加入活性炭进行脱色，同时搅拌机进行搅拌，使活性炭与碱液充分混合。脱色后的浓碱液自流进入袋式过滤器。该过滤器采用 200 目布袋式过滤办法，由于布袋密度较高，相对碱液过滤速度较慢，这时，通过挤压机挤压后滤速增加，使碱液较快滤出布袋，把大部分固体活性炭过滤掉后，得到干净的碱液。

⑦ 经过袋式过滤器处理后的碱液，通过浓碱增压泵，送入精密过滤器。该过滤器将剩余微小颗粒的杂质与活性炭分离后得到更干净的碱液。精密过滤器设有反冲洗装置，应使用一次反冲一次，不能使用后不反冲，以免下次过滤效果下降。

⑧ 经过精密过滤器过滤后的碱液通过自压作用，存放回收碱罐，供丝光机配料使用。回收的浓碱浓度 250g/L 左右为宜，回收的浓碱与新购回的浓碱配制成丝光专用碱即可再利用。

⑨ 供水喷射器抽真空进行蒸发的动力水是用清净水，此出水可直接用于生产，也可经冷却后回用作动力水，不浪费水资源。

回收浓碱储罐：该储罐是作为回收碱液存放，存放的碱液自流至臭氧反应器。

臭氧反应器：用来处理回收浓碱的颜色。

氧化塔：脱色反应时间装置。

7.3.3　残碱回收的资源应用效益

7.3.3.1　蒸发器应用效果比较

表 7-11 所列为几种蒸发器的汽水比实测对比。

表 7-11　几种蒸发器汽水比实测

蒸发器名称	汽水比（实测）	蒸发器名称	汽水比（实测）
三效蒸发器	1∶2.3	15 级分效扩容蒸发器	1∶3.8
单效扩容蒸发器	1∶2.6	9 级组合式蒸发器	1∶4.0

(1) 烧碱对碳钢的脆化腐蚀决定于浓度、温度两大因素，当烧碱的浓度为 300g/L 时，脆化的温度为 60℃左右，高于 60℃时脆化随着温度的升高而加剧，低于 60℃时脆化并不显著。单效扩容蒸发器的浓碱温度达到 100℃左右时，脆化腐蚀的速度相当快，设备应用 5 年左右将导致报废。9 级组合蒸发器由于在设计时特别注意到耐用、防腐蚀问题，全机温度分布如图 7-9 所示的沸腾段浓碱温度液相应为 52℃，低于脆化温度 60℃，大大减轻了脆化腐蚀，产品经多年应用，尚未发现碱脆事故。

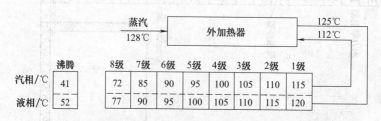

图 7-9　PH-120 型连续扩容蒸发器温度分布图

（2）在供汽压力减低情况下，"多级分效"的蒸发器会由于扩容室的"温度降"减小而使预热出口端温度差减小，出口端温差的减小，会迅速降低生产能力。"扩容-沸腾组合"的蒸发器，虽然在供汽压力下降时，扩容室的温度也同时减小，但它不导致预热出口端温差的减小。这样，整机不受供汽压力减低的影响而顺利地正常进行。

在加快丝光机车速的同时，增加了淡碱回收量，这就要求蒸发器扩大生产能力。"扩容-沸腾组合"的蒸发器可采用加大循环的办法来增产。"多级分效"的蒸发器不能采用加大循环的办法，其原因是循环量加大后，扩容室里的二次蒸汽相应增加，两者是线性关系，而预热器却吸收不了这么多的二次蒸汽，因为传热面积没有增加，传热温差也不能增加，总传热系数的增加也很小。这样就产生扩容室内的二次蒸汽不能吸收掉的矛盾，使"多级分效"的蒸发器不能顺利地加大循环运行。

（3）湿布丝光要求工艺的补加碱液浓度提高。"多级分效"的蒸发器在提高出碱浓度时，运行参数要起一系列的变化，其中一些参数会自行调整。而有些参数要由操作人员进行调整。如循环量要减小，但"前效"与"后效"循环量的减小并没有比例关系，只有重新计算才能确定，这在实际工作中是很困难的。

"扩容-沸腾组合"的蒸发器在出碱浓度提高时，各项参数均会自行调整，操作人员只需控制出液浓度就行。"扩容-沸腾组合"蒸发器这一特点，亦能适应进液浓度的变化，各项参数均会自行调整，无须操作人员做任何调整工作。

（4）由于蒸发器是在低温汽化后蒸发浓缩，使汽化后的水蒸气与碱液分离，达到浓缩目的。但尚有汽化后的部分不凝结汽体在扩容室内影响冷凝分离效果。15级扩容蒸发器采用了最后三级在冷却器管内通冷却水，曾发生过冷却水对碳钢产生腐蚀的现象，亦发生过冷却水管内结垢堵管事故。PH120型连续扩容蒸发器采用了排热方式进行处置，利用了该汽化后的不凝结汽体，二次加热至沸腾室底部，使沸腾室原有温度从48℃提高到52℃，增加沸腾效果。减少了外加冷却水成本。

（5）一般扩容蒸发器尚未彻底解决冷凝水中带碱的问题，PH120型九级组合蒸发器采用了内部设有分离装置，带碱问题已得到解决。

（6）PH120型蒸发器的循环量较小，在蒸发处理4.5t/h淡碱时，循环量仅为37.4t/h；蒸发处理5.0t/h时，循环量为40t/h。15级扩容蒸发器的循环量则大很多，第一效的循环量为47t/h，第二效的循环量为21t/h，两者合计为68t/h以上。从而说明九级组合蒸发器循环量较低，节能。

7.3.3.2 PH120型连续扩容蒸发器经济效益分析

（1）PH120型可供两台丝光机的淡碱回收浓缩工作。

① 主体设备：48万元（折旧以8年计算）。

② 厂房土建：约10万元（折旧以20年计算）。

③ 其他费用：约5万元（安装、吊运费、备件等）。

④ 设备总投资：63万元。

（2）丝光机产废碱量和处理费用。

① 丝光机每天产浓度为50g/L的废碱约60t/台×2台＝120t；

[污水处理：计算每1t废碱（50g/L）需要用62.5kg浓酸（400g/L）]

② 处理费用：120t/d×62.5kg/t×0.4元/kg＝3000元/天。

每小时运行开支明细如下：

a. 设备折旧：48万元÷8年÷300d/年÷20h/d＝10元/h；

b. 土建折旧：10万元÷20年÷300d/年÷20h/d＝0.83元/h；

c. 其他折旧：5万元÷8年÷300d/年÷20h/d＝1.04元/h；

d. 耗电：$(18.5 kW \cdot h + 15 kW \cdot h + 2.2 kW \cdot h) \times 75\% \times 0.8$元$/(kW \cdot h) = 23.52$元$/h$；

e. 耗汽：$0.85 t/h \times 150$元$/t = 127.5$元$/h$；

f. 维修费：2万元/年÷300天/年÷20小时/天＝3.33元/h；

g. 工资：3人×1500元/（人·月）÷30天/月÷24h/d＝6.25元/h；

合计每小时设备运行费用支出为：172.47元。

（3）运行收入。

① 每小时可以回收得250g/L碱液0.8t，按市场36°Bé碱价格720元/t，即折合回收价格360元/h；

② 处理60t淡碱需要处理24h，得250g/L浓碱19.2t×360元/t＝6912元。

淡碱浓度按35g/L来计算。

③ 设备回报（每天处理120t废碱计算）：

每天收益浓碱计价6912元；

处理费用172.47元/h×20h＝3449.4元；

实得回报：6912元－3449.4元＝3462.60元/d；

收回投资时间：630000元÷3462.6元/d＝182d。

PH型连续扩容蒸发器是一种连续的淡碱浓缩设备，生产过程工况平稳，汽水比1:4。冷凝水不带碱，设备防腐蚀性脆化。

PH型连续扩容蒸发器浓缩淡碱的能力是传统三效蒸发器的1.739倍，既节省了大量蒸汽，又提高了工作效率。

"扩容-沸腾组合法"的技术创新，使具有自主知识产权（一个发明专利，两个实用新型专利）的PH型连续扩容蒸发器，为染整企业丝光工段的淡碱回收浓缩，提供了一台节能减排的清洁工序装备。

7.3.3.3 牛仔布丝光工艺碱回收装置应用效果

（1）碱回收设备工艺性能对比　见表7-12。

表7-12　碱回收设备的比较

序号	名称	德国	镇江 KZ216	无锡 PH200
1	处理量	11130kg	5000kg	10000kg
2	蒸发水量	9335kg	4166kg	8334kg
3	蒸汽耗量	3100kg	1300kg	1950kg
4	汽水比	1:2.9	1:3.2	1:4.27
5	冷却水耗量	25t	35t	35t(可回用,pH值7.5)
6	脱色	采用双氧水	无	活性炭
7	除杂	无	双桶过滤器	浮上与精密过滤结合
8	清洗时间	1周	无	6个月
9	自控	人工可控差	无	无
10	运行控制	采用液位控制	无	采用液位控制

表7-12中汽水比表明每1t蒸汽所处理水量，比值越大说明碱浓缩所用蒸汽消耗越少。

（2）经PH200处理后碱的质量

① 花毛绒从12g/L降至0.02g/L；

② 渗透剂含量由6g/L降至0.5g/L；

③ 色度由600倍降至30倍，符合国际排放的60倍要求。

可知，已解决牛仔布丝光工艺碱回收所存在的三大难点。

（3）碱回收设备运行条件对比　见表 7-13。

表 7-13　碱回收设备运行要求

序号	名称	德国	镇江 KZ216	无锡 PH200
1	蒸汽工作压力	0.5MPa	0.25MPa	0.1MPa
2	蒸汽温度	160℃	130℃	115℃
3	热效率利用	70.2%	77.8%	90.1%
4	维修工作量	水泵	水泵	水泵
5	设备内部检修	无法检修	无法检修	可进入内部维修

由表 7-13 见，进行淡碱浓缩时所需蒸汽压力及温度比国内外设备皆低，更有利于国内染整企业的选用，而且热能利用的效率，皆比国内外设备高。染整设备的维修方便亦是用户首选条件之一。

（4）碱回收设备用水情况对比　见表 7-14。

表 7-14　碱回收设备对水的要求

序号	名称	德国	镇江 KZ216	无锡 PH200
1	水喷射抽真空用水量	25T	10T	35T
2	对喷射水水质要求	软化水	一般清水	不含杂质的水均可
3	冷却水用水量	无	20T	无
4	蒸发水含碱量	pH9.4	pH10.5	pH7.5
5	蒸发水可回用性	视情况安排	直接排放	全部回用
6	水温	95℃	75℃	60℃

由表 7-14 见，PH200 用水无排放，全回用，且含碱量最低。

（5）牛仔布丝光工艺碱回收装置投资效益　牛仔布丝光工艺的碱回收装置是在推广使用"扩容-沸腾"创新型淡碱浓缩装置（PH120 型）基础上，根据国家节能减排的相关法规要求，按牛仔布丝光的三大难点创新发明的 PH200 型扩容蒸发器。装置的投资效益：

① 生产费用　以两台丝光机一天产量 100000m 布（布克重 300g，门幅 1.6m），生产需耗碱量 280g/L，34t/d，折 400g/L 为 23.8t。产生废碱 210t/d，80% 可回收利用；

② 中和处理用酸量　每吨 45g/L 废碱用 128.7kg 酸进行中和；每天用酸量 27t。酸价格 400 元/t。合计费用 10800 元/d。

③ 可回收淡碱（浓缩后再利用）　210t×80%＝168t/d。浓度为 45g/L；折合 400g/L 浓碱 18.9t/d，碱价格 950 元/t，合计为 17955 元/d。

④ 合计可回收价值　两项合计：10800 元＋17955 元＝28755 元/d。

（6）回收需购置设备与投资

① 设备：92 万元。

② 厂房：20 万元。

③ 配套设施及基础等其他费用：40 万元。

④ 合计：152 万元。

（7）设备运行费用：

以 PH200 型连续扩容蒸发器为例，处理 200t/d

① 耗汽：200 元/t×1.6t×24h＝7680 元/d；

② 耗电：0.8 元/(kW·h)×51kW·h×24h＝980元/d；

③ 耗活性炭：907kg/d×7.5 元/kg＝6803 元/d；

④ 工资：10 元/h×24h＝240 元/d；

⑤ 折旧：152 万元÷8 年÷300 天＝634 元/d；

⑥ 合计每天费用：16337 元。

（8）收益

生产收益 28755 元－运行费用 16337 元＝12418 元/d；

（9）回收期

总投入资金 152 万元÷12418 元/d≈120～200d。

牛仔布丝光工艺碱回收装置投资效益极好，符合清洁生产的循环经济要求，节能减排，有效改善生态环境，且降低了生产成本。

7.4 液氨的回收

液氨整理是现代国际上一种新颖的印染整理加工工艺，是棉、麻等天然纤维织物高档后整理的一大创造。由挪威开发，其专利技术被美国购买。从 20 世纪 60 年代起到 90 年代在世界上只有美国、日本等少数国家掌握和拥有这项技术和生产能力。现在国外液氨整理技术发展很快，在投产和准备投产的设备数量上，日本已占 2/3。在国内也引起了广泛的关注，在"纺织工业实施三年技术进步项目"的规划中，将"抓好新型染整设备及工艺技术的国产化"列为发展重点。而液氨整理技术在我国尚处在萌芽状态。

液氨整理是一种最大限度发挥棉织物固有性能的整理加工方式，可以说是一项不影响棉织物柔软性、吸水性、吸湿性，同时又实现卓越免烫性的高技术整理工艺。这种整理是目前所能达到的最高水平的整理形式，是棉制品的必要加工手段，今后将会成为标准的整理工艺。

液氨整理过程的氨回收是环保的要求，是资源节约的循环经济的要求[8]。

7.4.1 液氨加工织物的机理

7.4.1.1 液态氨的性质

液态氨（不是氨的水溶液），常温下气体状氨在冷却到－34℃以下会变成液态，化学性质近似于水，但黏度和表面张力比水低，所以很容易渗透到纤维中去。

液态氨和水的物理性质比较：

	液态氨	水
结构	NH_3	H_2O
分子量	17	18
沸点/℃	－33.4	100
冰点/℃	－77.7	0
密度/(g/cm³)	0.68(－34℃)	1.0
黏度/(MPa·s)	0.266(－34℃)	1.002
表面张力/(10^{-5}N)	34.4(－34℃)	72.5
蒸发热/(J/g)	1368.17(－34℃)	2246.81

7.4.1.2 液氨处理的机理

液氨处理的机理，目前国内外比较一致的看法是：NH_3 分子作为一种极性、小分子、低黏度、中等介电常数的非水纤维膨化剂，能够在极短的时间里渗透到纤维原纤内部，使纤维分子束间及束内的氢键拆散，导致纤维素纤维呈一定的可塑态。当这些进入纤维内部的氨去除时，纤维自然回缩，分子做了重新排列。消除了原有的、先天的和后天的内应力，从而使纤维天然捻回消失，截面更加椭圆，增加了对光线的均匀反射度和韧性。这种处理，有丝光的意义，但又不同于传统的烧碱丝光，它降低了纤维素间的滑动摩擦力，增加了强度、弹性和手感，改善了尺寸稳定性。

7.4.1.3　液氨加工后棉纤维的变化[9]

由于液态氨分子能进入棉纤维内部，使纤维的超分子结构发生改变，因此经液氨处理后，棉纤维的形态结构、结晶度和孔穴尺寸都发生了变化，相应地也影响到织物的物理机械性能。

（1）形态结构　图 7-10 是扫描电镜在放大 5000 倍情况下观察到的液氨处理前后棉纤维纵向表面的形态结构。

从图 7-10 未处理的棉纤维表面粗糙，存在许多明显的裂痕。经液氨处理后，纤维表面变得比较光滑，裂痕明显减少。

图 7-11 是在光学显微镜下观察到的液氨处理前后棉纤维的横截面。发现未处理棉纤维横截面呈耳形或腰子形，存在明显的胞腔。经液氨处理后，纤维的横截面变成椭圆或圆形，胞腔收缩，胞壁增厚。

  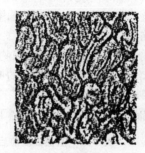 

(a) 未处理棉　　　　(b) 液氨棉　　　　　　　　(a) 未处理棉　　　　(b) 液氨棉

图 7-10　扫描电镜观察棉纤维纵向表面　　　　图 7-11　光学显微镜观察棉纤维横截面形态

（2）结晶度　经液氨处理后，棉纤维的结晶度发生了变化。根据液氨处理前后相应的 X 射线衍射图（见图 7-11）用分峰法求得未处理棉和液氨棉各自的结晶度（见表 7-15）。

表 7-15　未处理棉与液氨棉的结晶度及晶型

样　品	结晶度/%	晶　型
未处理棉	73.0	纤维素 I
液氨棉	53.5	纤维素 I ＋纤维素 III

从表 7-15 见，棉经液氨处理后，结晶度下降明显，说明液氨处理不仅会使无定形区溶胀，还能破坏部分结晶区。从图 7-12 可以发现，纤维晶型也发生了改变。在液氨棉衍射色谱中，除了纤维素 I 的特征峰，即对应 2θ 为 14.8°、16.3°、22.6°的峰外，在衍射角 2θ 等于 12.1°和 20.6°处也有衍射峰，这是纤维素 III 的特征峰，说明液氨处理会使部分纤维素 I 转变成纤维素 III。

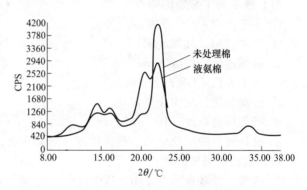

图 7-12　未处理棉和液氨棉的 X 射线衍射图

虽然棉纤维通过 NH_3 处理、使纤维素 I 变为纤维素 III，但因纤维素 III 并不稳定，通过以后的热水处理，还会返回到纤维素 I，可改进洗涤收缩率。织物进行过 NH_3 处理，尽管纤维的结晶度显著降低，但 C. I. 直接蓝 1 的初期染色速度反而降低。这种情况认为是，由于 NH_3 的处理、使棉纤维非晶区更加致密、非晶区的分子链定向增高的缘故。根据这些结果了解到，NH_3 处理产生的纤维内部结构变化和染色性与 NaOH 丝光化完全不同。

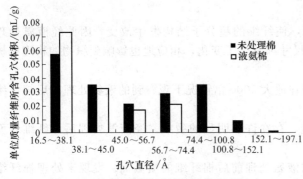

图 7-13　未处理棉与液棉的纤维孔穴尺寸

（3）微孔尺寸的变化　根据不同尺寸分子所测得的 V_i，求出 ΔV_i，可知纤维内部不同尺寸范围的微孔含量，如图 7-13 所示。

从图 7-13 见，棉经液氨处理后，直径在 $1.65\sim3.81$ nm 的孔穴增多；在 $3.81\sim7.44$ nm 的孔穴均有不同程度地减少；$7.44\sim10.08$ nm 的孔穴明显减少；直径大于 10.08 nm 的孔穴则基本消失。说明液氨处理会使棉的小孔穴增多，而大孔穴减少。这意味着经液氨处理后，棉纤维内部孔穴尺寸的分布范围变窄，孔径分布趋于均匀，因而纤维大分子链的排列应趋于紧密。

（4）物理机械性能　液氨处理前后棉织物部分物理机械性能见表 7-16 所列。

从表 7-16 看出，经液氨处理后，织物的断裂强力、断裂延伸度和折皱回复角都比未处理的大一些。其中折皱回复角的提高明显。

经液氨处理后，棉织物的结晶度从 72％下降为 53.3％，说明无定形区的含量增大。

表 7-16　液氨处理前后棉织物的物理机械性能

样　品	断裂强力/N	平均单纱强力/N	断裂延伸度/％	折皱回复角/(°)
未处理棉	410	2.79	16.09	125
液氨棉	420	2.82	17.35	164

液氨棉断裂延伸度提高的主要原因。

7.4.2　液氨整理及氨回收设备

图 7-14 是国产 CJYAZL-180-FT$_1$ 液氨整理联合机，图 7-15 是液氨供给回收系统图[9]。

（1）液氨加工装置的特点

① 生产能力：500 万米/a。

② 工作门幅：1800mm。

③ 机械速度：30m/min。

④ 加工方法：DRY 法（干式）。

⑤ 传动装置：交流变频传动。

⑥ 处理织物厚度：$100\sim55$g/m^2。

⑦ 氨处理后的织物效果：拉伸强度、防皱性能、洗涤收缩及风格皆良好。

（2）氨回收装置的特点

① 规模：循环量 600kg/h，其中反应室占 95％，汽蒸室占 5％。

② 回收系统主要装置：共有设备 24 种 33 台套，主要包括：吸收系统、精馏系统、液

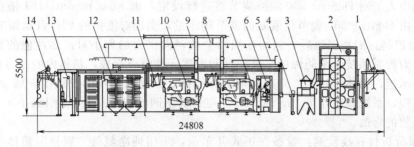

图 7-14 CJYAZL-180-FT₁ 液氨整理联合机

1—送布架；2—烘燥机；3—风冷机；4—立式松紧架；5—注氨管；
6—浸轧机；7—蒸箱；8—蒸汽管；9—排气管；10—呢毯烘燥机；
11—摆式松紧架；12—汽蒸机；13—轧机；14—落布架

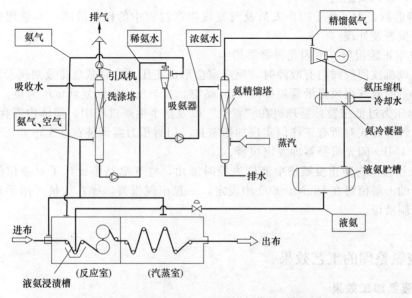

图 7-15 CJYAZL-180-FT₂ 液氨供给回收系统

化系统、氨气压缩机、换热（冷却）设备、液氨贮槽及仪表控制中心等。

氨回收循环系统，采用压缩与吸收结合的工艺进行。即低压吸收、低压精馏、低温除水、压缩冷凝的氨回收循环工艺。

氨回收装置按国家环境保护部规定要求设计，在生产过程中氨水对外界的排放点只有两处：

① 在氨水换热器管通过排入水沟的废水，每小时排水量 4～5t，含氨≤25mg/L，小于国家规定允许排放浓度 50mg/L 的要求。

② 洗涤塔顶尾气排放，每小时排气量约 200m³，含氨 0.19kg/h，也低于环保标准。由于氨在大气中极易溶于水，所以不会造成对水和大气环境的污染。

（3）设备的监控

① 箱体密封及负压控制：为保证生产车间的劳动环境，液氨整理主机的有氨工作区（反应室及汽蒸室），用密封箱体的方式将加工设备与外界环境隔离，生产时，有氨工作区始终处于负压状态。负压值由智能化仪表进行自控，使其分别稳定在工艺所要求的数值上。

例如：反应室 8mmH₂O，汽蒸室 12mmH₂O，可根据需要由人工设定及修改。

② 液氨槽液位控制：液氨槽是织物浸轧的主要工艺部位，为保证液氨液位稳定，液氨

的液位预先由人工对 Digitric 500 四路调节器进行设定，由 Rose mount 1151 液位变送器进行检测，再由 Digitric 500 调节供液氨的调节阀流量，实现对液位的 PID 自动调节。

③ 张力控制：织物浸氨后，施加在织物上的经向张力的大小对产品性能的影响较为突出。本机张力控制系统，由防爆的气动元件和电器元件组合而成，箱体内的张力检测由防爆的气动元件承担，箱体外的元件全部采用电器元件，以提高系统的灵敏度，减少延迟时间，缩短过渡过程，系统调节器为 Digitric 500，可针对不同的加工品种，由 Digitric 500 实现对张力工艺参数的修改。

④ 含氧分析仪在线监测：设备在正式开车前，须用纯净氨气"置换"箱体中空气的所谓"净化过程"。其目的有两：首先，开车时反应室内氨气浓度达到高浓度时（＞95％），有利于对浓氨气的分类回收。其次，开车前反应室内氨气与空气的混合比，须在安全区（即不能在可爆混合比范围）。本机设置反应室含氧量在线分析仪，能确保操作人员及时监视反应室的氧含量，做到安全生产。

⑤ 报警监测：为了便于操作人员及时发现生产过程中的设备故障，本整理机设计了以下几种故障报警及处理。

a. 反应室正压报警：由闪光报警器指示。

当回收风机或回收阀门有故障时，反应室会形成正压，这时紧急排放闸阀及风机自动打开，将反应室的氨气由风机沿管道排向 15m 高空，直至反应室恢复到负压为止。

b. 门封压力过低报警：整理机在"置换"以及整个生产过程中，箱体内需保证为负压。本机采用充气管方式对所有工作门实现加压密封。门封压力需调整在 0.12～0.15MPa 之间，一旦降至 0.1MPa 闪光报警器即发出报警。

c. 液位报警：为防止浸氨槽中液位失控时溢出，电气电路中设计了对液位的高度越限报警，报警的上限值可在 Digitric 500 中设定，一旦出现报警，操作人员可用手动阀调节液氨流量，控制液位。

7.4.3 液氨整理的工艺效果

7.4.3.1 液氨加工效果

① 不易收缩。

② 不易起皱。

③ 增加了每根纤维的反弹性。

④ 可变柔软。

⑤ 可变结实、丰满。

⑥ 经液氨加工后。

a. 牛仔布：手感松软、易洗涤，抗皱、防缩。

b. 纯棉府绸：耐磨性提高，手感滑爽、柔软，悬垂性好，有丝绸感。

c. 麻类织物：可大大降低麻的刺痒感，减少麻类的缩水率，产品柔中有刚、有丝光效果。

d. 棉织物：表面丰满、厚实，尺寸稳定性好。

⑦ 与丝光或树脂加工进行比较：

a. 丝光加工有防缩和提高强力效果，但无防皱和柔软的效果。

b. 树脂加工有提高防皱和防缩的效果，但会降低强度。

7.4.3.2 各种面料工艺效果

(1) 上海二印桑福整理效果 表 7-17 是上海第二印染厂常规整理与桑福整理（高级液

氨整理）后织物测试数据对比，该厂经过从美国 Sanforized 公司引进的世界先进设备——液氨机组，整理后的纯棉、亚麻、苎麻等天然织物及其混纺织物，具有外观光洁平挺、手感柔滑丰满、弹性极佳、吸汗透气、尺寸稳定、穿着舒适等特点，是衬衫、时装的高级面料。

表 7-17　织物测试数据

织　物		弹性回复角/(°)	洗可穿级/洗次数			缩水率(%)/洗次数		
			1	3	5	1	5	10
7.4tex/2×7.4tex/2(80/2×80/2) 590 根/10cm×244 根/10cm 纯棉牛津纺	常规整理	180.7	1.0	1.0	1.0	4.10	4.80	5.00
	柔福整理(A)	217.0	2.0	2.0	2.0	0.45	1.40	1.50
	叠福整理(B)	250~274.0	3~3.5	3~3.5	3~3.5	0.25	0.65	0.75
4.9tex/2×4.9tex/2(120/2×120/2) 630 根/10cm×346 根/10cm 纯棉府绸	常规整理	109.3	1.5	1.2	1.2	4.80	5.00	5.30
	柔福整理(A)	145.0	2.5	2.2	2.2	0.7	1.60	1.80
	叠福整理(B)	220~260.0	3~3.3	3~3.3	3~3.3	0.50	0.70	0.75

注：所有试验按美国 AATCC 标准。

（2）河南新乡印染厂液氨工艺效果　该厂是在国产液氨设备上进行的。

① 高纱支纯棉府绸的液氨整理

a. 坯布规格：5.9tex×2/5.9tex×2（100 英支/2×100 英支/2），经纬密度 579 根/10cm×299 根/10cm，幅宽 99cm。

b. 浸氨后反应时间的确立：见表 7-18 实验结果。

表 7-18　浸氨后反应时间

浸氨反应时间 测试项目	7s		8s		9s		10s	
	经	纬	经	纬	经	纬	经	纬
断裂强力/N	728	299	702	285	723	287	748	290
缩水率/%	3.4	1.1	2.9	1.0	2.4	0.8	2.3	−0.5
纬向收缩率/%	3.4		3.7		4.3		4.8	

表 7-18 的浸氨反应时间是指布从氨槽出来后到接触烘缸之间时间间隔，纬向收缩率是指（进布门幅－落布门幅）÷进布门幅×100%，从实验结果上看，浸氨反应时间对织物经纬向强力影响不大，缩水率随时间延长而降低，显示反应时间长，尺寸稳定性好，纬向收缩率只是宏观上对幅度变化的测试，经向收缩情况比纬向略小。通过上述实验，选择 9s 左右为适宜浸氨反应时间，折合成工艺车速为 20m/min 左右。

c. 浸氨后布面经向张力控制：液氨处理时浸氨后张力的控制，国内外学者的研究资料都把它摆到突出位置，该参数的变化，对织物张力、弹性、缩水率、耐磨性和吸附性都有影响。一般的规律是张力加大，对织物断裂强度、光泽、回弹和耐磨性有利。但对缩水率、断裂延伸度和纤维吸附性有负影响。表 7-19 中强力是以控制张力辊的汽缸压力间接表示的。实际选取张力在 0.5MPa 左右。

表 7-19　织物在机张力影响结果

压强/MPa 测试项目	0.3		0.4		0.5		0.6		1.0	
	经	纬	经	纬	经	纬	经	纬	经	纬
断裂强度/N	695	201	703	203	706	274	711	274	732	266
弹性回复角/(°)	176		180		184		187		198	
缩水率/%	1.9	0.5	2.2	0.5	2.5	0.5	2.8	0.7	3.0	0.9
纬向收缩率/%	3.4		3.8		1.0		4.6		5.5	

经液氨整理后的纯棉府绸再通过柔软处理、针板超喂拉幅及机械预缩整理，织物符合设计风格要求。

② 防缩牛仔布的液氨整理

a. 坯布规格：83tex/97tex　252 根/10cm×165 根/10cm　160cm；58tex/58tex　307 根/10cm×165 根/10cm　160cm；36tex/36tex　331 根/10cm×189 根/10cm　160cm。

b. 经过液氨处理的牛仔布，色泽发亮，经纬密度都有增加，弹性加复角获得显著提高，手感柔软丰满，缩水率大幅度下降。表 7-20 是 59tex×59tex（10 英支×10 英支）牛仔布液氨处理前后主要性能对比。

表 7-20　牛仔布液氨整理前后主要性能对比

项目	密度/(根/10cm)		断裂强力/N		弹性回复角/(°)	缩水率/%		摩擦牢度	
	经	纬	经	纬	经+纬	经	纬	干摩	湿摩
处理前面料	300	162	990	366	189	8.4	2.5	4	2
处理后面料	312	170	1065	386	231	0.4	1.2	2～3	1.2

经液氨整理的牛仔布在性能指标上有了很大改善，但个别指标如缩水率、摩擦牢度等，还可进一步调整。对缩水率再采取机械预缩的方法就可以解决，而对经过退浆工艺的牛仔布的摩擦牢度下降问题，可在拉幅时对其施加适量高分子树脂，物理固色，再说这种产品要的就是不断褪色的风格。

（3）T/C 织物液氨整理[10]　使用退浆、精练、漂白后的 100％棉、T/C（50/50、65/35）平纹织物。其中，100％、T/C（65/35）织物使用 A 公司的，T/C（50/50）织物使用 B 公司的。

NH₃ 处理图 7-16 表示的实际使用机器（日清纺）。织物在 -33.4℃下处理 2min。在 NH₃ 中浸轧棉织物，用轧车挤轧后，130℃下转筒干燥，再经汽蒸去除和回收 NH₃。

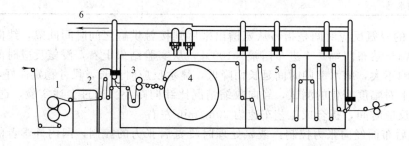

图 7-16　液氨处理设备
1—滚筒干燥机；2—温湿度调节器；3—轧车；4—转筒干燥机；5—汽蒸机；6—回收装置

树脂整理是，织物在 10％纤维反应型含氮乙二醛树脂 NS-19（住友化学）水溶液中，一浸一轧后，110℃干燥，再 160℃焙烘 2 分钟。这些处理后的试样、用 Yanaco MT-3 型测氮仪测定织物含氮量；按照织物经、纬方向，用 JIS L 9006 法测定织物洗涤收缩率；用孟山都法测定织物防皱度；用心环式织物刚性试验法测定织物柔软度，各测定 10 次，取其平均值。此外，在力学性质上，用 KES 测定机，通过剪切、变曲滞后，对剪切弹性率 G、剪切滞后幅度 2HG、2HG5、弯曲弹性率 B、弯曲滞后幅度 2HB 分别在织物经向、纬向各测定 5 次，取其平均值。

① 含氮量　棉、TC/（50/50、65/35）织物经 NH₃ 处理后，再经树脂整理的试样，其含氮量的测定结果列在表 7-21 中。

表 7-21　用 NS-19 处理的棉和涤纶/棉织物的含氮量

织　物	含　氮　量	
	NS-19	NH$_3$/NS-19
棉	0.53	0.47
涤纶/棉(50/50)	0.46	0.40
涤纶/棉(65/35)	0.40	0.34

注：用 10%NS-19 溶液的树脂整理。

了解到，由于乙二醛系树脂的羟甲基和纤维素的羟基交联，所以随着棉成分的增多，织物上的含氮量当然也增加。但是，对作为纤维集合体的棉织物来说，考虑到纤维膨化，纤维间空隙减少，对树脂液渗透的抑制效果增大。因此，了解到织物上棉成分越少，由于越难以受到棉纤维膨化的影响，所以树脂容易渗透到纱线内部，但从整个织物中棉成分比率上看到的结果是含氮量增多。

此外，未处理和 NH$_3$ 处理的织物在树脂整理时，NH$_3$ 处理的织物含氮量比未经 NH$_3$ 处理的、只进行树脂整理的织物显著降低。含氮量是树脂附着量的尺度。经 NH$_3$ 前处理的织物含氮量降低，可考虑为和以前报道的、NH$_3$ 前处理对 C.I. 直接蓝 1 染色速度产生的效果一样，尽管 NH$_3$ 处理会显著降低棉纤维的结晶度，但因非晶区的纤维素分子链定向（致密度）增高，树脂难以渗透，使树脂附着量降低。了解到 NH$_3$ 处理引起的棉纤维内部结构变化、影响着树脂附着量。

② 洗涤收缩率　表 7-22 是棉、T/C 混纺织物经 NH$_3$ 处理和树脂整理后的洗涤收缩率。随着涤纶纤维成分的增多，织物的洗涤收缩率当然降低，但任何一种织物都因 NH$_3$ 处理而使其洗涤收缩率越发降低。但是，如果混纺织物中的棉成分减少，尤其是对 T/C（65/35）混纺织物来说，可以认为 NH$_3$ 处理对织物的防缩效果当然也降低。不过，在棉和 T/C（50/50）之类棉成分多的场合，洗涤收缩率因 NH$_3$ 处理得以相当大的改善，但因未能获得充分防缩性，所以必须再进行树脂整理的后加工。此外，即使用 NS-19 树脂整理，虽然可以得到良好的防缩性，但在这种情况下，随着涤纶纤维成分的增加，织物洗涤收缩率降低，树脂整理对防缩性效果也降低。

单用 NS-19 或用 NH$_3$/NS-19 两步处理，虽然对棉、T/C（50/50）织物具有防缩效果，但 NH$_3$ 前处理对 T/C（65/35）织物的防缩性效果却非常小。不过，正如从表 7-21 含氮量可知。在用 NH$_3$ 处理棉、T/C 织时，即使树脂量少也能预期得到优良的防缩性。

表 7-22　NH$_3$ 和 NS-19 处理的棉和涤纶/棉织物的洗涤收缩率

织　物	洗涤收缩率/%			
	未处理	NH$_3$	NS-19	NH$_3$/NS-19
棉	9.4	6.0	0.6	−0.3
涤纶/棉(50/50)	3.1	1.2	0.5	−0.4
涤纶/棉(65/35)	2.0	0.9	0.5	0.3

注：用 10% NS-19 溶液的树脂整理。

③ 防皱度　表 7-23 见 NH$_3$ 和 NS-19 处理 T/C 混纺织物的防皱度。NH$_3$ 处理的棉、T/C（50/50）织物、其防皱度有着显著的提高，但在 T/C（65/35）织物上，却没有这种效果。了解到，随着棉成分的减少，NH$_3$ 处理效果降低。

表 7-23　NH$_3$ 和 NS-19 处理的棉和涤纶/棉织物的折皱回复角

织　物	折皱回复角(度)(经＋纬)			
	未处理	NH$_3$	NS-19	NH$_3$/NS-19
棉	136	181	208	228
涤纶/棉(50/50)	209	214	257	257
涤纶/棉(65/35)	228	228	274	268

注：10% NS-19 溶液的树脂整理。

但是，用 NS-19 树脂整理的织物，防皱度显著提高，尤其是涤纶纤维成分越多，织物的防皱效果越好。NH_3/NS-19 拼用处理时，对 100％棉织物的防皱度有一定效果，但对 T/C 织物几乎没有效果。如上述含氮量所示，在用 NH_3 处理时，因为树脂整理产生的含氮量少，所以和防缩性的场合一样，即使织物上的含氮量少，也能得到优良的防皱效果。

④ 柔软度　用心环式织物刚性试验法，测定 NH_3 处理 T/C 混纺织物的柔软度，结果表示如表 7-24 所列。不管是何种试样，NH_3 处理后的线圈增长，可以认为这和织物混纺率无关，但对提高柔软度有效。了解到，NH_3 处理产生的棉内部结构的变化、对织物柔软化有利。

棉、T/C（50/50、65/35）织物的剪切、弯曲弹性率（GB）都因 NH_3 处理而降低。涤纶纤维成分多的 T/C（65/35）织物，其弯曲滞后幅度（2HG、2HB）也因 NH_3 处理而降低，由此了解到 NH_3 处理对 T/C（65/35）织物的柔软化是有效的。这些力学性能不仅是纤维内部结构的原因，当然也许还应该考虑到纱线间摩擦系数因素等，这将是今后的课题。

表 7-24　NH_3 处理的棉和涤纶/棉织物的柔软度

织　　物	柔软度/mm	
	未处理	NH_3
棉	69.2	72.3
涤纶/棉（50/50）	73.0	78.3
涤纶/棉（65/35）	70.6	78.8

注：用心环式织物刚性试验法测定。

⑤ KES 剪切、弯曲特性　将 KES 剪切、弯曲特性作为和手感有关的力学特性表示见表 7-25、表 7-26。

表 7-25　用 NH_3 处理的棉和涤纶/棉织物的 KES 剪切参数

织　　物		剪切模量 G /[gf/(cm·°)]	剪切滞后幅宽/(gf/cm)	
			2HG	2HG5
棉	未处理	1.92	4.39	9.07
	NH_3	1.73	2.50	7.02
涤纶/棉（50/50）	未处理	1.54	1.62	6.54
	NH_3	1.24	1.48	5.12
涤纶/棉（65/35）	未处理	1.73	2.51	9.15
	NH_3	1.45	1.84	7.18

表 7-26　用 NH_3 处理的棉和涤纶/棉织物的 KES 弯曲参数

织　　物		弯曲模量 B /(gf·cm²/cm)	弯曲滞后幅宽 $2HB$ /(gf·cm/cm)
棉	未处理	0.0541	0.0743
	NH_3	0.0536	0.0500
涤纶/棉（50/50）	未处理	0.0745	0.0658
	NH_3	0.0429	0.0417
涤纶/棉（65/35）	未处理	0.1041	0.0747
	NH_3	0.0495	0.0438

7.5　蜡染的松香回收

真蜡印技术是 1966 年引进我国的，产品主要销往非洲地区，它完全不同于我国的手工蜡染，它是以立式圆网印花机器，将蜡（松香）融化后印制在布的双面（可以连续批量生产），然后染底色、做彩纹，做好后退蜡水洗，在退蜡的部位再次印花，产品色泽鲜艳、饱满，有立体感，很有特色。所谓的蜡印布就是在布面上印制松香，覆盖面积50%时，万米用松香约1700kg（不同的花型，蜡面厚度不一样，新旧蜡用的比例不同，用量也有差异），目前使用的松香每吨8700元。所以退掉的松香回收至关重要，直接影响布的成本，原来只回收绳洗、甩蜡下来的松香，碱洗蜡纹，平幅碱洗退蜡因烧碱松香皂化而不能利用，而且污染严重，给污水处理增加了负担。

蜡染印花是以松香蜡为主要防染剂的传统纺织品印花技术，过去多采用手工操作。近年来，国内陆续投建了许多机械化蜡染印花生产企业，产品主要出口非洲。蜡染印花生产过程中耗用松香蜡的量非常大，废水有机污染重，pH值高，色度大，污染极为严重。目前，国内对于该类废水的治理多采用混合废水集中处理的方法，不仅处理费用高，难于回收有用污染物质，且难于实现达标排放。

真蜡印花织物生产中，松香（蜡）用量极大。某印染厂月产真蜡印花织物600万米。其中，圆网印蜡织物400万米，平均每米印蜡150g，月耗蜡600t；辊筒印蜡织物200万米，平均每米印蜡230g，月耗蜡460t，两项合计月耗蜡1060t。一般，绳洗退蜡可回收利用50%的蜡，按此计算，月耗蜡仍需530t。以松香7000元/t计，月耗资约370万元，每米印新蜡折合88g，平均每米耗蜡0.616元，成本较高。未能回收的500余吨松香则皂化成松香皂溶于水中，致使蜡印废水中含蜡溶物和含碱量高，COD_{Cr}值高达20000mg/L，污泥量大，处理困难。

此外，由绳洗退蜡所回收的旧蜡中含有大量杂质（如料、棉纤维等），若直接与新蜡混合配制蜡印工作液，印蜡时（圆网印蜡温度160℃，辊筒印蜡温度130℃）会沾污织物，退蜡后白度也达不到要求。若进行后续印花，沾污处得色萎暗，留白地白度差，品质低劣。

皂化松香的回收利用技术的开发成功，对实现资源再利用和环境保护有着十分重大的意义，为生产真蜡花布产品的废水排放解决了一大难题。该技术能较完全地将污水中的已皂化的松香进行回收、利用，可以有效地降低生产成本。由于减轻了一块污水处理的负担，为企业的发展开辟了空间。更为重要的是大幅度地降低了污水中的COD_{Cr}数值，皂化松香废水处理前COD_{Cr}100000mg/L以上，处理后达到2000mg/L左右，有利于环保，为工业污水处理降低了成本。同时为企业的清洁生产，循环经济体系的形成做出了积极的贡献[11]。

7.5.1　蜡染工艺的系统优化

7.5.1.1　蜡染生产传统工艺流程

蜡染印花生产工艺主要包括前处理、打底、上蜡、摔蜡纹、染色、机械脱蜡、皂化洗蜡、印花、水洗、后整理等加工过程，生产工艺如图7-17所示。

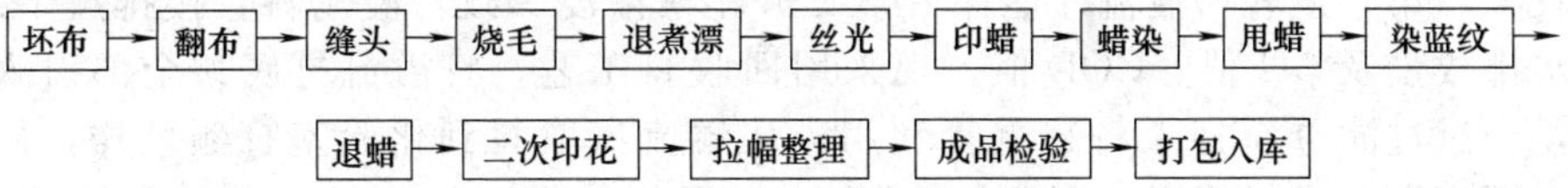

坯布 → 翻布 → 缝头 → 烧毛 → 退煮漂 → 丝光 → 印蜡 → 蜡染 → 甩蜡 → 染蓝纹 →

退蜡 → 二次印花 → 拉幅整理 → 成品检验 → 打包入库

图7-17　蜡染工艺流程框图

蜡染生产工艺流程：翻布缝头→烧毛→085绳状退煮漂→丝光→印蜡→蜡染→甩蜡→蜡纹→绳洗→碱洗→花布打卷→二次印花→汽蒸→水洗→皂洗→上浆拉幅→验布。

7.5.1.2　蜡染回收料工艺的应用

（1）传统靛蓝工艺

工艺配方

常规工艺		带回收染化料工艺	
靛蓝粉	2kg	靛蓝粉	16kg
36°Bé 烧碱	20L	36°Bé 烧碱	16L
(85%)保险粉	18kg	(85%)保险粉	15kg
	1000L		1000L

② 回收料工艺注意事项：化料前需加入半缸回收料。

③ 化料操作。准确称取配方规定靛蓝量 20kg，加入干缸还原器内，用 20～30L 40～50℃温水调成浆状，用 36°Bé 烧碱 15L 倒入干缸还原器内称取 15kg 保险粉，在不断搅拌下慢慢加入容器内，保持 60～70℃ 30～45min。完后，在搅拌状态下，将还原液倒入缸内用水冲至 1000L，最后将配方量剩余烧碱和保险粉加入缸内，使染料充分还原，化好的靛蓝为茶绿色，缸内 pH 值为 12～13，槽内 pH 值为 10～11。

④ 工艺要求。传统工艺使用的靛蓝料系还原染料，不溶于水，需在碱性溶液中经过还原剂-保险粉还原成隐色体才能上染纤维，再经空气氧化成为不溶性靛蓝而固着在纤维上完成染色过程。因隐色体亲和力低，必须采用多浸多轧多次氧化才能获得满意色泽。靛蓝染色关键严格控制染液的组成、pH 值、保险粉的含量，而且干缸还原好坏对染色的质量影响很大。由于采用回收料工艺，成本下降了 20%，减少了染染排放数量及污染指数。

(2) 彩色蜡纹工艺

打底料配方		回收料工艺	
色酚	25kg		20kg
36°Bé 烧碱	20L		16L
太古油	2L		2L
	1000L		1000L

① 工艺控制：初开车打底槽子加水 20%。

② 注意事项：打底料需加入半缸回收料。

而彩色蜡纹工艺采用不溶偶氮染料也称冰染料，该类染料利用色基与色酚偶合在织物上，以染得给色量高色泽鲜艳的产品。它的水洗牢度好，用于染制深色产品，而且操作简单，工艺控制仅需二浸二轧→堆置→水洗即可完成。生产效率高，蜡面破坏轻，成本低。

由于真蜡印花布本身的特点，松香必须在高温 150℃ 左右印在布面上。使用冰水降温，使蜡面温度下降并与布面结合在一起。因湿落布布面带液量几乎 100%，工艺不同以往的干打底干显色，打底显色流量相应较大，而且为保证颜色首尾一致性，打底显色流量相应较大。第一道轧槽溢流才能保证第二道轧槽浓度一致，溢流料直接排放下水管道，增加污水排放量及 pH 值、COD 值。现采用回收料工艺，将溢流打底料全部引入一个回收料槽，经过过滤重新打入料缸重复利用；从溢流口取料到化验室打颜色样，回收料浓度相当于原配方两成料深度，而且每使用 500L 回收料节约水 500L，节约色酚 5kg，节约烧碱 45L，成本降幅较大，平均单耗 19 元/百米。按一个月仿靛蓝 250 万米计，一个月节约 7.5 万元。

(3) 三种工艺成本及废水排放指标比较　从表 7-27 可以看出，采用回收料工艺后，污水数量明显减少，每天可以少排放 10t 污水；并且 pH 值从 9.08 降至 6.0，COD 从 162120mg/L 跌至 9650mg/L，降幅很大，有利于污水处理，降低了成本。表 7-28 所列为回收前后环保指标对比。

表 7-27   成本与 pH 值对比

检测项目	成本/(元/百米)	车速/(m/min)	耗电量	pH 值
靛蓝工艺	26	28	595	11
彩色蜡纹工艺	22	50	300	9.08
回收料彩色蜡纹工艺	19	50	300	6.0

表 7-28   回收前后环保指标对比

检测项目	正常工艺	回收料工艺
pH 值	9.08	6.0
污水 COD/(mg/L)	162 120	9650

7.5.1.3   蜡印工艺系统优化[12]

蜡印产品加工工艺流程长，能耗高。尤其是化蜡和印蜡工艺需较高温度，一般情况下化蜡温度在 210~220℃，印蜡也在 150~160℃。目前化蜡主要采用热油加热，而蜡印采用电热保温措施，耗煤、耗电量较大。因此，优化蜡印工艺系统，成为蜡印生产企业实现节能降耗的重点。

如意公司现有 4 条蜡印生产线，目前化蜡、印蜡主要采用传统工艺方法，能耗较高。而公司研发的具有自主知识产权的蜡印节能新技术，虽然已申请了国家专利，但是尚未进行规模化生产应用。本项目拟利用该技术对现有 4 条蜡印工艺进行全面优化，达到节能的要求。

（1）项目推行的技术基础主要是借助申请的 3 个发明专利：

① 一种纯棉织物蜡染连续印花方法。

② 一种蜡染印花防染剂的回收设备。

③ 一种蜡染印花防染剂的回收方法。

传统蜡印工艺流程见图 7-18，新型蜡印工艺流程见图 7-19。

图 7-18   传统蜡印工艺流程

图 7-19   新型蜡印工艺流程

（2）系统的主要特点

① 采用松香改性剂，化蜡温度由 210~220℃ 降到 120~130℃，化蜡时间由 10~12h 降到 3h。

② 印蜡温度由 150~160℃ 降到 90~95℃。

③ 节省冷水退蜡工序。

④ 改化学高温退蜡为热水高温退蜡，节省烧碱助剂。

⑤ 热水退蜡后蜡温保持在 70℃ 以上，节省加热能量和时间。

⑥ 占地小，蜡可循环使用。

7.5.2 松香废水对水处理的影响

7.5.2.1 蜡印各工序中的蜡损失[13]

在染色、甩纹、染纹、绳洗退蜡和碱退工序中，蜡印织物的蜡损失情况见表 7-29 所列。

蜡印生产中，带蜡织物在各工序中均存在不同程度的蜡损失情况。其中，尤以绳状退蜡工序的蜡损最大。因此，各工艺产生的废水必须分别进行专门处理，不能直接排入污水处理中心。

表 7-29 蜡印织物各工序的蜡损失情况

品　　种		圆网印蜡			辊筒印蜡	
		大面积 60%~80%	中面积 40%~60%	小面积 30%~50%	大面积 55%~85%	中面积 45%~65%
印蜡量/(g/m)		220	115	95	265	195
普通型损失/%	染色	6.8	8.7	7.4	8.7	8.7
	甩洗纹	15.5	16.5	8.4	15.8	18.5
	绳洗退蜡	54.5	47.8	44.2	52.8	43.6
	碱退蜡	23.2	27	40	22.6	29.2
印度蓝损失/%	染色	5.9	5.2	5.3	5.7	4.6
	绳洗退蜡	59	40.9	47.4	64.2	51.3
	碱退蜡	35	51	47.4	30.2	44.1

7.5.2.2 蜡染废水的水质[11]

污染物组分差异很大。一般印染废水 pH 值为 6~13，色度可高达 300~2000 倍，COD_{Cr} 浓度为 400~4000mg/L，BOD_5 为 100~1000mg/L，印染废水一般具有污染物浓度高、种类多、含有毒害成分及色度高的特点。

蜡染的废水为高浓度印染废水，为此污水在排入污水站以前先要经过预处理以减少对污水站的冲击。预处理主要在沉淀池进行，进入沉淀池的废水主要有三种：一种是从印花机出来的印花水洗废水呈红色，称之为红水，主要含很多活性染料，pH 值为 8~9，色度为 5000~6000 倍，COD_{Cr} 浓度为 2000~3500mg/L；一种是从蜡纹机、甩蜡机出来的蓝色的废水，称之为蓝水，主要含冰染料、靛蓝等偶氮染料，pH 值为 10~12，色度为 5000~5500 倍，COD_{Cr} 浓度为 5000~8000mg/L；一种是从碱洗机出来的皂化脱蜡废水，呈现绿色，称之为绿水，主要含很多未被利用的以及溶解在碱水中的松香，pH 值为 10~13，色度为 1500~6000 倍，COD_{Cr} 浓度为 5000~100000mg/L。蜡染各加工工段废水水质见表 7-30 所列。

表 7-30 各工段废水水质

项目	pH 值	COD_{Cr}/(mg/L)	色度/倍
红水	8.14	3109	6505
蓝水	10.93	7627	5420
绿水	11.87	8252	5327

注：数据为正常生产 72h、连续监测 10 次的平均值。

7.5.2.3 含蜡废水的处理

根据各段废水的污染特性采用清浊分流，分段处理与综合治理相结合的方法。采用的处理工艺如下：分流后的印花机废水采用沉淀-气浮工艺进行处理；蜡纹机废水采用酸化-气浮工艺除去里面含有的蓝色染料；皂化脱蜡废水分流后单独收集，采用酸化-气浮工艺进行蜡回收，出水与其他工段废水混合后进行混凝沉淀-生物接触氧化-气浮综合处理。

(1) 废水的预处理 红水进入沉淀池之前先经过水膜脱硫除尘塔，形成的水膜既能减少烟尘的含量，又能有效地减少烟气中 SO_2 的含量，通过水膜脱硫除尘塔，脱硫率达到85%，这样达到了节约能源以废治废的目的。从水膜脱硫除尘塔出来的污水经加碱调 pH 值后进入到沉淀池进行初沉淀。红水中的悬浮物以及大颗粒物质会沉降到池底部，定期清理池底的污泥以保证良好的沉淀效果。经过初沉淀的红水进入气浮机加脱色剂和 PAM 进行第一次气浮来降低其色度和 COD 含量，气浮出的悬浮物质经过板框压滤机压滤后泥饼外运，这样红水出水的水质 pH 值达到 8~9，COD 降到 2500mg/L 以下，色度降到 800 倍以下。

蜡纹机、甩蜡机出来的蓝水中含有冰染料、印度蓝等活性染料，以及少部分蜡，直接进行生化处理会影响微生物的生长，影响废水的处理效果。经过加酸气浮后可以有效地去除废水中含有的染料、松香，其中染料回收率达到 98% 以上。

皂化脱蜡废水中含有大量的未被利用的蜡，经过酸化-气浮工艺进行蜡回收，污水分流后加酸酸化 pH 值至 2~4，松香酸钠可由松香皂转化为疏水性松香，亲水性大为降低且易于自发凝聚形成较大絮体，从而易于实现气浮回收，回收后的松香含水率低于 20%，本工艺回收率可高达 92% 以上，经济效益和环境效益显著。

预处理后出水水质如表 7-31 所列。

表 7-31 预处理后出水水质

项　　目	pH 值	$COD_{Cr}/(mg/L)$	色度/倍
红水	0.73	2414	530
蓝水	4.51	1799	325
绿水	3.85	5428	330

注：数据为正常生产 72h、连续监测 10 次的平均值。

各工段的废水经过预处理后混合在一起进入公司的污水处理站进行生化处理，红水色度降低了 92%，COD 降低了 22%，蓝水色度降低了 94%，COD 降低了 76%，绿水色度降低了 94%，COD 降低了 34%，预处理后的废水达到了生化处理的要求不会对污水站的微生物造成很大的冲击。

蜡染印花生产废水分流后，3 种水都得到了有效的预处理，通过酸化-气浮工艺进行蜡回收使蜡回收率达到了 92% 以上。

建立专用沟渠，汇集含蜡废液（实测含蜡废水中碱含量为 10g/L COD_{Cr} 值高达 20000mg/L），抽入倾斜的水泥防酸长槽，加入浓硫酸中和。反应如下：

$$2NaOH + H_2SO_4 \longrightarrow Na_2SO_4 + 2H_2O$$
$$2C_{19}H_{29}COONa + H_2SO_4 \longrightarrow 2C_{19}H_{29}COOH + Na_2SO_4$$

松香皂为强碱弱酸性盐，加入过量硫酸后析出蜡。实际处理效果表明，加入 3~5g/L 硫酸时，蜡析出沉淀速度最快，此时出水 pH 值为 2，处理效果最佳。松香皂是表面活性剂，易溶解和乳化，蜡析出的同时可以挟带蜡废液中的大量染料和杂质沉积，使水质变清，COD_{Cr} 值降至 700mg/L 左右。待蜡逐池沉聚、硬化结块后，用抓斗取出酸析蜡，沥干水分，利用锅炉烟道废热气烘干。酸析蜡的酸值 145mgKOH/g，软化点 96℃，含色素，较脏，需脱色处理。

含碱废蜡液经处理后获得两种产物，即酸析蜡和酸水资源。

(2) 蜡染印花废水的分类回收[14] 蜡染印花需经过多道加工工序，所以不同工序废水的颜色、组分不同。这些废水混合在一起，给回收和处理造成很大困难，尤其是回收蜡中带有大量杂质且颜色极深，所以要对真蜡印花废水进行分类回收。

分类回收的原则是深色废水与浅色废水分开，含蜡量高的废水与含蜡量低的废水分开，含碱高的废水与不含碱的废水分开，但可与含酸的废水混合。根据生产实际情况，应把打底机的真蜡印花废水、碱洗机真蜡印花废水、机械去蜡废水分别建立独立管道。

① 打底机　将打底机产生的真蜡印花废水回收到一个气化池。由于这些废水含蜡较少，且废蜡颜色较深，先将蜡分离出来，待废蜡积累至一定量，再对深色废蜡进行集中脱色处理，最终达到蜡的重新利用。

② 冷碱洗机和热碱洗机　带有蜡的布经过摔蜡机摔打会产生蜡纹效果。摔蜡后产生的细小蜡粉末若残留在蜡纹中，会严重影响蜡纹效果，所以必须清理干净。

碱洗原理是用碱和蜡反应生成可溶性钠盐，以达到去蜡的目的。但洗碱不能在高温下进行，因为高温会使布面上的蜡变软，影响蜡纹的精细度及后续加工，所以摔蜡后必须用冷碱洗。

印花和染色结束后，经去蜡机将蜡机械粉碎退去，但布面上还会有许多蜡粉末，为了去除干净，用热碱洗效果更好，在 120℃ 高温下，使蜡和碱发生皂化反应，生成可溶性钠盐。冷碱洗和热碱洗产物一致，都是颜色较深、碱性很强的皂化蜡，可将产生的废水回收到同一个气浮池中。由于从两机台出来的废水含蜡较多、含碱较高，所以应先酸化处理后，再进行分离。

③ 摔蜡机和去蜡机　摔蜡机和去蜡机产生的废水回收到同一个气浮池中，这些废水含蜡多，但不含碱，所以不要和冷碱洗和热碱洗产生的废水混合在一起。

7.5.3　真蜡印花的松香回收技术

7.5.3.1　松香回收原理[11]

根据松香的理化性质，松香酸 $C_{19}H_{29}COOH$ 用烧碱经皂化而成溶于水的松香酸钠盐，多泡沫、有肥皂的功效，所以该反应通常称为皂化反应。蜡染花布生产的过程中，松香从织物上被去除的方法，正是通过皂化反应而形成了皂化松香。即：$C_{19}H_{29}COOH + NaOH \longrightarrow C_{19}H_{29}COONa + H_2O$。而皂化松香经加酸中和，并使其保持酸性，那么被皂化的松香又会变成松香酸 $C_{19}H_{29}COOH$。其反应式为：$C_{19}H_{29}COONa + H_2SO_4 \longrightarrow C_{19}H_{29}COOH \downarrow + Na_2SO_4$。说明从蜡染废水中通过加酸中和分离的方式提取松香的办法是可行的。另外，蜡染废水经酸中和后，不溶于水的松香酸就会析出，常温下通常以悬浮颗粒状态存在于废水中，给分离造成困难，而且分离后含水量较高，还要高温加热蒸发水分后才能再利用。但是，如果充分考虑到松香的软化点一般在 72～80℃ 的特性。那么，当升温至 70℃ 左右时，松香的悬浮颗粒就会产生聚集，从而很容易地将其从水中分离出来。

回收的松香（即黑松香）含有大量的杂质，如染料、尘土、纤维绒毛等，必须经过脱色除杂提纯后，才能再利用。

7.5.3.2　松香回收方法

（1）分离提取方法

① 热中和法。将生产工序的高温皂化退蜡废水集中后，直接加酸中和，在高温（60～70℃）酸性条件下，松香就会聚集漂浮于水面上，很容易地将其分离出来。

② 冷中和法。将生产工序的高温皂化退蜡废水集中后，须经降温处理，再加酸中和（pH 值为 5～6），松香析出形成悬浮颗粒，通过涡凹气浮机使松香漂浮起来，将其刮入加热

的容器内进行分离。

（2）除杂提纯方法

① 蒸馏法。将黑松香加入蒸馏罐内逐渐升温至300℃，经冷凝器冷凝分别蒸馏出水分、脂肪酸、松香等，最后将剩余的杂质排出。

② 溶剂法。黑松香与溶剂按2∶1混合，泵入罐内静置，约20h。罐内由上至下分为三层：水、松香、染料和灰分等杂质。先将染料和灰分等杂质层由罐底泵入蒸馏罐中进行蒸馏，然后将中间的松香层泵入另一蒸馏罐中进行蒸馏。蒸馏出的溶剂经冷凝器冷凝后回收循环使用。松香和杂质则分别由蒸馏罐的下部排出。

（3）脱色原理[15]

废蜡中染料主要为活性染料和冰染料（纳夫妥染料）。这两种染料都极易溶于水，而废蜡不溶于水却溶于有机溶剂，所以可采用萃取法让蜡溶于有机溶剂，而染料和其他杂质进入水相。这样，废蜡不但进行了脱色，还进行了提纯，水相的脱色可在污水处理厂进行。

（4）脱色操作

① 加料　向1t搪瓷反应釜中依次加入300kg水，300L有机溶剂（自配）和300kg回收废蜡，封盖。

② 混合搅拌　开动电机进行搅拌，搅拌速度为60～80r/min，搅拌时间为20min。

③ 静止和分离　停止搅拌后静止30min，开启盖子，打开分离阀把水相排入污水处理厂，进行常规脱色处理。将分离出来的脱色蜡水洗和脱水，即得到脱色蜡。

（5）脱色蜡的熬制

① 熬制温度　低温加热去除脱色蜡中多余的水，温度控制在100℃左右，加热一定时间。回收蜡含水率不同，加热时间应相应调整。应控制好甩干脱水，尽量使每一批脱色蜡的脱水条件一致，这样便于控制加热脱水时间。加热脱水完成后开始升温，注意升温不能太快，否则会影响回收蜡的质量。缓慢升温（以2℃/min速率）至160℃左右，熬蜡的质量随温度变化情况如表7-32所列。

表7-32　熬蜡温度对蜡质量的影响

温度/℃	冰纹	蜡的柔软性	温度/℃	冰纹	蜡的柔软性
140	线路很少	好	170	粗纹出现	较好
150	细长纹路少	好	180	纹路粗短、蜡有脱落	差
160	细长纹路多	较好	200	纹路粗短、蜡有脱落	很差

在160℃下熬制的蜡，蜡冰纹效果较好。当制蜡温度低于160℃，蜡柔韧性好，不易龟裂，难形成蜡纹；若温度太高（如180℃），生产的蜡太脆，在摔布过程中蜡易从布面上脱落，蜡纹又粗又短，蜡纹效果差，且易造成染疵。

② 熬蜡时间　表7-33所列为熬蜡时间对蜡纹效果的影响。

表7-33　熬蜡时间对蜡纹效果的影响

时间/h	4	5	6	7	8
蜡纹	很少	细长、少	细长、多	粗细都有	粗短
蜡的柔软性	好	好	较好	不好	不好

由表7-45知见于160℃熬蜡，时间过短，蜡的柔韧性好，不易产生蜡纹；时间过长，蜡较脆，摔蜡后产生的蜡纹又粗又短，且易从布面上脱落造成染斑。经实践证明，160℃熬蜡时间以6h为宜。

（6）回收蜡的质量要求

① 颜色　回收蜡要求颜色浅，若颜色较深，在重复利用时有色蜡会沾污白地，严重影响布面效果。

② 柔软性　一般回收蜡较脆，印花时全部采用回收蜡涂布效果不好，尤其是摔蜡时，布面蜡纹粗短且易脱落，蜡纹效果差，易造成染疵。因此，要控制好回收蜡的熬制温度和时间。如前所述，一般熬制温度为160℃，时间不超过6h。使用回收蜡时，往往是新蜡与旧蜡按一定比例配合使用，这样既解决了新蜡成本太高，蜡较柔软和蜡纹效果差等问题，又避免了旧蜡较脆，蜡纹粗短易脱落等染疵，且大大降低了生产成本。

7.5.3.3　绳洗退蜡回收[13]

绳洗退蜡废液呈中性，且废蜡以粉末状悬浮在水中，因此，应单独建立系统进行回收。

首先，将废液抽入悬浮起浮机，通过悬浮起浮收集废液中的蜡粉。悬浮起浮机底部装有细管，通入压缩空气，经细管上浮成小气泡，小气泡可与废液中的蜡粉结合浮在液面，趁气泡未破裂，用循环刮片将其刮入倾斜的大管道中。在大管道的夹套中通入高温热油，将大管道中的泡沫迅速加热至100℃（高于蜡的软化点90℃），使其中的蜡变成液体，蜡水分离，并随沸水流出。在该沸水中重新通入冷水，液体蜡又凝结成固体。将固体状蜡捞出，沥干水分。分离出的水可用作带蜡工序的洗涤用水。由于绳状水洗机的洗涤能力较强，蜡印织物染色时未固着的染料、棉纤维和其他杂质也会被洗下而混入回收蜡中，导致回收蜡中色素含量高，软化点高（92℃），酸值低（145mgKOH/g）。因此，大部分回收蜡还需进行脱色处理。

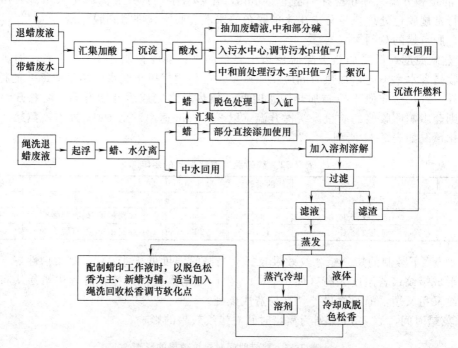

图 7-20　蜡印生产废蜡回收和废水处理工艺流程

悬浮起浮机可以自制，由水箱、水位调节装置、压缩空气管、循环刮片、倾斜大管道和冷水池等构成，可分别回收绳洗退蜡废液中的绳洗蜡和中水。因此，此阶段为零排放。

7.5.3.4　凤凰公司的皂化蜡回收[11]

凤凰印染有限公司是国内生产真蜡产品较早的企业，技术力量雄厚，设备齐全，产品质量稳定，尤以颜色浓艳著称。在近一年的时间内创立了凤凰公司自己的品牌，在非洲地区享有较高的声誉。在订单纷至沓来之际，绿色、生态、环保的呼声向企业提出了新的挑战。

蜡染印花含蜡废水蜡质含量高，应预处理进行蜡回收。对蜡染印花生产废水清浊分流，分流后的机械洗蜡废水采用加酸气浮处理，除去其中的细小悬浮态松香蜡、未固色靛蓝染料（或冰染料）；皂化脱蜡废水经酸化气浮处理，蜡回收率可达 92％以上，回收蜡质可重复利用。蜡回收后处理水再与其他废水混合进行综合处理，出水易于达标排放。

（1）皂化蜡回收利用工艺 该公司生产真蜡防印花布，使用松香量大，在溶化松香、从织物上剥离松香到机械退松香的回收等方面积累了丰富的经验，为这次的皂化松香回收技术的开发提供了充分的技术准备。经过多次分析研究及大量的小样试验，找到了该项目的技术关键，皂化松香的回收利用技术在国内同行业中属首创，所提取的"黑松香"经测试，其灰分、酸值、软化点、不皂化物等项目全部符合生产的要求，仍可继续用作真蜡防的生产原料，经进一步试验研究证明还可用于油漆、石油管道、橡胶等行业。

① 技术关键 包括：a. 将可溶性的皂化松香转化为不溶性的黑松香；b. 选择提取黑松香的方式、温度、pH 值等工艺条件；c. 松香高温炼化提取的工艺条件及过滤技术；d. 黑松香与新松香，回收松香之间的混配比例、温度等，必须达到防染工艺。

② 实验分析

a. 在温度 95℃、不同 pH 值的条件下，100mL 废水分离出的松香固体量如表 7-34 所列。

表 7-34 不同 pH 值分离出松香固体量对比

pH 值	7	6	5	4	3
松香固体量/g	2.056	2.995	3.110	3.118	3.121

b. 在 pH 值为 6、温度不同的条件下，100mL 废水分离出的松香固体量见表 7-35 所列。

表 7-35 不同温度分离出松香固体量对比

温度/℃	60	70	80	90	100
松香固体量/g	2.596	2.995	3.113	3.110	3.114

通过实验得出，蜡染废水在 pH 值 6 以下，松香的分离提取量基本趋于稳定；另外，在温度 90℃以上，松香的分离提取量基本无变化。因此，pH5～6、温度 90～95℃是最佳的处理条件。同时，说明分离提取过程中采用加酸、加温的方式是非常重要的方法，为此，在此基础上设计了中和分离器，它为进一步的工业化废水净化处理奠定了基础。

分离提取松香前后测定的废水 COD_{Cr} 值见表 7-36 所列。

表 7-36 分离提取松香前后废水 COD_{Cr} 值的变化 单位：mg/L

时间	第一天	第二天	第三天	第四天	第五天
处理前 COD_{Cr} 值	6800	5800	5500	6800	6100
处理后 COD_{Cr} 值	989	1130	852	1090	946

③ 工艺流程 皂化松香废水→存储装置→破乳气浮蜡回收→高温炼化→松香专用过滤器过滤→高温炼化→松香转笼过滤器过滤→黑松香→高温化蜡→新、旧松香，黑松香按比例调配→松香专用过滤器过滤→印蜡机使用。

投入实际生产证明，回收的松香完全可以使用于真蜡防生产中，经过几个月来用回收松香代替部分新松香能够较好地适应生产的需要，其印制、防染、蜡纹等效果完全符合产品的要求。

④ 技术经济指标 投入生产几个月来，用回收松香代替部分新松香能够较好地适应生产的需要，其印制、防染、蜡纹等效果完全符合产品的要求。该技术正式投入运行后，近一年来，每月可从皂化松香废水中提取回收松香约 200t，用于代替新松香可节约成本 100 万元

以上，一年可以节约成本近 1500 万元。提取的回收松香不但可以用于自己公司的生产中，经试验证明回收的松香还可以用于油漆、石油管道、橡胶行业。项目带来的经济效益是一个方面，更重要的是为蜡印厂解难题，为环保做贡献，还具有推动循环经济和清洁生产工作的社会效应。

（2）结论

① 仿靛蓝回收料使用有利于降低成本，减少污水排放数量和 COD 数值，减少污染，清洁生产，增加经济效益，提高社会效益。

② 排污指标下降，污水处理成本相应减少。

③ 皂化松香的回收利用技术的开发成功，对实现资源再利用和环境保护有着十分重大的意义，为生产真蜡花布产品的废水排放解决了一大难题。该技术能较完全地将污水中的已皂化的松香进行回收、利用，可以有效地降低生产成本。由于减轻了一块污水处理的负担，为企业的发展开辟了空间。更为重要的是大幅度地降低了污水中的 COD_{Cr} 数值，皂化松香废水处理前 COD_{Cr} 100000mg/L 以上，处理后达到 2000mg/L 左右，有利于环保，为工业污水处理降低了成本。同时为企业的清洁生产，循环经济体系的形成做出了积极的贡献。

7.5.3.5 皂化后的松香电化回收

真蜡印布绳洗退蜡（松香）后，布面剩余的松香加烧碱，蒸洗把布面及纱线中的松香洗净，皂化的松香经过加工、回收、重复使用，经实践证明十分成功，经济效益显著。

（1）工艺流程

纯棉坯布翻缝 → 烧毛 → 退煮漂 → 丝光 → 拉幅打卷 → 印蜡 ⟶ 染靛蓝／染仿靛蓝／染IBN蓝 → 用蜡纹 → 碱洗蜡纹 → 蜡纹染色 → 绳洗退蜡 → 平幅碱洗退蜡 → 拉幅打卷 → 2~4套色印花／打底 → 蒸化 → 水洗 → 拉幅上浆整理 → 验码 → 打包

通过以上的工艺可以清楚地看到，退蜡水洗是一道很重要的工艺，因为只有布面退蜡干净彻底，织底才清晰，才能做到套花渗透性好，反正面色差小。

① 绳洗退蜡 都是以绳状、多台水洗机、强力水洗退蜡，大约能退掉 60%，此设备退下来的松香，可以用多种方法回收，重复利用，而且退蜡后的水可以回用，退蜡效果也好。

② 平幅碱洗退蜡 残留在布面和纱线中间的松香约 40%，采用多格平洗机加入 20g/L 的烧碱，加温蒸洗、平洗才能将松香全部退下来。因为在平幅退蜡的过程中加入了烧碱，并升温使纱线中的松香和烧碱产生了皂化作用才能水洗干净，为下步渗透印花布打下了基础。但是对于皂化后的松香回收，重复使用带来了困难。

（2）某公司创新设计了一套皂化松香回收工艺装置，如图 7-21 所示。

① 首先平幅退蜡水洗和碱洗蜡纹的水全部回收到地下 1 号池，由 1 号池再自流到 2 号池，起降温作用。高温的碱蜡液，不利于下一步酸析，所以为下一步工作打下基础。

② 把降温的碱蜡液不断地打入酸析调节箱，在调节箱的上部有高位硫酸槽，下部有喷淋管，硫酸根据工艺要求不断地流入调节箱内，由搅拌器搅拌均匀，一般掌握在 pH=6 为宜。原理：在烧碱的作用下，布面的松香皂化成悬浮物，洗入含碱的蜡液中，加入硫酸进行了酸析，可以析出皂化的松香。

③ 把调节箱内酸洗后的蜡液不断地直接打入涡凹气浮机（CAF），在气浮头的作用下，迅速气浮分离，析出松香全部漂浮在箱的表面，用刮板刮入加热管，在管内松香凝结与水分离，流入池中冷却成块状，直接回收于化蜡箱，重复利用。

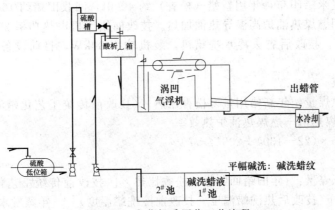

图 7-21　皂化松香回收工艺流程

原来皂化后的松香不利用时，只回收利用绳洗松香，新旧蜡比例 5∶5 或 4∶6（蜡印布时用新旧蜡比例），回收的松香不够用，现在皂化后的松香全部能够回收利用，蜡印布时，新、旧蜡比例已达到 2∶8，大大节约了新松香的用量。成本大大降低，从原来的万米用新松香最高 974kg 到目前为止的万米用新松香（以做彩纹为主）308kg。自从皂化后松香回收，改善了水质；原来排水沟经常堵塞，皂化的悬浮物很多，经过冷却、酸析、气浮凝聚，不但回收了大量的松香重复利用，并且改善了排放的污水，消除了悬浮物，pH 接近中性，为污水处理打下了基础，目前日产真蜡布 12 万米，平均每天回收皂化后的松香约 6t（绳洗退蜡不计）。

原来皂化后的松香不利用时，只回收利用绳洗松香，新旧蜡比例 5∶5，4∶6（蜡印布时用新旧蜡比例），回收的松香不够用，现在皂化后的松香全部能够回收利用，蜡印布时，新、旧蜡比例已达到 2∶8，大大节约了新松香的用量。成本大大降低，从原来的万米用新松香最高 974kg 到目前为止的万米用新松香（以做彩纹为主）308kg。自从皂化后的松香回收，改善了水质，原来排水沟经常堵塞，皂化的悬浮物很多，经过冷却、酸析、气浮凝聚，不但回收了大量的松香重复利用，并且改善了排放的污水，消除了悬浮物，pH 接近中性，为污水处理打下了基础。

7.5.4　松香回收的资源应用效益

7.5.4.1　酸水资源的利用[13]

含碱废蜡液经处理后获得的酸水资源，一部分可加入碱退蜡废蜡中，适当中和部分烧碱，以节省硫酸用量；一部分可进入污水处理中心，调节污水的 pH 值，以利于污水的生化处理。大部分酸水则用于前处理工序。

建立专用沟、渠、池，汇集前处理工序的洗涤废碱性液（实测碱含量 8g/L，CDD_{Cr} 值超过 20000mg/L），通入酸水与废碱性液发生中和反应，并加入 CMC 甲基纤维素 絮凝剂。当废液 pH 值为 7 时，溶解在该废液中的浆料、蜡质、含氮物质和棉纤维等杂质析出；加入的 CMC 因 pH 值波动和盐作用产生絮凝现象，与上述杂质结合沉聚，与水分离。之后，逐池沉淀、过滤。实测出水 pH 值为 7，CDD_{Cr} 值约 200mg/L。该出水属于中水资源，收集贮存后可用于对水质要求不高的洗涤工序。沉聚的残渣、污泥待硬化后，用抓斗取出，沥干水分，作为生物质燃料掺入煤炭中。每月可生产约 200t 的干污泥，相当于 80t 标准煤的热值。

将酸水资源用于处理前处理废液，既获得了中水资源，又获得了生物质燃料资源。

7.5.4.2　如意公司蜡印工艺系统优化的效益[12]

工艺系统优化见"7.5.1.3"。

公司年产 1 亿米蜡印布，年用新蜡（松香）约 4000t，回收旧蜡约 16000t，旧蜡需蒸发水。目前化蜡采用燃煤热油炉高温导热油加热。技改前蜡印机电热功率 36kW，技改后新设备电热功率 18kW。技改后省去冷水洗蜡机，装机功率 30kW，目前设备用水为洗蜡中水，不考虑节水。

（1）年节原煤

化新蜡年节原煤量：年新蜡用量×松香比热×（技改前传统工艺化蜡温度－技改后新工艺化蜡温度）÷原煤热值÷燃煤热油炉热效率

＝4000×2.26×（22－130）÷20934÷70％

＝56t

化旧蜡年节原煤量：｛年旧蜡回收量×松香比热×［（技改前传统工艺化蜡温度－技改后新工艺化蜡温度）＋（技改后热洗蜡温度－技改前冷洗蜡温度）］＋［年蒸发水量×水比热×（技改后热洗蜡温度－技改前冷洗蜡温度）］｝÷原煤热值÷燃煤热油炉热效率

＝｛16000×2.26×［（220－130）＋（70－20）］＋［50000×4.1868×（70－20）］｝÷20934÷70％

＝1060t

合计年节原煤：化新蜡年节原煤量＋化旧蜡年节原煤量

＝56＋1060

＝1116t

折标准煤：合计年节原煤×原煤折标煤系数

＝1116×0.7143

＝797t

（2）年节电：（技改前蜡印机电热功率－技改后新设备电热功率）×年有效运行时间×蜡印机台数＋冷洗蜡机装机功率×电机需要系数×年有效运行时间×冷洗蜡机台数

＝（36－18）×7200×4＋30×0.8×7200×4

＝121 万千瓦时

折标准煤：年节电量×电折标煤系数（等价）

＝121×3.24

＝392t

（3）年节标准煤：年节原煤折标准煤量＋年节电折标准煤量

＝797＋392

＝1189t

7.6　洗毛废弃物的再利用

毛纺织业现已成为国家的一个重要工业门类。由于毛纤维的优良性能，以毛为原料的纺织品得到了人们的普遍青睐。中国的毛纺织业随着中国改革开放的进程亦得到了快速发展。现在中国已成为世界羊毛加工使用中心，占羊毛世界总产量的 60％～70％。对于毛纺织业来说首先必须进行的工序就是洗毛，在洗毛的过程中，同时产生大量的洗毛污水（耗水 20～30 吨/吨原毛），中国在羊毛加工过程中每年要消耗水资源约 5000 万吨以上，每年排放 COD 2.5 万吨以上，因此到目前为止，洗毛业还是一个污染大（COD 高达 20000～30000mg/L，BOD 达 8000～10000mg/L），消耗大和投资高的行业，属高污染、高物耗、高投资的三高企业。多年来国内外均投入了大量的人力和物力来进行洗毛处理新技术、新工艺的研究开发，取得一些可喜的研究成果，但大部分成果由于技术成熟度不够，运行成本高及带来二次污染等实际问题，无法实现工业化运用。特别是在对环境保护要求愈加严格的今天。无法对洗毛污水进行有效处理的洗毛企业将面临着前所未遇的困境，另外亦极大地制约着我国毛纺织业健康、快速的发展。[16]

多年来，国家在此方面一直给予了高度的重视。自 1979 年起，原纺织工业部就开始致力于洗毛污水治理方面的研究，曾先后派出 3 个考察团赴国外进行考察，学习其他国家在治理污水方面的先进经验，并在 1984 年把治理洗毛污水列为"七五"重点科技攻关项目。从此以后，洗毛污水的治理一直是国家及行业的重点攻关项目。

7.6.1 油脂污水零排污多循环处理技术装备

油脂污水零排污多循环处理设备系山东省兖州中博园工贸有限公司研发[15]。

7.6.1.1 研发思路

洗毛污水的成分复杂，但主要含有有机物（羊毛脂）和固体颗粒，目前的各种处理工艺的主要出发点是除去固体杂质后，回收羊毛脂，然后再将回收脂的水经生化处理等办法进行降解，使水质的指标达到排放要求后再排放，因此目前的处理工艺见图 7-22。

图 7-22 常规处理工艺框图

在认真研究国内外洗毛污水的各种处理方法的优缺点的基础上，从循环经济的理念出发，以污水循环使用为目的，提出了以除固体杂质和羊毛脂为重点，而所含有的微量小分子有机物和无机盐在一定时间内仍留在处理后的水中的处理思路。处理后的水可全部循环用于原毛的洗毛过程中，同时，根据洗毛机各洗槽产生的废水水质不同的特点和洗毛机各洗槽的不同功能及对水质的不同要求。采用分级处理，分级回用的方法，对含泥沙较多的一槽水，重污染的二、三槽水和污染程度较轻的四、五槽水采用不同的处理方法，这样既降低了污水处理的成本，又提高了回用水的水质，改善了洗毛效果。其研究思路如图 7-23 所示。

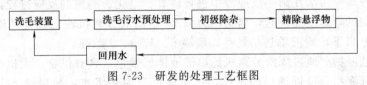

图 7-23 研发的处理工艺框图

7.6.1.2 对洗毛工艺的改进

为了适应洗毛污水零排污多循环处理技术分级处理，分级回用的要求，必须对原有的洗毛工艺进行改进，改进后的机内的水流及排污口设置见图 7-24 所示。

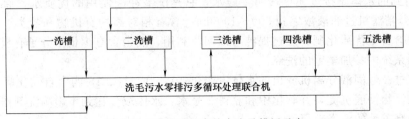

图 7-24 改进后机内的水流及排污示意

7.6.1.3　多循环处理工艺工序及设备流程

工艺工序如图 7-25 所示，设备流程见图 7-26 所示。

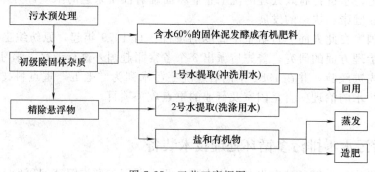

图 7-25　工艺工序框图

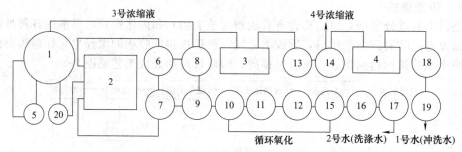

图 7-26　设备流程示意

各工序主要任务的具体操作过程如下：

（1）污水预处理：采用自主研发的 X 新型有机助剂来实现快速破乳，油脂分解，为固液快速分离创造条件，过程是向第一反应罐注入洗毛污水，同时按照不同羊毛的洗净率、油脂含量的污水质量比，a‰加入 X。通过热交换器 5 使水温控制在 55℃以上，循环时间 A 小时以上并与固液分离机同时工作。X 有机助剂的加量和循环时间长短、温度确定由固液分离的效率、效果而定。

（2）固液分离　污水在第一反应罐中进行破乳、皂化、凝聚的反应过程，待出现固液分离现象且固体物沉降速度加快时，启动压力泵 20 给固液分离机输送预处理液，固液分离机的工作压力达 B 以下，滤液输送给贮存调解罐 6、7、8、9 贮存。

（3）清除悬浮物　通过固液分离机滤出的液体属带色，含有机物、无机盐，短时间存放可见部分固体沉淀物，接近透明的水体，该水体可定为初级水，呈碱性 pH 值在 8～10 之间，还不能作为回用水使用，调解 pH＝7.4～7.8，通过精滤机清除悬浮物得有色清澈的水体送到 13、14 贮存。

（4）除盐和有机物　通过精滤机 3 得到的水体，在经过提纯机 4 浓缩蛋白，有机物和 K、Na 盐得到的水体是接近无色透明 1 号水，它是洗毛冲洗使用的优质水，通过 4 号提纯机把 50t 3 号精滤机过滤液浓缩到 500～1000kg，含有相对高的有机物和盐类、洗剂的浓缩液中所含的盐类是优质化肥，通过提纯可以回收利用，剩余含有少量小分子有机物和洗剂的水，可回到系统内参加羊毛的洗涤。

（5）通过 2 号固液分离机滤出的水体，经过 10、11、12、15 四个自动化罐氧化分解有机物，使悬浮物彻底沉淀，并软化中和获得 2 号水，水体成分达到不影响洗剂作用，并在低温时有利提高羊毛的洗涤效果。

（6）除泥造肥　在洗毛污水通过污水处理机处理的过程中，可获得优质回用水 7 号水。

因为一个企业承担的洗毛量的变化，洗毛用水量和洗毛污水的量都会随着变化，由于本工艺以不外排水为目标，因此必须有足够的污水处理能力、处理效率和回用水储备量，除多循环污水处理机（见图 7-25）自身的作用外，还考虑了如下几点：

增加贮水能力便于提高自动化程度，提高处理效率，减少能量损失，及时处理，及时回用；在洗毛机与污水处理机首端设一个污水周转池，容量根据洗毛厂加工规模而定；在洗毛机与污水处理机的尾端设一个回用水贮存器。

满足洗毛污水零排污多循环处理的设备研发成功。该机是一个大型自动化设备。设备中包括：①高效节能预处理罐；②专用固液分离设备；③清除悬浮物设备；④有用物质提纯机；⑤高效自动裂化设备；⑥水质软化设备；⑦整机程序控制系统；⑧全程水质自动分析系统。

全机结构简单、紧凑、节能、高效，运行平稳可靠，操作维修简单，运行费用较低，每班可处理洗毛污水 200t，水质完全符合洗毛用水的水质标准。完全可满足本项目的工艺要求。

7.6.1.4　项目的技术创新点与国内污水处理工艺及设备的对比

（1）本项目的工艺过程，都是在全程自动化控制的多循环处理机内进行的，设备占地面积小，操作安全可靠，工作环境整洁，维修、保养方便，实现了生产的连续性、高效性、安全性、维修保养的方便性。

而国内其他的污水处理，基本上都是在污水处理厂内进行。占地面积大，操作、锥修复杂，安全隐患较大，处理厂内工作环境恶劣。

（2）本项目做到了边洗毛边污水处理，处理后的 1 号水、2 号水全部回用，节水率高达 95％，实现了零排放，无污染；

而国内其他污水处理都是以达标排放为目的，排出的污水即使达到了 1 级排放标准，仍会对环境造成一定的影响，同时浪费了大量宝贵的水资源。

（3）本项目为了保证回用水的纯度和稳定性，除设备核心部分，又增设了提盐和去除有机大分子的补充设备部分。其处理过程中产生的 3 号浓缩液、4 号浓缩液都是有用的物质，都要进行单独的提纯和回用，这些物质的回用冲减了部分处理成本；

而因为其他污水处理方法对污水中的无机盐，都是随污水直接排放，或沉积到污泥中。有机大分子部分进行生物降解，部分随污水直接排放，既浪费了资源，又对环境造成了二次污染。

（4）本项目污水处理过程中，产生的含水率 60％～70％的固状泥，主要含有土杂、羊毛纤维蛋白、羊毛脂、微量洗剂，它与 4 号浓缩液，动物粪便、秆秆等共同发酵制成有机肥。特别是我们自主研发的预处理剂，对固体泥造肥起到了决定性作用；

而国内其他处理方法，对成分复杂的固体泥多采用直接丢弃或焚烧法进行处理，既造成环境的二次污染，又浪费了宝贵的有机肥资源。

（5）本项目污水处理过程中选用的 X 药剂，是经过大量严格的筛选、组合而成的，使用中投药量小，效率高、无污染。

而国内其他污水处理中使用的都是现成的单方或复合组方药剂，投药量大、效率低，容易造成二次污染。

（6）由于本项目污水处理方式是化学反应──→物理分离过程，可边洗毛生产，边污水处理，边将处理后的水进行回用。

而国内其他污水处理过程中，要花费大量的时间进行生物菌种的培养、激活。根本做不到边洗毛边污水处理，特别是在北方，生物菌种低于 15℃就要进入休眠状态，使污水处理根本无法进行。

7.6.1.5　洗毛污水多循环工艺、设备和自动化控制

（1）工艺过程

洗毛污水＋X —— 升温55℃以上 —→ 多循环加速反应 —→ 固液分离 —→ 软化中和 —→ 提有机物和盐类 —→ 贮存回用

（2）设备构成部分（如图 7-25 所示）。

反应罐 1 ←——→ 固液分离机 2 ——→ 调解贮存罐 6、7、8、9

—→ 精滤机 3 —→ 13、14 —→ 提纯机 4 —→ 贮存调解罐 18、19

—→ 循环氧化罐 10、11、12、15 —→ 贮存调解罐 16、17

（3）自动化控制

污水处理机及与之相适应的工艺是高科技的专利技术，配以电器自动控制系统和电脑数据检测系统，实现了生产的连续性、高效性、安全性和操作的简便性，整套系统不仅性能可靠，且工作环境清洁，维修、保养方便，有广阔的发展空间和很高的推广价值。

实验测试部分：①洗毛污水测试分析；②污水预处理测试分析；③软化中和测试分析；④浓缩液测试分析；⑤氧化分解有机物过程测试分析；⑥回用水测试分析。

工艺参数：①电导率；②pH 值；③洗净率；④含脂率；⑤SS；⑥含水率；⑦温度；⑧色度；⑨软化度；⑩COD。

（4）每天污水处理量可以实现 300t，现有水的贮存能力 600t，肥料发酵贮存 2000t，该设施完全可以供每年 10000t 的加工羊毛量使用。

7.6.2　高效羊毛脂回收工艺效益

工业的发展必然是技术的进步，在洗毛行业污水回用、回收羊毛脂一直延续传统喷嘴离心机，由于该机的特性必然有一部分含油脂的水由喷嘴排出，循环周期越长损失量越大，按常规工艺运行中从喷嘴排出水，约占总进水量近 30%，即 2t/h，由于排放量过大相当一个工作日已更换一槽水。而这一排量计算损失近总回收率不少于一个百分点，由于循环排放造成水、蒸汽、辅料的损失也是可观的。

高效回收新工艺，改变了传统观念，采用了新型离心机。除工艺的差异，进口洗毛生产线及国产洗毛生产线在循环工艺中，提高了羊毛脂回收率。降低了水中的悬浮物、总固体物，使水质更好，同时蒸汽、辅料也相应减少[16]。

依据实测及厂方提供数据（实测数据见表），对多种型号离心机的性能进行对比；以南京 311 型离心机电机 30kW 处理量最大 10t/h，小时排污量不少于 2t/h，水中油脂一次性回收率最高 40%，而采用我们的离心机处理量 3～5t/h 电机 18kW，排污（污泥）最大 0.4t/h，水中含油一次性回收率 65%～70%。

7.6.2.1　新工艺特点

（1）生产工艺简单。新的深加工工艺在不相变的溶溶环境条件下进行，取代传统的化学萃取工艺，克服化学萃取对产品质量产生负面影响等多种弊端。

（2）产品质量高且稳定。本工艺初级产品就达到工业精制羊毛脂质量要求，深加工达到药用级、化妆品级产品质量标准。

（3）回用水质优良。洗毛预处理中采用筛滤斜板沉淀池有效解决了水中杂质、泥砂的问题。

（4）设备高效且便于操作。生产工艺中选用的设备效率及自动化程度均高于传统工艺采用的设备。

7.6.2.2 大小循环联合循序用水洗毛工艺及其排水特征

在洗毛生产过程中，分选细毛进入 B051-152 型开毛、喂毛、洗毛机，依次通过一至五槽，在 45～50℃水中通过浸润搅动使羊毛中的泥砂、油脂、排泄混合物转移到水中，水中的污染物随洗毛量增加成阶梯形增长。在洗毛过程中，一槽为浸润槽，洗涤废水中含有大量泥沙、杂草、羊汗及少量油脂。二槽为洗涤槽，加入的洗涤剂使羊毛上附着的油脂被大量洗脱进入水中，污水中含油量较大，泥沙含量较一槽少。三槽为清洗槽，加洗涤剂量少于二槽，使羊毛洗后更松软，水中含油相应少于二槽。四～六槽为漂洗槽，目的是清洗羊毛中残留的洗涤剂和极少量的油污及杂草。

洗毛工艺过程中含油最大的为第二槽，含泥沙、羊汗量最大的为第一槽。为了减少污水排放量，洗毛生产开发了大小循环联合循序用水洗毛工艺系统。采用大循环逆流洗毛系统充分利用了水资源，由一槽到六槽水中污染物逐渐减少，油脂含量集中到了二槽、一槽，耗水比率由传统用水比 1∶20 降到 1∶10，好的降到 1∶（3～5），每吨洗净毛用 3～5t 净水而排放污水 2～4t。

（1）精制羊毛脂生产工艺流程

为了保持洗毛水水质的稳定，必须利用新鲜水进行补充，来保证洗净毛的质量。为节约用水，降低水污染，充分回收宝贵的羊毛脂资源，羊毛脂高效回收和洗毛污水回用处理一体化新技术见图 7-27 工艺流程。

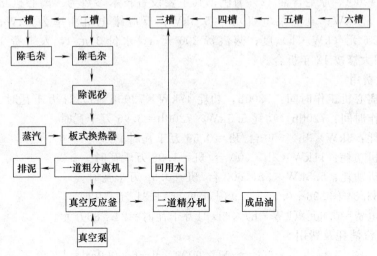

图 7-27　工艺流程框图

工艺流程说明：

六槽洗毛：一槽为浸泡槽。作用于润湿去除悬浮泥砂。

　　　　　二槽为主洗槽。羊毛脂主去除，泥砂较多。

　　　　　三槽为漂洗槽。羊毛脂辅去除，泥砂渐少。

　　　　　四、五、六槽。主要功能为清洗。

由于洗毛过程目的为了去除附着于羊毛上的羊汗、草杂、泥土及羊毛脂。为了更多地获取羊毛脂减少辅料的投入加大水的利用率。产生了逆流大小循环工艺。流程的不同周期效益各异。

（2）新工艺的流程分两路（新工艺见图 7-26）。

① 由泵吸出二、三、主槽底部泥砂杂质水，经除毛沉淀器加热经计量进入离心机分离，去除悬浮物、泥砂，获取羊毛脂，分离后水返回二、三槽为一循环。

②由泵吸取二槽附槽水经除毛除砂加热经计量进入离心机分离，去除悬浮泥砂，获取羊毛脂，分离后水返回二槽为一循环。

两循环系统可单独重复应用取决羊毛含杂而定，主要目的降低水中泥砂含量，提高羊毛脂的回收率，保证浮毛质量。

经头道分离后的羊毛脂（含水不大于 30%）经真空泵抽吸到反应釜进行加热予处理后经二道分离后获取成品羊毛脂，工艺完成。

7.6.2.3 范例一

（1）循环工艺收益率如表 7-37 所列。

表 7-37 新旧工艺销售收入对比表

原毛含油/%		10	11	12	13
新工艺： 自然损失率 25%，回收率 70%	回收羊毛脂/t	220.5	242.5	264.6	286.6
	销售收入/万元	441	485	529.2	573.2
传统工艺： 自然损失率 25%，回收率 50%	回收羊毛脂/t	157.5	173.2	189	204.7
	销售收入/万元	236.2	259.8	283.5	307
新工艺比旧工艺销售收入增加值/万元		204.8	225.2	245.7	266.2

（2）新工艺运行成本核算

以洗净毛 4200t，原毛含油 12% 为例，其主要设备技术参数为：离心机功率 18kW；污水泵电机功率 5.5kW；真空泵电机功率 5.5kW；反应罐电机功率为 3kW；离心机功率 11kW；电费 0.6 元/(kW·h) 度；蒸汽费 200 元/t；水价 3 元/t，人工费 1500 元/(人·月)，设备折旧大修按 12 年折合。

① 电耗及费用

油脂分离离心机工作时间：7200h，功耗 47kW×7200h=33.84 万千瓦时。

离心泵工作时间：7200h，功耗 5.5kW×7200h=3.96 万千瓦时。

反应罐功耗：3kW×3h×600 台/班=0.56 万千瓦时。

精制离心机功耗：11kW×3h×600 台/班=1.98 万千瓦时。

真空泵电机功耗：5.5kW×3h×600 台/班=0.99 万千瓦时。

总功耗：33.84+3.96+0.56+1.98+0.99=41.31 万千瓦时。

　　电费=0.6元/(kW·h)×41.31万千瓦时=24.786万元。

② 水与蒸汽消耗及费用

蒸汽消耗　　　　　2t×600 台/班×60000cal÷600000cal=120t

蒸汽费用　　　　　120t×200 元/t=2.4 万元

精加工耗汽　　　　0.05t×600 台/班=30t

精加工费用　　　　30t×200 元/t=0.6 万元

水耗费用　　　　　1t×600 台/班=600t 水。水费=3 元/t×t=1.8 万元。

③ 药剂费

　　　　　　　　　估计 10 万元

④ 人工费用

　　　　　　　　　1500 元/月×4 人×12 月=7.2 万元

⑤ 设备折旧与大修费

　　　　　　　　　112.3 万元÷12 年/折旧=9.358 万元

⑥ 年总费用　　　　24.786＋2.4＋0.6＋1.8＋10＋7.2＋9.358＝56.144 万元

　税前收入　　　　245.7－56.144＝189.556 万元

a. 税后收入　　　189.556×(1－17％)＝157.331 万元（常规工艺）

　税前收入　　　　422.1－56.144＝365.956 万元

b. 税后收入　　　365.956×(1－17％)＝303.743 万元（循环工艺）

（3）投资回报期

设备投资与大修费 112.3 万元，按 12 年折旧，投资回报期：

① 常规工艺：112.3 万÷157.331 万＝0.713 年

② 循环新工艺：112.3 万÷303.743 万＝0.37 年

（4）减少排污量与经济效益

① 减少排污量

洗净毛 4200t 计算　原毛含油	10％	11％	12％	13％
常规排污量/COD(1kg 油脂约 10kg COD)	630t	693t	756t	819t
循环排污量/COD	1365t	1502t	1692t	1775t
工艺消减量/COD(1kg 助剂约 16kg COD)48t				
总消减量/COD	1413t	1550t	1740t	1803t
减少用水量/	20t/班×600 台/班＝12000t/年			

② 经济效益　　净毛以 4200t 计算

在洗毛工序中如果采用闭路循环系统，比现在直排系统回收率由 50％提高到 94％，洗剂节约量近 20％，新工艺实施油脂回收一项净收益不少 160.76 万～350.343 万元。（原毛含油 12％计算，销售价 2 万元/t 计算）节水不少于 12000t/年（水以 3 元/t 计算）减少支出 3.6 万元/年。

7.6.2.4　范例二

（1）以年洗净毛 10000t 含油 6％～15％，回收率 40％～85％，羊毛脂回收量见表 7-38。

表 7-38　羊毛脂回收量对比　　　　　　　　　　单位：t

产量	原毛含油/%	收率40%	点数	收率65%	点数	收率80%	点数	收率85%	点数
10000t/年	6	180	1.8	292.5	2.92	360	3.6	382.5	3.82
	7	210	2.1	341.25	3.41	420	4.2	446.25	4.46
	8	240	2.4	390	3.9	480	4.8	510	5.1
	9	270	2.7	438.75	4.37	540	5.4	573.75	5.73
	10	300	3	487.5	4.87	600	6	637.5	6.37
	11	330	3.3	536.25	5.36	660	6.6	701.25	7.01
	12	360	3.6	585	5.85	720	7.2	765	7.65
	13	390	3.9	633.75	6.33	780	7.8	828.75	8.28
	14	420	4.2	682.5	6.82	840	8.4	892.5	8.92
	15	450	4.5	731.25	7.31	900	9	956.25	9.56

油脂回收：

新工艺① 10000t×0.75×12％×65％＝585t（单排放）

新工艺② 10000t×0.75×12％×80％＝720t（3 个循环）

新工艺③ 10000t×0.75×12％×85％＝765t（5 个循环）

新工艺① 10000t×0.75×12％×40％＝306t（单排放）

新工艺② 10000t×0.75×12％×48％＝432t（3 个循环）

(2) 年总增收：

① （585－306）×2.2 万/t＝613.8 万/年

② （720－432）×2.2 万/t＝633.6 万/年

③ （765－432）×2.2 万/t＝732.6 万/年

a. 税前收入② 633.6 万－21.132 万＝612.468 万/年

　　　　　　③ 732.6 万－21.132 万＝711.468 万/年

b. 税后收入② 612.468万×（1－17%）＝508.3484万/年

　　　　　　③ 711.468万×（1－17%）＝590.5184万/年

(3) 投资回报期

10000t 原毛洗净设备采用新工艺循环装备 160 万元/台

① 160 万÷508.3484 万＝0.315 年（3 个循环）

② 160 万÷590.5184 万＝0.27 年（5 个循环）

投资回报期在 0.27～0.315 年。

回收的羊毛脂经科学精制，可制造出一系列价值更高的产品，如液态羊毛脂、羊毛醇、羊毛酸、水溶性羊毛脂、乙酰化羊毛酯和乙氧基化羊毛醇等。这些羊毛脂产品可广泛应用于医药、护肤用品、化妆品、乳酸、纺织和皮革等行业。

7.7　废气中有机溶剂的回收

改革开放以来，沿海各省电子、纺织印染、喷漆、制鞋、树脂工艺等苯类有机溶剂使用工业得到蓬勃发展，甲苯等有机溶剂的使用从量到浓度均有不同程度扩大，有机溶剂促进了各种产品性能和功效的提高，同时也带来了有机废气的污染。

根据《国家环境保护"十一五"科技发展规划》（环发［2006］103 号）确定的重点领域和优先主题，将挥发性有机废气污染物控制技术研发纳入其中，并促进发展循环经济，坚持按照"减量化、再利用、资源化"的原则，形成具有循环经济和可持续发展的产业体系。

资源的合理利用和环境综合治理将成为确保社会和经济可持续发展的主要措施，而以苯类等有机物为代表的有机化学溶剂又是一种较为贵重的原料，所以选择与采用一种有效途径，将其生产过程散发出的有害废气进行收集，并回收原料有机溶剂，是利国利民的措施。不仅可减少苯类有机物对环境的污染，而且还可减少原材料的投入。一定意义上对行业和区域可持续发展是一个积极的贡献[17]。

7.7.1　国内外处理废气方法

目前国内外对苯类有机废气的污染治理主要也是采用各种方法加以治理，以减少废气对人类与周边环境的污染。国内外主要处理方法有冷凝法、吸收法、燃烧法、催化法、吸附回收法等。

(1) 冷凝回收法是把废气直接导入冷凝器或先经吸附后，解析的浓缩废气导入冷凝器，冷凝液经分离可回收有价值的有机物。采用冷凝法要求废气中有机物浓度高、温度低、风量小等。该法需要有附设的冷却或冷凝设备，投资大、能耗高、运行费用大，冷凝后尾气仍然含有一定浓度的有机物，需进行二次低浓度尾气治理。

（2）吸收法可分为化学吸收及物理吸收，物理吸收使废气中一种或几种组分溶解于选定的液体吸收剂中，这种吸收剂应具有与吸收组分有较高的亲和力，低挥发性，吸收液饱和后经加热解吸再冷却重新使用。本法适合于温度低、中高浓度的废气，需配备加热解析冷凝等回收装置，装机体积大、投资较大，要选择一种廉价高效的低挥发性吸收液，同时还应注意吸收液二次污染的处理。对于化学活性低的有机废气，一般不能采用化学吸收法。

（3）直接燃烧法亦称为热氧化法、热力燃烧法，是利用燃气或燃油等辅助燃料燃烧放出的热量将混合气体加热到一定温度（700～800℃），驻留一定的时间（0.3～0.5s），是可燃的有害物质进行高温分解变为无害物质。本法特点：工艺简单、设备投资小；适用高浓度、小风量废气治理、处理效果好、无二次污染；但能耗大，远行成本高；运行技术要求高，不易控制与掌握。此法在发达国家应用普遍，在国内基本上未获推广，仅有少数厂家引进国外治理设备应用于较高浓度和温度的制罐印铁业废气治理中，运营时应关注能源的及时提供和运行的稳定性，使设备正常运转。

（4）催化燃烧法是把废气加热到200～300℃经过催化床催化燃烧转化成无害无臭的二氧化碳和水，达到净化目的。本法特点：起燃温度低，节约能源；净化率高，无二次污染；工艺简单，操作方便，安全性好；装置体积小，占地面积少；设备的维修与折旧费低。该法适用于高温或高浓度的有机废气治理，国内外已有广泛使用的经验，效果良好。该法是治理有机废气的有效方法之一，但对于低浓度、大风量的有机废气治理存在设备投资大、运行成本较高的缺点。

（5）传统吸附回收法可回收大约70%的有机溶剂，合理的工艺控制也能有效地满足环保排放要求，既可以减少对环境的污染，又可使资源再生回用，是值得推广的可持续发展的方法。

7.7.2　苯类废气回收技术与装备

7.7.2.1　GK-JBH 型苯类废气回收技术

GK-JBH 型苯类有机废气回收技术及成套装置技术成果来源于福建高科环保研究院有限公司，公司研发小组在研究分析国内外目前对有机溶剂废气处理方法的基础上，对现有常规工艺设备进行研究和技术改进，提高废气净化率和有机溶剂回收率。在系统自动控制和安全性能方面也做了优化设计。该产品通过专家评审后确认为"福建省环保先进实用技术"和"2006 年国家重点环境保护实用技术示范工程"，属于同类设备的换代产品，其技术性能目前处于国内领先地位。该工艺技术主要流程如图 7-28 所示。

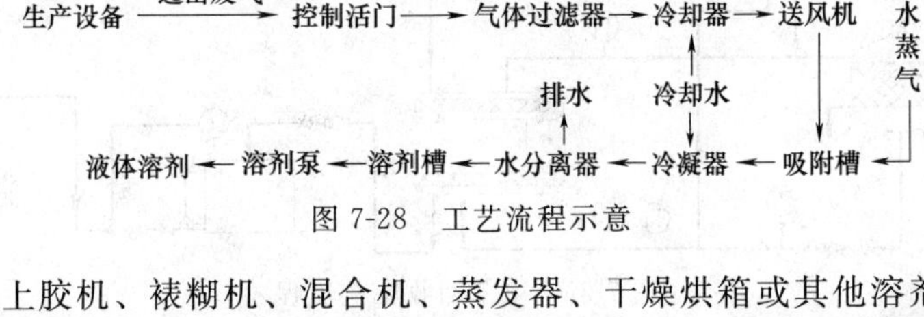

图 7-28　工艺流程示意

自涂布机、上胶机、裱糊机、混合机、蒸发器、干燥烘箱或其他溶剂气体发生机器排出的废气含有溶剂气体，经收集、过滤、冷却后送入吸附塔中，以专用高效率活性炭吸附有效溶剂，待活性炭吸附饱和后，再以水蒸气等脱附处理，回收的溶剂经冷凝、集聚、分离或蒸馏、脱水等程序而得回收溶剂。

与同类产品相比较，GK-JBH 型苯类有机废气回收技术及成套装置具有以下技术优势：

（1）有机溶剂回收效率达到 86% 以上，废气净化率达到 99% 以上，可确保尾气排放达到环保要求。

(2) 自动化程度高。采用 PLC 自动化控制和触摸屏式人机界面，有效降低操作管理人员劳动强度。

(3) 新材料应用。采用新型吸附材料——颗粒或柱状活性炭，动力学性能好，吸附、脱附速率快，脱附解析完全，再生吸附率衰减慢，使用寿命长。

(4) 脱附能力强。脱附系统结构精巧，采用热蒸汽对吸附槽中饱和的有机溶剂进行脱附，脱附效率达 99%。

(5) 节能、经济。设备阻力小，主风机功率小；设备没有燃料、药剂消耗，节能省电，运行费用低。

(6) 安全性高。系统的循环冷却装置可有效控制流体在控制点温度以下运行，在设计中采取多点式温度监控系统，确保系统安全生产。

(7) 性能稳定。设备运行稳定可靠、高效，故障率低，维护保养简便。

(8) 设计优良。全套设备结构紧凑，布局合理，外形美观大方；可根据客户具体要求进行针对性设计，操作管理更为合理。

7.7.2.2 甲苯回收工艺流程

甲苯作为良好的有机溶剂，在布匹防水涂胶加工业、胶带工业、合成皮革工业、油墨印刷工业等行业得到大量使用，这些行业的涂胶是用甲苯（溶剂）溶解胶片而制成的。接着，在相应机器（或设备）上把胶水涂层到相关制品表面之后又需将胶水中的甲苯（溶剂）基本或全部蒸发掉。诚然，甲苯废气对人体和环境均产生负面影响，国家对甲苯废气的排放浓度都有明确规定，同时甲苯又是宝贵资源，而且市场价格呈上涨趋势。

甲苯回收装置系针对以上不同行业的特点、规模而开发可回收液态甲苯（溶剂）的成熟技术装置，所回收液态甲苯（溶剂）能够重复使用于生产，既降低生产成本，又同时有效防止甲苯废水污染的产生，利国利民，一举两得。

甲苯回收工艺流程如图 7-29 所示。

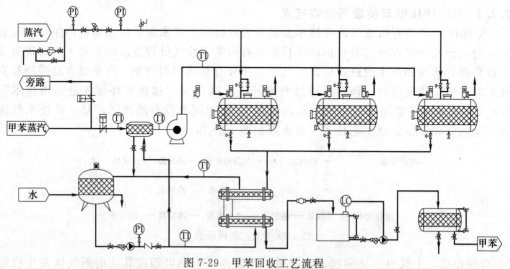

图 7-29 甲苯回收工艺流程

7.7.2.3 GK-JBH 型苯类有机废气回收技术及成套装置实际应用情况

该项技术主要应用于布匹防水、涂胶加工、胶带工业、油墨印刷工业、接着剂及其他苯类有机溶剂使用工业等行业，在有机废气处理及回收领域将是应用范围最广、用户最多的一种处理设施，具有广阔的市场前景。

GK-JBH 型苯类有机废气回收技术及成套装置在泉州联益纺织印染有限公司涂层车间废气治理（48000m³/h）和深圳昌硕纺织有限责任公司涂层车间废气治理（25000m³/h）等多项工程项目均得到成功应用。

7.7.3 涂层车间废气治理效果

以泉州联益纺织印染有限公司涂层车间废气治理（48000m³/h）工程项目为例。该工程项目于 2004 年 5 月份完工，并一次性通过环保部门监测，各项监测数据如表 7-39 所列。

监测结果表明，该处理系统对苯类有机废气净化效率均达到 99％以上，各项排放浓度均满足《大气污染物综合排放标准》GB 16297—1996 中的限值。

表 7-39 "三苯"废气验收监测统计表

监测项目	进口浓度/(mg/L)			出口浓度/(mg/L)		
	苯	甲苯	二甲苯	苯	甲苯	二甲苯
监测值 A	1583	3246	267	10.26	24.8	未检出
监测值 B	2118	4007	318	8.56	20.4	未检出
监测值 C	1647	2957	212	8.97	20.4	1
监测值 D	1353	2646	118	10.12	18.7	未检出

该系统采用 PIC 自控和触摸屏人机界面，操作运行极为简便，维修维护量少。根据企业内部统计，通过该系统回收处理，每天可回收苯类有机溶剂 4.85t，回收率达到 86％。折合有机溶剂市场现价，约 4 个月即可回收该系统投资费用，并持续为企业创造经济效益。另外，每年可为企业节省大量排污费。在保护环境的同时，为企业创造巨大的经济效益，得到企业的拥护肯定和高度评价。

7.7.4 涂层装备防爆的安全对等

国标 GB 5083—85《生产设备安全卫生设计总则》中"3 事故和职业危害预防"的"3·4 防火与防爆"："生产、使用、贮存或运输中存在有可燃气体、蒸汽、粉尘或其他易燃、易爆物质的生产设备，应根据其不同性质（燃点、闪点和爆炸极限等）采取相应的预防措施：实行密闭，严禁跑、冒、滴、漏；根据具体情况配置监察报警、防爆泄压装置及消防安全设施，避免摩擦撞击；消除电火花和静电积聚等。爆炸危险场所的电气安全按现行有关标准、规程的规定执行 。"这就警示我们，生产设备应符合国标中的明文规定，确保工作岗位的安全性，只有在不危及人身安全情况下，才能在市场上销售和生产使用[18]。

7.7.4.1 涂层装备的防爆要求

用于纺织品的涂层剂有聚丙烯酸酯（PA）、聚氨基甲酸酯（PU）、聚氯乙烯（PVC）、聚乙烯（PE）和橡胶等。使用不同的涂层剂，所得到的涂层织物表面的涂膜性能各不相同，因而，使涂层织物具有不同的性能，如防水、抗水、防粘、耐候、装饰、耐磨、耐水解、耐化学溶剂、柔软性及其他一些特定功能。目前纺织品主要使用的涂层剂为 PA、PU 两种。

涂层剂分为两大类，即溶剂型和水系型。溶剂型涂层剂需混合溶剂，如 PA 剂一般用甲苯、乙酸乙酯或丙酮，易燃、有毒；由于对织物渗透性强，则易于引起涂层产品手感较硬。那么为什么在涂层工艺中仍常用呢？这是因为溶剂型涂层剂的成膜性能与织物黏着力都较水系型为好，涂层后的织物耐水压高。一般工艺中，通过选择较适宜的柔软剂，半制品经压光处理增加经、纬密度及合理的涂刮上浆等改善产品的手感。而溶剂型的涂层剂，使工艺过程存在的爆炸隐患，这就要求涂层装备按易燃、易爆的生产设备具有防爆的措施，以利安全生产。

易燃、易爆气体与空气混合即成为具有爆炸危险的混合物，使其周围空间成为具有不同程度爆炸危险的场所。一旦这些混合物达到爆炸浓度，在烘房内加工的制品因烘燥、导布摩擦产生的静电及各种电气仪表、设备产生的火花作用下，就容易引起燃烧和爆炸。

（1）危险场所分类

① 第一类危险场所，含有可燃性气体或蒸汽的爆炸性混合物的场所，称 Q 类危险场所。

② 第二类危险场所，含有可燃性粉尘或纤维混合物的场所，称 G 类危险场所。

③ 第三类危险场所，火灾危险场所，称 H 类危险场所。

第一类的危险程度最高。采用溶剂型涂层工艺的装备及车间属第一类危险场所。Q 类危险场所又可分为三级：Q-1 级是在正常情况下能形成爆炸性混合物的场所；Q-2 级是在正常情况下不能形成爆炸性混合物，仅在不正常情况下才能形成爆炸性混合物的场所；Q-3 级是在不正常情况下，只能在局部地区形成爆炸性混合物的场所。

（2）易爆气体分级、分组　为了衡量易爆性气体程度，在其他条件相同的情况下，按最小点火能量（或最小引燃电流）分级，按自然温度分组。

① 根据标准试验条件下的最小引燃电流（i），将各种易爆气体分为三级，它们代表气体是丙烷、乙烯和氢，其分级条件如下：

$i>120mA$　　Ⅰ级　丙烷

$70mA<i\leqslant120mA$　　Ⅱ级　乙烯

$i\leqslant70mA$　　Ⅲ级　氢

② 按照自燃温度 T 将易爆性气体分为五组：

a 组　$T>450℃$

b 组　$300℃<T<450℃$

c 组　$200℃<T\leqslant300℃$

d 组　$135℃<T\leqslant200℃$

e 组　$10℃<T\leqslant135℃$

易爆性混合物分级分组举例如表 7-40 所列。

表 7-40　易爆性混合物分级分组

级别＼组别	a	b	c	d	e
Ⅰ	甲烷、氨、乙烷、丙烷、丙酮、苯、二甲苯、甲醇、一氧化碳、丙烯酸、甲酯、乙烯、醋酸乙酯、醋酸、氯苯、醋酸、甲酯	乙醇、丁醇、丁烷、醋酸、丁酯、醋酸戊酯	环乙烷、戊烷、己烷、庚烷、辛烷、癸烷、汽油	乙醛	
Ⅱ	丙烯酯、二甲醚、环丙烷、城市煤气	环氧丙烷、丁二烯、乙烯		乙醚	
Ⅲ	氢	乙炔			二硫化碳

7.7.4.2　涂层装备引爆原因的探析

某厂加工伞绸的涂层机爆炸后，对该涂层机的图纸及现场的考察结果，认为存在以下不合理之处。

① 原设备设计思想认为，工艺过程涂层浆液经烘燥蒸发后气氛下沉，因此，仅设计烘房内下排风。

② 烘房的门按常规设有锁紧手柄。

③ 出布处静电消除器安装在 A 字架收卷处，远离烘房出布口。据操作工说：静电消除器早就不起作用了（损坏）。

④ 主传动采用直流电动机（调速），风机采用普通异步电动机，皆无任何防护措施。

⑤ 电气控制柜安置在车头旁，柜中低压电器皆为普通型。

⑥ 车上温度传感器及柜中温度二次仪表间按常规接线，无防爆措施。

从整台设备的机械结构，到电气系统的总成及生产管理皆缺少防爆安全意识和措施。

7.7.4.3 涂层装备防爆的安全措施

根据笔者设计伞绸、皮革涂层设备的一些防爆安全措施，供业内人士探讨。

(1) 烘房内仅设置下排风是不够的，一定要加设置上排风，防止烘燥过程所产生的具有爆炸危险的混合物，在烘房上部积累，尤其是在烘房顶部的四个直角落处。在设计中我们将烘房顶部四个直角落改成弧形平滑过渡，且涂上减小摩擦阻力的特氟隆（聚四氟乙烯）。

烘房上、下排风在每次作业前，当工艺运行按钮揿上后，首先接通上、下排风机定时排风 5～10min 后方可工艺操作；在每次作业完毕后，工艺运行停业了，上、下排风机延时排风 5～10min 后自动停转。电气控制排风是为了将烘房内的残余可燃、易爆混合气体浓度降低到最低程度，方可工艺开车。排风时间可人为设定。

(2) 烘房顶部设置适量无锁紧的轻便防护泄压盖（亦可在四角设导向杆取代铰链）。

烘房两侧门不采用锁紧手柄，采用磁钢收合关闭（选择永久磁钢吸力能关门则可）。

门、盖改进后，当偶发爆炸事故时，气浪将门、盖冲开，能有效地泄压，防止事故危害性的扩大。

(3) 进出布处设置静电消除器，防止半制品带有静电进入烘房，织物上静电量增加后易引起静电放电；出布处设置静电消除器应离开烘房出布口越近越好，防止出布后导布途中静电放电。

静电消除器是电晕放电式，它通过一个漏磁式变压器，将市电 220V、50Hz 单相电压升高到 7～9kV，然后经电缆线送到放电型活接头连接布线钢管。机上风机采用封闭型交流异步电动机，亦采用了上述防爆措施。

(4) 现场主令电控站采用隔爆型操作柱，由防爆电器专业厂制作供货。技术性能指标达到 IEC、GB 等有关标准。

(5) 温控采用安全火花防爆系统图，见 DDⅢ 系列仪表安全火花防爆系统框图见图 7-30。

安全火花型防爆指的是电路或是电路的一部分正常状态下和故障状况下，产生的电火花和热效应都不能引起爆炸性混合

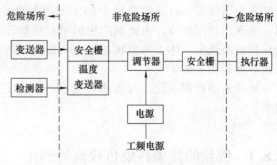

图 7-30 安全火花防爆系统框图

物爆炸。具有这样电路的仪表一般可称为安全火花型防爆仪表。对电动仪表而言，安全火花型防爆结构是指设置在危险场所中的仪表或配线的任何部分，无论在正常运行或发生故障时（如短路、接地、断线等），所产生火花、电弧和过热，都不应构成点火源。安全火花型仪表就是按照上述原则进行设计的。能满足上述要求的仪表，若设置在危险场所也不必采用附加

的隔离防爆设施。

在 DDZ-Ⅲ系列仪表中，热电偶、热电阻、力平衡变送器、电气阀门定位器和电气转换器等是被设置在危险场所的（在安全火花防爆系统中，执行器用气动执行机构，而不能采用电动执行机构）。这些仪表的电气回路以及到变送器（温度用的）或安全栅的电气回路都是安全火花电路。从检测端安全栅→调节器→操作端安全栅以及供电电源这一部分电路是设置在控制室的，属于非安全火花回路。如图 7-29 所示，在系统组合上作了上述安排后，可以不用附加隔爆措施而实现了安全火花防爆的要求，并且满足了在危险场所中使用条件。

① 烘房内装置气体监测仪，测量可燃、易爆混合气体，超值报警。

② 电传控制柜组安置在车间隔离的操作室内为好。当安置在现场（例车头），应在密封的控制柜中通入干净的冷却空气，且与车间空气形成正压。

③ 现场电气施工按安全标准、规程。布线钢管暗敷，采用防爆型电器管配件、防爆灯具、防爆风扇及机上防爆急停、行程开关等防爆电器，皆应系国家认定的防爆电器专业厂的产品。

染整工艺设备的技术更新，向高效、优质、短流程，节能、降耗、低成本，安全、可靠、少污染发展。对于涂层设备而言，突出的是安全、可靠，少污染。

除应用合格的防爆工艺设备外，工艺运行中，严禁在车间内（包括烘房、进出布处、电控柜内）进行带电作业，禁止使用非防爆电动工具。

对所有的防爆设施应定期检查，确保安全运行。

采用高效、安全、清洁的涂层剂，杜绝易燃、易爆、有毒气体的产生，则是工艺改进的急迫任务。

7.8 工艺残液的再利用

纺织品染整加工残液至今被当作废物处理。在有关废物处理的各种可能方法中，在纺织品的化学整理方面（除了减少废物量的方法之外）在后继的整理过程中对整理剂残液的再利用是一种有效的 办法。与这种浓残液回用相关出现的问题是残液质量的劣化，在浸轧过程中外来杂质的混入以及贮放期中的变质等都会导致这种质量劣化。这两种因素甚至同时作用，表现出协同效应。由此而产生出对相应整理效果的不可靠性。相反地，人们由此也可设法保持溶液质量大体上与原状相同，从而保证再利用的整理效果。这种情况基本地说就是已发表的再利用方法学[19]。

就残液的容积而论，与废水总量相比虽然是微不足道的，但是它对环境负荷的压力却很大。

7.8.1 锦纶酸性染料染色残液的回用

据不完全统计，全国印染工厂的残液日排放量达 $3 \times 10^6 \sim 4 \sim 10^6$ t。随着排放标准日趋严格，以及水费、排污费不断上涨，印染废水的回用已引起人们的重视。美国和欧洲早在 20 世纪 80 年代和 90 年代就开始染色废水回用方面的研究，大多是利用氧化脱色或膜分离技术将染色残液降解脱色，然后回用于染色工艺中。

锦纶应用领域广泛，其染色大多采用酸性染料，染色废水回用可采用传统的吸附絮凝技术，也可采用高级氧化技术，如使用 Fenton 试剂和高锰酸钾等氧化剂的普通化学氧化法，或光化学氧化法。此外，还有人用含硫还原剂和氢化物引发剂制成双组分还原系统，以处理酸性染料染色残液，并将还原脱色和染色工艺相结合，把脱色后的染色残液回用于下一次的染色中。但这种方法反应速度慢、处理时间长，且运行和回用成本高。试验通过调整工艺，使酸性染料染色残液不需复杂的脱色处理，就可直接回用于下一次染色。这样不仅可节约大量的水资源，减少助剂和染料的用量，还能够减少污水排放，实现资源再利用[20]。

7.8.1.1　材料与药品

（1）织物　锦纶染色半制品（4.44tex×4.44tex 433 根/10cm×315 根/10cm）。

（2）酸性染料　天龙红 M-R、天龙黄 M-4GL、天龙蓝 M-2R（德司达公司）。

（3）助剂　匀染剂 Sera Gal N-FS（德司达公司）、冰醋酸（分析纯）。

（4）仪器　YG631 型耐汗渍色牢度仪、RY-25012 型常温振荡染色机、UV3310 紫外可见分光光度仪、Datacolor 电脑测色配色仪、SW-12 型耐洗色牢度试验仪、D6 型酸度计和 Y5718 型耐摩擦色牢度试验仪等。

7.8.1.2　染色工艺

（1）配方/％（o.w.f）

染料	x
匀染剂 Sera Gal N-FS	1～2
pH 值	4～5
浴比	1∶30

（2）工艺曲线

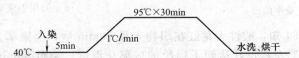

（3）染色残液的回用方法　选用红、黄、蓝三原色的天龙酸性染料，以自来水为介质，按 1.3.1 配方配得染色原液，测其吸光度；再按（2）号工艺曲线对锦纶织物染色，染色后收集染色残液，并根据染色时所消耗的水量向残液补充自来水，使其达到原来的体积，测定回用残液的吸光度，并与染色原液比较，计算回用残液中染料含量。再向回用残液中补充所需染料和匀染剂，调节 pH 值与原液相同，进行锦纶织物的残液回用染色。以此类推，可继续进行第二次、第三次残液的回用染色。

利用测色配色仪测定原样与回用试样的 K/S 值；以原样作参比，测定回用试样与原样的总色差；比较两种试样的耐摩擦色牢度、耐洗色牢度、耐水色牢度等，以检验试验的效果。

7.8.1.3　多测试方法

（1）上染率曲线的绘制　在染液最大吸收波长处测定原液的吸光度，配若干相同的染浴。在相同环境下同时染色，然后每隔 10min 取出一个试样，测定染色残液的吸光度，算出不同时间的上染率，以时间为横坐标，上染率为纵坐标绘制上染率曲线。

$$上染率 = (1 - A_n N_n / A_o N_o) \times 100\% \tag{7-2}$$

式中，A_n 为残液的吸光度；A_o 为原液的吸光度；N_n 为残液的稀释倍数；N_o 为原液的稀释倍数。

（2）波长-K/S 值曲线的绘制　在 Datacolor 电脑测色配色仪上测定染色试样的染色表观深度 K/S 值，以波长为横坐标，K/S 值为纵坐标，作 K/S 值曲线图。

（3）耐摩擦色牢度　按 GB/T 3920—1997《纺织品　色牢度试验　耐摩擦色牢度》测定。

（4）耐洗色牢度　按 GB/T 3921.3—1997《纺织品　色牢度试验　耐洗色牢度：试验 3》测定。

（5）耐水色牢度　按 GB/T 5713—1997《纺织品　色牢度试验　耐水色牢度》测定。

（6）颜色特征值和色差　用 Datacolor 电脑测色配色仪测定染样 L^*、a^*、b^* 值和 DE^* 值。

7.8.1.4　工艺效果比较

（1）上染率比较

分别绘制各染料原液与回用染液染样的上染率曲线［初始染料用量为 2％（owf）］，见图 7-31～图 7-33 所示。

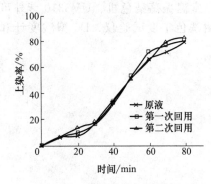

图 7-31　酸性天龙红原液与
回用染液染样上染率曲线

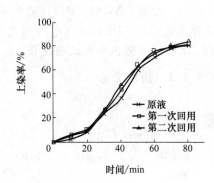

图 7-32　酸性天龙黄原液与
回用染液染样上染率曲线

由图 7-31～图 7-34 知，酸性天龙红在织物入染 20min 后，上染率急剧上升，这是因为在 20～30min 时，70℃左右正好达到了锦纶的玻璃化温度；染色 60min 时，上染率增加趋于平缓；70～80min 时几乎无变化，说明此时染色已基本达到平衡。酸性天龙黄上染率曲线的变化趋势基本与天龙红相同，只是上染率急剧上升和趋于平缓的转折点略有变化。酸性天龙蓝的上染率曲线无明显转折点，这可能与染料的结构有关。总之，回用染液染样的上染率曲线与原液染样非常相似，说明染浴回用时的染色性能基本没有发生变化。回用时上染率均略有提高，这可能与回用残液中匀染剂的含量有关。

（2）K/S 值比较　分别绘制各染料原液与回用染液染样的波长-K/S 值曲线，见图 7-34～图 7-36 所示。

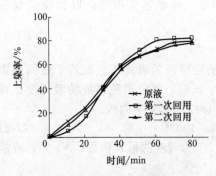

图 7-33　酸性天龙蓝原液与
回用染液染样上染率曲线

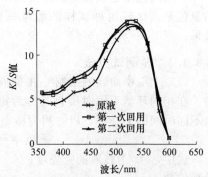

图 7-34　酸性天龙红原液与回用
染液染样波长-K/S 值曲线

由图 7-34 见，酸性天龙红原液染色织物的最大吸收波长在 530nm 处，此处的 K/S 值为 13.2。第一次和第二次回用染液染样的最大吸收波长与原液相同，最大吸收波长处的 K/S 值分别为 14.8 和 14.0，整个曲线的变化趋势也几乎一致。由图 7-35 可以看出，酸性天龙黄原液染样及第一次和第二次回用染液染样的最大吸收波长都在 420nm 处，对应的 K/S 值分别为 7.7、8.2 和 8.1；酸性天龙蓝原液染样与回用染液染样的最大吸收波长都是 630nm，对应的 K/S 值分别为 7.3、7.9 和 7.1，见图 7-36。

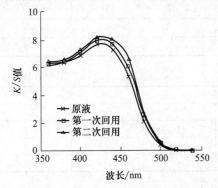

图 7-35   酸性天龙黄原液与回用
染液染样波长-K/S 值曲线

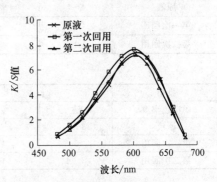

图 7-36   酸性天龙蓝原液与回用
染液染样波长-K/S 值曲线

三种染料染色残液回用染液染样与各自原液染样的 K/S 值曲线非常接近，几乎吻合，最大吸收波长也相同，说明回用染液染样与原液染样的染色结果相同。

（3）染色残液回用染样与原液染样颜色的比较

在 Datacolor 电脑测色配色仪上分别测定 3 种染料残液回用染液染样与原液染样的颜色特征值和色差，分别如表 7-41～表 7-43 所列。

表 7-41   天龙红回用染液染样与原液染样颜色特征值和色差

试样	L^*	a^*	b^*	DE^*	色差/级
原液	45.4	60.21	25.81	—	—
第一次回用	43.52	60.17	27.32	1.31	4～5
第二次回用	44.34	60.35	26.98	0.62	4

表 7-42   天龙黄回用染液染样与原液染样颜色特征值和色差

试样	L^*	a^*	b^*	DE^*	色差/级
原液	85.58	−2.7	82.43	—	—
第一次回用	85.07	−1.66	84.65	0.48	4～5
第二次回用	85.52	−2.65	86.59	0.93	4

表 7-43   天龙蓝回用染液染样与原液染样颜色特征值和色差

试样	L^*	a^*	b^*	DE^*	色差/级
原样	43.41	7.82	−46.73	—	—
第一次回用	40.20	9.27	−47.17	1.41	4
第二次回用	43.19	7.94	−48.78	0.86	4

由表 7-41～表 7-43 看出，3 种染料回用染液染样与原液染样的颜色特征差异都不大，总色差都在 1.5 以下。酸性天龙黄的总色差甚至在 0.5 以内，这是非常理想的。回用染液染样与原液染样的变色级别都在 4 级以上，完全能够达到商业要求，说明回用方法可行。

（4）染色牢度的比较

分别测定原液染样与回用染液染样的耐摩擦色牢度、耐洗色牢度和耐水色牢度，结果见表 7-44～表 7-65。

表 7-44　耐摩擦色牢度　　　　　　　　　　　　单位：级

染料	红		黄		蓝	
耐摩擦色牢度	干	湿	干	湿	干	湿
原液	4～5	4～5	5	4～5	5	4～5
第一次回用	4～5	4	5	5	4～5	4～5
第二次回用	4	4	4～5	4～5	5	4～5

表 7-45　耐洗色牢度　　　　　　　　　　　　单位：级

染料	红		黄		蓝	
耐洗色牢度	沾	变	沾	变	沾	变
原液	3～4	4～5	4	4	3～4	3～4
第一次回用	3	4	4	4～5	4	4
第二次回用	3～4	4	4	4	3～4	4

表 7-46　耐水色牢度　　　　　　　　　　　　单位：级

染料	红		黄		蓝	
耐洗色牢度	沾	变	沾	变	沾	变
原液	4	4～5	4～5	4～5	4～5	4～5
第一次回用	3～4	4	4～5	5	4	4
第二次回用	4	4	4	4～5	3～4	4～5

由表 7-44～表 7-46 知，回用染液染样与原液染样各项色牢度都很接近，其中耐摩擦色牢度、耐水色牢度均优良。说明残液回用对染样的主要染色牢度无影响，可达预定要求。

（5）不同染色浓度时染样上染率的比较

改变染色浓度，分别测定原液染样与回用染液染样的上染率，以及回用染液染样相对原液染样的变色级别，结果如表 7-47、表 7-48 所列。

表 7-47　不同染料浓度下原液/回用液染样的上染率　　　　　　单位：%

染料浓度/%(o.w.f)	1			2			4		
染料	红	黄	蓝	红	黄	蓝	红	黄	蓝
原液	81.46	83.75	85.22	79.69	81.82	82.29	75.09	73.11	80.97
第一次回用	83.30	85.47	86.79	80.53	82.53	84.26	79.41	75.30	81.39
第二次回用	82.65	85.01	87.48	82.04	83.18	80.00	77.83	77.64	82.12

表 7-48　不同染料浓度下原液/回用液染样的变色级别　　　　　　单位：级

染料浓度/%(o.w.f)	1			2			4		
染料	红	黄	蓝	红	黄	蓝	红	黄	蓝
第一次回用	4	4	4～5	4	4	4～5	4	4～5	4
第二次回用	4	4	4	4	4	4	4	4～5	4～5

由表 7-47 可见，在不同染料用量下，原液染色和残液回用染色的上染率都随着染料浓度增加略有下降。由表 7-48 可见，残液回用染色的染样变色变化不大。

残液回用染样的主要染色牢度与原液染样相近，色差也能达到商业要求。

染色残液的直接回用节水、节料，降低了生产成本，且减少了污水排放，实现了节能减排，有利于环境保护。

7.8.2　印花工艺色浆的节约管控

在印染企业生产中，印花色浆的管理一直是一个比较头疼的问题。对于大批量、多套色印花生产，色浆的综合利用率直接决定了印花工序的生产成本，且由于印花色浆中含有极高的 COD、氨氮、色度，剩余色浆的处理也颇为棘手。如何从源头上开始控制色浆配制、使用以提高其利用效率成为众多印花企业关心的一个问题，取得了一定的经验。

国内企业目前的印花方式以圆网、平网印花为主，另外仍有少量企业使用辊筒印花、小型台版印花，按所用印花染料可分为活性印花、涂料印花、仿拔染印花等，其中又以活性印花最为广泛。印花企业在生产时，一般根据印制数量、色面积等估算每种色浆的调配数量。这种估算一般基于长期的生产经验，精准度低，往往多配或少配，其结果是少配浆则影响生产，多配则剩浆难以处理造成污染。[21]

7.8.2.1　影响色浆使用量的因素

通常用单位色面积百米耗浆量来表示单位耗浆数：

百米耗浆量（100%）（L/百米）＝色浆耗用总量（L）/印制数量/色面积（%）

百米耗浆量数据对印花企业比较重要，它可以直观的看出色浆使用是否合理，在生产工艺制定、成本核算等方面均有重要意义。影响耗浆的因素较多，主要有以下几点：

（1）色面积　单位数量内印制色面积越大，则耗浆越高。理论上在给浆量一致时，百米耗浆量与色面积成正比。但实际生产时发现，印制面积越小，则单位色面积百米耗浆反而上升，这与实际印制面积扩大有关（大部分原因是线条渗化造成实际印制面积增大）。曾对纯棉织物实际色面积做过修正处理如下表所列：

理论色面积 S	修正值 S′
S<3%	≈3%
S=3%～5%	1.25S
S=5%～15%	1.15S
S=15%～30%	1.05S
S>30%	S

（2）渗透性　对印制渗透性要求越高，相应地色浆用量就越高。而影响渗透效果的因素主要有色浆黏度、刮刀压力、刮刀角度、织物规格、前处理效果、车速等。以刮刀压力为例，提高压力则有利于色浆向织物反面渗透，百米耗浆量提高，降低刮刀压力一是减少了反面给浆量，二是色浆渗化效果减轻，用浆量随之降低。色浆黏度、流变性等参数的影响也很重要，黏度低则色浆透网性好、花型渗化严重，耗浆量高，反之则耗降低。

（3）印制网目　通常网目越高，则色浆的透网性越差，给浆量降低。一般来讲若不考虑织物反面渗透效果的话，适当提高印制网目有利于降低浆耗。例如，某厂曾进行过纯棉织物圆网印花试验，用100目网印制可比80目网节省浆耗5%～8%。当然，网目提高需以保证印制效果为目的。在印制精细花型时，若客人要求正反面印制效果一致，则高网目印制过程中，若要保证反面效果较好，则有可能造成点子线条等精细花型处扩大，反而不利于节约色浆，故应根据实际选择合适的网目印花对节浆工作很重要。

7.8.2.2　印花色浆综合管理

要做到印花机色浆精确控制，需要从多个环节进行保证，对影响印花色浆配置数量的各个参数进行控制。

（1）印制数量的精确计量、印花前一道工序（拉幅机）需要详细统计下机数量，一般由码表自动记录。但是这个数量往往和印花机实际下机数量有一定差异。这是因为拉幅、印花等过程中织物径向张力不一致，造成实际数量偏差，一般可达到 2‰～3‰ 误差；且由于织物种类、坯布规格、加工机台的不同而稍有不同。这需要工厂根据自身实际，详细摸清各流程之间的加工系数，提供准确的待印制数量参数。

（2）百米耗浆累计值统计、对不同印制品种、花色的百米耗浆累计统计值，工艺员、色浆调制人员应心中有数，它能够大体估算每个色浆的配制数量。一般用以下公式可计算出理论耗浆量（近似值）：色浆理论用量＝百米耗浆量×印制数量×印制色面积×修正值

例如，对纯棉真蜡印花生产中常见花色的耗浆统计如下表所列：

花　色	百米耗浆量 /（L/百米）
32/32 爪哇	15～16
24/24 超仿	13～14
24/24 真蜡	11.5
蜡泡	9.5～10
酞菁	17～18

（3）色浆在线监控系统应用　有了印制准确数量、历史耗浆记录、色面积等参数后，理论上可以精确计算出色浆配置数量。但实际上，影响印花耗浆的因素繁多，每次生产过程中色浆黏度、刀压、车速、布面干湿度等均不一致，理论值只能作为参考数，而与实际使用数仍有较大差异。

针对此，提出了用印花机色浆消耗在线监控自动管理系统来精确控制色浆配制。其原理是：先根据理论计算值预配制少量色浆（不超过理论值 60%）供印花机使用。在印花机上安装有色浆自动称重控制系统，待印花机调整各种参数至生产稳定状态后，系统计算机根据色浆耗用情况，自动计算出当前百米耗浆量、剩余色浆配置数量等参数，并将这些信息反馈至自动调浆系统。因为生产各个工艺已经调整到位，这些参数准确度非常高。自动调浆系统根据机台反馈出来的数据，自动进行剩余色浆配制信息的运算，管理人员只需一个确认执行的命令，即可将剩余色浆用量准确的调制出来，从而实现了色浆的精确控制，准确无误。

图 7-37 是色浆在线监控系统示意。

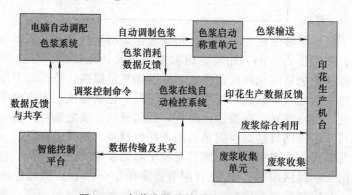

图 7-37　色浆在线监控系统示意框图

7.8.2.3　废浆收集利用系统

印花操作中，除正常印制到织物上的色浆外，还有部分废浆。对产生的废浆进行集中收集、集约处理，有利于保持机台清洁、降低成本、减少污染。

（1）废浆的产生及收集。废浆主要来源于剩浆、网内残留色浆及胶毯刮浆装置产生的废浆。以胶毯刮浆装置为例，色浆在胶毯上往往有残留，为了最大化减少污染，我们在印花机胶毯处安装了橡胶刮浆刀以及接浆盘，约 80% 胶毯残留色浆可通过该装置进行收集。

（2）废浆的处理及利用。废浆的处理一般有 3 个方式，对于剩浆、网内残留色浆，可用在相同或相近的花版上，通过适当处方调整，即可实现再利用；对于胶毯收集的废浆，经过均匀混合、加糊料提高黏度后，短期内仍有较好的上染能力，其色调一般呈灰褐色，可经适当调整后用于灰色、黑色印花色浆中；若存留时间过长色浆已水解或回用效果差，则进行废弃处理。这些废浆可在污水处理场进行集中晾晒后进行焚烧处理，减轻污水处理负担。

（3）通过使用色浆在线监控系统、废浆综合处理系统，使印花色浆利用率提高了 10%，污水整体 COD 值降低 30%，可创造显著的经济效益，还会减少剩浆对环境的污染和减轻污水处理的负担，因此具有巨大的经济效益和环境效益。

7.8.3　整理工艺残液的再利用

化学整理工艺残液的量而言是少的，但其对环境负荷的压力却很大，故回用为上等。

从理论上讲，其回用是可能的，不过，整理液配方向多样性和整理质量的潜在威胁使残液再利用的努力更加困难。此外，也存在着相反的观点：这种观点认为，应该完全放弃残液再利用，而把致力于减少残液排放量作为战略性方针[19]。

表 7-49 列出不同溶液状态测定值（原液、浸轧液、浸轧残液在一般和优化两种条件下不同存放时间后的状况）。测定的项目有 pH 值、电导值、CSB 值，通过细口的流出时间（例如用流出杯测流出时间）以及肉眼的表观判定等。借助于这些原始记录，就可以与预定的原始数值相对照，从而就物理的或化学的方面对溶液质量的变化进行追踪。

表 7-49　一种含有反应性树脂和柔软剂的真实溶液
（用于黏胶织物防皱整理）的特性

溶液特性	pH 值		导电值/(mS/cm)		CSB-值/(mg/L)		流出时间/s		外　观	
储存方式	nl	ol	nl	ol	nl	ol	nl	ol	nl	ol
新鲜原液	3.6		18.0		552		107.1		均匀	
新鲜浸轧液	4.1		19.0		647		106.8		均匀	
1 天后	4.2	4.1	19.5	19.5	642	640	105.9	106.1	均匀	均匀
3 天后	4.2	4.1	19.6	19.5	644	643	106.2	105.8	均匀	均匀
1 周后	4.2	4.1	19.6	19.4	640	640	106.7	105.3	均匀	均匀
2 周后	4.4	4.1	20.1	19.5	629	639	103.7	105.2	有悬浮粒子	均匀
3 周后	4.5	4.2	20.3	19.5	627	638	104.5	105.5	有沉渣	均匀
4 周后	4.6	4.1	20.3	19.7	628	636	104.5	105.2	有沉渣	均匀
5 周后	4.7	4.1	20.3	19.9	620	638	103.7	104.9	有沉渣	均匀
6 周后	4.5	4.1	19.9	19.5	625	639	105.0	105.5	有悬浮粒子	均匀
（静止态）										

注：nl 代表一般储存（室温、有空气和光的影响）；ol 代表优化储存（4℃，避光，避空气影响）。

浴液特性可以为判定所谓的临界时间提供特别重要的信息。这就是追踪表中提供出这样的信息：一旦至少一种测试项目明确地出现变化，就可以此作为判定依据。就残液的再利用而论，其特性只要在临界时间以内，它的再利用就是可能的。然而，一旦超过这一临界点，就不可能再利用了。一种这样的判断基于显而易见的基本思想，即把溶液品质与由其而产生的整理效果两者相互关联起来。

7.8.3.1　模拟溶液

为了能证实所阐述的关系，必须对整理剂的效果能很好地了解（例如疏水整理）。这些溶液只含一种整理剂，从而使研究数据的评价能顺利地进行。

其次就是，现有众多整理剂同时存在于溶液中，它们相互作用是否会降低溶液的稳定性

（诸如浸轧时混进外来杂质问题）。然而，单组分溶液的特性与整理剂组合使用的溶液特性的对比表明，情况并非如此。实际上倒常常是这样，含有多种组分的残液的耐久性反而有所提高。这就使人认为，各个纺织助剂之间存在着相互稳定效果。这也需要与反应性组分共同存在（包括催化剂添加物）。

此外，反应性体系的行为非常不同。它们对反应条件的依赖性可能有助于残液的再利用，而在另一些情况下则恰恰相反，使得残液无法利用。必须提到的是，在浓度很高时（例如在使用阻燃剂时），所述逐步趋近的方法就不再适用，因为各个测试的参数的重现性不佳。与以前的结果[11]相反，在结合使用残液时，无论如何得取得相关整理剂的浓度依赖关系，因为此时要面对更大范围的变动。

7.8.3.2　真实溶液

描述不但要符合模拟溶液的情况，而且，也必须符合被研究的真实溶液的情况。所谓"真实溶液"，是指工业上实际应用的贮备液或浸轧溶液。

作为样品的真实溶液，应先后在工艺学实验规模的实验室条件下以及工厂的大试验（3000m 织物规模）条件下经过实验（例如防皱整理试验后的溶液）。相应的配方中除了包含反应性成分（改性的 DMDHZU 再加上催化剂），还包含柔软剂。这种溶液组成适用于反应性染料印花粘胶织物的整理。首先对样品液技术指标进行测定（表 7-49）应允许人们做如下的重要假定：

（1）残液中的反应性组分仍能完全适合于再添加（溶液特性十分有效）。

（2）就目前而论，残液的临界期应在 1～2 周之间的贮存（也就是说，残液贮存 7d 左右应仍能使用）。

（3）最佳贮存应比常规贮存好（溶液指标测定值与原始测定值相比，变化轻微）。

（4）浸轧后的织物必须相当清洁。新鲜贮备液和新鲜浸轧液的测定值之间的差异应相当微小。

第（2）条假定对残液再利用特别重要。这一点考虑很周全，因此使得用经过一周贮存的残液进行织物整理获得成功（20％的残液与80％的新配液混合使用）。以此整理的织物与用 100％新鲜溶液整理的织物进行全面的测试对比。在所有方面的测试对比结果见表 7-50 所列。

表 7-50　溶液特性与整理品质量的关系 （含 20％一周通常贮存之残液的防皱整理）

测 试 项 目	与用新液整理的结果质量对比	测 试 项 目	与用新液整理的结果质量对比
断裂强度(拉伸)	一致	免烫性	一致
膨胀值/形态稳定性	一致	残甲醛含量 }依照标准 öko-Tex	稍提高
干/湿回复角	一致	pH 值	不变

用添加残液整理的织物几乎所有的性能测试结果与新鲜液整理织物对比都无差别或差别极微小，这再次证实我们提出的由溶液特性来判断这一设想的可靠性，并且，尤其值得一提的是，它还有着另一个把风险减到最小的可能性。对棉织物整理试验表明了类似的良好结果。

7.8.3.3　减少风险的可能性

与残液再利用相关的重要问题是保证整理效果不降低。对质量的保证可通过不同的措施进一步提高，这些措施可由残液质量特性导出，作为部分的附加措施。主要的可列举如下：

（1）优化贮放条件：表 1 中的数据表明施加影响的可能性。在工厂生产实践中，人们可以采取许多措施，以接近于最佳贮存条件。另外，应采取静态贮存（贮存时不要搅动溶液）。

（2）采用原液贮存代替浸轧液贮存：只要工厂制度允许，这是一种防止外来杂质进入溶液的有效方法。所以，这样可以更好地贮存原液（贮备液）。

（3）选择合适的整理剂：整理剂中有效成分的耐化学品性质是不同的。这表明它们的整理效果也有差别，因此，应该尽可能地选择少受化学品影响的有稳定结构的整理剂。

（4）溶液特性临界时间的"提前"：假定临界时间为两星期，举例说来，必要时可缩短为一星期内应用。

（5）提高被整理织物的清洁度：浸轧液中含有的外来杂质越少，越有利于溶液品质。因此当一个浸轧配方用于不同的纺织品的整理时，考虑到溶液特性制作的可靠性，至少要保证织物的清洁（不含杂质）。这样制作的特性曲线就能适合所有的场合。然而，清洁度的微小差异（在等级配方之间的微小差异也一样）对于溶液特性的影响一般的并不重要。

（6）残液与新鲜原液的混合：这一点在所述研究实验中已经考虑到了（表 7-75）但是在实际生产应用的混合液中残液含量不应超过 20%。根据需要，混合比例还可进一步变动，即其中残液比例的进一步减小。小的残液混合比还可同时利于消除偶然着色的危险，如在残液中可能存在的杂质染料，从而避免织物白度的降低。

（7）要彻底消除质量事故，还应考虑以下所谓的保险因素：残液贮存时间最长限于 3 天，而且经贮存的残液在新鲜液中的含量不超过 10%。

7.9　印花镍网循环利用

中国是世界最大纺织印染基地，2011 年全国印染布产量约 600 亿米，（统计按印染企业 1031 家），产品遍布全球。其中印花产品约占 45%，年消耗各种规格印花镍网约 600 万～800 万只，镍金属消耗约 3 万吨。我国是一个镍矿资源贫乏的国度，在受金融危机影响的 2008 年仍进口 1232 万吨镍矿，可在印染镍网领域却存在着巨大的资源浪费现象，众所周知在镍网生产过程中，产生两种废弃物；一种是含镍的电镀废水；一种是镍网的边角料、废料。每年镍网生产企业有 300 多吨废镍网边角料产生；而全国的印染企业也有 300t 左右的镍网报废。这些废料不仅污染环境，对国家战略紧缺物质镍资源也造成了严重浪费。[22]

7.9.1　镍网生产及应用的资源循环技术

7.9.1.1　研究的目的与意义

金属镍的物理化学特性，决定了其是具有铁磁性的金属元素，它能够高耐磨和抗腐蚀。主要用来制造不锈钢和其他抗腐蚀合金，如镍钢、铬镍钢及各种有色金属合金，含镍成分较高的铜镍合金，就不易腐蚀耐磨。也作加氢催化剂和用于陶瓷制品、焊接材料、磁性材料、军工器材、特种化学器皿、电子浆料、玻璃着绿色以及镍化合物制备等。

如此广泛的用途决定了对金属镍这种不可再生资源的需求量，每年约为 30 多万吨纯镍用量，其中进口 10 多万吨。而我国探明的总储量为 785.31 万吨，其中 A＋B＋C 级占储量的 47.9%，为 376.39 万吨。

印染用镍年 3 万吨左右，但年报废镍网及制网产生的废料、废水含镍量近千吨，这些废料极难腐蚀不仅污染环境，又是对镍资源的巨大浪费。如果把这些废料加以回收循环利用制各成超细镍粉，应用于焊接材料，不锈钢材料，多孔材料，磁性材料，电接触材料，耐热、耐腐蚀、耐磨损材料及航天、航空材料，电子材料，不仅解决了污染问题，同时又节约了资源，并可取得可观的经济效益。

7.9.1.2 利用镍网生产中的废水制备镍粉

在镍网生产过程中，往往会产生大量的含铬、镍的电镀废水，对这些废水的处理通常的方法是，建立一套电镀废水处理设施，通过加硫酸亚铁还原六价铬、调 pH 值到 7 左右沉淀，然后到另一反应池加碱调 pH 值到 10.5 沉淀镍离子，再到回调池调 pH 值到 6～9，废水符合国家排放要求，达标排放。废水处理产生的污泥沉淀物外运填埋。现在污泥沉淀物可以通过专门设备装置，利用还原法生产出还原镍粉。

废水处理流程见图 7-38。

先加硫酸亚铁
　　　　　加碱　　　　　加碱
调 pH 值到 7　调 pH 值到 10.5　调 pH 值到 6～9
　　↓　　　　　↓　　　　　↓
废水→格栅→调节池→反应池Ⅰ→反应池Ⅱ→清水回调池→达标排放
　　　↓沥水
污泥沉淀物→提炼→还原镍粉（成品）

图 7-38　废水处理流程示意

7.9.1.3 利用废弃镍网制粉的技术比较与筛选

目前国际、国内常用的制备镍粉的方法有还原法、电解法、羰基法、机械法、熔融雾化法。

（1）还原法　用再还原氧化物和盐类制取金属粉末，这是最普遍应用的制粉方法之一。用这种方法所制得的粉末成本一般较低，制粉过程比较简单，以及在生产时容易控制粉末粒度的大小和形状。但缺点是粉末纯度不高，含有一定的杂质，且具有酸性。对化学成分要求纯度高及 pH 值有严格需求的应用就不适应。

（2）电解法　电解法制粉最大的优点是产品纯度，这是由于电解时消除了不导电的杂质的结果。电解法的主要缺点是制取粉末的成本高，这是由于电解法生产效率低，且要耗费大量电能的缘故，这不符合节能减排的产业政策。在工业生产中电解法的应用受到限制，因此在粉末总产量中电解粉末所占的量最小。

（3）羰基法　羰基物是金属和一氧化碳（CO）的化合物。其原理在于金属镍在一氧化碳的作用下形成羰基，在一定条件下又能离解并形成金属粉末，其优点是纯度高，有良好的烧结性，缺点是工艺复杂，成本较高，比还原法高出许多倍，这就制约了羰基法在工业中的应用，不利于规模化生产。

（4）机械法　机械粉碎法是利用机械设备对废镍网片进行粉碎，由于镍金属高耐磨的特性，因而镍片对机械损害很大，同时由于超薄镍网黏性大，易附于机器上，操作困难，且产品纯度低，不能有效形成工业化生产。

（5）雾化法　制取金属粉末生产率最高的方法就是雾化法，在一定的控制条件下可以获得近似于球形状的粉末，缺点是粉末的纯度不高，以及需要有熔化金属用的设备，但经过技术改造后，能克服以上缺点，进行规模化生产。

7.9.1.4 熔融雾化法制备超细镍粉的原理及工艺

熔融雾化法是目前世界各国用于制备镍粉的常用方法。即先将金属镍片在特定的加热环境下使其熔化，然后采用热喷雾装置将其喷入低温环境，金属雾滴立即冷凝成细小颗粒，即制得所需要的金属粉末。采用熔融雾化法制备金属粉末的金属最高熔点，一般不能超过1600℃。通常雾化过程包括有熔化的金属形成金属液滴和凝固成粉末颗粒这两个过程，雾化法的一种是用一个旋转圆盘或心轴把液流击碎成液滴，随之在惰性气体中冷却成粉末颗粒。最广泛的应用是借助一高速喷射的流体冲击熔化金属液流形成固体金属粉末。喷射到熔融金属液体上的高速流体可以是水或气体。水比气体有更高的黏度、密度和急冷能力。水雾化没有气体雾化复杂，且雾化车间所需的投资比较低，因此我们建议采用水雾化作为高速流体。普通喷雾装置只能生产出 80～200 目的镍粉，采用特殊设计的热喷雾装置，能生产出 300 目以上的超细镍粉。

熔融雾化法工艺流程（江阴市镍网厂有限公司研发）：

废弃镍网片→特殊装置加热升温→熔化纯化→升温降黏→雾化→冷却成形→烘干→筛分→雾化镍粉（成品）

7.9.1.5 生产工艺研究

（1）雾化器喷嘴角度设计 雾化过程中粉末颗粒形状及其化学成分由下列因素决定：液流金属的温度、液流金属的化学成分、水压、喷嘴角度形状及液流的截面。当其他条件不变时，雾化器喷嘴角度设计是否合理对产品粒度有较大的影响。当雾化器喷嘴角度设计成 65°时，出来的粉末粒度大多较粗，且分散不均匀，粒度分布范围较大，大多在 20～100 目。当雾化器喷嘴角度设计成 50°时粉末粒度有所改变，但粗粉仍较多，出粉粒度均匀，大多在 80～250 目之间，再经优化，当雾化器喷嘴角度设计成 30°时，粉末粒度大有改变，80％以上的产品粒度可达到 300～600 目，并有部分能达到 1000 目。

（2）高压水雾化与喷嘴直径大小的工艺设计 当喷嘴角度、喷嘴直径不变，高压水雾化与喷嘴直径大小对产品粒度有一定影响。当喷嘴直径为中 0.5mm 时，进水压力增高至 14MPa，此时出粉末粒度改变不大，由于出水面积改变流量不够，影响雾化效果。当喷嘴直径为中 0.7mm 时，进水压力降至 12MPa 时，粉末出粒度较均匀，粒度分布范围较好。

（3）喷嘴数量设计 当喷嘴角度、喷嘴直径不变，只改变喷嘴数量时，对产品也有较大影响。当喷嘴数量为 36 孔时，喷射效果较好，粉末出粒度均匀，85％以上的粉末超过 300 目。

（4）单排环孔和多排环孔布置设计 研究表明，单排环孔比多排环孔布置要好。因为，单排环孔布置容易对准中心顶点，多排环孔布置不容易聚集中心点，而且对粉末的粒度没有多大的改变且加工困难。但当机加精度保证时，多排孔比单排孔效果好，产品颗粒度更细。

7.9.1.6 项目的创新点

（1）项目所采用原料创新 项目屏弃传统纯镍块、板制备镍粉技术，利用印染、制网行业的废弃镍网、镍片制取镍粉，具有高技术含量、高附加值和独创性。

（2）废镍网片加热升温的技术创新 工艺中解决的镍网边角料因网眼不容易形成磁场、屏蔽、导磁性能差，使炉内温度上升困难的问题，属创新技术。

（3）提纯技术和工艺创新 项目研发人员经过摸索找出了项目提纯的途径，即借助纯化剂可使废弃镍中氧化物被还原，使酸性物质中和分解，从而将杂质变成熔渣被排除，属技术创新。

（4）生产工艺研究创新

① 雾化器喷嘴角度设计创新。

② 高压水雾化与喷嘴直径大小的工艺设计创新。

③ 喷嘴数量设计创新。

④ 单排环孔和多排环孔布置设计创新七、项目的经济效益与社会效益。

（5）经济效益 项目产品是我国自行研制，采用废弃镍网边角料来提取高纯超细镍粉，使镍粉的纯度有了新的起点，满足高、新、尖科技发展的需要。且具有成本低，效益高的特点。目前该项目取得如下经济效益：以年处理废镍网片 150t 计算，制成镍粉回收率达 99.9％，含镍量≥99.8％。年镍粉产品能实现销售 3000 多万元，完成利税 300 多万元。

（6）社会效益

① 该项目产品符合环保治理的要求，在产业化阶段每年可处理废镍 150 余吨，成为高附加值的镍粉，提高企业的经济效益。

② 该项目产品有较高的技术含量，不仅可以替代进口，为国家节约大量的外汇，而且还能提供出口，为我国经济做出新的贡献。

③ 项目的实施可带动相关行业的发展，加快地区经济的发展速度，提供了一定的就业机会。

④ 镍是我国供给不足的矿产资源，而本项目产品可高效回收废弃镍网及边角料，产出高纯超细镍粉。减少了浪费，提高了资源利用率。

⑤ 生产中用于喷雾的水，在闭路系统中循环使用，不对外排放，对环境无影响。

7.9.2 印花镍网循环利用技术

东方美捷分子材料技术有限公司经过五年的探索研究，成功研制出"印花镍网高温固化膜剥离剂 Defilm R"及专用脱膜清洗设备 MR10～50，成功实现印花镍网循环利用。回收镍网各项指标均满足印花生产工艺要求，综合成本仅为新网坯价格的 10% 左右。[23]

7.9.2.1 印花镍网循环利用技术的发展

表 7-51 系印花镍网各种利用技术的特点。

表 7-51　印花镍网各利用技术的特点

技 术 特 征	技 术 方 案	主 要 特 点
强力喷淋脱膜技术	超高压水	设备价格昂贵，≥300 万元/套；脱膜效率低，用水量大；综合脱膜成本高
激光焚烧脱膜技术	激光	激光气化高温条件下镍被氧化，破坏了镍金属原有的属性。设备价格贵，100 万元/套；脱膜效率低，只 4～5h；回收镍网循环利用率极低
化学溶解脱膜技术	强酸、强碱、有机溶剂	手工操作，劳动强度大；工作液不能循环利用，环境污染严重；镍网腐蚀脆化、光亮度、弹性显著下降；综合脱膜成本低
物化溶胀脱膜技术	环保型专用脱膜材料	设备价格低，机械加工，劳动强度小；工作液循环使用、无污染；镍网无腐蚀、光亮弹性好，综合脱膜成本低
熔融雾化生产高纯度微米级镍粉	中频炉	镍网使用次数低；可以在镍网充分利用后进行

综合国内外研究和市场需求分析，印花镍网循环利用技术正向脱膜环保、低成本、高效率、高回收率、脱膜清洗设备配套、使用维护方便的方向发展。

据查新报告，采用"物化溶胀脱膜技术"的印花镍网循环利用技术正符合"资源化、减量化、无害化、低成本、高效率、高效益"危险固体废物循环利用发展方向，合肥市东方美捷分子材料技术有限公司通过五年系统攻关研究，实现产业化。

图 7-39 系印花镍网循环利用系统流程示意。

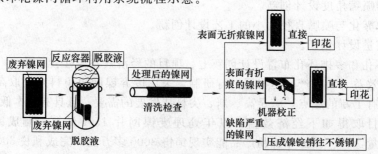

图 7-39　印花镍网循环利用系统流程

7.9.2.2 印花镍网高温固化膜剥离机理

感光树脂在一定量的紫外光照射下,经过高温与固化剂的作用,在镍网表面缩合交联成致密网状结构的固化膜。镍网表面的固化膜有非常紧密的物理结构。镍网表面的固化膜与镍金属之间没有进行化学反应,也没有化学键形成;镍网与固化膜之间有着特别强的物理附着力。经试验,这层固化膜弹性好、机械强度高、耐化学稳定性好,耐温、耐腐蚀、耐磨,剥离强度极高。利用酸、碱、盐、氧化剂、还原剂、有机溶剂等单一组分均不能达到彻底干净并对镍网无损伤的脱膜要求,更不能实现再利用的根本目的。

依据高分子化学与物理理论,玻璃化温度 T_g 是热塑性高聚物的基本特征参数。温度升高,大分子链段活动性加剧,超过 T_g 后固化膜的自由容积迅速增大。

依据聚合物增塑作用理论:增塑剂吸附在聚合物表面,迅速地扩散到聚合物内部,由于它对高聚物的高亲和力,能渗透到结构单元内,大大降低聚合物 T_g。当感光材料的内聚能密度即溶解度参数 δ 与脱膜剂所含成分具有相同或近似时,随着环境热能涨落,结果在其吸附的膜表而邻近处产生了足够大的微孔穴。在脱膜剂溶液浸泡条件下,脱膜剂分子扩散急刷地以跳跃式增长。

镍网表面形成的感光固化膜具有发达的亚微孔体系,吸附过程首先从固化膜内外表面大量亚微孔、缺陷处进行。脱膜剂通过分子热运动形成的定向吸附,很快将镍网表面与固化膜之间的物理吸附转化为脱膜剂分子与固化膜之间的化学吸附。这两种性质完全不同的吸附过程其能量差异巨大。

当镍网浸泡在特定温度的脱膜工作浴中,这种功能性化合物通过分子热运动迅速润湿镍网表面并在镍网固化膜表面扩散渗透,在固化膜的内外表面相应微孔或缺陷处形成有规则的定向吸附排列层,分子间的各种力共同对固化膜表面发挥与黏附力相反的牵引拉伸作用,感光固化膜迅速溶胀并快速剥离其粘接表面。

高温固化膜剥离机理见示意图 7-40。

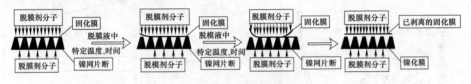

图 7-40 高温固化膜剥离机理示意

7.9.2.3 脱膜清洗设备设计思路

(1) 通过特定工艺浸泡溶胀,实现闷头与镍网分离(创造闷头胶剥离剂、闷头镍网分离装置);

(2) 通过高温固化膜剥离剂浸泡溶胀,实现镍网感光胶固化膜剥离(高温固化膜剥离剂、专用脱膜设备);

(3) 优化设计,实现保温、节能、工作液配置与消耗最小化,方便操作、效率高;

(4) 要求闷头胶剥离剂、印花镍网高温固化膜剥离剂工作液低挥发、环保安全、可循环使用;

(5) 要求闷头胶剥离剂、印花镍网高温固化膜剥离剂缓蚀性能好,无污染、成本低。

7.9.2.4 印花镍网循环利用的相关技术因素

图 7-41 系印花镍网构成示意。

(1) 镍网的机械性能分析 电镀成形的无接缝镍

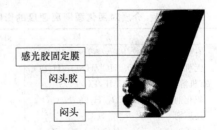

图 7-41 印花镍网构成示意

制圆网初始硬度为 HB＝150N/mm² 左右。外网表面涂上感光膜并经加热固化处理的同时，将镍网自身的综合机械性能也提高到较高的水平，其硬度 HB＝200～220N/mm²，抗拉强度 $\sigma_b \geqslant 760$MPa，屈服强度 $\sigma_s \geqslant 710$MPa，弹性模量拉伸时 $E＝207$GPa。

（2）镍网电化学与耐腐蚀性　镍耐腐蚀性优越，耐热浓碱液腐蚀、耐中性和微酸性溶液（包括一些稀的非氧化性酸、有机酸）及有机溶剂等的腐蚀，但不耐氧化性酸和含有氧化剂的溶液的腐蚀。对水、海水耐蚀性良好，高温含硫气体能使它腐蚀并脆化。当镍网浸渍于脱膜工作浴中，构成多组腐蚀电池如：脱膜设备内壁不锈钢、闷头铝材、镍网之间。相关标准电极电位：

$$Ni^{2+} + 2e^- = Ni \qquad E＝-0.23V$$
$$Fe^{3+} + e^- = Fe^{2+} \qquad E＝-0.77V$$
$$Al^{3+} + 3e^- = Al \qquad E＝-1.706V$$

（3）介质对镍网腐蚀性变化　介质对镍网的腐蚀性见表 7-52。

表 7-52　介质对镍网的腐蚀性

介质	镍网腐蚀表现(25℃)	失重 /(mg/cm²)	介质	镍网腐蚀表现(25℃)	失重 /(mg/cm²)
乳酸	无腐蚀反应	0.00	DMF 溶剂	腐蚀性大	1.03
葡萄糖酸	无腐蚀反应	0.00	过硫酸铵	腐蚀反应(浸渍液变绿色)	3.50
ATMP	无腐蚀反应	0.00	H_2O_2	无腐蚀反应	0.00
10%H_2SO_4	腐蚀反应(浸渍液变绿色)	6.09	$SnCl_2$ 还原剂	腐蚀性大	0.97
10%HCl	腐蚀反应(浸渍液变绿色)	1.40	10%NaOH	无腐蚀反应	0.00

注：1. 其他介质中无明显变化；
　　2. 腐蚀及失重均为 24h 的表现。

（4）闷头耐腐蚀性　铝在不同试剂中 pH 与腐蚀速度的关系见图 7-42，铝的电位-pH 平衡图见图 7-43。

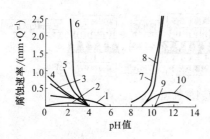

1—H_2SO_4；4—CH_2COOH；3—HNO_3；4—HCl；5—H_3PO_4；
6—HF；7—Na_2CO_3；8—NaOH；9—$NaSiO_3$；10—NH_4OH

图 7-42　铝在不同试剂中 pH 值与腐蚀速度的关系

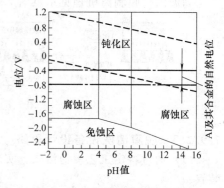

图 7-43　铝的电位-pH 值平衡图

（5）介质对固化膜剥离速度影响　见表 7-53。

（6）镍网目数对剥离速度影响　在 50℃的脱膜剂中的试验结果如表 7-54 所列。

表 7-53　介质对固化膜剥离速度的影响

项目	介质	剥离速度
有机酸	乳酸/PTA/ATMP/PBTCA	快
无机酸	H_2SO_4/HCl/HNO_3/H_3PO_4	快
有机溶剂	DMF/EG/PEG	—
氧化剂	$KMnO_2$/H_2O_2/NaClO	—
还原剂	$SnCl_2$	—
无机碱	NaOH/KOH/Na_2CO_3	—

表 7-54　镍网目数对剥离速度影响

镍网目数	剥离时间/min
40	5
60	10
80	12
100	25
125	45
155	60

（7）温度对剥离速度影响　在脱膜剂中，80目镍网的试验结果见表7-55。

（8）不同感光胶对固化膜剥离速度影响　在50°的脱膜剂中，不同感光胶的剥离时间如表7-56所列。

表 7-55　温度对剥离速度影响

温度/℃	剥离速度/min
20	300
30	150
40	120
50	12
55	5
60	4
65	3
75	2

表 7-56　不同感光胶对剥离速度影响

感光胶品种	型号	剥离时间/min
北京太平桥	TPQ/DS	20/25
上海中大	SL107/SL105	30/20
浙江江山	RS105/RS107	15/18
荷兰 Stork	SCR-100	30
日本村上	SBQ/SP	25/30
浙江柯桥	9805/9807	15/20

7.9.2.5　印花镍网循环利用技术产业化

（1）镍网循环利用工艺流程

选网→脱闷头→脱膜→喷淋清洗→精洗→水洗→检验→自然晾干→备用

① 选网：选择印花后保存完好、网面无折痕或折痕很少的镍网进行脱膜加工。

② 脱闷头：将镍网闷头浸没在专用脱闷头工作容器槽内的脱闷头液中，依据闷头胶不同，在30℃条件下，静置1~2h，取出镍网套入专用闷头分离装置架，慢慢用力将闷头与镍网完整分离。

③ 脱膜：将镍网浸没在立式脱膜釜中，在55~65℃条件下，2~3h取出，镍网表面感光胶固化膜像香蕉皮一样整体剥离。

④ 喷淋清洗：取出感光胶层已溶胀剥离的镍网，在高效喷淋冲洗架上慢慢转动镍网冲洗干净。

⑤ 精洗：将基本冲洗干净的镍网置入精洗釜中90~95℃热洗30min，进一步提高镍网开孔率。

⑥ 水洗：用水枪冲洗镍网，去除清理网孔中残留的少量附着物。

⑦ 检验：将水洗后的镍网轻放在专用透光检验装置上仔细检验，如不合格须重新精洗，合格镍网才可备用。

⑧ 自然晾干、备用。

（2）印花镍网循环利用技术特点

① 快速、彻底去除镍网固化膜，成本低、效果好；操作简单、安全。

② 剥离剂对镍网无腐蚀性，不影响镍网的基本属性；挥发性小、不易燃、不爆炸，属非危险品。

③ 经脱膜、清洗后的印花镍网具有开孔率高、印花过程中不脱胶等优异特性。

7.9.2.6　物化溶胀脱膜技术的应用效果

（1）物化溶胀脱膜技术应用于废弃印花镍网的再生，开辟了印花镍网循环利用新思路。

（2）缩短脱膜工艺流程，大幅度提高镍网脱膜效率，在专用脱膜清洗设备中可同时脱7只以上镍网，每次脱膜时间小于60min，脱膜效率高。而激光气化焚烧脱膜、高压水喷淋脱膜、化学溶解脱膜等效率均低。

（3）脱膜成本低　依据每只镍网净耗0.50kg"印花镍网高温固化膜剥离剂"计，约合27.5元/只。每只镍网脱膜的综合成本大约为网坯价格的10%，易为市场接受。

（4）脱膜效益好 目前市场镍价约 45 万元/吨，直接销售废弃镍网（脱过闷头）150～160 元/只，每只网直接差价 250～300 元，去除脱膜成本等，直接收益约 200 元/只。

7.9.3 印花镍网超声波脱膜技术

圆镍网上的花纹是感光胶经紫外线照射后，高温固化形成的。感光胶具有化学特性稳定、与镍网有超强物理附着力等特性，而且耐温、耐腐蚀。所以，把感光胶剥离下来具有一定难度。通过几年的实践，我们找到了一种环保的脱膜方法。我们在济宁嘉达纺织有限公司经过半年多实践，圆镍网经超声波脱膜后，其开孔率与原来相比，达到 99%，一只圆镍网脱膜的综合成本不超过 30 元。

7.9.3.1 超声波脱膜工艺技术[24]

张家港华光电子有限公司研发的工艺技术流程：

圆镍网超声波脱膜工艺流程脱闷头→超声波脱膜→脱脂→清洗→晾干或者烘干→重复使用

（1）脱闷头 将带有闷头的圆镍网的一头竖在盛有"闷头脱除剂"的容器里，浸泡时间与环境温度有关，温度低，浸泡时间长。

在环境温度 30℃时，大约 50min 后取出圆镍网，在查网支架上将闷头轻轻敲下。

用同样的方法把另一头的闷头也脱下来。

容器的制作：一种是常温下作业，用不锈钢材料根据圆网直径大小制作，容器直径较圆网略大 50mm，一次放 8～10 只圆网同时浸泡。为节省闷头脱除剂，根据闷头内径，用不锈钢做个圆圈焊在容器底部，注意不漏液即可。另一种水浴加热，用不锈钢材料根据圆网直径大小，做好一只只小容器，8～10 只一组，放入一只大容器，并用蒸汽或电加热，温度控制在 30℃。

（2）脱膜 把圆镍网放入盛有"脱膜液"的圆镍网超声波脱膜机槽内的搁架上，该机器具有自动控制温度、定时等功能。圆镍网在槽内 360°转动。

8min 左右就能看到圆镍网上的膜慢慢脱离镍网，很快就全部脱下来。开孔率达到原来的 99% 以上。

（3）冲淋 脱膜后常有被脱下来的膜沾在圆镍网的内、外表面上，把圆镍网放在支架上，用水枪进行冲洗。也可用洗网机进行清洗，从节省、快速的角度来看，用水枪冲洗简单有效。

（4）脱脂 因圆镍网印花后，表面含有油脂类的物质，脱膜后，将圆镍网置于碱性溶液中煮一下，圆镍网表面会更光亮。

（5）烘干

① 烘干 将圆镍网直立在专用烘箱里，进行远红外加温烘干。

② 自然晾干 将圆镍网直立在干净的地面上，要求通风，最好有光照，有利于快速晾干。

7.9.3.2 超声波脱膜工艺的经济效益

目前，纺织品印花的实际情况是多品种，小批量，圆镍网在印花工艺中的成本占较大比重。圆镍网的多次使用，对降低印花成本，提高企业竞争力具有决定性的意义。把完好的圆镍网脱胶后重新制作新花型继续使用，每只圆镍网可节约 180 元，若每月回用 250 只，可以节省 4 万多元，一年节约近 50 万元。

使用超声波脱膜，一只网的脱膜时间不超过 15min。

7.10　污泥的减量及资源化

根据环境保护法所有印染企业都应建造废水处理设施或集中污水处理厂，由于染整废水污染相当重，这些污水处理厂多数以生化处理和物化处理结合为主，污水处理厂污水处理出水大多能达标排放。但是，污水处理后产生大量污泥，各地均缺乏有效处置，通常生化污泥的产生量为废水量的 0.3%～0.5%（含水率 98%），而物化污泥量，视加药量的多少，其污泥产生量可达 3%～5%（含水率 98%），以处理水量为 10 万吨/日的生化＋物化处理工艺为例，产生经浓缩、脱水的污泥约 400t（含水率 80%）或约 80t 干污泥。按全国 16 亿吨计算，每年产生脱水污泥 640 万吨（含水率 80%）或 128 万吨干污泥。由于中国的污泥处理近几年才刚刚起步，污泥处理处置的工艺及法律法规还有待建立。尽管花了大量的人力、物力、财力治理了污水，但污水处理的伴生产品污泥却得不到充分有效的控制。多数污水处理厂只是将污泥送往垃圾场填埋或直接暴露在旷野中，造成二次污染或成为土地的遗留污染源。因此，如何避免二次污染，妥善、经济地处置和利用污泥已成为当前环保工作者的一个研究课题[25]。

7.10.1　污泥的减量技术

由于染整废水处理所产生的剩余污泥属于危险性固体废弃物，其处置要与生活污水生化处理的剩余污泥不同。目前染整废水处理后剩余污泥的处置方式为：购买土地挖坑堆放。但是，该处置方法主要有以下弊端：a. 由于我国土地资源紧张，堆场将占用大批宝贵的土地，发展下去土地资源是无法满足的；b. 染整废水污泥中含有有毒有害物，通过渗滤液或雨水的渗溶作用，将污染物转移至土壤或地下水，造成二次污染；c. 为了预防污染地下水，堆放污泥的挖深一般很小，堆场的利用率很低，造成大量的资源浪费。为此，有必要对污泥减量化及资源化进行研究[26]。

7.10.1.1　污泥的减量升级改造

2010 年由工业与信息化部推出新修订的《印染行业准入条件》，新标准对印染行业出水排放目标和水质提出了更为明确的要求，特别是一级标准对总磷、氨氮和总氮的控制更为严格。而且近来国家建设部颁布了城镇污水处理厂污泥处置新标准，污泥处理、特别是污泥减量化研究工作迫在眉睫。

剩余污泥处理和处置所需的投资和运行费用可占整个污水处理厂投资和运行费用的 25%～65%，已成为废水生物处理技术面临的一大难题。开发不降低污水处理效果、实现污泥产量最小化的废水生物处理工艺，是解决污泥问题较理想的途径之一。随着印染废水处理污水量的增加，传统的污水处理厂产生的污泥量越来越多，污泥的处理成本居高不下，而产量一直增加，加大了现有印染废水处理的运行成本，增加政府和企业的负担。污泥的最终处置越来越困难，为了防止污泥的二次污染，最有效的措施是通过技术进步和工艺改造等手段从源头减少污泥的产生量，在污水处理运行过程中的实现污泥减量化。相关政府部门和企业对污泥减量化处理技术需求强烈。

宜兴市苏南印染有限公司是印染行业的老企业，原有 2500m³/d 染色废水处理设施，原有的厌氧水解酸化＋好氧接触氧化为主体的处理工艺存在以下问题。

① 污泥产量大　污水处理厂设计处理水量 2500m³/d，进水水质变化较大，造成污泥负荷较高，污泥浓度较高，而采用的传统工艺因污泥浓度过高常有供氧不足的现象，因而污泥产量相当大。

② 污泥处理费用高　污水处理厂污泥的处理费用包括：人工费、药剂费、动力费、设备维护费、设备大修费、设备折旧费、运输费等，污泥处理费一般为 300～400 元/t 污泥，如此高的运行费用对污水处理厂来说是沉重的负担。

③ 剩余污泥的处置难　剩余污泥初步脱水后，多数没得到消化处理，其含水率高达 75%～80%，容易腐烂、有恶臭，并含有寄生虫卵与病原微生物、重金属等有害物质，如果不加以妥善处理，任意排放，将对环境产生严重的二次污染。目前的处置方法是送到垃圾场，垃圾场将污泥与垃圾按一定比例混合后进行填埋，但是由于污泥产量大，常出现污泥堵塞填埋场渗滤层和沼气孔，造成垃圾填埋场集水、集气，产生严重的安全隐患，同时降低了垃圾填埋场的使用年限，所以垃圾场无法接收如此多的污泥。

（1）现有污泥减量的方法　M.Rocher 等把系统的剩余污泥回流到 60 度、pH 值为 10 的 NaOH 溶液中，经过 20min 的停留时间，实现细胞的"液化"目的，系统剩余污泥量减少 37%。超声波细胞处理器能加快细胞溶解，用于污泥回流系统时，可强化细胞的可降解性，减少了污泥的产量。剩余污泥经过臭氧反应器，臭氧对回流的污泥进行臭氧化，破坏微生物的细胞结构，使其自身易于分解，特高生物降解性。膜常规生物反应器由于膜的截留，使反应器中微生物浓度高出常规活性污泥法 10 倍以上，使得剩余污泥产量少，甚至可以达到无剩余污泥排放。增加废水处理系统的食物链长度，投加菌种是减少污泥量的一种有效方法，有人将生物链引入到污水处理工艺中，利用原生动物成功消减了剩余污泥产量。

但是目前这些方法在实际污泥减量工艺中，都存在运行成本高，效果不稳定，投资大等缺陷。鉴于此，需将在原有处理工艺基础上，进行污泥内源消减趋零排放工程。我们从整体优化的观念出发，结合现有印染废水处理实际的运行情况以及当地的实际条件和要求选择切实可行、经济合理、稳定可靠的处理工艺方案，而且还考虑到与现有处理工艺、现有建构筑物处理能力与本工程的工艺有机结合，以很小的代价获取处理效果的提升。

（2）原有工艺改造成 AOSA 污泥减量工艺　二沉池污泥回流至厌氧水解酸化池，通过水解酸化菌的新陈代谢作用，可以实现系统内部生命物质的更新和减量，同时降解了污泥吸附的有机物等，达到对剩余污泥减量的目的。在系统内部，厌氧水解酸化作用对微生物的"液化"、内容物释放和对有机物的生物降解作用是污泥减量的主要原因：随着中间代谢产物的积累，微生物活性收到抑制，运行后期剩余污泥减量主要是微生物内源呼吸的结果。水解酸化作用实现微生物的"液化"实质上是微生物以死亡或者活性微生物为代谢底物；而微生物好氧、厌氧状态的转变和代谢基质浓度的落差，微生物产生的解偶联代谢会降低微生物的产率系数。AOSA 工艺剩余污泥减量系统具有良好的污泥减量能力，而厌氧水解酸化、内源呼吸和解偶联代谢是该系统实现剩余污泥减量的主要因素，这些污泥减量因素始终存在于整个工艺中，并相互作用、相互影响，在不同的工艺条件下发挥着不同的作用，共同实现系统内部剩余污泥减量。

（3）原有的部分接触氧化池改造成基于 UDF 填料流离好氧反应器　高效流离好氧生化床（Upflow Displacement Filter Oxic Bioreactor，UDFOB）一种强化生物膜法反应器。通过在接触氧化池内加入新型的球形填料（UDF 生物球），处理过程中，生化床内水以层流相均匀流动，气体从流离球内各个方向曝气，形成气、固、液三位一体混合的推流，生物膜覆盖量大而且附着稳定，使氧的利用率较高，动能消耗显著降低。高效流离好氧生化床（UDFOB）主要有以下优点：施工简单，管理方便，基本可实现无人管理；生物载体与进水所成角度小，接触充分，溶解性 COD_{Cr} 去除率高达 70%～98%；无需活性污泥培菌，可自行挂膜，微生物生长快，启动时间短，可维持较高的生化量；占地面积小，（无沉淀池及污泥处理系统）、投资省，运行费用较低，自动化程度高，载体使用寿命可达 50 年之久；不产生污泥，简化了处理流程，无二次污染；由于该工艺有较长的过流断面可以大大阻流水体中悬浮物，无需过滤出水可直接达到排放的标准；由于采用了固定填料，彻底解决了污泥膨胀的问题，且提高了系统的抗冲击负荷能力；由于存在填料对气泡的切割作用，可以使氧的利用率提高至 16%。曝气系统采用穿孔管，解决了曝气头易坏需要更换的难题，节省能耗，维护简单；将 HRT 和 SRT 分开，固体停留时间长达 20 几天，有利于硝化菌的生长，有很好的脱氮效果；与传统的活性污泥法单一的生物群不同，工艺中可以形成完整的食物链，通过微生物的逐级降解，彻底将水中的有机污染物去除。

（4）原有厌氧池改造成基于 UDF 填料流离厌氧水解反应器　将原有的厌氧水解池改造成 UDFAB 流离厌氧水解反应器（Upflow Displacement Filter Anaerobic Bioreactor），UDFAB 内部填充供微生物附着并利于生长的矿物填料（UDF 生物球），具有较大的抗冲击负荷能力，COD 去除率更高。UDFAB 高效厌氧水解反应器主要由以下优点：内部填充着供微生物附着的填料；具有较大的抗冲击负荷能力；容积负荷高（目前实验结果最高为 8kg）；COD 去除率达 80% 以上；无需接种厌氧污泥；快速启动，4 周可以达到设计要求；无需专人管理；无需三相分离器、生物量是普通厌氧反应器的两倍以上；投资成本低、建造速度快、可以在原有设施基础上进行升级技术改造。

7.10.1.2　改造后系统效果及经济效益

（1）印染废水处理升级改造前　出水 COD＝292.62mg/L，TN＝14.60mg/L，TP＝1.44mg/L，改造后 COD＝45mg/L，TN＝7mg/L，TP＝0.5mg/L，已经达到国家污水排放一级 A 标准。

系统改造后未发现污泥流失的现象，污水处理效果稳定；好氧曝气运行费用降低 20% 以上；废水处理量略有提高，日处理量为 2500～2800m³。基本不产生污泥，无二次污染，节省了后续污泥处理费用。

（2）污泥减量工艺的实施　大幅度减少了本企业污泥的产量，降低了污泥处理成本，流离型 UDF 填料投加降低了曝气量，节省了能源，同时减少低 C/N 印染废水处理的碳源投加量，保证污水处理厂稳定达标运行，减轻企业运行成本。

根据污水处理厂每天 2500t 水，每天排泥 5t（含水率 80%），按现有的运行数据进行经济测算，污泥处理的直接运行成本，包括：电费、药剂费、运输费、填埋处置费、人工费等，共计 400 元/t。每天 5t 污泥（含水率 80%），每天污泥处置费约用为 2000 元。

而采用 UDF＋AOSA 技术：如果污泥减量 80%，即为费用减少 80%，每天污泥处置费可以减少 1600 元，减量后处置费用约为 400 元。每年节省约 60 万元，第一年扣除使用成本 70 万～80 万元，第一年实际支付用 10 万～20 万元。以后每年可节省 60 万元。

如果是采用焚烧的方式处理污泥的污水处理厂，污泥处理费用就更加高昂，那么每年节省的处理费用将更加可观。

7.10.1.3　社会效益

在环境保护已成为一项基本国策的今天，水污染所引发的各种问题日益受到全社会的关注与重视，本工程升级改造的实施，对于提升印染行业废水处理水平具有深远的意义和影响。而且目前我国正倡导节能减排，采用消减污泥正是一个节能减排的好项目，主要体现在以下几个方面。

（1）形成一套印染废水污泥减量排放处理工艺与升级改造技术体系，达到国内领先的技术水平，带动相关污水处理厂升级改造工艺技术全面发展。

（2）节约用电：污泥减量前污泥脱水系统每天耗电，减量 $80\%\sim85\%$ 以后，每天可以节约大量的能源；节约用煤：污泥在焚烧过程中，会消耗一定量的煤，如果减量 80% 以后，可以节约 80% 的煤，节约能源。节约用油：污水处理厂每年外运污泥，污泥减量后，将减少运输污泥总量，这样可以节约大量的燃油，节约了能源物资；同时可以减少大量的汽车尾气的排放。

（3）提高了污染物的去除率，大幅度消减了污泥，减少了污染物的处理量，这对社会来说，就减轻了污染负担，减少了环境的恶化。因为任何一种生产不可能不产生废气物或污染，任何一种生产污染物的减少，对整个社会将是一种贡献。

（4）因为低成本高效 UDF＋AOSA 污泥减量排放处理印染废水技术稳定运行、维修较少的设备，对企业来说是至关重要的。运行和维修所用的资源也将可以减少，对社会的资源也是一种节约。

7.10.2　污泥干化焚烧工艺技术

染整污泥因含有较高有机组分和纤维物质，而具有较高的热值，这比其他污泥作为资源被利用具有更明显的优势。以国内第一个利用烟气余热处理污泥的发明专利技术的工程为例，系统地介绍利用热电厂烟气余热资源处理染整污泥的工艺和方法，这不仅为染整污泥能够得到彻底的无害化、减量化、资源化处理开辟了一条行之有效的新途径，而且对我国城市污泥处理实现以废治废和废物循环利用的目标，具有重要的理论意义和实践指导意义[25]。

染整污泥的物理化学特性取决于染整废水的性质和废水处理的方法。染整废水经过污水处理厂的处理，在达标排放的同时所产生的污泥，通过机械脱水后，含水率一般为 80% 左右。由于染整废水的水质变化大，有机污染物浓度高，色度和酸碱度变化大等特点，这导致了染整污泥成分复杂，且个别重金属元素的含量特别高。表7-57列出城市污水处理厂污泥和染整污泥的化学成分，从表 7-57 可以看到，城市污水处理厂污泥的化学成分在 3 年的检测期内变化较小，说明城市污泥的主要组成部分相对比较稳定，染整污泥的化学成分与城市污泥有较大的差异，除烧失量和 Na_2O 较高外，其他成分均明显低于城市污水处理厂污泥，这反映了染整废水与城市污水在水质上有所不同。

表 7-57　城市污水处理厂污泥和染整污泥的化学组成

样　品		化学组成/%									备注
		SiO_2	MgO	CaO	Fe_2O_3	Al_2O_3	K_2O	Na_2O	全氮	全磷	烧失量	
城市污泥	含量范围	35.10~35.78	2.18~3.73	5.40~6.44	2.80~4.68	7.20~8.47	0.69~0.82	0.51~0.62	1.35~2.90	0.8~0.7	35.26~36.30	3年监测数据
	平均值	35.49	3.13	6.53	3.84	7.94	0.73	0.58	2.13	0.75	35.95	
印染污泥		30.26	0.59	0.92	0.37	6.52	0.55	1.85	—	0.56	38.30	江阴

城市污水处理厂污泥中的重金属含量变化很大（表 7-58），这说明了进入污水处理厂的污水既有城市生活污水，也有工业废水。印染污泥中的重金属含量一般均小于城市污水处理厂污泥中重金属的平均含量，但是，铬（Cr）和镉（Cd）的含量较高，特别是镉高出城市污水处理厂污泥中镉平均含量的 3 倍多（表 7-58），这与印染废水的水质有关。

7.10.2.1　烟气余热污泥干化与成粒工艺

染整污泥要实现无害化、减量化、资源化处理的目标，必须首先对染整污泥进行干化处理，建立安全经济的污泥干化工艺是染整污泥得到彻底有效处理的关键。在长期工程实践的

表 7-58　城市污水处理厂污泥和印染污泥中重金属含量

样　　品		重金属含量/(mg/kg)								备注
		Cu	Pb	Zn	Cr	Cd	Ni	As	Hg	
城市污泥	含量范围	291.2~397.0	80.8~222.3	2744~3790	27.9~592.4	1.35~4.45	57.45~750.3	10.00~31.88	0.78~11.26	5年监测数据
	平均值	324.6	195.1	3676	288.7	4.38	241.1	15.49	3.80	
印染污泥		84.9	18.98	1075.1	344.66	17.54	53.08	14.05	—	江阴

基础上，为了使污泥干化的运行成本降低到最低水平，发明了利用热电厂烟气余热资源干化污泥的专利技术，即在不增加新能耗的情况下，通过特殊的工艺流程和相配套的机械设备，利用热电厂排放的烟气余热，使污泥得到干化和成粒。这一发明技术已应用于工程实践，2006年初在江苏江阴康顺污泥处理厂建立了我国第一条利用热电厂烟气余热，日处理100t印染污泥（含水率80%）的生产流水线，通过近一年的稳定运行表明，该生产流水线利用江阴康顺热电厂排放的烟气余热资源，不仅使江阴康源的印染污泥得到干化和成粒，首先使污泥实现减量化和使污泥中有害物质得到稳定化，而且因干化后的污泥团粒保存了95%以上的热值，而在作为燃煤的辅助燃料和烧制轻质节能空心砖方面得到资源化利用，从而产生了显著的社会效益和经济效益。

（1）工艺流程　利用热电厂烟气余热处理染整污泥的方法主要是通过二段干化系统，来达到污泥干化并同时成粒的目的。染整污泥干化和成粒系统的主体由以下设备和装置所组成：供热管道、进料设备、特制的烘干设备、引风系统和除尘除气装置。二段干化系统之间由螺旋输送机相连接。

工艺运行的实施步骤如图7-44所示。

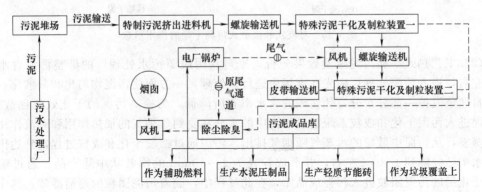

图 7-44　利用烟气余热污泥干化和成粒的工艺流程
------ 污泥流程　—— 烟气流程

将含水量为80%左右的染整污泥在堆放场进行预处理，这一过程不仅可以使污泥中一部分水分自然蒸发，而且可以使污泥均匀化。预处理的时间可以根据堆放场地的大小和天气条件而定。

为了使污泥在第一段干化时能与热量充分接触，提高污泥干化的效率，同时为污泥成粒创造条件，将经过预处理后的染整污泥通过特制的进料设备，呈分散状均匀地送入第一烘干设备，进行第一段干化。

从第一烘干设备出来的污泥，通过螺旋输送机送入第二烘干设备，进行第二段干化。

经过二段干化过程，污泥随着特制烘干设备的转动，在连续地上下滚动中得到有效干化，进一步成粒和磨圆，并逐渐变硬。从第二烘干设备出来的污泥颗粒，通过分料筛，将粒径为2~6mm的污泥团粒用于烧制轻质节能砖和生产水泥压制品，将粒径大于和小于2~

6mm 的污泥团粒作为燃煤的辅助燃料，或作为垃圾填埋场覆盖土。

印染污泥在二段干化过程中，经过电除尘后的烟气中残留烟尘和污泥干化中产生的尾气，通过除尘除气装置进行处理后，达到国家大气排放标准后排放。对于污泥预处理时释放的气体，通过气体收集系统，送入热电厂燃烧炉高温消除，干化污泥冷却过程中释放的气体，以及干化车间的交换空气，通过引风系统送入生物土壤滤床进行生物消除。

热电厂排放的烟气温度一般在 130～200℃ 之间，通过一系列子系统建立的特殊工艺流程，将图 7-45 的两种污泥干化机理有机地结合起来，大大地提高了污泥干化的效率。由于整个污泥干化过程是在特制的烘干设备中连续滚动中完成的，因此，污泥经过二段式污泥干化，自然形成质地坚硬的团粒。干化后的污泥团粒，不溶于水，根据对污泥团粒浸泡液中重金属、pH 值等的分析表明，溶液中的重金属含量和 pH 值在浸泡污泥团粒前后无明显变化。这说明污泥在干化和成粒过程小，有害物质已被污泥团粒所固定，起到了污泥有害物质的稳定化作用。

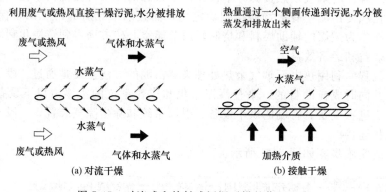

图 7-45　对流式和接触式污泥干燥的作用示意

（2）工艺热效率和污泥减量效果分析　来自江阴康源污水处理厂的染整污泥含水率为 80% 左右，进入污泥处理厂内先在堆场内进行预处理，一方面使污泥均匀化和分散化，另一方面自然蒸发掉一部分水分，使污泥的含水率有所降低，为提高污泥的干化效果创造条件。当污泥进入污泥干化和成粒系统后，污泥中的水分在受到热烟气的加热作用和对流作用下而快速蒸发，从污泥中散发的水蒸气随烟气排出。污泥通过二段干化和成粒过程，到达出料口时含水率已经降到了 40% 左右，并形成粒径为 1～10mm 的团粒状中间产品。通过输送设备，干化后的污泥团粒进入污泥成品库，在此过程中，随着污泥团粒的逐渐冷却，其中的水分进一步得到蒸发，直至被资源化利用之前，这时污泥团粒的含水率可以降低至 20% 以下。表 7-59 是江阴康顺污泥处理厂各阶段污泥水分蒸发的情况。

表 7-59　江阴康顺污泥处理厂各阶段污泥水分蒸发情况

污泥处理阶段	入场污泥	污泥堆场	第一段干化出口	第二段干化出口	成品库
含水率/%	80	75	60	40	20
污泥量/t	100	80	50	33.33	25
蒸发水量/t	0	20	30	16.67	8.33

江阴康顺污泥处现厂污泥干化和成粒的能源直接来自江阴康顺热电厂的烟气。该热电厂 75t 循环流化床锅炉，烟气排放量为 135000m³/h，通过电除尘装置的烟气温度为 155℃ 左右，烟气经过通风管道，进入污泥干化和成粒装置。

完成污泥干化和成粒过程后，第一段出口时的平均温度为 104℃；第二段出口时的温度为 111.5℃。常压下，江阴康顺热电厂排放烟气的比热容为 1.08685kJ/(kg·℃)，密度为

0.8187kg/m³，烟气可以提供的热量为 6006177kJ。根据理论计算，水从 20℃升温至 100℃并汽化所需要的热量为 2591.94kJ/kg，在热效率为 78.47％时，污泥干化和成粒装置中每小时蒸发水量 1.8183t，需要消耗的热量为 4712924kJ，其余热量用于物料加热、设备散热及其他热损失。而实际测定的数据表明，第一段干化的平均热效率达到 81.39％，第二段干化的平均热效率达到 85.76％。表 7-60 是江阴康顺污泥处理厂污泥处理工艺热效率计算。

表 7-60　江阴康顺污泥处理厂污泥干化工艺热效率计算

技 术 参 数		第一段干化		第二段干化	
		第一次测试	第二次测试	第一次测试	第二次测试
风量/(m³/h)		90000	90000	45000	45000
烟气温度/℃	进口	155	151	156	151
	出口	105	103	115	108
污泥含水率/%	进口	75.11	74.60	58.36	59.60
	出口	60.36	59.60	40.10	41.60
蒸发水量/(t/h)		1.25	1.22	0.61	0.64
热效率/%		80.64	82.14	86.03	85.48

利用热电厂烟气余热，通过二段式污泥干化和成粒以后，污泥的体积明显减少。图7-46 示出污泥含水率与体积之间相互关系的实验结果，从实验结果中可以看到，当污泥的含水率从 75％降至 40％时，这时污泥的体积已不到原体积的 30％，表明利用烟气余热，通过二段式污泥干化和成粒过程，原污泥的体积被减少了 70％以上，因此，对污泥的减量化效果是非常显著的。

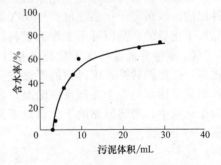

图 7-46　体积与含水率之间的关系

（3）环境效应　在利用热电厂烟气余热进行污泥干化和成粒的整个过程中，从污泥的预处理开始，到污泥干化，最后成粒，以及在此过程中污泥的传输，都在微负压全封闭的状态下进行，污泥释放的气体通过气体收集系统，被送入炉膛和生物土壤滤床，或经过高温消除，或经过土壤微生物消除，从而使污泥处理的工作场地无明显异味。特别是污泥干化和成粒是在低温下完成的，污泥在干化过程中不仅自身产生的尾气较少，而且由于污泥的含水率较高，烟气在特制的干化和成粒装置内与污泥较长时间的直接接触，因此，污泥能够吸附经过电除尘的烟气中所残留的大部分烟尘，并将这些烟尘固定在污泥团粒中，这使得热电厂排放的烟气一方面因余热被利用而减少了大气热污染，另一方面因烟气中的大部分残留烟尘被污泥吸附而减少了大气颗粒物的排放量。

江苏江阴的工程实例表明，利用热电厂烟气余热口处理染整污泥 100t，主体机械和辅助设备的投资在 600 万元左右，工程的运行成本（包括电耗、人工、机械损耗等）为 60 元/t 左右。在如此低的工程投资和运行成本下，不仅能使染整污泥和城市污泥得到彻底的无害化、减量化、资源化处理，而且能够使热电厂的烟气余热资源得到充分的利用，并能减少大气热污染和烟尘的排放量，充分体现了这项技术得到应用推广所具有的潜在的明显优势。我国火力发电燃煤的热利用率在 40％以下，燃油的热利用率在 50％左右，大量的余热通过烟囱排入大气，将这些烟气余热资源用来处理污泥，在不消耗新能源的情况下，一方面使城市污泥得到了彻底的处理，另一方面使热电厂的废气得到利用，真正实现了以废治废的循环经济的目标，这必将产生极其显著的社会效益、环境效益和经济效益。

7. 10. 2. 2　低温污泥干化新技术[27]

污泥不同于其他的固体废弃物，它具有以下几个主要特征：①含水率高，多达70％以上，这部分水分难以焚烧，运输成本高，堆放占地面积大，直接填埋则会使填埋场提前报废；②微生物、病原体含量高，不加处理，直接施用或弃置，可能会污染食物链；③恶臭污染环境，同时向大气排放温室气体（是二氧化碳的20倍）；④超细粉末，在热干化和处理过程中存在较大危险；⑤含有重金属，如果不加控制施用，可能污染土地，造成不可逆的耕地退化。

基于污泥以上特征，对污泥的处理处置应遵循"减量化、稳定化、无害化"原则。当前的污泥处理处置方式包括：填埋、焚烧、堆肥及建材（水泥、制砖等），这些方式都需将经脱水机脱水形成的含水率80％的污泥进一步干化以去除水分，因此，如何高效安全的对污泥进行干化成为污泥处理处置的核心问题。

北京安力斯科技发展有限公司是一家提供多种环保解决方案的高技术公司，安力斯公司2010年获得瑞士Watropur公司中国区独家代理权，致力于在中国区推广威特普公司世界领先的低温干化技术，为广大客户提供高品质的优秀产品和服务。

（1）Watropur（威特普）低温污泥干化技术　威特普是世界知名的污泥干化技术和设备提供商，是低温干化技术的领导者。自1992年成立以来，威特普公司就致力于将先进低温干化技术应用于污泥的干化处理，并为客户提供一流的产品设计制造、应用和服务。

威特普公司低温污泥干化系统由低温热源系统、带机系统、离心机系统和料仓等附属配件组成。该污泥干化系统可产生40℃左右的干燥空气，得到含水率仅为10％的污泥干化产品，干化后的产品即可用于作为燃料、制作肥料或建材以及用于土壤植被。

① 威特普低温污泥干化技术路线　威特普低温干化系统用于干化含固量≥20％的潮湿物料，经能源转换系统得到的干热空气在系统内循环流动对物料进行干化。含湿气体通过物料储藏室顶部的一个冷却系统除湿，经冷凝处理过后的气体进行二次加热再次注入干化装置的干化室中，密闭回路的干化系统不会向外界空气排出臭气和废气。该污泥干化系统流程如图7-47所示。

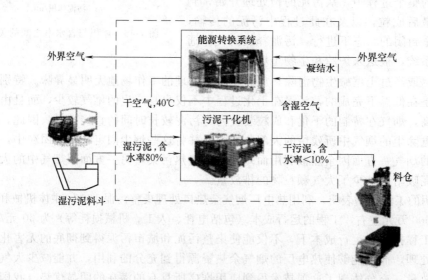

图7-47　污泥干化系统流程

② 威特普污泥干化技术产品　威特普低温污泥干化产品系列包括S、C及B系列，不同系列的进料含固率、处理对象、应用领域及处理能力对比如表7-61所列。

威特普B系列污泥干化设备的结构如图7-48所示。

表 7-61   产品系列性能对比

系列	进料含固率	处理对象	应用领域	处理能力
S	>30%	中小型板框压滤机过滤后的泥饼	工业,金属氢氧化物污泥	50~2400kg 水/d
C	>25%	大型板框压滤机过滤后的泥饼	工业,金属氢氧化物污泥	3000~9000kg 水/d
B	>20%	带式压滤,离心分离机脱水后的浆质泥	市政,浆状污泥	400~24000kg 水/d

图 7-48   威特普 B 系列污泥干化设备结构

1—干燥空气发生器;2—外冷凝器;3—外风扇;4—除尘门;5—齿轮电机橡胶带输送机;
6—湿污泥分流输送机;7—湿污泥入口;8—湿污泥料斗;9—干化通道;10—湿空气通道;
11—平衡足;12—输送机链柜;13—齿轮电机钢板输送机;14—干污泥料斗;15—操作门;
16—干污泥螺旋输送机;17—干污泥出口;18—电动螺旋输送机

(2) 污泥干化技术特点

① 性价比出色   威特普污泥干化设备针对市政和工业污泥干燥市场需求,设计优化节能经济的干化设备。在保证质量的同时拥有更节能更优的性价比。

② 可获得含固率 90% 干燥污泥   含固率 20% 的污泥经干化处理后含固率在 90% 以上,体积仅为干化前 1/4~1/5;微生物活性完全受到抑制,避免了产品的发霉发臭;含固率 90% 的污泥热值升高至 3000kcal/kg,便于后续处理。

③ 低温运行,无异味   污泥中不同类型的有机物挥发温度存在明显差异:链状烷烃类和芳香烃类挥发的温度为 100~300℃;环烷烃类挥发的温度主要为 250~300℃;含氮化合物类、胺类挥发的温度主要为 200~300℃;醇类、醚类、脂肪酮类、酰胺类等的挥发温度均为 300℃以上;醛类和苯胺类的挥发温度主要在 150℃;脂类的挥发温度为 150~250℃。采用 40℃低温干化,可以有效避免带臭味的有机物挥发。此外,整个干化过程都在密闭环境条件下进行,不会有气体排到外界环境中,不会对环境造成二次污染。

④ 干化系统安全可靠   出于安全性考虑,在污泥干化过程中必须控制的安全要素是:氧气含量<12%;粉尘浓度<60g/m;颗粒温度<110℃。威特普污泥干化系统的整个干化系统中无尘(空气流速<2m/s);干化温度控制在 40℃左右,无爆炸风险。不需要干燥室空气减氧预处理。

⑤ 设备占地面积小　威特普污泥干化设备采用紧凑的集约型设计，日处理能力 1t 水/d 的设备占地面积约为 4m²，而传统的好氧堆肥工艺需要 120m²。

⑥ 能耗降低 2/3，运行成本低　采用低能耗的能源转换技术最大限度地利用能源，显著降低运行成本。1kW/h 能量可蒸发 3L 水。而常规干化设备蒸发 1L 水则需要消耗 1kW/h 的能量。

⑦ 运行维护简便　威特普污泥干化设备配备自动控制系统，可进行运行参数设定，设置了运行、报警、维护和维修等菜单。干化污泥过程中无需人工管理，操作方便，便于维护。

⑧ 机组配备方式灵活　威特普污泥干化设备可以按照顾客需求进行灵活的模块组合，最大限度地满足客户对设备的需求。

（3）Watropur（威特普）低温干燥设备典型运营案例

自 2009 年开始，韩国开始引入 Watropur 污泥干化机进行污泥干化处理。在韩国大邱，现已拥有 6 组干化能力 1300kg 污泥/h 的 24000B-WDT 设备。该污泥干化设备，在一年运行过程中随机挑选的 90 次污泥干化，污泥的初始含水率及干化后的含水率如图 7-49 所示。

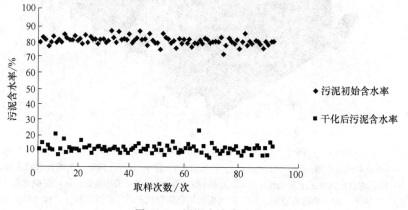

图 7-49　污泥含水率变化

从运营结果中我们可以看出，威特普低温干燥技术运行稳定，干化后污泥含水率波动范围较小，对于初始含水率在 80％附近的污泥，通过威特普低温污泥干燥机干化去水后，污泥的含水率能达到 10％左右。另外，该机组干化能力为 185t 污泥/天，能耗 1998kW/h 电耗/h，90％干固体产生量约为 40t 污泥/d，在运行过程中没有产生恶臭气体，没有发生爆炸事故，运行环境温和。

实际运行结果充分说明了威特普低温干燥技术性能稳定、节约能耗、安全可靠、无臭味产生等优点，展现了良好的应用前景。

7.10.2.3　污泥干化焚烧处置与热能综合利用[28]

（1）污泥干化焚烧技术及特点　由于我国的污水入网管理还处于不完善阶段，进入城市污水管网的污水源头未能得到有效的管理，进入城市污水处理系统的污水所含的成分复杂，污水处理中所产生的污泥成分也较为复杂，处理这些污泥就不宜农用，采用干化焚烧的工艺技术较为合适。数量庞大的工业污泥，则更加需要进行干化焚烧进行彻底的处理，并把灰渣进行无害化的填埋。以干化焚烧为核心的处理方法是目前污泥处置最彻底、快捷和经济的方法，它能使有机物全部碳化，可最大限度地减少污泥体积（减容 70％，最大可到 90％），同时能够将污泥中的能量转换为电能或者热能，变废为宝，使污泥得到充分的利用。干化焚烧法与其他方法相比具有突出的优点：

① 干化焚烧可以使剩余污泥的体积减少到最小化，因而最终需要处置的物质很少，焚烧灰可制成有用的产品，是相对比较安全的污泥处置方式；

② 干化焚烧处理污泥速度快，不需要长期储存；

③ 污泥可就地干化焚烧，不需要长距离运输；

④ 可以回收能量；

⑤ 能够使有机物全部碳化，杀死病原体；

⑥ 污泥干化焚烧还能将污泥中的热值进行利用，从而降低污泥处理的能耗，相应降低污泥处理成本；

⑦ 污泥干化焚烧自动化程度高，且安全、快捷、方便、彻底。

早在 20 世纪 40 年代，日本和欧美就已经用直接加热鼓式干燥器来干燥污泥。经过几十年的发展，污泥干化技术在减量化、稳定化、无害化、资源化方面的优点都逐渐显现出来。无论填埋、焚烧、农业利用还是热能利用，污泥干化都是重要的第一步，这使污泥干化在整个污泥管理体系中扮演越来越重要的角色。20 世纪 90 年代以来，运用污泥干化技术处理城市污泥得到迅速发展。

污泥干化焚烧处置虽然一次性投资稍高，但由于它具有一些其他工艺不可替代的优点，特别是在污泥的减量化、稳定化、无害化、节约土地资源和节能等方面，因此成为污泥最终出路的解决方法之一。自 1962 年德国率先建议并开始运行了欧洲第一座污泥干化焚烧厂以来，干化焚烧的污泥量大幅度增加。在国外，特别是西欧和日本已得到了广泛的应用，在日本，污泥焚烧处理已经占污泥处理总量的 80% 以上，欧盟也在 38% 以上。

国家环境保护部《污水处理厂污泥处理处置最佳可行技术导则》认为：污泥干化焚烧是今后我国提倡的方向，尤其是采用有焚烧后余热干燥污泥体现了节能减排，循环经济的思想。对于经济比较发达，土地资源比较紧张的城市，使用焚烧法处置应该是经济有效的。

（2）污泥干化焚烧存在的问题　在我国刚刚起步的污泥处理处置行业中，已建成的污泥干化焚烧处置项目或多或少都暴露出一些问题：

① 臭气处理不完善，造成二次污染，影响周边居民的生活；

② 投资大，运营成本高，不能维持长期的运营；

③ 系统设计不合理，造成系统运行不畅，对环境造成二次污染，并增加了运营成本；

④ 设备选型不当，造成系统不能正常运行。

污泥干化焚烧处置虽然有诸多优点，但上述问题的存在，使污泥干化焚烧处置技术的优点无法显现，对污泥干化焚烧处置技术带来了不利的影响。实际上，上述问题并不是真正的问题，这些问题的存在，是由于我国的污泥干化焚烧技术刚起步不久，在污泥干化焚烧的系统设计、设备选型、地点的选择、政府的规划等方面都存在着不足之处所造成。如臭气处理不善、系统设计不合理、设备选型不当等问题，均可通过完善系统流程、优化设备选型、调节运行方式等手进行彻底解决。在日本等国，污泥干化焚烧处置有很多项目都布置在市中心地带，这些问题均有成熟的技术解决方案可供借鉴。

投资大，运营成本高，不能维持长期的经济运营是污泥干化焚烧技术的最大障碍。那么，污泥干化焚烧处置方式是否可做到经济可靠的长期运营呢？答案是肯定的。要找到长期经济可靠的运营方案，首先要有充分收集污泥热干化和焚烧后所产生的低位热能的完善系统和设备；其次，要有热能的用户。解决低位热能的收集问题需要从系统流程设计、设备选型、运行方式等方面进行考虑。解决热能用户问题可从市场和政府规划两方面进行妥善解决。

（3）污泥干化焚烧处置的技术工艺　工艺流程是以浙江北仑第一发电有限公司 600t/d 污泥干化焚烧项目的工艺流程为基础。着重介绍独立系统的工艺流程及其特点。图 7-50 所示为独立污泥干化焚烧工艺流程。

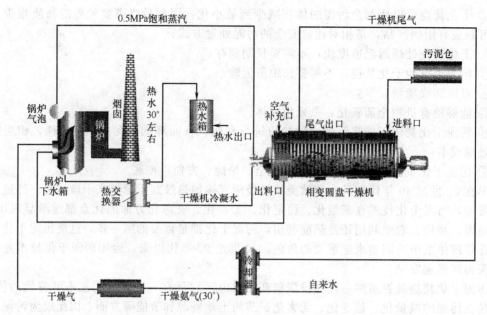

图 7-50　独立污泥干化焚烧工艺流程

① 污泥干化焚烧独立系统工艺流程介绍

a. 污泥流程

含水率 80% 湿污泥 ⟶ 湿污泥仓 ⟶ 污泥输送系统 ⟶ 圆盘干燥机污泥进料口 ⟶

加热去湿干化 ⟶ 圆盘干燥机出料口 ⟶ 干污泥输送机干污泥仓 ⟶ 进锅炉燃烧 ⟶

b. 蒸汽流程（热媒质）

0.5MPa，153℃ 锅炉蒸汽 ⟶ 圆盘干燥机外筒、中心盘片 ⟶ 疏水（0.5MPa，153℃）⟶

热交换器 ⟶ 疏水扩容箱（0.1MPa，50℃）⟶ 疏水泵锅炉 ⟶

c. 废气流程

圆盘干燥机干化污泥产生废气 ⟶ 干燥机废气出口 ⟶ 旋风除尘器 ⟶ 冷却器 ⟶ 风机 ⟶

除臭装置 ⟶ 炉膛燃烧

d. 废气冷凝水流程

废气携带的 100℃ 蒸汽 ⟶ 冷却器 ⟶ 凝结污水 ⟶ 污水池 ⟶ 污水处理系统

e. 商品热水流程

生活自来水 ⟶ 冷却器（废气）⟶ 70℃ 热水 ⟶ 热交换器（疏水）⟶ 95℃ 热水 ⟶ 热水箱 ⟶

出售

② 工艺流程设计特点

a. 工艺流程设计充分考虑了系统的可靠性。系统的可靠性依赖于系统设备的优异性能作保障，所以对设备类型的选择、在役设备运行的稳定性等多方面都做了深入细致的调查。

b. 整个系统处于封闭可控状态，控制了与外界的物质交换，避免了系统对周边环境的再次污染。

c. 系统采用负压运行设计，避免了臭气外泄的发生。

d. 系统设计充分考虑了易维护性和易维修性。

e. 系统设计充分考虑了节能环保目标。

f. 系统设计充分利用了系统产生的低温热能，使系统营运有极为良好的经济性基础。

从上述污泥干化焚烧的工艺流程中可以看出，污泥干化过程中的废气流程和蒸汽流程中都会产生大量的低位热能，如果直接排入环境，不仅会造成环境的热污染，而且也是一种热能资源的损失。充分利用这些热能资源，可大大降低污泥干化焚烧处置的费用，甚至还可利用这一项目产生可观的经济效益。北仑第一发电有限公司污泥干化处置项目把系统中 40℃以上的低位热能进行了充分的收集利用，生产 90℃的热水供应市场，预计可产生极其良好的经济效益。

（4）热能综合利用的经济性分析　当污泥的干基热值大于 3000kcal/kg 时，理论上独立的干化焚烧系统是能实现自身的能量平衡而保持不断循环的。而事实上，污泥燃烧后产生的热量始终是存在的，只是热能的品质因热交换中的温差存在造成热能品质的降低，如果干化焚烧系统充分考虑低位热能的回收利用，可为污泥干化处置项目带来意想不到的经济效益。

表 7-62　北仑发电厂 20t/d 污泥处置项目每吨湿污泥的成本测算

编号	名　称	单位	数值	数值	数值
1	年处理湿污泥量	t/a	131400	131400	131400
2	湿污泥处理量	t/h	15	15	15
3	污泥干化系统耗电功率	kW	645	645	645
4	干化前含水率	%	80	80	80
5	干化后含水率	%	20.00	30.00	40.00
6	蒸发水量	t/h	11.25	10.714	10
7	出口干污泥量	t/h	3.75	4.286	5
8	干化后热值	kJ/kg	10440	8848	7236
9	干化每吨湿污泥标煤耗量	t	0.086	0.082	0.077
10	设备总投资	万元	6285	6285	6285
11	设备折旧	年	20	20	20
12	设备残值率	%	3	3	3
13	年维修比例	%	2	2	2
14	建筑总投资	万元	950	950	950
15	建筑折旧	年	50	50	50
16	建筑残值率	%	2	2	2
17	项目定员	人	6	6	6
18	人员工资	万元/年	5.00	5.00	5.00
19	标煤热值	kJ/kg	29306.00	29306.00	29306.00
20	干污泥热值折算系数	%	75	75	70
21	标煤平均价格	元/t	1000.00	1000.00	1000.00
22	电价	元/kW·h	0.55	0.55	0.55
	一、直接费用（干化每吨湿污泥）	元/t	46.75	44.75	46.75
	1. 标煤消耗费	元/t	86	82	77
	2. 电费	元/t	23.65	23.65	23.65
	3. 污水处理费	元/t	1.9	1.8	1.7
	4. 运费	元/t	2	2	2
	5. 污泥热值折价	元/t	−66.8	−64.7	−57.6
	二、间接费用（干化每吨湿污泥）	元/t	37.2	37.2	37.2
	1. 设备建筑折旧费	元/t	25.36	25.36	25.36
	1.1. 设备折旧	元/t	23.91	23.91	23.91
	1.2. 建筑折旧	元/t	1.45	1.45	1.45
	2. 维修费用	元/t	9.56	9.56	9.56
	3. 人工费用	元/t	2.28	2.28	2.28
	三、合计		83.95	81.95	83.95

　　上述测算表是针对北仑发电厂的情况，干污泥是按热值折算成标煤卖给电厂，蒸汽也按其热值折算成标煤的价格从电厂购买。表中最终费用没有减去热水产生的价值，污泥干化焚烧系统产生的热能除维持自身污泥干化焚烧循环外，其产生的大量低位热能最终以回收60%计，每吨湿污泥能产生90～100℃的热水有3t左右，折合市场价格105元，如果考虑这部分的热水用户的运输平均距离为20km，每吨热水的运送成本是每吨公里0.5元计，每吨热水的水成本5元计，每吨热水的效益是20元，则每吨湿污泥产生的热能效益是60元。从表中可以看出，处理每吨湿污泥的费用的80多元，考虑到热水产生的效益，处理每吨湿污泥的费用就会降低到20多元，加上政府的处理费用，污泥干化焚烧处置项目可以实现良好的盈利。

　　污泥干化焚烧处置系统收集的热水，一方面可以从市场实现其价值，另一方面可以通过政府在规划工业布局时，把热能用户的企业集中布局，以便于集中利用污泥干化焚烧等热能资源用于工业。

　　近年来，随着环保、节能减排和安全意识的提高，城市区域的小锅炉等热源将会受到严格的控制，并逐渐退出生活和商业区域。由于生活水平的不断提高，城市的各宾馆、浴室、泳池、理发店等场所，以及部分工业用户都需要大量的热水，长三角地区的上海、南京、杭州、宁波等大中城市已形成了活跃的热水市场。90℃热水的价格大约是每吨35元，比用户自己的成本要低得多（约70元），这为集中的热水供应提供了一个广阔的市场。污泥处理处置系统的低位热能利用方案，极大地提高了系统综合利用效益，大大降低了运营成本，符合环保项目的环保节能的理念。这一污泥处置模式既可为污泥处置项目提供良好的经济效益，又可关停城市区域的小锅炉，实现节能减排，也可减少使用电力、液化气等高级能源的使用。

7.10.2.4　相变圆盘干燥机的应用

　　宁波照泰能源设备有限公司是一家专门从事节能环保设备研发、生产、销售的高新技术企业。

　　公司环保行业的核心产品为"相变圆盘干化机"，该系列产品通过消化吸收国外先进的干化机技术并结合我国实际情况进行重新开发设计，具有适应性强、结构紧凑、传热面积大、消耗电力少、运行成本低、安全性好、可长期可靠运行等特点，为目前及将来我国处理市政污泥、工业污泥及物料干燥的首选设备。

　　圆盘干燥机是目前国际上主流的物料干燥处理工艺之一，也是国家环保总局重点推荐的污泥干燥处置装备（见图7-51）。

　　相变圆盘干燥机的热源可采用低品位蒸汽、导热油等。干燥过程全封闭并采取负压等措

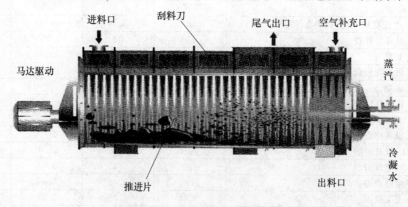

图7-51　相变圆盘干燥机示意

施，保证环境不受二次污染的影响。由于相变圆盘干燥机的非接触式和低温环境下的干燥技术，相变圆盘干燥技术可广泛地应用于污泥、化工原料、药品及原料、染料等行业的物料干燥。

相变圆盘干燥机可直接干燥含水率达 80％的污泥，干燥后的污泥含水率在：30％～40％之间，呈 0～5mm 的小颗粒状，热值 1500～2500kcal（根据污泥性质），具备一定的经济价值，非常方便后续处置。

（1）工作原理　相变圆盘干燥机的主体由一个带夹层的圆筒形外壳和一组中心相通的圆盘组成。带夹层的圆筒形外壳和圆盘是中空的，热介质从外壳夹层和圆盘中流过，污泥在圆盘与外壳内侧之间通过，污泥吸收圆盘和外壳内侧传导的热量蒸发水分。污泥水分形成的水蒸气聚集在圆盘上方的穹顶里，被带出干燥机。

相变圆盘干燥机是将送入本体的被干燥物料（脱水被处理物、工业被处理物、生活被处理物），用蒸汽间接加热，通过搅拌物料使水分更快蒸发，既适用于物料半干燥，又适用于物料全干燥工艺。

（2）相变圆盘干燥机技术特点

① 高灵活性　随着用户的需要，适应进出口物料湿度的变化是干燥机重要性能之一，相变圆盘干燥机的高灵活性体现在以下方面：

a. 物料干燥程度可随用户要求调节，调节范围广（全干燥到半干燥可随意调节）；

b. 对物料含水率的适应范围大，能耐受较高的物料负荷，即使进料不均匀也能保证平稳运行。

② 低运营成本　物料处理的运营成本是物料处理的主要费用，每一项物料运营成本的变化，都会对干燥设备运营寿命周期内产生的费用产生巨大的影响，甚至会超过初期设备投资额的数倍或数十倍。相变圆盘干燥机，结构简洁，热能利用合理，效率高，能耗电耗低，主要体现在以下方面：

a. 干燥机圆筒体是夹套型构造，主轴、圆盘内中空，有蒸汽流通，换热面积非常大，小机体大换热面结构是高效率的保障，单轴无推力设计是低电耗的保障；

b. 相变圆盘干燥机结构紧凑，外表面积小，密闭性好等特点，干燥机对环境的传热量少，最大限度地减少了散热损失；

c. 半干燥无干料返混，节省了物料重复冷却又加热的能耗；

d. 半干燥无干料返混，减少一些设备以及干物料搬运的电能消耗；

e. 工艺安全度高，不需要氮气等惰性燥气体，减少额外的成本支出。

③ 安全稳定性　污泥干燥在国际上的应用已经有 30 多年历史，早期也曾经发生过一些污泥粉尘爆炸、干燥机中燃烧和产品储仓闷烧自燃等事故。因此，污泥干燥的安全性问题是目前用户关心的首要问题。相变圆盘干燥机工艺，是目前在安全性方面较佳的方案之一，其安全稳定性主要表现如下：

a. 干燥机干燥温度设计低，不易产生大量的不溶性气体；

b. 半干燥无干泥返混，一次完成干燥，干燥时间短，干燥机内物流量很少；

c. 干燥机蒸发速率高，依靠湿度提高系统的惰性；

d. 当进泥含水率波动时，系统具有较宽泛的工艺调节范围；

e. 蒸汽与污泥不接触，不溶性气体量少，可入炉焚烧，二次污染小；

f. 间接干燥，热介质与污泥无直接接触，干燥后尾气处理量小；

g. 干燥机按照高温高压设计和制造，其结构设计合理，制造工艺要求高，抗内压强度大，采用不锈钢或特殊钢来制造，以确保适应不同特性的物料。

④ 良好维护性　大型设备的维护、保养和检修是设备寿命周期内最大的费用项目之一，

维护、保养简单，检修周期长，检修项目少是采购设备时的重要依据。相变圆盘干燥机维护性好的表现如下：

a. 相变圆盘干燥机与其他类型的干燥机比较，最大的优势之一是系统简单，结构合理可靠，没有复杂的运动，易损部件少，维护、保养项目少而简单；

b. 机身上的检查、维护、检修孔盖设计周到、方便，便于检查、维护、检修，免除了大量的体力劳动；

c. 机身及主要部件设计使用寿命长，可长期免维护；

d. 在主要零部件设计选型上，均采用成熟、先进的标准元器件，或直接采用进口名牌元器件，具有较高的互换性。

卧式相变圆盘干燥机实物如图 7-52 所示。

图 7-52　卧式相变圆盘干燥机

（3）XBG-2100/58 型干燥机技术指标

主电机（4 极 1500r/min）功率	90kW
本体容量	27m^3
中空轴转速	1～10r/min
传热面积	约 400m^2
热源	饱和蒸汽
工作压力	0.5MPa
工作温度	＜160℃
接头	饱和蒸汽入口/冷凝水出口
接头	饱和蒸汽入口

（4）XBG-2100/58 型干燥机污泥处理性能

被处理物	脱水污泥
蒸发物	水
入口温度	常温（20℃）
出口温度	约 100℃
处理前含水率	80%
处理后含水率	30%～40%
日处理能力	100～150t/d
运行能力	约 8000h/a
寿命	20a

7.11 实用案例

7.11.1 退浆废水回收 PVA 工程

退浆废水回收 PVA、降低 COD_{Cr} 项目，是无锡市兴麟染整环保有限公司研发的项目。

（1）工艺流程

退浆机台—加酸中和—水池—泵—旋转过滤器—泵—浮上装置—泵前加药—加药搅拌桶—泵—板框压滤机—精密过滤器—出水排放

PVA 回收装置工艺流程见图 7-53 所示。

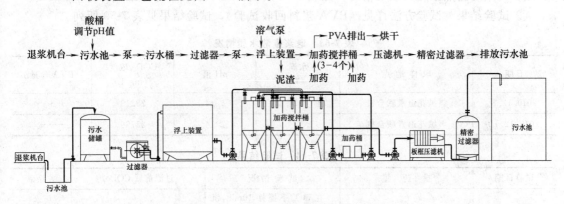

图 7-53 PVA 回收装置工艺流程示意

（2）工艺说明　退浆机台排出的废水，首先进入废水池（$5\sim6m^3$），在进入废水池时加酸调节 pH 值（$8\sim9$）。然后用水泵提升送入旋转过滤器过滤，去除大部分毛绒、杂质。旋转过滤器过滤出来的毛绒、杂质单独与污泥一起处理。旋转过滤器通过水泵抽吸送入气浮池充气上浮，气浮可去除大部分杂质、渗透剂、表面活性剂等化学成分。经气浮处理后用泵送入加药沉淀池进行沉淀，沉淀池采用搅拌机搅拌，沉淀池 $3\sim5m^3$ 共 3 个，交替使用。经沉淀后的废水用泵送入板框压滤机（暗流式）进行过滤出水，这样 PVA 已基本去除，去除率约 95％以上。析出的 PVA 集中在一起回用于浆纱或送去生产胶水使用。

（3）技术数据

① PVA 去除率：80％～95％

② COD_{Cr} 去除率：45％～50％

③ 处理量：6t/h

④ 装机功率：20kW

⑤ 药剂耗量：16～20mg/L（混合药剂）

⑥ 占地：25m²

工程实例简述如下：

（1）废水对象和特征　常州老三集团雪绒花印染分厂退煮联合机浓废水，生产品种为卡其布（以薄型卡其为主）坯布上浆率较高，其中含 PVA（聚乙烯醇）浆料，退浆工艺为碱退浆，为提高效率，退浆、煮练联合进行，退煮助剂除有烧碱外，还有精练剂、渗透剂、皂洗剂等，该联合机的高浓度废液是全厂污染程度最高的废水。由于坯布来自各地，坯布上浆情况进一步待查。

（2）水质试验及工程特征

废液样品：

① 2010 年 12 月 8 日，练漂车间退煮联合机水样，水温 62℃，COD_{Cr} 28219mg/L，外观深褐色，pH 值超过 14。

② 2010 年 12 月 10 日，练漂车间退煮联合机水样，水温 67℃，COD_{Cr} 25736mg/L，外观深褐色，pH 值超过 14。

估计高浓度废液产量 100t/d，COD_{Cr} 产生量 2.80t/d 左右。

（3）实验室试验初步结果 2010 年 12 月 8 日和 2010 年 12 月 10 日，取了两次水样，分别于 12 月 8 日、12 月 13 日做了六次试验，试验条件和试验结果，详见《雪绒花退浆废水实验记录》和表 7-63、表 7-64 分析结果。

① 高浓度退煮浓废水水质情况，见表 7-63 所列。

② 试验结果 试验方法详见《PVA 浆料回收试验》，试验结果见表 7-59 所列。

表 7-63 退浆废液水质情况

日期	取样地点	水温/℃	pH 值	COD_{Cr} 浓度/(mg/L)	PVA 含量
2010.12.8	雪绒花退煮联合机	62	>14	28219	＋＋＋
2010.12.10	雪绒花退煮联合机	67	>14	25736	＋＋＋

表 7-64 试验结果

试验日期	投药量	试验情况	过滤前后 COD_{Cr}	去除率
2010-12-8	1∶3 硫酸调 pH 值至 9，加热 50℃，加 0.5g/L 盐析剂，10g/L 凝结剂	在 50℃下搅拌 10min，沉淀 30min，有 PVA 形成絮状物，但不沉淀，滤纸过滤，滤速很慢有原液泄漏（PVA 矾花＋＋＋）	过滤前 COD_{Cr} 28219mg/L，过滤后 COD_{Cr} 17232mg/L	38.9%
2010-12-13	取车间水样 67℃，COD_{Cr} 25736mg/L，取水样 500mL 加硫酸调 pH 值至 9，加热 50℃，盐析剂，0.75g，凝结剂 7.5g	在 50℃下搅拌 10min，沉淀 30min，PVA 矾花大而多，不沉淀，用双层滤纸真空过滤，难过滤，速度慢（PVA＋＋＋）	过滤前 COD_{Cr} 25736mg/L，过滤后 COD_{Cr} 5042mg/L	80.4%

（4）化学凝结法回收 PVA 效益分析 采用去除单位 COD_{Cr} 成本对比分析方法，分析常规处理成本和单独分质处理成本。

目前处理设施运转费用：

① 老三集团运行的污水处理设施，设计水量 1 万立方米/日，该厂提供的运转成本：2010 年 11 月：5～6 元/m³ 水，污水量不足时 8～9 元/m³。

② COD_{Cr} 去除量按进水 1000mg/L，出水 60mg/L 计算，每立方米废水去除 940g COD_{Cr}（粗约 1kg COD_{Cr}/m³ 废水计）即去除每千克 COD_{Cr}，5～6 元或 8～9 元。

③ 若按进水 COD_{Cr} 500mg/L 计，去除每千克 COD_{Cr} 成本达 10～12 元。

④ 深度处理树脂吸附：运转成本 0.5 元/m³，进水 COD_{Cr} 100mg/L，出水 COD_{Cr} 60mg/L，每立方米去除 0.04kg COD_{Cr}，去除每千克 COD_{Cr} 达 12.5 元。

（5）化学法回收 PVA 去除 COD_{Cr} 运转成本估算。

① 化学药剂

盐析剂，单价 3.62 元/kg 用量 1.5kg/m³ 1.5×3.62＝5.4 元

凝结剂，单价 0.67 元/kg　　　用量 10kg/m³　　　10×0.67＝6.7 元

硫酸中和　　　　　　　　　　　　　　　　　　8.1 元

② 电耗，0.8kW·h/m³　　　0.8 元/(kW·h)　　0.64 元

③ 人工　　　　　　　　　　　　　　　　　　0.2 元

④ 维修费　　　　　　　　　　　　　　　　　0.5 元

⑤ 直接成本 5.4＋6.7＋8.1＋0.64＋0.2＋0.5＝21.54 元/m³

⑥ 化学法回收 PVA 去除 COD_{Cr} 计算：

退浆废水 COD_{Cr} 平均按 28000mg/L 计，去除率 80%，即每立方废水去除 22.4kg COD_{Cr}，去除每公斤成本 21.54/22.4＝0.961 元/kg COD_{Cr}。

⑦ 归纳以上分析

a. 目前污水处理设施，去除每千克 COD_{Cr} 成本 10～12 元；

b. 树脂吸附深度处理去除每千克 COD_{Cr} 成本 12.5 元；

c. 化学凝结法回收 PVA 去除每千克 COD_{Cr} 成本 0.961 元；

d. 膜处理回收 PVA 去除每千克 COD_{Cr} 成本 1.00 元。

从上述对比分析可看出，工厂采用废水分质处理，对高浓度退浆废水单独处理可大大节省处理成本。

（6）中试工艺流程

车间浓废液 → 贮水池/筛网 → 气浮 → 超滤 → 纳滤 → NaOH 淡液回收利用

　　　　　　　　　↓　　　↓　　　↓

　　　　　　　　浮渣　　PVA　　PVA

　　　　　　　　　　　　↓　　　↓

　　　　　　　　　　→ 板框压滤机

工艺流程说明：指导思想既考虑回收 PVA，又考虑回收淡碱，超滤可透过碱液，纳滤可通过 Na^+ 和 OH^-，从而获得 NaOH 溶液。

化学凝结法回收 PVA 的基本原理是，废液在一定条件下投加化学凝结剂和盐析剂，使溶解在废液中的 PVA 形成固形物而析出，从而回收 PVA，降低 COD_{Cr}。

【点评】

（1）PVA 回收资源循环应用，在目前浆纱普遍采用 PVA 混合浆的工艺，值得重视，积极行动。

（2）鲁泰公司采用日本 SANDO 的 PVA 回收装置，PVA 回收量超过 90%；回用于浆纱达 70%，效果明显。在国内开发 PVA 回收装置时，值得学习、借鉴，二次创新，开发新品。

（3）兴麟公司研发的化学凝结法回收 PVA，去除率达 80%～95%；COD 去除率达 45%～50%，每千克 COD 去除成本仅为 0.961 元，有利染整企业降低生产成本。

（4）为了更有利于退浆废水 PVA 的回收，退浆工艺采用无助剂或少助剂的方案为好。例如，应用热清水堆置溶胀，机械退浆预处理，充分应用化学做减法，物理做加法的方案。

7.11.2　印染厂碱减量废水回收处理实践

涤纶织物由于其优良的性能而成为当前使用量最大的合纤织物，其中很大一部分涤纶产品是由于采用碱减量工艺提高了品质而得到消费者的欢迎，碱减量生产是利用较高浓度的烧碱溶液在一定温度下（100～130℃）对涤纶织物进行化学反应，在减量过程中产生的废水不

但量较大，而且杂质浓度高，例如以 18％的减量率计算，若一缸织物重 380kg，减量下来的分解物就达到 380kg×18％＝68.4kg，并且还残留大量的烧碱，加剧了印染废水排放压力。如果直接排放，减量过程产生的聚酯分解物、低聚物和残碱将极大地增加废水的 COD 值和 pH 值，实际上聚酯分解物和低聚物也是一种工业原料，若能加以回收利用，不但能降低印染厂废水排放浓度，有利于环境保护，而且能使资源得到充分利用，是件有意义的事[29]。

7.11.2.1 碱减量废水污染物分析和回收原理

聚酯纤维（涤纶）在烧碱的作用下表面发生水解反应形成小分子量的聚酯分解物从纤维上剥离，同时涤纶纤维上的低聚物也在减量时大量溶解于水溶液中，因而，首先我们看一下减量配方。

（1）染缸减量和间歇式减量机减量工艺配方

NaOH36°Bé	x％
抗静电剂 SN	0～2g/L
温度：	100～130℃
时间：	30～40min

（2）连续碱减量机减量工艺

NaOH	22～36°Bé
温度：	115～140℃
时间：	4～10min（车速 20～60m/min）

为了防止涤纶纤维强力的过度损伤和降低生产成本，减量配方中一般不加阴离子表面活性剂，采用染缸或间歇式减量机减量时，有时添加少量的减量促进剂，最常用的是抗静电剂 SN，故碱减量溶液里除了烧碱和水之外，有时还有抗静电剂 SN。

在碱减量条件下，涤纶纤维上低聚物溶解到减量浴中，碱和纤维反应后产生聚酯分解物，除了配方中加入足够量的抗静电剂以外，大部分的减量反应是不完全的，故碱减量废水中还会含有较高的碱浓度，所以，减量废水含有较高浓度的碱和大量减量反应下来的聚酯分解物以及低聚物，没有染料。而聚酯分解物在碱性下呈钠盐形式而有一定的水溶性，较难从水中去除，当废水中加入硫酸时，首先硫酸和废水中残余的 NaOH 反应至中性，然后硫酸和聚酯分解物的钠盐反应形成水溶性很差的酸式结构，很容易沉淀，这些絮状物下沉时带动和吸附聚酯纤维低聚物一起沉淀而得到去除，对沉淀物经过压滤回收后可再利用。

7.11.2.2 碱减量过程的化学反应和回收反应

见图 7-54。

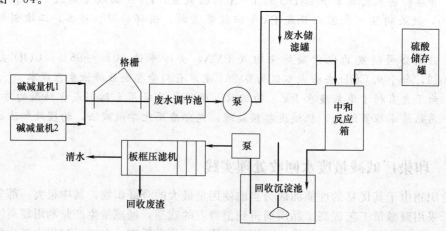

图 7-54 回收反应流程

（1）回收工艺流程　该回收装置为将各碱减量机生产过程排出的高浓度（COD）的废水通过专门的排水管道收集起来，中间要设置二道格栅过滤大的纱头、布头等杂物，进入调节池，以使稳定废水的液量和浓度，再用泵将废水抽到高位废水储液罐，碱减量废水经无烟煤过滤后放入中和反应箱，随着废水的放入浓硫酸也慢慢加入反应箱，二者形成中和反应然后排入回收沉淀池，沉淀物用泵抽到板框压滤机压渣，压出清水回收白色废渣。

（2）设备配置

① 调节池采用 4mm 以上厚度的钢板焊接而成长方体形，大小随减量机多少和场地大小而定，可控制在 4～8m³。

② 泵应采用耐腐蚀的塑料泵为好。

③ 管道应选用直径大于 6cm 高强度尼龙管道。

④ 浓硫酸储存罐应用 6mm 以上厚度钢板焊接而成，圆柱封闭形，防止进水，因为稀硫酸会腐蚀钢材。

⑤ 废水储滤罐可用直径 2m 以上，高 3m 以上的钢罐，底部铺上无烟煤作为过滤材料，一年左右换一次。

⑥ 中和反应箱应采用耐硫酸的 5mm 以上厚度的塑料板焊接成长方体形。

⑦ 回收沉淀池可以采用优质水泥砌成。

⑧ 板框压滤机可以用污水处理用的板框压滤机。每年换 1～2 次滤布。

另外还有一些塑料阀门。

7.11.2.3　不同碱减量方法废水处理的特点

（1）不同减量工艺废水特点不同，从而回收处理时加入的 H_2SO_4 用量不同，连续碱减量机产生的废水残余减含量高，聚酯水解物含量也高，单位废水中 H_2SO_4 投放量就多些，要经常 pH 试纸检测水，使其中和后 pH 保持弱酸性，pH5～6 为好。H_2SO_4 的用量和废水中残碱量成正比。当连续碱减量机减量温度高，减量车速慢，反应充分时，H_2SO_4 用量少些。

（2）间歇式碱减量机由于其每缸布减量后碱量液做到了一定的回用，故排出的废水浓度要比连续减量机低许多，H_2SO_4 的用量可以少些。

（3）染缸减量的废水反应比较充分，特别是加有催化剂 SN 时反应更加充分，这时虽然单位废水 H_2SO_4 用量不多，但沉淀时间要延长些，pH 值适当调低些为好，让沉淀反应充分，以保证充分回收聚酯水解物。对染缸减量废水的回收要在染缸排水口处接一回收管道，与水洗排水并行但又隔离。

7.11.2.4　回收处理效果

该系统使原 pH≥14 的碱减量废水经过硫酸的中和及压滤，使排出的清水 pH 值为 4～5，此清水汇入印染废水，得到的废渣中含有大量的聚酯水解物和涤纶低聚物，此废渣可进一步综合利用，作为生产绝缘管和塑料制品的材料。每天消耗 2t 左右为浓硫酸，可以得到 6t 左右的废渣。同时使废水中 COD 大为降低，从处理前几万毫克每升下降到处理后的几千毫克每升，COD 平均去除率 65%，既有利于减少环境污染，又有一定的经济效益。

涤纶织物碱减量加工中产生的减量废水中，含有大量的聚酯水解物、低聚物和残余烧碱，不但 pH 值高，其 COD 指标非常高，若不加以处理将严重影响印染污水排污污染物总量，而聚酯水解物本身也是一种工业原料，有利用价值，通过设计一套碱减量废水回收处理装置，将减量废水中呈钠盐形式的聚酯水解物用浓硫酸反应，首先硫酸中和废水中的残余烧碱，然后使聚酯水解物变成酸式结构，水溶性下降而沉淀，经压滤后得到白色废渣用作制造电缆料和塑料制品的一种原料，既降低了废水的 COD 和 pH 值，又使回收废渣得到了再利用，便资源得到了有效利用。该装置成本低，操作方便，有较好的社会效益和经济效益。

【点评】

（1）分析了涤纶织物碱减量废水污染物的成分。

（2）介绍了利用浓硫酸处理碱减量废水的方法，值得参考。

（3）COD平均去除率65%，回收的废渣中含有大量聚酯水解物和涤纶低聚物，综合利用生产绝缘管和塑料制品。资源充分利用，项目投资成本低，操作方便。

7.11.3　连续减量机的碱减量工艺实践

纯涤纶尤其是加捻织物，一般都要进行碱减量加工，织物经减量后，身骨下降，滑而僵硬感得以消除，从而赋予织物优良的柔软性和悬垂性，滑爽而富有弹性。同时，通过碱减量，织物表面形成了许多无规则的凹凸，消除了织物的极光，赋予织物柔和的光泽，且由于纤维的亲水性基团（—COOH、—OH）增多，从而在一定的程度上改善了织物的吸水（汗）性，提高了穿着的舒适性。

涤纶碱减量工艺分为间歇法和连续法两种。间歇式生产常见的有挂练槽加工、喷射溢流染色机加工、冷轧堆法减量等，这种加工方法的主要缺点是周期长、产量低，且减量率不易控制、批差大；而连续式加工方法则可克服这些缺点。其自动化程度高、操作简易方便、可随时取样测定减量率、减量均匀、减量率易于控制、重现性好、产量高。

Debaca连续碱减量机是意大利Sperotto Rimar公司生产的90年代国际先进的染整设备，它主要是由四部分组成：配给液系统、浸轧碱液槽、汽蒸反应箱及四格平洗槽。该设备较其他连续减量机有许多先进之处，且适用范围广，轻薄的涤纶仿真丝绸、中厚型涤纶织物均可在该种设备上进行碱减量加工，并获得较为理想的减量效果。下面就纯涤纶仿麻织物的碱减量加工工艺进行介绍。[30]

7.11.3.1　碱减量工艺实践

（1）织物

FDY中强捻纯涤纶天府麻

原料：150D/96fFDY（Z捻，1400T/M）×150D/96fFDY（2S2Z，1400T/M）

组织结构：3/2左斜纹；密度：60根/cm×32根/cm；

克重：320g/m；门幅：160cm

（2）工艺流程

精练、松弛一浴法前处理（120℃×50min）→预定形（185℃×30s）→Debaca连续碱减量→染色→定形/柔软整理→成品

（3）碱减量工艺

NaOH 30°Bé，螯合分解剂R－DL 5g/1，碱减量渗透剂RV－2 12g/1，多浸一轧（70～80℃，轧余率约60%）→汽蒸（115℃×2min，车速30m/min）→三格水洗（第一格70～80℃，第二格50~60℃，第三格常温）→中和（第四格常温）→落布

（4）减量效果

① 减量率：约20%

② 均匀率：经测定整车织物前、中、后部分和左、中、右部分的减量率，表明减量较均匀，相对误差在5%以内。

③ 手感：手感柔软，不破裂。

④ 强力：未用强力机测试，但用手难以撕开，表明强力下降在允许范围内。

7.11.3.2　碱减量的影响因素及分析

（1）前处理条件　前处理的目的是去除纤维上的油剂、浆料和其他沾污物，同时使织物

在近于无张力的情况下使之充分膨化收缩，以消除纺丝、织造过程中由于拉伸所产生的内应力，而对于加捻织物则可使之解捻、消除扭力而赋予织物良好的手感和丰满度。前处理在意大利 Mezzera 喷射溢流染色机中进行，在该设备中前处理有一定的局限性，表现在织物经过喷嘴时还是要经受较大的经向张力，不能在完全处于松弛状态下进行循环运转，且织物在机内翻滚（改变自身存在状态）程度不够，因此，织物实际上不能达到充分收缩，收缩率不高，从而影响了手感和丰满度。鉴于这种情况，要适当控制车速，一般在 $220\sim280\text{m/min}$ 之间，此外，容布量也不宜太大，以使织物循环次数增加。实践证明，适当加大浴比（1：$12\sim15$），有助于织物充分收缩。另一方面需要注意的是，由于该设备升降温慢，高温处理时间太长，如运行不畅则易产生皱印。实践表明，在 $120℃$ 下处理 50min，织物有较好的收缩效果，收缩率可达 $10\%\sim12\%$，具体工艺为：$36°\text{Bé NaOH } 5\text{g/L}$、除油剂 2022g/L、六偏磷酸钠 0.5g/L，浴比 1：$(12\sim15)$，$120℃\times50\text{min}$。

（2）预定形 涤纶织物经预定形，可提高大分子中非结晶区分子排列的均匀性（即取向度），提高结晶度，同时，使前道工序中产生的折皱得以消除，提高织物尺寸稳定性，减少后道工序中产生拉伸变形，从而可使之在碱减量工序中轧碱均匀，获得均匀的减量效果。预定形时须注意三方面的工艺参数：一是温度，宜控制在 $180\sim190℃$，过高可能会影响织物的手感和风格，过低则起不到稳定尺寸的作用；二是门幅，宜比成品门幅小 $3\sim5\text{cm}$；三是超喂，应将超喂控制在 $10\%\sim15\%$ 之间为宜。小门幅和高超喂均是使织物在较松弛的状态下充分受热收缩，获得均匀一致的定形效果。

（3）浸轧碱液及碱液浓度 碱在减量加工中起着定性的作用，涤纶织物的碱减量是利用烧碱在高温条件下使大分子水解生成对苯二甲酸的钠盐和乙二醇溶于水中来实现。理论而言，涤纶纤维的失重是所使用烧碱的 2.4 倍，但实际上，减量率受温度、浴比、处理时间和助剂等因素的影响，往往烧碱的用量要比理论值大，这就是烧碱的利用率问题。经过多次实践表明，将烧碱浓度定为 $30°\text{Bé}$ 较合适，织物经过浸轧槽多浸一轧，轧余率为 60% 左右，织物上实际含碱约 14.5%（o.w.f），其理论减量率约为 35%，适当控制车速和反应温度，可将减量率控制于 20% 左右。

浸轧碱液的控制有几个方面：一是保证碱槽中的碱液充分循环，这可由自动加料系统来完成。设备厂商已经安装了输液泵将储碱槽中碱液源源不断地输送到浸轧槽底部，而过剩的碱液则从轧槽上部的溢流口送回储碱槽；二是要保证碱液浓度保持前后一致，这可由浓度检测装置和自动配料装置来完成。自动配料装置的连续运转既保证了碱液浓度不变，同时又保证了储碱槽中的碱液量始终保持在预定的液位上；三是保持轧槽中碱液温度在 $70\sim80℃$，这有利于降低碱的黏度及提高渗透性，且有预热织物的作用，使之进入蒸箱后能较快升至预定温度。

在蒸箱的中部设计有碱液追加装置，织物在该处喷淋经预热的碱液，可使织物上反应前期产生的水解产物（低聚物等）和泡沫冲洗下来，使织物再次均匀带碱，从而提高了减量效率，这也是 Debaca 有别于其他连续减量机之处。

（4）反应蒸箱温度和湿度 温度是织物减量的关键因素之一。在温度较低的情况下，减量速度较慢，据测算，温度每升高 $10℃$，涤纶水解反应的速度将提高一倍。理论上，温度越高，减量速率越快，但温度升高要受热源的制约，且温度太高，一旦略有波动，则减量率难以控制，因此，反应温度控制在 $105\sim135℃$ 为宜，就该织物而言，温度控制在 $115℃$ 较合适。Debaca 的热源有两种：一种是直接蒸汽加热（4bar 饱和蒸汽，$1\text{bar}=10^5\text{Pa}$）；另一种是间接蒸汽加热（6bar 以上饱和蒸汽），两种加热方式协同作用。

饱和蒸汽直接加入到蒸箱中，既提供了反应所需的热量，又保证了一定的湿度。湿度对碱减量效果影响也很大，如果蒸箱内的蒸汽湿度太低，则织物上的水分要蒸发，碱浓度增大，使减量速度提高，导致减量率偏高。反之，如果蒸箱内湿度太大，则蒸汽凝结成水珠滴到织物表面，造成局部减量不匀。间接蒸汽加热能有效地解决这个问题，它从蒸箱的底部和顶部对蒸箱内的直接蒸汽进行加热，从而既保证了蒸箱内的温度，又使其湿度维持在一定的范围内。

（5）织物运行速度（车速）　织物的运行速度决定了它在蒸箱内的停留时间，即反应时间。织物在蒸箱中停留时间越长，反应越充分，减量率也越高，反之，则减量率低。织物运行速度根据不同品种规格、所要求的减量率及要达到的手感风格而异，速度太快，反应时间太短，减量不充分，同时可能由于张力问题而影响最终效果；速度太慢，可能导致减量过度，且降低生产效率。Debaca 的蒸箱容布量为 60m，试验表明，该种织物的车速控制在 30m/min 较合适，可使它在蒸箱中的停留时间约为 2min，能达到理想的减量效果。

（6）张力　Debaca 连续式碱减量机较长，可能会由于各单元机（传动马达等）之间的速度不很一致，从而造成张力不匀。而对于经松弛、解捻后的织物，它对于张力是很敏感的，张力过大，织物再次受到拉伸而产生形变，在高温和浓碱的作用下，可能会影响聚酯大分子的整列度，从而降低织物的手感和回弹性，使之表现出硬、糙、板的手感效果。此外，张力不匀可能导致织物局部含碱、受热、带液和受力不匀而造成减量不均匀。因此，要密切注意织物张力，调节各单元机的线速度均匀一致。

（7）助剂　在碱液中加入螯合分散剂能将金属离子螯合，防止碱垢的生成和使低聚物分散，从而增加碱液的稳定性。此外，由于高浓度碱液黏度较大，加之涤纶的疏水性，使得碱液难以渗透到织物内部，因此，在碱液中加入耐碱渗透剂，有助于提高渗透性，增加织物带液量，从而可加快车速、提高生产效率。对两种助剂的基本要求是能耐高浓度的碱，相容性好，工作液稳定。另外，渗透剂还要具备在高浓度碱液中仍保持较好的渗透性。

（8）水洗与中和　织物出蒸箱后即进入平洗槽中进行水洗：第一格洗槽温度为 70～80℃，第二格洗槽温度为 50～60℃，第三格洗槽为常温，第四格为中和，该槽中装有 pH 探测装置及自动加酸（HAc）装置，保证织物出布时布面呈中性。在每格洗槽上部装有大量的喷淋管，对织物正反两面进行强力喷淋，能彻底去除织物上的残留碱液及水解生成的低聚物及其他反应物，整个平洗装置采用逆流方式水洗，即节约用水，又能保证水洗充分。应注意的是，要保持充足的新鲜水补充到水槽中，以确保织物能彻底洗净，以免发生织物在堆置过程中由于风干和残碱的存在而导致继续减量的现象，以及给后道工序带来不必要的麻烦。

【点评】

（1）涤纶碱减量的工艺装备很重要，减量率的控制及对苯二甲酸的回收决定了工艺的优劣。

（2）高浓度烧碱的渗透可通过液下轧液，"微真空"大气压的通道渗透，可免除耐高浓度烧碱的渗透剂应用，有利对苯二甲酸的回收。

7.11.4　色碱回用设备的研制、应用

印染行业丝光加工中产生的废水，不仅水量大，而且碱性强，含有各种有机、无机化学染料助剂，排入水体将消耗溶解氧，破坏水生态平衡，危及鱼类和其他水生生物的生存；沉于水底的有机物，会因厌氧分解而产生硫化氢等有害气体，恶化环境。色织面料丝光废水更为严重的问题是色度，用一般的生化法难以去除，有色水体还会影响日光的透射，不利于微生物的生长。

因此对丝光有色废水的处理势在必行，鲁泰纺织股份有限公司在长期深入研究国外设备的基础上，积极引进消化吸收，与广州中环万代公司合作，开发出具有自主知识产权的碱回

收装置，具有低消耗、处理量大、回收效率高的特点，所产生的冷却水、冷凝水、碱蒸馏水及液碱再次循环利用，回收循环利用率达100%。[31]

7.11.4.1 原理

鲁泰采用的蒸发装置采用自然循环原理工作，新蒸汽在蒸发器管外部冷凝，从而使碱液在管内剧烈沸腾。碱液从分离器经回流管返回蒸发器，这样碱液在分离器和蒸发器之间循环，通过蒸发水分进行浓缩。蒸发级数越多，所需蒸汽量越少。浓缩后的液碱，经过鲁泰的专利消色技术，保证了回收液碱的直接使用。

7.11.4.2 工艺流程

根据鲁泰生产实际，收集淡碱后先蒸化浓缩，再进入消色装置，消除浓碱液的颜色，直接送回丝光机使用，冷凝液用于坯布前处理。工艺流程见图7-55所示。

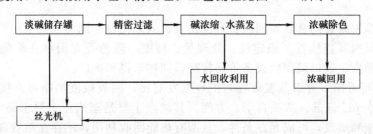

图 7-55 色碱回收工艺流程

原料液经预热后进入蒸发器，经多级汽液分离，浓缩后的液碱由最后一级分离器排出，流入澄清槽，经澄清后流入浓碱罐。料液流动的流程见图7-56所示。

图 7-56 料液流动流程

7.11.4.3 设备综合效果分析

（1）与进口碱回收蒸发设备性能比较 见表7-65。

表 7-65 鲁泰碱回收设备与进口设备性能对比

项　　目	进口碱回收设备	鲁泰碱回收设备
处理量	11130(kg/h)	12500(kg/h)
蒸发水量/(kg/h)	9335	10500
蒸汽耗量/(kg/h)	3100	2850
汽水比	0.279	0.285
冷却水耗量/m³	25	27
清洗操作	需现场自备清洗泵，用户清洗不方便，清洗耗时长。恢复生产慢	系统已带清洗泵，可自动切换到清洗状态，然后开泵加酸或水清洗，操作简便，清洗时间短，恢复生产快
脱色除渣	采用双氧水喷射泵加料的方法	采用双氧水喷射泵、曝气管加料、多级过滤的方法，脱色除渣时间更短、更干净
清洗周期	1周	10～15d
运行控制	采用自动开关阀控制液位	采用自动调节阀控制液位，液位运行稳定，且可视运行状况调节液位

续表

项　目	进口碱回收设备	鲁泰碱回收设备
自控系统	显示的参数较少；采用高低液位控制，调节简单，但是液位不断振荡，开关阀动作频繁，易损坏；触摸屏显示简单操作过程，无法保留历史数据；人工对过程的可干涉性差	显示的参数较多，除满足生产要求外还可根据参数变化来分析设备的运行情况；液位可连续调节，可分析液位变化趋势，控制稳定，阀门动作平缓。采用 PC 和触摸屏显示操作，在数据的存储、分析和对过程的人工可干涉性方面均优于国外设备

国产设备从国内可购买到配件，且价格便宜的优点，另外系统程序为自主设计，升级方便，自控性更强。

国产设备主要缺点是冷却水耗量高，但鲁泰采用全部回收的方式，避免水的浪费现象，可忽略不计。

（2）鲁泰蒸发装置同常规碱回收扩容蒸发装置效果比较　国内主要采用扩容蒸发的方法进行碱回收，但因其连续性、稳定性、处理量、耗能、除色等方面存在缺陷，不能直接回用，并未得到推广。进口碱回收设备价格较高，同样未得到推广。

由表 7-66 可看出，鲁泰蒸发装置与扩容蒸发对比，回收碱液洁净可直接回用、自动化程度高、冷凝水 pH 值低、清洗自动、方便。其缺点主要是蒸汽压力要求高，蒸汽耗量大，鲁泰采用过热饱和蒸汽，可满足此条件，且所有热能回收利用，不存在浪费现象。

表 7-66　鲁泰蒸发装置与扩容蒸发效果对比

蒸发形式 比较项目	鲁泰蒸发装置	扩容蒸发
运行功率	15kW	46.5kW
冷凝水 pH 值	pH=9.4	pH=10.5 以上
浓碱净化系统	有，可得到洁净的优质浓碱，直接回用	无，浓碱需要净化，不能直接回用
自控系统	智能化无人操作，自动记录各项参数报表	专人操作

（3）碱回收水前、后的指标　见表 7-67。

表 7-67　碱回用水与常规软化水指标对比

指　标	碱回收水		软化水
	处理前	处理后	
pH 值	13.42	9.17	7.22
硬度/(mg/L)	30	0.05	0.1
浊度/NTU	139	8.4	2.1
色度/倍	30	<10	<10
COD/(mg/L)	3000~5000	58.5	0

由上表可看出，碱回用水，pH 值稍高些，但我们棉织物染整多数工序在碱性条件下进行，所以完全可满足染整生产需要。

（4）经济效益分析　按单套设备每小时处理淡碱 12t 计算，年可节省液碱（48 波美度）8500t，硫酸 5300t，冷凝水 87000t，按浓碱 1090 元/t，硫酸 450 元/t 计算，充分考虑设备折旧费等成本，每年净收益达 764 万元。

【点评】

丝光碱回收对白坯布而言，主要是汽水比，一般 1∶4 为优秀的扩容蒸发器，再有就是回用水无碱；色织布丝光碱回收难在脱色，鲁泰公司在引进消化吸收外机后，与设备厂商合作开发的色碱回用装备，达到资源节约，循环利用的要求，值得同机种开发者借鉴。

7.11.5 皂化蜡废水的松香与烧碱回收

在蜡防花布生产工艺中，退蜡是很重要的一环，当前国内蜡染厂家普遍采用物理绳洗和化学碱洗的方式来实现这一工艺，绳洗退蜡仅仅将纤维表面的松香去除，而与纤维结合紧密松香必须通过烧碱皂煮的方法才能去除。在碱退蜡工艺中，烧碱必须达到一定的浓度，通常在 $12 \sim 22 g/L$，才能将纤维内的松香完全去除，在碱退蜡的过程中，松香被皂化的同时，织物上大量的浮色也混于皂化碱水中，使皂化碱水色度升高，通过碱煮箱溢流口排放的皂化蜡废水色度最高可达 8000 倍，其中除了皂化蜡和染料外，还含有大量的游离烧碱，按照凤凰公司当前的产量，平均每天要消耗淡碱水 50t 左右[32]。

7.11.5.1

皂化蜡废水 COD 很高，不能直接排放，需要经过进一步的处理，回收皂化蜡中的松香，以达到资源循环利用的目的，在回收皂化蜡松香过程中，要先加硫酸中和废水中的游离烧碱，然后继续加酸使废水 pH 值达到 $4 \sim 5$，这时松香就会完全游离出来，再通过涡凹气浮回收。消耗的硫酸中大部分被废水中的游离碱中和，虽然回收了松香，但同时也消耗了大量的烧碱和硫酸，在资源的循环再利用中这并不是一个很好的方法。

要回收皂化蜡废水中的游离碱，首先要将皂化蜡从废液中分离，然后将剩余的废液脱色即可（见图 7-57）。

实际上分离后的废碱水不需要深度脱色，一般色度在 $500 \sim 800$ 倍左右即可回用于碱退蜡工艺，色度过高对下机布底子白度影响较大。

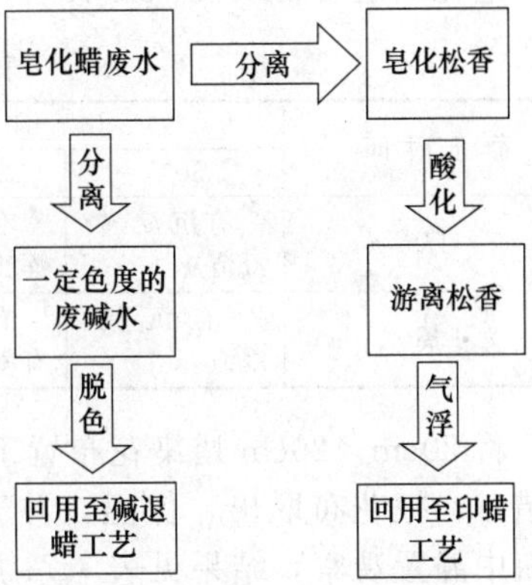

图 7-57 皂化蜡废水分离回用示意图

7.11.5.2 试验部分

（1）沉淀分离试验 经观察发现皂化蜡废水在静置一段时间后，其中的皂化松香会有部分沉淀，公司现有绳状和平幅两条碱退蜡生产线，对这两条生产线的皂化蜡废水取样，并静置一段时间后有如表 7-68 所列变化。

表 7-68 沉淀试验

生 产 线		游离碱浓度	色度	静置 1 周	静置 3 周
绳状线	1	11.6g/L	4000	无变化	略有沉淀,但仍有浑浊
	2	11.2g/L	1500	无变化	略有沉淀,但仍有浑浊
	3	9g/L	2000	略有沉淀	部分沉淀,但仍浑浊
平幅线	1	10.4g/L	2000	略有沉淀	完全沉淀,上层液体清
	2	11.6g/L	1500	略有沉淀	完全沉淀,上层液体清
	3	9.8g/L	2000	无变化	完全沉淀,上层液体清

从表 7-68 的现象来看，皂化蜡废水在长时间的静置后，其中的皂化松香会沉淀，但绳状线与平幅线略有不同，相比绳状线，平幅线的皂化蜡废水更容易沉淀，但也需要至少 3 周才能完全沉淀，因此单纯采用沉淀的方式来分离皂化松香是不可行的。

絮凝剂可以提高沉淀的效率，但由于皂化蜡废水中游离碱浓度高，碱性很强，而絮凝剂本身是酸性的，并且只有在酸性条件下才会起作用，所以絮凝沉淀的方法行不通。

离心分离可以加速重力自然沉降的时间，从表 7-69 可以看出，离心对分离沉淀皂化蜡有一定的帮助，但是受限于离心机的转速，只能分离部分皂化蜡，而且离心分离还会带来电耗的增加。

表 7-69　离心分离

2000转,5min	2000转,10min	4000转,5min	4000转,10min	4000转,30min
少量沉淀,但仍浑浊	与2000转10min相比无变化	沉淀明显增多,但上层液体仍浑浊	沉淀较5min增多,但上层液体仍浑浊	与4000转10min相比无变化

过滤是分离皂化蜡最直接的方法，将皂化蜡废水用滤纸简单的过滤后，可得到澄清的黄绿色淡碱液，其色度小于 500 倍，完全可以重新回用于碱退蜡工艺，但生产每天会产生 5t 左右的皂化松香，这会极大地降低滤材的寿命，实际上反而会使处理成本增加。

（2）皂化工艺对沉淀的影响　将 10cm×10cm 蜡染花布分别置于 200mL 20g/L 的氢氧化钠水溶液中，并于 60℃、80℃、100℃下单独退蜡，待布面无蜡时，把花布取出，将剩余液体置于瓶中静置待观察，可以看出皂化温度对皂化蜡的沉淀有较大的影响，皂化温度越低，皂化蜡越容易沉淀（见表 7-70）。

表 7-70　皂化温度对沉淀的影响

静止时间	印度蓝			紫红		
	60℃	80℃	100℃	60℃	80℃	100℃
1天	有沉淀,较澄清	有沉淀,较浑浊	有沉淀,比80℃浑浊	有沉淀,较澄清	有沉淀,较澄清	有沉淀,略有浑浊
1周	有沉淀,澄清	有沉淀,略有浑浊	有沉淀,比80℃浑浊	有沉淀,澄清	有沉淀,澄清	有沉淀,略有浑浊

将 20cm×20cm 蜡染花布置于 800mL 20g/L 的氢氧化钠水溶液中于 70℃ 退蜡，待布面无蜡时，把花布取出，保温，并于 5min、10min、30min 和 60min 时，每次取出 200mL 置于瓶中静置观察，结果见表 7-71 所列。

表 7-71　皂化时间对沉淀的影响

静置时间	5min	10min	30min	60min
1天	有沉淀,上层液较浑浊	有沉淀,上层液体较浑浊	无沉淀,浑浊	无沉淀,较皂化10min的浑浊,但比30min的澄清
5天后	无变化	无变化	无变化	无变化

从表 7-71 可以看出，在皂化温度一定的前提下，皂化时间对沉淀的影响是比较大的，静置 1 天后，皂化 5min 和 10min 的都出现了沉淀，但是沉淀不完全，而皂化 30min 以上则没有任何沉淀。

【点评】

（1）将碱退蜡废水中的皂化蜡与淡碱水分离，从理论上是可行的，可供相关单位技改中参考、完善。

（2）综合处理蜡染废水，回收松香、烧碱、酸水循环应用是资源节约的工作重点。

7.11.6　靛蓝废水的综合治理零排放系统

牛仔布是被大众广泛接受的流行服装面料，而牛仔布用纱线染浆则是牛仔布生产中的一个重要环节。牛仔布用棉纱染浆企业在棉纱染浆过程中，棉纱冲洗水、染缸底料和设备冲洗水目前均为直接排放，形成大量高污染废水。染浆产生的废水中包含染化料、硫化物、浆料和多种助剂，其中靛蓝染料和硫化染料是主要污染物（故牛仔布染浆废水又称为靛蓝废水），是很难处理的废水之一。由于生产过程中用水量大，且污染物很难得到有效处理，结合目前水资源紧张、环保形势严峻的客观情况，该废水处理的难题已经成为制约行业发展的瓶颈。[33]

7.11.6.1　靛蓝废水的治理难点

牛仔布用纱线染浆工艺中一般采用烧碱加保险粉还原的稳定体染色法对棉纱进行多次染色，在染浆联合流水线上进行。每条染浆联合流水线每天排放靛蓝废水约100m³，主要成分有无机污染物（如烧碱、保险粉）和大量有机染料、浆料、渗透剂、柔软剂等，其水质特点如下：

（1）高浊度，高色度。浊度达到1500mg/L，色度达到2500倍以上。

（2）含盐量大，碱度较高，pH值通常为9～12，少数达到13以上。

（3）COD高，最高时达到4000mg/L以上，且BOD/COD比值低。

（4）生物毒性强。由于保险粉等助剂的浓度高，加上套色用硫化染料导致的高浓度低价硫，使废水具有较强的生物毒性。

（5）水质变化大。由于一般企业以销定产，底缸染料不定期排放，而且染料的浓度和品种频繁更换，导致废水指标大幅波动。

（6）污染物性质稳定。靛蓝和硫化染料以及其他表面活性剂的化学性质都比较稳定，难以氧化和分解。

牛仔布用纱线染浆废水具有污染较重、波动较大和成分稳定等特点，是纺织行业较难处理的废水之一。在印染过程中，悬浮的固体染料被氧化后，化学性质稳定，很难预先有效分解，且粒径非常细小，密度和水接近，无论沉降或过滤都难以彻底分离；同时废水中的可溶成分的生物毒性较强，加之成分的不定期大幅度波动，导致了对后续生物处理形成难以避免的冲击，使绝大部分废水处理系统的处理效果无法稳定。因此，目前对此类废水依然缺少经济高效的处理工艺。通常所采用的絮凝沉降、机械过滤、催化氧化，以及微电解等方法结合生化处理的组合工艺均难以做到达标排放。开发牛仔布用纱线染浆废水的零排放处理工艺，将牛仔布印染改造为环境友好型产业，已成为印染行业的当务之急。

以电再生无机硅改性树脂床技术为核心，采用分段处理，节点控制等手段，开发了牛仔布用纱线染浆废水的清洁处理工艺。该工艺可以提高靛蓝废水中污染物的去除率，处理后的水质达到自来水标准，可直接回用，且能将污染物转化为芒硝和水碱等可资源化利用的物质，使得整个工艺满足零排放标准。

7.11.6.2　电再生无机硅改性树脂床技术原理

作为一项成熟的产品技术，离子交换树脂目前已经在电力、化工、冶金、医药、食品和核工业等领域的废水处理中得到了较为广泛的应用。传统离子交换树脂在不断克服易污染、强度低、流阻大、工况要求高、再生困难等缺点后，目前产品种类呈现多材料、多功能、多结构的发展趋势，部分产品已经具有了高选择性、高吸附容量、高交换速度和低消耗的特点。

电再生无机硅改性树脂床是一种基于传统离交树脂技术基础上的单元化复合处理工艺模块。该单元模块采用专用容器作为外壳，内部按一定数量和排布模式布置有中空的电再生无机硅改性树脂柱，且在树脂柱的外侧填装同质的块状树脂。在中空柱管内和壳侧分别装有柱状和网状电极，可根据出水电导率的变化自动实现在线再生。电再生无机硅改性树脂是在无机硅中空柱的表面及其材料的网络状微孔的内表面聚合出树脂功能层，再通过微孔腐蚀技术使功能层形成逐步扩大且高度疏松的微孔道，从而获得的具有特殊功能的分离材料。该材料将固相颗粒分离以及可溶物脱除较为完美地结合在一起。

作为基材的大孔烧结无机砖，包括中空柱和填料块，除表观形状不同外，其材质和局部结构特征完全相同。采用氧化硅粉粒，拌入硅铝系无机凝胶挤压造粒，再经过特殊成形工艺烘干，形成毫米级的不规则多边形颗粒。以此为主要原料在模具中压铸成形以获得所需形状尺寸。材料具有特殊的结构特征。其内部有大量的相对均匀的孔道，成品容积密度仅为材料理论密度的 1/3，比表面积非常巨大；机械强度好，不易破损，且能承受较大机械力的作用；材料耐温性能好，可承受 1300℃ 左右的高温。

树脂功能层在大孔烧结无机硅表面上进行化学及物理改性，采用特殊聚结工艺合成交链结构的聚合物。再将改性聚合后的工件置于树脂与纯净溶剂的混合浆液中，通过一系列温度及电化学微腐蚀处理程序，最终形成表面类似珊瑚礁的微观结构，同时由于作用深度的不同，使得材料沿着腐蚀处理方向形成明显梯度直径的微孔，最里层的孔径基本为 0.2～0.5m，而最外层孔则分布较宽，为 15～100m。由于其特殊的化学性质和微结构特点，使其具备以下功能。

（1）在湍流状态下，内表面可以有效阻拦固体颗粒，在一定的雷诺数下，对固体染料颗粒的截留率高达 99% 以上。

（2）表面积巨大，同时对水的流阻小，因此，可以获得非常理想的交换速度和过水速度，同样的废水中，以 0.1m/min 流速通过，其处理效率为传统树脂床的 8 倍以上，而压力降仅为其 1/3。

（3）处理深度合适，由于树脂的特殊性能以及孔道特点，可以通过压差控制实现对水流量的线性控制，使得出水水质和装置总体水量维持稳定。

（4）再生迅速，每 4～8h 对装置反向通入纯净水，并接通电极，可在 30min 内对树脂层的功能进行再生。对于大流量连续生产装置，通过多套并联、交替再生的工艺设计，维持系统运行的稳定。

（5）再生废水的浓度高，再生后废水的 TDS（总溶固）达到（3～4）×10^4 mg/L，有利于调质处理后的污染物资源化利用。

（6）废弃的改性树脂材料通过高温灼烧，可以将无机硅骨架回收再利用。

电再生无机硅改性树脂的无机硅材料和树脂功能层特性可根据分离组分的不同要求而进行广泛地选择，其柱体中空管的壁厚也可通过套封不同的层数进行调整，以适应不同的固相和可溶物的浓度。同时在电再生无机硅改性树脂床中中空树脂柱与柱外的块状树脂分离性能互补，在一个单元内可实现阳床和阴床的复合。废水在通过树脂床过程中，将经受多重处理而得到净化。因此在不同的水处理工艺中，能够通过选择不同的无机硅骨架、树脂功能层材质以及树脂床的填装结构有针对性地实现对固相颗粒或液相可溶物的有效脱除。总体上说，根据上述分离的针对性，树脂床可大体分为固体筛和液体筛两大类。

7.11.6.3 靛蓝废水的零排放工艺流程及技术特征

（1）工艺流程　电再生无机硅改性树脂床处理牛仔纱线染浆废水的装置，结合传统的气浮、过滤等工艺组合，同时与染浆联合流水线各工段的排水实行联合控制，通过合理的工艺流程设计，采用分段处理的方法，对进水的重要指标进行精确监控和调质处理。在此基础上整个装置实现自动化调节，自动原位再生。最后通过辅助系统使污染物实现资源化利用，而处理后的水实现完全回用。其工艺流程如图 7-58 所示。

其主要处理流程如下所述。

① 废水调质处理部分。生产线废水采取分质收集，经不同技术调质处理后，将底缸废液和浆缸洗水汇总进入底缸液处理子流程。

② 底缸废液处理部分。调质合格后的底缸废液和浆缸洗水经打浆均匀，以避免局部沉

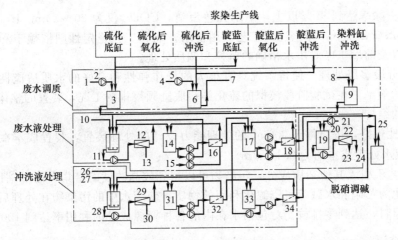

图 7-58 电再生无机硅改性树脂床处理牛仔纱线染浆废水工艺流程

1,4—来自调质液槽;2—计量泵Ⅰ;3—底缸液调质槽;5—计量泵Ⅱ;6—冲洗液调质槽;7—至冲水处理装置;8—吸附剂添加;9—浆缸洗水调质槽;10—压缩空气;11—打浆槽Ⅰ;12—滤渣机Ⅰ;13—染料废渣;14——一级清液槽Ⅰ;15—来自回用水槽;16—树脂床Ⅰ;17—二级清液槽Ⅰ;18—树脂床Ⅲ;19—脱碱调硝槽;20—计量泵Ⅲ;21—来自其他液槽;22—滤渣机Ⅲ;23—水碱滤饼;24—芒硝溶液;25—生产回用;26—来自调质槽Ⅱ;27—压缩空气;28—打浆槽Ⅱ;29—滤渣机Ⅱ;30—染料废渣;31——一级清液槽Ⅱ;32—树脂床Ⅱ;33—二级清液槽Ⅱ;34—树脂床Ⅳ;树脂床Ⅰ和Ⅱ为固体筛,树脂床Ⅲ和Ⅳ为液体筛

淀,进入滤渣机,出水水质稳定后进入固体筛,固体筛将废水分为两股,一股为稳定分离出清液进入液体筛脱除盐分,另一股为间歇排放的固体杂质被浓缩至一定浓度的废液,返回滤渣机。进入液体筛的清液也将废水分为两股,一股为稳定分离出的回用水进入回用水罐,另外一股为间歇排放的盐分被浓缩至一定浓度的浓液,进入脱硝调碱装置,最终产物为石膏滤饼和碱液。

③ 冲洗废液处理部分。该部分的流程和底缸废液处理部分类似,区别在于其水量大而所含无机盐分浓度很低,最终经过液体筛后产水为主要的回用水源,而间歇排放的盐分被浓缩至一定浓度的浓液送至底缸废液处理部分的液体筛继续分离处理。

(2) 工艺技术特征 所示工艺装置可为两条染浆线配套。处理线和染浆线平行设置,染浆线在线处理废水。按照不同废水排放点进行分质处理,处理后出水汇总回用,回用水送至回用水槽,固体渣送至指定区域收集存放,碱液送至指定贮槽。工艺所具有的技术特征如下。

① 满足每天 200m³ 废水处理流量。

② 所有过流部件材质均为不锈钢或工程塑料,设备使用寿命大于 5 年。

③ 全年按 310 个工作日,每个工作日 24h 连续运转,年操作时间为 7440h;废水处理能力波动范围不超过平均值的 5%;连续运行时间不小于 6 个月;最低处理能力不低于设计能力的 90%;最低操作负荷为正常操作负荷的 60%;短期(1 周)最大允许操作负荷不大于正常操作范围的 110%。

④ 采用全自动集中仪表盘操作,包含所有监控参数和报警显示,部分控制参数人工设定,可实现自动/手动控制的切换。

⑤ 处理过程零排放,处理后水质指标优于城市自来水国家标准《生活饮用水卫生标准》(GB 5749—2006),固体渣料达到可再生利用必须的纯度指标。

⑥ 操作人员与料液无直接接触,满足安全操作标准。

(3) 工艺特点 整个处理过程不再产生废水的排放,补充约 10% 的自来水后,即可满足染浆联机的用水量要求。与传统处理工艺的技术差别主要体现在以下几方面。

① 固体去除率达到 99％以上，出水无色澄清，COD_{Cr} 仅为 $20\sim30mg/L$，电导率维持在 $500\sim900\mu S/cm$ 以下，完全达到工艺回用要求。而其工艺稳定性则依赖于和染浆联机的联锁控制，以及前端工序对出水精确的监控和调质处理。

② 采用分段多级处理，使得系统具有很大的操作弹性和良好的水质适应性，同时回避了生物处理的不足。在试验阶段模拟的硫化染料底缸频繁排放工况，装置的整体处理效果依然达到很好的维持。

③ 经济性较好，按照每天 $200m^3$ 的处理能力设计的处理装置，装置成本在 170 万元～230 万元，废水处理成本约为 2.1 元/m^3。

④ 该工艺不引入其他杂质成分，污染物可以得到较高浓度的富集，通过辅助调节装置，将污染物转化为芒硝和水碱等可资源化利用的物质，使废水中的污染物在处理后形成可利用的粗品工业原料，达到零排放。对包括水在内的各种资源成分的利用率达到 100％。

7.11.6.4 结语

（1）由于靛蓝废水成分的复杂性和生物毒性，使得传统生化或物化处理工艺均难以达到净化和零排放要求。对其采用电再生无机硅改性树脂床工艺，结合染浆线的废水排放状况，分段处理，节点控制，能够获得良好的效果，实现系统的零排放。

（2）电再生无机硅改性树脂综合利用了多孔有机硅的固相颗粒过滤功能以及改性树脂的离子交换能力，能够有效分离脱除靛蓝废水中的各种固相、液相污染成分。树脂床作为一种复合处理工艺模块，不仅能够采用多重处理机制解决废水的洁净化问题，具有优异的水处理效能，而且结构简单、新颖，具有在线再生能力，较强的工况适应性和稳定性。

（3）采用电再生无机硅改性树脂床技术处理靛蓝废水，在满足经济性的前提下，不引入其他杂质成分，可完全实现包括水在内的各种资源成分的再利用，实现染浆工艺的零排放。

（4）作为一种新开发的水处理技术，电再生无机硅改性树脂床技术用于牛仔纱线染浆废水处理，依然存在有一些不足之处，如对有机大分子的污染相对敏感，必须依赖严格的预处理工序才能发挥正常效能；对进水盐浓度需要进行较严格的控制，必须和染浆联机排水联锁控制等。这些都需要在将来的研发和实践过程中逐步加以解决。

总之，电再生无机硅改性树脂床技术在牛仔纱线染浆废水处理领域使用，不仅能够解决企业的环保问题，节约大量的水资源，同时也可以将其用于氧化态靛蓝染料的洗涤纯化，降低靛蓝染料回收再利用的技术难度。该技术的开发与应用，不仅解决了的废水处理瓶颈问题，也为本行业的健康有序发展创造了条件。此外，该技术可以进一步用于牛仔服装砂洗，以及印染行业其他单纯的还原型染料废水的清洁化处理。

【点评】

"零排放"是很诱人的目标。该项目采用电再生无机硅改性树脂床技术，为牛仔靛蓝废水的综合治理，提供了一种具有实效的方案。100％的水达标回用（仅添加 10％新鲜水），各种废料的再利用，值得行业研究应用。

7.11.7 绞纱续缸染色节省染化料助剂

绞纱染色常用活性染料或还原染料。活性染料上染率和固色率较低，染色过程中需加入大量的盐和碱剂；还原染料则需加入大量液碱和保险粉，以使染料在隐色体状态下染色。这二者染色后的残液中都存在大量助剂和 20％左右的染料，如果能很好地利用这些残液中染料和助剂，既能节约染化料，又能节省水、电、汽，同时还能减少污水排放，降低污水处理成本。

本试验通过工厂生产实践，探讨续缸染色在绞纱染色中的应用[34]。

7.11.7.1 生产工艺

（1）材料及设备

绞纱 27.8tex 棉纱

试剂 活性染料（永光化工），还原染料（常熟金虞山染料公司），螯合分散剂 680（康顿精化），皂粒（兰溪凤凰化工），牛皮胶，保险粉，液碱，元明粉，纯碱

设备 GR90-300 染色机（无锡西塘），S-ST01 上浆机（山东莱芜），Z751-1000 脱水机、MZ-312A 棉纱烘房（宁波纺机），SF600 电子测色配色仪（Datacolor 公司），Y371A 摩擦牢度试验仪，SW-12 型水洗牢度试验仪，BGV9802A 标准光源箱

（2）染色工艺

① 活性染料染色 头缸染色处方见表 7-72 所列。

表 7-72 活性染色头缸处方

染 化 料	浅 色	中 色	深 色
染料/%(o.m.f)	0.5 以下	1～2	4 以上
螯合分散剂/(g/L)	0.5	0.5	0.5
元明粉/(g/L)	5～10	20～40	60～80
纯碱/(g/L)	5	10～20	20

工艺流程 室温进染料→加元明粉→染色（60℃，15～40min）→加纯碱→固色（15～60min）→吊入另一缸后处理

后处理

处方/(mL/L)

皂粒　0.5

螯合分散剂 680　0.1～0.2

固色剂（染深色使用）　2

工艺流程 水洗（室温，5～15min）→皂洗（98℃，10～20min）→水洗（室温，5～15min）→深色第二道皂洗（98℃，10min）→水洗（80℃，10min）→水洗（室温，5～15min）→深色固色（50～60℃，10min）

续缸染色处方如表 7-73 所列。

表 7-73 活性染色续缸处方

染 化 料	浅 色	中 色	深 色
染料/%(o.m.f)	头缸×80%	头缸×(75%～80%)	头缸×90%
螯合分散剂/(g/L)		0.2	
元明粉/(g/L)	1.25～2.5	5～10	15～20
纯碱/(g/L)	1.25	2.5～5	5

工艺流程 在头缸剩液中加续缸的染料→加元明粉→染色（60℃，15～40min）→加纯碱→固色（15～60min）→吊入另一缸后处理

后处理处方及工艺同头缸。

② 还原染料染色 头缸染色处方见表 7-74 所列。

表 7-74 还原染色头缸处方

染 化 料	浅 色		中 色		深 色	
染料/%(o.m.f)	≤0.5		1~2		≥3	
	BC 蓝	FFB 绿	BC 蓝	FFB 绿	RSN 蓝	FFB 绿
太古油	适量	适量	适量	适量	适量	适量
液碱/(mL/L)	40	50	40	60	全浴干缸	70
保险粉/(g/L)	15	20	17	25		33
干缸条件	50℃ 10min	60℃ 10min	50℃ 10min	60℃ 10min	60℃ 7min	60℃ 10min
牛皮胶/(g/L)	4	4	4	4	4	4
液碱/(mL/L)	7	10	8	12	13	14
保险粉/(g/L)	1.5	1.5	2	2	2.5	2.5
染色条件	35~40℃ 15min	85~90℃ 15min	35~40℃ 15min	85~90℃ 20min	55℃ 25min	85~90℃ 25min

工艺流程 化料干缸→加牛皮胶、液碱、保险粉→染色→吊入另一只缸后处理

后处理处方/(g/L)

皂粒　　　　　　　0.5

螯合分散剂 680　　0.1~0.2

工艺流程 氧化（30~60℃）→皂洗（98~100℃，15~20min）→水洗（60~80℃，10~15min）→水洗（室温，5min）

续缸染色处方见表 7-75 所列。

表 7-75 还原染色续缸处方

染 化 料	浅 色		中 色		深 色	
染料/%(o.m.f)	头缸×(75%~80%)		头缸×(75%~80%)		头缸×(80%~85%)	
	BC 蓝	FFB 绿	BC 蓝	FFB 绿	RSN 蓝	FFB 绿
太古油	适量	适量	适量	适量	适量	适量
液碱/(mL/L)	40	50	40	60	全浴干缸	70
保险粉/(g/L)	15	20	17	25		33
干缸条件	50℃ 10min	60℃ 10min	50℃ 10min	60℃ 10min	60℃ 7min	60℃ 10min
牛皮胶/(g/L)	1.0	1.0	1.0	1.0	1.0	1.0
液碱/(mL/L)	1.8	2.5	2.0	3.0	3.3	3.5
保险粉/(g/L)	0.7	0.8	0.8	1.0	1.3	1.5
染色条件	35~40℃ 15min	85~90℃ 15min	35~40℃ 15min	85~90℃ 20min	55℃ 25min	85~90℃ 25min

工艺流程 在头缸剩液中加续缸干缸好的染液→加牛皮胶、液碱、保险粉→染色→吊入另一只缸后处理

后处理处方及工艺同头缸。

（3）测试方法

色差值 ΔE 用电子测色配色仪，在 D_{65} 光源条件下测定。

耐摩擦色牢度 按 GB/T 3920—2008《纺织品 色牢度试验 耐摩擦色牢度》测定。

耐皂洗色牢度 按 GB/T 3921—2008《纺织品 色牢度试验 耐水洗色牢度》测定。

7.11.7.2 工艺评定与注意事项

（1）绞纱续缸染色质量 见表 7-76。

表 7-76 绞纱续缸染色质量

纱 线	灰卡评级/级		ΔE 值	
	活性染料染色	还原染料染色	活性染料染色	还原染料染色
头缸染色	4.5	4.5	0.41	0.30
续缸染色	4.5	4.5	0.45	0.35

由表 7-76 知，绞纱续缸染色样用灰色样卡评定为 4.5 级，ΔE 值小于 0.5，均在合格范围内，续缸染色纱完全符合染色要求。

（2）染色纱线各项色牢度指标 见表 7-77。

表 7-77 深色染色纱线各项色牢度指标

纱 线		耐摩擦色牢度/级		耐水洗色牢度/级	
		干	湿	沾色	褪色
活性染料深色	头缸染色	4～5	3～4	3～4	4
	续缸染色	4～5	3～4	3～4	4
还原染料深色	头缸染色	4～5	4	4～5	4～5
	续缸染色	4～5	4	4～5	4～5

由表 7-77 知，头缸染出的纱线与续缸染出的纱线，在色牢度上差别不大，说明续缸染色纱线的质量与头缸染出的纱线一样，符合染色要求。

（3）注意事项 纯棉绞纱续缸染色生产中应注意以下几点。

① 在选择染料上，应从配伍性相近、染色条件相同等方面考虑，对于三原色，一定要从浅三原、中三原、深三原同系列染料中选择。

② 促染剂一般采用元明粉，如用食盐，则必须先溶解，待沉淀去杂后才能使用。

③ 还原染料染色时，棉纱装笼进染液前一定要通路（热水洗），通路温度与染色温度相同；染浅色时一般都要翻笼，所以最好用小缸（50kg）染色。

④ 染深色时，一个头缸后一般染二个续缸；染中、浅色时的续缸可以相应增加，尤其是浅色。

7.11.7.3 经济效益分析

（1）染料 活性染料平均价格为 65 元/kg，按每月染 35t，其中续缸 23t，染浅、中、深色，平均染色浓度为 1.5%，每月可节约活性染料：

$$1.5\% \times 20\% \times 65\ 元/kg \times 23t = 4010\ 元$$

还原染料平均价格为 100 元/kg，按每月染 4t，其中续缸 3t，染色平均浓度 1.0%，每月可节约还原染料：

$$1.0\% \times 20\% \times 100 \times 3 = 600\ 元$$

（2）助剂 活性染料染色所用助剂（元明粉、纯碱、分散剂 680）按中色计（元明粉 20g/L，纯碱 10g/L），每吨纱染色助剂成本 520 元；每吨还原染料染色所用助剂（牛皮胶、液碱、保险粉）成本为 1457 元，可约助剂成本为：

$$520 \times 23 \times 75\% + 1457 \times 3 \times 75\% = 12248\ 元$$

（3）水、汽 续缸染色每吨纱节约 11t 水、0.5t 汽，水价格 2.5 元/t，汽价格 200 元/t，则每月可节约：

$$11 \times 26 \times 2.5 + 0.5 \times 26 \times 200 = 3315\ 元$$

（4）每月可节约总费用：

$$4010 + 600 + 12248 + 3315 = 20173\ 元$$

（5）全年可节约费用：

$$20173 \times 12 = 242076\ 元$$

7.11.7.4 结论

(1) 绞纱采用活性染料续缸染色，续缸染料一般为头缸染料的 75%～90%，元明粉、纯碱为头缸的 25%，螯合分散剂为头缸的 40%；绞纱采用还原染料续缸染色，续缸染料一般为头缸染料的 75%～80%，牛皮胶为头缸的 25%，液碱为头缸的 25%，保险粉为头缸的 50%。

(2) 与头缸染色的纱线相比，续缸染色纱线色差小，色光一致，各项色牢度指标合格，均可达到染色生产要求。

(3) 采用续缸染色工艺，可以大大节约染化料用量，降低生产成本，减少排放，提高经济效益。

【点评】

绞纱续缸染色色差小、色光一致，各项色牢度指标合格，节约染料 20%，助剂 75%，属资源节约、循环应用工艺。行业中筒子纱续缸染色及牛仔布靛蓝染色残液推广应用。

7.11.8 污泥生物沥浸处理技术的应用

我国数以万计的各类工业企业如石化、化工、制药、造纸、印染、制革、酿造、养殖等行业产生大量的工业污泥。这些工业污泥在我国一直未能得到妥善处理。我国污泥的处理处置普遍存在污泥含水率高、重金属污染和病原菌危害等问题，特别是污泥含水率高的问题已成为制约我国污泥行业发展的瓶颈。印染污泥的含水率高和重金属超标问题尤为突出。其原因为印染污泥有机含量高、色度深、碱性大、成分复杂，染料中的铜、铬、锌、砷等重金属元素对环境的污染很强，属危险废物，属于较难处理的工业污泥之一。

目前存在的主要污泥处理技术，产生的泥饼含水率高达 80% 以上，污泥减量化有限，重金属问题也未得到实际有效的解决，污泥后续处置利用受到严重限制。为此，北京中科国通环保工程技术有限公司联合南京农业大学等科研院所研发出污泥生物沥浸新技术专用于城市和工业污泥的处理处置；该文基于对生物沥浸污泥处理技术干化脱水和重金属脱除原理的认识，结合该技术的实际生产应用，以及干化泥饼在焚烧、制砖等资源化利用方面的处理处置情况，为印染污泥处理处置找到一条新途径，并可望在很大程度上解决我国印染污泥处理处置与资源化问题[35]。

7.11.8.1 污泥生物沥浸技术

(1) 技术原理　微生物沥浸干化技术是一种最近发展起来的污泥处理新技术，重点解决污泥深度脱水干化，以达到无害化、减量化和有效处置的问题。其原理在污水处理厂的浓缩污泥中接种特异的微生物菌群，在供应少量特异营养物条件下，进行曝气处理，污泥中重金属以可溶性盐的形式被溶出进入液相（重金属通过脱水而去除），更突出的是污泥生物絮凝性和脱水性大大增强；污泥恶臭消除，病原物被杀灭，处理后污泥通过自然重力浓缩到含水90%，体积减少 2/3，重金属溶出率达 80% 以上。污泥可不加任何絮凝剂而能压滤脱水至含水量 60% 以下（印染污泥可以达到 50% 含水率），而可获得高干度的"洁净"污泥。脱水污泥产生量减少 2/3。

(2) 处理工艺和关键技术　浓缩污泥通过多种专用微生物菌类在好氧的情况下，改变污泥的絮凝结构，改善污泥的沉降和脱水性能，然后使用机械挤压的形式实现污泥的半干化至含水率 60% 以下，达到污泥深度脱水的目的，明显实现污泥的减量化。对于重金属超标的污泥，在原工艺中加入重金属处理环节，利用特殊的微生物菌群将其分离，重金属以离子状态进入上清液中，再利用化学工艺将重金属提取加以回收利用（工艺流程见图 7-59）。

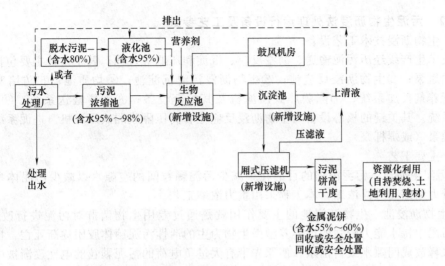

图 7-59 污泥生物沥浸干化处理工艺流程（重金属不超标）

该污泥外观为土黄色、无臭、呈半干化状态、污泥饼干物质有机质热值等有益成分含量不损失，可作为劣质"煤"燃料，也可直接破碎深加工成营养土，或作为制砖等建筑材料。

（3）生物沥浸技术的优势 污泥生物沥浸技术系统灵活，根据不同的污泥处理规模和污泥性质可以提供不同的处理参数。处理效果好、具备市场竞争经济性、安全性、稳定性、可靠性。极具市场推广的前景，同时是一种污泥处理上新的理念，是污泥处理的技术创新，干化后污泥可以通过垃圾焚烧电厂焚烧进行最终处置，是目前经济可行，最彻底的解决方式。经过处理的城市污泥还可以用于城市绿化，绿植培植栽种的底肥使用等，该技术优点如下。

① 实现深度脱水，污泥减量明显：通过生物沥浸法处理可使 95%～98% 的浓缩污泥污泥直接脱水至 60% 以下，自然晾干 1～2d 后含水率又下降 10% 左右。因实现污泥高干度脱水，污泥产生量只有 80% 污泥的 40%～50%。

② 污泥"洁净"化，病原菌大幅灭活：通过专利微生物菌群对污泥进行改性处理，使黑色污泥改变成土黄色，感官大为改善；污泥恶臭消失，在整个污泥处理区无明显异味产生；不产生沼气、氨、硫化氢等可燃或有毒有害气体，获得高干度"洁净"污泥；病原菌杀灭率 99% 以上。

③ 节省絮凝剂费用，节省污泥运输费用：经过该技术处理后的污泥含水率在 50%～60% 左右，污泥体积、重量减少 50% 以上，可以节约 50% 以上的运输费用。另外该技术不需要添加任何絮凝剂，可省去原污泥处理过程中高昂的絮凝剂（PAM）费用。污泥干化后水分含量低，与一般脱水污泥热干化焚烧相比，投资成本与运行成本可大幅度降低。

④ 干化污泥能够自持燃烧，多途径资源化利用：干化后泥饼热值不受影响，直接送往垃圾焚烧电厂，能够自持燃烧（大幅度降低热干化和焚烧成本）；焚烧灰可做建材原料；污泥饼的抗剪切力强，可直接单独或混合填埋，不会发生填埋体变形问题，机械能碾压作业；泥饼有机质含量高，pH5.2～7.5 呈弱酸性，可直接做园林用途和盐碱土壤改良。真正实现污泥的减量化、无害化、彻底化处置。

⑤ 解决重金属超标问题：对于重金属超标的城市污水处理厂，通过强化专利微生物菌群的作用，可溶出污泥重金属，从而达到去除和回收污泥重金属的目的。

⑥ 环境安全，高效简便：脱水过程无需 PAM 等絮凝剂、石灰药剂，避免了絮凝剂对环境的毒害和是会对土壤结构的破坏，处理全过程无二次污染风险；反应迅速，处理时间仅2天；反应设备、脱水设备和焚烧设备成套化、系列化、自动化，运行稳定，操作简便。

7.11.8.2 污泥生物沥浸法处理运行设备及工艺参数

（1）生物沥浸技术工艺设备

该技术生产线经历污泥输送、沥浸反应、沉淀和压滤等过程，其中设备主要包括：①液态污泥输送泵；②生物沥浸反应池；③生物沥浸污泥沉淀池；④均质池；⑤防堵塞曝气系统；⑥营养剂投加系统；⑦隔膜厢式压滤机及其配套设备；⑧泥饼输送系统；⑨鼓风机；⑩自控系统。其关键的核心设备为生物沥浸反应池和高压隔膜厢式压滤机。进泥系统主要设备为隔膜泵（或螺杆泵）。

（2）主要工艺

① 污泥浓缩池　污泥浓缩的目的在于减少污泥颗粒间的空隙水以减少污泥体积。污泥浓缩有重力浓缩和气浮浓缩，本工程采用重力浓缩工艺。

② 生物沥浸池　生物沥浸池的主要作用就是通过专用生物菌群对污泥进行改性处理，使原有污泥中持水能力较强的以异养型微生物为主的活性污泥菌体胶团逐渐死亡，把更多的毛细管水释放成间隙水或自由水，使原先带有大量负电荷的污泥颗粒的电性逐渐被中和，处理后污泥由于不再存在同性电荷互相排斥作用而能自我聚沉，促进了污泥的沉降性。

③ 污泥沉淀池　污泥沉淀池的作用在此主要是使生物固体从液相中有效分离出来，同时满足沉淀与浓缩功能的要求。

④ 均质地（贮泥池）　均质池的作用主要是将污泥沉淀池排出的含水率90%～92%的污泥进行均质，便于后续压滤机脱水效率稳定。

⑤ 废水池　主要收集板框脱水机污泥脱水过程压滤出的清水，由于出水 COD 及 SS 含量较低，收集后的压滤水可直接排入污水厂中污水处理系统再处理（压滤液一般水质见表7-78）出水符合污水入场要求。

表 7-78　滤液水质特征值

测定项目	COD	SS	氨氮	TP	pH 值
	mg/L				
水质特征	170～180	≤20	32	基本不变	5.2～7.5

⑥ 脱水机房　脱水机房主要用于放置本项目中所需板框式压滤机，用于将均质池中改性完成的污泥进行深度脱水处理。

生物沥浸污泥干化处理成套设备已在无锡市太湖新城污水厂用于污泥深度脱水的示范生产，实现了由污泥输送、生物沥浸、沉淀和压滤一系列生产过程。该套设备性能协调性好，生产实现自动化，运行稳定，操作简单，适合城市污水厂脱水处理污泥。采用该系统对污泥进行脱水，泥饼含水率可低于60%，可完全实现资源化利用。

7.11.8.3 污泥生物沥浸法处理主要运行参数

生物沥浸：将含水率95%～99%的污水二沉池剩余污泥，直接升送入生物沥浸反应池，反应时间一般1.5d，反应后污泥有黑色变为土黄色，恶臭消失，病原菌杀灭率99%以上。上清液分离回流至污水处理系统。

沉淀浓缩：生物沥浸反应后污泥进入沉淀池进行沉淀，随后进行固液分离，上清液回流入污水处理厂，沉淀后浓缩污泥含水率约90%，进入脱水系统。

压滤脱水：沉淀污泥进入高压隔膜压滤机进行压滤脱水，产生泥饼含水率为50%～60%。泥饼放置1～2d，含水率会再降低10%以上。其原因是在未加絮凝剂的情况下，泥饼中的污泥颗粒之间的水分很容易自然蒸发。

7.11.8.4 污泥生物沥浸法处理运行成本分析

直接成本：整套系统投资成本大约为15万元/吨污泥（含水80%污泥）。直接运行

100～120 元/吨泥（折合成含水 80% 污泥）。

额外收益：污泥产生量比含水 80% 污泥减少超过 1/2，节约污泥运输费 50%；节约 PAM 及常规脱水费用（电耗＋人工＋折旧等）大约为 50～70 元/吨泥；污泥易于资源化利用至少节省处置费 80% 以上，做园林用土、焚烧、建构等还可获得资源化收益。

生物沥浸技术的实施不但从根本上解决了污泥的处置出路，杜绝了污泥不合理处置可能产生的次生污染，而且还可将污泥资源化，化害为利，变废为宝，因此不仅有经济效益，还有极为明显的社会效益和环境效益。

7.11.8.5　污泥生物沥浸法在印染污泥的应用

印染污泥处理处置与城市生活污水生化处理的剩余污泥不同，是较难处理的工业污泥之一。目前印染污泥的处置方式都各自存在问题：土地填埋不仅浪费土地，且在目前国家标准范围内不再允许填埋，且渗滤液渗漏容易污染地下水，造成二次污染；焚烧处理因含水高处理成本高，且导致锅炉性能不稳定，尾气处理困难；以往常规对印染污泥的处理多采用厌氧消化→化学药剂调理→机械脱水的处理工艺，但厌氧发酵制沼气的投资巨大、效益较低；也有建议印染污泥用作建材原料，但技术工艺还有待完善，并且由于印染污泥的有毒有害性，产品去向还存在一定风险。

印染污泥的处置困难是由于其不良性质造成的，有机质含量高难以脱水，和重金属超标是其处置的两大难题。生物沥浸污泥干化处理技术由于其工艺本身具备的特性，对印染污泥处置存在明显的技术优势。微生物沥浸反应能够专业高效处理有机污泥，使其脱水至 55% 以下，为其后续处置降低成本及难度；工艺中加入重金属处理环节能针对性脱除重金属，使污泥能够安全处置，并实现重金属的回收利用。该技术已经浙江某全球较大印染厂中试成功，为印染污泥的处理处置指出了一条切实可行的新途径。

(1) 污泥生物沥浸技术主要包括生物沥浸反应、沉淀浓缩、压滤脱水技术。

(2) 污泥生物沥浸工艺设备主要包括生物沥浸反应系统和和压滤脱水系统。

(3) 污泥生物沥浸技术优势表现为：能够脱水至 60% 以下，消除污泥恶臭、去除重金属、病原菌杀灭率 99% 以上；脱水过程无需 PAM 等絮凝剂、石灰药剂，节省絮凝剂费用；脱水污泥有机质含量、热值不受影响，可做焚烧产热、建材利用等资源化利用方式。

(4) 污泥生物沥浸技术投资运行成本低，且能增加额外的污泥处置收益。

(5) 生物沥浸法污泥处理技术针对印染污泥的有机质含量高和重金属超标问题能够进行合理有效的处理处置。

【点评】

染整工艺生产过程如何将工艺处方所用的各种染化料、助剂加到制品上，而不希望在后续的水洗这些物料掉进水中，也就是说必须节约资源。一旦污水中物料多了进行必要的回收，循环应用同样重要。在资源回收或废物处置中，采用新技术、新工艺、新设备、新材料是创新的重点。

污泥生物沥浸技术，为印染污泥处理提供一新颖、有效的方案。该方案比含水 80% 污泥减少产量一半，污泥资源化利用节支 80%，且有效防止次生污染。该方案对从事污泥处置的科技工作者值得研究，可供业内推广应用。

参 考 文 献

[1] 钱建栋.含聚乙烯醇浆料印染废水的处理方法."海大杯"第六届全国染整机电装备暨资源综合利用新技术研讨会论文集.无锡:中国纺织工程学会染整专业委员会.303-305.
[2] 王成忠.退浆废水中 PVA 的定向凝胶分离回收技术."科德杯"第五届全国染整机电装备节能减排新技术研讨会.苏州:中国纺织工程学会染整专业委员会.49-50.

[3] 王成忠.退浆水中 PVA 的分离回收与应用.2010 威士邦全国印染行业节能环保年会.杭州:中国印染行业协会.2010,560-563.

[4] 陈立秋.涤纶仿真产品生产中的环保问题.染整工业节能减排技术指南.北京:化学工业出版社,2008.

[5] 陈立秋.平幅松弛碱减量联合机.新型染整工艺设备.北京:中国纺织出版社,2002.

[6] 陈立秋.碱回收.染整工业节能减排技术指南.北京:化学工业出版社,2008.

[7] 俞麟.牛仔布丝光工艺的碱回收装置.2009 全国染整行业节能减排新技术研讨会论文集.山东:中国纺织工程学会染整专业委员会.134-138.

[8] 陈立秋.液氨整理设备.新型染整工艺设备.北京:中国纺织出版社,2002.

[9] 朱慧珍,等.液氨处理前后棉纤维的结构和性能.第六届全国前处理学术研讨会.济南:中国纺织工程学会染整专业委员会.93-95.

[10] 何中琴译,王雪良校.涤纶/棉混纺织物的液氨处理.国外染整技术译文选辑,2002,3.130-131.

[11] 陈立秋.真蜡印花的松香回收.染整工业节能减排技术指南.北京:化学工业出版社,2008.

[12] 胡明,等.蜡印工艺系统优化节能改造."科德杯"第六届全国染整节能减排新技术研讨会论文集.常州:中国纺织工程学会染整专业委员会.228-229.

[13] 任江洪,张结英.真蜡印花的废蜡回收和废水处理.第五届全国染整行业技术改选研讨会论文集.泰安:中国纺织工程学会,319-321.

[14] 郭利,刘俊英.真蜡印花的废蜡处理.印染,2009,4:31-32.

[15] 孙成义.油脂污水零排污多循环处理设备.全国毛纺行业节能节水及染整技术交流研讨会论文集.苏州:中国毛纺织行业协会.28-48.

[16] 李瑞元,单丽.高效回收羊毛脂一步精制在企业中的应用.全国毛纺行业节能降耗暨染整技术应用研讨会.上海:中国毛纺织行业协会.29-32.

[17] 陈立秋.苯类废气回收.染整工业节能减排技术指南.北京:化学工业出版社,2008.

[18] 陈立秋.涂层装备防爆的安全对策.纺织工艺与设备,2005,10:57-59.

[19] 萨克森.浓的整理剂残液的再利用实践.国际纺织导报,1998,3:80-82.

[20] 崔军辉,许海育.锦纶酸性染料染色残液的回用.印染,2008,12.

[21] 樊柳川.浅谈印花机色浆综合管理.誉辉市十一届全国印染行业新材料、新技术、新工艺、新产品技术交流会论文集.上海:中国印染行业协会,47-49.

[22] 孙兴焕,等.循环利用制网废水及废弃镍网制备超细镍粉技术的研究.第五届全国染整行业技术改选研讨会论文集.泰安:中国纺织工程学会,297-300.

[23] 朱安诚,等.印花镍网循环利用技术的研究与应用.染整技术.2008,1:28-31.

[24] 夏新保.纺织印花圆网镍网超声波脱膜的生产实践."佶龙杯"第四届全国印花学术研讨会论文集.浙江:中国纺织工程学会染整专业委员会.332-333.

[25] 陈立秋.污泥处置的资源化.染整工业节能减排技术指南.北京:化学工业出版社,2008.

[26] 傅剑峰.UDF+AOSA 技术用于剩余污泥趋零排放及工程应用.2011 传化股份全国印染行业节能环保年会.常州:中国印染行业协会.262-265.

[27] 蔡晓涌,等.低温污泥干化新技术.2011 传化股份全国印染行业节能环保年会论文集.常州:中国印染行业协会.266-270.

[28] 胡彬.污泥干化焚烧处置与热能综合利用模式的初探.2011 传化股份全国印染行业节能环保年会论文集.常州:中国印染行业协会.252-261.

[29] 傅继树.印染厂碱减量废水回收处理实践.2005 年全国染整清洁生产、节水、节能、降耗新技术交流会.苏州:中国纺织工程学会染整专业委员会.171-174.

[30] 邓东海.涤纶组物在 Debaca 连续减量机上的碱减量工艺实践.第五届全国印染后整理学术讨论会论文集.青岛:中国纺织工程学会染整专业委员会.320-322.

[31] 张建祥,等.色碱回用设备的研制与应用.2008 诺维信全国印染行业节能环保年会论文集.苏州:中国印染行业协会.403-405.

[32] 田鹏.蜡染皂化蜡废水游离碱回收方法探索.誉辉第十一届全国印染行业新材料、新技术、新工艺、新产品技术交流会论文集.上海:中国印染行业协会.214-216.

[33] 丰亦军,陈晔.牛仔布用纱线染浆清洁生产新工艺.纺织科技精萃,2011,3:36-39.

[34] 倪彩华.绞纱绳缸染色生产实践.印染,2013,5:24-25.

[35] 薛静,等.污泥生物沥浸处理技术及其在印染行业的应用.2011 传化股份全国印染行业节能环保年会.常州:中国印染行业协会,130-135.

8

染整织物生产的生态资源应用

8.1 环保、绿色生态纤维纺织品

纺织品由五个要素组成：织织纤维、纺纱、织布、色泽图案及功能性后整理。其发展方向："健康、舒适、安全、环保"，因此，发展环保、绿色生态纤维纺织品，是资源的综合应用，对天然棉纤维的极大补充。

8.1.1 竹纤维纺织品的特征及其可染性能

竹子是一种速生植物，栽培成活后 2～3 年即可连续砍伐使用。我国是世界上竹类资源最丰富的国家，有 500 多种（慈竹、黄竹、西风竹、水竹、鸡爪竹等），栽培面积达 420 万公顷之多，年产量居世界之冠，且分布十分广泛，尤其是四川、浙江、福建、江西等地竹子资源十分丰富。天然竹子的应用有着源远流长的历史，竹子的嫩芽（称竹笋）是鲜美的绿色蔬菜；成竹可制成各种日常用品，如凉席、凉椅、餐具、竹箩、蒸笼等；竹子又被广泛用于建筑行业，如桥梁、篱笆、房屋等；竹浆也早已被用于造纸原料；国外最近研究报道了竹子和竹子束纤维用于制造增强复合材料。近年来，我国科技人员对竹子的综合利用取得了较大成果，从天然竹子中提取竹纤维（bamboo fiber）进行纺纱、织造、染整加工，开发出了多种竹纤维及其混纺交织纺织品，受到了国内外消费者的青睐。

许多企业攻克了天然竹纤维的纺纱、织造和染整技术，开发了各种纯纺或混纺交织针织或机织产品，有天然竹纤维针织 T 恤、天然竹纤维/绢丝色织针织面料、竹浆纤维/Modal/棉（20/20/60）16.2tex 混纺纱机织产品、竹浆纤维毛巾及床上用品等都有少批量生产，而竹浆纤维产品较多，形成了批量工业化生产。用于竹纤维染色的染料，大多为活性染料，竹纤维与棉、Modal 混纺织物或竹纤维/绢丝交织产品都可用活性染料一浴法染色，染色工艺与棉、黏胶染色相似。

不同品种的竹子含有不同组分的纤维素，有些竹材中含有较多（40%～50%）的天然纤维素，这引起了我国科技人员的重视。目前，采用两种方法制造竹纤维，一种是将竹材通过特理机械的方法经过整料、制竹片、浸泡、蒸煮、分丝、梳纤、筛选等工艺除去竹子中的木质素、多戊糖、竹粉和果胶等杂质，提取天然纤维素部分，直接制得天然竹纤维，生产这种竹纤维的有浙江丽水地区缙云县南方竹木制品有限公司。另一种是采用化学方法将竹材制成竹浆粕，将浆粕溶解制成竹浆黏胶溶液，然后通过湿法纺丝制得竹浆黏胶纤维。这种竹浆纤维已批量工业化生产，例如吉林化纤集团有限责任公司（下属的河北藁城化纤公司）、上海化纤浆粕总厂、上海月季化学纤维有限公司、四川成都天竹竹资源开发有限公司等生产竹浆粕及竹浆纤维。

据报道，有关纺织企业开发的天然竹纤维纺织面料和服装具有质地轻、吸湿导湿性强、透气舒适、穿着清凉爽快，并有抗紫外线、抑菌防臭防霉等保健功能，纤维光泽好、染色色彩艳丽，尤其是夏天穿着使人感到特别凉爽舒适。目前，我国有些企业生产的竹浆纤维开辟了植物黏胶纤维的又一原料资源，与常规的木浆和棉短绒黏胶纤维相比，由于纤维素原料的变化和生产工艺的改进，生产的竹浆纤维在某些性能上不同于普通黏胶纤维，竹浆纤维具有可纺性好、纤维吸湿导湿透气性好、手感柔软、织物悬垂性好、染色性能优良、光泽亮等特点。又由于我国森林覆盖面积并不大，是木材短缺的国家，为了造纸、生产黏胶纤维，每年砍伐过多木材，还满足不了生产需求，还要花去很多外汇进口木浆或木材。所以，调整我国的纸业原料和黏胶纤维原料结构已迫在眉睫，大力发展竹浆以取代木浆制造竹浆黏胶纤维、开发竹浆黏胶纤维纺织品有着重要的社会和经济意义。[1]

8.1.2 竹纤维织物的染整加工

8.1.2.1 竹/棉毛巾织物的冷轧堆前处理

竹浆纤维是一种新型的绿色纤维，光泽好，手感柔软，透气性、悬垂性好，具有广阔的市场前景。纤维有良好的吸湿和排湿功能，自身含有抗菌的微量元素，具有天然抗菌功能，而且抑菌作用受洗涤、日晒等环境作用的影响较小，与棉纤维混纺或交织的面料较纯棉制品更具有优势，因此，竹/棉面料在内衣、家纺用品等方面越来越受到重视。考虑到竹纤维同棉纤维相比强度较低、耐碱性较差，加之印染行业提倡节能生产，故冷轧堆工艺是一个十分好的选择。该工艺不仅可以降低能源消耗，还可以避免竹纤维损伤较大的问题。本文主要探讨了竹/棉毛巾织物的冷轧堆前处理中碱用量、双氧水用量、堆置温度和时间等条件，并从中得到最佳工艺[2]。

（1）试验

① 材料及仪器

a. 材料：竹/棉毛巾织物（毛经：14×2tex 竹浆纤维＋28tex 棉纱；地经：36.4tex 棉纱；纬纱：28tex 棉纱），NaOH、30%H_2O_2（分析纯）；渗透剂8802，氧漂稳定剂HB、螯合剂SX、精练剂LH（工业品）。

b. 仪器：DTC 600plus分光光度计，YG（B）026D-500电子织物强力机，YG（B）871毛细管效应测定仪。

② 冷轧堆工艺 浸轧工作液（NaOH 15～35g/L，氧漂稳定剂HB 3g/L，H_2O_2 8～16g/L，渗透剂8802 3g/L，螯合剂SX 1.5g/L，精练剂LH 2g/L，二浸二轧，轧余率80%左右）→堆置→热水洗→冷水洗→烘干。

③ 测试 白度：参照GB/T 8425—1987的方法测试。断裂强力：参照GB/T 3923—1997的方法测试。毛效：参照FZ/T 01071—1999的方法测试。

（2）结果与讨论

① 冷轧堆工艺优化

a. NaOH 用量　从表 8-1 看出，在竹/棉毛巾织物冷轧堆处理中，随着轧液中 NaOH 用量的提高，织物毛效、白度均逐渐提高，说明碱用量对冷轧堆中杂质的去除情况影响较大，用量越高，越有利于棉蜡、果胶、改性淀粉及 PVA 混合浆料等杂质的去除；但随着碱用量的增加，经过水洗之后织物的断裂强力下降程度也逐渐增大，其原因是竹纤维不耐碱，碱用量提高使其损伤增大。为降低毛巾织物强力损失，碱用量在 $25\sim30\text{g/L}$ 时较好。

表 8-1　不同用量的 NaOH 处理后毛巾织物的性能

NaOH 用量/(g/L)	毛效/cm	白度/%	断裂强力/N
15	6.5	70.12	606
20	6.9	70.86	584
25	8.0	72.21	551
30	8.3	74.10	543
35	8.6	74.70	528

注：H_2O_2 12g/L，30℃堆置 20h。

b. H_2O_2 用量　由表 8-2 看出，随着 H_2O_2 用量的增加，织物白度也随之提高；由于双氧水分解会产生 HO_2^-、HO·等，这些基团除与色素反应外，也能氧化浆料、胶质等，使毛效也随之增加，但这种氧化作用也会作用于纤维上，特别是在碱用量较高的条件下，所造成的损伤更大。综合考虑，双氧水用量在 $12\sim14\text{g/L}$ 时较好。

表 8-2　不同用量的 H_2O_2 处理后毛巾织物的性能

H_2O_2 用量/(g/L)	毛效/cm	白度/%	断裂强力/N
8	7.4	71.25	597
10	7.9	72.14	575
12	8.2	74.86	558
14	8.2	76.41	542
16	8.3	77.13	515

注：NaOH 30g/L，30℃堆置 20h。

c. 堆置时间及温度　从表 8-3 看出，堆置时间延长可以提高织物的毛效和白度，但提高幅度较缓，22h 后，织物的毛效和白度变化不太明显，断裂强力会有一定程度的降低。因此，堆置时间不宜过久，选择 $20\sim22\text{h}$ 较为合适。

8-3　不同堆置时间处理后毛巾织物的性能

时间/h	毛效/cm	白度/%	断裂强力/N
16	6.4	72.64	597
18	6.8	72.70	585
20	7.3	73.42	583
22	8.1	74.95	574
24	8.2	75.27	561

注：NaOH 30g/L，H_2O_2 12g/L，堆置温度 30℃。

从表 8-4 看出，堆置温度升高，织物毛效变化较明显，白度也随之提高，超过 30℃以后，织物断裂强力降低较明显，这说明碱对竹纤维的损伤以及双氧水对纤维的氧化都加剧，因此，堆置温度以 $28\sim30℃$ 为宜。

表 8-4　不同堆置温度处理后毛巾织物的性能

温度/℃	毛效/cm	白度/%	断裂强力/N
24	6.8	71.25	599
26	7.1	71.95	591
28	8.0	74.08	552
30	8.5	74.40	548
32	8.8	74.23	517

注：NaOH 30g/L，H_2O_2 12g/L，堆置 20h。

② 效果对比

a. 传统工艺　退浆配方及流程：二浸二轧退浆液（淀粉酶 4g/L，渗透剂 88023g/L，轧余率 110%）→保温（70℃，80min）→热水洗→冷水洗→烘干。

煮练漂白配方及流程：配制煮练漂白液（NaOH 2.5g/L，高效精练剂 LH 2g/L，H_2O_2 5g/L，渗透剂 88023g/L，螯合剂 1.5g/L，氧漂稳定剂 2g/L，升温至 60℃）→练漂处理 10min→升温至 95℃，练漂处理 60min→降温至 40℃C，取出织物，水洗，烘干。

b. 冷轧堆配方及流程　浸轧工作液（NaOH 28g/L，H_2O_2 13g/L，其余同前）→堆置（室温，21h）→热水洗→冷水洗→烘干。

从表 8-5 看出，采用冷轧堆工艺处理的毛巾织物吸水性和白度同传统工艺相当，而织物受损情况却远远小于传统工艺。

表 8-5　不同方式处理后毛巾织物的性能

工艺	毛效/cm	白度/%	断裂强力/N
传统	9.0	75.12	524
冷轧堆	8.8	75.46	573

（3）结论

① 竹/棉毛巾织物采用冷轧堆进行前处理的优化工艺条件为：NaOH 25～30g/L、H_2O_2 12～14g/L，在 28～30℃下打卷堆置 20～22h。

② 同传统的退煮漂工艺相比，冷轧堆工艺在处理竹/棉毛巾织物时可以取得基本相同的毛效和白度，但断裂强力保留水平较高，同时减少了能耗，节约了成本。

8.1.2.2　竹黏胶纤维面料染整工艺[3]

竹黏胶纤维是以天然竹子为原料，采用黏胶纺丝工艺生产而成的新型再生纤维素纤维。竹黏胶纤维表面有光泽，织物手感柔滑，悬垂性好，吸湿透气，且有抗菌防臭和抗紫外线功能，服用性能优良，是高档夏装面料，满足人们对夏季服装的需求。竹黏胶纤维面料以其优异的服用性能得到消费者的青睐，市场需求和销售前景看好。

（1）染整工艺

坯布规格：1 号　BB30×30101×58　　幅宽 160cm

　　　　　2 号　BB70/c30 30×30130×70　幅宽 160cm

竹黏胶纤维纯纺织物：烧毛—生物酶退浆—溢流染色—后整理拉幅—成品。

竹黏胶棉混纺织物：烧毛—低碱冷轧堆前处理—短蒸水洗—染色—后整理拉幅—成品。

① 烧毛：竹黏胶纤维耐热性比棉差，为防止过烧损伤纤维，选择一正一反烧毛，去除坯布表面绒毛，汽油量 16～18kg/h，车速在 130～140m/min。烧毛效果达到 3～4 级。

② 前处理：主要是去除织物上的浆料和杂质，提高白度和渗透性。竹黏胶纤维属再生纤维，本身不含有杂质，纯纺面料只需退浆，选用酶退浆。混纺面料还要去除棉杂，由于竹黏胶纤维耐碱性差，选择低碱冷轧堆工艺，利用堆置时烧碱和双氧水的共同作用，膨化、溶胀、降解织物上浆料和杂质，通过充分的汽蒸水洗再去除，确保半制品质量满足后道加工的要求。

纯纺面料工艺处方：退浆酶　　4g/L

渗透剂　5g/L

轧酶条件：50℃

堆置条件：室温　　　8h

混纺面料工艺处方：100%NaOH　　　　　20～25g/L

　　　　　　　　　100%H_2O_2　　　　　8～10g/L

　　　　　　　　　精练剂　　　　　　　10g/L

稳定剂   8g/L

35℃保温堆置24h

大卷装匀速转动

短蒸水洗处方：100％NaOH   8～10g/L

100％H$_2$O$_2$ 2～2.5g/L

精练剂   4g/L

cx-820   4g/L

汽蒸条件：100～102℃×1min

经低碱冷轧堆前处理，半制品各项指标（见表8-6）符合后工序要求。

表8-6 半制品指标

项目\品种	白度	毛效/(cm/30min)		效果
		经向	纬向	
1号	74	10.2	10.5	好
2号	79	9.8	9.6	好

③ 染色：棉和竹黏胶同属纤维素纤维，可以借鉴棉织物的染色经验，选用活性、士林染料染色。混纺织物采用连续轧染、卷染染色工艺。由于棉和竹黏胶的微结构不同，对染料的吸附、上染也不同，混纺面料染色要经过化验室筛选染料，使两种纤维尽可能达到同色，染成品布面均匀，且色牢度优良。由于轧染设备张力较大，易造成纯竹黏胶纤维面料断布或经向过度拉伸，纯纺面料一般选用溢流染色，织物手感悬垂，缩水率也得到很好的控制。

④ 后整理：柔软拉幅选用亲水柔软整理剂，保持面料的吸湿透气，用量在40g/L，100℃烘干。拉幅时控制定形机超喂量，落布含潮，以利于织物预缩，改善经向水洗尺寸变化。

⑤ 预缩：竹黏胶纤维模量比棉低，湿状态下易变形，在印染加工过程中经向被拉伸，同时竹黏胶纤维又具有良好的吸湿性，吸湿后显著膨胀。这些因素都造成织物下水后收缩率大，尺寸不稳定，经过各道工序的加工，印染纤维面料缩水率一般都在15％～20％，必须进行预缩处理才能满足服用要求。为提高预缩效果，预缩前织物要含潮10％左右，预缩机开启给湿装置，对于混纺面料进行一次预缩即可达到缩水率要求，纯纺面料一般要进行两次预缩才能达到客户和标准要求。

（2）成品物理技术指标 见表8-7、表8-8所列。

表8-7 55″BB×30 117×74 纯纺面料

测试项目		计量单位	标准值及允差	实测值
水洗尺寸变化	经向	％	−5.0～+2.0	−4.8
	纬向		−5.0～+2.0	−0.8
断裂强力	经向	N/20cm×5cm	不小于 180	454.7
	纬向		不小于 180	246.0
耐洗色牢度	原样变色	级	3-4	3-4
	白布沾色		3.4	4
耐摩擦色牢度	干摩		3-4	4-5
	湿摩		2-3	4
耐熨烫色牢度	湿烫沾色		3-4	4

表8-8 56″BB70/c30 30×30 146×80 混纺面料

测试项目		计量单位	标准值及允差	实测值
水洗尺寸变化	经向	％	−5.0～+2.0	−2.8
	纬向		−5.0～+2.0	−0.5
断裂强力	经向	N/20cm×5cm	不小于 180	454.7
	纬向		不小于 180	246.0

续表

测试项目		计量单位	标准值及允差	实测值
耐洗色牢度	原样变色	级	3～4	3～4
	白布沾色		3.4	4
耐摩擦色牢度	干摩		3.4	4～5
	湿摩		2～3	4
耐熨烫色牢度	湿烫沾色		3～4	4

（3）结论

① 前处理选用酶退浆和低碱冷轧堆工艺，降低废水 pH 值，半制品质量也得到满足。

② 织物冷轧堆后采用浸轧碱氧工作液高温短蒸工艺，来促使浆料和棉杂的进一步膨化、溶胀和降解，以利于在水洗过程中充分去除。

③ 染色选用活性、士林染料，混纺面料采用连续轧染和卷染。纯竹面料采用松式溢流机染色。

④ 为保持纤维素纤维的吸湿透气性，柔软拉幅选用亲水性柔软剂。预缩主要是消除织物在染整加工中存在的内应力，改善织物的尺寸稳定性，提高服用性能。

8.1.2.3　竹纤维染色工艺技术[4]

竹子在生长的过程中，没有任何的污染源，完全来自于自然，并且竹纤维是可以降解的，降解后对环境没有任何污染，又可以完全的回归自然，故该纤维被称为环保纤维。利用竹纤维制成的面料和服装，具有明显不同于棉与麻的独特风格，强力高、耐磨性、悬垂性好、手感柔软、穿着凉爽舒适、染色性能优良、光泽亮丽，具有较好的天然抗菌效果，特别是吸湿、排湿、透气性居各类纤维之首，是夏季针织面料和贴身纺织品的首选原料。

本文采用中温型活性染料，前处理制定碱煮氧漂一浴法，染色试验重点活性染料 Yellow ED 的恒温染色法。

（1）实验

① 实验材料和仪器　1.65/Dtex 竹纤维织物（株洲苎麻纺织印染厂）；染料：活性染料 Yellow ED（中国台湾永光公司）；药品与助剂：30％双氧水、硅酸钠、渗透剂、pH 纸、食盐、纯碱、皂片；实验仪器：TED 系列电热鼓风干燥烘箱、恒温染色小样机、G023 型织物强力仪、722 型分光光度计、思维士 Datafash 100 计算机测色配色仪、SW-12A＋型耐水洗色牢度仪、Y571B 型摩擦牢度仪。

② 处理工艺

a. 前处理工艺

工艺流程：原布→氧漂碱煮[30％双氧水 3～7g/L，硅酸钠 1～3g/L，渗透剂 2g/L，精练剂 2g/L，pH 值 10～12，浴比 1∶30，温度 90～100℃，时间 50min]→冷水洗→热水洗→冷水洗→烘干。

b. 活性染料染色工艺

工艺流程：原布→染色 [活性染料 YellowED3.0％(o. w. f)，食盐 40～70g/L，碳酸钠 10～25g/L，浴比 1∶30，温度 60℃，时间 100min]→冷水洗→热水洗→冷水洗→皂洗（皂片 2g/L，纯碱 2g/L，95～98℃×10min，浴比 1∶30)→热水洗→冷水洗→烘干

工艺曲线：

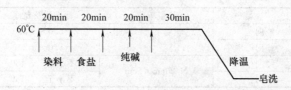

③ 性能测定

a. 上染百分率测定：上染百分率采用残液比色法确定，染液的吸光度采用 722 型分光光度计测定。

$$上染百分率 = \left(1 - \frac{A}{4A_0}\right) \times 100\% \tag{8-1}$$

式中，A 和 A_0 分别为残留染液和原染液的吸光度。

b. 染色效果测定：首先将染色的竹纤维织物叠成 4 折，再使用思维士 Datafash 100 计算机测色配色仪测试，分别测定竹纤维的 K/S 值及相关的各项染色特征参数，比较染色效果。

c. 白度测定：先将经漂白的竹纤维织物叠成 4 折，再用思维士 Datafash 100 计算机测色配色仪测试，按 CIE 1986-D65/10 标准来测定。

d. 断裂强度测定：按 GB/T 3918—1997 标准评定，取经不同工艺条件处理的竹纤维织物 30cm×6cm，在 YG203 织物强力仪测定织物的强度。

e. 耐水洗色牢度测定：按 GB 250—1995 等效于国际标准 ISO 105/A02—1995《纺织品色牢度 评定变色用灰色样卡》，GB 251—1995 等效于国际标准 ISO 105/A03—1995《纺织品色牢度 评定沾色用灰色样卡》评级。在 SW-12A＋型耐水洗色牢度仪进行测定。

f. 耐摩擦色牢度测定：按 GB 251—1995 等效于国际标准 ISO 105/A03—1995《纺织品色牢度 评定沾色用灰色样卡》评级，在 Y571B 型摩擦牢度仪进行测定。

(2) 结果与分析

① 前处理工艺正交优化实验与结果分析 以双氧水浓度、硅酸钠浓度、pH 值和处理温度为影响因素进行正交试验，试样进行白度与断裂强度测定。正交试验参数见表 8-9，测定结果见表 8-10，极差分析结果见表 8-11。

表 8-9 正交试验参数

因 素	水 平		
	1	2	3
A(双氧水浓度,g/L)	3	5	7
B(硅酸钠浓度,g/L)	1	2	3
C(pH 值)	10	11	12
D(温度,℃)	90	95	100

表 8-10 正交试验测定结果

序号	A	B	C	D	白度/%	断裂强度/N
1	1	1	1	1	68.372	179.05
2	1	2	2	2	69.434	171.32
3	1	3	3	3	68.335	173.94
4	2	1	2	3	68.836	177.34
5	2	2	3	1	70.139	178.02
6	2	3	1	2	70.031	177.79
7	3	1	3	2	70.601	168.11
8	3	2	1	3	70.206	174.95
9	3	3	2	1	71.708	167.68

表 8-11 极差分析结果

试验序号		K_1	K_2	K_3	$K_{1/3}$	$K_{2/3}$	$K_{3/3}$	R
白度/%	A	205.717	209.005	212.321	68.572	69.668	70.774	2.202
	B	207.816	209.750	210.078	69.272	69.917	70.026	0.754
	C	208.413	209.546	209.084	69.571	69.849	69.696	0.278
	D	210.222	209.643	207.170	70.074	69.881	69.023	1.051

续表

试验序号		K_1	K_2	K_3	$K_{1/3}$	$K_{2/3}$	$K_{3/3}$	R
断裂强度/N	A	524.310	533.150	510.740	174.77	177.72	170.25	7.47
	B	524.500	524.290	519.410	174.83	174.76	173.14	1.69
	C	531.790	516.340	520.070	177.26	172.11	173.36	5.15
	D	524.750	517.220	526.230	174.92	172.41	175.41	3.00

表 8-10 实验数据经过表 8-11 分析可知，影响竹纤维白度的主要因素是双氧水浓度和温度，其次为硅酸钠浓度，pH 值影响相对较小。竹纤维不耐碱性，且处理温度过高会对织物产生损伤；而温度降低，又会影响双氧水的分解率，最终对白度产生影响。

双氧水浓度和温度是影响竹纤维断裂顶破强力的主要因素，其次是 pH 值影响。这主要是由于竹纤维耐氧化剂和耐碱能力较差，在强氧化剂及强碱条件下纤维损伤严重，故加工中需多加注意。

通过对上述试验结果的分析，推荐优化工艺 A2B2C2D2，即双氧水 5g/L，硅酸钠 2g/L，pH11，温度 95℃。由于竹纤维对碱和温度比较敏感，在对竹纤维织物进行前处理时要适当控制温度及碱液浓度，以防竹纤维受损。

② 染色工艺的确定与分析

a. 温度对竹纤维染色效果的影响　改变温度上染所得到的试样测定上染百分率及 K/S 值，实验数据由表 8-12 可看出，活性染料 yellow ED 的浸染温度，以 60℃染色为宜。吸色温度大于和小于 60℃。其得色深度会走低。显然，温度过低染料的溶解度小；温度过高水解速率常数增加，固色率相应较低。

b. 食盐浓度对竹纤维染色效果的影响　改变食盐浓度上染所得到的试样测定上染百分率及 K/S 值，实验数据如表 8-13 所列，食盐浓度以 60g/L 最佳。染色时只有在电解质的促染作用才能很好地上染，因为相应增加染料的反应性与直接性，从而提高上染速率和上染量。同时食盐的实际用量不宜过多，因为用量过多，得色深度不再增加，反而会造成负面影响。食盐过多，染料的溶解度会严重下降，而聚集造成大量染料在纤维表层附着，降低匀染透染效果。

表 8-12　温度对竹纤维染色效果的影响

温度/℃	40	50	60	70
上染率/%	68.06	76.00	84.36	80.08
K/S 值	11.424	12.852	14.280	13.566

表 8-13　食盐浓度对竹纤维染色效果的影响

食盐/(g/L)	40	50	60	70
上染率/%	68.53	79.47	83.90	81.86
K/S 值	11.644	13.491	14.201	13.917

c. 纯碱浓度对竹纤维染色效果的影响　改变纯碱浓度上染所得到的试样测定上染百分率及 K/S 值，实验数据如表 8-14 所列，染 3% 的深色，纯碱浓度以 20g/L 为宜。纯碱作为电解质加入到染液中，相应增加染料的直接性，从而提高固色。而纯碱浓度过量，得色深度不再增加，反而会给染色造成负面影响，虽然影响较小，但消耗纯碱大。

表 8-14　纯碱浓度对竹纤维染色效果的影响

纯碱/(g/L)	10	15	20	25
上染率/%	73.65	80.34	83.55	82.54
K/S 值	12.445	13.576	14.142	14.001

d. 染色工艺正交优化实验与结果分析

表 8-15 三因素四水平参数

水平	因素		
	A(温度/℃)	B[食盐/(g/L)]	C[纯碱/(g/L)]
1	40	40	10
2	50	50	15
3	60	60	20
4	70	70	25

表 8-16 正交试验结果

序号	A	B	C	上染率/%	K/S 值	L 值
1	1	1	1	69.70	9.969	62.090
2	1	2	2	69.57	10.640	62.257
3	1	3	3	73.83	11.111	63.756
4	1	4	4	71.24	10.617	63.530
5	2	1	2	70.01	10.867	63.103
6	2	2	3	70.83	10.424	64.027
7	2	3	4	75.82	12.331	64.531
8	2	4	1	72.05	11.461	63.930
9	3	1	3	80.43	11.929	68.443
10	3	2	4	81.34	12.694	68.924
11	3	3	1	81.55	12.804	68.420
12	3	4	2	82.12	14.200	69.970
13	4	1	4	75.65	11.339	66.803
14	4	2	1	76.13	13.186	67.089
15	4	3	2	78.13	14.032	67.709
16	4	4	3	76.26	13.884	65.737

以温度、食盐浓度和纯碱浓度为影响因素进行正交试验，参数见表 8-15，所得到的试样测定上染百分率、K/S 值和 L 值，试验测定结果见表 8-16 差分析结果见表 8-17。由表 8-16 所列，A 因素的影响最明显。以织物上染率来评定，最佳工艺是 A3B3C4；以织物 K/S 值来评定，最佳工艺是 A3B3C3；以织物 L 值来评定，最佳工艺是 A3B3C4。综合三因素的分析得出最佳工艺是 A3B3C4，即温度为 60℃，食盐浓度为 60g/L，纯碱浓度为 25g/L。

e. 影响竹纤维上染率的因素分析　从图 8-1 知，最佳工艺 A3B3C4，即温度 60℃、食盐 60g/L、纯碱 25g/L。温度是竹纤维上染率的主要影响因素，温度对上染率的影响最大，纯碱最小。当温度在横坐标为 3（60℃）时，竹纤维上染率最大，同时食盐在横坐标为 3（60g/L）、纯碱横坐标为 4（25g/L）时，竹纤维上染率最大。

表 8-17 极差分析结果

试验号		K_1	K_2	K_3	K_4	$K_{1/4}$	$K_{2/4}$	$K_{3/4}$	$K_{3/4}$	R
上染率/%	A	284.34	288.71	325.44	306.67	71.085	72.178	81.360	76.540	9.715
	B	295.79	297.87	309.33	301.67	73.948	74.468	77.332	75.418	3.384
	C	299.43	299.83	301.35	304.05	74.858	74.958	75.337	76.012	1.154
K/S 值	A	42.337	45.083	51.627	51.446	10.584	11.271	12.907	12.860	2.323
	B	44.104	46.944	50.278	50.162	11.026	11.736	12.570	12.540	1.514
	C	47.420	49.739	52.739	46.981	11.855	12.434	13.185	11.745	1.448
L 值	A	250.630	255.591	275.757	265.338	62.678	63.898	68.939	66.334	6.261
	B	260.439	263.297	263.416	265.167	65.110	65.824	65.854	66.292	1.140
	C	262.529	263.039	262.963	264.788	65.632	65.760	65.741	66.797	0.565

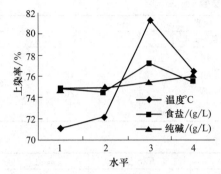

图 8-1　三因素对竹纤维上染率的水平分析

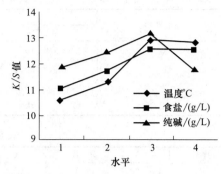

图 8-2　三因素对竹纤维 K/S 值的水平分析

f. 影响竹纤维 K/S 值的因素分析

从图 8-2 知，最佳工艺 A3B3C3，即温度 60℃、食盐 60g/L、纯碱 20g/L。温度、纯碱对 K/S 值的影响较大，食盐最小。当温度、食盐和纯碱同在横坐标为 3（温度 60℃、食盐 60g/L 与纯碱 20g/L）时，竹纤维 K/S 值最大。但由上染率的因素分析得到，纯碱在 25g/L 时大于 20g/L，可由 K/S 值的因素分析将纯碱在 25g/L 时明显很低，织物得色很低，应选纯碱 20g/L。

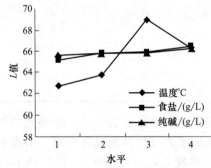

图 8-3　三因素对竹纤维 L 值的水平分析

g. 影响竹纤维 L 值效果的因素分析　从图 8-3，最佳工艺 A3B4C4，即温度 60℃食盐 70g/L、纯碱 25g/L。温度是竹纤维 L 值的主要影响因素。当温度在横坐标为 3（60℃）时，竹纤维 L 值最大，沾色牢度将最好。而食盐在横坐标为 4（70g/L）时，竹纤维 L 值最大。但由上染率与 K/S 值的因素分析得到，当食盐 70g/L 时上染率很低，不宜选用，应当为食盐 60g/L、纯碱 20g/L。

综合上述三因素对竹纤维染色效果的影响水平分析，最佳工艺确定为 A3B3C4，即温度 60℃、食盐 60g/L、纯碱 25g/L。

h. 竹纤维织物色牢度的结果分析　将正交试验所得到的试样，测定耐水洗色牢度、耐摩擦色牢度。测定结果见表 8-18。由表 8-15 看，温度是色牢度的主要影响因素，40℃、50℃时，色牢度低于 60℃、70℃，这与织物染色深有关；食盐浓度在 70g/L 时色牢度低，因为食盐过多，影响了染料向纤维内部扩散，织物表面染料浓度大于织物内部形成染料堆积；当温度 40℃、50℃时，纯碱浓度在 40g/L 和 50g/L 时，色牢度不低，但温度 60℃与 70℃时，要求纯碱浓度 60g/L 和 70g/L，否则色牢度有所下降。

同时，综合上染率、K/S 值和 L 值对竹纤维染色效果的影响评定，最佳工艺是 A3B3C4。即温度 60℃，食盐 60g/L，纯碱 25g/L。

表 8-18　色牢度的测定结果

试验序号	A	B	C	耐洗牢度/级		耐摩擦牢度/级	
				褪色	沾色	干摩	湿摩
1	1	1	1	4～5	5	5	3～4
2	1	2	2	4～5	5	5	3～4
3	1	3	3	4～5	4～5	5	3～4

续表

试验序号	A	B	C	耐洗牢度/级		耐摩擦牢度/级	
				褪色	沾色	干摩	湿摩
4	1	4	4	4～5	5	5	3～4
5	2	1	2	4～5	5	5	3～4
6	2	2	3	4～5	5	5	3～4
7	2	3	4	4～5	4～5	4～5	3
8	2	4	1	4～5	4～5	4～5	3～4
9	3	1	3	4～5	5	5	3～4
10	3	2	4	4～5	5	5	3～4
11	3	3	1	4～5	5	4～5	3～4
12	3	4	2	4～5	4～5	4～5	3
13	4	1	4	4～5	5	5	3～4
14	4	2	1	4～5	4～5	4～5	3
15	4	3	2	4～5	4～5	5	3～4
16	4	4	3	4～5	5	5	3～4

（3）结论

① 由于竹纤维对碱和温度比较敏感，前处理时要适当控制前处理温度与碱液浓度，以防竹纤维受损。推荐优化的工艺：双氧水（30%）5g/L，硅酸钠 2g/L，pH11.0，温度 95℃。②活性染料对竹纤维的亲和力一般，必须靠电解质来促染，在吸色后加入纯碱，以达到高固色。最佳工艺温度为 60℃，食盐浓度为 60g/L，纯碱浓度为 25g/L。③竹纤维织物，有良好的染色效果，在纺织行业中具有广阔的应用前景。

8.1.3 Lyocell 纤维织物的染整加工

Lyocell 纤维是以 N-甲基吗啉-N-氧化物（NMMO）为溶剂，将木浆溶解，经纺丝而成的再生纤维素纤维。其生产过程不会对环境造成危害，而且具有很多优良特性，故在国外被誉为"21 世纪发展潜力最大的绿色纤维"。Lyocell 纤维的商品名称主要有：Tencel、Lenzing、Lyocell、NewCell，分别由 Courtaulds、Lenzing 和 Akzo 生产，前两种为短纤维，后一种为长丝。

lyocell 纤维是一种新型的再生纤维，它纺丝所使用的溶剂 NMMO 毒性低且几乎可以完全回收，因此是一种环境友好型的绿色纤维。Lyccell 纤维干湿强力与合成纤维相近，而回潮率和水分保持率又远高于合成纤维，而且 Lyocell 纤维制成的纺织面料缩水率较低。因此可以加工成高档的服装面料，深受消费者欢迎。

由于 Lyocell 特有的原纤化倾向，通过控制原纤的产生，使织物具有各种特有的外观和手感，服装业因而获得了新的商业机遇。对染料、助剂和设备都提出了新的要求，是一个新的挑战。

8.1.3.1 A100 天丝活性染料染整工艺[5]

"天丝"是 Acordis 公司生产的 Lyocell 纤维的商品名称，是新一代的再生纤维素纤维，被世界称为 21 世纪绿色纤维。作为新型纤维素纤维，天丝除保留人棉柔软、透气性好、穿着舒适的优良特性外，克服了人棉湿强力低、抗皱性差的缺点，是制作高档时装、牛仔服、女式内衣、衬衫、风衣及休闲服的理想面料，其环保的特性，迎合了人们环境保护、趋向自然的潮流，也代表了纺织品的发展趋势。

在染整加工过程中，天丝纤维表现的最大特点是原纤化和湿膨胀性，特别在浓烧碱溶液中，天丝能超常膨胀。天丝原纤化的产生应直接归因于其独特的纺丝工艺。由于天丝纤维生产过程所经历的工序均为物理过程，纤维素结构没有遭到破坏，在成形过程中，纤维素都保持原有的结晶结构，在经纺丝拉伸后，容易形成具有原纤化结构的沿纤维轴向定向排列非常规整的高度结晶微结构，与这些微结构相邻的非晶态或无定形的纤维素在其中起着"粘接剂"的作用，但这种非晶态或无定形部分与原纤部分的粘接力较弱，当纤维轴向受力特别在湿润状态下，非晶态与无定形纤维素能吸收大量的水而膨胀伸长，使彼此间结合力消失，这时原纤部分在摩擦或外力作用下会从纤维中分离出来而发生原纤化。就是因为天丝的湿膨胀性和原纤化，使天丝织物在染整生产中多了许多麻烦，容易产生擦伤、皱条、色差等疵病，而用浓烧碱溶液的丝光工序更加需要严格控制。但是利用 A100 天丝的湿膨胀和在烧碱溶液中的超常膨胀这种天丝特性，织布时如果在经纱间给天丝纤维留出充分膨胀的空间，并在染整过程中合理控制工艺参数，可以获得弹性极佳的服装面料，其弹性仅次于莱卡，并且是一种环保的自然弹性面料。

为克服天丝纤维染整加工过程中的原纤化问题，从纤维、染料到设备生产厂商均做了大量工作，Acordis 公司也对此进行了大量的研究，提供了几种攻关方向，其中，A100 型天丝纤维是其研究的代表产品，目前 A100 型纤维的产量约占天丝总产量的 20%。与普通型天丝纤维相比，A100 型天丝纤维的不同之处主要是微纤化在纤维阶段已经受到控制，使其在以后的染整加工过程中不再产生原纤化。纤维商家介绍，用 A100 天丝纤维纺织的产品，染整加工相对简单，采用一般的纤维素染整加工办法便可获得柔滑、具有光泽的天丝纤维织物。经过我们实际生产研究发现，A100 天丝如果采用一般的纤维素染整加工办法进行染整加工，还并不能得到理想的天丝产品，必须在前处理和染色时，根据天丝特性进行有针对性的控制。

（1）A100 天丝纤维抗原纤化原理　为控制天丝纤维原纤化产生，Acordis 公司提供了一种用控制天丝微纤来控制天丝原纤的做法。用 N_1N_1N-三丙烯酰-均三嗪（TAHT）作为交链剂，在纺丝时预先将纤维素微纤进行交链，交链剂呈三角结构，同时与纤维素分子有三个反应基团"抓"住了细小的纤维素微纤，从而粘接天丝纤维在受摩擦或膨润时原纤化减少或不再发生。

（2）A100 天丝的染色性能　A100 天丝与普通天丝纤维相比，仅仅多了 TAHT 交链剂，染色时少了极少数的染座，在染色过程中表现的特征却有明显改变，最重要的是原纤化特征不再那么明显，特别是在 TAHT 没有受损的情况下，普通的平幅染色工艺，根本见不到天丝纤维原纤化，避免了普通天丝纤维昂贵和麻烦的初级、次级原纤化、酶处理和拍打处理等处理工艺和过程。部分双活性基染料在 A100 天丝上染色性能与丝光棉、黏胶对比见表8-19。

表 8-19　A100 天丝、黏胶与丝光棉得色量对比

染料	黏胶	A100 天丝	丝光棉府绸	染料	黏胶	A100 天丝	丝光棉府绸
RGB 艳红（双活性）	100%	110%	140%	SGE 黑（双活性）	100%	97%	133%
SGE 翠蓝（双活性）	100%	105%	180%	SGE 黄（双活性）	100%	113%	142%

重点提示的是 A100 天丝纤维的湿膨胀性与普通天丝纤维相比并没有太大差异，膨胀都达到 40% 左右，因此其整个染整过程中的处理温度也不能低于 50℃，以防止织物膨胀变硬。

（3）A100 天丝染整加工艺流程及工艺条件的确定　以纯 A100 天丝 12×12＋62×56＋69″和天丝混纺天丝 45/棉 55 40×40＋133×72＋63″为研究生产对象。

① 前处理　为防止在织布时因摩擦产生原纤化，纺织厂在织 A100 天丝时上浆量比较大，浆料以淀粉类和 PVA 为主，这给前处理退浆造成一定难度，分析其上浆成分，应该说酶退浆与碱氧退浆都是可应用的退浆工艺。从理论上分析，碱退浆时如果碱浓度偏高或工艺控制不当，退浆工艺过于剧烈，会造成 TAHT 分解，从而影响 A100 型天丝控制毛羽的效果。酶退浆对 PVA 来说比较温和，但难以完全去除，因而我们采用相对温和的冷堆烧碱退

浆工艺，在工艺参数上作一定调整，以确保 PVA 被清洗掉。

a. 工艺流程：坯布→烧毛→烧毛→冷堆→煮练→漂白→半丝光

b. 烧毛（两遍）：四道火口，两正两反，烧毛等级达 3～4 级

c. 冷堆：烧碱 20g/L；双氧水 15g/L；渗透油 6g/L；稳定剂 8g/L；三浸三轧，轧车压力 0.2MPa，车速 35m/min，堆转达 24h。

d. 平幅（煮漂）：轧烧碱 4g/L；助练剂 5g/L；汽蒸温度 102℃；双氧水 2g/L；稳定剂 3g/L；汽蒸 98～102℃；主要平洗槽温度大于 90℃；打卷落布；定形机 140℃超喂烘干。

e. 丝光：为避免 TAHT 受损，采用低温半丝光工艺，烧碱（150±5）g/L。对于天丝 12×12＋62×56＋69″这种结构的面料，在丝光工序中就可以使经纱充分膨胀，同时带来纬纱的卷曲，再经后续淋碱和扩幅的充分处理，使卷曲的纬纱如同经过定形处理一样，此时的丝光半成品具有极佳的弹性。

f. 前处理工艺注意点：通过前处理生产实践，我们认为经向和纬向折痕是最需要控制的疵点，在前处理过程中，不能叠堆和叠折，要打卷落布，进轧车前，一定要用扩幅辊扩幅，轧辊压力不要太大，以免造成经向、纬向折痕和轧辊轧痕，因为天丝在水中膨胀非常大，使面料结构紧密，使部分浆料卡在纱线之间而难以去除，所以强化了水洗工艺。

② 染色

a. 染料选择：A100 天丝属于人造纤维素纤维，染色时，高温固色影响织物的手感，得色量低且色光萎暗，活性染料中，适于轧烘-轧蒸法及卷染的 SGE、BES、汽巴克隆 C、FN 等染料适合 A100 天丝轧染。双活性基染料，因为两个基团可以与不同的两根原纤反应，从而降低了 A100 天丝的原纤化程度。部分双活性基染料得色如表 8-20 所列。

表 8-20　部分双活性基染料染色结果

项目	K/S	皂洗变色	白布沾色	干摩	湿摩
BES 红	14.17	3～4	3～4	3	2～3
SGE 黄	12.91	3～4	4	3	3
SGE 蓝	11.84	3～4	3	3	2～3

b. 大车生产工艺流程：浸轧活性染料→烘干→浸轧固色液→汽蒸固色→皂洗→烘干。

工艺处方及工艺条件：

c. 纯 A100 天丝 12×12＋62×56＋69″生产墨绿色。

第一轧槽轧染液（金黄 SGE 12g/L；艳蓝 SGE 12g/L；红 BES 4g/L；尿素 10g/L；防泳移剂 10g/L；渗透剂 1g/L），第二轧槽轧固色液（NaOH6g/L、NaC140g/L、Na₂CO₃25g/L、尿素 10g/L），汽蒸 2.5min，充分皂洗。

d. 天丝混纺　天丝 45/棉 55　40×40＋133×72＋63″生产浅雪青色。

染液（艳蓝 SGE 0.15g/L；红 BES 0.1g/L；黑 SGE 0.04g/L；尿素 10g/L；防泳移剂 10g/L；渗透剂 1g/L），固色液（NaOH6g/L、NaC140g/L、Na₂CO₃25g/L、尿素 10g/L），汽蒸 2.5min，充分皂洗。

通过生产实践，用轧烘-轧蒸法生产，可以得到色泽饱满、得色均匀的 A100 天丝产品，避免了普通天丝纤维繁琐的染色工艺。

③ 后整理　短环柔软拉幅，再经预缩以确保织物手感、缩水率、幅宽等各项指标均达到最佳状态。拉幅工艺条件如表 8-21 所列。

表 8-21　拉幅工艺条件

工艺处方	轧车压力	拉幅温度	落布幅宽	车速
AD 25g/L	0.2MPa	130℃	140cm	50m/min

（4）效果分析

① 半成品测试结果　见表 8-22。

表 8-22　半成品测试结果

指标	数据	指标	数据
白度	78	退浆率/%	93
毛效(30min)/cm	8.5		

② 成品测试结果　见表 8-23。

表 8-23　成品各项指标测试结果

织物	幅度/cm	强力/N		缩小率/%		皂沾	洗(级)退	摩擦(级)		起毛起球(级)	弹性/%	甲醛	
		经	纬	经	纬			干	湿			/(mg/kg)	m²/g
纯天丝	139.4	1810	1076	2	1.1	4	3～4	4	3～4	2	20	48	268.56
天丝混纺	146	837	360	0.42	3	4	4～5	4～5	4	3	12.5	20	130.66

（5）结论　经过相对简单且合理的染整加工，可以得到柔软、悬垂并具有天然弹性的 A100 天丝面料，服用效果等同于天丝，可以在普通的染色设备上生产加工，产品重视性好，适合大批量生产。以下几点需要特别指出。

① 在 A100 天丝产品面料设计的时候，必须充分考虑面料后续加工的湿膨胀性，纱支和密度合理搭配，否则面料容易膨胀起皱和变硬。

② 染整加工过程中所有的轧辊压力必须调到合理的状态，以减少轧痕疵点。

③ A100 天丝的前处理工艺是决定最终产品效果的关键，在生产过程中要避免高温强碱共同作用而产生原纤化。

④ 为获得 A100 天丝的弹性效果，在生产加工过程中要尽量减小纬向拉力，其自然弹性的获得必须以降低加工系数来做保证。

⑤ 染色的固色工序中，不能高温焙烘，否则会严重影响织物的手感。

8.1.3.2　天丝/T-400 竹节弹力面料染整工艺[6]

天丝纤维是以木浆为原料经溶剂纺丝方法生产的一种再生纤维，因溶剂可以回收，对生态无害，又被称为 21 世纪绿色纤维，该纤维性能独特，兼具棉的舒适透气、涤纶的强力和丝毛的触感，悬垂性好。天丝分为 G100、A100 和 LF 三种类型，不同类型的天丝生产的面料风格不同；T-400 纤维是杜邦公司的专利产品，是由 PTT/PET 两种聚酯组分并列复合而成，由于各组分经湿热处理后产生不同收缩，使纤维具有良好的弹性，T-400 是一种带沟槽的中空纤维，所以又具有良好的吸湿排汗功能。本文介绍的是 G100 型原纤化天丝与 T-400 纤维交织面料染整工艺。经该工艺加工生产的天丝/T-400 竹节弹力面料具有独特的外观和触感，是制作高档休闲服装的理想面料。

（1）染整工艺

坯布规格：TN48.5Tex×T-400 300D 343 根/10cm×216 根/10cm，幅宽 173cm。

工艺流程：烧毛→退浆→水洗→定形→碱处理→原纤化→酶处理→染色→上柔拉幅→（防缩）→机械柔软处理→（拉幅）→成品。

① 烧毛　由于经向为天丝短纤维竹节纱，表面有较多毛羽，纬向 T-400 是新型聚酯纤维，不耐高温，为防止纤维受高温熔缩导致中空结构形变，损伤弹性和吸湿排汗性能，选择正面快速轻烧，控制汽油量 12kg/h，车速在 140～150m/min 通过快速烧毛去除织物表面毛羽，烧毛效果达到 3 级以上。

② 退浆　退浆的目的是去除织物上的浆料和杂质，提高白度和渗透性，天丝/T-400 坯

布杂质较少，只需退掉经纱上的浆料，采用冷轧堆酶退浆节能环保工艺。

工艺处方：

退浆酶　　　4g/L

渗透剂　　　2g/L

轧酶条件　　50℃

堆置条件　　室温 8h

利用堆置时酶的作用，分解织物上的浆料，并通过热水洗去除，确保半制品毛效、白度、前后一致性满足后道加工的要求。经退浆处理，半制品各项指标（见表 8-24）符合后工序要求。

表 8-24　半制品指标

白度	毛效/(cm/30min)		强力损失/%		效果
	经向	纬向	经向	纬向	
76	10.2	10.5	2.4	2.6	好

③ 定形　经过定形可使织物具有平整的外观和稳定的门幅，定形温度过高会破坏弹性和吸湿排汗性能，通过大车试验对比强力变化、水洗尺寸变化和弹力、吸湿性能等技术指标，适宜在 160℃定形，定形时间为 30s，保证织物的弹性和吸湿排汗功能。

④ 碱处理　是将织物短时间浸适当的浓碱，促使纤维显著充分的溶胀，洗涤去碱烘干后，纱线间存在着较大空隙，在后序的湿加工过程中织物硬挺度大大降低，减少擦伤和折痕的产生。纤维充分溶胀后，染色时染料分子更易进入纤维的空隙，并向内部扩散，上染率得到明显提高。经试验发现，碱处理浓度过高织物手感较硬，浓度过低对后续加工中减少擦伤等问题无明显改善，碱处理浓度在 120～130g/L 效果最好。

⑤ 初级原纤化　原纤化是天丝 C100 纤维的一大特点，在湿状态下受机械力的作用纤维表面会产生不同程度的原纤化，即单根纤维表面有微细纤维裂离，直径一般小于 1～4μm。利用这一特点可以生产桃皮绒效果的面料，同时也给染整加工带来了麻烦，在整个过程中必须确保不发生不均衡的原纤化，否则染色会出现白条、擦伤。选用意大利 Airo-2000 柔软处理机进行初级原纤化，从生产效果看，柔软处理机生产的质量稳定，原纤化均匀，在处理浴中加入平滑剂，改善其硬挺度，可以减少疵布的产生。影响原纤化效果的因素有碱用量、处理温度和时间、运行速度等。pH 值越高，温度越高，机械力作用越强，原纤化程度越明显，而强力随着下降，因此必须合理控制工艺条件，使纤维表面的长原纤充分裂离，而不损伤纤维本身。

工艺如下：50t 进布（平滑剂 4g/L，碱 4g/L）→85℃×60min→70℃排液→80℃热水洗→HAc 中和→50℃温水洗。

⑥ 酶处理　经过原纤化处理后的织物表面，出现许多纤毛，要通过纤维素酶处理来去除。纤维素酶是一种高分子量蛋白质，能促使纤维素水解成葡萄糖，其中酸性酶对纤维素作用剧烈，可加速 1,4-纤维素苷键的断裂，促使细小原纤强力下降，受机械力作用而脱离织物，获得光洁的表面。酶的活性受温度、酸碱度影响较大，受热不稳定，活化能低，仅能适应较窄的 pH 值范围，生产过程中要严格控制，用缓冲剂调节处理浴 pH 值。酶处理过后可通过升高温度或加入纯碱提高 pH 值来确保酶失活。酶处理在 Airo-2000 柔软处理机中进行。经过酶处理会使天丝纤维强力有一定幅度下降，一般下降幅度控制在 18%～20%。

酶处理工艺：

纤维素酶　　　2.5%（o.m.f）

pH 值　　　　5～5.5

平滑剂　　　　　5g/L
处理温度　　　　50℃
处理时间　　　　45min
酶失活温度　　　80℃

⑦ 染色　为了获得最佳的手感和服用性能，天丝/T-400 竹节弹力面料选用分散/活性浸染工艺进行染色，分散染料染 T-400 纤维，活性染料染天丝。根据订单批量，可以选择在高温高压溢流机两步法染色，也可以在高温高压溢流机染分散，在常温常压卷染机套染活性。为不影响 T-400 纤维的回弹性，分散染料染色温度控制在 125℃，分散染料可以均匀染色，又不损伤 T-400 纤维性能。溢流染色时在染浴中使用平滑剂，防止擦伤和局部原纤化。

分散染料染色工艺：

室温加料 $\xrightarrow{1.5℃/min}$ 125℃，染 30～60min $\xrightarrow{1.5℃/min}$ 70℃排液水洗

活性染料染色工艺：

室温加料 $\xrightarrow{1℃/min}$ 60℃分次加盐，染 30min，分次加碱，60℃保温 30min $\longrightarrow$ 排液水洗净洗

⑧ 后整理　柔软拉幅选用亲水柔软整理剂，保持面料固有的吸湿透气特点，用量在 40g/L，100℃烘干。拉幅时控制定形机超喂量，落布含潮，使机械柔软后获得极佳的手感。

⑨ Airo-2000 机械柔软整理　采用 Airo 四管道新型柔软处理机对具有一定含潮量的天丝/T-400 竹节弹力面料进行机械柔软处理，织物以绳状方式进入到气动喷射管，获得很大的推力高速撞击到机器后部的格栅，消除平幅处理产生的内应力，织物得到完全抛松，循环运作，由于织物在含潮状态下进行机械柔软整理表面产生次级原纤化，使织物表面产生细腻的桃皮绒效果，获得悬垂飘逸、丰满柔糯的手感。通常 Airo 机械柔软整理后布面有细微堆皱而不平整，可增加一道喷雾拉幅整理，稳定成品门幅，同时改善外观平整度。根据客户对缩水率要求，可在机械柔软处理前增加一道预缩，保证产品的缩水率达到要求。

成品面料按照企业标准进行检验，各项指标如表 8-25 所列。

表 8-25　成品各项指标

幅宽 cm	密度根/10cm		断裂强力 N/5×20cm		水洗尺寸变化率/%	
	经向	纬向	经向	纬向	经向	纬向
140	439	225	893	1030	−2.6	−0.9

皂洗牢度/级		摩擦牢度/级		垂直芯吸/cm		弹性/%	
变色	沾色	干摩	湿摩	经向	纬向	弹性伸长	变形率
4	4～5	4	3～4	9.5	9	26	2.5

（2）结论

① 前处理选用节能环保的酶退浆工艺，减少纤维损伤，改善手感。

② 为使织物获得良好的外观和稳定的门幅，染色前进行定形。定形温度过高会造成孔道变形堵塞和弹力损伤，适宜在 160℃定形，定形时间为 30s，确保面料的功能性和尺寸稳定性满足服用要求。

③ 碱处理是提高天丝得色率，减少后道工序擦伤的关键工序，严格控制碱处理浓度在合理范围。

④ 由于天丝遇冷水较硬，容易产生擦伤和局部原纤化，溢流机进布前应先加入平滑剂，升温到 50℃左右，运行 5min 后进布，进布时速度要慢，防止擦伤。

⑤ 为保证 T-400 的弹性和吸湿排汗性能，染色温度应为 125℃。

⑥ 后整理选用亲水柔软整理剂，在改善面料手感的同时不堵塞纤维内部结构的孔隙，保证毛细网络的畅通。

⑦ 机械柔软处理是天丝/T-400 竹节弹力面料获得独特桃皮绒外观和极佳手感的关键工序，应控制好进布的含潮率，调节适当的风量和转速，保持产品风格的稳定性。

8.1.3.3 天丝/棉织物清洁型染整加工[7]

在国家对节能降耗、绿色环保要求不断提高，大力提倡开发新型节能环保生产工艺，合理引进使用国际一流的新型节能环保型设备的社会背景下，企业开发新型节能环保生产工艺，引进使用新型节能环保设备势在必行。

我司经大量市场调研引进了德国 Thies 气流染色机、意大利爱乐 100 机械柔软整理机等国际一流的清洁型染整设备。气流染色机自面世来以其占地面积小、易维护、得色率高、清洗简单、污水处理压力小，而且能适应市场小批量、多品种的生产要求而得到市场和生产厂家的青睐。气流染色机不仅能进行多种织物的染色处理，且能承担织物其他染整工序的生产任务。爱乐 100 机械柔软整理机采用物理化学方法对织物进行整理，节约了染整助剂用量，经该设备整理的织物手感蓬松柔软，效果良好。

天丝纤维是近年来研制开发并得到迅速发展的新型再生纤维素纤维。该纤维具备天然纤维和合成纤维的特点。如吸湿透气，强力好，抗静电，色泽鲜艳持久，手感柔软滑爽，穿着舒适，且具有极佳的悬垂性，丝一般光泽和手感，深受消费者喜爱。在所有的天丝产品中，天丝/棉织物因其穿着形态优美、饱满，且季节适应性长，越来越受到市场的青睐，目前市场需求旺盛。开发一种清洁型染整加工工艺，对企业获得较高的经济效益和社会效益有着重要意义。本文简述天丝/棉织物采用清洁型染整的加工要旨。

(1) 织物加工工艺

① 试验材料　160cm 58.3tex×36.4tex 318.5 根/10cm×314.5 根/10cm 天丝/棉（62/38）交织织物。

② 工艺流程　坯布→退卷、缝头→烧毛→冷堆→蒸洗→轻丝光→初级原纤化→酶洗→二次原纤化→染色→机械柔软整理→成品。

③ 生产设备选用　LMH003D-200 型烧毛联合机、LMH142E-180 型高速布铗丝光机、德国 thise 汽流染色机、爱乐 100 机械柔软整理机。

④ 生产工艺、技术要点分析

a. 烧毛。天丝/棉织物坯布表面有不规则茸毛，且在织造中由于摩擦也会产生一些茸毛，造成织物表面不光洁，在染整加工中易形成疵点，因此需烧毛处理，采用两正两反，烧毛级数应达到 3~4 级。

烧毛工艺

二正二反

温度/℃	1100~1200
车速/(m/min)	90~100
烧毛级数/级	3~4

b. 冷堆、蒸洗。天丝/棉织物中天丝纤维几乎不存在杂质，仅棉纤维中存在杂质。前处理主要去除附着在织物上的浆料和油剂，可将退浆和精练同时进行，选择条件温和的低碱冷轧堆工艺，选用集分散、乳化、精练、净洗、渗透功能为一体的高效煮练剂，利用堆置时烧碱和双氧水的共同作用，使布面杂质充分膨胀、溶胀、降解，经高温短蒸水洗一步完成退煮漂，由于织物含杂质较少，处理效果良好；既能节能节水，又能保证半制品的质量可满足后工序加工要求。

冷堆工艺处方/(g/L)	
氢氧化钠	20~25
过氧化氢	11~13

高效煮练剂 KW	6
络合剂	4
氧漂稳定剂 OH	6
轧余率/%	100
堆置时间/h	20
温度	室温
短蒸处方/(g/L)	
过氧化氢	6
高效煮练剂 KW	4
氧漂稳定剂 OH	4
温度/℃	100
时间/min	3

c. 轻丝光。由于烧碱对天丝纤维有强烈的膨化作用，因此丝光浓度不宜过高，选择进行碱浓度较低的轻丝光处理。此过程可释放天丝纤维大分子的内应力，使其柔顺性提高，降低纤维间的摩擦力，从而降低纤维原纤化倾向。天丝纤维与棉纤维丝光加工一样，光泽和染色性能得到提高，且轻丝光有利于消除前处理工序带来的皱条。

丝光工艺处方

氢氧化钠/(g/L)	110～120
浸碱时间/s	50

d. 初级原纤化。天丝纤维最具特色的优良特性即原纤化特性，原纤化是指湿态下纤维与纤维或者纤维与金属等物体发生湿摩擦时，原纤沿纤维主体剥离成为直径小于 $1\sim4\mu m$ 的巨原纤维以及进而劈裂成为更加细小的微原纤维的过程。由于天丝纤维具有较高的轴向取向度和高结晶度，微原纤维的纵向结合力较弱，在湿态下纤维的高度膨化更加减弱了这种结合力，这种结合力的减弱使纤维在自身或金属的摩擦作用下，皮层纤维脱落，残留的皮层纤维纵向开裂，形成较长的不均匀的原纤茸毛。初级原纤化的目的是利用纤维易于原纤化的性质，在松弛的揉搓状态下将未被固定在纱线内部的短纤维末端尽量释放出来并使其翘起。织物表面翘起的纤维，在机械作用下，发生强烈的纤维原纤化。初级原纤化的装置我们使用气流染色机，浴比为 1∶5，较传统的液流染色机［浴比 1∶(10～15)］大大节约了水、电、汽等能源。由于气流机小浴比加大了纤维间的摩擦力，从而提高了原纤化的效果。

初级原纤化工艺处方/(g/L)

纯碱	8
精练剂	2
浴中润滑剂	1.5
浴比	1∶5
温度/℃	100
时间/min	60

e. 酶处理。天丝棉织物经过初级原纤化过程后，布面产生细密不均匀的原纤茸毛，由于茸毛长短不一，且较杂乱，织物表面易缠绕起球影响其成品外观。故需要通过纤维素酶进行处理，通过生化反应，使织物表面光洁。纤维素酶是一种对纤维素大分子的水解有特殊催化作用的活性蛋白质，对天丝纤维进行生物酶去除原纤化整理，通常可以用酸性纤维素酶和中性纤维素酶。由于酶处理过程使用的酶不同，加工时需要的 pH 值和温度也不同。所以酶处理加工时，应严格控制 pH 值、温度、酶的用量、处理时间以及处理均匀度等。酶处理仍选择在气流染色机中进行。

酶处理后，需要进行酶的灭活处理。但由于选择酶处理后进行二次原纤化处理，因此生产过程中不需进行酶的灭活处理。

酶处理工艺处方

酶用量/%	1.5~2
浴中润滑剂	1.5
浴比	1:5
pH 值	5~5.5
温度/℃	55
时间/min	30~45

f. 二次原纤化。经过酶去除原纤化后，织物表面平整光洁。若要产品有特殊的布面效果，需进行二次原纤化，通过此过程可控制织物原纤化程度。根据需求调整工艺，即可使织物得到具有相当水准的美学效果，织物表面形成短浓密的桃皮绒或雾状霜花效果。二次原纤化选择在气流机上进行处理工艺与初级原纤化相同。

g. 染色。天丝/棉织物含天丝纤维和棉纤维两种纤维，均可选用直接、活性或还原染料染色。但直接染料染色色牢度不好，还原染料在气流染色中又不利于工艺的控制。因此，从加工成本、色牢度指标、工艺控制等因素综合考虑，天丝/棉织物染色选用活性染料为佳。

气流染色技术是采用空气动力学原理，将传统液流喷射染色中带动织物循环的水以高速气流来代替，并完成染料对织物的上染过程。在整个染色过程中，水仅仅是作为染料的溶剂和织物浸湿的溶胀剂。因此所需的浴比非常低。浴比的降低意味着加热所需的热量、冷却时所需的间接冷却水、染化料的降低以及排污量的降低；高效的气流染色缩短了染色的工艺时间，亦降低了电耗。气流染色工艺符合生态环保的经济染色四要素——水、能源、助剂、时间的最少消耗。

在染色工序试验中，对轧车染色方法和气流机染色方法都进行了比较实验，实验结果表明，长车染色工艺难度较高，张力大，边中不宜控制，产品手感呆滞。而采用气流机染色恰好克服了这些缺点，张力小，织物几乎完全处于松弛状态下进行染色，产品手感好，较轧车染色蓬松，色泽丰满，色牢度高，染色重演性好，同时气流染色浴比小（浴比1:3~5)，可节约染化料10%~15%，水、电、汽可节约30%，达到了节能减排、清洁生产的目的。

气流染色工艺流程

下布→升温（室温→85℃/10min)→染色（45min×85℃)→加入纯碱固色×30min→清洗→皂洗（95℃×30min)→清洗

气流机工艺处方/(g/L)

Drimaren XN 活性染料	X（根据颜色深浅而定）
NaCl	20~80（根据颜色深浅而定）
Na_2CO_3	5~20（根据颜色深浅而定）
1maCOL　C2G（润滑抗皱剂）	0.5
Drmagen　E2R	1

h. 机械柔软整理。是一种通过冲击，捶打的物理方法消除织物内应力以达到改善织物柔物性目的的物理化学整理方式。在进行抛松柔软整理前给织物加入亲水性柔软剂，这样更能提高织物的柔软度、绒毛感和悬垂性。值得注意的是，抛松柔软整理时的温度和时间根据具体品种确定，在保证强力的前提下，根据来样控制手感；但必须注意同一批次的织物，温度和时间需保持一致，这样才能保证织物手感效果的一致。

机械柔软整理改变了过去单一的化学柔软整理方法，降低了柔软剂用量，是一种节能降耗、清洁生产的新型柔软整理方式。通过该整理赋予产品有别于传统化学整理方法的织物风格，使天丝纤维具有更强的原纤化效果。

工作液处方及工艺条件/(g/L)

20％CGF	50
CMR-13 蓬松剂	10
轧余率/％	100
抛松时间/min	30～60

⑤ 成品物理技术指标　见表 8-26。

表 8-26　成品物理指标

颜　色		宝　蓝	卡　其	橙　色
强力/N	经	855	860	900
	纬	490	480	505
皂洗牢度	变色	3～4	4	4～5
	沾色	3	3～4	4
摩擦牢度	干	3～4	4	4～5
	湿	3	3～4	4
缩水率％	经	1.9	2.1	2.1
	纬	2.0	2.1	2.0

(2) 小结

① 天丝/棉织物含杂质较少，前处理主要去除浆料和油剂；同时为避免产生纤维的擦伤、皱条、折痕。将退浆和精练过程同时进行，选择条件温和的短流程低碱冷轧堆工艺，室温浸轧碱氧工作液，在高效煮练剂的作用下，浆料、油剂及棉纤维所含的少量杂质皆可去除，可以达到理想的退煮漂效果。

② 原纤化是天丝纤维的优良特性，加工天丝棉织物需格外注意初级原纤化过程必须充分，使纤维表面长原纤裂离，去除；在次级原纤化过程中，短纤维被拉出，得到白雾霜花或桃皮绒细密短匀等效果。

③ 天丝/棉织物的酶处理对后续工序影响很大，加工时，应严格控制 pH 值、温度、酶的用量、处理时间以及处理均匀度等。

④ 天丝/棉织物采用气流染色方法进行染色颜色艳丽、手感蓬松丰满，各项物理指标达到理想效果。

⑤ 天丝/棉织物原纤化、酶处理、染色工序皆在气流染色机上连续进行，缩短了工艺路线，并且染整加工皆在比传统设备浴比小的环境里进行。对染化料、助剂、水、电、汽的消耗的大大降低，降低了处理污水的压力，节约了成本。

⑥ 机械柔软整理方法整理天丝/棉织物，织物手感柔软、蓬松、富有毛感、效果良好，较传统的单一化学柔软整理更节约原材料，是一种节能环保型的生产工艺。

8.1.4　Modal 纤维织物的染整加工

当今服饰的流行趋势主要体现为舒适、健康、安全、环保，而新型纤维素纤维 "Modal" 织物能基本符合这种流行趋势的要求，做成服装后具有丝绸般的光泽和悬垂感，给人一种滑爽、柔软、轻松、舒适的感觉。所染色泽鲜艳，色谱宽广，能满足人们的要求。Modal 纤维属再生纤维素纤维，有很好的含湿率，因此穿着时，有很好的抗静电性，对皮肤来说没有刺激性，既能用于外装，又可制作内衣。因此，Modal 面料投放市场后，很受消费者的欢迎[8]。

8.1.4.1　细旦莫代尔/氨纶针织物染色工艺[9]

随着科技的发展，国内外开发了多种功能性新纤维材料。这些功能性新材料不但填补了传统纺织行业的不足，而且日渐提高了人们的生活品质，满足人们对纺织品"环保、舒适、保健、功能化"的要求。细旦莫代尔，是由奥地利兰精公司研制。此种纤维由于纤度较细，大大降低了丝的刚度，增加丝的层状结构，增大比表面积和毛细效应，使纤维具有真丝般高雅光泽，并具有良好的吸湿散湿性。用细旦纤维做成的服装，舒适、美观、保暖、透气，有很好的悬垂性和丰满度，在防污性方面也有明显提高，是高档面料的首选。

细旦莫代尔在高端面料服饰上有着广阔的发展前景。但细旦莫代尔针织物在染整加工生产中易出现擦伤、折痕、起毛、起球等技术问题。由于这些新型面料的开发，对相应的染整工艺也提出了更多更高的要求。而目前印染行业对生态环境的日益破坏，也越来越引起人们的重视。因此，开发环保型的染整机械和新的染整工艺是当前的发展趋势。

根据以上情况，本文将阐述如何选择合适的染整机械和染整工艺对细旦莫代尔/氨纶针织物进行染整加工，使织物获得高质量的品质要求。

(1) 机器的选型　此种面料目前多在传统的卧式缸中染色，用卧式缸染色的缺点是：浴比大、载量低，不符合当前的环保趋势。而传统的"O"型缸加工此类布时又极容易产生折痕、起毛等疵点。立信最新开发的新一代环保型高温溢流染色机 TEC 系列具有低浴比、低张力、高质量的匀染性等特点，其创新的喷嘴设计更能有效地解决织物的折痕问题。因此，根据当前的环保要求和该织物的特性选择立信的 TEC 系列（该系列机型有 MINITEC、MIDITEC 和 JUMBOTEC 三款）对细旦莫代尔织物进行染色加工。

(2) 细旦莫代尔/氨纶针织物染整加工工艺

① 织物组织　50s 细旦莫代尔/30D 氨纶网眼针织布（95%/5%）

② 工艺流程　坯检→缝头→预定形→缝边（正面向内）→染色→开边、轧水、摆布→定形→成品检验→包装

③ 预定形条件　由于此布类含有氨纶，在染整加工过程中会收缩，因此此布种在染色前要进行预定形，防止其在染色过程中因收缩严重而影响染色效果。预定形的机器选择门富士定形机 MONTEX6500。预定形条件为：170℃×30m/min。

(3) 染色工艺及条件

① 煮布

处方：

药剂　单位用量/(g/L)

精练剂 1

螯合分散剂 1

工艺条件：90℃×20min

在煮布时要注意以下几点。

a. 温水进布可以使织物快速的吸水，使纱线膨胀并达到饱满的状态，可以减少织物的折痕产生。另外，由于氨纶在织布时，会有油剂，温水进布，也可以加快油剂的溶解。因此，待温度升到 40℃后才开始入布。

b. 由于该布类对折痕较敏感，因此要注意控制升降温速率。升降温速率最好控制在0.5~1℃/min。

c. 对于浅色产品还需要进行漂白处理，漂白时纯碱和烧碱混合使用，且烧碱的用量不

宜过高，最好不超过 1g/L，以避免烧碱对氨纶的损伤。

② 染色

处方：

药剂　单位用量（g/L）

棉用匀染剂 1

螯合分散剂 1

活性染料 x%

元明粉 5～80

纯碱 5～20

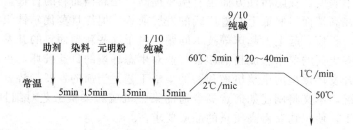

a. 细旦莫代尔对染料助剂较敏感，初染率高，半染时间短，染料一旦上染就很难移染。因此要选择染色重现性、配伍性及匀染性好，且对莫代尔纤维直接性中等的染料。

b. 加完纯碱之后，其 pH 值最好控制在 10.8～11.2 之间。

c. 在传统的溢流机染细旦莫代尔时，为防止染花，加料时间都较长。而 TEC 系列由于带有精密流量控制的加料系统和第二循环系统，可大幅缩短加料时间，并同时保证织物高质量的匀染性。

d. 独特的喷嘴设计可以使织物在染色过程中始终保持较松弛的状态，从而使织物折叠的地方不停地换位，大大改善织物的折色痕问题。

③ 洗水

处方：

药剂　单位用量（g/L）

冰醋酸 1

皂洗剂 1

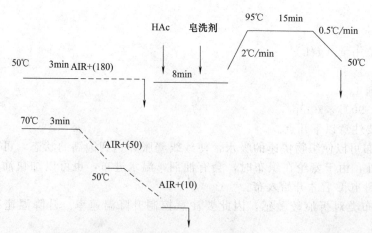

a. 使用 TEC 系列配备的 AIR＋洗水功能可减少间歇洗水的入、放水时间。同时通过设

定指数（离子浓度）来自动监测洗水情况。

b. 皂煮前洗至指数 180 （1800ppm ＝ 1.8g/L Na₂SO₄）。而洗水至指数为 10 （0.1g/L）时，浮色已可去除干净。

c. 配备预备缸功能的 TEC 系列可以提前准备下一缸用水，因此提前准备时，将冷水升温至温水，以减少因温差对布面的折痕问题。

d. 根据实际生产情况，部分产品还需要做固色和柔软处理。

④ 开边、轧水、摆布→定形→成品检验→包装

a. 出缸后不脱水，直接过开幅机轧水开边并将布摆整齐。

b. 定形条件为：150℃×30m/min

（4）技术关键点及控制措施

① 由于此种布类对折痕较敏感，在制定染色工艺时要注意控制升降温速率，不宜过快。

② 在染色时喷嘴压力不宜过大，否则会造成布面毛羽过多，影响布面效果。

③ 用 TEC 系列染色时，要开第二喷嘴。既可以保证高流量对匀染性的要求，又可以使织物在松弛的状态下染色，改善折痕问题。

④ 染色后不宜脱水，否则容易产生脱水痕。直接过开幅机进行轧水。

⑤ 出缸后应尽快安排定形烘干，不能长时间放置，否则容易出现纬向的折痕。

（5）结论

① 立信的 TEC 机型，由于其特殊的喷嘴设计，在低浴比条件下就可以解决布面折痕的问题。再加上低浴比、低张力和较好的匀染性等特点。完全满足对细旦莫代尔/氨纶织物的染色要求和环保要求。

② TEC 系列缸身较低，对织物所产生的张力较低，因此可以较好地稳定细旦莫代尔/氨纶织物的幅宽和克重变化。

③ 细旦莫代尔织物在出缸后不能进行脱水，并要避免严重打扭、长时间堆放等，否则会出现明显的脱水痕和细皱。

④ 经实际生产证明，采用上述方法在 TEC 系列中染色后，可使细旦莫代尔/氨纶织物获得良好的染色品质。

8.1.4.2 莫代尔/棉交织弹力卡其染整工艺[10]

Modal 纤维的出现弥补了纯棉织物的缺点，它不但具有良好的吸湿性、透气性，而且拥有丝一般的光泽，较之纯棉织物更为美观高档，是一种外观风格与服用性能极佳的服装面料。

经向为莫代尔、纬向为棉氨包芯纱组成的 M/C 交织卡其，既具有 Modal 平滑亮泽的外观，又因纬向棉氨包芯纱提供的优异弹性，其外观与服用性能更优异。

但由于莫代尔纤维属再生纤维素纤维，横向溶胀度极大（约 40%），织物在湿态下变得结构紧绷而僵硬，使织物在印染加工过程中极易造成折皱及擦伤，而且折皱一旦形成即不易消失，染色后更为明显。

（1）染整工艺

① 织物组织规格   M23/(C28＋77.7dtex)＋449/228＋224   卡其

为解决 M/C 卡其布的卷边打缕问题，选择比常规品种布边加宽一倍，且变平纹交织紧边为与布身相对立的右斜 45°角紧边的特制坯布。

② 工艺流程   翻缝布→定形→烧毛→轧堆→平幅煮练→定形整纬→轧染或卷染→拉幅→预缩→成品检验

a. 翻缝布   加大环缝机缝接的弧度，由于接改为外弧 5°角，使布边绷紧，解决了边松问题。

b. 定形 考虑织物在处理过程中氨纶的收缩和莫代尔纤维的湿态溶胀问题，采用在较高温度下短时间热定形，产生稳定幅宽作用，使幅宽尽量加大，给予 Modal 纤维充足的溶胀空间，定形温度 180~182℃，时间 30s，调整定形宽度，浸水后尺寸变化见表 8-27。

表 8-27 定形幅宽与织物湿态尺寸的关系

定形温度/℃	时间/s	幅度/cm	浸水后尺寸变化/cm
180	30	170	+8
180	30	180	+3
180	30	185	0
180	30	190	-2

上述试验结果表明定形幅宽在 185~186cm 时，织物湿态尺寸最稳定，纤维间相互应力基本平衡。

c. 烧毛、轧料平幅煮练 因氨纶及 Modal 纤维均不耐强碱，采用轧堆酶退浆工艺。工艺情况如下：

烧毛（两正两反，75~80m/min）→轧酶堆置退浆（淀粉酶 4~5g/L，DJS-3，1~2g/L，60~65℃）→平幅煮练（NaOH 5g/L，精练剂 10g/L）

d. 定形整纬 平幅煮练后织物有歪斜、轻度卷边、因平幅机为烘筒烘干，织物门幅回缩严重，需重新定形，工艺仍为原定形工艺。

半成品指标见表 8-28。

表 8-28 前处理后半成品指标

项目	含浆率/%	退浆率/%	毛效/(cm/30min)	白度
坯布	4	—	—	—
半成品	0.2	95	9.6	70

③ 染色 首先测定 Modal 与棉纤维的染色性能见表 8-29。

上述试验结果表明，活性染料染 M/C 织物的染色一致性优于直接染料。

a. 轧染工艺（黑色） 采用连续轧染轧烘轧蒸工艺。M/C 织物得色一致性较好，但有轻度卷边打绺。染液处方（g/L）：BES 黑 30，BES 大红 4，BES 金黄 6，渗透剂 1。车速 20~22m/min。轧余率 65%~67%。

表 8-29 Modal 纤维相对棉纤维的得色量

项目	轧染			卷染		
	1g/L	5g/L	20g/L	0.1%	0.5%	2g/L
K-6G	100	100	105	100	110	110
K-GN	100	100	110	100	110	120
K-2G	100	110	120	100	100	120
K-GL	50	30	20	50	20	20
K-3R 蓝	110	100	110	100	100	120
K-BR	100	100	110	100	100	110
BES 艳蓝	100	100	110	100	100	110
BES 翠蓝	100	90	90	90	90	80
BES 金黄	100	100	105	100	100	110
BES 红	100	100	100	100	110	110
BES 黑	100	100	100	100	110	120
直接黄 G	—	—	—	90	80	80
直接蓝 G	—	—	—	80	80	70
直接红 G	—	—	—	80	70	60
直接黑 G	—	—	—	80	80	70

注：得色量以棉得色量为 100%，测定 Modal 纤维的得色量。

固色液处方（g/L）：食盐 200，纯碱 30，烧碱 6；汽蒸时间 90s，温度 102℃，皂洗温度 90℃。

b. 卷染（咖啡色） 染液处方［％(o. w. f)］：A：BES 金黄 0.8％，BES 大红 0.96％，BES 艳蓝 0.6％。尿素 3g/L，渗透剂 1g/L。B：食盐 40g/L。C：纯碱 20g/L。

卷染（咖啡色）恒温法工艺如图 8-4 所示。

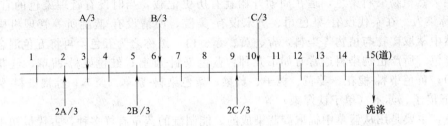

图 8-4 卷染恒温法工艺流程

④ 拉幅及预缩 由于弹力布的幅宽稳定性较差，拉幅时幅宽适当加宽，一般超过成品幅宽的 5％～6％，落布幅宽 160～161cm。预缩时缩率 5％，落幅 152cm，成品幅宽 150cm。

（2）结论 成品各项指标测试结果如表 8-30 所列。

表 8-30 成品各项指标测试结果

项目	色牢度/级						强力/N		缩水率/%		弹性/%
	原变	白沾	干摩	湿摩	湿烫	剧洗	经	纬	经	纬	
标准	3～4	3～4	3～4	2～3	3	3	800	400	−5	−5	25
实测	3～4	4	3～4	3	3	3	960	500	−4	−4.5	22

M/C 交织弹力布的染整生产过程较普通纯棉弹力布难度大，对工艺、设备要求高，目前卷染工艺已比较成熟。轧染生产过程中极易造成打绺，卷边，要求操作人员必须严格按工艺要求操作。为确保成品质量，建议每个平洗槽轧车前加罗纹扩幅钢辊，以防轧车压印擦伤。

8.2 环保、绿色生态染料、助剂

8.2.1 植物染料的传承及染色

8.2.1.1 植物染料的传承[11]

几千年前，我们的祖先在熬制中药时发现汤水中的有色汁液可用来染色，于是把这一发现广泛用于纤维的染色中，祖先们的服装也由此开始五彩缤纷起来。这一染色技术沿用了四千多年。"秦尚黑、南北朝尚兰、宋代尚绿、象征皇权的黄色和气势磅礴的中国红始终是中华民族的国色。"所有这些无不见证了我国古代植物染料应用的辉煌成就。

植物染料是指利用自然界之花、草、树木、茎、叶、果实、种子、皮、根提取色素作为染料。利用植物染料，是我国古代染色工艺的主流。自周秦以来的各个时期，生产和消费的植物染料数量相当大，明清时期除满足我国自己需用外，开始大量出口，而用红花制成的胭脂绵输到日本的数量更是可观。

中国古代用于着色的材料可分为矿物颜料和植物染料，其中以后者为古代主要的染料。古代先民很早就掌握了多种植物染料的性质，植物染料在染制时，其色素分子是通过与织物纤维亲和而改变纤维的色彩，所着之色虽经日晒水洗，均不易脱落或很少脱落。

古代常用的植物染料实在是数不胜数，古人根据不同的染料特性而创造的染色工艺计有直接染、媒染、还原染、防染、套色染等。染料品种和工艺方法的多样性使古代印染行业的色谱十分丰富，古籍中见于记载的就有几百种，特别是在一种色调中明确地分出几十种近似色，这需要熟练地掌握各种染料的组合、配方及改变工艺条件方能达到。

采用天然植物染料染色，远在周朝开始就有历史记载，当时设有管理染色的官职-染草之官-又称染人。在秦代设有-染色司、唐宋设有-染院、明清设有-蓝靛所等管理机构。其将从大自然中萃取矿物与植物等染料，青、黄、赤、白、黑称之为五色，再将五色混合后攫取其他的颜色。所产植物染料通常有如下几种：蓝色染料-靛蓝；红色染料-茜草、红花、苏枋（阳媒染）；黄色染料-槐花、姜黄、栀子、黄檗；紫色染料-紫草、紫苏；棕褐染料-薯莨；黑色染料-五倍子、苏木（单宁铁媒染）等。

青色，主要是用从蓝草中提取靛蓝染成的。能制靛的蓝草有好多种，古代最初用的是马蓝。故有"青取之于蓝而青于蓝"的名句传世。

赤色，我国古代将原色的红称为赤色，而称橙红色为红色。我国染赤色最初是用赤铁矿粉末，后来有用朱砂（硫化汞）。用它们染色，牢度较差。周代开始使用茜草，它的根含有茜素，以明矾为媒染剂可染出红色。汉代起，大规模种植茜草。

黄色，早期主要用栀子。栀子的果实中含有"藏花酸"的黄色素，是一种直接染料，染成的黄色微泛红光。南北朝以后，黄色染料又有地黄、槐树花、黄檗、姜黄、柘黄等。用柘黄染出的织物在月光下呈泛红光的赭黄色，在烛光下呈现赭红色，其色彩很眩人眼目，所以自隋代以来便成为皇帝的服色。宋代以后皇帝专用的黄袍，既由此演变而来。

黑色，古代染黑色的植物主要用栎实、橡实、五倍子、柿叶、冬青叶．粟壳，莲子壳、鼠尾叶、乌桕叶等。我国自周朝开始采用，直至近代，才为硫化黑等染料所代替。掌握 r 染原色的方法后：再经过套染就可以得到不同的间色。

随着染色工艺技术的不断提高和发展，我国古代用植物染料染出的纺织品颜色也不断地丰富。有人曾对吐鲁番出土的唐代丝织物做过色谱分析，共有 24 种颜色，其中红色的有银红、水红、猩红、绛红、绛紫：黄色有鹅黄、菊黄、杏黄、金黄、土黄、茶褐；青、蓝色有蛋青、天青、翠蓝、宝蓝、赤青、藏青；绿色有胡绿、豆绿、叶绿、果绿、墨绿等。

到了明清时期，我国的染料应用技术已经达到相当的水平，染坊也有了很大的发展。乾隆时，有人这样描绘上海的染坊："染工有蓝坊、染天青、淡青、月下白：有红坊，染大红、露桃红；有漂坊，染黄糙为白；有杂色坊，染黄、绿、黑、紫、虾、青、佛面金等"。此外，比较复杂的印提技术也有了发展。至 1834 年法国的佩罗印花机发明以前，我国一直拥有世界上最发达的手工印染技术。

随着人类环保意识的增强，人们对自身健康日益重视，开发天然染料纺织品印染已刻不容缓。目前天然植物染料纺织品印染的工艺技术等方面都日趋成熟。

天然植物染料是以植物为原料，从植物中萃取而来，它具有再生性。原料来自绿色可再生资源，受污染少，安全性好，不含有任何有害元素，并且经过严格的筛选，不仅无毒无害，而且还有医疗和保健作用，对人类的健康和可持续发展具有重要作用，它具有合成染料难以比拟的优越性。天然植物染料印染在生产的整个过程中，对生产环境无污染，不会对人体健康产生任何伤害，也不会对环境产生不良影响，它的印染加工工艺生态化，染色过程无需任何金属媒染剂，达到了现代生态纺织品的要求，优良的染色牢度赋予纺织品良好的抗紫外线性能。

天然植物的可再生性及植物染料优良的染色和保健性能，符合国家提出的可持续发展战略，有利于资源节约和综合利用，可以改善生态环境，促进清洁技术的开发，并为人类提供优良的纺织产品。

8.2.1.2 天然植物染料印染的国内外发展现状[12]

天然染料有良好的环境相容性和药物保健功能，已引起了许多国家的关注。日本、印度等国家都在进行天然植物染料染色工艺技术的研究。日本专门成立了"草木染"研究所。应用现代科学技术对天然植物染料进行开发和研究。

日本昱立公司批量开发了棕、绿、蓝三个色系的植物染料。大和染公司推出"草衣染色"，形染公司推出"靛蓝印花"。日本用天然染料染色的纺织品有"西阵织"、"京友禅"、"大岛绸"等多种品牌，这一系列"草木染"纺织品主要用作衬衫和睡衣面料、床单、被翠等家纺产品。

印度研究人员在天然植物染料研究方面也做了大量工作，先后开发了用白杨树皮和风仙花做的染料，对羊毛染色技术进行了研究和开发。

我国对天然染料的开发也正在积极地探索之中，中科院大连化学物理研究所、北京服装学院和苏州大学等单位均有研究人员在从事天然染料染色方面的研究。中国纺织科学研究院已制得天然黄（IR-Y）和天然绿（TR-G），用于棉和丝绸的染色。

目前，陕西盛唐植物染料公司在国外开发生产的天然植物染料已达红、黄、绿、黑、蓝五大系列，20多个品种，年产植物染料1500多吨，印染颜色1000多种，可染棉、麻、毛、丝等多种纤维，产品达到了欧盟Oeko-Tex 100的质量标准。在我国山西彩佳、苏州来福、宁波EVANS、无锡力明等印染厂试染结果，染色织物的色牢度可以和活性染料媲美，可天然植物染料所赋予纺织品的抗紫外线等一些特殊性能是合成染料所不能达到的。

天然植物的可再生性及植物染料优良的染色和保健性能，弥补了合成染料原料的短缺和不足，染色过程环保，节约资源，不危害环境，且染色纺织品对人体无害。所以，天然植物染料符合国家节能减排基本国策，可保证印染行业可持续发展。

8.2.1.3 天然植物染料染色工艺及染整工艺流程

(1) 天然植物染料染整工艺流程

① 纯棉针织物染整工艺流程（纤维素纤维染色）　坯布—翻布—缝头—生物酶精练—生物酶漂白—皂洗—预媒染—染色—脱水—开幅—烘干—拉幅定形—预缩—检验—成卷—包装。

② 纯棉梭织物染整工艺流程（纤维素纤维染色）　坯布—翻布—缝头—生物酶退浆—生物酶精练—生物酶漂白—丝光—皂洗—预媒染—染色—烘干—拉幅定形—预缩—检验—成卷—包装。

③ 真丝织物染整工艺流程（蛋白质纤维染色）　坯布—翻布—缝头—生物酶脱胶精练—皂洗—媒染—（脱水）—烘干—拉幅定形—检验—成卷—包装。

④ 纯毛织物染整工艺流程（蛋白质纤维染色）　纯毛织物前处理—皂洗—媒染—烘子—拉幅定形—蒸呢—检验—成卷—包装。

(2) 天然植物染料纺织品的前处理

① 对纺织品进行生物酶的前处理　圣物酶是一种催化剂，它是由氨基酸组成的蛋白质，能够在织物的底物表面上进行加速反应，降低反应的活化能，使反应能在常压和低温条件下进行，在底物发生化学反应时，酶本身不发生变化，底物的反应完成后继续催化这些底物的反应，生物酶能够催化底物的化学反应，也能够催化织物中的毒物进行反应，从而减轻毒物对酶催化作用所产生的影响。

生物酶是一种无毒、环境友好的生物催化剂，生物酶用于染整具有很大的优越性，作为一种生物催化剂，无毒无害，处理条件（温度、pH 值）较温和，用量少，反应后释放的酶可继续催化另一反应，处理产生的废水可生物降解，减少污染、节约能源。染织物的前处理加工用生物酶去除织物上的杂质、绒毛、以改善织物的外观和手感。

② 染织物的生物酶退浆　用 α-淀粉酶催化水解织物的淀粉浆料，使用温度 50～70℃，pH 值 4～7，淀粉酶不仅可以提高退浆率，且可同时去除混合浆料中 PVA 等化学浆料，减少污水排放。

③ 染织物生物酶精练　用果胶酶对染织物进行生物酶精练可以提高其吸湿性，在果胶酶精练液中加入少量的非离子表面活性剂，提高油蜡物质的去除，不影响胶酶的活性，用生物酶精练可以减少精练污水的毒性，用 4％的果胶和 2％的纤维素酶（对织物重）pH4～7，温度 50℃，浴比 1∶10 的条件下对织物进行精练 60min。

④ 染织物生物酶漂白　用过氧化氢酶漂白染织物后，应去除残留在织物上的过氧化氢，避免后续染色出现色斑。用过氧化氢酶可去除织物上残留的过氧化氢，而且节能和无环境污染，增加织物上的染色牢度。用过氧化氢酶进行生物酶漂白，其工艺条件：温度 20℃，pH4～7，酶用量 4mL，时间 15min。

（3）植物染料对纤维素纤维染色　工艺过程及条件如下。

a. 前处理：首先使用生物退浆酶对棉织物进行退浆处理，然后采用生物精练酶和双氧水对棉织物进行精练漂白处理，最后采用除氧酶进行陈氧处理。

b. 皂洗（中性皂洗剂）：温度 60℃，加入 0.5g/L 中性皂洗剂，保温 20min。

c. 预媒染：备净水，水质硬度＜50mg/L，放入棉织物和媒染剂 Modi Mahati 2g/L，升温至 60℃，加入媒染助剂 PHD-001 10g/L，升温至 30℃，浴比 1∶10。

d. 染色：加入植物染料 1～5g/L（根据色泽深浅确定），助剂 ECO-002 2％（o.w.f），80℃保温 40min，浴比 1∶10。

e. 清洗：净水清洗 1～2 次，每次 5min。

f. 后处理：加入助剂 FCO-003 2g/L，升温至 80℃，保温 20min。

g. 清洗：净水清洗 1～2 次。

h. 烘干。

（4）植物染料对蛋白质纤维染色　工艺过程及条件如下。

a. 前处理：采用蛋白酶精练剂对真丝进行脱胶精练处理（蛋白精练酶 1g/L，60℃，60min）。

b. 皂洗（中性皂洗剂）：温度 60℃，加入 1g/L 中性皂洗剂，保温 20min。

c. 媒染：备净水，水质硬度＜50mg/L，放入精练过的真丝织物和植物染料 1～5g/L（根据色泽深浅确定），加入媒染助剂 Modi Mahati 2g/L，升温至 80℃，保温 40min，浴比 1∶10。

d. 清洗：净水清洗 1～2 次，每次 5min。

e. 后处理：加入助剂 FCO-003 及印染助剂 2g/L，升温至 80℃，保温 20min，浴比 1∶100。

f. 清洗：净水清洗 1～2 次。

g. 烘干。

（5）天然媒染剂、助剂的媒染作用　天然植物染料对纺织纤维的亲和力较小，导致染色牢度差，尤其是日晒牢度和皂洗牢度。经过大量工艺试验后，选用 Modi Mahati、PHD-

001、ECO-002 媒染剂和 FCO-003 助剂，提高了染色产品的均染性和色牢度。

① 媒染剂 Modi Mahati（是产于印度的一种不含有害物的矿土，可溶于水、呈浅绿色）作为天然植物染料的媒染剂对蛋白纤维和纤维素纤维进行染色，具有很好的促染作用。它与染料分子及纤维素分子形成多元络合，从而提高染色牢度。

② 媒染剂 PHD-001 是产于印度的一种植物媒染剂，可提高上染率和色牢度。

③ 媒染剂 ECO-002 是一种生物助剂（以优质淀粉为原料，采用生物工程技术经发酵精制而成），淡黄色液体可溶于水，可提高植物染料染色上染率、色牢度、耐晒牢度及产品的柔软度。

④ 助剂 FCO-003 是一种植物助剂，可降低染液的 pH 值及起到固色、抗皱作用。白色晶体，易溶于水。

天然植物染料由植物中萃取，与环境相容性好，无毒无害，对皮肤无过敏性和致癌性。具有较好的生物可降解性和环境相容性。天然植物染料染织物色泽的庄重典雅是合成染料不能比拟的。除染色功能外，天然染料还具有药用功能。天然染料大多为中药，在染色过程中，其药物成分与色素一起被织物吸收，使染后的织物对人体有特殊的药物保健功能。在当今人们崇尚绿色消费品的浪潮冲击下，必将有更广阔的发展前景。目前要使天然植物染料商品化，完全替代合成染料还不可能实现。由于天然植物染料长期未被重视，许多过去知名的天然植物染料资源已越来越少，重新认识和开发天然植物染料已十分迫切。天然植物染料顺应回归自然的需求，将会在纺织品应用中占有一席之地。

以植物染料为原料的纺织品印染，在工艺技术及设备上推至大规模产业化生产，工艺技术已无任何障碍。产品各项指标测试达到欧盟生态纺织品 OKo-Tex Standard 100 标准，节能、环保、生态、保健，完全符合国家的产业发展政策及方向，为纺织品印染提供了广阔的发展前景及出路。对植物染料印染纺织品产业化生产工艺技术进行深入开发，有利于提高纺织品的附加值。在染色过程中应用无污染的植物染料和助剂，生产过程中没有有害气体及挥发物产生，无毒性，对环境友好。为国内纺织品印染行业提供了一条新的途径，将为纺织品的印染开拓出更为广阔的发展前景和产业出路。

8.2.2 生物酶在印染前处理中的应用

8.2.2.1 果胶酶用于生物精练[14]

（1）棉精练的目的

① 去除棉纤维的非纤维素物质以达到：

a. 提高纤维及织物的润湿性，确保后道染色及印花加工。

b. 提高白度，提升漂白性能。

② 棉纤维的结构　见图 8-5。

③ 棉精练的目标　初生胞壁/表皮层见表 8-31 中数据。

（2）传统精练与生物精练比较

① 传统精练方式

a. 使用强化学剂烧碱及其他辅助剂在高温下处理，以去除果胶、蜡质及其他杂质。

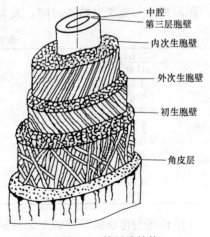

中腔
第三层胞壁
内次生胞壁
外次生胞壁
初生胞壁
角皮层

图 8-5　棉纤维结构

b. 消耗大量能源和水。

c. 残液 pH 值高，COD 值也高，污水处理负荷重。

d. 高温及高 pH 值损伤纤维并影响手感。

表 8-31　棉精练去除杂质

组分	总比	初生胞壁/表皮层(占 10%)
纤维素/半纤维素	94%	54%
果胶(果胶酸钙盐)	1.2%	9%
蛋白质	1.3%	14%
蜡质	0.6%	8%
灰分	1.2%	3%
其他	1.7%	12%

② 生物精练的方式

a. 采用果胶酶选择性的分散棉纤维上的果胶质。

b. 果胶的分解有助于蜡质及其他杂质在后道萃取/乳化过程中去除。

c. 最大限度地保持纤维强力，手感柔软。

d. 节水、节能、节时的清洁工艺。

③ 酶精练与传统碱精练的成本比较　如表 8-32 所列（以针织物为例，浴比为 1：10，以 100kg 织物计算）。

表 8-32　精练成本对比

项目名称	传统工艺		酶工艺	
精练酶			0.5g/L	
螯合分散剂	1g/L		1g/L	
精练剂	2g/L			
渗透剂			1g/L	
烧碱	3g/L			
用水	4t	8.00 元	1t	2.00 元
用电	40kW·h	24.00 元	15kW·h	9.00 元
蒸汽	0.85m³	68.00 元	0.05m³	6.00 元
总能耗成本		100.00 元		17.00 元
总成本		135.00 元		67.00 元

注：精练酶：60.00 元/kg，螯合分散剂：10.00 元/kg，渗透剂：10.00 元/kg。用水：2.00 元/t，用汽：80.00 元/m³，用电：0.60 元/(kW·h)（按 2004/5 上海地区最低价计算）。

④ 酶精练与传统碱精练时间、效果及环保指标比较　如表 8-33 所列。

表 8-33　精练效果对比

项目名称	传统工艺	酶工艺
pH 值	>11	7.5~8.5
工作温度	95~100℃	50~60℃
工作时间	90~120min	30min
布面效果	一般	布面清洁,纹理清晰
手感	手感粗糙,织物略薄	蓬松滑爽,有弹性
染色性能	染色均匀	染色均匀,得色率 10%~15%
失重	4%~10%	<1.5%
COD	100%	20%~45%
BOD	100%	20%~45%
TDS	100%	20%~50%

⑤ 酶精练与传统碱精练的工艺对照（中深色）

a. 传统精练工艺：

碱煮→热洗→热洗→冷洗→染色→碱氧→热洗→热洗→冷洗→染色

b. 酶精练工艺：

酶煮、染色

⑥ 机织物精练工艺比较

a. 机织物传统前处理

酶退浆工艺：pH 值为 6～7.5，T 为室温～100℃；30min～24h。

碱精练工艺：pH>11；T 为 100℃；30～60min。

漂白工艺：pH>11；T 为 100℃；20～45min。

b. 机织物酶退浆与酶精练一步法

酶退浆与生物精练工艺：pH 为 7～8；T 为室温～80℃；40min～20h 堆置。

漂白工艺：pH>11；T100℃；40～60min。

（3）碱性果胶酶的精练工艺

① 果胶酶作用机理

② 碱性果胶酶工艺（纤维、纱线及针织）

a. pH 值为 7.5～8.5；温度 50～60℃；酶用量 0.5～1g/L；时间 15～30min。

b. 其他助剂：非离子渗透剂 1～2g/L，螯合分散剂 1～2g/L。

c. 设备：散纤染色机、纱线染色机及溢流机等对于中深色织物，酶处理可与染色同浴进行，对于浅色织物，酶处理后只需进行轻漂工艺。

③ 碱性果胶酶工艺（机织物）

a. pH 值为 7.0～8.0；温度 20～80℃；酶用量 5～10g/L；时间 40min～20h 堆置，视温度而定。

b. 其他助剂：非离子渗透剂 10g/L，螯合分散剂 5g/L。

c. 工艺设备：轧堆、轧卷、卷染机、汽蒸箱等可与酶退浆工艺同步进行漂白按传统漂白工艺。

（4）生物酶精练的优势

① 散纤维的生物酶精练（麻类纤维的脱胶、彩棉及白棉纤维的染色前处理）。

优势：

a. 纤维强力不受损伤，纤维失重减少；

b. 赋予纤维柔软的手感和良好的润湿性能；

c. 可纺性提高，染色均匀性提高；

d. 可用于多色纤维的混纺产品；

e. 减轻织物的前处理负担。

② 纱线的生物酶精练（棉麻类筒纱、绞纱的染色前处理）。

优势：

a. 最大程度保持纤维强力，失重明显降低；

b. 提高断裂伸长率，改善织造性能；

c. 蓬松柔软的手感和均匀一致的毛效；

d. 降低纤维摩擦系数，不易起球；

e. 改善因煮练不透而产生的内外层色差、色斑、色花等染色疵病。

③ 织物的生物酶精练（棉麻类针织物、机织物的染色前处理）。

优势：

a. 棉类弹力织物：改善弹力织物易卷边、褶皱及失弹的现象，避免色差色花。

b. 灯芯绒类织物：有效清除风干斑、横档折痕和上染露底等现象。

c. 高支高密及中厚织物：改善粗硬的手感，消除边中色差，获得均匀透彻的染色效果。

d. 针织织物：减低纤维失重，消除染色色花、缸差、条痕等现象。

e. 麻类及麻类混纺织物：改善织物手感，消除刺痒感，和织物上染困难、染色不匀的现象。

f. 彩棉、毛/棉、丝/棉交织或混纺织物：保持毛、丝纤维和棉纤维的各自的自然风格。

g. 毛巾类织物：获得持久的蓬松感、柔软的手感，舒适的吸水性。降低色花现象，提高上染率及染色鲜艳度。

8.2.2.2　亚麻织物酶处理工艺[15]

纤维素酶可对纤维素大分子上葡萄糖残基之间的 1,4-苷键催化裂解，使初生胞壁和次生胞壁的纤维素分解，并部分降解亚麻纤维大分子长链，或破坏亚麻纤维大分子间的氢键，松散亚麻纤维的结构。果胶酶直接作用于果胶聚合物长链上，即 D-半乳糖醛酸及 D-半乳糖醛酸甲酯之间的苷键，使之裂解而去除，与果胶粘连的杂质也会随之脱落下来，起到精练织物的作用，同时也使纤维素酶更容易对纤维素起酶解作用。酶具有高效专一性，其混合酶既有可能起增效作用，也有可能进行互相干扰，降低原有的活性。本项目主要探讨纤维素酶、果胶酶及其混合酶处理亚麻织物的最佳工艺条件，及其对亚麻织物服用性能的影响。

（1）试验材料和方法

① 试验材料　20s×20s×210×190 亚麻坯布（哈尔滨亚麻集团）；果胶酶（BIOPREP 3000L，丹麦诺维信公司）；纤维素酶（天津生物科技有限公司）。

② 仪器设备　SHZ（82±0.5）℃恒温水浴振荡器，PHS-25 型酸度计，101 型电热鼓风干燥箱，万能强力机（日本大荣公司），电子测色仪 ULSTRAN SCANXE（大连理工大学精细化工国家重点实验室），JF-9785 型高温高压染样机（瑞士 MATHIS 股份有限公司），YG811 型织物悬垂性测试仪。

③ 试验方法

a. 酶处理亚麻坯布　将亚麻坯布放入一定浓度的酶处理浴中，在一定 pH 值和温度下处理一定时间后，将温度升至 100℃，再用冷水冲洗，然后烘干称重，按下列公式计算酶处理后失重率：

$$失重率（\%）=\frac{原织物于重-酶处理后织物干重}{原织物干重}\times100$$

b. 亚麻织物染色　用2%（o.w.f）活性红2X-3B，常规染色方法对亚麻织物进行染色。

c. 得色量的比较　利用织物表面染色深度测试仪（ULTRAN SCANXE）分别测得每块染样的K/S值，比较经酶处理和未经酶处理亚麻织物的表面染色深度变化。

d. 亚麻织物物理机械性能的测试　将酶处理前后的亚麻试样，分别按照GB/T 3923.1—1997条样法测定断裂强力；按照FZ/T 01045—1996方法测定悬垂性；按照FZ/T 01071—1999方法测定润湿性。

（2）结果与讨论

① 生物酶浓度对亚麻织物失重率的影响　在温度50℃、pH4.5、浴比1：25的条件下，分别取纤维素酶、果胶酶和不同配比的混合酶，对亚麻织物处理1h，结果见表8-34～表8-36。

表 8-34　纤维素酶浓度对亚麻织物失重率的影响

项目	纤维素酶的浓度/(g/L)						
	0	4	6	8	10	12	14
亚麻织物失重率/%	0	2.4	3.8	5.5	6.4	7.2	7.9

由表8-34可知，在其他条件相同的情况下，随着纤维素酶浓度增加，织物失重率增大，但当纤维素酶浓度大于8%时，随着其浓度增加，失重率增加幅度缓慢。这是因为当纤维素酶浓度较小时，纤维素酶主要作用于纤维素初生胞壁和次生胞壁，随着浓度增加，纤维素酶对纤维素初生胞壁和次生胞壁的作用趋于平衡，而纤维素的结晶区受纤维素酶作用的影响较小。

表 8-35　果胶酶浓度对亚麻织物失重率的影响

项目	果胶酶的浓度/(g/L)						
	0	4	6	8	10	12	14
亚麻织物失重率/%	0	1.2	1.6	2.2	2.4	2.4	2.6

由表8-35可看出，单独使用果胶酶时，在其他条件相同的情况下，随着果胶酶浓度增加，亚麻织物失重率增大，但浓度大于8%时，织物失重率增加幅度缓慢。这可能因为亚麻织物上果胶含量是一定的，果胶酶的浓度为8%时，可以去除织物上的绝大部分果胶。

表 8-36　混合酶浓度对亚麻织物失重率的影响

酶浓度 8g/L	纤维素酶＋果胶酶	0+8	2+6	3+5	4+4	6+2	0+8
	亚麻织物失重率/%	2.2	3.2	3.8	4.5	5.4	4.7
酶浓度 10g/L	纤维素酶＋果胶酶	0+10	2+8	4+6	5+5	6+4	8+2	10+0
	亚麻织物失重率/%	2.4	3.8	4.9	7.8	6.4	7.5	6.4
酶浓度 12g/L	纤维素酶＋果胶酶	0+12	2+10	4+8	6+6	10+2	12+0
	亚麻织物失重率/%	2.4	4.2	5.4	7.1	8.1	8.5	7.2

由表8-36可看出，当生物酶浓度一定，纤维素酶和果胶酶按纤维素酶占80%，果胶酶占20%的配比混合使用时，亚麻织物的失重率大于单独使用这两种酶时的失重率，并且纤维素酶在混合酶中所占比例越大，织物的失重率越大。这是因为果胶酶去除了亚麻纤维表面的果胶和杂质，有利于纤维素酶对纤维素的水解，纤维素酶浓度越高，对纤维素的水解作用越彻底；但当处理液中果胶酶浓度较大，纤维素酶浓度较小时，果胶去除较彻底，但纤维素酶对纤维素的水解作用较弱，而亚麻织生物上果胶含量较少，因此当果胶酶所占比例较高时，亚麻织物的失重率较小。

② 生物酶处理时间对亚麻织物失重率的影响　采用单独果胶酶、单独纤维素酶和果胶酶（2g/L）＋纤维素酶（8g/L）混合酶，在50℃、pH4.5和不同时间的条件下对亚麻织物处理，结果如表8-37所列。

表8-37　生物酶处理时间对亚麻织物失重率的影响

项　　目	亚麻织物失重率/%			
处理时间/h	1	2	3	4
纤维素酶10g/L	6.4	7.3	7.8	8.4
果胶酶10g/L	2.4	2.8	3.1	3.4
纤维素酶8g/L＋果胶酶2g/L	7.5	8.2	8.7	9.3

可见，在其他条件相同的情况下，处理时间越长，亚麻织物的失重率越大；在相同的处理时间内，与单独使用纤维素酶、果胶酶相比，混合酶处理织物的失重率最大。

③ 生物酶处理对亚麻织物服用性能的影响　取纤维素酶和果胶酶混合处理后所得不同失重率的亚麻织物，按照（1）③的方法测得其可染性、润湿性、织物强力和悬垂性，结果见表8-38。

表8-38　生物酶处理对亚麻织物服用性能的影响

项　　目	亚麻织物的失重率/%						
	0	2.2	3.2	4.5	5.4	6.4	7.5
染色的着色深度K/S值	6.8	7.4	7.6	7.8	8.4	8.8	8.9
润湿性/(cm/30min)	12.5	12.8	13.2	13.6	14.2	14.3	14.3
悬垂系数/%	38.7	37.5	36.2	34.8	33.5	32.7	31.9
断裂强力/N	396.9	383.2	374.2	353.8	340.0	334.2	330.3

由表8-38可见，随着失重率增大，亚麻织物表面染色深度K/S值呈增大趋势，即得色量增加，润湿性提高。一方面，果胶酶去除纤维表面的果胶和杂质，有利于染料分子与纤维素大分子结合；另一方面，纤维素酶使纤维大分子1,4-苷键发生水解，破坏了大分子之间的氢键，使纤维结构较松散，有利于染料分子与纤维素大分子发生反应。

悬垂系数越小，表示织物的悬垂性越好，织物越柔软；反之，织物越硬挺。随着织物失重率的增大，其悬垂系数减小，说明经生物酶处理后，亚麻织物变得较柔软。但亚麻织物的拉伸断裂强力减小，这是因为生物酶处理破坏了纤维大分子间的氢键，使纤维结构变松散，有的使纤维大分子断裂。

（3）结论

① 随着纤维素酶和果胶酶浓度的增加，亚麻织物的失重率增加，但当它们单独使用的浓度大于8％时，增加趋于平缓。

② 当生物酶浓度一定时，纤维素酶和果胶酶按适当配比混合使用，可使亚麻织物的失重率大于这两种酶单独使用时失重率，并且纤维素酶在混合酶中所占比例越大，织物失重率越大。

③ 生物酶处理时间越长，亚麻织物失重率越大。

④ 生物酶处理后，织物失重率越大，其润湿性和可染性越好，越柔软，但其拉伸断裂强力呈下降趋势。

8.2.2.3　全棉细布生物酶前处理工艺[16]

近年来，高支纯棉轻薄织物以其舒适柔软的质感、良好的吸湿性和透气性而深受人们的喜爱。但高支纱单纱强力低，织造中易断经，所以经纱常用淀粉或变性淀粉浆、PVA及聚丙烯酰胺等混合浆料上浆，上浆率高达12％～14％，这给高支纯棉轻薄织物的印染前处理增加了负担。若采用传统退、煮、漂三步法工艺进行前处理，需要浓碱和高温等条件，工艺流程长，能耗、水耗大。采用碱氧轧蒸一浴一步高效短流程前处理工艺，工艺控制较难，强力损伤严重，且由于织物含浆重，毛效等相关指标很难满足后续要求。而退煮-氧漂二步法处理，碱浓高，退煮时间较长，对煮练后水洗要求高，强力损伤仍较大。近年来开发的多功能精练剂能代替传统碱氧工艺中的烧碱、稳定剂和高效精练剂，与双氧水协同达到前处理目的。新型碱氧一浴一步轧蒸工艺与传统碱氧工艺相比有一定的优势，但织物强力仍有明显下降。因此，探讨适合高支纯棉细布的无碱清洁生产工艺具有十分重要的现实意义。

（1）材料及设备

① 织物　5.8tex×5.8tex，354 根/10cm×346 根 10cm 全棉细布。

② 药品　生物精练酶 301L，BF-7658 淀粉酶，LFD 精练剂浓缩品，碱氧稳定剂，多功能精练剂 GX-1，螯合剂，30％双氧水，40％氢氧化钠，碳酸钠，硅酸钠，氯化钠。

③ 设备　小轧车、IR-24P 红外线高温染样机（厦门瑞比精密机械有限公司），101A-3B 电热鼓风干燥箱（上海实验仪器有限公司），Datacolor 电脑测色配色仪（Datacolor 公司），YG026M-250 型电子织物强力机、G871 型毛细效应测定仪（温州方圆仪器有限公司），雷磁 PHS-3C 精密 pH 计（上海精密仪器有限公司），5B-3B 型 COD 快速测定仪（兰州连华环保科技有限公司）。

（2）前处理工艺

① 碱氧一浴一步轧蒸工艺

a. 工艺处方

100％H_2O_2	8g/L
100％NaOH	30g/L
碱氧稳定剂	5g/L
LFD 精练剂	3g/L
螯合剂	1g/L

b. 工艺流程　坯布→浸轧工作液（室温，多浸多轧，轧余率 100％～110％）→汽蒸（100～102℃，60min）→热水洗（95℃以上，3 次）→温水洗（70～80℃）→冷水洗→烘干

② 碱退煮-氧漂二步法

a. 退煮液工艺处方

100％NaOH	40g/L
LFD 精练剂	3g/L
螯合剂	1g/L

b. 漂白工作液工艺处方

100％H_2O_2	4.5g/L
稳定剂	3g/L
螯合剂分散剂	1g/L
pH 值（NaOH 调节）	10.5～11

c. 工艺流程　原坯布→浸轧退煮液（70～80℃，多浸多轧，轧余率 100％～110％）→汽蒸（100～102℃，80min）→热水洗（95℃以上，3 次）→温水洗（70～80℃）→冷水洗→浸轧漂白工作液（室温，二浸二轧，轧余率 100％～110％）→汽蒸（100～102℃，50min）→热水洗（95℃以上，3 次）→温水洗（70～80℃）→冷水洗→烘干。

（3）新型碱氧工艺

① 新型碱氧一浴一步轧蒸工艺

a. 工艺处方

100％H_2O_2	4.5g/L

多功能精练酶 GX-1　25

b. 工艺流程　坯布→浸轧工作液（室温，多浸多轧，轧余率 100%～110%）→汽蒸（100～102℃，80min）→热水洗（95℃以上，3 次）→温水洗（70～80℃）→冷水洗→烘干。

② 碱退-新型碱氧一浴一步轧蒸工艺

a. 碱退浆工艺处方/(g/L)

100%NaOH　　　　20

LFD 精练剂　　　　3

螯合剂　　　　　　1

b. 工艺流程　坯布→浸轧退浆液（70～80℃，多浸多轧，轧余率 80%～90%）→汽蒸（100～102℃，30min）→热水洗（95℃以上，3 次）→温水洗（70～80）→冷水洗，再按（3）①工艺进行。

（4）生物酶前处理工艺

① 复合生物酶保温堆置退煮-氧漂工艺

a. 复合酶工作液工艺处方

生物精练酶301L　　　5g/L

BF-7658 淀粉酶　　　　2g/L

氯化钠　　　　　　　　5g/L

LFD 精练剂　　　　　　3g/L

b. 氧漂工作液处方

100%H$_2$O$_2$　　　　4.5g/L

稳定剂　　　　　　　　3g/L

螯合剂　　　　　　　　1g/L

pH 值（NaOH 调节)10.5～11

c. 工艺流程：坯布→浸轧酶液（50～60℃，多浸多轧，轧余率 100%～110%）→保温堆置（60℃，4h）→热水洗（95℃以上，3 次）→温水洗（70～80℃）→冷水洗→浸轧漂白工作液（室温，多浸多轧，轧余率 100%～110%）→汽蒸（100～102℃，50min）→热水洗（95℃以上，3 次）→温水洗（70～80℃）→冷水洗→烘干。

② 氧退漂→生物酶保温堆置工艺　织物先进行氧退漂白再生物酶保温堆置。生物酶工作液处方及氧漂工作液处方同（4）①。

工艺流程：坯布→浸轧退、漂工作液（室温，100%～110%，多浸多轧）→汽蒸（100～102℃，50min）→热水洗（95℃以上，3 次）→温水洗（70～80℃）→冷水洗→浸轧酶液（50～60℃，多浸多轧，轧余率 100%～110%）→保温转堆（60℃，4h）→水洗后处理。

酶堆置后处理采用两种方式：

a. 热水洗，即热水洗（95℃以上，3 次）→温水洗（70～80℃）→冷水洗→烘干。

b. 纯碱洗，即热水洗（纯碱 3g/L，精练剂 1g/L，95℃以上，1～2min）→热水洗（95℃以上，2 次）→温水洗（70～80℃）→冷水洗→烘干。

③ 氧退漂→生物酶室温堆置工艺　生物酶工作液及氧漂工作液处方同（4）①a、b。工艺流程同（4）①c，只是堆置采用室温。

（5）测试方法

① pH 值　用 pH 计测定。

② 毛效　参照 FZ/T 01071—2008《纺织品毛细效应试验方法》测定。

③ 白度　在 Datacolor 测色仪上测定，10°夹角、D$_{65}$光源、小孔径。

④ 断裂强力　参照 GB/T 3923—1997《纺织品织物拉伸性能》条样法（5cm）测定。

⑤ COD_{Cr} 值　参照 HJ/T 399—2007《水质　化学需氧量的测定　快速消解分光光度法》测定。

⑥ 色度　采用比色管稀释倍数比色法测定。

（6）结果与讨论

① 半制品质量比较　采用上述各种工艺对高支纯棉轻薄织物进行前处理，处理后半制品的质量指标见表 8-39。

表 8-39　不同前处理工艺的处理效果

工艺	白度/%	毛效/[cm/(30min)]	强力损失率/%	手感	外观	工艺评价
碱氧轧蒸	83.50	7.5	30.4	较硬	洁净	不适合
碱退煮-氧漂二步法	84.50	7.6	18.6	一般	洁净	不理想
新型碱氧一浴一步轧蒸	82.40	4.9	26.0	较硬	洁净	不适合
碱退-新型碱氧一浴一步轧蒸	83.50	7.4	18.2	一般	洁净	不理想
复合生物酶保温堆置退煮-氧漂	81.57	0	12.9	一般	洁净	不适合
氧退漂-生物酶保温堆置-热水洗	80.10	5.3	10.6	柔软	洁净	不太理想
氧退漂-生物酶保温堆置-纯碱洗	81.66	8.5	4.5	柔软	洁净	符合要求
氧退漂-生物酶室温堆置-热水洗	81.39	8.2	5.8	柔软	洁净	符合要求
氧退漂-生物酶室温堆置-纯碱洗	82.35	8.3	2.8	柔软	洁净	符合要求

由表 8-39 可知，比较适合高支全棉织物前处理的工艺是氧退漂-生物酶保温堆置-纯碱洗工艺、氧退漂-生物酶室温堆置-热水洗工艺和氧退漂-生物酶室温堆置-纯碱洗工艺。这是因为高支细布棉籽壳含量较少，采用生物酶精练具有一定的优势。但其含浆率高，若按常规复合酶退浆-精练-氧漂工艺，处理后织物的毛效很低；若按退浆-酶练-氧漂工艺，则工艺流程长，能耗、水耗大。针对此类织物原坯白度较高、上浆多为复合浆的特点，采用退浆漂白合一（简称氧退漂）-复合酶练的工艺，将退浆和氧漂合为一步。此外，将热水洗改为热碱洗，能有效去除织物上的残留杂质，并使纱线内部应力集中的问题得到改善，从而使强力损失率下降。

② 各工艺方案的废水指标比较　采用上述几种工艺对高支纯棉轻薄织物进行前处理，测定不同工艺洗涤残液的废水指标，结果见表 8-40。

表 8-40　不同前处理工艺洗涤残液的指标

工艺	pH 值	色度/倍	COD_{Cr}(mg/L)
碱氧一浴一步轧蒸	10.27	16	331.7
碱退煮-氧漂二步法	9.91	32	319.9
碱退-新型碱氧一浴一步轧蒸	9.82	16	284.1
氧退漂-生物酶保温堆置-纯碱洗	9.12	8	230.5
氧退漂-生物酶室温堆置-热水洗	8.35	8	149.6

注：表中的废水 COD_{Cr} 值、残液 pH 值及色度只限于几种工艺的比较，不代表生产中实际废水排放值。

由表 8-40 各工艺残液的 pH 值看，碱氧一浴一步轧蒸工艺，由于大量使用烧碱，残液 pH 值较高，达到 10.27；氧退漂-生物酶室温堆置-热水洗工艺残液 pH 值较低，为 8.35。残液色度各工艺相差不大，其中生物酶处理工艺的较低；碱退煮-氧漂二步法工艺的色度较深。从 COD_{Cr} 值看，氧退漂-生物酶室温堆置-热水洗工艺的较低。

综合质量和污染指标考虑，氧退漂-生物酶保温堆置-纯碱洗工艺采用低温堆置，能耗较低，污染指标较低，具有一定的推广价值；氧退漂-生物酶室温堆置-热水洗工艺采用室温堆置，能耗最低，无需纯碱洗，污染指标低，半制品质量较好，是最值得推广应用的工艺。

（7）结语

① 采用氧退漂-生物酶室温堆置→纯碱洗工艺对高支纯棉轻薄织物进行前处理，半制品质量指标能满足生产要求，能耗和污染指标低。

② 采用氧退漂-生物酶室温堆置→热水洗工艺对高支纯棉轻薄织物进行前处理，半制品质量指标为白度 81.39%，毛效 8.2cm/30min，强力损失率 5.8%。该工艺通过冷堆完成，能耗低，实现了无碱前处理，废水 pH 值和 COD$_{Cr}$ 值较常规工艺大大降低。

8.2.2.4 纯棉机织物连续化前处理[17]

传统的棉织物前处理方法以碱为主要活性组分，辅以表面活性剂，在高温高压条件下，使果胶、蜡质及蛋白质等杂质皂化、乳化，从纤维上去除。由于强碱的作用，部分纤维素本身也受到破坏，纤维失重大。此外，传统工艺中使用了大量的强碱、酸，能耗高、废水排放量大。退煮漂一浴法虽然解决了加工时间长的问题，但坯布上含有的大量杂质残留于处理液中，对双氧水产生催化分解作用，导致纤维损伤严重。

众所周知，生物酶用于印染前处理可以减轻污染，降低能耗。有关生物酶前处理的研究已进行了多年，并取得了许多成果。目前用于织物前处理加工的生物酶有退浆酶、果胶酶、纤维素酶、漆酶、葡萄糖酶、过氧化氢酶和木聚糖酶等。其中在间歇式加工（俗称机缸）中大量工业化应用的有退浆酶、果胶酶、纤维素酶和过氧化氢酶，在连续化加工（俗称长车）中应用较成熟的仅有退浆酶。原因是生物酶的专一性仅能去除浆料、果胶等物质，而棉籽壳、色素等的去除仍需通过化学方法进行精练和漂白。虽有研究表明漆酶对棉织物具有漂白作用，但至今未有商品化产品出现。因此，单纯使用生物酶进行棉织物前处理仍不实际。

为此，本项目开发了用于棉织物的连续式生化前处理工艺，即采用复合生物酶制剂对织物进行预处理，部分或全部去除织物上的淀粉浆料、果胶和其他天然或人工杂质，提高织物的润湿性，经水洗后进行特殊氧漂处理，产品的白度、毛效、退浆率和强力均优于常规工艺，同时还解决了传统前处理工艺存在的污水碱度高、能耗大和产品质量不佳等问题。

（1）试验材料

① 织物 9.7tex×9.7tex 524根/10cm×394根/10cm 纯棉机织物。

② 试剂 复合生物酶，复合前处理剂 CTA-8800L-2，辅助剂（绍兴中纺化工）；30%双氧水（分析纯）。

（2）试验方法

① 工艺流程 坯布→浸轧复合生物酶工作液→堆置（60℃）→热水洗→冷水洗→晾干→浸轧氧漂工作液→汽蒸（100℃，20～100min）→热水洗→冷水→烘干。

② 工作液处方

复合生物酶工作液处方/(g/L)

| 复合生物酶 | 0～8 |
| 渗透剂 | 0～8 |

氧漂工作液处方/(g/L)

CTA-8800L-2	10～40
辅助剂	0～10
双氧水（100%）	5～20

（3）性能测试

① 白度 采用 WSB-Ⅱ型白度计测试 ISO 白度。

② 毛效 采用 YG（B）871型毛细管效应测定仪测试30min时织物的毛效。晾干毛效，即将织物在室温下晾干后测试的毛效；烘干毛效，即将织物在102 t 烘燥30min后测试的毛效。

③ 强力 采用 YG（B）033A型织物撕裂仪测试织物经向撕破强力。

④ 退浆率 采用碘液显色法。称取1g碘化钾，溶于20mL蒸馏水中，然后加入0.065g

碘，溶解后稀释至 100mL。将织物样品放入碘-碘化钾溶液中约 1min，取出，冷水冲洗，再用滤纸吸干，立即与评级卡对比评级。

（4）棉织物连续式生化前处理工艺

① 复合生物酶预处理工艺

a. 复合生物酶用量　棉织物浸轧不同用量的复合酶工作液后堆置，测试织物处理后的性能，结果见表 8-41。

表 8-41　复合酶用量对织物性能的影响

复合生物酶用量/(g/L)	0	2	4	6	8
晾干毛效/(cm/30min)	0	3.6	7.1	7.4	7.7
退浆率/级	0	3	7	7	7

注：渗透剂用量 4g/L，60℃堆置 90min。

由表 8-41 可以看出，随着生物酶用量增加，处理后织物的晾干毛效大幅提高，生物酶用量超过 4g/L 后，毛效提高缓慢。复合酶预处理的目的是利用酶制剂去除纤维中的部分杂质，如淀粉浆料、果胶，赋予织物一定的亲水性，提高后续加工的润湿性和均匀性，该工艺尤其适合难以带料的高支高密织物。由于去除了部分浆料，再经氧漂汽蒸处理，织物的退浆率可达 7～8 级。考虑成本因素，一般干布轧料时复合酶用量 4～6g/L 即可。

b. 渗透剂用量　生物酶是分子质量较大的物质，难以渗透到纤维的内部，而淀粉酶的退浆机理是先使浆料降解，提高浆料的水溶性，后经机械水洗去除浆料。加入渗透剂可提高淀粉酶向浆料与纤维界面层渗透的速度，进而提高浆料的去除率。将棉织物浸轧不同用量的渗透剂工作液后堆置，测试处理后织物的性能，结果见表 8-42。

表 8-42　渗透剂用量对织物性能的影响

渗透剂用量/(g/L)	0	2	4	6	8
晾干毛效/(cm/30min)	3.0	5.6	7.3	7.6	7.5
退浆率/级	4	6	7	7	7

注：复合生物酶用量 4g/L，60℃堆置 90min。

由表 8-42 可以看出，随着渗透剂用量增加，织物的毛效和退浆率均提高，其量达到 4g/L 后，退浆效果较好，且趋于稳定。

c. 堆置条件　复合酶的耐热温度为 80℃，因此设定堆置温度为 55～60℃。将浸轧复合生物酶工作液后的棉织物堆置不同时间，测试处理后织物的性能，结果见表 8-43。

表 8-43　堆置时间对织物性能的影响

堆置时间/min	0	30	60	90	120
晾干毛效/(cm/30min)	0	4.3	6.5	7.1	7.3
退浆率/级	—	3	6	7	7

注：复合生物酶 4g/L，渗透剂 4g/L，堆置温度 60℃。

由表 8-43 可知，在 60℃堆置处理 90min 即可达到较好的效果。考虑到煮练机的堆置时间一般小于 90min，因而实际堆置的时间可控制在 60～90min。

通过以上工艺参数分析，得到优化的复合生物酶预处理工艺为：织物二浸二轧工作液（复合生物酶 4～6g/L，渗透剂 4g/L，带液率 80%以上），于 60℃堆置 90min。

② 氧漂工艺　生物酶处理后，织物的亲水性大幅提高，且大部分果胶和浆料得以去除，后序工艺只需再去除织物上的棉籽壳、色素和蜡质等杂质即可。为此专门开发了用于生化前处理的复合前处理剂 CTA-8800L-2，该产品稳定性高，乳化性强，除蜡效果好。将经过优化的复合生物酶预处理工艺处理后的织物进行氧漂，并探讨各工艺参数对前处理效果的影响。

a. CTA-8800L-2 用量　CTA-8800L-2 由精练剂、渗透剂、稳定剂、碱剂、螯合分散剂和除蜡剂等经特殊加工复配而成，集乳化、渗透、分散和稳定等性能于一身，适用于棉型织物的半漂加工。将棉织物在不同用量的 CTA-8800L-2 氧漂液中浸轧后汽蒸，测试处理后织物的性能，结果见表 8-44。

表 8-44　CTA-8800L-2 用量对前处理效果的影响

CTA-8800L-2 用量/(g/L)	10	15	20	25	30	40
白度/%	65.2	77.2	80.2	81.2	84.6	85.0
烘干毛效/(cm/30min)	5.2	8.3	10.6	10.6	11.2	11.5
经向撕破强力/N	12.3	12.8	14.3	14.4	13.7	13.2

注：辅助剂 4g/L，100%双氧水 8g/L，100℃汽蒸 60min。

由表 8-44 可以看出，随着 CTA-8800L-2 用量增加，处理织物的白度和毛效均逐渐提高，这是因为 CTA-8800L-2 用量的增加使体系 pH 值逐渐升高，双氧水利用率增大，因而白度提高。CTA-8800L-2 中含有精练渗透组分，其用量增加，还有利于毛效的提高。同时，随着 CTA-8800L-2 用量增加，织物强力呈先升高后下降的趋势，原因是 CTA-8800L-2 用量较低时，体系中稳定剂的含量较低，双氧水分解过快；CTA-8800L-2 用量过高时，体系 pH值过高，也会对纤维造成损伤。综合考虑，CTA-8800L-2 用量以 20～25g/L 为宜。

b. 辅助剂用量　辅助剂的作用是提高体系的乳化、渗透和稳定性。将棉织物浸轧不同辅助剂用量的氧漂液中后汽蒸，测试处理后织物的性能，结果见表 8-45。

表 8-45　辅助剂用量对前处理效果的影响

辅助剂用量/(g/L)	0	2	4	6	8	10
白度/%	80.3	80.2	80.8	80.8	80.7	81.1
烘干毛效/(cm/30min)	6.9	8.1	10.4	10.7	11.2	12.2
经向撕破强力/N	14.3	14.3	14.1	14.0	13.8	13.8

注：CTA-8800L-2，20～25g/L，100%双氧水 10g/L，100℃汽蒸 60min。

由表 8-45 看出，随着辅助剂用量增加，织物毛效逐渐提高。考虑到成本等因素，辅助剂用量建议 4～6g/L。

c. 双氧水用量　双氧水用量低，织物白度达不到要求，且存留棉籽壳；用量高，织物白度增加，但容易对纤维造成氧化损伤，产生破洞。将棉织物在不同双氧水用量的氧漂液中浸轧后汽蒸，测试处理后织物的性能，结果如表 8-46 所列。

表 8-46　双氧水用量对前处理效果的影响

双氧水用量(100%)/(g/L)	5	8	10	12	15	20
白度/%	74.5	79.1	80.9	81.2	82.5	83.4
烘干毛效/(cm/30min)	8.2	9.5	10.4	10.3	10.5	10.9
经向撕破强力/N	14.9	14.6	14.2	13.7	13.1	11.9

注：CTA-8800L-2 25g/L，辅助剂 4g/L，100℃汽蒸 60min。

由表 8-46 可以看出，随着双氧水用量增大，织物毛效稍有提高，白度有较大提高，但撕破强力呈下降趋势。综合考虑，双氧水用量以 8～10g/L 为宜。

d. 汽蒸时间　试验所用为高支高密类织物，为提高纱线的平滑性，织造过程中通常会施加人工蜡。在前处理过程中必须予以去除，否则会出现蜡丝或毛效低等问题，影响后续染色的染深性和均匀性。将浸轧氧漂液后的棉织物汽蒸不同时间，测试处理后织物的性能，结果如表 8-47 所列。

表 8-47　汽蒸时间对前处理效果的影响

汽蒸时间/min	20	40	60	80	100
白度/%	不均匀	75.6	80.8	80.4	80.7
烘干毛效/(cm/30min)	不均匀	8.5	10.1	9.7	10.3
经向撕破强力/N	15.2	14.4	14.4	14.3	14.1

注：CTA-8800L-2 25g/L，辅助剂 4g/L，100%双氧水用量 10g/L，100℃汽蒸。

从表8-47看出，汽蒸时间越长，织物白度和毛效越高，汽蒸60min以上可以达到较好效果。考虑到常规氧漂机的容布量，汽蒸时间选择60min即可。

（5）工厂生产实例

① 连续式生化前处理

a. 工艺流程　烧毛→轧水→浸轧复合酶工作液→煮练机堆置（60℃×90min）→三格热水洗→一格冷水洗→浸轧氧漂工作液→汽蒸（100℃×60min）→三格热水洗→一格冷水洗→烘干。

b. 生物酶预处理工艺处方

复合生物酶	6g/L
渗透剂	3g/L
pH值	6～7

氧漂工艺处方

CTA-8800L-2	20g/L
双氧水（100%）	8g/L
辅助剂	5g/L

② 常规前处理

a. 工艺流程　烧毛→四格水洗→浸轧退煮一浴工作液→汽蒸（100℃×90min）→三格热水洗→一格冷水洗→浸轧氧漂工作液→汽蒸（100℃×60min）→三格热水洗→一格冷水洗→烘干。

b. 退煮一浴工作液处方

烧碱	50～55g/L
精练渗透剂	12g/L
螯合分散剂	3g/L

氧漂工作液处方

双氧水（100%）	4.5～5g/L
稳定剂	3g/L
渗透剂	4g/L

表 8-48　不同工艺处理棉织物的性能

项目	白度/%	毛效/(cm/30min)	撕破强力/N	退浆率/级
常规前处理	80.3	8.3	13.2	6
生化前处理	83.2	10.5	14.4	8

从表8-48看出，与常规工艺相比，采用连续式生化前处理工艺，织物的各项指标均有提高，毛效提高25%以上，撕破强力提高9%，退浆率提高2级。

（6）结论

① 纯棉机织物连续式生化前处理优化的复合酶预处理工艺为：复合生物酶4～6g/L，渗透剂4g/L，60℃堆置90min；优化的氧漂工艺为：复合前处理剂CTA-8800L-2为20～25g/L，辅助剂4～6g/L，100%双氧水8～10g/L，100℃汽蒸60min。

② 与常规退煮-氧漂前处理工艺相比，连续式生化前处理工艺处理棉织物的白度、毛效、撕破强力和退浆率均有所提高。

③ 连续式生化前处理工艺中生物酶的应用，大大提高了生产的安全性和环保性，且工艺中减少一次高温汽蒸工序，符合节能减排的要求。该工艺的工业化应用，解决了目前生物酶前处理存在的不足。从众多工厂的实际应用结果来看，该工艺基本满足所有棉织物的前处理加工，可代替以烧碱为主的传统前处理工艺。

8.2.2.5 棉布酶闭环体系前处理新工艺[17]

美国 Auburn 大学以 G. Buschle-Diller 为首的课题组，在研究对环境友好化合物过程中，提出一个新设想，介绍一个闭环体系作为环境友好的前处理新工艺。其基本原理是将酶退浆和酶煮练残液中的葡萄糖与葡萄糖氧化酶作用生成的双氧水进行漂白。

（1）退浆、煮练和漂白用酶的筛选

① 退浆酶 应用淀粉酶使棉布上的淀粉等浆料水解成低分子量糖类，直至葡萄糖，再将其用水洗清的工艺早就应用了。为建立闭环体系，供之后能与葡萄糖氧化酶作用产生双氧水漂白，应选用淀粉葡萄糖酶（Amyloglucosidase），因为它与淀粉能转化成最多的葡萄糖。

② 煮练酶 煮练是设法除去纤维素之外一些共生物，其数量视棉花品质而异，且集中分布于棉纤维的表层和初生层中，包括油脂、蜡质、果胶质和矿物质等，使棉纤维成为真正的亲水性材料，以便染色或印花等后续加工能顺利地进行。曾选用果胶酶、纤维素酶，木聚糖酶，脂肪酶等分别及联合进行试验，结果如表 8-49 所列。

表 8-49　酶煮练的失重与相对吸水性

酶处理体系	失重/%	相对吸水性/%
对比样①	—	100
果胶酶	11.5	18
果胶酶＋纤维素酶	13.3	26
果胶酶＋木聚糖酶	11.5	45
果胶酶/脂肪酶	11.5	64
所有酶联合	13.9	87

① 以传统煮练漂白棉布为对比样。

酶煮练系在耐洗牢度仪上，50℃处理 1h，转速为 42r/min，并加 5 粒钢珠/g 织物。

表 8-49 表明：果胶酶单独应用时，好像煮练处理后试样的吸水性是不够的，与脂肪酶混用后试样的吸水性明显提高，其强力只比未处理下降 2%～3%左右；与纤维素酶混用后试样的织物手感明显柔软，但强力要下降约 20%，且试样经电子显微镜扫描观察，棉纤维表面有特殊的裂纹和剥蚀现象；与木聚糖酶混用后试样的吸水性优于纤维素酶，且强力损失也较小；当所有的酶都一起混用时，试样的失重最大，吸水性接近对比样，意义不大。

现已查明，原棉中的蛋白质对棉纤维的性能影响极小，无须选专用酶进行处理，因此，可根据棉花品质，选用以果胶酶为主的复合酶作为煮练酶。

众所周知，传统的煮练和漂白，容易损伤棉纤维（纤维素的聚合度下降），尤其是双氧水漂白时的游离基会切断纤维素的分子链，生物酶煮练就无这种缺点，其试样的聚合度测定结果如表 8-50 所列。

表 8-50　几种试样的聚合度

试　　样	聚　合　度
坯布（由 Testfabricslnc. NJ 提供）	3850
退浆后的棉布（同上）	3700
退浆、煮练、漂白的棉布（同上）	1450
碱煮练的棉布（实验室）	2800
碱煮练双氧水漂白棉布（实验室）	1100
果胶酶煮练（实验室）	3750

注：实验室的试样，是由 Testfabricslnc. NJ 提供的坯布同规格作试验的。

由表 8-50 可知，生物煮练的优越性是显而易见的。

③ 漂白酶 用于漂白的酶制剂，尚处于开发阶段，曾研究过有三种途径。一是漆酶，它已成功地用于木质纸浆的漂白，需要有合适的传递介质化合物与它配套应用，因它是非专一性的酶，需由传递介质能传递电子才能起作用。目前使用的传递介质如 N-羟基苯三唑

（N-hydroxybenzotriazole，HBT）及紫尿酸（Violuric acid），其效率和毒性方面尚存在问题。二是过氧化物酶，它通常是促进各种氧化剂的活化，例如过氧化氢酶用于除去织物上的过氧化氢（双氧水）的分解，迄今未见于漂白方面的报道。三是葡萄糖氧化酶是最有希望的，它对 β-D-葡萄糖有很强的专一性，能使葡萄糖在有氧气参与的情况下，催化生成过氧化氢（H_2O_2）和葡萄糖酸内酯（Gluconolactone），其简单的催化反应如下：

$$\delta\ D\text{-葡萄糖} \xrightarrow{\ +\text{enz-FAD}\beta\ D\text{-}\ } \text{葡萄糖酸内酯} + \text{enz-FADH}_2\ (\text{被还原的酶})$$

$$\downarrow H_2O_2 \qquad\qquad \downarrow O_2$$

D—葡萄糖酸 enz-FAD＋H_2O_2
（再被氧化的酶）

但是，如葡萄糖的 C_1 处被取代，则葡萄糖氧化酶的活性会明显下降，或完全停止。

上述催化反应，由两个部分组成，第一部先生成葡萄糖酸内酯，第二部是被还原的葡萄糖氧化酶，它与氧气作用生成双氧水，而葡萄糖酸内酯则会水解生成葡萄糖酸，它对金属离子有很强的螯合能力，因此，无须另加双氧水的稳定剂了。

根据以前试验结果，为使棉布漂白达到半制品白度要求，双氧水的浓度在 500～600mg/L 时即可。而不同量的葡萄糖氧化酶能产生的双氧水量的关系如图 8-6 所示。

由图 8-7 表明，葡萄糖氧化酶能产生足够的双氧水浓度，同时，如处理浴中有布存在时，有利于双氧水的生成，达 1120～1260mg/L，处理浴中无棉布，只生成 800～950mg/L。此外，不同量葡萄糖氧化酶在不同 pH 值浴中对白度提高的关系，试验结果如图 8-6 所示。

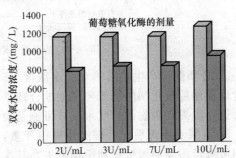

图 8-6　葡萄糖氧化酶的剂量与生成双氧水浓度的关系（浅灰色表示有布存在，灰色表示无布）

由图 8-7 表明，酶漂白织物的白度与葡萄糖氧化酶剂量和 pH 值的关系，由以前试验可知，双氧水浓度随施加剂量提高而提高，pH10 比 pH7 的漂白效果好。然而，葡萄糖氧化酶达一定剂量，白度会到达某一水平后就没有相关性了，疑似由葡萄糖酸内酯增加而导致生成过量的葡萄糖酸的稳定作用所致。

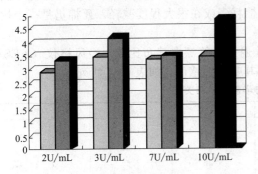

图 8-7　葡萄糖氧化酶的剂量和 pH 值值对提高白度的关系（浅灰色表示 pH7 灰色表示 pH10）

（2）酶前处理的闭环体系　在上述试验的基础上，将酶退浆、煮练和漂白三个工序组合起来，建立一个酶前处理闭环体系，并将其废液经处理后回用，从而实现用水少、排污量低和降低能耗的新工艺，其流程示意如图 8-8 所示。

为了建立闭环处理体系，工作步骤如下。

① 对退浆煮练和漂白三个酶处理工序，先分别进行工艺条件的最优化选择，并均能达到半制品质量要求，再对退浆和煮练废液中葡萄糖含量进行测定。

② 为了联合处理，所选用的酶其应用最优化温度和 pH 值需兼容。此外，其处理残液

中仍呈活性状态酶的影响，以及除葡萄糖外的水解产物，对联合处理是否有抑制作用，必须进行评估。

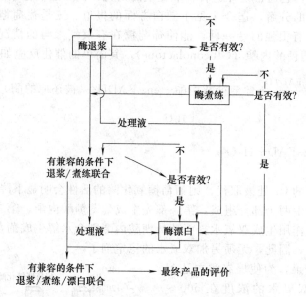

图 8-8 酶退浆/煮练/漂白的闭环处理体系

③ 必须保证产生足够的双氧水浓度（500～600mg/L），才能获得合格白度，葡萄糖的含量以及葡萄氧化酶的剂量要仔细地合理平衡。实验发现，在体系内超量提高双氧水浓度，不会进一步提高织物的白度水平，可能是由于反应中同时产生的葡萄糖酸的稳定作用关系。

④ 退浆和煮练后的处理液污染很严重，须经过滤和/或离心分离等净化处理后再回用。一则可减轻污染物再沉积到织物上去，其次，可减少由酶生成的双氧水部分消耗于处理液的色素。

⑤ 酶漂白在 pH7 时织物白度指数为 62～64，经碱液沸煮后白度指数可提高到 73，这与传统煮练漂白的白度指数 72 相当。而且经联合的闭环处理后，织物的机械强度良好，纤维素损伤甚少，吸水性为 3～4s，试样失重为 10%～10.6%。

⑥ 关于死棉和棉籽壳问题。在传统煮练漂白后，棉籽壳可以全部去除，但死棉仍无法解决。在酶前处理中，漆酶和机械力有助于去除棉籽壳或在很大程度减轻，死棉仍是一个挑战性的问题。

⑦ 酶闭环—浴法处理的棉布的手感，与传统退浆煮练漂白棉布比较，经风格仪（KES-FS）测定，按夏令衬衫料（KN101-S）公式计算其基本手感值，如表 8-51 所列。

表 8-51 前处理工艺与半制品手感关系

项　目	身骨	挺括性	丰满度	挺爽性
坯布	6.00	8.84	1.86	10.0
果胶酶处理	5.40	6.83	2.32	7.93
果胶酶/非离子表面活性剂处理	5.25	6.28	2.65	7.52
果胶酶/纤维素酶处理	3.29	4.06	2.77	5.23
果胶酶/葡萄糖淀粉酶/葡萄糖氧化酶处理	5.29	6.09	3.23	7.44
一浴法酶退浆/煮练/漂白处理	4.08	5.11	2.93	6.28
碱煮练/双氧水漂白（传统工艺）	3.61	5.05	3.08	6.27

注：10（强）1（弱）。

数据表明，闭环体系试样的手感与传统煮练漂白试样手感没有明显的区别。

8.2.3 生物酶在染色与整理中的应用

8.2.3.1 除氧抛光染色三合一短流程新工艺[19]

（1）试验目的 对诺维信新产品 Cellusoft Combi 在针织布上的除氧、抛光、染色一浴法的应用效果进行测试，在抛光、染色效果及综合成本方面进行比较，达到节能减排降成本的效果。

① 试验织物：纯棉 40 支单面汗布。

② 织物重量：x kg。

③ 试验用酶：Cellusoft Comb 和酸性抛光酶。

（2）传统前处理、抛光、染色实际操作工艺

① 前处理、抛光

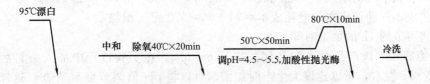

② 染色工艺

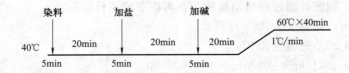

（3）新产品 Cellusoft Combi 一步法试验工艺

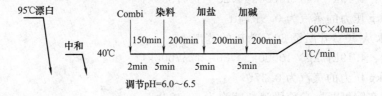

（4）试验抛光效果比较 染色烘干后经目测，发现新工艺与传统工艺的抛光效果接近，成本比较都以 1g/L 来计算。

① 工艺配方及助剂成本比较 见表 8-52。

② 前处理工艺时间和能耗成本比较 见表 8-53。

表 8-52 工艺配方及助剂成本比较

项　　目	常规工艺	新工艺	项　　目	常规工艺	新工艺
Cellusoft Combi	—	1g/L	中和用酸	0.8g/L	0.8g/L
除氧酶	0.09g/L	—	调节 pH 值用酸	0.5g/L	0.1g/L
抛光酶	1g/L	—	总的助剂成本/元	300.5	474

注：Cellusoft Combi42 元/kg；除氧酶 25 元/kg；抛光酶 20 元/kg；柠檬酸 6 元/kg。以 1000kg 毛巾，浴比为 1：10 计算。

表 8-53　前处理工艺时间和能耗成本等比较

项目名称	单价 元/单位	常规工艺		新工艺	
		用量	金额/元	用量	金额/元
用水	5.4 元/t	3 次×10t	162.00	1 次×10t	54.00
用蒸汽	160.00 元/m	160×0.86	137.6	160×0.18	28.8
用电	0.8 元/(kW·h)	1.3h×55kW	57.2	0.3h×55kW	13.2
工作温度		80℃		40~60℃	
工作时间		1.4h		0.4h	
能耗成本			356.8		96

注：以上成本测算价格均以 2008 年 12 月当地平均价格计算。以 1000kg 针织布，浴比为 1∶10 计算。

（5）综合成本及注意事项

① 综合成本比较

传统工艺成本：助剂成本＋能耗成本＝300.5＋356.8＝657.37 元/t 织物

新工艺成本：助剂成本＋能耗成本＝74＋96＝570 元/t 织物

新工艺可节约 1h 的加工时间。

② 注意事项　该产品抛光的最佳范围是 6~6.5。在实验过程中加入染料后，染液的 pH 值升高 0.5 左右，所以建议大生产时加酶前可以将 pH 值调节至 5.5~6，这样在加入染料后，整个染浴的 pH 值可以控制在 6.0~6.5 左右。

③ 蒸汽计算

漂白后中和、抛光保温过程所消耗的蒸汽可以忽略不计。

以进水后缸内起始温度为 25℃ 计算。

10000 升水从 25℃ 升温至 40℃：

所需热量：4.19kJ/kg×10000kg×15＝628500kJ

折合成 6kg 压力的蒸汽为 0.18t

10000L 水从 25℃ 升温至 50℃：

所需热量：4.19kJ/kg×10000kg×25＝1047500kJ

折合成 6kg 压力的蒸汽为 0.31 吨 t

10000L 水从 50℃ 升温至 80℃ 消耗的蒸汽：

所需热量：4.19kJ/kg×10000kg×30＝1257000kJ

折合成 6kg 压力的蒸汽为 0.37t

传统工艺在除氧及抛光阶段消耗蒸汽为：0.86t

Combi 工艺在除氧及抛光阶段消耗蒸汽为：0.18t

（6）总结　应用 Cellusoft Combi，可以将生物光洁整理工艺和氧漂净洗工艺在一浴中完成，在确保生产出高品质产品的同时节省了时间、水和能源。

① 节约时间；

② 节约水；

③ 降低能耗；

④ 提高产能；

⑤ 可在宽泛的 pH 值条件下使用，使用方便。

8.2.3.2　生物酶抛光染色一步法工艺[20]

芬兰工业酶制造商 AB 酶制剂公司（AB Enzymes）推出了一种高性能酶，可在 60℃ 进行同浴染色和生物酶整理。

公司开发的 Biotouch 一步法生物酶整理工艺（OSB），适用于中性条件下纤维素纤维织物的整理，具有较强的除毛抛光性能，且可在同一工艺中进行染色。根据 AB 酶制剂公司介绍，染色和生物酶整理相结合，可以减少水和能源的消耗，并缩短加工时间（图 8-9）。

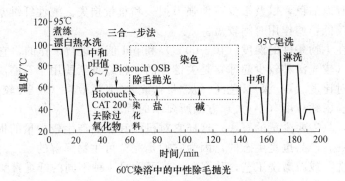

图 8-9 Biotouch 一步法生物酶整理工艺

Biotouch 一步法生物酶整理能赋予织物光滑柔软的外观和良好的悬垂性。

此外，该公司还开发了 Biotouch XC300 酶，可在中性条件下实现低温整理。其应用于成衣生物酶整理，可节省加热水和调节 pU 值所涉及的费用。它还具有较强的除毛抛光性能和良好的保色性（图8-10）。

AB 酶制剂系列还包括 Ecostone CZYME 50，一种适用于牛仔布低温整理的高性能生物酶。该酶处理可提供时尚的灰色和色变很小的高对比色，以及高耐磨、高对比度和最小的反面沾色。

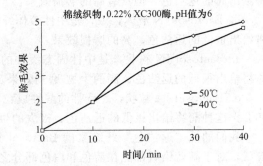

图 8-10 Biotouch XC300 酶的除毛抛光效果

根据制造商介绍，Ecostone CZYME 50 在卧式和立式洗水机中使用均具有良好的效果。

经过酶处理的织物，染色的上色率较传统工艺增加 1～2 成。直接降低染化料成本 0.1元/m 以上。这对市场竞争激烈的生产企业，无疑是值得推广和应用的工艺技术。只是在应用的过程中应注意各个环节的工艺控制。如酶堆置温度一般保持在 45～50℃，时间尽量在10～14h。否则容易导致织物纤维的过多水解、强力受损。

8.2.3.3 生物酶对牛仔布的洗旧处理[21]

（1）生物洗技术 了解"生物洗"为：任何纺织品材料的洗旧了的处理，不管染色的、印花的，或只是前处理的，其中包括了一个酶处理。这是纤维素纤维用纤维素酶（或甚至蛋白质纤维用蛋白酶处理）、在中等和猛烈湍动条件下处理的情况。总的目的是产生有控制的、磨损的织物表面，具有特殊的效果——柔软的手感；否则就是通过消除大原纤和起球，或者产生所希望有的大原纤的一种特定的外观。

① 在洗衣房中洗涤劳动布期间，表面染料通过磨损的去除，通过石洗而增强。

② 在纤维素纤维上作用方式的研究已表明，纤维素酶主要作用在纤维的表面，而它的内部未受影响。纤维素酶通过部分水解而去除了纤维的表面，其中包括了染料。

这样对于用不溶性染料染色的劳动布服装的石磨洗具有特别的吸引力，因为纱是环染的。劳动布牛仔裤的石磨洗，通常包括四个步骤：退浆、生物磨损、复洗和额外的漂白、整理。

事实上，纤维素酶是选择的酶的混合物，它使纤维素断裂成葡萄糖。纤维素酶的分类、通常是以它们最有效的 pH 值范围来进行的。

③ 酸性（pH4.5～5.5）、中性（pH6.0～7.0）和碱性稳定的 pH 值是在纺织工业中最有效的。目前前两种，通常用于不同的目的。一般，中性纤维素酶胜过酸性纤维素酶，因为它没有什么或没有返沾色，以及很少拉伸强力损失和重量损失。酸性纤维素酶的优点是比中性纤维素酶成本较低，酶作用时间较短。

纤维素酶是在生物条件的温度（40～60℃）和 pH 值下进行工作的，它们对洗旧效果和表面外观的提高（较光滑和较少起球）是关键性的。将纤维素酶用于石磨洗工艺中，因为它们给予织物关于对比度（浅/深）、色泽（灰/带蓝光）、光滑效果（较多/较少起球纤维）、返沾色（白/带蓝光）、颗粒度（小/大）方面所要求的程度。

用纤维素酶，只需要少量的石块，这样它对机械和服装产生较少量的损伤。它们得到了柔软和穿旧的外观。产品也是生态的，因为它们是完全可生物降解的。

对于"生物洗"或石磨洗工艺，从 Clariant 可购得 4 种不同的纤维素酶：

a. Bactosol CA 液体，浓，是"酸性"液体纤维素酶，pH 值最佳为 5，60℃。这种酶将给出高的返沾色，但具有高的磨损效果。

b. Bactosol JN 液体，浓，是中性液体纤维素酶，pH 值最佳为 6.5～7，60℃。这种酶将给出很低的返沾色、高的磨损效果。

c. Bactosol JN 粉状，是中性固态缓冲的纤维素酶，pH 值最佳为 6.0～7，60℃。这种酶将给出很低的返沾色、高的生物-磨损效果。

d. Bactosol JA 粒状，是变性的酸性成粒状的缓冲的纤维素酶，pH 值最佳为 5.5，45～50℃。这种酶将给出极低的返沾色、极大的生物-磨损效果。

我们的低"返沾色"纤维素酶 Bactosol JN 液体，浓，Bactosol JN 粉状，Bactosol JA 粒状，对于靛蓝染料都能在蓝色和白色部分之间给出吸引人的对比度，最佳的白色部位，具有最低的拉伸强力损失。

（2）环染对靛蓝劳动布洗旧的影响

显微镜法已显示，对于靛蓝染色，产生的染色棉纱横截面的情况、取决于染浴的 pH 值。当染浴 pH 值从 13 降低到 11 时，劳动布纱的环染程度逐步增加，具有如示意图 8-11 大致的横截面。

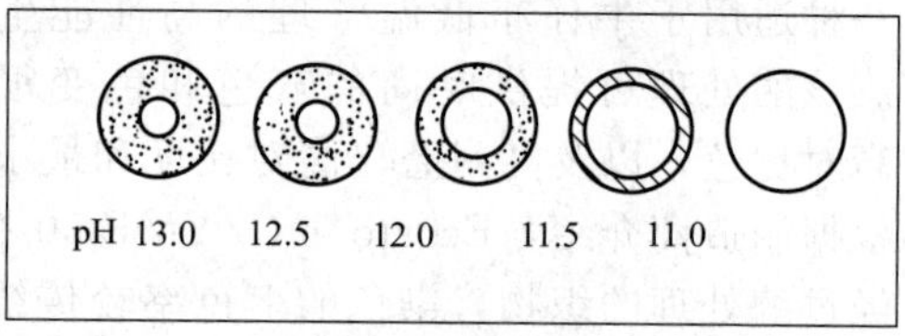

图 8-11　在各种 pH 值条件下，靛蓝染料在棉劳动布纱的截面中的分布示意

结合逐渐增加的环染程度，得到的得色量较高，使洗旧工艺较为容易。已发现在 pH 值范围 10.8 到 11.2 时，获得了最高的得色量。

靛蓝染料对棉的亲和力或直接性、可以按照平衡系数来表示，它在 pH 值较低时比在 pH 值较高时高得多。

按照存在的化学条件，至少有四种靛蓝形式（氧化的或酮式、还原的或隐色酸式、单离子式和双离子式）能够存在于染浴中。离子形式有最大的溶解度和对棉纤维的直接性，并按照 pH 而提高了得色量。

简单地表示靛蓝的各种形式（从左到右）：氧化的或酮式；还原的或隐色酸式；单离子式；双离子式。

O══靛蓝══O　　　　　OH══靛蓝══OH

1　　　　　　　　　　2

OH══靛蓝══O—　　　—O══靛蓝══O—

3　　　　　　　　　　4

通过用合适的系统仔细地缓冲染浴 pH 值，劳动布染色者能生产出如同目前生产的相同深度的色泽而少用 25％～40％的靛蓝。

此外，得到用于快速洗涤劳动布的给定的色泽，只需要较少 25％～40％的固着染料。

迄今实验结果已表明，它产生了环染程度较高的纱，具有较深的色泽，以及在洗涤期间提高了洗旧的趋向。此外，当实施正确的环染纱染色时，洗旧的加工时间较短。

因此很显然，在靛蓝染色期间 pH 值的变化、导致了劳动布洗旧的不均匀性，特别是如果不同批号的劳动布组合在一件服装中时。

在洗涤后对比度质量的不同，通常是由于在环染中的差异，而不是由于色调或色泽深度，后者通常是相似的。

不仅是洗旧的均匀性，而且是劳动布服装的批与批间的重现性，都与染浴的 pH 有关。

总之，当环染程度最佳化时，对给定的织物色泽可使用较少的染料，在生物洗的洗涤期间去除的染料较少，需要较少量的化学品、较少量的水，在废水中存在的较少量的染料，有用于返沾色的靛蓝染料量较少，且缩短了加工时间（20％～30％）。

（3）洗旧和返沾色　在洗涤期间当靛蓝释放到洗液中时，溶液转成深蓝色。有些靛蓝再沉积在劳动布织物的白色部分，给出较浅的蓝色背景，造成了暗的外观，在牛仔裤正面具有较少的对比度。

这种现象被称为返沾色。

返沾色在白布纬纱和白色袋布上最为明显。在文献资料中称返沾色是取决于 pH 和/或酶的类型。按照我们的结果，返沾色主要取决于所用的酶。但其他因素，例如靛蓝纱染色条件、机械作用、浴比、温度、pH 值、加工时间、石块比率等，也都会影响最后的外观。

（4）分散/萃取剂：Sandoclear IDS 作用　为了在石磨洗期间获得所希望有的色泽对比度。减少蓝色染料在服装上的再沉积是适合的。在浴中加入通常的表面活性剂，可能引起更多的返沾色和抑制了酶的活度。通过采用适当的添加剂，如适当的表面活性剂，可以降低返沾色。

为了减少返沾色，在所有加工步骤中适合使用 Sandoclear IDS 液体，特别在退浆、复洗和生物洗期间。

在有 Sandoclear IDS 液体的存在下，可有力地促进了返沾色的去除，这是靛蓝染料的高度特定的分散/萃取剂。

此产品包括分子抑制极性基、亲水基（对水亲和性）和亲油基，具有对靛蓝不溶性染料形式的亲和性。在浴液中，Sandoclear IDS 液体有形成胶束的能力，能溶解靛蓝染料。

由于这些结合的性能，促进了靛蓝染料从服装表面上去除下来。

它的作用通过 4 个相，如图 8-12 所示。

图 8-12（a）Sandoclear IDS 吸附在劳动布的表面。亲水基末端转向水。

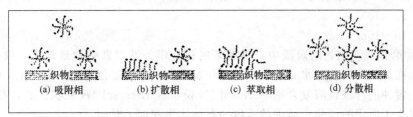

图 8-12　Sandoclear IDS 在劳动布服装洗涤中的作用简单示意

图 8-12 （b） Sandoclear IDS 扩散到纤维素表面中的所有空腔和裂缝中。这是扩散相。

图 8-12 （c） 靛蓝染料从表面萃取出来。

图 8-12 （d） 萃取的靛蓝的分散作用和防再沾污。

返沾色的主要根源是由于在溶液中释出的染料对纤维素织物显示有高的亲和性。它促使发生了靛蓝染料从纤维渗化到织物的外部。

在染料和 Sandoclear IDS 胶束之间的对纤维席位的竞争，降低了靛蓝染料的吸附。

靛蓝染料从纺织基质物的萃取，认为是靛蓝染料和 Sandoclear IDS 的相互作用，接着在溶液中出现了另一种形式和混合胶束。这种相互作用的结果是降低了返沾色和提高了 20％以上在溶液中平衡的靛蓝分子。

实际上，Sandoclear IDS 液体的特定协和组成、基于天然来源的脂肪醇，使它成为一只通用的合适的产品，用于在劳动布服装洗涤中的退浆、淋洗、生物洗和复洗。

（5）劳动布加工条件　劳动布牛仔裤的石磨性，一般包括四个步骤：退浆、生物磨、复洗和额外的漂白、整理。

①退浆　最通常的浆料是以淀粉为基础的产品、与可溶性浆料（PVA、PAC……）混合的产品，将它在织造前施加在靛蓝经纱上，为了通过加强纱线，因而避免断头，而提高了织机的产量。

在退浆阶段必须特别小心。由于浆料使劳动布织物硬挺化，具有形成条花问题和不可逆的折痕的主要危险。由于此原因，Sandozin MRN 液体、浓，完成了良好的润湿和净洗作用。

退浆常用 α-淀粉酶进行。通常选择低温 α-淀粉酶 Bactosol MTN 液体，在 50℃ 到 70℃时施加。但在直接蒸汽加热和碱性 pH 的情况下，具有较广泛活性 pH 范围（pH5～9）的、热稳定的 α-淀粉酶 Bactosol HTN 液体（浓），更为适合和较易掌握。在加入淀粉酶以前，不需要加热浴液到工作温度。

在短的退浆阶段期间，有 30％以上的总的可萃取靛蓝染料、被释放入溶液。因此，当采用小浴比（1：6 以下）时，发生较多的返沾色。为了进一步减少返沾色的危险，并提高靛蓝萃取作用，需要一只有效的分散剂 Sandoclear IDS 液体。

退浆的标准条件可以如下：

浴比［水（L）/服装（kg）］：（1：10）～（1：4）

Sandozin MRN 液体（浓）：0.2～0.5g/L

Bactosol MTN 液体：0.5％～2％对织物重

或 Bactosol HTN 液体（浓）：0.2～0.4％对织物重

Sandoclear IDS 液体：0.2％～1％对织物重

Imacol C 液体（浓）：0.2％对织物重

pH 值：6～8，以适合于 Sirrix 2UD 液体

温度：50～70℃

时间：10～15min

②生物磨损　在生物磨阶段中，机械条件和工作条件二者必须最佳化。取决于纤维素酶的类型，在加入酶以前，水必须预热到工作温度和 pH 值配合到它的最佳化。

因此，缓冲的纤维素酶复合物 Bactosol JN 粉状或 Bactosol JA 粒状二者，都容易使用。酶的剂量取决于所用的产品、磨损的程度、石块比率和加工时间。

机器的类型也影响着磨损效果。一般较大的圆筒直径给出较多的磨损，因为服装下跌距

离较高。圆筒的旋转速度也影响着机械作用。一方面高速将导致包括降低磨损的一种（离心）作用。而在另一方面，很低的速度将引起进一步的条花问题，还具有较差的磨损效果。

速度范围在 20～30r/min 时，一般认为是有效的。

此外，通过加入正确量的服装和少量的水，使机械作用最佳化，使有最好的磨损和避免条花。

没有适当的分散剂，如 Sandoclear IDS 液体，在生物石洗工艺期间会发生返沾色的增加，特别在低浴比的情况下。

正确的机械负荷，主要取决于劳动布服装的结构和重量，也取决于所用的洗涤机类。

为了得到吸引人的磨损外观，石块或浮石仍是需要的，并结合以纤维素酶。通常，石块的比率以服装质量的百分率表示。石块比率通常使用在 50％～150％之间。

当采用石块时，酶的剂量可降低 1/2。

用于生物磨损的标准条件可以如下：

a. 条件一

浴比［水（L）/服装（kg）］：（1∶10）～（1∶3）

Bactosol JN 粉状：0.6％～2％，对织物重

Sandoclear IDS 液体：0.2％～2％，对织物重

pH 值：6.5～7，以适合于 Sirrix 2UD 液体

温度：55～60℃

时间：40～90min

b. 条件二

Bastosol JA 粒状：0.4～2％，对织物重

Sandoclear IDS 液体：0.2～1％，对织物重

pH 值：5.2～5.7，以适合于 Sirrix 2UD 液体

在低的酶剂量（＜1％）的情况下

温度：40～45℃

时间：30～60min

淋洗工序取决于所希望有的外观，需要少量淋洗以清洁服装的色泽，有时候包括净洗剂洗或轻度的漂白。

③ 复洗　复洗的主要目的是终止纤维素酶的作用，和避免进一步对牛仔裤的侵袭。适当的复洗操作也可降低返沾色，产生较好的对比度和较清洁的外观。

对于纤维素酶的减除活性作用，温度必须超过 60℃，且 pH 值大约为 9，至少5～10min。

此外，它结合应用有荧光增白剂（OBA），获得了较明亮的带蓝光的色泽。如果需要，Sandoclear ZB 粉状显示有相同的性能，但并无任何荧光增白剂。对于计量泵，它要求用液状，高度推荐应用 Sandoclear IDS。

对于复洗的标准条件可以如下：

浴比［水（L）/服装（kg）］：（1∶10）～（1∶6）

Sandoclear Z 粉状或 Sandoclear ZB 粉：1％～3％对织物重

或 Sandoclear IDS 液体：0.2％～1％，对织物重与纯碱 0.3g/L

时间：5～10min

pH 值：9～10

温度：60～80℃

④ 额外的漂白　如果牛仔裤的色泽不够浅，通常采用次氯酸盐漂白，使配合较浅蓝色

的整个色泽。

但是，由于生态的意识加强，可有利于生态工艺的替换方法。

在任何情况下，应避免次氯酸盐，采用较有利于生态的技术，例如使用生态漂白。

在热的介质中，Sirrix ATO 液体使靛蓝脱色。此现代化的工艺保持了弹性纤维的弹性，例如 Lycra 或弹力劳动布，它们是不可能用氯化处理的。

生态漂白的结果是有吸引人的对比度、和颗粒效应，具有较灰的色泽。

a. 生态漂白

浴比〔水（L）/服装（kg）〕：（1∶15）~（1∶8）

Sirrix ATO：10~20mL/L

pH 值：11~12，用烧碱片 4~8g/L

温度：90~98℃

时间：10~15min

排水和淋洗。

b. 复洗中和

浴比〔水（L）/服装（kg）〕：（1∶10）~（1∶6）

Sandoclear Z 粉状或 Sandoclear ZB 粉状：1%~3%对织物重

时间：5~10min

pH 值：9~10

温度：60~80℃

排水和淋洗。

⑤ 整理　当我们谈整理服装时，它是一种后处理，在服装洗涤周期的最后阶段中施加。

为了对劳动布服装赋予柔软度和柔软、蓬松的手感，必须使用合适的柔软剂。通常使用阳离子产品（Ceranin DE 浆状），但用于较光滑的手感，大多选择氨基官能有机硅（Sandoperm MEJ 液体）。为了成本的原因，对于优良的手感也加以混合使用。

a. 靛蓝染色的劳动布的臭氧褪色　靛蓝染色的劳动布服装在贮藏期间和在正常使用时，通常会褪色和泛黄。已表明，强烈的氧化漂白能生成靛蓝的氧化产品，它可能引起泛黄。在臭氧的存在下，这是一种强氧化剂，能氧化靛蓝、沾染物质或化学品添加剂例如阳离子柔软剂，可能会增加泛黄程度或产生任何有色的化合物。

因此，在选择柔软剂时必须特别小心，因为当氧化时，通常的产品具有高度的泛黄趋向。

Ceranin DE 抑制劳动布的臭氧褪色，并在贮藏期间避免在牛仔裤上形成黄色的痕迹，而且还提供了很柔软的手感。

b. 整理

浴比〔水（L）/服装（kg）〕：（1∶6）~（1∶3）

Ceranin DE 浆状：1%~4%

时间：10~20min

pH 值：5~6

温度：30~40℃

排水，脱水和烘燥。

或

Sandolube HD 液体：2%~3%

Ceraerm MW 液体（浓）：0.5%

pH 值：5~6

时间：20min

温度：30～40℃

排水，脱水和烘燥。

8.2.4　卜公茶皂素在织物前处理工艺中的应用

卜公茶皂素的研发，是针对现有的织物前处理工艺中，大量使用烧碱、双氧水、化学药剂，存在着化学晶用量高、能耗高、COD浓度高等问题。提供一种不必使用烧碱、不必使用双氧水、也不必使用各类化学药剂，即可达到印染前处理各项技术指标要求的新型纺织助剂产品，此产品突破了传统织物前处理工艺机理，有效利用了纳米材料和天然基料茶皂素的奇异超常特性及表面活性，取长补短，成功的合成了"练漂新型纺织助剂——卜公茶皂素"。卜公茶皂素问世以来，已经通过多家印染厂批量使用，节能减排效果明显。现就不同种类织物，优选卜公茶皂素应用工艺，以方便染厂具体应用[22]。

8.2.4.1　卜公茶皂素简介

茶皂素：又名茶皂苷、皂素、肥皂草素、皂草苷、茶皂角等，是由茶树种子中提取的一类醣苷化合物，由糖体，苷元及有机酸组成，是一种性能良好的天然植物类表面活性剂。不仅具有良好的乳化，分散，渗透，润湿等活性作用，而且还具有消炎，杀菌，止氧等药理作用。它可广泛应用于轻工、化工、农药、饲料、养殖、纺织、采油、采矿、建材等领域，制造乳化剂、洗洁剂、农药助剂、饲料添加剂、蟹虾养殖保护剂、采矿润滑剂以及高速公路防冻剂等。还是用于制作高档洗发水、护发水的原料，不仅去头屑效果好，而且消炎止痒。

卜公茶皂素，不同于普通的茶皂素。它是专门为棉纤维研究开发的前处理剂，用于棉及混纺织物的洗涤及染色前处理时，不仅可快速除去纤维纤维中的油脂、蜡质及其伴生物的杂质，对设备不腐蚀、对纤维不损伤，特别突出了可增加织物精练白度的特点、使其煮练、漂白在同一设备，同一处理液，同一工艺中完成。使用时不必再添加烧碱、双氧水，即可满足印染前处理的各项技术要求，效果极为明显。并且，可以处理棉及其混纺纱线、针织物、机织物等几乎所有的纤维素纤维及其产品。在不改变原设备的情况下，以直接加入的简单方式，实现了助剂—剂型、工艺—浴法、短流程完成的环保化生产作业。

卜公茶皂素，可广泛应用于纺织印染企业，因其具有使用方便、操作简单、节省成本、效果明显、生态环保等诸多工艺特点，成为目前纺织助剂中具实用性的新型助剂产品之一。

茶皂素本身就是天然的植物类表面活性剂，具有乳化、渗透、洗涤等作用。采用高剪切分散均质方法对其改良后，制备成棉及其混纺织物专用的卜公茶皂素前处理剂。经测试，所形成的复合粒子的比表面积为$120m^2/g$，庞大的比表面积，大大提高了络合效应，产生高度的催化效率，使反应速度提高了10^2之多。在应用中，添加量较少，即可通过水的作用，快速水解织物上的浆料，不仅可皂化棉组分中的油脂、蜡质、果胶质，同时对于棉籽壳、灰分、木质素及共生杂质也得到有效去除，并可除去色素，还原出棉纤维的本白。使棉及混纺织物的煮练、漂白在同一设备，同一处理液，同一工艺中完成。在无需添加烧碱、双氧水和其他化学助剂的情况下，实现了生态环保化一浴法前处理。

8.2.4.2　卜公茶皂素在液流工艺中的应用

(1) 浸渍法工艺的应用　适用设备有溢流染色机、绳状染色机等浸渍法煮练设备。

表 8-54　卜公茶皂素工艺优选及质量指标

织物种类	卜公茶皂素用量/(g/L)			茶皂素分散液用量/(g/L)			时间/min	白度 W_{10}	毛效/(cm/30min)	棉籽壳	杂质油脂
纱线	3	5	7	2	3	4	30	65～80	8～16	除净	除净
针织布	3	5	7	2	3	4	45	65～80	8～16	除净	除净
涤纶	3	5	7	2	3	4	45	65～80	8～16	/	除净
毛巾	5	7	10	2	3	4	60	65～80	8～16	除净	除净
无纺布	5	7	10	2	3	4	60	65～90	8～16	除净	除净

① 卜公茶皂素用量　由表 8-54 可知，对织物前处理质量影响的主要因素是卜公茶皂素用量，用量大，织物的白度、毛效、除杂及去除棉籽壳效果较好，其原因是可以充分去除纤维素纤维中的杂质，从而提高织物的白度及毛效。从生产成本上考虑，应尽量做好生产前梯阶式试验，即分别做 2g/L、3g/L、5g/L、7g/L 的不同用量的试验和验证，在确保前处理质量的前提下降低卜公茶皂素的用量。如染中、深色前处理时，以 3～5g/L 为宜，而染浅色或亮白色时以 5～7g/L 为佳。

② 茶皂素分散液用量　茶皂素分散液，是从茶粕中提取的催化剂，使用量为 0.5%～1.0% 已能满足要求，继续增加茶皂素分散液的用量，可进一步提高织物的毛细效应，但卜公茶皂素的环染性和透芯率均好，没有必要再加大其用量。

③ 煮练时间与织物强力及失重率　卜公茶皂素对设备不腐蚀，对织物不损伤，对人身无伤害，对织物强力和失重率的主要影响是在煮练时间的范围内变化，即煮练时间越短强力越好，失重率越低。同时，卜公茶皂素同时具备洗净、除油、去杂、漂白、除掉棉籽壳等多合一功能，反应速度较传统碱氧工艺要快得多，使用过程中也不必考虑双氧水稳定、除氧、纤维脆化等问题，所以煮练时间可以缩短，具体煮练时间以 20～45min 为宜。由于卜公茶皂素无烧碱成分，pH 值偏低，故容易水洗。

（2）浸轧法工艺的应用　适用设备有联合长车、氧漂机等浸轧法轧蒸设备。

① 卜公茶皂素无烧碱、无双氧水、无化学药剂工艺　浸轧法工艺主要应用于棉、涤、麻及混纺梭织物的染整前处理，要求去杂要净、白度纯正、毛效要高。但由于梭织物的组织结构紧密，棉、涤、麻纤维上的天然杂质不易充分去除，织物的毛效偏低，影响到织物的染色性能。染厂为了保证加工质量，普遍采取退、煮、漂分步加工和提高烧碱、双氧水及化学药品用量的前处理加工工艺。这样不仅工艺路线长，而且烧碱、双氧水、化学药品用量大、能耗高，污水排放量大，尤其是存在纤维脆化、产生破洞，造成废品的危险。为此，采用卜公茶皂素，对该类织物进行了一步法前处理工艺研究。结果表明，应用卜公茶皂素，不必再添加烧碱、双氧水、化学药剂，不仅工艺路线短，能耗低，用水少，而且去杂净，白度高，毛效好，又大幅度提升了织物的强度，完全避免了纤维脆化、氧化破洞事故，达到了既能提高产品加工质量，又符合节能减排环保要求的目的。

② 卜公茶皂素优选工艺　由表 8-55 可知，优选出的卜公茶皂素前处理工艺为：卜公茶皂素用量 20～60g/L，汽蒸时间 30～60min。结果测得织物白度为 65 以上；毛细效应 8.0 以上；杂质、油脂及棉籽、麻皮去净，能够满足梭织物前处理的要求。

③ 卜公茶皂素优选工艺的操作　应用卜公茶皂素，可利用原设备，将强碱蒸煮和漂白工艺合为一道工序，不必再添加烧碱、双氧水及各类化学药剂，在其他工艺条件均不变的情况下，在同一设备，同一处理液，同一工艺中完成，实现了高效短流程，达到了前处理技术指标，这样使工艺操作更为简便，质量更加得以有效控制。生产操作时可减少使用 3～5 只水箱，一只 R 或 L 汽蒸箱，使工艺流程大大缩短，仅此一项即每天可免加烧碱等化学品 5t 以上，节省蒸汽 50t/24h；节省用电 500kW·h；节约用水 500t，综合生产成本可下降 1/3 以上，效益相当可观。

表 8-55　卜公茶皂素工艺优选及质量指标

织物种类	卜公茶皂素用量/(g/L)				时间/min	白度 W_{10}	毛效 (cm/30min)	棉籽麻皮	杂质油脂
纯棉梭织物	30	40	50	60	45	65~80	8~16	除净	除净
涤棉梭织物	20	30	40	50	30	65~80	8~16	除净	除净
亚麻梭织物	30	40	50	60	60	60~80	8~16	除净	除净
混纺梭织物	30	40	50	60	50	65~80	8~16	除净	除净

④ 卜公茶皂素用量的变化对织物前处理的影响　表 8-55 可知，卜公茶皂素的用量决定坯布的白度、毛效、除杂及去除棉籽壳效果，从生产成本上考虑，应尽量做好生产前卜公茶皂素用量测试，即分别做 20g/L、30g/L、50g/L、60g/L 的不同用量的试验和验证，在确保前处理质量的前提下减低卜公茶皂素的用量。如涤棉、混纺坯布以 20~30g/L 为宜，而纯棉、麻黏坯布以 30~60g/L 为最好。

工艺操作时，不同种类的织物工艺流程的变化不大，除卜公茶皂素用量进行增减外，其他的工艺不须变动即可。

（3）卜公茶皂素的应用局限　由于卜公茶皂素中不含有 NaH、Na_2CO_3 成分，与烧碱等化学品的反应机理不同，不能使 PVA（聚乙烯醇）发生强烈膨化后与纤维的粘着变松，所以去除 PVA 浆料不净。对厚重类棉梭织物、含 PVA 浆料较重织物、麻/黏混纺织物等不能做到卜公茶皂素一浴法工艺。目前，部分染厂是采用碱退浆或酶退浆后，再使用卜公茶皂素精练漂白的二次法前处理工艺。工艺流程如下：退浆（轧液槽轧碱打卷堆置 12~24h，4~5 格 90~95℃热水洗）→浸轧卜公茶皂素工作液→汽蒸（102℃，45~60min）→4~5 格热水洗→烘干→落布。卜公茶皂素用量：30~50g/L（注意：只用卜公茶皂素即可，不必再加烧碱、双氧水及各类化学药剂）。

（4）结论

① 卜公茶皂素是一种新型生态环保的前处理剂　卜公茶皂素已经获得 Oeko-Tex standard 100 欧盟生态通行证。

卜公茶皂素是天然植物类非离子表面活性剂，用于织物的前处理，缓解了化学品用量高、工艺能耗高、废水污染高的三高问题，"可以用于生产人类生态优化纺织品，认证产品或纺织品的测试结果显示，只要根据生产商的说明使用，该类人类生态纺织产品不会造成有害结果"（Oeko-Tex standard 100 欧盟生态通行证鉴证语）。

② 卜公茶皂素是一种多功能合一的前处理剂　卜公茶皂素对非纤维素纤维物质，油脂蜡质、果胶质、灰分、棉籽壳、麻皮等均有良好的去除效果，尤其具有极佳的向纤维内部穿透的特性，在织物前处理中显现出非常好的效果。而且使用卜公茶皂素不必再添加烧碱、双氧水、化学药剂，不但水洗简单，也不必再进行除氧处理，所以工艺流程短。而且纤维的环染现象得到明显的改善，提高了染色的透芯率，对提高染色牢度及节省染料起到一定的作用。

③ 卜公茶皂素是一种应用宽泛性较好的前处理剂　卜公茶皂素适合棉、涤、麻、混纺等几乎所有纤维素纤维织物的前处理，对纱线、针织布、低浆梭织布等前处理可通过一步法来完成，不仅缩短工艺路线，节水、节电、节汽，减少废水排放，降低生产成本，而且去杂净，白度高，毛效好，并有茶皂素特有的滋润手感，符合清洁化生产要求，符合现代社会"低碳经济"发展的要求。

8.2.5　纱线前处理卜公茶皂素工艺

筒子纱是纺织行业纺纱厂的络筒工序的产出品，是从上道工序的细纱机或捻线机上落下来的管纱，根据织布工厂，或针织工厂，或毛巾厂等用纱的后道工序的要求，使纱线长度接长并清除纱线上疵点和杂质。在络筒机上通过槽筒或急行往复的导纱钩重新卷绕成无边或有边的、绕成一定形状（如圆锥形，也有圆柱形）的、一定卷绕密度的较大体积的筒纱，通常称为"筒子纱"。

筒子纱织物的染整前处理要求去杂要净，白度要高、毛效要好且内外均匀。但由于棉纤维的组织结构紧密，天然杂质及棉籽壳不易充分去除，影响到筒纱的染色效果。为了保证筒子纱加工质量，普遍采取提高烧碱、双氧水及化学药品用量的前处理加工工艺。这样不仅工序路线长，而且烧碱、双氧水、化学品用量大、工艺能耗高，废水污染高，尤其是易使纤维脆化，纤维受损造成废品。应用卜公茶皂素，可以利用原设备，将强碱煮练和漂白工艺合为一道工序，并且可以用卜公茶皂素代替烧碱、双氧水及其他化学助剂，在其他工艺条件不变的情况下，在同一设备、同一处理液、同一工艺中完成，这样操作简单便捷，质量更加得以有效控制。

本文通过实验室试验及染厂车间实际生产应用，结合卜公茶皂素的特性，采用筒子纱前处理新工艺，根据各项技术指标、生产成本及污水处理等方面对卜公茶皂素进行综合评估，以对进一步改善印染行业污染大户之现状提供技术参考。[23]

8.2.5.1 试验生产

（1）生产材料

织物：32s 纯棉筒纱。

试剂：卜公茶皂素（上海金堂轻纺新材料科技有限公司）、烧碱、双氧水、渗透剂、精练剂、螯合剂、除氧酶（均为工业品）。

（2）生产设备 LABWIN 筒子纱小样染色机〔立信染整机械（深圳）有限公司〕。

（3）测试方法

毛效：参照 FZ/T 01071—1999 纺织品毛细效应试验方法。

白度：用 DTC SF600 电脑测色配色仪测试，光源 D_{65}，入射角 $10°$，以 CIE 白度值表示，取四次平均值。

强力：参照 GB 8696—1998《纱线的断裂强力得试验方法-纱绞法》。

（4）生产工艺

① 传统工艺 坯纱线—松筒—装缸—煮练（110℃，30min）→热水洗（80℃，10min）→酸中和→除氧酶处理（45℃，15min）→水洗。

② 卜公茶皂素工艺 坯纱线→松筒→装缸→煮漂（95℃，30min）→直接水洗。

（5）工艺处方

① 传统工艺处方（g/L）

烧碱	4
双氧水（27.5%）	6
螯合剂	0.5
精练剂	0.5
多功能精练剂	2.5
冰醋酸	1
除氧酶	0.1

② 卜公茶皂素工艺处方（g/L）

卜公茶皂素	4

8.2.5.2 生产质量技术指标

测试方法，具体结果见表 8-56。

表 8-56　前处理质量技术指标

项　目	传统工艺	卜公茶皂素工艺	项　目	传统工艺	卜公茶皂素工艺
白度值	76.5	75.2	失重率%	4.3	3.5
毛效/(cm/1min)	7.0	7.6	强力损伤%	10	5～8
毛效均匀	均匀度好	均匀度好	COD_{Cr}/(mg/L)	1870	980
手感	柔软	特软			

8.2.5.3　能源与成本

根据工厂一段时间的实际生产，对综合成本进行了核算（未包含因降低 COD_{Cr} 而节省的污水处理成本），具体见表 8-57。

表 8-57　能源与成本对比（吨纱）

项目	传统工艺	用量 kg×单价=元/t 纱	卜公茶皂素工艺	用量 kg×单价=元/t 纱
助剂成本	烧碱 4g/L	40×0.6=24	卜公茶皂素 4g/L	40×10=400　　400
	双氧水 6g/L	60×1.75=105		
	多功能精练剂 2.5g/L	25×6.3=157.5		
	螯合剂 0.5g/L	5×6.5=32.5　　392		
	精练剂 0.5g/L	5×6.8=34		
	醋酸 1g/L	10×2.7=27		
	除氧酶 0.1g/L	1×12=12		
用汽成本	1.3kg×196 元/kg=254.8 元		1.1kg×196 元/kg=215.6 元	
用电成本	100kW·h×0.62 元/kW·h=62 元		100kW·h×0.62 元/(kW·h)=62 元	
用水成本	30t×3.5 元/t=105 元		25t×3.5 元/t=87.5 元	
用工成本	2.5h×10 元/h=25 元		2.0h×10 元/h=20 元	
能源成本	446.8 元/t 纱		385.1 元/t 纱	
累计成本	838.8 元/t 纱		785.1 元/t 纱	
节省成本	/		53.7 元/t 纱	

8.2.5.4　结论分析

① 由表 8-56 可知，筒子纱经卜公茶皂素处理后，白度、毛效及手感均比传统工艺好；强力损伤和失重率均比传统工艺低，从而减少倒纱工序中断纱的发生频率。

② 由表 8-57 可知，使用卜公茶皂素可不用添加烧碱、双氧水及其他化学药品，大幅度减低了化学品的用量，有利于废水处理，减轻了废水处理负担。

③ 在不包含因降低 COD_{Cr} 而节省的污水处理成本得情况下，卜公茶皂素工艺的成本低于传统工艺，吨纱至少节省 53.7 元。

④ 表 8-57 还告知，经卜公茶皂素处理过的筒子纱手感特软，经企业实际生产证明，可节省 50% 的处理柔软剂用量。

⑤ 在工艺上，使用卜公茶皂素煮漂水洗方便，可省去两道水洗，并且可省酸洗和除氧工序，可节省用水及其他能源。

⑥ 卜公茶皂素是单一型助剂煮漂，可有效地保证纱线中不含有 APEO 等其他有害的化学元素，有利于筒纱产品生产绿色织物，实现了纺织品生态环保化的安全出口。

8.2.6　针织物前处理卜公茶皂素工艺

8.2.6.1　东渡公司纯棉针织物卜公茶皂素前处理的应用[24]

纯棉针织物碱氧前处理工艺，通常采用烧碱、双氧水、精练剂、氧漂稳定剂、螯合剂等多种助剂，由于助剂的品种多，漂液的 pH 值较高、工艺时间长、造成织物失重率高、纤维易受损、降强较大、手感粗硬，水洗次数多、能耗高。使用烧碱漂后的残液 pH 值、COD 值高，加重了污水处理负担。

随着"十二五"对印染行业环境要求的提高，越来越多的企业认识到节能降耗的重要性，这也使得开发"简、短、省"的前处理工艺成为一种必然趋向。卜公茶皂素作为一种性能优异的表面活性剂改性物，用作纯棉针织物的前处理，可快速除去油脂、蜡质及杂质，对纤维不损伤，对设备不腐蚀，同时可增加织物精练白度，使坯布的练漂在同一设备、同一处理液、同一工艺中完成，在无需添加烧碱、双氧水和其他助剂的情况下，实现了生态环保化一浴法前处理。江苏东渡纺织集团采用卜公茶皂素在传统溢流染色机与冷轧堆设备上，开发出了"纯棉针织物简、短、省的前处理工艺"，本文就"简、短、省"前处理工艺与传统碱氧工艺进行了对比研究，得知使用卜公茶皂素单一助剂，即能达到针织物前处理质量要求，而且在织物强降、手感等指标上均优于传统碱氧前处理工艺。

（1）试验材料　32S/2 普梳汗布。

（2）试验药品及仪器　烧碱、双氧水（27.5％）、氧漂稳定剂、精练剂、去油剂。

卜公茶皂素、茶皂素分散液。

电子天平、pH 计、小样染色机、轧液机、脱水机、小样汽蒸箱、烘箱、DataColor 测色配色仪、毛效测试仪、强力测试仪。

（3）试验工艺

① 小样溢流染色机前处理工艺

a. 碱氧前处理处方：

烧碱/(g/L)	4
双氧水/(g/L)	5
氧漂稳定剂/(g/L)	1
渗透精练剂/(g/L)	2
去油剂/(g/L)	2

b. 茶皂素前处理处方：

卜公茶皂素/(g/L)	5
茶皂素分散液/％（o. w. f)	2

② 工艺流程

a. 碱氧前处理工艺流程：

碱氧练漂→水洗→过酸→热水洗→水洗除氧→染色

b. 卜公茶皂素前处理工艺流程：

卜公茶皂素练漂→热水洗→水洗→染色

③ 冷轧堆前处理工艺

a. 碱氧前处理工艺处方：

烧碱/(g/L)	50
双氧水/(g/L)	50
氧漂稳定剂/(g/L)	10
渗透精练剂/(g/L)	15
去油剂/(g/L)	10

b. 茶皂素前处理工艺处方：

卜公茶皂素/(g/L)	50

茶皂素分散液/%	4

c. 碱氧前处理工艺流程：

两浸两轧（带液率约100%）→冷堆→热水洗→过酸→水洗→染色

两浸两轧（带液率约100%）→冷堆→汽蒸→水洗→过酸→水洗→染色

d. 卜公茶皂素前处理工艺流程：

两浸两轧（带液率约100%）→冷堆→热水洗→水洗→染色

两浸两轧（带液率约100%）→冷堆→汽蒸→温水洗→水洗→染色

（4）试验结果与讨论

① 前处理后织物布面情况与白度　在小样溢流染色机与冷轧堆设备上，碱氧前处理与卜公茶皂素前处理后的织物布面情况和白度比较，如表8-58、表8-59所列。

表8-58　小样溢流染色机前处理后布面效果与白度对比

项目	碱氧前处理后布样	卜公茶皂素前处理后布样
布面质量	很好,无杂质残留	很好,无杂质残留
CIE白度	73.64	70.41

表8-59　冷轧堆前处理后布面效果与白度对比

项目	碱氧前处理后布样		卜公茶皂素前处理后布样	
	工艺流程①	工艺流程②	工艺流程①	工艺流程②
布面效果	很好,无杂质	很好,无杂质	很好,无杂质	很好,无杂质
CIE白度	78.64	76.23	76.10	75.38

在小样溢流染色机和冷轧堆工艺前处理后，结果表明，卜公茶皂素前处理的布样，可达到原碱氧前处理同等的布面效果，杂质去除干净；白度上低于碱氧前处理工艺，但二者相差不是很大；从CIE白度值来看，卜公茶皂素冷轧堆工艺织物白度值，略高于小样溢流染色机前处理后的织物白度，由于卜公茶皂素优异的渗透性，更适于做针织物的冷轧堆前处理工艺。

② 前处理织物损耗与强力对比　在小样溢流染色机与冷轧堆设备上，碱氧前处理工艺与卜公茶皂素前处理工艺后，织物的损耗和强力比较分析，如表8-60、图8-13所示。

表8-60　小样溢流染色机前处理织物损耗与强力对比

项目	碱氧前处理后布样	卜公茶皂素前处理后布样
织物损耗/%	4.42	3.83
顶破强力/N	565.5	617.1

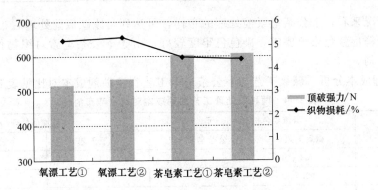

图8-13　冷轧堆前处理织物损耗与强力对比

由图 8-13 可知,无论是小样溢流染色机还是冷轧堆设备上,卜公茶皂素前处理后的织物损耗均低于碱氧前处理工艺,这对减少染整加工过程原料的损耗、降低生产成本具有十分积极地意义;由于卜公茶皂素对织物的作用相对柔和,而碱氧前处理工艺中高碱、高双氧水对织物纤维具有很大的损伤,故处理后织物的顶破强力明显低于卜公茶皂素前处理后的布样。

③ 前处理织物毛效与手感 在小样溢流染色机与冷轧堆设备上,碱氧前处理与卜公茶皂素前处理后织物毛效和手感比较,如表 8-61、表 8-62 所列。

表 8-61 小样溢流染色机前处理织物毛效与手感对比

项目	碱氧前处理	卜公茶皂素前处理
毛效/(cm/30min)	10~13	11~15
手感	较硬板	较柔软

表 8-62 冷轧堆前处理织物毛效与手感对比

项目	碱氧前处理布样		卜公茶皂素前处理布样	
	工艺流程①	工艺流程②	工艺流程①	工艺流程②
毛效/(cm/30min)	12~14	10~12	13~15	11~14
手感	较硬板	较硬板	较柔软	较柔软

由表 8-61、表 8-62 可知,碱氧前处理工艺与卜公茶皂素前处理工艺,毛效均能达到针织物染色加工的要求,卜公茶皂素前处理后织物的毛效为 11~15cm,略好于传统碱氧工艺处理后织物的 10~13cm;传统氧漂前处理后织物的手感较硬板,而卜公茶皂素前处理对织物手感有所改善,较为柔软。

④ 前处理织物的染色效果 为分析原碱氧前处理工艺与卜公茶皂素前处理工艺对染色结果的影响,分别取冷轧堆工艺碱氧前处理和卜公茶皂素前处理后的布样进行染色,颜色为翠蓝和绿色,各布样染色鲜艳度、色牢度与布面情况见表 8-63。

表 8-63 碱氧前处理与卜公茶皂素前处理后布样染色性能对比

颜色		皂洗牢度		摩擦牢度		鲜艳度	布面质量
		原样褪色	白布沾色	干摩擦	湿摩擦		
翠蓝色	碱氧工艺	3~4	4	4	3	鲜艳	得色均匀
	卜公茶皂素	3~4	4	4	3~4	鲜艳	得色均匀
绿色	碱氧工艺	4	4~5	4~5	3~4	鲜艳	得色均匀
	卜公茶皂素	4	4~5	4~5	3~4	鲜艳	得色均匀

从染色情况来看,卜公茶皂素前处理的布样,可达到与原碱氧前处理后布样同等的染色效果,可满足鲜艳颜色染色要求,染色色牢度较好;由于卜公茶皂素对织物作用均匀温和,染色得色亦均匀。

⑤ 前处理成本分析 碱氧工艺与卜公茶皂素工艺直接助剂成本对比见表 8-64。

表 8-64 两种前处理工艺助剂成本对比 (吨布消耗)

助剂名称	溢流染色机前处理/元		冷轧堆前处理/元	
	碱氧工艺	卜公茶皂素工艺	碱氧工艺	卜公茶皂素工艺
烧碱	32		48	
双氧水	92.5		111	
稳定剂	65		78	

助剂名称	溢流染色机前处理/元		冷轧堆前处理/元	
	碱氧工艺	卜公茶皂素工艺	碱氧工艺	卜公茶皂素工艺
精练剂	150		135	
去油剂	93		111.6	
除氧酶	33		33	
醋酸	19		38	
卜公茶皂素	10 元/kg×50	500	10 元/kg×50	500
茶皂素分散液				
助剂成本	484.5	500	554.6	500

从表 8-64 看出,在溢流染色机上进行前处理,碱氧工艺与卜公茶皂素工艺助剂成本相当,卜公茶皂素直接助剂成本略高 15 元每吨布;而在冷轧堆设备上,卜公茶皂素助剂成本低于碱氧前处理工艺 54.6 元每吨布。

表 8-65　两种前处理工艺水电汽能耗成本对比（吨布消耗）

项目名称	溢流染色机前处理/元		冷轧堆前处理/元	
	碱氧工艺	卜公茶皂素工艺	碱氧工艺	卜公茶皂素工艺
用水	175	105	105	70
用电	16	12	16	8
用汽	100	100	40	40
水电汽成本	291	217	161	118
节省成本		74		43

从表 8-65 看出,在溢流染色机上,卜公茶皂素前处理工艺的水、电、汽综合成本较低,可节约成本每吨布 74 元;在冷轧堆前处理工艺上,卜公茶皂素可节约成本每吨布 43 元,在水电汽能耗成本上有明显的优势。无论是在溢流染色机还是冷轧堆设备上,卜公茶皂素前处理工艺的用水、用电量都较碱氧工艺低,这在无形中减轻了企业的环境压力和负担。

同时,由于卜公茶皂素前处理工艺"简、短、省",极大地提高了企业生产效率,缩短了生产流转时间,使得企业单位时间产值明显增加,市场竞争力增强。

（5）试验结论

① 卜公茶皂素前处理后的织物质量指标,可达到针织物产品加工要求,适用于溢流染色机及冷轧堆设备工艺,处理后织物布面杂质去除干净,白度与传统碱氧工艺接近。

② 卜公茶皂素处理后的织物损耗和强降优于原碱氧前处理工艺;并且可赋予织物更好的毛效和更柔软的手感。

③ 卜公茶皂素前处理后的布样,可达到与碱氧前处理后布样同等的染色效果,而且可满足鲜艳颜色染色要求,染色色牢度较好;由于卜公茶皂素对织物作用均匀温和,染色得色亦均匀。

④ 纯棉针织物卜公茶皂素前处理工艺"简、短、省",综合生产成本低于传统碱氧前处理工艺,减轻了企业环境压力和负担,提高了企业的生产效率,使得企业市场竞争力明显增强。

8.2.6.2　精胜公司卜公皂素在针织物前处理的应用[25]

上海精胜印染有限公司,主要生产针织物出口产品,在原前处理工艺中,一般都采用碱氧（烧碱、双氧水、化学助剂）煮漂工艺,也试用过精练酶煮漂工艺。但因烧碱、双氧水、化学助剂用量大,水、电、蒸汽消耗量多,废水排放 COD 浓度高。为了满足环保要求,投入了大量的人力、财力，也购买了先进的污水处理设备。但强碱煮练、双氧水漂白工艺的废水 COD 浓度高一直是难以解决的问题，使用精练酶工艺时，要加入更多的双氧水配合，极易发生纤维脆化，生成破洞造成废品，后果严重。

对卜公茶皂素进行了反复的试验和对比，发现织物经卜公茶皂素处理后，强度不受损伤，失重率下降，得色率、鲜艳度增加，并有茶皂素特有的爽滑滋润手感。特别是由于卜公茶皂素中不含有烧碱，即容易水洗，又免纤维损伤，使工艺流程大大缩短，节省了水、电、蒸汽，降低了 COD 浓度（由原先 1000mg/L 左右达到 500～600mg/L），效益相当可观。

织物采用卜公茶皂素前处理工艺，可免加烧碱、双氧水，在其他工艺条件不变的情况下，达到了原传统工艺的前处理技术要求，这样使工艺操作更为简便，质量更加得以有效控制。在尽量减少或不用化学品的同时，有利于减低 COD 浓度，可降低化学品用量（原工艺使用烧碱等化学晶合计为：16.5g/L，使用卜公茶皂素仅 5～7g/L 就好（染中、深色时卜公茶皂素用量 3g/L 就能满足前处理质量要求），可减少一个除氧工序、一次水洗用水。

（1）碱氧工艺、精练酶工艺、卜公茶皂素工艺及成本对比　见表 8-66～表 8-68。

表 8-66　工艺直接助剂成本（百千克坯布的助剂用量及成本）

助剂名称	用量/(g/L)	单价/(元/kg)	小计/元	助剂名称	用量/(g/L)	单价/(元/kg)	小计/元
纯碱	4	1.5	6	除氧酶	0.5	26	13
27%双氧水	6	2.2	13.2	防针洞剂	2	9.5	19
精练剂	2	9.0	18	HAc	0.5	4	2
大苏打	0.5	2	10	助剂成本	—		84.2
双氧水稳定剂	0.5	6.0	3				

表 8-67　精练酶工艺直接助剂成本（百千克坯布的助剂用量及成本）

助剂名称	用量/(g/L)	单价/(元/kg)	小计/元	助剂名称	用量/(g/L)	单价/(元/kg)	小计/元
精练酶	3	8.0	24	除氧酶	0.5	26	13
双氧水	6	2.2	13.2	防针洞剂	2	9.5	19
精练剂	1	9	9	助剂成本	—		81.2
双氧水稳定剂	0.5	6	3				

表 8-68　卜公茶皂素工艺直接助剂成本（百千克坯布的助剂用量及成本）

助剂名称	用量/(g/L)	单价/(元/kg)	小计/元	助剂名称	用量/(g/L)	单价/(元/kg)	小计/元
卜公茶皂素	5	10	50	精练剂	1	9	9
防针洞剂	1	9.5	9.5	助剂成本	—		68.5

（2）节能减排能源成本对比　见表 8-69。

（3）前处理产品质量及技术数据对比　见表 8-70。

（4）对比结果　卜公茶皂素，可以有效地替代传统精练漂白工艺中使用的各种助剂，一般织物不必添加烧碱、双氧水及其他各种化学助剂，特殊织物使用极少的精练剂配合，就能获得较好白度和毛效，适用于棉、涤、混纺等织物的精练、脱脂、除杂和漂白的一次性前处理，织物强力损伤及失重率均小于原传统工艺，使用简单安全，不含 APE0 等任何有害化学元素，不但降低废水处理费用，而且 COD 浓度可由原先 1000mg/L 左右达到 500～600mg/L。在节水、节电、节省蒸汽的同时，降低了工人劳动强度，降低了综合生产成本，符合生产要求，符合环保要求。

表 8-69 水、电、蒸汽等能源成本对比

(百公斤坯布的能源用量及成本)

能源成本	原碱氧工艺	能源成本	卜公茶皂素工艺	能源成本
用汽	60min×0.3t	0.3t×200 元/t＝60 元	45min×0.2t	0.2t×200 元/t＝40 元
用电	60min×10kW·h	10kW·h×0.8 元/(kW·h)＝8 元	45min×8kW·h	8kW·h×0.8 元/(kW·h)＝6.4 元
用水	3t×5 元/t	3t×5 元/t＝15 元	2t×5 元/t	2t×5 元/t＝10 元
累计		83 元/百公斤布		56.4 元/百千克布
节省		//		26.4 元
排污费用	1. 使用卜公茶皂素后水洗方便，可省去一道水洗，并且不用除氧工序，可节省用水及能源；2. COD 浓度比原工艺降低一半以上，在降低废水排放量的同时，大幅度减轻了排污费用的负担			

表 8-70 理化指标及效果对比

项 目	原碱氧工艺	精练酶工艺	卜公茶皂素工艺
白度	70～75	70～75	70～75
毛效/(cm/30min)	6～12	5～10	6～16
除杂质(棉籽、蜡质、油脂等)	除净	除净	除净
失重率/%	4～6	5～8	2～3
强力损伤/%	13～16	15～18	4～5

8.2.7 机织物前处理卜公茶皂素工艺

8.2.7.1 茶皂素在棉织物前处理中的应用[26]

2009 年在"能源杯"印染行业节能减排技术交流会上，茶皂素作为一种用于棉织物退煮漂一浴法前处理工艺的新型助剂被隆重推出，其具有取代常规退煮漂三步法中使用的烧碱和双氧水、缩短工艺流程、减少水和能源的消耗、降低废水中 BOD 和 COD 排放等特点，是实现低碳时代棉织物前处理工艺高效、节能、环保的有效途径，并且引起了印染行业的广泛关注。

本文采用退煮漂一浴法前处理工艺对复合茶皂素的作用机理、应用效果和可操作性进行了研究和论证，为茶皂素短流程前处理工艺的推广进一步提供参考。

(1) 试验

① 材料、药品和仪器

材料：18.2tex×18.2tex＋19.5texD 551 根/10cm×315 根/cm 纯棉斜纹。

药品：27.5%双氧水（邢台福润德化工），30%氢氧化钠溶液（冀衡化学股份公司），双氧水稳定剂（石家庄环城生物），YS198 精练剂（邢台福润德化工），JFC 耐碱渗透剂（石家庄联邦科特化工），纯品茶皂素（新沂市飞皇化工有限公司），复合茶皂素（商品名卜公茶皂素）。

仪器：玻璃棒，烧杯，温度计，量筒，铝锅，电子天平（温州市大荣仪器），均匀小轧车（厦门瑞比公司），WD80 白度仪（东莞市威顿试验设备有限公司），YGB871 型毛细管效应测定仪（温州市大荣纺织仪器），YGB026E-250 型电子织物强力仪（温州市大荣纺织仪器）。

② 工艺流程及处方　浸轧（多浸多轧，温度 50℃）→汽蒸（95～100℃，60min）→热水（100℃）洗→冷水洗→烘干。

a. 常规碱氧处方（g/L）

GJ-101 双氧水稳定剂　　　　　　　4

30％氢氧化钠溶液	30	
YS198 精练剂	6	
JFC 耐碱渗透剂	5	
27.5％双氧水	12	

b. 茶皂素处方（g/L）

GJ101 双氧水稳定剂	4
YS198 精练剂	6
JFC 耐碱渗透剂	5
复合茶皂素	40

以上两种工艺的区别，在于后者用卜公茶皂素代替了前者中的双氧水和烧碱。

（2）半制品检验方法

① 白度：将处理后的棉布折叠成8层（织物纹路方向尽可能一致，并保持平整），测量3个不同部位取三次白度的平均值。

② 毛效：按 FZ/T 01071—1999 标准。

③ 强力：按 ASTM D50535—96 标准（条样法）。

（3）纯品茶皂素与复合茶皂素对比分析

① 理化性质对比　纯品茶皂素图 8-14（a）是淡黄色无定形粉末，容易飘浮在空气中刺激鼻黏膜，难溶于冷水，但加热后易溶解于水中，其水溶液呈茶褐色，pH 值为 5～7。复合茶皂素图 8-14（b）是白色固体小颗粒，也不溶于冷水，加热会逐渐溶解，其水溶液呈强碱性，pH 值为 13～14。

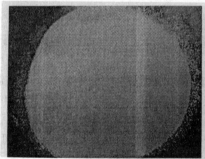 

(a)纯品茶皂素　　　　　　　　　(b)复合茶皂素

图 8-14　不同茶皂素的电镜成像

② 一浴法前处理试验对比　按照（1）.②的工艺流程和处方，分别用两种茶皂素做汽蒸退煮漂一浴法前处理试验，结果见表 8-71。

表 8-71　纯品茶皂素与复合茶皂素的半制品检测结果

工艺	白度			毛效/cm			强力/N		
纯品茶皂素工艺	51.5	51.5	51.4	6.8	6.9	6.1	356	368	373
复合茶皂素工艺	84.3	85.7	86.3	8.9	9.3	8.6	412	398	406

由表 8-71 测得的数据证明：纯品茶皂素处理的坯布在白度、毛效、强力三方面都远不如复合茶皂素。这说明复合茶皂素中所包含的各类物质分别起着不同的作用，只有将各种成分分析出来，才能研究复合茶皂素在前处理中的作用机理。

（4）复合茶皂素的作用机理探讨　复合茶皂素中含有纳米 TiO_2、茶皂素和甲壳糖等物质。上述对比分析表明，复合茶皂素中含有强碱性物质与漂白性物质。

① 鉴定复合茶皂素中漂白性物质　在复合茶皂素水溶液中加入二氧化锰，发生如下反

应：$H_2O_2 \longrightarrow 2H_2O + O_2 \uparrow$（$MnO_2$ 催化）收集反应产生的气体可以使带火星的木条复燃。这说明复合茶皂素中含有双氧水。双氧水与碳酸钠在一定条件下生成过碳酸钠，俗称固体双氧水。这种物质是白色固体颗粒，溶于水后分解出双氧水，从而起到漂白作用。

在复合茶皂素溶液中加入氯化钡，出现沉淀，加盐酸后沉淀又消失，说明复合茶皂素溶液中含有碳酸根离子，从而进一步证明复合茶皂素中含有的漂白物质是过碳酸钠。其化学反应式为：

$$Ba^{2+} + CO_3^{2-} =\!=\!= BaCO_3\downarrow$$

$$2H^+ + CO_3^{2-} =\!=\!= CO_2\uparrow + H_2O$$

② 鉴定复合茶皂素中的甲壳糖 甲壳糖是甲壳质或壳聚糖降解的产物，是由乙酰氨基葡萄糖或氨基葡萄糖通过 1,4 糖苷键连接起来的低聚合度水溶性糖类。甲壳糖分子含有氨基和羟基，可以发生盐析。根据盐析这一性质，在复合茶皂素溶液中加入一定量的食盐，有沉淀产生（图 8-15），据此初步判定复合茶皂素中含有甲壳糖。过滤沉淀，取其上层清液备用。

图 8-15 盐析出的沉淀——甲壳糖

用盐析后的茶皂素清液与复合茶皂素做前处理对比试验，试验数据见表 8-72。

表 8-72 盐析后茶皂素与复合茶皂素的半制品检测结果

工　艺	白度			毛效/cm	强力/N
复合茶皂素工艺	85.6	83.9	84.4	9.7	420
盐析后茶皂素工艺	84.3	83.7	83.8	8.6	415

由表 8-72 在前处理应用中，盐析后茶皂素处理织物的毛效低于复合茶皂素的，而白度与强力相差不大。这说明甲壳糖在前处理中可以提高织物的吸湿性。

③ 鉴定复合茶皂素中的纳米 TiO_2 纳米 TiO_2 无毒，化学性质很稳定，常温下几乎不与其他物质（氧、硫化氢、二氧化硫、二氧化碳和氨）发生反应，也不溶于水、脂肪酸和其他有机酸及弱无机酸，微溶于碱和热硝酸，是一种偏酸性的两性氧化物。只有在长时间煮沸条件下才能完全溶于浓硫酸和氢氟酸，而 TiO_2 与浓硫酸反应生产 $TiOSO_4$ 沉淀，其反应方程式如下：

$$TiO_2 + H_2SO_4 =\!=\!= TiOSO_4\downarrow + H_2O$$

在盐析后的茶皂素中加入浓硫酸，搅拌，结果有白色絮状物产生（图 8-16）这说明复合茶皂素中含有 TiO_2。

④ 复合茶皂素的作用机理探讨 通过以上对复合茶皂素成分的分析，可以基本判定复合茶皂素的作用机理。

a. 过碳酸钠的作用 过碳酸钠在水溶液中的情况可用如下方程表示：

$$2Na_2CO_3 \cdot 3H_2O_2 =\!=\!= 2Na_2CO_3 + 3H_2O_2$$

$$H_2O_2 =\!=\!= H_2O + [O]$$

从上述化学方程式可知，过碳酸钠兼有漂白性和碱性双重性质，很适合应用于棉织品的煮漂工艺。

b. 甲壳糖的作用 根据试验，甲壳糖在前处理中可以提高织物的吸湿能力，并且从理

图 8-16 白色沉淀——TiOSO₄ 沉淀

论上讲，甲壳糖具有吸附絮凝作用，既可以通过络合吸附前处理液中的金属离子从而起到漂白稳定剂的作用，又可以将织物上的浆料等杂质絮凝包围起来起到防止二次上浆污染。

c. 纳米 TiO₂ 的作用 纳米级二氧化钛特殊的催化、清除甲醛等杂质、杀菌抑菌、吸收远红外线、屏蔽紫外线等作用，使其在包括纺织印染行业在内的多种领域中有着广泛的应用。另外，TiO₂ 既有高的反射率又有高的不透明度和白度，所以推测在前处理过程中加入 TiO₂ 是用来提高棉织物的白度和光泽度，并有利于杂质的清除。

d. 纯品茶皂素的作用 因为纯品茶皂素特殊的化学结构，使其在乳化、分散、湿润、发泡、稳泡、去污等方面具有良好的活性，是一种性能优良的天然表面活性剂。所以，纯品茶皂素在印染前处理中可以大大提高棉纤维的吸水能力，去除织物污垢，提高织物光泽和手感。

（5）各工艺参数对复合茶皂素一浴法工艺的影响

① 茶皂素浓度对工艺的影响 茶皂素用量是影响棉织物前处理效果的主要因素之一，分别选取 10g/L，20g/L，30g/L，40g/L 和 50g/L 茶皂素，考察茶皂素用量对前处理效果的影响，结果见表 8-73。

表 8-73 茶皂素浓度对工艺的影响

项 目	1 号	2 号	3 号	4 号	5 号
茶皂素浓度/(g/L)	10	20	30	40	50
白度	78.3	79.3	82.8	83.5	83.8
毛效/cm	7.3	7.4	10.1	10.0	9.7
强力/N	397	415	422	431	407

由表 8-73，随着茶皂素浓度的增加，棉织物的白度、毛效和强力也有所增加。根据表 8-73 中数据变化情况，选取茶皂素用量为 40g/L 较佳。

② 汽蒸时间对工艺的影响 在茶皂素用量为 40g/L 时，分别选取汽蒸时间为 40min，50min 和 60min，考察其对前处理效果的影响，结果见表 8-74。

表 8-74 汽蒸时间对工艺的影响

项 目	1 号	2 号	3 号
汽蒸时间/min	40	50	60
白度	82.5	83.3	83.7
毛效/cm	8.7	9.3	9.8
强力/N	417	430	428

由表 8-74 可知，随着汽蒸时间的变化，织物的白度、毛效和强力变化不是很大。因此，汽蒸时间选在 50～60min 范围内均可。

③ 精练剂对工艺的影响 在试验过程中发现，用茶皂素工艺对棉织物进行前处理时，其对油污的处理效果不是很好，于是在此工艺中加入精练剂，以期达到更好的前处理效果。在茶皂素配方中加入精练剂进行试验，结果见表 8-75。

表 8-75 精练剂对工艺的影响

项 目	1号	2号	3号	4号
精练剂/(mL/L)	2	4	6	8
白度	83.3	83.1	82.8	83.8
毛效/cm	9.7	9.8	11.1	11.0
强力/N	428	419	412	406

由表 8-75，精练剂的加入提高了织物的毛效，进一步去除了残余浆料、油污以及棉纤维上的伴生物，能够得到更好的前处理效果。根据表 8-75 数据的变化情况，选择精练剂用量为 6mL/L。

④ 双氧水稳定剂对工艺的影响　在茶皂素工艺配方中加入双氧水稳定剂进行试验（配方含有精练剂），从而确定其对前处理是否有影响，结果见表 8-76。

表 8-76 双氧水稳定剂对工艺的影响

项 目	1号	2号	3号	4号
稳定剂/(mL/L)	2	3	4	5
白度	84.3	84.3	86.8	86.6
毛效/cm	10.9	10.6	9.9	11.2
强力/N	420	405	414	397

由表 8-76，双氧水稳定剂的加入有效地提高了织物白度，用量以 4mL/L 为宜。

通过以上试验得出复合茶皂素汽蒸退煮漂一浴法工艺的处方：茶皂素 40g/L、JFC 耐碱渗透剂 5g/L、YS198 精练剂 6mL/L、GJ101 双氧水稳定剂 4mL/L。用此处方与烧碱双氧水一浴法工处方进行对比。

（6）复合茶皂素与常规碱氧工艺的半制品检测结果对比　见表 8-77。

表 8-77 复合茶皂素与常规碱氧工艺的半制品检测结果对比

工艺	白度			毛效/cm			强力/N		
茶皂素工艺	86.7	86.1	85.4	8.8	9.5	9.3	430	425	417
烧碱双氧水工艺	84.3	84.7	83.3	8.9	9.3	8.6	422	398	416

注：每一种工艺做三次试验，测得的白度、毛效和强力数据。

由表 8-77 通过白度、毛效和强力的试验对比，可以看出复合茶皂素用于前处理的效果稍好于烧碱双氧水工艺。

（7）结论

① 卜公茶皂素是一种复合茶皂素　其中含有固体双氧水及碱剂，可替代传统的烧碱和双氧水用于棉织物退煮漂一浴法前处理工艺中，其前处理效果好于传统的碱氧工艺，并且具有以下优点：

a. 减少烧碱和双氧水的用量；

b. 有效保护织物，减少纤维损伤；

c. 工艺简单，操作方便；

d. 所含各种成分无毒无害，有利于前处理的清洁生产。

② 卜公茶皂素汽蒸退煮漂一步法的优化处方为（g/L）

卜公茶皂素 40

GJ101 双氧水稳定剂	4
YS198 精练剂	6
JFC 耐碱渗透剂	5

③ 卜公茶皂素汽蒸退煮漂一步法工艺流程　浸轧（多浸多轧，温度50℃）→汽蒸（95～100℃，50～60min）→热水（100℃）洗→冷水洗→烘干。

④ 卜公茶皂素退煮漂汽蒸一步法工艺属于短流程前处理，在实际生产操作中要注意：

a. 工作液对织物要充分渗透，除选用高效渗透剂，还要选用专用高给液设备；

b. 汽蒸之前对织物进行1min以上的预蒸，有利于减少压皱印的产生和提高煮练效果；

c. 汽蒸之后要强化水洗条件，水洗温度控制在95℃，并且在第一个水洗槽内加入适量纯碱和精练剂；

d. 对于厚重或含浆重的织物可以预先进行退浆处理。

8.2.7.2　卜公茶皂素涤棉织物前处理短流程工艺[27]

涤棉机织物的染整前处理要求去杂要净，白度纯正、毛效要高。但由于其组织结构紧密，且棉纤维上的天然杂质不易充分去除，尤其是PVA浆料难以除净，影响到织物的染色性能。传统工艺为了保证加工质量，普遍采用退、煮、漂分步加工和提高烧碱、双氧水及化学助剂用量的前处理加工方法，这样不仅工艺路线长，而且烧碱、双氧水、化学药品用量大、能耗高，污水排放量大。为此，采用卜公茶皂素，对该类织物进行了高效短流程前处理工艺探讨。结果表明，该工艺不仅工艺路线短，能耗低，用水少，而且去杂净，白度高、毛效好，达到了既能提高产品加工质量，又符合节能减排要求的目的。

（1）卜公茶皂素的应用和成本　应用卜公茶皂素，可利用原设备，将强碱蒸煮和漂白工艺合为一道工序，并且用卜公茶皂素替代烧碱和双氧水，在其他工艺条件均不变的情况下，在同一设备，同一处理液，同一工艺中完成，达到了前处理技术要求，这样使工艺操作更为简便，质量更加得以有效控制。生产操作时可减少使用3～5只水洗箱，只用一个汽蒸箱（气蒸时间2～3min即可），使工艺流程大大缩短，仅此一项即每天可免加烧碱5t，节省蒸汽40.66t/24h；节省用电500kW·h；节约用水305t，效益相当可观。

（2）卜公茶皂素生产应用工艺

① 工艺处方：卜公茶皂素50g/L，茶皂素分散液5g/L。

② 使用设备：快速煮漂机（改进型）。

③ 工艺流程：浸轧（多浸一轧）卜公茶皂素工作液→汽蒸102℃（2～3min）→5～6格热水洗（90～95℃）→烘干→落布。

（3）卜公茶皂素与原碱氧工艺对比　以 T/C 65/35 20×16×120×60×63"涤纱卡为例如表8-78所列。

理化指标对比如表8-79所列。

卜公茶皂素与精练酶碱氧一步法工艺的理化指标对比如表8-81所列。

（4）总结

① 卜公茶皂素可替代烧碱、双氧水用于涤棉机织物前处理，织物经卜公茶皂素处理后，其白度、毛效和强力等指标均达到半成品要求，并好于原碱氧工艺和精练酶。

② 由于卜公茶皂素不使用烧碱和双氧水，避免了纤维损伤，纤维强度增强，拉伸和撕破强度均高于原常规练漂工艺，同时避免了面料发生履带堆置印及钙斑等疵病。

表 8-78　卜公茶皂素与碱氧工艺对比

工艺	名称	用量	单价	单位成本/(元/km)
卜公茶皂素工艺	卜公茶皂素	50g/L	10.00 元/kg	137.00
	茶皂素分散液	5g/L	含在茶皂素中	—
	电	10.6kW·h/km	0.69 元/(kW·h)	7.31
	水	1.1t/km	2.1 元/t	2.31
	蒸汽(汽蒸 2min)	0.61t/km	198 元/t	120.78
	总计	—	—	267.4
原碱氧二步法工艺	烧碱	25g/L	2.2 元/kg	15.27
	双氧水 100%	5g/L	6.76 元/kg	8.83
	渗透剂	4g/L	7.0 元/kg	7.78
	精练剂	10g/L	4.5 元/kg	12.5
	电	24.6kW·h/km	0.69 元/(kW·h)	16.97
	水	1.66t/km	2.1 元/t	3.49
	蒸汽	汽蒸 105min,用汽 1.286t/km	198 元/t	254.63
	总计	—	—	319.47

表 8-79　两种工艺的理化指标对比

项目	拉伸强力/N		白度/%	毛效/(cm/3min)	克重/(g/m²)
	纬	纬			
白坯	1828.5	877.4			264.5
原碱氧工艺	1590.6	763.8	72.28	9.7	248.3
卜公茶皂素工艺	1610.6	781.2	72.82	10.2	251.2

注：1. 由表 8-78 可知，每生产 1000m 布可节约蒸汽 0.676t，轧余率 100%。

2. 由表 8-78 可知，织物经卜公茶皂素处理，白度和毛效较原碱氧工艺好，强力损伤低于传统烧碱煮漂工艺。

3. 生产成本较原碱氧工艺减低 52.07 元/km，从缩短工艺流程，操作便捷，节省气蒸时间及生态环保等方面，仍具有一定的优势，且该工艺一等品率高，杜绝原工艺履带印等疵品。

表 8-80　卜公茶皂素与精练酶工艺对比

工艺	名称	用量	单价	成本/(元/km)
卜公茶皂素工艺	卜公茶皂素	50g/L	10.00 元/kg	137
	茶皂素分散液	5g/L	含在茶皂素中	—
	电	10.6kW·h/km	0.69 元/(kW·h)	7.31
	水	1.1t/km	2.1 元/t	2.31
	蒸汽	0.61t/km	198 元/t	120.78
	总计	—	—	267.4
精练酶碱氧一步法工艺	烧碱	25g/L	2.2 元/kg	15.27
	精练酶	20g/L	9.5 元/kg	52.78
	双氧水 100%	8g/L	6.36 元/kg	14.13
	渗透剂	4g/L	7 元/kg	7.78
	电	17.2kW·h/km	0.69 元/(kW·h)	11.87
	水	1.23t/km	2.1 元/t	2.58
	蒸汽	汽蒸 45min,0.878t	198 元/t	173.84
	总计			278.25

③ 实现了高效短流程，缩短了工艺时间，减少了水、电、蒸汽使用，废水容易处理且排量明显减少。

④ 操作简单，使用安全，储备方便，既可节能减排又能降低成本，尤其是在前处理实现清洁化生产等方面，具有一定的优势。

表 8-81 两种工艺的理化指标对比

项目	拉伸强力/N		白度/%	毛效/(cm/30min)	克重/(g/m²)
	纬	纬			
白坯	1828.5	877.4	—	—	182.3
精练酶工艺	1592.55	765.8	73.25	8.2	177.2
卜公茶皂素工艺	1610.6	781.2	76.50	9.2	183.4

注：1. 由表 8-81 可知，经卜公茶皂素工艺处理后，织物白度、毛效、强力均好于精练酶工艺。

2. 生产成本分析，卜公茶皂素工艺生产成本较精练酶工艺低 10.85 元/km，生产工艺简单方便，尤其是不用烧碱、不用双氧水，避免了棉纤维脆化和履带堆置印，保证了产品质量的同时又并且缩短了工艺流程。

8.2.7.3 稽山公司棉织物茶皂素前处理工艺[28]

（1）材料、药品与设备、织物规格

① 织物规格：

a. 134cm 36.8tex×（36.8tex＋36.8tex）棉罗纹布

b. 165cm 36.8tex×（36.8tex＋7.7tex）276 根/10cm×161 根/10cm 棉强力纱卡

c. 163cm 9.8tex×9.8tex 354 根/10cm×346 根/10cm 棉府绸

d. 180cm 18.4tex×（18.4tex＋4.4tex）713 根/10cm×415 根/10cm 全棉强力破卡

e. 163cm 5.9tex×5.9tex 173 根/10cm×118 根/10cm 黏/亚麻（70/30）

f. 164cm 42tex×42tex 213 根/10cm×213 根/10cm 亚麻

② 药品：茶皂素 JT-S009（上海金堂轻纺新材料科技有限公司），精练剂 TF-125T，精练酶 T-100，32%NaOH，水玻璃，27.5% H_2O_2，渗透剂和螯合剂（以上为工业级）等。

③ 设备：P.BO 轧车，连续式压吸蒸染试验机 Ps-Js（厦门瑞比公司），Datacolor SF 600 测色配色仪（美国 Datacolor 公司），H5K-L 万能材料试验机（SDL ATLAS 公司），退煮漂联合机，氧漂机，烘箱等。

（2）茶皂素前处理工艺

① 工艺处方（g/L）

茶皂素 JW-S009   20～40

H_2O_2（100%）   8.0～12

精练剂 TF-125T   4

水玻璃   4

② 工艺步骤 浸轧（多浸一轧）→汽蒸（100℃×45min）→热水洗（95℃）→热水洗（60℃）→水洗→烘干

（3）性能测试 拉伸强力按 ASTMD 5034—2003《纺织品断裂及延伸性能测试》测定。白度采用 Datacolor SF 600 测色配色仪测定。毛效为 30min 内水沿织物经向上升的高度（cm）。

（4）结果与讨论

① 茶皂素 JT-S009 用量对前处理效果的影响 茶皂素 JT-S009（以下简称茶皂素）用量是影响织物前处理效果的主要因素之一，选取 20，30 和 40g/L 茶皂素，10g/L H_2O_2，考察茶皂素用量对前处理效果的影响（见表 8-82）。

表 8-82 茶皂素用量对前处理效果的影响

茶皂素用量/(g/L)	拉伸强力/N		强力变化/%		白度/%	毛效/(cm/30min)
	经向	纬向	经向	纬向		
20	538.90	315.51	−7.6	15.3	70.86	8.7
30	559.37	321.74	−4.1	17.6	72.22	8.9
40	539.34	328.41	−7.6	20.0	75.14	10.2
白坯	583.40	273.68	—	—	—	—

注：试样为棉罗纹布。

由表 8-82 可知，随着茶皂素质量浓度增加，织物白度、毛效和纬向强力不断提高，而织物经向强力先增大后减少，但较白坯有所降低，强力损失 8.0% 以内。考虑强力损失和成本等因素，取茶皂素用量为 30g/L。

② 双氧水用量对前处理效果的影响　见表 8-83。

表 8-83　双氧水用量对前处理效果的影响

双氧水用量 /(g/L)	拉伸强力/N		白度/%	毛效/ (cm/30min)
	经向	纬向		
8	618.11	356.0	73.22	10.1
10	624.78	374.25	76.77	11.5
12	627.90	367.13	76.18	9.1

注：试样为棉罗纹布，茶皂素 30g/L。

由表 8-83 双氧水用量在 10g/L 时，白度和毛效较高。进一步提高双氧水用量，白度提升并不显著，而毛效有所下降，因此，双氧水用量以 10g/L 为宜。

③ 汽蒸时间对前处理效果的影响　分别选取汽蒸时间 30min、45min 和 60min，考察其对前处理效果的影响，结果见表 8-84。

表 8-84　汽蒸时间对前处理效果的影响

汽蒸时间 /min	拉伸强力/N		白度/%	毛效/ (cm/30min)
	经向	纬向		
30	609.21	336.87	73.96	9.4
45	614.55	328.41	74.43	9.2
60	603.42	346.66	74.20	9.6

注：试样为棉罗纹布，茶皂素用量 30g/L，双氧水 10g/L。

由表 8-84 可知，随着汽蒸时间延长，织物白度和毛效有一定的提高，经向强力先增后降，汽蒸时间以 45～60min 为宜。对于常规织物，汽蒸 45min，织物强力、白度和毛效等指标已达半成品要求；对中厚织物，可适当延长汽蒸时间。

（5）小试半成品的物化指标

茶皂素前处理优化工艺指标

茶皂素/(g/L) 30

H_2O_2/(g/L) 10

精练剂 TF-125T/(g/L) 4

水玻璃/(g/L) 4

汽蒸时间/min 45～60

按上述工艺处方分别对棉强力纱卡、棉府绸及亚麻、黏/亚麻织物进行前处理，结果见表 8-85。

表 8-85　半成品性能指标

织物	坯布拉伸强力/N		半成品拉伸强力/N		白度/%	毛效/ (cm/30min)
	经向	纬向	经向	纬向		
棉弹力纱卡	517.54	—	504.19	—	79.02	9.95
棉府绸	153.53	—	151.75	—	80.84	7.25
亚麻	385.37	446.78	373.90	448.56	25.54	10.40
黏/亚麻	202.48	170.88	206.93	181.12	20.62	12.30

注：亚麻和黏/亚麻汽蒸 60min。

由表 8-85 可知，棉弹力纱卡、府绸织物经茶皂素工艺处理后强力损失较小，白度好，但府绸毛效稍低。这可能是由于其密度较高引起的，可通过碱冷堆、延长汽蒸时间或提高茶皂素用量来改善，因此中试采用预碱冷堆工艺（NaOH 用量 30～40g/L，冷堆 12h）来提高织物前处理效果。亚麻和黏/亚麻织物经茶皂素工艺处理后强力损失较小，毛效较高，但白度值偏低，黏/亚麻表面较亚麻织物存在较多的黄色麻皮，可通过进一步氧漂或氯漂来改善。

（6）中试及生产成本分析

① 茶皂素工艺

a. 茶皂素工艺处方 茶皂素 JT-S009 30g/L，H_2O_2 10g/L，精练剂 TF-125T 4g/L，水玻璃 4g/L。

b. 工艺流程 碱冷堆（12h）→浸轧（多浸一轧，2 次）→汽蒸（100℃×45min）→热水洗（95℃）→热水洗（60℃）→水洗后烘干。

② 烧碱煮漂工艺

a. 煮练（g/L） NaOH 60，精练剂 TF-125T 4，渗透剂 2，螯合分散剂 2 氧漂（g/L）H_2O_2 5，水玻璃 4，精练剂 2，渗透剂 2，螯合分散剂 2

b. 工艺流程 浸轧→煮练汽蒸（100℃×90min）→热水洗（95℃）→水洗→浸轧→氧漂汽蒸（100℃×45min）→热水洗（95℃）→热水洗（60℃）→水洗→烘干。

注：中试选用全棉罗纹布，分别经茶皂素工艺和烧碱煮漂工艺后其性能见表 8-86，成本分析见表 8-87。

表 8-86 茶皂素工艺与烧碱煮漂工艺的对比

项目	拉伸强力/N		强力变化/%		白度/%	毛效/ (cm/30min)	克重 /(g/m²)
	经	纬	经	纬			
白坯	583.40	273.68	—	—	—	—	264.5
烧碱煮漂工艺	606.54	335.98	4.0	22.8	72.28	9.7	225.3
茶皂素工艺	505.52	270.12	−13.3	−1.3	72.82	10.7	225.0

表 8-87 茶皂素工艺与烧碱煮漂工艺成本分析

工艺	名称	用量/(g/L)	价格/(元/kg)	成本/(元/km)
茶皂素工艺	NaOH	40	0.7	8.442
	茶皂素 JT-S009	30	11.5	104.075
	100% H_2O_2	10	3.78	11.416
	精练剂 TF-125T	4	4.5	5.445
	水玻璃	4	0.8	0.968
	电	0.75h	0.69 元/(kW·h)	0.517
	水	1.1L/km	2.1 元/t	2.31
	蒸汽	汽蒸 45min,用 1.58t	14 元/t	22.12
	总计	—	—	155.29
烧碱煮漂工艺	NaOH	60	0.7	12.7
	100% H_2O_2	5	3.78	7.61
	螯合分散剂	4	5.4	8.444
	渗透剂	4	7.68	12.009
	精练剂 TF-125T	6	4.5	7.036
	水玻璃	4	0.8	1.291
	电	2.25h	0.69 元/(kW·h)	1.55
	水	1.6L/km	2.1 元/t	3.36
	蒸汽	汽蒸 135min,4.73t	14 元/t	66.22
	总计	—	—	120.22

注：汽蒸 1h 约耗蒸汽 2.1t，轧余率 100%。

由表 8-86、表 8-87 可知，织物经茶皂素处理，白度和毛效较烧碱煮漂工艺好-而强力略低于传统烧碱煮漂工艺，成本较烧碱煮漂工艺高约 35.07 元/km，但从缩短工艺流程，操作便捷，节省汽蒸时间及生态环保等方面，仍具有一定的优势。

③ 茶皂素工艺

a. 茶皂素工艺处方（g/L）

茶皂素 JT-S009 30，H_2O_2 10，精练剂 TF-125T 4，水玻璃 4

B. 工艺流程　碱冷堆（12h）→浸轧（二浸一轧，2 次）→汽蒸（100℃×45min）→热水洗（95℃）→热水洗（60℃）→水洗→烘干。

④ 酶氧工艺

a. 冷堆工艺处方（g/L）

NaOH 28，100％H_2O_2 14.5，精练剂 TF-125T 4，水玻璃 12，渗透剂 2，螯合分散剂 2

b. 酶氧一浴工艺方（g/L）

H_2O 5，精练酶 T-100 15，水玻璃 5，精练剂 TF-125T 2，渗透剂 2

c. 复漂工艺方/（g/L）

H_2O 3，精练酶 T-100 25

d. 工艺流程　冷堆（24h）→浸轧（二浸一轧，2 次）→酶氧一浴汽蒸（100℃×45min）→热水洗（95℃）→水洗→复漂汽蒸（100℃×40min）→热水洗（95℃）→水洗。

注：织物选用棉强力破卡织物，分别经茶皂素工艺和酶氧工艺处理后，其性能指标见表 8-88，成本分析见表 8-89。

表 8-88　茶皂素工艺与酶氧工艺测试结果对比

项目	拉伸强力/N		强力变化/%		白度/%	毛效/ (cm/30min)	克重 /（g/m²）
	经	纬	经	纬			
白坯	389.28	302.60	—	—	—	—	182.3
酶氧工艺	436.55	308.83	9.6	2.1	73.25	8.2	177.2
茶皂素工艺	443.22	284.36	11.3	−6.0	76.50	9.2	183.4

表 8-89　茶皂素工艺与酶氧工艺成本分析

项目	名称	用量/（g/L）	价格/（元/kg）	成本/元
茶皂素工艺	NaOH	40	0.7	8.11
	茶皂素 JT-S009	30	11.5	99.94
	H_2O_2	10	3.78	10.96
	精练剂 TF-125T	4	4.5	4.39
	水玻璃	4	0.8	1.76
	电	0.75h	0.69 元/(kW·h)	0.517
	水	1.1t/km	2.1 元/t	2.31
	蒸汽	汽蒸 45min,用 1.58t	14 元/t	22.12
	总计	—	—	150.11
酶氧工艺	NaOH	28	0.7	5.86
	H_2O_2	22.5	3.78	24.65
	精练酶 T-100	40	9.5	110.12
	螯合分散剂	2	5.4	3.13
	渗透剂	4	7.68	8.91
	精练剂 TF-125T	6	4.5	7.83
	水玻璃	17	0.8	3.94
	电	1.42h	0.69 元/(kW·h)	0.98
	水	1.6L/km	2.1 元/t	3.36
	蒸汽	汽蒸 85min,2.98t	14 元/t	41.75
	总计	—	—	210.53

由表8-88、表8-89可知，经茶皂素工艺处理后，织物白度和毛效均较酶氧工艺高，强力相当。生产成本分析表明，茶皂素工艺生产成本较酶氧工艺低60.42元/km，且缩短了生产流程。

（7）结论

① 茶皂素可替代烧碱和精练酶用于织物前处理，优化的茶皂素前处理工艺为：30g/L 茶皂素 JT-S009，10g/LH$_2$O$_2$，4g/L 精练剂 TF-125T，4g/L 水玻璃。汽蒸时间45～60min。

② 棉织物经茶皂素工艺处理后，其白度、毛效和强力等指标均达半成品要求；亚麻织物处理后，强力与毛效达半成品要求，但白度值偏低，织物表面仍存在较多黄色麻皮，需通过进一步氧漂或氯漂来改善。

③ 棉织物经茶皂素工艺处理后，白度和毛效较常规烧碱煮漂工艺和酶氧工艺好，强力损失在可控范围内。茶皂素工艺生产成本较烧碱煮漂工艺略高，而较酶氧工艺低，但在缩短工艺流程、操作方便、节省汽蒸、时间和生态环保等方面，具有一定的优势。

8.2.7.4　经纬双弹棉氨织物卜公茶皂素前处理工艺

双弹力织物因良好的弹力性能而受到广大消费者的青睐。双弹力梭织物前处理通常是采用碱氧冷堆工艺，因需烧碱、双氧水量大，化学助剂品种多，除 pH 值较高、工序时间长外，还易使纤维受损，降强大，手感粗糙，残液中 COD 值高，水洗次数多、能耗高。随着国家和社会对环境要求的提高，使得开发一种能耗低、工艺时间短、操作简单的前处理新型工艺成为必然趋势。

本文通过试验，采用卜公茶皂素对双弹力织物前处理工艺进行优化，检测半制品的各项指标及探讨影响半制品质量的因素，对大生产进行模拟，为车间生产提供技术参考[29]。

（1）试验材料

织物：双弹力梭织物（辽宁中基纺织有限公司）

试剂：卜公茶皂素（上海金堂轻纺新材料科技有限公司）

（2）试验设备　蒸锅、JA2003N 型电子天平（上海精密科学仪器有限公司）、WSB-V 智能白度仪（杭州麦哲仪器有限公司）、毛效测定仪等。

（3）测试方法

毛效：参照 FZ/T 01071—1999 纺织品毛细效应试验方法。

白度：折叠八层在不同部位并保持经纬向一致测试四次，取平均值。

（4）试验方案

① 工艺流程及主要工艺条件　浸轧工作液（85～90℃，多浸一轧，轧余率100%～110%，浸渍时间1min）→堆置（2～5h）→热水洗（85～90℃，2～4次）→烘干。

② 工艺处方

a. 卜公茶皂素：40～70g/L

b. 卜公茶皂素：30～50g/L

H$_2$O$_2$（27.5%）：5g/L

③ 卜公茶皂素单一助剂试验　卜公茶皂素是天然非离子型表面活性剂，有很强的快速去除油脂、棉籽壳及杂质能力，故本试验使用卜公茶皂素单一助剂对双弹力织物进行前处理，浓度在40～70g/L，在90℃时浸轧工作液。

本文仅对半制品白度、毛效两个指标衡量前处理质量，试验具体情况见表8-90。

由表8-90可知，随卜公茶皂素浓度的增加，织物的白度和毛效逐渐提高，当浓度在60～70g/L 时，白度和毛效最好，并且增幅已不是很大；随堆置时间的延长，白度和毛效也是逐渐增加。当堆置时间在4～5h 时，织物的白度和毛效都非常理想，能很好地满足染印的要求。表8-90表明，堆置时间差在1h 时，白度和毛效的差距不大，这是因为卜公茶皂素的作用非常缓和，造成短时间内的差距很小，这也为大生产堆置时的打卷创造了有利条件，避免了传统工艺打卷时里外织物堆置时间差的问题，从而克服了整卷织物前后色差的难题。

表 3-90　不同浓度卜公茶皂素对双弹力织物前处理的影响

堆置时间/h	浓度/(g/L)	40	50	60	70
2	白度/%	74.2	74.4	74.7	75.0
	毛效/(cm/30min)	11.8	12.2	13.1	14.3
3	白度/%	74.5	74.9	75.0	75.1
	毛效/(cm/30min)	12.1	12.6	13.4	14.8
4	白度/%	74.7	75.0	75.0	75.2
	毛效/(cm/30min)	12.5	13.3	14.5	15.2
5	白度/%	74.9	75.3	75.3	75.4
	毛效/(cm/30min)	13.0	13.6	15.4	15.8

注：卜公茶皂素分散液的使用量为卜公茶皂素的 6%。

④ 卜公茶皂素配合双氧水试验　卜公茶皂素的 pH 值比较稳定，始终保持在 11～12 之间，能很稳定的让双氧水发挥作用，本试验在双氧水 5g/L、卜公茶皂素浓度 30～50g/L，85℃时浸轧工作液，对半制品白度、毛效两个指标衡量前处理质量，试验具体情况见表 8-91。

表 8-91　不同浓度卜公茶皂素配合双氧水前处理的影响

堆置时间/h	卜公茶皂素浓度/(g/L)	30	40	50
2	白度/%	72.8	73.7	76.6
	毛效/(cm/30min)	12.5	15.2	16.7
3	白度/%	74.5	75.1	76.1
	毛效/(cm/30min)	12.8	15.4	17.1
4	白度/%	74.5	75.2	76.0
	毛效/(cm/30min)	13.2	15.7	17.8
5	白度/%	75.4	76.0	76.0
	毛效/(cm/30min)	13.5	16.2	18.0

注：卜公茶皂素分散液的使用量为卜公茶皂素的 6%。

由表 8-91 可知，在双氧水的配合作用下，随着卜公茶皂素浓度的增加，织物白度和毛效逐渐提高，当卜公茶皂素浓度在 50g/L 时，织物的白度和毛效已经非常好。与表 8-90 相比得出，在配合双氧水的作用下，卜公茶皂素浓度在 40g/L 时就能达到单一使用卜公茶皂素 70g/L 的效果，但是从 COD 值、污水处理、环保等节能因素考虑，建议不要使用双氧水。表 8-306 表明，随着堆置时间的延长，织物的白度和毛效逐渐提高，在堆置 3h 时半制品的各指标均已满足织物染印的需求。

（5）成本分析　应用卜公茶皂素，可利用原设备，并且全部代替烧碱、双氧水及其他化学助剂，在同一设备、同一工作液、同一工艺中完成织物的前处理，操作更为简单，质量更加得以有效控制。生产操作时可减少 3～5 次水洗，缩短 80% 的堆置时间，减少用电。原碱氧工艺中助剂成本在 0.5 元/m 左右，而卜公茶皂素工艺中助剂成本在 0.17～0.28 元/m，比原碱氧工艺节省近一半的成本，显著提高生产效益。

（6）结论

① 在单一使用卜公茶皂素时，工艺为：浸轧工作液（卜公茶皂素 60～70g/L，90℃，一浸一轧，轧余率 100%～110%）→堆置（4～5h）→热水洗（85～90℃，2 次）→烘干。

② 在配合双氧水作用时，工艺为：浸轧工作液（卜公茶皂素50g/L，85℃，多浸一轧，轧余率100%～110%）→堆置（3h）→热水洗（85～90℃，2次）→烘干。但从节能减排降耗、降低污水处理成本方面考虑，建议不使用此工艺。

③ 卜公茶皂素工艺堆置时间在4～5h，相比原碱氧工艺的24h，大大缩短工艺时间，加快生产的循环速度，提高工作效率，同时也减少车间堆置的空间。成本比碱氧工艺低近50%，真正实现了节能降耗的目标，可为企业创造更大的经济效益。

④ 卜公茶皂素为固体小颗粒，由于是单一助剂，相对于烧碱、双氧水以及其他化学助剂，不仅方便使用和存放，而且还大大降低了APEO等有害物质含量，同时提高生产安全性能。

⑤ 卜公茶皂素可快速去除油脂、棉籽壳及杂质，对纤维不损伤，对设备不腐蚀；使用时不需添加烧碱、双氧水及其他化学助剂，可实现"简、短、省"，并且大大降低了COD等指标，减轻了后道污水的处理负担，实现前处理的生态环保，清洁生产。

⑥ 本次试验仅在实验室中进行了大生产的模拟，为放中样和大生产提供参考，在下一步的中样和大生产中对优化出的工艺进行深入的验证和改善。本次试验存在打卷堆置不好等缺陷，但在车间生产中可得到很好的解决。

8.2.8 巾被织物卜公茶皂素前处理工艺

高阳亚华公司拥有纱线（筒纱）和毛巾两厂，分别产量为：纱线500t/月；毛巾1500t/月。在原前处理工艺中，一般都采用碱氧（烧碱、双氧水、化学助剂）煮漂工艺，也试用过精练酶煮漂工艺。但因产量大，烧碱、双氧水、化学助剂用量也大，水、电、蒸汽消耗量比较多，废水排放量多，为加强废水处理，满足环保要求，投入一千余万元人民币，在"立信"购买了最先进的污水处理设备。但强碱蒸煮、双氧水漂白工艺对纤维的损伤不能避免，质量隐患较多；使用精练酶时，也要加入更多的双氧水，极易使纤维发生脆化，造成废品，后果严重。

对卜公茶皂素进行了反复的试验和对比，发现：纱线和毛巾经卜公茶皂素处理后，强度不受损伤，失重率下降，得色率、鲜艳度增加，并有茶皂素特有的爽滑滋润手感，特别是由于卜公茶皂素中不含有烧碱，即水洗简单，又做到了煮练漂染一浴，使用非常方便，又能保证产品质量均一稳定[30]。

8.2.8.1 纱线（筒纱）前处理原碱氧工艺与卜公茶皂素工艺对比

(1) 正艺流程
① 原工艺 烧碱、双氧水、化学药品煮漂—酸中和—除氧酶处理—水洗。
② 工艺要求 煮漂100℃×60min—酸中和70℃×10min—除氧40℃×15min—水洗。
③ 现卜公茶皂素工艺 卜公茶皂素煮漂—水洗。
④ 工艺要求 煮漂95℃×30min—直接水洗。
(2) 纱线（筒纱）综合生产成本的对比 见表8-92和表8-93。
(3) 总结
① 直接助剂成本：卜公茶皂素工艺成本低于原工艺，节约成本50.5元/t纱。
② 生产综合成本：卜公茶皂素工艺成本低于原工艺，节约成本161.5元/t纱。
③ 理化特征：纱线的强力损伤明显小于原工艺，并有茶皂素特有的滋润手感。
④ 其他指标：煮漂后纱线失重率明显低于原工艺，染色后得色率提高10%以上。

8.2.8.2 毛巾前处理原工艺与卜公茶皂素工艺对比

毛巾生产由于工序多、流程长，水、电、蒸汽消耗量大、废水排放多，一直存在着成本

表 8-92　吨纱直接生产成本

项目	原工艺(100℃×50min)用量 kg×单价＝元/吨纱			卜公茶皂素工艺(95℃×30min)用量 kg×单价＝元/吨纱		
助剂成本	烧碱　2g/L	20×1.5＝30	365.5	卜公茶皂素 3g/L	30×10＝300	315
	氧水　4.5g/L	45×1.5＝67.5				
	剂　0.8g/L	8×8＝64				
	精练剂　1.5g/L	15×8＝120		氧水 1g/L	10×1.5＝15	
	剂　0.8g/L	8×6＝48				
	除氧酶　0.08g/L	0.8×45＝36				
用汽成本	1.3　200　260			1.1　200　220		
用电成本	100kW·h　0.8　(kW·h)　80			80kW·h　0.8　(kW·h)　64		
用水成本	30　5　150			20　5　100		
用工成本	2.5　时　10　时　25			2.0　时　10　时　20		
综合成本	365.5　515　880.5			315　404　719		
节省成本				161.5		

表 8-93　物理指标对比

项　　目	原工艺(100℃×60min)	卜工茶皂素工艺(100℃×30min)
白度	75.00	75.00
毛效/(cm/30min)	12.0	12.0
除杂质	除净	除净
手感	柔软	特软
失重率/%	5～8	2～4
强力损伤/%	15～18	3～5

高而附加值低的问题。毛巾织物的前处理，已经由原来的退、煮、漂三步法工艺逐渐被煮、漂两步法取代。采用较多的是冷轧堆工艺，而退浆、精练、漂白还是需要大量的烧碱、双氧水、化学药品，耗能大，成本高。采用卜公茶皂素后，生坯毛巾可不经过碱煮和氧漂前处理，直接与染料一浴，对一些中深色产品采用活性染料（直接染料也可）染色，取得了良好的效果。

（1）工艺流程

① 原工艺：

生坯毛巾—轧碱退浆—堆置 24h—煮练—热水洗—氧漂—除氧—水洗—染色—柔软后处理

② 工艺参数：

堆置 24h—煮练 100℃×60min—热水洗 90℃×60min—氧漂 90℃×60min—除氧 40℃×10min—染色 100℃×60min—水洗 60min—柔软后处理 40℃×60min

③ 卜公茶皂素工艺：

生坯毛巾—卜公茶皂素＋染料—100℃×60min—水洗 60min—落布

④ 工艺参数：

煮练漂染一浴：100℃×60min—水洗 60min—落布（茶皂素特有滋润手感）。

（2）生产操作　见表 8-94 和表 8-95。

表 8-94　素色毛巾深果绿 8008　400kg 生坯毛巾生产工艺及单缸成本对比

工艺处方	原工艺	卜公茶皂素工艺
卜公茶皂素		12×12＝144
烧碱/kg	20×1.5＝30	
双氧水/kg	35×1.5＝52.5	11.5×1.5＝17.25

续表

工艺处方	原工艺	卜公茶皂素工艺
双氧水稳定剂/kg	5×8＝40	
精练剂/kg	2×8＝16	
染料	x	x
水/t	400×5＝2.0	400×5＝2.0
柔软剂/kg	5×10＝50	
综合成本	190.50 元	163.25 元

表 8-95　物理指标对比

项　　目	原工艺(100℃×60min)	卜公茶皂素工艺(100℃×60min)
白度	76.00	75.00
毛效/(cm/30min)	16.0	16.0
除杂质	除净	除净
手感	较好	特好
失重率/%	5～8	2～3
强力损伤/%	16～18	3～5

（3）总结

① 单缸生产成本：卜公茶皂素工艺成本低于原工艺，节约成本 27.25 元/400kg 毛巾。

② 工艺优势：使用卜公茶皂素，实现了退煮漂染一浴，明显缩短工时，节约水电蒸汽。

③ 理化特征：毛巾的强力损伤明显小于原工艺，并有茶皂素特有的滋润手感。

④ 其他指标：煮漂后毛巾失重率明显低于原工艺，染色后得色率提高 15％以上。

使用卜公茶皂素后，使棉纱的毛羽收捻一些，能去除大部分短绒和灰分及杂质，棉纱失重 2.5％（o·w·f），比常规工艺的 5％降低 2.5％（o·w·f）。新工艺可节省煮练和漂白用助剂，直接降低助剂成本，卜公茶皂素工艺染出的产品颜色，不但色光相近，而且各项染色牢度均能达到 4 级以上，达到出口要求。卜公茶皂素中不含烧碱，因此，能与染料一浴，没有经过碱煮和氧漂，并增加了染色的表观深度，节约染化料 10％（o·w·f）左右，而茶皂素特有的手感，好于原工艺，且减少了柔软剂用量。此外，水、电、蒸汽、工时等节约效果明显。

8.2.9　卜公茶皂素在亚麻织物前处理应用

要使亚麻织物具有优良的染色效果，前处理是基础，与棉织物相比，亚麻织物的前处理更是困难，亚麻纤维含杂质较棉纤维多，特别是所含 2.88％的木质素是棉纤维所没有的，因此在处理上就形成了一定的差异。原传统前处理方法是：以碱氧（烧碱、双氧水）、氯（次氯酸钠）氧双漂工艺为主。不但工艺时间长，而且纤维损伤严重，质量难保稳定。我们采用上海金堂轻纺新材料科技有限公司生产的卜公茶皂素，对亚麻及亚麻与其他混纺织物进行前处理获得了成功，不但达到了染色指标要求，而且实现了节能降耗、减本增效、清洁生产。[31]

8.2.9.1　原传统前处理工艺存在的问题

传统的亚麻/黏/亚麻和棉/亚麻的前处理，一般采用：烧毛—退浆—碱苛化—碱煮练—酸处理—氯漂—氧漂，采用氯氧双漂，利用次氯酸钠对木质素的氯化性能，把亚麻的麻皮较好地去除，但工艺比较复杂且不稳定。次氯酸钠漂液的浓度的掌握是比较困难的，次氯酸钠在常温中也容易分解，有效氯的浓度随着时间的推移，浓度也会发生变化，因此在日常的生产中对有效氯浓度的掌握就比较困难。而有效氯的频繁变化对漂白质量带来了严重的不稳定性。氯浓度高了，织物强力会遭到损伤；氯浓度低了，麻皮又去除不净。而且外溢的氯气将对车间环境造成环境污染，不利于工人的身体健康。但麻皮在一般的常规氧漂工艺中难以去除，次氯酸钠工艺又被用来加工亚麻产品。所以，寻求一种有效替代氯漂的新工艺，是亚麻产品前处理的燃眉之急。

（1）原传统工艺　采用高浓度烧碱煮练再氯氧双漂。

① 第一单元工艺：第一格轧冷水洗—70～80℃热水洗—90～95℃热水洗—浸轧煮练液（NaOH 50g/L，亚硫酸钠 6g/L，络合剂/L，渗透剂 2g/L）—汽蒸 98～100℃，时间90min—热水洗四次—烘干后进入第二单元。

② 第二单元工艺：第一格浸轧次氯酸钠（有效氯 5～6g/L）—温度 20～25℃—堆置30～40min—第二格冷水洗—第三格脱氯—第四格冷水洗—第五格中和—第六格、第七格水洗—轧水后进入第三单元。

③ 第三单元工艺：第一格轧精练液（H_2O_2 5～6g/L，NaOH 6g/L，硅酸钠 6g/L，稳定剂 6g/L，煮练剂 7g/L，络合剂 2g/L，渗透剂 2g/L）—95～100℃汽蒸 60～90min。出蒸箱后第一格、第二格冷水洗—第三格、第四格、第五格 90～95℃热水洗—第六格冷水洗—烘干—落布。

以上工艺也仅能作为一般深中色的染色用，如做浅色还需进行双氧水复漂。由于煮练液中烧碱及次氯酸钠的大量使用，工作环境恶劣，设备受到腐蚀，增大了印染废水的处理难度和成本，残留在织物上的卤化物（AOX）也不符合生态纺织品的要求，加工工序多，周期长，对水、电、汽的消耗加大。

（2）卜公茶皂素工艺　无氯漂；短流程；新工艺。

① 坯布进行烧毛，然后直接即进入退、煮、漂一浴法操作。

② 第一格冷水洗—第二格、第三格热水洗（90～95℃）—第四格浸轧煮练液（卜公茶皂素 30g/L，H_2O_2 6g/L，稳定剂 10g/L，精练渗透剂 5g/L，水玻璃 5g/L）—95～100℃汽蒸60～90min—（热水洗 80～90℃）—冷水洗—烘干—落布。

（3）原工艺与新工艺效果对比

面料品种：10×10/43×48 25/75 黏/亚麻。表 8-96 所列为两种工艺能耗指标对比。

表 8-96　两种工艺能耗指标对比

项　　目	工序/道	用碱量/(g/L)	用氯量/(g/L)	用水量/(t/h)	产品质量	环染现象
原碱氯氧工艺	3	50	9	多耗 10	不稳定	较好
卜公茶皂素工艺	1	无	无	少用	稳定	好

从原工艺与新工艺的比较中可以看出（表 8-97），新工艺产品质量有明显提高，染色的透芯度、织物的强力、白度、表面麻皮的去除等都优于老工艺。在消耗方面碱降低了50%能耗，工序减少了两道，相关助剂也有所减少，水和电的消耗也明显减少。

表 8-97　两种工艺技术理化指标对比

项　　目	白度	毛效/(cm/30min)	退浆效果	织物强力/N		布面麻皮	染色透芯率（切片）
				干强/(t/W)	湿强/(t/W)		
原工艺	86.5	14.1	好	266.5/187.0	277.6/171.6	少许残留	存在环染现象
卜公茶皂素	85.2	14.5	好	306.3/218.5	325.4/215.8	基本去净	较好

通过试验验证，寻找到了一种新的方法来替代"碱煮氯漂再氧漂"的工艺。通过筛选，采用卜公茶皂素与双氧水配合使用的方法，对去除麻皮非常有效，使处理亚麻织物的无氯漂、短流程、新工艺成为可能。

卜公茶皂素是一只天然植物类非离子表面活性剂，对棉、麻纤维中的油脂蜡质、果胶物质、灰分、棉子壳、麻皮等均有良好的去除效果，尤其具有极佳的向木质素内部穿透的特性，使木质素得以充分膨化，从而木质素在氧化剂的协同作用下得到充分降解，因此在对亚麻织物中麻皮的处理中显现出非常好的效果。而且使用卜公茶皂素后，在前处理的处方中无烧碱、无次氯酸钠，不但水洗简单，并不必再进行除氯处理，所以工艺流程短，而且纤维的环染现象得到明显的改善，提高了染色的透芯率，对提高染色牢度起到一定的作用。

卜公茶皂素工艺比原工艺少了一组氯漂工序，少了一道除氯工序，生产的产品质量达到并超过原碱煮—氯漂—氧漂工艺。采用此工艺比较稳定安全，操作也较简单，针对不同质量的织物处方的变化不大，除卜公茶皂素用量进行增减外，其他的工艺不需变动即可。

（4）结论

① 在退浆煮中碱的用量大大减少，这样对污水处理的压力大大减少，由于碱的用量减少，对纤维的溶胀减少，加工时减少了织物不规则收缩的倾向，很好地防止了皱条的产生，手感也大为改善。

② 在工艺中避免了次氯酸钠的使用，使得织物的泛黄倾向减少。

③ 对麻皮的祛除具有极好的效果，同时对织物上的油污、硅油等也有很好的去除效果。

④ 在棉/亚麻、黏/亚麻的前处理中，采用一步法工艺即能达到常规的三步法工艺处理的效果，在整个处理过程中减去了采用次氯酸钠漂白工序。

⑤ 减少了两道工序，提高了生产效率，缩短了生产周期，提高了质量。

⑥ 节水、节电、节省蒸汽，降低了综合成本，又符合清洁生产的要求。

⑦ 工艺条件稳定易掌握。

⑧ 保证了优良的染色牢度。

8.2.10　纯棉缎条织物卜公茶皂素前处理工艺

纯棉缎条织物吸湿透气、表面平整、富有光泽、高贵优雅、手感柔软丝滑，是高级宾馆和现代家庭乐于选用的家纺用品，市场需求量十分巨大。该产品的染整前处理要求去杂要净、白度纯正、毛效要高。但由于该织物的组织结构特别紧密，棉纤维上的天然杂质不易充分去除，织物的毛效偏低，影响到织物的染色性能和服用性能。工厂中为了保证加工质量，普遍采取退、煮、漂分步实施和提高 NaOH、H_2O_2 及助剂用量的前处理加工工艺。这样不仅工艺路线长，而且化学药品用量大、能耗高，用水多，污水排放量大。

哥本哈根气候会议开启了低碳经济的时代。所谓"低碳经济"就是以低排放、低消耗、低污染为特征的经济发展模式。纯棉缎条织物的前处理加工能否按照"低碳经济"的要求来进行？为此采用新型环保高效安全的前处理剂卜公茶皂素 2 号，对该织物进行了一步法前处理工艺研究。结果表明，新工艺不仅工艺路线短，能耗低，用水少，而且去杂净，白度高、毛效好，并有茶皂素特有的滋润手感，达到了既能提高产品加工质量，又符合低碳经济发展要求的目的[32]。

8.2.10.1　试验部分

（1）试验材料　290cm 14.575tex×14.575tex 551 根/10cm×472 根/10cm 纯棉缎条家纺织物。坯布白度 42.24%；坯布强力：经向 786.2N，纬向 581.4N；坯布毛细效应：毛细高度法 0cm，扩散直径法 0cm。

（2）染化助剂　卜公茶皂素 2 号（上海金堂轻纺新材料科技有限公司）、H_2O_2（30%）、NaOH（化学纯）。

（3）实验仪器　MU504A 型三辊轧车（北京纺机所），不锈钢汽蒸锅、烧杯、电子分析天平、SF600Plus 型 Data Colour 测色配色仪、YG061 型织物强力试验仪、B71 型毛效测定仪、不锈钢绷架（测防水效果使用的绷架）。

（4）试验方法　浸轧工作液（多浸二轧，轧液率95％～100％，20～30℃）→汽蒸（95～100℃，30～60min）→热水洗（70～80℃）→水洗→烘干→落布。

（5）质量指标测试

① 织物强力的测定　将待测织物按30×5cm规矩分别剪取五经五纬的布条，在织物强力试验仪上，按GB/T 13923.1—1997方法测试，经纬各测试5次，取平均值。

② 织物白度的测定　将织物叠成八层，在SF600Plus型Data Colour测色配色仪上进行定量测试BerGer白度指数，测定3次，取平均值。

③ 织物毛效的测定

a. 毛细高度法　按照FZ/T 01071—1999纺织品毛细效应试验方法。织物一端浸在0.5％重铬酸钾溶液中，液体借助表面张力沿其毛细管上升，毛细效应用液体上升高度表示。测定30min毛效上升的高度（cm）。测定3次，取平均值。

b. 扩散直径法　参照AATCC 79漂白纺织品的吸水性测试方法，将织物用测试防水效果使用的不锈钢绷架绷紧，用1mL微量滴管在10cm高度10s滴完0.5mL的蒸馏水（10滴），每秒钟1滴，30s时观察蒸馏水在布面经、纬方向水印扩散的宽度。先用圆珠笔划好线，再量尺寸，长度用（cm）表示。4cm为及格，5cm为良好，6cm为优秀。测定3次，取平均值。

8.2.10.2　试验结果与讨论

茶皂素是从山茶科植物种子中提取出来的一类糖苷化合物，又名茶皂苷。茶皂素是一种天然的非离子型表面活性剂，具有良好的乳化、分散、发泡、湿润等功能。茶皂素能自动降解，无毒害，是合成表面活性剂所无法与之相比的。

卜公茶皂素2号以天然茶皂素为主要原料，辅以纳米TiO_2、甲壳糖等原料加工而成，是一种新型环保高效安全的前处理剂，可以有效替代或减少传统退浆、精练、漂白工艺中使用的各种助剂，不必添加烧碱、双氧水，就能获得优异的白度与精练效果，减小练漂过程中纤维的损伤，提高毛效和纤维对染料的吸收能力，改善织物的手感。配合正确的工艺指导，可以做到退、煮、漂一步法，缩短工艺流程，降低生产成本，减少废水排放。对于纯棉缎条织物，能否通过卜公茶皂素2号进行一步法前处理，达到满意的前处理效果？为此采用正交试验方法，对影响纯棉缎条织物茶皂素一步法前处理工艺的四个主要因素，即茶皂素、H_2O_2、NaOH的用量及汽蒸时间，以$L_9(4^3)$正交方案进行了茶皂素一步法前处理工艺试验，测定效果见表8-98和表8-99。

从表8-98、表8-99可知，对织物白度影响的主要因素是茶皂素用量。茶皂素的用量大，织物的白度较好。其原因是茶皂素等用量大，可以充分去除棉纤维中的杂质，从而提高织物的白度。H_2O_2和NaOH对织物白度的影响也是随着用量增加，白度有所提高，但增加的幅度不大，从生产成本上考虑，应尽量降低用量或不用。前处理时间以45min为宜。

对于织物毛细效应的影响，当茶皂素的用量达到30g/L已能满足要求，继续增加茶皂素用量，织物的毛细效应并不再提高。NaOH和H_2O_2的用量的多少对织物毛细效应的影响不大，为了节省成本，可降低用量或者不用。对于汽蒸时间，也是以45min为好。

一步法前处理对织物强力的影响，在试验的范围内变化是很小，从而更说明卜公茶皂素2号是一种新型环保高效安全的前处理剂。

（1）根据以上分析，我们优选出的纯棉缎条织物茶皂素一步法前处理工艺为：茶皂素用量40g/L，H_2O_2用量10/gL，NaOH用量10/gL，汽蒸时间45min。并采用此工艺进行了重复试验，结果测得织物白度为78.86％；织物强力经向674.8N，纬向501.3N；毛细效应毛细高度法6.8cm，扩散直径法5.9cm。能够满足纯棉织物前处理的要求，特别是对于活性染料或涂料白地直接印花的半制品，完全能够满足前处理的要求。对于中、深色染色制品的前处理，只需要采用卜公茶皂素 2 号一种处理剂，通过一步法就可以完成前处理过程。

（2）结论

① 卜公茶皂素 2 号是一种新型环保高效的前处理剂，对纯棉织物的退、煮、漂可通过一步法来完成，不仅缩短工艺路线，节水、节电、节汽，减少废水排放，降低生产成本，而且去杂净，白度高，毛效好，并有茶皂素特有的滋润手感，符合现代社会"低碳经济"发展的要求。

表 8-98　茶皂素工艺优选试验和漂白质量指标

试验编号	茶皂素用量/(g/L)	H₂O₂用量/(g/L)	NaOH用量/(g/L)	汽蒸时间/min	织物白度/%	织物强力/cN		毛细效应/cm	
						经向	纬向	毛细高度法	扩散直径法
1	20	5	10	30	69.02	655.6	477.7	3.6	3.1
2	20	10	15	45	72.94	673.0	496.1	5.5	6.0
3	20	15	20	60	76.38	625.7	482.0	5.0	3.8
4	30	5	15	60	74.63	584.0	435.5	5.4	4.6
5	30	10	20	30	74.10	6234.0	467.9	3.5	3.0
6	30	15	10	45	77.10	686.7	506.2	7.5	6.7
7	40	5	20	45	79.58	595.9	441.8	7.6	6.7
8	40	10	10	60	77.47	680.9	502.0	4.7	4.0
9	40	15	15	30	75.97	656.5	486.7	3.8	3.3

表 8-99　各因素对织物的影响（极差值 R 表示）

质量指标		茶皂素用量/(g/L) 极差值 R	H₂O₂用量/(g/L) 极差值 R	NaOH用量/(g/L) 极差值 R	汽蒸时间/min 极差值 R
织物白度/%		4.89	2.07	2.18	3.51
织物强力/N	经向	19.91	47.48	59.21	21.65
	纬向	15.40	39.96	31.4	8.00
毛细效应/cm	毛细高度法	0.77	0.96	1.63	5.24
	扩散直径法	0.47	0.47	0.10	3.34

② 织物毛细效应的测定，采用了扩散直径法和毛细高度法，测试结果基本一致。扩散直径法测试时，只要直接从机台或堆布车中拉出布头子就可以测试。该方法测试速度快，结合生产实际，建议织物毛细效应的测定逐步推广采用扩散直径法。

参 考 文 献

[1] 梅士英，唐人成. 竹纤维结构技能与染色值. 第二届全国染整行业技术改造研讨会论文集. 邯郸：中国纺织工程学会染整专业委员会. 138-152.

[2] 王海英，杨康跃. 竹/棉毛巾织物冷轧堆前处理工艺探讨. "亚伯"杯 2011 年第五届全国纺织印染助剂学术交流会论文集. 宁波：中国纺织工程学会. 143-146.

[3] 杨晓丽. 竹粘胶纤维面料染整工艺. 佶龙机械第十届全国印染行业新材料、新技术、新工艺、新产品技术交流会论文集. 上海：中国印染行业协会. 332-334.

[4] 伍建国，汪朝光. 竹纤维染色工艺技术研究. "亨斯迈"杯市六届全国染色学术研讨会论文集. 苏州：中国纺织工程学会. 57-60

[5] 孙建东，等. A100 天丝活性染料染色工艺研究及生产实践. 第五届全国染色学术讨论会无锡：中国纺织工程学会染整专业委员会. 71-73.

[6] 杨晓丽，曹迎迎. 天丝/T-400 竹节弹力面料染整工艺. 第九届全国染整前处理学术研究会论文集. 烟台：中国纺织工程学会染整专业委员会. 347-350.

[7] 高炳生，等. 天丝/棉织物清洁型染整加工. 宏华 VECnA 第八届全国染行业新材料、新技术、新工艺、新产品技术交流会论文集暨全国印染行业印染年会论文集. 上海：中国印染行业协会印花技术专业委员会. 379-382.

[8] 李锡军，等. "Modal"织物染整工艺探讨. 第五届染色学术讨论会. 无锡：中国纺织工程学会染整专业委员会. 68-70.

[9] 杨军涛. 细旦莫代尔/氨纶针织物的染色工艺. 誉辉第十一届全国印染行业新材料、新技术、新工艺、新产品技术交流会论文集. 上海：中国印染行业协会. 379-382.

[10] 张增明，等. 莫代尔/棉交织弹力卡其染整工艺探讨. 第五届全国染色学术讨论会. 无锡：中国纺织工程学会染整专业委员会. 302-303.

[11] 柴化珍，等. 植物染料的传承及染色实践. 第四届全国染整行业技术改造研讨会文集. 济南：中国纺织工程学会. 163-164.

[12] David Ym. 植物染料染色核心工艺控制. 第四届全国染整行业技术改造研讨会论文集. 济南：中国纺织工程学会. 51-55.

[13] 张建波，等. 天然染料对棉织物的媒染染色工艺研究. "亨斯迈"杯第六届全国染色学术研讨会论文集. 苏州：中国纺织工程学会，236-239.

[14] 周文叶. 生物酶在印染前处理中的最新应用. 第六届全国前处理学术研讨会论文集. 济南：中国纺织工程学会染整专业委员会，32-34.

[15] 任忠海，等. 亚麻织物酶处理的探讨. 印染，2004，15：10-11.

[16] 岳仕芳. 纯棉细布的生物酶前处理工艺. 印染，2012，6：20-22.

[17] 张莹，等. 纯棉机织物物连续生化前处理. 印染，2010，4：22-25.

[18] 杨栋梁，王焕祥. 环境友好的棉布前处理新工艺-酶闭环体系简述. 染整技术，2009，12：9-11.

[19] 路学刚. 诺维信新产品 Cellusoft combi 在除氧抛光染色三合一短流程新工艺中的应用. 佶龙杯第九届全国印染行业新材料、新技术、新工艺、新产品技术交流会论文集. 上海：中国印染行业协会，140-142.

[20] 谢峥译. 叶旱淬校. 节能降本的染整技术. 印染，2011，20. 53.

[21] 王秀玲译. 唐志翔校. 现代化的靛蓝劳动布洗涤——用生物路线洗涤劳动布服装的有效方法. 印染译丛. 2000. 10：88-93.

[22] 卜竹起，张志君. 练漂新型纺织助剂——卜公茶皂素. "科德杯第六届全国染整节能减排新技术研讨会论文集. 常州：中国纺织工程学会染整专业委员会. 70-73".

[23] 卜竹起，张志君. 卜公茶皂素筒子纱前处理工艺研究. 染整技术，2012，1：38-40.

[24] 陈庭春，张志君. 纯棉针织物卜公茶皂素前处理应用研究. 佶龙杯第十届全国印染行业新材料、新技术、新工艺、新产品技术交流会论文集. 上海：中国印染行业协会. 197-201.

[25] 陈辉，卜竹起. 卜公茶皂素在针织扬前处理的应用. 佶龙杯第十届全国印染行业新材料、新技术、新工艺、新产品技术交流会论文集. 上海：中国印染行业协会. 197-201.

[26] 刘瑞光，等. 茶皂素在棉织物前处理中的作用机理及应用工艺探讨. 佶龙杯第十届全国印染行业新材料、新技术、新工艺、新产品技术交流会论文集. 上海：中国印染行业协会. 169-174.

[27] 张林，张志君，等. 卜公茶皂素降棉机织物同效短流程前处理工艺探讨. 佶龙杯第十届全国印染行业新材料、新技术、新工艺、新产品技术交流会论文集. 上海：中国印染行业协会. 189-191.

[28] 刘昭雪，等. 棉织物茶皂素前处理新工艺，印染，2009，17：17-20.

[29] 金小松，等. 双弹力织物卜公茶皂素前处理新工艺应用研究. 誉辉第十一届全国印染行业新材料、新技术、新工艺、新产品技术交流会论文集. 上海：中国印染行业协会. 282-284.

[30] 蒋欢畅，张志君，等. 卜公茶皂素在纱线/毛巾前处理的应用实践. 2010 威士邦全国印染行业节能环保年会论文集. 杭州：中国印染行业协会. 608-611.

[31] 陆萍，张志君. 卜公茶皂素在亚麻织物前处理中的应用研究. 2010 威士邦全国印染行业节能环保年会论文集. 杭州：中国印染行业协会. 615-617.

[32] 李锦华，卜竹起. 纯棉缎条织物卜公茶皂素，一步法前处理工艺研究. 第五届全国染整机电装备节能减排技术研讨会论文集. 苏州：中国经纺织工程学会染整专业委员会. 241-243.

9

资源节约型的染整工艺装备

9.1 散纤维染色工艺装备

9.1.1 节能减排的散纤维染色

色纺纱是将纤维染成有色纤维，然后将两种以上不同颜色的纤维经过充分混合后，纺织成具有独特混色效果的纱线。色纺纱可以在同一根纱线上显现出多种颜色，色彩丰富。柔韧度高，用色纺组成的面料具有朦胧的立体效果，可对棉、麻、毛、丝、化纤等多组分纤维的自由混纺，将传统的纺织工艺产业链"纺—织—染"变成"染—纺—织"。目前色纺纱主要用来生产各种档次的针织物。

我国棉色纺纱从 2005 年的 17.52 万吨产量到 2010 年增加至 31.40 万吨，2013 年约达到 45 万吨。江浙地区已有 60 多家棉纺企业生产色纺纱线，生产规模与生产能力逐年上升，已占棉纺能力的 1/3 以上，山东地区近几年也开始启动生产色纺纱。棉色纺纱出口量保持上升态势，约占总产量的 50%。为了提高色纺纱在国内外市场上的竞争力，目前已开发了纯棉精梳彩色纱、纯棉精梳色纺纱、特种纤维精梳彩色纱、涤棉色纺纱、纯化纤纱与多组分化纤彩色纱六大类系列产品。

生产色纺纱线有较强的产业优势。

(1) 产品的低成本，高附加值　纺纱前所用的纤维均通过散纤维染色或原液着色喷丝，染色纤维的混纺，色纱的合股，改变了织物成品的色彩；色纺减少了印染工序，减少了设备投入和用工，缩短工艺流程时间，降低生产成本，日产 40t 色棉，年纯利润 1500 万～1800 万元。

(2) 产品品种多样化　服装面料由多组分纤维组合而成是一大趋势，国外专家预测；多组合纤维纺织品的染色将成为制约染整生产企业未来成功的关键因素之一。色纺纱线可以多种纤维、多种色彩纱的组合，解决了不同纤维交织或多组合纤维混纺染色的难题。

(3) 清洁生产的节能减排　聚酯采用原液着色添加技术；天然纤维进行散纤维染色。从源头上控制少排放、无排放，节能减排，落实了清洁生产是染整行业的可持续发展的重大举措。

下面以散纤维染色技术为例，介绍节能减排技术的运用[1]。

双组分纤维纺织品的色彩效果有四种，即同色、留白、浓淡、异色。因三组分纤维组合、混合比例、纤维光泽、染色能、沾色等的复杂化，其染色和配色比双组分纤维制品复杂得多，可获得的染色色彩效果因以上因素的变化而变化，一般而言，同色效果的染色十分困难。

多组分纤维纺织品染色传统加工中存在的主要问题：纤维损伤、收缩及前处理的质量保证；染料在各纤维组分上的分配和沾色；不同种类的染料相互作用；配色、剥色、在线检测与控制问题。这对于服装面料要求多纤维、多色彩组合而言，传统染色加工难度太大，而应用色纺加工则实现了改善织物品质，降低生产成本，提高附加值，从源头获得节能减排的效果。

（1）聚酯纤维的原液着色在线添加技术的应用

① 聚酯纤维的着色　聚酯熔体状态下，通过在线添加色母粒混合着色生产成彩色化纤。

在聚酯熔体进入纺丝箱体之前，注入经干燥、熔融、过滤、计量后的改性原料，与聚酯熔体一起经高效静态混合器充分均匀混合后，共同进入纺丝箱体进行纺丝。该技术及工艺是纤维生产通过在密封环境下，利用"源液着色"技术实现聚酯着色，使用色母粒渗入纤维内部的注射式着色，其生产出的各种环保彩纤，牢度度好、耐水洗、抗摩擦，令纤维按设定的颜色要求达到差别化的效果。

② 聚酯彩纤与其他天然纤维的混配　聚酯彩纤根据红、黄、蓝三原色，通过两种以上颜色混配出无限的色彩。以聚酯彩纤为主体，与原棉纤维（未染色纤维）或棉彩纤维混合配色、色纺、色织，改变织物成品的色彩，令不同纤维制成混纺交织物。

③ 聚酯彩纤的节能减排效果

a. 色纺前着色所用染料承受 300℃ 以上高温，纺纱过程无任何气体和污水排放，染料利用率 100％。

b. 按每吨纤维织物染色用水 100t 计，以年产 10 万吨色纺产品，每年节水 1000 万吨，节电 10000 万千瓦时。

c. 聚酯彩纤生产通过添加一定配比色母粒和功能性母粒，使彩纤附加免烫、抗菌、芳香、导电、抗静电、远红外、负离子等功能。从而规避了传统染整生产的特殊后整理的废气排放。

（2）棉散纤维的染色　全棉针织服装，以其良好的吸湿性、透气性和穿着舒适性，日益得到消费者的青睐。根据市场的需求、产品风格、生产成本、节能减排等要求，全棉针织品可在其生产的各个环节进行染色，如散纤维、棉条、纱线、织物、成衣染色等。而散纤维的染色令不同色彩的棉花按特定比例混合纺纱，可获得绚丽多彩、风格独特的 100％ 彩色棉纱，增加纱线的附加值，最终改善了织物的品质，节能减排的工艺，有利生态环境，且降低生产成本。

① 散纤维工艺流程　生产车间按工艺要求，将投染的棉花或棉网均匀装入染笼，吊入散纤维染色机中，通过漂白或染色处理，将原棉加工成所需的漂白棉或色棉。

工艺流程：配棉→压饼→装缸→入染（前处理、染色、后整理）→脱水→烘棉→打色。

② 前处理

a. 配棉、预开、装棉、压饼　根据棉花成熟度、色泽、轧工质量，棉花品级分为 7 级，3 级为品级标准级，用于棉散纤维染色的棉花应优于 3 级；棉花开包后直接进入预开机进行染色原棉开松；开棉后直接落入自动压棉机逐渐装棉、压夹成饼型（压饼），准备吊入染色机中进行下道工序。

b. 染整用水　漂白、染色和皂洗时必须使用软水（15～50mg/LCaCO₃）。

c. 精练前处理　将棉纤维中的天然杂质蒸取出来，提高棉纤维的毛细管效应，利于上染。

　　d. 漂白、增白的处理　对于白度要求和鲜艳品种精练后，还需漂白的处理；对于特别漂白的散棉品种还须进行增白处理。

　　前处理练漂应尽量规避采用碱氧工艺，实施生态清洁工艺。采用卜公茶皂素（Ⅰ）可进行无碱氧练漂工艺，采用卜公茶皂素（Ⅱ）型可进行增白练漂，减少综合工艺成本，降低 $COD_{Cr}50\%$ 的排放量，且令纤维降强减少，纤维减量率降低。

　　③ 染色　活性染料在棉纤维浸染中得到广泛应用。散纤维染色工艺与筒子纱染色类同。染色后需经蒸煮、水洗去除沾附在棉纤维表面的浮色，同时必要的柔软处理。

　　散纤维的处理有脱水、烘干和打包。

　　a. 脱水　脱水采用高速运转的离心脱水机械，将染色或湿整理后的棉纤维中的非结合水甩离纤维表面或纤维之间，提高烘燥效果，节省能源。散纤维脱水以饼状形式吊入离心机，降低劳动强度，防止散纤维流失。脱水后的纤维含水率30%～35%。

　　b. 烘干　脱水后的色棉纤维需经热能将其结合水烘干至自然回潮率。脱水机吊出的棉饼，采用抓棉装置将棉饼放到湿开棉机上，充分撕碎落入喂给机，慢慢铺平喂入 R456A 型圆网烘干机中，高效的热风圆网烘棉，控制色棉纤维烘干回潮率6%～10%。

　　c. 打包　采用吸风装置将烘干的彩色棉纤维吸入管道，再落入自动液压打包机，将散的纤维压缩并捆扎成一定密度和规格的包装物。

　　（3）散纤维染色装备

　　① WSC 型常温散纤维染色机的工艺效果

　　无锡市万邦机械制造厂针对传统染色机高能耗、大浴比的缺点，在华孚色纺、百隆色纺、如意色纺、中鑫毛纺等国内多家大型知名企业的紧密合作下，成功地研发出新型的 WSC 常温散纤维染色机。表 9-1 是新旧棉散纤维染色机的对比。

表 9-1　NC464B 型和 WSC 型棉散纤维染色机对比

项　目	机　型	
	NC464B-300 型（旧机型）	WSC-300 型（新机型）
主要材料	304	321
纱笼规格	普通型	新型固定式 $\phi1200\times1350$
最大载量	散棉 200kg	散棉 300kg
缸盖部件	无缸盖	自动开盖
加热方式	直接加热　手动阀控制	直接-间接加热，气动阀控制
升温速度	5℃/min（蒸汽，0.6MPa）	5℃/min（蒸汽，0.6MPa）
温度控制	手动控制	电脑 PID 自动控制，精确
温度传感	PT100	韩国进口 PT100
化料系统	无	化料桶、搅拌器
加料方式	无	自吸回流加料
主泵形式	散毛泵（原二纺机型）	轴流泵（万邦专利设计）
阀门控制	手动	电脑自动控制
进水排水	单进排水，手动阀控制	双进双排水，气动蝶阀控制
溢流清洗	无	缸口溢流
水位控制	无	磁性翻板液位计或压差
电脑控制	无	德国 SETEX 或 XYC8800
电器元件	国产普通	苏州西门子为主
电柜外壳	挂壁式电柜	不锈钢制作，立式电柜
主泵功率（装机容量）	22kW	11kW
变频控制	无	主泵带变频
染色浴比（耗水量）	1∶12（120t 水/t 棉）	1∶4.5（75t 水/t 棉）
蒸汽用量	7～8t 蒸汽/t 棉	4～5t 蒸汽/t 棉

WSC 型常温散纤维染色机针对目前色纺行业需求，创新专利设计后，功能特性方面有如下变化：

a. 主泵功能　WSC 型主泵流量大，功效高，更适合散纤维染色工艺要求；而且同容量染色要求，电动机功率大大降低，能耗大大降低。

b. 升温功能、控制　WSC 型采用直接升温 PID 控制设计，满足染色时温度的控制要求。

温度阀门控制，WSC 采用 Y 阀控制；相对而言，Y 阀控制简单，成本低，维护方便。

c. 化料系统、加料系统　WSC 型采用自吸回流加料设计，配化料桶、搅拌器；取消加料泵，总功率减少。

d. 电器控制　WSC 型电气设计采用全自动控制，主泵为变频器控制；相比较原来的设计，主泵控制更合理，减少故障率，节省用电。

电脑控制方面，WSC 型采用全自动电脑控制器，取代编程、操作复杂的数字模拟控制器，为中文液晶显示，操作简单、编程方便。

e. 进排水　WSC 型采用气动蝶阀控制，双进水双排水；利于客户单位合理化用水以及分流排污。

f. 浴比分析　WSC 型浴比为 1∶4.5；浴比降低，染色用水排污减少，节能、环保明显。

WSC 型吨棉用水是 NC464B 型的 62.5%，以全国棉色纺纱年产能 35 万吨计，WSC 型节水 1575 万吨，取水及污水处理费每吨 5 元计，可节省 7875 万元。

g. 蒸汽用量　WSC 型吨棉消耗蒸汽以 NC464B 型节省 3t，以蒸汽每吨 200 元计，35 万吨棉色纺纱可节省蒸汽 105 万吨，可减少开支 2.1 亿元。

h. 耗电　WSC 型吨棉耗电比 NC464B 型节省 130kW·h，35 万吨棉色纺纱可节电 4550kW·h。

② 棉散纤维染色装备投资效益　随着色纺行业、毛纺行业的高速发展，近三年来江、浙、鲁地区对散纤维染色的投资也同时进入了高速增长期。其中，单与无锡市万邦机械制造厂合作的就有：浙江华孚集团、江苏华孚、江西华孚、新疆华孚投资了 3.5 亿元，日产量增加 350t，年纯利润增加 1.8 亿元；宁波海德集团投资了 600 万元，日产量增加 30t，年纯利润增加 1500 万元；山东如意集团投资了 600 万元，日产 15t 色棉，年纯利润 800 万元；山东长行印染投资了 2000 万元，日产 40t 色棉，年纯利润 1500 万～1800 万元；江苏金昉（泰日）印染投资 1000 万元，日产 20t 色棉，2010 年纯利润达 900 万元。2011 年投资并开始生产的企业有：山东高棉，日产 20t；上虞辉煌，日产 20t；江苏皇玛，日产 30t，等等。以下是由无锡市万邦机械制造厂根据散纤维染色工艺流程提供的染色设备的投资参考，表 9-2 按日产 20t 色棉纤维工艺流程装备配套表。

表 9-2　棉散纤维染色工艺流程装备配套

名　称	规　格	数　量	名　称	规　格	数　量
预开松		1 台	脱水机	150kg	6 台
打版机		2 台	烘干机	8 仓圆网	2 台
染色机	300kg	24 台			

以上的染色设备投资约在 600 万～700 万元。按目前市场染色加工计算，每年能创造产值 4500 万～5000 万元，利润 1000 万元左右。

历年数据统计：色纺纱产品平均色比 35% 左右，仅对 35%～40% 的棉花染色，通过混纺可获得 100% 彩色棉纱，凸显节能环保，全产业链生产成本下降。

彩色化纤采用原液着色技术，能使生产过程"零排放"。

采用 WSC 型散纤维染色机改造运行中的旧机节能减排效果明显，投资回报效率高，是一种典型的节能减排设备。

9.1.2　棉散纤维活性翠蓝染色工艺

9.1.2.1　活性翠蓝的染色特性

活性翠蓝 KN-G 是铜酞菁结构的单乙烯砜染料，其分子结构为非直线形，分子量大，直接性高，因此具有难扩散和反应性弱的缺点，易产生浮色、色花、色差，且色牢度和固色率也较差[2]。

活性翠蓝在软水中的溶解度较高，对电解质较为敏感。当电解质浓度过高时，染料胶体会被破坏，逐渐凝聚成团状，甚至沉淀析出（盐析）。活性翠蓝的盐析现象随染液 pH 值的升高而趋于敏感，加入纯碱会使染料的凝聚倾向增大。这可能是由于在碱性浴中，染料的部分水溶性基团（β-乙基砜基硫酸盐）转变为乙烯砜基，使溶解度下降的缘故。此外，纯碱也有一定的盐析作用。染色时一旦出现盐析，必将出现色点和色花，色棉的染色深度也会降低。

9.1.2.2　影响染色质量的工艺因素

散纤维染色前，应根据品种要求进行前处理。深色品种一般只需煮练，而鲜艳色则需煮漂处理。

浸染加工时，活性翠蓝通过化料缸打入主缸，染液凭借主泵的输送，不断向纤维穿透和循环，使染料均匀上染。循环一段时间后，在近中性的染液中分次添加电解质促染，保持上染速率温和平衡。当染色接近平衡时，分次加入碱剂，逐渐提高染液 pH 值，加快染料和纤维的固色反应，完成着色。

（1）电解质　活性翠蓝的酞菁结构受铁离子影响较大，后者含量过多会使色光变得灰暗。因此，染色时应选用纯度较高的元明粉，一般不宜超过 70g/L，以防染料聚集。染（特）深色时，元明粉使用较多，应采用多次加入的方式，先在化料桶内充分化开、搅匀，再缓慢加入，避免染浴内盐浓度局部过高。此外，最好不采用"回水化盐"方式，避免化料缸局部盐浓度过高而出现盐析现象。

（2）化料　为提高活性翠蓝在盐浴中的溶解度，防止溶解不匀产生色点，化料温度应适当提高，控制在 80～90℃为宜。加料前需充分搅拌，确保化料均匀，再缓慢注入主缸内。染料用量较高时，料液最好先过滤后再注入。此外，也可添加某些对活性翠蓝染料有较好增溶和分散作用的液体匀染剂，防止染料聚集，使染浴获得较佳的均匀度和稳定性。

（3）染色温度　适当提高活性翠蓝的染色（固色）温度，可加快其在染液中的扩散速率和与棉纤维的反应速率，一定程度上提升染色深度和匀染性。但若染色温度（尤其是固色温度）过高，水解染料增加，使得平衡上染百分率降低，导致得色变浅。因此，实际染色（固色）时，温度的选择很关键。推荐使用降温法染色，即 30℃起染，加染料、盐后升温到 90℃染色 15～30min，使染料在高温下能较好地渗透移染，再降温到 70～80℃加碱固色，如图 9-1 所示。

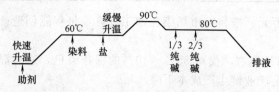

图 9-1　活性翠蓝降温法染色工艺曲线

（4）碱剂　活性翠蓝常用纯碱、磷酸三钠等作固色碱剂，与元明粉等盐类相比，碱剂对翠蓝的盐析作用不明显。化料缸可采用"回水注料"方式，所用碱剂应冲化后分次加入，并控制加入速度。为提高活性翠蓝对棉纤维的反应性和渗透性，可选用含 KOH 或 NaOH 的缓冲型固色碱剂，以保持染液 pH 值相对稳定，使染料上色较为缓慢，匀染性好。此外，由于该类固色碱释放 OH⁻ 的速度较快，能在一定程度上加快翠蓝染料的反应速度，并提高染深性。

（5）染色时间　活性翠蓝扩散性和反应性较差，染色时间对其染色效果有一定影响。一般，在中性吸色阶段，染料对纤维的亲和力较低，适当提高染色温度，合理延长吸色时间，可通过移染改善匀染和透染效果，在碱性固色阶段，染料与纤维发生共价键结合，失去移染能力，且碱性固色时间过长，有可能使已固着的染料发生水解断键，使得色变浅，故固色时间不宜过长。

9.1.2.3　改善染色质量的措施

（1）合理配棉　用于散棉染色的棉花品级一般高于 3 级，但对于活性翠蓝等敏感色，最好使用 2 级以上的棉花或棉网。配棉时，要选择马克隆值（成熟度和细度）适中的棉花，不应使用差值过大的混合棉批，否则易产生严重的色花或批内色差。此外，还应注意选用短绒率较低的棉批，防止湿润状态下有色短纤维原纤脱落而沾染白布，降低湿摩擦牢度。

（2）水质　水质会直接影响散纤维的染色品质和生产成本。实践中，硬度低于 70mg/kg 的软水较符合一般活性染料染色要求，但活性翠蓝染色对水质的硬度要求更高，最好低于 50mg/kg。因此，染色用水最好经软水器或软水剂（如六偏磷酸钠）处理，或于染浴中添加适量的活性翠蓝用螯合分散剂。此外，还需视水质浊度进行必要的沉淀或过滤处理，防止棉饼内层和冲破处出现沾污或色斑。

（3）匀染剂　常用活性翠蓝匀染剂有较好的增溶和分散作用，且在加碱固色中还有一定的缓染作用，能较明显地改善活性翠蓝的浸染质量。但匀染剂应适量，过多反而会造成得色深度下降。此外，合理使用某些助溶剂（如尿素），可促进染料溶解，使纤维溶胀，利于染料分子向纤维内部渗透，以达到匀染和透染。但应注意，尿素过多，可能会形成小分子聚合物而阻碍染料上染，且尿素的弱碱性也有固色作用，因此只有染深色时才需少量加入，以免出现染色不匀。

（4）皂洗　常见的水洗工艺如图 9-2 所示。

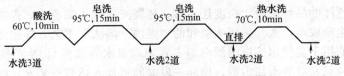

图 9-2　活性翠蓝的后处理水洗工艺

对于耐碱性较差的活性翠蓝染料，皂洗剂以保持中性或弱酸性为宜，且皂洗前应使用酸剂（醋酸或中和酸）调节 pH 值至中性。此外，高温皂洗时，最好加入少许防沾污皂洗剂，以保证皂液中的浮色染料和杂质充分分散，减少对纤维的二次沾污。

（5）固色　活性翠蓝染色浓度较高时，需借助固色剂提高色牢度。固色剂类型及分子聚合度不同，对活性翠蓝的固色效果有较大影响。活性翠蓝固色剂应既能与染料阴离子反应，以封锁亲水基，又能与棉纤维反应，形成高度多元化交联系统，使染料和纤维紧密地固着，防止染料从纤维上脱落。

9.1.3　莫代尔散纤维染色技术

莫代尔（Modal）是奥地利兰精公司开发的新型高湿模量的粘胶短纤维。它采用欧洲榉木浆粕经纺丝制成，具有良好的吸湿性、柔滑飘逸性和舒适性，且生产加工过程清洁无毒，其纺织品的废弃物也可自然降解，被誉为"21世纪绿色环保面料"，是品质与舒适的象征。根据产品风格、也产成本和市场的需要，莫代尔产品可在其生产的各个环节进行染色，如散纤维、纱线、织物、成衣染色等。为使成纱获得某种效果，如较丰富的色彩层次、朦胧的感觉，或为减少纱线的色差，可采用散纤维染色方式。染后不同色泽的莫代尔纤维按特定比例与白莫代尔纤维或其他类型纤维（如棉、麻、丝、毛或合成纤维）混纺，便可获得绚丽多彩、风格独特的混色纱，大大增加了纱线的附加值。

近十年来，我国的散纤维染色得到飞速发展，宁波百隆等多家公司大力推广新型莫代尔纤维，开发了品种繁多的麻灰纱和花式纱，产品已遍及欧美日市场并进入国内消费者的生活[3]。

纤维染色工艺如下所述。

生产车间按计划安排，将投染的兰精莫代尔纤维均匀装入染笼，吊入散纤维染色机中，通过染色处理，将白莫代尔纤维加工为所需的彩色莫代尔纤维，具体生产流程为：

装缸→入染（前处理→染色→后处理）→脱水→烘干→打包

（1）前处理

① 纤维特性　莫代尔纤维比棉纤维细，其纤维横截面为均匀圆形，其纤维纵向不像棉纤维具有天然的三维卷曲，在湿处理的情况下，更多的纤维端从纱线中游离出来，产生表面起毛、起球的倾向。因此染色各工序都应尽量减少摩擦，降低纤维起毛起球现象的产生。

② 染整用水　染色加工中应尽量使用软水。使用硬水会使皂液生成不溶性钙皂、镁皂而沉积在纤维上，形成斑渍；硬水还能使某些染料发生沉淀。加入软水剂（如六偏磷酸钠、螯合分散剂）可有效降低水硬度。

③ 前处理　莫代尔纤维含极少量天然杂质，仅在加工过程中有少量油剂及灰尘，且色泽较白，因此染色前只需热水皂洗或精练剂弱碱条件下前处理即可，工艺为将加精练剂和少量纯碱的精练浴快速升温至90℃，精练15min后直排精练液，然后水洗2次，在60℃酸洗5min。处理后纤维表面洁净，且在后续加工中，染液能迅速均匀地渗入纤维内部，提高了染色质量。

④ 漂白处理　莫代尔纤维经精练后去除油剂和灰尘后，润湿性得到提高，但对白度要求高和特别鲜艳色泽的品种来说，白度还不够，还需经过以去除色素，提高白度为目的的漂白加工。为降低生产成本，通常采用油温和的"煮漂—浴法"工艺，即精练前处理与轻漂处理同浴进行。目前用于莫代尔纤维的漂白剂主要为双氧水（氧漂）。生产操作中，漂白浴应先加入精练剂、纯碱和双氧水稳定剂，循环一段时间再加入适量双氧水，防止局部浓度过大使部分双氧水分解过快，易产生白度不匀，工艺为将织物在加有稳定剂、纯碱等的漂白液中循环10min后加入双氧水，然后缓慢升温至98℃，漂白处理30min后直排漂液，水洗3次后在70℃酸洗10min，再水洗2次。氧漂后需用醋酸洗，如水洗不净，残留的稀酸就会使纤维脆损[5]。

（2）染色　莫代尔纤维通常采用活性染料进行浸渍染色。散纤维染色过程中，莫代尔纤维在染缸内静止不动，染液凭借主泵的输送，不断从染缸内层向外层在纤维间穿透循环，使染料均匀上染。为降低纤维染色时的起毛起球现象，可在染浴中加入浴中柔软剂。

① 染色特性　莫代尔纤维结构松散，有较多的空隙和内表面积，对活性染料的亲和能力强，染色牢度较好，测试结果见表9-3。但由于初染率较高，初染时产生的色花、色差等疵病，延长染色时间也无法弥补。因此，宜选用分子较小、扩散性好、但对纤维直接性适中的染料，以提高透染性和匀染性。元明粉和碱剂在染色过程中有促染和固色作用，减少其用量对移染匀染有着积极作用。此外，染整加工中常通过添加匀染剂，控制加料、升温速率和pH值变化等方法来调节固色速率，以达到匀染和透染。

表 9-3　部分莫代尔色纤维的染色牢度（AATCC 标准）

色号	耐洗度		水浸牢度		摩擦牢度		渗水牢度
	原样变色	白布沾色	原样变色	白布沾色	干摩	湿摩	
墨绿	4-	4	4	4	4	3.5	4-
深红	4-	4	4	4-	4	3.5	4-
咖啡	4	4	4	4	4+	4	4-

② 上染过程　染料从辅缸缓慢打入主缸，循环一段时间后，在近中性的染液中分次添加元明粉使染料尽可能均匀附着在莫代尔纤维上，以保持上染速率的温和平衡；当染料附着纤维接近平衡时，分次加入碱剂逐渐提高染液 pH 值，加快染料和纤维的固色反应，从而使染料键合固着在纤维上，达到着色的目的。具体工艺为织物在加有匀染剂的 30℃ 的染液中运转 5min 后加入染料，染色 25min 后加入 1/4 的元明粉、20min 后加入其余的元明粉，再过 25min 后加入少量纯碱，25min 后缓慢升温至 70℃，继续染色 15min 后加入 1/4 的纯碱，过 35min 后加入其余的纯碱，继续固色 55min 后排液。

（3）后处理　染色后大量浮色沾附于莫代尔纤维表面，需经皂煮、水洗以去除浮色，还需固色、过软处理以改善纤维色牢度、手感和可纺性。

① 皂洗方法　通过充分皂洗、水洗可高效洗除纤维表面残留的浮色。皂洗时最好加入 1~2g/L 螯合分散剂，既可净化水质，又能防止皂液中的浮色对纤维的二次沾污，从而改善染色牢度。此外，皂洗用水的水质很重要，硬水不利于去除浮色，必须加以软化处理。皂洗剂以保持中性为宜，且皂洗前使用醋酸调 pH 为中性，皂洗后还应加入醋酸中和，工艺为：水洗 3 次→酸洗（80℃，15min）→水洗 1 次→皂洗（100℃，15min）→水洗 2 次→热水洗（95℃，20min）→水洗 4 道→酸洗（70℃，10min）。

② 固色处理　色泽较深的莫代尔色纤维系列，如深黑、深大红、深绿、深翠蓝等，浮色染料对纤维的直接性很高，很难完全从纤维上洗除，因此这些色棉耐洗牢度不够理想，需借助无醛固色剂来加以改善。活性染料和纤维素纤维均带阴离子电荷，而固色剂所带的为阳离子电荷，因此，固色剂起到了类似于桥梁的作用，把染料和纤维紧密结合在一起，且固色剂还与染料中的亲水基团发生反应将其封闭，从而达到固色的目的。

③ 上油处理　染色后的莫代尔纤维手感变差，易造成纺纱过程中静电强而导致棉结和断头多。因此，染色结束后，需选用合适的柔软剂（软片、氨基especially硅油或亲水性硅油）和抗静电剂，小浴比上油浸渍处理，以显著改善纤维的手感和风格、提高色纤维的可纺性，工艺条件为：固色处理（60℃，15min）→上油处理（50℃，20min）→脱水。

④ 脱水　即利用高速运转的离心脱水机械，将染色后莫代尔纤维中的大部分水分（自由水分）甩离纤维表面的过程，以提高烘棉效率并节省蒸汽。

⑤ 烘干　色纤维经脱水后，仍会有少量残余水分，可使用圆网或平板蒸汽加热烘干机，采用热蒸汽在湿纤维表面强制流动的方式烘燥，控制色纤维回潮率处于 10%~11%。

9.2　染整短流程工艺设备

9.2.1　PVA 重浆坯布退煮漂短流程的创新技术

染整企业现行前处理退煮漂工艺生产中，犯上能耗高、水耗高、COD_{Cr} 值排放高的"三高"弊端。其主要原因是坯布的经纱上浆率从 6%~7% 提高到了 11%~13%，而且化学浆料（如 PVA 浆）占浆料的比例越来越高，加上棉纤维原生杂质 7%～8%，要从每千克坯布上去除约 20%的杂物，在进行常规退煮漂短流程工艺时，有较多的纺织品工艺效果达标准，存在毛效低、退浆不尽、棉籽壳多、白度差等问题，对此，染整企业一般都是加大化学品助剂的应用量，而成分复杂的助剂提高了 COD_{Cr} 值的排放，增加水洗难度，"三高"弊端愈发严重，生产成本随增。

本着前处理工艺四大要素：水、能源（热能、机械能）、化学品助剂及时间的合理互补，遵循"物理做加法、化学做减法"，采用无烧碱、无双氧水高效环保"卜公茶皂素"单一的复合生物助剂；采用热清水浸渍坯布堆置，提供 PVA 浆膨化时间；对溶胀、膨化的坯布浆料，应用"刷、搓、喷、冲"纯机械退浆预处理；煮布、汽蒸结合；高效水洗优质传质除杂；烘筒烘燥低轧余率进布，凝结水直排水洗槽；全程废热水热回收，研发一条创新的退煮漂短流程工艺装备，是节能减排的需要，染整企业的企盼，清洁生产的历史使命[4]。

9.2.1.1 退浆工艺对比

（1）淀粉类浆料的退浆　淀粉类浆料的退浆是常用的退浆工艺，目前对于淀粉上浆的坯布，一般采用淀粉酶和碱进行退浆。淀粉酶使淀粉分子键逐渐断裂，黏度迅速降低，进一步水解成糊精，淀粉在热烧碱作用下，发生强烈膨化，易用热水洗除。

纯棉织物各种酶退浆效果如表 9-4 所列。

织物：C40×40　139×94 棉府绸，布面 100%的淀粉浆。

表 9-4　各种酶对淀粉浆的退浆效果

退浆工艺	退浆率/%	退浆级别	布面质量	强力影响 经/纬
淀粉酶 2000L	86	8 级	较好	无影响
精练酶 301L	85	8 级	较好	无影响
BF-7658 退浆酶	83	7-8 级	较好	无影响

由表 9-4 测试结果表明，用三种淀粉酶进行退浆，退浆效果均达到要求，对布面强力均无影响。纯棉坯布一般上淀粉浆或混合浆，堆置法退浆时可采用淀粉酶 2000L 和 BF-7658 退浆酶，退浆煮练一浴在长车生产时可采用精练酶 301L。淀粉浆选择酶退浆工艺既柔和效果又好。

（2）聚乙烯醇（PVA）类浆拌的退浆　涤棉织物经纱含涤成分高，通常上浆以聚乙烯醇（PVA）浆料为主，聚乙烯醇（PVA）浆料比例高达 75%以上。由于 PVA 不能被淀粉酶分解，所以不能用淀粉酶退浆。涤棉织物用不同的退浆方法退浆效果见表 9-5 所列。

织物：T/C45×45　133×72 府绸。

布面浆料：PVA85%，醋酸酯淀粉 10%，聚丙烯酸酯 5%。

表 9-5　不同的退浆工艺对 PVA 的退浆效果

退浆工艺	退浆率%	布面质量	强力影响	退浆工艺	退浆率%	布面质量	强力影响
精练酶 301L	0	较差	无影响	烧碱（NaOH）	85	较好	无影响
表面活性剂	65	退浆不匀	无影响	碱氧冷堆	86	较好	无影响
氧化剂（H_2O_2）	85	好	损失 5%	酶、碱退浆	88	较好	无影响

表 9-5 中各种退浆工艺对比。

① 精练酶 301L 退浆工艺　由于酶制剂的专一性，精练酶 301L 非 PVA 退浆酶，故其退浆率为 0%，凡坯布上浆含 PVA 浆料，皆不适用酶退浆。

② 表面活性剂退浆工艺　PVA 的分子链上含有大量亲水性羟基，具有良好的水溶性，因此可以说，水是 PVA 的最好溶剂。

表 9-6 是不同浆料在水中的膨化时间。

表 9-6 不同浆料的膨化时间

浆 料	时间/s	浆 料	时间/s
聚丙烯酸酯	110	低成盐度 CMC	1140
特制淀粉醚	220	PVA(完全醇解型)	3600
PVA(部分醇解型)	800		

注：浆料薄膜 60mm×15mm×0.2mm，浸入水中 50mm，10 次测试平均数，水温 20℃。

在织造前需要对经纱进行上浆处理，使纱线中纤维黏合起来，且在纱线表面形成一层牢固的浆膜，使纱线变得紧密和光滑，从而提高纱线的断裂强度和耐磨损坏。

部分醇解型 PVA 浆料是一种高水溶性的合成高分化合物，由于其亲水基团少，呈疏水性，对疏水性的纤维黏合性更好，是目前棉与合成纤维混纺纱和合成纤维纱上浆的主要浆料之一。

完全醇解型的 PVA 对亲水性纤维的黏合力大，因此，多用于棉麻、黏胶纤维的上浆。

表 9-6 中涤棉织物采用部分醇解型 PVA 浆料，浸轧含表面活性剂的溶液后堆置或汽蒸，使 PVA 薄膜膨胀和软化（时间＞800s），然后用 90℃ 以上的大量溢流水冲洗是能达到退浆效果的。由表 9-5 所列，表面活性剂退浆率 65%，且布面退浆不匀严重浆花，影响后属工艺质量，该工艺消耗水与蒸汽量大。

③ 碱氧退浆工艺 涤棉坯布由于含有 PVA 浆为主的混合浆料，当前退浆的主要方法一般是烧毛后进行轧碱氧冷堆后短蒸，经高温热水洗达到退浆效果。为此退 PVA 退浆必须备有高效水洗机，并要消耗大量的蒸汽和水。也可采用热碱退浆，轧热碱后，在规定的保温保湿下堆置，然后充分水洗，也能达到退浆效果。热碱既能作用于 PVA 促进 PVA 薄膜膨化，又能使淀粉浆料溶胀膨化，再用热水强洗后，均能达到共同去除的目的。

使用 NaOH 退除 PVA 浆料，将会带来一些问题。

任何酯类物质，在烧碱作用下，很容易被水解。聚乙烯醇通常是用聚醋酸乙烯酯在甲醇溶液中加入 NaOH，使酯键发生醇解制得，PVA 的水溶性取决于 PVA 的聚合度和醇解度，退浆时 NaOH 使 PVA 的酯基水解、醇解度提高，分子的聚合度增大，致使水溶性降低，黏度更高，加大退浆的难度。

文献资料表明，由图 9-3（30min 时）和图 9-4（90℃）中可见，碱能使 PVA 凝胶黏度增加，其增加的程度随碱液浓度、温度、时间的增加而上升；在 95℃，NaOH 10g/L 时随时间延长 PVA 溶液黏度增加，而在 NaOH 达 5g/L 时，则相反呈下降趋势。

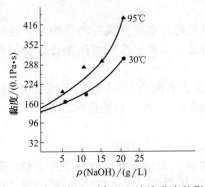

图 9-3 碱液浓度对 8%PVA 溶液黏度的影响

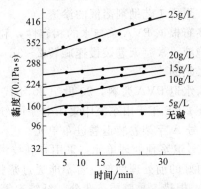

图 9-4 时间对 8%PVA 溶液黏度的影响

PVA 在 NaOH 水溶液中易形成凝胶，即使是用碱量很低的氧漂工艺，用 NaOH 调节 pH 值（10.5～11），在浸轧工艺液时，织物上的 PVA 亦会溶落在工作液中，随时形成凝胶。凝胶黏附在织物上或导布辊上，将会形成很难去除的浆斑。

④ 氧化剂退浆工艺　氧化剂退浆适用于天然或合成浆料的退浆，退浆率比碱退浆高，由于坯布上的浆料组成往往是未知的，因此，氧化剂退浆的适用性比酶退浆高。

用于退浆的氧化剂（H_2O_2）多在碱性条件下进行，PVA 被 H_2O_2 氧化后，大分子键发生降解，水溶性增大，洗液黏度迅速降低，溶于水经水洗去除。

H_2O_2 在退浆的同时纤维素纤维亦会被氧化，因此退浆的工艺条件一定要严格控制，减轻对纤维的损伤。由表 9-5 所列，强力损失 5%，再者对工艺液中的重金属离子的吸附很重要，防患发生针眼破洞事故。

由上对比，传统的退浆工艺，布面上或多或少带一些退不净的残留 PVA 浆料，在后续工序煮练漂的过程中进一步去除。

9.2.1.2　退煮漂短流程的创新技术

（1）工艺设备流程

① 工艺车速 100～10m/min。

② 工艺流程：全长 60m，流程如框图 9-5 所示 1 号～16 号。

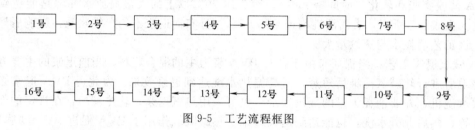

图 9-5　工艺流程框图

（2）单元机特点

1 号进布单元：机织物不同纤维、组织结构、重浆（PVA 浆）各类坯布。

2 号透芯高给液单元：采用专利技术（ZL2004 20027792.3）

织物在液下轧液，形成"微真空"情况下，大气压逼迫热清水渗透施液。水同密度织物可透芯带液＞100%。

3 号 A 字架卷装单元：采用专利技术（ZL2007 20039302.5）

对透芯施液的坯布进行恒线速度、低恒张力卷装，6r/min 慢转 2～3h（时间可控）。

影响常规棉织物退浆的重要原因是含有 PVA 浆料溶胀时间太短，完全醇解型的 PVA 浆料膨化溶胀时间为 1h，烧毛后的坯布时间更长。浆料对经纱形成一层"外膜"，疏水性的特质，阻碍工艺助剂溶液的渗透。

坯布根据 PVA 浆与水的相容性，利用联合机排出的污水热交换后的热净水，经纯物理透芯施液，A 字架卷装慢速旋转 2～3h，浆料充分溶胀。为提供浆料溶胀条件，低恒张力卷装是必须的。

清水退 PVA 浆料，20 世纪 80 年代日本已有不少企业配合 PVA 回收，已成功实施；陈友波在 2005 年于山东滨印集团对涤棉布进行成功热清水 PVA 浆料的退浆工艺。

4 号 A 字架卷装退卷进布单元。

5 号退浆预处理单元：采用专利技术（ZL2010 20621807.4）

再好的前处理助剂，若不能通过浆料构成的"外膜"及由棉纤维的角皮层、初生胞壁层（棉脂、棉蜡、果胶质、灰分、纤维素等所组成三维立体空间）构成的"内膜"，则"英雄无用武之地"。退浆预处理单元机对充分湿润溶胀的坯布浆料实施纯物理的毛刷辊的刷浆，"搓板"狭缝通道强喷水所形成"湍流"的"搓揉"，加上强力动态循环过滤喷水，打碎坯布的"外膜"、"内膜"，提供"卜公茶皂素"工艺助剂进入的"通道"。

图 9-6 是专利技术退浆预处理装置（ZL2010 20621807.4）示意。

坯布1进入水槽9，经液下导布辊3（共四支）向上进给，螺纹开幅毛刷辊4（共四支）对膨化的坯布正面刷浆，行进至槽上导布辊10（两支，可移动调节坯布在液上毛刷辊4的接触面），随后下行至液上毛刷辊4坯布反布刷浆，后经液下导布辊3转向，通过左侧狭缝8经导布辊-11转向通过右侧狭缝8下行至液下导布辊3后，再经液上毛刷辊4正、反面刷浆，面布2。

充分利用湿加工工艺要素的互补，热清水溶胀PVA浆，机械力毛刷、"搓板"打碎重浆在坯布上形成的"外膜"，破裂由角皮层、初生胞壁层组成的棉纤维"内膜"，为前处理助剂打开"通道"，高效萃取。

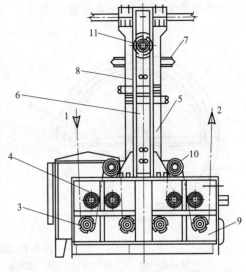

图9-6　退浆预处理装置示意

1—进布；2—出布；3—液下导布辊；4—液上毛刷辊；
5—"搓板"；6—固定双面"搓板"；7—喷水管；
8—狭缝；9—水槽；10—槽上导布辊；11—导布辊

a. 液上毛刷辊既进行刷浆，且可展幅防皱。左侧一对毛刷辊，将清热水堆置溶胀后的坯布，表面清洁、打碎"外膜"；右侧一对毛刷辊，对坯布经左、右两道狭缝揉搓、冲洗，暴露出来的部分"内膜"进行碎浆、破膜。

b. 左、右两道狭缝由活动"搓板"5与固定双面"搓板"6组成。锯齿波纹板形成"搓板"状，在顶部喷淋水管7冲喷下，水下锯齿、坯布的撞击，形成"湍流"，坯布感受揉搓。

c. 水槽9内的水由联合机逆流水溢出注入，水槽配有动态循环过滤装置，提供喷淋水管7用水。水槽溢流水与自洁式转鼓水/水热交换器（专利号ZL2006 20069658.9）连接，污水热回收，热净水提供联合机水洗及热清水堆置。

d. 根据不同坯布，调节左、右两支槽上导布辊10，可有效调节毛刷辊与坯布的接触面。

e. 左、右两块活动"搓板"5，由汽缸操作"开"、"合"，打开后便于清洁工作。

热清水堆置溶胀PVA重浆坯布，纯物理仿生的退浆预处理装置是"卜公茶皂素退煮漂短流程工艺及设备"项目中的重要单元之一。热清水与PVA的相容法，经堆置赢得了溶胀时间；退浆预处理装置为助剂进入坯布打开"通道"，让助剂正常发挥萃取功能。

创新的退浆技术凸显湿加工工艺四大要素的互补，是典型的"物理做加法，化学做减法"工艺。

6号新液流水洗单元：清除上浆坯布上已松动的杂物，两单元组合。水洗过程是一个传质过程，高效水洗的要旨是提高扩散系数（D）、提高浓度梯度（$C_1 - C_2$）、缩短扩散路径（H），符合菲克（Fick）传质定律。

新液流水洗单元特点如下所述。

a. 高温水洗：槽与槽之间塑流供水，提高（$C_1 - C_2$）、D值。

b. 以导布辊为基础，在水洗槽底部，分隔成多个"小槽"，实施槽内"逆流"，小槽间上下起伏逆流。

c. 小槽低液位，约为常规水洗槽的1/2（250mm），当工艺进水量一定时逆流提速，织物与水间形成的"界面层"膜变薄，缩短扩散路径（H）。

d. 每槽设一根多功能导布辊：专利技术（ZL2006 20126856.4），替代常规水洗槽内的加热管道。该专利技术的应用，具有导布、加热、去杂、搅拌水液多功能，让加热蒸汽充分利用，提高水洗扩散系数（D）。因删除回形管蒸汽间接加热，保养工作减少。

图 9-7 为多功能导布辊示意。

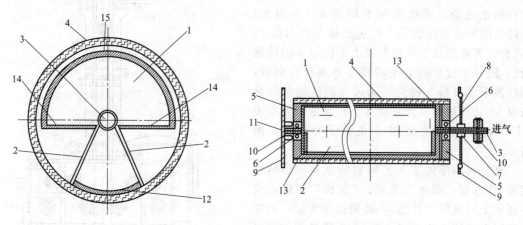

图 9-7　多功能导布辊示意

1—弧形储汽筒；2—喷气嘴；3—进气管；4—网孔辊；5—闷头；6—轴承；7—密封件；8—法兰；
9—箱体板；10—固定座；11—汽筒轴；12—弧形板；13—汽筒端盖；14—汽筒平板；15—汽筒弧形板

织物水洗时带动网孔辊 4 转动，在经过静止的喷气嘴 2 时，蒸汽由进气管 3 进入弧形储汽筒 1，通过狭缝加速，穿过网孔辊 4，穿过织物，搅拌水液。该专利是研究马赫喷嘴（Machnozzlc）加压吹散型气流脱水技术的创新。

"蛇形"逆流供水是指水洗槽间逆流，水洗槽中分隔的小槽呈起伏上下逆流。多单元逆流水洗机水洗过程的净洗效率（C_n/C_0）按式（9-1）计算：

$$\frac{C_n}{C_0} = \frac{F-1}{F^{n+1}-1} \tag{9-1}$$

$$F = \frac{W_1}{W_2} \tag{9-2}$$

式中，C_0 为织物水洗前含污程度；C_n 为织物水洗后含污程度；F 为流动比；W_1 为给水量；W_2 为织物带液量；n 为水洗槽数。

由式（9-1）和式（9-2）可见，净洗效率与流动比 F 成反比，而 F 则与给水量成正比，与织物带液量成反比，多单元逆流水洗的流动比一般在 3.5 以内。织物带液量（W_2）决定水洗过程中的脱水方式及脱水能力，当无小轧辊轧压时，W_2 决定于导布辊直径、织物进给张力、洗液动力黏度等因素。织物带液量一般在 1～1.2kg/kg 布。

由式（9-1）可见，C_n/C_0 的大小与水洗槽数 n 值关系很大。例如将上 4 下 5（导布辊）的平洗槽，分隔成低液位 5 个小槽"蛇形"逆流，一台 5 单元水洗机的槽数可扩大到 25 槽，F^{n+1} 值从 F^6 变成 F^{26}；$W_1 = 3t/t$ 布，$W_2 = 3t/t$ 布，流动比 $F=3$，代入式（9-1）得：

$$\frac{C_n}{C_0} = \frac{3-1}{3^{25+1}-1} = \frac{2}{3^{26}-1}$$

$\dfrac{2}{3^{26}-1}$ 与 $\dfrac{2}{3^6-1}$ 相比，分隔小槽的 $\dfrac{C_n}{C_0}$ 比 5 单元大槽值小得多。由此可见，多单元逆流水洗过程中，无需过分增大给水量，关键工艺过程保证小槽数（n）不变，可考核其分隔小槽的结构是否合理。

将水洗槽分隔成小槽、低液位，单位逆流水的流速提高、水洗的浓度梯度提高，槽间逆流，槽内小槽"蛇形"逆流是一种新颖的液流技术。

8 号煮练单元：6 号水洗后经 7 号透芯高，轧余率轧车，织物进入煮练单元。

现行前处理工艺退煮漂中的"煮"已变成蒸，而业内都知道，煮练比汽蒸工艺效果优异。棉纤维杂质经煮练的热能、机械能作用，有利提高毛效，去除棉籽壳。

烧碱煮练由于其对杂质仅溶胀、无分解功能，随着工艺时间延长，工作液越变越深，从"黄啤"色变成"黑啤"，继而变成"酱油"黑色，无法漂白；棉纤维对烧碱的亲和力，令烧碱工作液衰减量大，形成前后工艺效果不一；污水排放 COD_{Cr} 值极高（>1500mg/L），国家"七五"期间攻关项目 R-BOX 煮练箱，在"八五"期间已遭淘汰。

"卜公茶皂素"适合高温煮练，在低液位控制、补液下，工作液无衰减现象，时间再长始终保持"黄啤"淡色，漂白效果好，COD_{Cr}排放比烧碱减半。

煮练单元应用新颖设备，网帘液中松堆坯布，煮练 6～10min（按不同织物），设有动态循环过渡液强喷淋。坯布工艺时间内。在高温工作液中煮练，搓揉，"卜公茶皂素"助剂经"通道"进入"内膜"实施杂质的萃取。

在实际生产应用中，不仅可皂化织物中的油脂、蜡质、果胶质，同时也有效去除棉籽壳、杂质等非纤维素纤维物质，并可却除色素，还原出棉纤维的本白，从而达到前处理的效果，使织物的除杂、精练、漂白在同一设备、同一工作液、同一工艺中完成，实现了纺织行业一剂型、一浴法前处理，亦是化学品助剂与设备互补的典型案例。

使用卜公茶皂素与烧碱等原工艺对比，具有明显的高效短流程、节水节电节省蒸汽、降低生产成本和清洁化安全生产优势：不用烧碱、双氧水及化学药剂，有利于减少废水排放、简便污水处理，减轻企业环保负荷。

9 号低轧余率轧车：节省轧蒸工艺助剂用量，缩短气蒸时间，由于中支点均匀轧液，无损耗，助剂用量可减少约 30%。

10 号气蒸箱：透芯给液织物进入气蒸箱松堆 20～25min，防止常规气蒸因时间长，发生浆斑、"树枝痕"、横档印。

11 号居中扩幅单元：坯布出蒸箱后开幅展开、居中导布。

12 号真空抽吸单元：经退煮漂萃取杂物的坯布，通过新型高效能真空脱水机，降低后续水洗负荷。

a. 吸嘴采用不锈钢镜面处理，免除棉絮，极化料残留，具有自动清除棉絮装置，减少人工操作成本；织物上工艺残液真空抽吸可回用到煮练单元。

b. 吸嘴可按织物门幅自动调整有效宽度，吸嘴间隙可调，变频调速，可设定恒定吸力。

c. 高效鼓风机增加吸水量：100%棉含水率 50%～60%，棉涤 35/65 混织 20%～30%，极低噪声。

13 号新液流水洗五单元（同 6 号），末倒数第二槽设有水洗净度在线测检仪。

14 号低轧余率轧车：轧余率 50%，半制品低含水率进入烘筒烘燥，节省烘燥蒸汽。

15 号烘筒烘燥单元：工艺车速 10～100m/min，为适合厚重织物工艺加工，设有三柱（30 只烘筒）上进布，比常规下进布增加 6 只烘筒的烘燥能力。

烘筒烘燥凝结水直排新液流水洗末台水槽，加上直排中少量蒸汽，加热逆流水（工艺水温仍需部分蒸汽加热），节省疏水阀安置费用，避免疏水阀的蒸汽泄漏。

16 号落布单元：设有回潮率控制装置，防止过烘。

9.2.1.3 创新工艺装备的节能减排效果

退煮漂工艺要先完成大工作，其一去除坯布上杂物、毛效、白度、降强达标，退浆净，无棉籽壳；其二工艺萃取下来的杂物，用量少的水、蒸汽，从坯布上洗涤排除，防止沾污织物。后者涉及节能减排的效果。

（1）水洗节水 按棉染色布标准系数 1，取水 2.5t/hm，前处理退煮漂烘占 22%，约为 550kg/hm。

① 该联合机平均按 70m/min 的工艺车速，全年按 6000h 工作，标准允许取水量：

$$6000 \times 70 \times 60 \times 550 \div (100 \times 10^3) = 138600t$$

② 采用新液流水洗技术，每小时取水<4t，全年按 6000h 工作，实耗水量：

$$6000 \times 4 = 24000t$$

③ 新液流水洗一台联合机全年比标准取水节省：

$$138600 - 24000 = 114600t$$

是标准取水的 17.3%。

(2) 节省水洗加温蒸汽　退煮漂水洗平均水温 90℃，从 20℃加热升温节省 0.2MPa（表压）蒸汽热能量：

$$Q = G \cdot (t_2 - t_1) \cdot c_w \tag{9-3}$$

式中，Q 为节省蒸汽总热能，kJ；t_2 为 90℃平均水洗温度；t_1 为 20℃进水温度；c_w 为水比热容，4.1868kJ/(kg·℃)；G 为节水量，kg。

$$Q = 114600 \times 10^3 \times (90 - 20) \times 4.1868 = 335865 \times 10^5 kJ$$

0.2MPa（表压）蒸汽全热值 2725.5kJ/kg，节省蒸汽量：

$$335865 \times 10^5 \div 2725.5 \div 1000 = 12323t$$

折算标准煤量：

$$335865 \times 10^2 \div (0.7 \times 29270) = 1639t$$

(3) 低轧余率上进布烘燥的节能　水洗后半制品采用上进布进入烘筒烘燥，轧余率从常规 70% 降到 50%。

烘筒烘燥典型烘燥能力约每吨水消耗 1.6t 蒸汽，一条联合机全年加工 $270 \times 60 \times 6000 = 2520$ 万米（14kg/hm）布。

① 轧条率 50% 比 70% 少带水量：

$$252 \times 10^5 \times 14 \div (100 \times 10^3) \times (0.7 - 0.5) = 705.6t$$

② 轧余率 50% 比 70% 少耗蒸汽量：

$$705.6 \times 1.6 = 1128.96t$$

节省蒸汽折算标煤系数：

$$2725.5 \div (29270 \times 0.7) = 0.133$$
$$1128.96 \times 0.133 = 150t$$

③ 烘筒烘燥直排回用凝结水量：

凝结水量约为蒸汽耗量的 95%：

$$1.6 \times 252 \times 10^5 \times 14 \div (100 \times 10^3) \times 0.5 = 2822.4t$$
$$2822.4 \times 0.95 = 2681.3t$$

④ 凝结水热能折算蒸汽系数取 0.1，节省蒸汽量：

$$2681.3 \times 0.1 = 268.18t 蒸汽$$

⑤ 烘筒烘燥直排凝结水，设备无须安装疏水阀，可节省开支，且节省疏水阀的 50% 蒸汽泄漏量：

$$2822.4 \times 0.05 = 141.12t$$

烘筒烘燥直排是一种行之有效的节能新方法。该单项计节省蒸汽 268.18＋141.12＋1128.96 = 1538.26t

折算标煤量：$1538.26 \times 0.13 = 204.6t$

(4) 联合机的节支

① 节水节支情况

飞洗节水 114600t，回用冷运水 2681.3t，低机余率少用水 705.6t 共节水量：

$$114600 + 2681.3 + 705.6 = 117986.9t$$

按新鲜水及污水处理平均 8 元/t，节支：
$$117986.9 \times 8 = 943895.2 元$$

② 蒸汽降耗的节支

水洗加热蒸汽节省 12323t，烘筒烘燥单项节省蒸汽 1538.26t，共节省蒸汽
$$12323 + 1538.26 = 13861.26$$

蒸汽按 200 元/t，节支量：
$$13861.26 \times 200 = 2772252 元$$

一条联合机按 70m/min 工艺车速全年生产 6000h，加工 2520 万米（14kg/hm）坯布，取水耗汽共节支：
$$943895.2 + 2772252 = 3716147 元$$

节省标煤：$1639 + 204.6 = 1843.6$t

（5）联合机溢流污水经热回收　根据染整、生产污水杂质的情况，发明专利技术（ZL2006 20069658.9）产业化生产的自洁式转鼓水/水热交换顺，每吨污水至少回收 0.2MPa（表压）蒸汽 60kg 热能。

联合机新液流水洗全型溢流口处，安装一台热交换器，按全年排水量 24000t 计，热回收节约蒸汽 1440t，节支 288000 元，热值折算标煤 191.5t，创新的退煮漂短流程全年生产 2520 万米（14kg/hm）坯布总共节水 11.8 万吨，节省蒸汽 $13861 + 1440 = 15301$t（折合标煤 2035t），节支 400.4 万元，每米布至少节省 0.15 元加工费。

【结语】

技术创新是设备制造向设备创造的提升，不是简单的新旧更换，而是市场价值的表现。

PVA 重浆坯布退煮漂短流程，采用了热水透芯高给液替代渗透剂；低张力卷装堆置突出时间的作用无须溶胀剂；"刷、搓、冲"仿生的机械方式打开助剂进入"外膜"、"内膜"的通道；推陈出新的坯布在创新的卜公茶皂素工艺液中煮练、透芯高给液的快速汽蒸；真空抽吸去杂降低水洗负荷，多功能导布辊的应用，增强水洗传质效果，低液位、分隔小槽"蛇形"上下起伏逆流的新液流水洗，符合高效水洗要旨；半制品低轧余率烘燥、凝结水直排，符合染整、污水特征的自洁式转鼓水/水热交换热回收，五个专利技术产业化的集成运作，凸显了一种创造性思维："物理做加法，化学做减法，"只要湿加工的四大要素，优化组合互补，工艺技术的创新，便会获得明显的节能减排效果。

9.2.2　棉织物-浴低温连续练漂工艺

根据印染行业"十二五"规划要求，到 2015 年，印染行业单位工业增加值能源消耗量比 2010 年降低 20%，用水排放量比 2010 年降低 30%，主要污染物排放比 2010 年下降 10%。因此，印染行业当前面临非常严峻的节能减排形势，必须进行技术创新研发短流程、低温、低碱、低排放的节能减排新工艺[5]。

（1）现行常规间歇式冷堆练漂的工艺流程如下：

① 浸轧碱氧助剂工作液，打卷（2000～3000m）→保温堆置（转速 4～6r/min，16～24h）→轧碱短蒸（3～5min，100℃）→六格蒸洗（80～85℃）→烘干

② 工艺处方/(g/L)

烧碱	48～50
双氧水	18～20
水玻璃	18

| 精练剂 | 10 |
| 渗透剂 | 2 |

上述工艺中，各种助剂总用量达 98～100g/L，蒸汽用量 1.5t/h，堆置时间长达 16～24h，烧碱用量高达 48～50g/L，且不连续。

（2）现行常规连续汽蒸练漂工艺

① 退浆（轧碱 80～85℃，烧碱 8～12g/L，精练剂 1～2g/L）→网带汽蒸 100～102℃，45～90min→两格热水洗 85～90℃。

② 煮练（烧碱 40～60g/L，精练剂 6～8g/L，螯合分散剂 1～2g/L，55℃）→双层网带汽蒸（100℃汽蒸 90min）→四格蒸洗 88～90℃→重轧。

③ 氧漂（双氧水 4～6g/L，水玻璃 2～3g/L，稳定剂 2～3g/L，螯合分散剂 1～2g/L，精练剂 4～6g/L，烧碱 4～6g/L）→网带 100℃汽蒸 45min→四格蒸洗 80～85℃→重轧→烘干落布。

上述工艺路线冗长，耗能大。

9.2.2.1　一浴低温连续练漂

（1）工艺流程　采用该公司自主研发的室温练漂剂，并对传统的设备进行改造，配置新型的高给液装置和配料系统及检测系统，经过①轧→堆→洗→轧→蒸→洗；②轧→堆→轧→蒸→洗；③轧→堆→蒸→洗；④轧→堆→洗→轧→堆→洗；⑤轧→堆→洗五种工艺流程的试验，发现棉织物经⑤号工艺轧→堆→洗的低温一浴一步连续练漂处理，效果良好。

工艺流程

室温干进布→高给液浸轧练漂工作液（带液率 100%）→室温连续堆置（35～40℃，网带箱堆置 75～90min）→七格蒸洗箱热洗（前三格 60～65℃，后四格 90～95℃）→烘干。

（2）工艺原理

① 双氧水的漂白机理　双氧水与烧碱组成的溶液对聚乙烯醇（PVA）浆料具有良好的退浆作用，双氧水使 PVA 氧化、降解，促使其相对分子质量降低，减小了黏度，并提高了溶解度，再经充分水洗，即可达到退浆的目的。

双氧水是一种强氧化剂，它不仅有漂白作用，而且对棉纤维有去除杂质的明显效果。

在实际生产中，双氧水会发生有效分解和无效分解。有效分解是指对双氧水进行有控制的分解，使对漂白有贡献的 HO_2^-，最大限度地与色素中的双键发生作用，产生消色。在漂白过程中，H_2O_2 受碱的作用不断释放 HO_2^-，HO_2^- 又不断与色素作用，从而达到漂白的目的。无效分解则是指双氧水失控分解，或温度过高或 pH 值过高，使双氧水分解速率过快，短时内分解大量对纤维有损伤的 $HO_2 \cdot$、$HO \cdot$ 等自由基和 O_2 等物质，而对色素的漂白还没完成，双氧水已消耗殆尽。所以，应尽量控制好工艺条件，以获得良好的漂白效果。

双氧水漂液的 pH 值对织物的白度和强力等有很大的影响（见图 9-8）。

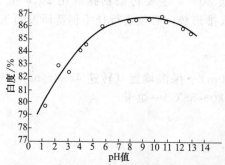

图 9-8　双氧水漂液 pH 值对织物白度的影响

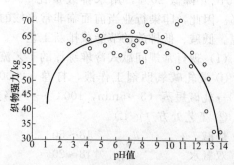

图 9-9　双氧水漂液 pH 值对织物强力的影响

图 9-8 中，当 pH 值在 3~13.5 范围内，织物白度在 83%~87%之间变动，说明此时 H_2O_2 漂液具有漂白作用。当 pH 值在 3~9，织物白度随 pH 值的增大而提高，至 pH 值在 9~11，白度达到最佳水平。若进一步提高 pH 值，织物白度反而有下降趋势。

图 9-9 中，从织物强力来看，pH 值介于 3~10 之间强力最好，变化不大；当 pH 值大于 10 或小于 3 时，织物强力明显降低。

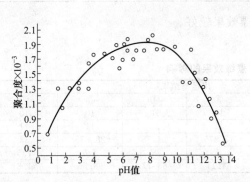 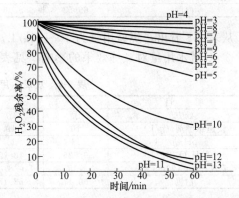

图 9-10 双氧水漂液 pH 值对纤维素聚合度的影响　图 9-11 双氧水漂液 pH 值对双氧水分解率的影响

图 9-10 中，漂液 pH 值在 3~6 的范围内，虽织物强力尚可，但聚合度却较低，说明纤维受到损伤。

H_2O_2 漂液在酸性到弱碱性较稳定，分解率较低；而在碱性较强的条件下，分解率较高，特别是 pH 值在 10 以上更为明显。当 pH 值很低时，几乎无漂白作用。

综合织物白度、强力、纤维聚合度和 H_2O_2 的分解率等多种因素，考虑实际生产中要加入一定量的稳定剂等因素，漂液 pH 值在 10.5~11 较为理想。

② 彩佳低温练漂剂　为了保护棉纤维的强力和达到练漂的最佳效果，将练漂液的 pH 值控制在 10.5~11 之间；同时加入新型活化剂 1,5-二乙酰-2,4-二羰基六氢-1,3,5-三嗪（DADHT $C_7H_9N_3O_4$），使双氧水能在较低温度下进行分解，同时达到退浆、降解果胶等纤维素共生物的作用；练漂剂中加入高效渗透剂，以最短的时间使工作液渗透到织物内部；为防止重金属离子使双氧水局部剧烈分解，加入氧漂稳定剂；为了防止冷堆练漂经常出现的蜡丝疵点，练漂剂中还加入了溶蜡剂，以保证无蜡丝且手感柔软，从而实现了低温练漂。

（3）工艺处方

① 快速练漂剂对练漂效果的影响

a. 品种　29.5tex×36.9tex，504 根/10cm×236 根/10cm 纯棉坯布。

b. 处方　如表 9-7 所列。

表 9-7　快速练漂剂对练漂效果的影响

项　　目	用量与结果					
处方	①	②	③	④	⑤	⑥
快速练漂剂/(g/L)	9.4	9.6	9.8	10	10.2	10.5
烧碱/(g/L)	13	13	13	13	13	13
100%双氧水/(g/L)	24.75	24.75	24.75	24.75	24.75	24.75
毛效/[cm/(30min)]	7	8	8	8	8	7
白度	67.89	69.13	69.51	68.22	67.94	68.47

表 9-7 中，快速练漂剂最佳用量为 9.8~10g/L 时，练漂效果最好。

② 烧碱对练漂效果的影响　见表 9-8。

表 9-8 烧碱用量对练漂效果的影响

项 目		用量与结果					
处方		①	②	③	④	⑤	⑥
快速练漂剂/(g/L)		10	10	10	10	10	10
烧碱/(g/L)		10	11	12	13	14	15
100%H$_2$O$_2$/(g/L)		24.75	24.75	24.75	24.75	24.75	24.75
毛效/[cm/(30min)]		7	7	7	7	7	6.5
白度		69.53	69.66	69.52	68.54	68.31	68.21

从表 9-8 看出，烧碱用量为 10～12g/L，练漂效果较好。

③ 双氧水用量对煮练效果的影响　见表 9-9。

表 9-9 双氧水用量对煮练效果的影响

项 目		用量与结果					
处方		①	②	③	④	⑤	⑥
快速练漂剂/(g/L)		10	10	10	10	10	10
pH 值		11	11	11	11	11	11
100%H$_2$O$_2$/(g/L)		9.625	13.75	17.875	24.75	28.875	33
毛效/[cm/(30min)]		7.5	8	8	8	7.5	7.5
白度		60.17	63.15	64.11	68.77	68.86	71.31

从表 9-9 以看出，双氧水用量越大，白度越好；双氧水最佳用量 24.75g/L，不能低于 17.90g/L。

优化的练漂工作液处方/(g/L)：

双氧水　　　　　　20～25

烧碱　　　　　　　10～15

快速练漂剂　　　　8～10

（4）工艺设备　图 9-12 采用 LMH022-180 煮漂联合机改装的棉织物一浴低温连续练漂工艺流程和设备示意。织物在进 MHX983 练漂汽蒸箱前，先经过高给液装置 XLP655 透芯浸轧；织物堆置采用的 MHX983 练漂汽蒸箱系原生产线配置，无需加热；如前所述，七格蒸洗箱热洗，前三格温度较低，以防布面残留双氧水遇热剧热分解而损伤织物，后四格温度较高。

9.2.2.2 产品质量

经测试，新工艺半制品各项物理指标均达到后序工艺要求，织物退浆率、强力、毛效和白度均与常规工艺指标相近，棉籽壳去除干净。

新工艺半制品的染色性能良好，与传统工艺的半制品无差异，且手感蓬松柔软（见表 9-10）。

表 9-10 连续冷堆练漂半制品的染色效果

指 标	常规碱氧工艺		连续冷堆练漂工艺	
染料用量/(g/L)	绿 FFB	20.2	绿 FFB	20.2
	灰 M	18.5	灰 M	19.0
	黄 G	5.0	黄 G	4.8
染色工艺	一致		一致	
柔软剂用量/(g/L)	30		20	
手感(硬挺度)	9.46		6.82	
干摩牢度/级	4～5		4～5	
湿摩牢度/级	3～4		3～4	
染色结果	以正常碱氧工艺为标样 测得 $\Delta E=0.57$；$\Delta L=0.45$；$\Delta a=0.35$；$\Delta b=0.02$；$\Delta C=-0.35$；$\Delta H=-0.05$ 色力度为 97.64%；色光相似			
结果分析	连续冷堆练漂工艺织物的各项主要指标与正常工艺一致，色力度和色光基本一致，产品手感柔软			

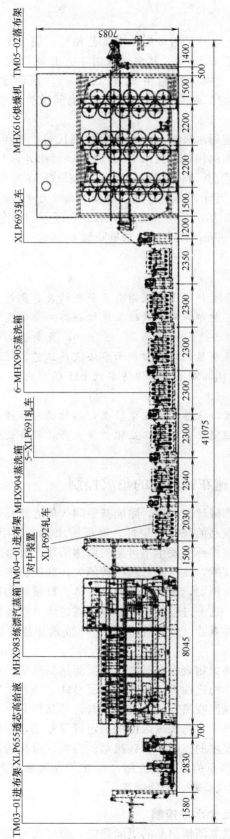

图 9-12　连续快速冷堆练漂工艺流程和设备示意

9.2.2.3　节能减排效果

一条生产线按年产 6750t 布计，与常规冷堆工艺相比：新工艺化学品总量由 100g/L 降到 32.5g/L，全年可减少排放 455.62t。其中烧碱由 49g/L 减少到 11g/L，全年减少烧碱排放 256.5t（合 97.47 万元）；污水 pH 值由 12 降到 7～8，符合排污标准；COD 总量降低 60% 以上。冷堆时间由 12～24h 减少到 75～90min，由间歇生产变成连续式生产，提高了效率。

由于新工艺练漂液中不使用水玻璃，而采用促进剂代替，避免了水玻璃对设备的沾污；布面手感柔软，减少了柔软剂的用量；污水 COD 降低，污水处理负荷减少。

与常规退煮、漂一段工艺比，新工艺用蒸汽从 2.925t/h 降为 1.21t/h，全年减少蒸汽用量 11576.25t，合计 173.644 万元；用电量可以减少 18.36 万千瓦时，合 11.016 万元；用水减少 8.3362 万吨，合 25.008 万元；年节支总费用 248 万元。污水 pH 值由 12 降至 7～8；COD 由 16000mg/L 降到 10000mg/L，COD 总量降低 60%。

【结论】

(1) 在现有常规连续氧漂生产线上，采用自主研发的具有高效分散、乳化、渗透等性能的快速低温练漂助剂，实现了棉织物的高效低温连续一浴一步法退煮漂工艺。较之常规冷堆工艺，该新技术堆置时间从 12～24h 减少为 75～90min，提高了生产效率。

(2) 新工艺节能减排效果明显，较之常规两步法汽蒸工艺，耗汽、耗水和化学品用量均减少 50% 以上，耗电量减少 40% 以上，练漂污水的 pH 值则由 12 降至 7～8，COD 总量降低 60% 以上。

(3) 该工艺路线设计合理，设备单元组成紧凑，品种适应性强，其半制品质量满足后续染色工艺的要求，工艺成熟稳定，已投入工业化批量生产，经济效益及社会效益显著。

9.2.3　湿布热碱松堆高速布铗丝光的集成控制

棉、维棉和涤棉织物经浓碱丝光处理，除能获得耐久的光泽外，还能提高对染料的吸附能力，节约染料，同时提高成品的尺寸稳定性，降低缩水率。采用 18%～25% 浓浇碱液处理棉、维棉和涤棉织物，能使棉纤维发生不可逆的剧烈溶胀，纤维的截面上扁平的腰子形或耳形转变为圆形，胞腔发生收缩，纵向的自然扭转消失；如果再施加适当的张力使纤维张紧或不发生收缩，纤维表面皱纹消失，变成光滑的圆柱体，纤维结构得到有序排列，对光线呈有规则的反向，表现出光泽。这一过程的实质，是烧碱进入天然纤维素 I 的微胞内，将晶体溶胀为碱纤维素，转化为纤维素 II（丝光纤维素）。纤维素 II 数量越多，丝光程度越高，表现为吸附能力及反应性越好。

现代丝光工艺除了要改善织物表面光泽外，还需要达到较好的综合效果，即门幅收缩量小、残余收缩量低、织物尺寸稳定性好，改善折皱及弓纬，染料上染均匀和重现性良好，同时还要降低耗碱量，减少淡碱回收蒸发量。这些都与设备条件有十分密切的关系。

湿布丝光的半制品含水率、工艺烧碱浓度的稳定可靠控制，松堆丝光后的织物防缩定长在线的自控，热碱丝光冷却温度的控制，布铗拉幅的门幅、弯纬的准确达标控制，织物水洗前含碱量的测控，织物水洗落布的 pH 值控制，建立"专家系统"数据库，智能"上真工艺"，确保工艺的重演性，实现高效、节能减排[6]。

9.2.3.1　湿布丝光的半制品含水率控制

湿布丝光可以减少用于退煮漂预制品的烘燥热能，全年按 6000h 工作计，可节省圆筒烘燥所需的 3000t 蒸汽。20 世纪 50 年代，上海有三家印染厂采用湿布丝光工艺，但由于当时工艺条件的限制，湿布丝光效果并不理想，主要原因如下所述。

(1) 湿布丝光要求织物低含水率进布，但当时缺少低轧余率轧车，进布含水率高，且含水率不稳定，不利于工艺碱浓度的平衡。

(2) 丝光工艺碱浓度在线监控系统是保证丝光的关键，由于当时缺少工艺碱浓度在线监控仪表，主要采用人工滴定，可靠性和及时性不够。

(3) 布面带碱液量很高，缺少低轧余率轧碱轧车，使淡碱回收量陡增。而当时淡碱浓缩装置的汽水比不超过 1：1.5，陡增的淡碱消耗大量蒸汽，与湿进布烘燥节省的蒸汽对比，得不偿失。

湿布丝光的织物不仅得色均匀丰满，而且缩水率好于干布丝光工艺。这是因为湿的半制品在浸渍浓碱液时，织物上所带的水分使碱液表面张力减小，降低了妨碍织物吸附、渗透碱液的界面阻力。织物接触浓碱时，表面碱液首先被稀释，织物表面的纤维不会立即膨胀，从而使 NaOH 与水的交换达到均匀扩散的效果。由于碱液被稀释，黏度降低，扩散加速，使烧碱能够充分均匀地渗透到纤维内部，达到深度丝光的目的。

织物丝光一般采用连续浸轧方式，由于 NaOH 对纤维素的直接性大于水，所以要求补给液的浓度高于轧槽碱浓度。

湿进布工艺的先决条件就是要求进布含水量尽量少，而出布要尽量湿，从而可使补充液的浓度与工作液浓度之间的倍数不会过大，可按式（9-4）计算：

$$NW = W \div \frac{(A-B)}{A} \tag{9-4}$$

式中，W 为工艺要求浓度，g/L；NW 为湿进布后补充液所需浓度，g/L；A 为浸轧工作液后带液率，%；B 为进机前织物的含湿率，%。

由式（9-4）可知湿布丝光的半制品含水率，是决定工艺补充液浓度的重要因素。稳定可靠、均匀的湿布是丝光工艺质量的保证。

9.2.3.2 丝光浓烧碱配送控制系统

(1) 图 9-13 中，退煮漂前处理的半制品湿落布，进入后续丝光工序。湿进布 1 号处设有工艺车速传感显示，智能纬密在线测控传感器甲，确认进布的纬密，提供松堆丝光后经向收缩的对比参数。

(2) 湿进布 1 号进入低轧余率轧车 2 号，轧槽由热碱丝光冷却水注入湿控 60℃，织物浸渍热水，均匀低轧液至含水率 55%，设有高湿度微波传感器，测控稳定含水率。设有液位控制。

(3) 织物含水率受控后进入液下透芯高给液轧车 3 号，设有高湿度微波传感器，测控烧碱工艺液的轧余率 110%。该轧车 3 号系丝光联合机的主令机，设有液位控制，工艺浓液浓度控制接口（图 9-13 中 K、E、N），工艺烧碱液 60℃的温控。

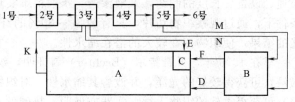

图 9-13 浓烧碱配送控制系统框图

A—配碱箱；B—过滤箱；C—浓烧碱传感器；
K—输碱液管；E—初开车碱液采样管路；
F—正常开车采样管路；N、M—余碱回流管路

(4) 织物浸轧工艺烧碱浓液后，落布入位置箱松堆，松堆时间由挡板式摆式松紧架，控制轧车 5 号跟随轧车 3 实现。

(5) 松堆后织物在进入低轧余率轧车 5 号进布前，设有智能纬密在线测控传感器乙，采样松堆后织物的经向收缩与传感器甲对比，控制定长牵伸量。

在松堆丝光机操作是靠人为测量，控制织物经向收缩，定长牵伸。由于人为作用，因人而异，操作不当，皆会影响到定长牵伸的效果，牵伸过量甚者"断布"。智能纬密在线测控系统，采用了德国先进的 CCD 图像技术，具有非接能、连续、实时在线高精度控制；检测时间小于 100ms；最小分辨率 0.1；检测范围 8～200 根/cm，20～500 根/cm；适应连速 5～80m/min。

低轧余率轧碱轧车 5 号，均匀轧碱，轧余率 55%，设有高湿度微波传感器，控制轧车加压，设有碱浓度控制接口（图 9-13 中 N、M）。

（6）织物经 60℃ 热碱浸轧、堆置反应后，应将织物上的多余残烧碱尽量轧压下来，随后进入冷却定长牵伸装置 6 号。

浓烧碱配送控制（见图 9-13）过程：

① 配碱箱 A 将工艺烧碱浓液经输碱液管 K 输入 3 号轧挡，液位控制 K 的"开"、"关"。

② 工艺初始：轧车 3 号轧下余碱，经采样管路 E，向配碱箱 A 中的浓烧碱传感器 C 输液。

③ 当织物进给至低轧余率轧车 5 号，轧下余碱，经回流管 M 注入过滤箱 B 处理后，经管路 D 进入配碱箱 A 配液。过滤箱 B 经管路 F 向浓烧碱传感器 C 提供样液。5 号轧槽提供了工艺浓烧碱最佳采样液。

④ 初开车采样管路 E 上的电磁阀"通"；正常开车（织物进给至 5 号），管路 F 上线电磁阀"通"，两者电磁阀联锁控制。

⑤ 正常工作时，轧槽 5 号余碱液经回流管 M 流入 B；停止工作时 3 号轧槽中余碱，经回流管 N 流入 B。

9.2.3.3 冷却定长牵伸控制系统

6 号是由三组九只冷水牵伸辊筒组合的装置。三只辊筒一组单元独立传动，三单元线速度按比例调节。九只辊筒由冷净水逆流供水，第一辊筒出水（温水）提供低轧余率轧车 2 号（图 9-13）用水及丝光后水洗的逆流供水。

（1）热碱丝光的冷却处理　冷的氢氧化钠溶液（通常是 7℃ 以下）对棉纤维的膨化效果最佳。然而，由于纤维表面的急剧膨化，使织物表面的纤维排列更加"紧密"，阻碍了碱液进一步向纤维内部扩散，而且低温时碱液黏度大，不利于碱液向纤维内部渗透和扩散。

常规的丝光工艺过程中，织物轧碱后带碱量较低，没有足够的碱液向纤维内部扩散，受车速、设备、长度的制约，碱液渗透、扩散很难实现透芯。有关资料介绍，在常规丝光工艺条件下，通过观察织物切片，只有 20%～30% 的纤维截面因溶胀而变为环形。这种表面丝光的结果，使织物存在较大的潜在缩水性。

早在 1976 年，贝希特尔（Bechter）就证明，织物丝光在较高温度（60℃）下浸渍工艺碱液，可获得较好的光泽，并改善其缩水性，对织物强力也没有影响，且在特定条件下（松堆）可获得柔软的织物手感。实践亦证明，热碱丝光工艺是可行的。这是因为提高碱液温度可使其黏度下降。热碱与织物接触时，表面纤维的溶胀被延后，为碱分子更好地渗透到纱线和织物内部提供了有利条件，丝光更加充分。

为了提高织物的可塑性和拉伸性，其进入冷却反应后冷却至室温，以完成碱液与纤维的充分反应，使纱线内外纤维的溶胀趋于一致，确保丝光的均匀性。

织物通过九只辊筒（总穿布约 18cm），冷水辊筒在实施织物的定长牵伸同时冷却，且冷却水全数回用。热碱丝光在工艺设备流程一致时，工艺车速可由 70m/min 提高到 100m/min。

（2）定长牵伸控制　由纬密传感器甲、乙对比，得出织物松堆后经向缩短量，计算出缩率（k_1）乘以主令机（3号轧车）工艺车速，控制低轧余率轧碱轧车5号线速度。

6号冷水牵伸辊筒装置第一单元比例跟随5号轧车线速度，乘以$1.03k_2$缩率系数

$$k_2=\sqrt[3]{\frac{0.9}{k_1}} \qquad (9-5)$$

第二单元比例跟随第一单元，乘以$1.03k_2$，第三单元跟随第二单元，乘以$1.03k_2$。

例$k_1=0.8$，则定长牵伸出布：

$$V_主 \cdot k_1 \times 1.03k_2 \times 1.03k_2 \times 1.03k_2 = V_主\ k_1 \times 1.03^3 \times \frac{0.9}{0.8} = V_主 \times 1.0927 \times 0.9 = 0.98V_主$$

对比进布缩短2%，对于烘燥落布而言会获得100%的长度，这2%的缩短有利布铗拉幅。

以上$k_1 \cdot k_2$及1.03系数由计算机运算后，控制各单元的线速度。

智能定长牵伸在松堆丝光机的定长牵伸控制的专利技术的基础上，加入在线纬密测量对比，减轻操作的劳动强度，提高了牵伸量的稳定性，可控性，变更k_2值可控制织物的超长或缩布落布。

9.2.3.4 布铗拉幅的门幅弯纬控制

现今的丝光工艺综合效果的要求：最小的门幅缩量、低的残余收缩量、织物尺寸的稳定、改善折皱及弓纬，具有极佳的染料均匀上染率，改善织物表面光泽，有好的手感及良好的加工再现性；降低烧碱耗量，减少烧碱回收蒸发量；节省水、电、蒸汽。

(1) 布铗拉幅的门幅控制 染整生产织物由坯布进入工艺加工，直至成品入库，过程中，坯布门幅、各工艺段落布门幅、成品门幅，因不同织物品种，不同的加工工艺，选用的不同设备，具有不同的织物门幅的加工系数，这就要求全程织物门幅的控制。门幅控制的目的，是工艺按成品门幅要求的目标值，经在线检测织物的门幅，反馈信息，控制器（计算机）运算后，给执行器（拉幅机构）发布命令，完成区段性的织物工艺门幅测控，这一测控的可靠性、再现性，与织物尺寸稳定性的控制十分必要。

布铗扩幅部分门幅要足，除了纱卡一类织物为解决纬向负缩水过大可以酌减以外，其余所有品种皆应扩到坯布幅宽，否则纬向缩水一定会超标。丝光扩幅有较好的"记忆"，若织物门幅不能按工艺要求扩足，在后序的拉幅工序中，成品幅宽很难达标。

HD-M型门幅在线检测及控制装置运用红外光电检测技术，通过织物透光强度变化检测织物，非接触式实时在线测量织物门幅，运用微控制器处理数据信息，通过人机界面显示设定参数，并输出控制信号驱动拉幅执行机构，构成闭环控制系统。系统工作原理如图9-14所示。

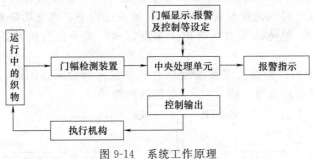

图9-14 系统工作原理

系统基本特点简述如下。

① HD-M型门幅在线检测及控制装置美观大方、设计合理、安装方便，可广泛地适用于各类门幅（1.6～3.6m），各类花色和厚、薄织物。

② 采用最先进的嵌入式系统为控制平台，非接触式测量织物宽度，不影响印染工艺，陈线 CCD 技术和红外光电技术，抗干扰能力强。

③ 采用了有各种软件滤波方式，保证测量的可靠及稳定性，高精度数据采集器测量精度更加精确，检测精度：≤1.5mm 和≤±2.5mm 两种。

④ 可在线显示门幅并输出双位式报警信号，上下限值可自由设定，可靠的数据存储功能，存储年限≥10 年，友好的人机界面（触摸屏），使操作更简单、更直观，高亮大屏幕数显仪，便于操作工观察。

（2）吸液泵交流变频的"三冲三吸" 在研发 YF1098-180 型高效布铗松堆丝光机时，根据 NaOH 浓度比常规紧式丝光低 30%，将"五冲五吸"改设成"三冲三吸"，且将真空吸水盘由表面滑动摩擦，改设计成流动摩擦，防患"极光"，改善"凹纬"。

棉氨弹力织物在布铗拉幅时"凹纬"极为严重，工艺调试发现，棉氨（纬）弹力府绸丝光落布门幅 122cm，而"凹纬"达 9cm，于是将真空吸液泵改成交流变频调速。表 9-11 真空抽吸改造前后的"凹纬"对比。

表 9-11 真空吸液泵技改前后"凹纬"对比

织　物	50Hz		42Hz		19Hz	
棉氨(纬)弹力府绸丝光落布幅度宽 122cm	9cm	7.377%	5cm	4.098%	2cm	1.639%

注：1. 在织物上垂直于经向沿幅向划三道标记线，间距 20m。
2. 烘燥落布后，测量"凹弧"，记录最高弧点距原标记线的距离，其与幅宽的比值，获得百分数（%）。

真空泵交流变频调速可根据不同织物在线调节控制"凹纬"的发生。经多次对比试验，含氨弹力布真空吸液泵控制在 18~20Hz，纯棉织物（卡其）控制在 40~42Hz，看不出"凹纬"的存在。棉麻织物从 50Hz 降到 42Hz，因泵类输出功耗与转速的立方成正比，功耗下降至 59%；棉氨（纬）弹力布从 50Hz 降至 19Hz，功耗约降至 15%，节电明显。

9.2.3.5　织物水洗前含碱量及落布 pH 值控制

（1）织物水洗前含碱量的测控 纤维在浓碱的作用下产生溶胀，除了纤维素分子重排以外，纤维之间、纱线之间同时产生滑移，使纤维进入塑性状态，在有条件地外加张力的影响下原先存在于织物内的应力得以消除，织物外形在新的张力条件下被重新固定下来。值得注意的是，这种外形被固定是有条件的，即在张力未消除之前（布铗脱铗处），织物上残留的碱量必须在 50g/kg 织物以下，棉纤维新的结构和已实现定形的尺寸才能得以充分稳定，新排列的各纤维素之间新的氢键才会形成。

如最后一道冲淋淡碱浓度为 45g/L，出布铗后布面带液量 120%，则织物上残碱量在 54g/L，织物出布铗后不可避免会产生纬向收缩。这种由于带碱出布铗后纬向的收缩，直接影响到丝光落布幅宽。将织物拉至规定幅宽，在堆放过程中，也会明显自然回缩。

在电解质溶液中，单位体积内所含离子浓度越大，离子化合价越高，离子迁移速度越快，则电导率越大。

在 0~8% 的范围内，酸碱盐溶液浓度与电导率成比例关系，因此，通过检测溶液的电导率就可计算出酸碱盐的浓度。图 9-15 为变送器原理示意。

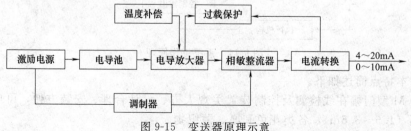

图 9-15 变送器原理示意

将电导率计置于被测溶液中，溶液在线圈、铁心之间形成等坐连接回路 C_2，屑磁线圈 C_1 通入交流电流，电磁效应使回路 C_2 产生与溶液价质浓度成比例的电流 I，检测线圈 C_3 中产生与 C_2 电流 i 成比例的检测电压 E。若固定电压与电极尺寸，则回路电流 I 只是电导率 S 的一次函数，即：

$$I_0 = f(S) = kS + d \qquad (9\text{-}6)$$

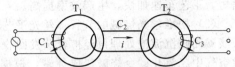

图 9-16 电导法检测原理示意

式中，k 为斜率，与电导池供电电源参数有关，改变电源参数，即可改变斜率（测量范围）。直线中由于规定了输出电流范围，因此，当 $S=0$ 时，求出常数项 d，就可以测出该待测溶液的电导率，如图 9-17 所示。

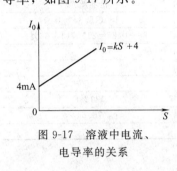

图 9-17 溶液中电流、电导率的关系

丝光布铗脱铗处设置电导计测量织物带液的含碱量，控制每公斤织物含碱量低于 50g 的临界值，对丝光工艺质量至关重要。一般设备制造企业及染整企业，目前逼于《印染待业准入条件》中的要求，必须安装浓烧碱浓度控制系统，而对脱铗处淡碱浓度测控往往忽视，应引为重视。

变送器技术指标：

测量范围 0.1％～8％ 的 H_2SO_4、$NaOH$、HCl 溶液等；准度 1.0 级：漂移≤5％，24h 全量程；负载特性 0～10mA 时 0～1200Ω，4～20mA 时 0～600Ω；工作电压两线、三线制 DC 24V，四线 AC 220V；被测介质温度 -10～+65℃，环境温度 -10～+55℃，环境湿度 ＜95％。

（2）丝光水洗烘燥落布的 pH 值控制　按棉染色布标准系数 1，取水 2.5t/hm，丝光占 18.75％，约为 468.75kg/hm，按工艺车速 70m/min 每小时取水 19.7t；采用新液流水洗仅取水 2.5t（工艺生产实测值），皆可烘燥落布 pH7～8。pH 值达标的布，若在后续染色过程中，一旦高温"水煮"，pH 值骤然上升，究其原因：一者国内外丝光的水洗皆主张"滴酸中和"，此法做的是"表面文章"，织物在较快的工艺车速下，仅仅是水洗后表层所带的很少残碱，进行中和反应；关键的是丝光工艺要让浓烧碱液进入棉纤维的"微胞"，令"微胞"充分溶胀，扩大无定形区，增加"染座"，在纤维内留下较多的残碱，工艺过程的去碱、水洗工艺因对残碱的萃取方法、时间问题，导致纤维内仍留有一定量的残碱。常规的 pH 在线测量是对有缺陷的"表面文章"水洗工艺的测量，不妥！

丝光工艺 pH 值落布测控，应是在湿加工的工艺要素优化互补的工况下进行。

织物脱离布铗后进入直辊去碱槽去碱，继后的去碱蒸箱换成煮碱箱，织物松堆煮碱 8～10min，低液位小浴比，提高逆流水洗交换速度，提高传质的浓度梯度，以时间取代"滴酸中和"，以煮碱提供残碱更易从纤维中扩散、萃取，体现"物理做加法，化学做减法"的理念。丝光水洗前的松堆煮碱，可防止织物丝光定形建立的新氢键拆散，使织物加大了可塑性。丝光后水洗加入"煮碱"单元，提供了真实的 pH 值在线控制工况。

9.2.3.6　智能型湿布热碱松堆高速布铗丝光工艺的节能减排

智能"上真工艺"，确保湿布热碱松堆高速布铗丝光工艺的节能减排。

（1）湿进布节省蒸汽量　联合机工艺车速 70m/min，全年工作 6000h，加工织物 2520 万米（20kg/hm）布，进烘筒烘燥轧余率 50％，烘筒烘燥典型烘燥能力的每吨水消耗 1.6t 蒸汽。

湿进布免烘煤节省蒸汽量：

$$2520\times10^4\times0.2\times0.5\times1.6\div1000=4032t$$

（2）热碱丝光工艺效果　热碱丝光与冷（室温）丝光工艺相比，具有光泽更好（因溶胀均匀）；手感变软；染色均匀性获得提高，溶胀速度快，浸碱溶胀时间缩短一半，工艺流程缩短，工艺车速加快，生产效率提高。

（3）松堆丝光烧碱的节省　丝光工艺浸轧浓烧碱反应，经去碱、水洗织物上的残碱液进入淡碱回收沉淀池处理再经扩容蒸发回收成浓烧碱供丝光工艺应用。工艺消耗碱量，包括接触空气中二氧化碳令烧碱变成纯碱，根据统计：消耗为工艺总碱量的20%。松堆丝光烧碱用量为紧式常规丝光用碱的2/3，故而损耗量也相应减少。表9-12是损耗对比。

表 9-12　紧式与松堆丝光工艺烧碱损耗对比

项　目	紧式丝光	松堆丝光
工艺烧碱浓度/(g/L)	260(21%)	180(15.34%)
补给液浓度/(g/L)	260÷0.7=371.4(28.25%)	180÷0.85=211.7(17.66%)
平均日产量/km	100	100
织物平均质量/(kg/km)	160	160
去碱轧余率/%	80	50
日用碱(100%)/kg	3616.0	1412.8
年损耗(20%)/t	180.80	70.64
损耗对比/%	100	39

注：1. 烧碱浓度项中括号内系百分比质量。
2. 日用碱（100%）是折算成100%固碱。
3. 年损耗（20%）是年用碱乘以20%的经验值。

表9-12表明，采用松堆丝光工艺，烧碱损耗比紧式丝光加工2500万米织物可省固碱110t。

（4）新液流水洗烧碱的节省　全年加工2500万米织物（20kg/hm），织物出稳定区含碱量45g/kg，这些碱经水洗后全数随污水排放，计：

$$2500\times10^4\times\frac{20}{100}\times45\div10^6=225t$$

新液流水洗溢流排放水，注入稳定区去碱槽，逐槽逆流（低液位），第1槽泵入热淡碱预洗槽，液位控制淡碱进入淡碱回收沉淀池处理。全程末台水洗槽进水，中途无排水，淡碱全数回收，因新液流水洗取水2.5t/h，将明显降低扩容蒸发淡碱回收负荷。

（5）新液流水洗节水、节省蒸汽　新液流水洗增添去碱煮练单元，有利节水、去碱；新液流水洗应用高温水洗；水洗槽中以下导布辊为单位分隔成小槽，上下起伏逆流；水洗槽低液位（250mm）致使逆流水交换提速，缩短扩散路径；采用多功能导布辊具有导布、加热、去杂搅拌水液作用，提高水洗扩散系数。新液流水洗全程逆流供水，符合高效水洗的技术要旨。

新联公司在丝光机水洗上应用新液流水洗技术，生产实践220g/m，90m/min工艺车速，每小时实测用水（包括烘筒烘燥直排凝结水）2.5t，对比棉染色布标准系数1（10～14kg/hm）取水19.7t，减少17.2t，全年工作6000h节水10.32万吨；水洗水液从20℃加热至90℃每吨水约消耗100kg蒸汽，因节水10.32万吨水可知节省加热蒸汽约1万吨。

（6）节电　松堆工艺稳定区从"五冲五吸"改成"三冲三吸"，设备装置节约了40%；变频调速控制吸水真空度，棉麻织物功耗下降40%，棉氨（纬）弹力布下降80%。

【结语】

智能型湿布热碱松堆高速布铗丝光工艺装备，对湿布的含水率、工艺烧碱浓度，松堆丝光织物的定长率的防缩、热碱丝光的织物冷却、布铗拉幅的门幅、真空吸水的弯纬、脱铗前的织物含碱量、烘燥落布的 pH 值集成控制，确保智能化"上真工艺"，确保工艺的重演性，实现了节能减排。智能化装备人机友善，是一台易操作的"傻瓜机"。联合机总节水 10 万吨，节省蒸汽 1.4 万吨，节省固体烧碱 335t，全程逆流供水，淡碱水液全数回收，实现"零"排放。

9.2.4 涤棉混纺织物湿短蒸染色工艺

过去，涤棉混纺织物染色通常采用分散/活性二浴法染色工艺，染色比较稳定、色光好、牢度高，但此工艺流程长，设备费用及操作成本高；另外，传统的分散/活性一浴焙固法轧染仍在许多厂使用，虽然采用一种活性染料的中性固色剂 NF 和双氰胺改善了尿素高温使棉纤维泛黄的一些问题，但尿素会导致产品色泽萎暗，且仍然使用一系列的助剂。因而德国 Hoechst 公司提出了活性染料的湿蒸工艺，接着 Hoechst 与德国 Bruckner 机械公司共同研究设计名为 Eco-steam 系统，开辟了棉纤维用活性染料湿蒸法染色的新天地[7]。

据文献资料报道，该工艺在拓展分散/活性染料染涤棉混纺织物上亦具有可行性。分散和活性两种染料性能不同，前者要在中性或弱酸性介质中固色，后者一般在碱性介质中固色。要使两者同时上染，又不影响整体的得色，试选用双氰胺和小苏打为固色剂进行一浴湿短蒸染色工艺试验。通过轧余率、汽蒸时间、湿度、温度及小苏打和双氰胺等单因素分析筛选工艺条件，再进行正交试验优化。结果表明，该工艺与传统的分散/活性二浴法及一浴焙固法相比确具有工艺流程短，得色量高，色泽鲜艳，重现性好，成本低等优点。

9.2.4.1 试验材料与方法

(1) 试验材料

① 织物 65/35 涤棉混纺织物前处理半成品（规格 45×45110×76×44/43″）。（由湘潭纺织印染厂提供）

② 染料 分散红 3B、分散黄 SE-3R、分散蓝 2BLN、活性红 K-2BP、活性黄 K-4G、活性蓝 K-GL（均为国产）

③ 化学药品 双氰胺（化学纯）、小苏打（化学纯）等。

(2) 试验方法

① 涤棉混纺织物用分散与活性染料染色工艺

a. 常规一浴二步汽蒸染色法（试验中标样按此工艺染色）工艺流程 轧分散染液（二浸二轧，65%）→预、烘（80~120℃）→焙烘（180℃，1.5~2min）→还原清洗（保险粉 2~3g/L，50~60℃）→轧活性染液→汽蒸（100~105℃，1min）→水洗→皂洗（洗涤剂 4g/L，Na_2CO_3 2g/L，95℃，1min）→水洗→烘干

b. 一浴湿短蒸染色工艺的初步拟定

工艺流程 轧分散活性染液（二浸二轧，轧余率 60%，室温）→短湿蒸（200℃，2.5min，湿度 45%）→温水洗（50~60℃）→烘干

② 性能指标的测定

a. 色深值 L、鲜艳度 C、总色差 ΔE 的测定 在 TC-PⅡC 型全自动测色色差计上进行。

b. 皂洗牢度、摩擦牢度和熨烫升华牢度的测定

皂洗牢度：用灰色样卡评定皂洗褪色和白布沾色级别（以下相同）。

摩擦牢度：在 Y571B 染色摩擦牢度计上测试。

熨烫牢度：在 YG605（L）型熨烫升华色牢度测试仪上测试。

c. 断裂强力的测定 在 YG026-2500 织物强力机上测定。

d. pH 值的测定 在 pHS-25 酸度计上进行。

9. 2. 4. 2　结果与讨论

（1）一浴湿短蒸染色工艺单因素分析试验

① 湿短蒸温度的选择　湿短蒸温度与所采用的染料性能有关，根据分散染料与 K 型活性染料反应性能的切合情况，采用 150℃、170℃、180℃、190℃、200℃、210℃ 六档染色温度进行试验（结果见表 9-13）。

表 9-13　汽蒸温度改变对湿蒸得色的影响

汽蒸温度/℃		标样	150	170	180	190	200	210
分散红 3B＋活性红 K-2BP	色深值 L	68.34	67.17	66.01	68.26	68.29	68.92	68.78
	鲜艳度 C	41.89	44.67	46.07	43.32	42.60	42.60	42.43
	总色差 ΔE		3.00	4.81	1.48	0.78	1.21	1.42
分散黄 SE-3R＋活性黄 K-4G	色深值 L	79.70	79.18	79.15	79.07	79.80	78.63	76.07
	鲜艳度 C	30.20	28.87	29.16	29.74	29.08	28.58	32.93
	总色差 ΔE		2.02	2.56	2.70	1.78	3.12	6.55
分散蓝 2BLN＋活性蓝 K-GL	色深值 L	65.68	65.03	65.27	63.1	62.06	60.96	60.41
	鲜艳度 C	19.00	22.08	21.18	23.33	24.10	23.67	23.69
	总色差 ΔE		4.87	5.39	6.94	8.18	8.08	8.63

在 180～210℃ 间各项指标值较均衡，黄色样以 210℃ 时，明度、鲜艳度最好，蓝色样以 210℃ 时得色最深，以 190℃ 时为最鲜艳，且在 190～210℃ 间 L、C、ΔE 值波动不大，因而得出针对不同的染料要选择不同的反应最佳温度，一般情况，得色量随温度的升高而被提升，鲜艳度随温度的升高有降低趋势。综合考虑，温度以 190～210℃ 间反应较理想。

② 湿短蒸固色剂的选择　据有关资料报道，小苏打与双氰胺混拼作固色剂，两者混拼的比例对染色效果影响很大，分别以双氰胺为 10g/L、小苏打以 1～12.5g/L 改变和小苏打为 5g/L、双氰胺以 2.5～15g/L 改变六档来测试其性能指标（结果见表 9-14）。

表 9-14　固色剂中小苏打浓度改变对湿短蒸工艺得色的影响

小苏打用量/（g/L）		标样	1	2.5	5	7.5	10	12.5
分散红 3B＋活性红 K-2BP	色深值 L	69.11	68.00	71.63	70.10	69.71	69.99	69.66
	鲜艳度 C	40.00	43.49	35.30	36.22	39.62	40.35	39.70
	总色差 ΔE		3.58	5.31	4.21	0.83	0.91	0.68
分散黄 SE-3R＋活性黄 K-4G	色深值 L	79.89	79.86	78.47	79.46	77.45	78.92	79.99
	鲜艳度 C	30.28	32.56	31.47	30.98	32.28	31.77	30.77
	总色差 ΔE		2.93	4.69	2.32	5.86	3.00	2.21
分散蓝 2BLN＋活性蓝 K-GL	色深值 L	66.42	63.44	61.95	62.65	62.48	61.87	62.07
	鲜艳度 C	19.63	22.56	24.36	23.47	22.51	23.06	23.63
	总色差 ΔE		5.46	7.92	6.39	6.40	7.05	7.63

由表 9-14 可知，红色样基本上在小苏打为 7.5～12.5g/L 各项指标取得较好平衡。黄色样以小苏打为 7.5g/L（小苏打：双氰胺＝3：4），综合指标最好，蓝色样以小苏打 2.5g/L 综合指标最佳，在 2.5～7.5g/L 间有一定的平衡性。

由表 9-15 可知，红色样在双氰胺 5g/L 时 L 最小，15g/L 时 C 最大，而在双氰胺为 2.5～7.5g/L 间平衡性较好。黄色样以双氰胺为 7.5g/L 综合指标最佳（小苏打：双氰胺＝2：3），鲜艳度 C 几乎与标样相差不大，蓝色样在双氰胺为 2.5g/L 明度与艳度最佳，双氰胺在 7.5～12.5g/L 间，各项指标平衡性较好。

表 9-15　固色剂中双氰胺浓度改变对湿短蒸工艺得色的影响

双氰胺用量/(g/L)		标样	2.5	5	7.5	10	12.5	15
分散红 3B+活性红 K-2BP	色深值 L	68.53	67.98	67.78	67.95	69.49	68.66	67.85
	鲜艳度 C	40.27	41.39	41.31	41.58	38.36	40.46	41.81
	总色差 ΔE		1.27	1.32	1.44	2.44	0.43	1.69
分散黄 SE-3R+活性黄 K-4G	色深值 L	79.44	79.32	79.54	78.83	79.23	79.47	79.06
	鲜艳度 C	30.76	29.72	29.65	30.75	29.89	30.50	30.79
	总色差 ΔE		1.20	1.23	2.13	1.33	0.99	1.70
分散蓝 2BLN+活性蓝 K-GL	色深值 L	66.64	59.76	63.22	62.74	62.99	63.29	63.16
	鲜艳度 C	18.48	25.60	22.02	23.44	23.97	23.85	23.44
	总色差 ΔE		11.04	6.84	7.48	7.51	7.14	6.77

综上所述,小苏打与双氰胺的比例对染色性能指标影响很大,一般情况下,红色样与黄色样在小苏打与双氰胺之比为 1∶1,蓝色样在小苏打与双氰胺之比为 2∶3 各项指标较理想。

③ 湿短蒸时间的选择　因为湿短蒸工艺基本上是在高温状态下完成染色过程的,时间的影响不容忽视。为了更好地说明问题,将时间分为 0.5~3min 六个档次(试验结果见表 9-16)。

表 9-16　汽蒸时间对湿短蒸工艺得色的影响

时间/min		常规	0.5	1	1.5	2	2.5	3
分散红 3B+活性红 K-2BP	色深值 L	68.08	70.80	69.27	68.77	68.01	67.88	67.73
	鲜艳度 C	42.52	37.83	40.71	42.48	44.00	42.46	41.80
	总色差 ΔE		5.91	2.84	1.33	1.58	0.57	0.80
分散黄 SE-3R+活性黄 K-4G	色深值 L	79.36	80.85	80.19	80.34	79.09	78.96	79.06
	鲜艳度 C	30.49	27.74	26.00	28.47	30.19	29.37	29.92
	总色差 ΔE		3.20	4.56	2.39	1.79	3.06	2.34
分散蓝 2BLN+活性蓝 K-GL	色深值 L	66.92	60.98	62.90	61.88	63.83	62.34	60.73
	鲜艳度 C	25.27	25.27	23.59	23.59	23.18	24.23	23.76
	总色差 ΔE		10.27	7.77	8.43	6.66	8.75	12.27

由表 9-16 可知,红色样 L 值随时间的延长而呈下降趋势,C 值呈上升趋势,几乎在 2~3min 间保持平衡。黄色样 L 值波动幅度小,C 值有渐大的趋势,亦在 2~3min 间保平衡。蓝色样大致以 2.5~3min 平衡性较为满意。综合分析,以 2.5min 为比较理想的汽蒸时间。

④ 湿短蒸湿度的选择　考虑到高温焙烘条件下活性染料色光受相对湿度的影响,为确保活性染料在高温情况下有好的得色和鲜艳度,选择了 10%~60% 的相对湿度试验(结果见表 9-17)。

表 9-17　相对湿度对湿短蒸工艺得色的影响

相对湿度/%		常规	10	20	30	40	50	60
分散红 3B+活性红 K-2BP	色深值 L	68.89	67.71	68.04	67.80	67.93	68.26	67.91
	鲜艳度 C	40.75	35.60	41.13	41.19	41.48	42.10	43.75
	总色差 ΔE		6.62	1.32	1.35	1.32	1.51	3.19
分散黄 SE-3R+活性黄 K-4G	色深值 L	79.37	79.14	80.16	80.49	80.93	80.34	80.09
	鲜艳度 C	29.30	28.64	27.96	27.97	29.20	29.55	29.85
	总色差 ΔE		1.50	2.94	2.71	3.61	1.47	1.17
分散蓝 2BLN+活性蓝 K-GL	色深值 L	66.03	59.65	63.11	63.99	63.01	62.86	59.25
	鲜艳度 C	17.45	19.12	21.73	22.10	22.84	24.55	26.40
	总色差 ΔE		6.59	6.09	6.39	6.94	8.73	12.42

由表 9-17 可知,湿蒸湿度对红色样和黄色样的 L 值影响不是很大,蓝色样 L 值在湿度为 30% 时最高,而 C 值明显随湿度的增加而增大,基本上以相对湿度在 50%~60% 最为理想。当湿度高于 60% 时织物表面产生过多水迹,易造成染色疵病。

⑤ 短湿蒸轧余率的选择　织物浸轧染液后，在反应蒸箱内由于受热而蒸发水分，使含湿率降低。因此，轧余率会影响织物的上染率及鲜艳度。选择了轧余率50%～75%进行试验，试验结果见表9-18。

表9-18　轧余率对湿短蒸得色的影响

轧余率/%		常规	50	55	60	65	70	75
分散红3B+活性红K-2BP	色深值L	68.94	68.75	68.04	67.72	66.93	65.23	65.91
	鲜艳度C	40.68	35.60	38.18	41.09	41.24	42.14	42.73
	总色差ΔE		6.62	3.32	2.85	3.18	3.56	3.19
分散黄SE-3R+活性黄K-4G	色深值L	79.76	80.20	79.09	79.06	78.86	79.08	78.97
	鲜艳度C	29.61	27.99	30.18	29.98	29.61	30.09	31.64
	总色差ΔE		1.74	2.81	1.40	2.69	2.26	2.80
分散蓝2BLN+活性蓝K-GL	色深值L	66.17	62.61	63.28	65.29	63.72	63.27	62.93
	鲜艳度C	19.28	23.00	22.86	20.13	22.76	23.79	23.89
	总色差ΔE		6.46	5.55	2.01	4.87	6.55	6.85

由表9-18可知，轧余率对得色影响较大，L值随轧余率的增大而降低，但C值则升高。总的来说，轧余率要在65%～75%间各项指标保持较好的平衡性。

（2）一浴湿短蒸染色优化工艺与常规染色工艺染色牢度比较　综合上述单因素分析，可以认为：在染色织物明度和艳度上，一浴湿短蒸染色工艺均好于常规工艺。现将各单因素优化条件列于表9-19，按该优化工艺和常规工艺处理的棉织物的色牢度对比结果见表9-20。

表9-19　一浴湿短蒸染色工艺优化结果

工艺条件 染料名称	双氰胺用量/(g/L)	小苏打用量/(g/L)	湿蒸温度/℃	湿蒸时间min	相对湿度/%	轧余率/%
分散红3B+活性红K-2BP	9	13	200	2.5	50	65
分散黄SE-3R+活性黄K-4G	9	12(13)	200	2.5	50	70
分散蓝2BLN+活性蓝K-GL	11	12	200	3.5	50	70

注：owf为2%；工艺流程为轧分散活性染液（二浸二轧，室温）→湿短蒸→温水洗（50～60℃）→烘干。

表9-20　一浴湿短蒸染色工艺与常规染色工艺染色牢度比较　　单位：级

性能 名称		耐洗牢度		摩擦牢度		熨烫牢度	
		变色	沾色	干	湿	干	湿
分散红3B+活性红K-2BP	常规	4	4～5	4～5	4	4	3
	湿短蒸	4	4～5	4～5	4	4	4
分散黄SE-3R+活性黄K-4G	常规	4	4	4	3～4	4	3
	湿短蒸	4	4	4	4	4～5	3～4
分散蓝2BLN+活性蓝K-GL	常规	4	4	4	3～4	4	3
	湿短蒸	4	4～5	4	4	4～5	3～4

由表9-20可知，一浴湿短蒸染色优化工艺比常规染色工艺处理的织物有更好的染色牢度。

【结论】

① 涤棉混纺织物一浴湿短蒸染色工艺，可以提高染色织物的表观得色量和鲜艳度，且具有良好的染色牢度。

② 一浴湿短蒸染色工艺省去了预烘和皂洗环节，可提高生产效率。

③ 该工艺只要使用双氰胺和小苏打混合的固色剂，无需添加尿素、水玻璃、烧碱、无机盐等化学药品和各种助剂，降低了成本，减少对设备的损耗和对环境的污染。

④ 由于该工艺对染色条件要求苛刻，对染料有一定的选择性，因而在进行实际生产中，除要按工艺要求严格控制各项染色条件外，在大批量生产前应放大样试机，确保生产的连续性和稳定性。

9.2.5 锦纶酸性染料冷轧堆汽固染色工艺

9.2.5.1 试验目的

纬向全锦纶丝纱卡在长车染色工艺（轧→烘→干拉→轧→气蒸→水洗固色→烘干），流程工序长，折皱故障很多，成品一等率较低，主要由于锦纶丝在干状态下遇水涨幅较大，在长车染色中的干对湿的轧点、烘房中、蒸箱中均容易起皱，造成大批量的染色折皱。

构想在锦纶染色中始终处于湿态，这样就可以避免染色折皱，因此试验酸性染料冷轧堆染色[8]。

（1）试验布种　32 支纱/100den 锦/142cm/90g/m² 3/1 磨毛纱卡

（2）试验药品　®ERIONYL® A 型酸性染料（Huntsman），冰醋酸（85%），柠檬酸，醋酸钠，甲酸（工业用）。

（3）试验理论依据　不同种类酸性染料的混合考虑的 3 要素如下。

① 染浴的 pH 值相互配合性：在所选择 pH 值下，只有染料的吸收速率彼此相近似，能相互配合之染料才可混合。

② 坚牢度性质：对日光和耐湿牢度，大抵相似的染料才可混用。

③ 移染能力和遮盖性质：即使使用的染料染色速率相配合，还有重要的问题要考虑到移染速率相似，亲和力也要彼此相似。

（4）染浴 pH 值的影响

① 降低 pH 值将增加纤维上的 NH_4^+ 正离子根团（离子化）的数量。

② 在纤维的正离子根团与染料阴离子根团间形成坚固的离子键。

③ 降低 pH 值提高了纤维的实际饱和值。

④ 在低 pH 值条件下，染色可达到相当的深度，但这样键合的染料湿牢度差。

⑤ pH 值的选定应防止瞬间固着，以避免头尾异色，并确保最终固着率，故 pH 值需依染料对纤维之直接性，染色深度及染料分类而定。

⑥ 染料上染率与 pH 值的关系如图 9-18 所示。

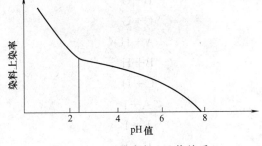

图 9-18　上染率与 pH 值关系

（5）首先要优化染色流程　从初步的对比实验中得知，染色方法②得色深，故选择汽蒸固色。

方法① 冷轧堆 16h→甲酸固色→冷水→热水洗→皂洗→酸性固色剂固色→烘干。

方法② 冷轧堆 16h→102℃饱和汽蒸 90～120s（不轧料）→甲酸固色→冷水→热水洗→皂洗→酸性固色剂固色→烘干。

但是，还需优化汽蒸前的染色因素。

① 酸剂

染料组合：黑 AM-R　50g/L＋红 A-2BF　5g/L＋黄 A-R5g/L

A. 染料＋酸剂①（HAC 2.5g/L＋柠檬酸　2.5g/L＋醋酸钠 0.5g/L）pH2.57

B. 染料＋酸剂②（HAC 5g/L＋柠檬酸　5g/L＋醋酸钠 0.5g/L）pH2.2

C. 染料＋酸剂⑧（HAC 8g/L＋柠檬酸　8g/L＋醋酸钠 0.5g/L）pH2.0

② 环境温度 25～35℃堆置时间

D. 0.5h 内（不堆置）→汽蒸固色……

E. 堆置 8h→汽蒸固色……

F. 堆置 16h→汽蒸固色……

G. 堆置 24h→汽蒸固色……

③ 保持环境温度 40～45℃堆置时间

H. 堆置 5h→汽蒸固色……

I. 堆置 10h→汽蒸固色……

用 A～I 因素组合染色，电脑测色力度数据如下：

组合项	力度/%
A＋D	基准 100
B＋D	107.8
C＋D	116.3
A＋E	112.4
B＋E	120.6
C＋E	127.8
A＋F	115.8
B＋F	123.7
C＋F	128.2
A＋G	116.2
B＋G	121.7
C＋G	128.2
A＋H	114.7
B＋H	124.4
C＋H	127.6
A＋I	116.6
B＋I	125.5
C＋I	127.3

9.2.5.2　试验结论

（1）提高酸剂用量（降低染浴 pH 值）或延长堆置时间或提高固色的环境温度，均会提深染色深度。

（2）若浅、中色染色深度能达到确认样，可采用不堆置，直接轧液→汽蒸固色……之流程，这样不会产生堆置的缝头印。

（3）通过提高堆置固色的环境温度，缩短固色时间，也能实现提深同等染色深度。

（4）适合工厂的连续性染色流程：

① 染色前来布的 pH 值要小于 7.0。

② 染料与酸剂使用比例泵，按 4∶1 的比例。

③ 染料浓度≤5g/L，采用酸剂① （HAc 2.5g/L＋柠檬酸 2.5g/L＋醋酸钠 0.5g/L，pH2.57），室温堆置 8～24h→102℃饱和汽蒸 90～120s （不轧料）→甲酸固色 （甲酸：3g/L pH 3.0～3.5，85℃×45～60s）→冷水→热水洗→皂洗→酸性固色剂固色 （60℃×30～45s）→烘干。

④ 5g/L＜染料浓度≤20g/L，采用酸剂 （HAc 5g/L＋柠檬酸 5g/L＋醋酸钠 0.5g/L，pH2.2），室温堆置 8～24h→102℃饱和汽蒸 90～120s （不轧料）→甲酸固色 （甲酸：5g/L pH2.0～2.2，85℃×45～60s）→冷水→热水洗→皂洗→酸性固色剂固色 （60℃×30～45s）→烘干。

⑤ 染料浓度＞20g/L 到黑色，采用酸剂③ （HAC 8g/L＋柠檬酸 8g/L＋醋酸钠 0.5g/L，pH2.0），室温堆置 8～24h→102℃饱和汽蒸 90～120s （不轧料）→甲酸固色 （甲酸：5g/L pH2.0～2.2，85℃×45～60s）→冷水＋热水洗→皂洗→酸性固色剂固色 （60℃×30～45s）→烘干。

⑥ 探寻化验室小样打色方法与大生产的结合：

考虑到提高酸性染料固色的环境温度，能在较短的时间内完成染色，因此构想采用烘箱法与大生产颜色的结合。

选择烘箱法的温度与时间：50℃×10min；50℃×20min；50℃×30min；60℃×10min；60℃×20min；60℃×30min；70℃×10min；70℃×20min；70℃×30min。

结果发现后四种的温度、时间出来的深度接近实际堆置 8～24h 的得色深度，最终选择 70℃×20min。

实验室快速打色方法：轧液→烘箱法 70℃×20min→102℃饱和汽蒸 90～12s （不轧料）→甲酸固色 （甲酸：5g/L pH2.0～2.2，85℃×45～60s）→冷水→热水洗→皂洗→酸性固色剂固色 （60℃×30～45s）→烘干。

⑦ 测试采用酸剂③ （pH2.0）在各固色条件下对织物强力的影响：

	经向拉伸 （LBS）	纬向拉伸 （LBS）
半制品布	108	125
烘箱 70℃×10min	107.70	126.2
烘箱 70℃×20min	106.8	125.6
室温堆置 24h	110	124.3

此染色方法基本不影响来布强力。

【结论】

此染色方法命名为："酸性染料冷轧堆汽固法"，这种酸性染料新染色法可实现锦纶在连续性长车生产的革命性突破，可为连续轧染企业带来新的产品升级。

9.2.6 毛巾织物还原染料湿短蒸工艺

还原染料染色以其优异的耐漂洗、耐晒色牢度，一直是人们染棉类染色产品的最爱。目前国际军品市场对还原染料染色毛巾织物需求量逐步增大。但由于其要求高 （前后色差 ΔE 值必须在 0.8 以内），采用一般浸染方式进行毛巾织物还原染料染色根本无法满足这一要求，且浸染工艺重现性差、能耗大、产能低。若采用"常规还原染料悬浮体轧染"方式进行毛巾织物染色，色光虽可控制，但由于毛巾织物特殊的疏松毛圈组织结构，在打底烘燥过程中，染料向毛圈上部泳移，致使毛圈根部发白，客户无法接受。我公司经过反复实验，设计采用环保型"还原染料湿短蒸轧染工艺"进行毛巾织物染色。该工艺既克服了浸染前后色差大、常规悬浮体轧染染色不匀的弊病，又节约了能源，减少了环境污染[9]。

9.2.6.1　染色机理

（1）常规还原染料悬浮体轧染工艺

染液准备→半制品浸轧还原染料悬浮体染液→红外线预烘→热风预烘→烘筒烘燥→落布（冷却）→浸轧还原液→还原液封口→汽蒸→冷流水冲洗（2～3格）→氧化1格→透风→热洗1格→皂洗1格→皂煮1格→热洗2格→烘干→落布（冷却）。

（2）还原染料湿短蒸轧染工艺

染液准备→半制品浸轧还原染料悬浮体染液→液封口浸轧还原液→汽蒸→冷流水冲洗（2～3格）→氧化1格→透风→热洗1格→皂洗1格→皂煮1格→热洗2格→烘干→落布（冷却）。

还原染料湿短蒸轧染工艺，织物不经打底烘干，毛巾织物直接浸轧还原染料悬浮体染液，进入液封口浸渍还原液汽蒸还原上染。这样虽浪费部分染料，但可减少打底烘干造成的色差、泳移、布面发花等疵病且降低了能源消耗。

还原染料不溶于水，其分子结构中含有羰基，在碱性介质中能被还原成隐色体钠盐而上染棉纤维。上染在棉纤维上的还原染料的隐色体钠盐经氧化后，恢复成不溶状的染料而固着于纤维上。还原染料悬浮体湿蒸轧染工艺分为染料的还原、染料上染、染料的氧化、皂洗后处理4个阶段。为了保证染色质量，必须进行充分的皂洗。其目的如下所述。

① 去除浮色，由于一些附在纤维表面的染料隐色体经过氧化后，形成不溶性的染料沉积在纤维表面形成"浮色"，必须经过皂洗才能去除。

② 使染成品获得真实的色光，提高染成品的色牢度。皂煮能改变纤维内染料的色光效果，许多还原染料只能通过皂煮才能充分发色；棉纤维染色后充分皂煮，在纤维腔中形成染料晶体，光密度增加，色光浓艳；棉纤维染色后经过皂煮，染料的定向发生变化，取向度增加，二色性发生变化。

9.2.6.2　工艺设计

（1）悬浮体染液准备　还原染料不溶于水，必须经过研磨才能使用，染料颗粒要在2μm以下。目前使用的细粉或超细粉染料，可以使用高速搅拌机搅拌5～10min，然后过滤到高位槽中，加水至规定量备用。染料研磨后要用滤纸测定其扩散性能，浅色要4级以上，中、深色3～4级以上。

（2）浸轧悬浮体染液　由于毛巾织物具有特殊的疏松组织结构，织物比较厚重，为了保证染色效果，一方面，要加入强力渗透剂帮助染料向毛巾织物内部渗透。另一方面，要加大浸液容积，采取多浸一轧方式使毛巾织物浸透染液。

浸轧方式：均匀轧车多浸一轧，轧余率65%～70%，轧槽温度20～30℃（室温）。

（3）还原上染　采用还原染料湿短蒸轧染工艺染色，毛巾织物是湿态浸渍还原液，因此其工艺设计与常规还原染料悬浮体轧染工艺有很大的不同。由于湿态染料脱落较多，应加大还原液还原能力。经过多次实验，在还原液中追加二氧化硫脲（一般二氧化硫脲追加量；浅色0.5g/L；中色1g/L；深色2g/L）构成混合还原液是比较经济与科学的方法。二氧化硫脲还原能力比保险粉要强（20℃下，二氧化硫脲的还原电位是-1040mV，保险粉的还原电位是-800mV），使用二氧化硫脲替代部分保险粉，可以显著降低染色排放污水中COD值，小样检测发现同等使用条件下，二氧化硫脲的COD值是保险粉的2/5，可减少环境污染。

还原操作要求：①还原液采用均匀加料管；②蒸箱温度（103+1）℃，压差3～4cm，液封的温度要低于35℃。为了减少毛巾织物带液量，降低染料浪费，可在液封口浸渍还原液后加压一拦液辊。

（4）氧化　氧化温度（45＋5）℃、透风 30s 左右。

表 9-21 为氧化液双氧水用量对应表。

表 9-21　氧化液双氧水用量对应表

染料助剂	特深色	深色	中色	浅色
染料用量/（g/L）	50～75	30～50	15～30	10 以下
双氧水用量/（g/L）	2～2.5	1.5～2	1.0～1.5	0.8～1

（5）皂煮　为了减少环境污染，选择无泡净洗剂 NF 替代常规工艺中的皂液进行皂煮。其优点是生产过程中产生的泡沫少，可减轻污水处理时消泡的负担，特别是可降低污水 COD，无泡净洗剂 NF（5g/L）的 COD 为 255mg/L，而使用表面活性剂皂液（5g/L）的 COD 为 2038mg/L。

工艺：皂液 5g/L 纯碱 2g/L（pH＝10～11）；温度为 95～100℃。

9.2.6.3　设备

由于毛巾织物具有特殊的疏松组织结构，若轧染设备张力过大，毛巾织物会发生严重纬斜，运行过程中还会出现皱条。因此必须选择低张力设备，要求设备自动化程度高，采用多单元交流变频同步调速 PVC 程序控制，人机界面以张力传感器控制主动同步传动，每个单元张力可根据织物运行状况要求调节张力，使毛巾织物在低张力状态下运行。皂煮选择"圆网转鼓式"松式皂蒸箱，该松式皂蒸箱可保证毛巾织物在松弛状态下进行长时间皂蒸，这样既可提高皂煮效果，又可避免产生皱条。烘燥设备可选择低张力松式网带式热风烘燥机。

9.2.6.4　生产验证

2006 年，采用还原染料湿短蒸轧染工艺进行毛巾织物染色，生产 21×21100cm 军绿毛巾布。具体结果如下：

使用 Hunter Lab 测色仪对染色下机毛巾织物进行检测，前后色差 ΔE ＜0.8（混合还原液对蓝蒽酮类还原染料的色光亦基本无影响），能够满足客户需求。

表 9-22 为生产的军绿毛巾产品质量实测结果。

表 9-22　生产的军绿毛巾产品质量实测结果

项　目			GB 标准	实测
缩水率/%	经向		5	3
	纬向		4	2
染色牢度（级）	皂洗	沾色	3～4	4
		变色	3～4	3～4
	摩擦	干摩	3～4	4
		湿摩	2～3	3
	耐氯漂		3	3～4
	耐光（8 级制）		3～4	4

【结论】

采用多项清洁生产技术设计的还原染料湿短蒸轧染工艺，具有染料易渗透、布面染色均匀、重现性好、能耗低等优势。使用该工艺进行毛巾织物连续轧染，既克服了浸染工艺重现性差、能耗大、产能低及还原染料常规悬浮体轧染染色不匀的弊病，又节约了能源，降低了环境污染。该工艺具有良好的社会效益与经济效益。

9.2.7　针织物平幅水洗漂白工艺设备

针织前处理工艺与设备的发展趋势是一部分先进企业正从间歇式走向连续化，能有效提高产品的质量、档次，节能减排，而针织大圆机在欧洲，为提高效率降低消耗多年前就开始大卷装，下布质量为60kg甚至更大。机上剖幅、平幅卷布，为平幅连续化进行配套，减少了缝头，提高了效率。而平幅前处理又和平幅冷堆染色、平幅印花实现生产对接，从织造到染整前后配套，工艺路线更加顺畅合理。在当今针织染整行业激烈的市场和产品竞争中，针织物的平幅连续化前处理工艺与设备会发展得更加完善，为越来越多的企业接受，市场前景广阔[10]。

针织物的平幅练漂是将圆筒针织坯布剖幅后或经编针织物进行平幅连续化湿处理加工。平幅练漂可对棉及其混纺、交织针织物和精细娇嫩、高氨纶含量以及易卷边的敏感性针织物进行温和湿处理，使织物在低张力下传输，经过渗透、连续汽蒸、转鼓喷淋水洗。与溢流机加工相比，消除了坯布长时间与喷嘴和机件的相互摩擦，从而减少了织物在加工过程中的折皱、磨毛等质量问题，产品质量明显提高，是加工高技术含量高附加值产品的有效途径，同时可做到节能减排，清洁生产。

（1）工艺流程　毛坯布→渗透除油脱矿→水洗→浸轧氧漂剂→汽蒸→热水洗→温水洗→酸中和→水洗→轧水平幅落布。

（2）使用设备　目前，国际上针织物平幅氧漂生产线生产厂家有德国欧宝泰克（Erbatech）公司的SCOUT（斯考特）针织物平幅水洗漂白线（见图9-19）、GOLLER（HK）（高乐）针织物联合漂白机、瑞士贝宁格（Benninger）公司的TRIKOFLEX针织物预洗漂白机组、法国Kusters公司的弹力针织物连续前处理机以及国内江苏福达等公司的平幅连续化前处理设备等。

以上设备的共同特点是生产能力高、产量大，水、电、汽、助剂消耗低，加工的坯布布面不起毛、无褶皱、无卷边和均匀的白度，体现了优良的产品质量。生产批量灵活，适应产品广泛，特别是适合用于高含量氨纶及易卷边的敏感针织物。所有生产线均由计算机自动控制，触摸屏操作界面，装备了定量加料缸、过滤器、挤压辊等。通用的氧漂水洗生产线主要由浸轧槽、反应堆置箱、汽蒸箱、转鼓水洗槽等模块组成。该漂白线可提供准确的工艺、处方等有关消耗数据，并通过调制调解器的远程控制和检测将数据传输到网络的终端。

退矿/冲洗　　浸漂白剂　　汽蒸漂白　　皂洗/清洗　　冲洗/中和

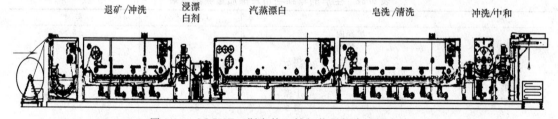

图9-19　SOCUT（斯考特）针织物平幅水洗漂白线

（3）处方及工艺条件

① 渗透除油脱矿处方及工艺条件：

渗透精练剂GS	1.5g/L
螯合剂	1g/L
除油剂	1g/L
液温	60℃
堆置箱温度	80～90℃
堆置时间	5～8min

② 汽蒸氧漂中和水洗处方及工艺条件：

渗透剂	1g/L

快速氧漂剂 BLG	$10\sim15g/L$
27%H_2O_2	$10\sim15mL/L$
汽蒸箱温度	$98\sim100℃$
汽蒸时间	$35\sim40min$
热水洗温度	$80℃$
中和酸浓度	$1\sim1.5g/L$
车速	$35\sim40m/min$

（4）工艺操作要求

① 坯布缝头要平齐，做到平幅进布，防止卷边。

② 超喂量要及时调整，保持平整无张力，避免产生坯布拉伸现象。

③ 进轧氧漂剂双氧水槽的坯布带液率应控制在 $80\%\sim85\%$ 之间，轧氧漂液后带液率应控制在 $105\%\sim110\%$ 之间。

④ 准确补加液，从开车到结束，轧槽内工作液浓度和液面始终保持动态平衡。

⑤ 要经常观测调整，以保持汽蒸箱内堆布均匀，避免乱布，保持工艺要求的汽蒸时间和温度。

⑥ 做好开车前的准备工作，尽量减少中途停车，保持工艺要求的布速。

9.2.8　资源节约型牛仔布染色工艺设备

Pad/Sizing-Ox 工艺能够生产富有高价值的创意效果、颜色和色泽的高档牛仔布，是一个简单的、一步法上浆和染色的工艺。与传统染色工艺相比，该工艺可以节水 92%，几乎不产生废水，节能 30%，减少废棉 87%，并且提供相同的染色效果和颜色。该工艺过程采用臭氧和过氧化物进行生态漂白洗涤，而不是次氯酸钠或高锰酸钾等有害的化学物质。

Pad/Sizing-Ox 染色工艺是基于科莱思公司最新的专利技术 Arkofil® DEN-FIX 上浆剂，并且结合全系列的 Diresul® RDT 硫化染料，包括非靛系染料 Diresul® Indicolors RDT，赋予这一工艺独特的效果，提高了颜色深度、染色牢度、染色色光和色泽的重现性，易于应用且结果更精确[11]。

传统的蓝色牛仔布染色，在上浆前有 $10\sim12$ 个反应箱，科莱思的 Denim-Ox 工艺可减至 4 个，而创新型的 Pad/Sizing-Ox 工艺再次降低到只需 1 个反应箱，而且不牺牲其美妙的视觉效果。

现在，牛仔布生产具有广阔的持续发展潜力。Diresul Indicolor 概念开辟了高级牛仔布生产和设计的丰富新境界。除了在染色过程中无需使用保险粉，它又为生产商提供更多的单色染色或环染的牛仔布，以及更广泛的蓝色、藏青、黑色和灰色。在染色或水洗阶段采用可持续的技术，可以产生新的效果，并保证整体质量更高。

在过去，水洗时采用氯和高锰酸钾，以产生各种效果，使牛仔裤更具特性和多样性，但其应用是有争议的。目前，先进的牛仔布加工工艺允许使用以过氧化氢为基础的洗涤，以避免任何环境问题。先进的牛仔布加工工艺这牛仔布厂家和制造商提供了真正可持续的生产前景。没有可吸附的卤素化合物的洗涤漂白，大幅度消减耗水量高达 92%，减少能源消耗高达 30%，减少棉花废料 87%，消除污水和废水中的亚硫酸盐。

9.2.8.1　PAD/SIZING-OX 工艺

结合 Diresul® RDT 染料和新的 Arkofil® DEN-FIX 上浆剂，在浆纱机中进行纱线染色，具有高生态和高技术特点。

（1）染色/（g/L）

Diresul® RDTUq 染料	x
还原剂 Dp	7～10
50％氢氧化钠	7～10
Leonil® EH liq conc	2～5
Ladiquest® 2005 liq	2～3
浸轧温度/℃	70～95

（2）上浆/氧化/％

Arkofil® DEN-FIX$_p$	6～8
Trefix® MSW fla	0.2
Diresul® Oxidant BRI liq	2～3

若需要，添加 Arkofil® Glp 以保持效率。

采用 Opticid® PSD liq conc 调节 pH 值在 4.5～5，温度 70～75℃，湿浆轧液率 100％～115％。

（3）图 9-20　系轧烘/SIZING-XO 工艺设备流程

① 染槽准备（见图 9-21）：

室温配制染浴，在 70～75℃加热，慢慢搅拌 5min，停止。

② 上浆槽准备　见图 9-22。

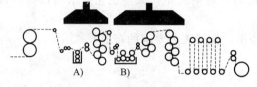

图 9-20　轧-烘/SIZING-XO 工艺

图 9-21　染槽

1—加水至总体积 1/3；2—还原剂 D；
3—Ladiquest® 2005 liqc；4—加水至
总体积 2/3；5—氢氧化钠 50％；
6—Diresul® RDT 染料；
7—稀释的 Leonil® EHC. Liq core

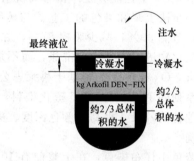

图 9-22　上浆槽

1—在槽中加冷水，在剧烈搅拌下加入上浆剂；
2—于 90～95℃煮 30min，直接蒸汽加热，冷凝水
10％～15％；3—装满冷水至最终容量；
4—降温至 70～75℃；5—添加 Diresul 氧化
剂 BRI liq；6—用 Optifix PSD 调节 pH 值至 4.5～5

9.2.8.2　工艺特点

以最少的资源产生最大的效益，以最少的投资获得高性能。

（1）染色工艺特点

① 设备结构紧凑；

② 快速且稳定的色泽；

③ 快速且高效的颜色变化；

④ 容易校准和调节色光；

⑤ 生产效率高；

⑥ 重现性高；

⑦ 适合加工彩色牛仔布，直接应用于原纱；

⑧ 适合加工水洗效果的牛仔布；

⑨ 染色牢度良好；

⑩ 靛蓝经纱染色和彩色牛仔布染色（绳状经纱染色）的简单方法。

（2）上浆工艺特点

① 良好的附着力；

② 良好的水溶性；

③ 对碱稳定；

④ 对高湿度不敏感；

⑤ 优秀的浆膜；

⑥ 在高速织机上也保持高性能。

（3）最好的回收是无消耗

① 低耗水；

② 无废水产生（大大节省了废水处理的化学品）；

③ 最小的能源消耗；

④ 最小的棉花浪费（用于棉花种植的水大大减少，约为 4000L/kg 棉）；

⑤ 不使用保险粉的蓝色牛仔布。

常见的低效率的纺织生产过程造成很大的资源浪费和环境破坏。科莱恩公司的先进牛仔布加工技术，包括生态高效 Pad/Sizing-OX 牛仔布染色工艺，大大促进了生态问题的解决和生产技术的改进，为牛仔布市场带来了新效果。

9.2.8.3　资源节约

蓝色牛仔布工业生产的案例见表 9-23。

表 9-23　蓝色牛仔布工业生产

染色和上浆	常规方法（浆纱机）	Pad/Sizing-OX 工艺	结果
耗水/L	58.000	4.590	节水 92%
耗能/(kg·h)	14.740	10.744	节能 27%
废棉/kg	215	27	减少废棉 87.5%
废水/L(染浴循环)	46.000（亚硫酸盐）	0	减少废水 100%

注：加工批量 10000m。

关注可持续性的时尚人士应该注意到了生态高效的先进牛仔布加工技术所产生的节约。从绿色关注到绿色消耗，先进的牛仔布加工技术仍将继续前行。

9.3　一浴法间歇式染整工艺

9.3.1　筒子棉纱一浴练染工艺

练染一浴工艺将传统分浴或分步进行的前处理（如精练、漂白）与染色同浴或同步进行，加工后的织物可获得二浴或二步法的处理效果。练染一浴加工具有如下特点：工艺流程简单，省时省力；提高生产率，缩短交货周期；节能节水，降低染化料用量和生产成本，减少环境污染，且对纤维损伤少；对染料和助剂的选择性高，对工艺和设备的控制更严格；适用于小批量、多品种加工。

棉织物中深色染色时，精练后不漂白直接染色较为普遍，因此可实现练染一浴加工。而筒子纱加工时，由于筒子纱结构的特殊性，对使用的练染一浴助剂要求更高，其应具有下列特点：优良的渗透性；对脱落的油蜡等杂质具有良好的乳化分散性能，以防止其再沾污，尤其在高浓度盐碱条件下；能适当控制染料的初始上染率，匀染性佳，且不会降低最终上染率；对碱、元明粉稳定。

传统的筒子纱染色工艺需分别进行前处理、染色和染色后处理，三个阶段相对独立，整个流程耗时长，水、电、蒸汽消耗大。为此应用新型前处理助剂，如低温练染通 BHA，染色促进剂色地优 FS 和低温皂洗剂 SPF 等，在 60℃下对筒子纱实施前处理和深色［染色深度为 3%（o.w.f）以上］染色一浴法工艺，并在 60℃皂洗。该工艺缩短了染色过程，可显著节约水、电、汽和时间。

9.3.1.1 生产工艺[12]

（1）材料和设备

a. 纱线 14.6tex 精梳棉。

b. 染化料 低温练染通 BHA，染色促进剂色地优 FS（上海市肪雅精细化工有限公司）；元明粉（山西南风化工）；纯碱（山东海化）；去碱剂，低温皂洗剂 SPF，平滑柔软剂（上海德桑精细化工）；固色剂（天津金腾达轻纺助剂厂）；活性黑 MZ-NN，黄 MZ-BD，红 MZ-BD（宁波明州化工）。

c. 生产设备 HS-101 松式络筒机，德国 THIES 筒子纱染色机。

（2）工艺曲线 见图 9-23。

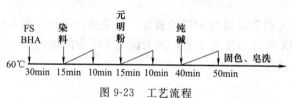

图 9-23 工艺流程

（3）筒子纱一浴法染色工艺

① 前处理工艺处方/（mL/L）

低温练染通 BHA	2
染色促进剂色地优 FS	1

② 染色处方/%（o.w.f）

黑色

黑 MZ-NN	7.5
黄 MZ-BD	1.0
红 MZ-BD	0.7
元明粉	80
纯碱	20

红色

黄 MZ-BD	1
红 MZ-BD	4
元明粉	70
纯碱	20

③ 后处理处方/（mL/L）

去碱剂	0.3
低温皂洗剂 SPF	2
固色剂	3
平滑柔软剂	3

后处理工艺 水洗（50℃×50min，加入去碱剂中和）→水洗（60℃×20min，加入低温

皂洗剂 SPF)→水洗（60℃×20min)→水洗（40℃×20min)。

9.3.1.2　染色效果

（1）色差　在染缸内随意抽取一个筒子，分五层对筒子纱的内、中、外层进行色差测试，以外层纱样为标样，结果见表 9-24。

表 9-24　染色纱线色差评定

色差评定		色差/级[①]	ΔE 值[②]
内层	黑色	4.5	0.79
	红色	4.5	0.82
内1层	黑色	4.5	0.69
	红色	4.5	0.73
中层	黑色	5.0	0.51
	红色	5.0	0.50
外层	黑色	5.0	0.36
	红色	5.0	0.38
外1层	黑色	5.0	0.35
	红色	5.0	0.32

① 采用灰卡评定。
② 采用电脑测配色仪测定。

由表 9-23 可知，采用一浴法染色工艺，黑色和红色品种纱线内、中、外层色差值 AE 均小于 1，灰卡评级色差均在 4.5 级以上，染色较为均匀。

（2）染色牢度　抽取黑色和红色品种纱进行色牢度测试（表 9-25)。

表 9-25　染色纱线的色牢度性能

纱线颜色	皂洗牢度/级		摩擦牢度/级	
	原样变色	白布沾色	干	湿
黑色	4	4	4	3~4
红色	4	4	4~5	4

由表 9-24 可知，采用一浴法工艺，深黑色和红色品种的皂洗、摩擦牢度均达 3.5 级以上，符合要求。

9.3.1.3　经济效益

每月染纱产量大约 150t，其中深色筒子纱染色约 20%，每月采用一浴法工艺生产的色纱为 30t。

（1）节水　传统工艺染深色用水 13 缸，而采用一浴法工艺用水仅 9 缸，节省 31%。一般工艺中每吨纱用水为 109t，水费按 3 元/t 计算，每月节约水费：

$$109×30×31\%×3=3041.1元$$

（2）节电　传统工艺染深色用时 540min，而一浴法工艺耗时 280min，比传统工艺节省 260min。染缸功率为 110kW/h，生产用电为 0.6 元/(kW·h)，每月节约电费：

$$260/60×110×0.6×30=8580元$$

（3）节汽　传统工艺染 1t 纱蒸汽用量为 8~10t，采用一浴法用蒸汽约为 3t，节省 60%~70%。每吨蒸汽价格为 165 元/t，每月节约用汽：

$$6×165×30=29700元$$

（4）助剂成本　新工艺中低温练染通 BHA，染色促进剂色地优 FS 和低温皂洗剂 SPF 的费用为 490 元/t 纱；传统工艺中螯合剂、双氧水、双氧水稳定剂、渗透剂、净洗剂和烧碱费用为 525 元/t 纱。每月节约助剂成本：

$$(525-490)×30=1050元$$

综合以上各项成本，每月节约成本总计为：

$$3041.1 + 8580 + 29700 + 1050 = 42371.1 元$$

9.3.1.4 生产工艺[13]

上海雅运纺织助剂有限公司的纤维素纤维练染一浴助剂雅洁瑞 EN,利用特殊的阴非离子表面活性剂,经复配而成。本试验将其用于棉筒子纱的练染一浴加工。

(1) 助剂 雅洁瑞 EN(Argaprep EN,上海雅运纺织助剂有限公司),渗透剂 A(市售)等。

(2) 仪器设备 COS180 半充满染缸(立信工业有限公司),KU482A 型染色试验编织机(无锡天翔针织机械有限公司),常温振荡小样机(广东鹤山精湛染整设备有限公司),Y571B 型摩擦牢度测试仪(常州第二纺织机械厂)。

(3) 测试方法

① 渗透性 采用沉降法测定标准棉帆布从接触液面到开始下沉的时间。时间越短,渗透性越好;反之,渗透性越差。

② 耐盐碱稳定性 配制工作液,在规定条件下放置 2h,观察工作液是否有漂油、沉淀等现象。

③ 对液体石蜡的乳化力 按要求配制雅洁瑞 EN 和渗透剂 A 的工作液。取 40mL 工作液放入 100mL 具塞量筒中,再加入 40mL 液体石蜡,振荡具塞量筒 10 次,静置 1min,重复 6 次后静置,记录工作液下层析出 10mL 所用的时间。析出耗时越长,工作液的乳化力越好。

④ 耐皂洗色牢度 按照 GB/T 3921.3—1997《纺织品 色牢度试验 耐洗色牢度》测定。

⑤ 耐摩擦色牢度 按照 GB/T 3920—1997《纺织品 色牢度试验 耐摩擦色牢度》测定。

(4) 结果与讨论

a. 渗透性 棉筒子纱练染一浴加工时,要求其在工作液中快速、均匀地润湿和渗透,否则易造成染色不均匀甚至不上色。由于棉坯纱上含有油脂、蜡质等杂质,不易润湿渗透,所以提升棉筒子纱在水中的渗透性是关键,也是筒子纱获得染色均匀性的先决条件。雅洁瑞 EN 的渗透性见表 9-26。

表 9-26 练染一浴助剂的渗透性 单位:s

温度/℃	30	40	50	60
渗透剂 A/(2g/L)	90	94	135	125
雅洁瑞 EN/(2g/L)	78	73	74	83

由表 9-25 可见,雅洁瑞 EN 在不同温度下对棉帆布均有良好的渗透性,在一定升温范围内,渗透时间缩短。因此,雅洁瑞 EN 可用于棉筒子纱练染一浴工艺,对纱线具有良好的润湿渗透性。

b. 乳化性能 棉筒子纱进行练染一浴处理时,要求在染色的条件下实现精练,即去除纱线上的油脂、蜡质和污物等杂质,且脱落的杂质能被乳化,以免随着染浴的循环再次沾污筒子纱。因此,练染一浴助剂的乳化性能对筒子纱的精练效果和匀染性有重要影响。雅洁瑞 EN 的乳化性能见表 9-27。

表 9-27 练染一浴助剂的乳化性能 单位:s

项目	工作液 A	工作液 B
渗透剂 A	227	<60
雅洁瑞 EN	299	303

工作液 A:助剂 2g/L。工作液 B:助剂 2g/L,Na_2SO_4 80g/L,Na_2CO_3 25g/L。

由表 9-26 可见,在中性及高浓度盐碱条件下,雅洁瑞 EN 对液体石蜡具有较好的乳化能力,这表明雅洁瑞 EN 应用于练染一浴工艺中,能有效防止织物上脱落的油脂发生返沾。

c. 耐盐碱稳定性 棉筒子纱进行练染一浴处理时,要求所用助剂在高浓度盐碱条件下具有一定的稳定性，否则会造成染色效果不良。雅洁瑞 EN 的耐盐碱稳定性见表 9-28。

表 9-28 练染一浴助剂的耐盐碱稳定性

温度/℃	30	60
渗透剂 A	不稳定,有油状物析出	不稳定,有油状物析出
雅洁瑞 EN	稳定,澄清蓝光透明液	稳定,澄清蓝光透明液

工作液处方：助剂 2g/L，Na_2SO_4 80g/L，Na_2CO_3 25g/L。

由表 9-27 可见，雅洁瑞 EN 在高浓度盐碱条件下稳定性很好，无油状物析出，可用于练染一浴工艺。

（5）生产实践　采用雅洁瑞 EN 对棉筒子纱（18.45tex 精梳棉纱，正常络筒）进行练染一浴生产。

① 生产流程

a. 练染一浴工艺

纱线络筒→装笼→吊入染缸→练染一浴处理（雅洁瑞 EN）→吊起染笼→化料→吊入染笼→染色→排液水洗→过酸→水洗→皂洗→水洗→固色、上柔→排液→吊入烘缸

b. 传统工艺

纱线络筒→装笼→吊入染缸→前处理（高温练漂）→排液→过酸→排液→除氧→吊起染笼→化料→吊入染笼→染色→排液水洗→过酸→水洗→皂洗→水洗→固色、上柔→排液→吊入烘缸

② 工艺处方及流程　见表 9-29。

表 9-29 练染一浴工艺与传统工艺处方

	练染一浴工艺/(g/L)		传统工艺/(g/L)	
	工艺处方 A	工艺处方 B		
前处理	渗透剂　2 温度/℃　50 时间/min　30~40	雅洁瑞 EN　2 温度/℃　50 时间/min　30~40	NaOH 精练剂 稳定剂 H_2O_2 温度/℃ 时间/min	2 1~2 0.3~0.5 x 98 40~60
排液	不排液直接染色	不排液直接染色	排液、酸洗、除氧	
染色	活性染料/%　3~6 元明粉　50~80 纯碱　15~20 螯合剂　1.5~2.5 60℃恒温法染色			

a. 练染一浴前处理工艺曲线　见图 9-24。

为保证纱线充分润湿，精练时间控制在 30~40min。

b. 传统前处理工艺曲线　见图 9-25。

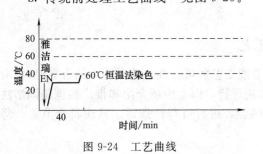

图 9-24 工艺曲线

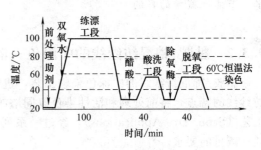

图 9-25 工艺曲线

传统前处理工艺中，为了保证双氧水有效分解，高温练漂时间控制在 40~60min；练漂

结束后，为减少烧碱对后续染色的影响，要进行充分的酸中和与水洗，酸洗时间控制在20min左右；为消除残留双氧水对后续染色工艺的影响，脱氧工段时间控制在20min左右。

从工艺流程的比较可见，采用棉筒子纱练染一浴工艺，可简化工艺流程，提高生产效率，实现节水、节能、减排。

③ 生产结果　工厂大生产实践表明，采用普通渗透剂 A 作为棉筒子纱练染一浴助剂时，染色筒子纱易出现白芯等色花现象；而采用雅洁瑞 EN 作为练染一浴助剂时，筒子纱染色均匀，无色花现象。练染一浴工艺与传统工艺的染色结果比较见表 9-30。

表 9-30　练染一浴与传统筒子纱染色工艺结果

性能		练染一浴工艺		传统筒子纱染色工艺
		工艺处方 A	工艺处方 B	
色差		有白芯现象	均匀	均匀
耐洗色牢度/级		—	3～4	3～4
耐摩擦色牢度/级	干	—	4～5	4～5
	湿	—	2～3	2～3

由表 9-30 可见，采用练染一浴助剂雅洁瑞 EN 对棉筒子纱进行练染一浴处理，纱线的品质与传统工艺接近，能满足工厂大生产的要求。

④ 经济效益　与传统工艺相比，采用练染一浴工艺可大大降低生产成本。两种工艺的生产成本比较见表 9-31。

表 9-31　练染一浴工艺与传统工艺的成本对比（以生产 1t 计）

	练染一浴工艺	传统工艺
助剂成本/元	400	442
蒸汽成本/元	54	342
用电成本/元	32	144
用水成本/元	50	150
用工成本/元	10	40
直接成本合计/元	546	1118

注：蒸汽的价格以 180 元/t 计。

由表 9-31 可见，棉筒子纱练染一浴工艺的生产成本比传统工艺节省 51.1%。以工厂每月加工 200t 中深色纱线计，采用练染一浴工艺，每月约节省直接成本 11.44 万元，经济效益显著。

【结论】

练染一浴助剂雅洁瑞 EN 具有良好的渗透性和乳化性能，在高浓度盐碱条件下具有良好的稳定性，适用于棉筒子纱练染一浴工艺。处理后纱线的各项性能指标均能满足要求。

棉筒子纱练染一浴工艺简化了工艺流程，提高了生产效率，降低了生产成本，实现了节水、节能、减排的目的。

9.3.2　黏胶/棉混纺纱线的中深色一浴工艺

黏胶/棉混纺纱线的中深色染整工艺，进行节能工艺的可行性优化实验，结合黏胶/棉混纺纱线的特点，将前处理和活性染色以同浴的方法进行，即文中所介绍和推广的练染同浴法工艺（Scour Dye Applications），经过一系列的试验，进行可行性探讨，从而符合节能、降耗、减排的要求。[14]

9.3.2.1　试验部分

（1）材料及仪器

① 规格品种

50/50 黏胶/棉纱

② 助剂

精练剂：三合一精练剂 BLG（宝时）、精练剂 H-900（南通永禹）、精练剂 CWC（苏州莱德）、高效精练剂 Diadavin HLS 200％、练染同浴助剂 Tanalev KDC（拓纳）。

螯合剂：Acumer 6100（罗门哈斯）、Dekol SNS（巴斯夫）、Plexene UL、Levquest L-983（拓纳）、Securon 540（科宁）。

染色代用碱 A、B，皂洗剂 NRC（宝时）、纯碱、元明粉等。

③ 染料 选择目前许多工厂常用的活性染料，如永光染料的 Everzol ED、万得染料 Megafix B 型系列、日本化药 Kayacion ELE 型、日本住友 Sumifix HF 等活性染料。

④ 仪器 常温振荡染样机（中国台湾高铁）、红外线染样机（中国台湾瑞比）、标准牢度皂洗仪器、Y571B 型耐摩擦色牢度仪、ZBD 白度仪、测色配色仪（Datacolor SF600PLUS-CT）。

（2）工艺流程及节能工艺设计

① 常规工艺流程

坯纱准备→常规前处理→染色→染色后皂洗→柔软处理

② 节能工艺 目前在生产黏胶及其黏/棉纱线中深色的前处理中，多数一些工厂会采用常规的氧漂工艺，也有部分工厂采用酶精练或者预精练工艺的。常规工艺流程时间长，能源消耗比较大，因此选择合适的节能工艺来进行生产。

a. 节能工艺实验方案一：一浴两段法，坯纱准备→染色前预处理→染色→染色后皂洗→柔软后整理

b. 节能工艺实验方案二：练染同浴法，坯纱准备→练染同浴→染色后皂洗→柔软后整理

先根据坯纱的含杂和生产用水的含重金属硬度来考虑，是否采用练染同浴法，选用染色代用碱和染色后高效皂洗工艺等，从而达到缩短前处理和染色的加工时间、减少能源消耗的节能目的。

（3）测试评定

① 渗透性 将已前处理预精练过得半成品纱线烘干，然后将试样品放置在水中，观察纤维的沉降速度，并记录时间（秒）。

② 白度 将已前处理预精练过得半成品纱线烘干，在织机上织成小片，叠成四层，在 ZBD 白度仪上测试。

③ 染色牢度

a. 皂洗牢度测试：采用耐洗色牢度 ISO 105-C03—1989 标准。

b. 耐摩擦色牢度测试：采用 GB 3920—1997《纺织品耐摩擦色牢度实验方法》标准。

（4）工艺试验结果与讨论

① 预精练工艺中精练剂的选择 设想中的预精练工艺和常规的练漂工艺的流程明显缩短，这对选择精练剂性能的要求提高了，要考虑选择有效去除黏胶和棉/黏胶纤维上蜡质、润滑剂等杂质的精练剂，同时膨胀润湿纤维表层的棉籽壳，保持纤维有一定的渗透性。再次，从清洁生产和节能工艺的角度来看，湿加工过程中产生的泡沫少，从而逐步考虑是否可以练染同浴工艺或一段两步法预处理和染色工艺。

a. 精练剂的预精练性能比较

选用黏胶/棉纱线（50/50）来进行试验，前处理预精练的试验工艺初步采用试验浴比 1∶10；预精练温度 85℃，保温时间 20min，然后洗净。通过试验后，见表 9-32。

通过试验中，由表 9-33 得出，其中的 2 号、3 号的去杂效果最好，从处理后的渗透性比较，以表面活性剂为主处理的 6 号、7 号效果良好，但有起泡性较大。从预精练的综合效果依次来看，2 号＞3 号＞7 号＞4 号＞5 号＞6 号＞1 号，其中 2 号、3 号、7 号的预精练工艺，基本符合湿加工过程中产生的泡沫少、精练效果良好、少水洗的设想要求。

表 9-32 前处理预精练助剂选用对比试验

试验助剂/(g/L)	1	2	3	4	5	6	7
Diadavin HLS	—	1	—	—	—	—	—
Tanalev KDC	—	—	1	—	—	—	1
前处理助剂 BLG	—	—	—	2.5	—	—	—
H-900	—	—	—	—	2	—	—
CWC	—	—	—	—	—	2	1

表 9-33 前处理预精练助剂对比主要指标的结果

主要指标	1	2	3	4	5	6	7
渗透性(沉降时间)/s	—	6	6	10	12	4	4
白度/%	50.2	56.1	54.8	53.2	52.1	51.8	54.3
棉籽壳	＋＋＋	＋	＋	＋＋	＋＋	＋＋	＋＋
起泡性	—	＋	＋	＋＋	＋＋＋	＋＋	＋＋

注：1. 棉籽壳的存在情况的评价：棉籽壳少"＋"棉籽壳中等"＋＋"棉籽壳较多"＋＋＋"。

2. 处理液中的起泡性评价：起泡低"＋"起泡中等"＋＋"起泡较多"＋＋＋"。

b. 不同预精练温度的试验比较 根据节能工艺的要求，选择的精练剂除了具有良好的去杂精练乳化功能之外，精练剂在不同温度下的适应性尤为重要，在所选择试验的几个精练剂中（见表 9-34），综合性能指标，Diadavin HLS 和 Tanalev KDC 比较理想，因此以这两个精练剂分别选择 20℃、40℃、60℃ 的精练温度进行试验，如表 9-34 所列。

表 9-34 预精练不同温度处理对精练效果的影响试验

精练性能	Diadavin HLS			Tanalev KDC		
	20℃	40℃	60℃	20℃	40℃	60℃
渗透性	8	8	6	8	6	6
白度/%	51.3	53.4	55.3	50.8	53.0	54.6
棉籽壳	＋＋	＋＋	＋	＋＋	＋＋	＋
起泡性	＋	＋	＋	＋	＋	＋

从表 9-34 见，精练剂 Diadavin HLS 和 Tanalev KDC 的预精练工艺温度在 40～60℃ 时，其综合效果比较良好。这样在后续的预精练工艺的优化实验中，以预精练温度为 60℃ 进行实验。

② 预精练工艺中螯合分散剂的选择 前处理预精练以及染色用水质的好坏会影响一些活性染料的染色性能，水中的重金属离子的存在会使预处理中杂质沉积或反沾污，在染色过程中使深度下降，色光发生变化，颜色发暗等现象。为了选择筛选适合的工艺，对螯合分散剂进行以下两方面的试验。

a. 螯合分散剂对 Fe^{3+} 和 Ca^{2+} 的螯合能力试验 选择日前市场上部分螯合分散剂（见表 9-35）进行试验，表 9-35 主要螯合分散剂在不同温度下对 Fe^{3+} 和 Ca^{2+} 的螯合能力试验（实验方法；Modified Hampshire Test），见表 9-36。

表 9-35 选择的几种分散螯合剂的性能一览

试验助剂	生产商	化学组成	离子性	主要功效
Acumer 6100	罗门哈斯	聚丙烯酸及其盐类混合物	阴离子	具有吸附和分散能力，分散纤维素纤维上的无机杂质，对重金属螯合作用
Dekol SNS	巴斯夫	聚丙烯酸盐共聚物	阴离子	分散螯合剂，软水剂
Plexene UL	拓纳	丙烯类共聚物与多种有机酸复合物	阴离子	有效地螯合棉纤维或水中的钙、镁离子以及无机杂质
Levquest 98-3	拓纳	丙烯类共聚物与磷酸盐类混合物	阴离子	对原棉纤维上不可溶解物质有很好的分散能力
Securon 540	科宁	多种有机酸复合物	阴离子	对重金属离子有突出的络合能力，分解清除设备内存在的钙离子沉淀物

表 9-36 部分螯合分散剂对 Fe^{3+}、Ca^{2+} 螯合能力对比

试验助剂	对 Fe^{3+} 的螯合能力/(mgFe^{3+}/g)			对 Ca^{2+} 的螯合能力/(mgCaCO$_3$/g)		
	室温	60℃	90℃	室温	60℃	90℃
Acumer 6100	668.5	536	493	371	336	320
Dekol SNS	518	413	378	150	137	70
Plexene UL	470	402	362	406	381	368
Levquest 98-3	679	574	539	167	195	170
Securon 540	575	462	420	178	166	166

从试验中见表 9-36 可以看出选用的螯合分散剂对铁离子、钙离子的螯合能力随着温度的不断升高，而有不同程度的减弱，其中螯合铁离子的能力程度以 Levquest L-983＞Acumer 6100＞Securon 540＞Dekol SNS、Plexene UL 依次排列；整合钙离子的能力程度以 Plexene UL＞Acumer 6100＞Securon 540＞Levquest L-983＞Dekol SNS 依次排列。

b. 螯合分散剂对活性染料匀染性和鲜艳度的试验　选用台湾永光的 1.0％活性红 3BS 和 1.0％活性黄 3RS，对经过前处理的 100％黏胶纱线进行染色，并且采用蒸馏水和硬水（硬度 300mg/L，铁离子浓度 3mg/L）进行对比试验。

染色试验工艺见图 9-26、图 9-27 其中加入元明粉 40g/L、碳酸钠 20g/L，在染浴中分别加入 1.0g/L、1.5g/L、2.0g/L 螯合分散剂，并与不加螯合分散剂的染色结果进行比较，采用 Datacolor 测色配色仪得出 K/S 值，来评价其匀染性及鲜艳度，见表 9-37 所列。

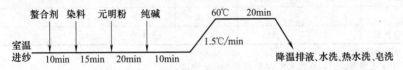

图 9-26 黏/棉混纺纱用 60℃活性染料常规染色工艺

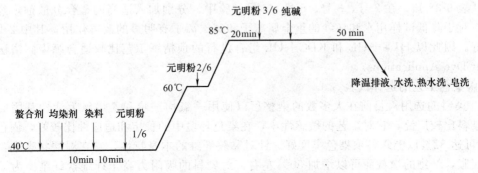

图 9-27 黏/棉混纺纱用 85℃活性染料常规染色工艺

表 9-37 螯合分散剂对活性染料的染色性能比较

性能比较		螯合剂用量	Acumer 6100	Dekol SNS	Plexene UL	Levquest 98-3	Securon 540
K/S 值	蒸馏水	未加	12.56	12.56	12.56	12.56	12.56
	硬度水	未加	10.82	10.82	10.82	10.82	10.82
		1.0g/L	11.56	11.07	11.92	11.22	11.27
		1.5g/L	11.94	11.34	12.27	11.64	11.74
		2.0g/L	12.32	11.73	12.46	11.88	12.03
匀染性			++	+	+++	++	++
移染性			++	++	+++	++	+
得色效果			较深	色浅	深	色浅	色浅

注：染色性能情况的评价：好用"＋＋＋"表示；较好用"＋＋"表示；一般用"＋"表示。

由表 9-37 见，用硬水进行染色的情况下，加入不同的螯合分散剂，其中 Plexene UL 最好，其次为 Acumer 6100，它们对提高染色的深度和鲜艳度效果比较明显，接近或达到用蒸馏水进行染色的水平；Securon 540、Dekol SNS、Levquest L-983 也有作用，但对染色色光有不同程度的变化，均有色浅的效果。

③ 预精练工艺的优化对比　各项试验中，可以看出，节能工艺的预精练效果的好坏，直接影响后续的染色质量，通常生产用水的硬度以及被加工纤维上含杂的程度，也涉及节能工艺的可行性和可靠性。通过优选出的精练剂 Diadavin HLS、Tanalev KDC 和螯合分散剂 Plexene UL、Acumer 6100 来进行预精练工艺优化试验对比，见表 9-38。

表 9-38　黏胶/棉（50/50）混纺纤维预精练工艺优化试验对比

项目	用量	1 号	2 号	3 号	4 号	5 号	6 号
Diadavin HLS	g/L	1	1	1	—	—	—
Tanalev KDC	g/L	—	—	—	1	1	1
Plexene UL	g/L	—	1	—	—	1	—
Acumer 6100	g/L	—	—	1	—	—	1
试样用水硬度	°GH				4		
试样用纱硬度	°GH				3		
加工残液硬度	°GH	7	4	4	6	3	3
处理后纱硬度	°GH	2	1	1.5	2	1	1.5
白度	%	55.6	56.9	56.0	55.8	56.7	56.0
半制品质量综合评价		＋＋	＋＋＋＋	＋＋＋	＋＋	＋＋＋＋	＋＋＋

注：1. °GH 为德国硬度，相当于 18mg/L。
2. 试样用纱硬度按照取纱后，在纯水中 50℃预煮 10min 测试。
3. 半制品质量综合评价：好用"＋＋＋＋"表示；中等用"＋＋＋"表示；一般用"＋＋"表示。

从表 9-38 知，在 2 号、3 号、5 号、6 号试验中，分别加入适当的螯合分散剂，经过处理后，对于降低试样用水和坯纱的重金属离子和碱土离子有明显的改善作用，其中 2 号和 5 号最好。因此以 HLS＋UL 和 KDC＋UL 组合进行的预精练工艺比较适合练染同浴法工艺（Scour Dye Applications）。

④ 染色工艺的选择试验

a. 染料的选用　目前在大多数的染整厂以使用一氯均三嗪和乙烯砜为活性基团的双活性基染料比较广泛，它对工艺的敏感性小，在染色环境中的稳定和适应性比较好，固色率高（一般可达 82% 以上）各项染色牢度好。针对黏胶纤维的本身特性，它在湿磨状态中，能够充分膨胀，纤维的横截面可以增加 50% 左右，对染料的吸附力高于纤维素纤维。为了配合黏胶及其棉混纺纱线深色染色工艺，选择市场上的一些活性染料进行试验，见表 9-39。

表 9-39　几种活性染料对黏胶/棉纤维（50/50）的各项染色牢度

染料名称	染料厂家	用量/%	染色温度/℃	摩擦牢度/级		皂洗牢度/级	
				干摩	湿摩	原变	白沾
Kayacion Red ELE	日本化药	3	85	4～5	3～4	4～5	4
Kayacion Yellow ELE	日本化药	3	85	4～5	3～4	4～5	4
Kayacion Blue ELE	日本化药	3	85	4～5	3～4	4～5	4
Kayacion Brown ELE	日本化药	3	85	4～5	3～4	4～5	4
Kayacion Dark Blue ELE	日本化药	3	85	4～5	3～4	4～5	4
Sumifix Yellow HF-3R	日本住友	3	70	4	3	4～5	4
Sumifix Yellow HF-2B	日本住友	3	70	4	3	4～5	4

染料名称	染料厂家	用量/%	染色温度/℃	摩擦牢度/级		皂洗牢度/级	
				干摩	湿摩	原变	白沾
Sumifix Yellow HF-BG	日本住友	3	70	4	3	4～5	4
Sumifix Navy Blue HF-2G	日本住友	3	70	4	3	4～5	4
Megafix Yellow B-4RFN	万得	3	60	4	3	4	3～4
Megafix Red B-4BD	万得	3	60	4	3	4	3～4
Megafix Red B-2BF	万得	3	60	4	3	3～4	3
Megafix Blue B-2GLN	万得	3	60	4	3	4	3～4
Megafix Yellow B-EXF	万得	3	60	4～5	3～4	4～5	4
Megafix Red B-EXF	万得	3	60	4	3～4	4～5	4
Megahx Blue B-EXF	万得	3	60	4	3～4	4～5	4
Megafix Black B-EXF	万得	6	65	4	3～4	4～5	4
活性黄 3RS	永光	3	60	4	3	4	3～4
活性红 3BS	水光	3	60	4	3	4	3～4
活性黑 B	永光	8	60	4	3	4	3～4

注：染色工艺按照图 9-26 或图 9-27。染色后皂洗工艺：皂洗剂 2g/L，浴比 1∶20，温度 85～95℃，时间 20min。

从上述选择的活性染料进行各项牢度试验来看，ELE 型、HF 型和 B 型染料均是以共价键的形式与纤维结合，按照常规加盐加碱的方法，充分皂洗去除浮色，各项牢度指标都能达到 3 级以上，其中 ELE 型和 B-EXF 型活性染料最为理想。

b. 元明粉用量对深色染色的适应性试验　选择 ELE 型和 B 型中的几只染料进行试验，考虑到棉和黏胶纤维混纺纱线在染色时同色性问题，其中以选择元明粉作染黏胶纤维的促染剂，染料浓度按 4％和 6％两个档次，以不同的元明粉用量来比较其对得色量（K/S 值）的影响，并且观察两种纤维的染色同色性。试验工艺以选择升温法、添加适量匀染剂等来进行，见表 9-40。

由表 9-40 可以发现，黏胶/棉混纺纤维在活性染料染中深色的过程中，元明粉用量会影响两种纤维的上染率，同时棉纤维部分的上染率要高于黏胶纤维部分，其中 ELE 型（85℃染料）和 B 型（60℃染料）两种活性染料，对元明粉用量大小的依存性比较小，上染率稳定，当染料用量 4％左右时，元明粉用量在 50g/L 左右；当染料用量 6％左右时，元明粉用量在 60g/L 左右。这样有助于改善两种纤维的同色性和上染深度。

表 9-40　不同的元明粉用量对黏胶/棉（50/50）混纺纤维染色 K/S 值的影响

项目	染料用量 4％			染料用量 6％		
元明粉/(g/L)	40	50	60	50	60	70
Red ELE	25.12	26.32	27.27	31.36	32.46	31.76
Yellow ELE	18.75	20.84	19.32	27.86	29.08	27.62
Blue ELE	13.55	14.45	13.40	16.23	17.62	17.40
Brown ELE	27.32	28.72	28.20	32.36	33.26	32.15
Dark Blue ELE	17.32	18.42	17.50	19.26	20.26	19.45
Yellow B-EXF	17.35	19.24	18.32	26.56	27.98	26.32
Red B-EXF	23.42	25.32	27.17	30.16	31.76	31.06
Blue B-EXF	12.85	13.55	13.40	14.60	15.28	15.10
Black B-EXF	16.02	17.12	17.40	19.06	20.24	20.56

c. 代用碱和纯碱工艺对深色染色的适用性试验　按照在活性染色工艺中，特别在染深色时，加碱必须分批次从慢到快缓慢加入，使生产操作带来不便和工艺时间比较长。根据有关报道，在活性染色过程中选择染色代用碱，可以符合节能工艺和缩短工艺时间的要求，由山东宝时和拓纳化学提供的染色代用碱，均属于一种特殊有机复合碱剂，有较强的碱性和相当的 pH 缓冲能力，因此将染色代用碱与纯碱来对比试验，主要观察代用碱在染浴中 pH 值的变化、上染率（K/S 值）以及染色牢度等性能的变化，见表 9-41。

表 9-41　代用碱和纯碱工艺对黏胶/棉（50/50）混纺纤维染色的性能对比（颜色：深咖啡）

	用量	1号	2号	3号	4号	5号	6号	7号	8号
Yellow ELE	o.w.f				2.32%				
Red ELE	o.w.f				0.6%				
Bule ELE	o.w.f				1.34%				
元明粉	g/L	50	50	50	50	60	60	60	60
代用碱 A	cc/L	—	—	3.0	—	3.0	—	3.5	—
代用碱 B	cc/L	—	—	—	3.0	—	3.0	—	3.5
纯碱	g/L	—	20	25	—	—	—	—	—
检测 pH 值	升温前	10.8	11.2	11.0	10.7	11.0	10.7	11.4	11.1
检测 pH 值	保温后	10.4	10.6	10.5	10.3	10.5	10.3	10.8	10.5
得色量	K/S 值	12.56	12.60	12.50	12.38	12.55	12.43	12.58	12.54
染色同色性		+++	++++	++	++	+++	++	++++	+++
摩擦牢度/级	干摩	4～5	4～5	4～5	4	4～5	4～5	4～5	4～5
摩擦牢度/级	湿摩	3～4	3～4	3～4	3～4	3～4	3～4	3～4	3～4
皂洗牢度/级	原变	4～5	4～5	4	4～5	4～5	4～5	4～5	4～5
皂洗牢度/级	白沾	3～4	4	3～4	3～4	3～4	3～4	4	3～4

注：染色质量综合评价：好用"++++"表示；中等用"+++"表示；一般用"++"表示。

由表 9-41 知，首先使用代用碱工艺染液的 pH 值的变化情况，基本和传统的碳酸钠差不多，随着固色时间的增加，两种不同的碱剂的 pH 值都有所下降，染色时的 pH 值大小对棉和黏胶纤维混纺纱线的染色同色性有一定的影响，从结果得出：2 号、7 号、8 号的得色量最好，而且两种纤维的同色性比较一致。

其次观察两种不同碱剂工艺的上染变化情况，实验得出，代用碱 A、B 的用量为碳酸钠 1/6 和 1/7 左右时，染色的上染率和碳酸钠固色工艺结果稍微有变化，特别在代用碱的用量为碳酸钠用量比例在 1/6 时基本接近，但是从 3 号至 6 号结果中发现，使用相同用量的代用碱剂时，适当增加元明粉的用量可以使上染率得到改善。综合各项染色性能来看：7 号、8 号的代用碱固色工艺的效果良好。

（5）大样试验和经济效益　经过上述的工艺试验结果，为了进一步确定节能工艺的可行性，优化和完善工艺条件和配套染化料的选择，在现场进行生产实践的试验对比，从而来评价综合质量、经济效益等方面的情况。

① 节能工艺的工序流程　以图 9-28、图 9-29 为两种黏/棉混纺纱用染整节能工艺。

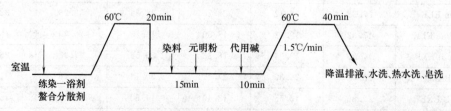

图 9-28　黏/棉混纺纱用染整节能工艺流程（一）

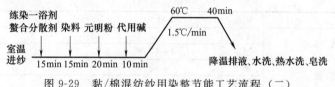

图 9-29　黏/棉混纺纱用染整节能工艺流程（二）

② 染后皂洗的简化工艺和经济效益　大样生产中，选择皂洗剂 NRC（宝时）进行染色后皂洗工艺，有效中和去除染色物上的碱度，加快水解染料从染色物泳移到浴中。其双重功效除可省去用酸中和工序外，更可减少水洗过程，因而达到"节省清洗用水量"、"缩短清洗时间，减少排污量"从而可"降低成本"及"提高效率"。NRC 与常规皂洗剂的各项功能对比结果见表 9-42。

表 9-42　中和型皂洗剂 NRC 与常规皂洗剂的功效和经济效益对比

项目	中和型皂洗剂 NRC	常规皂洗剂
起泡性	无泡	有泡或者少泡
水洗牢度	3～4 级	2～3 级
工序道数	6	7
节省工序	一道酸中和	—
省去能源（按 1t 纱）	—	水：1.0t
	—	电：20kW·h
中和用 90% 醋酸成本/(元/t 纱)	—	30
皂洗剂成本/(元/t 纱)	150	120
综合节省成本/(元/t 纱)	22	—

通过生产实践，采用新型的皂洗剂 NRC，即可以省去一道酸中和工序，20min 左右的时间，每吨纱加工生产还能节省综合成本约 22 元。

③ 优化大样工艺和经济效益的比较　大样优化工艺对比具体采用以下三个方法：

1 号工艺（预精练＋活性染色纯碱法＋NRC 皂洗法）；2 号工艺（预精练＋活性染色代用碱法＋NRC 皂洗法）；3 号工艺（练染同浴活性染色代用碱法＋NRC 皂洗法），优化结果见表 9-43。

表 9-43　黏胶/棉（50/50）混纺纤维染整节能工艺试验综合对比（颜色：深咖啡色）

	项目	用量	1 号	2 号	3 号
预处理	Diadavin HLS	g/L	1	1	—
	Tanalev KDC	g/L	—	—	—
	Plexene UL	g/L	1	1	—
	精练温度/℃		65	65	—
	精练时间/min		20	20	—
活性染色	活性黄 3RS	o.w.f		8%	
	活性红 3BS	o.w.f		1.5%	
	活性黑 B	o.w.f		1.4%	
	Tanalev KDC	g/L	—	—	1.5
	棉用匀染剂	g/L	1.5	1.5	1.5
	元明粉	g/L	60	80	80
	代用碱 A	mL/L	—	3.5	3.5
	纯碱	g/L	25		
	K/S 值		13.32	13.30	13.28
	染色匀染性		++++	++++	+++
	染色布面质量综合评价		+++	+++	+++

续表

项目		用量	1号	2号	3号
染色牢度	摩擦牢度/级	干摩	4~5	4	4
		湿摩	3~4	3~4	3~4
	皂洗牢度/级	原变	4	4	4
		白沾	3~4	3~4	3~4

注：1. 染色质量综合评价：好用"＋＋＋＋"表示；中等用"＋＋＋"表示；一般用"＋＋"表示。

2. 染色匀染性：好用"＋＋＋＋"表示；中等用"＋＋＋"表示；一般用"＋＋"表示。

3. 现场试样染色设备：常温喷射染纱机，试样浴比1：12。

从大样结果可以看出，1号、2号、3号工艺，基本上符合了各项染色性能以及有关的染色牢度。它们之间的共同处在于，缩短和简化了前处理工艺，优化了染色于序，综合上减短了整个加工时间，其中3号的练染同浴工艺更为显著。其经济效益对比结果见表9-44。

表 9-44　黏/棉混纺纱用染整节能工艺的综合经济效益对比

项目	碱精练＋活性染色纯碱法	预精练＋活性染色纯碱法	预精练＋活性染色代用碱法	练染同浴活性染色代用碱法
节省工序	—	碱精练两道热洗	碱精练两道热洗	预精练工序
	—	一道酸中和	一道酸中和	纯碱分段加入时间
	—	—	纯碱分段加入时间	—
实际需要时间/min	380	290	250	210
节省用水/(t水/1t纱)		3.5	3.5	5
节省用电/(kW·h/1t纱)		80	100	120
节省用汽/(t汽/1t纱)		2.1	2.3	2.5
综合节省成本/(元/t纱)		355	412	457

注：1. 经济效益的核算中，生产用水按每吨2元计算；生产用电按每度0.6元计算；生产用蒸汽按每吨150元计算。

2. 综合节省成本的按同"碱精练＋活性染色纯碱法"工艺为比较。

3. 综合节省成本中未包含排污成本和用工成本等费用。

【结论】

（1）通过试验，选择对精练剂、螯合分散剂、活性染色代用碱等节能工艺的配套助剂，进行一系列的对比试验，其中针对黏胶/棉混纺纱线的特点，优化后得出预精练＋活性染色代用碱法工艺和练染同浴活性染色代用碱法工艺。

（2）由于在设计和改进节能工艺或者短流程染整工艺过程中，认为选择适当的螯合分散剂尤为重要，无论采用预精练或练染同浴工艺，防止湿处理过程中的重金属以及纤维上的碱土离子的存在，防止再次沾污等现象，以至于影响染色质量，使用螯合分散剂 Plexene UL和 Acumer 6100 比较理想。

（3）练染同浴法工艺（Scour Dye Applications）从缩短加工时间，降低能源消耗，减少污水排放等方面考虑，各项效果非常明显，该工艺的研究和应用。具有相当的发展潜力。

（4）在优化黏胶/棉染整节能工艺的同时，考虑到活性染料对两种纤维的同色性影响，ELE 型、HF 型和 B 型等染料均以共价键的形式与纤维结合，两种纤维的染色重现性良好，各项牢度指标都能达到3级以上。

（5）生产实践表明，经过合理组合和优化工艺，所获得黏胶/棉混纺纱线的中深色染整节能工艺，从经济效益方面来看，综合节省加工成本比较显著，基本符合实际生产应用。目前还将进一步在棉/莫代尔、棉/大豆等混纺纤维方面改进和完善节能工艺。

9.3.3　涤棉织物一浴练染工艺

涤棉或棉涤织物是由涤纶纤维与棉纤维混纺或交织而成。由于涤纶纤维上带有油剂，棉纤维上带有木质素、果胶质、蜡状物和灰分等伴生物，因此必须经练漂处理予以去除，才能进行正常染色。

（1）传统的加工工艺为：坯布→练漂→热水、温水净洗→酸中和→染涤→还原清洗→热水、温水洗→染棉。该工艺耗时长、能耗大、排污多、产量低、成本高。因此，开发涤棉一浴练染工艺，具有重要的现实和长远意义[15]。

（2）涤棉织物一浴练染是指将织物的练漂、净洗、中和与涤纶染色一浴一步完成。具体工艺流程为：坯布→高温（130~135℃）同浴练染→（还原清洗）→热水、温水洗→染棉。

该工艺的关键在于：

① 由于是在碱剂和 H_2O_2 存在下进行分散染料高温染色，因此选用的分散染料必须具有很好的耐碱稳定性与耐 H_2O_2 稳定性，在高温（130~135℃）条件下的变色与减色程度要小。

② 练漂与染色同时进行，所选用的助剂要耐高温（130~135℃），且具有良好的练漂效果。由于分散染料在高温条件下的耐碱能力有限，所以选用助剂的碱度又必须与分散染料的耐碱能力相匹配，才能获得得色量高、重现性好的染色效果。

因此，正确选用分散染料、染色助剂和染色工艺是涤棉织物一浴练染工艺成功的关键。

9.3.3.1　分散染料的选择

（1）常用分散染料对染浴 pH 值的依附性见表 9-45。

① 处方　染料 1%（o.w.f），高温匀染剂 1.5g/L，染浴 pH 值用醋酸或纯碱调节。

② 工艺　浴比 1:25，以 2℃/min 升温至 130℃，保温 30min，水洗、皂洗。

③ 检测　pH 值采用 B-2 型 pH 计（上海三信仪表厂）测定，得色深度采用 Datorcolor SF 600X 测色仪测试。

由表 9-45 知，大多数普通型分散染料在 pH>9 的碱性浴中高温（130℃）染色，其减色、变色程度较大，表明其在高温条件下的耐碱稳定性较差。在 pH=4.5~5.5 的条件下使用，这些染料得色量才高，色光才纯正。因而，此类分散染料并不适应高温碱浴染色的要求。只有部分分散染料表现较好，如分散大红 SE-CS、分散金黄 SE-3R 等，可以选择性使用。

表 9-45　常用分散染料对染浴 pH 值的依附性

染料	相对得色深度及色光变化			
	pH=4.8	pH=7.1	pH=9.0	pH=10.0
分散翠蓝 S-GL	100% 翠蓝色	97.84% 色光无变化	92.94% 色光无变化	68.91% 偏黄光
分散深蓝 S-3BG(HGL)	100% 深蓝色	31.51% 淡蓝色	16.80% 淡蓝灰色	2.40% 淡米棕色
分散红玉 S-5BL (S-2GFL)	100% 枣红色	94.00% 酱红色	87.64% 酱红色， 蓝光重	80.44% 酱红色， 蓝光更重

续表

染料	相对得色深度及色光变化			
	pH＝4.8	pH＝7.1	pH＝9.0	pH＝10.0
分散大红 S-R(S-BWFL)	100% 黄光大红	51.45% 淡暗红	44.29% 淡暗红	42.30% 淡暗红
分散蓝 E-4R(2BLN)	100% 艳蓝色	96.98% 色光变化小	93.58% 色光变化小	76.37% 色光变化小
分散金黄 SE-3R	100% 金黄色	99.30% 色光无变化	95.90% 色光无变化	93.50% 色光无变化
分散大红 SE-GS	100% 黄光艳红	99.88% 色光无变化	98.71% 色光无变化	94.86% 色光无变化
分散嫩黄 SE-4GL	100% 嫩黄色	69.12% 色光变化小	51.13% 色光变化小	12.30% 色光变化小
分散宝蓝 S-RSE (B-183#)	100% 红光宝蓝	98.86% 色光变化小	95.12% 色光变化小	80.01% 红色消失
分散黑 S-2BL	100% 黄光灰色	44.35% 咖啡色	20.05% 棕色	5.45% 橘黄色

　　近年来，国内有些企业推出了系列耐碱分散染料，如浙江龙盛集团股份有限公司的耐碱分散染料 ALK 系列，浙江闰土股份有限公司的耐碱分散染料 ADD 系列等。据介绍，此类分散染料的耐碱能力高于普通型分散染料，对高温、碱性浴染色具有一定的适应能力。

　　(2) 耐碱稳定性　ADD 系列分散染料的耐碱稳定性见表 9-46。

表 9-46　ADD 系列分散染料在高温下的耐碱稳定性

染料	酸性浴染色		碱性浴染色							
	pH＝4.5(始)		PH＝8.11(始)		pH＝9.04(始)		pH＝10.07(始)		PH＝11.10(始)	
	相对深度/%	色光	相对深度/%	色光	相对深度/%	色光	相对深度/%	色光	相对深度/%	色光
分散艳黄 ADD	100	标准	100.58	稍红	99.56	稍红	94.99	稍红	23.56	淡米黄
分散金黄 ADD	100	标准	100.49	稍黄	101.15	稍黄	101.02	稍黄	37.40	淡黄棕
分散黄棕 ADD	100	标准	102.01	稍红	103.07	红光重	98.32	红光重	81.99	红光重
分散橙 ADD	100	标准	100.64	稍红	102.11	稍红	103.12	红光重	99.67	红光重
分散蓝 ADD	100	标准	100.44	微红	100.67	微红	100.09	微红	74.01	湖蓝色
分散黄 ADD	100	标准	101.23	微红	101.14	微红	100.41	微红	64.48	黄棕色
分散翠蓝 ADD	100	标准	98.75	微蓝	101.14	微蓝	100.41	微蓝	64.48	湖绿色
分散艳蓝 ADD	100	标准	97.88	微红	96.18	微红	94.54	微红	37.06	浅湖蓝
分散深蓝 ADD	100	标准	101.52	微红	100.78	微红	90.85	微暗	23.13	浅蓝灰
分散藏青 ADD	100	标准	101.70	相似	102.03	相似	89.10	微暗	25.69	浅鼠灰
分散黑 ADD	100	标准	102.95	相似	102.17	相似	77.99	黄光重	24.97	灰棕色
分散桃红 ADD	100	标准	100.67	微黄	101.11	微黄	100.41	微黄	67.04	暗淡
分散红 ADD	100	标准	106.40	红光重	108.67	红光重	109.62	红光重	98.48	暗红
分散红玉 ADD	100	标准	99.94	微黄	98.57	微黄	96.77	微黄	64.30	暗淡

检测条件：

处方　染料 1.25%（o.w.f），高温匀染剂 1.5g/L，染浴 pH 值以醋酸和纯碱调节。

工艺　浴比 1:25，以 2℃/min 速率升温至 130℃，保温染色 40min，水洗、净洗。

织物　75D×150D＋75D，152×130 纯涤纶布。

检测　pH 值以 pH S-25 型数显酸度计（杭州雷磁分析仪器厂）测定，得色深度以 Datorcolor SF 600X 测色仪测试。

由表 9-46 知，ADD 系列分散染料在高温（130℃）条件下的耐碱能力明显高于普通分散染料。在 pH≤9 的染浴中染色，所有 ADD 系列分散染料的得色深度与酸性浴染色相当。在 pH＝10 的染浴中染色，约半数染料的稳定性良好，得色深度可以达到酸性浴染色的水平，色光也相近；另有部分染料，如分散黑 ADD、分散藏青 ADD、分散深蓝 ADD、分散艳蓝 ADD、分散艳黄 ADD 等的稳定性相对较差，得色深度有明显下降趋势，色光变化也较显著。在 pH≥11 的染浴中染色，分散染料水解严重，绝大多数染料的得色深度下降很大，且色光变异性大，只有分散橙 ADD 和分散红 ADD 等少数染料表现良好。

这说明 ADD 系列分散染料的耐碱能力并不相同。有些染料的耐碱稳定性好，可以在 pH≤10 的染料浴中染色；有些染料的耐碱稳定性相对较差，只能在 pH≤9 的染浴中使用。因此，分散染料染色时，染浴 pH 值应根据实际情况进行控制。

（3）耐双氧水稳定性　ADD 系列耐碱分散染料的耐 H_2O_2 稳定性见表 9-47。

表 9-47　ADD 系列分散染料的耐 H_2O_2 稳定性

染料	pH＝10.07（始）			
	100% H_2O_2 0g/L		100% H_2O_2 1.5g/L	
	得色深度/%	得色色光	得色深度/%	得色色光
分散金黄 ADD 200%	100	标准	85.38	微红
分散黄 ADD 200%	100	标准	96.52	微红
分散橙 ADD 200%	100	标准	95.76	微红
分散大红 ADD 200%	100	标准	102.07	微红
分散红 ADD 200%	100	标准	94.52	相似
分散桃红 ADD 200%	100	标准	75.98	相似
分散红玉 ADD 200%	100	标准	92.16	相似
分散紫 ADD 200%	100	标准	102.62	微蓝
分散黄棕 ADD 200%	100	标准	93.36	相似
分散蓝 ADD 200%	100	标准	86.15	相似
染料	pH＝9.04（始）			
分散艳蓝 ADD	100	标准	91.27	相似
分散翠蓝 ADD 200%	100	标准	96.08	相似
分散深蓝 ADD 300%	100	标准	97.65	相似
分散藏青 ADD 300%	100	标准	96.41	相似
分散黑 ADD 300%	100	标准	93.55	相似

检测条件：

处方　染料 1.25%（o.w.f），高温匀染剂 1.5g/L，用纯碱调节染浴 pH 值。

工艺　以 2℃/min 速率升温至 130℃，保温染色 40min，净洗。

检测 以不含双氧水染样的得色深度和色光作标准进行比较，得色深度以 Datorcolor SF 600X 测色仪测试。

由表 9-47 知，ADD 系列分散染料在高温（130℃）碱性（pH＝9～10）条件下，与双氧水一浴一步法染涤纶，其得色深度总体有所下降。其中，大多数分散染料的下降幅度较小，约在 10％以内；少数染料的下降幅度较大，可达 15％～25％。

这表明 ADD 系列分散染料中，除少数染料（分散桃红 ADD、分散金黄 ADD 和分散蓝 ADD）的耐氧漂稳定性较差外，大多数染料的耐氧漂能力较好，能用于涤棉织物练漂染一浴一步法工艺。少数耐氧漂稳定性差的染料，则只能用于涤棉织物练漂一浴两步法工艺。

9.3.3.2 练染助剂的选择

由于练漂与染色一浴进行，所以必须选用耐热稳定性好的螯合剂、精练剂、双氧水稳定剂、高温匀染剂，以及碱性适中的 pH 值调节剂等助剂。

近年来，市场上推出了一些一浴练漂剂，集螯合分散剂、精练剂、双氧水稳定剂、高温匀染剂于一体，具有适度且较稳定的碱性，可以直接用于涤棉织物一浴练染工艺，操作简便。

下面以一浴练染剂 RTK 为例，介绍其在不同浓度下的部分性能。

（1）浓度与 pH 值 一浴练染剂 RTK 不同浓度的 pH 值变化情况见表 9-48。

表 9-48 一浴练染剂 RTK 不同浓度的 pH 值

质量浓度/(g/L)	pH 值	
	未经处理	经 130℃×40min 处理
1	9.36	8.10
2	9.69	8.32
3	9.92	8.98
4	10.07	9.47
5	10.21	9.70
6	10.32	8.85
7	10.40	9.98
8	10.50	10.06
9	10.55	10.11
10	10.62	10.17

注：溶液以硬度 110mg/L 的自来水配制。

由表 9-48 知：

① 一浴练染剂 RTK 溶液的 pH 值随浓度的增加而提高，但提升幅度较缓和，这表明一浴练染剂 RTK 中的碱剂组分具有一定程度的缓冲性。

② RTK 溶液经高温处理（130℃×40min）后，其 pH 值会明显下降，这有利于分散染料在高温（100℃）碱性浴染色过程中保持较好的稳定性。

③ 根据分散染料的耐碱能力（pH 值为 9～10）及一浴练染剂 RTK 的浓度与 pH 值关系，在涤棉织物一浴练染工艺中，一浴练染剂 RTK 的实际用量以 3～4g/L 为宜。

（2）精练与漂白效果 采用一浴练染剂 RTK 与 H_2O_2 对全棉织物进行同浴练漂，其效果见表 9-49。

表 9-49 一浴练染剂 RTK＋H₂O₂ 的练漂效果

用量/(g/L)		练漂效果				
RTK	100% H₂O₂	手感	白度	毛效/ (cm/30min)	棉籽壳	断裂强力 /N(经)
3	1.0	较柔软	74.3	8.1	无	316.6
3	1.5	柔软	78.5	8.6	无	316.3
3	2.0	柔软	80.1	10.4	无	314.7
3	2.5	柔软	81.6	11.2	无	295.1

注：织物为 20 tex/20tex268 根/10cm×268 根/10cm 全棉平布。

由表 9-49 知，普通全棉织物经过一浴练染剂 RTK（3g/L）和 100% H₂O₂（1~2.5g/L）同浴高温（130℃）处理后，手感柔软，毛效良好，布面白净，强度合格，完全可以达到常规染色的要求。而涤棉织物含棉少，练漂效果更好。所以，涤棉织物采用练染一浴工艺加工时，一浴练染剂 RTK 用量 3g/L，100% 双氧水用量 1~2.5g/L 已能满足要求。

综合以上分析，ADD 系列耐碱分散染料和适当浓度的一浴练染剂、双氧水间具有较好的高温（130℃）同浴适应性，三者同浴在高温条件下对涤棉织物进行练漂一浴加工是可行的。

9.3.3.3 练染工艺

（1）练染处方

ADD 型耐分散染料%	x
一浴练染剂 RTK/(g/L)	3~4
27.5% H₂O₂/(g/L)	3.5~5.5

（2）练染工艺 一浴一步工艺介绍如下。

① 涤棉织物染深色 见图 9-30。

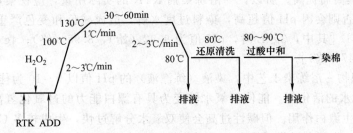

图 9-30 一浴一步深色工艺流程

② 涤棉织物染中浅色 见图 9-31。

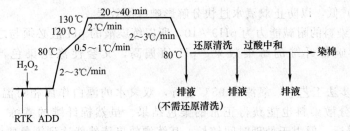

图 9-31 一浴一步中浅色工艺流程

一浴两步工艺介绍下。

① 涤棉织物染深色　见图 9-32。

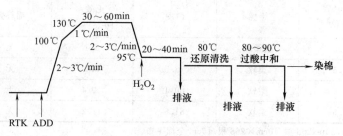

图 9-32　一浴两步深色工艺流程

② 涤棉织物染中浅色　见图 9-33。

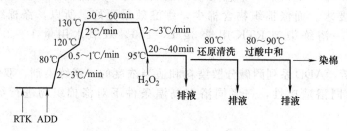

图 9-33　一浴两步中浅色工艺流程

（3）工艺要点

① 一浴一步工艺需选用碱性高温条件下耐氧漂稳定性较好的分散染料；一浴两步工艺需选用碱性高温条件下耐氧漂稳定性较差的分散染料。

② 在 ADD 系列分散染料中，多数染料的高温耐碱稳定性较好，其最大耐碱能力可达 pH 值 10；部分染料的高温耐碱能力较差，最大耐碱能力为 pH＝9。而一浴练染剂 RTK 的 pH 值随浓度的提高而提高。所以，一浴练染剂 RTK 的实际用量，应视染料的耐碱能力而定，不能过量，否则会因 pH 值超高，染料过度水解，造成减色和变色严重。RTK 较适合的用量是 3～4g/L〔其中，3g/L 时，pH 值为 9.92（始），8.98（终）；4g/L 时，pH 值为 10.07（始），9.47（终）〕。

③ 在涤棉织物一浴练染工艺中，染液（练漂液）的 pH 值以 9～10 为佳，原因有 3 种。

a. 碱是双氧水的活化剂，能使双氧水转变为具有漂白能力的过氧化氢离子（HOO^-），从而对棉纤维产生漂白作用。但碱性过高会使双氧水分解过快，生成较多 O_2 和过氧化氢游离基（$HOO\cdot$），这既会损伤纤维，又会因双氧水无效分解过多而降低漂白效果。

b. 双氧水的分解速率随温度的提高而加快。一浴一步法工艺采用的练染温度为超高温 130℃，此时，由于双氧水的分解速率较快，染液（练染液）的 pH 值应比常规 100℃ 漂白（pH＝10.5～11）低，以防止双氧水过快分解影响练漂效果。

c. 耐碱分散染料的耐碱能力为 pH9～10，所以练染液的 pH 值必须与之相适应。pH 值偏低，会直接影响棉纤维的练染效果；pH 值偏高，又会使涤纶染色产生严重的减色与变色。

而在一浴两步法工艺中，氧漂在 95℃ 进行，双氧水的漂白作用相对温和，从而使耐氧漂稳定性较差的分散染料也能获得正常的染色结果。虽然棉纤维的煮练（130℃）和漂白（95℃）分两步进行，但由于处理时间较长，其练漂效果依然能达到染色要求。

④ 涤纶染深色时，需进行还原清洗，去除附着在涤纶表面大小不同的染料聚集体和黏

附在棉纤维上的分散染料，以改善染品色泽的鲜艳度及水洗、皂洗、摩擦等色牢度。

由于练染一浴工艺在高温下进行，故对涤纶的浮色与棉纤维的沾色具有一定的净洗增艳效果，所以涤纶染中浅色时是否需要进行还原清洗，可视客户要求而定。

为了减小还原清洗引起的减色和变色程度，还原清洗温度以 80℃ 为宜。

还原清洗工艺

传统处方/(g/L)

纯碱或烧碱	1~2
保险粉	1~2
平平加 O	0.5~1.0

改进处方/(g/L)

纯碱或烧碱	1~2
二氧化硫脲	0.25~0.5
表面活性剂	0.5~1.0

a. 保险粉的耐热稳定性差，无效损耗较多，对环境污染严重。二氧化硫脲的耐热稳定性较好，且还原净洗能力比保险粉高，用作还原清洗剂更为合适。

b. 在碱性还原浴中，加入适量表面活性剂，有助于剥离浮色，也可防止再次沾污。

⑤ 活性染料的氧漂稳定性较差。经检测，染浴中含 5mg/L 100% H_2O_2，得色量就会下降 5%~20%。因此，在无还原清洗的中浅色工艺中，最好在酸中和浴中添加 0.5~1.0g/L 过氧化氢酶，以有效清除残余的 H_2O_2，防止在活性染料后套棉时产生危害。

【结语】

(1) 实践表明，采用国产耐碱分散染料与适量一浴练染剂（外加 1~2g/L H_2O_2），可实现涤棉类织物练漂染一浴加工。高温练漂染一浴工艺的加工质量与常规 100℃ 练漂、130℃ 染涤纶的分浴分步工艺相同，且手感更柔滑，颜色更鲜艳。

(2) 涤棉织物一浴练染工艺具有突出的"节能、减排、增效"优势。以喷射溢流机染 1t 涤棉织物为例：

节约用水	40t×4.77 元/t＝190 元
减少污水排放	40t×2.15 元/t＝86 元
节约用电	100kW·h×0.83 元/(kW·h)＝83 元
节约用汽	2t×190 元/t＝380 元
节省时间	4h

即每生产 1t 涤棉织物，可节省成本 739 元，提高效率 2.5% 左右。

(3) 由于涤棉织物一浴练染工艺是在高温（130℃）碱性浴中进行，对涤纶渗透出的低聚物具有较强的水解、溶解能力，因而可有效克服低聚物对织物（易产生色点、色斑、白粉）和设备（易产生粘管）造成的危害。

(4) 在生产实践中，涤棉织物一浴练染工艺也非常适合纯涤纶织物练漂染一浴一步法加工（不加 H_2O_2）。

9.3.4 涤棉织物分散/活性一浴一步法染色

涤棉混纺织物理想的染色方法是分散/活性一浴一步法染色工艺，即在一个染浴中同时加入分散染料、活性染料、盐和碱等助剂，使分散染料和活性染料同时上染。国内外染整行业对此进行了大量的试验和研究，但由于各种因素的制约，该染色法并没有真正意义上得以实现。阻碍分散/活性一浴一步法工艺实现的难题主要有以下几点。

（1）分散染料要在较高的温度（130℃）下染色，故选用的活性染料必须有一定的高温稳定性，即高温碱性条件下不发生水解或水解程度很小，与分散染料不发生化学作用，有较高的上染率和固色率。

（2）染色时必须保持分散染料染液的稳定性，防止染料聚集对染色质量产生影响。但活性染料染色时往往需加入大量的元明粉等电解质，会极大程度地影响了染液的分散稳定性，如果不采取措施防止染料凝聚，织物表面会形成大量色斑。

（3）活性染料染色需要加入大量碱剂，因此要求分散染料必须有很好的耐碱稳定性，在碱性条件下对涤纶能够保持发色纯正及高的上染率。

（4）分散染料可能对棉纤维造成沾色，导致染色牢度下降，且这种沾色问题无法通过分散染料的还原清洗来解决。

目前，虽有一些针对分散/活性一浴法染色的新工艺，如低碱和中性固色一浴法，低盐或无盐染色一浴法工艺等。但这些工艺不仅在染料和相关助剂的选用上要求较高，且迄今研究并未形成系统化的方案，故目前的研究成果尚未推广到实际生产中。

本试验在涤棉分散/活性一浴一步法染色工艺中，采用耐碱耐盐型分散染料 T-XD 和耐高温型活性染料 C-XD，解决了上述 4 个问题，在 50 多家印染厂进行了中试及实际生产，其染色效果与二浴法工艺相当，且染色时间和生产成本大大降低。[16]

9.3.4.1　涤棉织物分散/活性一浴一步法染色

（1）配套染料及助剂

① T-XD 分散染料　T-XD 分散染料（浙江昱泰染化科技有限公司）专门设计用于分散/活性一浴一步法染色工艺，突出的优点是可在高温（130℃）和 pH3～12 条件下使用，所染涤纶织物的相对得色量和色光与在酸性条件下一致。此外，T-XD 分散染料能耐受 80g/L 无水硫酸钠溶液，分散性和匀染性良好，用于分散/活性一浴一步法染色工艺，能很好地解决分散染料的耐盐性问题。

② C-XD 活性染料　C-XD 活性染料（浙江昱泰染化科技有限公司）与 T-XD 分散染料配套用于涤棉织物分散/活性一浴法工艺。C-XD 活性染料在染酶 EL-A2 的配合下，能在 pH 值 11 和 127℃的高温高碱性条件下对棉纤维进行染色，相对得色量可达到常温得色量的 80％以上。

③ 配套助剂

a. 染酶 EL-A2　活性染料固色剂，极易溶于水，能同时提高分散染料和活性染料的稳定性，防止色点的形成。质量浓度 2～3g/L，于 65℃均匀缓慢地（10～15min）加入染浴中，走匀后升温。

b. 染酶 EL-E　匀染剂，非离子性，用于涤棉一浴一步染色，能对分散和活性染料都具有非常有效的匀染效果，避免分散/活性同浴时相互影响。质量浓度 1～2g/L，于升温前加入染浴，或与染料一起打浆后加入染浴。

c. 净洗剂 EL-C　质量浓度 1～2g/L，与 0～2g/L 纯碱配合使用，85℃皂洗 20min。

（2）涤棉一浴法生产工艺

工艺曲线见图 9-34。

副缸内放回水，加入助剂 EL-E、分散染料和少量水打浆溶解的活性染料。开蒸汽加热至 40～60℃，均匀缓慢地泵入染料和助剂溶液。

至少循环 3 道后，升温到 65℃，保温 20min，保温期间通过副缸缓慢泵入染酶 EL-A2。

（3）操作注意点

① 工艺配方和浴比务必与小样保持一致。

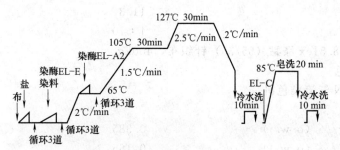

图 9-34　涤棉一浴法生产工艺流程

② 分散染料为液状，易沉降，必须整桶搅匀后再称样。

③ 布重量准确，计量基准与小样保持一致。

④ 盐度批检时绝对误差不超过 5g/L。首产时，首次入水适当减少，以防水位标尺不准。

⑤ 首次水洗时尽量将盐漂清。带水率高的布种要增加清洗次数。

⑥ 当使用活性翠蓝 C-XD 时，于 85℃ 保温 20min。

(4) 生产实例

① 织物 1　29.5texCVC（60/40）＋29.5 tex 涤棉（65/35）针织布，978.4kg

颜色　橄榄绿

设备　高温溢流 J 型缸染色机

染色处方

T-XD 分散黄/%（o. w. f）	1.08
T-XD 分散红/%（o. w. f）	0.18
G-XD 活性蓝/%（o. w. f）	1.85
C-XDR 活性红/%（o. w. f）	0.35
C-XD 活性藏青/%（o. w. f）	0.75
无水 Na_2SO_4/（g/L）	50
染酶 EL-E/（g/L）	2
染酶 EL-A2/（g/L）	3
pH 值	11.3
浴比	1：9

② 织物 2　18.5tex，108 根/10cm×96 根/10cm 涤棉（65/35）弹力贡缎。

颜色　咖啡色

设备　高温溢流 J 型缸染色机

染色处方

T-XD 分散黄/%（o. w. f）	1.10
T-XD 分散红/%（o. w. f）	0.25
T-XD 分散蓝/%（o. w. f）	0.36
C-XD 活性黄/%（o. w. f）	0.22
C-XDR 活性红/%（o. w. f）	0.10
C-XD 活性藏青/%（o. w. f）	0.21
元明粉/（g/L）	30
染酶 EL-E/（g/L）	2
染酶 EL-A2/（g/L）	3

pH 值	11.3
浴比	1：10

③ 织物 3 18.51ex 涤黏（65/35）针织布，400kg。

颜色 铁灰色

设备 THEN 气流染色机

染色处方

T-XD 分散橙/%（o. w. f）	0.385
T-XD 分散红/%（o. w. f）	0.165
T-XD 分散蓝/%（o. w. f）	0.400
C-XD 活性黄%（o. w. f）	0.220
C-XDR 活性红/%（o. w. f）	0.225
C-XD 活性藏青/%（o. w. f）	0.600
元明粉/（g/L）	40
染酶 EL-E/（g/L）	2
染酶 EL-A2/（g/L）	3
pH 值	11.3
浴比	1：10

④ 织物 4 18.5tex CVC65/35 针织布，268kg。

颜色 咖啡色

设备 高温溢流 J 型缸染色机

染色处方

T-XD 分散黄/%（o. w. f）	0.960
T-XD 分散红/%（o. w. f）	0.098
T-XD 分散蓝/%（o. w. f）	0.096
C-XD 活性黄/%（o. w. f）	0.400
C-XDR 活性红/%（o. w. f）	0.135
C-XD 活性藏青/%（o. w. f）	0.150
元明粉/（g/L）	30
染酶 EL-E/（g/L）	2
染酶 EL-A2/（g/L）	3
pH 值	11.3
浴比	1：10

⑤ 织物 5 18.5tex 涤棉（65/35）针织布，569kg。

颜色 翠绿色

设备 高温溢流 O 型缸染色机

染色处方

T-XD 分散嫩黄/%（o. w. f）	0.330
T-XD 分散黄/%（o. w. f）	0.012
T-XD 分散翠蓝/%（o. w. f）	0.046
C-XD 活性嫩黄/%（o. w. f）	0.830
C-XDR 活性翠蓝/%（o. w. f）	0.060
元明粉/（g/L）	30
染酶 EL-E/（g/L）	2

染酶 EL-A2/(g/L)	3
pH 值	11.3
浴比	1∶10

⑥ 染色效果

染后布样色彩饱满，布面均匀，手感丰满，织物染色牢度见表 9-50。

表 9-50　染色布样色牢度

织物	耐洗色牢度/级		耐摩擦牢度/级	
	原样变色	白布沾色	干	湿
1	4～5	4	4～5	4
2	4～5	4～5	5	4
3	4～5	4～5	5	4～5
4	4～5	4～5	5	4～5
5	4～5	4～5	5	4～5

注：耐洗色牢度按 GB/T 3921.3—1997《纺织品　色牢度试验　耐洗色牢度：试验3》，耐摩擦色牢度按 GB/T 3920—1997《纺织品　色牢度试验　耐摩擦色牢度》测试。

9.3.4.2　成本对比

涤棉织物分散/活性一浴一步法工艺将加工时间从 12h 缩减为 5.5h，大大节约水、电、汽，其与传统二浴法工艺的成本对比见表 9-51。

表 9-51　分散/活性一浴一步法与传统二浴法染色工艺成本对比

项目	传统工艺	一浴一步法工艺	一浴一步法节省
工艺时间	12h/缸×2.5缸=30h	5.5h/缸×2.5缸=13.75h	16.25h
耗电	25kW/h×30h×0.76元/kW=570元	25kW/h×13.75h×0.76元/kW=261.25元	308.75元
耗蒸汽	7.5t×200元/t=1500元	4t×200元/t=800元	700元
耗水	120t×5元/t=600元	40t×5元/t=200元	400元
纯碱	15g/L×10t 水×2.7元/kg=405元	—	405元
元明粉	30g/L×10t 水×0.7元/kg=210元	40g/L×10t 水×0.7元/kg=280元	−70元
冰醋酸	0.3g/L×10t 水×5元/kg=15元	—	15元
匀染剂	1g/L×10t 水×5元/kg=50元	2.5kg/L×10t 水×8元/kg=200元	−150元
皂洗剂	0.5g/L×10t 水×6元/kg=30元	—	30元
保险粉	4g/L×10t 水×6.5元/kg=260元	—	260元
染料	1.2%×1t 布×20元/kg=240元	2%×1t 布×45元/kg=900元	−660元
染酶 EL-A2	—	3g/L×10t 水×12元/kg=360元	−360元
染酶 EL-E	—	2g/L×10t 水×11元/kg=220元	−220元
合计	3880元	3221.25元	658.75元

注：表中数据基于染 1t 布（中色），计 2.5 缸。

由表 9-50 知，工艺中活性染料和分散染料同步上染，省去了烧碱/保险粉还原清洗等工序，生产时间从传统工艺的 12h/缸缩短为 5.5h/缸。一浴法工艺每台机器每天可染 4 缸布，而传统工艺每台机器每天只能染 2 缸布，按 1t/缸，每染 1t 布盈利 2000 元计算，一浴法工艺每台机器每天可增加盈利 4000 元。此外，一浴法工艺虽然在染化料方面的成本有所增加，但由于节省能源，合计总生产成本仍节省约 660 元。

【结论】

（1）采用耐高温活性染料 C-XD 和耐碱耐盐性分散染料 T-XD 在碱性浴（pH11 左右）中，对涤棉织物一浴一步法染色，染色效果与二浴法工艺相当，色牢度一般在 4 级以上。

（2）与传统二浴法工艺相比，一浴一步法染色工艺具有操作简单，生产过程自动化控制，染色时间短，能耗少，成本低等优点。

9.3.5　力威龙 198 在练染一浴工艺的应用

传统的涤/人棉、涤棉、CVC 等针织布、筒子纱和绞纱的浸染工艺是：先前处理、染涤纶、还原清洗（若牢度要求不高可省去），然后再染人棉或棉。该工艺流程长，生产效率低；用液碱前处理时，布面手感发硬，在染色时易擦伤，且前处理的余碱难以清洗干净；染色时要用缓冲溶液稳定染浴 pH 值；染深色时不能省略还原清洗步骤，否则会造成色牢度差、色光不稳定、重现性差。

力威龙 198（又称精练染色一浴剂 M-191A）是杭州美高华颐化工有限公司开发的新型助剂，具有对双氧水稳定、调节染浴 pH 值、改善织物手感、匀染、乳化分散性好的特点，采用该助剂同时进行棉前处理和涤纶染色，可达到缩短工艺流程的目的[17]。

9.3.5.1　试验

（1）织物、试剂及仪器

① 织物　18.45tex 涤棉（50/50）罗纹织物。

② 试剂　分散大红 GS200%，分散红 FB200%（龙盛化工）；雷马素红 3BS，活性艳橙 M-2R（浙江舜龙公司）；高锰酸钾（分析纯），96%氢氧化钠，27.5%双氧水，98%冰醋酸，元明粉，纯碱（以上均为工业级）；螯合分散剂 M-175，氧漂稳定剂 M-1021，力威龙 198，匀染剂 M-214BC，酸性还原清洗剂 M-270，代用碱 M-231P，棉用匀染剂 M-230K，皂洗剂 M-260，固色剂 M-290TC，柔软剂 M-5201（杭州美高华颐化工有限公司）。

③ 仪器　ACCULAB 电子天平（北京赛多利斯仪器系统有限公司），DM34-008 数显电子秒表（上海华岩仪器设备有限公司），WSD-3C 全自动白度计（北京康光仪器有限公司），PHS-25C 酸度计（上海康仪仪器有限公司），Sandolab 全能试色实验机、Judge Ⅱ 对色灯箱（杭州三锦科技有限公司），YG（B）871 型毛效仪、SW-12A Ⅱ耐洗色牢度试验机（温州大荣纺织仪器），X-Rite Color-Eye 7000A 电脑测色配色仪（美国爱色丽公司）。

（2）涤棉传统染色工艺

工艺流程　棉前处理→水洗、中和→分散染料染涤→还原清洗→水洗→活性染料染棉。

① 前处理和涤纶分散染料染色

a. 前处理煮漂处方

96%氢氧化钠/（g/L）	1.5
27.5%H_2O_2/（g/L）	5
螯合分散剂 M-175/（g/L）	1
氧漂稳定剂 M-1021/（g/L）	1
冰醋酸（中和）/（mL/L）	0.5～1.5

b. 涤纶分散染料染色处方

分散大红 GS200%/%（o.w.f）	1.5
分散红 FB200%/%（o.w.f）	3.8

| 冰醋酸（调节 pH 值）/（g/L） | 0.3 |
| 匀染剂 M-214BC/（g/L） | 0.5 |

c. 还原清洗处方

| 酸性还原清洗剂 M-270/（g/L） | 2 |
| 98%冰醋酸（调 pH 值至 5） | 0～0.15 |

d. 浴比　　　　　　　　　　　　　　1∶10

e. 工艺曲线　见图 9-35。

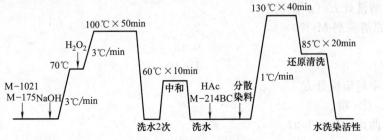

图 9-35　传统分散工艺流程

② 活性染料染棉

a. 染色处方

活性红 3BS/%（o. w. f）	2.8
活性橙 ME-2R/%（o. w. f）	1
元明粉/（g/L）	70
纯碱/（g/L）	2
代用碱 M-231P/（g/L）	2
螯合分散剂 M-175/（g/L）	1
棉用匀染剂 M-230K/（g/L）	0.5

b. 皂洗处方

| 皂洗剂 M-260/（g/L） | 1 |

c. 固色处方

| 固色剂 M-290TC/%（o. w. f） | 0.8 |
| 柔软处方柔软剂 M-5201/%（o. w. f） | 3 |

d. 浴比　　　　　　　　　　　　　　1∶10

e. 工艺曲线　见图 9-36。

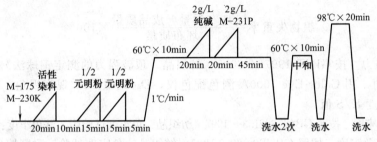

图 9-36　传统活性工艺流程

（3）涤棉漂染一浴工艺

① 工艺流程　坯布漂染一浴（棉氧漂与分散染料染涤同浴同步进行）→还原清洗→水洗→活性染料染棉

② 漂染处方

力威龙 198/(g/L)	1.5
27.5% H_2O_2/(g/L)	5
螯合分散剂 M-175/(g/L)	1
分散大红 GS/%	1.5
分散红 FB	3.8
pH 值（用 Na_2CO_3 调节）	9

③ 还原清洗处方/(g/L)

酸性还原清洗剂 M-270	2
冰醋酸	0.15

④ 浴比　　　　　　　　　　　1：10

⑤ 活性染料染棉处方

同（2）、②a 项。

⑥ 工艺曲线　见图 9-37。

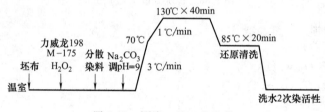

图 9-37　漂染一浴工艺流程

（4）测试方法

① 沉降时间　室温（25℃）条件下，在 250mL 烧杯中配 200mL 含渗透剂的溶液，从标准帆布接触溶液表面开始计时，帆布沉至杯底计时止，记录沉降时间，测试 10 次取平均值。

② 双氧水分解率　用高锰酸钾滴定法测定。

③ 白度　将烘干后的织物折叠 4 层，在 WSD-3C 全自动白度计上测试蓝光白度值。

④ 毛效　将试样剪成纵向 25cm×5cm 的布条，在恒温恒湿箱（温度 20℃、湿度 65%）内平衡 2h，在离一端 1cm 处沿横向用铅笔作一条平行线，置于毛效测试仪上，记录 30min 内水沿织物上升的高度，若液面参差不齐，取最低值。

⑤ 失重率

$$织物失重率 = \frac{坯布质量 - 成品质量}{坯布质量} \times 100\%$$

⑥ 顶破强力　按 GB/T 19976—2005《纺织品　顶破强力的测定钢球法》测试。

⑦ K/S 值　用 Color-Eye 7000A 测色配色仪，D_{65} 光源，10° 观察视角，测定染色织物的表观颜色深度 K/S 值。

⑧ 耐洗色牢度　按照 GB/T 3921.3—1997《纺织品　色牢度试验耐　洗色牢：试验 3》测试。

⑨ 耐摩擦色牢度　按照 GB/T 3920—1997《纺织品　色牢度试验　耐摩擦色牢度》测试。

9.3.5.2　结果与分析

（1）烧碱用量对力威龙 198 溶液润湿渗透性能的影响　考察烧碱及其用量对力威龙 198 溶液润湿和渗透性能的影响，结果见表 9-52。

表 9-52 烧碱用量对力威龙 198 溶液润湿渗透性能的影响

力威龙 198/(g/L)	2	3	5	10	2	5	10
96％NaOH/(g/L)	—	—	—	—	5	50	50
沉降时间/s	25	19	13	3	26	14	3

由表 9-52 知，力威龙 198 具有良好的润湿渗透性能，受烧碱影响不大，能使工作液快速润湿渗透织物，甚至是含纺织油剂和棉共生物的涤棉坯布。因此，坯布不会因吸湿不一致而影响工作液作用程度和吸附均匀性。

（2）传统工艺和漂染一浴法工艺对练漂效果的影响　改变力威龙 198 用量（0.5g/L，1g/L、1.5g/L、2g/L、2.5g/L、3g/L），在不加分散染料的情况下，按传统煮漂处方对其进行处理。研究力威龙 198 用量对织物毛效和白度的影响，并与传统工艺未经染色和还原清洗的针织布进行比较，力威龙 198 用量小于 1.5g/L 时，处理织物毛效一般，且白度低于 80％，染浅色时不够鲜艳；随着力威龙 198 用量增加，毛效和白度呈不断提升趋势，用量超过 1.5g/L 后，织物毛效提高，白度大于 80％，这是因为力威龙 198 用量增加，对织物的精练效果和对杂质的乳化分散作用不断增强；力威龙用量超过 2g/L 后，毛效和白度提升幅度不大。综合成本和效果，力威龙 198 最佳用量为 1.5～2g/L，此时织物毛效和白度达到甚至超过传统工艺。

（3）传统工艺和漂染一浴法工艺的染色效果比较　两种工艺所得染品得色和色牢度性能的比较见表 9-53。

由表 9-53 知，漂染一浴工艺的染色 K/S 值、各项色牢度与传统工艺相近，说明该工艺是可行的。

（4）漂染一浴法和传统工艺对失重率和强力的影响　漂染一浴法和传统工艺对失重率和强力的影响结果见表 9-54。

表 9-53 染色效果和色牢度比较

工艺		传统工艺	漂染一浴工艺
K/S 值		26.486	26.375
耐摩擦色牢度/级	干	4～5	4～5
	湿	3	3
皂沾色牢度/级	棉	2～3	2～3
	醋纤	3～4	3～4
	尼龙	2～3	2～3
	涤	3～4	3～4
	腈	4	4
	羊毛	3～4	3～4

表 9-54 漂染一浴法和传统工艺对失重率和强力的影响

	失重率/％	顶破强力/N
传统工艺	3.01	385
漂染一浴工艺	1.80	460

由表 9-54 知，漂染一浴法工艺的失重率和顶破强力明显好于传统工艺。漂染一浴法是在弱碱性（pH9 左右）条件下，通过力威龙 198 对坯布进行均匀渗透润湿，再经高温作用

对棉纤维的果胶等共生物进行精练乳化并将杂质分散在溶液中，彻底去除果胶，同时通过双氧水全程漂白，毛效、白度高，手感好。而传统工艺为强碱氧漂工艺，强碱高温催化双氧水快速分解，易产生氧化纤维素而降强，双氧水无效分解偏多，白度不及漂染一浴工艺，且强碱对棉纤维及共生物作用力度大，使织物表面毛羽掉落较多，但对果胶作用不彻底，失重率高，毛效低。

（5）两种工艺的成本比较　与传统工艺相比，漂染一浴工艺仅前处理工序就少用 5 缸水，每缸布以 1t、浴比 1∶10 计，节水 $5 \times 10 = 50t$，按浙江能源市场平均水价 8 元/吨计，可节约 400 元。以新工艺前处理省时 2.5h、机缸功率 60kW/h、电费 1.1 元/（kW·h）计，可省电 $2.5 \times 1.1 \times 60 = 165$ 元。新工艺较传统工艺节约蒸汽 2t，每吨以 150 元计，节约 $2 \times 150 = 300$ 元。不算助剂消耗，仅以上各项，新工艺每吨布就可节约 865 元。

【结语】

（1）涤棉织物力威龙 198 漂染一浴工艺将前处理氧漂和涤纶染色同浴完成，省去了传统工艺的前处理工序，缩短了工艺流程，节约能源，减少污水排放，降低综合成本，提高生产效率。

（2）力威龙 198 漂染一浴工艺适用于涤棉、涤粘针织布和筒子纱线染深、中、浅色，生产实践证明，该工艺切实可行，实用性强，可获得良好的经济效益。

（3）力威龙 198 漂染一浴工艺的染色效果和色牢度与传统工艺基本相同，能保证产品质量。

9.3.6　涤棉织物微胶囊分散/活性染料一浴法染色

分散染料是一类水溶性较低的非离子型染料，染色时不可避免地还要追加更多的分散剂和其他的助剂。由于传统的染色工艺导致浮色多，染色后的多道水洗，如还原净洗、皂洗、热水洗及冷水洗等，不可避免，要用到大量的净洗剂、还原剂、碱剂等。这些助剂在染色后排入污水，造成严重的 COD 负荷。同时，由于助剂有增溶染料的作用，又会给排水造成严重的色度污染！

微胶囊分散染料，胶囊内部是分散染料，胶囊壁是半透膜，水和单分子染料容易透过，高温下不破裂、不变形，具缓释性、比表面积大。

涤棉混纺织物的常规染色方法为先涤后棉二浴法，此工艺染得的涤、棉的固色率和色牢度都较高，但该工艺湿加工耗时长（7h），生产效率低，水、电、汽消耗大，污水排放量大。

研究和开发清洁的染色工艺，从根本上消除染色加工对环境的污染，寻求不用助剂，不用水洗的染色技术。经过多年的研究探索，发现微胶囊技术可以替代染色助剂的种种功能，以水中不溶的微胶囊壳体的作用来达到均匀染色之目的，这就避免了大量助剂对水体的污染。并在此基础上进一步开发出免水洗工艺。

将分散染料制成耐热性微胶囊，利用其优良的缓释性对涤纶织物进行高温高压染色，无需使用分散剂和匀染剂，就能达到匀染和高色牢度的目的。该染色工艺消除了助剂的增溶作用，染色后纤维表面的浮色大幅度减少；可省却烧碱/保险粉还原清洗工序，显著缩短了染色周期，工艺时间约 4h；降低了能耗，节约了水资源，并提高了设备利用率及生产效率。本项目尝试将微胶囊分散染料染色应用于涤棉混纺织物一浴法染色工艺，探索其应用效果。

采用微胶囊分散染料染涤棉织物，各项指标可以达到或超过传统分散染料的染色牢度，染色时无需加助剂，染色残液经沉淀后，色度、COD、BOD 指标都达到一级排放标准。[18]

9.3.6.1 试验

(1) 织物。染料与助剂

a. 织物 白色平纹涤棉织物（65/35，经精练、漂白）。

b. 染料与助剂 微胶囊分散蓝，微胶囊分散紫，微胶囊分散橙，活性染料；元明粉（化学纯）；皂片、渗透剂 JFC、分散剂 NNO（工业级）纯碱，肥皂。

(2) 仪器 电子天平（上海精科）、电热恒温鼓风干燥箱（上海精宏实验设备有限公司）、高温高压染色机、皂洗牢度机（英国 Roaches 公司）、SF600 测色配色仪（美国 Data-colot 公司）、ATLAS CM25 型耐摩擦牢度测试仪（美国 SDL AT2 LAS 公司）。

(3) 工艺流程及染色工艺、染色处方

① 传统二浴法染色

a. 染涤纶工艺曲线 如图 9-38 所示。

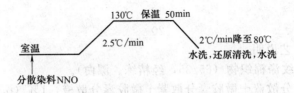

图 9-38 传统染涤工艺流程

b. 染棉工艺曲线 如图 9-39 所示。

图 9-39 传统染棉工艺流程

c. 工艺处方（g/L）

传统工艺处方%（o.w.f）

分散染料	4%
分散剂 NNO	1g/L
pH 值	4.5~5
浴比	1:10

d. 还原清洗工艺（g/L）：

烧碱	3g/L
保险粉	3g/L
浴比	1:10

② 微胶囊分散染料/活性染料一浴法染色

a. 染色工艺曲线 如图 9-40 所示。

b. 染色处方（g/L）

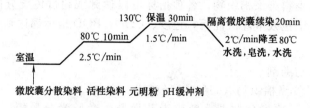

图 9-40   一浴法染色工艺流程

活性染料	4％（o. w. f)
元明粉	40
pH 缓冲剂	2
微胶囊分散染料	4/％（o. w. f)

c. 皂洗工艺（g/L）

纯碱	3g/L；肥皂	3 条/机
浴比	1：10	
温度/℃	90	
时间/min	20	

③ 微胶囊染色工艺说明：

a. 织物：白色平纹涤棉织物（65/35，经精练、漂白）。

b. 处方：微胶囊分散蓝＋微胶囊分散紫＋微胶囊分散橙，1％（o. w. f)，无助剂。

c. 工艺：化料、萃取机加料；进布、加水、加 pH 缓冲剂 2；直升温至 50℃，2.5℃/min 升温至 80℃ 保温 10min；1.5℃/min 升温至 130℃ 保温 30min；关闭萃取机，130℃ 保温 20min：2℃/min 降温至 80℃；2℃/min 降温至 60℃；出布，脱水，开幅，定形。

9.3.6.2　结果与讨论

（1）涤棉传统与新型染色工艺效果对比　对比传统与新型染色工艺涤棉染色织物的色牢度，见表 9-55。

表 9-55　涤棉传统与新型染色工艺效果对比

染色工艺	摩擦牢度/级		皂洗牢度/级		
	干摩	湿摩	棉黏	涤黏	褪色
传统二浴法	4～5	4	4	4	4
新型微胶整分散染料/活性染料一浴法	4～5	3～4	4	4	4～5

从表 9-55 明显看出，新型微胶囊分散染料/活性染料一浴法染色，染色织物的色牢度可达到 3～4 级以上，与传统涤棉染色工艺色牢度相当。

（2）不同后处理的新型一浴法染色效果　见表 9-56 和表 9-57。

表 9-56　微胶囊分散染料/活性染料一浴法染色效果

后处理工艺	摩擦牢度/级		皂洗牢度/级		
	干摩	湿摩	棉黏	涤黏	褪色
仅冷水清洗,不皂洗	4～5	3～4	3	4	4～5
冷水洗,皂洗,再冷水洗	5	4	4～5	4～5	5

由表 9-56 知，微胶囊分散染料/活性染料一浴法染色，仅冷水清洗，染色织物色牢度可在 3 级以上。

表 9-57　微胶囊分散染料染色后排水检测结果

废水指标	传统染色	微胶囊染色（过滤）	国家排放标准	
			1 级	2 级
色度/度	蓝黑色,512	无色,16	40	80
COD_{Cr}/(mg/L)	1.45×10^3	50	100	180
BOD_5/(mg/L)	971	14.7	25	40

（3）微胶囊染色装置　示意见图 9-41。

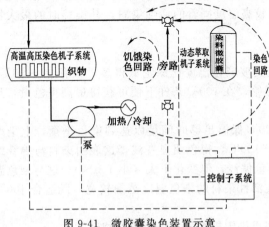

图 9-41　微胶囊染色装置示意

【结论】

（1）由于染料、助剂种类的不断增多，使得排放的印染废水成分变得越来越复杂，处理的难度在不断增大。助剂污染问题，商品分散染料都含有 50%～60% 的助剂，染色中还需添加助剂，我国分散染料 35 万吨/年产，涤纶染色用水 10～20t/t 织物，涤纶水洗用水 60～120t/t 织物，水洗能耗 3t 蒸汽/t 织物，染色废水难以处理，严重的色度污染，较重的 COD（数千），BOD 负荷。

微胶囊染料生产能力 1000t/a，单色染色装置达到 200kg，拼色染色装置达到 20kg，实现了梭织、针织、麂皮绒、长毛绒、纱线等纯化纤织物的清洁染色。节约用水：全部染色用水、水洗用水；零排放：染色水全回用，COD 几乎零排放；节能：免洗部分的用电、蒸汽；节约助剂：染色、水洗助剂全免；缩短时间：1/3～1/2；可在现有染色机上实施。

（2）根据公司引进微胶囊分散染料无助剂免水洗染色新工艺试验。把原用分散染料改用微胶囊分散染料，溢流染色机在加料处改造成微胶囊萃取器，使染色染液在溢流机进抽动电机前先进入装运缸，染液自装运缸到微胶囊萃取器，然后到溢流机喷嘴处，形成染液循环。

（3）随着印染高能耗及国家环保和节能减排相关法规的贯彻实施，我们高温高压溢流分散染料染色在生产中也在加快改革创新，以生态观念开发新技术、新工艺、新设备和抓住节能这个主题。

9.3.7　锦棉织物一浴法染色工艺

锦棉织物通常采用二浴套染法染色，即以中性、酸性染料或分散染料染锦纶，以中温活性染料染棉。采用二浴套染法染色，优点是锦纶和棉纤维的色泽（色光、深浅）在套染过程中可相互弥补，布面色泽较容易调整和控制。缺点是工艺耗时长，加工产量低，能源消耗大，污水排放多，经济效益差。

锦棉织物曾一度采用过中性染料与中温型活性染料一浴法染色。即在添加电解质的条件下，先于中性浴 85℃染色，再降温至 60℃加碱固色，而后水洗、净洗。但该染色法有两大缺点。一是中性染料在85℃染色时，其对锦纶的上染率比在95~98℃时低10%~15%，达不到最高上染率；二是中温型活性染料在较高温度下吸色，对锦纶的沾色重，锦纶组分的色光较难控制。由于该染色工艺的色泽（色光、深度）重现性较差，且调色较困难，所以基本被淘汰。

实践证明，锦棉织物可采用分散染料与热固型活性染料（简称分散/活性）一浴法染色工艺[19]。

9.3.7.1 分散/热固型活性一浴法染锦棉浅色

分散染料染锦纶匀染性好，对锦纶染色的品质差异具有良好的遮盖性，不会产生"经柳"、"纬档"等染疵，在染浅色时，不会出现分散染料对锦纶染深性差、色牢度差等缺陷。因此，分散染料特别适合染浅色锦纶。

热固型活性染料，如NF型（上海雅运）、N型（上海安诺其）、CN型（日本化药）和NE型（上海亚好工贸有限公司）等，是依靠较高温度固着的活性染料，其染棉时的最大特点是中性浴染色，匀染性良好。

（1）分散/活性染锦棉的同浴适应性

① 染色温度 锦纶虽属疏水性纤维，但其玻璃化温度比涤纶低得多，只有47~50℃，且吸湿溶胀性比涤纶大。所以，分散染料染锦纶，在100℃条件下便可获得最高得色量，且重现性也较好。

热固型活性染料耐热性好。其在100~120℃保温足够时间足以达到染色平衡，上染率稳定，得色深浅变化不明显。若染色温度低于100℃，得色明显变浅，这表明染料与棉纤维反应固着不充分。若染色温度高于120℃，得色偏浅，但变化不大（小于5%），这与染色温度高致使染料的溶解度增大有关。因此，这类活性染料的染色温度范围较宽，既适合100℃染色，也适合130℃染色。

由此可见，分散染料与热固型活性染料同浴染锦棉织物，染色温度相匹配。

② 染浴pH值

分散染料100℃染锦纶存在两大特点：

a. 分散染料上染锦纶完全依靠与纤维大分子间的氢键、范德华引力和偶极引力，而不像直接、中性、酸性等阴离子染料，主要依靠与锦纶上的氨基产生离子键而结合。所以，分散染料染锦纶对染浴pH值的依附性很小。在pH6~8范围，染色效果无明显变化。

b. 分散染料在100℃条件下染锦纶，与在高温（130℃）条件下染涤纶完全不同，其耐水解稳定性很好。在染浴pH6~8内，几乎无水解消色现象。因此，分散染料可在中性范围内（pH6~8）对锦纶染色。

热固型活性染料对染浴pH值较敏感，最适合在中性染浴中染色。若染浴pH值小于7或大于7，得色量都会显著降低。为此，染色时需添加pH值为7的缓冲剂，以便将染浴pH值稳定在中性范围。

由此可见，在100℃条件下染锦棉织物，分散染料与热固型活性染料对染浴pH值的适应性良好。

③ 电解质 热固型活性染料只有在电解质的促染作用下，才能获得最高上染率。虽然分散染料在100℃条件下的热稳定性比130℃好，但电解质的存在会对其热稳定性产生负面影响。因为分散染料与阴离子分散剂形成的染料胶粒带有负电荷，胶粒之间存在同性电荷斥力，因而染料胶粒不容易凝聚，而电解质的加入会削弱染料胶粒的负电荷，使染料胶粒之间的排斥力减小，在100℃条件下，相互碰撞聚集的概率明显增大。

试验表明，只要染浴中加入1~2g/L阴离子/非离子复合型分散匀染剂，电解质的负面影响就可得以改善，不会降低染色质量。因为阴/非离子表面活性剂复合使用，不但能提高非离子型表面活性剂的浊点，改善其耐热性能，而且由于两者产生协和效应对染料微粒的保护作用更强，使分散液更稳定。

④ 工艺操作　由于锦纶的玻璃化温度低（47～50℃），在水中较涤纶易溶胀，加之分散染料的分子质量较小，故在较低温度下，分散染料便可上染锦纶。

经测试，当染色温度高于 65℃，上染速率会急速加快。所以，在升温过程中，必须有一个 65℃的保温时段，这对匀染非常重要。

热固型活性染料染棉，染色温度在 70℃以下时，染料与棉纤维间未发生明显固着，染料的扩散与移染活跃，匀染和透染效果良好。当染色温度高于 70℃后，由于发生固着反应，染料的扩散和移染作用会随之消失。此时若升温太快，染色初期产生的不匀性易成为永久性色差、色花染疵。

所以，在染色升温过程中，必须在 70℃以下保温染色一定时间，使染色初期产生的吸色不匀经染料的扩散与移染作用而得以改善。

由此可见，分散染料染锦纶与热固型活性染料 100℃染棉，具有良好的同浴染色适应性。

（2）分散/活性染浅色锦棉的实用工艺　见图 9-42。

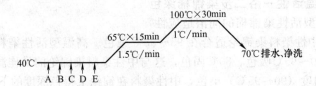

图 9-42　实用工艺流程

A—软水剂 1～2g/L；B—缓冲剂（pH=7）；C—匀染剂 1～
1.5g/L；D—元明粉 10～20g/L；E—染料

9.3.7.2　中性/活性一浴法染锦棉中色

中性染料染锦纶具有竭染率高、染深性好、色泽坚牢，但匀染性较差的特点，较适合染锦纶中深色。热固型活性染料染棉具有匀染性好、湿牢度好，但染深性较差的特点，比较适合染棉中浅色。

（1）中性/活性染锦棉的同浴适应性

① 染色温度　据检测，中性染料染锦纶的温度在 100～120℃时的得色量最高，且差异不大。染色温度高于 120℃，锦纶将会"纸质化"、消弹、降强和泛黄。因此，中性染料染锦纶与热固型活性染料染棉，对染色温度的要求是一致的。

② 染浴 pH 值　2∶1 型中性染料于 100℃染锦纶，染浴 pH 值在 5～8 内的得色深度变化不大，肉眼难以分辨。这表明，常规 2∶1 型中性染料完全适应 100～120℃中性浴染锦纶。

但是，由 2∶1 型中性染料和带活性基的酸性染料组成的复合型中性染料，如丽华特系列（杭州恒升）、尤丽特系列（青岛双桃），需在 pH5～5.5 条件下染色。所以，染浴 pH 值大于 6，得色量会下降 5%，不适合中性浴染色。

③ 电解质　锦纶纤维含氨基和羧基。染浴 pH 值大于 6 时，纤维中的—COO^- 含量超过—NH_3^+ 含量，纤维带负电荷，这会使中性染料阴离子的吸附速率和吸附量明显下降。所以，在中性染浴中，电解质对中性染料上染锦纶具有一定的促染作用，这与热固型活性染料相一致。

④ 锦纶匀染剂　锦棉织物染色一般要加入锦纶匀染剂。锦纶匀染剂通常为阴离子或两

性表面活性剂，对中性染料、酸性染料及分散染料具有良好的助溶、缓染和移染作用，即使在中性条件下，也具有较明显的匀染效果，在酸性条件下，匀染效果更显著。

试验表明，锦纶匀染剂使用量应控制在 $1 \sim 2g/L$，用量过多会降低锦纶的得色量。锦纶匀染剂的加入，对热固型活性染料的上染无明显负面影响。

从以上分析可以看出，中性染料与热固型活性染料同浴染锦棉织物，对工艺条件的适应性良好。

（2）中性/活性染锦棉中色的实用工艺　见图 9-43。

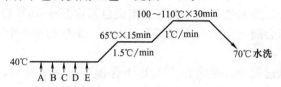

图 9-43　染中色的实用工艺流程
A—软水剂 $1 \sim 2g/L$；B—缓冲剂（pH＝7）；C—锦纶匀染剂；
D—电解质 $20 \sim 40g/L$；E—染料

9.3.7.3　中性/高温活性一浴二步染锦棉深色

（1）中性/高温型活性染锦棉的同浴适应性

① 染色温度　中性染料染锦纶适合在 $95 \sim 98℃$ 染色。高温型活性染料（H－E 型）耐热稳定性好，适合在 $90 \sim 95℃$ 吸色、80℃ 固色，这与中性染料染锦纶的最佳温度相近。如果按高温活性染料的吸色温度（$90 \sim 95℃$）染色，中性染料在锦纶上得色深度的下降幅度不明显。

② 染浴 pH 值　中性染料染锦纶亲和力大，吸色快，扩散性差，移染、匀染性差，但染深性好，色牢度高。因此，锦纶染浅色一般不用中性染料，而用分散染料。中性染料大多用来染锦纶中深色。为了获得良好的匀染效果，染浴 pH 值通常控制在中性。这与弱酸性染料染色相比，得色稍浅，深度降低 5％，但匀染性好。与高温型活性染料染棉纤维时吸色阶段所需的 pH 值（中性）一致。

③ 水质　国产中性染料 2:1 型金属络合染料结构含染料母体、亲水性基团和金属离子，但缺乏强亲水性基团磺酸基，仅含有非离子性亲水基磺酰胺基（$—SO_2NH_2$）或磺酰烷基（$—SO_2CH_3$），因而水溶性较差（国外有些中性染料品种含有磺酸基团）。因其金属离子外配位层与钠离子成盐式结合，所以染料大分子在水溶液中为带负电荷的络合离子。因此，硬水中的钙镁正离子对其溶解度、上染率及色光都有一定的影响。如中性蓝 BNL 用硬水化料和染色，其得色深度降低 5％～10％。

活性染料有多个磺酸亲水基（$—SO_3Na$），在水溶液中形成染料阴离子，遇到硬水中的钙镁离子便会结合成钙镁染料，失去正常的染色性能。

由此可见，无论中性染料或活性染料，均需使用软水化料和染色。

④ 锦纶匀染剂　中性染料染锦纶，由于亲和力大、上色快、扩散慢、移差差，加之锦纶纤维微结构中存在的物理性和化学性差异，极易造成染色不匀。所以，浸染染色时，除了采用低温入染、缓慢升温、中途保温、中性浴染色外，还需施加锦纶匀染剂。常用锦纶匀染剂一般为阴离子型表面活性剂。实践表明，它们对活性染料浸染棉纤维的吸色、匀染、固色率和色光鲜艳度等均无明显影响。

⑤ 电解质　高温型活性染料对棉纤维的亲和力较小，故需依靠电解质促染以增加染色深度。

中性染料染锦棉织物中深色，系在中性浴中进行。在中性-碱性浴中，锦纶纤维带有一定量的负电荷，有碍中性染料上染锦纶。电解质的加入会消除这一影响，具有明显的促染增深作用。因此，中性染料与高温型活性染料采用中性浴染锦棉织物中深色时，染浴中的电解质对活性染料和中性染料的作用是一致的。

⑥ 碱剂　高温型活性染料染棉纤维，在中性吸色后，必须加入 $10\sim20g/L$ 纯碱进行固色；而中性染料染锦纶中深色只能在中性浴中进行，因为碱剂会降低中性染料的上染率，使得色显著变浅。中性染料与高温型活性染料同浴染锦棉织物，中性染料染锦纶是在活性染料染棉的吸色阶段进行的，待加碱固色时，中性染料对锦纶的上染已完成，基本不会受碱剂的影响。

实践表明，在活性染料加碱固色过程中，对锦纶表面的浮色染料（含中性染料浮色和活性染料的沾色）具有较强的净洗作用。由于中性染料对锦纶的亲和力高，色牢度好，加上有大量电解质存在，因而对锦纶染色深度的影响并不明显。

从以上分析可知，高温型活性染料与中性染料同浴染锦棉织物，在工艺上是可行的。

（2）中性/高温型活性同浴染深色锦棉的实用工艺　　见图9-44。

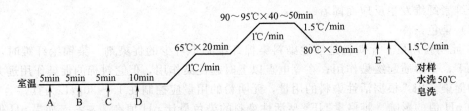

图 9-44　染深色实用工艺

A—螯合剂 $1\sim2g/L$；B—匀染剂 $2g/L$；C—染液；D—食盐 $30\sim50g/L$；
E—固色纯碱分 3 次加入

【结语】

采用分散/热固型活性、中性/热固型活性一浴一步法染锦棉织物中浅色工艺和中性/高温型活性一浴二步法染锦棉织物中深色工艺，特点如下：

（1）工艺简单，操作方便，容易控制；

（2）节能减排，增效优势突出；

（3）匀染效果好，布面色泽匀净；

（4）湿牢度优良；

（5）色泽易于控制，染色重现性好，复修率低；

（6）热固型活性染料和高温型活性染料，在中性高温条件下微沾或不沾锦纶，非常适合于染常用中温型活性染料所无法实现的锦棉异色"闪色"产品；但其耐晒牢度和耐氯牢度较差，故不适合染这方面要求高的色单。

9.3.8　棉锦交织物浸染一浴法工艺

棉锦交织物既保持了棉纤维的吸湿性、透气性和穿着舒适、手感柔软的特点，又具有锦纶的耐疲劳性和身骨挺括的风格，且手感丰满、滑爽，是制作 T 恤、休闲服饰的高档面料。在染整加工过程中，该交织物大多采用先染棉再套染锦纶的两浴法工艺，工艺流程长，织物布面易起毛起球，影响产品质量。部分厂家提出用直接染料或活性染料一浴法染棉锦交织产品，但同色性差。为了提高经济效益，在染化料的选择、工艺路线的制订方面做了进一步的研究试验，成功实现了棉锦交织物活性/酸性染料浸染一浴法生产[20]。

9.3.8.1 浸染一浴法染色工艺的可行性

（1）染料的选择　锦纶是含有氨基和羧基的聚酰胺纤维，可用分散、酸性、中性、活性、直接染料染色。中性、直接和活性染料对覆盖锦纶条干的不匀性较差；分散染料常用于染浅色，并且染色湿牢度差；弱酸性染料染锦纶时，除与氨基发生离子键反应上染外，还与纤维发生范德华引力和氢键结合，得色较深，各项染色牢度好，因此选用弱酸性染料。由于弱酸性染料的移染性比较差，亲和力高，在较强的酸性染浴中染色，染料在纤维表面很快被吸附，甚至在纤维表面造成超当量上染，染料分子发生聚集，难以渗透到纤维内部。所以，染色初期必须严格控制染液的 pH 值。

在此工艺中，因活性染料与弱酸性染料同浴染色，要求活性染料上染率高，溶解良好，高温时基本不水解，在近中性条件下固色，且具有优良的染色牢度。根据这些要求，对活性染料进行大量筛选。试验后发现，雅格素 NF® 型活性染料（上海雅运纺织化工有限公司）能符合要求。雅格素 NF® 型活性染料含有新型吡啶甲酸活性基，在中性条件下其活性基团能与纤维素纤维发生反应而固着。

（2）染色条件

① 元明粉用量　元明粉是活性染料染棉纤维必不可少的促染剂。染锦纶纤维时，在等电点以下，电解质起缓染作用；在等电点以上时起促染作用，但它对棉的促染作用远大于对锦纶的促染作用。根据活性染料的用量，元明粉的用量应控制在 15～30g/L 为宜。

② pH 值的影响　雅格素 NF® 型活性染料的染色最佳 pH 值在 7 左右。如果 pH 值波动过大，则影响活性染料的染色重现性，色差难以控制。由于国产元明粉一般偏碱性，加之染色水质酸碱度稍有变化，常会使染浴 pH 值不稳定，所以采用自制的 pH 值调节剂。该助剂用量为 1g/L 时，能使染液 pH 值稳定在 7 左右。

弱酸性染料染色，染液 pH 值对染料的上染速度有较大的影响。染液 pH 值低，上染速率大，易色花；染液 pH 值过高，染料不上染，得色浅。试验证明，浅色系列染液 pH 值一般以 7～8 为宜；染中深色品种时，为解决酸性染料的吸尽问题，采取染色初期 pH 值控制在 7 左右，在染色保温后阶段，待活性染料上染完毕后补加释酸剂的方法，让染浴 pH 值降至 6～6.5，既防止色花又可确保染料吸尽。通过小样试验及大生产实践，证明这种方法是可行的。

③ 阻染剂的选择　活性染料沾污锦纶，是因为活性基能与锦纶上的氨基发生反应，只有将锦纶上氨基封闭，活性染料沾污锦纶的概率才会下降。弱阴离子表面活性剂在染浴中可离解出带负电荷的基团，与锦纶纤维上的氨基以盐式键结合，阻止活性染料沾污锦纶。

选择汽巴精化公司的阻染剂 RF、扩散剂 NNO 和净洗剂 209 等三种阴离子表成活性剂，进行染料沾色对比试验。将纯棉和纯锦纶织物先放在同一个打样杯中，再配成两杯，一杯用活性染料染色，一杯用酸性染料染色。试验发现，活性染料对锦纶有少量沾污，酸性染料对棉不沾污。在活性染料染浴中分别加入阴离子表面活性剂再次试验，锦纶沾色现象见表 9-58。

表 9-58　不同阴离子表面活性剂对锦纶沾色的影响

助剂名称和用量	汽巴阻染剂 RF			分散剂 NNO（2%）	净洗剂 209（2%）
	1%	2%	3%		
锦纶沾色情况	轻微沾色	无沾色	无沾色	有沾色	轻微沾色

由表 9-57 知，阻染剂 RF 既能阻止活性染料沾污锦纶组分，同时也是酸性染料染锦纶的缓染剂。作为酸性染料的缓染剂，用量太大时影响酸性染料的上染。因此在酸性染料染液

中分别加入阴离子表面活性剂，进行酸性染料的上染试验，测得酸性染料上染百分率（见表9-59，由表9-58试验结果可以看出，阻染剂 RF 的用量以 2% 时效果最好。

表 9-59　酸性染料上染百分率

助剂名称和用量	汽巴阻染剂 RF			分散剂 NNO (2%)	净洗剂 209 (2%)
	1%	2%	3%		
上染百分率/%	95	93	80	70	75

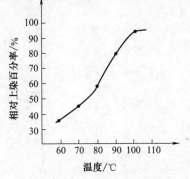

图 9-45　雅格素三原色相对
上染百分率曲线

④ 染色温度及升温速率的确定　此工艺要在高温条件下染色，要求活性染料在高温时仍具有良好的上染性和较高的固色率。对雅格素 NF® 型活性染料三原色蓝 NF-BG、黄 NF-GR、红 NF-3B 拼色，做相对上染百分率曲线试验（如图 9-45）。

从图 9-46 看出，在 100℃ 时，雅格素 NF® 型活性染料有很好的相对上染百分率，70℃ 以后染料上染速率很快。为了防止产生色花，应在 70℃ 时保温20min，升温速率控制在 0.8℃/min，使染料均匀上染。

⑤ 工艺曲线　见图 9-46 所示。

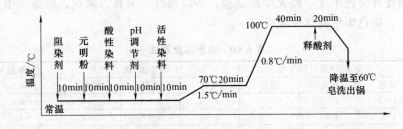

图 9-46　染色工艺流程

9.3.8.2　大生产实践

（1）染料、助剂

弱酸性染料　依利尼尔系列染料及锦纶阻染剂 RF（汽巴精化公司）

活性染料　雅格素 NF® 系列染料（上海雅运公司）

助剂　pH 值调节剂（自制）

（2）织物　棉锦（50/50）混纺交织物

（3）染色设备　高温高压溢流染色机（中国台湾亚矾公司）

（4）色牢度测试

耐洗色牢度　按 GB/T 3921.1—1997 测定。

耐汗渍色牢度　按 GB/T 3922—1997 测定。

耐摩擦色牢度　按 GB/T 3920—1997 测定。

（5）工艺流程　前处理→染色→后处理

① 前处理　为了保护锦纶纤维，同时又要保证棉锦交织物棉纤维部分去杂效果好，并具有良好的白度和毛效，采用净棉酶氧漂工艺。

工艺条件/(g/L)

双氧水（30%）	5
净棉酶	2
温度/℃	98
时间/min	30
浴比	1：10

氧漂完毕，在弱酸性条件下，用脱氧酶除氧，保证织物布面中性，不含氧化剂或还原性物质。

② 仿色

仿色配方/（g/L）	
酸性染料/%（o.w.f）	x
活性染料/%（o.w.f）	y
pH 值调节剂	1
阻染剂 RF	2
元明粉	15～30
释酸剂（中深色加入）	0.5
温度/℃	100
时间/min	40～60
浴比	1：10

③ 后处理　染色后用中性皂洗剂 1g/L，在 80℃处理 15min。

（6）匀染性及染色牢度　经大生产试验，所染粉红、卡其、嫩黄、咖啡、中蓝色，五色花、闪色现象。染色牢度测试见表 6-60。

表 6-60　染色牢度测试

颜色	皂洗牢度（级）（50℃）			汗渍牢度/级			摩擦牢度/级	
	变色	棉黏	尼黏	变色	毛黏	棉黏	干摩	湿摩
粉红	4～5	4～5	4～5	4～5	4～5	4～5	4～5	4
卡其	4～5	4～5	4～5	4～5	4～5	4～5	4～5	4
嫩黄	4～5	4～5	4～5	4～5	4～5	4～5	4～5	4
咖啡	4～5	4～5	4	4～5	4	4～5	4～5	3～4
中蓝	4～5	4～5	4	4～5	4	4～5	4～5	3～4

【结语】

① 采用棉锦交织物浸染一浴法染色工艺，产品色光稳定、重现性好、无色花现象。布面效果明显改善，成品品质提高。

② 该工艺缩短染色时间 2～3h，节约水、电、汽约 25%。

③ 减少污水排放，节约污水处理费用，有利于环保。

④ 生产成本下降了 20%左右，经济效益明显提高。

9.4　少（或无）碱、盐、尿素的印染工艺

9.4.1　棉织物化学改性的染色工艺

棉通常用活性染料和直接染料染色，由于其上染率不够高而需要应用大量的电解质，根

据染料结构、颜色的不同，用盐量一般为 30～150g/L。但大量电解质的使用会造成含有大量染料和盐的废水而严重污染环境。目前对印染废水中有机化合物的处理取得了很大的成就，但对染色过程中大量加入或生成的无机盐（如氯化钠、元明粉）还不能通过简单的物理化学及生化方法加以处理。高含盐量的废水的排放将直接改变江湖河水的水质，破坏水的生态环境，其次盐分的高渗透性将导致江湖及印染厂周边的土质盐碱化，降低农作物的产量。因此，很久以来许多研究工作者一直致力于探求纤维的化学改性，以提高其染色性能。本文选用东华大学研制的纤维素改性剂 PECH-amine 对纤维进行改性，通过改性，能提高棉纤维对染料的上染率，达到实质上的竭染，实现染色废水中基本无盐无染料的清洁染色的目的。[21]

9.4.1.1　实验

（1）实验材料　织物：21×21，108×58 丝光棉纱卡半制品（新乡印染厂提供）；药品：PECH-amine 改性剂（东华大学提供），烧碱为分析纯；染料（工业品）；仪器：722 型光栅分光光度计（上海精密科学仪器有限公司）；HH-S 型恒温水浴（巩义市英峪仪器厂），MSC-1 多光源分光测色仪（日本须贺试验机株式会社）JA2003 电子天平（上海精密仪器有限公司）。

（2）实验方法和步骤

① 浸渍法改性工艺过程：将织物浸入含有改性剂、烧碱的工作液中，在一定温度下浸渍一定时间后取出，然后水洗，自然晾干。

② 浸轧焙烘法改性工艺过程：织物在含有一定浓度的改性剂和烧碱的工作液中二浸二轧，轧余率为 80%，在 60～70℃下烘干，然后在规定温度下焙烘，水洗至中性，自然晾干。

③ 室温堆置法：织物在含有一定浓度的改性剂和烧碱的工作液中二浸二轧，室温堆置24h，取出水洗，自然晾干。

④ 改性后染色：改性后染色工艺为 50℃入染，升温至规定温度，染色 40min 取出水洗、（皂洗）、水洗。

（3）实验测定

① 上染百分率：使用 722 型光栅分光光度计，在所选用染料的最大吸收波长处测定染色前后染液的吸光度，按下式计算：

$$上染百分率 = \left(1 - \frac{mA}{nA_0}\right) \times 100\% \tag{9-7}$$

式中，m、n 分别为染色前、后染液稀释的倍数；A、A_0 分别为染色前、后染液稀释 m、n 倍后的吸光度。

② 活性染料固色率：按剥色法测定。

9.4.1.2　结果与讨论

（1）改性机理　PECH-amine 是一种弹性体，由环氧氯丙烷在四氯化碳中以醚合三氟化硼为催化剂先开环聚合，然后用二甲胺与氯甲基侧基进行取代反应实施胺化制备的。反应式如下：

$$\underset{\underset{O}{\diagdown\diagup}}{CH_2-CH-CH_2-Cl} \xrightarrow[CCl_4]{BF_3 \cdot O(C_2H_5)_2} +CH_2-\underset{\underset{CH_2Cl}{|}}{CH}-O\frac{}{}_n$$

$$\xrightarrow{NH(CH_3)_2} +CH_2-\underset{\underset{CH_2Cl}{|}}{CH}-O\frac{}{}_m CH_2-\underset{\underset{\underset{Cl^-}{CH_2NH^+(CH_3)_2}}{|}}{CH}-O\frac{}{}_n$$

该试剂具有良好的热稳定性，易溶于水，在水中无明显的阳离子性。分子量较低，在预处理棉时易渗透纤维，含氮量适中，留有较多氯甲基反应性基团，在碱性条件下有很好的反应性，可以和纤维素纤维发生共价键结合，有很好的牢度。同时，改性前，纤维素纤维带负电荷，改性后纤维有瞬时正电荷产生，纤维素纤维与阴离子染料的电荷斥力降低，大大提高了织物与染料的亲和力。

（2）浸渍法改性工艺的确定　影响改性效果的主要因素有改性剂的用量、改性时烧碱的用量、浴比、改性时的温度和时间等。在这里利用染料的上染率来表征改性效果。

① 改性剂用量对改性效果的影响　固定烧碱用量为 8g/L，改性工艺为 40℃开始，以 2℃/min 升温至 95℃，处理 50min，取出水洗至中性。改性棉织物用 2%的活性红 K-3B，活性黄 K-4G，活性蓝 K-R 染色，染色工艺为 50℃入染，升温至 95℃，染色 40min 取出后处理，测定上染百分率，结果见图 9-47，从图 9-47 看出，改性程度随改性剂用量的增加而提高，当改性剂用量低于 6g/L 时，平衡上染率上升趋势较大，当改性剂用量高于 6g/L 时，上升趋势平缓，当改性剂用量为 8g/L，上染百分率最高，超过 9g/L 时，上染百分率反而稍有下降。这是因为在一定浓度的碱液中，纤维素上的羟基发生离解生成一定量的 Cell-O⁻，当 Cell-O⁻ 的数量一定时，反应达到平衡时所消耗的改性剂的量也是一定的。而当改性剂用量过多时，聚合物分子大量堵塞在纤维素纤维表面，染料分子无法渗入纤维内部会使上染百分率下降，因此改性剂用量选用 6~8g/L。

② 烧碱用量对改性效果的影响　棉需要在碱性条件下改性，原因是在中性条件下纤维素的介电常数比水低而带负电荷，因而棉只靠瞬时静电引力和范德华力吸附改性剂，吸附和反应的量不足。而在碱性条件下，改性剂靠亲核取代其氯甲基侧基与纤维素的高度亲质子的纤维素负离子反应，而且，在碱性条件下改性剂的端基也转化成一个能与纤维素反应的环氧基，从而吸附和反应的量要比中性条件下高得多。对改性剂用量为 4g/L、8g/L、12g/L 时进行三组改变烧碱用量（2~10g/L）的实验，浴比 1:50，温度 95℃，50min，结果见图 9-48，从图 9-48 看出，烧碱在改性中起催化作用，它能促进改性剂与纤维素反应，在较低浓度范围内，改性效果随烧碱用量而显著提高，但超过一定值时，烧碱继续增加，改性效果增加不明显，有的反而有所降低。因此，可确定烧碱用量为 6~8g/L。

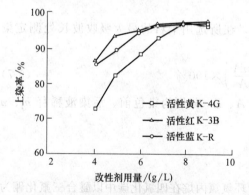

图 9-47　改性剂用量对改性效果的影响

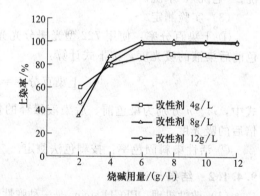

图 9-48　烧碱用量对改性效果的影响

③ 浴比对改性效果的影响　考虑污水处理等问题，浴比不应太大。固定改性浴中改性剂用量为 8g/L，烧碱用量为 8g/L，改性工艺为 95℃、50min。改变浴比（1:10）~（1:50）进行改性，用活性红 K-3B 染色，测上染百分率，结果见图 9-49，实验发现，浴比对改性效果有一定影响，浴比太小，改性液与织物不能充分接触反应，浴比太大，上染率无明显增大，反而增加了污水处理的负担。可确定改性时浴比为 1:20。

④ 改性温度和时间对改性效果的影响　在改性剂用量为 8g/L，烧碱用量为 8g/L，浴比 1:20 条件下，在 40℃、60℃、80℃、95℃ 条件分别处理 30min、45min、60min、

75min、90min，用活性红 K-3B 染色，测上染百分率，如果如图 9-50，从图 9-50 可看出，时间和温度对改性效果的影响是相互联系的，温度越高，时间越长越有利于改性反应的进行。当温度高时，达到较高上染率所需的改性时间就短，而温度低，达到较高上染率所需的改性时间就较长。当改性温度为 40℃时，随着时间的延长，上染率增加很慢，改性 90min 左右上染率才达到 44%，说明改性反应需要一定的温度。改性温度为 60C 时，75min 后，上染率才能达到 90%以上，而改性温度为 80℃、95℃时，改性 30min，就可达到较高的上染率，并且随着改性时间的进一步增大，上染百分率变化不大，因此，改性条件可选用 80℃，30min。

综合以上结果，浸渍法改性的工艺条件可确定为：改性剂浓度 6～8g/L、烧碱用量为 6～8g/L，浴比 1：20，40℃开始，以 2℃/min 的速度升温至 80℃，处理 30min 后水洗至中性。

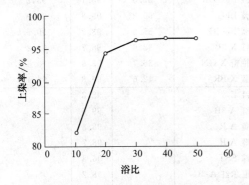

图 9-49 浴比对改性效果的影响

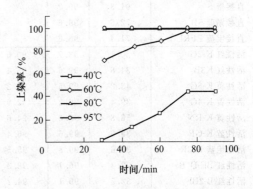

图 9-50 改性时间和温度对改性效果的影响

（3）轧焙烘法改性工艺的确定 影响浸轧法改性效果的主要因素是改性剂浓度、烧碱用量、焙烘温度和焙烘时间。通过正交设计 L_9（3^4）对以上 4 个因素选择 3 个水平实验，即改性剂浓度（10g/L、30g/L、50g/L），碱浓度（10g/L、30g/L、50g/L），焙烘温度（110℃、130℃、150℃），焙烘时间（1min、3min、5min）进行正交实验。结果表明对改性效果的影响顺序为：改性剂用量＞碱剂用量＞焙烘温度＞焙烘时间。确定改性条件为：改性剂用量 10g/L，碱剂用量 10g/L，焙烘温度 130℃，焙烘时间 1min。

（4）冷轧堆改性工艺 织物分别在浓度为 10g/L、30g/L、50g/L 的改性剂和烧碱的工作液中二浸二轧，室温堆置 24h，取出水洗，自然晾干。随后进行活性染料 K-2G 的无盐无碱染色。结果为：改性剂和碱剂为 10g/L 时，上染率为 49.3%；改性剂和碱剂为 30g/L 时，上染率为 55.3%；改性剂和碱剂为 50g/L 时，上染率为 60.9%。结果表明，改性剂和碱剂用量越大，改性效果越好。但达不浸渍改性和浸轧改性的效果。

通过上述三种改性工艺的比较表明，浸渍法改性效果最好，浸轧法改性效果次之，冷轧堆改性效果最差，说明 PECH-amine 和纤维之间的反应需要在一定的温度下，但温度也不需要太高。

（5）改性后染色工艺条件优化 改性后纤维的性能发生了很大的变化，用酸性、直接染料、活性染料染色不需要加盐促染，活性染料固色不需要加碱剂，所以改性后影响染色的工艺条件主要是染色温度和时间。

经大量实验，综合各项指标，确定以下结果：X 型活性染料染色：40℃入染，升温至 50℃无盐中性条件下染色 30min；B 型活性染料染色：40℃入染，升温至 70℃无盐中性条件下染色30min；K型活性染料、酸性染料和直接染料：40℃入染，升温至95℃无盐中性条件下染色30min。

采用以上染色条件对改性后棉织物染色，结果见表9-61，从表9-61看出，棉织物采用浸渍法改性，能使直接、酸性、活性等阴离子型染料达到较好的改性效果，改性后染色平衡上染百分率均能达到90％以上。活性染料固色率能达到90％以上。染色残液色度及皂洗液的色度大大降低，为清洁染色打下基础。

表9-61　改性棉织物染色结果

| 染料 | 上染率/% | | 固色率/% | 染料 | 上染率/% | | 固色率/% |
	未改性（常规加盐）	改性			未改性（常规加盐）	改性	
直接红4BE	90.2	99.8		活性黄B-6GLN	31.1	97.2	93.1
直接橙S	91.3	99.2		活性红BF-D3R	52.5	98.1	93,2
直接湖蓝5B	72.6	99.6		活性蓝BFG	50.2	99.8	96.9
直接宝蓝FFRL	71.4	96.6		活性蓝BF-2G	55.9	93.2	90.5
活性红K-2G	30.1	93.7	90.6	活性红X-3B	33.6	96.7	91.2
活性红K3B	34.8	99.6	95.4	活性艳橙X-GN	36.7	93.6	90.6
活性黄K-6G	43.2	99.5	96.2	活性蓝X-BR	42.6	99.8	96.4
活性黄K-4G	39.4	96.2	92.9	酸性红E		98.3	
活性黄K-RN	58.8	98.6	94.6	酸性红A-3B		99.6	
活性蓝K-GR	38.6	99.6	96.4	酸性黄A-R		98.3	
活性艳蓝K-3R	38.6	99.8	95.5	酸性蓝A-R		98.7	
活性红BF-D4B	72.3	96.1	92.3	酸性棕EST		96.8	
活性红B-2BF	32.5	99.1	94.2	依利尼尔红A-3G		98.2	
活性黄B-4RFN	54.6	98.9	94.5	依利尼尔黄A-4G		92.5	
活性蓝B-2GLN	54.9	99.2	96.6	依利尼尔蓝A-3G		97.6	
活性红BF-3BN	42.5	96.6	91.2				

【结论】

① 用PECH-amine对棉织物改性，采用浸渍法和浸轧法进行改性较好，冷轧堆改性效果较差。

② 改性后棉织物可采用酸性染料、直接染料、活性染料等阴离子型染料在中性无盐条件下染色，染料的平衡上染百分率及固色率达到90％以上，实现染色废水中无盐无碱，基本无染料的清洁染色的目的。

③ 浸渍法改性的最佳改性工艺条件为：改性剂浓度6～8g/L、烧碱用量为6～8g/L，浴比1：20，40℃开始，以2℃/min的速率升温至80℃，处理30min后水洗至中性。

④ 浸轧法改性的工艺条件为：改性剂浓度8～10g/L、烧碱用量为8～10g/L，二浸二轧，轧余率为80％，在60～70℃下烘干，然后在130℃温度下焙烘1min，水洗至中性。

⑤ 改性后棉织物染色工艺条件为：中性无盐条件下，X型活性染料50℃，B型活性染料70℃，K型活性、直接、酸性染料95℃，30min。

⑥ 织物采用PECH-amine改性，工艺简单，并简化了直接染料、活性染料的染色工艺，易于规模化工业生产。

9.4.2　纯棉活性染料无盐或少盐染色技术

一般活性染料上染率较低，残留液中含量较高。为了克服这一缺点，提高上染率，一般染色时需要加入大量的中性电解质，通常是氯化钠或元明粉。加入中性电解质虽然提高了活性染料的上染率，减小了残留液中的染料含量，降低了对环境的污染，但大量的中性电解质在污水处理中难以去除，对环境的污染严重。一般中型印染厂每月中性电解质—盐的用量可达 200～400t，耗量巨大。为此，近年来国内外科技人员进行了大量的研究工作，研究如何在无盐或少盐的情况下进行活性染料的染色，以减小或去除中性电解质带来的严重污染。检测了传统工艺中染色后不经水洗的残液 COD 值约为 11500mg/L（中等染色），如不加盐 COD 值为 5100mg/L，证明去除盐后可大幅降低残留液的 COD 值，如能实现活性染料的无盐或少盐染色，意义重大，既能有效降低排放量，降低废水中的 COD 值，同时可节约能源，实现低排放、低能耗的染色新工艺。[22]

9.4.2.1　纯棉织物前处理与改性一浴工艺

（1）漂底工艺

① 工艺流程：纯棉针织织物→前处理与改性一浴→排液→60℃酸洗（pH=6.5～7.0）→冷洗→除氧染色

② 工艺条件：

a. 设备：溢流染色机

b. 前处理与改性一浴处方

多功能纤维素漂白前处理剂 BCN	1g/L
改性剂 CL-800	4g/L
NaOH（片状）	2～4g/L
H_2O_2（50%）	3g/L
温度 90℃×（30～40）min	浴比 1：（8～10）

c. 排液后进水至浴比→加入 HAc1.5～2ml/L、pH=6.5～7.0、温度 60℃×10min；

d. 冷水洗×10→排液进水→加入 0.1‰除氧酶运转 15～20min 染色。

e. 升温曲线　见图 9-51。

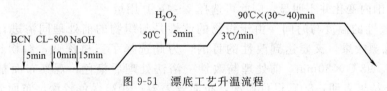

图 9-51　漂底工艺升温流程

（2）不漂底工艺（适用于精梳纯布中深色染色）

① 工艺流程：纯棉针织织物→前处理与改性一浴两步→排液→60℃酸洗→冷洗→染色

② 工艺条件

a. 设备：溢流染色机。

b. 前处理与改性一浴两步法处方：

多功能助剂 BCN	1g/L
渗透剂	0.2～0.5g/L
改性剂 CL-800	4g/L
酵素 HS	0.05g/L
NaOH	2～4g/L
温度 90℃×（30～40）min	浴比（1：8）～（1：10）

③ 升温曲线　见图 9-52。

（3）改性工艺中几个工艺参数的确定

① 改性剂用量　设定 NaOH 为 4g/L，改性剂用量（g/L）2、4、6、8、10、12、14、16、18、20。

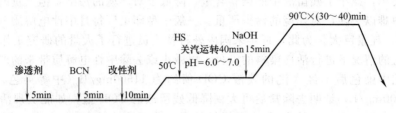

图 9-52　不漂底工艺升温流程

② 工艺条件　　浴比 1：(8～10)，温度 90℃×(30～40) min。

前处理改性后 60℃酸洗一次，冷水洗至中性，染前加除氧酶处理，染色温度与时间 65℃×60min，改性后织物染色时加盐量中深色为传统工艺的 50%。

③ 染色效果　改性剂为 4～6g/L 时织物得色量较高，大于 6g/L 后颜色深度几乎一致，未明显增加颜色深度，而改性剂用量为 4g/L 时此用量与 6g/L 时颜色相比浅约半成。因此，从成本上考虑，选择了改性剂用 2～4g/L。

④ 碱用量

a. 当改性剂用量设定为 4g/L 时，NaOH 用量（g/L）　0.5、1.0、1.5、2.0、2.5、3.0、4.0、8.0、10.0、12.0。

b. 工艺条件　浴比（1：8）～（1：10），温度 90℃×(30～40) min。

前处理后 60℃酸洗一次，冷水洗至中性，染前加入除氧酶处理，染色温度 65℃×60min，改性后织物染色时加盐量中深色为传统工艺的 50%。

c. 染色效果　当碱从低浓度向高浓度转化时，我们发现，在 NaOH 用量为 4g/L 时，颜色最深。这是由于过低碱浓度会使改性剂与纤维反应较少而导致阳离子化不够，而过高的碱浓度会破坏改性剂结构，导致改性剂反应较少而阳离子化不够造成色浅，但 2～4g/L 的 NaOH 浓度范围内变化并不明显，因此可选择 2～4g/L 用量。

⑤ 织物改性的温度与时间　由于织物的改性是与织物的前处理同浴进行，既要使织物有较好的练漂效果，又要达到改性的目的，为此选择了三拼深蓝，织物经 80℃×30、90℃×30min、98℃×30min，前处理与改性一浴法处理后染色，观察布面精练效果和得色深度。实验结果表明：80℃得色最深，布面效果差；90℃得色较深，布面效果好；98℃得色较浅，布面效果好。

三个不同温度下改性后染色的织物颜色均深于不改性织物染后颜色，因而选定 90℃×30min。

⑥ 坯布前处理后的失重效果与毛效　经实验测定在 4g/L NaOH、4g/L 改性剂改性处理后织物失重率为 7.6%左右，顶破强力基本与正常相同；处理后织物毛效为 10～11.5cm。

⑦ 前处理与改性一浴法织物白度　由于改性剂为棕褐色液体，经前处理后织物为淡黄色。

⑧ 织物前处理与改性一浴中所用助剂

a. 多功能助剂 BCN　非离子、德司达公司，具有渗透润湿、洗涤煮练、软水、氧漂稳定等功效；或使用广州市湘中纺织助剂有限公司的相应产品。

b. 中温酵素 Hs 为果胶酶与纤维素酶组成，为精练酶。

9.4.2.2　纯棉针织织物改性后的染色

(1) 棉织物经改性后用活性染料染色要达到以下要求。

① 染色后织物颜色与未改性织物颜色，在不同浓度染料染色后，单色对比色光及鲜艳

度无明显变化。

②织物染色后深度应不低于传统工艺。

③可无盐或少盐染色。

④织物染色后，其日晒、干、湿等各项牢度与传统工艺基本一致。

⑤织物经改性后染色易控制，有较好的匀染性及重现性，同时可返修加色。

⑥改性工艺的成本不高于传统工艺，达到节能、降耗目的。

（2）染料的选择性　织物改性后，对以下活性染料进行了染色，发现均适用于本工艺。

①染料种类：

亨斯迈 Ls 低盐系列染料　　S 型染料

德司达新推出的 RGB 系列　XL 染料

荷兰泰尔铁夫系列

天成 3BS、3RS、3GF 及黑 B

台湾虹光 CD 系列

伟华生产的 WH3B 红、WH3R 黄、WHB 黑、WH3GF 藏青

上海万得 B 型染料及 NF 系列

②浸染采用的染色工艺　升温曲线见图 9-53。

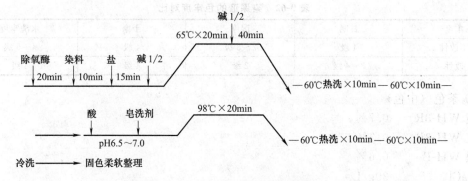

图 9-53　浸染工艺流程

③染色匀染性　织物经改性后染料上染速度很快，如 WH-3R、WH3B 等在染浴中观察，在同等条件下，初始上染速度，改性工艺明显快于传统工艺。对于 3%～5%（o. w. f）以上深色，多次小样，中样实验，单色二拼三拼均未出现不匀现象，但对于 2%（o. w. f）以下二拼或三拼色，在染色时不得不加入匀染剂，否则易花色。经多方努力，找到了一种特别的匀染剂，经小试、中试验证，该匀染剂切实可行。该匀染剂是一种阳离子型匀染剂，染料在 2%（O. W. F）深度时，加入量为 0.1～0.5g/L 即可，超过 0.5g/L 用量则会使得色量下降。

同时在经过多次中试后得出以下结论：染色时需先加匀染剂，然后依次加入染料，加盐，加碱（低温 1/2 高温 1/2）加料升温要慢些为佳。

④织物经改性后染色与传统工艺差异　由于改性后染色机理的差异，使染料的上染率不一致，会产生以下效果。

a. 单色：对于单色红、黄、蓝，改性与不改性色光及鲜艳度基本一致。

b. 二拼色：对于二拼色，最后得色与传统工艺存在差异，如 WH-3R 黄与 WH-B 黑拼色，发现改性后黄光加大。这是因为黄色上染率高，会使色光偏黄，编浅；WH-3B 红与 WH-B 黑相拼后，由于 WH-B 黑上染率高，改性后的织物与传统工艺相比，红光偏小，颜色显得较黑。

c. 三拼色：对于三拼色，由于红、黄、蓝等各色染料上染率不同，会使得色与传统工艺所得颜色有时完全不同。因此，织物改性后处方不可与传统工艺相同，而需重新打板得到所需颜色。

（3）织物改性染色后牢度　织物经改性染色后，对于中色，其干擦、皂洗等牢度与常规染色一致。但对部分拼色其日晒及湿檫牢度会下降 0.5～1.0 级，这需要对染料进行选择或使用相应的牢度增进剂，而部分染色是与常规染色一致的；就深色而言各项牢度指标与常规染色是一致的。

例如：改性与不改性染色后织物色牢度对比

① 深蓝：（深色）

活性黑：	WH-B	3.5％
活性红：	WH-3B	1％
活性黄：	WH-3R	0.5％
a. 改性：	NaCl	40g/L
	Na_2CO_3	20g/L
b. 不改性：	Na_2CO_3	80g/L
	Na_2CO_3	20g/L

表 9-62　染深蓝的色牢度对比

牢度	日晒	湿摩	干摩	水洗牢度
不改性	4 级	2～3 级	4 级	4～5 级
改性	3～4 级	2 级	4 级	4 级

② 茶色（中色）

黄 WH-3R	0.7％
红 WH-3B	0.7％
黑 WH-B	0.6％
NaCl	30g/L
Na_2CO_3	20g/L
65℃×60min	1∶10

表 9-63　染茶色的色牢度

牢度	日晒	湿摩	干摩	水洗牢度
改性	2 级	2～3 级	4 级	4 级

当将黑 WH-B 改为蓝 2GN 后，见表 9-64。

表 9-64　黑改蓝的色牢度对比

牢度	日晒	湿摩	干摩	水洗牢度
改性	3～4 级	2～3 级	4 级	4 级

③ 咖啡色（深色）

黄 WH-3R	3.5％
红 WH-3B	1％
黑 WH-B	0.5％
NaCl	40％
Na_2CO_3	20g/L

65℃×60min　1∶10

表 9-65　染咖啡色的色牢度

牢度	日晒	湿摩	干摩	水洗牢度
改性	2 级	4 级	2 级	4 级

将处方中的 WH-B 改为蓝 2GN 后

牢度	日晒	湿摩	干摩	水洗牢度
改性	3 级	4 级	2 级	4 级

④ 织物不漂底改性染色后单色牢度（未经染后固色处理）　见表 9-66 和表 9-67。

表 9-66　不漂底染活性红的色牢度

活性红　3BS　5％

牢度	日晒	湿摩	干摩	水洗牢度
改性	4 级	4～5 级	2 级	3～4 级

表 9-67　不漂底染活性黄的色牢度

活性黄　3RS　5％

牢度	日晒	湿摩	干摩	水洗牢度
改性	5 级	4～5 级	2～3 级	3 级

9.4.2.3　针织纯棉织物冷轧堆前处理与改性一浴法工艺

（1）前处理工艺流程

二浸二轧前处理及改性液——打卷——堆放——90℃热洗——酸洗 60℃——洗洗至中性——烘干——溢流染色机染色（浸染）——染色后处理

（2）工艺条件

前处理与改性一浴法处方

多功能助剂 BCN	4g/L
NaOH（片状）	20g/L
改性剂	15～20g/L
H_2O_2（50％）	20g/L
渗透剂	5g/L

温度 60～70℃　　　　　二浸二轧堆放 24h　轧液率 65％

① 冷轧堆染色处方

染料	xg/L
防泳移剂	10～15g/L
渗透剂	5g/L
代用碱	3g/L
纯碱	5g/L

室温　一浸一轧　轧液率 65％→堆放 24h→后处理浸染（溢流机染色）

② 浸染染色流程　堆放后坯布——90℃×20min 热洗——60℃酸洗×10min——冷洗——除氧——染色——后处理，见图 9-54。

③ 处方例

染料　　　　　　　　2％～5％（o.w.f）

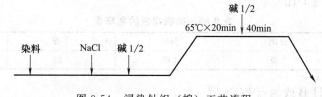

图 9-54　浸染针织（棉）工艺流程

NaCl	30～40g/L
代用碱	1～3g/L（或纯碱20g/L）
纯碱	2～5g/L
65℃×60min	(1∶8)～(1∶10)

提示：

① 该工艺只是在实验室进行了小样试用，未经大生产论证。

② 得色深度比传统工艺要深10％～15％左右，各项牢度指标基本一致。

③ 冷轧堆染色应该使用适合于冷轧堆的染料。

④ 其得色规律与前述浸染工艺近似。

9.4.2.4　梭织布无盐无碱（指染液中不加碱）及无盐少碱染色

在完成针织布染色的同时，研究了梭织布轧染工艺，经过无数次小样实验后，完成了共计9600m的大生产论证，结果令人满意。

在充分论证及保证在现有设备不作较大改动的前提下，经与生产一线技术人员共同探讨，选择了以下工艺流程。

（1）汽蒸工艺（封口为汽封口）

待染布——浸轧改性液——预烘——烘干——冷却——浸轧染液——汽蒸——染后处理

（2）工艺条件的选择

① 改性剂用量选择

a. 改性液处方

改性剂 L-200/(g/L)	10	15	20	25	30
NaOH（片状）/(g/L)	10	10	10	10	10
渗透剂/(g/L)	5	5	5	5	5

一浸一轧，轧余率　65％　车速 34m/min　室温

b. 染料处方

染料	xg/L
防泳移剂 M	10g/L
渗透剂	5g/L

一浸一轧　轧余率 65％～70％

根据得色深度得出以下结论。

织物在改性剂用量为25g/L基本达到饱和，其得色度基本与30g/L时一致，而20～25g/L用量相差不大，为考虑成本我们选择改性剂用量为20～25g/L。

② NaOH的用量选择　采用上述工艺及处方，确定改性剂用量为23g/L，NaOH用量为8.0g/L、10.0g/L、12.0g/L、14.0g/L、16.0g/L、18.0g/L进行改性与染色，同样根据得色深度得出以下结论：

在NaOH用量为14g/L时，颜色最深，但12g/L与16g/L NaOH改性后得色深度近似。因此，我们选择了NaOH用量为12～16g/L。

根据上述实验我们选定了以下改性处方：

③ 改性处方

改性剂 L-200	$23\sim25g/L$
NaOH（片状）	$12\sim14g/L$
渗透剂	$5g/L$

④ 染液处方

染料	$x\%$
防泳移剂	$10\%\sim15\%$
渗透剂	$2g/L$

该工艺共计大生产 6000 余米，得出以下结论。

① 颜色深度在同等染料浓度下比传统工艺深约 $10\%\sim15\%$，甚至更高。

② 所得织物色牢度与传统工艺基本一致。

③ 织物鲜艳度与传统工艺相近，匀染性良好，连续生产 3600m 无明显边差及前后色差。

④ 连续生产 3600m（40g/L 染料），染液 pH 值变化范围为 $7.2\sim9.7$，无突变发生。

⑤ 经实验丝光后织物水洗残余碱量（布面 pH 值在 $6.5\sim8.0$ 之间）对改性无明显影响。

⑥ 改性织物烘干后，布面 pH 值在 $9.5\sim9.8$ 之间，相对稳定，对染色无明显影响，重现性良好。

（3）染后牢度对比 织物改性后轧染的牢度状况与浸染同样。

梭织冷轧堆与轧染色牢度对比如下。

① 轧染举例 1

黑 B-EXF	$68g/L$
蓝 2GN	$10g/L$
黄 3RS	$9g/L$
红 3BS	$2g/L$
改性剂	$20g/L$
NaOH	$15g/L$
防泳移剂	$15g/L$

轧染色牢度（一）见表 9-68。

表 9-68 轧染色牢度（一）

牢度	日晒	湿摩	干摩	水洗牢度
改性	4 级	$2\sim3$ 级	$3\sim4$ 级	$3\sim4$ 级（棉沾色）

② 轧染举例 2

黄 WH-3R	$10.5g/L$
红 WH-3B	$2.7g/L$
黑 BEXF	$43g/L$
防泳移剂	$20g/L$
改性：改性剂	$20g/L$
Na_2CO_3	$30g/L$
NaOH	$4g/L$

轧染色牢度（二）见表 9-69。

表 9-69　轧染色牢度（二）

牢度	日晒	湿摩	干摩	水洗牢度
改性	4级	2～3级	4级	3～4级(棉沾色)

注：生产 3000m 时数据。

干汽蒸后色牢度见表 9-70。

表 9-70　干汽蒸后色牢度

牢度	日晒	湿摩	干摩	水洗牢度
改性	4级	3级	4级	3级(棉沾色)

注：工艺为织物改性后烘干→浸轧染料后烘干进入汽蒸箱，因蒸箱为水封口。生产 500m 时数据。

③ 冷轧堆染色工艺　在基本完成上述工作后，研究了梭织布的冷堆染色工艺并且进行了共计 3600 余米的大生产论证，经实验及论证，得出了以下最佳工艺

a. 工艺流程

待染布→浸轧改性液→烘干→轧染液→堆放→后处理

b. 处方

改性液

改性剂　　　　　　　　　　　　　 23～25g/L

NaOH（片状）　　　　　　　　　　 20～25g/L

渗透剂　　　　　　　　　　　　　 2～5g/L

轧余率 65％　　　　　　　　　　　 车速 30～40m/min（室温）

染液

染料　　　　　　　　　　　　　　 xg/L

防泳移剂　　　　　　　　　　　　 10～15g/L

渗透剂　　　　　　　　　　　　　 2～5g/L

车速 30～40m/min（室温）　　　　 轧余率 65％

④ 特点

a. 织物改性后，经冷轧染色，可达到无盐无碱染色（指染液中不加碱），提高了生产的稳定性。

b. 染色机理更简单直接，因此具有良好的重现性，多次小样并列实验得到了论证。

c. 共计生产 3600 余米，效果令人满意，其牢度与传统工艺一致，颜色深度在同等条件下比传统工艺深 10％～15％。

d. 匀染性好，在生产中未发现明显边差及头尾差。

⑤ 举例　冷轧堆，见表 9-71 和表 9-72。

表 9-71　冷轧堆染深蓝色牢度

牢度	日晒	湿摩	干摩	水洗牢度
改性	4级	2～3级	4～5级	4级(棉沾色)

注：生产 1200m 时数据。

表 9-72　冷轧堆染黑色色牢度

牢度	日晒	湿摩	干摩	水洗牢度
改性	4级	2～3级	4级	3～4级(棉沾色)

注：生产 1200m 时数据。

(4) 前处理与改性一浴法成本指导（浸染）

① 一般传统工艺

织物前处理→降温（相当于一次水洗）→60℃（酸洗）→冷洗→改性→60℃（酸洗）→冷水洗至中性→染色

② 前处理与改性一浴工艺

织物前处理与改性一浴→降温（相当于一次水洗用水量）→60℃（酸洗）→冷洗（pH＝7）→除氧染色

③ 传统改性工艺与前处理改性一浴比较：传统工艺多四道工序

a. 改性：90℃×30min　　　水：1∶8　　　用汽0.5t　　　电30min

b. 降温用水　　　　　　　　1∶8　　　　　　　　　　　电10~20min

c. 60℃H⁺洗　　　　　　1∶80　　　0.2t　　　　　电10~15min

d. 冷洗　　　　　　　　　1∶8　　　H⁺1.5g/L　　　电10~20min

4次用水×8t＝32t×1.5＝48元

4次用电1h＝37kWh×0.7＝25.9元

4次用汽0.7t×150＝105元

合计：178.9元

④ 传统工艺前处助剂与前处理的改性一浴助剂成本

a. 传统工艺　助剂成本约500元/t。

b. 前处理与改性一浴助剂成本　指导价如下：

BCN	1g/L	15.0	8×15＝120元
渗透剂	0.5g/L	6.0	4×6＝24元
改性剂	4g/L	13.0	32×13＝416元
聚合分散剂	0.5g/L	10.0	4×10＝40元
NaOH	4g/L	3.0	32×3＝96元
H_2O_2	3g/L	2.7	2.7×24＝64.8元
HAc	1.5g/L	8	12×8＝96元
除氧	0.1g/L	50	0.8×50＝40元
			合计：890元

c. 前处理与改性一浴成本比较结果。

前处理与改性一浴法助剂成本比传统常规工艺多890−500＝490元。

⑤ 染色部位

a. 由于改性后染色，盐减少50%

深色，由原80g/L盐减少为40g/L

每吨节盐　640kg−32kg＝320kg

320kg×0.6＝192

b. 染料节约10%~20%

深色按10%节约每吨布为5kg　　　5×50＝250元

共节约442元

节省水电汽178.9元，盐染料计442元，合计620.9元，减去增加的助剂490元，本工艺还是省130元/t布左右。

c. 中色　盐由60g/L减至30g/L

每吨节盐　240kg×0.6＝144元

d. 染料节约2kg/t＝50×2＝100

合计：244 元

同前计算，中色能节省约 40 元/t 布

附注：本浸染工艺可节省染料 10%～15%，省盐 5%，对于中色改性剂用量为 3g/L，未计相应节省的污水处理费用。

改性剂 CL-800 及 L-200 是经多步化学反应而成的新型化合物，其结构中具有环氧基、仲胺基及季铵盐等基团，同时复配了具有强乳化性的聚醚化合物和非离子型渗透剂，利用结构中环氧基团在 NaOH 催化下与纤维进行接枝，从而使棉纤维表面阳离子化，以增强纤维与阴离子染料的结合。

根据很多学者及技术开发人员的研究表明：目前市场上销售的或实验室合成的阳离子改性剂大都已具有了很高的得色率，但大都未能完全解决以下问题：①得色发旧发暗；②上染速度太快，匀染性不好；③染色日晒牢度差，使产品仅在涂料染色中得到了广泛使用。本研究在阅读了大量文献资料认为：染料上染速度快是因为季铵盐的空间位阻太小造成。因而我们采用了一种特殊的季铵化试剂，使阳离子中心周围拥有较大的位阻基团，以减小其与染料结合强度，效果较好。而日晒牢度的降低是因为阳离子改性剂在较大程度上影响了染料结构造成的，因而需要调整阳离子改性剂的分子结构，使其在碱固色后能重新释放为纤维-染料结构，以保护染料本身的日晒牢度。在上述理论指导下，本研究基本解决了上述 3 大难题。同时研究小组认为本研究还存在以下缺陷：①本产品颜色为棕褐色，使改性后织物为淡黄色；②改性剂与纤维反应性不高直接造成了浸染不能无盐染色的现象；③染色后还必须加碱固色，而有很多研究人员已成功解决了这一难题。

9.4.3 棉纤维无碱改性无盐活性染料染色技术

活性染料是因为染料分子中含有可与纤维发生化学反应的活性基团而得名，又称为反应性染料。但是由于纤维素纤维大分子侧链上的羟基在水中易水解，使得纤维带负电荷，因此阴离子染料在染纤维素纤维时必须克服这一电荷障碍。为此活性染料染麻、棉等纤维素织物时必须加入大量的盐（通常为氯化钠或硫酸钠），当染浴中加入盐后，染料的水合度减少，染料由染液中向纤维表面转移的倾向就增加，平衡上染量也就增大。根据染料结构、颜色不同，用盐量也不同，一般为 30～150g/L，但即便如此普通活性染料的上染率和固色率通常也只有 30%～60%，未与纤维结合的染料必须通过水洗除去，否则会严重影响染色织物的色牢度。这种工艺不仅造成染料的浪费，增加水洗负担以及水洗用水量，还造成严重的环境污染，大量盐的使用还形成盐资源的浪费和染色成本的增加。因此提供一种无盐高固色率活性染料染色方法一直是染整工作者所期望的，国内外同行已进行了大量研究工作。

本文主要研究了纯棉织物经改性剂 STGX-2 改性的改性工艺，以及改性织物用活性染料无盐染色的染色工艺。通过测试染色织物的色深（K/S 值）、摩擦牢度、刷洗牢度以及染色时的上染率和固色率等工艺参数，从而得到一个较佳的改性工艺和无盐染色工艺条件，为今后该产品的大生产应用，以及纺织品的清洁化生产打下了基础。

该技术的应用将大大提高染料的上染率、固色率和染料的利用率，不仅节约染料，降低印染废水的色度和生物耗氧量，而且由无采用了冷堆阳离子化改性技术和冷堆无盐染色技术，还能起到节能、降耗、减排、清洁生产的作用[23]。

9.4.3.1 实验

（1）材料及化学药品

织物：纯棉机织布。

试剂：改性剂 STGX-2，无水碳酸钠、氢氧化钠（分析纯），肥皂，活性红 B-2BF、活

性黄 3RS、活性蓝 B-RV。

（2）设备及仪器　VIS-723 型分光光度计、HS-12 高温试杆染色机、HZ-85Labomlorytester，X-rite 8200 型电脑测色仪、Sarlorius 电子天平、Y571L 染色摩擦色牢度仪。

（3）改性剂的合成　在 250mL 三口烧瓶中加入一定量的含不饱和双键的胺类化合物、分子量控制剂、水等，升温至规定温度，加入一定量的引发剂水溶液，引发后在一定温度下反应 2h，然后降温至 60℃ 左右，加入计算量的环氧氯丙烷，并于 60~70℃ 反应 2~3h，降温至 40℃ 以下，用稀盐酸调 pH 值至 6 左右，然后加入一定量的其他助剂和水，调整其有效含量至 35%，即得 STGX-2。

（4）改性及染色工艺

① 轧染工艺

改性工艺：织物→改性剂（二浸二轧）→100℃ 炉干

改性后染色工艺：改性织物→轧染液（一浸一轧）→100℃ 烘干→轧 Na_2CO_3 溶液（浓度根据染料用量变化）→170℃×2min（薄膜汽蒸）→水洗，晾干→皂煮（肥皂 3g/L，95℃×5min）→水洗，晾干→测试牢度、K/S 值。

常规轧染工艺：织物→轧染液（染料：xg/L，防泳移剂：10~20g/L）→烘干→轧碱（食盐：50~150g/L，NaOH 5g/L，防染盐 10g/L，Na_2CO_3 20g/L）→170℃×2min（薄膜汽蒸）→水洗，晾干→皂煮（肥皂 3g/L，95℃×5min）→水洗，晾干→测试牢度、K/S 值。

② 浸染工艺

a. 常规染色工艺流程　见图 9-55，其中染料为 1%（o.w.f），浴比为 1:20。

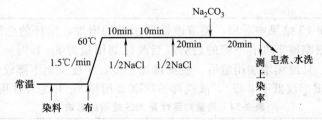

图 9-55　常规染色工艺流程

b. 改性工艺流程　见图 9-56。

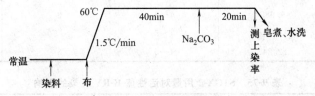

图 9-56　改性工艺流程

其中改性剂 STGX-2 xg/L，浴比 1:20，温度 60℃，时间 30min；染色时浴比 1:20，染料用量 1%、2%、3%（o.w.f），染好的布样经皂煮（肥皂 3g/L，95℃×5min）、水洗、晾干后测试牢度及色深（K/S 值）。

③ 固色率及上染率的测定　按所制定的处方计算 2g 试样需用的染化料数量，并称量好两份完全相同的染料（染料要精确称取，两份相差不大于 0.0004g），分别配制 A、B 两个相同的染浴，放入同一水浴锅中。A 染浴不加入试样，但其操作均按 B 染浴规定进行。

B 染浴加入试样，按规定条件染色。染毕取出试样水洗，分别用 10mL 移液管移取 A、

B 染浴中残液并稀释至一定体积，在最大吸收波长处测其吸光度 A_1、B_1，将试样皂煮，水洗。然后将洗涤液、皂煮液与染色残液合并，冲释至一定体积，在最大吸收波长处测其吸光度 B_2。当 B 染浴中的试样开始皂煮时，也向 A 染浴中加入相同数量的肥皂，经 5min 后取出 A 染浴井冷至室温，然后冲释至一定体积，在其最大吸收波长处测定其吸光度 A_2。

$$上染率(\%) = \frac{A_1 - B_1}{A_1} \times 100 \tag{9-8}$$

$$固色率(\%) = \frac{A_2 - B_2}{A_2} \times 100 \tag{9-9}$$

④ 色深的测定 染样的颜色深度可以间接地表示织物上的染料量，它是染料染色强度分析的基础。颜色的深度可以用 K/S 值表示。试验中使用 X-rite8200 型电脑测色仪来测试所染布样的 K/S 值。

9.4.3.2 结果与讨论

(1) STGX-2 用量对染料轧染牢度的影响 改性剂用量分别选择 2g/L、4g/L、6g/L、8g/L、10g/L，选择红、黄、蓝 3 补染料，对布样先改性后染色，染料用量 20g/L，染样测试结果见表 9-73。

表 9-73 STGX-2 用量对活性红 B-2BF 轧染的影响

STGX-2(g/L)	K/S 值	干摩/级	湿摩/级	刷洗/级
2	5.209	4～5	3	1～2
4	6.469	4	3⁺	1～2
6	7.386	3～4	3	2
8	8.718	(3～4)⁻	3⁻	2～3
10	10.292	(3～4)⁻	3⁻	2～3

从表 9-73～表 9-75 结果中看出，随着改性剂用量的增加，染杆的色深也随之增加，但是牢度指标尤其是湿摩擦牢度有下降的趋势，当改性剂用量为 8g/L 时，3 补颜色的布样色深均达到一定深度，且继续增加用量后，色深增加不多，牢度反而下降较快（当改性剂用量为 10g/L 时，湿摩擦牢度低于 3 级），故选择 STGX-2 用量 8g/L 为较佳用量。

表 9-74 用量对活性黄 3RS 轧染的影响

STGX-2/(g/L)	K/S 值	干摩/级	湿摩/级	刷洗/级
2	8.170	5	3～4	4～5
4	9.002	4～5	3～4	4
6	9.985	4～5	3⁺	4～5
8	11.746	4～5	3	4～5
10	12.243	4～5	3⁻	4～5

表 9-75 STGX-2 用量对活性蓝 B-RV 轧染的影响

STGX-2/(g/L)	K/S 值	干摩/级	湿摩/级	刷洗/级
2	7.895	3～4	3～4	4～5
4	9.472	4～5	3～4	3⁺
6	10.182	4	(3～4)⁻	4
8	10.824	4⁺	(3～4)⁻	4
10	11.519	3～4	3⁻	3～4

(2) 染料用量对染料轧染牢度的影响 选择 STGX-2 用量为 8g/L，染料用量分别为 10g/L、20g/L、30g/L、40g/L、50g/L，染色时 Na₂CO₃ 用量分别为 10g/L、15g/L、20g/L、25g/L、30g/L，染样测试结果见表 9-76。

表 9-76 活性红 B-2BF 用量对织物牢度的影响

染料用量 /(g/L)	Na$_2$CO$_3$ 用量 /(g/L)	K/S 值	干摩/级	湿摩/级	刷洗/级
10	10	2.516	4	3	4
20	15	3.823	4$^-$	3$^-$	3~4
30	20	5.445	4	3	4
40	25	6.194	3~4	3	4~5
50	30	7.417	3~4	3$^-$	4$^+$

表 9-77 活性黄 3RS 用量对织物牢度的影响

染料用量 /(g/L)	Na$_2$CO$_3$ 用量 /(g/L)	K/S 值	干摩/级	湿摩/级	刷洗/级
10	10	8.508	4~5	3~4	4~5
20	15	11.233	4~5	3~4	4~5
30	20	14.542	4~5	3	4~5
40	25	15.045	(4~5)$^-$	3$^+$	5
50	30	17.299	4~5	3$^+$	4~5

表 9-78 活性蓝 B-RV 用量对织物牢度的影响

染料用量 /(g/L)	Na$_2$CO$_3$ 用量 /(g/L)	K/S 值	干摩/级	湿摩/级	刷洗/级
10	10	6.794	4	3~4	4
20	15	10.902	4	3~4	4$^+$
30	20	14.767	4$^+$	3$^+$	4
40	25	18.645	(4~5)$^-$	3$^+$	4$^-$
50	30	18.917	4~5	3$^+$	4~5

从表 9-76～表 9-78 看出，当染料用量从 10g/L 增加至 50g/L 时，染色织物色深值（K/S 值）不断增加，而各项牢度指标均符合相关行业标准的要求。生产厂家可以根据具体的颜色要求调整染料的用量。

（3）STGX-2 用量对染料浸染牢度的影响 选择 STGX-2 用量分别为 0.1%、0.3%、0.5%、0.8%、1%、2%、3%、4%、5%、9%（o.w.f）；染样测试结果见表 9-79。

表 9-79 STGX-2 用量对活性红 B-2BF 浸染的影响

STGX-2 用量(o.w.f)/%	固色率 /%	上染率 /%	K/S 值	干摩/级	湿摩/级	刷洗/级
常规	5.36	30.39	0.935	5	4~5	4~5
0.1	4.76	24.23	0.506	4~5	4$^+$	3~4
0.3	17.13	34.87	1.333	(4~5)$^+$	4	3~4
0.5	22.09	37.31	1.487	4~5	4	3~4
0.8	26.06	45.26	1.491	4~5	4	(3~4)$^+$
1	36.97	56.41	1.726	4~5	4	4
2	41.20	59.23	1.943	4~5	4	4
3	43.85	62.56	2.063	4~5	4	3~4
4	44.58	64.23	2.103	4	3~4	3~4
5	50.66	67.69	2.282	4~5	3~4	4
9	80.16	88.85	4.156	4~5	4	4$^+$

表 9-80　STGX-2 用量对活性黄 3RS 浸染的影响

STGX-2 用量(o.w.f)/%	固色率 /%	上染率 /%	K/S 值	干摩/级	湿摩/级	刷洗/级
常规	56.68	58.63	4.277	5	4~5	3~4
0.1	10.02	32.74	0.920	5	4~5	4
0.3	23.37	44.46	2.611	(4~5)+	4+	3~4
0.5	26.86	48.70	2.795	(4~5)+	4~5	3~4
0.8	40.97	55.54	3.535	4~5	4~5	(3~4)+
1	49.01	63.52	3.902	4~5	4+	4
2	56.30	67.75	4.210	4~5	4	3~4
3	62.99	71.99	4.664	4~5	4	4
4	62.82	73.29	4.600	4~5	4	4
5	62.29	73.62	4.467	4~5	4~5	4
9	65.78	78.99	4.732	4~5	4~5	4~5

表 9-81　STGX-2 用量对活性蓝 B-RV 浸染的影响

STGX-2 用量(o.w.f)/%	固色率 /%	上染率 /%	K/S 值	干摩/级	湿摩/级	刷洗/级
常规	40.90	55.33	2.527	5	4~5	4~5
0.1	16.89	26.94	0.447	5	4~5	4
0.3	33.15	46.65	2.373	4~5	4	3~4
0.5	35.25	48.10	2.339	4~5	4	3~4
0.8	55.87	64.92	2.610	4~5	3~4	3~4
1	65.20	75.23	2.824	4~5	3~4	3~4
2	68.12	79.75	2.930	4~5	3~4	3~4
3	70.03	81.56	2.249	4~5	4~5	3~4
4	73.15	84.99	2.412	(4~5)-	4	3~4
5	76.23	86.62	2.311	4~5	4~5	4
9	84.65	91.86	2.577	4~5	4	3~4

从表 9-79～表 9-81 看出，随着改性剂用量的增加，固色率、上染率、K/S 值均呈增加趋势，但当用量达到 2％后再继续增加用量，色深不再明显增加，牢度反而有下降的趋势，综合考虑染色效果和生产成本，选择改性剂用量 2％为较佳用量。

（4）染料用量对染料浸染牢度的影响　选择改性剂 STGX-2 用量为 2％（o.w.f），染料用量为 2％、3％、4％（o.w.f）。染样测试结果列于表 9-82。

表 9-82　活性红 B-2BF 用量对织物牢度的影响

染料用量(o.w.f)		固色率 /%	上染率 /%	K/S 值	干摩 /级	湿摩/级	刷洗/级
2%	未改性	9.35	21.83	1.399	4~5	4~5	4
	改性	22.58	31.05	2.054	4~5	4	3~4
3%	未改性	11.7	12.22	1.972	4~5	4	4
	改性	17.23	30.94	2.564	4~5	4	4-
4%	未改性	8.97	4.01	2.154	4~5	4~5	4~5
	改性	13.46	20.45	2.611	4~5	4	4

表 9-83　活性黄 3RS 用量对织物牢度的影响

染料用量(o.w.f)		固色率 /%	上染率 /%	K/S 值	干摩 /级	湿摩/级	刷洗/级
2%	未改性	45.35	48.25	4.143	4~5	4~5	4~5
	改性	54.12	65.45	7.141	4~5	4	4~5
3%	未改性	33.42	42.40	4.291	4	4~5	4~5
	改性	49.34	61.63	8.371	4~5	4	4~5
4%	未改性	32.12	31.01	5.295	4~5	4	4~5
	改性	41.61	53.78	8.818	4~5	4	4~5

表 9-84　活性蓝 B-RV 用量对织物牢度的影响

染料用量(o.w.f)		固色率/%	上染率/%	K/S 值	干摩/级	湿摩/级	刷洗/级
2%	未改性	43.40	62.59	3.596	4～5	4～5	4～5
	改性	49.36	63.65	3.805	4～5	3～4	4
3%	未改性	37.18	52.97	4.816	4～5	4～5	4
	改性	42.36	65.24	5.052	4	3～4	4
4%	未改性	38.02	41.58	6.414	4～5	4	4
	改性	43.96	62.51	9.193	4	3～4	4

从表 9-82、表 9-83、表 9-84 可以看出，当改性剂用量为 2%（o.w.f）时，随着染料用量由 20% 增加到 4% 时，织物染色深度增加，但上染率和固色率均有所降低，色牢度也有一定的下降，但均达到相关标准。

结论：

(1) 通过测定染色织物颜色深度（K/S 值）、固色率、上染率、牢度等，得到较佳改性及染色工艺：活性染料轧染工艺中 STGX-2 用量为 8g/L，二浸二轧；浸染工艺中改性剂 STGX-2 用量 2%（o.w.f），改性时浴比 1∶30，60℃×30min，染色时浴比 1∶20，60℃×40min。

(2) 该工艺与普通阳离子化改性工艺相比具有以下优点：

① 采用无碱阳离子化改性，而普通阳离子化改性工艺需 8～20g/LNaOH。②改性工艺简单。浸轧工艺为：二浸二轧改性液→100℃炉干即可。浸渍工艺为 40～60℃处理 30min 左右即可。而普通阳离子化改性工艺中浸轧工艺为：浸轧→100℃炉干→110～120℃焙烘 2～3min→水洗→酸煮醋酸调 pH 值为 4，95℃处理 5～10min→水洗。浸渍工艺为：60～80℃处理 30→60min→水洗→酸煮醋酸调 pH 值为 4，95℃处理 5～10min→水洗。③染色均匀。④无色变，而普通阳离子改性由于采用强碱改性工艺易产生色变。

(3) 该工艺与普通活性染料染色工艺相比具有上染率和固色率高（可达 60% 以上）、不需食盐等优点。

(4) 与传统工艺相比，由于省去了促染剂食盐的使用，可大大降低染色工艺的用水量、能耗、染色废水以及化学品的排放量，是一个节能减排效果十分明显的新型染色方法。

9.4.4　纤维素纤维活性染料无盐轧染工艺

活性染料存在着上染率和固色率低等问题，在实际生产中，复样准确率低，复样时间长，操作繁杂，大量使用蒸汽，污水排放量大。对半制品要求较高，早期的 X 型活性染料固色率只有 50%～60%，20 世纪 90 年代，开发的多活性基活性染料，固色率只有 80% 左右，不仅增加染料用量，成本大，而且在传统的活性染色工艺中，还必须加入大量的无机盐（食盐或元明粉，用量一般在 150～200g/L）高含盐量印染废水的排放，破坏了水的生态环境，盐的高渗透性导致江湖周围的土质盐碱化，降低农作物的产量。因此，如何提高活性染料的上染率和染色时降低或不使用盐是人们一直在研究的课题。

无盐活性染色工艺技术是近年来染整领域清洁化生产的重要研究方向之一。纤维素纤维改性后，可表现出不同的染色性能，可以大大提高染料的上染率，节省染料。早期研究最普遍的是环氧丙烷季铵盐，但这类阳离子试剂存在分子量小，直接性差，处理周期长，用量大等缺点。

本试生产工艺是用四级胺和环氧基为反应性基团的双活性阳离子复配物作为改性基，以环氧基团在烧碱催化作用下与纤维素纤维反应而接枝，接枝链上的改性剂所含四级胺盐结构可与阴离子活性染料结合而达到促染的目的，利用这一原理，研究和开发了活性染料无盐焙固染色工艺，并进行了大生产试验[24]。

9.4.4.1 工艺试验

（1）材料与设备

织物：棉梭织物

设备：烘干机（均匀轧车）

轧染皂洗联合机

助剂：改性剂 PAP（自制）

NaOH 36°Bé

染料：活性染料

（2）生产工艺

① 工艺流程

改性工艺：丝光后半制品（pH＝8～11）→浸轧改性剂（改性剂 PAP25g/L、100％NaOH 25g/L）→烘干→浸轧染色液→烘干→焙烘（150℃、1～2min）→冷水洗（1～2 格）→皂洗（1～2 格、90～95℃）→冷水洗（1～2 格）→烘干

② 传统工艺

丝光半制品（pH＝7～8）→浸轧染色液→预烘→烘干→浸轧固色液（食盐 150～200g/L、纯碱 20g/L）→汽蒸固色（101℃）冷水洗（1～4 格）→热水洗（1～2 格、80～90℃)-皂洗（1～2 格 95℃）→热水洗（1～3 格、80～90℃）冷水洗（1～2 格）→烘干。

③ 工艺处方　见表 9-85。

表 9-85　工艺处方和工艺条件（以深蓝为例）

项目		传统工艺	改性无盐工艺	项目		传统工艺	改性无盐工艺
改性剂	PAP/(g/L)	0	25	固色液	食盐/(g/L)	200	0
	NaOH/(g/L)	0	25		纯碱/(g/L)	30	0
烘干	蒸汽/(t/h)	0	0.1	汽蒸固色	t/h	1～1.5	0
染色液	染料/(g/L)	43	39	水洗	蒸汽/(t/h)	0.5～1	0.2～0.5
烘干	蒸汽/(t/h)	0.1	0.1	烘干	蒸汽/(t/h)	0.1	0.1
焙烘(油炉)		0	160℃				

（3）注意事项

① 浸轧改性剂 PAP 时，最好选用均匀轧车烘干机，避免出现中边色。

② 染中浅色时，应适当降低改性剂 PAP 和 NaOH 用量。

③焙烘温度 160℃要尽量稳定。

（4）改性染色工艺和传统工艺成本比较　见表 9-86。

表 9-86　改性活染色工艺和传统工艺成本

项目	传统工艺	改性染色工艺	项目	传统工艺	改性染色工艺
助剂成本/(元/m)	0.14	0.13	蒸汽/(元/m)	0.6	0.45
染料成本/(元/m)	0.33	0.3	废水排放量/(t/24h)	250	80
水/(元/m)	0.05	0.01	污水处理费用/(元/m)	0.025	0.01
电/(元/m)	0.12	0.12	合计成本/(元/m)	1.2	1.02

从表 9-86 知。改性后的成本比传统的成本低。

表 9-87　改性活性染色工艺和传统工艺技术指标对比

项　　目	传统工艺	改性染色工艺	项　　目		传统工艺	改性染色工艺
上染率%	70～80	90～95	水洗牢度	棉黏	3～4	3～4
干摩擦	3～4	3～4				
湿摩擦	2～3	3		毛黏	3～4	4

从表 9-87 知，改性后的布样湿摩擦牢度比未改性的好，这是因为染料磺酸基与季铵盐基团的静电作用，以及纤维与染料间的共价键协同作用的结果，更为有效地封闭了染料阴离子基团，强化了染料与纤维结合的稳定性，使得改性后的织物染色牢度明显提高。

【结论】

① 改性工艺对半制品要求低　丝光机落布一般布面 pH＝8～10，传统工艺要增加一次水洗或在丝光机烘干落布前加醋酸中和，大量浪费了水、蒸汽和醋酸，改性工艺对布面 pH 值要求不高，无需加酸和热水洗。

② 节省放样时间　化验室打办和大机办几乎一致，因此大机上可以不放样，化好料后直接到化验室放手板即可微调开车，简化了过程，可使生产效率提高 30％～40％。

③ 减少盐碱的大量采购和场地堆放（一般中型厂每月几十吨到上百吨盐碱的使用），降低了生产劳动强度，只需一二十公斤改性料就可染上千米的布。

④ 因无需化盐碱固色液，化料工降低劳动强度，每机减少一个用工。

⑤ 节约蒸汽　由于不同于汽蒸固色，上染率又高，焙烘洗水后脱色极少，无需 5～6 个箱热水洗，只用一格皂沉即可，可省去大量蒸汽，1.2～1.8t/h。

⑥ 工艺简易操作　由于每种布的改性工艺基本一致，每次换色只需根据化验室处方用料进行调整，待各厂工艺成熟或条件具备时，可考虑把打底轧改性剂和染色机串联起来，操作将非常方便。

建议轧染机改造排列顺序：

均匀轧车→两三排烘筒→均匀轧车→烘房预烘→二排烘筒→焙烘（热油温度 150℃）→1-2 格冷水洗→一格热水→一格皂洗→一格热水洗→烘干即可。

⑦ 节约染化料　由改性活性染色上染率提高，可节省 10％左右染料，降低了成本。

⑧ 重演性好　由于工艺条件简单，翻单染色时重演性很好。

⑨ 减少大量污水排放量，每条生产线每天可减少 150t 污水排放，同时排放污水含盐低，色度低，减轻污水处理压力，降低污水处理成本。

该改性剂即将批量生产，并首先在黄冈深港纺织有限公司得到生产应用。

9.4.5　无盐、无碱色媒体染色技术

（1）色媒体的染色原理　色媒体是一种反应型预聚体，渗透到纤维内部后会发生聚合反应而形成包裹在纤维上的含染座的阳离子高分子材料。因此经色媒体预处理后的纤维对阴离子型活性染料有优异的吸附力，染色时不需要使用盐、碱就能把染料全部吸尽，可以做到染液无色或基本无色。

（2）色媒体染色的特性及优点

①节能环保：色媒体与纤维反应后再用活性染料染色，不需要使用碱、盐等助剂，染料利用率可达 95％以上。

② 适用广泛：可直接用于未精练的原棉，坯布。省去精练工序，节能环保，大幅度降低生产成本。

③ 适用于棉、麻、毛、丝、锦纶及棉/涤、棉/毛、棉/锦纶等多种混纺织物的一浴法染色。节能环保，大幅度降低生产成本。

④ 适用于针织布、机织布、成衣、散纤维，筒子纱、绞纱等的染色。

⑤ 适用于浸渍法、浸轧法等的染色，对设备无特殊要求。

⑥ 大幅度减少染色时间。

⑦ 工艺对比见表 9-88 所列。

表 9-88　色媒体环保型染色新工艺与传统工艺对比

	对比项目	色媒体工艺	传统工艺
基本性能	适用纤维	全部	以棉为主
	得色率	高	中
	鲜艳度	仿古、偏暗	明亮鲜艳
	皂洗牢度	良	良
	干、湿摩牢度	中（可以提升至优）	良
	日晒牢度	中	良
染料助剂消耗量	染料利用率	大于 95%	约 60%
	色媒体（100%）	0.6%（o. w. f）（540 元/t 布）	—
	盐	—	50%（o. w. f）
	碱	—	20%（o. w. f）
	皂洗剂	可以不用	1%（o. w. f）
废水中有机物、无机物含量	染料	基本没有	约 40%o. w. f（480 元/t 布）
	色媒体	基本没有	—
	盐	基本没有	50%o. w. f（340 元/t 布）
	碱	基本没有	20%o. w. f（360 元/t 布）
	皂洗剂	基本没有	1%o. w. f（200 元/t 布）
	处理废水的投入	基本没有	需投入大量其他化学助剂处理，能耗大，成本高

9.4.5.1　真丝/棉交织物色媒体染色工艺[25]

真丝/棉交织物是一种新型的家纺面料，它既有真丝的光泽、手感和悬垂性，又有棉的吸湿透气性。但丝和棉纤维在形态结构、物理化学性能上具有很大差别，两者在染色性能上存在着明显的差异，同浴染色同色性差。色媒体是一种含活泼氢及其他反应性官能团的预聚体，其渗透到纤维内部后发生聚合反应，形成包裹在纤维上的含染座的阳离子高分子化合物。真丝/棉交织物经色媒体预处理后，提高了棉对阴离子型活性染料的吸附力，且蚕丝织物经阳离子改性处理后也可以在无盐染色条件下提高上染率。本项目采用色媒体对真丝/棉交织物进行改性，再采用活性染料进行无盐无碱一浴法染色。

（1）试验部分

① 织物、试剂和仪器

织物　9.84tex×22D/2172×175 真丝/棉交织物。

试剂　色媒体（德美精细化工），元明粉，纯碱，活性红 S-B、活性黄 S-3R、活性蓝 S-G（亨斯迈纺织染化）。

仪器　Datacolor SF600 型测色配色仪（美国 Datacolor 公司），Y571L 型摩擦牢度仪（宁波纺织仪器厂），HG-TC100B 振荡式染色机（江阴兴达染整设备制造有限公司），UV-2100 型紫外可见分光光度计［尤尼柯（上海）仪器有限公司］。

② 改性及染色工艺

a. 改性工艺

改性工艺处方

色媒体/%　　　　3

改性温度/℃　　　60

改性时间/min　　30

浴比　　　　　　1:10

b. 工艺曲线　见图 9-57。

c. 改性后染色工艺

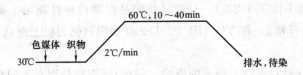

图 9-57 改性工艺流程

工艺处方

染料/％   1
染色温度/℃   60
染色时间/min   30
浴比   1∶10

d. 工艺曲线 见图 9-58。

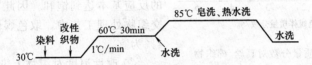

图 9-58 改性后染色工艺流程

③ 传统染色工艺

a. 染色工艺处方

活性染料/％（o. w. f）   1
元明粉/(g/L)   56
纯碱/(g/L)   8

b. 工艺曲线 见图 9-59。

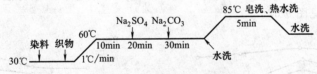

图 9-59 传统染色工艺流程

④ 测试

a. 色差 将染色试样折叠成 4 层，在 Datacolor 测配色系统上，采用中孔径和 D_{65} 光源和 $10°$ 视角，测定色差值 ΔE_{CMC}（2∶1）。

b. 上染率和固色率 用 UV2100 型紫外可见分光光度计分别测定残液和标准液（原液）在相应染料最大吸收波长处的吸光度值，按式（9-10）和式（9-11）分别计算上染率和固色率：

$$上染率 = \frac{(A_0 - A_1)}{A_0} \times 100\% \tag{9-10}$$

$$固色率 = \left(1 - \frac{D}{C} \times n\right) \times 100\% \tag{9-11}$$

式中，A_0 为染色原液的吸光度；A_1 为染色残液的吸光度；C 为标准溶液的吸光度；D 为残液的吸光度；n 为标准液与残液的测试浓度的倍数。

c. 染色牢度

皂洗牢度 按照 GB/T 3921.1—1997《纺织品 色牢度试验 耐洗色牢度：实验 1》测定。
耐摩擦色牢度 按照 GB/T 3920—1997《纺织品色牢度实验 耐摩擦牢度》测定。

d. 断裂强力　按 GB/T 3923.1—1997《纺织品织物拉伸性能第 1 部分　断裂强力和断裂伸长率的测定　条样法》，在 YG（B）026D-250 型织物强力机上测试。

（2）结果与分析

① 色媒体质量分数对织物上染率的影响　蚕丝/棉织物分别在不同色媒体质量分数的工作液中，按（1）、②、a. 节方法浸渍改性。改性后的丝/棉织物分别用三原色活性染料，按（1）、②、c. 节方法染色，测定织物的上染百分率，结果如图 9-60。

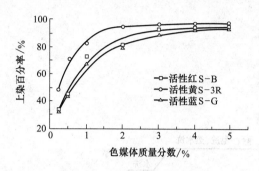

图 9-60　色媒体质量分数对真丝/棉织物上染率的影响

从图 9-60 看出，色媒体质量分数较低时，3 种染料的上染率随着色媒体质量分数的增加而明显提高；当质量分数达到 3% 以后，上染率增幅变缓，说明此时色媒体与棉和蚕丝纤维的反应基本达到饱和。因此，色媒体改性丝/棉交织物处理工艺中，取色媒体质量分数以 3%～4% 为宜。

② 改性温度对织物上染率的影响　改变改性温度，按（1）、②、a. 节方法浸渍改性。改性后的丝/棉织物分别用三原色活性染料，按（1）、②、c. 节方法染色，测定织物的上染百分率，结果如图 9-61 所示。

从图 9-61 看出，当温度低于 60℃时，随着温度的升高，3 种染料的上染率都有所升高；当温度高于 60℃时，随着温度的升高，3 种染料的上染率都有所下降。因此选用改性温度为 60℃。

③ 改性时间对织物上染率的影响　改变改性处理时间，按（1）、②、a. 节方法浸渍改性。改性后的丝/棉织物分别用三原色活性染料，按（1）、②、c. 节方法染色，测定织物的上染百分率，结果见图 9-62。

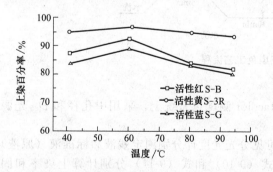

图 9-61　改性温度对丝/棉织物上染率的影响

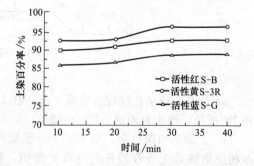

图 9-62　改性时间对丝/棉织物上染率的影响

从图 9-62 看出，当改性时间小于 30min 时，随着时间的延长，3 种染料的上染率都有所增加；当时间大于 30min 时，3 种染料的上染率随时间延长而提高的幅度变小。这说明改性 30min 时纤维吸附色媒体已经达到平衡，所以改性时间选为 30min。

④ 改性工艺的优化　丝/棉交织物同色染色，一方面要求 2 种纤维的染色色差要小，即同色性要好；另一方面还要求在无盐碱染色时达到较高的染色深度，降低染色成本。为此，进行了色媒体用量、改性温度、改性时间 3 因素 3 水平的正交试验。正交试验的 3 因素和 3 水平见表 9-89。测定染料的上染百分率和丝/棉织物的色差，并进行直观分析和方差分析，分析计算结果列于表 9-89。

表 9-89 L_9（3^4）正交试验因素-水平表

水平	A 色媒体质量分数/%	B 改性温度/℃	C 改性时间/min
1	2	40	10
2	3	60	20
3	4	80	30

从直观上来看，对于上染百分率指标，A、B、C 这 3 个因素的极差分别为 59.02、5.60 和 5.27，其主次影响顺序为 A＞B＞C；对于平均色差 ΔE，A、B、C 这 3 个因素的极差分别为 0.96、1.63 和 0.27，其主次影响顺序为 B＞A＞C；对平均上染率，各指标的最佳试验条件为 $A_3B_2C_2$（数值大者为优）；对于色差最佳试验条件为 $A_3B_3C_3$（数值小者为优）。

给定 $\alpha=10\%$，查表 $F_\alpha(2,2)=9$。由方差计算知：对于平均上染率，$F_A＞F_B＞F_C$，易见 $F_A=60.30＞9$，这表明色媒体用量对染料的上染百分率有显著影响；又 $F_B=0.58＜9$、$F_C=0.46＜9$，表明改性温度和改性时间对染料的上染率都无显著影响。对于平均色差，$F_B＞F_A＞F_C$，易见 $F_A=0.82＜9$，$F_B=2.48＜9$，$F_C=0.06＜9$，说明这 3 个因素对色差都没有显著影响。因此，最佳改性工艺为 $A_3B_2C_2$，即色媒体质量分数为 4%，改性温度为 60℃，改性时间为 20min。

表 9-90 正交试验结果

	试验号	A	B	C	上染率/%	ΔE
	1	1	1	1	73.52	1.60
	2	1	2	2	77.89	1.16
	3	1	3	3	72.03	1.33
	4	2	1	2	88.24	1.65
	5	2	2	3	88.94	0.76
	6	2	3	1	90.47	0.88
	7	3	1	3	93.94	1.28
	8	3	2	1	94.47	1.16
	9	3	3	2	94.05	0.69
上染率/%	K_{1j}	223.44	255.70	258.46		
	K_{2j}	267.65	261.30	260.18		
	K_{3j}	282.46	256.55	254.917		
	R_j	59.02	5.60	5.27		
	U_j	67115	66493	66491		
	Q_j	628.58	6.07	4.81		
	F_j	60.30	0.58	0.46		
ΔE	K_{1j}	4.09	4.53	3.64		
	K_{2j}	3.29	3.08	3.50		
	K_{3j}	3.13	2.90	3.30		
	R_j	0.96	1.63	0.27		
	U_j	12.44	12.80	12.29		
	Q_j	0.18	0.53	0.01		
	F_j	0.82	2.48	0.06		

⑤ 改性丝/棉织物的染色性能 采用上述优化工艺预处理丝/棉织物，再用三原色染料按（1）、②、c.节工艺进行无盐无碱染色，并与（1）、③节传统有盐碱染色工艺的染色效果进行比较（见表 9-91、表 9-92）。

表 9-91 色媒体无盐无碱染色与传统染色染深性及色差对比

项目	染料类别	ΔE	上染率/%	固色率/%
改性染色工艺	活性红 S-B	1.18	95.06	92.02
	活性黄 S-3R	1.20	96.99	93.08
	活性蓝 S-G	1.15	92.63	90.93
传统染色工艺	活性红 S-B	2.18	66.17	63.58
	活性黄 S-3R	2.39	69.23	66.39
	活性蓝 S-G	1.87	68.63	65.97

从表 9-91 可以看出，改性丝/棉织物的无盐无碱染色的上染率和固色率比使用元明粉和纯碱的传统染色工艺都要高，得色都较深，可节省染料用量，并减少废水中的盐、碱和残余染料量。

表 9-92 色媒体无盐无碱染色与传统染色色牢度及强力对比

染色工艺	纤维类型	皂洗牢度/级			摩擦牢度/级		织物强力/N
		褪色	毛粘	棉粘	干	湿	
改性	真丝	4～5	3	4～5	4～5	4	626
	棉	4～5	3	4～5	4	3～4	630
传统	真丝	4～5	3	4～5	4～5	4	609
	棉	4～5	3	4～5	4	3～4	615

从表 9-92 看出，色媒体改性丝/棉织物染色牢度与传统工艺相当；强力保留率明显优于传统染色工艺。这是由于染色过程中没有使用盐和碱，纤维的损伤程度减小。

【结论】

优化的丝/棉交织物色媒体改性工艺为：色媒体 4.0%，60℃ 处理 20min。改性后的丝/棉交织物采用活性染料无盐无碱染色，与传统工艺染色效果相比，上染率和固色率有所提高，同色性较好，染色牢度与传统工艺相当，强力保留率优于传统染色工艺。

9.4.6 牛仔布减污染色工艺

牛仔布靛蓝染料染色上染率低，需要反复多次染色-氧化才能染得目标色泽，且染色废液中含有大量的染料、烧碱和保险粉等组分，对环境污染严重。

靛蓝染料上染率低，原因主要有两方面。一方面，染色时，靛蓝染料在烧碱和保险粉作用下呈阴离子性的隐色体，每个染料分子上含有两个隐色酸基团，与纤维素纤维阴离子同性相斥，因而不容易被吸附；另一方面，靛蓝染料分子结构呈非线性，与纤维素纤维亲和力小，易造成表面染色。

在纤维素纤维分子中引入阳离子或弱阳离子基团，如含氨基的阳离子化合物，使纤维素纤维的表面阳离子化，使其与呈负电性的靛蓝染料阴离子隐色体产生互相吸引，可有效提高靛蓝染料的上染速率和最终上染率，同时改善染色牢度，减少废水污染。

基于上述原理，本项目以环氧氯丙烷和二乙烯三胺为主要原料，研制出一种牛仔布靛蓝染色促进剂 KD-8，即（双）(1-氯-2-羟基-丙基)-二亚乙基三胺氯化盐。在碱性条件下，该促染剂能发生环氧基化，与棉纤维结合，从而在纤维大分子上引入 1 个阳离子季铵基和 2 个弱阳离子仲胺基，增大纤维和染料隐色体之间的亲和力[26]。

9.4.6.1 试验

（1）材料、药品和仪器

材料 59tex（10^S）棉纱线

药品 环氧氯丙烷，二乙烯三胺，氯化铵，氢氧化钠（以上均为试剂），靛蓝染料，保险粉，渗透剂（以上均为工业品）。

仪器 JJ-1 型电动搅拌器，四口反应瓶，球型冷凝器，分液漏斗，温度计。

(2) 染色促进剂 KD-8 的合成 将适量的二乙烯三胺加入装有冷凝器、温度计、滴液漏斗和搅拌器的四口瓶中，搅拌滴加等量的氯化铵，30min 内加完。升温到一定温度，反应 1h。降温，搅拌滴加适量环氧氯丙烷，保温反应一定时间，得到黏稠状淡棕色液体，即目标产物染色促进剂。其为 1-氯-2-羟基-丙基-二亚乙基三胺氯化盐和双（1-氯-2-羟基-丙基），二亚乙基三胺氯化盐两种产物的混合物。反应式如下：

$$H_2NCH_2CH_2NHCH_2CH_2NH_2 + NH_4Cl \longrightarrow$$

$$\underset{\overset{|}{H}}{H_2NCH_2CH_2N}HCH_2CH_2NH_2 \cdot Cl^- + NH_3 \uparrow$$

$$\underset{\overset{|}{H}}{H_2NCH_2CH_2N}HCH_2CH_2NH_2 + ClCH_2\underset{\diagdown O \diagup}{CH-CH_2} \longrightarrow$$

$$\underset{\overset{|}{H}}{H_2NCH_2CH_2N}HCH_2CH_2NHCH_2\underset{\overset{|}{HO}\ \overset{|}{Cl}}{CHCH_2}$$

$$\underset{\overset{|}{H}}{H_2NCH_2CH_2N}HCH_2CH_2NH_2 + 2ClCH_2\underset{\diagdown O \diagup}{CH-CH_2} \longrightarrow$$

$$\underset{\overset{|}{Cl}\ \overset{|}{OH}}{CH_2CHCH_2}NHCH_2CH_2\underset{\overset{|}{H}}{N}HCH_2CH_2NHCH_2\underset{\overset{|}{HO}\ \overset{|}{Cl}}{CHCH_2}$$

(3) 棉纱线靛蓝染料染色

① 棉纱经阳离子化预处理

烧碱/(g/L)	3
KD-8/(g/L)	2~4
渗透剂/(g/L)	1
温度/℃	≥90
时间/h	0.5~1
浴比	1:20

② 靛蓝染色

靛蓝（干缸）母液配方及工艺参数

靛蓝染料/(g/L)	55
保险粉/(g/L)	60
烧碱/(g/L)	55
温度/℃	60
还原时间/min	30

染浴处方及条件

靛蓝染料/(g/L)	2~3
烧碱/(g/L)	4
保险粉/(g/L)	3
染色温度	室温

染色时间/min   0.5

透风氧化时间/min   2.5

浴比   1∶20

(4) 测试

① K/S 值

将染色纱线紧密缠绕在硬纸板上，采用 Datacolor I5 测色配色仪测试其 K/S 值。

② 染色牢度

耐皂洗色牢度   按 GB/T 3921.3—1997《纺织品色牢度试验   耐洗色牢度：试验 3》测试；

耐摩擦色牢度   按 GB/T 3920—1997《纺织品   色牢度试验   耐摩擦色牢度》测试。

9.4.6.2 结果与讨论

(1) 环氧氯丙烷用量对染色效果的影响   二乙烯三胺呈碱性，含有两个伯胺基和一个仲胺基，均具有孤对电子。氯化铵经高温长时间处理，缓慢分解产生氯化氢，与二乙烯三胺上的仲胺基结合形成内盐。采用不同摩尔分数比的环氧氯丙烷与二乙烯三胺内盐反应，生成的阳离子染色促进剂的主要组成也有差别，见表 9-93。

表 9-93   不同染色促进剂产物对靛蓝染色的影响

促进剂	二乙烯三胺内盐：环氧氯丙烷	主 要 组 分	K/S 值	匀染效果
空白	—	—	8.31	均匀
1 号	2∶1	二乙烯三胺和 1-氯-2-羟基-丙基-二亚乙基三胺氯化盐,摩尔分类比 1∶1	13.01	稍差
2 号	1∶1	1-氯-2-羟基-丙基-二亚乙基三胺氯化盐	17.4	稍差
3 号	2∶3	1-氯-2-羟基-丙基-二亚乙基三胺氯化盐和双(1-氯-2-羟基-丙基)-二亚乙基三胺氯化盐,摩尔分数比 1∶1	19.32	均匀
4 号	1∶2	双(1-氯-2-羟基-丙基)-二亚乙基三胺氯化盐	21.51	均匀

注：染工道；染浴中靛蓝染料用量 2.5g/L。

表 9-68 中，棉纱线经阳离子化处理后再染色，靛蓝染料隐色体的直接性明显增加。其中，棉纱采用染色促进剂 1 号和 2 号进行阳离子化预处理时，染色效果稍差；采用染色促进剂 3 号和 4 号预处理，棉纱匀染性好，染色 K/S 值较高。这是因为合成时环氧氯丙烷用量较低，染色促进剂分子中所含环氧基较少，与纱线结合量少，造成棉纱改性不充分；随着环氧氯丙烷用量增加，染色促进剂与纤维的亲和力增大，与纤维结合量增加，染色空间位阻减少，染色均匀性好。因此，合成染色促进剂时，二乙烯三胺内盐与环氧氯丙烷的摩尔分数比以 1∶2 为宜，即选用 4 号染色促进剂 KD-8。

(2) 染色促进剂 KD-8 用量的确定   按 (3)、①工艺，采用不同用量的 KD-8 对棉纱进行预处理，然后进行纱线染色，染浴中靛蓝染料用量为 2.5g/L，染 3 道。染色纱线的 K/S 值见图 9-63。

从图 9-63 中看出，纱线不经促进剂 KD-8 处理时，染色 K/S 值仅为 10.3 左右；3g/L KD-8 处理后，K/S 值提高到 22 左右；染色促进剂用量增加到 4g/L 以后，K/S 值略有下降。这是因为 KD-8 用量过高后，纤维素纤维表面形成大量阳离子，染料隐色体分子发生表面积

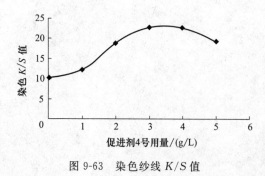

图 9-63   染色纱线 K/S 值

聚，无法渗入纤维内部。试验中，靛蓝染料染色促进剂 KD-8 的较佳用量为 $3\sim4g/L$。

（3）染色促进剂的应用效果　将 KD-8 处理棉纱和未处理棉纱染 $1\sim6$ 道，比较其染色 K/S 值的差异，结果见表 9-94。

表 9-94　棉纱整理前后染料上染情况对比

染色道数	K/S值		染色道数	K/S值	
	未处理棉纱	KD-8 处理棉纱		未处理棉纱	KD-8 处理棉纱
1 道	6.21	15.11	4 道	17.89	26.51
2 道	10.31	20.31	5 道	21.90	27.85
3 道	14.67	23.09	6 道	22.82	29.92

表 9-94 中，经 KD-8 处理的棉纱，染 3 道即可达到传统工艺染 6 道的 K/S 值；继续增加染色次数，K/S 值还可继续提高，但提高幅度有所减小。

试验发现，经 KD-8 处理的棉纱容易染花。这是因为：其一，染料隐色体和纤维的直接性显著增大，造成纱线表面染料吸附不均衡；其二，纤维上引入了大量阳离子基团形成染座，与染料隐色体分子牢固结合，移染性差。通过减少染浴内染料、烧碱和保险粉的用量，可以解决匀染性差的问题。

（4）色光和色牢度　棉纱采用 KD-8 预处理后，进行干缸法染色，染浴中的染料、烧碱和保险粉等各种化学品用量均按工艺减半；未处理的棉纱仍按工艺染色。经过 6 道染色后，测试处理前后棉纱的 K/S 值、色光和色牢度性能，见表 9-95。

表 9-95　处理前后棉纱染色工艺对比

测试指标	KD-8 处理棉纱	未处理棉纱	测试指标		KD-8 处理棉纱	未处理棉纱
K/S值	23.11	22.82	色牢度/级	干摩	3	$2\sim3$
色光	正常	正常		湿摩	3	2
匀染情况	均匀	均匀		皂洗	3	2

表 9-95 中，与未处理棉纱染色工艺相比，KD-8 处理棉纱染色工艺的染化料用量可减少 1/2，得色均匀，色光正常，无色花和色变发生，染色 K/S 值和耐摩擦、耐皂洗色牢度较高，且染色废水中的染料、保险粉和烧碱等污染物质几乎减少一半，有利于清洁生产。

【结论】

（1）采用环氧氯丙烷、二乙烯三胺和氯化铵为主要原料，合成靛蓝染料染色促进剂。其中环氧氯丙烷和二乙烯三胺的摩尔分数比为 1：2 时，染色促进剂的促染效果最好。

（2）棉纱采用 $3\sim4g/L$ KD-8 处理后，染 3 道即可达到传统工艺染 6 道的 K/S 值，可明显节约染料、保险粉和烧碱用量，减少排放污染，经济和生态效益显著。

（3）棉纱采用 KD-8 处理后，为解决因上染率过快可能造成的色花问题，染浴中的各种染化料可减半使用，并可获得与传统工艺相同的色泽，且色牢度提升 $0.5\sim1$ 级。

9.4.7　减少人造棉活性印花中的尿素用量

活性染料是纤维素纤维织物染色和印花的主要染料，但 K 型、KN 型活性染料在印花中存在固色率低和易白地沾色等问题。特别是黏胶纤维织物的印花，由于皮芯层结构影响，染料扩散渗透较为困难，一般的色浆印花后，经处理织物表面花色暗淡。生产中常在色浆中加入大量尿素，以帮助染料溶解和使纤维膨化。人造棉织物印花色浆中的尿素用量在 150g/L 以上，有的还在印花前浸轧尿素，以提高活性染料的上染量，增艳色泽。大用量尿素不仅增加生产成本，也造成废水污染程度增加。随着环保意识的提高，研究降低尿素用量的措施迫在眉睫。

尿素是通过亲水性的氨基和羰基来接近水分子，而成为提高难溶物质溶解度的助溶剂。在活性染料的汽蒸或干热固着中，它起到提供所需"水分"，促进染料扩散的作用。ICI 公司曾以 Matexil FN-T 作为尿素的代用品，并介绍了减少尿素用量的印花配方。MatexilFN-T以双氰胺为主要组分，是一种难溶于水的白色结晶粉末，难以均匀混合在色浆中。日本染化公司出售的一种呈微分散浆状的 GOG-01，作为活性染料印花促染剂，具有固色促进作用，可降低尿素用量，但需根据汽蒸条件选择染料，需要在蒸箱内或汽蒸前加装给湿装置。

近年来，在染料结构方面围绕提高固色率进行了大量研究，推出一系列双活性基染料，如 B 型、BF 型活性染料，固色率比普通活性染料有较大的提高。但它在人造棉织物上的印花性能和所需尿素量的探讨未见报道，以下就尿素在人造棉织物 BF 型活性染料印花中的应用进行这方面的初步探讨。[27]

9.4.7.1 试验

（1）试验材料和药品　经退浆前处理的人造棉织物；BF 型活性染料；尿素，$NaHCO_3$，Na_2CO_3，Na_2SiO_3，防染盐 S，海藻酸钠，表面活性剂 AES、A801 等。

（2）试验方法

① 工艺流程　活性染料调浆印花→烘干→汽蒸→水洗→皂洗→水洗→烘干

② 色浆处方 （g/kg）

活性染料	20
尿素	0～200
防染盐 S	10
海藻酸钠浆	500
碱剂	10～20
水	x

汽蒸条件　饱和蒸汽（100±2)℃；时间 6～30min。

9.4.7.2 结果和讨论

（1）尿素用量和汽蒸时间对印花得色量的影响　通常，活性染料印花浆中尿素用量的增大，有利于提高人造棉织物的得色量，在人造棉织物印花中尿素用量常在 150g/kg 以上，即使在印花前先浸轧一定量的尿素，色浆中尿素的用量仍然高达 200g/kg 以上。实际上，大量尿素的溶解吸热很容易造成色浆中的染料难以溶解，尿素溶解消耗的热能会使色浆温度降低，甚至有时会发生色浆凝结，造成输浆泵堵塞，这是人造棉织物印花中颇为棘手的问题。

在人造棉织物 BF 型活性染料的印花中，我们针对尿素用量问题做了试验研究，其结果见表 9-96。

表 9-96　不同尿素用量作用下人造棉织物印花的 K/S 值

尿素用量 /(g/kg)	汽蒸时间/min					
	6	8	10	15	20	30
0	8.8	7.6	11.8	12.3	13.3	16.3
50	11.8	11.2	9.2	11.2	13.7	11.5
100	7.8	7.4	9.0	11.2	15.7	15.7
150	6.5	10.6	8.9	11.5	13.3	15.7
200	8.8	12.2	11.8	14.9	14.6	16.9

注：染料为活性橙 BF-GN，碱剂为 $NaHCO_3$ 20g/kg。

从表 9-96 看出，在同一汽蒸条件下，色浆中的尿素用量在 150g/kg 以下，织物 K/S 值增加不明显；尿素用量达 200g/kg 时，随着汽蒸时间的增加，K/S 值的增加才较为明显。随着汽蒸时间的延长，即使不加尿素，织物的 K/S 值也较高，延长汽蒸时间比加入尿素的作用更明显。

作为助溶剂和吸湿剂的尿素，不仅对纤维有膨化作用，而且尿素本身对染料和海藻酸钠大分子都有吸附力，这对染料从浆膜向纤维转移可能会有不利影响。染料从浆膜向纤维转移的过程是一个复杂过程，它包括浆膜中染料向纤维表面的扩散和纤维表面染料向纤维内部扩散等。如果仅提高纤维表面染料向纤维内部扩散，而前一个扩散不提高或提高较少时，织物表观得色量反而降低，如表 9-96 尿素用量在 100~150g/kg 时的情况。而时间的影响则不同，得色量随时间延长有不同程度的增加，由于时间延长对染料的两个扩散过程影响一致，所以增加汽蒸时间，使更多的染料从浆膜转移到织物上，使织物得色量的提高不只局限于表面。因而，对于人造棉织物印花，适当增加汽蒸时间是提高染料固色率的有效方法。

(2) 碱剂对印花效果的影响　BF 型活性染料为双活性基染料，在染色中适用的固色 pH 值范围较宽。在人造棉织物的印花中，不同碱剂和碱剂用量对印花效果的影响见表 9-97。

表 9-97　不同碱剂作用下人造棉织物印花 K/S 值

碱剂种类	碱剂用量/(g/kg)		
	10	15	20
NaHCO$_3$	7.23	7.23	5.90
Na$_2$CO$_3$	9.44	6.60	6.80
Na$_2$SiO$_3$	9.87	7.23	7.10

注：染料为活性澄 BF-GN，尿素用量 100g/kg，汽蒸 8min。

从表 9-97 知，不同碱剂对 BF 型活性染料人造棉印花有一定影响，纯碱和硅酸钠 10g/kg 时，K/S 值明显较高，再增加用量，其色值虽有降低，但和小苏打相比，色值并不低。因此可以认为，BF 型活性染料对人造棉织物印花宜用纯碱或硅酸钠作为碱剂，且用量少，易溶解。就色浆稳定性而言，把三种碱剂最高用量、加有表面活性剂 AES 的色浆，在 20℃ 放置 24h 后印花，其 K/S 值分别为 6.90、7.97 和 8.23，与新鲜色浆的印花 K/S 值（6.18，7.50 和 8.12）相比，未见降低，且剩浆仍保持良好的流动性，未有结膜现象。说明硅酸钠和助剂配合使用，色浆稳定性良好。

(3) 表面活性剂对印花的影响　为试验表面活性剂对人造棉印花的影响，在含有 20g/kg 碱剂的三种色浆中，各加入阴离子表面活性剂 AES 3g/kg，印花后测定 K/S 值。小苏打色浆的 K/S 值从 5.90 提高到 6.18，纯碱色浆 K/S 值从 6.80 提高到 7.50，硅酸钠色浆的 K/S 值从 7.10 提高到 8.23，均比不加 AES 有明显提高，比增加尿素用量的作用明显。

① 一般丝绸印花大多采用间歇式汽蒸，时间可以较长，黏胶类的人棉织物用活性染料印花不存在尿素用量过大的问题。而棉印染大多为连续式汽蒸，时间不可能达到 20~30min，所以需加快染料的两个扩散速率，可采用织物印花前浸轧尿素，但印花色浆中的尿素量较大（200g/kg）。为此，我们试验了一些表面活性剂，将它们直接加入活性染料的印花色浆。结果表明，非离子表面活性剂，如平平加 O 和 JFC 作用甚微，而一些阴离子表面活性剂具有较好的效果（表 9-98）。

由表 9-98 知，少量表面活性剂对人造棉织物活性染料印花具有良好的助染作用，比单纯增加尿素用量有效，且成本降低。

表 9-98　AES 作用下的不同活性染料印花织物 K/S 值

序号	活 性 染 料				
	艳蓝 FBS	大红 FBS	翠蓝 FB-3	活性黄 FB-3	活性橙 BF-3
1	7.36	10.13	4.50	8.12	9.66
2	9.66	14.17	5.89	10.13	12.16

注：色浆中加入 AES 3g/kg，碱剂为 Na_2SiO_3 10g/kg，尿素用量为 100g/kg，汽蒸 8min。

② 不同结构的表面活性剂对人造棉印花的作用效果不同。为了防止印花色浆起泡，可采用复合的表面活性剂。经过一定筛选，Ag01 效果非常显著。A801 为五色液体，是表面活性剂的复配物，对黏胶纤维有较好的膨化作用。A801 对人造棉织物印花效果的影响见表 9-99。

表 9-99　加入 A801 印花的 K/S 值

尿素用量 /(g/kg)	汽蒸时间/min	A801 用量/(g/kg)			
		0	3	10	15
0	6	11.5	13.7	25.3	24.4
	10	11.5	16.3	21.7	22.8
50	6	11.8	16.9	21.7	19.2
	10	12.2	16.3	32.3	23.2
100	6	11.2	26.8	26.8	21.6
	10	10.6	20.8	30.3	26.8
100	6	7.2	20.8	28.6	23.6
	10	7.6	16.9	28.4	21.3

注：染料为活性橙 BF-GN，碱剂为 Na_2CO_3 10g/L。

由表 9-99 知，在短时间汽蒸情况下，A801 用量在 10g/kg 以下，对 BF 型活性染料人造棉印花的作用比尿素强。特别是尿素用量为 100g/kg 时，配合 A801 可获得相对较好的效果。但是 A801 有使色浆变稠的倾向，有待于进一步研究。

【结论】

① 采用 BF 型活性染料对人造棉织物印花时，色浆中尿素量在 150g/kg 以下，得色量无明显增加，而汽蒸时间的影响则十分明显。适当延长汽蒸时间是提高染料固色率的有效方法。

② BF 型活性染料对人造棉织物印花，宜用纯碱或硅酸钠作碱剂，用量少、易溶解，配合适当的助剂，色浆稳定性良好。

③ 色浆中加入少量阴离子表面活性剂，可使印花得色量明显提高，大大减少尿素用量。

④ 表面活性剂的复配物 A801 对提高人造棉活性染料印花得色量具有明显效果。

9.4.8　活性染料的无尿素印花技术

活性染料色谱齐全，湿牢度高，手感柔软，是纤维素纤维印花的主要染料。不但在棉，粘胶，天丝，麻类织物上广泛应用，而且在真丝类织物上也大量使用。目前大多数印花企业采用全料法工艺，因此尿素用量很大。"十二五"国民经济和社会发展规划纲要中，明确提出氨氮减排 10% 的目标，因此市场急需无尿素或低尿素的新型染料和固色系统的出现。[28]

9.4.8.1　传统活性印花染料和固色系统的缺陷

活性印花染料必须满足印花的要求：溶解度要高，直接性要低，提升率要高，固色率要高，色浆稳定性要好，重现性要好，白底沾色要小等。

（1）一氯均三嗪染料　目前活性染料印花主要是全料法印花，而活性染料在碱性条件下，存在一定程度的水解；另外，织物要经过印花→汽蒸→皂洗等流程，且每一步都有染料水解，由于一氯均二嗪染料具有耐碱性高、色浆稳定性高、储存时间长的优点。印花半制品即使不及时蒸化也不容易出现风印疵病。但其活性基反应性低，对蒸汽湿度要求较高，特别是再生纤维素纤维。化验室仿样时，蒸汽湿度充足，得色浓艳，但大生产时，因为蒸汽湿度较低，经常会出现得色浅、色光萎暗、前后批差严重、左中色差、布面色花等问题。且其固色率低，大多数染料固色率为50%～60%，大生产甚至更低，因此做深色或特深色时，花型容易渗化，水洗时会造成大量的浮色，而且易造成白底沾色，绳状水洗还会出现搭色问题；湿牢度差，废水COD高等一系列问题。如有的工厂经常出现12%的染料用量，甚至更高浓度的用量，特别是蜡印企业，又要求渗透，又要求浓艳。对于纯棉针织织物，大多数印染企业不进行丝光处理，因此得色更浅。为了改善以上问题，印花企业大量使用尿素，成为氨氮排放大户。

(2) 乙烯砜染料　乙烯砜型染料虽然固色率高，但其实其适合两相法印花，不适合现在较普遍的全料法印花。因为乙烯砜活性基反应性高，当然水解也快，容易和纤维反应，也容易和水反应，而且形成的共价键不耐碱，易水解。特别是在大量尿素存在条件下，水解更加严重。其印花色浆放置不宜超过2天，特别是在夏季气温高时，更易水解，颜色变浅，造成染料大量浪费，黑色甚至变成咖啡色。印花后的织物在堆置过程中，由于尿素的存在，其吸收空气中的水分，造成局部染料水解，从而容易出现风印疵病。即使加盖布罩，即使及时蒸化，由于织物进入蒸箱后，染料的水解反应和其与纤维的共价键结合出现了竞染，特别是湿度大时，水解反应增加，得色变浅，严重时出现浅色档（挂布辊处织物的湿度较大），两边出现浅色斑（两边湿度较大）。而且乙烯砜活性基-纤维素纤维的共价键在碱性条件下易断键水解，做中浅色时如果有部分染料水解，易造成色光变化大，重现性差。

(3) 双活性基染料　由于一氯均三嗪和乙烯砜型的染料印花各有其优缺点，因此，市场上出现了双活性基的活性印花染料。双活性基的染料普遍存在溶解度较差，做深色时容易出现色花、色差，甚至出现色点，因此必须加大尿素的用量，但用量太大又会加速染料的水解，陷入两难境地。如翠蓝MGB，深蓝M2GE，红M2B等。另外双活性基染料大多数是一氯均三嗪和乙烯砜两个活性基，因此同样存在风印问题，如深蓝M2GE拼绿色时容易出现色档。

9.4.8.2　新型活性印花染料和固色系统

Printspe（印特奇）PF系列染料是一类特殊结构的新型活性染料，Printfix（印特牢）FW-2是其专用的固色剂，新型活性印花系统既有乙烯砜型染料的高固色率，又有一氯均三嗪染料的印花色浆的稳定性，而且不使用尿素，做到最低的氨氮排放，是很完美的活性印花系统。

(1) 新型印花系统与传统印花系统的工艺对比

新型印花系统，使用特殊的活性染料印特奇PF系列代替了传统的一氯均三嗪染料和乙烯砜染料，该类染料具有固色率高（80%～90%），得色量高，浮色少，水洗容易，染料不易水解，重现性好，不容易出现风印疵病，是一套真正的印花活性染料。而且其印花色浆中没有使用任何尿素和碱剂，只用特殊固色剂印特牢FW-2。目前市场上有一种减少尿素用量的助剂，但其pH值很高，色浆仍然容易水解，而且其只是减少尿素用量，并没有完全不用尿素。而FW-2是一支特殊的接近中性的固色剂，因此从源头上去掉了氨氮含量高的尿素，同时也克服了因为碱剂的存在造成的染料水解问题。见表9-100。

(2) 印花得色量对比　为了比较几种印花系统的得色量，选两个深咖啡色为标样，一个为纯棉服装面料和家纺面料印花的深咖啡色1，另一个为纯棉蜡印面料印花的深咖啡色2。然后分别用一氯均三嗪染料，乙烯砜染料，新型活性染料做印花色浆，比较其处方中染料的总用量。

表 9-100　新型印花系统和传统印花系统的色浆处方对比

传统印花系统印花色浆处方（纯棉）		新型印花系统印花色浆处方（纯棉）	
水	$x\%$	水	$x\%$
尿素	10%		
防染盐 S	1%	防染盐 S	1%
小苏打	3%	印特牢 FW-2	10%
海藻酸钠（6%）	60%	海藻酸钠（6%）	60%
活性染料	$y\%$	印特奇 PF	$y\%$

表 9-101　深咖啡色 1 处方（纯棉服装面料，家纺面料）

一氯均三嗪染料处方		乙烯砜染料处方		新型染料处方	
C.I. 活性橙 5	2.2%	C.I. 活性橙 131	1.8%	印特奇橙 PF-R	3%
C.I. 活性红 24	9%	C.I. 活性红 278	3.1%	印特奇红 PF-D	2%
C.I. 活性黑 8	4.5%	C.I. 活性黑 5	1.2%	印特奇黑 PF-G	0.8%

从表 9-101 看出：对于深咖啡色 1，一氯均三嗪染料总量为 8.6%，乙烯砜染料总量为 3.75%，新型染料总量为 2.8%。也就是说：新型染料印花的得色量不但明显高于一氯均三嗪染料印花，而且略高于乙烯砜染料印花。

表 9-102　深咖啡色 2 处方（纯棉蜡印面料）

一氯均三嗪染料处方		乙烯砜染料处方		新型染料处方	
C.I. 活性橙 5	2.2%	C.I. 活性橙 131	1.8%	印特奇橙 PF-R	1.3%
C.I. 活性红 24	9%	C.I. 活性红 278	3.1%	印特奇红 PF-D	2%
C.I. 活性黑 8	4.5%	C.I. 活性黑 5	1.2%	印特奇黑 PF-G	0.8%

从表 9-102 看出：对于深咖啡色 2，一氯均三嗪染料总量为 15.7%，乙烯砜染料总量为 6.1%，新型染料总量为 4.1%。也就是说：新型染料印花的得色量不但明显高于一氯均三嗪染料印花，而且略高于乙烯砜染料印花。

（3）印花色浆的稳定性对比　为了比较几种印花色浆的稳定性，我们选两个深咖啡色为标样，一个为纯棉服装面料和家纺面料印花的深咖啡色 1，另一个为纯棉蜡印面料印花的深咖啡色 2。然后分别用一氯均三嗪染料，乙烯砜染料，新型活性染料做印花色浆。并以即时印花布样作为参照样，再将印花色浆在 40℃密封条件下分别放置 1 周、2 周、3 周、4 周后，分别再次印花并对比其与即时印花布样的相对深度。

表 9-103　印花色浆稳定性对比（深咖啡色处方 1）

印花色浆放置时间	一氯均三嗪染料相对深度	乙烯砜染料相对深度	新型染料相对深度
即时	100%	100%	100%
1 周后	99%	84%	100%
2 周后	96%	75%	99%
3 周后	94%	68%	98%
4 周后	90%	58%	96%

从表 9-103 看出：乙烯砜染料的印花色浆水解很严重，即印花色浆的稳定性很差。一氯均三嗪染料的印花色浆稳定性明显好于乙烯砜染料，而新型染料的印花色浆稳定性最好。

表 9-104　印花色浆稳定性对比（深咖啡色处方 2）

印花色浆放置时间	一氯均三嗪染料相对深度	乙烯砜染料相对深度	新型染料相对深度
即时	100%	100%	100%
1 周后	99%	92%	100%
2 周后	98%	88%	100%
3 周后	96%	80%	99%
4 周后	94%	72%	99%

从表 9-103 和表 9-104 对比可以看出：深咖啡色 2 的印花色浆稳定性略好于深咖啡色 1，这可能是由于深咖啡色 2 的染料用量更大，即使水解一些染料，仍有大量染料已固色。同样，乙烯砜染料的印花色浆水解很严重，即印花色浆的稳定性很差。一氯均三嗪染料的印花色浆稳定性明显好于乙烯砜染料，而新型染料的印花色浆稳定性最好。

（4）手感对比　为了比较几种印花色浆所印织物的手感，表 9-105 将表 9-100、表 9-101 所有印花色浆印于黏胶机织物上，蒸化，皂洗，烘干，然后将所有样布做好标记，找 20 个后整理专业人士对手感进行评分（<50 分，很粗糙；50～70 分，略粗糙；70～90 分，柔软；90～100 分，很柔软）。

从表 9-105 看出：深咖啡色 2 的乙烯砜染料印花色浆所印织物的手感比深咖啡色 1 更差，这可能是由于深咖啡色 2 的染料用量更大，其与海藻酸钠交联反应更严重造成的。新型染料和一氯均三嗪染料所印织物手感都很柔软。

表 9-105　手感对比

颜色样	一氯均三嗪染料处方	乙烯砜染料处方	新型染料处方
深咖啡色 1	很柔软	略粗糙	很柔软
深咖啡色 2	很柔软	很粗糙	很柔软

综上所述，印特奇 PF 系列新型活性染料和印特牢 FW-2 新型固色剂组成的新型活性印花系统，不但得色量高，甚至高于乙烯砜染料；而且其印花色浆的稳定性很好，甚至好于一氯均三嗪染料的印花色浆；更重要的是：新型活性印花系统的色浆中不使用造成水质富营养化的尿素，减少了氨氮的排放，是真正的环保绿色印花系统。

9.4.9　活性印花尿素碱剂替代物的应用

通常印染厂在采用一氯均三嗪类活性染料的印花工艺中，为了促进染料的溶解和上染，要使用大量的尿素，这导致在排放的印花废水中，氨氮含量很高，水中氨氮含量较高时，会对鱼类呈现毒害作用，对人体也有不同程度的危害。本着节能减排，保护环境，走绿色可持续发展的目的，减少印染厂排放污水中氨氮的含量，寻找可以替代尿素或降低尿素用量的印花助剂成为每个印染厂的新课题。本文对一种可以替代活性染料印花中尿素和小苏打的助剂 X-01 作应用研究，期望可以减少印花时尿素的用量[30]。

9.4.9.1　实验

（1）材料与仪器

织物：经退浆、煮练、漂白、丝光的 24t×24t 纯棉半成品白布。

药品：小苏打（AR），天津市博迪化工有限公司；尿素（AR）；海藻酸钠；助剂 X-01（韩国）；红 K_2BP（杭州）。

仪器：磁棒印花小样机（上海朗高纺织设备有限公司）；X-rite 8200 电脑测色配色仪（美国爱色丽公司）。

（2）工艺与测试

① 工艺处方：

标样工艺：

染料	50/100	g/L
尿素	50～100	g/L
小苏打	20～40	g/L
海藻糊	30～40	g/L

合计　　　　100

X-01工艺：

染料　　　　50/100　　g/L

助剂 X-01　 x 　　　　g/L

海藻糊　　　30～40　　g/L

合计　　　　100

② 实验流程：调制色浆→印花→烘干→汽蒸→水洗→皂煮→水洗→烘干

③ 力度测定：在电脑测色配色仪上测定印花样的力度。

（3）结果与讨论　见表9-106。

表 9-106　助剂 X-01 对印花得色的影响

K_2BP 用量	平行试验	尿素		助剂 X-01 用量		
		50g/L	100g/L	30g/L	50g/L	80g/L
50g/L	①	100%	—	92.81%	91.83%	80.39%
	②	100%	—	90.92%	92.51%	91.58%
	③	100%	—	93.64%	94.70%	83.47%
	平均	100%	—	92.46%	93.01%	85.15%
渗透性		好	—	一般	一般	差
100g/L	①	—	100%	86.13%	85.60%	8151%
	②	—	100%	81.46%	90.92%	90.81%
	③	—	100%	87.88%	91.70%	73.94%
	平均	—	100%	85.16%	89.40%	81.87%
渗透性		—	好	差	差	很差

从表 9-106 可看出，助剂 X-01 在任何深度下所配色浆，都不如小苏打和尿素所配色浆印花得色深，而且当替代助剂深度达到 80g/L 时得印花力度反而下降；综合表中的数据，当染料用量为 50g/L 的时候，X-01 用量在 30g/L 印花得色较好；染料用量 100g/L 时，X-01 用量在 50g/L 印花得色较好。

表 9-107　助剂 X-01 与尿素小苏打的 pH 值

浓度/(g/L)	X-01	尿素	小苏打
30	9.87	8.40	8.26
50	10.12	8.67	8.20
80	9.97	8.87	8.14

注：尿素和小苏打混合溶液的 pH 值为 8.35（尿素 50g/L，小苏打 30g/L）和 8.38（尿素 100g/L，小苏打 35g/L）。

氨氮测定

项　　目	尿素	X-01
浓度	50g/L	100g/L
氨氮	1736mg/L	0

由表 9-106、表 9-107 可知助剂 X-01 不含尿素，而且碱性较高，容易导致活性染料部分水解，若用量过高则会导致染料水解过多，得色降低，因为不含尿素，所以会影响到色浆的渗透性。

单纯使用 X-01 印花刮样的渗透性不好，X-01 用量不变的情况下，染料用量 100g/L 的渗透性比 50g/L 的差。为提高其渗透性，下面采用多种稀释剂与 X-01 配合使用，结果见表 9-108。

表 9-108　稀释剂对渗透性的影响

染料	力度与渗透性	标样	不加吸湿剂	尿素			甘油		二甘醇	
				1%	2%	3%	1%	2%	1%	2%
K₂BP	力度	100%	92.55%	92.19%	95.08%	98.23%	92.16%	91.07%	90.88%	91.28%
	渗透性	好	差	差	一般	好	好	好	一般	好

注：染料用量为 100g/L，X-01 用量为 50g/L。

从表 9-108 可看出，X-01 和吸湿剂匹配使用可以提高印浆的渗透性，3% 的尿素、1% 的甘油或 2% 的二甘醇可以使 X-01 印浆刮样有很好的渗透性；加入尿素后，可明显提高 K₂BP 的得色，3% 用量的尿素可以将得色得高到与标样相同的力度，而甘油和二甘醇对得色影响不大。

9.4.10　两相法无尿素印花工艺

棉织物两相法印花工艺已有数十年的历史，国内主要用于分散、还原染料生产迷彩服。活性常规快蒸两相法印花在 20 世纪 60 年代也有开发，但高温快蒸两相法印花由于设备、染料和工艺等方面的限制，国内大机生产较少。由于两相法印花的印浆内不含碱等固色剂，而是在印花烘干后再轧第二相的固色液，然后汽蒸皂洗烘干完成。因此，在完成轧化学液固色皂洗后，如何保证印花织物的花型轮廓的清晰度和白底不被沾污，是工艺的关键。

9.4.10.1　快速蒸化工艺技术[30]

两相快速蒸化通常用于机织物，织物经蒸箱中过热蒸汽进行固着所需反应时间很短，棉织物染活性染料 8～12s；棉织物染还原染料采用雕白粉还原 20～25s；棉织物染还原染料采用保险粉还原 15～20s；黏胶织物染活性染料 10～15s；涤棉织物染还原/分散染料 18s。因为两相印花用的快速蒸化机蒸箱容布量相当少，不造成褶皱。印花及烘干完成后，织物首先通过化学助剂浸轧，然后进行固色蒸化。当织物进入蒸汽环境时，由于蒸汽快速凝结织物表面，织物即时升温至 100℃。在此情况下，"溶比"相对维持于高位而固色在极短时间内完成，达到极佳的渗透和均匀的发色。织物均匀的高湿度分布，不会因毛细管效应而引起染料的泳移，从而能获得精细印花的清晰轮廓线。

两相印花工艺的最大特点就是无尿素印花，印花浆中只含有糊料和染料，染料固着纤维所需的碱剂在快速蒸化前才施加，这样对印花浆料的稳定性得到彻底的改善。

（1）机器的基本参数和结构特点　ASMA781 快速蒸化机的基本参数：公称门幅 1800mm，可按要求供货；车速 8～60m/min；轧机压力 0～3MPa，可调；蒸箱容布量 12m（A 型 10m、B 型 8m）；蒸箱内温度 120～130℃，自动控制；供汽压力 0.35～0.6MPa；蒸汽耗量 200～300kg/h；传动形式为交流变频调速；全机装置容量 45kW（包括 40kW 电热）；全机外形尺寸（长×宽×高）见表 9-109，占地面积很小，面高度达 9.1m。

表 9-109　全机外形尺寸　　　　　　　　　　　　　　单位：mm

型号	门幅		
	1600	1800	2000
ASMA781	5500×4400×9100	5500×4600×9100	5500×4800×9100
ASMA781A	5500×4400×8100	5500×4600×8100	5500×4800×8100
ASMA781B	5500×4400×7100	5500×4600×7100	5500×4800×7100

ASMA781 高效快速蒸化机全机由四大部分组成，即进布装置、卧式两辊轧车、快速蒸化箱和出布装置（图 9-64）。

① 进布装置　由紧布器、电动吸边器、进布导辊及机架组成。

② 卧式两辊轧车　由不锈钢包覆主动轧辊、橡胶包覆被动轧辊、机架、特殊的可用于

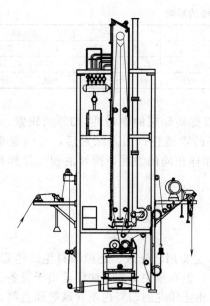

图 9-64 ASMA78l 向效快速蒸化机示意

双面浸渍或单面施液的双轧槽，以及一个由残液收集箱、高位供应槽、工作槽和循环泵组成的自动补液系统等组成。

③ 快速蒸化箱 由箱体、传送导布辊、机架、蒸汽过热器、抽排风机、温度自动控制系统、箱内游离空气检测装置等组成。

a. 箱体。内层为不锈钢板制成，绝热层用硬质聚氨酯泡沫填充，具有很好的保温性能；为了使蒸箱内温度均匀一致，中间设有分隔墙板，箱顶和隔墙两侧共设置 4 根喷汽管，经蒸汽过热器加热后的蒸汽由此进入蒸箱，由于蒸汽不断向下移动，不断将反应挥发出的废气排挤出蒸化箱，且有效地防止空气由进、出布口侵入箱内；箱体中部装有温度自控装置，实现箱内温度自动控制在设定值；箱顶设置成 30°倾角且间接加热防止冷凝水滴；箱体的进、出布封口亦设有间接加热，防止冷凝；蒸箱中设有 4 根导布辊和 1 根折返导布辊，织物经导布辊形成一个 "U 形" 路线。这样保证了织物在蒸箱内的运行始终由印花布的反面接触导布辊，5 根导布辊由一台交流力矩电动机集体传动，减小织物的在机张力。

b. 蒸汽过热器。装有 10 根电热管，总装置功率 40kW，通过温度自控装置，根据工艺温度，调节蒸汽过热器的加热温度。

c. 抽排风机。设置在蒸箱底部，有效地将箱内空气和微量蒸汽经风管抽出排至室外。

游离空气检测装置：印花后蒸化织物处于无氧工艺固着染料状况，该装置检测箱内空气存量，通过抽排风机的排气，确保箱内蒸汽质量。

④ 出布装置 由张力调节架、落布辊及机架组成。

（2）工艺实例 分散/活性全料法印花工艺，是将碱剂、尿素等助剂与分散、活性染料一并加入糊料中进行印花，之后在碱性条件下焙烘——蒸化固色——水洗、皂洗；两相法印花工艺，则是将分散/活性染料在弱酸性条件下印花，之后焙烘固色——轧碱高温快速蒸化——水洗、皂洗。后者最大特点是可大大提高分散/活性染料的固色率，同时通过优化分散染料，有效地解决分散/活性全料法印花易造成白地沾污的问题。由于色浆中不含碱剂，所以色浆稳定性好，可放置 2d 以上；且生产易控制，制浆操作简单；且节省大量尿素。有利于环保。

众所周知，分散染料只有在弱酸性条件下才能充分固色，若在弱碱性条件下，其上色率较低，小苏打会使某些分散染料分解。而影响色光，降低上染率；采用两相法印花，能提高分散染料的固色率。

尿素能与分散染料组成共溶体。从而使分散染料扩散进入棉纤维，造成严重沾色；采用两相法印花，由于其处方中不加入尿素，可降低皂洗时的沾色。

（3）大车试生产

① 织物规格 160cm 29/29 819/228 涤棉（65/35）纱卡。

② 工艺流程 白布预定形（温度 190℃，车速 45m/min）→印花→焙烘（195℃×60s）→轧碱快速蒸化→皂洗（第一次）→皂洗（第二次）→拉幅上软（温度 170℃，车速 45m/min）→预缩。

采用德国 Goller 公司的高温快速蒸化机，织物轧碱剂后入蒸箱，织物上的含湿量达 40％以上，给活性染料固色提供了水介质，因此能使活性染料在高温（130～140℃）、高温、短时间（40～60s）的条件下充分固色。

③ 工艺处方及工艺条件

a. 印花处方（g/kg）

分散染料（不耐碱）	x
雷马素活性染料	y
防染盐 S	10
柠檬酸（1：9）	10
与变性淀粉混合糊	适量

b. 快速蒸化轧碱剂处方（g/L）

36°Bé 烧碱/mL	100
纯碱	150
食盐	100
碳酸钾	100

轧液率 50％，蒸化（130～135℃）×50s

各种助剂、碱剂用量较大，应用热蒸汽充分吹开，并不断搅拌，使其充分溶解，一定要调整好 Goller 快速蒸化机的钢辊压力。带液率太低，活性染料固色不充分；带液率太高，易造成花型渗花、不清晰。同时，使用好钢辊的清洁装置，防止出现二次沾污。

c. 皂洗　涤棉混纺织物后处理工艺很关键，将直接影响织物白地的白度，采用如下工艺，可大大改善白地沾污。

皂洗第一次　三格冷水洗→酸洗（硫酸 3～5g/L）→皂洗（皂洗剂 MR3g/L，温度 90℃）

皂洗第二次　三格碱洗（烧碱 3g/L，皂洗剂 MR3g/L）→皂洗→热水洗（四格）→烘干

【结论】

(1) 两相法印花操作简单，色浆稳定。为保证花型的印制效果，必须选择合适的印花糊料和碱剂配方，同时要使用好 Goller 快速蒸化机的自清洁装置。

(2) 两相法印花通过分散染料和活性染料筛选，使用正确的皂洗工艺，可有效解决白地沾污问题。

(3) 两相法印花能提高染料的固色率，其色牢度可较全料法提高 0.5～1 级。

(4) 两相法印花的关键设备是 Gollet 快速蒸化机，严格控制各工艺参数，以确保花型的精细度，解决白地沾污问题。

9.4.10.2 还原染料两相法印花

(1) 机理　还原染料两相法印花的机理类似于悬浮体轧染，分散在印花浆中的不溶性还原染料颗粒（第一相），被印制到棉织物表面并烘干，然后浸轧还原固色液（第二相），进蒸箱高温短蒸，不溶性还原染料被碱性还原剂还原成可溶性隐色体，并迅速被棉纤维所吸收，经水洗→氧化→皂洗→清洗和烘干，此时可溶性隐色体又被氧化成不溶性还原染料，而被固着在纤维上。

(2) 影响印花质量的因素

① 染料的还原电位　染料的还原电极电位指染料转化成隐色体时的电位，它的高低显示染料还原的难易程度。一般还原染料的还原电位在 -640～-927mV，必须选择还原由位

超过染料还原电位的还原剂，才能使染料有效还原，还原电位过低或过高，将造成还原不足或过度。实践发现，用烧碱、保险粉作还原剂效果较佳。由于还原剂的还原电位不同，其还原速度、汽蒸时间也不同。保险粉的还原电位为$-1040mV$，用它作还原剂，染料在烧碱存在下形成可溶性钠盐，还原效果好。但保险粉不太稳定，易分解。据有关资料介绍，它在原装密封筒、高位槽、轧槽工作液内及从出轧槽到进蒸箱的空气中的稳定性的允许时间分别是$2\sim2.5h$、$10\sim15min$、$0.5\sim2s$。对此，除了使织物轧液后在最短的时间内进入蒸箱并降低工作液温度的专用设备外，还必须以此为依据制订合理的工艺与固色液配方。生产过程中则应严格控制烧碱和保险粉用量，以免在连续生产中随着时间的延长，保险粉分解、用量不够而造成还原不足、色泽萎暗和色差等一系列质量问题。

② 印花浆配方　为保证印花织物在轧碱后染料不会从花型轮廓中渗出沾污白底，而造成花型轮廓不清晰或拖色，需选择在遇强碱和其他化学品浸轧时能凝聚的印花糊料。海藻酸钠、瓜豆耳浆和改性淀粉醚等糊料都有较好的凝聚效果，但若控制不好，会影响凝聚效果，在织物表面形成薄膜包覆，从而影响染料迅速进入纤维。因此，应按比例配制成混合浆，如将海藻酸钠、汽巴的 AIXCOPRlNT 7860（聚丙烯酸酯增稠剂）和荷兰 AVEBE 公司的淀粉醚 CR 拼混，可获得花型清晰、得色量高、色泽丰满、色牢度良好的满意效果。

③ 轧液率及蒸化固色条件　在还原两相法印花的轧液：工艺中，合理的低轧液率非常关键。不同重量、组织规格的纤维素织物，不同面积花型的染料量与固色液烧碱、保险粉浓度、带液量的关系，原糊与印浆的制作，染料的溶解（撒粉法），蒸化固色温度与时间等各种工艺参数，都将直接影响印花质量。应通过试验，确定合适的工艺条件，并严格监控固色工作液中保险粉浓度，固色时的低轧液率、温度和车速等工艺参数。

9.4.10.3　活性高效快蒸两相法印花[31]

活性染料具有色泽鲜艳、色谱齐全、操作方便、成本低廉、色牢度高、匀染性良好等一系列优异特性，它们是目前棉、麻、粘胶、等纤维素纤维面料最广泛应用的染料；我们在还原两相印花的同时，更关注着活性两相法印花的可行性。由于活性染料应用的广泛性使它的开发对节能、环保、高固色等方面有其更为广泛的积极意义。

（1）与常规活性一相法印花在工艺与制浆方法的区别

① 传统活性一相法印花工艺　前处理白布→①活性染料（含碱、尿素等化学品）同浆（一相）印花烘干→②蒸化固色（$7\sim8min$）→③水洗、皂洗、清洗烘干。三步完成。

② 活性高效快蒸两相法印花工艺　前处理白布→①活性染料（不含碱、尿素等化学品）单浆印花（第一相）烘干→②轧碱固色液（第二相）高效短蒸（$10\sim30s$）水洗、皂洗、清洗烘干。两步完成。

制浆：两相法印浆与常法印浆不同，一般情况下不用尿素、小苏打，染料加原糊即可。操作简便，由于不含碱，印浆非常稳定。

③ 印浆配方

两相法：a. 原糊（纯海浆或混合浆）；b. 活性染料。

常法印浆：a. 原糊（纯海浆或半乳化浆）；b. 尿素；c. 活性染料；d. 小苏打。

目前进口或国产活性染料大都是超细粉或颗粒状，溶解良好。一般可用撒粉法将染料在搅拌状态下撒入原糊即可。

（2）反应机理　在活性固色的过程中，碱剂，作为活性染料与纤维素纤维反应的活化剂，它的 pH 值的高低对染料与纤维素之间的反应速度有极大的影响；常规一相印花由于碱与染料同浆印花，故必须选用温和的弱碱剂，如小苏打才能使染料在印花烘干过程中保持稳定不分解，汽蒸时小苏打遇热分解成纯碱，此时的 pH 值是 11，因此常规活性印花固色蒸化需$7\sim8min$才行。而两相法印花，活性染料作为一相被印在纤维上，再轧第二相：固色液的碱剂不受限制，可用强碱如烧碱或混合碱，pH 值可达 13 以上；强碱能促进纤维的离子化和染料的反应速率，使染料与纤维活化形成共价键结合，并通过高效蒸箱加速完成此快速反应。染料与纤维的反应速率与染料在纤维上的浓度及纤维离子浓度成正比，根据有关 pH 值与纤维离子浓度关系资料可计得，烧碱（pH13）作碱剂的纤维离子浓度将是纯碱（pH11）的 36 倍以上，这就是为什么活性两相法印花工艺可以在数十秒的时间内快速完成固色的主要依据。

（3）染料与碱剂的选择　活性染料按其活性基团分类有均三嗪型、乙烯砜型、嘧啶型及双活性或多活性基团型等多种。理论上分析只要有合适的碱剂相配合均能应用，为了达到高效、快速、高固色、印花效果好等目的，主要应从以下几个原则去选择染料。①染料的反应性（activity）：选择反应性快的、能达到快速反应的染料。②染料的固着率（fixation）：选择与纤维结合固色率高的染料，X 型冷染染料（二氯均三嗪型）并不合适，因它的反应性虽快却不稳定，遇强碱易水解。而高固色率的双活性或多活性基团染料应是首选之列。⑧染料对纤维的亲和力（affinity）：为避免印花布在汽蒸后尤其是两相法印花在轧碱汽蒸后水解染料沾污白地而水洗不尽，应选择染料对纤维亲和力小即直接性小的染料。根据以上原则对印花常用 K 型染料（一氯均三嗪型 MCT）、两相法染色常用的 KN 型染料（乙烯砜型 VS），DYSTAR 与国产 BES 型（双活性或多活性基团型）初步对照试验，乙烯砜型及双活性或多活性基团染料两相印花效果好于一氯均三嗪型染料，而双活性或多活性基团型染料的得色量明显高得多。

固色碱液的合理配方至关重要，碱剂的选用与染料的反应性有关，反应性低的染料诸如乙烯砜型及双活性或多活性基团染料，一般用烧碱与纯碱或硅酸钠的混合碱作碱剂效果较好。强碱能促使纤维离子化而加快染料的反应速率，但过多的烧碱将增加 OH^- 又会使染料的水解机会增加，试验发现用混合碱比单独使用烧碱的效果好，烧碱过多颜色反而变浅。另外加入食盐很有必要，作为电解质，高浓度的钠离子能加速染料负离子与纤维离子的键合反应，食盐还有抑制染料的水解有效提高固色率并可减少染料轧碱时溶入碱液而沾污白地等优点。但过多的食盐与纯碱的溶解将对固色液的制作与碱剂的平衡带来一定的难度。因此合理筛选碱固色液配方以及设备的配料系统的相应改进将是下一步的目标。另染料的浓度、印浆的类别（纯海浆与混合浆）、花型面积印浆量、织物的组织厚薄等都与混合碱的浓度配方直接有关。初次试生产时，由于碱剂浓度不够，产品色泽浅、效果均不理想，重新调整碱剂浓度后再开机效果立即出来了。

（4）影响花型效果，保证印花质量的各种因素分析

① 低给液的轧碱方式　低给液（under-liquor squeezing device）或面轧（one-sidenip-pad-B）将是确保花型效果的关键。浸轧液量过高，将会增加染料的水解而发生渗化、白地沾污等疵病。不同的穿布方式可改变浸轧和面轧的状态。

② 印花糊料的选择　与还原两相印花一样，应选择印花糊料在遇强碱和其他化学品浸轧时能有一定的凝聚效果的混合浆作原糊。以 3 个不同配方Ⅰ、Ⅱ、Ⅲ制成原糊在大机上对比打样，其得色与效果均不一样；纯海浆制原糊花型清晰度尚可，但得色量不如混合原糊。例汽巴的 ALCOPRINT7860（聚丙烯酸酯增稠剂）、海藻酸钠与荷兰 AVEBE 公司的淀粉醚 CR 的拼混可获得花型清晰、得色量高、色泽丰满的效果，试验中还发现不同的糊料、对碱浓度的要求不同，纯海浆碱浓度可略作减少；由于二相印花浆内不加碱、尿素等化学助剂，糊料的适应性强、不易水解，对残浆再用、节约染料、半制品回修、质量控制与管理等都有极其积极的意义，必要时应用还原印花的高效快蒸还可适应客户高日晒牢度或漂洗砂洗等某些特殊要求。

③ 表观成本与综合成本分析　从成本核算看两相快蒸工艺可节省蒸汽与尿素，但其印

浆原糊的要求比较高，虽然纯海浆也能做两相快蒸工艺，但得色效果不如混合浆；另外在印后蒸前须轧碱固色液（多一道轧碱液的费用）；目前常规活性印花浆各工厂使用原糊情况不同，有用纯海藻浆的，也有用半乳化浆的；众所周知其印制效果是不同的。从成本费看，与半乳化浆普通印花比较费用相当，但要比纯海藻浆普通印花费用高，表观成本并不低。但由于两相快蒸工艺有明显的高得色、高固着率，得色可比常法深 2～3 成或以上，节约了染料的成本，加上综合考虑其他节能、环保、质量等各方面的积极作用，它的综合成本并不高。在实际生产中还可以分别处理，花型面积小用浆量少的与多的分别对待，更加有效地去节能节支低消耗。随着新工艺的不断发展，开发价低、质优的理想糊料也将是业内人士的更进一步的目标。

【结论】

活性高效快蒸两相法印花具有节能环保，提高色牢度和生产效率等众多优点。

① 设备简单　占地面积小，相对投资低，生产效率高。

② 节省蒸汽　常规印花固色汽蒸需 7～8min，两相法印花高效蒸箱只需汽蒸 10～30s。快速蒸化蒸汽消耗足常规蒸化的 1/3～1/5。

③ 环境保护　两相法印浆一般不需尿素，尤其对人棉黏胶类织物或混纺织物，无需用尿素预处理，减少了环境（空气与水质）污染。另外，两相法印花汽蒸后水洗落色少，有利于减少三废排放。

④ 工艺稳定　活性高效快蒸两相法印花操作简便，固着率高和重现性好，从而减少了大小样误差，生产准备相对容易，生产稳定性高，前后头尾色差小。应用还原印花的高效快蒸，还可适应客户高：晒牢度或漂洗砂洗等某些特殊要求。

⑤ 综合成本低　两相快蒸工艺可节省蒸汽和尿素，但其印浆原糊的要求比较高，另外多一道轧碱液的费用。但两相法快蒸工艺得色高、固着率高，得色可比常规法深 20%～30% 或以上，节约了染料成本。综合节能、环保和质量等各方面的有利因素，其综合成本并不高。

⑥ 遮盖性好　两相法高效快蒸活性、还原染色，对棉花等级差、死棉多的斜纹、麻棉、黏胶/亚麻等常规染色布面效果差的织物，得色明显提升，色泽丰满而有光泽，尤其对死棉与棉结的遮盖效果明显提高。

⑦ 产品质量好　在生产中，织物穿越高效蒸箱总距离仅 12m，过热蒸汽的蒸化时间 10～40s，由于过热蒸汽温度大于 150℃，故无水滴。与原工艺比，普通显色蒸箱箱体长 8～10m，织物从进蒸箱到出蒸箱穿越上下前后导辊共 62 根（国产机约 50 根），穿布路线总长 69m 左右，间隔 2～3min，新工艺大大减少了织物在蒸箱内的滞留时间，大大减少了在生产过程中产生滴水、沾污和起皱等疵点。

9.4.10.4　给湿蒸化的节能减排[32]

（1）活性染料一步法工艺实践表明，若黏胶纤维织物含 25%～30% 的水分，纯棉织物含 20%～25% 的水分，则大多数活性染料的给色量和匀染性均有提高。在很多情况下，可以省去印花前用尿素处理黏胶织物的工艺。

例如，具有初始 30% 的水分，不加尿素的翠蓝 P-OR 黏胶印花织物，通过反面喷雾，获得 96% 的固色率。若不加入水分，则需加入 180g/kg 尿素。

（2）还原染料一步法工艺实践表明，拔染印花时，需要的水分加入量仅为 5%～15%。适当的水分加入，可降低印花浆中的甘油和还原剂的用量，明显低加工时织物的过热效果，提高了织物的平衡含水率，从而获得最佳给色量。

例如，纤维素纤维织物蒸化时，初始含水率为 4%，蒸汽流动织物通过量之比 1:1，过热 8.3℃，平衡含水率 11.4%。若将蒸汽流量织物通过量之比提高到 4:1，初始含水率仍为 4%，过热降至 6.4℃，平衡含水率仅增加到 13.3%；若对该织物喷加 8% 的水分，蒸汽流量织物通过量之比仍按 1∶1，温度从 83℃ 降到 2.2℃，平衡含水率则从 11.4% 提高到 20.5%。由此可知，蒸汽流量的增加，对降低过热效果不明显，而能耗增加明显。

（3）采用长环蒸化机活性染料两步法，在进布处配置 WEKO 转子给湿系统，纤维素纤维织物的蒸化时间，从 10~15min 降到 5min；纯棉织物从 8min 降到 3~4min。采用长环蒸化机作两相印花工艺，相对一步法明显缩短了工艺时间，且比快速蒸化机的工艺少用碱剂，从而降低了水的污染，并具有良好的洗净特性，蒸化后水洗 pH 很快达到中性，残余的活性染料不易沾污白底。此外，对翠蓝色和绿色能达到很好的给色量。

采用水分入量 30%~40% 时，推荐使用的参考固色液处方为：烧碱（38°Bé）10~20mL；水玻璃（38°Bé）50mL，（作为用于浅灰黄色、灰色、泥浆色等的缓冲）；无水元明粉 50g（只用于轮廓清晰要求高时）；加水混配至 1kg。

9.5　湿加工低附着量技术

9.5.1　后整理工艺液施加的技术

后整理施加工艺液的技术进步表现为低附着量的配液法及表面应用法。前者包括机械挤压脱。水、气流脱水及毛细管萃取水分等方法；后者包括喷雾整理、泡沫整理及滚筒涂料整理等方法。后整理加工中热风式烘燥机蒸发水分的热量占 60% 以上，加热新鲜空气所需热量约占 30%，低附着量加工是减少织物含水量、高固含量的低纤维吸液率加工技术，是节能降耗，改善工艺质量的先进技术[33]。

9.5.1.1　气流脱水配液法

气流脱水方法分减压抽吸和加压吹散两种。在后整理给液时，为了便于收集多余液体，以前者为好。

实践证明：合成纤维的含量较高和纤维素纤维的含量较低时，真空减压吸水将更有效。例如对于纯聚酰胺织物使用真空减压吸水可将液体抽吸至残余水分约 20%；而采用机械轧水装置，残余水分则为 38%。图 9-65 所示为高效脱水图。表明纤维混合量的交叉点，在此点右方采用真空减压吸水方法为好。

EVAC 公司的 LVLMC（低容量、低湿度）系统见图 9-66 织物 1 通过一只高固含量小容量 <15L 的工艺液 2，在连续的基础上浸渍后，轧辊 3 去除多余的工艺液，进入和专用的圆环泵相连的 EVAC 抽吸管 5，去除过剩的水，使织物上的含湿量降至 20%~40% 之间。

真空脱水机通常由水环式真空泵狭缝式吸口、分离器、薄膜泵、控制器四个主要部件构成。当织物通过吸口时，吸入的残液通过分离器去除，再经薄膜泵送回液槽，循环回用。当

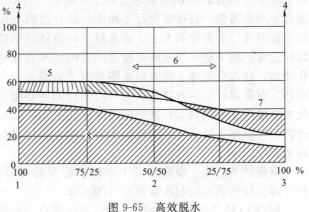

图 9-65　高效脱水

1—棉；2—混纺织物；3—合成纤维；4—残余水分（%）；
5—真空抽吸；6—过滤区；7—轧水装置；8—该区不脱水

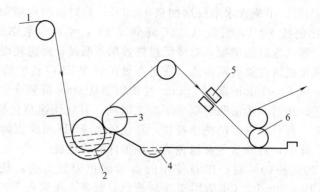

图 9-66　低容量、低湿度系统示意

1—织物；2—液槽；3—轧辊；4—溢流槽；5—EVAC 抽吸管；6—拉出辊筒

采用双真空泵时，与相同功率的普通圆柱式水泵相比，其抽吸量可提高 20%。

9.5.1.2　表面喷雾整理法

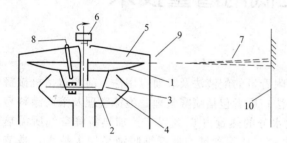

图 9-67　WEKO 转子给湿装置

1—喷雾圆盘；2—圆周；3—部分液体；4—定子单壳；
5—转子外罩；6—传动轴；7—扇状喷雾；
8—输液管；9—外罩开口；10—织物

瑞士威可公司 WEKO-RFT-Ⅲ 转盘式均匀低给湿系统如图 9-67 所示，给湿范围 0～40% 无级调节，为非接触式给湿，具有给湿均匀，控制量精确，重演性好的优点。该系统除用于蒸化前给湿外，还广泛用于各种化学试剂及整理剂的施加，如定形机进、出口处，预缩机及轧光机的进口处。整个系统由给湿装置合液量控制。

该系统的主要结构为一个聚四氟乙烯材料制成的伞状圆盘 1，在传动轴 6 上通过带轮旋转，圆盘中央挖空，有一细小的输液管 8 将液体连续不断地输送到圆盘，圆盘以 5000r/min 高速旋转，产生巨大的离心力，使圆盘内的水分沿圆盘四周向外喷射，水滴以 30～70um 微粒状态均匀分布，为使喷射的水雾具有方向性，在转子外罩上开有一定位口 9，喷雾呈平坦的扇状 7 洒射织物。喷射时，约 80% 的水雾收集在转子外罩 5 内，并再循环到系统中，只有 20% 的水雾通过转子外罩的开口部分以 72°左右的角度洒射到织物上。为了适合个别的需要，在喷雾圆盘下面中空部分切割小孔，这些小孔均匀地分布在圆周 2 上。因而，按照开口的数量和大小，越来越少的液体供给喷雾圆盘的边缘，越来越多的液体从喷雾圆盘的底部直接通过小孔冲出，这部分液体 3 被收集在隔板定子罩壳 4 内，被再循环。在外罩开口的外部还设有一门动控制的挡板，当蒸化机故障停车或织物运行到最低速度（低于 5m/min）时，此挡板自动落下插到转子和织物中间，防止织物过湿而使花型渗化。

根据加工门幅，通常将若干个转子给湿器并排安装，并可通过控制装置控制水雾宽度（图 9-68）。

WEKO 转子给湿器采用工业 PC 机进行自动控制，各种参数调节均可由数字键及功能键输入，并通过屏幕显示。该控制系统若与给湿量测定装置相连，操作时只需输

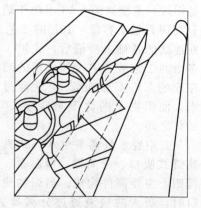

图 9-68　WKEO 组合给湿系统

入织物单位面积质量（g/m²）和所需的水分施加量，控制系统即可根据车速调节转子的给湿量。运转时若车速变化或停机，控制系统能自动关闭给湿或调节给湿量，始终使织物获得均匀的带液量。控制系统还配有先进的故障报警系统，以确保整个系统安全操作。

9.5.1.3 泡沫整理低给液

泡沫染整是将染整工作液制成泡沫体后加工织物的低给液染整工艺在泡沫加工过程中，用以配制染料、化学品和助剂溶液的部分水被空气所替代。替代程度越高，节能越多，水的消耗愈少。泡沫加工可以提高生产速率，进行湿—湿加工，减少废水，降低染料及化学品的泳移，能更有效地利用在水中具有活性的化学品和染料，减少化学品的消耗以及能控制染料和化学品在纤维或织物内部的渗透。泡沫染整的诸多优点使织物湿加工总成本大大降低。目前较成熟的泡沫工艺有泡沫整理、泡沫印花、泡沫染色等。若想使生产损耗费趋于最低额，前处理的退浆、练漂及丝光亦可采用泡沫加工工艺。

（1）染整用的泡沫是一种有大量气泡分散在液体连续相中的胶体体系。从外部向液体状药剂注入空气混合后，喷射制成泡沫，称为分散型泡沫；利用化学反应或物理变化（温度及压力），使气体溶解在液体内制成的泡沫，称为浓缩型或压缩型泡沫。

纯液体不能产生泡沫，当在溶液中加入表面活性剂后，能在气液界面上形成界面吸附，降低液体的表面张力，从而有利于发泡和提高泡沫的稳定性。泡沫中气相和液相的相对比例称为发泡倍率，即一定体积未发泡液体质量与同体积泡沫质量之比。发泡倍率为 1：5 的泡沫是一份液体被四份空气所稀释。

泡沫加工的成功，很大程度上依赖于泡沫的稳定性。如果泡沫不稳定，它会迅速破裂，织物带液率便难以控制。若泡沫太稳定，会发生化学品和染料渗透不充分和织物带液率偏低的现象。因此，泡沫稳定性与均匀施加的加工参数有关。稳定的泡沫虽然处于具有高表面能的热力学不稳定状态，但由于势垒关系而处于一种亚稳定的状态。

（2）发泡液的配制　在制定泡沫加工处方时，可参考发泡效率、泡沫稳定性、排液速率、发泡剂和泡沫稳定剂与染料和其他纺织助剂的相容性等参数。发泡过程的处方主要是从常规加工处方中去除所需减少的水分，加入选定的发泡剂和泡沫稳定剂而制定出来的，然后混入规定发泡比所需的空气。与含有 10 份固体和 90 份水的常规处方相比，当发泡倍率为 1：2 时，泡沫处方中含有 10 份固体，40 份水和 50 份空气。可见，泡沫处方代替常规处方可节约 55.5% 的水和相应的能量。

（3）泡沫施加装置国外已有三十多家公司开发了泡沫染整设备，比较著名的有美国加斯顿染色机公司（Gastoncounty）的 FFT 体系，德国屈斯特尔斯（Kusters）的单面、双面泡沫染整机，德国蒙福茨（Monforts）的真空泡沫染整设备，荷兰斯托克、布拉班特（StorkBrabant）公司的圆网泡沫印花机、奥地利的齐默（2immer）磁棒泡沫印花系统等，以及国内研制的 SP、SlY2 型双面施泡机，YJ-200-800 型发泡机。

泡沫渗入织物主要取决于装置的压力（发泡比）。另外，泡沫黏度、织物多孔性、织物可润湿性和化学品的润湿特性也有影响。液体和空气输入速率之间的发泡

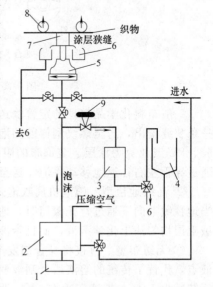

图 9-69　CFS 涂层系统设备组合示意
1—控制器；2—泡沫发生器；3—泡沫分离器；
4—化药品槽；5—泡沫分布装置；6—收集槽；
7—施加器；8—定位辊；9—狭缝压力控制阀

比关系特性越高，装置中压力亦越高，在施加点的压力就越大。混合器的速度决定了气泡的大小和均匀性，系统化学性质是可获得最大发泡率的主要决定因素。Gastoncount 的 FS 泡沫施加技术可以高速发泡比，而不影响施加速率。图 9-69 是 CFS 涂层系统设备组合示意图。该系统特点：

① 抛物线施加器适应低半衰期施加，和所有的泡沫老化程度相等。

② 实施泡沫工艺，减少化学品废料排放是必要的。该系统对策之一，当准备或开始启动时，通过泡沫分离器装置传递泡沫。该装置从泡沫中去除空气，并使溶液返回，以便利用；对策之二是吸收该装置中所存排液，传输到收集槽中，以获得"零排放"的效果。冲淡的溶液可回到化学品混合器中进行测定，亦可用以配制下些批的输入液。

③ 系统中的收集槽用以收集泡沫、洗涤水等，以改善操作清洁和安全程度。

④ 许多发泡化学品系统干燥快速。当施加器头部涂层狭缝正在冲洗时，一个旁路系统使泡沫绕行到分离器。装置中的泡沫并不曝露于空气中，不会干燥。留在施加头中的泡沫流到槽中，然后流入收集槽。

（4）欧洲 Datacolor 公司的 Autofoam 泡沫整理机，是一种表现出众的泡沫后整理系统，可进行渗透或涂层整理。其泡沫施加方式，主要有 3 种。

① 螺纹刮棒式　将一定量的泡沫刮在制品上，由控制器自动监测车速及控制化学溶液流，达到既定的带液率；监察泡沫层的变化以控制发泡比，从而达到稳定及均匀施泡。螺纹刮棒式泡沫施加示意见图 9-70。

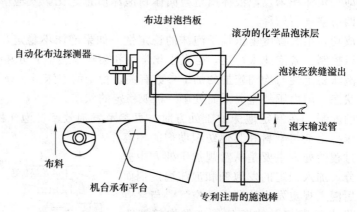

图 9-70　螺纹刮棒式泡沫施加示意图

一般布料化学品整理的定管输送式，是以泡沫从主管道到分支管，再到一缓冲槽，经过一条狭缝溢出，送至螺纹刮棒前的泡沫层区；用于高黏度或高固体含量的浆料，如地毯的背胶、PU 或亚克力涂层、装饰布的阻燃整理的导管往返式，是由主管道直接连到泡沫层区，通过导管左右往返地移动将泡沫送至泡沫层区。

② 高级地毯型　施泡机属吹泡式（见图 9-71）即泡沫直接由管道末端的狭缝中送出来。当地毯绒毛向下通过背托滚筒时，地毯微弯而使绒毛层张开，泡沫吹入目达至毛根，使整个绒毛层均匀沾上化学溶液，而且带液率可控制在 8%～10% 之间。

③ 无纺布型　直接将黏合剂发泡后吹在轧液罗拉上（见图 9-72）借滚动将泡沫带至轧液点，代替了传统的溶液槽及刮液罗拉。传统方法的带液率是 300% 左右，而无纺布型施泡系统减少 50%，带液率达 150%，明显降低烘干的能耗。

Autofoam 泡沫整理机设有全自动的控制器，可记录 500 个程序，操作界面友好、简单。配有磁感应的液体流速计及气体质量流速计，准确控制发泡比，化学溶液泵的转速可控。当输入布重、工艺所需的带液率及布速后，化学溶液的消耗率即时被计算及准确控制。泡沫后

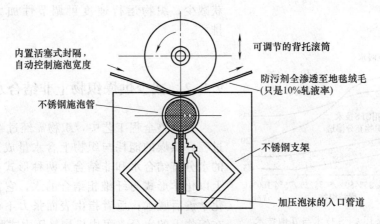

图 9-71 高级地毯型泡沫施加示意

整理机还具有布边探测器、连动封边挡板，以控制加工宽度。

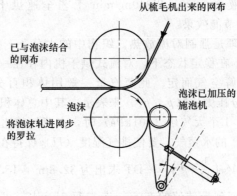

图 9-72 无纺布型泡沫施加示意

Autofoam 泡沫整理机设有全自动的控制器，可记录 500 个程序，操作界面友好、简单。配有磁感应的液体流速计及气体质量流速计，准确控制发泡比，化学溶液泵的转速可控。当输入布重、工艺所需的带液率及布速后，化学溶液的消耗率即时被计算及准确控制。泡沫后整理机还具有布边探测器、连动封边挡板，以控制加工宽度。

表 9-110 泡沫后整理节能效果比较

施加工艺	柔软整理		缩率控制		免烫整理	
织物	100 纯棉法兰绒 150g/m²		50/50 涤棉 250g/m²		50/50 涤棉(40g/m²)	
施加方式	浸轧液	泡沫	浸轧液	泡沫	浸轧液	泡沫
工艺车速	55	97	52	100	42	86
节约天然气/%	82.1		78.0		39.0	

注：节约天然气是以浸轧液为 100%。

（5）泡沫整理的节能　表 9-110 泡沫后整理与浸轧液方式的节能效果对比。明示了采用泡沫整理，由于带液率仅为 15%～30%，因此少用水，节能，提高了生产率。

后整理工艺液的施加按高固含量、少水的低附着量加工方法，还有输液带给液、刀辊给液、照相凹版辊给液等技术装备，真空减压吸水、喷雾给湿、泡沫整理应用较广且可控制性能好，应为后整理技改的首选。

CFS 以压力控制技术代表的泡沫应用技术，节水超过 80%（见图 9-73）；织物所需蒸发量的大幅下降，至使烘燥能耗的减少；因化学品，在织物上的精确定位，故染化药剂用量可

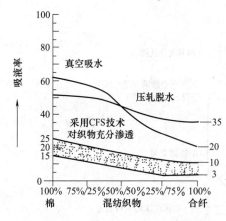

图 9-73 采用 CFS 技术与其他技术
时，不同混纺比的织物含湿量比较

获减少；织物运行速度可调节性加大；减少废水排放。

9.5.2 减少烘燥织物上非结合水的节能

在染整全程工艺中，织物需经过 4~8 次的烘燥过程，烘燥的能耗与织物上含水量成正比。织物上的水分有结合水和非结合水两种形式。前者指织物上以化学形式与纤维相结合的水，它需要热量破坏化学键后脱水；后者指由表面张力不很牢固地附着在织物上的水分，可由机械挤压力式脱水。[34]

(1) 减少织物上的非结合水，确实有利于烘燥节能。下面试举一例：织物质量 $200g/m^2$ 幅宽 1600mm，织物烘燥前带液率 68%，以 40m/min 工艺车速烘干至 8% 落布，每年开工 6000h，由以下计算可证明节能效果：

① 织物热风烘干的机理是强制对流放热。织物中的水分子，摄取热空气气体分子的热量（蒸发潜热）达到蒸发。在稳定状态下，对流式烘干机内存在一定量的蒸汽，它视单位时间蒸发的水分及吸入的新鲜空气而定。此蒸汽量一般用体积百分比，即体积（水）/体积（总）（V_w/V_T+）或蒸汽分压力比（p_w/p_T）来表示，其中总体积 $V_T=V_w+V_A$。

② 当排气温度 100℃，1 个大气压（101kPa）时，水蒸气的比容积为 $V^n=1.725m^3/kg$，即蒸发 1kg 水产生 $1.725m^3$ 的水蒸气。要使排气湿度（H）保持在 5%、10% 或 20% 时，则应输入相应的空气量 $V_A=V_S\left(\dfrac{1}{H}-1\right)$。—DT 求出为 $32.8m^3$，$15.5m^3$ 或 $6.9m^3$。可知，若将排气湿度从常规 10% 提高到最佳值的 20%，蒸发每 1kg 水，可以少补充温度为 100℃ 的热空气 $8.6m^2$。

③ 由气体状态方程式 $pV/T=$ 常数，表述了任意状态下气体的压力与容积之乘积，除以气体的绝对温度，其商为常数。在热风烘燥机中，热风压力可近似为 1 个大气压（101kPa），即 $p \approx 1$，因此，可得出气体从一个状态变到另一个状态的方程式：$V_1/T_1=V_2/T_2$。

设：新鲜空气温度为 20℃，$T_1=273+20=293K$，热空气温度为 100℃，$T_2=273+100=373K$，由式可求出，将排气温度从原来的 10% 提高到 20%，蒸发每 1kg 水可以少补充新鲜空气（20℃）$6.75m^3$。

新鲜空气补入量的减少不仅节约了风机所耗的传动能量，更重要的是可以减少使新鲜空气（20℃）升温至烘燥温度（100℃）的热量，已知：0~100℃ 之间空气的定压容积比热容 c_p 为 1297~1399J/（$m^3 \cdot$℃），根据容积比热计算热量公式 $Q=V_0c_p(t_2-t_1)$ 少补充 $6.75m^3$ 20℃ 新鲜空气可算出为 728730J。

④ 举例工况排气湿度 10% 时，带液率 68%：每小时蒸发能力（kg 水）$40 \times 1.6 \times 0.2 \times (0.68-0.08) \times 60=460.8$

$$O=15.5 \times (100 \times 1339-20 \times 1297)=1673380J$$

全年 6000h 耗能（MJ）：$460.8 \times 1673380 \times 6000=4618528.8$，折合蒸汽 2157t。

⑤ 举例工况排气湿度 10% 时，带液率减少到 38%；

每小时蒸发能力：（kg 水）$40 \times 1.6 \times 0.2 \times (0.38-0.08) \times 60=230.4$ 显然，烘燥负

荷减半，全年用在加热排气补充空气的蒸汽仅 1078.5。

⑥ 举例工况排气湿度由 10% 提高到 20%，带液率仍为 38%。

由前述将排气湿度从 10% 提高到 20%，蒸发每 1kg 水可以少补充新鲜空气（20℃）6.75m³，可节省 728730J 的热能。由 38% 带液率每小时的蒸发负荷 230.4kg 水，扣除因排气湿度提高而造成蒸发效率下降 10% 的因素，则可求出全年的节能数：230.4×6000×0.9×728730＝905082.6MJ，进一步节省蒸汽约 423.5t，说明采用最佳排气能耗使每蒸发 1kg 水的能耗约下降到 60%。全年工艺能耗下降到 30%，节省 70%

（2）易去污整理（拉幅机烘干＋热风焙烘）

裤料：100% 纯棉织物，250g/m²，幅宽 1.52m。

对比在恒定车速下（工艺 1 和工艺 3）的节能和节电情况可以看出，节能可达 41.8%，节电可达 67.0%。

表 9-111 易去污整理工艺能耗比较

项目		工艺 1	工艺 2	工艺 3
初始含水率/%		70	40	40
剩余含水率/%		8	8	8
温度/℃		130/150	130/150	110/120
能量/(kW·h)	热能	674	658	392
	电能	117	120	38
车速/(m/min)		53	94	54

表 9-111 中，工艺 1 与工艺 2 在能量消耗相仿的情况，工艺 2 的工艺车速比工艺 1 提高 77%。可见初始含水率的非结合水减少节能量效果明显，可提高生产效率，节省生产成本。

热风烘燥的蒸发负荷与织物进入烘房时的带液量成正比的。在染整湿加工过程中，降低织物带液率有两种可能的方法：脱水；局部或有限施加水分。在第一种方法中，织物首先在液体中浸渍，然后用压吸或其他方法脱去过多的液体。用此法是有限的降低带液率，因为纤维和纤维间细小的毛细管道中的液体是难以用机械方法去除的。所以此法不能使带液率降低到 40% 以下（棉织物）。第二种有限施加法可使带液率降低至 10%。然而，对棉织物来说，为了获得充分的渗透和使化学品在织物上的均匀分布，工艺带液量不能小于 30%。有限施加工艺有输液带给液、照相凹版辊、配量刮刀辊、喷雾法、雷玛燃烧法（Remaname）和泡沫施加法等。这些方法中，泡沫整理、喷雾给液、刀辊给液广为应用。

（3）减少织物带液率节约烘燥能耗的实用方法颇多

① 织物中合成纤维含量较高和纤维素纤维的含量较低时，真空抽吸脱水将更有效。例如对于纯聚酰胺织物真空抽吸脱水，可将液体抽至残余水分约 20%，采用轧水机械脱水，残余水分则为 40%；在纯棉织物吸足水的情况下，用高性能轧水装置实施挤压脱水，残余水达 50% 左右，而用真空抽吸脱水只能达到 70% 左右。实践表明，棉纤维与化纤混纺织物以 50/50 为界，棉纤维超过 50% 采用机械挤压脱水，当聚酰胺纤维超过 50% 采用真空抽吸脱水为好。

某漂染厂涤加白定形工艺，将真空脱水机装在轧车出布处，取代原工艺设备流程中的电热红外预烘机，当真空度为 50 kPa，织物经真空吸水后，含水率为 25.5%，比浸轧后的 58.1% 降低 32.6%；后续热风烘燥温度从原来 85℃降到 60℃左右。涤加白工艺采用消灭了黄白条疵布，提高了产品质量。

② 中国纺织科学技术开发总公司开发的产品——SPT 喷雾给液机，可用于功能性后整理的单面给液和双面给液。单面给液的带液率约 15%~25%，双面给液的带液率约 30%~60%。由于带液少，后续烘干可节省能耗 25%~40%，节省化学品 25%，且改善了整理的质量。

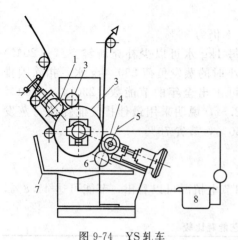

图 9-74　YS 轧车

1—橡胶压辊；2—压辊；3—橡胶辊；
4—照相凹版辊；5—树脂喷雾管；6—上液
量控制辊；7—接液盘；8—树脂液槽

③ YS 轧车是树脂整理工艺的节能设备，其给浆辊是照相凹版辊，控制浆液浓度，就可以控制带液的厚度（见图 9-74）。用 10%～20% 的轧余率，就可均匀地把浆液涂附在布上。在布速 100m/min，布重 120g/m²，每天运行 20h，采用 YS 轧车比传统工艺每天节省染化料 8640kg，蒸汽 21t，煤气 300kg。

④ 刀辊给液轧车采用标准印花刮刀给液率为 30%～40%。给液率降至 30% 时，可节省至少 50% 的化学助剂，水洗方便，需洗去的化学剂相应减少，减轻污水处理负荷，给液率降低至传统工艺的一半，烘干机生产率提高 100%，能耗降低极大。

⑤ 应用斯托克 FP—Ⅱ 型泡沫印花系统，生产 8546 花号（印花面积 50%）的一套色花型 50km，与常规印花比较：采用泡沫涂料印花可以节省印花色浆 55%，降低成本 38%，且印制效果好，织物手感柔软。

⑥ 在普通平网印花机上，印制床单、毛巾织物的发泡比 1：(3.5～4)，可节约活性染料 10%～15%，涂料 40% 左右；烘燥所需热能可节约 50% 以上，有益于改善环境污染。泡沫稳定性好，流变性好，泡沫浆不沾刮刀、不拖刀、不易造成糊色等疵点。

⑦ 50/50 涤棉 230g/m² 缩率整理采用浸轧工艺：52m/min，改用泡沫整理工艺艺车速提高到 100m/min，节约天然气 78%。

减少烘燥织物上非结合水或是采用低给液技术有限施加水分，都是节省烘燥热能的有效方法。

9.5.3　真空狭缝抽吸的应用

真空抽吸在纺织染整中被越来越多地采用。主要的应用是：常规烘燥前织物的脱水；化学品湿-湿浸轧前的脱水，以抑制进入织物的溶液内水分的交换；清除预处理中和染色后的水洗中不需要的化学品；渗透较好的低添加量整理；棉绒去除[35]。

（1）真空抽吸减少了纺织物在热烘燥前的含水量，从而可以大量地节约能源，去除水分的多少，主要取决于存在的纤维的类型和处理条件。一个典则的例子：中厚型 50/50 涤/棉织物，其含水量的 50% 左右可以被抽吸（含水量从 70% 降到 30%）。其比例对于仅含疏水合成纤维的织物较高，对全棉则较低。即使处于最佳节能效果的条件下（65%），对流和传导烘燥的能源消耗，每磅水的去除至少需要 200Btu。用于典型的 50/50 涤/棉织物的可对比的真空抽吸机能源消耗，车速每分钟 100 码，其每磅水去除的能耗低于 100btu。在许多情况下，真空水平从 10in 泵株提高到 15in 泵株，其抽吸后的含水量降低很少，可以采用较低功率的真空泵在较低的真空水平下获得最佳的经济性。

烘燥前的真空抽吸可通过提高织物速度，或降低燃料消耗来提高其生产率。织物在长、宽间残留水分的均匀性，结果使干燥操作极为一致。但是必须指出，一些具有很高或很低空气渗透性的针织材料和织物为了用真空抽吸有效地去除水分，不容许用足够高的空气速度。

1 码 = 0.9144m；1lb = 0.45359kg；1Btu = 1.055kJ；1 英寸汞柱 = 6.89476kPa；1 盎

司＝28.349g；1in＝2.54×10⁻²m。

典型的 50/50 涤/棉织物（50in 宽，每平方码 4.1 盎司），每分钟 100 码的速度，对 100 磅脱水的织物，真空泵加工成本仅 3.9 美分。非常保守地假定，每磅织物的吸液率平均下降 0.3 磅水分，每年生产 11000000 磅，预计每年节约总共 28826 美元；即蒸汽节约 33096 美元，减去真空泵操作的 4270 美元（30 马力，每千瓦时费用 0.04 美元）。

此例说明真空狭缝抽吸的节能效果明显。

(2) 真空抽吸将在染色和整理湿-湿技术的发展中，起着十分重要的作用。充分去除织物上几乎所有非结合水，可允许在以后浸轧中，几乎并无吸收的水分与浴中化学溶液的交换，因此可最低限度地降低稀释作用，没有这种交换，织物上化学品保留量可简单地决定于吸收率的提高，并能比较容易多地加以控制。

为了避免结合水的解吸作用，在浴中的滞留时间必须短，机械性挤轧不可过分厉害。但是在湿-湿处理中，要求化学溶液在织物上充分饱和，以便获得最佳结果。较大的饱和槽，具有较长的滞留时间，可用于充分交换。

除了由于湿-湿施加中的交换引起的稀释作用外，保证被处理织物使液体流入速率小于从浴中带出速率，这是重要的，否则槽中溶液会溢出。真空抽吸一个重要的应用是丝光中第一级苛性饱和槽前的脱水，可简单地减少进入溶液里的水量。这点可避免由于从织物中解吸出来的、较稀和较大体积的碱液，来交换浓的 NaOH 溶液，结果使 NaOH 溶液过分稀释，并经常发生溢出现象。

用干-湿（湿罩干）（wet-on-dry）和湿-湿施加方法，以浓 NaOH 溶液浸轧于涤/棉织物上的对比表示在表 9-112 中。当原始湿织物用 NaOH 浸轧一次时，NaOH 保留量简单地接近于织物上添加了 80% 的 23% 溶液。因此并无原来存在于织物中水分的交换作用；但是这会引起织物中的最终溶液有很大的稀释（15% 而不是 23%NaOH）。如果在真空抽吸前，湿织物浸轧 3 次（浸渍和挤压各 3 次），保留在织物中的溶液浓度非常接近于浴内溶液浓度，表明了初始水分的充分交换。注意真空抽吸后，尽管织物中 NaOH 量较少，保留溶液的浓度较高，因为棉纤维有选择吸收 NaOH 的作用。

**表 9-112　50/50 涤/棉织物采用 23%NaOH 溶液进行干-温
（湿罩干）和湿-湿浸轧施加方法①**

项目		织物中的 NaOH 含量②	织物的含水量②	织物中 NaOH 溶液③
干湿（湿罩干）	真空前	30.8%	106.2%	22.5%
	真空后	20.5	59.2	25.7
湿-湿	真空前	17.5	98.1	15.1
	真空后	12.1	57.6	17.4
湿-湿	真空前	37.1	124.8	22.9
	真空后	24.0	71.6	25.1

① 1/1 平纹布，3.8 日盎司/码²，真空水平：15 英寸汞柱，织物速度：4.0 码/min。

② NaOH% 和水% 指每 100 克织物中的克重。这些数值的和得出总的吸液率。

③ 织物上%NaOH 溶液表示为 NaOH 克数/100 克溶液。

④ 初始水含量 2.4%。干燥织物真空前浸轧 3 次。

⑤ 初始水含量 35.3%。湿织物真空前浸轧 1 次。

⑥ 初始含水量 34.5%。湿织物真空前浸轧 3 次。

此例说明在湿-湿加工中，由于真空抽吸收的参与，涤/棉织物可有效实施湿进布丝光。

(3) 真空抽吸可有效地帮助预处理和整理中水洗操作以清除不需要的化学品。真空抽吸的应用已显示出能提高洗去未固着活性染料的效率，在降低其亲和力的条件下进行。该技术对清除化学晶具有相当的潜力，并能回收聚乙烯醇浆料。

织物受到水洗箱出口处轧点的挤轧，其不洁溶液通常又回流到箱内，采用真空狭缝替代这种轧点，降低了水洗箱之间的带过去，并且提高了织物与下一次水洗溶液之间的物质传递。在这种水洗操作中采用真空抽吸的最终目的是降低水的消耗。为了达到这一目的，需要做较多基础工作，例如此项技术对清除纺织品上可溶性化学品聚合物及涂料的作用，以及它对水洗中物质传递的影响。

在水洗过程采用真空抽吸，可以提高水洗浓度梯度，有利水洗传质。

（4）有些纺织厂目前在采用整理混合液浸轧后的真空抽吸，并已有许多关于这种浸轧/真空工艺的文章发表。由于此技术清除了织物上多余的溶液（低留量），这是要求具有较好化学品渗透性的理想低添加量整理。抽吸之后，两边水分及化学品量的差异通常较小，整个工艺要比传统的浸轧工艺一致得多。

浸轧/真空施加方法具有许多优点。清除几乎所有织物上未结合的溶液，抑制了后道干燥过程中的化学泳移，因此不再需要预烘干，而溶液处方中可以不用防泳移剂。减少了在机器部件，如辊筒和拉幅布铗上树脂的形成，以及去除树脂和棉绒沉积的清洗费用较低。另外，织物较低的总吸液率降低了焙烘前的干燥费用，可以采用拉幅机在较低温度下或较快织物速度下操作。

表 9-113 表示出采用真空抽吸后，降低吸液率对涤/棉织物烘干所需天然气的节约潜力。以每年生产 22000000 码织物为例，由于采用了真空抽吸，纤维吸液率降低 20%，这样，去掉真空泵操作成本后，每年可节约天然气接近于 13500 美元。然而，化学品的节约将更要大得多。

表 9-113　真空抽吸后降低吸液率在烘燥涤/棉织物时所用天然气的潜在节约

烘燥前平均吸液率	
不经真空抽吸	60%
真空抽吸	40%
平均织物重量	2.0 码/磅水
烘燥中天然气消耗	1.5 英尺³/磅
天然气的成本	4.10 美元/1000 英尺³

$$天然气成本 = \frac{(60-40) \times 1.5 \times 4.10}{2.0 \times 100 \times 1000} = 0.000615 美元/码$$

（5）浸轧/真空抽吸技术正越来越多地用于涤/棉织物的整理之中。化学溶液典型地包括有交联剂、改进手感整理剂、柔软剂、增白剂及其他助剂。这种织物的浸轧/真空抽吸整理的主要目的，是清除纱线间的剩余溶液，在纤维表面保留着被棉吸收的交联剂，连同其他足够量的化学品，以产生所需要的性能。如表 9-114 所列吸液率从 60% 降低到 40%，抽吸出来的化学品回流到浸轧浴，可以大量地节约化学品。

表 9-114　降低吸液率的成本节约

通过吸液率从 60% 降低到 40% 化学品成本节约	
不经真空抽吸的化学品成本	= 0.018 × 40/60
真空抽吸预计的成本	= 0.012 美元/码
真空抽吸的实际成本	= 0.013 美元/码

实际的化学品成本要比预计降低吸液率的稍高，因为回流条件常不理想。另外，尽管在浸轧后采用真空抽吸，其整理溶液配方大致一样，配方中聚合物改进手感整理剂的浓度必须增加约 25%。典型地以每年生产 22000000 码织物计算，每码降低化学品成本 0.005 美元，相当于每年可节约 110000 美元。

真空抽吸应用在低添加量整理，能有效改善织物整理质量，防止烘燥时的化学品泳移，降低烘燥能耗，抽吸出来的化学品回流到浸轧槽循环利用。

（6）棉绒积聚物也是一个与真空抽吸有关的问题。真空从孔的形状及其低摩擦材料的结构，对减少棉绒积聚和以后织物上的"条花"达到最少，是很为重要的。用聚四氟乙烯做衬里的真空管道和从旋风分离器自动喷射出棉绒，可最低限度地减少手工清洁的工作量，但是如果液体四流到浴液中再用，则常规设备上必须附有过滤器。肯定地说，无论是湿或干的织物，采用真空抽吸清除织物表面的棉绒，可提高产品质量、印花图案轮廓清晰度和机组的清洁程度。

真空狭缝抽吸技术的应用，有利节能减排，由于其适用范围广，因此，在有些应用场合，如对纤维具有亲和力的化学品还需进一步研究。

9.5.4　低给液泡沫染整加工技术

泡沫染整加工技术已在欧美发达国家和地区取得了良好效果，在我国也得到了越来越多的关注。如应用于纺织品后整理的拒水拒油、亲水、柔软、阻燃、抗皱、防缩、抗菌、抗紫外整理等；此外在牛仔布加色、涂料染色、活性染料染色等方面，也取得了非常满意的效果；其他方面还有泡沫浆纱、泡沫丝光、无纺布和地毯行业的浸胶、涂背胶和染色等。[36]

9.5.4.1　泡沫的基本特征

泡沫是由大量气体分散在少量液体中形成微泡聚集体，并经液体薄膜相互隔离，而形成的一种微小多相的黏状不稳定体系。对染整加工用的泡沫有五个重要的衡量指标，除黏度和密度外，其他三个指标为发泡比、半衰期和第一滴液时间。

（1）发泡比　发泡前液体质量对发泡后相同体积泡沫的质量之比。

（2）半衰期　一定体积的泡沫排液至质量减少一半时所需的时间。

（3）第一滴液时间　泡沫发生破裂产生第一滴液体的时间。

泡沫染整加工是以空气代替水作为载体，将整理剂、染料或涂料的工作液制成一定发泡比的泡沫，使其在半衰期内能稳定地到达织物表面，在施泡装置系统压力、织物毛细效应及泡沫润湿能力的作用下，迅速破裂排液并均匀地施加到织物上。

9.5.4.2　泡沫染整技术

（1）泡沫染整用化学品的基本要求　首先，应用于泡沫染整加工的化学晶必须能够发泡。其次，泡沫被织物吸收前必须保持稳定，而一旦与织物接触就能在其表面发生破裂。再者，被整理织物的吸水性能要求良好。

泡沫染整液包含少量的水、化学药剂和发泡剂，有时还需加入少许的稳泡剂、增稠剂和渗透剂。

发泡剂必须满足以下几个条件：①对 pH 值不敏感；②与其他组分相容；③具有很好的渗透力；④不影响加工织物的性能；⑤对染色牢度影响小。

稳泡剂必须满足以下几个条件：①能增加泡沫的稳定性；②具有很好的渗透力；③与其他组分相容；④组成的溶液具有假塑性和触变性，黏度良好；⑤对染整加工织物的手感和性能无不良影响。

一般来说，增稠剂也被归为稳泡剂，它通过提高溶液的黏度来提高泡沫的稳定性。

为了提高泡沫对织物的润湿性，必要时还可在整理液中加入一些渗透剂。

（2）泡沫染整的优势　泡沫染整加工的优点之一是可降低烘干所需的能源。研究表明，采用泡沫染整加工可以将烘干温度降至 65℃，减少烘干能源成本约 50%。同时，织物加工速度提高 40%，化学品用量减少 60%～70%。

泡沫染整加工的另一主要优点是减少耗水量。据报道，采用泡沫染整加工，用水量减少 30%～90%；排污量也相应减少，污水处理成本降低 50%～60%。

与传统印花相比，泡沫印花质量更高，图案更清晰，手感更柔软。一般，若通过控制染料的渗透量，还可在浅色上叠印深色，可使湿布浸轧（湿-湿）工艺成为可能，如泡沫印花后织物无需中间烘干就可直接进行泡沫后整理。

耐久压烫树脂烘干时的泳移，是棉织物传统整理过程中最为严重的问题之一，而采用泡沫整理，因带液'率减小，泳移程度会大大降低。

9.5.4.3 传统泡沫染整加工设备

一般，工厂在采用泡沫染整加工方式时，无需添置整套专用设备，仅需将常规的浸轧部分更换成泡沫施加装置，再添置泡沫发生器，就可进行连续化的泡沫染整生产加工。

泡沫染整加工技术虽然具有很多优势，但一直以来未能推广开来。实践加工中的瓶颈并不在于泡沫染整加工原理的不完善，而是如何将泡沫均匀地施加到织物上。因此，技术核心是泡沫施加装置。

传统的泡沫施加装置主要有以下几种类型，但都存在一些问题，具体见表 9-115。

表 9-115 传统泡沫染整加工设备类型及缺陷

轧车式或浮刀式	
存在问题	(1)泡沫不稳定,易提前破裂,引起织物不均匀润湿;而稳定性过高的泡沫在通过轧辊缝隙时往往不会破裂; (2)无压力条件施加,需要在布面上滞留较长时间,对泡沫的稳定性和织物的渗透性要求高; (3)在加工厚型织物时,泡沫往往难以渗入织物内部,表面产生色差
圆网式	
存在问题	(1)设备结构复杂,对圆网和刮刀结构制造要求高,操作与调整非常麻烦; (2)同样存在轧车式和浮刀式设备中出现的问题

存在问题	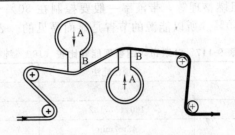
存在问题	(1)构造比较复杂,制造要求高,操作与调整非常麻烦; (2)由于布边难以控制,易产生留白现象,也没有解决好不同幅宽织物的施加问题

9.5.4.4 Neovi-foam 泡沫染整设备

上海誉辉化工有限公司针对以上几种泡沫施加器存在的问题,经过数年探索,创新推出了一款自主专利设计的高效 Neovi-foam 泡沫发生器和施加器,其创新点见表 9-116。

表 9-116 Neovi-foam 泡沫染整加工设备

Neovi-foam 系统	特　点
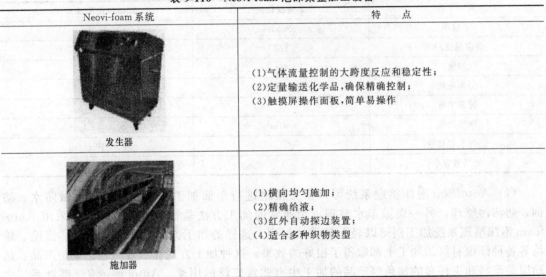 发生器	(1)气体流量控制的大跨度反应和稳定性; (2)定量输送化学品,确保精确控制; (3)触摸屏操作面板,简单易操作
施加器	(1)横向均匀施加; (2)精确给液; (3)红外自动探边装置; (4)适合多种织物类型

Neovi-foam 泡沫系统从以下几方面创造性地解决了传统施加方式存在的问题。

(1) 泡沫从发生器出口到达织物幅宽任意一点所经过的距离一致,即可达到泡沫衰减一致的效果。保证了泡沫从发生至到达织物表面或喷入织物内部横向均匀施加,没有左右偏差或条纹产生。

(2) 泡沫挤入式设计,可保证泡沫均匀渗透并在织物内部发生衰减,达到精确给液的目的。

(3) 泡沫施加器带有红外自动探边装置,幅宽变化时,泡沫施加位置可随之调整,而泡沫施加均匀程度不受影响。

(4) 由于能够精确给液并采取挤入式的施加方式,因而泡沫染整加工不受织物类型限制。

9.5.4.5 Autofoam 泡沫染整加工系统的特点[37]

(1) 一是有效节约能源　因为采用 Autofoam 泡沫整理系统加工纺织品的时候,带液率只有 10%～35%。实际上带液率的高低，是根据加工内容的需要而选择的，如进行单面防水整理时，带液率通常选择为 10%～20%。而进行所谓全渗透时：如有一些柔软整理；防皱、防缩整理；阻燃整理等，带液率一般要控制在 30%～35%之间，即使这样也比常规方法的带液率减少 50%。所以能源的节省是显而易见的。表 9-117 为实际测试的例子。

表 9-117　针织布防缩整理能耗比较（100%纯棉针织布，136g/m²）

参数	常规浸轧法	Autofoam 泡沫整理
带液率	70%	30%
烘房温度/℃	160,177,182	160,170,182
布速	42m/min	86.4m/min
能量消耗	1419kJ/in	867kg/m
能源节省		38.9%
燃气用量	0.0046m³/m	0.0028m³/m
燃气节省数量		0.0018m³/m
燃气节省率		39.1%

表 9-118　印花布的抗皱整理能耗比较（100%纯花布，92g/m²）

参　数	常规浸轧法	Autofoam 泡沫整理
带液率	69.9%	30%
烘房温度/℃	177	177
布速	110.4m/min	109.2m/min
每米能耗	279kJ/m	206kJ/m
能源节省		26.2%
燃气消耗	0.0061m³/h	0.0045m³/m
燃气节省数量		0.0016m³/m
燃气节省率		26.2%

　　（2）Autofoam 泡沫整理系统可以很方便地进行单面加工，如纺织品一面做防水、防油、防沾污整理，另一面做亲水整理，用通常的加工方法是很难做到的。但是采用 Autofoam 泡沫整理系统加工则可以轻而易举的做到。这样的加工方式，我们在纯棉、涤纶、锦纶等各种纤维材料的加工上都取得了很好的效果。这种加工方式在服装面料、家纺产品、运动服装面料和牛仔布的加色等产品的加工中有非常广泛的用途。Autofoam 泡沫整理系统之所以能非常方便地进行单面加工，精确地控制泡沫的施加量是基本的保障。有了精确的泡沫施加量的控制，再适当的调节好轧车的压力，就能够非常方便地控制化学品在被加工纺织品中是半渗透还是全浸透。

　　节能情况从下面实际生产更能清楚地看出来。某厂，做单面防水面料生产。原来的旧生产工艺：带液率一般 60%左右，以车速 30～35m/min 烘干。采用 Autofoam 泡沫整理技术，带液率 10%，车速 70～80m/min。烘干和焙烘一次完成。虽然没有进行节能的认真核算，但是节能的效果是显而易见的。

　　二带液率与浸轧法相比大幅度降低，所以烘干时车速可以大大提高，因而一台定形机可以有两台以上定形机的生产能力。

　　三减少甚至杜绝污水的排放。Autofoam 泡沫染整加工系统是把工作液打成泡沫再施加到织物上的，因此它不需要浸轧法加工时的轧槽，加工完成以后剩余的仅仅是少量的泡沫。而且这些泡沫的化学品组成与最初的配方完全相同，如果有必要，则完全可以方便地回用。

　　四可以帮助我们更容易地开发新产品。因为 Autofoam 可以很方便地实现单面加工，这就给我们的产品开发创造了非常好的条件，如：一面防水一面亲水的所谓单拨单吸加工。另外，在家用纺织品中，防水加阻燃采用泡沫法会比较容易实现，因为采用单面加工，有可能会减小阻燃剂和防水剂之间的相互的干扰。曾经做过 $120g/m^2$ 全棉薄织物耐久阻燃加单面防水整理，阻燃达到了 BS-5852 标准要求，同时织物还具有单面防水功能。这种产品，如果采用浸轧法，单单是阻燃效果，就已经很难达到要求了，更不用说还要做单面防水。另外，一面防紫外线，一面防污，单面的香味整理，单面的防异味整理，单面的凉爽整理等都可以轻易实现；这样既完成了新产品的开发，又节省了大量化学品，有效降低了生产成本。在服装面料生产中，服装面料的单拨单吸整理，针织运动服装和 T 恤衫等等的吸湿排汗整理。采用 Autofoam 泡沫整理系统都可以很轻松地实现。

（3）泡沫涂色工艺分析　用 Autofoam 进行涂色加工有很多优点：①由于带液率只有常规方法的 30%～50%，所以节能效果非常明显；②减排主要是因为 Autofoam 不需要浸轧槽，涂色过程完成后，只剩下少量泡沫，不像常规方法，要排掉整个浸轧槽的染液。这在小批量加工时，尤其明显；③均匀性。大家知道，由于染料对纤维的亲和力不同，所以刚开车时，轧槽中的染料染液浓度，常常会不断改变，因此需要针对不同的染料加以调整，即所谓的开车加浓或开车冲淡。这种调整多数情况下，完全依靠经验。特别是小批量多品种的产品加工，很麻烦，而且不容易调准。而采用 Autofoam 涂色，染料溶液自始至终都是不变的，因为染料向织物上的转移是不可逆的。所以由于染料浓度的改变造成的头尾差，通常就不会出现。在采用浸轧法染色时，时常会出现边中色差，这在大多数情况下，是由于轧车的质量造成的。而 Autofoam 涂色加工，只要泡沫正常，通常也不会出现。Autofoam 可以方便地进行单面加工。涂色产品的牢度，因为两者的配方基本相同，所以从理论上讲，Autofoam 涂色的牢度与浸轧法应该没有差异。

印花法涂色和刮刀涂层法涂色，无论是均匀性、手感、牢度，都不如 Autofoam 法的涂色产品。

Autofoam 涂色对织物没有什么选择性。无论是梭织布、针织布、无纺布以及地毯甚至塑胶片，都可以顺利加工。Autofoam 可以进行涂料和除了硫化染料外的各类染料涂色。硫化染料是由于其分子结构太大，造成涂色后固色率不高。如果想要采用 Autofoam 涂色，则还需要进一步研究。Autofoam 很方便单面加工，所以像牛仔布的加深和多色牛仔布以及仿牛仔布的颜色涂布加工都取得了非常好的效果。Autofoam 除了进行单面涂色加工外，对于薄型织物也可以进行全渗透加工。

（4）涂色工艺举例

① 涂料的涂色加工

a. 配方：

涂料	x%
黏结剂	10%～20%（视涂料的数量而定）
起泡剂	DA-T10～12g/L
稳泡剂	DA-M1～2g/L

b. 发泡比　1：（6～8）

c. 工艺过程：

涂色→烘干→焙烘（150℃×3min）

涂料涂色可以方便地进行牛仔布的加深，因为靛蓝对牛仔布的染色通常容易染得浓艳的蓝色，如果采用泡沫法则相对比较容易，而且成本较低。泡沫法还可以方便地加工多色牛仔布，使牛仔布颜色更丰富。另外还可以用白布加工仿牛仔布产品。

② 活性染料涂色

a. 配方：

活性染料	x
（防染盐）	1%
（尿素）	适量
碱（可以由计量泵加入）	
起泡剂	8～15g/L
稳泡剂	1～2g/L

b. 发泡比：1∶(6～8)

c. 工艺过程

涂色→（烘干）→汽蒸（或焙烘）→水洗→烘干

活性染料采用 Autofoam 泡沫法涂色，是实现活性染料无盐染色最方便的途径之一。不仅能有效地节约能源，还可以有效地减少对环境的污染。

但是 Autofoam 涂色毕竟是一种新的加工方法，还需要通过大量的生产实践，不断总结经验。不像浸轧法在染整加工中的应用，那么普及，那么成熟。

9.5.4.6　可以实现污水的零排放

在泡沫整理加工中，残留的仅仅是少量的泡沫，而且这些泡沫破泡以后得到的工作液浓度与配方浓度完全一样，没有任何变化，因此多数情况下可以回用。完全没有常规加工方法中存在的轧槽中的工作液必须放掉的问题。

9.5.5　棉针织物单面泡沫染色工艺

本试验研究了棉针织物单面泡沫染色工艺的可行性，并优化单面泡沫染色的工艺条件，为织物的泡沫染色提供参考[38]。

9.5.5.1　试验

（1）材料与仪器

① 织物　16.67tex，75 圈/10cm 纯棉双螺纹针织物

② 染化料　DEKsol 活性蓝 BK150%（天津市德凯化工有限公司），十二烷基硫酸钠（SDS）、无水碳酸钠（Na_2CO_3）、尿素（天津市科密欧化学试剂有限公司），海藻酸钠（成都市联合化工试剂研究所）

③ 仪器　SF-600 Datacolor 测色仪（Datacolor 公司）

（2）泡沫染色方法

① 织物泡沫单面染色工艺流程　发泡→涂覆泡沫→烘干→轧碱→预烘→焙烘

② 工艺条件

DEKsol 活性蓝 BK/(g/L)	5
十二烷基硫酸钠/(g/L)	3
碳酸钠/(g/L)	20
海藻酸酸钠/ (g/L)	1
焙烘温度/℃	140
焙烘时间/min	3
涂覆速度/(m/min)	1
轧辊轧力/Pa	$1×10^5$
发泡比	11.6

由于发泡液中不含碱剂，故采用染色与固色分开进行的刮涂两步法。本试验考察了在染料质量浓度。表 9-119 为因素与水平表。

表 9-119 因素与水平表

因素名称	A	B	℃ 焙烘时间/min
	$Na_2CO_3/(g/L)$	焙烘温度/℃	
水平 1	10	120	2
水平 2	20	130	3
水平 3	30	140	4

5g/L 的条件下，碳酸钠浓度、焙烘温度和焙烘时间对织物 K/S 值的影响。

（3）匀染性测定 在织物上取八个点，测定其表观色深（K/S）值，按式（9-12）求其平均值$\overline{K/S}$；按式（9-13）计算各点 K/S 值对平均值的标准偏差 $S_r(\lambda)$，表示织物的均匀性。偏差越小，染色越均匀，匀染性越好。

$$K/S = \frac{1}{n}\sum_{i=1}^{n}(K/S)_{i\lambda} \qquad (9\text{-}12)$$

$$S_r(\lambda) = \frac{\sum_{i=1}^{n}\left|\frac{(K/S)_{i\lambda}}{K/S}-1\right|}{n-1} \qquad (9\text{-}13)$$

9.5.5.2 结果与讨论

（1）泡沫涂层厚度影响 染色布样的得色深度取决于上染纤维的染料总量，而染液的供给量直接决定了可上染的染料量。泡沫涂层厚度对染色效果的影响见表 9-120。

表 9-120 泡沫涂层厚度对染色效果的影响

泡沫厚度/mm	0.2	0.7	1.0	1.5
K/S 值	2.06	2.5	2.69	3.05
$S/(\lambda)$	0.047	0.038	0.033	0.027

由表 9-95 看出，随着施加到织物上泡沫厚度的增加，染色样品的 K/S 值也相应增加。但当泡沫厚度增加到 1mm 时，染液开始渗透到织物反面，达不到理想的单面效果。所以，实际生产时，泡沫涂层厚度需合理控制，涂覆的厚度要根据不同的织物、发泡比、涂覆速度等因素而定。

（2）发泡比和压力的影响 发泡比是表示发泡体系发泡性的指标，同时也是反映生成泡沫中液体滞留量的一个指标。发泡比大，单位体积的泡沫中所含有的液体就多；反之，所含的液体就少。

在涂覆厚度为 0.7mm 的条件下，分别改变发泡比和轧辊压力（轧破泡沫时的压力），观察其对染色效果的影响，结果见表 9-121。

表 9-96，随着发泡比的提高，染色布样的 K/S 值不断降低。这是因为发泡比增大，同体积泡沫所带的液体量逐渐减小，染液的量也随之减小，织物 K/S 值降低。在发泡比为9.5 时，染液开始渗到棉针织物背面。

表 9-121 发泡比和轧辊压力对染色效果的影响

发泡比	K/S 值			
	$0.5\times10^5 Pa$	$1.0\times10^5 Pa$	$2.0\times10^5 Pa$	$3.0\times10^5 Pa$
5.5	3.74	3.55	3.47	3.45
9.5	3.66	3.47	3.23	3.18
11.6	2.79	2.65	2.53	2.44
14.3	2.37	2.18	2.15	2.13
19.1	1.91	2.07	1.95	1.98

从表 9-187 知，同一发泡比下，轧辊的压力对泡沫单面染色的 K/S 值的影响并不显著。尤其是在发泡比较高的条件（在本试验中发泡比≥11.6）下，此时的带液率可控制 20%～30%之间，施加的轧辊压力不足以将染液挤压出织物，染液不会渗透到棉针织物背面。但是，当发泡比较低时，较高的轧辊压力就会影响染液的渗透情况。因此，单面泡沫染色工艺过程中，轧辊压力需与发泡比同时考虑。

（3）涂覆速度的影响 涂覆速度会影响泡沫染色的均匀性，如果涂覆速度控制不当，织物会出现前后色差、斑纹等染色疵病。

在涂覆厚度为 0.7mm 和发泡比为 12.5 的条件下，改变涂覆速度，其对染色效果的影响见表 9-122。

表 9-122 涂覆速度对染色效果的影响

涂覆速度(m/min)	0.5	1	2	3	4	5
K/S 值	3.56	2.89	2.41	2.12	1.83	1.66
$S(\lambda)$	0.025	0.028	0.033	0.042	0.048	0.041

从表 9-122 看出，随着涂覆速度的增加，染色布样的得色深度逐渐减小。这是因为涂覆速度低，泡沫与布样接触的时间长，染液进入纤维的总量大。随着涂覆速度的增大，织物与底层泡沫液接触时间短，上层泡沫又未能及时补充，表现在染色织物的 K/S 值逐渐降低。但涂覆速度过慢，会导致泡沫液从织物一面向另一面渗透，所以，要想得到理想的单面染色效果，需控制涂覆速度。

（4）增稠剂的影响 在液体发泡过程中，增稠剂起稳定泡沫体系的作用，同时它又影响泡沫的流变性能。

试验考察了增稠剂用量对染色效果的影响，见表 9-123。

表 9-123 增稠剂用量对染色效果的影响

增调剂/(g/L)	0.2	0.5	1	2	3	4
K/S 值	2.53	2.76	2.86	2.82	2.78	2.79
$S(\lambda)$	0.047	0.025	0.023	0.026	0.034	0.037

表 9-98 随着增稠剂用量的逐渐增加，K/S 值先缓慢增大，再趋于平稳；而染色均匀性则先下降后回升，呈波谷状。分析原因，因增稠剂用量较少时，体系起泡性和稳定性较差，生成的泡沫直径较大，气泡大小不均匀，使得染色深度和染色均匀性不佳。随着增稠剂质量浓度的增大，生成的泡沫更加稳定，气泡变得更加均匀细腻，染色深度和染色均匀性提高。增稠剂用量和泡沫的黏度增大，泡沫流动性变差，其不容易在织物上铺展开，影响染色的均匀性。所以，泡沫染色过程中起稳定泡沫作用的增稠剂用量要合理控制。

（5）正交试验及其结果 棉针织物泡沫单面染色中，在发泡比为 11.6，涂覆厚度为 0.7mm，涂覆速度为 1.5m/min，轧辊压力 1×10^5 Pa，DEKsol 活性蓝 5g/L，十二烷基硫酸钠 3p/L，海藻酸钠 1g/L，尿素 10g/L 的条件下进行正交试验，以优化碱剂、焙烘温度和焙烘时间等工艺参数。结果见表 9-124。

表 9-124 正交试验结果

中色	A(Na$_2$CO$_3$ 用量)	B(焙烘温度)	C(焙烘时间)	K/S 值
1	1	1	1	2.52
2	1	2	2	2.26
3	1	3	3	2.56
4	2	1	2	2.73
5	2	2	3	2.8
6	2	3	1	2.06

续表

中色	A(Na₂CO₃ 用量)	B(焙烘温度)	C(焙烘时间)	K/S 值
7	3	1	3	2.62
8	3	2	1	2.63
9	3	3	2	0.97
均值1	2.447	2.623	2.403	
均值2	2.530	2.563	1.987	
均值3	2.073	1.863	2.660	
极差	0.0457	0.760	0.673	

从表 9-124 见，A2B1C3 为最佳工艺组合，即碳酸钠质量浓度 20 S/L，焙烘温度 120℃，焙烘时间 4 min。其中，焙烘温度为泡沫染色时的最大影响因素，其次为焙烘时间和碳酸钠用量。

综上所述，棉针织物泡沫染色的优化工艺条件为：DEKsol 活性蓝 BK 150％5g/L，十二烷基硫酸钠 3g/L，海藻酸钠 1g/L，尿素 5g/L，碳酸钠 20g/L，焙烘温度 120℃，焙烘时间 4min，涂覆速度 1.5m/min，泡沫层厚度 0.7mm，发泡比 11.6，轧辊压力 $1×10^5$ Pa。

表 9-125 正交试验方差分析

因素	偏差平方和	自由度	F 比值	F 临界值
碳酸钠	0.355	2	1.000	19.000
焙烘温度	1.071	2	3.017	19.000
焙烘时间	0.188	2	1.952	19.000
误差	0.350	2	—	—

由正交试验的方差分析表 9-125 可以知道，虽然各因素对应的 F 比值都小于 F 临界值，也即因素的显著性不明显，但是从 3 个因素的对应 F 比值可以看出，焙烘温度对应的 F 比值最大，也即焙烘温度对泡沫染色结果影响较为显著。

【结论】

① 泡沫染色过程中，泡沫涂层厚度与发泡比对染色深度有很大关系。相同条件下，泡沫涂层越厚，布样得色深度越深；发泡比越高，布样着色越浅。

② 泡沫染色是低带液率加工方法，染色深度和轧辊的压力关系不大。增稠剂用量对染色的均匀性有一定的影响。

③ 棉针织物泡沫染色加工过程中，焙烘温度对棉织物泡沫单面染色影响较为显著。

④ 棉针织物单面泡沫染色的优化工艺条件：DEKsol 活性蓝 BK 150％质量浓度为 5g/L，十二烷基硫酸钠 3g/L，海藻酸钠 1g/L，尿素浓度 5g/L，碳酸钠 20g/L；焙烘时温度为 120℃，焙烘时间 4min，涂覆速度 1.5m/min，涂覆厚度 0.7mm，发泡比 11.6，轧辊压力 $1×10^5$ Pa。

9.5.6 蜡染花布热风拉幅转子给湿工艺

在蜡染产品的生产加工中，需要对一次印花后的半成品织物进行二次拉幅定形，以保证织物幅宽稳定便于进行二次印花。传统的拉幅定形工艺采用浸渍—轧压—烘燥—定形—打卷的方式，烘干机部分每天消耗大量的蒸汽能源。为进一步提高生产效率，降低能源消耗，在不改变原有设备结构的前提下，通过应用喷盘式均匀低给液系统，给液量按照工艺要求在一定范围内设定，运转中依据主机速度变化而自动调整给液量，并确保左、中、右和前后给液量均匀一致。省去了定形机轧车单元，同时烘干机不再消耗大量的蒸汽能源。[39]

（1）喷盘给液拉幅定形工艺流程 见图 9-76。

喷盘主机部分安装于定形机轧车与烘燥机之间，在对织物进行给湿拉幅定形时，织物无

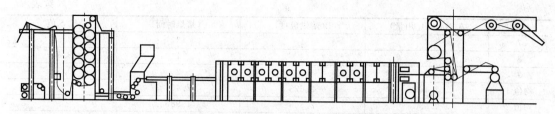

图 9-76 喷盘给液拉幅定形工艺流程

需再经过浸渍槽和轧车，而是通过导布辊使织物直接经过喷盘。织物在经过喷盘得到一定的水分后进入烘筒机（烘筒机无再需通入蒸汽），以便于织物上的水分在进入布铗前能够充分进入织物纤维中，以保证拉幅定形下机产品质量。在喷盘后的导布辊上安装有一只编码器，测量织物的运行速度，用以控制给湿系统的水泵，以保证车速变化时织物给湿量前后一致。

（2）喷盘式低给液系统工作原理及结构　在高速旋转（5000r/min）的喷盘中的液体受强大的离心力作用形成水膜，并被盘面上的离心线切割成 30～70μm 的液滴向外洒射，液滴能突破织物表面的绒毛，进入纤维之间。采用喷盘式均匀低给液系统，织物的吸液量在 0～40% 范围内可控。

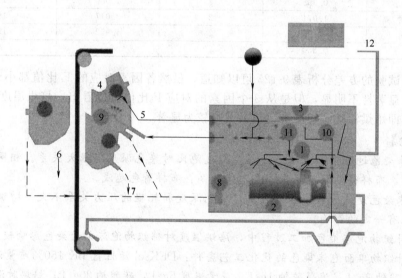

图 9-77 供液系统工作原理

工作原理如下：泵 1 抽取液槽 2 的液体或水，通过过滤器 3 输送到喷盘架 5 上各种喷盘 4 中。当平幅运行的织物 6 通过时，液体便喷射其上。未被喷射到织物上的液体则通过回流管 7 流回到液槽。通过预过滤器 8 清除回流液体中的杂质。清洗装置 9、10、11 保证了供液体单元的清洗。控制单元 12 控制整个系统的运行。

（3）喷盘式低给液与浸渍轧车的比较

① 无接触给液　由计算机控制给液量，稳定、再现性好。

常规使用轧车浸轧，当使用轧车进行湿布轧液时，织物中原有的水会被轧出，流到液槽使溶液浓度变稀，令织物吸收的助剂浓度前后不一致；织物中的脏物、颜色会沾污溶液，继而影响后面织物的白度、鲜艳度；此外织物带液量不能准确计算和设定，容易造成浪费；工艺重演困难；对某些织物，轧辊的压力会影响其布面效果和手感。

② 均匀　采用轧车会由于轧辊表面的磨损、轧车两端压力不一致、轧辊中间高两头低

以及脏东西黏附在辊面上而影响织物带液量的均匀性。

③ 微量给液　在只需要微量加湿进行拉幅烘干的情况下，使用轧车将织物完全浸湿再轧水，一般带液率 70％～80％，要经预烘、烘干才能完成拉幅定形工艺，需要大量的热能成本。低给液系统可根据不同布种拉幅所需要的低加湿量对织物加湿，节省浸轧后烘干的能源，提高拉幅质量和效率。

【结论】

通过喷盘式均匀低给液系统在蜡染花布拉幅定形工艺中的应用，每台拉幅定形机每天至少节约蒸汽 10t，用水量减少 75％以上，节约电能 4kW/h，生产效率提高了近 20％；同时下机产品质量得到了较大的改善，保证了二次印花的质量，提高了产品的市场竞争力。

参 考 文 献

[1] 郑国洪. 节能减排的散纤维染色. "科德杯"第六届全国染整节能减排新技术研讨会议文集. 常州：中国纺织工程学会染整专业委员会. 267-271.
[2] 万震. 棉散纤维活性翠蓝染色的工艺探讨. 印染，2008，20：17-18.
[3] 万震，周红丽. 莫代尔散纤维染色技术. 染整技术，2007，4：21-23.
[4] 陈立秋. PVA重浆坯布退煮漂短流程的创新技术. "黑迈杯"第六届全国染整行业技术改造研讨会暨中国染整行业创新论坛论文集. 嘉善：中国纺织工程学会染整专业委员会. 40-48.
[5] 柴化珍. 马学亚. 棉织物一浴低温连续练漂工艺. 印染，2012，17：17-20.
[6] 陈立秋. 智能型湿布热碱松堆高速布夹丝光的集成控制. "黑迈杯"第六届全国染整行业技术改造研讨会暨中国染整行业创新论坛论文集. 嘉善：中国纺织工程学会染整专业委员会. 131-138.
[7] 周向东，等. 染棉混纺织物用分散与活性染料一浴湿短蒸法染色工艺初探. 第五届全国染色学术讨论会论文集. 无锡：中国纺织工程学会染整专业委员会. 211-215.
[8] 王冲，蔡文庆. 酸法染料染锦纶冷轧堆汽固染色新方法. 染整技术，2012，5：30-32.
[9] 潘学东. 毛巾织物还原染湿短蒸工艺. 染整技术，2007，9：20-21.
[10] 徐顺成. 针织物平幅连续化前处理工艺与设备. "科德杯"2010年全国针织染整学术研讨会论文集. 常州：中国纺织工程学会针织专业委员会. 10-20.
[11] 谢峥编译. 资源节约型牛仔布染色工艺设备. 印染，2010，21：49-50.
[12] 唐婷，等. 深色筒子纱一浴法染色. 印染，2010，12. 26-27.
[13] 朱雪琴，等. 棉筒子纱一浴练染助剂雅洁瑞EN. 印染，2010，16：33-35.
[14] 李俊，周拥军. 粘胶/棉混纺纱线的中深色染整节能工艺探讨. 第七届全国染色学术研讨会论文集. 扬州：中国纺织工程学会染整专业委员会. 140-147.
[15] 崔浩然. 涤棉织物一浴练染工艺. 印染，2010，21：13-16.
[16] 胡玲玲，蒋云峰. 涤棉织物分散/活性一浴一步法染色. 印染，2011，10：16-18.
[17] 何齐海，张天星. 力威龙198在练染一浴工艺中的应用. 印染，2010，20：38-40
[18] 罗维新，等. 涤棉织物微胶囊分散染料/活性染料一浴染色. 染整技术，2012，3：33-35.
[19] 崔浩然. 锦棉织物一浴法染色工艺. 印染，2009，1.
[20] 王学元，等. 棉锦交织物浸渍一浴法生产实践. 印染，2004，23.
[21] 孟春丽，吕英智. 棉织物化学改性及其染色工艺研究. "亨斯迈"杯第六届全国染色学术研讨会论文集. 苏州：中国纺织工程学会染整专业委员会. 212-215.
[22] 李树华. 纯棉活性染料无盐或少盐染色应用研究. 第四届全国染整行业技术改造研讨会论文集. 济南：中国纺织工程学会. 92-101.
[23] 罗艳辉，等. 棉纤维无碱改性无盐活性染料染色技术研究. 第五届全国染整行业技术改造研讨会论文集. 泰安：中国纺织工程学会. 196-201.
[24] 张明亮，等. 纤维素纤维活性染料无盐轧染工艺探讨. 染整技术，2011. 10.
[25] 王华清. 真丝/棉交织物活性染料无盐无碱染色工艺. 印染，2011，8：20-22.

[26] 刘金树，崔淑玲．牛仔布减污染色工艺．印染，2011，13：27-29．

[27] 李连举．减少人造棉活性印花中的尿素用量．2005年全国染整清洁生产、节水、节能、降耗新技术交流会．苏州：中国纺织工程学会染整专业委员会．222-226

[28] 武丰才．活性染料的无尿素印花技术．印染在线，2012，2：1-3．

[29] 田鹏．活性印花尿素碱剂替代物的应用研究．佶龙机械第十届全国印染行业新材料、新技术．新工艺、新产品技术交流会论文集．上海：中国印染行业协会．475-476．

[30] 陈立秋．两相法印花的节能减排（二）．染整技术，2010，6：49-51．

[31] 俞思琴．高效蒸化技术在两相法印染工艺中的应用与发展．"佶龙杯"第四届全国印花学术研讨会．柯桥：中国纺织工程学会染整专业委员会．15-19．

[32] 陈立秋．圆网印花技术的节能减排．"佶龙杯"第四届全国印花学术研讨会．柯桥：中国纺织工程学会染整专业委员会．256．

[33] 陈立秋．后整理工艺液施加的技术进步．第四届全国染整机电装备技术发展研讨会论文集．无锡：中国纺织工程学会染整专业委员会．48-53．

[34] 陈立秋．减少烘燥织物上非结合水的节能．染整技术，2005，12：49-50．

[35] 陈立秋．真空狭缝抽吸的应用．染整技术，2011，12：49-51．

[36] 姜辉等．低给液泡沫染整加工技术．印染，2009，4：38-39．

[37] 董振礼．Autofoam泡沫整理系统的现状与发展．第四届全国染整机电装备技术发展研讨会论文集．无锡：中国纺织工程学会染整专业委员会．55-58．

[38] 李珂，等．棉针织物单面泡沫染色工艺．印染，2012，13：18-20．

[39] 徐正如．喷射转盘式均匀低给液系统在蜡染花布拉幅定形工艺中的应用．"佶龙杯"第九届全国印染行业新材料、新技术、新工艺、新产品技术交流会论文集．上海：中国印染行业协会．131-132．

10

一次准印染工艺装备

10.1 一次准染色进展

10.1.1 一次准染色装备的技术进步

一次准（RFT）的染色，是一种"零缺陷"生产的理念，总是指无需修正或返修，就能生产出一等品质量的纺织品。成功的染色必须做到：染色后与目标颜色等同，且颜色恒定；染品颜色均匀，达到满意的牢度和物理性能；生产成本控制在预算之内；准时交货；最小的资源消耗，最小的排污。RFT 是一种先进的受控染色技术[1]。

实现 RFT 染色对染整生产而言，是一个复杂、多因素的系统工程，其涉及企业的科学管理、工艺的优化、高效环保的染化料助剂的应用、设备的创新组合、严谨的岗位标准操作等方方面面。

RFT 染色的主要目标：在实验室内的再现性和准确率，从实验室到大样生产的准确转化和扩大；相同颜色大样批次间或追加单的再现性。自动化是 RFT 生产的一个重要先决条件。

RFT 染色装备的技术进步表现为：自动测色、配色、配液、仿色系统的应用；工艺参数在线测控系统的应用；仿真的染样机的应用；染色机改善工艺品质创新组合。

10.1.1.1 影响 RFT 生产的因素

自 20 世纪 80 年代中期，人们就已经获得了影响染色重现性的重要因素。通过实验室人员，染料和设备生产商，以及应用企业的技术人员的共同努力，明确染色工艺实现 RFT 生产需要监控的 20 个因素（见表 10-1）。类似的因素在前处理和后整理工序也以必须加以明确，其准确性限度可通过技术审核和工艺过程中的具体应用加以确定。在实验室和大生产的 SOP（标准操作程序）中必须考虑这些因素，它们是相互关联。

表 10-1 中的大多数因素通常被认为是"可确定"变量，可通过 SOP 直接控制；而另一些相对较少的因素，称之为"随机"变量，要求经常检验。这些随机变量的监测，尤其是水质和面料可染性，影响了染厂盲染工艺实现高水平 RFT 生产（见表 10-2）。

表 10-1　影响 RFT 生产的重要因素

因　素		通过实验室检验监控	通过 SOP 控制
初始材料	水的纯度	√	
	纺织材料的可染性	√	
	纺织材料的前处理		√
	染料供应的标准化	√	
	染料含湿率	√	
染色工艺控制	被染材料的称量		√
	染料的称量和配送		√
	化学品称量和配送		√
	浴比控制		√
	pH 值控制		√
	时间/温度的工艺曲线		√
	染液流速控制		√
	被染材料循环控制		√
颜色控制	染料的选择		√
	拼色染料的性能		√
	实验室染色处方的准确率		√
	从实验室到生产转化的准确率		√
	生产中批次间的重现性		√
	对色方法		√
	同色异谱指数的测定	√	

这些控制系统也包括了近期探讨的配液系统。

表 10-2　染厂中影响因素的允差

参数	织物的含湿率	材料称量	称量含湿率	染料、化学品和助剂称量	染料标定	染浴 pH 值
变化范围/%	±0.5	±0.5	±3.5	低于±0.5	±2.5	±0.35

10.1.1.2　自动测色、配色、配液、仿色系统的应用

目前印染行业正在经历成长期向成熟期的过渡，大规模扩张式的发展时代将逐步过去，印染企业将走向精细化，以提高生产效率、节能增效为核心竞争力，这一阶段企业的投资部分将从以往的大规模购置印染机械等基础生产设备转向引进高尖端技术，通过自动化、自信化提高产值和效率。

实现染色一次成功，需要选择生产稳定、重现性好，适用的染料、助剂，并建立"零缺陷"的管理体系。该体系包括建立完善的作业指导标准和染色工艺跟踪监督抽查方法；要求染色加工工艺所有参数在线管理记录；建立坯布、水、染色助剂、酸、碱、盐的控制核算方法，以及染色产品质量控制标准等。

现代化印染企业普遍使用电脑测配色系统、自动配料加料机和自动复样机，实现生产过程自动化和电脑管理现代化，为提高打样、复样、放样及生产染色一次合格率提供了充分的"硬件"条件。然而，更重要的是，还必须提高工艺设计水平、员工素质、打样和复样的准确性以及生产放样一次成功率与在线重现性。

(1) 电脑称料配液系统　系统是集机械、电子、精密称量、数据库管理于一体的高新技术产品，主要用于染料的分配和自动称料。该系统由储料罐、自动称料系统、管理功能模块三大部分组成。

小样称料系统和大生产称料系统分别由两套称量系统组成。它们都具有流量控制（分高、中、点滴）。在称量精度方面，大生产称料系统为 2g，小样称料系统为 0.05~0.1g，完

全可以满足生产要求。由于小样称料系统和大生产称料系统所有染料由同一储料罐提供，所以能够有效地控制大小样由于不使用完全相同染料而造成的色光差异。在称量结束后，称料系统打印出染料处方，以防搞错所称染料色号。该系统结构如图10-1所示。

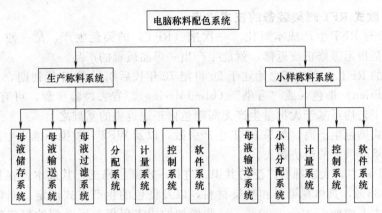

图 10-1　电脑称料配液系统示意

实例列举：福建某中型针织布漂染厂，染色机器约80台，年产值0.8亿～1亿元。主要染色类别以分散与活性为主。每年染料和助剂成本约2000万元。

该厂的染料和助剂称量也是采用传统人工操作，操作工随意性大，准确率低，出现质量问题（如色差）难以找出真实原因，导致产品质量出现不稳定和企业生产管理水平难以提高。

表10-3所列为部分常用助剂品种的库存相差数和原因结果。

表 10-3　部分常用助剂品种的库存相差数和原因结果

品名	电脑库存与实际库存相差数	主要造成误差原因	导致结果
冰醋酸	7.5%	有称料，没有消耗；没有称料，估算取料	同一工艺配方，重现性低；一次染色成功率只在60%～70%
纯碱	9.3%		
元明粉	7.4%	没有按要求质量称料	生产效率低、生产计划多变、交货期难以控制；库存数与电脑数据误差大
匀染剂	21.8%		
烧碱	9.9%		

该厂引进染料和助剂自动化称量控制系统后，基本上解决了传统人工操作存在着常见的缺点和弊病，同时，提高染色的重现性，产品质量相对稳定，生产管理水平也相对提高，经过6个月的使用后，主要效果体现如下：① 实际库存数与电脑数据误差值由原本的10%～15%降低到1.5%以内；② 一次染色成功率由原来的60%～70%提升到85%以上。

（2）测色配色系统　目前，电脑测色配色技术发展迅速，并已在印染行业中得到广泛应用。该系统主要由具有双光束光学结构的高精度分光光度计、先进的电脑测配色色彩管理软件、品质管理软件和计算机等三部分组成。系统不仅具有色彩测量、色差计算、配色、纠色、色号库、色泽分类、染料基础数据库以及染料强度 K/S 值的管理，同时对印染产品的白度、泛黄指数、各种染色牢度的灰卡评级以及对染色产品的边中差、批间色差在色光的明度、饱和度和色调上进行有效的质量控制。

虽然电脑测色配色系统能根据实物色样，按照色差要求、同色异谱、染料配伍性和成本计算来选择染色配方，在一定程度上对依赖由丰富经验的仿色人员完成配色的状况有明显的改善，但测色配色系统只是一个工具，它只能模拟人的眼睛和大脑来分辨、处理颜色，配合人工来完成很多人所不能预知结果的工作。但是，在实际操作中，由于受半制品、染料等因素的影响以及每个人的视觉的个体差异，测配色数据还是存在一定的误差，需要不断修正、完善。同时，还要注意提高测色配色系统应用的精确性。

10.1.1.3　间歇式 RFT 竭染装备的技术进步

（1）WFT 与 RFT 生产成本对比　一次准（RFT）的染色生产，是一种"零缺陷"生产的理念，它是指无需修正或返修，就能生产出一等品质量的产品。

竭染染色的 RFT 生产的理念始建于 20 世纪 70 年代后期至 80 年代初期，最初是指"无追加"（no addition）染色，或"盲染"（blind dyeing）。省去检验步骤，可有效节约成本，但是，这两个工艺均系基于大批量生产无需颜色修正或返染的基础之上。

对于间歇式染色生产商，如果 RFT 生产失败，以及 WFT（首染不准）生产占有相当大的比例，将会承受巨大的经济损失。

有关 WFT 成本，大家都有广泛的共识。进行一次颜色修正，其成本将在初始染色成本上增加 24%～36%，具体视染料和被染材料，以及染色的生产方式而定。剥色和重染的成本将在最初成本上增加 170%～200%。这些增加的成本仅仅是所受到的损失的一部分，当原本要进行下一批次染色生产的设备被占用进行修色处理时，在收益和利润上所受到的损失相当于或甚至超过上述所增加的成本，见表 10-4。

表 10-4　成本比较

工　　艺	成本/%	生产率/%	利润/%
盲染	100	100	100
偏色小的追加修色	110	80	48
偏色大的追加修色	135	64	−45
剥色和重染	206	48	−375

（2）仿真染样机的应用

① 化验室杯型小样机与大型溢流染色机及大型筒子纱染色机出样的差异。

目前各种类型的化验室都有可染几克至几十克重的微量织物或纱线的小样染色机，绝大多数是杯型小样机。杯型机基本采用浸染方式，即将织物或纱线完全浸渍在染液中，因而浴比较高，一般为 1：（10～30）左右，由染杯运动从而带动织物运行，织物或纱线的动行速度较慢。此类机的唯一优点是可对微量织物或纱线进行染色，从而节省初期或初步打样的成本。

溢流染色机是由提升辊及喷嘴液流带动织物运行，染液与织物的交换在喷嘴中进行，织物吸附染料过程的绝大部分（大于 95%）在喷嘴中完成，织物无需全部浸渍在染液内，即在染色机中织物仅局部浸渍在染液中，因此浴比较低。其浴比仅为 1：（5～6）。

虽然筒子纱染色机采用全浸渍染色形式，但由于具有较高的染色密度及低浴比，如 ALLWIN 在浴比低至 1：3.8 时可染高达 $0.45g/cm^3$ 的棉筒子，染色主要靠由主循环泵推动的染液快速循环与纱线进行交换。

综上所述，化验室杯型小样染色机与溢流染色机及筒子纱染色机的结构不同浴比不同，染液与织物或纱线的交换方式不同，因此染色方式也不相同，存在较大差异（见表 10-5）。

② 由于化验室杯型小样染色机与大型溢流染色机及筒子纱染色机的浴比及染色方式存在显著差异，直接在大型染色机上应用杯型小样染色机所做的染色处方，出现色差的概率通常较大，据统计，一般高达 30%～40%。在大型染色机上出现色差后，必须进行校色。校色过程又将延长染色时间，增加染色成本，影响及时交货。而过长的染色加工时间，又将增大织物或纱线的表面摩擦，增大起毛、起球程度，甚至损坏织物或纱线的风险。

表 10-5　杯型小样染色机与溢流及筒子纱染色机的比较

项　　目	杯型小样染色机	溢流染色机	筒子纱染色机
染色方式	全浸染	局部浸染、染液与织物主要在喷中交换	全浸染,筒子纱具有高密度,主泵推动的染液快速循环与纱线进行交换
加料方式	一次性加入或分次加入	定量加料	定量加料
织物、纱线运行方式	容器带动,缓慢运动	提升辊及喷嘴液流带动,速度快	纱线静止
浴比	1:(10~30)	1:(5~6)	1:(3.8~5)

有经验的染色工艺人员,常常会根据经验对杯型小样处方预先做一些调整,然后再到大型染色机进行染色,尽管如此,仍存在一定量的色差(20%~30%)。

(3)浴比差异影响 RFT 染色　活性染料浸染时,无论是采用何种打样机,小样与大样之间,普遍存在着较大的深度差异。

为此,车间放大样时,必须预先把小样的处方用量减掉 20%~40%。而难点是,采用不同结构的染料染色,或者染不同的色泽深度试时,小样与大样之间的深度差并非一致。因此,放样前,小样处方的预折扣难以正确掌握。一旦折扣不足,便会使得色过深,势必需要"减色"甚至剥色;倘若折扣过头,又会使得色变浅,导致多次加料修色。

在实际生产中,无论是减色、剥色还是反复加料修色,都必须要造成染色成本大幅度提高,产量降低。而且,还会由于染色时间过长,造成织物破边、纬斜、色差、起皱、擦伤等诸多质量问题。

因此,有效地减小大小样之间的深度差异,是个不容忽视的技术问题。

造成大小样深度差异的主要原因有 4 个方面:①小样、大样的助剂(食盐、纯碱等)浓度不同;②小样、大样的染色温度不同;③小样、大样的浴比不同;④小样、大样的染色时间不同。

在实际生产中,对助剂浓度和染色温度都倍加重视,控制严格,刻意追求小样与大样的一致性。因此,这两个因素,对大小样深度差的影响通常较小。

染色浴比的大小,对大小样之间的深度差影响明显。尤其是在使用竭染率低的染料,染深浓色泽时,其影响更大。

然而,在实际生产中,总是小样浴比大于大样浴比。

(4)染色浴比明显的差异会给染色结果造成不同程度的影响　因为染色浴比的大小会直接影响染料自身缔合度的大小、染料在纤维和水之间浓度梯度的大小,还会影响助剂实用浓度的大小。

① 分散染料高温(130℃)染涤纶,染色浴比的大小对染色结果的影响小。经检测,染色浴比从 1:25 变为 1:12.5,染 0.5%(o.w.f)浅色,得色深度约提高 2%,染 2%(o.w.f)染色,得色深度约降低 1%~2%,其差异肉眼难以分辨。

② 中性染料沸温(100℃)染锦纶,染色浴比的大小对染色结果的影响比分散染料高温(130℃)染涤纶大。经检测,染色浴比从 1:25 变为 1:12.5,其得色深度可提高 1%~6%,而且对浅色的影响比对深色的影响大。

③ 活性染料中温(60℃)染棉粘,染色浴比的变化对染色结果产生的影响显著。经检测,染色浴比从 1:25 变为 1:12.5,浴比缩小为 1/2,其得色深度会显著提高。如染 0.25%(o.w.f)浅色可提高 15% 以上;染 3%(o.w.f)深色可提高 10% 以上。浴比对活性染料得色深度的影响,有两个特点:①浴比对浅色的影响较大,对深色的影响较小;②浴

比对上染率高的染料（如活性艳蓝 KN-R 等）影响较大，对上染率低的染料（如活性翠蓝 BGFN 等）影响较小。

以上案例表明，染色浴比对常用染料的染色结果影响大小不一。对分散染料的影响最小；对中性（酸性）染料的影响较明显；对活性染料的影响最大。因此说，常用的染料浸染染色时染色浴比务求稳定。因为缸与缸、批与批之间，染色浴比波动明显，势必要造成不同程度的色差和缸差。

对于打小样、放大样浴比相差悬殊，小样处方减量 20%～40% 是不确定因素，折扣难以掌握，RFT 染色难。

（5）仿真染样机的开发

① 对载量仅为 1kg 的小样染色机，棉织物或棉纱自身吸附水量就达 3L，若要达到 (1:4)～(1:5) 的低浴比，要使仅有的 1～2L 可供流动的液量同时满足缸身内、循环管路及泵、配料桶的用水量，具有相当大的难度。立信公司在多年实践经验的基础上，应用计算机辅助设计技术，在设计上取得了重大突破，开发出载量仅为 1kg 的 LABFIT 织物溢流染色机，浴比仅为 1:5，模拟大型溢流染色机的工作原理，具有与大型机相同的染色质量效果，可以与 ECOTECH 溢流染色机相匹配。同时，立信公司还开发出了 LABWIN 筒子纱小样染色机，浴比低到 1:4，可以做到与 ALLWIN 筒子纱染色机相匹配。独特设计的 LAB-WIN 多功能管道，可使多台染色机连接，任意组成生产不同颜色的产量组合，同时确保各组合染色效果均匀一致。LABFIT 及 LABWIN 是验证及调节化验室染色处方成为生产处方的桥梁和必要手段。实践证明，可以显著提高大型染色机的一次染色成功率。传统的染色工艺流程可改善如下：

化验室杯型小样机制定初步染色处方→LABFIT 或 LABWIN 试验验证或调整处方→大型溢流染色机或大型筒子纱染色机大批量（一次成功）染色生产。

LABFIT 及 LABWIN 对新产品的开发也具有越来越显著的作用。利用小样织物/筒子染色机进行新产品的开发，不但可以获得第一手的染整技术参数、真实的样品效果，提高大型机染色成功的概率，更可发挥它们小量生产的优势，大大降低开发新产品的费用，增强生产厂家的市场竞争力。LABFIT 及 ALIFIT 是织物及纱线染色生产加工不可缺少的工具。

这两台小样织物染色机皆采用电热配置，适合一些无蒸汽管道的化验室的应用。

② 靖江市华夏科技有限公司（全国染整中样机技术研发中心）根据染整企业技改溢流染色浴比 1:8 的要求或采用超低浴比 1:5 的工况，开发了 HTC0.3-3K8 双缸中样染色机（专利号 201310065272.5），该机采用无管路设计，最少一次染 0.3Kg（布长 1.5m）的布，可供不同克重、组织结构的坯布按大生产仿真前处理退煮漂及染色。

双缸中样机可同时进行两种不同工艺，电脑控制，操作方便，加热采用电更受大专院校实验室欢迎。其与传统中样机对比见表 10-6。

表 10-6　传统中样机与双缸中样机性能对比

项　　目	传统 1kg 中样机		HTC 型 0.3～3kg 双缸中样机	
染布容量	1kg	使用效益低	0.3～3kg	使用效益高
缸体数量	1	一次只能染一种颜色	2	一次可染两种颜色，提高工作效率
最低染布量	布长 5m 以上，布重 1kg 以上，水量 25kg 以上才可运转	不能染 1kg 以下样布	布长 1.5m，水 3kg，浴比 1:8	最小可染 300g

续表

项　目	传统 1kg 中样机		HTC 型 0.3～3kg 双缸中样机	
样布相同情况下浴比的对比	布重 1kg，水量 25kg，浴比 1:25	浴比高，不易对色，用水量大，耗能高，废水排量大	布重 1kg，水 5kg，浴比 1:5	低浴比，易对色，节能减排
缸体管道表面容积	主缸体管道长度约 3～4m，ϕ300～400mm，副管道约 2m，缸体表面积约 4.5m²	每米样布接触缸体表面积 4.5m² 1:4.5	无管道，主缸体 500mm × 700mm × 320mm(长×宽×高)，缸体表面积约 0.8m²	每米样布接触缸体表面积 0.8m² 1:0.8
走水管道长度	5000～6000mm	1:(5000～6000)	缸体走道 600mm	1:600
走布摩擦接触管道长度	3000～4000mm	1:(3000～4000)，缸体表面积与样布面积对照车间大于 3～5 倍	600mm	1:600
保温性能	机身及管路外露	热能损耗大	缸体外箱保温	节约能耗
染色相比	缸体表面积与样布面积相差大，金属表面过大，易造成铁离子干扰，染料易水解	色光差异与车间较大	缸体表面积与车间较接近，色光与水解比较接近	一次对色成功率达 98%
染缸的清洗	管道长，转角多	不易清洗	无管路	清洗方便
机器占地面积	约 3m²	占地面积大，必须放在车间使用	约 0.6m²	占地面积小，方便放于实验室使用
运转用水量	单布轮	大量用水才能运转	双布轮	用水量少就能运转

（6）立信 TEC 系列高温染色机

① 抗色折痕、色花的溢流机　色折痕，又称行机痕、水痕、直条痕等，主要是因为织物在染机绳状运行时，经向折叠部分长时间没有换位，造成起折部分颜色比其他部分偏深所致。组织结构比较紧密的平纹布最容易出现此问题，近年来，一方面随着针织机技术的飞速发展，织物的密度越来越高；另一方面随着纺纱技术的发展，质量较差的纱也经过提高纺纱捻度等用作织造。这样前道工序中过多的内应力带到后序染整加工来，造成织物收缩不一致，织物在运行中折叠部分不易换位，最终导致色折痕的产生。

以往一旦出现色折痕，客户首先是考虑换一台染色机，一般在 O 型染色机中染色都会不同程度地出现色折痕，而在 L 型染色机中这种现象比较少，但是使用 L 型染色机，浴比大，不利于节约能源和水，同时也增加了污水处理的负担。

立信最新 TEC 系列高温染色机，取得多项技术突破，大载量，低浴比，匀染好，更环保。TEC 高温染色机特别适合加工处理组织结构比较紧密的针织织物，如 40S/2、20S/1、26S/1 棉平纹布，可以解决此类织物存在色折痕的问题，提高产品质量。

该设备结合 L 型高温高压染色机和 O 型高温高压染色机的特点，设计出一款新型的染色喷嘴，该喷嘴即可以在染色时为织物提供足够的染液，同时在织物运转过程中又能为织物提供展开的动力，使得织物在绳状高速运转的同时，充分展开，不断移位，释放其内应力，这样将色折痕和染花现象降到最低。

② 专利设计的碎毛收集器　在染全棉的产品中，碎棉屑等杂质的存在对染色有很大的影响，比如出现色花等现象。

立信染整机械有限公司新研发出的碎毛收集器，代替旧式的筛网过滤器，可以做到于碎毛的收集，堆积和自动排放功能：织物运转时所产生的短碎毛屑会随染液一同流进碎毛收集器，其独特的结构可有效地把碎毛从染液流中收集，并可碎毛会于特定空间堆积起来，其自动排放功能可彻底地排清碎毛。

　　a. 不会造成因过滤器堵塞而引起的喷嘴压力的不稳/掉压，影响染色质量。

　　b. 亦无需停机清理过滤器，减省工艺时间，增加生产效率。

　　c. 不用厌烦的清理工作，减省操作人员的劳动。

　　③ 智能水洗及 FC30 控制系统。

　　a. 洗水功能　该系列设备上同时具备智能洗水系统：由计算机自动控制入水随动阀，通过流量计精确控制洗水流量；常温不停泵连续洗水，减少入水放水停机时间；自动控制洗水行机缸身水位；自动控制洗水温度；搞高洗水效率，从而节省时间。立信在原有洗水功能上自主研发的利用洗水指数来在线测量洗水效果，并用洗水指数作为染色跳步的指标，简化了洗水过程的控制，进一步自动化洗水过程。

　　b. FC30 控制系统　该系统是在原有的 FC28 基础上的升级系统，采用彩色屏显，可以预先编程，节省人力，减少人为错误的发生。同时在该系统上，可以同时记录八条工艺参数曲线，用户可以自行定义最多四条工艺曲线在同一界面显示。该系统还配备有自动领航功能，提供多个工艺程序样本及运行参数，快速投入生产，亦可自行创建不同批号的运行参数，以及相关的工艺程序，建立用户特有的数据库，运行参数（泵速、滚筒速度、运转周期等）同时记录产品数据（布种、布宽、布重、VL 开度等）。

　　在该系统中增加了能耗报告，可以提供真实的或者估计的能耗统计报表，包括水电气的用量以及成本估算。同时在该系统中还具备强大水比计算及扣水功能等。

　　TEC 高温染色机可靠，稳定的最低行机浴比 1∶1.4（不包括织物含水）控制，是确保 RFT 染色的重要条件之一。

【结语】

　　① RFT 染色是资源节约型的染整清洁生产。实现 RET 染色是一个复杂、多因素的系统工程。RFT 染色装备的技术进步表现为：自动测色、配色、配液、仿色系统的应用；工艺参数在线测控系统的应用；仿真的染样机的应用；染色机改善工艺品质创新组合，自动化是 RFT 生产的一个重要先决条件，应用自动化技术在染整工艺过程控制制品质量是必需的。

　　② 一次染色成功率提高至 98%，生产人员可以减少 50%，用水量减少 45%，能耗减少 30%。

　　③ 染色设备的开发，切忌同质竞争，或看中市场上紧俏设备盲目"跟风"，例如，意大利的巴佐尼软流染色机的面市，马上在一个镇上出现 9 个企业开发超低浴比的溢流染色机，其实由于各企业的技术水平，产品开发能力差，形成低水平产品的重复，造成资源的浪费。而立信公司在一代又一代的溢流机双进过程，始终围绕着提高设备的服用性能；改善工艺加工的质量；节能减排等方面有益的劳作，值得我们染整机械企业的重视，认真学习。

　　④ 单机自动化，工艺参数在线测控是防止人为因素，"上真工艺"的有效措施，染整企业应学会算账，投入产出，提高一次染色成功率，解决用工困窘的必由之举。

　　⑤ 染整机械企业在产品开发或老产品改进时，应将工艺参数在线测控方案补充到项目的总体方案中，让染整企业买了设备，为了一次准染色再自行配置是不妥的。

10.1.2　染整工艺质量的过程控制

　　染整生产过程中，提高产品质量，降低产品返修率，从而降低能耗和污染物的排放。《印染行业准入条件》中所规定的综合能耗及新鲜水取水量，皆以合格产品考核，返修量不计，成品合格率低将会使综合能耗及新鲜水取水量上升。

　　传统染整生产质量依靠成熟的工艺规程，严格的生产管理，操作工的熟练技术和责任心。但是，能源及污水处理成本的陡增，操作工流动性大，产品质量波动，促使染整生产必须采用先进的技术。国家在 2020 年前，将实施"数控一代"及"智能制造"工程，必须依靠科学的管理网络，高度智能化的生产装备，稳定、可靠的生产过程，使染整生产实现节能、降耗、少污染，安全、可靠、多生产，确保染整行业可持续发展[2]。

10.1.2.1 工艺质量的过程控制

染整生产从小批量、多品种加工，提升为实现即时化生产和一次准确化生产，这就需要不仅能迅速、准确地监视生产过程的工艺变量，而且需要能迅速进行工况分析和判断，做出工艺优化操作决策的自动化装备。在生产过程中，对工艺进行自动检测控制，对相关信息进行采样、变送、控制，可一定程度上实现生产自动化。生产过程按规定的工艺变量（如温度、湿度、速度、张力、浓度、液位、色泽、时间、织物单位质量、门幅、导布、含氧量、pH 值、预缩率及化学药剂的施加量等）调节，确保产品质量的稳定性和重现性，以达到节能降耗、低成本、安全、可靠、少污染的清洁生产，提高染整企业综合技术实力和市场竞争能力。染整生产过程自动化是染整企业可持续发展的重要举措。

染整生产过程中，由于各种原因，设定的工艺变量值往往发生波动，从而产生偏差。要实现操作工艺的重现性，就必须及时检测工艺变量，实现生产过程的自动控制，以消除这种偏差。

检测的目的是准确及时地掌握各种工艺变量的信息。因此，信息采集主要就是测定和取得测定数据。完成信号检测需要有传感器与多种仪表组合，形成可靠的测定系统。

自动控制亦称自动调节。染整生产过程大多是连续生产，由多台单元机组成的联合机完成某一工艺加工过程。在加工过程中，某一工艺条件发生变动，皆可能涉及其他变量的波动，使其偏离工艺设定值。为此，需要对生产中某些关键性变量进行自动控制，使偏离工艺设定值的变量，回归到规定的数值范围内，或者按某种规律变化，保证生产过程正常地进行。

在激烈的市场竞争下，为了实现节能降耗、少投入多产出的高效生产和减少污染的清洁生产，使染整企业可持续发展，采用集常规控制、先进控制、过程优化、生产调度、企业管理、经营决策等功能于一体的综合自动化系统（CIPS）已成为当前染整生产过程自动化发展的趋势。综合自动化就是在计算机通信网络和分布式数据库的支持下，实现信息与功能的集成，最终形成一个能适应生产环境不确定性和市场需求多变化的，高质量、高效益和高柔性的全局化智能生产系统。

10.1.2.2 染整企业自动化发展趋势

自动化有利于提高产品质量、降低生产成本和改善劳动生产力。国内染整工业自动化的发展趋势是，在迅速、准确地监测工艺参数变量（如温度、湿度、速度、张力、浓度、液位、色泽、时间、门幅、含氧量、pH 值、预缩率、面质量及化学试剂施加量等）差值的基础上，应用能快捷地进行工况分析、判断，做出工艺优化操作决策的自动化装备；跟随全球新的技术革命，由"工业经济"模式向"信息经济"模式的转变，亟须建立信息化管理体系，企业资源计划系统（ERP 系统），构筑生产底层现场总线工业控制网络（FCS 系统）。

（1）速度和张力的控制 织物进行染整加工过程中，织物运行的速度和张力控制是保证工艺过程可靠、平稳进行的先决条件，是避免皱条、保证缩水率达标的重要工艺条件之一。以下列示了速度和张力控制的主要技术和装备。

① 染整装备大多采用多单元线速度协调控制系统。单元间速差传感、变送装置着重恒张力的改进，可操作性的改善，速差非接触采样，具有信号识别、信号处理、信号双向通信功能的现场总线仪表。

② 比例设定稳速控制系统。织物的在线张力控制，在现行的压力传感基础上，应提高张力信号的准确性和稳定性，加强抗系统结构扰动。

③ 对于卷染工艺过程的速度和张力控制，应发展智能化模糊控制技术，适合非线性时变系统。要发展直接测径，匀带液浸染。

④ 无论是步进电动机，还是交流伺服传动，印花独立传动要求在系统过渡过程中能精确完成对花，以提高传动系统的动态品质。

⑤ 通过补偿多导布辊装置的摩擦阻力矩，可降低织物在机张力，采用分组交流变频集体传动，线速度与联合机跟随的方案是可行的。但是，应该对每根导布辊的力矩补偿进行控制，开发一些类似"转动力矩自动调节装置"，根据织物品种和运行状况进行随机自动控制。

（2）温度和湿度的控制　温度控制大多数是基于对工艺介质的检测，而很少真正检测织物本身的温度；湿度控制在工艺过程中虽然重要，但目前染整加工过程中，湿度在线控制的应用极少。

① 湿短蒸工艺应采用高温（约180℃）湿度传感器，控制湿短蒸染色过程的湿度以及工艺过程的能耗。

② 温度检测是贯穿印染工艺全过程的一项传感手段。目前要解决的是采样点的合理性及检测方法的科学性。对烘房温度实测发现，热风烘房内的织物，布身温度比常规空间采样点处低 $15\sim20℃$，视车速及品种而异；而远红外辐射烘房内的情况与其正好相反。目前常规温度检测的是烘房内气氛温度，即"间接"的布身温度，因而存在"修正"值。该值是随机性的多因素组合值，若由操作人员现场修正，颇为困难。德国的布鲁克纳、门富士及巴布科克等公司的热处理设备，采用测定喷风温度与回风温度之间的温差，再由计算机计算得到布身温度。当然，在计算布身温度时，由于采样仍是间接温度，因而会影响到计算的精确性和可靠程度，但总体而言，这种方法还是可行的，且传感器价格便宜。

用红外辐射测定布身温度是目前最先进的一种方法。然而，目标辐射在测定路径上，由于气氛的吸收、烟雾、灰尘散射所引起的衰减，以及环境温度的影响等，会产生一定的温差。为了消除该误差，常采用比色法，也就是采用具有双光路的测定装置，每条光路带有适当的滤光片，分别测定目标辐射和标准黑体辐射的一个单色辐射功率，用两者之比代替上述方法中的辐射功率，进行温度定标，并进而确定温度。如果两个单色波长选择适当，在测定路径中的干扰是完全相同的，则两辐射率之比与这些干扰无关，从而大大提高了测定精度。这一系统性能虽好，但价格太高。

③ 采用微机对热电偶、热电阻、红外测温进行检测和数据处理，实施在线非线性度补偿，将大大提高温控精度。目前已有由软件补偿的所谓"智能传感器"面市。例如半导体温度传感器、光导纤维温度传感器及根据电阻体产生的约翰逊噪声与该电阻体所处热力学温度密切相关的热噪声温度传感器等。

此外，还可选用智能温度传感器挂靠现场总线，提高温控系统的可靠性，减少信息传递介质的应用成本。

④ 推广轧余率、临界含水率、工艺给湿率（蒸化、预缩工艺）、烘房排湿和落布回潮率等生产过程工艺参数及布身湿度的测控技术。

（3）浓度和液位的控制　染化料的配液浓度和浴槽的液位高低，都会直接影响工作液对织物浸渍的稳定性、均匀性，织物上的带液量、化学品及染料总量。

① 前处理退煮漂三步法或碱氧冷轧堆一步法，所用碱的浓度皆小于8％，在 NaOH 工艺用量中，属淡碱范畴；丝光脱铗处布身含碱量可以采用电导率法，应用酸碱盐浓度变送器，测定小于8％的烧碱溶液浓度。

② 丝光工艺浓烧碱浓度的测定大多采用密度法。例如采用瑞士 LKR-STL 型碱液控制

装置的密度传感器，德国福克斯波罗公司的 134LD 智能型带扭矩管的浮力变送器，美国 PRINCO 仪器公司的 DENSITROL™液体密度计等。国内西安德高和常州宏大等公司已有产品面市。

③ 应用氧化还原电位差法（ORF），自动测定双氧水溶液浓度。

④ 激光检测染液中染料浓度，是通过检测激光透过染液后的衰减程度来获知浓度大小。由于激光具有波长一定、密度极高的特性，即使在浓度较高的领域，也能获得与浓度呈线性关系的数据。

⑤ 染整工艺过程中的液位控制，对于不同工艺溶液和不同工况，可选用电导式、电容式、超声波式等智能型液位控制装置。智能型控制装置具有现场总线兼容模块。

（4）按工艺处方浓度配液、比例混液、计量输液　杭州开源的染液助剂自动配送系统解决方案，基于自动化、信息化，综合运用集散控制、计算机网络、数据处理、在线采集控制、工厂办公自动化等技术，可实现工厂染液助剂自动配送、实时检测与控制、生产数据实时记录及在线管理等功能。

染液助剂配送系统，解决了染液助剂手工配制效率低、精确度不稳定、操作劳动强度大、工作环境差等问题，帮助染整企业提高生产效率、节约成本、提升产品品质、节能减排。

杭州开源电脑技术有限公司还开发了爱丽印染调浆车间计算机化生产系统，为印染企业提供"可靠、适用、先进"的产品和整体解决方案。

（5）pH 值自动控制　不同的纤维织物采用不同的染料，在染色过程中有各自的 pH 值要求。例如活性染料连续轧染 pH 值为 6～7，还原染料为 7～8，分散染料热溶染色 pH 值为 6.5～5.5。

靛蓝属于还原染料，它具有还原染料的特征。靛蓝牛仔布若希望水洗褪色快，染浴 pH 值控制在 11.0～11.5；若要求水洗褪色较慢，染浴 pH 值应提高到 12.5～13.5，降低亲和力，提高渗透性。

染色过程 pH 值的测控，是确保染色"上真工艺"的重要条件之一，应积极推广。

（6）反应箱含氧量的测控　前处理退煮漂工艺汽蒸箱中空气的存在会导致形成氧化纤维素，使纤维损伤，因此在汽蒸箱中进行碱煮练时，隔绝空气极为重要。另一方面，汽蒸箱混入空气后会使蒸汽的分压降低，其温度会降低到大气压力的饱和温度之下，而这是练漂工艺所不允许的。还原汽蒸箱中严格要求无氧工艺操作，防止汽蒸箱中渗入空气形成条花疵点。印花后蒸化机的有效隔绝空气对于对氧气敏感的染料（如还原染料）的固着效果起着决定性作用。在拔染加工中，即使微量的空气与处理介质的混合，也会影响到加工效果。通过测控汽蒸箱含氧量，不但可以降低工艺过程蒸汽的消耗量，而且能保证产品品质。

（7）先进的光电整纬装置　染整加工中，由于多种原因，织物会产生斜纬、弓纬或波形纬等纬斜歪曲现象。圆筒针织物剖幅展开后，亦会出现类似纬斜的情况，同样需对线圈横列进行矫正。整纬装置常与丝光机、拉幅机和热定形机配套使用。

（8）纬密及针织物线圈横列数的测控　连续、精确地测定纬密和针织物的线圈横列数，对于生产优等纺织品是一个重要的环节。这种监视和测定装置常用于拉幅、丝光、预缩（包括阻尼式预缩机）等设备上。检测织物的纬密/线圈横列数可以及时控制织物的质量、伸长量和收缩率，减少废品、次品，降低生产成本。

（9）织物单位面积的质量测控　织物单位面积的质量是纺织品的重要指标之一，它直接影响着成本和产品的品质。根据机织物的涂层整理、上浆、浸轧液的均匀度，将涂料等染化料施加量控制在给定值附近，符合差值要求，以便改善产品的品质，降低成本。

针织物弹性大，加工过程为了真正达到所要求的成品质量，连续、无损地进行单位面积的质量测定就显得更为重要。

（10）织物测长装置　选用织物测长装置时，应严格区分测长精度和计长精度，工厂需要的是稳定、可靠、恒张力的高精度测长装置（测长精度 0.1%～0.05%）。

（11）FCS 取代 DCS　采用全数字化、全分散式、全开放和多点通信的底层控制网络，新一代的现场总线控制系统（FCS）取代传统的分散型控制系统（DCS），可提高生产过程控制的准确性和可靠性。

现场总线有多种形式，HART 现场总线被称为可寻址远程传感器高速通道的开放通信协议，其特点是在现有模拟信号传输线上，实现数字信号通信，属于模拟系统向数字系统转变过程中的过渡性产品，因此，对于目前现场仪表大多采用模拟仪表设备的染整生产，在过渡时期应用 HART 现场总线更为适合。

（12）印染 ERP 系统　ERP 是一个面向供应链管理的管理信息集成系统，能有效地整合企业内外部的各种可利用资源，满足印染企业实现多元化、跨地区、多供应和销售渠道的全球化经营管理模式的要求，可为电子商务提供基础平台。

ERP 系统除了传统的制造、供销、财务功能外，在功能上还增加了支持物料流通体系的运输管理、仓库管理；支持在线分析处理、售后服务及质量反馈，及时准确地掌握市场需求脉搏；支持生产保障体系的质量管理、实验室管理、设备维修和备品备件管理；支持多种生产类型或混合型制造企业，汇合了离散型生产、流水作业生产和流程型生产的特点；支持远程通信、电子商务、电子数据交换（EDI）；支持工作流（业务流程）动态模型变化与信息处理程序命令的集成。此外，ERP 系统还支持企业资本运行和投资管理、各种法规及标准管理等。印染 ERP 已成为一种适应性强，具有广泛应用意义的印染企业管理信息系统。ERP 应用必须有制造执行系统的支持。

（13）应用计算机综合控制系统的典型案例　拉幅定形机是印染后整理加工中应用计算机综合控制系统的典型设备之一。图 10-2 是新型 Optrpac VMC-10 定形机测控系统示意。

① 全幅螺旋扩幅装置　织物工艺过程中展幅居中导布、托运织物的网帘纠偏、定形拉幅的探边上铗、印花时的贴布边缘定位以及收卷齐边等工序，皆需要实施导布自动控制。

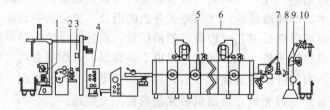

图 10-2　新型定形机测控系统

1—玛诺全幅螺旋扩幅辊；2—EVAC 新型真空吸水系统；3—玛诺高湿度测定
及控制 HMF；4—玛诺欧特玛自动纬纱调整器 RFMC（光电整纬器）；
5—玛诺废气湿度及测定控制 AML；6—玛诺定形时间控制器 VMT；
7—玛诺纬密检测装置 PMC；8—玛诺湿度测定及控制 RMS；9—威可喷盘
式均匀给湿机 RFT；10—玛诺米织物单位面积质量（g/m²）测定 FMI

热定形机的进布架装有螺旋扩幅红外自动对中装置，可根据织物的组织结构设置多种剥边装置；此外，还设有红外探边装置。

② 真空吸水系统的应用与低给液节能　EVAC 新型真空吸水系统，作为一种积极的方式用以控制织物的带液量，部分取代传统的被动式轧辊。

被浸湿的织物中存在结合水和游离水，新型真空吸水系统通过真空泵使吸水管内外形成负压，在织物通过吸水口时，游离水被吸除。该系统在疏水性的合成纤维及其混纺织物的湿整理中效果尤为显著。

在定形工艺中去除游离水、溶液或杂物，可减少污染；去除织物表面的化学溶液，使化学药剂能深入织物内部，可减少化学废料，减轻环保压力；降低带液量，可节省能源，减少生产成本。

真空脱水机由水环式真空泵、狭缝式吸口、分离器、薄膜泵和控制器等主要部件构成。当织物通过吸口时，吸入的残液通过分离器除去杂物，再经薄膜泵送回浸渍槽，循环回用。织物中合成纤维的含量较高和纤维素纤维的含量较低时，真空脱水更佳。如对于纯聚酰胺织物真空抽吸脱水，残余水分约 20%，若采用轧水机械脱水，残余水分则为 40%。在纯棉织物吸足水的情况下，用高性能轧水装置实施机械挤压脱水，残余水达 50% 左右，而用真空抽吸脱水只能达到 70% 左右。实践表明，棉纤维与化纤混纺织物混纺比以 50/50 为界，棉纤维超过 50% 宜采用机械挤压脱水，合成纤维超过 50%，则采用真空抽吸脱水技术为好。

瑞士威可公司的 WEKO-RFT-Ⅲ 喷盘式均匀低给湿设备，给湿范围 0～40% 无级调节，特殊喷盘具有特定开口角度（72°左右），以 5000r/min 高速旋转，产生巨大的离心力，使水滴以 30～70μm 的微液滴状态均匀喷射于织物上。该机用于定形机入口处，可降低带液量，提高烘干定形效率，节省能源；安装在定形机出布处，其均匀给湿可令织物快速回潮，消除静电，手感丰满。若在定形机出口处，均匀喷洒柔软剂等不需高温反应的化学品，则可降低在烘箱内挥发污染，并节省能源。

③ 织物在线高湿度测定及控制　高湿度测定和控制（Aqualot HMF 型）通用于无接触式测定湿度，含水量允许在 20～300g/m²。该系统可测定含水织物吸收微波的能量，显示与设定值的偏差；可校准绝对湿度，误差仅为 ±1g/m²。微波传感器可固定左、中、右安装，亦可横向往复扫描移动。采用 PID 电子控制具有速度储存、反向脉冲延长及停机阻塞脉冲等功能。

微波传感器通常由微波发射器（即微波振荡器）、微波天线及微波检测器三部分组成。由发射天线发出微波，此波遇到被测物体时将被吸收或反射，使微波功率发生变化。当接收天线接收到通过被测物体的或由被测物体反射回来的微波，并将它转换为电信号，再经过信号调理电路，即可显示出被测定值，实现微波检测。织物经给液后，就决定了织物的绝对湿度差，利用分析检测到的含湿度量差值，并加以纠正，可优化工艺，改善产品品质，节约能源。

④ 整纬装置的应用　玛诺的光电整纬器欧特玛自动纬纱调整器（ORTHOMAT RFMC-10A）通常安置在定形机前，根据光电整合原理，以精密光学传感头传感读取织物纬向信号，全数字化逻辑电路精确且灵敏地分析信号，再以油压系统驱动斜辊及弯辊，校正纬斜及弓纬以经纬向垂直状态完成织物的定形过程。

如同肉眼从织物上产生的不同光亮度的条纹而感觉织物的纬纱位置，ORTHOMAT 扫描器通过明暗调制光电效应反映织物纬纱或线圈结构的位置，并发出成比例的交流电信号。

计算电路从这些信号的大小和方向取得纱线瞬时位置信息，并由此不断测定与所给定的正常位置的偏差，即"纬斜"。

⑤ 烘房废气湿度测控　烘房废气湿度控制（Ecomat AML 型）对烘干工序的节能起着决定性作用。传感器内配有二氧化锆（ZrO_2）金属元件，耐高热、抗污性强，能可靠地测定废气的湿度。该系统根据最佳排气湿度，调节排气阀导通角度或排气机的转速，以控制废气的排放量，从而使烘房内的相对湿度达标，测定结果以体积分数 0～100％ 表示。

测湿传感器品种繁多，但市售的以 100℃ 以下工作环境的测湿传感器较多。在组装湿度控制系统时，一定要注意所选的测湿传感器工作温度的极限，且必须具备温度补偿功能。

测控烘房内湿度或排气湿度，对于提高产品质量的稳定性和节能都很重要。

⑥ 定形时间的控制　在定形过程中，通常会添加树脂或助剂，并在一特定的温度下持续作用一定时间，完成助剂与纤维之间的反应。定形时间控制器（PERMASET VMT-10）通过对织物本身温度变化的测定，用控制定形机速度来调节定形时间，完成织物在不同升温曲线下，精确地达到温度-时间的完善定形效果。定形控制原理如图 10-3 所示。

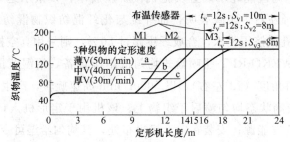

图 10-3　MAHLO PERMASET 定形控制原理

a—轻薄、快干织物，高速（50m/min）；b—普通织物，中速（40m/min）；

c—厚重/慢干织物，低速（30m/min）；t_v—最佳定形时间；

S_{v_1}～S_{v_3}—薄、中、厚织物在定形温度下运行的距离

VMT-10 控制器的特点如下：a. 全计算机化电路设计，信号解析灵敏正确；b. 配置非接触式红外布温传感器，测定精确，不易出故障，可根据不同需求，搭配不同数目传感器；c. 电脑屏幕可显示设定的工艺条件、实际运行状况、升温曲线等；d. VMT-10 控制器可储存 100 组工艺条件，在更换织物品种时，只需调出相应的序号，便可自动控制定形工艺过程；e. 可转成单点布温测定控制系统，如长丝化纤布的热融点定形控制。

图 10-3 中，M1、M2 和 M3 是 MAHLO 公司 OMT-7 型布面温度测定传感器。该红外辐射探测头安装在拉幅定形机的顶部，距离布面约 1m 处。为了精确测定，一般皆安置几个测温点。对于薄织物，测温传感器设置在烘房的前半部，约在烘道 40％ 长度处；厚织物，测温传感器应设置在烘道 60％ 长度处。

由于受电网电压、烘房湿度、织物进烘房时的含水率、车速等因素影响，无法保证真正起热定形作用的时间。采用计算机系统定形时间控制仪，对进入定形机烘房的织物升温工况随时采样，在屏幕上可清楚地看到织物的升温曲线。当织物达到定形温度时，计算机根据定形时间的要求，计算出合理的织物进给工艺车速，并加以控制。此控制系统采用温度传感，控制对象却是车速，而控制目标实际为定形时间，这是温控的一个特例。

⑦ 在线纬密和目数检测　在线检测机织物纬密和针织物目数装置（FAMACONT

PMC）具有灵敏的非接触式感光电子传感器，可根据织物厚薄选用透光或反射光检测。其不受织物表面组织的影响，精度达 0.1picks/cra，具有双直面数字式界面，彩色触摸屏，以及工艺数据记录的功能。

⑧ 织物落布回潮率测定　织物的含水率是烘干过程中极重要的标准，过度干燥会浪费时间和能源，而干燥不充分则会产生不良后果。上述两种弊病均可通过采用测量并控制烘燥过程中含湿量加以避免。

采用测量织物的导电性来测定其含水率是最佳方法，因为可以即时地进行测定。导电性与织物的含水率（以剩余含水率来说）关系最为密切，百分之几的含水率差异可以反映出10 倍的导电性能的变化。纤维素纤维的含水率和导电性能之间存在着指数函数的关系。

织物的质量、水的性质、织物的厚度、整理液的组分，所有这些因素都不会影响其导电性和含水率的测定。

各种导电性相同的织物，其含水率却不尽相同，因此对每一种织物都需有一修整的导电-含水率曲线。尽管如此，但这并不影响利用导电性能测试原理来控制含水量。这是因为虽然各种织物的相对湿度不同，但当其烘干到大气的相对湿度时（如 65％），它们的电阻值是相同的（见图 10-4）。

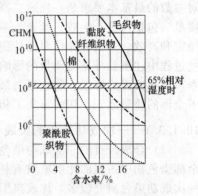

图 10-4　导电-含水率曲线

玛诺 RMS 湿度测定及控制仪已国产化，郑州远见、常州宏大公司皆有产品面市。

几种纺织材料的平衡回潮率见表 10-7。

⑨ 织物单位面积质量（g/m²）的测定　Cravimat FMI 织物单位面积质量的测定和控制装置采用低能级的放射性同位素，即令 β 射线穿过织物，此时其吸收衰减与织物质量的变化有关，而与吸收体的化学组分无关，接收量与织物质量呈指数关系。其检测控制为无接触式测定方法，所以对织物没有破坏性，并且不影响织物的物理性质。

表 10-7　几种纺织材料的平衡回潮率　　　　　　　　　　单位：%

纺织材料	空气相对湿度/%						
	20	30	40	50	60	70	100
纯棉	4.5	5.3	6.4	7.8	9.4	11.3	20.0
亚麻	7.5	8.8	10.0	11.8	13.6	16.0	24.5
黄麻	8.8	10.3	12.0	14.3	17.0	20.0	33.0
蚕丝	—	6.6	7.9	9.2	10.5	11.9	24.0
黏胶丝	—	5.9	7.3	9.9	11.2	14.1	35.0
羊毛	14.0	16.0	18.0	20.0	22.0	25.0	36.0
涤棉(65/35)	2.2	2.5	2.8	3.3	3.8	4.3	6.3

【结语】

提高染整工艺生产一次成功率，必须保证工艺实施的准确性，就需要对生产时工艺质量进行过程控制。因此，通过染整自动化技改，使染整设备变成"傻瓜机"，让自动化、智能化控制工艺可靠进行。

10.1.3　染化料优化组合的一次准染色

众所周知，当今重要的染色加工工程的管理方法是采用控制染色技术，它是企业的管理技术、染料的设计技术和先进的染色技术三者相融合的统一整体。为要达到一次成功染色，整个染色加工工程必须控制到"零缺陷"即不需要采取任何回修措施，这就需要选择适用于一次成功染色的染料、选择适用于一次成功染色的助剂，建立"零缺陷"的管理体系，这种管理体系包括建立作业标准，建立染色工程监察方法，确立染色加工工程所有参数的在线管理与记录，建立原布与水及染色助剂（包括盐、酸、碱等）的核对方法和建立染色产品的质量控制方法等。很明显，一次成功染色是一种先进的控制染色技术、是一个系统工程，它的影响参数有 9 个方面即基质（或织物）、染料、助剂、其他添加剂、染色工艺、染色条件、染色设备、管理体系和人员素质等，其中最重要的参数是基质、染料和助剂，一次成功染色对参数的最基本要求是一稳定二高效，即坯布和染化料的供应要保持稳定和高效、半成品的质量（包括白度、毛效、丝光效果、布面 pH 值等）要保持稳定和高效、设备和工艺要保持稳定和高效、人员和操作要保持稳定和高效，这些参数的稳定和高效都做到了，再加上在染色过程中注意到环境对质量的影响，例如冬季防水渍、夏季防虫渍、梅雨季节防霉斑、高温季节落布要做好降温、防止压刹皱等，对严重影响质量的突发性事件要有防治预案，这样有了全面的质量意识，切实落实了相关的技术管理措施，一次成功染色才有保证[3]。

10. 1. 3. 1 一次成功染色的实践

（1）合成纤维的一次成功染色 合成纤维及其混纺织物的染色重现性和匀染性等问题在全部染色物中占据的比例虽没有棉染色物高，但也不低，大致为 20％～25％，因此对其的一次成功染色研究较多，比较典型的一次成功染色技术有如下几种。

① Dyexact XP 体系 聚酯纤维的一次成功染色虽然取决于一系列参数，但研究证明其中最重要的影响参数是能给予有效分散、乳化、匀染且控制低聚物和水硬度的助剂，这些助剂同时要有好的相容性、高的生物降解性和低的毒性等。Dystar 公司开发的使聚酯纤维及其与聚氨酯纤维（即弹性纤维）组成的混纺织物进行一次成功染色的新体系——Dyexact XP 体系，提供了一次成功染色的各个参数所需要的具有高有效性、好相容性、高生物降介性和低毒性等的纺织助剂的正确选择，它们能保证聚酯纤维及其与聚氨酯纤维组成的混纺织物的一次成功染色，这种新体系用于深色染色的效果与常规染色法相比可减少染色费用约16％，节约染色时间20％，不仅增加了染色能力和生产率，而且减少了对环境的污染，据测对环境的冲击指数可从常规染色的 1.2 降低到 0.9。

② ECON dye Plus 技术 该技术是瑞士 Zschimmer & Schwarz 公司从一次成功染色的影响参数出发设计的用于聚酰胺纤维和弹性纤维以 80∶20 比例组成的混纺织物的一浴精练、染色和固着技术，也是一种经济、生态和高性能的技术。它最重要的影响参数是正确选择有效控制精练和染色加工各个参数的助剂。

a. Depicol PC 9 它是一种能使高氨纶含量的织物中有效地去除油，特别是硅酮油的高效乳化剂，也是一种环保型高性能洗净剂。

b. Setavin PAS 它是一种用于染色的 pH 缓冲剂。

c. Depicol AY 它是一种用于防止织物在热熔固着时发黄的助剂。

这种技术与常规工艺相比，加工织物的时间减少了 50％、染浴量减少了 80％，大大地提高了设备的染色能力和降低了染色、用水与排水管的费用，也不会影响染色物的色牢度。与 ECON dye Plus 技术相似的另一种技术是 ECON flash 技术，它还适用于聚酯纤维和弹性纤维以 96∶4 比例组成的混纺织物。

③ 聚酯纤维和棉组成的混纺植物的一次成功染色 目前在纺织品市场上，聚酯纤维和棉组成的混纺织物占据重要的地位。为了防止在这种混纺织物染色时产生缺陷，有效的精练和适宜的染色条件是其一次成功染色最重要的参数，有效的精练是指必须完全移除纤维中的杂质，正确选择有效的助剂和高效低用水量的精练机非常重要，对间隙式精练而言，浴介纤

维中杂质需要的最小浴比是 1：20，若用 1：5 浴比的话，则会造成精练不充分、染色有缺陷；适宜的染色条件与染色工艺有关，若对聚酯纤维/棉混纺织物进行连续染色的话，采用分散染料和还原染料或分散染料和硫化染料来染色，一般问题不大，因为它们之间有一个好的相容性，若用分散染料和活性染料进行染色，需要非常小心地选择染色条件，若对聚酯纤维/棉混纺织物进行吸尽染色的话，分散染料和直接染料的组合最适合一浴染色工艺，若使用分散染料和活性染料，为了避免助剂对两种纤维的染色所产生的不相容性，推荐采用两浴法。

④ 聚酰胺织物的金属络合生态染色　用于聚酰胺织物染色的金属络合染料具有优异的色牢度和宽阔的色谱范围是其优点，但是染色物中经常会遇到重金属铬的含量超标问题，最近 Eco-Tex Standard 100 中对纺织品的酸性汗渍萃取液中铬的含量按照不同用途的纺织品规定不能超过 $1 \sim 2 mg/kg$，使得聚酰胺染色的铬含量超标的问题更加突出。德国 Dr. Bohme 公司对此进行了研究，通过一系列用铬络合染料染色的聚酰胺织物进行不同后整理的试验发现，被染色与整理后的聚酰胺织物的酸性汗渍萃取液中铬的含量与后整理剂的性质有关（表 10-8），试验还发现，用铬络合染料染色的聚酰胺织物采用吸尽法进行后整理对铬含量的影响要比采用连续法进行后整理的影响小，试验也发现用铬络合染料染色的聚酰胺织物的酸性汗渍萃取液的颜色与铬含量之间没有一定的关系。为了避免用铬络合染料染色后的聚酰胺织物进行后整理时使用不同整理剂可能产生的上述有害影响，一个重要的影响参数是在整理后选择有效的铬固定剂进行铬固定，该公司开发的一种新铬固定剂 Colorf CIM 适于这种目的，它在用铬络合染料染色的聚酰胺织物进行整理后使用，可使聚酰胺织物酸性汗渍萃取液中铬的含量符合 ECO-Tex Standard 100 的要求，实现铬络合染料生态染色。

表 10-8　用铬络合染料染色和整理的 PA 的酸性汗渍萃取液中铬含量与整理剂性质的关系

后整理剂性质	酸性汗渍萃取液中铬含量/(mg/kg)
不后整理	0.35
用某些亲水性抗静电剂整理	>2.00
用疏水性抗静电剂整理	<0.35

（2）棉织物的一次成功染色　棉染色物的重现性和匀染性等问题要比合成纤维及其混纺织物的染色物严重，因此，它们的一次成功染色的研究是当今的重点之一，比较典型的一次成功染色技术有如下几种。

① 棉织物一浴前处理和染色技术　Stokhausen 公司从一次成功染色的影响参数出发，开发成功棉织物的一浴前处理和染色技术，其最重要的影响参数是选择有效移除棉织物杂质的前处理剂，为此，该公司开发出适用于同浴染色的新型前处理剂。

a. Solopol ZF　它是一种基于糖且可生物降解的聚合物络合剂，能与棉中的杂质如重金属、钙、镁等相结合，可用来取代目前使用的生物降解性比较差的络合剂。

b. Sultafon D　它是一种常用的高效润湿/精练剂，具有优异的低起泡性，对在弹性纤维中不容易乳化的硅酮油和矿物油的乳化去除特别有效。

经上述前处理剂处理后的棉织物质量稳定，能同浴使用市场上供应的稳定的棉用染料进行染色，没有任何限制。这种经济和生态的一浴多功能加工工艺能获得下列显著的经济效果：a. 减少加工费用和加工时间 60% 以上；b. 增加加工能力 25% ～ 33%；c. 不影响染色物的色牢度；d. 显著地减少排放的污水量。

② Innovat 染色体系　该体系是一种适用于棉织物用还原染料的一次成功染色体系，最重要的影响参数是选择有效移除棉织物杂质及保证棉织物质量稳定的精练剂和确保真空条件

下染色的设备，由于在真空条件下染色，不必考虑大气中氧气氧化的问题，只需要使用少量化学还原剂，且还原染料的化学还原作用被快速、安全和重复地进行，在还原染色后的氧化工程也可借助连续皂洗得到有效的控制，因此这种染色体系被称为对环境和生态更友好的染色体系，Dystar 公司与意大利 Brazzoli 公司合作改进喷射染色机，用真空泵抽成真空制得的新型染色设备能用来实现这种染色。这种新染色体系具有下列效果：a. 减少了使用的化学物质和废液；b. 适于大容量染色，降低了单位产品的生产成本；c. 也能用于活性染料，如 Levafix 染料、Procion 染料和 Remazol 染料等的一次成功染色。

③ Econtrol 染色技术　它是 Dystar 公司与 Monforts 公司共同开发的一种用活性染料对纤维素纤维一次成功连续染色法，具有下列效果：a. 短时间染色；b. 不需要盐和尿素；c. 减少了使用的化学物质和能量；d. 易控制和操作；e. 可获得高的染色强度。

④ Luft-rotoplus 技术　它是 Dystar 公司与 Thies 公司共同开发的一种用活性染料对纤维素纤维的超低浴比一次成功染色法，具有下列效果：a. 最多可缩短 30% 的染色时间；b. 最大可削减 50% 的水；c. 最多可减少 40% 使用的化学物质。

10.1.3.2　适用于纺织品一次成功染色的新型纺织化学品

在上述合成纤维和棉织物的一次成功染色中已经明确地指出助剂是最重要的影响参数之一，它们包括前处理剂、染色助剂和后整理用助剂，特别是前处理剂的质量稳定和高效直接关系到基质（或织物）的质量稳定，而此是一次成功染色的基础，因此各公司开发了好些高质量的前处理剂，如高效润湿/精练剂、高效乳化剂、高效络合剂等，它们能有效地除去在弹性纤维中不容易乳化的硅酮油和矿物油、除去织物中所有杂质包括重金属、钙、镁等，同时还开发了保证织物染色时 pH 稳定的 pH 缓冲剂等，从这个意义上来说，对于织物的一次成功染色而言，助剂的作用要比染料重要，然而，染料的高质量和稳定也是纺织品一次成功染色的最重要影响参数之一，它们是确保纺织品一次成功染色的重要条件。近年各公司研究和开发的适用于纺织品一次成功染色的新型染料，如下所述。

(1) 新型活性染料　开发以一次成功染色为目标的新型活性染料是确保棉织物及其混纺织物一次成功染色的重要条件，例如近年采用 CAE 技术（即根据所需染料的染色性能经过对设定的新染料结构多次修改后创造出符合要求的实际染料的电子计算机调整设计技术）开发成功的 Procion H-EXL 染料是一类能使棉织物及其混纺织物实施一次成功染色的新型活性染料，它们的优异性能可通过 RCM 要素即相容性模型要素来说明，RCM 要素由中性盐存在下的活性染料直接性 (S)、活性染料在一次吸着阶段的移行性（MI-移行性指数）、添加碱后显示的对活性染料二次吸着的效果（LDF-匀染性因素）和在碱存在下活性染料的反应性固着达到最终固着值一半的固着时间 (T_{50}) 4 个要素组成，用于吸尽染色法的活性染料的 RCM 要素理想值为：S 70%~80%、MI>90%、LDF>70%、T_{50} 约为 10min。Procion H-EXL 染料的 4 个要素均在上述范围内（表 10-9）它们的直接性或一次吸着率 S 在 70%~80% 和半染时间 T_{50} 为 10min 意味着它们是一类匀染型活性染料，它们的一次吸着率与最终吸着率之差在 30% 之内意味着染色时在添加碱后不会产生颜色深浅不匀的现象，与乙烯砜型活性染料的一次吸着率与最终吸着率之差为 50%~60%、半染时间 T_{50} 多数在 3min 以下（最快的 T_{50} 约 1 分钟）、染色时添加碱后极易产生颜色深浅不匀等相比，匀染性明显地得到了改进，由此可见，Procion H-EXL 染料在配合使用时具有优异的相容性和匀染性、极佳的重现性且适用于小浴比染色和自动染色，另外它们的染色行为对染色工艺参数，如浴比、温度、盐用量等的变化不敏感，这样用其进行染色可获得一次成功染色的效果，不仅于此，它们的优异匀染性和扩散性，也使其对 Tencel 等新纤维能发挥出最佳的染色性。

表 10-9　Procion H-EXL 染料的 RCM 要素（吸尽染色法）

染色名称	$S/\%$	$E/\%$	MI/%	LDF/%	T_{50}/min
Procion Yellow H-EXL	76	96	90	74	10
Procion Amber H-EXL	80	93	100	87	10
Procion Red Brown H-EXL	78	93	100	85	10
Procion Brill. Orange H-EXL	72	92	94	73	10
Procion Brill. Red H-EXL	76	90	94	79	14
Procion Crimson H-EXL	74	92	100	80	10
Procion Dark Blue H-EXL	72	87	92	75	10
Procion Navy H-EXL	73	90	90	73	12

注：采用未丝光棉（针织物）和 excel 标准染色法。

除外，Procion XL＋也是一类能棉织物及其混纺织物实施一次成功染色的多活性基及脱活的新型活性染料，它们的 RCM 要素如表 10-10 所列。

表 10-10　Procion XL＋染料的 RCM 要素（吸尽染色法）

染料名称	MI/%	T_{50}/min	染料名称	MI/%	T_{50}/min
Procion Yellow XL＋	98	8	Procion Dark Blue XL＋	99	10
Procion Brill. Red XL＋	91	11	Procion Cyan XL＋	98	10
Procion Rubine XL＋	97	10	Prociom Navy XL＋	98	10

由表 10-10 见它们是一类具有很好稳定性、匀染性和重现性的染色用活性染料，特别适用于中色到深色包括深红色、棕色、绿色和常会产生差的颜色重现性的芝麻色的染色。

还有 Levafix CA 染料，它们不仅无 AOX 和采用可生物降解的添加剂组成，具有高固着率和优异洗涤性，且能产生低 COD 负荷与低的水耗及能耗，而且具有良好的匀染性和染色重现性，适用于棉织物及其混纺织物的一次成功染色；Intracron CDX 染料、Remazol RGB 染料和 Sumifix HF 染料等也都具有好的重现性、高的生产性和低的废水负荷，且能用于棉织物及其混纺织物一次成功染色的新型活性染料。

总之，这些用于一次成功染色的新型活性染料具有下列共同的特点：a. 极佳的 RCM 要素；优异的匀染性和重现性；b. 对染色工艺参数变化的低敏感性；c. 优异的可洗涤性；d. 高色牢度；e. 稳定的产品质量。因此适用于一次成功染色的新型活性染料能产生高生产性、低废水负荷、短染色时间和染色时准备阶段时间与洗涤阶段时间等的很好效果。

（2）新型分散染料　开发以一次成功染色为目标的新型分散染料是确保聚酯纤维及其混纺织物一次成功染色的重要条件，例如近年 Dystar 公司开发的 DianixE-Plus 染料是一类能使聚酯纤维和超细且聚酯纤维及其混纺织物实施一次成功染色特别是淡色一次成功染色的新型分散染料，它们有效地平衡各种染色性质，能在酸性、中性和碱性染浴中使用，染色时在升温阶段具有优异的颜色提升性和对染色条件如时间、温度与 pH 值等变化的不敏感性，且能获得目前最高水平的染色重现性和色牢度；Dianix Plus 染料是用于聚酯纤维中色到深色一次成功染色的分散染料，具有优异的相容性与提升性、好的匀染性与重现性。此外，Lumacron MFB 染料不仅能满足超细且聚酯纤维特别是海岛绿类型与差别化复合类型的超细且聚酯纤维等染色所要求的匀染性和严格的牢度标准，而且有好的染色重现性，是一类超细且聚酯纤维一次成功染色用的新型分散染料。

总之，这些用于一次成功染色的新型分散染料具有下列共同的特点：a. 优异的提升性与相容性、好的匀染性和重现性；b. 对染色工艺参数变化的低敏感性；c. 高色牢度；d. 稳定的产品质量。

（3）其他新型染料　适用于纺织品一次成功染色的其他新型染料还有新型阳离子染料如改进的 Astrazon 染料，它们能用于阳离子染料可染型改性涤纶的一次成功染色，Indanthren

Colloisol 染料，它们能用于棉织物及其混纺织物的一次成功染色等。

【结语】

综上所述，纺织品的一次成功染色是一种先进的控制染色技术，成功的关键在于严格控制加工过程中的各个影响参数，其中最重要的参数是基质或织物、染料和助剂，最基本的要求是它们的质量必须稳定和高效，而建立"零缺陷"的管理体系是重要的保证条件。

通过分析也清楚地看到发展纺织品的一次成功染色和开发用于一次成功染色的新型纺织化学品不仅对纺织印染行业降低生产成本、提高生产效率、增强竞争能力和增加企业效益具有重要的意义，也是应对欧盟 REACH 法规的一个重要对策，而且在当前能源紧缺的情况下它们是我国纺织行业和纺织化学品行业坚持科学发展观，走自主创新道路的一个重要方向。

10.2　提高印染符样率技术

10.2.1　提高染色打样质量的控制

染色打样在染色品的生产过程中至关重要，随着纤维种类的增加、混纺织物、复合纤维的大量使用，打样工作要求越来越高，外贸生产对染色品的色光要求高，使得染厂原来就存在的符样率不高、缸差大、加料多的矛盾更加突出，各染厂均存在如何提高染色一次成功率的问题。当前各种能源成本不断上升，印染厂数量增加、规模扩大、竞争日趋激烈，因而提高染色一次成功率、降低生产成本，成了印染企业共同关注的问题。在此对怎样重视浸染打样质量，提高染色一次成功率作一些探讨[4]。

影响染色成功率的因素主要有打样、染色生产操作、设备和管理等方面，为了提高和稳定生产质量，各厂一般都配备了电脑控制的染色机，染色操作工的误差因素大为下降，并且染厂都有各自适用的管理制度，对质量问题进行严格的管理。所以染色打样成了影响染色成功率的主要因素。要提高打样的质量，应从多方面加以控制。

(1) 来样分析和加工要求掌握　首先要认真对待客户的来样，充分了解客户来样的加工要求、织物特性，分析能否按要求完成任务，当质量要求达不到或打样不能达到来样要求时，应分析原因，及时与客户沟通，得到客户的确认和谅解，不要盲目接单和生产，减少不必要的损失和麻烦。

(2) 织物的准备　打样织物必须是所要染色的织物，这是大家都知道的。但是在实际生产时都不自觉地有所忽视，例如有的企业将白坯在试样室条件下进行前处理后直接用来打样，尽管试样室前处理是尽量地模拟生产过程的前处理工艺条件，但还是有一定的差距，对某些织物的影响会明显些。因此，最好是用生产车间前处理完后的织物来打样。

试样室前处理效果往往和生产结果有一定差异，会对打样的准确性产生影响，特别是现在很多织物都要经过预缩、预定形、烧毛、碱减量等前处理。染缸内的预缩和试样室预缩是不同的，染缸内预缩织物的织缩更大，样品会亮丽些；预定形温度的不同对打样结果有很大的影响；减量率高低会影响染色时的得色深浅，同样的染色配方，减量率越高得色越浅；甚至烧毛也会对染色产生一定影响。故采用经过生产过程完整前处理的织物来打样，才是最符合染色要求，这一点在实际打样中应引起重视。

另外，对不同批号、不同前处理缸次的织物严格地讲也应分别打样，防止前处理过程中缸与缸之间的差异（如减量率、热定形）对染色的影响。同一组织规格，但不同批号的织物也应分别打样。当同颜色翻单生产时，若织物批号不同或原料批号有变化时，应重新复样。

（3）染料的选择和打样工艺设定　应注意选用配伍性好的三元色染料进行打样，这是提高染色成功率和增加重现性的基础。对所用的染料应仔细筛选，首先是根据染料介绍资料初选，然后将所选染料在不同温度、不同时间下进行拼色试验，并进一步根据染料的染色性要求来变化助剂配方进行打样，观察其色光变化的情况，来确定染料的配伍性。若在各种因素变化情况下，其色光主要是深浅变化，而色相变化较小；当助剂用量变化时，其得色变化较小，则染料配伍性好。

另外要注意，所选染料的色牢度差距要尽量小，若牢度差距大，则拼色后染色品的色牢度会有影响，特别是日晒牢度更要引起注意。

染料的选用还要考虑能满足染色要求和兼顾生产成本，例如对于差别化涤纶纤维织物所用的染料要根据纤维性能和染色要求进行选择，当差别化纤维之间上染性差距较小，又需染出明显的深浅竹节效果，则应选用高温型分散染料；若纤维间上染性差异较大，而又要染出不明显的深浅竹节效果，则应选用低温型分散染料，并与控制适当的温度相结合，达到打样所需风格。

打样工艺的设定对提高放样符样率有较大的影响，打样工艺是指打样织物质量、浴比、升温速率、保温温度与时间及助剂用量。应考虑尽量使打样的条件与大生产接近，特别是浴比、助剂用量、温度，使打出来的颜色与生产样基本一致，下单染色时配方不必进行调整。不同的工厂、不要的染色设备和不同的颜色可能控制会有所不同，例如当某一颜色较深的产品生产染出样经常比打样深，应考虑延长打样保温时间，说不定能解决，若染出样比打样浅，可考虑减少打样时助剂用量或适当增加浴比。调整打样工艺使打样配方能不经调整直接染出合格的产品是发展的方向。

（4）打样操作　要提高打样质量，操作是关键，应注意以下几方面。

① 母液的配制　配制母液的染料必须是生产所用染料，并且不能受潮，称量要准，过去多采用光电天平，称重相当麻烦，现在有了高精度的电子天平，称重非常方便，要注意的是称染料应用高精度的电子天平（0.001g），调整好水平，确保使用精度，化染料时加足水后容量瓶里的水应是常温状态。

② 织物称重　不少打样技术员认为染料要称准，而称布就可以马虎些，其实打样用布总量才几克，称重不准，也会产生较大误差，过去使用药物天平称重误差较大；而使用了弹簧可调式的药物天平看起来使用方面，其实由弹簧扭力确定质量有较大的误差。现在称布可用0.01g精度的电子天平，使用很方便。在操作时，要注意试样织物要全部盛放在天平托盘上，而不能接触其他地方。要将天平的水平调准才可将布称准。

称布前要检查试样用布是否完全干，不少厂家由于生产任务忙，为了追求打样速度，布还没有干透就急忙称样，造成误差还不知其原因所在，这种误差有一定的规律性，但若一块布上干湿不均，则规律性很差，不易发现，故打样布要烘干和称准确。

③ 吸液准确　打样操作时吸液一定要准确，防止看刻度的不准，染料从称液管中吹入不净，并要注意检查移液管外部壁上吸附的多余染料母液和移液管头上多余的一滴。每次吸液前要坚持使用母液清洗移液管，吸液前充分摇动母液瓶，使母液均匀，没有浓度梯度，尤其是分散染料更要注意这一点，用完母液后要及时盖好瓶盖，防止水分蒸发母液浓度变化。

④ 移液管的选择　要提高吸液的准确性，除了操作正确外，对移液管的准确性也要加以考虑，因为不同的移液管精度不同。有的移液管内部直径太粗，单位容量的液体之间刻度距离较小、精度不高；而有的移液管有较大的误差，特别是头部的液体误差更大，所以要选

用同样容量的移液管内径细的为好。可用电子天平来检验其准确程度，用其吸取一定容量的清水，在高精度的电子天平上称重，对比容量和质量即可计算出精度，精度低的不应使用。天津玻璃厂的移液管是较理想的产品。

⑤ 助剂添加控制　染色打样配方中助剂的加入控制往往容易被人们忽视。染色中助剂对染料上染率有很大影响，例如分散染料染色中醋酸的用量直接影响染料的稳定性，从而影响染色效果；直接染料、活性染料染色中盐的用量直接影响上染率；活性染料固色时碱的用量直接影响固色率；酸性染料染色中酸的用量直接影响上染率；以及匀染剂的影响等，故助剂用量要严格控制。应将助剂化成稀溶液，然后再用移液管准确量取，每个打样技术员应认真按配方要求控制用量。对于纯碱和盐可以用电子天平一份份事先称好，用时加入，由于电子天平的广泛使用，粉状助剂的称用已很方便。

⑥ 浴比的控制　有的打样技术员对浴比控制相当马虎，仅凭经验加水致染杯的某一高度，即投入布打样，影响重现性，对于活性染料，直接染料、酸性染料等，浴比的影响是相当大的，即使是浴比影响小的分散染料，当打深色样时，浴比影响也是比较明显的，所以应按配方要求，先将所加的染料和助剂的溶液量加起来，算出所需补充的水量后，再用量筒量取水，加入到染杯，达到配方浴比，再进行染色打样。

⑦ 织物均匀度控制　当浴比设计较小，或试样织物面积较大时，织物在染液中浸渍不够均匀，很容易出现打样色花，一旦打出样色花，就很难制定染色配方，染色一次成功率下降，所以要保证打样均匀度，可以将试样布剪成几小块，再加入染杯来提高打样均匀度。

⑧ 洗净染杯和防止杯漏　打样过程中，盖紧染杯也是确保打样准确的一个方面，特别是采用甘油打样机的工厂，更要注意，杯漏是免不了的，所以不少工厂甘油打样机的甘油内有颜色，若杯盖不严，则甘油会渗入染杯内，特别是当少量的渗入不易被打样员发现时，就会出现大的差错，出现大样不符，染色生产加料。所以打样时每次都要检查密封卷，拧紧盖子，再将染杯倒立检查有否漏夜，并将染出样品与前面配方进行对比，发现反常要及时追查，确定是染料吸液误差还是杯漏，可有效防止大样生产的偏差。打样的重复试样成本远远低于大缸的加料成本。

⑨ 染后洗净与烘干　由于浮色和后整理过程对颜色有影响，所以，打样完后要洗干净，并要按该织物将要执行的整理工艺过程和条件对该样品进行烘干、定形等处理，只有当经过整理后的试样颜色和风格达到客户来样要求，打样才算完成，所以有时打出样的颜色可能和来样有点差异，但最终产品却符样。将别是对需压光、罐蒸和拉毛、磨毛等产品更要注意。

（5）采用自动滴液系统　由上可见，人工打样在很多方面都可能产生操作误差，所以应积极采用自动滴液系统。自动滴液系统由母液自动配制、染色配色染料自动滴液和控制电脑几部分组成，配制染料和助剂母液时相当方便，仪器会根据所加入染料或助剂的量自动加入所需的水达到设定好的配制浓度（质量浓度）。而自动滴液系统是由电脑控制，按配方要求向染杯滴入染液，再以质量检测，精度高，误差小，不存在不同操作人员间的操作误差。自动滴液系统与手工操作对比见表 10-11。

表 10-11　手工打样与自动滴液操作对比

项　目	效果方法	
	手工打样	自动滴液系统
母液配制	配料麻烦,精度一般,控制难	配料方便,精度高
打样精度	影响因素多误差大,加料率在 15%～30%	误差小,加料率在 15%以内
设备成本	低	较高
人力成本	较高	较低
打样员要求	较高,要求熟练操作工	一般,只需会电脑操作

续表

项　目	效果方法	
	手工打样	自动滴液系统
打样速度	单独吸液快,但总体速度不快	总体速度快
一次成功率	较低	较高
综合效果	一般	质量高
综合成本	一般	较低

现在有不少新建的厂和有远见肯投资的工厂已添置了自动滴液机,然而也有不少工厂,特别是原来技术力量较强,产品做得也不错的工厂,往往以为原有的一套操作方法也不错,只要加强管理也能提高质量,反而没有买自动滴液系统,实际上这些工厂技术和管理人员每天忙于管理,产品质量稳定性不甚理想,技术员工作量大,不妨花点资金引进自动滴液系统。

自动滴液系统也有几种类型,老式的是管道式,新式为无管路。从取母液滴液方式来分有机械臂式取液(有一支公用移液管)滴液和转盘式滴液。综合各应用厂家反馈意见,目前无管道转盘式滴液的自动滴液系统性能稳定、精度高是首选产品。

(6) 染色打样机的选择　常温振动式打样机适用于 100℃ 以下打样,其中间加料方便,但比较容易产生打样不均匀。高温高压水浴锅打样机玻璃管容易清洗,而不锈钢钩子不易清洗,挂布的松紧会影响打样结果,打样均匀性一般,但打浅色样以及打染料的力份对比样时,是较好的打样机。高温甘油打样机是比较常用的打样机,打样速度比水浴锅快很多,不容易色花,但容易杯漏,甘油消耗大,使用成本高。目前选用较多的是红外线打机,这是发展的方向,只是染杯直径小,如何防止色花有待改进。为防止染花,应选用染杯斜置、翻动式运转的红外线打样机,同样的染杯直径打样均匀度提高不少。

(7) 制定染色配方　当打出小样与客户来样一致时,制定染色配方也有个处理过程。要结合不同的织物,不同的颜色和不同的染色机以及过去小样和大样的关系,由开单技术员决定染色配方。如对一些浅色的品可以直接按小样打样配方,中等深度的颜色可能根据经验要做适当的微量调整,而深色品种有时就要减去几成染料用量。

染色配方中助剂的用量要与打样的用量相一致,工艺条件(温度和时间)也要与打样相一致,特别是对差别化纤维织物,需要通过控制染色温度染出一定深浅效果的织物,更是绝对要控制好染色温度和时间的确定,当大样竹节效果不够明显时要适当调低保温温度 1~2℃,反之,原暗纹太明时要适当提高染色温度。

染色配方应要有足够的保温时间,以保证重现性好,缸差小。

(8) 标准光源与对色　由于各种颜色织物在不同光源下有同色异谱现象,即在不同光源下,两个相同的颜色可能会产生较大的误差,所以任何打样的结果对颜色的判断都应在客户要求的光源下进行,技术员在接单时一定要了解清楚客户确认颜色的光源要求,CWF 光源是美国商业荧光,典型的美国商场和办公室灯光,TL84 光源是欧洲、日本商业荧光,欧洲和太平洋周边地区国家用于商场和办公室照明,没提出具体要求的可在 D65 光源下对色。没有标准光源的单位应采用白天背光对色,但对车间光线不好的工厂或房顶为有色遮盖物的工厂,应注意采用标准光源。

现在已有不少单位配有测色配色系统,对颜色的色差测试有很好的效果,对单纤维织物的配色打样也有较好的效果,但对混纺织物,特别是多纤维混纺织物难以应用。

(9) 染色放样与大生产　从染色打样完毕到投入放样,往往会有一定的差距,好的打样结果,染出大样与来样差距在色差 4 级内,技术员应对放样引起高度重视,当色差不是很大时,对下面的大生产配方做出微量调整,使大生产的质量提高,技术员在这种跟踪和调整中会不断地积累经验，提高打样后制定配方的水平，最终减少加料，提高一次成功率。

（10）打样员的工作责任性与管理　打样员的工作责任性与染色一次成功率有很大关系。打样不一定会一次成功，当打出的样与生产要求相接近，但还达不到 4 级以上要求时，技术员若停止继续打样，凭经验调整配方即投入生产，很容易导致加料，这是对工作的不负责。好的打样员其小样非常接近来样或完全一致时才开配方投入染色生产，也许打样次数不少，但一次成功率较高。每染一缸织物，水电的消耗就要几百元，而打样机每打一次样，耗电十余千瓦时，成本不超过 10 元，若十几只染杯一起打样，其单只样成本更低，成本相差百倍之上。所以，提高打样员的工作责任性是最直接和有效的办法。提高责任性要靠管理保证，不少工厂对工人管理很严，出了问题追究工人较多，而对技术员管理较松，若是加强打样和放样结果的统计，制定一定的激励与处罚制度，不失为促进和提高打样员工作责任性的有效途径。

总之，重视打样质量要从对客户来样和打样要求分析，打样用布的准备，染料选择、打样操作、配方的制定以及提高打样技术人员的责任性等方面去抓，只有提高了染色生产前试样的准确性，才能有效地提高染色一次成功率。当然抓好车间生产操作管理也是重要的一环，只有提高一次成功率，才能提高产品质量，降低生产成本，在激烈的市场竞争中处于有利的地位。

10.2.2　连续轧染工序提高符样率 RFT、JFT 生产

随着全国印染企业的蓬勃发展，企业间的竞争愈演愈烈，如何降低生产成本，提高生产效率，在保证产品质量的同时合理利用有限资源，保护生态环境，实现可持续发展，提高生产过程的"一次准确性"（RFT）和"即时化生产"（JFT）是最有效的措施。

在连续轧染生产过程中，一次准确性和即时化生产主要体现在两个方面，首先是小样与大样之间要满足一次性准确生产；其次批与批之间，是每一批染色布生产过程中都要得到有效控制，一次性满足客户的质量和数量要求。前者可以减少花费在放样上的时间，使连续轧染生产效率高的优点得到充分发挥。后者通过控制批间色差、批内色差、左中右色差的产生以及染色牢度等内在质量，减少返修工作。这不仅满足了市场小批量、多品种、快交货的要求，同时减少大量的水、电、汽、染化料等资源的耗费，而且能有效地提高生产效率、大幅度的降低生产成本[5]。

10.2.2.1　通过技术改造满足一次准确性和即时化生产的构想

如何提高连续轧染生产过程的"一次准确性"（RFT）和"即时化生产"（JFT），最关键是如何满足以上两个方面，这就涉及工艺、染料、机器、装备等诸多方面。随着高新技术在印染行业中应用的不断发展、设备制造精度的不断提高，使得目前在印染行业中，不管是前处理、染色、印花和后整理，各类设备不断更新。特别是电气拖动上采用变频技术后，使印染设备同步性能得到巨大的改善。

而最近 IT 业逐步进入纺织行业，给纺织行业带来一次新的革命。因此，要满足一次准确性和即时化生产的要求，可以通过对连续轧染工序的技术改造，更好地实现柔性自动化控制，满足实现高速、高效、低耗生产。

（1）影响染色一次准确性和即时化生产原因分析　影响染色一次准确性和即时化生产的原因涉及很多方面，而且根据企业在管理、工艺、设备上的情况不同，影响染色一次准确性和即时化生产的原因往往也有所不同，这在许多文章中都已阐述，这里针对主要的、具有普

遍性的原因做重点分析。

① 染色半制品　染色产品质量的好坏很大程度上取决于染色前半制品质量的好坏，染色前半制品的白度、毛效、pH 值、退浆情况是否一致对染色重现性、颜色一致性至关重要，但由于坯布受棉花产地、成熟度的不同以及配棉、上浆工艺的不同，每一批染色前半制品性能要做到完全一致是十分困难的，即使相同规格品种的坯布，采用完全相同前处理工艺生产的半制品来染色，往往色光都会产生差异，更何况前处理工艺受浓度、温度、时间、轧余率等因素的影响。

因此，一定要重视染色产品的前处理质量，尽量降低由于染色前半制品性能上存在的差异，给染色产品的颜色一致性所造成的影响。另外，为了提高染色重现性，小样与大样应该采用相同的坯布、相同前处理工艺生产的染色前半制品。

② 染料　目前用于连续轧染的染料主要有活性染料、分散染料、还原染料、硫化染料、涂料等。除了针对不同性质的染料要进行扩散性、直接性、亲和力、配伍性等方面的试验，对各类产品的各类色光选择合适的染料进行拼色外，在日常生产管理中染料影响一次准确性和即时化生产的原因主要有两个方面，首先是染料的进货控制与检验，对经过试验确定的染料，不要随意更换生产厂家，而且对每一批染料都要进行力份、色光、扩散性等方面的检验，以避免由于染料生产厂家色光批差太大或质量波动，造成在染色时产生不必要的损失。其次是染料的称量，小样与大样要使用同一批号的染料，衡器要经常校验，以保证小样与大样的称量精度要求，特别是染色处方中用于调整色相，占比例较少的染料，称量得不精确，会使色光产生很大的差异。

③ 设备　影响一次准确性和即时化生产的设备原因主要是轧余率、温度、浓度、焙烘和汽蒸时间等因素。比如实验室小轧车与大生产的均匀轧车轧余率不同；采用烘箱作为烘燥和焙烘设备，使得悬挂在烘箱内的小样因温度、分力不均匀导致染料泳移产生上下、正反色光不同，造成无法确定小样中那一部分能和大生产设备的色光相同，因此，即使实验室和大生产使用相同工艺，由于设备不同，要想确保一次准确性生产也非常困难。又如在连续轧染时，如果双氧水、皂液浓度产生波动，会造成前后色光不一致以及影响染色牢度，产品要通过返修才能符合要求，导致无法一次准确性和即时化生产。

④ 小样仿色工作　目前，客户对染色面料色光与色泽的要求越来越苛刻，不仅对左中右色差、批内色差的标准要求在 4.5 级以上；符样标准要达到 4 级以上，而且对光源要求也由原来的自然光、办公室普通日光灯发展到 D65、CWF、TL84、U30 等标准光源对色，并且由一种光源对色增加到两种光源对色，甚至要求多种光源对色不跳灯的标准要求。所以，如何充分做好小样仿色的生产前期准备工作，提高染色布色光的准确性和稳定性，不仅关系着企业的经济效益和声誉，而且也是确保一次准确性和即时化生产关键因素。

a. 要对每一张单子认真进行审核，标样、光源、织物组织规格、染色牢度要求（皂洗、摩擦、日晒、耐氯、干洗等）和后整理要求（柔软、防水、抗菌、阻燃、防紫外线等）等要求是否明确，如果发现某些要求不能满足，要及时与业务计划部门和客户进行沟通，必要时可以放样确认后生产。

b. 根据各张单子不同的要求以及不同的织物组织规格，结合成本因素，选择合适的染色工艺和合适的染料品种，进行小样仿色，并按照所需要的后整理要求进行整理后对色光。如果发现由于织物纤维不同或者染料的同色异谱现象而造成在不同的光源下有跳灯情况的；由于织物结构不同或者纸质来样与生产织物存在不同的反射形式而造成的色光不确定，都需要通过小样确认后再投入生产。

另外，有些小样是以前打样给客户确认的样，在大生产前，最好把小样用大生产的布复一下，及时调整由于采用不同半制品所造成色差。同时，对每一次生产都要建立详细的生产档案。

c. 随着人才流动的更加频繁，生产中调色技术人员的流动同样影响到小样仿色，但是，由于各个印染企业设备、工艺条件的不同，使得每个小样仿色及生产中调色技术人员都有自己的操作方法，会使企业产品出现不稳定状态。因此，要建立企业自己的小样仿色操作规范和加强培训，使用先进的测色配色仪器，尽量减少对人的依赖。

（2）技术改造方案　通过以上原因分析，要达到连续轧染工序一次准确性和即时化生产的目的，除了加强生产过程的有效管理以外，只有通过技术改造，有效地减少仿色、对色、称色等方面对人的依赖，减少染色试样次数，提高符样水平，降低由于在染色过程中称料上的误差和工艺不受控而造成的批间色差及批内色差。

经过反复论证，在吸收国内外印染企业的先进经验的基础上，为了解决称色过程中人为的操作误差以及要求小样与大样采用完全相同染料的问题，可试制电脑称色配液装置。为了使小样与现场轧染产品的色光获得最大的重演性，引进了台湾瑞比公司制造的连续式压吸热固色机和连续式压吸蒸染试验机。为了在仿色、对色过程中尽量减少对人的依赖，采用沈阳化工研究所思维士计算机测色配色系统。并在车间生产现场建立仿色实验室，将这三部分整合成自动测色配色、配液、仿色系统。以求减少了仿色时的试样次数，并有效控制批内色差和批间色差。

此外，目前的连续轧染设备由于导布棍直径加粗，设备加工精度有很大的提高以及大量采用变频技术、工业控制器和温度控制装置，在温度、时间和张力控制上已能满足各类机织物的即时化生产，而在加工的浓度控制方面，染料浓度和固色液、还原液浓度可以通过自动配液系统和定量滴定以及规范操作来控制，对于氧化液、皂洗液则通过增加两台计量泵来控制浓度。一台 $0\sim5L/h$ 的计量泵用来连续补充 30% 的 H_2O_2，一台 $0.15L/h$ 的计量泵用来连续补充洗涤剂原液，通过调整计量泵的流量，不仅可以有效地控制浓度，还可以降低工人的劳动强度及操作误差。

10.2.2.2　自动测色配色、配液、仿色系统的应用

（1）电脑称料配液系统　该系统是集机械、电子、精密称量、数据库管理于一体的高新技术产品，主要用于染料的分配和自动称料。该系统由储料罐、自动称料系统、管理功能模块 3 大部分组成。

小样称料和生产称料系统分别由两套不同称量系统组成，小样称料和生产称料系统都具有流量控制分高、中、低，称量精度生产称料系统为 2g，小样称料系统为 $0.05\sim0.1g$，完全可以满足生产要求。由于小样称料和生产称料系统所有染料由同一储料罐提供，所以能够有效地控制大小样由于不是使用完全相同染料而产生的色光差异。称料系统在称量结束后还对染料处方进行打印，以防搞错所称染料色号。系统具体结构见图 10-5。

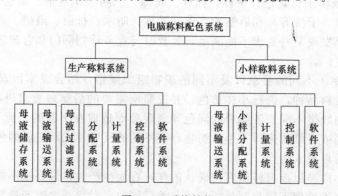

图 10-5　系统结构

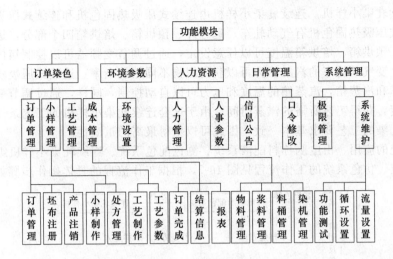

图 10-6　功能性模块

　　该系统中计算机除了控制称料系统外，还包含订单管理、成本分析、人力资源等功能性模块（见图 10-6），能在合约管理、处方管理、染料管理、成本分析等方面发挥了重大作用，不仅大幅度降低了车间统计的工作量，而且能提供正确有效的数据，从而可客观的分析生产成本情况，染料是否有浪费现象等，使生产过程中的物流、生产、成本、工艺管理等信息得到有效控制。同时，对企业应用 ERP 系统打下很好的基础（因为 ERP 系统应用的好坏主要取决于基础数据是否准确），使企业管理水平提高到一个新的高度。

　　（2）测色配色系统　目前，电脑测色配色技术发展迅速，并在印染行业已得到广泛应用。系统主要由具有双光束光学结构的高精度光谱光度计；先进的电脑测色、配色色彩管理软件和品质管理软件；较先进的计算机三部分组成。系统不仅具有色彩测量、色差计算、配色、纠色、色号库、色泽分类、染料基础数据库以及染料强度 K/S 值的管理，同时对印染产品的白度、泛黄指数、各种染色牢度的灰卡评级以及对染色产品的边中差、批间色差在色光的明度、饱和度和色调上进行有效的质量控制。

　　要使电脑测色配色系统在生产中发挥有效的作用，光谱光度计非常重要，所有的颜色均需通过它测量后转变为数据传输给软件处理，想要正确评定色差或进行配色，首先必须能正确分辨颜色，因此，选择高精度和高可靠性的光谱光度计对颜色最终结果评价有着至关重要的影响。其次是选择测色配色软件和建立基础数据库。测色配色软件基本上都是根据目前的染色理论而设计出的一种应用软件，而基础数据库要根据各企业生产品种和所选用的染料来建立不同的染料数据库。基础数据库不仅要完成基础色样的制备，还要注意及时输入日常生产中的正确配方和技术资料形成颜色配方库，颜色配方库一方面可以保护色样不会产生污染和变色以及便于查找，同时，通过配方的积累，颜色配方库软件可从库存配方中提供与标样最接近的配方，并进行自动修正，这样的配方在实际操作中更有价值。目前，各染料供应商如科莱恩、汽巴和德司达等都有各自染料的电脑测色配色软件，并含有各种色卡如 Pantone TC、Pantone TP、Pantone C 等，使用也比较方便。

　　虽然电脑测色配色系统能根据实物色样，按照色差要求、同色异谱、染料配伍性和成本计算来选择染色配方，在一定程度上对依赖由丰富经验的仿色人员完成配色的状况有明显的改善，但测色配色系统只是一个很好的工具，它只能模拟人的眼睛和大脑来分辨、处理颜色，配合人来完成很多人所不能预知结果的工作，因此在实际操作中，由于受半制品、染料等因素的影响以及每个人视觉的个体差异，测配色数据还是存在一定的误差，需要通过不断修正、完善数据库来解决。同时，在测色配色系统应用，还要注意提高应用精确性。

（3）连续轧染小样机　连续轧染小样机由连续式压吸热固色机和连续式压吸蒸染试验机组成。连续式压吸热固色机有气动轧车、远红外、预烘箱、焙烘箱四个部分，远红外烘燥功率可以调整，预烘箱、焙烘箱温度可以任意设定，通过调节变频器可以控制箱体内的风压和焙烘时间，改变气动轧车的汽缸压力可以获得织物不同的轧余率。连续式压吸蒸染试验机主要是气动轧车和汽蒸箱，汽蒸箱的温度和压力可以自动控制，同样，通过调节变频器，可以改变运行速度，获得工艺所需的汽蒸时间。由于这套连续轧染小样机的工艺条件可以做到与大生产连续轧染的工艺要求基本一致，因此可以获得最高的重演性。

（4）系统的应用　由电脑称料配液系统、测色配色系统、连续轧染小样机组成的自动测色配色、配液、仿色系统的工作流程见图10-7，根据工作流程的具体操作步骤如下。

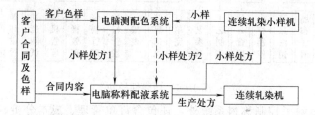

图 10-7　自动测色配色、配液、仿色系统的工作流程

① 按经过审定的合同，将合同中坯布规格、色位、每色数量等有关信息输入电脑称料配液系统的电脑内。

② 将合同中提供的色样及光源要求输入电脑测配色系统进行测色并由电脑测配色系统提供小样处方1自动存入全自动电脑称料配液系统。

③ 全自动电脑称料配液系统根据提供的小样处方1在小样系统中称料。

④ 称好的小样处方1染料按正式生产工艺在连续轧染小样机上做仿色试验。

⑤ 将小样机上仿色试验样布再由电脑测配色系统进行测色，并与合同提供色样在合同要求的光源下对比并提供修正后的小样处方2。

⑥ 按前述方法重复做仿色试验，直至小样处方在合同要求的光源下符合要求为止，并提供正式在连续轧染机生产的试样处方。

⑦ 全自动电脑称料配液系统根据提供的生产试样处方在大样系统中称料。

⑧ 在连续热熔轧染机上试样符合要求后，全自动电脑称料配液系统根据先期输入各种规格的吸液率、所用染料力份、染料价格、常用工艺参数等有关信息，按生产要求打印出工艺参数、生产数量、化料体积等有关信息进行正式生产。

⑨ 每个色号染色结束后，电脑称料配液系统根据实际耗用的染料，可以及时提供每米布的染料生产成本，同时根据成品一等品数量，提供染色质量合格率，供生产经营的管理部门分析使用。

在实际应用中，为了满足一次准确性和即时化生产的要求，不管是送样确认还是按照来样生产，都需要采用相同的半制品、染料、染色工艺小样机上做仿色试验，色光符号要求后再提供生产处方。系统使用初期，在正式生产前有必要将正式生产的染料进行小样仿色，通过认真收集和分析小样仿色和正式生产之间产生差异的原因，不断积累和制订完善的操作规范，提高小样仿色的重演性。此外，如果仿色人员具有足够丰富的配色经验，小样处方也可以直接输入电脑称料配液系统，这样可以提高小样仿色的效率。

【结语】

一次准确性和即时化生产的理念在目前印染行业竞争激烈的形势下尤为重要，一次准确性和即时化生产不仅能使企业节约能源，降低生产成本，提高生产效率，同时能合理利用有限资源，减少环境污染和减轻污水处理压力，保护生态环境，符合国家要求印染企业清洁生产从源头抓起的精神。因此，有条件的企业应该通过技术改造来满足一次准确性和即时化生产，暂时不具备条件的企业可以根据以上所述，针对企业目前的状况，制定如何提高小样仿色的重演性和规范操作，向一次准确性和即时化生产的目标努力。

另外，电脑测色配色系统的应用也是提高产品档次，与国际市场接轨的必然趋势，它不仅用于测色配色，还能用于质量控制，比如通过 555 方式，对一批产品按明度、色调、饱和度进行分色等。虽然目前电脑测色与目测有时还存在差异，但随着高精度光谱光度计中图像传感器发展，测色配色软件的不断完善，电脑测色配色系统将得到越来越广泛的认可。对于电脑称料配液系统，由于采用母液存储，因此需要专人负责配制母液。对活性之类容易水解的染料，还应注意根据使用数量配制，以免染料水解造成浪费。另外，受母液存储罐数量的限制，换颜色时需要进行管道清洗，给操作人员增加了工作量。希望设备制造厂家能像开发化验室小样配液、滴液系统一样，提供更多形式为大生产服务的自动称料配液系统供印染企业选择。

10.2.3 棉布连续轧染提高色光准确率

10.2.3.1 工艺准备[6]

(1) 来样分析 当客户提供一个色样，要求照色样生产，如何去做？

首先，要问清楚客户用什么光源对色。因为客户的来样原来是用什么染料（颜料）染的，基本上是不清楚的，若选用本厂现有的染料往往与客户来样所用的染料（颜料）不同，难免有时会出现"灯光转色现象"。所以，确定对色光源对染色仿色和染色生产是非常重要的。

最简便、最廉价、光谱最均匀且使用广泛的光源是自然光。作为对色用的标准自然光是晴朗白天的北窗光。但在阴雨天或者夜晚，就无法利用标准自然光对色，就要依靠人造的模仿自然光的电光源——D65 光源（或 DAYLIGHT 光源）对色。

香港来的染色订单往往要求用 OFFICE 光管（又称"写字楼"光管）对色，这实际上是指用常用的荧光灯管（飞利浦灯管）光源对色。这也是一种简便、实用、使用较多的电光源。除此以外，还会经常用到或听到的：A 光源、C 光源、CWF 光源、TL-84 光源、HOR 光源、U30 光源以及紫外线 UV 光源等名称的电光源。

有些客户（往往是中间商）不知道用什么光源对色。假如有条件的话可以用电脑测配色系统对来样进行测试，以便于筛选染料，争取做到同色同谱，不发生灯光转色现象。如果没有条件，则只能在几种会发生转色的常用光源下多打几个色板供客户挑选。在此同时应当考虑选料的合理性，不要单方面为追求同色同谱而用了不合理的染料配方。

(2) 定工艺、选染料 如果客户没有特别指定，就应当在有利于保证质量、便于生产、有利于降低染化料成本的前提下，根据来样的颜色来确定染色工艺和染色用染料。

一般来说，色泽鲜艳的连续轧染工艺一般有焙固法（一浴法）和汽固法（二浴法）。焙固法由于染料与碱剂共浴，要求染料耐碱性较高，常选用 K 型（一氯均三嗪结构）活性染料。而 M 型（双活性基团结构）和乙烯砜型活性染料（耐碱性较 K 型差）则因为有良好的色牢度而用于汽固法染色工艺。为了保证连续轧染前后色光的一致性，宜选用直接性较低且相同（相近）的活性染料进行拼色。

还原染料连续轧染工艺中，常用悬浮体轧染法。它虽然比隐色体轧染工艺流程长，但由于其染色稳定性好，且能避免后者的环染现象（白芯现象），而成为优选工艺。在染料的选择上，要注意选用还原电位相近的还原染料拼色。

（3）工艺仿色

① 仿色装备

a. 小轧车：一般有二辊立式（竖轧式）和二辊卧式（横轧式）两种类型。自动化程度较高的有带有能连续进行红外线、热风烘燥以及高温焙烘工艺的装置系统。

b. 对色灯箱：基本能配置光源如 D65（或 DAYLIGHT）、CWF、TL-84、A、UV。

另外，在远窗的写字台上方并列安装 4～6 支 40W 的飞利浦荧光灯管也是对色必需光源之一。

c. 电子天平：至少要配备称量精度达 0.01g 级，若能配备 mg 级精度则更好。并且要配有挡风装置。

d. 自动温控烘箱：电加热方式，温度最高能达 250℃。

e. 水洗槽及小烘筒。

f. 玻璃器皿：化验室常备规格。

若有条件，最好能配置电脑测配色系统。若有自动仿色配液系统，则更能提高小样的重演性和准确率。

② 仿色方式　活性染料轧染仿色的方式中，主要区别在于固色方式的不同。焙固法常见有烘箱焙烘法和连续轧染焙烘法，它们的得色效果差异不大。而汽固法所常用的两种方式（薄膜法和轧蒸法）的得色效果有较明显的不同，选用的方式要与本厂的轧染设备相适应。薄膜法效果与液封口蒸箱相似，而轧蒸法效果与汽封口蒸箱相似。

还原染料悬浮体轧染仿色的方式一般有薄膜法和轧蒸法两种。同活性染料轧染仿色一样要根据轧染生产设备来选用哪一种方式。

③ 注意事项

a. 白布半制品：要选用客户指定的规格品种。若因暂时缺货，也要尽量用相近的规格品种代替。要注意检查白布半制品的质量：白度、pH 值、毛效、干湿度、平整度、化学残浆和淀粉残浆含量。

b. 染料：注意及时更换，以保持与本厂染料仓库供应给生产车间的染料批号一致。另外，活性染粒配制好的母液不宜久置，以免部分发生水解而影响处方准确性。

c. 助剂：除了要求批号与助剂仓库一致以外，还要注意随配随用，尤其是保险粉配制的还原液，在空气中易被氧化而浓度下降。

d. 轧车压力：要定期检查轧余率，以保持与轧染生产机台一致。同时还需注意轧车的左右压力是否一致，轧染的小样颜色是否均匀。

10.2.3.2　生产准备

为了确保做好每一个染色订单，在正式生产之前，还应该做好以下一些生产准备工作。

（1）"三核对"　染色生产计划下来后，作为具体执行车间（部门），在生产开始前，必须核对订单与半制品的品种规格是否一致；核对所要求的上染数量是否正确（客户要货数加上合理的加成数）；核对所要求的上染颜色是否正确（避免"张冠李戴"现象）。即品种、数量、颜色三核对。

（2）"三检查"　在上染前须检查白布半制品质量是否符合要求（同上述"工艺仿色"中对白布半制品的质量要求）；检查小样仿色处方是否有漏误；有条件的话，还要检查按处方调配的大缸（高位槽）染液有否差错，即取少量大缸染液到小样机打小样（有些染厂称之为"打 TANK 样"），看色光是否正常。即白布、处方、染液三检查。

（3）"三到位"　为了检查和修正仿色小样与生产大样之间配料处方上的差异，同时也为了避免正式开车生产时发生左、中、右色差问题，必须在生产开始前放大样。放大样虽然不是生产正常产品，但应当同正常生产一样做到"三到位"。

① 人员到位　除了全机台定员须到各自岗位外，放大样时有关技术人员（开处方调处方的技术员或领班）更必须到场，亲自把好打大样这一关。

② 工艺到位　严格控制打样车速，碱液、还原液等浓度，必须事先测定（滴定）调节到位，汽蒸箱温度一定要到位，控制好预、焙烘温度，皂洗温度也要控制在一定的范围内。

③ 操作到位　进布平整。遇到所加工的布匹的幅宽与机台所用的导布幅宽不一致时必须在样布与导布之间加接相应幅宽的过渡引布，以保证用量较少的样布在放大样的过程中平整不起皱。挡车工要预先根据经验调整好均匀轧车的左、中、右压力，以避免到了开机生产时才发现左、中、右色差没有调节好。有些工艺该加脚水则必须按规定加好。

10.2.3.3　正式生产

在机台大样颜色打准且染下的布面没有问题的情况下，可以开始正式生产；在染机正常开机后还要注意以下几点。

(1) 保持工艺条件的一致性。挡车工、技术员要加强巡查，时刻注意各工艺参数的情况。车速要稳定。严格控制焙烘或汽蒸温度，其他的温度也要控制在一定范围内。

(2) 有条件的话，对需要多套（缸）染液的大订单，应当打对比样（即从每缸染液取样到小样机上各打一块样，对比色泽是否一致），以避免发生染液缸差。

(3) 技术员、操作工要经常抽查碱液、还原液等助剂的浓度。尤其在续套料配制好以后应及时滴定检查并做好记录。

(4) 出布工要在染好的每车布上随机（有一定间隔）取 1～2 条 20cm 左右的匹条按要求缝制好，整齐排放在桌上，以便于检查左中右色差和前后色差。

(5) 若有不明原因，造成开机以后布面色光有超出允许范围的偏离，应立即上导布暂停生产，切忌边开机边调整染液处方的不良习惯。

10.2.3.4　取样对色的几个注意点

(1) 按规定光源对色（若无灯光转色情况，则宜选用光谱较全面的自然光对色）。

(2) 刚烘干的样布要给以加速吸湿平衡（可以采用蒸汽熏几秒钟的简便方法），并注意充分冷却后对色。

(3) 大车样宜用布 5～10m 长（视所用染色工艺而定），取样应在样布的后段取。

(4) 如果后整理要加软油（柔软剂），则需按要求对样布加软油后对色。

(5) 轧光布的对色有一定的难度，所以要求所取的样布也要轧光后对色（轧光的工艺条件要一致）。

(6) 磨毛布一般采用"先磨毛、后染色"工艺，问题应该不大。但是对抓毛布来说，客户有时要求先染色，后抓毛，以达到特殊的效果。因此，也应该在大车样下来并且抓毛以后才能进行对色。

(7) 最后要提醒的是，注意布样的正面对色。

10.2.3.5　管理方面

(1) 工艺技术负责人　建议企业领导在人事安排上，从染色布接单时的技术洽谈开始，到小样仿色工艺的制定，一直到车间的订单生产，都由一位有丰富经验的工程技术人员负责，以避免由于环节多而造成的差错，并且可消除一些技术上的扯皮现象。

(2) 档案管理　质量优、服务好、价格合理就一定有回头客。事实上，许多客户也需要有一个品质稳定的工厂为其源源不断地提供优质产品。因此，染色档案管理就显得十分重要了。无论是小样仿色工艺处方，还是实际生产的工艺处方，以及样布，都应当分门别类保管好，以便于下次复单时生产出与前单同样色光同样品质的产品。

（3）现场管理　有关这方面的内容很多。这里要强调的是，作为染色技术、管理人员，要做到"三勤"，即生产现场勤巡查、对操作员工勤提醒、染色落布布面勤观察（即腿勤、口勤、眼勤）。地机台操作员工则要求做到"身不离岗，眼不离布"，时刻注意布面质量情况，时刻注意设备运转状况。遇到自己不能解决的异常情况，必须立即向上一级反映，以免造成更大问题。

10.2.4　色样复试工作的重要性

在轧染生产中，由于大小样之间差距大，大车放样次数多，不仅影响生产进度和交货期，而且造成大量的染化料、人力以及能源等的浪费。这个问题一直是许多印染厂家较为关注的话题。我们在多年的摸索和实践基础上，成立专门的复试小组来提高一次性符样率，以确保生产顺利进行[7]。

所谓复试就是根据仿样工提供的染料配方，按照当天生产计划安排，取所需的织物、染料、助剂等进行全方位模拟大车试样。从事复试的人员是从仿样工中抽出来的，他们专门负责小样与大样之间连接传递工作。

过去在仿样室，仿样、复试为一体单人，工作起来难免顾此失彼，造成大车打样次数多、符样率低、染化料浪费严重的状况。成立复试小组后，专人专线为车间提供仿样——复样——放样——正常生产——修色一条龙服务，尽可能地缩小了大小样之间的差距。

复试人员复样时应具体考虑以下几个方面的因素，才能提高符样率。

① 前处理对染色生产的影响　不同的坯布有着不同的前处理工艺，退浆率、白度、毛效等的不同，染色效果也不同，无论染什么颜色，织物的前处理一定要十分良好，否则会出现色花、色差等现象。因此，要求复试人员对每一个订单号的坯布来源、纱支、经纬密度以及该品种所走的前处理工艺路线要有一个比较清晰的了解和记录，复试时一定要用刚经过前处理下机的可供染色生产使用的该订单号的织物，因为在打样室存放的布可能会吸收一部分空气中的灰尘和酸性气体，会影响染色色光。即便是与所生产的织物一样，但出于坯布的来源，前处理的时间，环境及助剂批号、用量上存在的差异也会影响染色色光。

② 染化料对染色生产的影响　复试时染化料的选择是非常重要的，拼色前一定要对所用染料进行一些定量、定性的分析、化验。选择一些亲和力、扩散性、坚牢度等染色性能相近的、上染率较一致的染料进行拼色，以保证大车生产的相对稳定性。另外，客商为了满足市场对面料服用性、环保性、舒适性等需求的不断增长，对印染厂家面料品质的要求也越来越高。例如，对面料摩擦牢度、日晒牢度、耐氯漂、吸湿、排汗、柔软、硬挺、阻燃、防雨、防静电、抗菌等均有不同等级的要求，所以在生产中还要考虑到以上这些因素，方能确定所选择的染料和助剂。

复试时染料的来源也很重要，在使用过程中，发现一些厂家提供的染料是拼混染料，这样的染料染色时稳定性差，重现性差，色差难以控制，影响大小样的符合率。所以通过对染料化验分析，在生产应用中应固定选择几家信誉、质量都比较好的染料厂家。复试人员在复试时必须到称料间取回当天生产所需产地、批号染料进行复样，以消除因大小样之间染料的差异而造成的色光偏差，提高一次符样率。

③ 工艺路线、染料配方对染色生产的影响　不同品种、不同颜色、不同类型染料、不同助剂，有着不同的工艺配方。制定合理的工艺流程，对染色生产是至关重要的。因此复试人员一定要对自己所负责的生产线的生产状况有一个比较清晰的了解，以便复样时区别对

待。严格工艺是保证大小样之间差异小的关键。

④ 设备对染色生产的影响　目前所用的小样设备与大车生产的设备不同，势必会造成大小之间的差距。为了弥补存在的差异，在复试时要调整小轧车的轧余率、车速与大车相一致。烘干时温度不宜过高（80～100℃），温度过高会使染料发生泳移，造成阴阳面等。无论是小样设备还是大车设备都需要维护和保养，在使用过程中经常会出现这样或那样的问题，复试时必须根据大车现有的设备状况及所能达到的工艺条件进行复样。及时地调整工艺参数。对于分散染料来说，焙烘温度的高低会直接影响染色的深浅，对于活性染料、还原染料来说，汽蒸时间的长短会影响染色的深浅、色光，复样时尽可能地协调好小样设备与大车设备之间的关系。

⑤ 档案管理对染色生产的影响　经验的积累加上资料的积累也是提高符样率的重要环节。在仿样室里即使采用与大车相一致的工艺，也不能确保上大车一次色光的准确率，我们不能轻易地认为小样与大样在两个不同的染色环境中，用相同的织物应用相同的工艺、处方，就能获得相同的颜色。因此要求复试人员一定要不间断地记录、留样，找出小样与大车各染料之间的调整系数。保证在上大车之前就已经做了参数的调整，减少了大小样处方的差距，提高符样率。

10.2.5　特宽家纺提高轧染符样率

家用纺织品是印染行业附加值较高的产品，成品幅宽一般为300cm，其原坯价格远高于服装面料。家纺产品的符样率是影响企业利润的关键因素。以下根据生产实践，简单介绍影响符样率的因素及解决方法[8]。

10.2.5.1　前处理的均匀性

检查坯布厂家纱线配比、纱支密度和批号是否一致；检测前处理性能指标如前后、左中右退浆效果、退浆率及白度是否一致。这些都是影响染色符样的重要因素。

必须保证前处理工艺条件的稳定性，喷淋均匀追加，按同厂家、同批号、同配比、同品种、同工艺条件投坯。染色时生产同一种颜色，有效控制前后色差带来的符样问题。

10.2.5.2　影响轧染符样率的因素

（1）仿样与放样的差距　化验室小样设备的局限性，决定了其工艺条件只能是参考大车，尽量无限接近。在调整化验室轧车和大车的轧余率时，应尽可能接近符样点；温度的选择应使放样深浅色光一致；打样操作工艺模仿大车，尽可能减少仿样与放样之间的人为误差。

（2）选料的关键性　打客户确认样时，选料是关键，因为小样能打出的产品，大车未必能够符样。因此，必须选择配伍性好，且在同一上染温度区域内变化不敏感的染料进行拼色。若选择上染温度区域不一致的分散染料拼染，则色差受温度影响较大。例如在实际应用中，选择分散蓝 2BLN（中温型）、分散黄棕 S-2RFL（高温型）和分散红玉 S-5BL（高温型）相拼时，若染色温度选在180℃，则小样打出的颜色在大车上就常无法做出。因为化验室能够保持温度前后一致，而大车由于连续生产，产品本身会带有一部分热量，难以将温度控制在180℃。此外，升温控制阀自动升控温变化频繁，温差出现一定范围的波动，从而导致色光改变。但如果以上三种染料拼色时，染色温度选择为200℃，三种染料基本在同一温度区域上染，即使存在2～3℃的温差，但差距也远小于180℃染色。因此，选料的关键在于染料型号和上染温度的选择。

（3）配料的准确性　标样使用的染化料的批号、力分、厂家、名称与放样是否一致，以及操作工称量的准确性是影响符样率的又一重要因素。同一颜色批量生产时，不同班次开料用水量的不同，对前后色差影响也较大。染料浓度不同，搅拌过程中其扩散速率和溶解度也不同，从而导致上染率也有一定差异。

（4）轧余率　化验室小样轧车与大车轧车轧余率的相符性，亦是影响符样率的关键因素。如果两者轧余率相差较大，会导致染料上染率不同。化验室小轧车由于车速慢，轧辊线速度低于大车，轧辊对布的作用时间长，相同轧余率下带液量少，因此小样的轧余率需提高5%～10%。

根据 320 宽幅家纺轧染生产线的生产情况，摸索出化验室小样与大车相对应的压力，具体工艺参数如表 10-12 所列。

表 10-12　化验室小车与大车轧余率选择

织　物	小车		大车	
	压力/(kgf/cm²)	轧余率/%	压力/(kgf/cm²)	轧余率/%
T/C 30×30 78×65249cm	3.0	58～60	1.2～1.4	53～55
C 30×30 78×65249cm	3.0	60～63	1.2～1.4	56～58

注：1kgf/cm²=98.0665kPa。

（5）活性染料追加率　活性染料染色时，造成染料追加率不同的因素有长车连续轧染所用活性染料的直接性和反应性、染料浓度及碱剂用量，以及轧槽染液交换速度。

a. 体积小的轧槽，染液的交换速度快，追加率应调小；反之，轧槽体积大，染液更新速度慢，追加率应相应调大。另外，织物带液量亦会影响追加率。在设定轧余率下，粗厚织物带液量高，轧槽内染液更新速度快，追加率应调小；反之，稀薄织物带液量少，轧槽内染液更新速度慢，追加率相应调大。同时，车速快，则轧槽内染液更新速度快，追加率就应调小；反之，则相应调大。

b. 在染色初期，拼色染料中的各染料由于直接性不同，导致其上染率也不同，小样与大车下机差距较大，这是 320 轧染产品不符样的主要原因。又由于 320 打底机轧槽体积是180 打底机的 1.5～2 倍，因此，活性染料的追加率是分析研究符样率的重点。

c. T/C 产品采用分散/活性染色工艺时，若试样符样率在 4 级以上，定此工艺为分散/活性的轧槽用料工艺；然后，根据计算出的轧余率，调整高位槽开车工艺。

d. 开车的工艺即是追加率的制定，一般可根据渗圈来确定染料的追加率。例如活性红、黄、蓝三原色拼色时，将小样处方染液滴在中速滤纸上，比较渗圈扩散的大小，计算出每只染料在此类处方中的理论追加率。

这里选择比移值为 0.75～0.8 的红色染料作为基准，以计算理论追加率：

$$黄染料的理论追加率=\frac{R_红-R_黄}{R_红}\times100\% \tag{10-1}$$

$$蓝染料的理论追加率=\frac{R_红-R_蓝}{R_红}\times100\% \tag{10-2}$$

若计算结果为负数，则为负追加，即冲淡。

（6）固色液、还原液对符样率的影响

① 活性染料固色液对符样率的影响　在活性染料染色中，固色液会影响颜色深浅及色光的变化。食盐是活性染料的促染剂，碱剂是活性染料的固色剂。增加食盐用量，可以明显提高织物颜色深度；碱剂用量则会影响活性染料的水解和上染率，如其过量或不足均会使颜色变浅。表 10-13 总结了不同染液浓度的固色碱剂用量。

表 10-13　活性染料固色碱剂用量

染料浓度/(g/L)	汽蒸固色液用量/(g/L)		
	食盐	纯碱	烧碱
<15	200	30	—
15～60	200	20	3～5
>60	200	20	5

② 还原染料还原液对符样率的影响　在还原染料染色过程中，色淀以及还原液的浓度是影响符样率的关键因素。某些特殊染料，如漂蓝 BC 拼色时，需在还原液中加入防过还原剂亚硝酸钠，用量为 0.2～0.5g/L。否则，漂蓝容易过度还原，加上大车的汽蒸还原条件较好，会导致色浅和色泽萎暗。带有还原橄榄 T 拼色的颜色，半还原时间较长，易还原不充分，使布面发花。因此，需根据还原橄榄 T 用量，适当调整还原液用量，确保橄榄 T 正常发色。橄榄 T 还原液具体处方见表 10-14。

表 10-14　橄榄 T 拼色还原液用量

还原橄榄 T 染料用量/(g/L)	化验室小样用量/(g/L)	大车用量/(g/L)
	烧碱/保险粉	烧碱/保险粉
<10	13/13	15/15～17
10～30	20/18	22/23～25
>30	40/38	45/48～50

色淀的加入是因为织物浸轧还原液时，布面染料脱落在轧槽中，导致染色初开车前后色差，所以，在初开车加入一定量的染液，使轧槽溶液迅速达到平衡状态，可减少头子布。色淀加入必须合理，以防水洗机开车头子布发色不充分，一般浅色加 2%，中色加 5%，深色加 10%。

(7) 汽蒸时间　汽蒸时间会直接影响染料的发色。

活性染料染色时，汽蒸时间短，染料上染不充分，布面不饱满、色泽萎暗；汽蒸时间过长，部分活性染料会过度水解，布面色浅。例如，双活性基的深蓝、艳红，汽蒸时间过长会导致上染率下降。

还原染料染色时，汽蒸时间过长，容易造成过度还原，影响色光及色牢度；汽蒸时间短，影响染料转换成隐色体钠盐，上染率下降。根据在化验室仿样试验，汽蒸时间一般控制在 60s 左右为宜。根据蒸箱的容布量确定生产车速。

(8) 还原染料的氧化时间及浓度、温度　还原染料拼色时，若使用黄 G 或黄 GCN 染料，氧化剂浓度、氧化时间和温度对色光的影响较大。黄 G 和黄 GCN 难氧化，如氧化不透，色光发暗，缺黄光，因此生产时应注意，氧化温度可适当提高到 50～55℃。

(9) 皂洗温度及时间　还原染料的皂洗是一个发色过程，皂洗会引起还原染料晶格重排，重新发色，同时也去除浮色，防止沾色。因此，皂洗温度及时间直接影响织物的色光和深浅，一般温度为 90～95℃、时间为 60s 条件下，可保证染料正常发色，显现出还原染料本身的颜色。

(10) 后整理　染色成品按客户要求进行后整理时，所用后整理助剂和拉幅温度，是影响颜色深浅及色光变化的重要因素。因此，在仿样工作时，应根据不同要求打出准确的后整理处方来加以控制，以有效提高符样率。

【结语】

影响宽幅家纺产品轧染符样率的因素还有很多，如操作工的差异、放样技术人员与客户的判断差异等。符样工作是影响生产质量的关键因素，抓好符样率是提高企业所求、生产所求、客户所求、市场所求的前提。

10.2.6 针织品中样机提高染色一次成功率

在针织染整生产中，从化验室到染色大生产的重现性始终是困扰印染工作者的一个难题。染色重现性差，必然导致多次追加染料修色，对于敏感色，极易造成色花；对于含氨纶织物，在碱性条件下时间过长或反复升温，易导致氨纶弹性损伤甚至纤维熔断，最终因成品的质量偏轻而成疵品。此外，随着染料追加次数的增加，还会消耗大量的染化料、水、电、蒸汽，增加生产成本。因此，如何提高染色一次成功率，已成为关系企业发展的一项重要课题。

本公司采用1kg染缸对大生产的生产条件（包括升温工艺、浴比、运转时间等重要工艺参数）进行模拟，对化验室配方进行检查和修正，以期避免大生产风险，使大生产染色的一次成功率明显提高，取得了良好的经济效益[9]。

10.2.6.1 试验

（1）织物、设备与药品

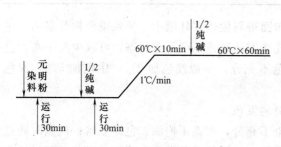

图 10-8　复样染色工艺流程

织物　棉＋氨纶单面汗布（棉 22.7tex，氨纶 5.5tex）

设备　1kg 染缸（无锡博森染整机械公司），300～1000kg 染缸（东庚染整机械公司），红外线试色机（流亚科技公司），Datacolor SF600X 测配色系统（Datacolor 公司）

药品　元明粉（上海太平洋化工集团），纯碱（中国石化集团南京化工），皂洗剂 RSK（石家庄联邦科特化工），冰醋酸（常州东莱化工）。

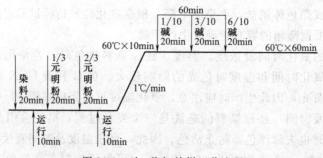

图 10-9　1kg 染缸放样工艺流程

（2）工艺

① 化验室复样染色升温工艺曲线　见图 10-8。

② 1kg 染缸放样升温工艺曲线　见图 10-9。

1kg 染缸的机械参数见表 10-15。

表 10-15 染缸机械参数

主泵转速/(r/min)	带布轮转速/(r/min)	喷压/MPa	运转周期/s
50	19	0.15	90

（3）大生产升温工艺　与（2）②中所述升温工艺完全一致。

表 10-16 染色重现性追踪

颜色[①]	染料名称及用量/%			颜色指标[②]				
				ΔL	Δa	Δb	ΔE	
黑色	O-HF-3RW 0.870	R-HF-B 0.205	BK-HF-NB 6.500	−0.59	0.07	0.08	0.60	Pass
藏青	Y-3RS 0.720	R-3BS 1.250	Navy RGB 2.060	0.57	0.01	−0.15	0.55	Pass
铝灰色	Y-3RS 0.510	R-RGB 0.390	Navy RGB 0.450	0.01	0.33	−0.32	0.62	Warn
亮紫色	R-EBF 3.100	B-RN 0.005	—	−2.32	0.05	3.40	2.15	Fail
紫色	R-K-HL 0.065	B-K-HL 0.040	B-RN 0.197	0.15	0.07	−0.13	0.11	Pass
香芋紫	R-K-HL 0.042	B-RN 0.013	—	−0.72	0.42	−1.03	0.86	Fail
嫩粉色	Y-Amber-CA 0.002	R-E-BA 0.011	—	0.44	−0.09	−0.34	0.38	Pass
珊瑚红	O-D2R 0.240	R-D2B 0.780	R-3BS 0.017	−0.21	0.32	0.50	0.32	Pass
大红	Y-RGBN 2.500	R-RGB 5.500	—	0.71	−0.12	0.48	0.52	Pass
玫红色	Y-3RS 0.012	R-3BS 1.570	B-RGB 0.113	−0.51	−0.17	0.09	0.29	Pass
橙菊	O-D2R 0.270	R-3BS 0.150	—	0.03	−0.38	0.43	0.39	Pass
蛋黄色	Y-3GL 0.047	Y-3RS 0.005	—	0.62	−0.50	0.50	0.46	Pass
香橙黄	Y-CA 0.260	O-RR 0.135	B-CA 0.005	−0.11	0.23	0.64	0.34	Pass
杨柳绿	Y-4GL 0.400	B-G-X 0.095	B-RGB 0.015	−0.32	−0.86	−0.10	0.46	Pass
深叶绿	Y-UCX 1.300	B-NBF 0.960	B-G 1.130	−1.43	0.48	0.15	0.99	Fail
深棕绿	Y-RGBN 1.460	R-RGB 0.980	NavyRGB 0.880	0.26	−0.34	0.14	0.52	Pass
淡白蓝	Y-K-HL 0.004	B-K-HL 0.008	B-G-X 0.036	−0.25	−0.47	0.21	0.43	Pass
蓝色	Y-RGBN 0.130	R-RGB 0.295	B-RGB 0.800	−0.12	0.11	0.26	0.24	Pass
宝蓝	R-3BS 0.080	WRB 5.500	—	−0.12	0.25	−0.27	0.22	Pass

① 受篇幅所限，未列出所有试验颜色

② 颜色指标是以 1kg 染缸出样为标样，测染色大生产的生产样。其中 ΔL"＋"表示偏浅，"－"表示偏深；Δa"＋"表示色光偏红，"－"表示色光偏绿；Δb"＋"表示色光偏黄，"－"表示色光偏蓝；ΔE 表示色差；Pass 表示与原样非常接近，Warn 表示与原样较为接近，略有差别，Fail 表示与原样相差较大。

10.2.6.2 结果与讨论

依照上述工艺，追踪两组订单的多个颜色，如表 10-16 所列。

在实际生产中，化验室配方到染色大生产的重现性约为 55%。且大量的追加修色还会造成生产原料和能源的浪费，延长生产时间，降低机台的有效利用率。

采用 1kg 染缸模拟染色大生产的生产条件进行放样，通过检验和修正配方后，染色一次成功率达到了 90.5%（包括未列出的多个颜色的 Pass 和 Warn 测试结果）。染色重现性大大提高。究其原因，大致如下所述。

（1）1kg 染缸染色采取了与染色大生产完全一致的染色工艺，而化验室复色时由于受设备条件的限制，加料时间不可能与大生产完全一致［如 10.2.6.1（2）①节所示，仅是加染次序相同，加料时间则大不相同］。

在活性染料染色中，元明粉分两次加入，每次间隔 20min，可以使染浴内的盐浓度缓缓升高，促染力逐渐增强，有利于染料的均匀上染。

在加碱固色的初始阶段，纯碱浓度的高低，对固色速率影响很大。纯碱浓度越高，固色速率越快，匀染性越差。纯碱分三次加入，每次间隔 20min，可使染浴 pH 值逐渐升高，而起到均匀的固色作用，减少染料水解。并且随着染料与纤维固色反应的进行，染料上染动态平衡被打破，有利于进一步上染。而化验室复色时元明粉一次性加入，纯碱第一次加入量达到 1/2，对黑色、藏青色等非敏感色影响不大，但对于灰色、咖啡色等敏感色，极易造成染料上染不均，严重影响染色的重现性。

（2）1kg 染缸的运行速度完全模拟染色大生产，而化验室复色是在钢杯内按照固定的速率翻转运行。1kg 染缸放样时，通过调整主泵频率、带布轮转速来调节布在染缸内运行一周的时间，力求与染色大生产一致。布速对于染料的上染速率及匀染性都有显著的影响。因为染液与织物的交换次数不仅与染液的循环频率有关，而且与织物的循环频率有关。布速越快，织物循环频率越高，在单位时间内织物通过喷嘴系统的次数就越多，即织物与染液交换的次数越多，染色越快。在喷嘴部分的喷洒量恒定的情况下，布速越快，则织物与染液之间的相对速度越大，相当于染液在织物表面流动加快。染液流动越快，染液与纤维表面形成的界面层越薄，从而加快染料进入纤维的速率，即上染率加快。布速越快，织物的循环周期缩短，有利于缩小织物各处的温度梯度和染化料浓度梯度。同时，在单位时间内织物与染液的交换次数越多，织物各处的温度和染化料浓度梯度的平均值就越低，织物各处从染液中获得的温度和染化料浓度越趋向均匀，即匀染性越好。

但是，从表 10-16 可以看出，采用 1kg 染缸放样后，尽管染色重现性有大幅提高，但是紫色、绿色等敏感色的重现性还是较差，失败率达 9.5%。原因如下所述。

① 加料问题　染色大生产的加料一般分清水（缸外水）加料和回水（缸内水）加料。由于回水中已含有大量助剂，因此加料时需特别注意。活性艳蓝对碱剂很敏感，在强碱性条件下易发生水解，使染料的色光发生变化（水解染料带明显的红光），并且无法上染纤维。这就是工厂中对色人员在追加艳蓝染料时喜欢用清水加料的原因所在。如紫色中染色重现性较差的亮紫色、香芋紫的配方组合中均有艳蓝 B-RN，且用量很低，分别为 0.045% 和 0.013%，此时艳蓝染料若大量水解，必然对色光产生极大的影响，从而降低染色重现性。在绿色的配方组合中，大多会使用翠蓝色染料。翠蓝类染料溶解度小，且对电解质敏感，在高浓度盐溶液中溶解度急剧下降，凝聚析出。因此在用回水加料时，会使回流液中的染料产生凝聚，甚至沉淀，也必然会对色光产生影响，使染色重现性降低，严重时还会在织物表面形成色渍。

② 操作问题　在使用 1kg 染缸放样过程中，操作人员的操作手法及细心程度，对于后续大生产染色的一次成功率至关重要。因此平时应加强 1kg 染缸操作人员职业技能的培训。例如在表 10-16 中，针对深叶绿第一次放样和染色大生产中的重现性差的现象，技术人员经仔细分析后，决定按照原工艺、原配方，更换操作员用 1kg 染缸再进行放样，得到 $\Delta L=0.03$，$\Delta a=0.11$，$\Delta b=0.39$，$\Delta E=0.36$，结果显示"Pass"，1kg 染缸和大生产的符样性很好。

【结论】

影响染色一次成功率的因素很多，还涉及坯布纱批、半成品质量、染料批差、染色设备、染色后处理等。在生产实践中，可通过适当的设备、方法，再辅以员工职业技能的培训，可以获得满意的溢流染色一次成功率。

10.2.7　提高筒子纱活性染色的符样率

筒子纱染色工艺以其生产效率高、废纱量少、生产周期短及比较适合染高支纱的独特优势而迅猛发展。但若大小样符样率低，即一次性生产下来不符样，即色泽回修率高，其优势则不明显，严重者还会得不偿失、丢失客户。符样率是化验室小样与车间染缸一次样对样符合率，即一次性生产下来无需调色就能符合要求，符样率高低直接影响到工厂的生产效率。影响符样率的因素很多，如何提高符样率是一个庞大的系统工程，但是只要认真探索也是可寻找到一定规律的，只有找到影响的关键因素，问题的复杂性就简化了。

(1) 小样仿色时必须注意的问题　小样仿色时的要求精确度远远高于大生产，小样仿色的误差在大生产时会成百上千倍的放大，即所谓小样差之毫厘，大样而失之千里。通常的一些提高小样精确度的一些方法这里就不再赘述，这里要说的是易被大多数人忽视的一些环节，而这些环节往往对产生大小样色差影响很大。

小样仿色时纱线质量要准确，如果纱线质量或高或低，即使色光调得再像，这样的处方到大生产时不是深就是浅，同时色光也会有所改变。纱线计量要准确首先控制好仿色小样纱线回潮率，回潮率高低直接影响到纱线的质量；其次是小样用纱不能以传统的绕圈数计量，因为不同厂家生产的同样的纱支及同一厂家不同批次的纱线，绕的圈数相同，质量也有较大差异，所以必须称量，不得只绕圈数计量。称量一定要准确，精确到 0.001g。再次仿色小样纱一定要选用与实际生产相同批次的纱坯进行仿色，因为不同厂家的纱坯或是非同批出厂的纱配棉有差异较大，得色率也有较大差异。

染料准确与否对仿色准确性及减小大小样色差至关重要，首先做好每批染料的分析工作获取每批染料的详细资料，第二称料吸料准确无误，第三仿色染料要保持新鲜度，选用与大生产时同批次染料进行仿色，由于不同批次的染料之间有一定的力份差异和色光差异。

小样仿色工艺与大生产要统一，以前打小样时只考虑小样的出样率，元明粉与纯碱同时加入，生产过程中发现，符样率较低，个别品种偏差十分明显，后调整为元明粉加入 20min 后加入纯碱，以前差异大的色种有十分明显的改观，符样率有较大的提高，小样出样效率略有影响，但大样符样率大幅度提高，有事半功倍的效果。兼顾小样操作效率，制定了打小样仿色用如图 10-10 所示的恒温法染色工艺。

小样仿色浴比尽量要与染缸实际相同，但由于大生产时筒子纱大多数是小浴比染色，最低可达 1:(5～6)，但化验室小样打色由于设备的限制常温振荡式打色机最小浴比为 1:5，甘油打色机最小浴比为 1:10，低浴比红外线打色机最小浴比可达 1:5。仿色时需选用合适

图 10-10　小样仿色恒温工艺流程

的设备。染料选用配伍性好，对工艺依存性小的染料。

(2) 染缸实际生产必须注意的问题

① 煮纱过程的影响：筒子纱煮纱一定煮透煮匀，毛效要达到 8～10cm/30min，如煮练不匀不透会造成筒子纱染色色花及内外层差，影响一次性符样率，煮纱过后要酸洗中和至中性，再用除氧酶，去除残留的双氧水，去除不净，将会引起色浅色花。

② 化料过程的影响：化料要均匀，若化料不匀或未化开，会造成染料粒子存在。染料

粒子吸附在筒子线表面，不仅影响染料的上染和色牢度，而且直接影响小大样的符样率。化料温度不能过高、时间不能耐过长，否则部分染料发生水解，造成色浅，色光不符，影响一次对样率。

③ 水质好坏的影响：由于筒子染色是染液动，纱不动，属于过滤式染色，所以筒子纱染色水质要求较高，一般前处理，染色、后处理全过程均采用软水，水的硬度要小于50mg/L，浊度要求0.2NTU以下，好的水质可以保证筒子纱内外层差控制到极小的范围。避免内外差异过大而造成回染，影响符样率，对浅色、鲜艳色、白色线更为重要，水的浊度要小于0.1NTU。

④ 染色助剂纯度及纱线半制品干净程度的影响：有些染色添加的助剂对水质影响很大，尤其是染色时大量使用的元明粉、纯碱（食盐由于含杂太高，及对染缸有腐蚀性而不适用于筒子纱染色）。它们的纯度高低直接影响到水质质量。所以筒线染色的元明粉、纯碱纯度要高，元明粉最好选用含量99％以上的才能使用。即使如此元明粉仍能使染液硬度增加，根据元明粉的用量不同对硬度影响也有大小差异，元明粉用量大时，硬度可增加50mg/L左右。纱线半制品也会带进去一些重金属离子和钙镁离子，这些离子同样会影响到染色效果。因此染色过程中需使用螯合剂螯合染液中的钙镁离子及其他重金属离子，从而消除它们对染色的影响。但不可使用六偏磷酸钠，其因其螯合能力不是很强，而且含磷会引起江河富磷化，不利于环保。

⑤ 染色工艺的影响：染缸实际生产中，生产工艺适合与否对符样率高低有着密切的联系。制定染色工艺时要系统考虑质量和生产效率有机统一，一般中温型染料宜采用60～65℃固色工艺，通常有以下两种工艺。

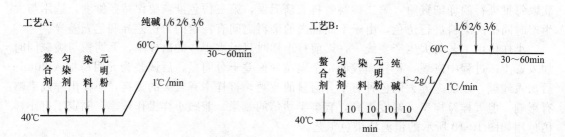

在加碱之前，由于染料与棉纤维没有发生键合反应。一般对匀染性没有影响，但加碱之后，染液pH值增加，染料与纤维发生键合反应，极易造成色花，影响到一次对样率，所以头次加碱操作是十分重要，需缓慢加入。一般工厂采用A工艺的较多。B工艺更适合于一些匀染性差的染料及容易染花的染料。a. 中温型活性染料中有些常用品种如KN-B黑，KN-R艳蓝在加碱固色时具有瞬间上染的特点，其吸色率陡升30％～50％，加碱固色前10～15min内。此时筒子纱刚打完一个循环，极易造成色花或内外层差，对这些染料采用"预加碱升温法"，使染液在低温下呈弱碱性。在缓慢升温（1℃/min）和保温过程中，可以有效地提高匀染性，减少内外层差，提高符样率。b. 拼混染料如KN-G2RC黑、活性B-ED黑是由中温KN-B黑与一个低温活性橙拼混而成。

低温活性橙因其对碱、温度敏感，只需40℃染色固色，而其中的中KN-B则要求固色温度60～65℃，由于两只染料固色温度差异较大，所以采用"预加碱升温法"对此类染料匀染性，内外层差异有较大的改进。

拼色时用 KN-C 翠蓝，BF-4G 嫩黄的选用高温型染料，用 85～90℃固色（见工艺 C）。

工艺C：

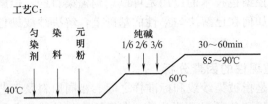

由于此类染料分子结构较大，cf 纤维亲和力大，反应较慢，所以加碱 rg 一定要在 85～90℃下固色。

⑥ 染色后处理：染色后处理工艺需根据染料用量的多少及染料品种做合理的调整。a. 皂洗一般要在 90～95℃之间进行。但在皂洗之前需要对纱线水洗及中和，使纱中 pH 值达 7±0.5 以减少皂洗时产生水解色花。b. 深色品种及 KN-G，KN-R 用量多的品种皂洗后都需通过固色来剂固色提高色牢度，这样需合理选择固色剂的色变与固着牢度的问题，目前市场上固着牢度好的色变较大，色变小的固着牢度又不理想，因此需根据纱固色前的色光与原样的色光的差异合理选用不同品牌的固色剂用于实际生产。c. 合理选用柔软剂：筒子纱需根据下游工序生产需要调整纱线手感，针织线需要求成品色纱线柔软、滑爽、以便于圆机及横机易织造，对纱线强力要求不高；梭织纱需要成品纱滑爽、以便于整理及送纬，对纱线强力要求高，用于筒子纱的柔软剂主要有两种，非离子与弱阳离子，非离子色变小但手感受差，弱阳离子手感好，滑爽但色变较大，需根据纱的颜色及用途选用不同的柔软剂。

（3）综合措施　提高一次符样率，需全过程系统考虑生产中的各个环节，是一个庞大的系统工程。但是只要认真探索，还是能找到影响问题的关键因素。

欲提高活性染料筒子线一次符样率必须注意好以下关键因素：

① 大生产与小样仿色工艺的统一、以大生产工艺来合理地确定小样操作工艺，要兼顾好符样率与小样效率。

② 小样的准确性十分重要，小样用纱用染料助剂，浴比必须十分准确，小样仿色色光及深浅要求与原样达 4.5～5 级，才能保证较高的一次性符样率。

③ 小样仿出后需要有专人复样，第一，可以防止人为的差错；第二，易于达到小样操作与染缸生产吻合，为染缸实际生产提供可考的参考依据，便于染缸调整配方对色。

④ 染缸实际生产时可根据长期以来积累的生产经验做适当调整，小样仿色工艺与大生产工艺总是存在一定的偏差，各种颜色及染料偏差不同，这就需要有经验的技术人员在生产开方时做适当的调整，一般对 3BS 红用量大的需要减成。

⑤ 染缸生产操作必须严格按工艺要求，不可偷工减料，也不可随意增加工序。前处理做好是筒子染色的基础，要求毛效合适，去杂干净，染之前不可有漂液残留。

⑥ 根据染料性能制定合理工艺，A、B、C 三种工艺分别适合不同的染料，后处理工艺要针对染料用量和品种做合理的调整。

10.2.8　纱线染色一次准样技术

面对当今挑剔的市场及染纱技术水平的迅速发展，低成本纱线染色技术已势在必行，要求快交货的时间和成本控制都不允许进行修色，必须达到染色一次准确性（RET）。染色一次准确性就是不允许修色，并非对色差和色花置之不理，而是"一次染准"，一开始就匀染，一次就能满足染色加工的产品质量。

要达到染色质量要求，解决匀染问题是前提，重现性问题是关键。通常通过加强生产技术管理、工艺研究和受控染色技术的应用是可以达到匀染目的，但解决重现性差的问题则比较困难。本文主要讨论如何在已解决匀染性的基础上，解决纱线染色重现性差的问题，从而达到染色一次准确性[11]。

10.2.8.1　影响染色重现性的因素分析

所谓染色重现性差是指被染纱线和标准样之间、相同原料及工艺处方染色时的不同批次的色纱之间，存在着色相和色泽深浅的差异。在活性染料纱线染色过程中，它主要来自于三个方面。

（1）实验室的重现性　影响实验室打样重现性的因素有：吸料手法、称量精确度、坯纱批次、染料助剂存放、进出缸时间、执行工艺力度等；技术水平、对色差异，人为对色的敏感度等因素也会影响实验室小样的重现性。

（2）车间大生产重现性　影响车间大生产重现性的因素有：容纱量改变而导致染色浴比变化、染料助剂受潮变化、称量精确度不够、坯纱批次发生变化、水质发生波动、执行工艺错误、操作方法不当、设备状态发生变化等因素都会发生不重现现象。

（3）大生产与实验室的重现性　在众多企业的生产现实中，大生产与实验室重现性差是普遍存在的问题，也是影响染色一次准确性的关键性问题，曾对某一染纱厂做过统计：全年共染色纱缸数 2710 缸，受各种因素影响共修色的缸数为 275 缸，修色率为 10.15%。而由于大样与小样差异而调色修色缸数为 254 缸。占整个修色的比例为 92.4%，而由于缸差、批差等其他因素而修色的只有 7.6%。可见如能解决车间与实验室之间的重现性，对降低修色、提高染色一次准确性将取到决定性作用。影响车间大生产样与实验室小样重现性有主观因素和客观因素，但主要存在于下述几方面的差异。

①　染色体系差异　由于在现实生产过程中染缸的容液量及容纱量是个变数，导致染缸的水位体积难以准确计量，再加上称量工具的精度误差，大生产染色和试验室打样时染液的染色体系（盐用量、pH 值等）必然存在差异，将直接影响大小样的重现性。

②　染色温度的差异　虽然染色温度很好控制，但由于大生产时染缸内温度很难达到平衡，尤其是在升温阶段，热传递需要一段时间才能完成，而小样机打样升温就要快得多。因此小样打样和大生产染色时温度的差异就客观存在。

③　染色时间的差异　众多的打样机是无法满足大生产过程中受控染色的要求，现代染缸为解决匀染问题都采用线性加染料和盐，非线性（先慢后快）加碱剂，而小样机是无法做到这一点。尤其是碱剂加入后时间的控制，打小样是一次性加入，而大生产需 15～30min 加完，其固色时间是从加入碱剂后开始计时，但实际上碱剂从开始加入时固色就随之进行，因此打样和大生产的固色时间必然存在差异。

④　浴比差异　活性染料在染色时，无论是采用何种小样机，其浴比一般都在（1∶15）～（1∶20），再小就无法正常染色，但大生产染缸一般都在 1∶10 以下，有些先进筒染机可达到 1∶5 左右，这也是无法改变的现实。但通常大浴比转换小浴比时，染料应相减，而由于各种染料的浴比依存性存在一定差异，无规律可循，因此差异在所难免。

⑤　染浴循环方式的差异　实验室打小样都是采用振荡循环方式进行染色，而大生产染色基本上都是采取将纱固定，通过泵促使染液循环而穿透纱线进行染色，从染色动力学角度考虑，它们存在着本质的区别，其扩散方式、交换"频率"都存在差异。

10.2.8.2　实验室小样的重现性

实现实验室打小样的重现性是染色一次准确性的前提。针对影响试验室重现性的因素，从做好打样前的准备和强化操作规范两方面采取措施，实现试验室重现性的目的。

（1）做好打样前的准备

① 审单　打样前必须对客户样进行慎重审核，了解其色纱用途（针织，色织）、后整理要求（是否是丝光、漂白）、物理指标要求，对色光源以及客户对颜色的偏好等。只有掌握主动才能进行打样。

② 染料的选择　染料选择的原则是，既要满足客户的要求又要满足大生产的匀染性，特别是要考虑染色一次准确性的要求。活性染料拼色，从色相上来说也是要遵从"就近出发"、"一补两齐"的原则，而且要选择配伍性、稳定性好的染料，要了解它们的 S（直接性）、E（上染率）、R（反应性）和 F（固色率）值，拼色的各染料之间相差要小于 $\pm 15\%$ 以内。

③ 对色光源及"跳灯"　对色光源通常由客户指定，但有不少客户将 D_{65} 光源和自然光混为一谈，实际上 D_{65} 是人工模仿的日光，与自然光有一定的差异，因此对色光源一定要和客户沟通统一。而对于客户要求用双光源甚至三光源对色时也要尽量选择本厂合理适用的同步"跳灯"染料，而不能解决"跳灯"问题时，要及时与客户沟通，决不能为满足"跳灯"的要求，而选用不合理的处方，从而导致大生产的匀染性和重现性差。

（2）强化操作规范

① 打样纱重　打样纱一般为 5g，其重一般是以坯纱质量为标准量，而打样纱一般都是取车间已前处理过的纱直接打样，因此要考虑其前处理失重问题。如打样的纱质量定为 5g，该纱的失重率为 4%，故应称半成品纱的质量为：$5g \times (1-0.04) = 4.8g$。

其次打样纱在称量时应在标准回潮率状态下，过潮或过干都将影响其实际质量。

② 器具及仪器的精度　开料及吸料用量筒、容量瓶、吸管等容量仪器，市售产品质量参差不齐，准确度有一定差异，将直接影响打样的重现性。因此，所用器具必须是经过校正的器具。

打样机的温度及时间控制器也应定期校正。尤其是温度校正，其染浴温度应与仪表指示符合。因为染杯内温度与仪表测温点的温度也存在因热传递因素而存在的差异。

③ 取料方法　取溶液体积读数时吸管应垂直放置，眼睛、液面下实线弧、刻度应在同一条水平线上精确读取。放液时，要看吸管上有无"吹"字样，如吸管无"吹"字，放液时应将吸管在垂直状态下靠住容器壁缓缓放完；如果标有"吹"字样，可用吸耳球将余液全部吹完。

④ 后处理方法　后处理要求仿照大生产方法，但由于要考虑打样效率的问题，后处理完全模仿大生产也不现实。通过实践摸索，认为提高助剂用量和提高处理温度，是可以缩短时间，达到与大样相同处理效果的要求。例如活性染料染色后皂洗方法：采取皂洗剂用量提高一倍，浅色沸煮 3min，中深色沸煮 5min，特深色两次皂洗，效果比较理想。

另外，固色剂、柔软剂对色相有一定的影响。因此，在打样时应仿照大生产工艺进行处理，将影响因素降低至最低。

⑤ 检验实验室打样重现性的方法　对于已被客户认可准备大生产的小样，必然有一个与之相应的小样配方，为检验其准确性，采取下述方法进行检查，并可达到检验打样员打样重现性的目的。

a. 由原打样员按原来处方重新进行打样，检验该打样员操作重现性。

b. 安排其他打样员按原小样处方进行打样，检验打样员之间的重现性。

如出现误差，要帮助他们找出原因，进行校正。达到提高打样操作的重现性。

10.2.8.3　车间大生产的重现性

实现车间大生产的重现性是染色一次准确性的基础。

（1）坯纱及前处理　染色的重现性必须建立在染前半成品质量一致性的基础上。棉纤维在生长和生产过程中的差异，如棉花的成熟度差异、产地不同、纺纱过程中的混纺差异、烧毛、丝光线出现的烧毛黄白纱、丝光不匀等因素，都会造成染色不匀或棉现性差。因此，在染色前加强管理，不得将不同批次纱线在同一染缸内同染；坯纱批次发生变动时，应做好复样对比，必要时要调整处方，消除坯纱因素出现的重现性差。

而不少染厂不太重视前处理的影响因素，实际上很多染色问题都是在前处理过程中造成的。采取办法是：加强前处理助剂的检测，控制其有效力份，并做到计量准确，加料顺序合理。同时要加强半成品的毛效、白度及吸色率的质量检测控制，确保染前半成品质量的稳定性。

(2) 水质的控制　染色工序应用软水，但为考虑成本因素，水洗可用自来水，所使用的软水及自来水也应该受控，测试其硬度和 pH 值。尤其是软水，由于受设备运行的影响而出现质量波动，要采取定时检测、及时调试，确保水质在受控状态。

(3) 计量的准确　准确的称料是提高大生产重现性的重要条件。首先要保证称量器具的准确性与精度，电子天平与电子秤使用前应调整好水平，经常用标准法码自校，保证其准确可靠。对于不同称量范围，应确定不同精度的称量器具，保证其精度；称料要仔细认真，必要时可派专人监称，以防人为出现差错。每种染料要有各自勺具，连缸生产要尽量做到一批称料，确保称料的统一性。

(4) 工艺设计　染色工艺是染色工序本身重现性的主要因素：温度的设计、升温速率、染液流量及泵循环效率、保温时间、加料方法等因素都会造成重现性的变化。

尤其是固色碱剂的加入，染料与纤维之间的固色及水解与染液的 pH 值有较大的关系，科学加碱方法是使加碱剂时的 pH 值维持在一个固定值（如 11.5）。一般采取计量非线性加入（先慢后快），染料及促染剂采取线性加入，目的是能保持吸色和固色时呈直线状态。

活性染料染浅色时，第一次上染 60%，应注意染料及盐的加入以保持第一次上染的均衡性为重点。深色品种第一次上染小于 40%，在固色阶段仍有大量的染料在固色同时而继续上染，也就是第二次上染，因此保持固色阶段的均衡上染和固色为重点。两次上染都很重要，也就是要采取措施，保持上染曲线和固色曲线都呈直线状态。

(5) 调度和排缸　合理的调度和科学的排缸是减少缸差的关键，原则上同一颜色的配缸在每缸允许最大容量的条件下缸数越少越好，缸数多时先做一缸，如第一缸需要调色，应将调整后的处方染第二缸，然后第一缸按第二缸进行修色处理，以后均按第二缸的配方进行。如果是两缸可考虑同时染色，需调色时可同时调色。另外，同一色的一批，尽量安排在同一染缸内染色，每缸容量应均衡，有利于消除由于缸型差异而造成的色差。

(6) 对色　染色结束后的取样对色既要准确又要快速，后处理必须充分，皂洗时建议提高皂洗浓度和温度，活性染料沸煮时间不得少于 5min。迅速烘干的样纱要用蒸汽回潮片刻，再用冷气将纱样冷却后再进行对色，一般刚出来的棉纱红光都略偏大，平衡一段时间后都有向偏黄光方向发展趋势，对色时应有所考虑。而续缸对色应以第一缸准确对色样为标准，大缸处理后色纱与对色时留样一般有差异。其次由于对色时色纱仍然在染液内，对色应迅速，如停留的时间过长，大缸内的纱线和对色样会出现较大差异。

(7) 操作　操作不正确、不规范、不认真、不重现，都是产生大生产不重现的因素。

无论是全自动、半自动还是手动操作的染缸，都必须严格按工艺要求进行操作，严格按操作法要求装缸，按工艺要求进行化料、加料，严格按加料顺序进行操作。加强工艺上车检查，严禁私自改变工艺和人为缩短时间及降低温度，只有保证工艺的执行才能保证产品的重现性。

10.2.8.4　大生产与实验室间的重现性

提高大生产到实验室的高度重现性是染色一次准确性的关键。在满足实验室小样的重现性和大生产重现性的基础上，才能提高大生产与实验室的重现。

（1）小样和配方的复核　为确保大生产的顺利进行，大生产前必须对实验室提供的小样及配方进行复样，复样时必须做到：

① 复样时所用的纱线应用该色染色前已处理好的半成品的坯线。

② 所用染料、助剂必须与车间大生产保持统一。

③ 所用水与车间大生产保持一致。

④ 浴比及染色条件尽量与车间大生产保持一致。

（2）减少染液体系的差异　实施在线检测染液的 SG（密度）值和 pH 值。

在盐加完后碱剂加入前取染液测试其密度，是检测盐含量的有效办法。在固色开始和结束时测试其 pH 值。通过检测，对比大小样的 SG 值和 pH 值逐渐校正其染缸液量，从而达到大生产与小样染液体系的统一，减少来自该系统的误差。

（3）掌握染料染色的平衡时间　如前所述，大生产与小样的染色时间很难统一，但通过试验求出所用染料的染色平衡时间，使打样和大生产染色过程吸色及固色达到平衡，其时间长短差异将得以消除。

常见的几种活性染色平衡时间的试验方法。

处方：染色深度％（o.w.f）　　　　0.5　　　　2　　　　4；

六偏/(g/L)　　　　　　　　　　1　　　　1　　　　1；

元明粉/(g/L)　　　　　　　　　30　　　60　　　80；

纯碱/(g/L)　　　　　　　　　　8　　　15　　　20。

条件：浴比 1∶20；温度 60℃；吸色时间 30min。中温型活性染料的试验结果见表 10-17。

表 10-17　中温型活性染料不同固色时间的影响

染料	深度 (o.w.f)/%	相对染色深度/%						
		1 号	2 号	3 号	4 号	5 号	6 号	7 号
红 CL-5B	0.5	92.4	100.0	107.8	108.7	107.9	1082	
	2.0		100.0	104.7	105.5	104.2	102.9	
黄 CL-2R	0.5	95.6	100.0	108.3	109.7	106.5	103.5	
	2.0		100.0	108.5	108.4	109.1	109.3	
蓝 CL-2RL	0.5	96.3	100.0	107.0	106.8	106.3	105.0	
	2.0		100.0	103.9	103.6	102.9	102.2	
红 3BSN150	0.5	91.5	100.0	105.0	104.1	106.8	107.3	
	3.0		94.0	100.0	106.0	102.2	106.5	103.9
黄 3RS150	0.5	94.6	100.0	102.1	102.6	103.2	107.1	
	3.0		95.2	100.0	106.0	108.6	106.2	109.8
黑 G133	0.5	95.3	100.0	101.1	104.7	98.7	98.6	
	3.0		97.1	100.0	103.1	106.0	109.1	104.6
黑 FN-W	3.0		101.5	101.6	100.0	108.2	102.6	103.3
	6.0		96.4	100.0	105.1.	108.0	104.6	105.7

注：1 号～7 为不同固色时间的试验结果，其固色时间分别为 1 号 30min；2 号 40min；3 号 50min；4 号 60min；5 号 70min；6 号 80min；7 号 90min。

通过平衡时间的试验结果可以得出：中温型浅色平衡时间为 50min，中色的平衡时间为 60min，G133％和 FN-W 黑中深色的平衡时间为 70min。

显然以往常规化验室打样时间为 30～60min 是不够的。

（4）掌握大货加成规律　由于大生产和打样存在着染色设备、状态和工艺上无法避免的差异，为克服这种差异，在已认可的小样配方基础上，根据经验预先对所组成染料的用量进行调整，以获得大生产配方的加成规律。一旦熟练掌握了这种加成规律，为小样到大生产的重现性起到关键作用。

获取和掌握加成规律可采取以下方法：

① 与大货直通色对比法　新色大货生产时，取直通色色样为仿色样，小样为标准样，在测色配色仪上进行检测，求出修正配方，将小样配方和修正配方的各种染料进行对比运算，计算出各使用染料的加成百分率。计算公式为：

$$某染料的加成百分率(\%)=[(修正用量-小样用量)/小样用量]×100\% \qquad (10\text{-}3)$$

如某色配方%（o.w.f）：

	小样用量	修正后用量
CL-5B 红	0.052	0.042
CL-2H 黄	0.22	0.21
CL-2RL 蓝	0.01	0.011

由式（10-3），该配方加成率为：

CL-5B 红：[(0.042-0.050)/0.050]×100%=-16%

CL-2R 黄：[(0.21-0.22)/0.22]×100%=-4.5%

CL-2RL 蓝：[(0.011-0.010)/0.010]×100%=10%

② 用大样配方打样修正法　按照大样直通色的配方在实验室进行打样，在测配色仪上以大货样为标准色，小样为仿色，进行对比，求出小样修正配方。用小样修正配方与大货配方进行对比运算，求出各染料的加成率。计算公式为：

$$某染料的加成率(\%)=[(大货用量-小样修正用量)/修正用量]×100\% \qquad (10\text{-}4)$$

如某绿色配方%（o.w.f）：

染料名称	修正用量	大货用量
G 翠蓝	1.60	2.0
3GL 嫩黄	1.10	1.00

由式（10-4），该配方中各染料的加成率为：

G 翠蓝：[(2.00-1.6)/1.60]×100%=25%

3GL 嫩黄：[(1.00-1.10)/1.10]×100%=9.1%

③ 仿大样色配方对批法　按照大货直通色，试验室调整配方进行仿色打样（色差 $\Delta E<$ 0.7），将小样配方和大货配方进行对比运算，计算出各染料的加成率。计算公式为：

$$某染料的加成率(\%)=[(大货用量-仿样用量)/仿样用量]×100\% \qquad (10\text{-}5)$$

如某军绿色处方/%（o.w.f）：

染料名称	仿样用量	大货用量
X-6BN 红	0.41	0.42；
X-4RN 黄	092	0.97；
X-GN 深蓝	0.84	0.80。

由式（10-5），该配方各染料的加成率为：

X-6BN 红：[(0.42-0.41)/0.41]×100%=2.4%

X-4RN 黄：[(0.97-0.92)/0.92]×100%=5.4%

X-GN 深蓝：[(0.80-0.84)/0.84]×100%=-4.9%

④ 大货加成规律的形成及其影响因素　无论按上述何种方法，都要长期坚持试验、计算、收集整理。待收集一定的量后再进行整理归纳，逐步形成大货加成规律。并长期坚持充实和不断地加以验证和修正。

在整理其加成规律时要按影响大货加成规律的因素加以归纳。在以往总结加成规律时，得出影响大货加成规律有以下因素：

a. 染料的组合：在各种影响因素中，染料组合因素影响最大，这可能因为对于一定的染料组合，这些加成律有一个基本框架的原因。

b. 染料的用量：染料的用量对加成规律有一定的影响，这和该染料在组合中所占的比例有关，如果从主角变成次角，它的加成规律将发生变化。一般蓝色染料比较明显，在相同的组合中，如果蓝色从主角变成次角，加成规律将由小变大。

c. 设备与工艺：不同的染缸，其加成规律不尽相同，而使用不同的工艺，加成规律也发生改变。

值得一提的是，无论如何过细分类，其加成率是在一个区域范围，具体应用时应灵活运用，并不断地验证和修正。另外，由于各染厂所用的设备状态和生产状态存在差异，其加成规律也不能通用。

10.2.9　提高印花产品准样率技术

近十年来，我国的印染业有了长足的发展，2001 年全国印染布总产量为 179 亿米，2010 年达近 600 亿米。相对而言，印花产品的发展速度较慢，由于印花的技术含量较高，受影响的因素多，很多客户反映，好的印花单子多，但做得好的印染厂少，这里既有技术问题也有管理问题。对印花加工生产而言，能较好地表现花型设计的理念和精神是印花工作者所要追求的目标，关键是如何提高准样率[12]。

10.2.9.1　印花成品与原样的准样率

纺织品印花是艺术创作和生产技术的结合产物。设计好的一张印花图案，经过一定的印花生产的技术加工过程，成为绚丽多彩的印花面料。印花成品印制效果是否符合原样设计要求，是决定印花成品外观质量的重要因素，准样率可以从三个方面来考量。

（1）原样符合率　将纸上或织物上的图案，最大限度地在所加工的面料上表现出来，首先要符合原样的精神。体现原样精神，不仅仅追求拷贝原样，更要根据不同图案花样的特点，努力达到并超越来样的印制效果，印花过程也是艺术创作过程。

① 写实型花样　一般以花卉为主体。要注意花朵的生动活泼，形态自然，陪衬小花，枝叶穿插灵活，富有生气，而且可以利用来避免产生接头挡。

② 规则型花样　一般以几何花型和仿色织条格为代表。通常由许多大小和形状相同并有规律排列的点、线、面组成。这类花型力求线条光洁、精细，分布合理，注意纵向接版印。这类花型对织物本身的织造质量要求很高。

③ 夸张型花样　一般以卡通动物和人物为主，加以各种物品造型为辅。为了增加艺术感染力，图案作了些夸张处理。检验这类花样时，要注意是否体现了图案的气魄和灵活性。

④ 朦胧型花样　一般为抽象的朦胧花型，如仿手工扎染、仿蜡染、仿水渍，色彩均为相互叠置。这类花样重点检验重叠效果是否均匀、丰富、有层次感。

花样的色彩组合也体现了花样的设计精神，原样符合率包含了颜色的准确率。色光要准，有两方面的内容：与原样的色差和自身的色差。一般而言，印花更注重于整体效果，个体颜色相比染色要求低些但主色一定要准。大块面可以用计算机测色来检验，但目前主要还是依靠目测判断。

（2）印制水平 从印花生产角度，印制水平一般可以以表面给色量，块面均匀度，轮廓清晰度，线条光洁度，层次感等方面来衡量。

① 表面给色量：印花是表面着色，因此往往可以表面得色的高低来衡量上色效果，得色高低是指相同分量的染料印于织物上后所得到表面色泽的深浅。影响表面给色量的因素很多，有染料性能、糊料流变性、织物的结构、前处理的质量（如毛效、光洁度等）、印花机操作等。可采用有反射装置的分光光度计测定印花表面的 K/S 值来定量表示。根据库贝尔卡-蒙克（Kube 1ka-Munk）定律：

$$K/S = \frac{(1-R)^2}{2R} \tag{10-6}$$

式中，K 为吸收系数；S 为散射系数；R 为光未透射时，在最大吸收波长下的反射率。

由于印花花纹面积较小，K/S 值测定有一定困难，该测试方法主要应用于选择染料、糊料或印花工艺，做对比试验时的依据。而评定印花面料的表观给色量主要凭目测检验，颜色饱满、色泽鲜亮，表面给色效果好，否则就差。

② 块面均匀度：指满地大块面颜色均匀一致，没有发花现象。由于印花是表面着色，因此对较紧密织物的深色印花，块面均匀度是衡量印花印制水平的重要指标。它主要决定于织物前处理的质量和糊料的选择。由于染色的均匀度大大优于印花，对较紧密织物的深色满地印花面料，采用防拔染印花工艺，其印制效果更佳。

③ 轮廓清晰度：指在织物上准确显现出花纹图案的程度。花纹没有渗化现象，相反色如红与蓝，黄与蓝等搭色之间没有第三色。要获得良好的印花轮廓清晰度，选用糊料有良好的流变性和抱水性，相反色之间制版时要合理分色，如果受设备限制，难以对花解决就需采用防印或防（拔）染工艺。

④ 线条光洁度：线条（包括直线、斜线、横线、包线）光洁而不虚，在筛网印花时没有锯齿形。线条光洁度很大程度上取决于制版（雕刻）技术，如采用筛网印花，网目数一定要高。其次与选用的糊料的流变性密切相关，糊料应具有良好的剪切变稀性和透网性，最后也与印花操作有关。

⑤ 层次感：主要指云纹或半色调（Half Tone）渐变均匀、丰满，没有硬口或龟纹，体现良好的立体效果即层次感，给人一种美的享受。做好云纹效果，制版（雕刻）是关键，滚筒雕刻（滚筒印花、转移纸印花）深浅合理，筛网印花选用的网目数与所加网点合理搭配，并运用好饱和度、明亮度、对比度等工具。另外色浆黏度控制、印花刮刀压力大小也直接影响花型的层次感。

（3）印花疵病 纺织品的印花加工过程是一个系统工程，所受到的影响因素很多，任何的技术或管理没有到位，就可能出现印疵，直接影响印制效果。对任何印花疵病，都要加以认真分析，找出原因加以改进，提高产品的印制效果和正品率。在生产过程中产生的印花疵病往往有三大类：一是由于制版（雕刻）不当引起；二是在印花过程中直接产生；三是织物原坯本身的织造疵点和织物前处理不当造成的疵病。现就常见的疵病表述如下。

① 对花不准：印制两套色以上花型时，织物幅面上的全部或部分花纹未印到织物上应印的位置。对花不准是多套色印花生产中经常发生的疵病。产生的原因较多而且较复杂。它与制版（雕刻）技术，印花设备的精度，操作技术熟练程度，被印花织物的品种规格等都有密切的关系。如对花不准是有规律，且与圆网的周长或网框的长度有关，就可能是制版或制网的问题，也可能是网架有问题或圆网不圆或框架变形；如对花不准没有规律，时好时差，一般为制版时色与色之间的搭色较小，而印花设备的对花精度较差引起，也可能由于贴布不牢，致使织物在印花导带上相对移动而造成；如果对花不准在一个方向，是可以调整的，是操作没到位造成。

② 印花传色：织物上花纹出现色变。筛网印花主要发生在前套深色面积较大，后套浅色刮印时易把深色浆刮进造成色变；印花刮刀和给浆管道、送浆在印制较深色泽后，未清洗干净即调换浅鲜色，就会产生全面或局部变色；圆网印花时，当织物贴在印花导带偏于一侧，前一只圆网的色浆刮印在印花导带上，而后继圆网花纹重叠于前一只圆网花纹时，色浆很容易转粘到后继圆网进入网眼，产生传色。

③ 印花渗化：织物上色浆自花纹轮廓边缘向外化开，防印和防（拔）染印花花纹轮廓出现白晕俗称眼圈。主要原因有：糊料抱水性差；色浆配制不当；色浆黏度太低而刮浆缓慢，收浆不尽；印后未干即蒸；蒸化时湿度太高；防印和防（拔）染色浆中防拔染剂用量过多。

④ 印花色点：织物上有色花纹中呈现无规律的较深同包小色点，造成的原因有：染料示充分溶解或包浆放置时间太长，沉淀或结皮；织物上有色花纹中呈现无规律的异色小色点（即色浆处方中无此色光的染料），可能是在调制色浆时，其他染料粉状粒子飞扬落入色浆中或上一次用色浆桶没有洗干净；如小色点是有规律的，出现在花纹中甚至白地上，则是花网或花版脱胶或有沙眼。

⑤ 花纹深浅：织物上花纹呈现无规律的色泽深浅或有规律的横直挡。主要原因：织物前处理退浆未尽或煮不匀；贴布浆涂刮不匀；印花导带凹凸不平，有纵向条痕或有接头印。

⑥ 印花刀线：织物上呈现单条、双条或多条条线状色痕。主要由于印花刮刀上有小缺口或粘附有垃圾杂质，印花时就会产生刮色不匀，造成本身花纹深浅条线状色痕，圆网印花刀线位置发生在经向，平网印花则在纬向。如果贴布浆刮浆刀口不平或黏附有杂质，就会造成连续条状色痕，也称贴布浆刀线。

⑦ 印花堵网：是筛网印花的常见疵病。由于筛网花纹处网孔局部被堵塞，刮印时色浆不能通过，造成织物上花纹有规律残缺或线条断续或白点。主要原因：花网或花版未洗清；织物上垃圾粘在网上；糊料溶解不匀；色浆没有过滤好；涂料印花黏合剂选用或操作不当，结膜速度太快。

⑧ 印花露地：织物上花纹或满地处局部露出白地或地色。主要原因：刮刀刀口太薄，刮刀压力偏低；色浆太厚或糊料渗透性差；糊料的透网性与筛网目数不匹配；织物前处理毛效太低。

⑨ 印花色差：织物上花纹的左右、边中或匹间色泽深浅或色相差异。左右和边中色差主要原因：印花刮刀左右压力不匀或刮刀左中右不平；给浆左中右不均；织物前处理效果左中右有差异。匹间色差主要发生在批量较大时，主要原因有：染料稳定性差或拼色配伍性差；每桶色浆浓度不一或黏度不一；坯布来自不同厂家或前处理工艺条件不一

致；印花操作不规范，网内浆位、车速、压力、烘干温度不稳定甚至随意变动；蒸化时湿度变化大。

⑩ 白地沾污：织物上白地或白色花纹沾污上其他颜色造成白色不白，直接影响印花整体效果。主要原染料本身固色率低或染料浓度太高（如翠蓝、大红、黑色等）；染料放置时间已久发生水解；蒸化时间不足，染料没有充分固着；后处理水洗工艺不合理；没有选择合适的洗涤剂。

（4）许多印花面料的异常与制版方法和工艺有关，虽然传统的手工描稿分色已基本被淘汰，但从业人员掌握计算机分色软件的水平尤其在处理一些复杂花型方面，存在较大差距；而制版操作不当造成的异常也经常发生，由此引起印制效果不良的原因分析和相应的调整如下。

① 对花不准　对花不准除了与操作技术及印花设备精度有关外，也与分色制版有直接关系如对花不准是有规律，且与圆网的周长或网框的长度有关，就可能是制版或制网的问题，也可能是网架有问题或圆网不圆或框架变形；如对花不准没有规律，时好时差，一般为制版时色与色之间的搭色较小造成。

调整措施：圆网复原时升高温度或延长时间；一套花样应选择同一制造厂家的坯网；圆网闷头校正后再使用；经常检查平网框架是否变性；制网时打准并对准十字架；应根据色浆的流变性和织物的组织规格，合理处理色与色之间的关系。

② 图案边缘清晰度差　平网晒版（曝光）时胶片与筛网印版接触不实或晒版光源与网版距离较大；筛网目数较低；感光胶涂布不均匀，干燥不充分。

调整措施：晒版时增大抽真空气压值，增加胶片与网版的密合度，缩小晒版光源与网版间的距离；采用高目数筛网；提高涂布质量和涂布均匀性；增加显影时间，并进行充分清洗。

③ 图案线条不光洁，产生锯齿形现象　筛网目数选择不当或曝光不足，曝光时光线发生衍射；感光胶膜厚度不够；平网绷网张力不均匀；网版显影时水压过大。

调整措施：根据图案精度，选择适当目数的筛网，最好采用有色筛网，防止曝光时光线发生衍射；采用多次均匀涂布感光胶的方法，增加胶层厚度，但太厚也会影响光洁度，有些研究提出，胶膜厚度大于丝径25%，花纹边缘光洁度较好；提高绷网张力和均匀度；显影时，减少冲洗压力。

④ 在制版过程中产生龟纹　在平网绷网时，套色版印花采用正绷网；制版时，加网的网线方向和筛网经纬丝的夹角不正确；筛网目数和加网线数不匹配；各色版的加网角度之差不符合要求。

调整措施：套色版印花一般应采用斜交绷网；正确掌握加网网点的方向和筛网经纬丝的夹角；筛网目数和加网线数匹配要适当，平网应控制筛网目数比网屏线数大4～6倍，圆网则大1.5～2倍较合适；各色版的加网角度，单色版采用45°，主色加网角度为45°，次色加网角度为15°。

⑤ 色点　色点是有规律的，出现在花纹中甚至白地上，则是花网或花版脱胶或有沙眼。这是由于曝光时间不足或焙烘不够，感光胶膜未能充分固化；胶片占有灰尘或脏物；筛网在涂胶前，未能充分清洗、干燥；感光胶过期，质量下降；感光胶配制过稀或感光胶乳液中有气泡；涂布速度过快，胶层过薄。

调整措施：增加曝光时间或加强焙烘条件，使胶膜充分固化；晒版前，仔细检查胶片是否有灰尘或脏物，并加以去除；涂布感光胶前，筛网要充分清洗、干燥；选用高质量的感光胶；正确配制感光胶，确保无气泡，圆网制版严格控制感光胶液的黏度，防止感光胶流入网孔内壁；感光胶涂布速度要均匀一致。

⑥ 堵网或露底　花网或花版未洗清；使用网版固化剂浓度过高；网版晒版时曝光不足，造成网版刮印面的感光胶在显影和网版固化时流淌至花纹处，造成网孔堵塞；糊料的透网性与筛网目数不匹配。

调整措施：网版显影时，网版正反面冲洗均要充分；适当稀释固化剂的浓度后再使用；适当延长曝光时间；选用网目数与所用糊料的透网性相匹配。

⑦ 与原样不符　分色制版工艺制定不当，经验不足，各色间收放量掌握不当，空白过大或过小；分线过宽或过窄；线条过粗或过细；点子过大或过小。叠色色位过多，渗化严重；云纹、水渍等层次感差；图案疏密排列不均匀，造成空档、花档、斜档等。

调整措施：根据花样特点、印花工艺和织物的组织结构决定所宜采用的制版方法和工艺，正确收放、合理搭色、控制叠色；熟练掌握制作层次版的方法；一个印花单元很难发现档子，上下左右连接后就可能产生空档、花档、斜档等，利用分色软件中的回位连晒功能，就能及时发现，只需将某个图案移一点距离或转一点角度或改变接头方式，就能消除档子。

目前的计算机分色系统中有几十余种操作工艺，几十余种描绘工具，强大的编辑功能，如何正确运用，得到满意的印花效果，关键在于不断培训操作人员。在制版工艺中，花稿分色是灵魂，对分色专业人员的确有较高的要求。

10.2.9.2　提高试样与原样的准确率

纺织印花面料的生产，第一步是以图案设计开始，其艺术效果最终是在织物上表现出来，而在不同纤维不同组织结构的织物上，采用不同的印花设备，选用不同的印花工艺，会得到不同的印制效果。因此从图案设计到印花面料成品，一般都需经过试样过程：一是为了检验印制效果是否达到设计要求；二是检验能否满足消费者的需求。对所有的客户而言，在第一次批量生产印花产品时，都希望能见到印在所需要布上的实样。

目前常用的试样方法有手工平网打样、数码喷墨印花打样、专用打样机打样、大车打样。根据花样的特点、客户的要求和生产企业各自的具体情况，选择打样手段。

(1) 手工平网打样 (strike-off，常称为 S/O 样)　在花样审理中，花型的回头、尺寸、套色、结构、色泽有任何改变，客户都希望看到修改后的实样。

一般以一个花样的完整回头为单位，先制菲林片，或感光与筛网或感光与镍网（可利用废圆网压平），然后制成网框，进行手工刮印。主要用来检查经花样审理、工艺设计后的最终印制效果。可以用涂料，也可以用染料，根据选择的工艺定，灵活方便，快捷、成本较低。缺点：受人工刮力大小的影响，精细度、匀染性等尤其是防印效果与大样有一定差异，需向客户加以说明。

如何提高 S/O 样与原样的准样率，首先根据工艺设计进行分色描稿，选择合适网目的涤纶丝，绷好小样平网框，对平纹织物印制，要放一定斜度，防止产生龟纹；根据花型的精细度和面积大小，选择合适的感光胶和曝光时间，尤其是云纹和猫爪点子，感光胶涂布要薄而匀，曝光时间要充分，防止点子失落。刮印时要对准原样的精神和色光，如果效果不理想，需及时修改描稿，重做 S/O 版，直到效果和颜色都接近原样风格时才可刮多块 S/O 版，尽可能一致，有条件的企业可采取机械刮印。

由于 S/O 样是提供给客户确认的花型效果，既要充分考虑原样的精神，也要兼顾大生产的条件确保能生产出来。

对于效果和颜色无法达到原样要求的，送样时做好注明，并及时与客户沟通。

（2）数码喷射印花打样　数码喷射印花机用于打样是目前喷射印花的主要用途之一。最大优点：快捷可以做到立等可取，修改花型即可看到效果。打样的目的是为了让客户确认效果和色泽，为大生产做准备，因此应尽量模仿大生产的效果和色泽，其处理方法与直接喷射印花有所不同，对要求打样的花样，则需按印制工艺进行按套色分色，以达到制出的印花花样在移到正式加工时必须是用传统印花法生产出和喷射印花样品相同的产品，以下几点做法可供参考：

① 点、线、面的处理　由于传统机械印花时都会受到压力的作用，色浆向外渗铺，一般细线条 10μn 左右，粗线条和块面一般在 $10 \sim 20\mu m$ 之间，根据不同织物及结构略有不同，描稿分色时，就要收缩 $10 \sim 20\mu m$，以达到最佳的印制效果，但在喷射印花处理时，就不需收缩，而一旦确认大样，进行大生产，为了达到印花机的效果，就得将点、线、面再进行收缩处理。

② 对花精度的处理　由于印花机存在机械误差，对花不可能十分精确，而喷射印花不存在对花误差问题，作为打样需代表大生产时的效果，应适当表现出一些第三色，因此在色与色之间处理上还需有一定搭色。

③ 云纹效果的处理　由于分色制版时，从菲林片到制成圆网，会损失较多的网点，因此通常处理时云纹层次拉得比较宽，加网适中。而喷射印花能将描稿分色所加网点的 95% 打印出来，这就产生打样和印花生产的差异，所以在喷射印花分色处理时，加网可细一些，使其网点损失接近制网。

④ 配色变换　计算机读取的数据通常以色成分强度来表示，但在织物上印花时，必须将这种数据变换为染料色料强度。一般喷射印花机开发商都配有专用变换软件，对应用厂家，有一配色正确的问题。由于计算机屏幕上显示的色光与织物上的得到的色光有较大的差异，同时染料在不同织物上的上染性不同，因此需将软件数据库中的处方打印在织物上，供配色参考，为了达到满意的色光，往往要修改几次处方。目前对一些紧密织物的深色印制，尤其是黑度还有一定困难。

（3）专用印花打样机　各印花机制造商一般都有印花打样机供应，大多是单只筛网印花。平网打样机结构比较简单，容易操作。而圆网打样机对花要求较高，即一套色印完后导带转动一圈，第二只圆网与第一套色的花纹要完全对好，现在都采用自动对花。印花的长度决定于导带的长度，一般为 $5 \sim 10m$。印花结束后，导带转动有红外线或吹风机烘干。优点：效果接近大生产，不影响正常生产。缺点：对多套色印花，速度较慢，取决于操作工人的熟练程度，一次打样的数量受到导带长度的限制。

（4）大车打样　在激烈的市场竞争中，现在许多客商不仅要看印制效果，还要看市场反映，要求做成样衣或成品，就需要上大车打样。大车打样与实际大生产是同一条件下，效果最接近。缺点：浪费较严重，如采用具有印花转换系统的印花机，可提高打样效率。

大车打样的试制工艺流程和要求与印花生产相同：花样审理—印花工艺设计（包括染料选择和制版工艺制定）—仿色—色浆调制—印花机印制—印花后处理—拉幅柔软—防缩—检验。每一工序都要当作大生产认真对待，确保与原样的准样率。并做好详细记录，大样所费的时间，可以在大生产时节约下来。更重要的是设计师和推销会上的买家首先看到的是试样布，其印制效果的好坏直接决定订单能否生成的关键。

10.2.9.3　印花成品与试样确认样的准样率

（1）确认样为 S/O 样　由于 S/O 样是手工刮制，受人为因素影响较多，而且是平网，如果大生产采用的是圆网，客观存在差异，因此一旦确认 S/O 样，对原来的分色处理，尤其是线条、猫抓、云纹需按是 S/O 样作适当调整。

（2）确认样为数码印花样　数码印花的印制是以点状喷射方式，与传统印花的刮印有较大差异，而且分色收放等都有较大差异，因此大生产时，分色描稿要重新处理；由于数码印花所用染料与大生产所用染料不是同一品种，还需重新仿色。大生产时较难与数码样在效果和色泽上保持一致。解决方法可以在打数码印花样的同时打 S/O 样。

（3）确认样为大车样　一旦确认样为大车样，印花产品的准样率是最能保证的。除认真参照打样过程中记录的工艺参数（色浆处方、黏度、车速、刮刀型号、压力、温度、半制品质量指标等）外，还需对试样结果的内、外观质量有一检验统计，并提出大生产的改进措施。

① 试样印制效果汇总表　印制效果汇总的主要内容有原样符合率、印制水平和暴露的疵病，如下所列。

编号	原样符合率		印制水平	印花疵病
	原样精神	色差级		
订单号或花号				

根据汇总表信息，提出修改意见。

② 试样内在质量汇总表　消费者对印花面料的质量要求从传统的重视外观质量趋向重视内在质量，从广义讲，印花面料的内在质量也应属于准样率范畴，内在质量除了色牢度外，还包括克重，经、纬密，断裂强力，撕破强力，水洗尺寸变化等，近年来又增加了生态指标如 pH 值、甲醛含量等。以上这些数值在印花生产企业内的试化验室取到。必要时可以送至国际纺织权威检验机构去检测。目前在国内有代表性的机构有：SGS—瑞士通用公证行，ITS—英国天祥检验集团，BV—法国国际检验局，MTL—美国测试公司，CCTC—中国商品检验公司。见表 10-18。

表 10-18　棉印花面料色牢度常规检测项目汇总

编号	染料名称	耐光	耐洗		耐摩擦		耐汗渍		耐熨烫
			原样变色	白布沾色	干摩	湿摩	原样变色	白布沾色	湿烫沾色
试样号或订单号									

如某项指标达不到客户标准，就要分析原因，是操作因素，则提出整改措施；是染化料问题，则需重新选择染化料。

色牢度是指印花面料在加工、试验、储存或使用过程中所可能经受的各种作用条件下，保持其色品特质稳定性的能力。具体色牢度包括耐晒、耐水洗、耐汗渍、耐熨烫、耐摩擦、耐气候、耐干洗、耐升华、耐刷洗、耐漂、耐碳化等三十多项。以试验后印花织物的变色、褪色及贴衬织物上的沾色程度评定等级。世界上主要纺织工业国都制订有色牢度标准测试方法，纳入各自的纺织品国家标准。而影响最大，被各国广泛引用的是 ISO 标准体系和 AATCC 标准体系。

不同用途的纺织品对色牢度有不同要求。例如户外用纺织品、窗帘等对日晒牢度要求较高；对婴幼儿纺织面料要增加耐唾液牢度等。各国对纺织品的色牢度有相应的国家标准，如我国的 GB/T 411—93 对棉印染布的染色牢度做了规定。国内外品牌公司也都有自己的色牢度标准，即称为客户标准。一般客户标准高于国家标准。

近年来，绿色环保成为全球性发展主题，生态纺织品的生产和消费成为热点。生态纺织品是指那些采用对周围环境无害或少害的原料，并合理利用这些原料生产的对人体健康无害的纺织产品。生态纺织品的概念主要来源于 1991 年国际生态纺织品研究和检验协会颁布的"OEKO-TEX STANDARD 100"它强调了使用后的废弃物处理；生产过程中的处理；产品对使用者无害。随着全球环保潮流的兴起，欧美各国纷纷制订与纺织品贸易相关的法律法规与各类标准，并开展相关的研究和有害物质的检测认证，其中最有影响力的是国际生态纺织品研究和检验协会的"生态纺织品标签 Oeko-Tex Standard 100"和欧盟的"生态标签 ECO-LABEL"又名"花朵标签"。生态纺织品既代表了全球消费和生产的新潮流，又集中体现了发达国家利用绿色壁垒限制进口的手段。我国是纺织品生产和出口大国，为了更好地适应国际形势及克服国际纺织品绿色技术壁垒，2001 年和 2002 年国家质量监督检验检疫总局陆续发布了强制性国家标准 GB 18401，推荐性国家标准 GB/T 18885—2002《生态纺织品技术要求》等一系列生态纺织品标准。对提高我国纺织行业的生态生产意识，引导企业逐渐实现环保健康纺织品的生产，增强纺织品的竞争力，并倡导消费者转向对纺织品安全性和环保性的注重具有重要的意义。

努力采用国际标准组织生产，不断追踪国外先进标准和先进技术成果，采用新技术和清洁生产工艺来提高和调整印花面料的质量指标，也是印花工作者所追求的目标。

10.3 一次准染色生产现场技术管理

10.3.1 轧染现场的技术管理

轧染现场技术管理的目的，是为了实现 RFT 染色，即一次成功染色。所谓一次成功染色，应包含大车仿样要有准确性，仿样与投产样要有一致性，下机样与标样要有良好的近似性，而且还应包括染色牢度要能达到客户要求[13]。

10.3.1.1 还原染料连续轧染

还原染料轧染时，现场技术管理的要点有 5 个。

(1) 确保染料的选用要正确 这里有 3 个方面的问题。

① 染料质量要符合以下条件。

a. 染料颗粒要细 80%以上的染料颗粒，应<2μm，没有粗颗粒。这是因为还原染料不溶于水，用于轧染时，只能制成悬浮液（分散液）使用。若染料粒子粗：第一，悬浮液稳定性差，容易沉降；第二，同样质量的染料，比表面积小，接触烧碱、保险粉发生反应的概率少，还原溶解的速度慢，这不利于染料的匀染透染，以及染色牢度的提高；第三，染料不经研磨浸轧染色，会降低染料的透染性，甚至会产生色点。

b. 润湿性要好 即染料撒入水中，亲水性好，润湿快，不漂浮在水面上或结球结块。这有利提高染料的分散均匀性以及染液的分散稳定性。同时，也可降低染料粉尘的飞扬性。

c. 要有良好的悬浮稳定性 即配制的染料悬浮液，在放置过程中染料粒子不聚集、不沉降、分散均匀。

d. 批间深浅、色光差异要小　与活性染料相比，还原染料的合成方法要复杂得多。合成条件即使有很小的波动，也会影响成品的色光。统一化处理稍有疏忽，就会造成成品的深浅差异。这一点要彻底克服，客观上难度很大。但是，从应用的角度讲，要求染料的批间深度差，只能在3％以内。批间色光的差异，必须控制在肉眼不可察觉的范围。

生产实践证明，选用符合以上条件的染料染色，最能实现匀染透染效果，这不仅有利于色光的稳定，对湿摩牢度的改善也十分有利。

② 染色牢度要达到客户要求　还原染料的耐水色牢度、耐热水色牢度、耐沸煮色牢度、耐皂洗色牢度、耐丝光色牢度、耐汗渍色牢度、耐阳光色牢度、耐汗光色牢度等，与活性染料相比，都有较大优势。但不能因此忽视了蓝蒽酮蒽醌型蓝色染料耐氯牢度差的问题。如，还原蓝 RSN、还原蓝 GCDN、还原漂蓝 BC、还原艳蓝 3G、还原深蓝 VB 等，其耐氯浸牢度（GB/T-8433—1998标准，有效氯50mg/L），只有1～2级。因此，生产有耐氯牢度要求的色单时，决不可以使用。只能选用耐氯牢度相对较好的部分蓝色活性染料来替代。例如，活性蓝 M-2GE、活性蓝 A（B)-2GLN、永光活性蓝 C-BB、永光活性蓝 BRF、活性艳蓝 KN-R 等。

③ 光脆性明显的染料不可使用。

在还原染料中，有相当一部分品种，具有明显的光脆性。所谓光脆性，就是染着在纤维上的还原染料在日光照射下，吸收光能以后会呈现出能量较高的激发状态。由于染料本身结构稳定，难以遭到破坏，但却会在空气、水分存在下，促使纤维素发生氧化，致使纤维（织物）强力损伤，甚至产生破损。还原染料之所以产生光脆性，与其结构密切相关。大多出现在黄色、橙色、红色染料系列中（但并非所有的黄、橙、红色染料都有光脆性）。表 10-19 所示为常用还原染料的光脆性。

表 10-19　常用还原染料的光脆性

色别	不脆	轻微	较重	严重
黄色	黄 5GF 黄 6GK	黄 7GF 黄 3GFN		黄 GCN(GC) 黄 5GK
金黄	黄 G	黄 3RT		金黄 RK 金黄 GOK
橙色	艳橙 GR	艳橙 GK 艳橙 RK	金橙 G	橙 RF
红色	大红 R 红 F3B		桃红 R(FR)	大红 GGN(拼)
紫色		艳紫 2R 艳紫 4R	红青莲 RH	
棕色	棕 BR、红棕 R、 棕 G(拼)、棕 GG(拼)		棕 RRD	
黑色	黑 RB(DB) 黑 BB(需氯漂)			
绿色	艳绿 2G、艳绿 FFB 橄榄绿 B、橄榄 R、橄榄 T			
蓝色	蓝 RSN、蓝 BC、 蓝 GCDN、蓝 3G、深蓝 VB			

注：1. 大红 GGN 以桃红 R、橙 RF 拼混而成。
2. 棕 G、棕 GG 以棕 3GR、橄榄 R 拼混而成。

由于还原染料中部分品种具有光脆性，所以采用还原染料染色时务必要注意2点。

① 要尽量选用没有光脆性或光脆性轻微的染料。

② 必须使用光脆性染料时，a. 只能用来调整色光，而不宜做主色。b. 只能和没有光脆性的染料相拼。因为，有些没有光脆性的染料如艳绿 FFB、橄榄绿 B 等，具有抑制其他染

料光脆性的作用，可减轻对纤维的损伤。

（2）确保还原液浓度恰当稳定　不同结构的还原染料，耐烧碱、保险粉的性能是不同的。

① 烧碱、保险粉用量过多，汽蒸时间过长的情况下，一些蓝蒽酮蒽醌染料、黄蒽酮蒽醌染料，会发生"过还原"现象。比如，还原蓝 RSN（C.I B-4 号），过还原后，色光会严重变暗变绿，而且色牢度下降。还原黄 G（C.I Y-1 号），过还原后色光艳度会明显下降，色牢度也会降低。

② 分子中含有卤素基的蓝蒽酮蒽醌染料，烧碱、保险粉用量过高、汽蒸时间较长时会发生脱卤（脱氯）现象，其色光会严重变红，耐氯牢度也会下降。比如还原蓝 GCDN（C.I B-4 号）、还原漂蓝 BC（C.I B-6 号），脱卤后会变成 C.I B-4 号（还原蓝 RSN）。因此，色光严度泛红。

③ 一些含有酰胺结构的染料，如还原棕 R、金橙 3G、橄榄绿 R 等，若烧碱浓度过高，在高温下有可能水解，生成色泽较深的氨基化合物，使色光改变，色牢度降低。

④ 烧碱用量不足时，隐色体不能稳定地溶解在水中，会产生染料分子异构化（重排），使染料失去水溶性，无法向纤维内部扩散染着，既影响得色量，又会浮色增加，降低染色牢度。蓝蒽酮类染料，如蓝 RSN、蓝 GCDN、漂蓝 BC、艳蓝 3G 等，最容易发生这种异构现象。此外咔唑类蒽醌染料，如金橙 3G、卡其 2G、橄榄绿 B、橄榄 R、棕 BR、棕 R、灰 M 等，也会发生类似现象。

正因为部分还原染料（主要是蓝色系列），对烧碱、保险粉的浓度表现敏感，很容易发生色光异变和色牢度下降，显著影响成品质量，所以控制还原液浓度的恰当与稳定，是染色现场技术管理的又一个重要任务。生产实践表明，100％烧碱与100％保险粉用量以1:1为宜。干布还原时，补充液质量浓度：

经验用量（g/L）	浅色	中色	深色
100％烧碱	10～20	20～25	25 以上
100％保险粉	10～20	20～25	25 以上

注：a. 开车前，蒸箱内有空气残留，会多消耗一部分保险粉，故开车前，水封口内要另外追加2～3g/L 的保险粉。

b. 由于保险粉在浸轧过程中，会分解损耗；而烧碱对棉纤有一定的亲和力，在浸轧过程中会超量带走烧碱，所以，还原轧槽中的平衡浓度，约为补充浓度的70％～80％。

在这一步，现场技术管理的要点，是切实建立和落实挡车工的滴定制度，以及生产管理人员（挡班车长、挡班工程师、挡班主任）的三级抽查制度。务必要使还原液浓度，自始至终保持正常稳定，这不仅对稳定染品色光十分有利，对改善染品的摩擦牢度也有积极作用。

（3）确保还原液中染液的施加量要恰当　以微颗状态，浸轧在织物上的还原染料，由于是氧化态，对纤维无亲和力，仅是物理性附着。所以，在汽蒸前浸轧还原液时，会发生解吸脱落。其解吸脱落的速度，随还原液中染料浓度的提高而变慢。而脱落到还原液中的染料，又会被纤维二次吸附。其吸附的速度，是随还原液中染料浓度的提高而变快。在连续开车一段时间以后，染料的解吸速率与吸附速率，会达到动态平衡，即还原液中的染料浓度实现稳定。

显然，开车的初始阶段，纤维色泽有一个由浅走深，再趋于稳定的过渡阶段。单就这一步而言，在开车初期，会产生"先浅后深"的现象。

为了消除这种现象，开车初始就要在还原液中加入适量的染液，使还原液中的染料浓度，从一开始就达到或接近平衡浓度。现实问题是，所染色泽深浅不同，还原液中染料的平衡浓度也不一样。即，染不同深度的色泽，须加入不同数量的染液。

生产实践表明，还原液中染料浓度的高低，对得色深度影响很大。是导致小样放大样符样率低，放样与投产样波动性大的主要原因。

遗憾的是，在现实生产中，无论是打小样，还是放大样，还是批量投产，向还原液中施加染液的数量全然没有参照依据，完全是跟着感觉走（经验）。

因此说，统一小样、放样和投产时，还原液中的染液施加量，并为此建立相关数据库，是现场技术管理的一项迫在眉睫的任务。最简捷的做法是，取平衡还原液（必要时用新鲜还原液稀释），配成可比色的标样。另用新鲜染液与新鲜还原液，配成不同染液浓度的还原液，置于比色管中，与标样进行比色，便可找出平衡还原液中所含染液数量（mL/L）的近似值。

在日常生产中，对本单位常做的规格、色种，分门别类进行检测，相关数据库便可建立起来。日后，生产近似规格、近似色泽，打小样、放大样或批量投产时，便可作为施加染液数量的统一参照依据。

（4）确保染料要正常氧化　不同结构的还原染料，其氧化速度不同。有些还原染料的隐色体，氧化速度很快，汽蒸后只要经水洗、透风就可完成氧化。比如蓝蒽酮蒽醌染料中的还原蓝 RSN、还原漂蓝 BC、还原艳蓝 3G、还原蓝 GCDN 等。紫蒽酮蒽醌染料中的还原艳绿 FFB、还原艳绿 2G、还原深蓝 BO 等。咔唑蒽醌染料中的还原橄榄绿 B、还原卡其 2G（C.I G-8 号）等。其中，有些染料，在氧化条件较强的情况下，甚至会发生"过氧化"，使色泽显著变暗，色光失去真实性。但也有些还原染料的隐色体，氧化速度却很慢。比如，蒽醌染料中的还原艳橙 RK（C.I O-3 号）；硫靛染料中的还原桃红 R、还原红青莲 RH；黄蒽酮染料中的还原黄 G 等。这些氧化速度特慢的染料，必须采用氧化剂氧化。为了使氧化速度快慢悬殊的染料，都能实现正常氧化，当今都采用双氧水法氧化。因为双氧水在弱碱性条件下，氧化作用比较温和，在正常条件下，不足以引起染料的"过氧化"。

经验条件为：

$100\% H_2O_2$	$1\sim1.5g/L$
氧化温度	$50℃\pm2℃$
氧化时间	$25\sim30s$

在这一步，现场技术管理的重点是：

① 氧化速度特快，且易"过氧化"的染料，尽量不与氧化速度特慢的染料拼染，以免氧化条件顾此失彼。

② 要根据染料的氧化性能，来调节汽蒸后冷水冲洗的去碱程度。因为染料隐色体比隐色酸的氧化速度更快，所以，对氧化速度慢的染料而言，织物带适当的碱度，更容易实现充分氧化。对氧化速度快的染料而言，则织物带碱不宜过多，否则，容易发生"过氧化"。

③ 要确保氧化条件稳定上车。

a. 双氧水浓度必须滴定。决不能随意加料。

b. 双氧水浓度必须滴定。决不能容忍"边开车边升温"的做法。

c. 从放样到投产，车速要恒定，中途不宜改变。

d. 小样、大样氧化条件要一致。

（5）确保染料要"基本发色"　还原染料与活性染料，有一个最大的不同点，就是还原染料具有突出的"皂洗效应"。所谓"皂洗效应"，就是染着在纤维上的还原染料经高温湿热处理（如皂洗、水洗、烘干等），会发生深浅、色光的变化，见表 10-20。实践表明，多数还原染料"皂洗效应"明显。

表 10-20　常用还原染料皂洗前后色光的变化

染料名称	皂洗前后色光变化	染料名称	皂洗前后色光变化
橄榄绿 B	黄棕光消失,明显变蓝光	灰 BG	明显转红光,有浅色效应
深蓝 BO	蓝光消褪,变红莲色光	蓝 RSN	蓝青光消褪,变红光亮蓝
深蓝 VB	蓝灰光消失,变红光暗蓝	灰 BM	红光消褪,转青灰光
黄 G	红光加重,较艳亮	桃红 R	显著转黄光
艳紫 2R	转红光	蓝 G	显著转红光
漂蓝 BC	红光加重	艳绿 FFB	蓝光加重
卡其 2G	显著转绿	棕 RRD	转灰泉光
棕 GG	转灰绿光	棕 G	显者变红
棕 BR	黄光加重	棕 R	变艳亮

因此说,还原染料经还原汽蒸、水洗、氧化后,纤维上的染料并非是稳定态,而是亚稳态。实验表明,要使染着在纤维上的染料从亚稳态变为稳定态,使之充分发色,保持色光稳定,只能通过高温皂洗来实现。然而,现实的问题是,不同品种的还原染料实现"充分发色"所需的时间是不同的,有的发色快,有的发色则很慢,见表 10-21。

表 10-21　常用还原染料所需皂洗时间

染料名称	基本发色 100℃ 皂洗时间/min	充分发色 100℃皂洗时间/min	80℃皂洗时间/min
橄榄绿 B	2	8	25
灰 BG	1	3	15
深蓝 BO	6	8	15
蓝 RSN	2	6	10
深蓝 VB	4	8	20
灰 BM	3	7	15
黄 G	1	3	10
桃红 R	5	20	40
艳紫 2R	1	6	20
蓝 GCDN	1	4	15
漂蓝 BC	1	3	10
艳绿 FFB	1	2	10
卡其 2G	2	7	20
棕 G	4	15	30
棕 GG	4	15	30
棕 RRD	5	10	20
棕 BR	0.5	1	5
棕 R	1	3	10

由表 10-21 知,大部分染料基本发色所需的皂洗时间,最少也要 1min 以上,而充分发色至少需 4～5min 以上。在连续轧染生产中,由于轧染设备的限制,皂洗时间通常只有 60～70s(60m 大皂洗箱,车速 50～60m/min)。这对容易发色的染料,如灰 BG、黄 G、紫 2R、蓝 GCDN、漂蓝 BC、艳绿 FFB、棕 R 等,可以达到"基本发色",而达不到"充分发色"。对于发色慢的品种来说,如深蓝 BO、深蓝 VB、桃红 R、棕 G、棕 GG 等不要说"充分发色",就是"基本发色"也实现不了。显然,还原染料按常规工艺作连续轧染,落布色光并非是稳定态,而是一定程度的亚稳态。正因为如此,还原染料(尤其是发色慢的染料)连续轧染下来的织物,a. 在湿热后整理(柔软热拉、预缩)的过程中,由于纤维上的染料会继续发色(直到实现稳定状态),所以深浅、色光会发生一定程度的改变;b. 还原染料轧染的色布,在耐洗色牢度(95℃±2℃,12×30min)测试过程中,原样变色一般较大,甚至达不到外销要求。可见,"皂洗"对还原染料轧染而言,不仅是为了去除浮色、提高鲜艳度和色牢度,还有使染料

发色、稳定色光的作用。因此，对还原染料轧染中的皂煮工序，要特别重视。

① 因为温度越高，染料发色所需的皂洗时间越短。所以，必须在 95℃ 以上高温皂洗，绝对不能边开车边升温。

② 皂洗时间起码要保证在 60s 以上。所以，轧染车速的确定，对还原染料来讲，不仅要考虑所染色泽的深浅、织物的厚薄、染料还原速度和氧化速度的快慢，还必须保证皂洗时间，使染料基本发色。

③ 实验表明，不同类型的皂洗剂，不仅与染色牢度密切相关，对还原染料的发色也有一定的促进作用。因此，应选用阴/非离子复合型、内合螯合分散剂的皂洗剂。因为这类皂洗剂具有较强的分散、乳化、净洗、携污能力，综合效果良好。

10.3.1.2 活性染料连续轧染

活性染料轧染时，现场技术管理的重点有 5 个方面。

(1) 要抓好放样前的复样工作 客户认可样的处方，决不能作为大车放样的处方依据，必须重新复样。原因是打客户认可样都是提前进行的。因此，打样所用的半制品布和染料助剂只能是打样间库存的。从打认可样经客户认可，再到放样投产，通常要间隔一段时间。投产放样时的练漂半制品以及现场所用的染化料，与打认可样时所用的库存货，必然存在差异。而练漂半制品和染化料的差异正是导致大小样差异过大、放样失败的重要原因之一。

① 小样与大样所用的练漂半制品在白度上的差异，对色光乃至深浅都会产生直接影响。对中浅色，通常会严重影响色光鲜艳度。对深浓色，如藏青、铁灰、深咖啡等，通常会明显影响色泽深度与色光丰满度。

② 小样与放样所用的练漂半制品，如果毛效存在明显差异，也会直接影响仿样的正确性。这是因为：a. 丝光时，冷的浓碱（240～270g/L）有一定的黏度，对织物的渗透性较差，影响丝光效果，如果练漂半制品的毛效好，可以有效地改善碱液的渗透性，提高丝光效果，使棉丝光效果和棉纤维的吸色能力更好；b. 半制品的毛效越好，染料的扩散渗透效果越好，对染料的吸附速率越快，吸附量相对越多。这对活性染料轧染染色结果的影响尤为明显。

③ 小样与大样所用练漂半制品吸色容量（染深性）的差异，对放样成功率的影响更大。在实际生产中，特别是染深浓色泽时，小样与大样的染料用量相差很大。如果小样操作与放样工艺正常，那么是由大小样所用的练漂半制品吸色容量的差异造成的。棉纤维的非结晶区一般只占 30% 左右，所以本身存在着对染料的吸色容量低的缺陷。而染色时，染料只能进入纤维的非结晶区，因此，棉织物一定要染前丝光。由于棉纤维经浓碱处理，会发生不可逆的溶胀，可使棉纤维的吸色容量（染深性）提高 20%～25%。显然，如果小样、大样用布由于丝光前半制品毛效的高低，或者丝光工艺参数（碱浓、车速）不同，而产生丝光效果差异的话，必定对大小样的符样率造成严重影响。为此，在实收仿样工作中，务必抓好以下几点。

a. 客户认可样处方，未经复样，决不能到大车放样，这是仿样工作的原则。

b. 复样工作一定要由专人负责。要安排打样经验丰富，出样准确性好的打样人员复样。原来打认可样的人员，不宜安排复样。换人复样容易出现问题。如染料配伍不当，助剂使用有误、打样方式不符、处方记录有错等。

c. 复样必须采用车间准备放样投产的半制品。生产部门提供的复样用布，必须具有代表性。如缝头两侧1m内的布不能用。通常因为这部分织物污渍较多，毛效、白度、磨毛效果差。如果是平缸练坯，布卷两头的布更不能用。因此，必须在缝头两侧1m以外采样复样。否则，会因复样失真，造成放样失败。

d. 复样必须采用车间现场所用的染料、助剂，不能使用打样间的库存料。

e. 复样要尽量做到与客户认可的原始样或认可样相符。对于交织或混纺织物，两种纤维还必须具有良好的均一性。

f. 复样必须落实"审核制度"，样布、处方要经他人审核签字，以消除差错，把好最后一关。

g. 复样后，在处方单上除贴上复样样布外，还必须贴一块复样用的半制品布样，以便放样人员在放样前检查对照待染半制品的质量是否与复样用半制品相符，以保证放样得色正常。生产实践证明，放样前认真复样，对减小大小样差距十分有效。

（2）要抓好始染液浓度的调整　活性染料与还原染料的轧染染色，最大的不同就是活性染料在染液中，对棉纤维具有不同的亲和力。由于亲和力的存在，织物在浸轧染液时，会超量带走染料，使轧辊压下来的回流染液的浓度低于轧槽的染液浓度。因此，大车连续轧染的初始阶段，轧槽中的染液浓度会逐渐走低。在高位槽标准染液不断补充下，通常要经过400～600m织物以后，浓度才会趋于平衡，所染的色泽才会稳定下来。即在连续轧染开车以后，轧槽中的染液浓度有一个下降过渡期，而后才会实现稳定。即，在开车初期，有个"先深后浅"色光波动的问题。为此，放大样或批量投产开车前，始染液浓度要进行调整，以消除或减少上述问题。始染液的浓度调整包含两个方面：一是对始染液的浓度作适当稀释，以消除或减小轧染初始阶段"先深后浅"的现象；二是对始染液中染料的拼色比例进行适当的调整，以消除或减小轧染初始阶段色光的波动。必须注意，拼色染料不同，染液浓度不同，始染液浓度的预调整幅度也不同。如何准确地掌握初始染液浓度的调整幅度，必须做好两方面的工作。

① 对经常生产的色泽进行分类。如棕色类、草绿类、深蓝类、绿红类、灰色类等。每类色泽，采用哪几只染料拼色，要在配伍性选择的基础上将其固定。这样，放样技术人员可以比较容易掌握始染浓度的预调整规律。

② 通过测试生产现场初始染液与平衡染液浓度和色光，建立活性染料初始染液的浓度调整幅度的数据库。

③ 具体方法：

a. 在连续轧染30min后，分别取补充液（初始染液）和轧槽中的平衡液（必要时进行稀释），利用比色管进行比色，二者的深度差，便是初始液的稀释率（注一）；二者的色光差异，便是预先调整染料处方比例的依据（注二）。

注一：常用中温型活性染料，尤其是轧染型染料，在轧染染浴中，对棉的亲和力，其实并不算大。在轧染中，因亲和力的存在而造成的深浅差，通常只有3%～8%，所以始染液的稀释率并不高。

注二：采用亲和力相近的染料配伍染色，轧槽中的平衡液与补充液之间，往往只有深浅差异，色光差异相对较小。倘若是亲和力相差较大的染料拼染，平衡液与补充液之间，不仅有明显的深浅差异，还有明显的色光差异。这正是轧染时，一定要选用亲和力较小，且相近的染料拼染的原因。

b. 将织物的组织规格、染色配方、染色样布、始染液稀释率、始染液与轧槽平衡液的色光差异等，汇集成册，供日后类似规格、近似色泽，放样或投产时参照。

（3）要抓好固色碱剂的正确应用　活性染料在连续轧染时，为了确保染料在短暂的时间内完成在纤维内的扩散染着作用。第一，将固色温度提高到101～102℃；第二，提高固色浴的碱度，采用复合碱固色。实现的问题是：常用中温型活性染料，在高温（汽蒸101～102℃）条件下，其耐碱性能是有区别的。

① 多数染料品种，是以纯碱20g/L+30%烧碱5mL/L的复合碱固色，固着率最高，比单一纯碱（20g/L）固色，要高2%～10%。而30%烧碱用量过多，其得色深度会下降。

② 活性翠蓝AES［相当于A（B）-BGFN］采用纯碱20g/L+30%烧碱10%～15mL/L的复合碱固色，其得色量会提高10%～20%，而采用单一纯碱20g/L）固色，得色量会明

显变浅。即活性翠蓝固色，烧碱用量必须增加。活性艳黄 4GL 或 6GL，也有同样现象。显然，这是由于它们的反应性低造成的。

③ 活性艳蓝 AES［相当于 A（B）-RV］　最适合单一纯碱 20g/L 固色。

若采用复合碱固色，其得色深度会明显变浅。

显然，这是由于活性艳蓝的反应性强，在高温汽蒸条件下，对碱敏感，染料水解量增加的缘故。

④ 活性海军蓝 AET（拼混染料）　在高温（汽蒸）条件下，对烧碱特敏感。

采用单一纯碱（20g/L）固色，得色深度相对较高。

采用纯碱-烧碱复合碱固色，其得色深度会随着烧碱用量的增加，大幅度下降。而且，染料浓度越低，下降幅度越大。

如以活性黄 AES 1.6g/L、活性红 AES 0.5g/L、活性海军蓝 AET 0.45g/L，拼色轧染 $14^s \times 14^s/60 \times 60$ 棉布，随着固色浴碱度的增强，其色泽会发生显著变化。见表10-22。

表 10-22　固色浴碱度对色泽变化

固色浴碱度	纯碱 20g/L pH＝10.1	纯碱 20g/L 30%烧碱 5mL/L pH＝12.0	纯碱 20g/L 30%烧碱 10mL/L pH＝12.3	纯碱 20g/L 30%烧碱 20mL/L pH＝12.4
色泽变化	灰橄榄色	棕橄榄色	黄棕色	橙棕色

注：固色浴其他用料：食盐 150g/L、防染盐 S 5g/L。汽蒸 101℃×90s。

显然，这是由于活性海军蓝 AET，随着固色浴碱度的增强，上染率下降的幅度，远远大于其他染料造成的。

这表明，活性海军蓝 AET，无论是单染还是与其他染料拼染，尤其是染中浅色，仅适合单一纯碱固色，而不宜采用复合碱固色。

正因为不同品种的活性染料，在高温（汽蒸）碱性条件下的耐水解稳定性不一样。所以，①要根据所用染料的耐碱性能，来确定是采用单一纯碱固色，还是采用纯碱＋烧碱复合碱固色。②要根据汽蒸时间的长短（车速的快慢），来确定液体烧碱施加量的多少。汽蒸时间越长，烧碱加入量应越少，汽蒸时间越短，烧碱加入量应越多。这是因为，固色液碱度高，汽蒸时间一长，会使已固着的染料断键，造成色浅；固色液碱度低，汽蒸时间一短，会使固着反应不完全，固色率降低。③固色碱剂，尤其是液体烧碱，计量一定要准确。否则，很容易产生深浅、色光差异。④打小样、放大样或批量投产，固色碱剂必须保持一致。⑤生产现场务必要落实滴定制度和三级检查制度，确保烧碱和纯碱浓度的稳定。

（4）要抓好固色液中染液的正确施加　浸轧固色液对小样与大样、放样与连续生产之间的色泽差异关系很大。这是因为，活性染料浸轧烘干后，并未与棉纤维键合，而是物理性附着。在浸轧固色液的过程中，由于织物上的染料浓度与固色液中的染料浓度间的浓度梯度大，加之织物上的染料具有很大的溶解度，部分染料会发生解吸，脱落到固色液中。染料的这种解吸脱落量，随着织物的连续浸轧，固色液中的染料浓度提高而减少。

与此同时，溶解到固色液中的染料，在浸轧固色液过程中，也会被织物重新吸附（即染料的二次吸附）。二次吸附量随着织物连续浸轧，固色液中染料浓度的逐步提高而渐增。

当连续开车一定时间以后，染料的解吸量与吸附量达到平衡，固色液中的浓度才稳定下来。

由此可见，固色液中的染料达到平衡浓度，有一个从低到高的"过渡阶段"。

生产实践表明，在开车初期的这个"过渡阶段"中，将会产生 400~600m 深浅、色光不符的不良产品。

为了使固色液中染料的浓度从一开始就接近平衡，以消除开车初期由于固色液中的染料浓度从低到高变化而产生的"前浅后深"现象，在初始固色液中，一定要加入适量的轧染染液。然而，生产显示，染液施加量的多少，却是一个关键。为此，必须预先建立相应数据库。

具体方法是：

① 当大车连续生产 30min 后，从固色液浸轧槽和水封口取样，必要时加水稀释，而后量取 50mL 置于比色管中。

② 取若干个同规格的比色管，分别加入不同数量的轧染染液（mL），而后加入同比例稀释的大车所用新鲜固色液至 50mL。

③ 通过比色，找出生产现场平衡固色液中染液的含量（mL/L）。日后，无论是放大样，还是大生产以前，都应该以此样作为施加染液的依据。

注：a. 固色液中染液的施加量，与染料对棉纤维的亲和力相关。亲和力越小，落色越多，初始固色液中染液的施加量也越多。同时还与色泽的深浅相关。色泽越深，落色越多，初始固色液中染液的施加量也越多。

b. 浸轧槽中落入的染料比水封口落入的染料多 1 倍左右。因此，浸轧槽与水封口施加的染液量，应根据轧槽与水封口容量的大小分别加入。

c. 初始固色液中，染液的施加量与初始染液中水的稀释量之间存在着互补关系。两者之间只有达到或接近平衡，才能确保初开车阶段的下机色泽与平衡稳定色泽相接近。

（5）要抓好皂洗工艺的正确实施　活性染料在碱性条件下，一旦与棉纤维发生键合固着反应，染料分子便成为纤维素分子链的一部分。由于化学结合比物理结合更牢固，因而，活性染料比其他棉用染料染棉的湿牢度应该更好。

然而，由于活性染料有一个实际固着率，总是大大低于吸色率的问题，其吸色率与固色率之差，是"浮色"。这些浮色染料（水解或半水解染料与未水解又未固着的染料），由于只是物理性附着，所以，在湿热条件下，容易解吸脱落下来。倘若染后皂洗不力，残余的浮色，在测试或洗涤时，便会掉下来，造成湿牢度低下。

所以说，活性染料轧染后，皂洗效果（浮色去除率）的好坏，是湿牢度高低的决定因素。为此，活性染料轧染过程中的"皂洗"，也必须强化处理，认真对待。

① 皂洗前，要加强水洗。

水洗可去除纤维上残留的碱剂，防止碱剂落入皂液，形成"碱性皂洗"，使已键合固着的染料，在高温碱性皂洗的过程中，部分染料发生水解断键，产生新的"浮色"。

水洗又可去除纤维上残余的食盐，以及部分未固着的"浮色"染料。防止皂洗时，皂液中的染料和食盐浓度过高，使纤维二次沾污加重，降低皂洗效果。实践表明，染后水洗程度的好坏，是皂洗效果好坏的前提。

② 要采用高温皂洗。

提高皂洗温度，可以有效地降低浮色染料的附着力，提高溶解力，使其更多更快地从纤维上溶落下来，提高皂洗效果。所以，决不可边开车边升温。

实践表明，在中性条件下，沸温皂煮，已固着的染料不会脱落。

③ 要施加螯合分散剂。

皂洗液中，加入 2~3g/L 螯合分散剂，对皂洗液中的杂质，具有良好的分散和悬浮作用，可防止沾污设备和织物。

同时，它又具有良好的络合能力，能将水中的 Ca^{2+}、Mg^{2+} 螯合，防止生成钙镁染料色淀，降低皂洗效果。

实践表明，螯合分散剂比六偏磷酸钠的实用效果好。

④ 要采用效果好的皂洗剂。

市售皂洗剂，良莠不齐。实践说明，选用洗涤能力、分散能力、乳化能力、携污能力、络合能力好的皂洗剂，对提高皂洗效果是个关键。例如，上海康顿纺化生产的皂洗剂ESP等。

a. 建议：将摩擦牢度增进剂 CY3101 与皂洗剂复合使用。

b. 理由：活性染料中的深色，一是皂洗白沾牢度差，二是摩擦牢度差。皂洗白沾牢度差的根源，是纤维内外残留的"浮色"染料，在高温条件下，溶落沾污所致。摩擦牢度差的根源，主要是纤维表面的染料晶体和染料聚集体，容易被摩擦下来沾污白布所致。好的皂洗剂，具有良好的"溶落"浮色的功能，可有效洗除"浮色"。

摩擦牢度增进剂，则具有良好"剥除"纤维表层染料结晶与染料聚集体的功能。因此，两者复合使用，不仅可以提高皂洗白沾牢度，更能有效地提高摩擦牢度。

应用方法：摩擦牢度增进剂 CY-3101　　　　3～5g/L

皂洗齐　　　　　　　　　　　　　2～3g/L

螯合分散剂（必要时加入）　　　　2g/L

保持 95℃以上皂洗

注：a. 该增进剂的实用效果，与处理时间的长短关系很大。处理时间长，效果好。因此，在连续轧染中应用，其效果不如在浸染中应用好。

b. 由于该增进剂在高温下具有"剥除"浮色的作用，所以，高温处理后表观深度会有所下降。

10.3.2　浸染现场的技术管理

色差与色花，是纺织品染色的常见病，是长期困扰染色工作者的一道难题。如何预防和解决染色色差与色花问题，是染色工作者共同的研究课题。在此对喷射液流染色、卷染染色、筒子染色中色差、色花等染疵的产生和防患做一分析[14]。

10.3.2.1　喷射液流染色

喷射液流染色的常见色差是：匹差、管差和缸差。有时也会出现边差。

（1）匹差　匹差，即匹与匹之间的色差。由于喷射液流染色，织物是环状循环染色，所以，匹差本不是染色造成。产生匹差的根源是纤维性能与染前处理存在差异。举例如下：

① 在锦纶织物或含锦的交织物染色时，由于锦纶在聚合、纺丝、热处理等制造过程中，微小的条件差异，都会造成锦纶微结构的不同。

锦纶 6 和锦纶 66，虽说都是聚酰胺纤维，二者的化学结构相似，但由于锦纶 66 晶体中的酰胺基，都能生成氢键，其氢键密度比锦纶 6 高得多。因此，大分子链的排列要紧密得多。加之锦纶 66 的氨基含量比锦纶 6 低 50％以上。因此，二者吸色性能的差异就更加明显。如锦纶 66 的吸色速率，比锦纶 6 要慢得多，锦纶 66 的吸色容量（染深性），比锦纶 6 低得多。

显然，如果把不同品牌，不同规格或不同批次的锦纶织成的织物，混缝在一起染色，产生显著的色差，是不可避免的。

② 涤纶纤维在制造过程中，工艺因素的差异，也会造成涤纶成品微结构结晶度的不同，从而导致吸色性能的差异。

据实验，国产涤纶因结晶度大小不同，可产生 5％～10％的色差。进口涤纶的质量相对较稳定，结晶度的差异较小。因此，可产生色差的幅度，通常≤5％。

特别是常用的分散染料，对涤纶结晶度的差异所造成的染色色差。又缺乏有效地遮盖性。

因此，当把不同品牌、不同批次的涤纶织物，缝接在一起染色时，也会产生不同程度的色差。

③ 棉或含棉织物染色时，如果把质量不同的半制品（如毛效、白度、丝光钡值等），混配在一缸里染色，产生匹差是自然的。

这是因为，毛效不同，染色时染料的吸色速率，扩散速率不同，会导致最终的得色量不同、白度不同，会造成得色色光明显的差异，尤其是浅淡色，丝光钡值不同，会使得色深度产生差异，尤其是染深浓色泽时。

④ 半制品的磨毛质量不同，会使得色深度与得色色光，产生严重差异，布面绒毛越厚密丰满，得色越深浓，反之，则得色变浅，而且色光也会变化。

因此，染前磨毛质量不同的半制品，缝接在一起染色，色差也很突出。

⑤ 棉锦织物在加工中，为了消除布面杂乱的皱印，提高磨毛的均匀度，有时对练漂半制品，再进行100℃以上预缩水处理。实验表明，高温湿热处理，会对锦纶的吸色性能，产生明显的影响。这种影响，通常表现出2个特点。

a. 对不同类型的染料，影响大小不同。如对中性染料、酸性染料的吸色性，影响较大，上染率降低较多，对分散染料的吸色性，影响却较小。

b. 预缩水的温度不同，影响大小也不同。如预缩水温度在105℃左右时，对中性、酸性染料的吸色性能，影响相相最大，而在115℃左右时的影响，则相对较小。

因此，当采用分散/中性或酸性染料，拼染染色时，（因为分散染料的匀染性好，中性染料的色牢度好，酸性染料的鲜艳度好，通常大多采用分散/中性或酸性染料拼染）。染前缩水与不缩水或预缩水温度的高低，都会使染色结果产生明显的差异。

（2）管差 所谓管差，是指用多管喷射液流染色机染色时，管与管之间的色差。产生管差的原因，主要有以下三个方面：

① 织物转速不同 喷射液流机染色，织物是首尾相接，呈绳状在染浴中循环运转的。

织物运转的速度，主要决定于喷头压力的大小。而喷头压力的大小，主要是靠阀门大小人工控制的。车头上虽装有压力表，但通常并不能真实反应喷头压力。因此，如果按照压力表的指示控制布速，管与管之间的实际布速，往往并不一致。所以，实际生产时，主要是靠操作者目测导布轮甩出的染液高度，来调节布速的相对一致性。倘若操作者的经验不足，或责任心不强，使管与管之间的运行速度，相差较大时，便会产生明显的管差。

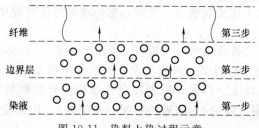

图 10-11 染料上染过程示意

这是因为，染料上染纤维，通常是分三步（见图10-11）。

第一步：染料随着染液的流动，进入纤维表面的"扩散边界层"。

第二步：染料通过扩散边界层，靠近纤维，被纤维表面吸附。

第三步：染料从纤维表面，扩散进入纤维内部。

这里值得注意的是，染料从染液中进入纤维表面"边界层"的速度和数量，与染液的流动速度成正。也就是说，染液流动越快，纤维表面染液的交换更新越快，染料进入纤维"边界层"的速度越快，数量越多。被纤维表面吸附速度也就越快，数量也就越多。染液从纤维表层扩散进入纤维内部并发生染着的速度自然也就越快，数量也就越多。

因此，实际布速越快，往往得色越深。而且，由于不同结构的染料，对纤维的直接性存在差异，还会产生色光偏差。

a. 脚水深浅不同　多管喷射液流染色机，染液的循环管道是连通的，按理各管缸体内的脚水，应该说是水平一致。

然而，在实际生产中，有时却会出现脚水深浅不同的情况。

比如，当染的织物过于轻薄，而且配缸量又过多时，在布速掌握不当的情况下其中某一个缸体内的织物，有时会将底部多孔板部分堵塞，使染液循环不畅。如果这种情况维持的时间稍长，便会造成管与管之间的脚水深浅不同。染色结果，脚水深者得色较深，脚水浅者得色较浅，出现管差。

b. 配缸量不同　喷射液流染色，每管的织物配缸量，通常都是近似的。倘若每管的配缸量差异较大时，出会产生管差问题。原因有以下两个方面。

一是：配缸量不同，会使管与管之间的浴比不同。在染料浓度相同的情况下，浴比大者得色深，浴比小者得色浅（这不同于常规浴比概念）。

二是：配缸量不同，会使管与管之间织物的循环周期不同，在同样的时间内，配缸量多者，因循环周期长，织物的循环次数少。配缸量少者，因循环的周期短，织物的循环次数多，二者相比，通常是配缸量少的得色深。

② 预防管差的措施

a. 操作工要提高操作水平和责任心，正常掌握和调整织物的运行速度，尽量减少管与管之间的布速差异。

b. 时时观察各管脚水的深浅变化。发现情况要及时采取调整措施。

配缸量要力求相似，不宜相差太大。

（3）缸差　是指前一缸与后一缸的深浅、色光差异。

造成缸差的原因很多。如果排除纤维本身吸色性能的差异，以及染前处理工艺的差异所造成的缸差外，主要是染色工艺因素的波动所造成。众所周知。

染色温度的波动，对得色深度、色光的影响很大。染色浴比的波动对染色结果也有明显的影响。尤其是对纤维的亲和力较弱的染料染色时，以及采用亲和力大小不同的染料拼染时，浴比的差异对染色结果的影响更大。

由于操作者和管理者，对此心知肚明，所以，在实际生产中，对染色温度和染色浴比，总是严加控制，不敢怠慢。因此，染色温度和染色浴比，通常波动较小，不应该产生缸差。

在实际生产中，容易造成缸差而又容易被忽视的因素主要是以下 2 个。

① 染浴的 pH 值　严格地讲，各类染料染色，对染浴的 pH 值都有一个特定的要求，区别只是 pH 值的高低而已。

生产实际说明，染浴 pH 值的波动，对染色结果的影响，不亚于染色温度。举例如下：

【例 10-1】　活性染料染棉。

活性染料染棉时，固色染浴的 pH 值，只有保持在 10～11 范围内才能获得最稳定最高的得色量。

这是因为，pH 值高于 11 以后，虽说可以提高纤维的离子化程度和棉的溶胀程度，使染料与棉纤的键合反应加快，但染料的水解速率增加更快，尤其是乙烯砜型染料。由于染料的水解量增多，会使得色明显变浅。倘若固色浴的 pH 值过低，染料的水解量会明显减少，但因反应速率过慢，固色率降低，也会使得色变浅。

所以说，活性染料染棉时，如果固色浴的 pH 值，在缸与缸之间存在差异，便会产生缸差。

为此，活性染料染色的固色碱剂，还是使用纯碱最好。因此纯碱溶液对 pH 值的缓冲容量很大，其浓度在 5～25g/L 范围内，溶液的 pH 值可以稳定在 11～11.2，最适合活性染料固色的要求，即使纯碱浓度发生一些变化，通常也不会造成固色浴 pH 值的波动。即固色的重现性好，不容易产生缸差。

结晶磷酸三钠，也可以用于活性染料固色。但由于其碱性高于纯碱，浓度在 5～25g/L，其 pH 值为 11.3～11.6，相比之下，纯碱在固色浴中的表现，显得更温和、更稳定一些。

再说，喷射液流染色浴比大，使用磷酸三钠作碱剂，会造成污水含磷超标。

市场上近年来，出现的活性染料固色代用碱，在实用上存在以下缺点。

a. 代用碱的 pH 值，比纯碱高。在实用质量浓度 1～7g/L 范围内，其溶液的 pH 值，会随着浓度的变化而波动。即溶液 pH 值的稳定性比纯碱差。

b. 代用碱对不同结构的活性染料，具有一定的选择性。即：多数活性染料的得色深度，比纯碱作碱剂时低 5%～10%。而对少数染料，如活性翠蓝 B-BGFN 等，其得色深度反而比碱作碱剂时要高。

c. 在实用质量浓度 1～7g/L 范围内，随着代用碱浓度的变化，其得色深度波动性很大。也就是说，代用碱浓度稍有变化，便会使染色结果，产生明显差异。

显然，采用代用碱作活性染料的固色碱剂，其重现性远没有纯碱做碱剂好。

【例 10-2】 分散染料染涤纶

涤纶染色，染浴 pH 值要求在 5±0.2。这是由涤纶纤维与分散染料的性质所决定的。

涤纶纤维在高温条件下（130℃），当 pH>7 时，就容易发生水解减量，（俗称剥皮效应），严重时会使涤纶纤维强力下降。而且，脱落的水解产物，又能容易沾污纤维，造成染疵。

分散染料中，一些含氰基（—CN）、酯基（—C—C）、酰氨基（—N—C）的染料，在高温碱性条件下，容易发生水解，而变色或消色。

分散深蓝 HGL（5-3BG），（含酯基和酰氨基），分散布艳黄 6GFL，（含氰基）便是典型代表，当染浴 pH>6 时，其得色深度便会严重变浅，甚至完全消色。

有些拼混染料，如分散黑 S-2BL，（以分散深蓝 HGL，分散红玉 S 2GFL、分散黄棕 S-2RFL 拼成），当染浴 pH>6 时，随着染浴 pH 值的提高，染色色泽会发生这样的变化。

黑色→咖啡色→棕色→橘黄色→浅黄色。

可见，不仅色光变了，色相也变了。

在染涤纶与锦纶织物，或含锦含涤织物时，需要提醒的是，浸染染色时，防止产生缸差的途径有两条。

一是认真选择使用染料：尽量选用对染浴 pH 值依附性小的弱酸性染料或中性染料染锦纶；尽量选用对染浴 pH 值依附性小的分散染料染涤纶。二是正确调整与控制染浴 pH 值：常用的 pH 调节剂，主要是硫酸铵、醋酸铵、醋酸等。硫酸铵是强酸弱碱组成的盐，在水中会发生水解，生成硫酸氢铵和氨。

$$(NH_4)_2SO_4 \xrightarrow{H_2O} NH_4HSO_4 + NH_3\uparrow$$

随着染浴温度的提高，氨会逐渐逸出，而硫酸氢铵则留在染浴中，使染浴的 pH 值慢慢走低。

$$硫酸铵3g/L pH=6.8 \xrightarrow{100℃处理30min} pH=6.2$$

因而，常用于中性染料染色。

醋酸铵和硫酸铵一样，也是释酸剂。

$$CH_3COONH_4 \xrightarrow{H_2O} CH_3COOH + NH_4OH$$

$$NH_4OH \text{ 随温度提高} \xrightarrow{H_2O + NH_3\uparrow} \text{（逸出）}$$

因此，硫酸铵可用醋酸铵替代。经测试比较，对中性染料的促染效果，二者基本相同，但醋酸铵价格较贵。

二者的共同缺点是对染浴的 pH 值缓冲能力太弱。一旦外界有酯碱带入，染浴的 pH 值就会立即发生改变，而造成色差、缸差。

注：a. 半制品染前有可能带碱（来自前处理），也可能带酸（来自酸中和）；

b. 施加的染料、助剂，都带有一定的酸碱性。

所以说，以硫酸铵或醋酸铵做释酸剂，染浴 pH 值的稳定差，容易产生色差缸差。在 pH5～5.5 范围内染色，常用醋酸来调节染浴的 pH 值。

醋酸本身有一定的 pH 缓冲能力，但由于实际用量很少（95％醋酸 0.1g/L，pH＝5），对酸碱的实际缓冲能力，其实也很少。所以，单一醋酸只能作 pH 调节剂，将染浴 pH 值调节到规定范围。而对染浴 pH 值的缓冲稳定效果，并不理想。

因此，还是采用醋酸-醋酸钠缓冲体系为好。

当工艺要求 pH＝5±0.2 时，二者的拼混比例为。

100％醋酸:100％醋酸钠＝1:2.46

或 95 醋酸:58％醋酸钠＝1:4

为了确保该缓冲体系，对染浴 pH 值具有足够的缓冲能力，建议实际用量如下：

	染料对染浴 pH 值依附性较小时	染料对染浴 pH 值依附性较大时
95％醋酸	0.6g/L	1g/L
58％醋酸钠	2.4g/L	4g/L

检测表明，在常规情况下，外界带入染浴中的酸碱性物质，不能动摇染浴的 pH 值，所以，足以消除因染浴 pH 值波动所产生的缸差。

② 助剂的浓度　浸染染色都要施加助剂，如匀染剂、促染剂等。其目的是，改善染色的均匀度，或提高染色的得色深度。但是，必须注意，这些助剂当使用不当时也会造成明显的缸差。这一点，在实际染色时很容易被忽视。举例如下所述。

【例 10-3】　中性、酸性染料染锦纶

以中性染料或酸性染料染锦纶时，通常要加入一定量的锦纶匀染剂。如（德美化工）德美匀 TBW-951、（联胜化学）酸性匀染剂 B-30、（科信化工）锦纶匀染剂 CNL-3 等。目的是利用其自身的离子性，抢先占据锦纶的染座（—NH₃），从而达到降低初染速率，提高匀染效果的目的。

实验表明，这些匀染剂，在产生缓染匀染作用的同时会明显降低最终上染率，并引起色光的改变。

以德美匀 TBW-951 为例，见表 10-23。

表 10-23　德美匀 TBW-951 的用量对染色结果的影响

德美匀用量/g/L	未加	1	2	3
相对得色深度/％	100	98.8	94.2	86.1
色光变化	咖啡色（标准）	稍显红光	灰光减退红光增加	灰光严重减弱 红光显著增强

注：实验条件如中性黄 GL0.174％、中性黑 BL0.25％、分散红玉 S-5BL0.132％，1:30，100℃染色 30min，升温速率 1.25℃/min。

显然，上染率低，是因为这类匀染剂能与锦纶上的氨基形成离子键结合，具有一定程度的亲和力。染色结束前，锦纶的部分染座仍被其所占据引起。

色光的变化，是因为锦纶上氨基含量的多少对分散染料的上染量影响较小，而对中性染料的上染量影响较大所造成。

可见，这类匀染剂一旦用量不足便会迁线色差、缸差。

【例10-4】 活性染料染棉

活性染料染棉，有时也要加入适量的匀染剂。以活性翠蓝B-BGFN染棉为例。

由于活性翠蓝在浸染染色中，存在着反应性弱，染深性差的缺陷。

在染色时往往要加入转多的电介质与固色碱剂。然而，由于活性翠蓝在电解质存在下，具有较大的凝聚倾向。所以，会诱发色点、色渍、色花等染疵。为此，染色时要加入适量匀染剂。例如，活性匀染剂L-800（上海康顿纺化）、活性匀染剂（2G-133）等。

实验证明，这些匀染剂对活性翠蓝确实具有一定的增溶分散作用，在电解质浓度转高的染液中，可有效提高活性翠蓝的溶解度、减少凝聚性，从而防止由于染料凝聚（甚至析出）而产生色点、色渍或色牢度不良的现象。

但是，必须注意，这些匀染剂的匀染效果，是随用量浓度的增加而提高，而得色深度却是随用量浓度的增加而下降。

实测结果是：匀染剂用量＜2g/L时，得色量下降幅度在3%以内，影响较小；匀染剂用量＞2g/L时，得色量下降幅度大于8%。不仅对得色深度有明显影响，还会影响色光。

显而易见，在缸与缸之间，匀染剂的用量浓度不同，也会引起色差、缸差。

当采用河水、自来水特别是深井水浸染染色时，由于水质硬度会影响染色质量，所以染浴中常加入一些软水剂，如六偏磷酸钠、螯合分散剂等。然而，实际工作中对软水剂的使用往往并不重视，甚至认为可加可不加，或者可多加可少加。殊不知，这些水质处理剂对染色结果（深度、色光）具有不同程度的影响，甚至是严重影响。举例如下。

【例10-5】 中性、酸性染料染锦纶

水质处理剂用量对得色深度的影响见表10-24。

表10-24 水质处理剂用量对得色深度的影响

染料	六偏磷酸钠/(g/L)				螯合分散剂/(g/L)			
	不加 120mg/L	0.25	0.5	1	不加 120mg/L	0.5	1	2
中性蓝 BNL	100	102.51	122.82	125.73	100	101.61	97.71	93.10
中性红枣 GRL	100	101.14	103.05	106.41	100	100.65	99.73	95.84

实验条件：染料1%（o.w.f），硫酸铵2g/L，匀染剂951，1.5g/L，1∶30，以1.25℃/min速率升温至100℃，保温染色30min。

以不加水质处理剂的得色深度做100%相对比较。

美国datacolorSF 600X测色仪测试。

从表10-24可看出：中性染料对染色水质硬度敏感。硬水染色会造成得色深度明显下降。比如，当水质硬度为120mg/L时，中性蓝BNL的下降幅度可达20%以上。而值得注意的是，染色水质硬度的高低对不同结构的中性染料所产生的影响轻重不同。当采用2~3

只染料拼染时，缸与缸之间，一旦水质硬度不同，施加与不施加水质处理剂，或施加量的多少不同，不仅会造成得色深度的差异，得色色光也会发生变化，见表10-25。

表10-25 染浴水质对染色色光的影响

染色配方(o.w.f)/%	得色色光	
	染浴水质 120mg/L	染浴施加六偏磷酸钠 1g/L
中性黑 BLO.11 中性蓝 BNLO.11 中性枣红 GRLO.11	红咖啡色	红光严重减褪，蓝光大幅度提高， 变成黑咖啡色

所以说，染浴水质硬度的差异也是中性染料染色产生缸差的一大因素。为此：a. 采用离子交换水染色，水质硬度控制在≤50mg/L；b. 施加水质处理剂，预先将水质软化。

实验表明，六偏磷酸钠的软化效果相对较好，但容易造成污水含磷超标。螯合剂也可以选择使用，但务必要注意两点：第一，螯合能力不可太强，否则有可能将染料中螯合的金属离子拉出，造成色光异变与日晒牢度下降；第二，实用浓度要恰当，用量过低过高会降低得色深度。

（4）边差 喷射液流染色，织物是绳状运行的，所以染色本身不会造成"边差"。

"边差"是染前的半制品，存在质量差异造成的。例如，半制品左中右白度、毛效的差异，半制品左中右丝光、定形程度的差异，半制品左中右缩水，磨毛效果的差异等。

如前面所述，半制品的这些差异自然要导致织物在染色时的吸色能力不同，而产生左右色差或边中色差。

最有效的预防措施是：染前半制品的加工工艺要一致，确保半制品的质量要均匀。

（5）染色色花 喷射液流染色的常见色花，主要是云状色花和局部色花（色点、色渍）。

① 云状色花 布面云状色花是喷射液流染色最常见的疵病，产生的根源有两方面：一是喷射液流染色机染色方式的缺欠；二是染料上染性能的缺欠。

用喷射液流机染色，织物的运行方式是，染色织物通过导辊进入喷嘴，利用循环泵产生的液压，将织物送入输布导管，而后从机尾送入缸体，并随着染液缓慢地向前推移，到达机头后，再通过导辊进入喷嘴，从而形成环状循环。

问题是：织物从尾部进入缸体后，在浸渍染液的过程中存在5个特点。

a. 织物基本呈绳束状态；

b. 约有2/3～3/4的织物浸于液下，1/3～1/4的织物浮于液面（尤其是克重小的轻薄织物或亲水性差的织物）；

c. 缸体内的织物，其堆置状态基本不变，并呈相对静止状态；

d. 织物与织物之间相互挤压，堆置较紧密（尤其是当织物的配缸量较大时）；

e. 织物在缸体内，静止堆置的时间较长（国产机车速较慢，当每管配缸700～800m时，一般要3～4min才循环一次），特别在染某些布面娇嫩的织物时，如锦纶在正面的锦棉斜纹、锦棉直贡等，为避免擦伤，往往有意减慢车速，则堆置的时间更长。

生产实践表明，以上特点是喷射液染色容易产生色泽不匀的根源之一。

原因是显而易见的，因为织物在浸渍液吸色固色时，织物呈绳束状，相互挤压，紧密接触，又相对静止较长时间堆置，再加上部分织物外露于液面以上，这就必然要产生以下问题：外层织物的表面，染液流动更新的速度快，而内层织物的表面，染液的流动更新速度则慢得多。

由于织物内外表层染液的交换更新速度，客观上存在着差异，织物内部的染液浓度总是低于主体循环染液的，所以，当所用的染料，上染速率较快或者加料操作不当，就很容易造成染料分配不匀而色花。

染料上染性能的缺欠举例如下。

【例 10-6】 活性染料染棉

活性染料，在中性盐浴条件下的吸色过程中，由于染料的水溶性大，对棉的亲和力较小，染料的移染性能良好，容易获得匀染透染效果。而在碱性盐浴固色过程中，染料的上染行为则会发生显著改变：第一，染料与棉纤的亲和力会显著提高；第二，染料与棉纤迅速发生键合反应，并因此打破染料原来的吸附平衡，染液中的染料产生骤然上色现象。即在加碱固色的初始阶段，染料的吸色速率和固色速率，有一个陡然飞跃。

例如，活性黑 KN-B，活性艳蓝 KN-R，活性嫩黄 4GLN 或 6GLN 等，在碱剂加入后 10～15min 内，其吸色率会突升 30%～50%。这在 60～65℃染色中途加入碱剂的初始阶段，很容易因织物带碱不匀，染料上色快慢相差太大，而造成布面云状色花。

生产实践表明，有两种情况产生色泽不匀的概率最多。

第一，染比较浅的色泽时。这是因为，活性染料对棉的亲和力，与色泽深浅密切相关。规律是色泽越浅，染液浓度越低，其亲和力越大，移染匀染性越差（染液浓度低，染料的凝聚倾向相对较小的缘故）。

第二，使用拼混染料染色时。活性黑通常都是拼混染料，其中部分品号，是由中温型高浓度活性黑 KN-B5 低温型活性橙拼混而成。如活性黑 A（B）-ED、活性黑 KN-G2RC 等。

这样的拼混组合存着两个矛盾。一是染色温度的矛盾：低温橙适合低温 40℃吸色固色，温度提高上色加快、均匀匀染性差；而活性黑 KN-B，则需要 60～65℃吸色固色，温度降低得色会变浅。二是染浴 pH 值的矛盾：低温橙适合中性浴吸色，这样上色温和、匀染性好。碱性吸色、上色快、匀差、极易色花。而中温活性黑 KN-B，则适合弱碱性浴吸色（预加碱 1～2g/L）这样吸色量高，在加碱固色前，可以达到较高的吸色率，从而在加碱固色的初始阶段性，不会因大量染料骤然上色，造成匀染性和色牢度下降。

因此，这类拼混染料，采用常规喷射液流染色工艺染色，匀染性很差，很容易产生云状色花。

实验研究表明，要提高活性染料喷射液流染色的匀染效果，必须根据活性染料对碱的敏感性的大小，分别采取不同的染色工艺染色。

a. 对碱的敏感性一般，在加碱固色的初始阶段，"骤然上色"现象相对较缓和的染料。适合光中性盐浴吸色，再碱性盐浴固色的传统工艺染色。

b. 对碱剂敏感，在加碱固色的初始阶段，"骤然上色"现象突出的染料，适合采用"预加碱升温染色法"染色。

即在室温染浴中，加入 1～2g/L 纯碱，使染浴呈弱碱性。这样，在缓缓升温和保温吸色过程中，可以有效提高纤维对染料的吸色量，减缓加碱固色初期"骤然上色"的程度，从而提高匀染效果。但要注意两点：第一，预加纯碱量不可太多，以中色 1～1.5g/L，深色 1.5～2.0g/L 为宜，若预加碱过多，反而容易色花；第二，必须以 1℃/min 缓慢升温。升温太快，对均匀吸附不利。

c. 以低温活性橙和中温活性黑拼混的染料，必须采用"分段染色法"染色。即光在低温 40℃吸色固色，使低温橙先均匀上色，然后升温至 65℃，再保温吸色固色，使中温黑均匀上色。

实践表明，采用该工艺染色，布面色光匀净，重现性和色牢度也好。

这里要特别提示，无论采用何种工艺染色，必须十分注意以下操作：碱剂必须缓慢加入，使染浴的碱性逐步增强，以确保二次上色能平缓进行。

注意：a. 纯碱一定要先少后多，分次加入（1/10、3/10、6/10），中间相隔至少 15min。

b. 纯碱必须用大浴比热水（60～70℃），充分溶解。

c. 纯碱溶液必须用回流水，边稀释边缓慢压入。

实践证明，纯碱溶液缓慢加入，是活性染料喷射液流染色，克服加碱后染料"骤然上色"，产生色花最大的关键。

【例 10-7】 中性染料染锦纶

中性染料喷射液流染锦纶，产生色花的原因有两个方面。

一方面，锦纶的玻璃化温度低（47～50℃），在 50℃以上，锦纶溶胀迅速，吸收染料的能力有陡然提高的现象。

另一方面，中性染料既能以离子键上色锦纶，又能以氢键和范德华力上染。因此，中性染料对锦纶亲和力高、上色快。尤其是在酸性、高温条件下，上色更快。所以，一旦操作不当（如升温过快、pH 值太低等）很容易产生云状色花。

有效地预防云状色花的措施如下。

a. 要正确调节和控制染浴的 pH 值。生产实践证明，染中深色时，染溶 pH 值稳定在6，对得色深度和匀染性都有利（中性染料的匀染性差，染浅色通常用分散染料）。

可用 2～3g/L 的硫酸铵来调节和控制，也可用醋酸-醋酸钠来调节和控制。

b. 要严格控制升温速度。染温在 70℃以下时，染料的上染速率相对较温和，升温速率可控制在 1℃/min。染温在 70℃以上时染料的上色很快，升温速率只能控制在 0.5～1℃/min。升温到 70～80℃之间时，最好保温染色一定时间，使染浴中的染料，尽量多地上染，然后再升温染色。

c. 在确保织物不产生擦伤的条件下，适当提高织物的运行速度，既加快织物在缸体内的翻动频率，又加快织物所带染液的更换速度，改善匀染环境。

局部色花（色点、色渍）也是喷射液流染色的常见疵病。

产生的原因，除半制品不清爽，带有阻碍染色的有害物质，以及染浴中施加的浴中宝（浴中柔软剂）、消泡剂等，耐酸、碱、温度的稳定性差，产生漂油，还有染料的化料浴解不良等。染料的溶解性能与染浴环境的不相容性是产生染料色点、色渍的主要原因。

【例 10-8】 活性染料染棉

活性翠蓝单染或为主拼染棉织物时，容易产生色点色渍便是一个代表。

活性翠蓝的溶解特性：在中性水中溶解度较高。实测结果，在 40℃水中溶解度为 100g/L左右，在 80℃水中溶解度为 150g/L 左右。

值得注意的是，其溶液有 3 个特点。

a. 在中性水中具有较大的凝胶倾向。随着溶解浓度的提高甚至会产生胶冻状态。但滴在滤纸上或布面上仍能均匀渗升，并无斑点析出。这表明，在中性水中，即使染料浓度较高也不容易产生色点、色渍。

b. 其溶液状态受食盐的影响很大。当食盐含量达到一定浓度后，溶液的胶体状态便会遭到破坏，导致染料的沉淀析出。

实测结果，当染料浓度为 10～40g/L，水温为 60℃时，食盐的安全浓度为≤70g/L。也就是说，食盐浓度＞70g/L 后染料便会凝聚沉淀。

c. 溶液中加入碱剂（纯碱），染料的溶解稳定性会严重下降，溶解的染料会重新凝聚析出。显然，这与 β-羟乙基砜硫酸酯基发生消去反应，硫酸酯脱落，染料的水溶性下降，以及纯碱也是电解质，对染料也有一定的盐析作用相关。

由于活性翠蓝具有反应性弱、染深性差的缺欠，在实际生产中通常要加入比其他活性染料染色浓度更高的食盐促染，与用量更多的纯碱固色。这样的染浴环境，显然与活性翠蓝的溶解特性相抵触。因此，在操作中，一旦过多或过早地加入食盐或纯碱，便会导致染料凝聚析出，产生色点、色渍。

常用的活性嫩黄 A（B)-4GLN 或 A（B)-6GLN 也有类似于活性翠蓝的溶解特性。

实测结果显示，在盐浴中的溶解稳定性略好于活性翠蓝，而在盐碱固色浴中的溶解稳定性却比活性翠蓝更差。

例如，在染料浓度 2.5g/L，六偏磷酸钠 2g/L，食盐 60g/L，水温 80℃的染料中，加入纯碱 2g/L（pH＝10.9)，染液便会立即变浑浊，染料凝聚析出现象严重

因此，以活性嫩黄 A（B)-4GLN、活性翠蓝 A（B)-BGFN 单染或拼染染色时，色点、色渍很容易产生。

应对措施如下。

a. 在常规染色深度范围内，食盐用量最高不宜超过 70g/L。

b. 加料顺序必须正确，目的是确保染料溶透，防止染色初期就因染料溶解不良而造成织物沾污。

加料顺序为：第一，加入染色助剂（软水剂、匀染剂等）并搅拌均匀；第二，升温至50℃后加入染料溶液，运行 10～15min，使染料溶解透彻（切忌冷水中加染料、加盐)；第三，先少后多次加入溶解的食盐（切忌：染料、食盐一起加入，更不可先加食盐后加染料)。

c. 固色纯碱一定要先少后多分次加入。建议：第一次施加 1/10，第二次施加 3/10，第三次施加 6/10。施加间距要尽量长些，最好不少于 15min。这样做的目的有两个：一是使固色初期，二次吸色速率变得相对温和，提高匀染效果；二是减小固色初期，染料的凝聚程度，防止产生色点色渍。

d. 必要时，可加入 2g/L 的活性匀染剂，以提高染料在盐碱浴中的溶解稳定性。

实验表明，这对防止色点、色渍有利。

10.3.2.2　卷染染色

卷染染色，除缸差、色点色渍外，还有卷染所特有的边中色差和头尾色差。

（1）缸差　卷染染色产生缸差的原因与喷射液流染色基本相同。除了纤维本身吸色性能的差异半制品质量的差异所造成的缸差以外，就是众所周知的工艺因素（温度、时间、浴比）的波动所引起的。

其实，染浴 pH 值与助剂浓度的波动在实际生产中所引起的色差有时更加突出。然而，现实的问题是，染色操作者和染色管理者对这一点往往并不重视。明智的做法是，把控制染浴 pH 值的力度提高到控制染色温度的水平；把使用染色助剂的精度提高到使用染料的水平。

实践证明，只注重染色温度、染色时间、染色浴比的控制，而忽视了对染浴 pH 值的控制，对染色助剂浓度的控制，要较好地解决缸差问题，是难以见效的。

（2）边中色差　卷染染色，产生边中色差的原因，除了半制品因染前处理工艺不当，布幅左中右存在质量差异（如白度、毛效以及磨毛、定形、丝光程度不一等）所造成的边中色差以外，单就染色而言，主要是设备、染料、操作三方面引起。

① 设备　国产卷染色，为了防止织物在运行中起皱，张力架（俗称绷布架）一般都是弧形的。弧形的大小直接影响布幅左中右的带液量，弧度过大会造成布边带液量高，中间带液量少，形成边深中浅的边中色差。倘若弧度左右不匀，使布幅左右带液量不均，便会形成

布幅左右色差。

注：小型或中型卷染机的张力架，通常是固定的，对布面施加的张力，没有弹性。而巨型卷染机的张力架，通常是由弹簧拉紧的，对布面施加的张力有一定伸缩性，所以，布面带液的均匀性相对较好些。

因此，卷染机张力架的弯弓弧度一定要用支头螺丝认真调节好。调节的原则有两点：a. 左右弧度一定要匀称，否则不仅会产生左右色差，还会造成织物在运行中偏移，产生斜皱；b. 在确保织物不起皱的前提下，弯弓弧度宜小不宜大。尤其对松边织物，弯弓的弧度一定要小，否则会由于布卷两边松软隆起，带液量多，深边严重，还会造成织物"边皱"，甚至破边。

因此，严格地讲，张力架弯弓的弧度，应按加工织物特点（厚薄、松边紧边等）来调节，而不该一刀切。最现实的做法是，把所用的卷染机分成弯弓弧度大、中、小，按加工织物的特点分别安排在适合的卷染机上生产。

卷染机染槽底部都配有直接与间接两套加热管，其中直接加热管用于升温，间接加热管用于保温。

国产卷染机的直接加热管往往存在着排汽孔排列不科学的问题。蒸汽加热时，第一，由于喷汽量多少不同，而使染液左中右产生温差；第二，由于喷出的冷凝水量左中右不匀，这又会造成染液浓度左中右不一。这些因素都会直接造成边中色差。

② 染料　对染色温度的依附性差异较大的染料配伍染色，最容易产生边中色差。举例如下。

【例 10-9】 直接染料染色

直接耐晒翠蓝 GL-5 直接耐晒嫩黄 5GL，拼染黏胶亮绿色时，由于直接耐晒翠蓝 GL 的最高上染温度为 95～100℃，属高温上色染料。其上染率随着染色温度的降低而明显下降。所以必须高温染色。

而直接耐晒嫩黄 5GL 的最高上染温度为 40～50℃，属低温上色染料。染色温度提高，其得色深度色会显著下降，见图 10-12。

由于这两只染料对染色温度的依附性相差很大，在拼染染色时以下问题特别突出。

a. 在卷染过程中，由于布卷中间散热慢、温度较高，两端散热快，温度较低，染色结果，布辐中间蓝两边黄，"黄边"现象严重。

b. 在卷染过程中，由于布卷两头靠近卷轴，布面温度相对较低，因此，嫩黄上色较多，翠蓝上色较少，头尾色差特别突出。

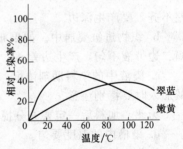

图 10-12　染料对温度的依附情况

c. 缸与缸之间，染色温度稍有差异，便会产生色光的变化，重现性很差。

应对措施如下。

a. 可用直接艳嫩黄＞GFF，替代直接耐晒嫩黄 5GL。

由于直接嫩黄＞GFF 的最高上染温度为 70～80℃，属中温型上色染料。其最高上色温度与直接耐晒翠蓝 GL 的差距，相对缩小。所以，二者相拼、黄边、黄头、缸差等问题相对较轻。

b. 建议采用一浴二步法套染工艺染色。即先用艳嫩黄＞GFF 加促染剂在 80℃染黄底，再加入翠蓝 GLA 沸温套染蓝。

c. 染色实例：加罩卷染机，染人造棉艳萤绿色，布重 75kg，浴比 1：2.6。

（一）黄打底		（二）套蓝色	
直接艳嫩黄＞GFF	0.42％	直接耐晒翠蓝 GL	0.85％（o.w.f）
六偏磷酸钠	500g	元明粉	6000g
元明粉	4000g		
润湿剂 BX	100g		

d. 操作：半制品流动温水两道→80℃加罩黄打底 8 道（染料在第一道分两头加入）→加罩沸温套蓝 10 道（染料从两头加入黄脚水中）→流动冷水两道→55～60℃固色四道→流动冷水两道出缸。

染色结果显示，采用一浴二步套染法染色，色泽的重现性和色差疵病，都有明显好转，布面质量可以达到要求。但要注意，直接艳嫩黄＞GFF 具有染深性差，日晒牢度低，售价高的缺点。

也可以采用中温型活性嫩黄 A（B)-6GLN（或 4GCN）与活性翠蓝 A（B)-BGFN 替代染色。理由是：活性嫩黄与活性翠蓝，在不同染色温度时的上色率曲线基本相近。

图 10-13 所示为改进后对温度依附的情况。

因此，对染色温度的依附性较小，在常规范周内，染色温度的差异，不至于造成明显的边差、缸差或头尾色差。

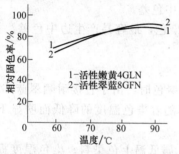

图 10-13 改进后对温度依附的情况

特别提示如下。

a. 活性嫩黄与活性翠蓝，在盐碱浴中的溶解稳定性差，不可过多或过早、过快加入电解质和碱剂，不然，染液中的染料容易凝聚析出，产生色点色渍。

b. 活性嫩黄在加碱固色初期，具有"骤然上色"现象，容易产生色泽不匀和头尾色差。所以，加碱一定要遵照"先少后多，分次加入"的原则操作。

③ 操作 边中色差与染色操作也有直接关联。

a. 织物进缸，布边要卷起。倘若布边有伸有缩参差不齐，要产生深边。

b. 织物进缸要居中。如果布卷不居中，在运转过程中，既容易产生斜皱，又会造成布幅二边带液不匀，产生边差。

c. 染液中的染料助剂浓度，左中右要保持均匀，不然也会产生左中右色差，尤其是纯碱加入时要特别注意。

为此，加料后一定要充分搅匀，而后才能开车，切忌边开车边搅拌。

d. 染槽内的温度要匀。

为此，每走一道，要用竹棒沿槽边搅拌 1～2min，有染液循环装置的要开启循环泵，使染液保持循环。

e. 染化料要沿槽壁从左到右均匀加入，这有利于染液实现匀一，尤其是固体助剂（食盐、纯碱等）。由于固体助剂溶解需要一定时间，如果从染槽一头加入，一旦固体助剂开车前未溶尽，便会出现边开车边溶解的现象，这很容易由于助剂浓度左中右不同而产生色差。

（3）头尾色差 卷染染色，产生头尾色差的根源也是与设备、染料、操作有关。

① 设备 国产卷染机，都称作等速、恒张力。而实测结果说明，既不是等速也不是恒张力。布卷在运行过程中，首尾与中间或大或小都存在一定的差异，有的甚至相差 20％以上，中型或巨型卷染机问题最为突出。

由于织物通过染液的时间长短，布卷张力的大小，会直接影响织物吸色量多少，因此很容易造成首尾色差。

例如，活性染料用巨型卷染机染色时，由于在加碱固色初始阶段，染料上色很快，而布卷启动速度慢往往会造成几十米深头疵布。

因此，对使用的卷染机应进行测试，必要时要进行改造。

② 染料　实践表明，以下两种情况最容易产生头尾色差。

a. 使用对染色温度的依附性差异较大的染料配伍染色时。这是因为卷染染色有个固有的缺欠，那就是在染色过程中，布卷两边的温度与布卷两头靠近卷轴的温度总是比布卷中间的温度低（布卷越大，温度越大）。

因此，当使用对染温敏感的染料，尤其是使用对染温依附性差异较大的染料拼染时，便会由于染率不同而产生显著地边中色差与头尾色差。

前面所讲，直接耐晒翠蓝 GL 与直接耐晒嫩黄 5GL，拼染黏胶织物时，黄边（边中色差）和黄头（头尾色差）严重便是一个典型案例。

b. 使用直接性高或具有"骤然上色"现象的染料染色时。举例分析如下。

【例 10-10】　中性染料染色

中性染料，在 pH<6 的条件下卷染锦纶中浅色时，一旦升温过快则很容易产生头尾色差。

原因是：锦纶的玻璃化温度低，在 50℃ 以上的染浴中，吸色能力强。再加之中性染料对锦纶的亲和力高。

因此，尽管卷染染色，染料是从布卷两头加入，但仍会产生头尾色差。而且布卷越大，车速越慢，色差越显著。

在实际生产中，通常总是采取以下措施来控制染料的上染速率。

a. 适当提高染浴的 pH 值。

染浅色时，染浴的 pH 值控制在 7~8；

染中色时，染浴的 pH 值控制在 6；

染深色时，染浴的 pH 值控制在 5~6。

b. 控制升温速度，不要太快。

染浅色时，要室温入染，拉匀，50~60℃ 保温足够时间，再升温染色；

染中色时，要室温入染，拉匀，60~70℃ 保温足够时间，再升温染色；

染深色时，要室温入染，拉匀，70~80℃ 保温足够时间，再升温染色。

实践说明，以上措施，可有效控制中性染料的上染速率，克服头尾色差。

【例 10-11】　活性染料染色

活性艳蓝 KN-R，卷染棉织物时，如果加碱方式不妥，很容易产生头尾色差。

原因是，活性艳蓝 KN-R，与棉纤的键合反应性高，因而对碱十分敏感，在加碱固色的初始阶段，"骤然上色"现象严重。在最初 10min 内，织物的吸色深度要提高 1 倍以上，所以，在卷染染色时容易产生头尾色差。预防措施如下所述。

a. 适当降低固色温度。因为活性艳蓝 KN-R，在加碱固色初期，其吸色固色速率是随固色温度的提高而加快，并且影响很大。

适当降低固色温度，可以显著减缓染料的上色速率，提高其匀染性。

b. 适当降低纯碱用量。因为活性艳蓝 KN-R，在加碱固色初期的上色速率随碱剂浓度的提高而提高。因此，适当降低碱剂浓度会显著降低染料的上色速率。经实践，固色纯碱的浓度以 10~15g/L 为宜（按色泽深浅）。

c. 固色纯碱，要先少后多，分次加入（加入方法同前）。

原因是，活性艳蓝 KN-R 是碱制御性很强的染料，控制染浴碱性缓慢提高，可以控制其上染速率。

d. 适当加快车。加快车速，缩短织物所带染液的更新时间，从实践结果看，无论对改善头尾色差还是边中色差都有明显的积极意义。

③ 操作　单就头尾色差而言，卷染的操作要点主要在以下两个方面。

一方面，加料要均匀。

卷染加料，主要把握好两点。

第一点是加料要均匀。因为加料不匀，是产生色差的重要因素。所以，无论是加染料，还是加助剂，都要突出一个"匀"字。

例如，酸性染料染色时，由于酸性染料对染浴 pH 值非常敏感，所以，施加酸剂（醋酸或醋酸-醋酸钠）时必须确保均匀。为此：a. 酸剂必须首先用染液大浴比冲淡，而后先少后多，分次均匀加入，使染浴的 pH 值逐步下降，这是预防头尾边差的关键之处；b. 酸剂加入后一定要充分搅拌均匀，而后才能开车，绝不可边开车边搅拌，否则很容易产生头尾色差与边中色差。

第二点是加料时间要适当。生产实践说明，助剂过早或过晚加入，都可能给匀染效果带来影响。

例如，直接耐晒染料染黏胶织物时，由于直接耐晒染料是盐制御性染料，食盐对其上染速率和得色深度，影响很大。所以，食盐只能在卷染 2～4 道将染料拉匀后才能加入。倘若与染料一起加入，首先会影响染料充分溶解，甚至会产生色点、色渍。其次会提高染料对染色温度的敏感性，在升温过程中染料容易上色不匀，产生色差。

例如，活性染料染棉时，常规工艺是先中性盐浴吸色，而后再碱性盐浴固色。工艺依据如下。

a. 活性染料在中性盐浴中，能较好地上色。而且，由于对棉的直接性较低，几乎没有固色作用发生，所以，移染性高，匀染透染效果好。这就为实现均匀固色打好了基础。

b. 中性盐浴吸色结束（达到吸色平衡）时，棉纤的相对吸色量可达 20%～60%。染液浓度的降低，既能有效地减弱加碱固色初期，"骤然上色"的程度，提高匀染效果，又能显著降低加碱后染料凝聚程度，防止产生色点色渍。

显而易见，固色纯碱在未达到吸色平衡以前过早地加入对染色质量是绝对有害的，至于染料、食盐、纯碱一起加入的染色方法更不可提倡。

例如，中性染料或酸性染料染锦纶时，锦纶匀染剂必须在加染料之前加入，待织物拉匀后才能加入染料染色。

对比实验表明，如果在染色过程中加入，其缓染匀染效果将显著下降。

另一方面，升温要控制。

众所周知，染料的上染速率与染色温度的依附性很大。升温太快，尤其是染色初期阶段，很容易造成色差色花。

因此，卷染染色时的升温速度，一定要严加控制，必要时，还要在一定温度下保温一定时间。实践显示，这对改善头尾色差十分有利。

特别是采用亲和力高的染料染色时，如直接耐晒染料盐浴中染黏胶、中性染料在酸性条件下染锦纶时，对升温速度的要求更高，尤其是中型或巨型卷染机染中浅色时，升温快头尾色差则严重。

（4）色点、色渍　卷染染色，由于织物是平幅运行，所以，产生云状色花的可能性比喷射液流染色小，而产生色点、色渍的概率却比喷射液流染色多。

这是因为卷染的浴比小，染液浓度相对较高，对于在盐碱浴中溶解稳定性差的染料，如活性翠蓝、活性嫩黄等活性染料，直接耐日晒枣红4BL，直接耐晒蓝FFRL等直接染料，更容易凝聚析出，产生色点、色渍。因此，卷染染色时，食盐、纯碱等助剂决不可过多或过早地加入。这一点，卷染染色比喷射液流染色的要求更高。

10.3.2.3 筒子染色

（1）色花 造成筒子色花的主要原因有以下几个方面。

① 染前处理不净 染前处理，对天然纤维而言主要是去除其共生物。对涤纶等合成纤维来说，则是去除其人为地后加"杂质"。包括纺丝或织造过程中加入的油剂以及沾污的油垢、灰尘、色素等。其中，最值得注意的是油剂。油剂中含有润滑剂、乳化剂、抗静电剂等。

施加油剂，对涤纶等合成纤维的是纺丝、织造是必要的。但在染整加工时必须将油剂洗除。

倘若染前不洗涤，带着这些油剂染色，油剂会在涤纶表面形成一层"阻染膜"，妨碍染料向纤维内部均匀扩散、渗透。因而，容易造成上色不匀、产生色花、色斑等染疵，而且，还会使浮色增加，影响色牢度。

如果染前处理工艺不到位，纤维上的油剂去除不匀，就可能产生云状色花。

如果在染色过程中，染液中的染料分散稳定性差，出现凝聚现象，这些油剂又会与染料的聚集体结合，黏附染色物而产生色斑。

为此，要加强染前净化处理，即在染色时，先将染色物在淡碱液中（必要时可加入适量耐高温、不起泡的表面活性剂），于120℃处理20min（注意：碱浓不可太高，以免涤纶水解），排液后清洗一次，必要时经酸中和，而后再实施染色。

目的有两个：a.将纤维中的低聚物，部分萃取出来，并在溶解状态下排出机外，这样可以显著减少染浴中低聚物的含量；b.将纺丝或织造过程中，施加在纤维或织物上的油剂以及沾污的油垢、灰尘、色素、花衣等去除。

② 绕筒不均匀 筒子（纱、拉链等）染色属于流体穿透性染色方式。如果绕筒的张力、密度不均匀，就必然要造成筒轴各部位，染液的穿透速率与穿透量不同。

张力、密度较大的部位，染液的穿透速率慢，染液的穿透量少。

染色结果是，张力、密度小的部位，得色深；张力、密度大的部位，得色浅。

这是因为，染料上染纤维，是分为三步：第一步，染料随着染液的流动，进入纤维表面的"扩散边界层"；第二步，染料通过扩散边界层，靠近纤维，被纤维表面吸附；第三步，染料从纤维表面，扩散进入纤维的内部。

值得注意的是，染料从染液中进入纤维表面"边界层"的速度和数量，是与染液的流动速度成正比。也就是说，染液流动越快，纤维表面染液的交换更新越快，染料进入纤维"边界层"的速度越快，数量越多，被纤维表面吸附的速度也就是越快，数量也就越多，染料从纤维表层扩散进入纤维内部，并发生染着的速度自然也就越快，数量也就越多的缘故。

因此，绕筒要均匀。所谓"均匀"，是指绕筒张力要均匀，绕筒密度也要均匀。

实际生产证明，手工绕筒，速度虽快，但很难达到"均匀"的要求，因此，最好是采用机器绕筒，其绕筒效果相对较好。

③ 染液的循环状态不良 筒子纱染色对染液的循环状态要求较高，染液必须具有强劲的穿透力。这是实现均匀染色的前提。

如果循环泵的力度不够，或者对支路阀门的掌握不当，就会使染液穿透染色物的流量，流速不足而且不匀。显然，这很容易产生色差色花。特别是在升温阶段。

因此，染液的循环状态一定要好。即必须确保染液流量要大，压力要大，因为染液的流量大、压力大，有利于染液穿透、匀染。

为此，要认真选择和使用循环泵，泵的流量应为 25~60L/(kg·min)；泵的压头应为 10~20mH$_2$O。

染液正循环与反循环的时间比例，要根据染色物的特点来调节。一般情况是由内向外的穿透时间，大于逆流时间。实际生产表明，正反循环的时间比例不恰当，会造成内外色差。

④ 操作不合理　染色操作方面的问题造成色花情况时有发生，如高温高压染色、升温速度太快等，举例如下。

【例 10-12】　高温高压染涤纶

高温高压染色，通常分为以下四步。

第一步，染色物先在高温分散剂和醋酸-醋酸钠组成的缓冲浴中运行，使之浸透走匀并排除染色物中的空气，同时开始升温。

第二步，将染料用搅拌机充分打匀搅透，制成染料分散液。并在 50~60℃时加入。

第三步，以 1~2/min 的速率升温至 130℃，并保温染色 30~60min。

第四步，以 1~2℃/min 的速率降温、水洗。必要时做还原清洗。

这里最值得注意的是：升温速率不宜太快，否则，很容易造成染料上色不匀而色花。尤其是染中浅色泽以及增白时（内加分散染 HFRL 或分散蓝 ZBLN 等上蓝剂），色花染疵最容易发生。

这是因为，分散染料上染速率的快慢，与染色温度的高低成正比，染色温度提高，涤纶的膨化速度与染料的上色速度，都会显著加快的缘故。

根据经验，升温速率的快慢。

第一，与所用染料匀染性的好坏有关。

匀染性好的，可快些；差的，则要慢些。

第二，与染色深度有关。

染深色时可快些；染浅色时则要慢些。

第三，与涤纶的耐热性能有关。

涤纶的玻璃化温度为 67~81℃。80℃以下，涤纶的微结构呈玻璃态，吸色很慢，故升温可快些；80℃以上，涤纶快速溶胀，吸色能力显著增强，故升温要慢些。

第四，与染液的循环状态有关。

倘若染液的压力大，穿透力强，染液能与纤维快速紧密接触，则升温可快些，否则则要慢些。

因此，要正确控制升温速度。实际升温速度，一定要根据所用染料匀染性的好坏、染色的深浅、染液的循环状态，以及不同的染色阶段来合理设定，通常的升温速率为 1~2℃/min。该快时可以快，不该快时必须慢，不可一刀切。

其他，如染料选用不当等方面原因造成色花，在此不做叙述。

(2) 缸差　所谓缸差，是指缸与缸之间的色泽差异。产生缸差的原因，除了众所周知且严加控制的染色温度、染色时间、染色浴比的影响因素外，实际影响较大而且又容易被忽视的因素还有纤维吸湿性、pH 值差异等因素。以涤纶染色举例如下。

【例 10-13】　高温高压染涤纶

a. 涤纶的吸色性能存在差异。

涤纶纤维，在聚合、纺丝、热处理等制造过程中微小的工艺差异都会造成涤纶纤维微结构的不同。

例如，单体聚合过程中，工艺条件的差异会造成聚合物分子量的大小不同。在纺丝过程中，单丝之间的拉伸均匀度以及拉伸倍数的差异，会造成取向度、结晶度等微结构的差异。初生丝的热处理（饱和蒸汽加热处理与干热定形处理），工艺参数的差异，也会明显地影响涤纶的取向度和结晶度。

涤纶微结构的差异，会直接影响其吸色性能。据实验，国产涤纶因微结构的差异，可产生 5％～10％的色差，进口涤纶的质量相对较稳定，可产生色差的幅度，通常为≤5％。

特别是常用分散染料，对涤纶微结构的差异所造成的色差，又缺乏有效地遮盖性。

因此，不同品牌，不同批次的涤纶纤维，在同条件下染色也会产生一定程度的色差。

b. 缸与缸之间，染浴 pH 值存在差异。

涤纶高温（130℃）染色要求染浴的 pH 值在 5±0.2 条件下进行，这是由涤纶纤维和分散染料的性质所决定的。

在 130℃高温染浴中，当 pH＞7 时，涤纶就容易水解减量。严重时会强力下降，弹性消失、光泽减退。而且，其水解产物（低聚物），又容易沾污纤维，造成染疵。

分散染料中，一些含氰基、酯基、酰胺基的染料，在高温染浴中，容易发生水解，而变色或消色。

从表 10-26 可看出：

分散翠蓝 S-GL、分散蓝 E-4R、分散大红 SE-GS、分散黄 SE-3R；

分散宝蓝 S-RSE 等，对染溶 pH 值的依附性较小；

分散深蓝 S-3BG、分散红玉 S-5BL、分散黑 S-2BL、分散嫩黄 SE-4GL；

分散大红 S-R 等，对染浴 pH 值的依附性大，染浴 pH 值的波动，会给染色结果造成明显的色差。

表 10-26　常用分散染料对染浴 pH 值的依附性

染料	相对得色深度（％）与色光变化			
	pH＝4.8	pH＝7.1	pH＝9.0	pH＝10.0
分散翠蓝 S-GL	100 翠蓝角	97.84 色光无变化	92.94 色光无变化	68.91 偏黄光
分散深蓝 S-3BG(HGL)	100 深蓝色	31.51 淡蓝色	16.80 淡蓝灰色	2.40 淡米棕色
分散红玉 S-5BL(S-2GFL)	100 枣红色	94.00 酱红色	87.64 酱红色、蓝光重	80.44 酱红色、蓝光更重
分散大红 S-R(S-BWFL)	100 黄光大红	51.45 淡暗红	44.29 淡暗红	42.30 淡暗红
分散蓝 E-4R(2BLN)	100％ 艳蓝色	96.98 色光变化小	93.58 色光变化小	76.37 色光变化小
分散金黄 SE-3R	100 金黄色	99.30 色光无变化	95.90 色光无变化	93.50 色光无变化
分散大红 SE-GS	100 黄光艳红	99.88 色光无变化	98.71 色光无变化	94.86 色光无变化
分散嫩黄 SE-4GL	100 嫩黄色	69.12 色光变化小	51.13 色光变化小	12.30 色光变化小
分散宝蓝 S-RSE(B-183#)	100 红光宝蓝	98.86 色光变化小	95.12 色光变化小	80.01 红光消失
分散黑 S-2BL	100 黄光灰色	44.35 咖啡色	20.05 棕色	5.45 橘黄色

实验条件：

a. 染色深度 1%（o.w.f）高温匀染剂 1.5g/L；浴比 1∶30，2.5℃/min 升温至 130℃，保温染色 30min。

b. 染浴 pH 值以 1% 醋酸与纯碱调节。PHB-2 型 pH 计测试。

c. 相对得色深度，以美国 Datacolor SF600x 测色仪测试。

应对措施如下。

a. 要加强现场管理，不同品牌、不同批次的涤纶产品（如拉链、纱线、织物），不用来染同一订单色号，更不能同缸混染。以免因涤纶吸色性能的差异，造成缸差、批差。

b. 选用耐碱性能好的分散染料染色，以消除或减小因染浴 pH 值的波动所产生的色差。

在常用分散染料中，耐碱性能相对较好的，适合浸染的 E 型与 SE 型品种，举例如下：

江苏常州亚邦染料有限公司产品：

分散黄 E-RPD、H-RPD、E-3G（Y-54#）；

分散红 E-RPD、H-RPD、E-FB（R-60#）、（SE）-BS（R-152#）、SE-MD、（E）-2GH（R-50#）、（SE）-GS（R-153#）、E-3B（R-60#）、（SE）-BLSF（R-92#）、（E）-REL（R-4#）、SE-R3L（R-86#）；

分散橙（SE）-H₃R（O-25#）、SE-GL（O-29#）；

分散红玉 SE-BSF（R-179#）；

分散紫 E-RL（V-28#）；

分散黑（SE）RD-3G。

浙江龙盛集团股份有限公司产品：

分散黄 E-3G（Y-54#）、AC-E；

分散橙（SE）-RSE、SE-4RLN、SE-3RLN（O-61#）、SE-RBL（O-29#）；

分散红（E）-FB（R-60#）、AC-E、E-2GFL（R-50#）；

分散红玉 SE-2GF；

分散蓝（E）2BLN（B-56#）、（SE）RSE（B-183#）、AC-E；

分散深蓝（SE）EX-SE、（SE）GL-SF、（SE）RD-2R；

分散黑（SE）ECT、（SE）ACE、（SE）RB、SE-RN。

要正确调整与控制染浴的 pH 值。常用的 pH 调节剂，不外乎是硫酸铵、醋酸铵、醋酸等。

硫酸铵、是强酸弱碱组成的盐，在水中会发生水解，生成硫酸氢铵和氨：

$$(NH_4)_2SO_4 \xrightarrow{H_2O} NH_4HSO_4 + NH_3\uparrow$$

随着染浴温度提高，氨会逐渐逸出，而硫酸氢铵则留在染浴中，使染浴的 pH 值慢慢走低。

醋酸铵和硫酸铵一样，也是释酸剂。

$$CH_3COOHN_4 \xrightarrow{H_2O} CH_3COOH + NH_4OH$$

$$NH_4OH \xrightarrow{随温度提高} H_2O + NH_3\uparrow（逸出）$$

因此，硫酸铵可用醋酸铵替代。

对于分散染料高温高压染涤纶而言，硫酸铵和醋酸铵有共同的缺点。

第一，分散染料染涤纶（130℃），染浴 pH 值需控制在 5 ± 0.2 范围内，即硫酸铵或醋酸铵在 $2\sim3g/L$ 浓度时，pH 值仅为：冷温 pH＝6.8 $\xrightarrow{130℃处理30min}$ 冷温 pH＝5.8。达不到工艺要求。

第二，硫酸铵或醋酸铵的溶液，几乎没有对 pH 值的缓冲能力，一旦外界（如染料、助剂、染色物等），有酸碱带入，染浴的 pH 值就会立即发生改变。

因此，硫酸铵和醋酸铵，只适合分散染料 100℃染锦纶，而不适合分散染料 130℃染涤纶。

有许多单位，是用醋酸来调节染浴的 pH 值。

醋酸本身有一定的 pH 缓冲能力，但由于实际用量很少，（95％醋酸 0.1mL/L，pH＝5）对酸碱的实际缓冲能力其实也很小。

所以，单一醋酸只能作 pH 调节剂，将染浴 pH 值调节到规定范围。而对染浴 pH 值的缓冲稳定效果，并不理想。

因此，笔者认为，还是采用醋酸-醋酸钠缓冲体系为好。

当工艺要求 pH＝5 ± 0.2 时，二者的拼混比例为：100％醋酸：100％醋酸钠＝1：2.46；或 95％醋酸：58％醋酸钠＝1：4。

为了确保该缓冲体系，对染浴 pH 值具有足够的缓冲能力，参考用量见表 10-27。

表 10-27　缓冲体系的参考用量

配　料	染料对染浴 pH 值的敏感性	
	较小	较大
95％醋酸	0.6g/L	1g/L
58％醋酸钠	2.4g/L	4g/L

注：由于市售醋酸，醋酸钠的成分含量参差不齐，故投产前，必须认真调节测试进行修正。

10.4　一次准印染自动化

10.4.1　自动配色系统的应用

受当前经济环境持续低迷的影响，纺织品订单量减少，而染料价格则经历了一阶段的大幅上涨。因此，企业希望通过提高整套生产工艺的准确性和可靠性以提高印染厂效率的意愿，就变得不是非常迫切。

面对这一现状，印染企业为了提高竞争力和获得生存，非常希望消除染色误差，以避免回修加工而造成浪费成本。

为了追求"全面质量管理"和高的"染色一次成功率（RFT）"，企业已开始采用全自动加料系统。该系统极少需要人工干预，开发的设备也很容易操作。

10.4.1.1　国外自动加料装置产品状况[15]

（1）荷兰万维（Vanwyk）公司是一家自动加料装置的设备制造商，可用于配制粉状染料、液体染料、液体化学品、粉状化学品和盐类。通过可靠的自动化程序，对加料顺序、处方、配料、库存控制和所用设备等数据进行管理，而这对于准确的配色非常必要。

　　公司最新产品之一是全自动粉末分配器 APD1，该设备可以分配粉状和颗粒状染化料，批处理结果准确、重现性好，且工作环境洁净安全。另一设备是全自动粉末溶解装置 APD2（图 10-14），这是一种高性能、灵活的设备单元，可快速溶解化学品和染料。新设计的 APD1 和 APD2 系统都具有粉状染化料的分配技术，且容器处理方式做了改善，因此生产效率大大提高。

　　配料系统的中央控制软件包 Interface & Support Program（ISP）是专门为染色车间信息的相互交流而专门设计的。该系统建立了主机与分配系统、溶解系统等的信息传递关系。该系统还能与其他一些颜色和化学品分配系统连接。通过该系统的 ISP 软件包，能与企业的信息化系统（ERP）主机相连接；通过 ASCII（美国信息交换标准代码）的交换，在配料系统与企业主机间实现信息的交换。安装了该系统，企业管理者可以直接在办公室的计算机终端了解染化料间的运转情况，如车间的配料情况、染化料的消耗情况、染机的工作状况、每一个订单在染色工序中的加工成本等。对于染料采购部门，通过它的用户终端可以及时了解车间染料的使用、消耗情况，

图 10-14　全自动粉末溶解装置 APD2

为染化料的及时供给提供了保证。软件包包括：易于使用的图形用户界面、多用户密码管理、控制面板已程序化的操作，如溶解步骤、程序化的溶解方法、简易进入称量单、浏览称量单、分割分配单（当称量大于一个最大的溶解槽的容量）、称量单的合并和报告单。

　　（2）定制的系统　在纺织品印花方面，Vanwyk 公司也可根据客户的要求提供定制的计量系统。"紧凑型指令分配系统"主要适用于打样和批量生产，可半自动或全自动处理；而"紧凑型多功能分配系统"主要用于打样，或者小批量的半自动化生产。Vanwyk 公司的 Camelot 软件包包括了印花测配色过程中所需控制的各个方面，不论是在单用户环境还是多用户环境，可以与网络、CAD 设计系统、主机系统以及配色系统联用。Camelot 软件包还具有扩展模块。例如，在染色过程中未被充分利用的染料，通过"染料回用管理系统"，可在下一阶段继续使用。Camelot 软件会通过计算而使回用的染料得到最优化的回用，从而降低原材料成本和污染问题。另一模块是"Shade Change"，它通过重新配染液或调整已有染液，可以对容器内的颜色色光进行修正。

　　（3）自动加料系统　Talos Robotics 公司（Intertrad 集团的子公司）是一家自动化计量装置和溶解装置的生产商，开发出了自动化加料装置 Robolab XPN，它能够满足现代化实验室的各项需求，且确保获得最终的性能。系统操作性好，准确性高。

　　"全自动实验室配色间"可对已有的染料和药品进行数据管理，从而避免了人工操作的误差，打样重现性好，而且准确。"母液配置系统"能够自动化料和配制染液。"无管式重量测定配置系统"能够使一次成功率达到最高，而且使实验室至批量生产的重现性，达到最佳水平。

　　ROBOLAB XPN 采用专利的玻璃（用于溶液）和塑料（用于粉末）容器，内置带过滤器的配料阀，染料容器数量为 80～96 个，溶液容器数量为 80～100 个，量杯数量为 24～36个。Robolab XPN 调配器的其他特点还有：可直接配液入量杯，降低了交叉污染的可能性；可为染料和母液提供多达 196 个容器；与多数实验室染色设备上的容器兼容；可与实验室所

有的测色仪器（如分光光度仪）和染色设备一起使用。

由于 Robolab XPN 加量系统的精确性，其具有如下优点：

a. 处方匹配率提高到 100%；

b. 实验室日工作效率提高到 150%；

c. 在配制染液时，同一染料不同浓度的储备母液数量减少，可使实验室成本降低 50%；

c. 可使染厂利润提高 25%；

e. 由于自动化水平高，人工操作的失误降至最低。

Intertrad 集团的区域销售经理 Tassos Gotsopoulos 说："TQM（全面质量管理）和RFT（一次成功率）的理念的产生，以及实验室与大生产之间的紧密联系，使得现代化染厂生产中，实验室的重要性显得越来越突出。如果实验室的结果不准确、不精确、不可靠，那么染厂中无论使用多么先进精密的自动化加工设备也会毫无意义"。

"目前，染色打样次数与以往比已经增加，但是一家印染企业若要成功发展，还需要重视并尽量做到：快速地确定工艺处方和校样，及时地传递色样，以最低的成本得到最高的质量，减少追加和返修，从而提高染色一次成功率（RFT），以及实验室与大样生产车间的符样率"。他认为："打样流程的优化和实验室自动化是提高打样准确性和效率的关键因素，同时还能够降低成本，全面提高产品质量标准，改善工作环境，降低染色过程对环境的影响。"

"因此，对实验室自动化建设的投入极有必要。通过最优化整套生产流程的效率，缩短工艺周期，减少材料浪费以及节约生产成本，能够提高染厂的竞争力。"

（4）高湿条件下的计量和分配　美国 Tecnorama 公司是粉状或颗粒状染料全自动调配系统供应商。新设备 Autoparking 配备上电子控制的停留站，染料在这里进行配料，通过 1~2 个溶解单元对处方的染化料进行溶解，自动输送，最后直接称量进入染机（图 10-15）。

公司认为，新设备解决了染料自动化配料系统的不可靠性，尤其在高湿度区域送料时，粉状染料常会出现流动异常，或停止流动的情况。

（5）Lawer 公司提高加料容量　Lawer 公司拥有超过 30 年的"染料计量与自动化配色系统"的生产历史。其 Dos-Chem 是对化学品和助剂进行计量，然后通过 Lawer 单管管道进行分配的系统。目前公司又增加了新的计量工具。

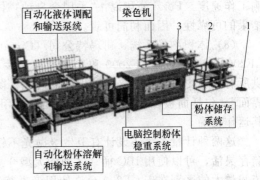

图 10-15　Autoparking 系统

HPD（High Precision Device，高精密设备）已超过了目前多数采用的传统体积计量系统设备的限制。加料容积最低已达到 30mL，精度在 ±30mL。再配备可供选择的"微计量设备 SY"，最低加料可达到 1mL，精度在 ±0.1mL。

Dos-Chem 系统模块能够安装在多分支的输送管道，从而能够快速地配合生产设备，并输送少量已配制好的工作液至染色机中，而用于输送和清洗的水量极少。

Lawer 公司开发的 TD-LAB 系统，主要用于实验室染色机或小样染色机，功能包括染液和化学药品的准备、计量和输送。其计量原理是通过单根玻璃吸量管测量体积，精度达 0.01g。保护面板与 TD-LAB 系统的工作区域完全分离，确保理想和安全的环境。

（6）强大的模块化功能　GSE Dispensing 推出了其印花领域用的"IPS delta 染料重量计量系统"，它是基于上一代计量系统 IPS alpha 和 IPS delta 的改进版。

新一代设备具有强大的模块功能，操作简单，运行稳定，安装方便，对处方的管理和控制更加灵活和经济，且色泽重现性好。其特点有：干湿清洁单元联用，加料区采用不锈钢材质，料桶间连接做了改进。此外，配料桶处理和运输的工作高度舒适。

由于 GSE 设备所特有的 TMS（纺织品管理）软件，因而 IPS delta 是一套完善的全自动制备印花浆料装置，适用于质量标准化的即时化生产环境。该设备缩短了备料时间，如要求按照配置 100kg 染色处方时，4min 即可完成，精度为 0.1g。

据公司称，IPS delta 加料系统通过准确计算每个印花批次所需添加料的用量，确保回用浆料快速再次用于新处方中，从而减少了染料用量，并使储料量降至最低水平。IPS delta 能够调出以前的配料指令，以保证每次重复染色的高重现性，且每一次处方所用的染料组分均保存在数据库中。

GSE 计量系统的区域销售经理 Frank Timmen 说："公司和大多数企业一样，都面临着要在利润率缩紧的情况下，仍能提供一流的产品质量和服务，但每个企业也有各自的情况。新一代 IPS delta 计量装置带有许多配置选项，能够为不同印花机量身打造与其相适应的计量系统。"

谈到影响测配色的技术问题，他说："以前准备母液时采用混合粉状染料，而现在配料是在 30L 小容积桶中，加入高浓度的液体染料。由于提高了配料的准确性，因而使配制染液更快，更简单，且无需准备母液。"

此外，由于生产企业和消费者对环境问题的日益关注，他们对浆料的使用也越来越多地青睐生态友好型。例如，T 恤印花时所用的塑溶胶，以及含有 PVC 组分的颜料已被逐步淘汰，而大多用水溶性的代替品。这些最新的水溶性浆料在图形抗冲性和弹性方面效果很好，因而能够耐受洗涤过程中的各种作用。

（7）自动化工作站　意大利 Pozzi Leopoldo SpA 公司除生产用于液体、盐类和专业化学品的计量系统外，现又推出了一套新的全自动染料处理系统 PiTex。它是一个全自动的配料站，能够按照处方自动称重、化料，并直接输送到设备中，保证了准确性和可靠性，且不影响工作速度。Pozzi 公司说："采用全自动一体化系统，能够降低成本，减少浪费，提高染色结果的可靠性，因而利润可观。"

（8）体积测量系统　司玛特公司（Cimatek）推出了基于体积测量原理的两种计量系统 CF2000 和 CF200。CF2000 和 CF200 可减少 15％染化料的浪费；确保实时控制库存，并提供所有的历史操作记录来诊断出现的问题。除了这些优点，两种计量系统还具有"用户友好界面"，包括面板设计成大按钮，以便于使用者输入，并在执行器上增加了传感器，以确保其运作正确。

这两种计量系统还设计有卫生级抛光不锈钢管，可使化学品顺畅流动而无残留；化学品储存灵活，可以使用 IBC 桶（多功能大型介质储运桶）、化学桶或其他任何容器。这两种系统间最大的区别在于 CF200 允许使用者进行半自动化操作，且 CF200 可以升级为 CF2000，成为全自动操作系统。

10.4.1.2　自动配液是染色自动化的重要环节[16]

电子测色、电脑配色、自动配液、仿真仿色、在线检测与控制合称为染色自动化技术。在吸收改良基础上推出的中文平台有力支撑电子测色、电脑配色的应用与发展，仿真仿色也逐渐为人们所接受，而自动配液的出现，才使染色自动化的发展呈现光明的前景。

（1）电子测色、电脑配色　20 世纪 80 年代初，国外就展开电子测色、电脑配色的研究与应用，80 年代末我国部分印染企业、科研所涉及该领域。例当时的无锡漂染厂就引进美国麦克培斯电子测配色系统并与江苏省纺织研究所合作，开发以国产染料为主的电子测配色应用技术，有成果并获了奖。在当时的条件下，受进口的电子测配色系统的英文软件、人机操作界面限制，国产染料稳定性问题及相关配套技术滞后（自动配液、仿真仿色）的影响，人们普遍对用现代技术改造传统产业的可行性、可用性、可靠性有较大的疑虑，加上一些习惯思维的阻力，导致早期的开发成果缺乏发展的环境与条件。

直至 20 世纪 90 年代末随着功能完备的中文测色配色软件的诞生，结合全新的 Windows95/98 操作界面和已有进步的国产染料，电子测配色系统重新成为染色技术革新的热点，在较短的时间内得到推广。但仅有电子测配色没有配套技术，还只能算是实验室技术革新。

（2）仿真仿色　即使传统的印染实验室也是十分强调模拟大车条件，凭经验积累与谨慎的操作是一名优秀仿色技术员（工）的竞争实力。受实验室操作误差、设备精度、染料存样、试验用布存样的影响，生产现场工艺参数、半制品质量、染料批量与称量、现场操作等变化影响，染色小样与大样重演性较差，再生产的重演性较差。一般而言中深色仿样 2～3 次、复样 1～2 次均属正常。有经验的技术员会在生产现场将配好的染液与正常半制品用小轧车再次小样仿色，或正常半制品经轧染车均匀轧车轧液后采样汽蒸，手工洗涤进行仿色判别，作为补料依据。无论经验也好现场弥补也好，都无法从根本上解决重演性差的问题。仿真仿色设备的应用较好地改善这方面的问题，但是称色配液的操作误差、积累误差仍然严重影响最后结果，人工称料所耗用的时间极大影响轧染车的运转效率。

（3）自动配液　长期以来轧染车运行过程中，停车待料是常有的事，机器的运转效率就在习以为常的状态下浪费。尽管有了电子测配色系统、仿真仿色设备，情况依旧没有突破性的改变。究其原因，称料、配液这一看似简单，而又很重要的工序，依旧沿袭几十年的磅秤、料筒、手推车、人工配液、（砂磨还原染料）、机械搅拌程序，其准确性往往取决于操作工的责任性。实践证明这种责任性的随意性是很难监督的，称色配液的误差也更是不可避免的。

自动配液系统随着电子测配色、仿真仿色技术的应用而应运而生，并日趋完善。说明人们对称色配液工序的重要性的认识提高到了实验应用的高度。通过与电子测配色、仿真仿色的联合应用，自动配液较好地解决操作误差（称量精度：小样调制系统 0.05～0.1g，生产调制系统 2g），缩短称色配液的时间（仅需数分钟）、减少仿样次数（50%左右），使仿样与正式生产的重演性大大提高、从根本上提高轧染车的运转效率，同时大大减轻工人的操作强度。受到工厂管理者、操作工人的欢迎。无锡维新漂染公司在 2001 年国债技改项目的实施中、采用沈阳化工研究院思维士电脑测配色系统、台湾瑞比连续轧染样机、杭州开源自动配液系统、江阴香山化工厂液体还原染料，组成较为完整的染色现场前准备的自动化系统。截止到 2001 年 9 月，已用该系统生产 77 只还原染料色位，最大色位 5 万米、最小色位 1200 米、累计生产 63 万米。实践证明，使用该系统后，放样次数大为减少，新色位放样平均一次，老色位复样平均不到一次。效果是减少放样次数、提高运转效率，实现小批量的生产，大批量的成本。对于印花配色、做浆而言同样适用。

可以这么说，有了自动配液技术与装置的应用才使染色自动化的现场适用性、整体性得到质的飞跃。

（4）自动配液中除了电子称量、电子传感、电子控制外，对液体染料的使用是一大突破。液体染料的流动性较好地配合电子技术的应用，但是人们对液体染料的了解不多，目前可使用的液体染料不多。随着自动配液技术的完善与发展，对液体染料的研究很有必要。

① 颗粒状商品染料中助剂的副作用　颗粒状商品染料所添加的助剂，在给使用带来诸多优点的同时，也伴有缺点。显而易见添加大量助剂降低力份，不经济。更为严重的是占助剂质量近 90% 的分散剂主要是为了解决染料加工过程中染料的助磨性与耐热性，大量的高分子有机化合物随染料溶于水带来阻染、起泡沫等副作用，造成上染率低、影响水洗效果、降低染色牢度与鲜艳度，并导致印染废水中的色度与高分子有机化合物含量的增高，增加印染废水处理的难度。

② 液体染料在自动配液技术中的作用　长期以来，染料以粉状和颗粒状的商品形态出现，主要是为了储存和运输的方便与成本的考虑，由此带来的副作用，被人们无奈地默认。其实染料的生产与应用几乎都在液相中进行，使用液体染料会有更大的益处，对供方染料厂、对需方

印染厂都是双赢的课题，至于储存和运输的问题，在当代技术的主导下，不应再成为液体染料推广应用的障碍。

③ 液体染料的优点如下。

a. 良好的应用性能：无粉尘、无结块、无泡沫，不存在分散性问题，保护健康、简化操作。

b. 无泳移现象：添加的助剂仅为颗粒染料的 20%，缺少足够的分散剂、润湿剂帮助染料泳移，减轻预烘的负荷，提高质量水平。

c. 提高上染率：对活性染料、分散染料而言，上染率大为提高。助剂争夺活性基团与纤维反应的位置减少，分散染料不再因颗粒粗大而凝聚，造成沉淀影响上染和引起色点。

d. 降低成本：对染料厂，不再有盐析、压滤、干燥、研磨、混合及添加大量助剂。生产成本大为降低。由于液体染料力份的提高与上染率的增加，运输费用不会增加很多，甚至有不增加的可能。

10.4.1.3　配色系统中染料基础数据库的建立[17]

测色配色技术作为一种颜色质量控制手段，已成为高档纺织印染产品生产中必不可少的工序，是企业现代化管理的标志之一。

我国有些印染企业在使用电脑测配色系统过程中存在配色不准、修正次数多和配方不可靠等缺陷，电脑测配色系统资源浪费的现象仍较严重。

为此，我们应用 Datacolor 测配色系统建立纯棉平纹织物活性染料轧染数据库，并探讨其应用于纯棉平纹织物染色配色。

（1）试验

① 材料和仪器

织物　纯棉平纹、缎纹（丝光半制品）。

染料　Cibacron C 型活性染料（亨斯迈公司）、Remazol 系列活性染料（DyStar 公司）。

助剂　纯碱，烧碱，防染盐 S，食盐，净洗剂（均为工业品）。

仪器　DatacolorSF600 分光光度仪（瑞士 Datacolor 公司）；自动滴配液设备，染料（粉状）自动称量设备（杭州三锦科技有限公司）；小型轧染机。

② 试验方法

a. 染色　染色处方各组分用量见表 10-28。

工艺流程　浸轧（一浸一轧，轧余率 60%~70%）→红外线预烘→浸轧固色液→汽蒸固色→皂洗→水洗。

表 10-28　染色处方各组分用量　　单位：g/L

染料	烧碱	纯碱	食盐	防染盐 S
0~15	3	20	200	5
>15	5	25	250	5

b. 测色　采用 Datacolor 测配色系统测定 380~700nm 范围内反射率与波长的关系曲线，计算机自动算出 K/S 值；L^*,a^*,6^*,C^*,H 及色差 ΔE_{CMC}（2：1）；光源 $D_{65}/10°$（主光源），$F02/10°$。

（2）活性染料基础数据库的建立

① 基础色样制备　选取产量大且具有代表性的织物品种，进行空白试验得到空白底物（采用与所染试样同样的染色工艺，不加染料，仅加助剂溶液，对织物进行处理）的反射率数据。打小样时小样机的工艺参数，如焙烘温度、汽蒸温度、水洗温度等，尽可能与车间生产一致。

② 染料浓度分级　根据实际生产需要，轧染时染料浓度一般分 8~12 级，为 0.01g/L，

0.05g/L，0.1g/L，0.5g/L，1g/L，2g/L，5g/L，10g/L，20g/L，30g/L，40g/L 和 50g/L。

③ 基础资料建立与输入　测色时，一般将染好的试样折叠 4～8 层，在大孔径下测色，以尽量消除背景影响。一般在着色均匀的 4 个不同位置进行测色，若平均色差 $\Delta E \geqslant 0.4$，表明此试样应重染，直至平均色差 $\Delta E < 0.4$ 为止。

建库时，首先输入空白底物的名称和反射率数据，根据程序要求再输入染料的相关信息，如品种/性能、基材、染色法、纤维组、纤维、染料名称、价格、强度因素、染料颜色和染料供应商等，最后输入该染料各档色样的打样浓度，测量染样在可见光范围内的反射率；储存各染料基础数据，建成染料基础数据库。具体流程为：

纤维→纤维组→染色法→品种/性能→染色程序→色样→产品供应商→染料种类→染料→染色组

④ 基础数据检验　将染好的标样测色输入后，依据程序提供的不同波长下反射率值与 K/S 值分布图，及 K/S 值与染料浓度 c 曲线图（图 10-16）对 K/S 值与浓度 c 的关系曲线进行数学修正，删除偏差较大的点。

修正数理方法一般采用多项式：

$$K/S = a_0 + a_1 c + a_2 c^2 + a_3 c^3 \qquad (10-7)$$

式中，常量 a_0 为基质的 $(K/S)_t$，a_1 近似地代表单位 K/S 值，常量 a_2 和 a_3 用来修正曲线的凹陷。一般不需要使用高于三阶的多项式。式中的常量均可通过回归程序拟合得到。

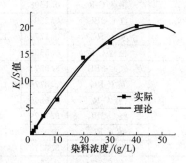

图 10-16　染料浓度与 K/S 值关系

⑤ 配色　实际染色中，很少用一种染料染色，通常都是采用几种染料拼色。而建立染料的基础数据库时，都是用一种染料在不同浓度下的单独染色。因此，配色软件计算配方时，只能以每种染料单独染色时的数据为基础，未考虑染料拼混染色时的竞染现象，导致实际生产时配色成功率不高。

在制订染色配方前，要选好染色纤维组、色差范围、光源及染料等，之后再确定染色处方。根据理论色差及主光源，选择经济实惠、配伍性好且理论色差较小的染料进行拼混染色。

将染好的试样与标样进行比较，若色差在允许范围内，将此配方保存到指定的客户文件夹；若色差较大，则需改变染色配方进行修色。

⑥ 修色　电脑修色分实验室修色、现场修色和快速修色 3 种，这里介绍实验室修色。修色时，有精明配色（根据电脑里所选染料不同浓度单色样的反射率 R 或染色深度等指标所计算出的最优染色处方）、加减法配方配色和乘（除）法配方配色等修色方法。根据实际经验，如果确定精明数据库内的经验值是正确的，应优先选择精明配色配方作修色的下染配方。若精明数据库内的经验值不正确或无经验值时，可参考下列状况来选择修色的下染配方：

a. PF 值（Percentage Factor，批次样处方染料总浓度与标准样处方染料总浓度的比值）为 0.5～1.5，或目视标准样与染样差异很小时，可选用加减法配方作修色的下染配方。

b. PF 值小于 0.5 或大于 1.5，或目视标准样与染样差异很大时，可选用乘（除）法配方作修色的下染配方。

根据实际工作经验，按照以上步骤建立基础数据库时，首先要对所用染料的配伍性进行测试，应选择配伍性较好的染料。比较理论配方染制的色样与标样的色差，若在客户可接受的范围内，可确定该配方并存入配方数据库；若色差不符合要求，需进一步修正，直至客户满意。

（3）活性染料基础数据库的应用 按照上述基础数据库的建立方法，建立纯棉平纹织物基础数据库，对标样进行测配色。试验结果表明，影响纯棉平纹织物匀染性最直接的因素是织物经纬向密度不均匀和纱线支数不等。染小样时，要尽量使实验室小轧车与车间大生产工艺参数一致。根据客户要求，以 PANTONE T/C 色卡上的颜色为标准色样，对 14.6tex×14.6tex 纯棉平纹织物进行测配色。

表 10-29 为部分色样进行计算机配色、修色后染样与标样在不同光源（D_{65} 和 F02）下的色差比较。

表 10-29 不同光源下部分色样配色、修色后染样与标样的色差比较

色样品	染料	一次配色			一次修色			二次修色		
		预测配方 /(g/L)	色差 ΔE		预测配方 /(g/L)	色差 ΔE		预测配方 /(g/L)	色差 ΔE	
			D_{65}	F02		D_{65}	F02		D_{65}	F02
1	红 C-2BL	0.0103	0.42	0.58	—	—	—			
	黄 C-RG	0.0344			—					
	艳蓝 C-R	0.1508			—					
2	红 C-2BL	0.2364	1.11	1.39	0.2473	0.79	0.79	0.2276	0.50	0.45
	黄 C-RG	0.1772			0.1663			0.1550		
	艳蓝 C-R	0.5658			0.5658			0.5228		
3	红 C-2BL	3.9571	1.91	2.00	4.6152	1.24	1.37	4.0063	0.47	0.54
	黄 C-RG	2.8776			3.3321			2.6457		
	蓝 C-R	5.6866			6.5812			5.4028		
4	红 C-2BL	3.7629	2.81	2.77	2.6156	0.45	0.41			
	黄 C-RC	0.0543			0.0511					
	艳蓝 C-R	3.3313			3.1632					
5	黄 C-5G	0.5709	2.58	3.22	0.4708	0.48	0.56			
	翠蓝 GN	1.7082			1.7697					

注：色样品 1 为 Blue Flower 2TC 12-5403TC；2 为 Vapor Blue 5TC 14-4203TC；3 为 Castle Rock 5TC 18-0201TC；4 为 Hyacinth 33TC 17-3619TC；5 为 Cabbage46TC 13-5714TC。

由表 10-29 可知，计算机配色时，按照初次预测配方染出的色样，大部分与标样的色差为 1 左右。经过一次修正配方后，大部分色样的色差能达到 0.5 左右，在不同光源下的色差也比较接近。

对于彩色系列，一般修正 1~2 次可达到要求；对于黑白或灰色系列，由于只有明亮度的差异，在测色时对颜色的匹配会存在一定的难度，一般修正 2~3 次。

综上所述，计算机测配色系统可以精确测量颜色，并迅速提供染色配方，再结合人工经验配色，可以大大提高打样的准确性，提高生产效率。

【结论】

① 对于客户来样，应用计算机测配色系统，可在较短时间内找到色差在允许范围内的染色配方。之后再通过 1~2 次修色，色差可控制在 0.5 左右。

② 在选择染色配方时，尽量选择经济实惠、配伍性较好的染料。

③ 对于准确的染色配方，将不同染料组合拼色配方存储到不同的客户文件夹里，不但可以提高企业资料管理水平，而且能提高计算机配色的成功率。

10.4.1.4 湿蒸染色配色系统的建立[18]

活性染料短流程湿蒸染色工艺是由德国设备制造商门富士与染料生产商德司达联合推出的一种新型染色工艺，在国外称为 Econtrol 染色工艺。其与传统活性染料染色工艺最大的不同在于织物浸轧染液后无需烘干直接进入反应蒸箱固色，具有工艺流程短、重现性好等特点。

传统仿样采用人工仿样。仿样工在接到打样任务后，先检索以前的打样记录，找到与标样相近的色样，然后在标准光源下对色，确认不跳灯后，开出配方打样。而对于活性染料短流程湿蒸工艺，由于没有任何处方储备可作参考，因此为其建立一套配色系统尤为必要。

（1）配色系统设计和工作程序　电脑测配色系统的核心是染料的基础数据库。染料基础数据库一般由若干个染料组组成，所谓染料组就是适用于某种织物、某个染色工艺的一类染料的集合，如活性染料（短湿蒸）就是一个染料组。

染料基础数据库建立以后，就可以进行配色操作。配色时先用测色仪测量客户来样和未染色样品的反射率。配色软件利用内嵌的 CIE 1964 补充标准色度系统（$10°D_{65}$）中的颜色匹配函数，将来样反射率转化为三刺激值（X、Y、Z），然后调用染料基础数据库中的染料数据，进行复杂的数学迭代运算，直到计算出的处方样与来样的三刺激值在设定的允差范围内为止，给出推荐处方。

选用德司达公司的活性染料 Remazol RGB（红、黄、蓝、藏青、黑）和 Levafix CA（红、黄、蓝）共计 8 只染料，建立短流程湿蒸染色基础数据库。这两类染料耐碱性极好，适于高温湿热和强碱条件。Remazol 染料用于拼中深色；Levafix 染料用于拼中浅色，基本上能涵盖大部分色谱。每只染料打 8 档浓度色样，浓度系列为 3.5g/L、7.0g/L、14g/L、21g/L、28g/L、35g/L、42g/L、49g/L。

（2）材料、药品和仪器

① 织物

织物规格　20×20 60×60 纯棉平布

工艺流程　烧毛→退浆→煮练→漂白→丝光（不加白）

质量要求　烧毛洁净，毛效为 8～10cm/30min。

② 药品　丝光烧碱（29°Bé）、纯碱、Remazol RGB 和 Ievafix CA 系列染料、防泳移剂 PA（德美公司）、渗透剂、山德飘净洗剂（Clariant 公司）。

③ 仪器　电子天平（精确至 0.001g）、UltraScan XE 型测色仪（Hunter Lab 公司）、JMU504A 气动轧车、瑞士 Mathis 湿蒸箱、Y801A 恒温烘箱。

（3）基础数据库建立

① 基础色样制备

a. 样布准备　取符合要求的纯棉平布，剪成大小合适、尺寸相同的样布，编好序号，统一规定有序号的一面为正面。

b. 制备染液　用电子天平准确称取各浓度所需染料，配成 80mL 染液，每份染液中加入渗透剂、防泳移剂各 0.3g。

c. 制备固色液　Remazol RGB 和 Levafix CA 系列染料分别为中深色和中浅色活性染料，固色液由烧碱和纯碱的混合碱组成，按表 10-30 配比制备固色液。

表 10-30　固色液的配制

固色液	染料/(g/L)		
	20	20～40	40～60
29°Bé 烧碱/(mL/L)	70	118	165
纯碱/(g/L)	100	100	100

固色液应现用现配，因为烧碱易吸收空气中的二氧化碳生成纯碱，而降低固色液碱度。

d. 混合染液　用移液管移取 20mL 固色液，注入每份染液中，搅拌均匀。

因染液与固色液以 4:1（体积比）的比例混合，故混合后染浴实际碱浓度见表 10-31。

e. 轧染　调节好轧车压力、车速，浸轧方式为二浸二轧，色样带液率 68%～70%，与大车生产一致。

表 10-31　染浴（染液＋固色液）实际碱浓度

固色液	染料/(g/L)		
	20	20～40	40～60
29°Bé 烧碱/(mL/L)	14	23.6	33
纯碱/(g/L)	20	20	20

f. 湿蒸　瑞士 Mathis 湿蒸箱是打样的关键设备。它采用定值控制系统技术，通过箱体上排汽阀门的开与合，提供恒定的温、湿度反应环境。色样在箱体内烘干的同时，完成了染料与纤维的固色过程。

瑞士 Mathis 湿蒸箱参数与门富士短流程湿蒸染色机参数统一设置为：温度 130℃，湿度 25%，时间 3min。

织物、温度、湿度与反应时间的关系如图 10-17、图 10-18 所示。

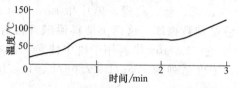

图 10-17　织物温度与反应时间的关系曲线

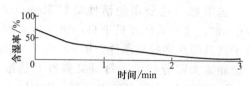

图 10-18　织物含湿率与反应时间的关系曲线

g. 皂洗　采用山德飘净洗剂进行皂洗，充分去除浮色。

h. 烘干　在 Y801A 恒温烘箱中烘干染色样，温度为 90℃。

i. 空白染色　未染色样布在不加染料只加助剂的条件下，重复上述流程。

② 基础数据输入　首先输入空白染色后布样数据，再将染色样数据按染料浓度由低到高的顺序依次输入电脑。

③ 基础数据评估与保存　在保存染料数据之前，必须先对基础数据评估。基础数据评估主要依据 Kubelka-Munk 理论，即在一定浓度范围内，色样的表观深度（K/S 值）应与其染料浓度成正比，且染料 K/S 值的提升（build-upgraph）与染料浓度成线性关系。在 Hunter Lab 配色软件中，以适度值（Goodness-of-fitvalue）来表示前述线性关系的好坏。适度值为 1～10 范围内的整数，其适度值越大越好。当适度值大于 8 时，系统将提示可以将基础数据保存。

以 levafix CA 黄为例，基础数据评估适度值为 10。其浓度与 K/S 值曲线见图 10-19。

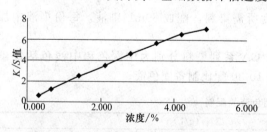

图 10-19　染料浓度与 K/S 值的曲线关系

将染料基础数据保存后，初步建立了短流程湿蒸染色的配色系统。

(4) 应用　现在有些客户来样都要求在双光源下对色，如有来样要求主灯 D65，副灯 CWF，利用电脑测配色系统可以非常容易地给出处方。用已建好的配色系统所给出的处方打样，并用测色软件进行评判，结果见表 10-32。

从表 10-32 看出，利用电脑测配色系统，一次打样即可接近目标样。如果偏差大，还可以利用系统的修色功能进行调整。

表 10-32　40×40 133×72 府绸染色的配色处方

色号	配色处方/(g/L)	理论色差 ΔE^*		实测色差 ΔE^*	
		D65	CWF	D65	CWF
大红	Remazol RGB 红　41.04 Remazol RGB 黄　5.03 Remazol RGB 藏青　0.27	0.16	0.45	0.89	0.66

【结论】

为短流程湿蒸染色工艺建立的配色系统关键在于制备基础染色样，且在打样过程中严格按程序操作，减少不可控因素的产生。在此基础上，不断向数据库中添加染料数据，建立涵盖活性染料（短湿蒸、轧烘轧蒸）、分散染料（热溶、浸染）、还原染料（连续）在内的染料基础数据库。

借助于电脑测配色系统，可大大提高打样效率。但需要说明的是，电脑给出的配方只是从色光一致性方面进行考虑，至于所选染料是否适合大车连续染色工艺，牢度是否符合要求，还需要严格把关。所以配色人员在制定配方时，要掌握以下原则：

① 拼色时选用常用染料，且要有一只染料为主料，以易于调色光；

② 黑色染料一般是混拼染料，只适用于染黑色，不用于拼其他色；

③ 有的染料只适用于染中深色，染浅色时牢度不好，要进行优选。

10.4.1.5　针织物全自动加料系统[19]

近年来，随着自动控制技术和计算机网络技术的应用和推广，印染工业自动配料系统有了很大发展，有望取代传统的人工加料方式，加速印染企业从原来的劳动密集型向自动化、信息化方向发展。国内外已有多家公司相继开发出助剂自动配料系统、自动称量系统、印花和染色自动调浆加料系统及化验室自动滴液配料系统，有效地解决了传统人工方式加料精度低、准确性差、劳动强度大及操作环境恶劣等问题，为印染工业建立柔性生产体系，改变传统染整生产工艺控制方法，实现 On time（即时）化和 RFT（一次准确）化生产，提供了质量保障。

（1）全自动加料系统的组成及工作原理

① 全自动加料系统的组成　一般全自动加料系统由三个子系统组成：印染企业 ERP 系统、Sedomat5500 中控系统（与溢流染色机台相连接）和 LA302 染化料自动计量输送系统。三个系统紧密联系、相互协调，共同完成染化料的精确称量、配制及输送。

② 全自动加料系统工作原理　首先，印染企业 ERP 系统记录了整个生产过程中各种工序和染化料信息。在此系统中，每个生产工序（如前处理工序、染色工序、后整理工序等）都对应着唯一的程序编号，各生产工序不同工艺配方中所用的染化料助剂也各自对应唯一编号，且对应的工艺用量也储存在印染企业 ERP 系统中，以供识别和传输。Sedomat5500 中控系统储存的信息是各个工序对应的各种工艺流程，并且流程中所用到的染化料的编号与管理系统 ERP 储存的信息相同。LA302 染化料自动计量输送终端控制系统负责接受来自 ERP 系统传递的数据信息，并精确称料和快速输送，将成功信息反馈给 ERP 系统，通过反馈实现对生产工艺、称料操作的全面监控和追踪。ERP 系统、Sedomat 5500 中控系统和 LA302 染色助剂自动计量输送系统三个子系统之间通过网络技术无缝连接，数据信息可以在三个系统中相互传送和反馈。当需要进行生产加工时，首先领料部门开领料单，在软件中输入订单号、染色机台编号、布种、布重、浴比等各种相关信息，并调出 ERP 系统事先已储存的工艺处方程序编号，系统会根据工艺用量自动换算出该处方所需各种染化料的质量并生成领料单；同时，通过网络数据传输，将料单的领料信息传递到 LA302 自动计量加料机的主机；然后从 Sedomat 5500 中控系统中选择要执行的生产工序和此工序中储存的工艺流程，逐步运行程序。当染色机台需要加料时，Sedomat 5500 中控系统会将对应的染化料编号信息传送给 ERP 系统，ERP 系统接收到信息，通过识别该机台所需染化料对应的编号，再把对应的编号信息传送给自动计量输送系统的控制终端，如果接收信息成功，系统控制终端会把成功信息反馈给 ERP 系统，同时自动计量输料系统接到指令后就会自动识别对应编号的染化料，并根据事先料单的染化料质量信息，进行精确取料，均匀快速化料。之后，便通过管道

输送到对应染缸的备料缸，并自动执行程序清洗管道，加料任务即可完成。全自动加料系统工作原理如图 10-20 所示。

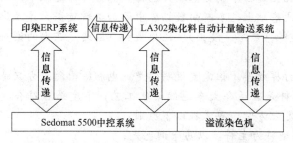

图 10-20　全自动加料三大子系统之间工作原理示意

（2）实验部分

① 实验材料

织物　19.684 tex 180g/m² 棉平针织物。

试剂　30% H_2O_2，精练剂 AF-9，螯合分散剂 LB-3，除油剂，NaOH，冰醋酸，螯合分散剂 LC-3，活性染料 BH-S3R 黄，元明粉，纯碱，皂洗剂 CT。

仪器　意大利 BRAZZOLI 溢流染色机，600TM 型测色配色系统，LA302 染色助剂自动计量输送系统，耐摩擦色牢度仪。

② 棉针织物前处理的染色工艺

a. 前处理处方

螯合分散剂 LB-3/(g/L)	0.5
精练剂 AF-9/(g/L)	2.0
NaOH/(g/L)	1.4
H_2O_2（30%）/(g/L)	6.0
冰醋酸/(g/L)	1.2
过氧化氢酶/(g/L)	0.1
浴比	1:10
温度/℃	105
时间/min	30

b. 染色处方

螯合分散剂 LC-3/(g/L)	1
无明粉/(g/L)	20
活性黄 BH-S3R/%（o.m.f）	2
纯碱/(g/L)	20
浴比	1:10
温度/℃	60
时间/min	30

皂洗后处理

皂洗粉 GT/(g/L)	0.3
浴比	1:10
温度/℃	95
时间/min	10

③ 测试方法

a. 耐摩擦色牢度　将皂洗后的色布按 GB/T 3920—1997《纺织品　色牢度试验　耐摩擦色牢度》方法测定。

b. 色差　采用 Datacolor 计算机测色配色仪评定色差。ΔE 越大，表明色差越大；ΔE 越小，染色重现性越好。

c. 匀染性　按照数理统计原理，在同一块试样上测定 n 个点，取 K/S 值的平均值 $\overline{K/S}$，并计算各测定点（K/S），对平均值的相对偏差 $S(r)$［式（10-8）］，以表示织物染色后表面色泽的不匀性，其值越小，染色匀染性越好。

$$S(r) = \sqrt{\frac{\sum\limits_{i=1}^{n}\left(\frac{(K/S)_i}{K/\overline{S}}-1\right)^2}{n-1}}$$

(10-8)

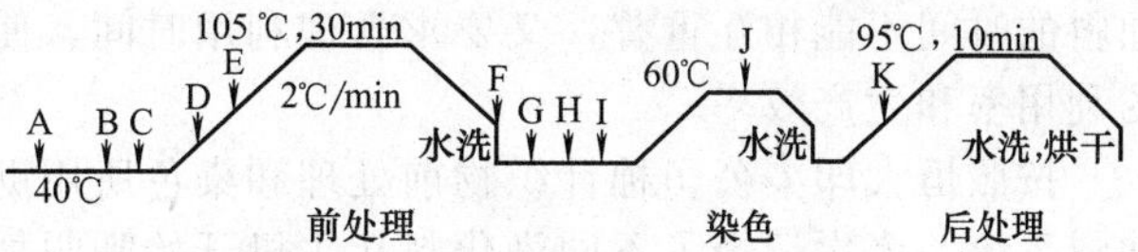

图 10-21　棉针织染整工艺流程

A—螯合分散剂 LB-3；B—除油剂；C—精练剂；D—NaOH；
E—双氧水；F—冰醋酸；G—螯合分散剂 LC-3；H—活性染料；
I—元明粉；J—纯碱；K—皂洗剂（以下同）

（3）结果与讨论

① 自动加料系统加料参数的确定

染整生产中应用自动加料系统进行加料，虽然比手工加料具有精确、快速、节约等优点，但如果不能够合理安排好加料顺序和时间等参数，不仅无法达到节约时间、提高生产效率的目的，还会影响产品质量。因此，合理安排自动加料系统的加料参数至关重要。本实验按照（2）② 棉针织物实际大生产工艺处方对棉针织物进行处理，调整自动加料系统的加料参数。

a. 加料次序的确定　棉针织物前处理处方中要加入螯合分散剂、除油剂、精练剂、NaOH 片碱、双氧水等精练助剂；染色工序处方中需要加入染料、无机盐 Na_2SO_4、固色碱 Na_2CO_3 等染色助剂。虽然这些有机的和无机的助剂在精练或染色的过程中发挥着巨大的作用，但如果加料顺序不合理，也达不到预期的理想效果。按照上述工艺处方及条件，以不同的加料顺序，分别对棉针织物进行前处理和染色，以染色后织物匀染性和干湿摩擦牢度为评价标准（表 10-33）确定最佳加料次序。

加料顺序：

A_1　螯合分散剂→除油剂→精练剂→NaOH 片碱→入布→双氧水→螯合分散剂→盐 Na_2SO_4→染料→固色剂 Na_2CO_3→皂煮、固色、拉幅定形、烘干落布。

A_2　螯合分散剂→除油剂→精练剂→NaOH 片碱→双氧水→入布→螯合分散剂→染料→盐 Na_2SO_4→固色剂 Na_2CO_3→皂煮、固色、拉幅定形、烘干落布。

A_3　整合分散剂→除油剂→精练剂→NaOH 片碱→入布→双氧水→螯合分散剂→染料→盐 Na_2SO_4→固色剂 Na_2CO_3→皂煮、固色、拉幅定形、烘干落布。

表 10-33　不同加热顺序染色织物性能对比

加料编号	匀染性 $S(r)$	摩擦牢度/级	
		干	湿
A_1	0.033	4～5	3～4
A_2	0.026	4～5	3～4
A_3	0.018	4～5	4

由表 10-33 看出，三种加料顺序的方案中，第三种方案 A_3 的棉织物染色效果更为理想，不仅匀染性好，干湿摩擦牢度也较高。方案 A_1 染色织物匀染性稍差，可能是因为在染色工序中无机盐 Na_2SO_4 在染料之前加入染液，导致染缸中无机盐开始浓度过大，上染过快从而致使织物匀染性降低。方案 A_2 中，在前处理工序，织物未进入染缸前就加入双氧水，此时双氧水在碱液中接触时间延长，且会受到高速溢流机的水流冲击，遇到各类杂质。当织物进入染缸时，双氧水已有部分分解，可能影响精练效果，致使后续染色匀染性和摩擦牢度欠佳。因此，综合各个因素，加料方案 A_3 较为合理。

b. 加料时间的确定　运用全自动加料系统进行染化料的称取和输送。从中控系统呼叫加料，到自动计量输送系统控制终端接收到指令，再到称取染化料，最后通过管道输送到对应的染缸，需要一定的时间才能完成，在进行两次完整的加料之间存在着一段时间差。在织物进行加工时，要多次输送各类助剂。由于同一台染色机对应一根输送管道，这就要求两次加料的时间不能相互重叠，又要求合理利用时间，使前后两次加料时间相互衔接，提高管道的利用率和生产效率。

按照恒大印染公司棉针织物前处理和染色所用助剂及工艺用量，通过反复试验调试自动加料系统，多次记录了不同染化料从主机开始呼叫加料到完全输送到染缸对应备料缸所需大约时间，见表 10-34。

表 10-34　染化料加料延续时间

染化料	螯合剂	除油剂	精练剂	氢氧化钠	双氧水	硫酸钠	碳酸钠	染料	冰醋酸	皂洗剂
时间/min	2～3	3～4	3～4	4～5	2～4	5～7	5～7	5～8	2～4	2～3

图 10-22 所示为棉针织物自动加料工艺流程。

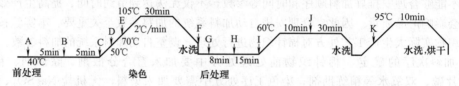

图 10-22　棉针织物自动加料工艺流程

从表 10-34 看出，液体型助剂加料时间较短，固体型助剂如无机盐 Na_2SO_4、固色剂 Na_2CO_3 等所用时间较长。恒大公司所用是液体输送系统，固体型助剂需要取料加水稀释后才能够用于管道输送，且输送助剂所需时间还与量大小有关。经过调试，最终制定的棉针织物前处理、染色工艺流程如下（各助剂从辅料缸注入到染缸的方式和时间见表 10-35）。

表 10-35　助剂加料方式和时间

助剂	加料方式	注料时间/min
A-螯合分散剂 LB-3	快速注料	1
B-除油剂	快速注料	1
C-精练剂	快速注料	1
D-NaOH	快速注料	1
E-双氧水	定量循环注料	5
F-冰醋酸	定量循环注料	2
G-螯合分散剂 LC-3	快加注料	1
H-活性染料	定量循环注料	5
I-元明粉	定量循环注料	10
J-纯碱	定量循环注料	15
L-皂洗剂	快加注料	1

根据不同染化料从主机开始呼叫加料，到助剂完全输送到染缸对应料桶所需大致时间，调整了工艺流程中各种助剂加入染缸的时间和方式。试验结果显示，不仅两次加料的时间互不重叠，而且还能使前后两次加料时间相互衔接，合理利用了时间，提高了管道的利用率和生产效率。

② 自动加料与传统加料染色性能比较

a. 染色缸差　应用恒大印染公司全自动加料系统和传统手工加料两种方式，按相同工艺处方和调整后的纯棉针织物前处理染色工艺流程，分别用两个染缸对棉针织物进行染色。染色后，分别测试两缸的色差，结果见表 10-36。

表 10-36 表明，自动加料系统由于称量精确和加料均匀稳定，减少了人工称量误差，由此避免了由人为操作引起的缸差，使织物具有较高的符样率，染色重现性比传统后加料好，提高了染色一次成功率和产品质量。

表 10-36 不同加料系统染色色差

项目	自动加料						传统手工加料					
	深浅差 ΔL^*	红绿差 Δa^*	黄蓝差 Δb^*	艳度差 Δc^*	色相差 ΔH^*	色差 ΔE	深浅差 ΔL^*	红绿差 Δa^*	黄蓝差 Δb^*	艳度差 Δc^*	色相差 ΔH^*	色差 ΔE
色差（$D_{65}/100$）	0.45	0.18	0.45	0.16	−0.01	0.23	−0.13	1.21	1.41	0.56	−0.45	0.72
评级	5 级						4 级					
结论	两者深浅、色相和艳度均近似，缸差小，重现性很好						两者深浅、色相和艳度均有差异，缸着较大，重现性不理想					

b. 匀染性 棉针织物分别采用全自动加料系统和传统手工加料方式进行染色，测试染色织物的匀染性，结果见表 10-37。

表 10-37 染色织物匀染性

加料方式	K/S 值						S(r)
	1	2	3	4	5	6	
全自动加料系统	7.9	8.2	8.1	8.1	8.0	8.2	0.015
手工加料	7.4	7.6	7.9	7.5	8.0	7.9	0.032

注：取布样 6 个不同位置进行匀染性测试。

由表 10-37 可以看出，采用自动加料系统染色的织物，表面匀染性明显优于手工加料。自动加料系统化料均匀度更高，能够进行定量循环加料，精确控制入料流量，从而使染料能够更均匀地上染织物，染色质量得到显著提高。

【结论】

① 通过试验，优化了全自动加料系统加料次序和加料时间的参数。采用该优化的加料顺序和工艺能够合理利用时间，提高管道的利用率和生产效率。

② 全自动加料系统无论是从缸差的控制还是在织物表面的匀染性都有很大的提高。

10.4.1.6 染料、助剂自动配送系统

杭州开源电脑技术有限公司研发的染料、助剂配送系统具有染料、助剂的化料、上料、称量、自动输送、助剂浓度的在线检测等功能，同时附带有与染料化料配套的自动或半自动称粉系统，还包括其他特殊化工原料的检测系统（如碱浓度、双氧水浓度检测、pH 值检测等），另外可与企业的 ERP 管理系统无缝连接。该系统主要适用于印染前处理、染色、后整理等工序，同时也适用于食品、化工、医药、饮料等行业的整体控制，是一套多元化产品。

该系统应用当前流行的集散控制技术、计算机网络技术、高性能数据处理技术、在线采集控制技术、工厂自动化技术、可编程控制器多层网络架构技术等，实现了印染前处理、染色、后整理等工序的染料、助剂的自动称量、配送、实时检测与控制、生产数据的实时记录与在线管理等各项功能，是一套较完整的、使用国产技术的工厂自动化解决方案。

本系统软件可以完成原始配方管理、原始数据录入、参数初始化、物料管理、染料助剂配方计量、报表统计、打印管理、系统报警、语音提示、机台发料队列管理、历史记录、优先级请求、系统监控、工程调试、其他数据管理等多项工作。

该系统以 20 种助剂作为基本配置，具体配置可按要求扩展。分配系统可根据网络提供的信息实时检测机台高位用液量情况，输送方便。在出现多个机台同时请求加料时系统自动采取优先加料机制。

（1）总体操作流程

化料搅拌→上料→储存→发料→检测→反馈控制→加料

本系统主要分化料搅拌、上料、储存、发料等操作，其他在线检测控制为辅操作。

① 化料搅拌 将高浓度或粉末状染料或助剂与水按一定比例混合，搅拌，使其配置或稀释成生产用染料或助剂，如图 10-23 所示。

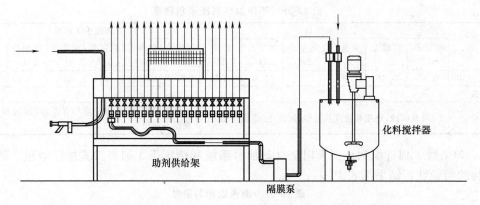

图 10-23　化料搅拌系统、指标报警系统、助剂上料系统结构

② 上料　将搅拌好的染料或助剂通过上料泵输送到储罐，上料过程可通过上料指示报警装置反馈，确定是否继续上料，上料过多，报警装置进行高位报警，储罐液位过低，报警装置进行低位报警。

③ 储存　立即将化料好的染料或助剂，通过上料装置，储存到储罐，储罐上装有液位传感器，储存过程通过中，该传感器指示液位的高低以及是否报警。

④ 发料　该操作实现助剂的自动称量与配送，中央控制中心将发料请求按照各机台的请求顺序排列后依次发料。对于急需发料的机台，可通过优先请求方式进行优先发料。比如，A、B、C、D、E、F、G 为七个机台请求的初使队列，A 是当前正在分配的机台，如果这时有其他机台（如 E）请求最高优先级，那么队列变为：A、E、B、C、D、F、G，E 自动插入到 A 与 B 之间，待 A 发料完毕，E 开始发料，此时队列变为 E、B、C、D、F、G。若机台 F 欲取消操作，亦即该机台不运行或无需添加染料或助剂，那么 F 将从队列中移除，队列变为：E、B、C、D、G，若 F 又发来请求要求入队，则排在队列最后，队列变为：E、B、C、D、G、F。具体的发料动作由中央控制中心处理，完成机台配方（如助剂与水或烧碱等的混合物）的自动称量及远程输送。

⑤ 检测　指对高位槽液位的检测，当高位槽达到低液位时，报警装置开启，提示工作人员补充该高位槽的助剂。

⑥ 反馈控制　指对浸渍槽各助剂浓度的反馈控制。如对退浆工艺的生物酶、渗透剂、NaOH 等浓度的控制，煮练工艺 NaOH、Na_2SO_3、精练剂等浓度的控制，氧漂工艺 NaOH（50～55g/L）、H_2O_2（16～18g/L）、稳定剂、螯合剂等浓度的控制，丝光工艺 NaOH 浓度和酸碱平衡值的控制等等。

⑦ 加料过程　加料过程是反馈控制的后继动作，反馈控制装置检测到浸渍槽溶液浓度偏离标准液浓度时，会自动调整加料速度（或流量），使浸渍槽溶液浓度趋近于标准液浓度。

（2）在线合成分配称量系统　为保证计量的准确性和耐用性，采用耐酸碱、耐腐蚀的高扬程动力泵作为远程输送装置，染料或助剂计量采用高精度流量计和合成分配器以变频方式控制计量。结构如图 10-24 所示。

（3）智能储料系统　每个储罐均安装有液位计，罐内的染料或助剂液可通过液位计检测并反馈给化料员，并在料位指示报警装置中指示。储罐采用 1t 或 2t 的耐腐蚀、耐酸碱塑料桶，对于个别品种的染料或助剂可在桶内安装搅拌装置，如图 10-25 所示。

（4）总线式管路系统　系统采用总线式管路设计，即用一条管路实现对各种助剂的配送。所有管路均采用不锈钢材料制成，管道内部经过抛光工艺处理，采用高流速泵输送，管道布置讲究，管道内部不易残留各种液相助剂，冲洗容易，效果好。同时，助剂分配装置和

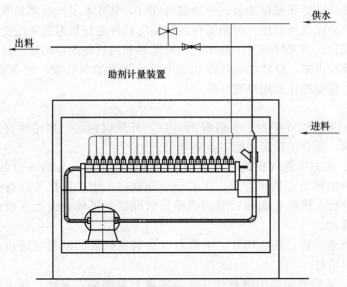

图 10-24　在线合成分配称量系统

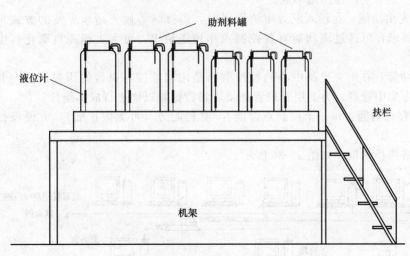

图 10-25　智能储料系统

管路到各机台的分流装置采用本公司自行研发的合成分配器和二位三通阀，气控部件采用进口元件。本管路系统安装、维护方便，成本低廉。

对于机台较多或助剂用量较大的用户，可考虑多加一路水管，利用流量计量，实现对助剂和水的同步称量，提高分配率。

其实现原理如下所示：

a. 对于某配方，先利用水管管路加 1/3 水；

b. 加助剂 A＋冲洗水＋加助剂 B＋冲洗水＋……，冲洗水同时为配方组成；

c. 加剩余水，完成配送过程。

以上 3 个步骤都由软件进行严格控制，能按次序、按要求完成对某一配方的自动称量及输送。清洗时选用定量水冲洗，再用压缩空气吹洗。

（5）数据管理及实时统计软件

① 软件名称　PRE-TREATMENT 即前处理软件，安装于服务器，该软件的作用是实时记录客户实际的生产数据，具有监控、统计、报错等功能。PRE-TREATMENT 软件简

单的说是监控、统计功能和报错功能三种功能的综合，其基本工作原理如下：服务器端通过该软件的实时监控功能与所有操作终端运行的触摸屏软件进行数据的在线交互，进而实现数据的实时采集与统计。当某终端发生故障，该服务器利用软件的报错功能将故障终端的故障信息及时快速的反映出来。该软件从具体功能上可分为染助剂管理、设备管理、配方管理、数据统计、报表、辅助操作和用户管理等。

② 软件说明

a. 操作系统：Win2000 平台。人机界面友好，开发周期短、稳定性好。突然掉电对系统不会有任何影响，适合比较恶劣的工业环境。

b. 配方管理：配方库管理模块是本公司专门为印染企业开发的一套数据库管理软件。它通过计算机和网络将企业销售订单，工艺，小样制作，生产数据等进行全面的记录和跟踪，并进行统计分析，使企业能够对助剂的使用情况清楚了解，大大方便企业改进生产管理，提高生产效率。

c. 机台信息互连功能：能在任意一个机台查看其他机台的助剂发送请求状况及当前机台某控制点的发料信息。

d. 动画功能：人机界面采用图形和文字，实现形象的动态显示，易于理解和操作。对初学者来说，上手快，操作错率低。

e. 先入先出功能：在输入配方申请发料时，以排队等候先请求先发的方式来满足各控制点的发料要求，可通过该功能对各控制点作预先请求，可大大提高自动化程度及无人化操作。

f. 监控功能：在中央控制中心的监控电脑是用来监控各机台的用料情况，并实现对各控制点的处方集中管理，为上层管理者提供现场数据，以便进行成本统计。

g. 配方存储功能：每一个控制点都能存 50 种配方（可无限扩展），方便操作工随时调用、检查。

（6）网络拓扑解析，如图 10-26 所示。

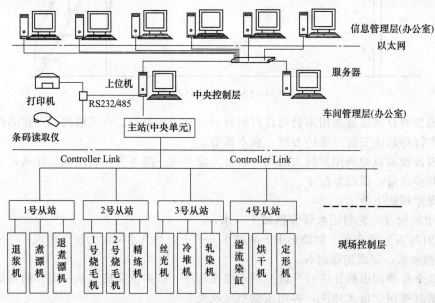

图 10-26　网络拓扑解析

① 信息管理层　信息管理层主要指由工艺主管室、生产主管室、信息部门及高层领导等部门组成的网络信息层，本层实现了现场数据、生产状况、成本计算与统计等功能，结合

本企业 ERP 系统更能实现其他功能如销售分销，生产计划，车间作业，质量管理，查询决策等，真正实现数据信息的共享（但不同部门有不同的权限）同时能使企业的管理机制得到发展和完善。

② 车间管理层　车间办公室配有一台服务器，用于实时记录设备运行情况及各种生产数据，如每班产量、总产量、原材料消耗、温度趋势、储料仓料位、机台情况、指标报警参数等。通过 PRE-TREATMENT 软件、SQL SERVER 数据库系统与中央控制层实现实时的数据交互，进行原材料的仓储管理、消耗统计、生产统计等操作。

③ 中央控制层　由上位计算机或中央处理终端、中央控制 PLC、电气控制系统、条码读取仪、打印机等组成，通过高数数据链接网络（Controller Link 网）实现与各从站的信息通信，完成对各个站点数据的实时采集与监控。监控软件，以动态图形方式显示整个设备的平面图、工艺配方、工艺流程、分配信息等，并配有各种参数值的设置和多种数据趋势曲线显示，如发料时间、历史趋势、阀门开度、瞬时流量和累计质量等。有故障报警和报警信息记录，计算机在线检测和诊断报警事件，采用报警窗口直接显示故障部位和故障类型来准确通知维修人员，采用报警声音来提醒操作人员，通过 RS-232C 和主站 PLC 的 RS232 端口连接。

④ 主站　主站是一个设在中控室的按钮站，负责与现场控制层之间交换和采集数据。通过按钮控制可以开、停现场的所有设备，选择按钮开停远程设备。是因为按钮比计算机控制更为直观，方便，简单，更加有效地避免了因为计算机死机、重启动、瘫痪等故障造成的停机事故和误操作等各种可能。

⑤ 现场控制层（即从站）　主站通过 Controller Link 网络与现场控制层的多个从站相连，并且各从站 PLC 可以与主站实现高速的数据传送与共享。各从站 PLC 负责按工艺要求实现对现场各设备的调节和控制，采集现场仪表、传感器等数据。

⑥ 系统整体功能特点　开源公司开发的助剂配送系统采用德国进口高精度流量计，安全可靠，性能优越；采用总线式管路设计，特殊管路接头，拆装维修方便；自动管路清洗，效果佳；流量变频控制，分配精确；全自动信号检测及反馈控制；温控热水槽自动补水；生产性能提高，人工费减少，产品质量提高，不良率减少；生产的产品一致性提高；节省助剂，减少污染；系统扩展方便；整个系统维护保养容易；工艺控制符合国情，应用范围广，自动化程度高。

10.4.1.7　印花自动电脑调浆系统

图 10-27 是印花车间调浆网络连接图，图 10-28 是印花自动电脑调浆系统工作流程。

（1）印花自动电脑调浆系统的工艺流程

① 在印花车间办公室把印花订单和工艺配方信息输入工艺电脑，并通过网络传送到自动调浆系统的现场操作电脑，由此设定和操作。

② 染料化料　用 500L 的化料桶按工艺要求进行化料，将染液打入高位保温的母液储存罐，共计 24 只，可以化 24 只不同的活性染料。

从母液储存罐下部出口到母液配送隔膜泵，经过滤器、母液分配阀再回到高位母液储存罐，以此循环往复，待用。

③ 糊料制作　用 500L 的糊料化料桶制作糊料，用浓浆泵经过滤器送糊料到位糊料储罐，共 4 只 2 组。根据不同的工艺要求分别打入高位储存罐，待用。

④ 色浆分配装置　由 24 只母液分配阀和 1 套执行机构组成。把调浆桶放到装有输送带的电子秤上，系统会自动地按照工艺配方分配母液。

⑤ 糊料分配装置　制作好的糊料由高位糊料储存罐下部的浓浆泵经过滤器送入糊料分配阀。母液完成后配料后，调浆桶会自动地移到糊料分配装置，按工艺配方分配糊料

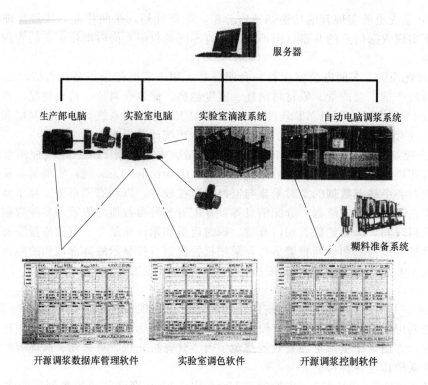

图 10-27　印花车间调浆网络连接示意

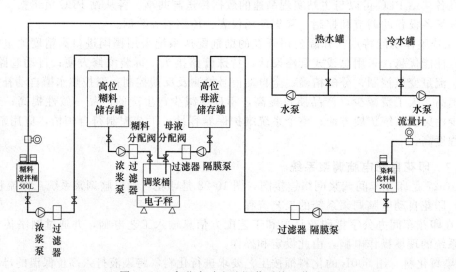

图 10-28　印花自动电脑调浆系统工作流程

和水。

⑥ 母液糊料混合搅拌　按工艺制作的色浆自动移送到色浆搅拌机，将色浆搅拌均匀，并送至机台使用。色浆搅拌机配置旋转式搅拌桨 2 套，1 台搅拌色浆的同时，另 1 台完成自动清洗，全部操作均由电脑控制。

（2）印花自动电脑调浆系统的操作关键由三部分组成。

① 化料操作和程序

a. 电脑桌面找到化料图标，点击确认。

b. 设置化料的质量，关闭化料桶盖。

c. 确认热水，再点进水化料。

d. 自动进水完成后开搅拌机，再加入称好的染化料，自动搅拌完毕，检查染化料是否花开，如未化好，可加少量尿素继续搅拌，花开为标准。

500kg 的化料桶根据工艺要求化料，25kg 染料加 100kg50℃温水，搅拌 5min，75kg 染料加 300kg 水，搅拌 15min 即可。

e. 输入母液储存罐编号，并确认。

f. 打开送料开关上料，把母液输送到高位母液储存罐，共计 24 只。

g. 每化一桶染料后必须认真清洗，一般程序设定 50℃温水清洗 2 遍，可自动执行，总计清洗用水约 50kg。

h. 高位储存罐的母液由隔膜泵经过滤器输送到母液分配阀，再由母液分配阀回到高位储存罐，每循环 5min 停 5min，再循环 5min，以此循环往复，保证染料的均匀性和不出现沉淀现象。

② 糊料的配制　500L 的糊料搅拌桶，先放 300L50℃温水，放小苏打 35kg，慢速搅拌 10min，小苏打溶解后慢慢放入 50kg 海藻酸钠，开高速搅拌，每 10min 注入水一次到 450L，总共搅拌 1h。

海藻酸钠搅拌时容易发热，再加入尿素 80kg，加入尿素后降温，补充水到 500L 继续搅拌，以溶解为准。

尿素溶解后，打开输浆管阀门，并按触摸键确认进浆，打入高位糊料储存罐，浆泵压力不能超过 1MPa，超过时设备自动跳停，化两桶糊料清洗一次。

③ 把清洗干净的调浆桶放到安装有输送带的电子秤上，由电脑控制分配阀进行配料。母液、糊料和水全部采用高精度工业电子秤进行称料，电脑自动接收电子秤质量数据，并指令 PLC 控制泵和阀门执行相应的配料程序，精确的闭环控制保证了配料精度和生产效率。见图 10-29。

(3) 使用印花自动电脑调浆系统后的经济效益分析

① 一等品率提高 1.5%　自动电脑调浆系统实现了自动化数据和理，确保产品批间色差和批内色差的稳定性，提高了产品的整体质量，一等品入库率提高了 1.5%，年产量 4800 万米仿真蜡印花布，平均每米加工费 2.3 元计算，每年增加收益：

4800 万米×1.5%×2.3 元/m＝165.6 万元。

② 色浆利用率提高 5%　准确完善配方数据库系统，提高了制单的速度，减少了残浆、剩浆，而且残浆、剩浆由电脑重新配制，全部回收利用，降低了染化料的消耗，从源头上解决了印花色浆的污染问题。公司年用染化料 2500 万元，每年年节约染化料成本：

2500 万元×5%＝125 万元。

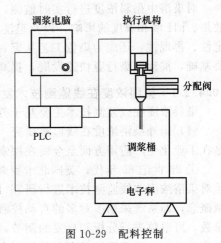

图 10-29　配料控制

③ 对色成功率提高　缩短了小样操作流程，减少了打样次数，提高了产品质量，对色成功率由 3 次提高到 2 次，每条约放样 5 次，每个样按价值 100 元计算，每年节约放样费：

100×5×300＝15 万元。

④ 印花返工率降低 3%　每年少返工约 25 万米，每米返工需增加成本 0.2 元，每年节约成本 5 万元。

⑤ 人工成本节约　自动电脑调浆系统实现了资源共享，减少了操作人员数量，节省了

人力成本，方便了生产管理，车间调浆人员有 12 人减少到 8 人。操作人员每年的平均工资为 3.6 万元，年节约人工费 14.4 万元。

⑥ 色浆重衍率提高　提高了色浆调制的准确性，确保颜色、色光的稳定性与重衍性，色浆的重衍率提高 5% 以上。

⑦ 提高调浆效率 40% 以上　高度灵活和生产实用性，出浆速度每 100kg 色浆只需 4min 而原人工配浆需要 6~8min，提高调浆生产效率 40% 以上。

⑧ 准确的成本管理　每单生产完毕，该单染化料成本统计准确无误，为成本核算打下良好的基础，提高了生产管理水平，降低了企业管理费用。

我公司年生产 4800 万米仿真蜡印花布，一等品率提高，产生效 165.6 万元；色浆利用率提高，产生效益 25 万元；对色成功率提高，产生效益 15 万元；印花返工率降低，产生效益 5 万元，人工成本节约 14.4 万元，每年共计产生效益 325 万元。

10.4.2　染液浓度在线监测

目前，印染企业的自动化生产主要集中在温度、pH 值、液量和时间等工艺参数的控制，尚未涉及组分浓度特别是染料浓度的监测与控制。由于自然或人为因素，工艺变量值往往会发生波动而偏离工艺变量值的规定范围，从而导致染色重现性差和"一次准确性"低。据统计，即使应用先进的染色生产设备，选用合格的染化料，传统的间歇式染色方式"一次准确性"最高也只可能达到 50%。浸染时，修色次数平均为每批 3 次左右。染色不合格，多次修色会导致设备利用率降低 30%~60%，甚至更多。生产成本也随修色次数增加而增高，一般增加 24%~36%。如果要剥色和重染，则成本会增加 170%~200%，还会严重增加污水排放和能耗，产品的内在质量也受影响。对生产进行全过程有效控制，加强染色过程的监测，实现自动化生产，可以解决这一问题。

对染浴中染料浓度进行实时监测，了解和掌握上染过程中染料的配伍性、匀染剂的作用效果、pH 值和温度的影响，以及皂洗效率等，不仅可以优化染色工艺，确保产品质量的稳定性、再现性，还能为染色工艺从宏观经验控制向精细化调节、数字化控制方向转变打下重要基础，推动印染行业快速发展，提高行业整体技术水平。

10.4.2.1　染料浓度在线监测技术发展现状[21]

染料浓度在线监测技术主要基于分光光度法和流动注射分析法而发展起来。

（1）国外染浴浓度在线监测研究　国外对染浴在线监控的研究已有二十余年的历史，但是在工业化生产应用方面至今尚在探索中。

① 20 世纪 80 年代，美国北卡罗来纳州立大学（NCSU）的纺织染料应用研究小组就开始对染浴浓度在线监测技术进行研究，至 90 年代，该研究小组提出了对染色过程的闭环控制概念，即系统采用多对多的自动控制方法，同时监控温度、传导性、pH 值和染料浓度等参数，可单独进行分析和自发的调节，发现系统实际状态与所要求状态之间的偏差，然后采取有效的方法更正系统状态。其特别有价值的特征是控制器在实际工艺需要的时间（而不是预设时间）内去执行每一步染色工艺。如果这一设想能成功投入生产，将大大节约生产成本，充分发挥设备的利用率，保证染色产品的"一次准确性"。但是由于缺乏实施测定染液浓度的有效手段，这种闭环控制方案还未能在印染厂应用。因此，开发染色闭环控制系统的首要任务就是开发合适的监控方法，掌控染浴的实时状态。

NCSU 的纺织染料应用研究小组首先依据分光光度法开发了一套直接染浴监测系统（direct dyebath monitoring system）。该系统能实时获得染浴温度、pH 值、电导率和染料光谱吸收等数据，可以对活性染料、直接染料和酸性染料的染色过程进行监控。利用得到的数据研究染色过程的动力学与光谱吸收行为的相关性及其偏离理想行为的程度,控制染色结束时达到的上染率。但在当时的条件下,这套系统受可测染料浓度范围和染液吸光度不稳定等因素的影响,应用前景并不被该研究小组看好。随后,该小组开发了另一套监测系统,即利用流动注射分析(FIA)技术并结合分光光度法实现染液浓度的在线测定。它主要包括注射泵、取样阀、染浴稀释室和分光光度计等,其组成见图10-30。

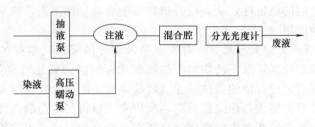

图 10-30 FIA 系统组成示意

将少量的染液试样与适当的液体载体混合后,染料被该液体稀释到分光光度计可以精确测定的浓度范围,通过流动池比色皿,用分光光度计测定吸光度。对于不溶于水的分散染料,可以用丙酮做载体溶解进而测定其吸光度。据该研究小组报道,自从其开发了FIA系统后,已成功用于监测活性染料、直接染料和分散染料浸染过程。然而,对于活性染料染色过程中存在大量的水解染料,这两套系统都不能实时测定活性染料的水解程度。于是,在随后研究中,利用FIA与高效液相色谱(HPLC)技术相结合,由HPLC对染浴进行分离,分离成活性染料、部分水解染料及完全水解染料,以便实时测定染料水解数据。

然而,有些染料结构相似,性质相近,用HPLC分离仍存在很大困难。此外,在检测中还要受到各种助剂、中性盐、pH值以及水质硬度等影响,而且色谱柱使用寿命很短,检测费用昂贵,需要专业人员操作,因此限制了其发展。

由于靛蓝染料特殊的市场地位,该小组进一步拓展开发FIA系统,使其能用于监测靛蓝染料的染色。只需选择合适的还原体系作为载体,将靛蓝还原成隐色体形式即可测定。考虑到靛蓝隐色体形式染浴在氧气环境下不稳定,因此采用氮气保护,防止氧化。经该系统测得的靛蓝染料上染率的精确度可与传统经典的氧化还原法所得数据相媲美。

据报道,该FIA系统已应用于Datacolor公司的Cdormat、Gaston Coumy公司的筒子纱试验染色机和70磅样品染色机以及Mathis的实验室喷射染色机等。

② 近年来,一些高校如美国Georgia Tech、英国Leeds大学等和仪器设备厂商也在持续进行染料浓度在线监测系统的开发,这些系统大多使用分光光度法进行染料浓度分析。其中,主要有法国Comeureg SA公司与法国纺织研究院合作研究开发的TEINTO实验室分析系统,韩国DyeTex Engineefing公司研发的DyeMaxL系统,英国Roaches公司研发的具有类似功能的Coloaec型试验机,美国Datacolor公司和日本的Hamamatsu两家公司也推出了相应的产品,以及英国Leeds大学与瑞士Mathis AG公司合作开发的SMART LIQUOR系统。该系统的硬件部分包括微型光谱仪(光谱检测器)、比色皿切换器、阀门和流量计等;软件能实时显示染浴中染料浓度、pH值和温度等工艺参数,可以同时监测6种染料,主要用于分析棉和聚酯纤维的经轴、筒子纱和喷射染色机染色。通过分析布样、染料、助剂、具体工艺参数(浴比、温度、pH值等),给出改进染色工艺,有助于减少加工时间、提高生产率、降低助剂和资源(水、能源、染料)消耗。

(2)国内对染料浓度在线监测的认识 我国染液浓度在线监测技术研究目前还处于逐步认识的萌芽阶段,在生产中的应用更是空白。

① 黑牡丹(集团)股份有限公司的邓建军研究开发子对还原染料染牛仔布的染色机中

染液组分进行检测和控制的系统。该发明的装置部分包括染液组分添加装置、染液还原剂在线检测装置、染液 pH 值在线检测装置、染液采样泵和计算机。使用时采集染色机中的染液样品，以计算机为控制核心，利用电位滴定法在线定时检测染液中还原剂的浓度，即时检测染液 pH 值，将在线检测值与设定值进行比较，根据比较结果控制还原剂等的添加量，实现染液组分在线控制。采用计算机技术自动控制染液组分浓度，减少人为因素的影响，确保与染色相关的各要素之间的稳定性，从而提升织物染色质量。据报道，该系统已在黑牡丹公司的牛仔布生产中成功应用。

② 青岛大学的刘丛文、王志龙等针对靛蓝染液组分浓度在线监测系统进行了研究。刘丛文等人依据电位滴定原理，选用已知浓度的铁氰化钾溶液为氧化滴定剂来滴定靛蓝染液，用氧化还原电极检测滴定过程中的电位变化。靛蓝染液中的保险粉与靛蓝隐色体均能还原铁氰化钾，但是铁氰化钾溶液先与保险粉反应，反应完成后再与靛蓝隐色体反应。在这一过程中，氧化还原电极会检测到两次电位突变，这两次突变分别表征着保险粉与靛蓝隐色体的滴定终点。由编写好的软件通过滴定终点计算出保险粉和靛蓝隐色体的浓度，检测结果具有较高的准确度和精确度，以此跟踪生产过程，满足生产需要。

③ 东华大学的房文杰利用分光光度法选用科莱恩公司的黛棉丽 HF/CL 系列活性染料为研究对象，对实际染色过程中能出现的单一染料浓度范围和分光光度计的可测染料浓度范围进行研究。发现使用传统固定光程的比色皿远不能满足对实际染色过程中染料浓度大范围变化的测定，提出采用变光程比色皿以适应实际需求。依据染料拼混比例与能辨别的染色布样色差的关系，确定双拼色染料常规染色时可能出现的拼混比例范围，即实际染色生产中可能会使用到的染料拼混范围，并借助包括最大吸收波长—联立方程法、一阶导数法、吸收光谱峰面积法和一阶比值导数法等在内的数学方法，测定分光光度计可测定的拼色浓度比例范围，完成对分光光度法在线监测中应用的初步探索。但是，对于比例相差较大的混合染料浓度测定，仍是一个主要难点。对于三组分染液浓度测定，若其中一种或两种组分的浓度相对较小，宜采用最大吸收波长—联立方程法和吸收光谱峰面积法测定，若要实现对多组分（三组分及以上）染液浓度的精确在线监测，还有许多分析方法和硬件条件需要进一步研究和探索。

④ 近年来，国内高校和企业购买了国外厂商开发成型的在线监测试验仪器，用于染色相关研究或生产性试验，但是具体使用情况尚未见文献报道。为了考察这类仪器的实际检测效果，曾使用国外比较知名的厂商生产的某仪器，按厂商培训推荐的操作方法，对未加织物的活性染料染浴进行了试验，其检测到的活性染料上染率曲线如图 10-31 所示。

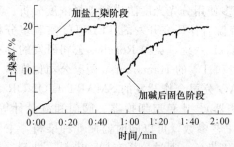

图 10-31　在线检测得到的无织物染浴中
活性染料上染率曲线

对未加织物的染浴，理论上在每个阶段其上染速率曲线应该是平直的。但实际测试结果显示，在加盐上染阶段测试的偏离误差在 4% 左右，在加碱后的固色阶段测试的偏离误为 11% 左右，测试误差很大。由此可见，目前国际上采用分光光度法的在线检测技术仍不成熟。

应用这项技术的难点主要是染料吸光度的准确测定。由于染料在溶液中的状态随温度、盐、pH 值和浓度等变化而变化，对于活性染料这些变化会更加显著。中性盐以及碱的加入会改变染液的吸光度，引起染浴 pH 值变化，导致染料聚集和水解。而且活性染料水解在整个染色过程中随时都在发生，造成染液吸光度测定偏差。对以上每一个变化因素的校准都很复杂，这是采用分光光度法直接监控染浴的最大障碍，有必要对这方面做更加深入的研究探索。

10.4.2.2 分光光度法在线监测的方法[22]

用分光光度计进行在线监测必须选用和配置合适的仪器装置。按分析原理和可选仪器来看，以下几种方法较可行，可以适应不同的需求。但经试验后发现这些装置也存在一些缺点，尚需进行改进。

（1）流动池分光光度法

① 常规分光光度计　该方法非常简便，将普通分光光度计中的比色皿改为流动池比色皿（见图 10-32），并配置辅助装置，使染液连续不断地进入比色皿，实现染液的实时检测。系统示意图见图 10-33。

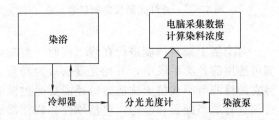

图 10-32　流动池比色皿　　　　　图 10-33　流动池分光光度在线监测示意

染液从染浴通过毛细管导入冷却器降温后，进入分光光度计的流动池比色皿中。电脑通过分光光度计的数据接口，定时读取染液的吸光度数值，实现在线染料浓度分析。

此方法对单组分染料浓度在线测定有较好的效果，在实验室中可以实现 20s 单波长的分辨率，可满足大部分染色过程的在线监测。但是，该装置存在浓度测试范围窄、多波长监测速率慢等问题，一般只用于实验室，不适合大生产应用。

② 流动注射分析仪　分光光度法的流动注射分析，其测试原理同上，只是在冷却器后采用一套自动定量加注/混合装置辅助分析溶液（见图 10-34）。在染液测试中，该部分主要起稀释作用。

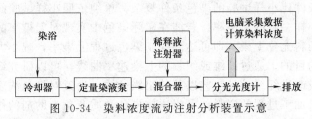

图 10-34　染料浓度流动注射分析装置示意

该方法的特点是染液可先经过过量稀释，再进入分光光度计测定吸光度，从而可以测试浓度较高的染液，如轧染的高浓度染液。但是，由于测试的染液经过稀释，不能再返回染浴中，因此会地浸染工艺的染料用量和浴比造成影响。另外，稀释混合过程需要一定时间，因此监测的时间分辨率也会受到一定限制。

（2）浸入式光纤光谱探测器　近年来，由于光纤技术和光电检测技术的发展，出现了以光纤探头和 CCD 阵列检测器（也称 PDA）结构的光行光谱仪。这种新型的分光光度计将采样探头直接插入染浴中，光从探头前侧的镜面反射到 CCD 阵列检测器，从而实时监测染浴中吸光度的变化情况，这给在线监测技术的应用带来了强有力的手段。图 10-35 光纤光谱仪检测装置示意。

光纤光谱仪能够实时测定染浴中染料浓度，而且能够耐受高温高压染色条件和酸碱介

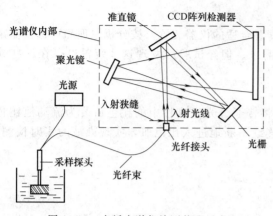

图 10-35　光纤光谱仪检测装置示意

质，因而是在线监测技术的重要发展方向之一。可选用的光谱仪器有 USB4000 微型光纤光谱仪和 QE65000 型科研级的光谱仪（美国海洋光学公司），8453 紫外-可见分光光度计（安捷伦公司），S4100 分光光度计（韩国新科公司）等。韩国 DyeTex Engineering 公司研发的 DyeMax 系统，采用的就是这种光纤光谱仪。但是，这类仪器也存在一些问题，主要是吸光度有效测试范围和稳定性只相当于中低端常规分光光度计，难以适应实际染色过程浓度变化范围大、监测时间长等要求，在实际使用中受到限制。

对染浴中染料浓度进行在线（实时）监测，是未来染整技术发展和进步的重要方向。目前可选用的各类手段中，分光光度法最为经典。从使用角度看，它最有可能进入实际使用，但它的检测范围和抗干扰能力等还需要通过试验逐步探索与提高。传统类型的分光光度计，必须进行适当配置和改进，包括硬件和软件都要为实际应用做出相应的改变。分光光度法的流动注射分析可能成为有效途径，但它存在染液损失而不适用于小浴比染色，可适用于高浓度大浴比的染液浓度监测。

从可选的仪器类型来看，具有光电二极管阵列检测器（PDA）的光谱仪应该是最有应用前景。配备光纤探头更可以像温度探头那样，直接将探头浸入溶液测试，使整个装置简化。目前，这类分光光度计的测试精度和稳定性还难以满足实际需要。虽然现在有厂商正在使用该类装置研发染色实时监测仪器，但是与传统型高端分光光度计还有一定差距。

根据以上对在线染液监测要求与实际条件的探讨，新型可变光径型光纤光谱仪（如上述 Solo VPE），由于其可变光径会产生大范围的浓度监测，今后应有进一步的发展前景。

10.4.2.3　活性染液浓度在线检测方案[23]

由于实际染色条件比小样试验的染色条件复杂，单纯依照小样试验的工艺参数进行大样染色，难以获得与小样一致的上染率。若能在实际染色中实现对上染率的预测，通过调整相应的工艺参数，使染料充分上染，即可达到控制染色过程上染率，减小大小样之间的颜色差异，提高产品质量的目的。通过纤维或织物的上染速率曲线，可以研究纤维或织物的物理化学性能，从而比较或改进纤维纺丝工艺以及其组织结构。通过对染料浓度的在线监测，可以为染色事故检查提供加工过程的资料，可以比较染色介质及化学助剂的作用与性能，为选择相关工艺条件提供依据。

基于分光光度法的染料浓度在线监测系统，其原理依据是朗伯-比尔定律。由于温度、中性盐和碱剂等因素对染液吸光度的影响，实现活性染料浓度的在线监测颇为繁琐。

本课题通过前一阶段的研究，针对存在的上述问题提出了几种不同的解决方案，本文主要在大量试验的基础上，使用 MATLAB 和 STOP 软件建立适当的数学模型，并根据建立的数学模型对数据进行拟合，以寻求实现监测活性染料上染和固色阶段的解决方案。由于每个活性染料品种采集的数据量很大，本文仅以科莱恩公司的黛棉丽藏青 HF-GN 为例，介绍试验和数据处理的结果。

（1）试验部分

① 织物、试剂与仪器

织物　13372 全棉府绸（上海华纶印染股份有限公司）。

试剂 黛棉丽藏青（科莱思公司），氯化钠（化学纯，上海凌峰化工有限公司），无水碳酸钠（化学纯，上海虹光化工厂）。

仪器 Cary60 紫外-可见光分光光度计（Agient Technologies 公司），BS224s 电子天平（0.1img，北京赛多利斯有限公司），FL300 循环水恒温槽（德国优莱博公司），RH basic KT/C 磁力搅拌加热器（IKA 公司），HL-2B 恒流泵（上海青浦扈西仪器厂）。

② 试验装置及染色工艺流程 试验装置见图 10-36。

染色工艺流程见图 10-37。

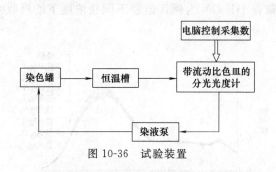

图 10-36 试验装置

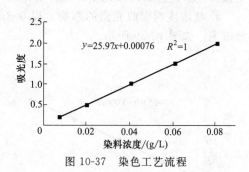

图 10-37 染色工艺流程

③ 试验方法与条件

a. 无织物染浴吸光度测试 以科莱恩公司黛棉丽藏青 HF-GN 作为研究对象，分别配制不同浓度的染料溶液，不放入织物，按照染色工艺流程，使用磁力搅拌器对染浴进行搅拌和加热控制。盐用量 10～100g/L，碱用量 5～30g/L。使用分光光度计每隔 1min 扫描整个染色过程的染液吸收光谱。染液流经流动池以前，先通过 20℃恒温槽，以保证整个染色过程中测试温度都是恒定的。

b. 仪器和数据处理所设的主要条件如下。

带宽 2nm，扫描速度为 4800nm/min，扫描范围为 360～700nm。

根据不同的染料浓度选用 0.1～10min 光程的流动池比色皿。

读取的吸光度值全部转换为相当于 10mm 光程的数据。

使用 MATLAB 和 1STOP 两个软件进行数据处理和拟合。

c. 染色试验 取染料按染色工艺条件染色，并使用试验装置采集染色过程中染液的吸收光谱数据。

染色工艺处方：

全棉府绸练漂半制品/g	3
活性染料/%（o. w. f）	2
中性盐 NaCl/（g/L）	60
碱剂 Na_2CO_3/（g/L）	15
浴比	1：40

（2）结果与讨论

① 升温阶段染料浓度检测 这一阶段染液中只有染料以及织物。研究发现，温度升高对染料吸光度影响较小，只要保证吸光度测试前染液通过恒温槽，使流动池温度维持恒定就能提高吸光度测试准确度。以藏青 HF-GN 为例，读取升温阶段扫描的吸收光谱图中 594nm 处吸光度，绘制标准工作曲线，如图 10-38 所示。

吸光度与染液浓度的直线相关性很高，这一结果与房文杰的报道一致。该染料的浓度与吸光度关系见式（10-9）：

$$A=25.97c_{染}+0.00076 \tag{10-9}$$

式中，A 为吸光度；$c_染$ 为染料浓度，g/L。

利用上述拟合结果对该染料升温阶段染液中的染料浓度进行监测。

② 加盐上染阶段染料浓度检测　活性染料上染阶段，染液需经过保温、加盐等处理，是染料吸附到织物上的主要阶段。试验首先考察盐对染料吸收曲线的影响，其次考察保温一定时间吸光度的变化。在分光光度法定量测定时，需要通过已知浓度的组分作标准曲线来测定待测组分的浓度。本试验通过测定上染阶段含盐染浴中染料浓度与吸光度的标准曲线，建立数学模型，进而以吸光度准确计算染浴中的染料浓度。

a. 盐浓度对吸收光谱的影响　以 0.2g/L 藏青 HF-GN 为例，绘制不同盐浓度下的吸收光谱图，如图 10-39 所示。

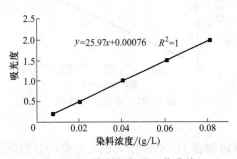

图 10-38　染料的标准工作曲线

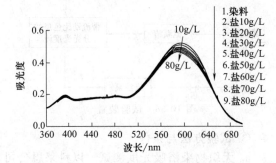

图 10-39　不同盐浓度对染液吸光度的影响

注：加盐后 1min 内扫描

由图 10-39 知，盐的存在会使染液吸光度产生明显变化，因此该阶段染料浓度测试必须考虑盐浓度因素。如果不考虑实际生产中分步加盐，即假定盐一次全部加入之后盐浓度不再变化，则在各种盐浓度一定的条件下，该染料的浓度与吸光度的关系曲线见图 10-40。

从图 10-40 看出，不同盐浓度下，染料浓度与吸光度关系曲线的斜率明显不同。在同一盐浓度下，在染色可能涉及的较大染料浓度范围内，染液的浓度与吸光度具有良好的线性关系。图 10-40 的每条直线拟合的相关系数均达到 0.999~1.000。由此结果而言，似乎在此阶段只要确定盐浓度，就能通过线性拟合得到染料浓度。

b. 保温时间对吸收光谱的影响　由于染色加工是一个连续性过程，因此为了实现在线监测，需要考察不加织物的含盐染液在高温处理时吸光度随时间的变化情况。以 0.2g/L 的染料为例，含盐 60g/L 染液上染阶段吸收度随时间的变化如图 10-41 所示。

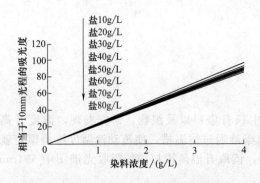

图 10-40　藏青 HF-GN 含盐染液吸光度-

染料浓度曲线图（594nm）

注：表中吸光度为加盐后第 1min 内所测得的数据，

均归一化至相当于 10mm 光程

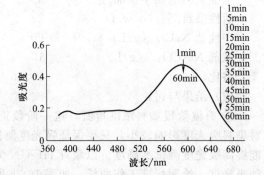

图 10-41　含盐染液保温不同时间吸收光谱图

从图 10-41 看出，含盐染液保温不同时间的吸收光谱曲线几乎重合，基本不随时间变化而变化。染料溶液中加入中性盐，造成染料聚集，吸光度发生变化，但是这种影响是即刻发生的，在很短时间后就会结束，在所监测的时间内，染料在溶液中状态的光谱是稳定的。

c. 上染阶段线性拟合计算的染料浓度偏差　在图 10-40 含盐染液染料浓度-吸光度曲线中，以常用的 60g/L 盐浓度为例，线性拟合的相关系数达到 1，以此线性拟合方程计算与实际浓度的偏离情况，得到不同浓度的偏差如表 10-38 所列。试验选用的染料浓度范围是 0.01～4g/L，该范围内染料浓度变化率为 400 倍，比较接近实际染色时该染料可能涉及的浓度范围 0.006～5g/L。

表 10-38　线性拟合计算所得偏差

线性拟合	$A = 22.49c_染 + 0.099 R^2 = 1$									
实际浓度 $c_染$/(g/L)	0.01	0.02	0.04	0.05	0.1	0.2	0.4	0.5	2	4
拟合所得 $c_染$/(g/L)	0.0066	0.0174	0.0391	0.0496	0.1019	0.2030	0.4055	0.5048	1.9866	4.0054
相对偏差/%	34.19	13.07	2.18	0.76	−1.93	−1.48	−1.37	−0.95	0.67	−0.14

由表 10-38 看出，在强此大的变化范围内，用吸光度计算染料浓度会有不同的偏差。当染料浓度较低时，误差很大；而高于 0.05g/L 后，则准确性较高。经验证，即使采用二次拟合，所得到的结果依然在低染料浓度时存在较大偏差。

从常规的活性染料浸染工艺考虑，染色时染料的吸附上染率（包括固着和未固着染料）基本上都在 95% 以下。如果以染料的最高上染率 95% 计，在整个染色过程中染料最高浓度与最低浓度之比为 20（倍）。因此，对上述整个染料浓度大范围，以 20 倍变化为单位进行分段拟合，提高浓度计算的准确性。

以染色初始染料浓度分别为 0.05g/L 和 4g/L，染色结束浓度分别为 0.0025g/L 和 0.2g/L（20 倍变化率），盐用量为 60g/L，使用 MATLAB 软件拟合吸光度和染料浓度函数，所得结果及准确性见表 10-39。

表 10-39　初始浓度为 0.05g/L 时线性拟合结果及误差

线性拟合	$A = 24.25c_染 + 0.0525 R^2 = 1$			
实际浓度 $c_染$/(g/L)	0.01	0.02	0.04	0.05
拟合所得 $c_染$/(g/L)	0.0100	0.0200	0.0402	0.0499
相对偏差/%	0.31	0.05	−0.39	0.23

表 10-40　初始浓度为 4g/L 时线性拟合结果及误差

线性拟合	$A = 24.25c_染 + 0.0525 R^2 = 1$			
实际浓度 $c_染$/(g/L)	0.2	0.4	0.5	2	4
拟合所得 $c_染$/(g/L)	0.2011	0.4038	0.5031	1.9863	4.0069
相对偏差/%	−0.54	−0.94	−0.63	0.68	−0.17

从表 10-40 看出，染料浓度范围在 20 倍时线性拟合结果比较理想，误差很小。只是这种解决方法较为繁琐，每个染料在线检测前都要针对不同的初始染料浓度建立相应的拟合方程，这对该技术实施造成一定的麻烦。

③ 加碱固色阶段　活性染料染色过程中，加入碱剂后许多染料会迅速发生色光变化，这会给浓度检测带来困难。同时溶液中的染料还会逐步发生水解，这也会在一定程度上造成溶液的吸收光谱发生变化，影响浓度检测的准确性。染浴碱性越强，染料水解程度越大，增大染料浓度测定误差，这是在线监测染料浓度所需解决的关键问题。

a. 碱对染液吸光度的影响　以盐用量 60g/L、藏青 HF-GN0.2g/L 的染液为例，按染色工艺加不同量碱，经 60℃保温 8min，每隔 1min 扫描光谱曲线。

　　b. 染液加不同浓度碱剂后吸收光谱的变化　首先考察碱浓度对染液吸收光谱的影响。图 10-42 是加入不同浓度碱剂，搅拌/溶解 1min 后测得的染液吸收光谱。

　　从图 10-42 看到，该染料在加碱后短时间内，吸收光谱与染料-含盐染液的光谱曲线相比，发生了明显变化。但是加入碱后，碱浓度在 10g/L 以上，吸收光谱的变化很小，其中碱浓度大于 25g/L 时，有少量改变。这一结果可能与 pH 值变化导致的染料色光变化有关，也可能与碱剂用量增加相当于电解质浓度提高造成的影响有关。这说明，虽然碱剂会使染料吸光特性明显变化，但在碱常用量范围内（10～25g/L）吸光度较为稳定，变化不大。

　　c. 染液加碱后吸收光谱随时间的变化　碱用量为 15g/L 时，保温一定时间后含盐和碱的染液吸光度如图 10-43 所示。

　　从图 10-43 看出，加入碱后，随着时间推移，在染料最大吸收波长 594nm 处的吸光度慢慢下降，下降的速率随时间推移变得越来越小。经检验，分光光度计吸光度 1h 测试重复性的基线漂移率均小于 0.0003，因此试验结果是可信的。不同染料偏离程度有所不同，同系列的黛棉丽黄 CL-2R，80min 变化率可达 1.83%。

　　这对于染料浓度在线检测的准确性也会有较大影响，因此，在加碱固色阶段的吸光度测试结果还需要用时间进行修正。

　　d. 固色阶段藏青 HF-GN 染液吸光度　在碱常用量 10～25g/L 范围内，染液吸光度随碱的浓度变化很小。因此，在考察藏青 HF-GN 染液固色阶段的吸光度时，不再考虑碱浓度。在不同染料浓度下，加盐 60g/L，碱 15g/L，测吸光度取平均值，结果见表 10-41。

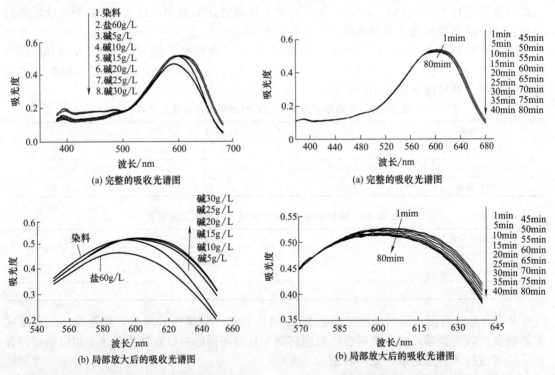

图 10-42　染液加入不同浓度碱剂后的吸收光谱

图 10-43　碱浓度以及保温时间对含盐和碱的染液吸光度的影响

表 10-41　不同浓度染料加入盐和碱的吸光度

$c/(g/L)$	0.01	0.02	0.04	0.1	0.2	0.4	0.5	2	4
吸光度	0.265	0.526	1.064	2.649	5.190	10.300	12.761	49.773	99.457

　　注：表中吸光度为加盐后第 1min 内所测得的数据，均归一化至相当于 10mm 光程。

④ 固色阶段可以采用与上染阶段相同的数据处理方法，仍以 20 倍作为一次染色过程染料浓度变化范围进行考察。

a. 染料浓度在 0.01～0.2g/L 范围内的数学模型

使用 MATLAB 对表 10-41 的吸光度数据线性拟合成关于染料浓度的函数，并计算出准确度，结果见表 10-42。

表 10-42　线性拟合结果及误差

拟合结果	$A=25.94c_染+0.0191R^2=0.9999$				
实际浓度 $c_染$ /(g/L)	0.01	0.02	0.04	0.1	0.2
拟合所得 $c_染$ /(g/L)	0.0095	0.0195	0.0403	0.1014	0.1993
相对偏差/%	5.20	2.29	-0.70	-1.38	0.33

从表 10-42 相对误差可以看出，该拟合结果准确度较高，只有低浓度个别点的误差相对较大，但并不影响该结果的应用。

b. 染料浓度在 0.2～4g/L 范围内的数学模型　使用 MATLAB 对表 10-41 中染料浓度 0.2～4g/L 的吸光度数据线性拟合成关于染料浓度的函数，并计算出准确度，结果见表 10-43。

表 10-43　线性拟合结果及误差

拟合结果	$A=24.77c_染+0.3126R^2=1$					
实际浓度 $c_染$ /(g/L)	0.1	0.2	0.4	0.5	2	4
拟合所得 $c_染$ /(g/L)	0.1969	0.4032	0.5026	1.9968	4.0026	0.1969
相对偏差/%	1.55	-0.80	-0.51	0.16	-0.06	1.55

从表 10-43 相对偏差可以看出，该拟合结果的准确度依然较高，因此应用这种处理方法可以较好地预测染料浓度，但需要对测得的吸光度在时间上进行修正。

c. 时间影响数学模型的建立　含盐 60g/L、碱 5～30g/L，不加织物的染液，经 60℃保温 80min，染液流经 20℃恒温槽后，测试吸光度，计算吸光度随时间的最大变化率，结果见表 10-44。

表 10-44　吸光度随时间变化的最大变化率　　　　　　　　单位:%

$c_染$ /(g/L)	碱浓度/(g/L)					
	5	10	15	20	25	30
0.01	1.86	1.79	1.87	1.51	1.52	1.61
0.02	1.69	1.71	1.75	1.89	1.52	1.34
0.04	1.78	1.53	1.79	1.71	1.39	1.62
0.1	1.85	1.87	1.89	2.25	2.56	2.64
0.2	3.41	3.23	2.87	3.06	3.17	3.10
0.4	2.10	2.21	2.26	2.08	1.98	1.99
0.5	2.23	2.39	2.33	2.35	2.55	2.74
2	3.72	3.91	3.58	3.79	3.62	3.26
4	2.65	2.76	2.78	2.86	2.64	2.68

由表 10-44 知，吸光度随时间变化与碱浓度的关系不是很大，因此可以不考虑碱浓度在时间上对吸光度的影响进行拟合，仅就染料浓度采用 MATLAB 软件对数据进行分段拟合。

在染料浓度为 0.01～0.1g/L 范围内：

$$\Delta A=(0.005143c_染-1.564\times10^{-5})$$
$$t+0.01163c_染+0.001635 \tag{10-10}$$

在染料浓度为 0.1～4g/L 范围内：

$$\Delta A=(0.00911c_染+0.0008686)$$
$$t+0.05066c_染+0.0009907 \tag{10-11}$$

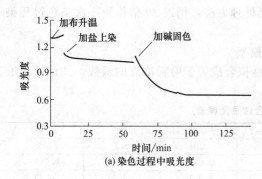

(a) 染色过程中吸光度

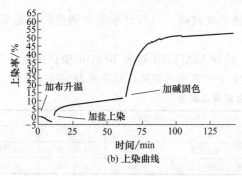

(b) 上染曲线

图 10-44 藏青 HF-GN 染色过程中吸
光度变化及上染速率曲线

式中，ΔA 为第 1min 与第 80min 的吸光度差；$c_{染}$ 为染料浓度，g/L；t 为时间，min。

⑤ 染色过程的在线检测 按上述试验方法扫描采集藏青 HF-GN 在染色过程时的吸收光谱，读取不同时间光谱图 594nm 处的吸光度，监测不同染色时间的染料上染率，结果见图 10-44。

由图 10-44 知，利用以上试验结果能够对染色过程进行监测。在加布后的升温阶段，上染率变成了负值，这是由于使用干布入染，在染色开始阶段织物吸水，而染料分子较大，尚来不及吸附上染，从而造成染料浓度增加，出现了上染率负值现象。

【结论与展望】

① 采用分光光度法实现染料浓度在线监测，所受影响因素较多。但是本文阐述的方法简单而易于操作，选择性较好，测定快速，且仪器价格较低，是目前最具可行性的在线染料浓度检测手段。

② 由朗伯-比尔定律及以上试验讨论可知，染液中加入盐和碱后染料浓度与吸光度仍符合线性关系，但是由于实际染色所涉及的染料浓度范围较大，在大范围内对吸光度拟合时，浓度较低范围内由于数据很小造成误差很大，因此采取分段方式拟合。

③ 通过建立相关的数学模型可以实现对活性染料不同染色阶段的在线监测，得到染色过程中染料的实时浓度和上染速率，从而为实现染色过程的精确化控制打下基础。

④ 本法需要针对特定的染料进行大量试验，建立起一套合适的吸光度数据处理方法和相关染料在线监测数据库。

随着研究的深入和染色生产技术的发展，染料浓度在线监测必将引起广大染色工作者的重视。

10.4.3 染色 pH 值的控制

染整加工过程中工艺参数的在线测控，是改善加工质量，提高染色一次成功率，达到节能减排的必要举措。其中，染色过程在线测控 pH 值，对提升纺织品品质尤其重要[24]。

10.4.3.1 牛仔布"环染"必须控制 pH 值

靛蓝染料属于还原染料，需经碱性还原成可溶性隐色体后方可上染纤维。由于该染料与纤维的亲和力只是一般染料的 $1/60\sim1/10$，若达不到氧化还原电位值（-760mV），亲和力会更差，上色率会更低。因此，染色过程中对氧化-还原电位或 pH 值的控制，是能否染好牛仔布的关键。

单酚钠离子型靛蓝隐色体与双酚钠离子型靛蓝隐色体为棉纤维吸收的主要形式，但从得色量、色牢度、色泽等方面考虑，单酚钠离子型靛蓝隐色体更重要。

为使染液在还原过程中产生更多的单酚钠离子型靛蓝隐色体，将染浴 pH 值控制在

10.8～11.2,使染料和纤维的电离都降到最小,在几乎没有离子斥力存在的情况下,染料对棉纤维的相对亲和力提高了,导致染料对棉纤维有较高的瞬染率,获得工艺上所需要的牛仔布纱线环染。

随着染液 pH 值的下降,摩擦牢度大体呈下降趋势。pH 值为 7.5 时,染液中基本上是还原态的非离子型隐色体,微溶于水,不能上染;随着 pH 值的增大,单酚钠离子型靛蓝隐色体不断增加,当 pH 值达 11.0 时,开始出现双酚钠离子型靛蓝隐色体,pH 值上升到 13.5 时,基本上都是双酚钠离子型靛蓝隐色体,这时上染率会下降,色牢度降低,色泽灰暗。

如果要求牛仔布快速水洗褪色,染浴 pH 值应控制在 11.0～11.5;若不要求快速水洗褪色,pH 值可提高到 12.5～13.5,降低染料亲和力,提高渗透性。pH 值在 11.0～11.4 时,吸光度反射率最高,而与染料最大吸收时 pH 值在 9.5～10.5 不一致。这说明,当 pH 值大于 10.5 时,至少有部分靛蓝染料产生沉淀,而对增加色深无作用。

靛蓝染色过程中,pH 值随时会变化,为保证染色质量的稳定和再现性,亟须进行 pH 值在线自动测控。

10.4.3.2 pH 值影响纤维反应速率

在推广应用两相法印花工艺时,经常有人提出,为什么快速蒸化的汽蒸只需十几秒?

表 10-45 是 pH 值与纤维素离子浓度的关系。染料与纤维的反应速率为 K_F [DF] [Cello⁻] 之乘积,当染料在纤维上的浓度 [DF] 固定,则纤维与染料的反应速率主要与纤维素离子浓度 [Cello⁻] 有关。

表 10-45 pH 值与纤维素纤维离子浓度关系

pH 值	[OH⁻]/(mol/L)	[Cello⁻]/(mol/L)	[Cello⁻]/[OH⁻]
7	10^{-7}	3.0×10^{-6}	30
8	10^{-6}	3.0×10^{-5}	30
9	10^{-5}	3.0×10^{-4}	30
10	10^{-4}	3.0×10^{-3}	30
11	10^{-3}	2.8×10^{-2}	28
12	10^{-2}	2.2×10^{-1}	22
13	10^{-1}	1.1	11

由表 10-45 知,每增加一个单位 pH 值,反应速率大约可提高 10 倍。常法的碱剂为小苏打,汽蒸时转化为纯碱,其 pH 值为 11;两相法采用烧碱作碱剂,pH 值 13 以上,按表 10-45 其反应速率值是纯碱的 40 倍,故常法蒸化 8min,两相法只需汽蒸 12s。这就是活性染料两相印花后快速蒸化的主要依据。由此可知,pH 值稍有变化,反应速率变化颇大,直接影响到上染固色的效果。

要实施节省蒸汽、尿素,或无尿素印花后蒸化工艺,对 pH 值实施在线控制必不可少。

10.4.3.3 染浴 pH 值对中温型活性染料的影响

活性染料在浸染中的上染与直接染料不同。直接染料的上染过程主要是纤维对染料的吸附,属物理变化;而活性染料的上染过程则还有化学变化,即染料-纤维素间会发生键合反应,而染料-水之间则会发生水解反应。因此,活性染料染色时,染浴 pH 值对染色结果的影响比直接染料要大得多。

以下试验结果足以说明在吸色阶段不同染浴 pH 值对染色结果所产生的影响。织物为 19.4tex×19.4tex,268 根/10cm×268 根/10cm 丝光棉布。

(1) 试验条件

① 未固色

a. 处方

染料/% (o.w.f)	1.5
六偏磷酸钠/(g/L)	1.5
食盐/(g/L)	40
pH 值	5.15~9.92

b. 工艺　60℃恒温吸色 30min，不水洗，甩干拉平，75℃热风烘干。

c. 检测　以中性浴的吸色深度 100%作相对比较。在 Datacolor SF 600X 测色仪上测试。

② 固色

a. 配方

染料/% (o.w.f)	1.5
六偏磷酸钠/(g/L)	1.5
食盐/(g/L)	40
纯碱/(g/L)	20
pH 值	5.15~9.92

b. 工艺　60℃恒温吸色 30min，加碱固色 40min，热水清洗，皂煮（净洗剂 5mL/L、螯合分散剂 3mL/L，100℃，5min，2 次）→热水、冷水洗净→75℃热风烘干。

c. 检测　同未固色。

③ 试验结果　试验结果见表 10-46。

表 10-46　染液 pH 值对吸色结果的影响

染料	不同 pH 值吸色 30min 的相对吸色深度比较/%				不同 pH 值吸色 30min、固色 40min 相对固色深度比较/%			
	pH=5.15	pH=7.67	pH=8.54	pH=9.92	pH=5.15	pH=7.67	pH=8.54	pH=9.92
活性黄 M-3RE	88.37	100	99.12	201.57	97.58	100	99.76	102.50
活性红 M-3BE	90.19	100	99.30	157.98	100.45	100	103.03	104.24
活性蓝 M-2GE	101.14	100	100.95	139.12	100.36	100	101.83	112.13
活性翠蓝 B-BGFN	85.48	100	101.07	186.83	98.3	100	102.59	104.78
活性艳蓝 KN-R	81.12	100	98.47	471.96	100.3	100	101.92	101.29
活性嫩黄 B 6GLN	84.30	100	98.32	376.20	97.42	100	101.21	103.43

由表 10-46 得出如下结论。

a. 吸色时染液呈弱酸性　此时，大多数染料的吸色深度显著下降，但对最终固色深度的影响却不大。然而，必须注意的是，由于一次吸色量的降低，残液中的染料浓度较高，这无疑会导致加碱固色初期（二次吸色初始）染料吸附上染加块。这对均匀吸色与均匀固色会产生负面影响。

因此，实际生产中，染色前必须对半制品布进行酸洗（或中和），应尽力把残留酸洗净，以免影响匀染效果。

b. 吸色时染液呈碱性　此时，染料的吸色性随染液碱性的强弱而变化。当染液碱性比较弱时，染料的吸色吸色速率和吸色量与中性浴相比，变化并不太显著。而当染液的 pH 值大于 9 以后，染料的吸色速率和吸色量才会大幅提升。但对最终染色结果（因色率有提高的趋势）的影响也不大。在此条件下，染料的吸色性之所以会变得较强，是因为此时已有部分染料与纤维素大分子链上葡萄糖残基的 C_6 位上的伯羟基（—CH_2OH）发生键合反应的缘故（C_6 位上的伯羟基比 C_2 和 C_3 位上的仲羟基更容易电离，化学活泼性更强，在碱性较弱的条件下，即有一定的反应能力）。

显而易见，活性染料浸染时，先在适当的碱性染液里吸色（所谓预加碱染色），使吸色量适度增加，这会有效降低加碱固色初始阶段染料的二次吸色速率，提高匀染效果。特别是对一次吸色量低，而二次吸色"骤然上色现象"突出的一些染料，如活性艳蓝 KN-R、活性艳蓝 A（B）-RV、活性黑 KN-B、活性蓝 BRF 和雷马素蓝 RGB 等。这些染料染浅色，或染匀染性较差织物时，采用预加碱法染色，其匀染效果最为显著。

c. 固色　由于中温型活性染料与纤维素纤维之间的反应是释酸反应，只有在碱性条件下才能最大限度地顺利进行。而染料中所含的 β-羟乙基砜硫酸酯活性基又只有在碱性条件下才会发生消除反应，变为乙烯砜基，从而产生较强的反应能力。因此，活性染料固色必须在碱性条件下进行。

值得注意的是，在碱性浴中，染料-纤维素间的键合反应与染料-水间的水解反应是同时进行的。在一定的染色条件下，这两种反应的速率，主要取决于染液的 pH 值。染液的 pH 值低，染料-水间的水解反应速率低，但染料-纤维素间的键合反应能力也低，既没有高的上染速率，更没有染深能力。染液的 pH 值高，染料-纤维素间的键合能力强，固着速率宰快；但染料-水间的水解反应速率会更快，所以，反而会因染料大量水解而降低得色深度。由此可见，欲获得较快的固色速率和较高的固色深度，必须准确掌握固色的最佳 pH 值平衡点（即最佳固色 pH 值），以达到最高的最终固色率目的。

（2）试验条件

① 工艺

a. 设备　靖江圆周平动式染样机。

b. 配方

染料/%（o.w.f）	1
六偏磷酸钠/（g/L）	1.5
食盐/（g/L）	40
pH 值（固色染液）	9.65～12.96

c. 工艺　浴比 1∶30，升温至 60℃，恒温吸色 30min→加碱固色 40min→温水搓洗干净→高温皂煮 2 次（同前）→洗净→75℃热风烘干。

d. 检测　用 Datacolor SF 600X 测色仪测定；以 pH 值为 10.65 的固色深度作 100%，相对比较。

② 试验结果及结论　实验结果如图 10-45 所示。

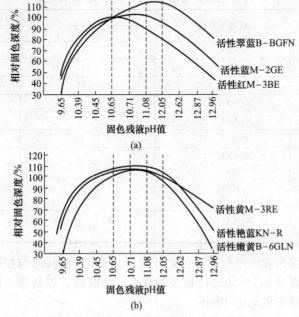

图 10-45　中温型活性染料的最佳固色 pH 值

由图 10-45 可得出以下结论。

a. 不同的中温型活性染料的最佳固色 pH 值并不相同。有的染料对固色 pH 值要求较低，如活性红 M-3BE；有的染料对固色 pH 值要求则较高，如活性翠蓝 B-BGFN。显然，这是因为染料的结构不同，其反应性强弱不同的缘故。

b. 常用中温型活性染料固色时的最佳 pH 值其实并非是一个点，而是在一个较窄的 pH 值范围内。如活性红 M-3BE 最佳 pH 值为 10.60～10.71，活性蓝 M-2GE 为 10.71～11.08，活性翠蓝 B-BGFN 为 11.08～12.05（这是指 60℃中温染色，而不是指 80℃高温染色）。也就是说，某一只染料在其最佳固色 pH 值范围内，其固色率相对最高，而水解率相对最低。固色 pH 值大于或小于这个范围，其固色率（得色深度）会显著下降。

c. 除少数染料外，大多数中温型活性染料浸染时的最佳固色 pH 值在 10.5～11.0 之间。然而，这并不意味着不同染料的固色 pH 值在此范围内，皆可获得最高固色率。这是因为，各活性染料的最佳固色 pH 值范围比较狭窄，一旦 pH 值超出其最佳范围（即使偏差较小），固色率就会下降。

d. 常用活性翠蓝，如活性翠蓝 A（B）-BCFN 浸染时的最佳 pH 值远远高于其他大多数染料，为 11～12。这是因为活性翠蓝属于铜酞菁染料，相对分子质量大，缺乏线型结构，不仅扩散能力差，反应性也弱。

e. 常用活性嫩黄，如活性嫩黄 A（B）-6GLN，其最佳固色 pH 值虽然也在常规范围内（pH＝10.71～11.08），却存在着异常表现，即固色 pH 值一旦超出最佳范围，其得色深度会急剧下降。这表明活性嫩黄 A（B)-6GLN 对固色 pH 值十分敏感，必须精确掌控。

以上说明，中温型活性染料因染料不同，其最佳固色 pH 值亦不同，且必须准确控制，而采用试纸测定是无法做到的。

10.4.3.4 pH 值在线测控

表 10-47 不同碱剂不同浓度采用试纸与 pH 计测量的对比，pH 值误差高达 2.0～2.5，对照表 10-45 可知，其反应速率值差得甚高。所以人为测色不一定可靠，用于控制工艺不可取。

表 10-47 采用试纸与 pH 计测定 pH 值的对比

轧碱液编号	碱剂与浓度	pH 值测定	
		pH 计	pH 试纸
1	NaOH 1%	11.05	13.00
2	NaOH 2%	10.95	13.00～13.50
3	NaOH 3%	10.95	13.50
4	Na$_2$CO$_3$ 1%	10.95	13.00～13.50
5	Na$_2$CO$_3$ 3%	9.49	10.00～11.00
6	Na$_3$PO$_4$ 1%	10.45	12.00
7	Na$_2$CO$_3$ 1% ＋Na$_2$CO$_3$ 1%	10.08	12.00
8	Na$_2$CO$_3$ 3% ＋Na$_2$CO$_3$ 3%	10.05	13.00
9	Na$_2$CO$_3$ 1% ＋NaOH 1%	11.00	13.00～13.50

（1）系统组成 常州宏大电气有限公司开发了 pH 值在线检测与控制系统。该系统由美国进口的检测电极，以及 pH～500pH 值控制仪表、加酸阀、控制箱、加酸桶、循环泵和过滤箱等部分组成。系统组成见图 10-46。

该系统的核心部件是 pH 值信号采集装置和信号处理控制装置。系统根据 pH 检测传感器检测到的 pH 值信号，输出至中央处理单元，中央处理单元经信号处理单元和运算单元后，实现仪表显示实际 pH 值；再与设定的 pH 值进行比较，输出控制信号，以控制执行机构，自动向槽中加碱中和液，并采用循环泵对槽内液体迅速循环，确保其均匀性。使上染至织物上的染液达到所设定的 pH 值。

（2）系统控制器与外国设施关系　pH值在线检测控制系统中，控制仪表的研制与

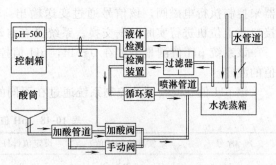

图 10-46　pH 值在线检测与控制系统的组成

开发是至关重要的环节之一。控制仪表采用单片机智能化设计，具有自动稳零、数字显示、超限报警、变送输出、电流调节输出或时间比例输出、RS485 通信等功能，其中变送输出可用于驱动记录仪或送到 DCS 系统，电流调节输出可用于驱动调节阀、加酸或加碱计量泵，时间比例输出可用于驱动电磁阀等。仪表控制器内部运算以及与外围设备的关系如图 10-47、图 10-48 所示。

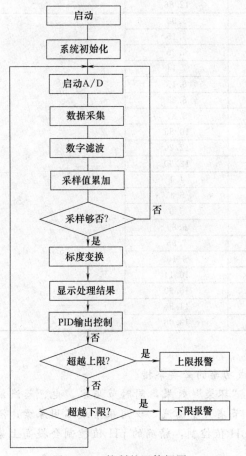

图 10-47　控制的运算框图

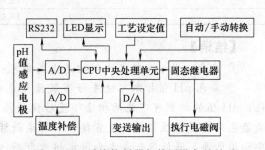

图 10-48　系统控制器与外围设备的关系

　　系统通过 pH 值检测传感器将信号送至仪表 A/D 转换器进行信号处理，同时温度补偿信号也经 A/D 转换器进行信号处理后，二者将处理后的信号送至 CPU 进行处理，并送至 LED 显示实际测定值，同时与工艺设定值进行比较；再将相应的控制信号输出到固态继电

器来控制执行电磁阀，该信号通过变送输出，可用于驱动记录仪或送到 DCS 系统，RS232
接口与上位机进行实时数据交换。系统具有自动 PID 控制及手动自动转换功能。

该系统 pH 值测量范围在 0～14，pH 值控制精度±0.3，通过校正，能满足高精度 pH
值的测定。

该 pH 值在线检测及控制系统通过在不同的工作温度下，系统实测控制数据见表 10-48。

表 10-48　pH 值控制数据测试

序号	实际值(pH 值)	设定值(pH 值)	控制值(pH 值)	液体温度/℃
1	4.0	4.0	4.10	
2	5.0	5.0	5.20	
3	6.0	6.0	5.83	
4	7.0	7.0	6.92	
5	8.0	8.0	8.11	
6	9.0	9.0	9.15	70.0
7	10.0	10.0	9.85	
8	11.0	11.0	10.95	
9	12.0	12.0	11.80	
10	13.0	13.0	12.86	
1	4.0	4.0	3.92	
2	5.0	5.0	5.15	
3	6.0	6.0	6.20	
4	7.0	7.0	7.14	
5	8.0	8.0	8.15	
6	9.0	9.0	8.88	40.0
7	10.0	10.0	9.89	
8	11.0	11.0	10.85	
9	12.0	12.0	12.20	
10	13.0	13.0	12.90	
1	4.0	4.0	4.1	
2	5.0	5.0	5.1	
3	6.0	6.0	5.9	
4	7.0	7.0	6.89	
5	8.0	8.0	7.95	
6	9.0	9.0	9.10	25.0
7	10.0	10.0	10.14	
8	11.0	11.0	10.90	
9	12.0	12.0	11.85	
10	13.0	13.0	13.08	

【结语】

① 染色工艺 pH 值在线测控是提高染色一次成功率的必要举措。

② 染色 pH 值控制可使牛仔布靛蓝染色获得"环染"效果，同时节省水、电、蒸汽消耗；pH 值的控制可实施两相法印花后快速蒸化，节省大量蒸汽，少用尿素或不用尿素；浸染染色无论是活性染料还是直接、中性染料皆需 pH 值控制，精确的 pH 值控制会提高上染率和固色率，降低运行成本和污水排放负荷。

10.4.4　丝光烧碱浓度的在线测控

烧碱（NaOH）在染整生产中应用颇广，烧碱的浓度直接影响到工艺参数变量的差值，对其有效的测量、控制，将有利于提高工艺效果、节能减排。《纺织工业"十二五"科技进步纲要》中，在发展目标指出"行业信息化技术开发和应用接近或达到国际先进水平……"；在线检测控制技术方面，阐明了"通过科学计算，精确计量投料，使印染生产由粗放型向精细化转变，不仅有利于产品质量的控制，还减少了因超量投料引起的环境治理负担。"丝光工艺碱液自动控制为重点推广应用项目[25]。

（1）丝光烧碱的浓度　丝光是针对纤维素纤维（棉、黏胶及麻）的一种不可逆的化学改性过程，当烧碱用量达到一定浓度时，纤维剧烈溶胀，使纤维素大分子取向、结晶度、结晶尺寸和形态发生重大的改变，除了获得良好的光泽外，提高了棉纺织品的尺寸稳定性，增深染色，增加拉伸强度，改善织物的手感和悬垂性。

烧碱与水组成的水化物，能进入微胞直径是 1nm 的纤维素内。烧碱浓度为 154g/L 时形成 NaOH，$10H_2O$，属于溶剂化偶极水化物类型，其直径已可进入高侧序晶区，但直径偏于上限；180g/L 时形成 $NaOH \cdot 8H_2O$，直径较 $NaOH \cdot 10H_2O$ 小（<1nm），能顺利进入纤维素微胞。常规紧式丝光工艺为了改善碱液对织物的扩散、溶胀，提高了烧碱液浓度，使烧碱水化物直径减至 0.6～0.7nm。若丝光浸轧碱液过程的时间充分，将烧碱浓度测控在 180g/L，将使工艺过程中的烧碱用量大幅度下降，而布面带碱量减少，可使丝光稳定区冲吸用水及后续水洗的工作量减少，碱回收负荷及污水处理负荷下降，节水、节能、低成本。

丝光工艺过程按既定的工艺烧碱浓度稳定可靠实施，必须设置浓碱浓度在线检测及自动加碱系统。

（2）烧碱浓度的自动控制　烧碱浓度测量方法有折射法、电导法、密度法等几种，表10-49 不同测量方法的比较。

表 10-49　烧碱浓度不同测量方法的比较

项目	折射法	电导法	密度法
温度影响	有	有	有
泡沫影响	无	无	很大
毛茸影响	无	无	很大
测量时间	快	快	慢
测量精度	较高	较高	低
再现性	好	较好	差

① 丝光碱浓度折射法控制系统　图 10-49 日本东海染厂采用连续测定碱液折射率，换算成浓度的测控系统，其商品名为 METER-V。在该系统中，除碱槽外，另设调整槽，用泵从调整槽向碱槽输液，碱槽则以溢流方式使碱液回流，补给碱液，调整浓度均在调整槽中进行。为了消除两槽之间的浓度梯度，在 2min 内将全液进行循环。碱液在泵出口处取样，然后输入到 METER-V 的控制柜内，用折射率测定仪进行连续测定，当测定值与设定值（工艺碱浓度）有差异时，控制装置将指令碱补给控制阀（提供高于工艺碱浓度原碱）或自来水阀动作；当调整槽内碱液因工艺消耗减低到一定液位时，液位控制自来水阀补水的同时，碱液补给控制阀亦会接受减浓度差异信号动作，直至调整槽内碱液符合工艺所需的补液浓度。

采用折射法连续测量工艺过程中溶液的折射率，便可换算成溶液浓度。

a. 光电浓度变送器是应用光学原

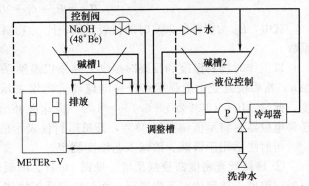

图 10-49　丝光碱浓度检测示意

理制成的。当光线经过两种物质界面时要发生折射或反射，仪表应用临界角，使光线反射在光电池上，接收光随着溶液浓度变化而变化，光电池输出的 mV 信号经毫伏转换器，转换成统一的 DC1-10mA 信号。浓度测量范围为 10%～50%，读数单位也可用 g/L 或波美度（°Bé）表示。

　　b. 测量头由光源、棱镜、光电池组成，并设计有冷却水槽。当被测溶液温度高于 60℃时，测量头应通水冷却方可使用。被测溶液浓度高、黏性大，应注意对测量棱镜进行清洗。安装测量头时应防止剧烈振动。

　　c. 图 10-50 自动折光仪的溶液测量示意。工艺碱液进入采样管道 8，受湍流板 9 阻挡产生湍流，其目的是使取样准确，避免在光学棱镜区域形成盲点。工艺溶液对测量棱镜能产生一定的冲刷作用，镜头上无泡沫、绒毛、棉屑等滞留，确保准确取样，维护方便。

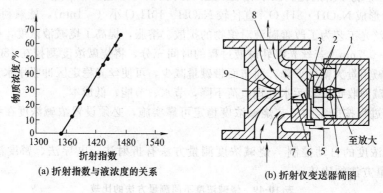

(a) 折射指数与液浓度的关系　　　　(b) 折射仪变送器简图

图 10-50　折光仪测量液浓度

1—光源；2—光学系统；3—热镜；4—光电池；5—清洗棱镜用的高压水管；
6—热补偿器；7—外壳；8—采样管道；9—湍流板

　　法兰上有 4 个 ϕ11mm 螺孔，由 4 个 M10 螺钉把测量头和管道连接起来。

　　d. 由化验室配好各校验点的标准浓度，误差小于 0.2%。若具有溶液浓度与折射率关系的准确资料，也可用阿贝折光仪，通过测量折射率来标定浓度。

　　为了使测量头在工作点处的测量光电池和比较光电池输出电流大小相等，使仪表性能稳定，示值准确，应进行零点迁移。可用导线将温度变送器输入短路，此时仪表显示的数值，即为毫伏转换器零点迁移量，调节零点迁移电位器，即可将零点迁移调到所需数值。

　　e. 因为物料浓度随着温度变化而变化，所以相同浓度的物料在不同温度下，仪表示值有所不同。为此，必须对仪表示值进行物料温度补偿，该公式为：

$$B_{20} = B_t + (t-20)k \qquad (10\text{-}12)$$

　　式中，B_{20} 为物料在 20℃时的仪表示值；B_t 为物料在 t℃时的仪表示值；k 为物料温度补偿系数。

　　以工作时物料温度和校表时温度之差乘以温度系数，得出温度变化所引起的仪表变化量 ΔB_t，然后按此变化量调零点迁移电位器，将仪表示值提高。例如：热碱丝光 60℃的碱浓度，此时 $\Delta B_t = (60-20) \times 0.1\% = 4\%$，将标准补给碱液倒入仪表，如示值 29%，调零点迁移电位器，将示值调高到 33%，开机运行仪表示值即为 60℃的 NaOH 浓度。

　　折射法适用于淡碱、浓碱工艺浓度测定。

　　② 热碱丝光密度法控制系统　见图 10-51。浓碱轧槽内部分上、下两槽，补充碱液及控制碱液温度、浓度均在下槽进行，而织物浸渍碱液则在上槽完成，工艺加工时，利用循环泵将下槽内已经温控的碱液抽至上槽。当织物离开浓碱浸轧槽进入冷却反应区时，纤维整体得

到充分反应，从而使纱线内外纤维溶胀趋于一致，提高了丝光均匀度。

热碱丝光法成功与否在于对浓碱浸轧槽内碱液的浓度、温度及液位的控制。在碱浓度测量罐 E 中，安装有浮筒密度变送器，将测量到的碱液浓度信号反馈给微机处理器 A，经处理后发送增浓供应或稀释供应指令。

（3）MAX-300 型浓碱浓度在线检测及自动加碱系统　采用光电子技术对碱浓度进行高可靠检测，并通过对碱液密度和温度的检测，自动进行参数精确补偿，确保高精度的检测结果。通过数字化设定参数，实现自动配碱、加补碱，还具有自动清洗保护功能，大大提高了可靠性，稳定性。

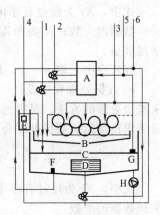

图 10-51　浓碱自动控制
1—任意浓度的新碱液供应源（散装碱，来自蒸发器的碱）；2—稀释剂供应源（水、任何浓度的淡碱）；3—工作用碱；4—碱浓度控制回路；5—碱量控制回路；6—碱温度控制回路；A—微机处理器；B—浸渍槽；C—配液槽；D—加热器；E—浓度测量罐；F—温度探测器；G—液位测量器；H—循环泵

MAX-300 型碱浓度检测及自动加碱系统通过简单改造现有丝光机，实现了丝光机淡碱循环利用和浓、淡碱双变量自动调配检测控制。并且这种自动配料和加料的功能高精度的量化了碱的用量，使得企业可以节约至少 20% 的碱用量，大大提高了淡碱的利用率。

① 浓度检测传感器的研究与设计　丝光机浓碱浓度采用宏大公司设计和研制的浓度测量传感器。通过光电子技术对碱浓度进行高可靠检测，并对碱液温度的检测，自动进行参数精确补偿，确保高精度的检测结果，其具有检测精度高、使用寿命长、抗冲击、耐腐蚀，并能长期连续工作而无须特别维护等优点。信号调理器采用工控机智能化设计，功能强大，具有自动稳零、数字显示、超限报警、变送输出、电流调节输出或时间比例输出、RS485 通信等功能，并集成了大量的专家经验数据，温度自动补偿，保障其测量精确、运行稳定可靠。

② 系统软件设计

a. 微机处理系统　微机处理系统主要由 A/D、采样放大器转换、PLC、D/A 转换、触摸屏等组成。SIEMENS CPU 为系统的核心，它主要完成了数据的采集、处理、控制、输出等一系列功能。放大后的模拟信号经采样保持器输入到 A/D 转换电路中，并经过 CPU 进行一系列的数值处理运算，最终得到高精度测量结果。

b. 数据采集与处理　系统的应用程序用 SIEMENS SIMATIC LAD 语言编写，程序采用模块化设计，它由主程序、采样滤波、标度变换、查表等子程序组成。数据采集与处理程序流程如图 10-52 所示。

c. 采样程序设计　在程序运行后，首先键入 F_i 采样频率，计算机按下式计算延时时间常数：

$$B = B_0 + K_0 \frac{1}{F_i} \tag{10-13}$$

式中，B_0、K_0 为常数，用回归法求出时间常数 B 值后，即可按所需的频率进行采样。

d. 数字滤波程序设计　由于在水冲击下检测到浓度信号为一随机的动态信号，为使测得的浓度值准确可靠，除了抗干扰措施，同时还在软件中对采集到的数据进行数字滤波处理，以此消除和减少干扰，提高有用信号。本系统数字滤波采用了中值和算术平均值两种滤波方法的结合。其一般形式为：

$$X = \frac{1}{(N-2K)} \sum_{\Sigma=K+j}^{N=1} X_j \tag{10-14}$$

式中，X_j 为经过有序化处理的所测数据；N 为采样数据的个数；K 为每端剔除点的个数；X 为数字滤波值。

在程序中，取 $n=10$，$K=1$。

e. 数据处理程序设计　在处理程序中采取了边采集边处理的方法。每得到一个滤波值后累加一次，最后求出均值。数据处理公式为：

$$Y = \sum_{I}^{N} X_i \frac{1}{N} \tag{10-15}$$

式中，X_i 为经过有序化处理的所测数据；N 为采样数据的个数。

f. 标度变换程序设计　标度变换程序模块的作用是把采样处理得到的数字量转换为实际的工程量。标度变换公式为：

$$P = K \cdot D + C \tag{10-16}$$

式中，P 为实际测量工程值，g/L；D 为实际测量数字量；K、C 为传感器进行标定时已确定的标定系数和标定常数。

g. 报警程序设计　为增强越限报警的实时性，定时进行一次是否越限的判断。如越限，则根据超越上限，还是超越下限给以不同声音的报警信号。

h. 查表程序设计　由于相对密度与单位 g/L 之间的非线性关系以及温度补偿的需要，须通过大量的实验建立数据库，并配合相应数学模型进行计算和修正，建立查表程序，最终实现碱浓度的精确测量。

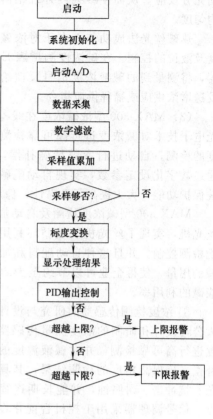

图 10-52　程序流程示意

i. PID 控制　微处理器根据初始设定浓度值和工作碱槽中的传感器测量得到的溶液实际浓度值的误差，通过 PID 运算，输出 4~20mA，以控制调节阀的开度，增减补充碱液的流量，达到控制轧碱槽中溶液浓度的目的。

目前，常规 PID 调节器已被广泛用于工业过程控制中，对线性定常系统，常规 PID 控制器一般都能得到满意的控制效果，其调节器的品质取决于 PID 控制器的各个参数的整定。由于被控对象为电动阀门，所以选用增量式 PID 控制，程序流程如图 10-53 所示。

③ 主要技术参数

a. 浓度测量范围：30~300g/L。

b. 浓度测量精度：±3g/L。

c. 浓度控制精度：±5g/L。

d. 温度补偿范围：10~65℃。

④ 系统总体硬件设计（以布铁丝光机为例）

a. 系统的硬件结构如图 10-54 所示。

该系统主要由测量传感器及变送器、控制器、连续调节阀、开关电磁阀、电源模块以及流体管路等组成。实施的基本思路是丝光机原有管路不作任何改动，分别在浓碱、循环碱液和水路管道上各引出一路，分别作为调整管路、检测管路和清洗管路，将其接至在线碱浓度自动检测控制系统。

工作液经过传感器进行测量，由微电脑控制浓碱供应量。淡碱使用液位控制阀门开关，当液位降低时，自动补给淡碱液。浓度不够时控制系统适量加入浓碱。

b. 丝光机淡碱回收改造示意如图 10-55 所示。

丝光机消耗的烧碱量是整个印染生产加工中最多的。一般企业配碱是单变量功能，也就是浓碱和水调配。淋冲洗下来的淡碱需要通过回收装置回用或将淡碱水经碱站调配后直接供给煮练设备使用。

该系统通过对丝光机进行淋冲、吸液装置的改造，并增添自动测配碱控制系统，就能较好地实现了淡碱循环利用和浓、淡碱双变量自动调配检测，达到了降本增效的目的。改造方法如下。

一般布铗丝光区位五冲五吸，通过改造回收装置，采用双向分流系统分离淡碱水。一方面，把真空吸液装置串联起来，将碱浓在 80g/L 左右的淡碱水导入贮碱池，经沉淀过滤后输送到碱站配制成 100g/L 浓度的淡碱，一部分供练漂机使用，一部分又返回

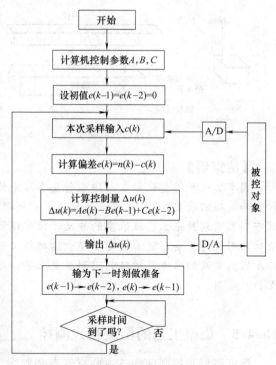

图 10-53 PID 程序流程

到丝光机与浓碱自动调配供丝光使用；另一方面，布铗丝光区淋冲下来的淡碱水和出布铗直辊淋冲区回流的淡碱水，汇集起来流入逐格逆流碱水槽内供淋冲用，多余低浓度（10g/L 以下）淡碱水，自然流向淡碱水池，再用泵输送到热电厂，作为中和烟道煤气、煤灰酸性物质使用。经过用户使用后计算，丝光机采用淡碱循环利用后，可减少浓碱的使用量 1/5 左右。

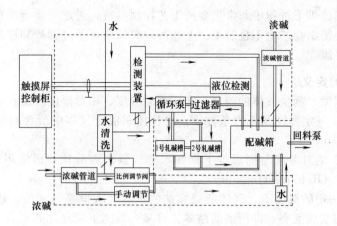

图 10-54 系统框图

⑤ 实施效果 正常生产时，丝光机采用淡碱循环利用后，可减少浓碱的使用量 1/5 左右。一台丝光轨每天回收 80g/L 左右的淡碱 30 多吨。扣减为改造前回收淡碱浓度30g/L，实际每升多回收 50g 烧碱，每天可节省 360g/L 的浓碱 4t。按每吨 700 元计价，每天可节省资金 2800 元，每月按 22 个工作日计算，可节省资金 46640 元，一年可节省资金 55 万元。

该系统经过浙江、山东、江苏、广东、福建等纺织印染大省近百余家纺织印染企业如浙

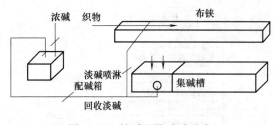

图 10-55　淡碱回收改造示意

江汇丽、浙江庆茂、浙江庆丰、浙江欣悦染整、杭州天成印染、青岛凤凰东翔印染、厦门华纶、新协丰（福建）印染、江苏联发集团、广东前进牛仔布、广东大唐印染、南海永其祥织染、常州月夜灯芯绒等中国印染龙头企业的成功应用，其性能稳定可靠，得到了用户的好评。

【结束语】

国家工业和信息化部在《印染行业准入条件》中明确规定："丝光工艺必须配置碱自动控制和淡碱回收装置"。湿布丝光节省了前处理退煮漂烘燥热能，效果明显，但决不能因湿落布而影响到丝光工艺碱浓度的波动，比常规丝光更需要丝光在线碱浓度测控；丝光工艺废淡碱回用极为重要，随着前处理退煮漂碱氧工艺的逐渐淡出，淡碱回收浓缩显得更为重要，经扩容蒸发浓缩碱液，循环利用到丝光工艺，亦需按工艺浓度配碱，故烧碱浓度测量装置急需推广应用。

10.4.5　染整工艺的湿度在线测控

湿度测量和控制的物态主要有气态和固态，其测量范围也从 10^{-6} 数量级一直到饱和蒸汽压，因而湿度计量单位也比较多。

湿度这一概念随被测物质的物理状态不同而有不同含义。就气体而言，湿度是指大气中水蒸气的含量；就固体而言，湿度则指物质所含水分的质量分数。

湿-湿工艺中，对织物合适的施液是节能减排的重要措施。《高给液与低给液的应用》（见《印染》2011 年 10 月 19 期）已阐明，在实施高给液与低给液工艺时，工艺在线测控织物的含湿量极为必要。

织物的含水率是烘干过程中非常重要的工艺控制参数，过度干燥会浪费时间和能源，而不充分的干燥则会使织物产生不良后果。上述两种弊病均可通过测量和控制烘燥过程织物的落布回潮率加以克服[26]。

10.4.5.1　湿度的定义

（1）气体的湿度　测量气体的湿度，常用绝对湿度、相对湿度和露点表示。

① 绝对湿度　一定温度及压力条件下，单位体积混合气体中所含的水蒸气量，通常以 f 表示，单位为 g/m^3。

② 相对湿度　绝对湿度与同温度下饱和水蒸气量之百分比，通常用质量分数来表示，记作 $0 \sim 100\%RH$（Relative Humidity）。

③ 露点　在一定的温度下，气体所能容纳的水蒸气含量是一定的，超过这个限量，多余的水就要从气态变成液态，即所谓的结露。将某一温度下所允许的水蒸气的最大含量叫饱和水蒸气量。某一温度下含水一定的不饱和气体，降低温度后即可达到饱和而结露。含水量越少，使其饱和而结露所要求的温度越低。反之，含水量越多，结露的温度就越高。因此，露点可以表示气体中含水量的多少。露点常用温度单位表示。

（2）固体的湿度　固体的湿度以含湿量与湿度区分。

① 含湿量　指物质中水分的含量 M_1 与干物质质量 M_0 之比的百分数，按下式计算：

$$\mu = M_1/M_0 = (W - W_0)/W_0 \times 100\%$$

式中，μ 为含湿量；W 为湿物质（织物）的质量；W_0 为不含水分的物质（干织物）的质量。

② 湿度　指物质中所含水分质量 M_1 与物质总质量 M 之比的百分数，以 F 表示，按下式计算：

$$F = M_1/M = (W - W_0)/W \times 100\%$$

10.4.5.2　染整工艺过程的湿度控制

（1）烧毛坯布含湿量的控制　烧毛进布处安置一烘筒烘燥单元，起着熨平及控制坯布回潮率的作用，对一些易起皱的织物，扩幅后进入烘筒烘燥，将布面熨平。高温火焰在接触冷湿坯布时，空气在热和水分蒸发的影响下，形成火焰与坯布界面的空气/蒸汽缓冲层，这将阻碍火焰到达坯布的底部。因此，经烘筒烘燥，且控制坯布回潮率，将有利于刷毛和烧毛，提高烧毛工艺质量水平。例如苎麻织物毛羽数量多，进布均匀的含水率应控制在 5% 以下，在烘燥单元出布处，安装回潮率仪自动监控含水率，从而保证重现性优良的烧毛工艺。

（2）轧蒸工艺的施液　某公司在前处理轧蒸工艺过程中，发现高支高密的织物进入网帘式蒸箱反应，出布有网帘不锈钢"搭扣"痕。这在堆置时间较短的薄形布中尤为明显。

该公司采用的设备是一台多浸多轧的浸轧单元，由于高支高密织物在多浸多轧的工况下，带液量较少（如高支高密织物在小样机上五浸五轧，带液量不超过 60%），因而尽管蒸发时间比卡其类织物要短，但极容易因水分蒸发而产生烫伤（如前述的不锈钢"搭扣"印），造成大批疵布。在通用设备上设置织物高湿度测量仪，可及时报警，停机检查，避免出疵损失。

（3）湿布丝光织物含水的测控　要使湿布丝光工艺碱浓度稳定和准确，首先进布织物的含湿量必须稳定、准确，织物含水量的波动将直接影响织物丝光碱浓度，因而安置在线高湿度测控仪器是必要的。

（4）灯芯绒割绒前的烘干回潮率控制　灯芯绒坯布在割绒前经 10 只烘筒烘燥处理，织物受到一定的张力，幅宽有所收缩，绒弄由扁平形变成半弧形，坯布比较松软，且不易回潮。一般，灯芯绒坯布的幅宽收缩率控制在 8%～13% 范围较为适宜。对于粗条坯布，收缩率即使稍大，对割绒影响也不大。相反，由于较大的收缩，使坯布组织更加紧密，割绒时反而不易产生拉毛疵点，导针也不易偏移，可获得均匀的绒条。但是，对于细条的坯布，由于其纬纱圈的长度较短，若幅宽不适当地收缩过多，将影响导针前进，使割绒困难。如果坯布在处理时未能达到适当收缩并烘干，当其在割绒机上受到较大张力时，织物在短距离间还将继续收缩，这使布幅在割点前将形成扇形，从而导致跳针增加，同时也不易得到满意的绒面质量。

坯布处理后的干燥程度（落布回潮率），应掌握含湿率在 6%～7% 范围内。坯布含湿过高，布身发软，棉纱发韧，割绒导针通过不畅，使跳针显著增加，割绒困难。

在烘燥落布处安置一套美湿卡，在线测控剩余含水率/回潮率，使坯布的含湿率控制在工艺所要求的范围内。

（5）灯芯绒刷毛时的给湿　根据棉纤维在一定温度条件下具有比较柔软、弹性降低、可塑性增加的特点，在灯芯绒进行刷毛时可赋予一定的温湿度，从而提高刷毛质量。实践证明，在刷毛时，织物首先通过给湿箱以提高布身的温度和湿度，然后进行刷毛并给予适当的烘干，使织物上所含的少量水分逐步散发，最后由于织物的自然冷却，使已经刷起的绒毛得到较好的定形而不易倒伏。前刷毛控制含湿率 13%～15%，染后刷毛控制含湿率 11%～

13％。若含湿量过高，刷毛时容易产生绒毛结球、表面绒毛卷曲和刷毛后布身带潮等现象；而湿度不足，则刷毛效果提高不明显。

（6）预防连续轧染中的色差　活性染料轧染大多采用直接性低的染料，在连续轧染中能减少头尾及运转中的色泽波动，但烘燥不当时则会产生左、中、右色差和边中色差等问题。

实践证明，在热风预烘中，织物带液率比临界含水率高5％，若采用急烘快速脱水，再伴随因烘房内温差等情况，将加剧因湿热扩散而导致的染料泳移，形成左中右色差。

为防止色差，对红外预烘、热风预烘、固色烘干三阶段的织物含潮率的控制就显得非常重要。

① 红外预烘约占总烘燥能力的20％，其烘燥效率直接影响后序的热风预烘。

均匀轧车后织物轧余率一般为65％，按落布回潮率6％计，控制红外预烘后织物带液率55％左右为好。

② 热风预烘的目的是提供纤维的溶胀和染料的渗透时间，确保染料正常扩散上染；同时确保在高湿固色烘燥时，织物低于纤维的临界含水率。

新颖卧导辊热风小循环预烘机，左中右温差小（边中差2℃），占总烘燥能力的45％～46％，可使全棉织物含水率降至临界含水率（26％）。

热风烘燥控制前预烘房70℃，后预烘房90℃，织物处在温和烘燥工况，出布处一定要设置布面湿度测控仪器，控制出布含水率≤26％。

③ 固色烘燥（或焙烘）占总烘燥能力的34％～35％，低于临界含水率的织物在此阶段充分烘燥固色，烘后控制落布回潮率（全棉一般6％）。

（7）印花蒸化阶段的进布湿度　蒸化机箱内温度过高、湿度不足，织物过热，会产生织物脆化或颜色发暗等弊端。

试验表明，纤维素织物蒸化时，初始含水量4％，织物通过量/蒸汽流量比1∶1时，织物过热8.3℃，平衡含水量11.4％；将织物通过量/蒸汽流量比提高到1∶4，初始含水量仍为4％，织物过热降至4～6℃，平衡含水量增加到13.3％；对织物施加8％的水分（或控制印花烘燥落水回潮率为12％），织物通过量/蒸汽流量比仍为1∶1，织物过热降至2.2℃，平衡含水量提高到20.5％。

试验证明，增加蒸化时蒸汽流量于工艺无益，这就是蒸化有效热仅20％的最主要原因。

某公司一台433蒸化机，甲班耗汽1100kg/h，乙班通过控制织物进布含水量（适当提高印花后烘燥落布的回潮率），以及排气和供气量，耗蒸汽为700kg/h，仅为甲班的63％。

给湿蒸化可节省蒸汽，从而实现少尿素、无尿素印花。

（8）预缩工艺织物进布含湿率控制　预缩工艺织物进布含湿率是一个重要的工艺条件，水分在织物中犹如润滑剂，使纤维纱线间产生滑动，使得每一根纱线都润湿，因而都能随时收缩。

一般织物在预缩前，含湿量控制在10％～15％，厚重织物控制在15％～20％。含湿量过低会影响预缩的工艺效果；含湿量过高，在加工时会产生极光、起皱，影响工艺车速。采用美湿卡在线湿度测控，使织物的含湿量适当、稳定，给湿透匀，预缩率就较高，工艺的重现性好。

预缩落布控制织物的含湿量4％，有利于落布后织物尺寸的稳定。

（9）湿法交联工艺落布残余含湿率测控　配备在线烘房织物落布残余含湿率测控，是湿法交联工艺的技术关键之一。

棉织物的树脂整理，可使其使用价值、质量、易护理性能均获得提高。就"洗可穿"和"易护理"整理而言，湿法交联工艺受到工程师的青睐。这种工艺对织物的落布回潮率有严格要求，应控制在8%～12%之间。实践证明，为防止织物受损，织物上残余含湿量不得低于6%；而若残余含湿量过度，又会使织物的易护理性受损。

（10）烘燥后回潮率的测控方法及机理　即时和连续地测量织物的导电性是测定其含水率的最佳方法，因为导电性与织物的含水率（剩余含水率）的关系最为密切，百分之几的含水率的差异可以反映出10倍的导电性能的变化。纤维素纤维的含水率和导电性能之间存在着指数函数的关系。

织物的质量、水的性质、织物的厚度、整理液的组分等，都不会影响其导电性和含水量的关系。

纺织材料平衡回潮率（%）与空气相对湿度的关系见表10-50。

表 10-50　几种纺织材料的平衡回潮率　　　　　单位：%

空气相对湿度	20	30	40	50	60	70	100
纯棉	4.5	5.3	6.4	7.8	9.4	11.3	20.0
亚麻	7.5	8.8	10.0	11.8	13.6	16.0	24.5
黄麻	8.8	10.3	12	14.3	17.0	20.0	33.0
蚕丝	—	6.6	7.9	9.2	10.5	11.9	24.0
人造丝	—	5.9	7.3	9.9	11.2	14.1	35.0
羊毛	14.0	16.0	18.0	20.0	22.0	25.0	36.0
涤棉(65/35)	2.2	2.5	2.8	3.3	3.8	4.3	6.3

表10-50，烘燥后对不同纺织材料的制品应根据其平衡回潮率来控制其含水。

① MSC-U$_2$型含潮率在线检测仪原理　MSC-U$_2$型含潮仪采用电阻法测量含潮率。它根据织物在干燥状态下是绝缘体，随含水量的不同，其导电性能亦随之发生很大变化的原理，通过大量的实验数据，在一定的范围内，建立了含潮率与织物电阻之间的关系如式(10-17)。

$$W = A + B \lg R_x \tag{10-17}$$

式中，W为织物含潮率，%；A、B为织物系数（通过实验数据得出）；R_x为织物等效电阻，Ω。

该仪器就是通过检测传感器信号随着织物电阻的变化，其电流也发生变化的原理，通过将这电流经信号调理器变换以及线性处理放大后，传送到嵌入式系统ARM9中工程数据处理变换，输出报警、变送和控制等信号，并通过人机界面输出显示、设定含潮率值。此外，织物纤维组分不同，测得的电阻参数也不一，因此，通过大量的试验数据构建嵌入式计算机数据库，可实现准确检测的目的。

其原理框图见图10-56。

② 测湿传感结构　电阻式含潮率测定传感器结构见图10-57。

该仪表所用测量头为三个并联的标准电极，在织物上沿布幅按左中右排列，织物下方为金属导布辊，织物从电极与导布辊之间通过，测量电极与导布辊之间的电阻。

三个电极用弹簧片固定在连杆上，极有弹性，碰到织物的接缝头时能自行抬高。连杆与电极间的电气连接很好，连杆对地＞$10^{15}\Omega$，属高度绝缘。仪表通过专用电缆用插头连接连杆，导布辊良好接地。

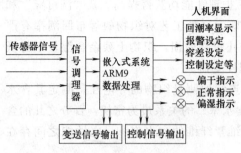

图 10-56　MSC-U$_2$ 型含潮仪系统原理框图

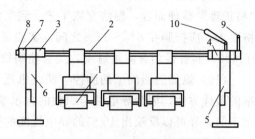

图 10-57　测湿传感结构示意

1—测湿辊；2—方钢；3,4—方钢连接件；5,6—支架（接地）；7—紧圈；8—测湿辊引出线（接输入端）；9—摇手柄；10—固定螺钉

信号获取装置将获取的信号送至信号采集电路中，进行滤波、放大并模数转化处理。该电路的设计关系到检测的准确度和精度，因此采用高精度采集模块和模数转换芯片。本系统是对微信号进行处理，信号采集时传输线选择也需要恰当，选择抗干扰性能较好的 SYV 视频信号线。

a. 中央处理器的选择　检测部分检测出来的含潮率信号送至 CPU 中央处理器计算处理，是整个系统中的关键部分，其性能影响整个系统，因此选择快速、可靠的 CPU 才是关键。ARM 微处理器是一种高性能、低功耗的 32 位微处理器，它被广泛应用于嵌入式系统中。ARM9 代表了 ARM 公司主流的处理器，已经在手持电话、机顶盒、数码相机、GPS、个人数字助理以及因特网设备等方面有了广泛的应用。所以使用 ARM9 作为 CPU 是当前最佳选择。

b. 基本原理　通过实验确知，在一定的范围内，含潮率与织物电阻之间符合如下关系（10-18）：

$$W = A + B \lg R_x \tag{10-18}$$

式中，W 为织物含潮率，％；A、B 为织物系数（通过实验资料得出）；R_x 为织物等效电阻，MΩ。

通过检测传感器信号随着织物电阻的变化，其电流也发生变化，然后将这电流经过信号调理器变换以及线性处理放大后，传送到嵌入式系统 ARM9 中工程数据处理变换，输出报警、变送和控制等信号，并通过人机接口输出显示含潮率。

③ 系统程序设计　系统的应用程序通过 C 语言编写，程序采用模块化设计，它由主程序、采样滤波、数据计算、设定报警及输出控制等程序组成。

a. 数据处理　由于采集到的信号为一随机的动态信号，为使测得的含潮率值准确可靠，除了抗干扰措施，同时还在软件中对采集到的数据进行数字滤波处理，以此消除和减少干扰，提高有用信号。

b. 报警设计　为增强越限报警的实时性，定时进行一次是否越限的判断。当含潮率检测值等于设定值时，工作正常，同时正常指示灯亮；当含潮率检测值大于设定值时，被测物偏湿，同时偏湿指示灯亮；当含潮率检测值小于设定值时，被测物偏干，同时偏干指示灯亮，方便用户观察。

c. PID 输出控制程序设计　CPU 中央处理器根据设定含潮率值和在线检测的含潮率值实际值比较，通过经典 PID 控制算法，输出控制信号以控制电气比例阀或者电磁切断阀，开关蒸气流量，达到控制出布含潮率的目的。

d. 显示部分　显示部分采用友好的人机接口。使用性价比较高的威纶（WEINVIEW）

触摸屏。与 CPU 中央处理器 ARM9 通信显示处理后的含潮率的值，并有报警设定和指示，以便工人观察。如图 10-58 所示。

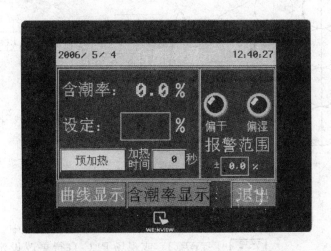

图 10-58 CPU 中央处理器与威纶（WEINVIEW）通信显示

④ 印染工艺中烘筒烘燥的落布应用方案 在印染烘燥加工过程中，通常采用烘筒或烘箱进行烘燥处理。织物经过烘筒或烘箱后，在落布之前的导布辊上安装 MSC-U2 型含潮仪的信号检测器即 3 只罗拉检测辊探头，纬向并排（见图 10-59）。

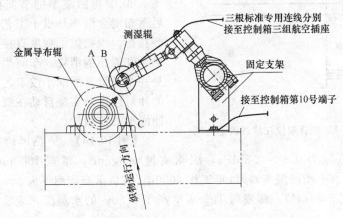

图 10-59 MSC-U 型含潮仪信号检测辊的安装方式

将罗拉检测辊上检测到的含潮率信号，通过 3 根标准专用导线接至 MSC-U$_2$ 型含潮仪控制箱内，进行数据处理、显示。用户通过人机界面设定目标含潮率，MSC-U$_2$ 型含潮仪根据设定值与检测值对比，采用经典 PID 算法，自动输出控制信号。在 MSC-U$_2$ 型含潮仪人机界面中设定报警容差，当实测值等于设定值时或在容差范围之内，工作正常，同时正常指示灯亮；当实测时值大于设定值时，且已超出容差范围，被测物偏湿，同时偏湿指示灯亮；当实测值小于设定值时，且已超出容差范围，被测物偏干，同时偏干指示灯亮，便于工人观察。

⑤ MSC-U$_2$ 型含潮仪在浆纱机上的应用 在浆纱机出纱烘筒后的导纱辊上安装 MSC-U$_2$ 型含潮仪的信号检测辊，现场应用见图 10-61。

MSC-U$_2$ 型含潮仪带有高精度标准信号的变送和控制输出。高精度的变送信号可直接送

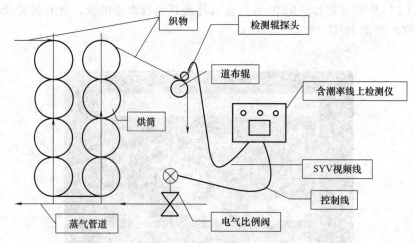

图 10-60 丝光机落布部分含潮率在线检测仪安装示意

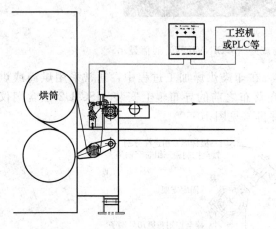

图 10-61 MSC-U$_2$ 型含潮仪在浆纱机上应用

至工控机或现场 PLC 中，用户通过工控机或现场 PLC 自行更改设定控制车速或控制蒸汽流量等；亦可利用仪器自带智能化 PID 自动调节功能对设备车速或烘筒蒸汽流量进行控制，从而达到"节能减排"、增加利润的功效。

⑥ 织物回潮率的节能控制 织物烘燥后落布的含潮率是烘干工艺过程中的一个重要指标。织物烘干程度直接影响产品后加工质量和能源的消耗。车间生产环境相对湿度是一个变量，回潮率按工艺要求及参考环境的相对湿度，实施自动在线控制，给出落布回潮率的控制量。

【例 10-14】 一热风拉幅机，工艺车速为 40m/min，蒸汽压力 0.1~0.2MPa，织物质量 180g/m²，幅宽 1600mm，织物带液量 58%，烘燥至 8%（平衡回潮率），每年工作 6000h，过烘落布回潮率为 3%，浪费能源：

(1) 排气湿度 5%（H），蒸发每 1kg 水生产 1.725m³ 的水蒸气，应输入 32.8m³ 100℃ 热空气。

设新鲜空气温度为 20℃，$T_1 = 273 + 20 = 293K$，热空气温度 100℃，$T_2 = 273 + 100 = 373K$，$V_1 = 32.8/373 \times 293 = 25.765m^3$，这就是说蒸发每 1kg 水可要补充新鲜空气（20℃）25.765m³。

(2) 已知 0~100℃之间空气的定压容积比热容 c_p 为 1297~1339J/(m³·℃)。根据容积比热计算热量 $Q = V_0 \cdot C (t_2 - t_1) = 25.765 \times (100 \times 1339 - 20 \times 1300) = 2780043.5J$ 由计算可矢口蒸发 1kg 水分需 2780043.5J 热量。

(3) 烘房的蒸发能力，每小时 $40 \times 1.6 \times 60 \times 0.18 \times (0.58 - 0.3) = 380.16$kg 水。

$$40 \times 1.6 \times 60 \times 0.18 \times (0.58 - 0.08) = 345.6 \text{kg 水}$$

(4) 按一年工作 6000h，落布回潮率由 8% 过烘至 3% 多消耗热量： $(380.16 - 345.6) \times 6000 \times 2780043.5 = 57646982 \times 10^4$J

(5) 以标准煤发热量为 2g288 × 10³J/kg 计，$(57646982 \times 10^4)/(29288 \times$

10^3）＝19682.799kg

由上计算过烘 5% 全年多消耗标煤 19.68t。

10.4.5.3　气氛湿度在线的测控

（1）湿短蒸染色反应箱内的相对湿度、蒸化机内的气氛湿度、热风烘燥的排气湿度等工艺在线控制，是产品质量及降低能耗的需要。

① MsC-X 型气氛湿度在线检测控制系统，采用瑞士罗卓尼克（ROTRONIC）公

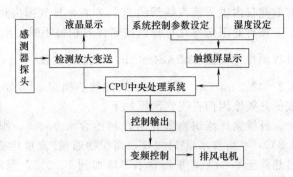

图 10-62　MsC-X 型气氛湿度在线检测控系统原理框图

司的 HygroClip 系列数字元元化湿度传感器数字信号作为信号输入，经过高精度 A/D 转换器后，由信号处理仪表变换以及线性处理放大后，显示并传送到 PLC 中，经工程数据处理变换，输出报警、变送和控制等信号，并通过人机接口设定报警范围、控制和显示检测点的气氛湿度。

本系统由瑞士进口检测探头、信号处理仪表和控制箱等组成。系统原理见图 10-62。

气氛湿度在线检测及控制系统中，信号处理仪表的研制与开发是至关重要的环节之一。信号处理仪表采用单片机智慧化设计，具有自动调零、数字显示、超限报警、变送输出及 RS485 通信等功能，其中变送输出直接与 CPU 相连。信号处理仪表内部原理结构以及与外围设备的连接关系如图 10-63 所示。

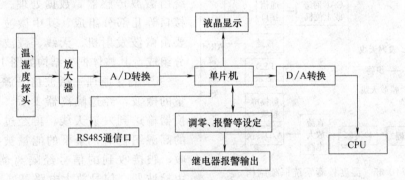

图 10-63　气氛湿度信号处理仪表原理

系统通过气氛检测传感器将检测信号经过运算放大后送至仪表 A/D 转换器进行信号处理，再送至单片机进行数据处理后，送至 LCD 进行实际测量值显示，外部设有调零及报警设定等调节按钮，并在 LCD 中有相应显示。报警设定后，有继电器控制输出。单片机将处理后的数据再经过高精度 D/A 转换成模拟量后，传输至 CPU 进行处理。

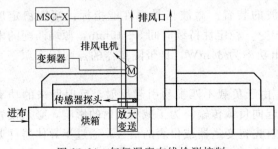

图 10-64　气氛湿度在线检测控制

② 图 10-64 气氛湿度在线检测控制安装示意。

该系统测量范围：温度 40～85℃ 或 50～200℃，湿度 0～100%RH。

测量精度：±1.5%RH，±0.3℃。

传感器特性：重复性＜0.5%RH，＜0.1℃；漂移＜1.0%RH，＜0.1℃。

③ 蒸化工艺水是全好的助剂　蒸化

有效热仅占供入蒸汽热量的 20%左右，排气损失热量约占 62%，进出口散逸热约 13%。

按行业限定蒸化机排汽按箱体容积每小时排出二次为有效排气，例一台容积 21m³ 工艺过程测得排气量 422.424m³/h，其排气次数 $\frac{422.424}{21}=20$ 次/h，而有效排气量应为 $\frac{422.474}{20}$ ×2＝42.24m³/h，可见，无效排气热损失 380.18m³/h，582MJ，占总热量的 61.27%。形成低热效原因何在呢？测度如下。

纤维素纤维织物蒸化时，初始含水率 4%，织物通量/蒸汽流量比 1:1 时，织物过热 8.3℃，平衡含水量 11.4%；当织物通量/流量比提高到 1:4，初始含水率仍为 4%，织物过热降至 6~4℃，平衡含水率增加到 13.3%；当对织物施加 8%的水分（或控制印花烘燥落布回潮率在 12%），流量比仍为 1:1，织物过热降至 2.2℃，平衡含水率提高到 20.5%。

蒸化机箱内温度过高、湿度不足，织物过热，会产生质量事故，织物脆化，或颜色发褐暗等弊端。合理进蒸汽、排气可提高蒸化机热效率。

某公司一台 433 蒸化机甲班耗汽 1100kg/h，乙班注意进布织物含水率（适当提高印花后烘燥落布同潮率），及排气量控制，耗汽 700kg/h，两班加工同一织物，产量、质量均符合生产要求，所不同的乙班耗汽量仅为甲班的 63.6%。

给湿蒸化可节省蒸汽，可少尿素，无尿素，印花，这是水工艺要素的特别贡献。蒸化工艺质量要求织物含水及蒸箱内气氛相对湿度的测控。

（2）高湿度微波测湿仪　工艺过程织物含水量高，且需非接触测量湿度时，应安置微波湿度检测系统。

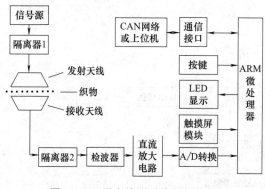

图 10-65　湿度检测系统框架结构

① 检测系统的组成　微波湿度检测系统由微波传感器、数据处理、显示和通信接口等几部分组成，其中微波传感器则主要由微波发射机、天线、微波接收机三部分组成，其整体框架结构如图 10-65 所示。

② 测量原理　微波信号源发射一定能量的微波，经过隔离器 1 后，通过波导转换器输送到发射天线，再经过非接触运行的高湿织物后，余下的能量被接收天线接收。被接收到的信号经隔离器 2 隔离后，由检波器、信号放大电路等处理成 0~2.5 V 的电压信号后，传送至 S3C4480X 的 A/D 输入端口 O，输入到微处理器，再通过触摸屏输入织物的种类或参数，当检测到按键 ON 闭合时，微处理器开始采集外部输入的信号，经过均值滤波后，调用标定曲线计算出湿度，输送给显示电路显示，从而完成一次测量过程。

③ 硬件构成

a. 微波信号源　微波信号源是产生微波的装置。微波信号源性能指标：幅度稳定度 0.01~0.02dB，频率稳定度 $1×10^{-4}$~$5×10^{-4}$，稳定性持续时间 3~10min，源端匹配的电压驻波比为 1.3。系统采用 $f=10GHz$，输出功率为 34mW，自带隔离器的点频固态源——体效应管作为试验的微波信号源。

b. 隔离器　微波信号源在传输过程中，由于负载不匹配易引起反射，反射回来的功率会叠加在信号源直接产生的微波信号上，一起向负载传输。为了减小反射的影响，必须设置隔离器。隔离器又称单向器，工作原理为：首先将变送器或仪表的信号，通过半导体器件调制变换，然后通过光感或磁感器件进行隔离转换，再进行解调变换回隔离前原信号，同时对隔离后信号的供电电源进行隔离处理，保证变换后的信号、电源、地之间绝对独立。

c. 检波器　检波器是从调幅波中恢复调制信号的电路，又称幅度解调器。与调制器一样，检波器必须使用非线性元件，因而通常含有二极管或非线性放大器。检波器分为包络检波器和同步检波器。前者的输出信号与输入信号包络成对应关系，主要用于标准调幅信号的解调。后者实际上是一个模拟相乘器，为了得到解调作用，需要另外加入一个与输入信号的载波完全一致的振荡信号。为了器件间连接的方便和简化电路，本系统选用波导式检波器。检波器主要技术性能参数：频率范围 8～12GHz，频响（Pin：0.02mW）≤±1.5dB，驻波比≤2.0mV/μW，电压灵敏度≥0.6mV/μW。

d. 传输线　连接天线和发射机输出端（或接收机输入端）的电缆称为传输线或馈线。传输线的主要任务是有效传输信号能量。由于它能将发射机发出的信号功率以最小的损耗传送到发射天线的输入端，或将天线接收到的信号以最小的损耗传送到接收机输入端，同时它本身不应拾取或产生杂散干扰信号[27]，因此，专输线必须屏蔽。

④ 湿短蒸反应箱的气氛湿度控制　湿短蒸染色的工艺条件中，凸显一个"湿"。此处所言的"湿"包含织物本身的含量及反应烘房内气氛的相对湿度。

传热介质对活性染料的固着有很大的影响，其中以水分子的影响为主，它能够使纤维内部的无定形区膨胀，能与染料的离去基团发生水化作用阻止离去基团发生逆向反应；常规活性染料当生产过程温度超过170℃，得色萎暗，得色量降低，而在湿度存在的条件下，在200℃高温时也有较好的得色量和鲜艳度。

KN 型活性染料在干球温度为120℃时，织物上的水分自动蒸发，为确保织物上含湿率不迅速低于临界含水率（去除的是非结合水，蒸发速度比较快），在干热空气中混合一定量的饱和蒸汽，使相对湿度为28%，湿球温度为70℃，控制织物上水分的蒸发，以延缓织物上水分的蒸发速度，延长织物含水率达到临界值的时间。

K 型活性染料的同色反应速率较 KN 型低，干球温度提高到160℃，织物上的水分蒸发太快，相对湿度若太低（如30%），不利于纤维的溶胀和染料的渗透，上染率降低。因此，相对湿度必须提高。研究发现，当相对湿度控制在40%左右时，织物的染色效果最好。KN、M、K 型活性染料的工艺湿度见表10-51。

表 10-51　不同类型活性染料湿度情况

染料类型	干球温度/℃	湿球温度/℃	相对湿度/%	绝对含量/%
KN	120	70	28	25
M	140	25	35	34.5
K	160	80	44	50.5

⑤ 湿短蒸不同活性染料织物轧余率控制　在等速干燥阶段，KN、M、K 型 3 类染料保持相同速度，在同一反应烘房中达到相同的上染率，各自的轧余率应为60%、69%及78%，这就要求在工艺过程中监控轧余率，亦是织物的含水量。

（3）连续轧染织物含水率的控制

① 防色差泳移织物临界含水率控制　浸轧在织物上的染料与纤维之间没有化学结合，而仅是机械附着。在烘燥过程中，染料颗粒容易随着织物中水分的扩散而泳移。实践证明：织物上的染料向水分蒸发快的区域迁移，急速烘燥会引起色差泳移，故应实施温和预烘。含水率超过临界含水率越多，染料泳移越严重。织物含水率太低，毛细管网中自由活动的水分太少，不利于染料在纤维内部扩。织物染液不匀会造成染色不匀。

织物浸轧染液后，由于水的溶胀作用，纤维的毛细管平均直径一般都大于染料颗粒的平均直径。随着烘燥时水分的蒸发，纤维毛细管的平均直径逐渐缩小。当毛细管的平均直径与染料颗粒的平均直径达到相等时，纤维的含水率即为纤维的临界含水率。不同纤维具有不同的临界含水率，如黏胶纤维 38%，棉纤维 26%，锦纶纤维 13%，涤纶纤维 1%。可见，不同织物加工过程轧余率的控制是不同的。

② 连续轧染脱水烘燥含水率控制　轧染活性染料大都用直接性低的染料，在连续轧染中能减少头尾及运转中的色泽波动，但烘燥不当时会发生染料泳移，导致左、中、右色差，尤其是边色深。

红外预烘约占总烘燥能力的 20%，其烘燥效率直接影响后序的热风预烘。

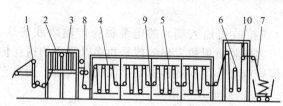

图 10-66　LSR424 型热风打底机

1—进布架；2—均匀轧车；3—红外预烘机；
4—热风预烘房；5—焙烘房；6—冷却水辊；
7—落布；8—HK300 型微波传感器；9—测湿仪；
10—MSC-U$_2$ 型回潮率控制仪

如图 10-66 所示。

a. 第一柱远红外辐射器可控制在高温（短波长）区，意在织物的快速升温、初脱水；进入第二柱远红外预烘时，辐射器与织物按"最佳光谱匹配原则"控制织物高效温和预烘，达到"最佳综合效益原则"。市售的"远红外辐射器"多为高温短波长，在轧染相同的工艺条件下，预烘时，将会因织物颜色深浅不一而导致预烘效果的差异，因此，在第二柱出布处安置 HK-300 型高湿度非接触式微波传感器是必要的，见图 10-66 中"8"处。

均匀轧车使织物带液率为 65%，按落布回潮率 6% 计，控制红外预烘后织物带液率降至 53% 左右为宜。

b. 热风预烘的目的一是提供纤维的溶胀和染料的渗透时间，确保染料正常扩散上染；二是使织物湿度低于纤维临界含水率，为高温固色焙烘服务。实践证明，在热风预烘中，织物带液率高，采用急烘快速脱水，再伴随因烘炉内边中温差较大情况，将加剧湿热扩散而导致色差泳移，形成左右色差、边深色差。

采用新型竖导辊热风小循环边中温差 2℃ 的热风预烘房，占总烘燥能力的 45%～46%，使纯棉织物带液量降到临界含水率（26%）以下，进入固色工序，防止织物带液量超过织物纤维的临界含水率，进入固色阶段而发生色差泳移。

织物在热风预烘房中，控制温度前低（70℃）后高（90℃），温和烘燥，使织物含水率烘至出布时达到所要求的纤维临界含水率，因此，在出布处必须设置 HK-300 型微波传感器。

c. 焙烘约占总烘能力的 34%～35%，将低于临界含水率的织物在此阶段中充分烘燥固色，烘后落布由 MSC-U$_2$ 型湿度在线检测系统，控制落布回潮率为 6%。

连续轧染加工时，应能精确监测到导致色差的变量效应，根据在线采样到变量信息进行处理、控制，最终消除色差，满足产品质量要求，确保"上真工艺"，提高工艺再现性。例如，为保证染色质量，从轧车轧液至焙烘结束，织物均应处在各点参数监测与控制下。测试点有：轧液后织物带液量（幅向测左、中、右三点）、色度计量（幅向比色扫描）、红外预烘后带液量、烘房上下喷风口温度（包括焙烘）、烘房中部温度、出烘房织物含潮率、织物本身温度、热风速度（包括喷风嘴压力）及循环热风湿度（热风中水汽分压）等；带有控制执行元件的测试点则有液面控制、轧车压力、织物张力、循环风量（风机速度）、节流阀、堆布量等。连续轧染从进布到落布全过程各步骤的工艺参数皆应可控，方可防患色差。

(4) 轧染湿度控制装备

① 湿短蒸反应蒸箱内的相对湿度，采用常州宏大出产的 MSC-X 型气氛湿度在线检测控

制系统在线测控，并对排风风机或蒸汽阀进行调节流量。测量范围为温度$-50\sim220℃$、相对湿度$0\sim100\%$RH。测量精度为温度$\pm0.3℃$、相对湿度$\pm1.5\%$。传感器特性为：重复性，$<0.1℃$时$<0.5\%$；漂移，$<0.1℃$时$<1\%$。

② 常州宏大出产的 HK-300 型智能含潮率在线检测系统，采用非接触微波高湿度传感技术，可以点测量，幅测量，也可左、中、右三点固定组合测量。在织物运行过程中高精度测量含水率，价格仅为进口产品的 1/10。

③ 常州宏大出产的 MSC-U 型湿度在线检测系统，控制织物落布回潮率，按不同纤维织物在不同季节，设置落布回潮率，防止影响工艺品质。系统输出参数特性，能有效控制联合机的工艺车速或烘燥热量，以符合工艺落布条件。

10.4.6　染整工艺的张力控制

染整平幅连续加工中，织物经众多的导布辊进给和换向而产生内应力。在卷染过程中，防皱皆设有弯辊扩幅器，张力的变化易使织物幅面边中带液不均匀；冷轧堆染色节能减排工艺中，存在因张力失控而导致的"缝头"痕；张力的存在也影响到成品织物的测长卷装精度。工艺过程因张力不可控会致使产品的品质低下，甚者必须回修，而成品率的降低直接影响到水耗，导致综合能耗超标[28]。

10.4.6.1　张力的形成

(1) 平幅连续加工中织物的初始张力　织物平幅加工中，单元间的速度差牵曳被动导布辊运行，而速度微差调节松紧架机构初始张力，构成了制品加工过程中所承受的张力。一般在制品平整不起皱的前提下，张力宜小不宜大。

在 74 型染整设备（现已列入淘汰范围）中，通过配置重锤调节力臂上固定点的位置，设置松紧架的初始张力。此法调节较麻烦，但其优点是一旦调节好，初始张力将保持稳定。在 74 型染整设备技改中，以汽缸实施摆式松紧架张力辊的平衡，通过改变汽缸传入的压缩空气压力，可调节松紧架的初始张力。此法较方便，可以不停机调节，但必须保证压力稳定的压缩空气源，因为压力波动将影响织物的初始张力。

(2) 导布辊的附加张力　如前所述，染整多单元联合机的单元机间设置松紧架线速度微差调节装置，其实质亦是一种简易的张力控制装置。在两单元间，如果松紧架设置在织物出轧车进平洗槽（蒸洗箱、多导布辊装备）处，则设定该松紧架的张力时，初始张力只需保证织物平幅进给过程不起皱即可；当松紧架设置在中洗槽（蒸汽箱、多导布辊装备）出布处，则应在初始张力的基础上，再加上织物进给途中因摩擦阻力矩而增加的附加张力，这样后续轧车的牵曳张力负荷就增大了。因此，应想方设法降低织物进给过程中的摩擦阻力，使附加张力愈小愈好。

在纺织品染整加工中，一般皆设置很多被动导布辊，用于支撑织物和导向织物进给。被动导布辊织物牵曳必须克服摩擦阻力矩所产生的附加张力。导布辊因采用不同的轴承，摩擦因数不同，滑动平面轴承的摩擦因数 $\mu=0.1$，滚珠轴承的为 0.0203。设导布辊自重 50kg（W），导布辊直径 120mm（D），导布辊轴径 30mm（d），则滑动平面轴承张力增量系数 f 由式 (10-19) 计算：

$$f=\frac{\mu\dfrac{d}{D}}{1+\mu\dfrac{d}{D}}=\frac{0.1\times\dfrac{30}{120}}{1+0.1\times\dfrac{30}{120}}=0.0244 \tag{10-19}$$

滚珠轴承张力增量系数 m 由式 (10-20) 计算：

$$m=\frac{\mu'\frac{d}{D}}{1+\mu'\frac{d}{D}}=\frac{0.0203\times\frac{30}{120}}{1+0.203\times\frac{30}{120}}=0.0051 \tag{10-20}$$

令初始张力 $T_0=5kg$（织物进入第 1 根导布辊的张力），则：

$$T_1=T_0+f(W-2T_0)=5.976kg$$
$$T_2=T_1+m(W-2T_1)=6.292kg$$
$$T_3=T_2+f(W-2T_2)=7.205kg$$
$$T_4=T_3+m(W-2T_3)=7.533kg$$
$$T_5=T_4+f(W-2T_4)=8.388kg$$
$$T_6=T_5+m(W-2T_5)=8.729kg$$
$$T_7=T_6+f(W-2T_6)=9.524kg$$
$$T_8=T_7+m(W-2T_7)=9.877kg$$

上式中，$T_1=5.976kg$，其中 0.976ks 是第 1 根下导布辊（滑动平面轴承）的摩擦阻力矩的张力增量；$T_2=6.292$，其中 0.316kg 是第 2 根上导布辊（滚珠轴承）的摩擦阻力矩的张力增量。$T_1\sim T_8$ 是由 4 根下导布辊（滑动平面轴承）及 4 极上导布辊（滚珠轴承）构成的多导布辊单元机，织物进布初始张力 5kg，出布后增加了 3.9kg。这些增量值皆系理想计算值，实际运行中，工况不同，增量值会有变化。对于多导布辊的染整联合机，例如连续轧染机，尽管对导布辊的阻力矩加以补偿，但由于设备流程长，导布辊多，织物在机张力大，导致落布伸长率达 5%～8%，极大地增加了缩水达标难度，影响成品合格率。

短流程工艺设备是低张力工况的保证。为降低织物牵伸，应在正确补偿导布辊阻力矩的前提下，尽量缩短工艺设备流程，避免织物承受较多的导布辊附加张力。

（3）卷染张力变量的成因

① 卷染替代液流染色的节能优势　液流机从浴比 1:10 以上的溢流染色机，发展到 1:4 的喷射溢流染色机是巨大进步。浸染用的卷染机的浴比一般在（1:2）～（1:3），采用小槽卷染可进一步把浴比降到（1:1.5）～（1:2）。

以某企业纯棉活性染料染色为例，其由溢流染色改为卷染染色的节能效果如下：

a. 溢流双管投放织物 125g/m，每管 800m，双管 200kg，按 1:15 搭比计配液 3000L。

b. 采用中卷径加工，平均卷装 1600m，浴比（1:2.5）～（1:3），配液 500～600L。

c. 助剂按液量及染色深度配制，溢流染色比卷染用量多 5～6 倍。

d. 染料按织物质量配制，由于溢流染色工艺比卷染配液量大，故而一般染料要多用 10%～20%。

e. 污水排放因浴比及水洗效率而异。

如果将以上卷染机卷径增大到 1400mm，则每轴约可加工 4500m，增长 2.8 倍，将进一步节省水、蒸汽和助剂。

投布量一定时，卷径为 1400mm 和 1100mm 的卷染机，缸次比约为 6 轴:10 轴。若将卷径扩大到 1500mm，仅需 5 缸（5 轴）。由此可知，投料多 1 倍，成本下降约 50%，水耗下降到 40%，蒸汽下降到 47%。

② 卷染过程中张力的形成　按照常理，卷径增大后，因退卷辊与收卷辊线速度差与工艺设定值有差距，织物张力会发生变化。经现场观察发现，收卷卷径超过 ϕ1000mm，织物幅中会出现"八字胡"区淌水少的现象；卷径超过 ϕ1200mm，织物幅中淌水少现象扩大成"梯形"区。卷绕时从收卷辊织物上淌下的工艺液，是层间挤压所致的排液，排液量与张力成正比。整幅排液是否均匀，表现出织物收卷时纬向带液是否均匀。"八字胡"区及"梯形"

区的"干涸"，说明织物幅中带液少，随卷径加大由中向左右液量逐渐增大。卷径变化越大，左中右色差越严重，这与张力随卷径的变化有关。

a. 卷染工艺过程织物张力的产生，是由于收卷与退卷存在线速度差，导布过程的摩擦力矩及张力架附加张力引起织物的延伸（弹性形变）。

由胡克定律，织物内张力 F 为：

$$F = \sigma y/L \int_0^{t_1} (V_2 - V_1)\mathrm{d}t \tag{10-21}$$

式中，σ 为织物的截面积；y 为织物的弹性模量；L 为两个传动点的距离；t_1 为机器启动时间；V_2 为收卷线速度；V_1 为退卷线速度。

由式（10-21）可知，织物张力调节是一个积分过程。显然，在稳态运行中，只要 V_1 或 V_2 有任何波动，都将引起织物张力的变化。

卷染系统是一个典型的非线性时变系统，设织物的弹性系数为 K_F，根据胡克定律可得：

$$\mathrm{d}F(t)/\mathrm{d}(t) = K_F[V_2(t) - V_1(t)] \tag{10-22}$$

$$F(t) = K_F \int_0^{t_f} [V_2(t) - V_1(t)]\mathrm{d}t = K_F \cdot \Delta L(t_f) \tag{10-23}$$

式中，t_f 为织物由退卷辊传送到卷轴所需的时间；$\Delta L(t_f)$ 为两个传动点之间织物的伸长量。

由此可知，在整个卷绕过程中，如能保证 $V_2(t) - V_1(t)$ 为常数，即两传动点的线速度恒定，则 $\mathrm{d}F(t)/\mathrm{d}(t) = 0$，即张力恒定不变。这说明卷染机的张力控制系统从属线速度跟随系统，而从织物传送长度分析，$\Delta L(t_f)$ 应为常数，张力控制系统又为位置随动系统。

b. 绕传动是一种非线性时变系统，要求电机转速与卷径 D 呈反比例关系，即 $n = \dfrac{V}{\pi D}$，这样卷绕力矩 M_f 与卷轴的转速 n 的乘积为 $M \cdot n = \dfrac{FV}{2\pi} = K$，故得 $n = \dfrac{K}{M_F} = \dfrac{C}{D}$（式中 K，C 为常数），这个关系称为卷绕机构的卷绕特性 $n = f(n)$，其是一条双曲线。如图 10-67 曲线 1 所示。

图 10-67，曲线 1 是卷绕机械特性曲线，曲线 2 是随卷径 D 变化的电机转速线性控制特性曲线。当卷绕至卷径 D_1 时，由图 10-67 可知交于曲线 1 的 a 点处，电机在转速 n_1 下运行；而此时线性控制曲线 2 上的相交点 b，电机将在转速 n_1' 下运行；很明显，$n_1' > n_1$。卷轴线速度与工艺值相差较大，直接影响到式（10-20），即 $(V_2 - V_1)$ 不是恒值，也就是说织物工艺运行张力增大。

图 10-67 两根曲线仅在头尾有两点相交，符合卷绕机械特性，即线速度控制符合工艺值，其余过程不是恒线速度。因此，恒张力就不可言了。由图 10-67 得出：若要卷染全过程恒线速度，恒张力操作，曲线 2 一定要与曲线 1 重叠，也就是 $U_K = f(D)$，即控制电动机的转速按卷绕特性曲线运转。

③ 卷染过程的测径　退卷、收卷辊在工艺过程中必须按卷绕机械特性（为一条双曲线）运行。由于织物厚度不同，在收

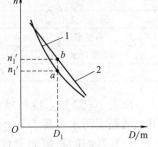

图 10-67　卷绕特性曲线

卷线速度恒定的工况下，为了得到同样的卷径增量，其从小卷径到大卷径所需卷绕的时间各不相同。为此，要想维持收卷线速度恒定，就必须知道即时卷径，通过调整电机转速来实现线速度的恒定。常规的测径方法主要有 3 种。

a. 线速度计算法　采用具有张力控制功能的变频器，由 PLC 可编程序控制器进行工艺张力设定，由传感器反馈线速度信号，即时调整收（退）卷辊驱动电机转速，以保证织物线速度恒定。但该方法要求其具有停车前的运转参数记忆存储功能，由于织物在线速度传感器装置部分所包括的测速辊上的打滑"丢转"，而引起速度采样信号的失实，尤其是由于织物厚度的差别，以及随着张力的变化，织物带液后膨化程度不一致等因素，很难测得退卷真实线速度。再加上仅使用变频器内置张力功能模块，其张力控制精度在 5%～10%，不符合防止卷染工艺色差的要求。

b. 厚度积分法　根据记圈信号实时计算即时卷径，该方法由于织物厚度的不确定性，因而可控性差。

c. 直接测径法　采用触杆、超声波或 CCD 图像传感器，对卷径进行即时测量。该方法虽能准确测得卷径，但其控制是按电机转速跟随卷径作线性变化，不符合卷绕机械特性曲线，以致织物卷径变化过程中，大部分时间线速度都偏离工艺值。

综上所述，已有的卷染机的恒线速度、恒张力控制装置和技术，均存在控制精度差的缺陷，不符合卷绕机械特性，尤其厚度积分法（记圈法）在现场无法确定被加工织物的厚度，这是目前市供巨型卷染机在生产中出现头尾色差及边中色差疵病的根本原因。

卷染过程中要维持织物在机张力恒定，必须首先精确地直接测出即时直径（卷径），继而按卷绕机械特性曲线所建立的数学模型，将卷径线性变化值转变成双曲线数值，控制退、收卷布轴转速符合 $V_2 - V_1 = 0$，达到恒线速度、恒张力卷染，增大布卷直径，减少缸次，节能减排。

10.4.6.2　针织物平幅染整加工的"瓶颈"[29]

（1）针织物平幅染整的节能减排举措　针织物平幅连续处理优点有：无绳状加工的折皱印；无摩擦或磨损缺陷；织物表面更光滑（无微小的起球），几乎无毛羽；无湿剖幅引起的布匹损失；容易控制人造纤维的缩水情况；能进行活性染料冷轧堆染色。表 10-52 是贝宁格公司提供的浸染与冷轧堆染色的节能效果对比。浸染机浴比 1∶8，以每天产量 10t 计。

表 10-52　浸染与冷轧堆染色比较（10t）

工艺	浸染	冷轧堆染色
前处理用水/m³	80	10
前处理水洗用水/m³	320	60
染色用水/m³	80	10
染色用盐/t	5	0
染色水洗用水/m³	400	150
后整理用水/m³	80	10
总耗水量/m³	960	240
总耗盐量/t	5	0

由表 10-52 知，冷轧堆染色布总耗水量仅为浸染的 1/4，而且是无盐染色，极易中水回用，减轻了污水负荷。

（2）针织物平幅加工对设备的要求

① 应具有剥边、展幅和居中装置，确保针织物平整进给。

② 低张力运行，有效防止经伸纬缩变形。

③ 相邻导布构件间空气道越短越好，杜绝针织物纬向收缩。若空气道较长，应添加补偿机构。

④ 纯棉针织物因为含水量高，必须避免织物悬挂时因自重产生的经伸纬缩变形。

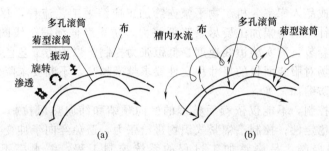

图 10-68　菊花转鼓振荡水洗原理

采用花瓣转鼓振荡水洗时，必须确认针织物包裹在网筒上"水穿布"［图 10-68（b）］。转鼓按设定转速旋转，在凹凸表面形成排水、吸收，按既定频率产生波动。在多孔网筒上运行的织物经激烈的振动及"水穿布"完成传质清洗。若某些针织物无法实现"水穿布"，则网筒对布不能形成排水、吸水，属非振荡传质清洗，则菊花型转鼓仅能起到搅拌水浴的作用，谈不上"高效振荡水洗"，这在选型时应注意。

江阴福达公司的针织印花平幅水洗机采用"水刀"式喷洗，布液分离，逆流循环供水，每吨针织印花布耗水 8~12t，消耗蒸汽 0.7t，耗电 100kW·h。

剖幅针织物连续长车加工工艺可行性差，目前国外大多采用冷轧堆染色机加工纯棉针织物（图 10-69）。

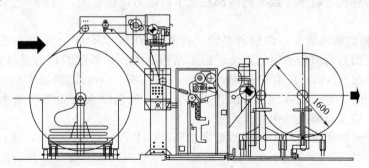

图 10-69　冷轧堆针织物染色机

该染色机符合上述①~④的要求。

由图 10-69 见，织物进布至均匀轧车轧液，经过张力调整、剥边、扩幅、平整浸轧染液后，无"空气道"大小辊筒转移给进，有效防止经伸纬缩变形。A 字架收卷辊"表面传动"卷装（亦有中心驱动的），该收卷 A 字架随卷径增大而滑移，始终保持喂布辊与布卷"无空气道"接触。这种设备曾加工过 $120g/m^2$ 的细平布（机织物），"缝头"痕高达 11 层，若加工针织物，必须重点对"缝头"痕采取防患措施。

针织物平幅冷轧堆活性染料染色设备，符合平幅加工要求，但因采用"表面传动"，喂布辊始终挤压布卷，形成多层"缝头"痕，此乃针织物平幅染整加工的"瓶颈"。

解决该"瓶颈"问题必须严格控制恒线速度、低恒张力卷装。低恒张力是针织物平幅进给过程必须控制的工艺参数。针织弹力布进给时，每米幅宽承受张力为 10N 时可确保安全传送。

10.4.7　织物缩水率的控制

织物缩水率是一项重要的考核指标，而织物在加工过程中若受到张力过大，将会加大预缩工艺负荷，影响成品入库率。机织物平幅连续加工应缩短工艺流程，尽量减少附加张力，多设置松式装备。针织物平幅加工要尽量降低张力，防止经伸纬缩、线圈变形；卷染收卷、连续平幅加工落布卷装，需实施恒线速度、低恒张力控制，以预防工艺色差和缝头痕。

目前国内外市场对服装面料的尺寸稳定性要求越来越高，不断要求降低面料缩水率，进行优级防缩、超级防缩加工等。

织物缩水率的控制，不能仅依赖后整理的经向预缩和纬向热风拉幅，还需加强丝光工艺，提高织物尺寸稳定性；控制平幅紧式织物进给张力，避免经向牵伸变长、纬向收缩。

织物缩水率的控制，是染整加工过程的系统控制工程，缩水率不达标将直接增加能耗[30,31]。

10.4.7.1 纯棉织物缩水的成因及防患措施

（1）成因

① 纤维生长过程的内应力　棉纤维在生长过程中，由于纤维分子间形成的氢键和三维网状结构，使得纤维间产生了内应力。该内应力若不消除，在丝光过程中织物门幅不易扩开，拉幅功率增大。即使强行扩开，也因存在内应力而容易回缩，半制品或成品的缩水率达不到要求。

② 棉织物加工过程的内应力　棉纤维在纺纱、织造过程中，由于机械的拉伸作用，纤维与纤维之间积聚了内应力。在染整加工过程中，由于机械张力的作用，使织物经向伸长、纬向收缩，这种伸长与收缩导致织物内部积聚了内应力，在水洗、烘燥的过程中释放便形成缩水问题。

③ 不同织物的缩水特征　织物的经纱"拉直"，纬纱"环曲"，不仅与在加工过程中受到的张力有关，而且与织物的紧密程度、组织结构有关。如紧密织物的经纱密度都比较高，一般均大于 100 根/10cm，其中有 15tex×15tex，524 根/10cm×284 根/10cm 府绸、14tex/2×28tex，540 根/10cm×284 根/10cm 卡其等，具有经向缩水大而纬向缩水小的特点，因此在丝光过程中应重点解决经向缩水问题。

稀薄织物的经纱密度较低，与纬纱密度相当，如 19.4tex×16.2tex，284 根/10cm×272 根/10cm 细纺、29.5tex×29.5tex，236/10cm×236 根/10cm 平布等，具有纬向缩水大的特点，因此在丝光工艺中应重点解决纬向缩水。

（2）降低纯棉织物缩水率的措施

① 树脂整理　树脂整理可使织物上的树脂与棉纤维形成三维的网状结构，从而提高纯棉织物的尺寸稳定性，降低织物的缩水率。此方法以客户有树脂整理的要求为前提，而生产工艺的延长和整理助剂的投入增加了生产成本，还必须控制游离甲醛含量。

② 机械预缩　机械预缩可以可控地达到一定的缩水率，以恢复纱线的平衡弯曲状态，提高织物品质。织物经机械预缩后，在验码过程中应注意防止由于张力使织物经纱重新被拉伸而增大缩水率。机械预缩对降低织物纬向缩水的作用甚微，只能采用湿热拉幅定形处理。

③ 丝光　丝光是解决纯棉织物尺寸稳定性最有效和最经济的方法。传统的"表面丝光"由于织物中的内应力未能完全消除，存在较大的潜在缩水性。

将缩水率已合格的常规紧式"表面丝光"和松堆"透芯丝光"成品存放半年后复查，发现常规紧式丝光成品的门幅自然回缩约 1cm，而松堆丝光的成品门幅则没有变化。这是因为松堆丝光工艺可实现纤维充分溶胀。

a. 在丝光加工中，一定要重视超喂扩幅。织物越稀薄，超喂越重要。否则，织物在布铗上不能扩足幅宽，造成纬向缩水大，成品幅宽难以达到要求。

据测量，常规织物品种在上布铗前，已有 2% 左右的收缩，即超喂率应在 2% 左右；对纬向缩水难以达标、门幅难以拉足的织物品种，超喂率应调整在 4%。

由于在布铗丝光机上难以实施超喂拉幅，从而采用布铗松堆丝光。织物在堆置溶胀过程中，经向收缩量大，在后序进行"定长牵伸"工步时，可预设置牵伸的百分比，令经纱保留4％的"环曲"，便可有利于布铗的纬向扩幅。织物进入布铗拉幅前，经热淡碱预洗，亦有利于布铗扩幅。

b. 布铗扩幅部分织物的门幅要足。除了纱卡一类织物为解决纬向负缩水过大可以酌减以外，其余品种皆应扩到坯布幅宽，否则纬向缩水会超标。丝光中若扩幅不足，后序拉幅工序很难将成品幅宽拉至要求。

c. 在丝光加工中要重视碱残留量。纤维在浓烧碱的作用下产生溶胀，除了纤维素分子重排以外，纤维之间、纱线之间同时产生滑移，使纤维进入塑性状态，在有条件地外加张力的影响下，原先存在于织物内的各种应力得以消除，织物的外形在新的张力条件下被固定下来。但这种固定必须保留至布铗脱铗处，且织物上碱残留量必须控制在 50g/kg 织物以下，才能使棉纤维新的结构和已实现定形的尺寸得以充分稳定。

④ 影响布铗部分去碱效果的因素很多，主要有以下两点。

a. 提高去碱温度，可增强洗涤传质效果，降低碱液黏度，真空泵的吸碱效果将明显提高。某厂生产一批府绸和高密细帆布，冲淋过程中发现织物上的碱液很难去除，无法开车。当把淡碱温度由 65℃ 提高到 75℃ 时，淡碱全部吸尽。

b. 保持五冲五吸的碱浓梯度。梯度越大，去碱效果越好。如最后一道冲淋淡碱为45g/L，出布铗后布面带液量 120％，则织物上残碱量在 54g/L 左右，织物出布铗后纬向就会产生收缩。这种由于织物带碱出布铗后纬向的收缩，直接影响到丝光落布幅宽，经染色后幅宽更小，即使在后序整理拉幅机中拉到规定幅宽，在堆放过程中也会明显自然回缩。

⑤ 丝光加工要重视织物水洗时的张力。水洗区不适当的张力会使织物经向拉长，纬向收缩，影响成品的缩水率。因此水洗张力应严加控制。

⑥ 平幅紧式工艺　平幅紧式工艺的多单元联合机落布，织物经向尺寸要比进布多5％～8％。引起经长纬狭的主要原因为：联合机中多导辊的摩擦阻力矩，增加了织物牵曳被动导布辊的附加张力；为了防止冒汽、漏水，蒸洗箱的机械密封轴承导致导布辊的摩擦阻力矩增大，致使织物在更大的附加张力下牵伸。

防止织物牵曳张力的增大，除了设法降低摩擦阻力矩外，可将部分导布辊由被动辊变为主动辊。

10.4.7.2　面料的预缩整理

织物在织造及染整加工过程中积聚了较大的内应力。未经预缩整理的织物制成的服装，经过洗涤会产生一定程度的收缩和变形。防缩整理工艺就是采用机械物理方式，使织物在湿、热情况下产生收缩，将潜在收缩在成品前预先缩回，防止纺织品加工成服装后穿着洗涤时产生收缩。

(1) 预缩率　预缩率是预缩整理机最重要的一个工艺参数，它与织物下机缩水率有着内在联系。一般而言，要控制织物下机缩水率 x，首先要测定织物潜在缩水率 q，理论预缩率 Δ 则为：

$$\Delta = q - x \tag{10-24}$$

由于在预缩整理机上不能在线检测缩水率，因此人们通过在线检测预缩率来达到控制织物下机缩水率的目的。

(2) 预缩机理　根据棉及混纺织物在一定温度和湿度等条件下具有可塑性，以及天然橡胶的高弹性，运用机械物理方法，将在各道工序中被拉长的织物，缩回至其自身的自然状态，并稳定下来，这就是橡胶毯预缩的目的。

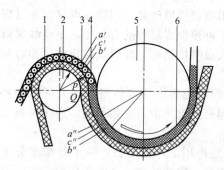

图 10-70　预缩功能示意

1—橡胶毯；2—加压辊；3—纬纱；4—经纱；

5—加热承压辊；6—织物

① 橡胶毯预缩功能　利用橡胶毯很强的伸缩弹性，设计了一条环状无缝厚橡胶毯，将其包覆在 3 只辊筒外面，中间加 1 只加热承压辊，这就是三辊橡胶毯预缩单元。图 10-70 织物在喂入橡胶毯组件中的情形。

在加压点 p 之前，橡胶毯的外侧 b' 伸长，而内侧 a' 收缩；出加压点 p 之后，原来伸长的 b' 收缩为 b''，而原来收缩的 a' 伸长为 a''，橡胶毯的中心 $c'=c''$，理论上保持不变。当加压辊在 p 点加压时，pQ 弧段橡胶毯处于剧烈收缩阶段，而橡胶毯出 Q 点之后，开始恢复弹性。紧贴在橡胶毯表面上的织物在湿、热作用下，从 p 点引入之后，随着橡胶毯的加压变形至恢复原状而被迫进行收缩。织物的收缩也可说是加热承压辊对贴附在橡胶毯上的织物产生连续滑移的结果，使织物的经纱产生了卷曲波形的变化（见图 10-71）。

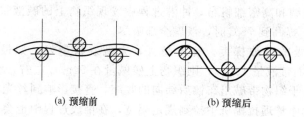

(a) 预缩前　　　　　　　(b) 预缩后

图 10-71　经纱预缩前后卷曲状态示意

织物经向收缩的过程，是在加压点 p 至向后承压辊的 1/4 圆周内完成的。

通常，以预缩率来衡量织物的预缩程度，其经验计算最大理论预缩率见式（10-25）。

$$预缩率=\frac{橡胶毯变形厚度(mm)}{加热承压辊半径(mm)+橡胶毯变形厚度(mm)}\times100\% \qquad (10\text{-}25)$$

② 影响预缩效果的要素　橡胶毯品质、承压辊直径、挤压力、面料湿度、布温、承压辊温度、穿布路线、预缩整理时间和织物本身状态等都会影响预缩效果，因此，影响织物预缩率的因素是综合性的。

a. 织物状态对预缩的影响主要表现在织物是否具有吸水性。坯布（直接来自织机）通常有很强的防水性，此类织物预缩前就要进行吸水化处理，如牛仔布预缩需先经过浸轧机，烘至一定湿度后再进行预缩。

经过煮练、漂白等工艺的织物，其吸水性有了很大的提高，但在这些工序中，一定要注意尽可能减少织物的张力，即减少织物的伸长。否则，势必会提高织物的潜在缩水率，增加预缩的难度。

织物的经纬密度及纱支不同，其预缩的难易程度也不同。高支高密的府绸和粗支纱大单位面积质量的牛仔布，预缩较难。

织物组分（棉、涤棉、化纤、麻等）的含量不同，对预缩也有一定影响。甚至织机的张力控制是否一致，都可能造成对织物预缩的影响。只有充分考虑了织物因素和预缩前各道工序因素，才能保证预缩的质量和稳定性。

b. 豫胶毯品质对织物预缩的影响橡胶毯的弹性、硬度、均匀性、亲水性、摩擦系数、抗疲劳性、抗断裂性、耐热及抗老化性、耐磨性、可修补性等，都将直接影响预缩效果。

橡胶毯的弹性，对织物预缩的影响最大。橡胶毯受挤压后变形量大及回弹能力强，则弹性好。目前，国家橡胶毯的弹性指数为 65～68，而进口橡胶毯的弹性指数为 70～72，优于国产橡胶毯。

橡胶毯的硬度与其弹性密切相关。硬度高，抗压性好，但弹性差。目前国内外常用的橡胶毯硬度为邵氏 38 度～40 度，能同时满足弹性及抗压性的要求。在实际使用时，当橡胶毯表面发光并出现微小龟裂纹时，说明表面硬度提高，此时应进行磨毯。近期，西欧地区常用邵氏度 36 度±2 度的橡胶毯，主要用于织物的柔软风格整理。

橡胶毯越厚、越软，预缩率越大。国外预缩机上采用的橡胶毯厚度普遍为 67mm，邵氏硬度为 40 度。因为厚，伸缩变化大；因为软，容易弯曲变形。这种厚而软的橡胶毯，在加压点受到压力之后，能产生强烈的压缩变形作用，使织物获得较为理想的预缩效果。新型国产机台亦采用这种进口橡胶毯。

橡胶毯的均匀性直接影响被加工织物的品质和机械运行状态。如弹性或硬度不均匀，就会造成织物预缩的不均匀，还可能造成橡胶毯跑偏，或左右"蛇形"。橡胶毯均匀性一般通过检查表面硬度来决定。橡胶毯的圆周及幅宽方向其邵氏硬度误差值应在±0.5 度以内。

橡胶毯表面的亲水性，对织物的含湿量会产生一定程度的影响。亲水性主要取决于橡胶毯的配方及表面粗糙度。实际应用过程中，可通过调整橡胶毯压水辊的压力来改变带水量，一般增加 2%织物的湿度。在调节给湿机的给湿量时应考虑橡胶毯存在给湿。橡胶毯亲水性对橡胶毯表面的冷却和润滑也有重要作用，亲水性好，橡胶毯表面的冷却和润滑就好，则橡胶毯寿命长。

橡胶毯表面与织物的摩擦系数，直接决定了两者之间的摩擦力，也决定了橡胶毯对织物的握持能力。握持能力越大，则橡胶毯在受挤压后回弹时带动布一起回缩的能力越强，即预缩率大；反之，则预缩率小。摩擦系数与橡胶毯原材料有直接关系，在实际应用中不易检测，一般采用不同牌号的砂带来打磨橡胶毯表面，以获取不同的握持能力。常用砂带牌号为 60～12 号，牌号低适合厚重织物，牌号高适合轻薄织物。

橡胶毯的抗疲劳性、耐热及抗老化性、抗断裂性等，直接关系到橡胶毯的使用寿命。一直处在高负荷运行下的橡胶毯，如圆周方向一直处在正反弯曲状态，且在宽度方向不间断地加压和卸压，同时加热和冷却在交替进行，在这种状态下，橡胶毯的抗疲劳性、耐热及抗老化性、抗断裂性等性能不好，将加速橡胶毯的疲劳老化，甚至断裂，橡胶毯寿命不佳。目前，进口橡胶毯中寿命较高的可加工 1000 万米以上织物，国产较好的橡胶毯可加工 500 万米左右。

橡胶毯的耐磨性，取决于橡胶毯的原材料和加工工艺。耐磨性好，则每次磨橡胶毯后减薄量小，寿命就延长。

橡胶毯的可修复性，指橡胶毯局部损坏时可修复的程度。橡胶毯若可修复性不好，修复点处与其他地方相比，弹性或硬度造成差异，则会对织物预缩的均匀性产生影响。

c. 承压辊直径越小，预缩率越大。承压辊直径减小，橡胶毯的变形量随之增加，从而可达到较高的预缩率。但承压辊直径过小，织物在预缩区湿热定形的时间过少，影响预缩的稳定性；且橡胶毯会因挠曲次数增加产生疲劳而缩短使用寿命。

从目前使用情况来看，采用 50mm 橡胶毯，承压辊直径为 $\phi500mm$；采用 67mm 橡胶毯，承压辊直径 $\phi616mm$。

d. 布面及橡胶毯表面含湿量　预缩前织物的含湿率一般为 10%～15%，织物的单位面积质量越大，含湿率也越大。纤维之间的水分是一种润滑剂，使纤维之间产生滑动而达到预缩效果。

织物经喷雾给湿后，再经过 $\phi570mm$ 烘筒的烘蒸，是促使织物含潮均匀的一种常用方式。喷雾给湿时可使用各种添加剂，但要注意，添加剂是一种润滑剂，既可以使织物收缩也会造成织物伸长。

橡胶毯表面的含湿量会直接对织物含湿率产生影响，一般可改变织物含湿率 1%～3%。具体控制橡胶毯带水量主要有两个办法：一是选择不同号的砂带研磨橡胶毯，如 60 号带水量大，100 号带水量小；二是改变压水辊压力大小，也可改变橡胶毯带水量。

预缩整理后的织物含湿率应在 4% 左右，此时最有利于织物的稳定。

e. 布面及承压辊温度。织物在一定的温度条件下，通过调节湿度等因素，使其产生预缩变形，且预缩后形状可以稳定。

预缩前，织物温度控制在 60～80℃ 较为理想。但由于布面温度不易检测，一般通过 $\phi570mm$ 烘筒温度或压力来控制。烘筒表面温度一般控制在 105℃；使用蒸汽烘筒直接喷时蒸汽要均匀喷出，穿透布面。

承压辊表面温度应根据织物不同的预缩要求，控制在 107～140℃。轻薄织物温度可偏低，厚重织物温度可适当提高。

蒸汽质量对温度有直接影响。有时由于蒸汽质量太差，使左右产生较大温差，将直接影响织物预缩。

温度的测量包括红外线检测承压辊表面温度；红外线温度检测器测量布面或各辊面温度；辊体表面专用测量器（热电偶）；辊体内部安装热电偶直接测量蒸汽温度；观察蒸汽压力表读数；手摸布面凭经验感觉。

以上几种方法中，最常用的是观察蒸汽压力表读数和手摸布面凭经验感觉。但这两种方法受人为因素及供汽压力波动影响较大。

当要求辊体表面温度控制在（120±1）℃时（红外线温度检测器法），辊体内蒸汽温度则应在 143℃ 以上。这是因为辊体壁厚度达 18mm，而不锈钢的传热系数较低，加上辊体表面散热，因此，饱和蒸汽表压应保证在 300kPa。

f. 穿布路线对顶缩效果的影响 常规的穿布路线有 3 种，如图 10-72 所示。

进口及国产全防缩型预缩机的穿布路线见图 10-72 中Ⅰ。织物紧贴着加压辊上的橡胶毯外表面进入轧点。由于织物是在松弛状态下进入收缩区，故预缩效果较理想，可达到 26%。

国产简易型预缩机的穿布路线如图 10-72 中Ⅱ所示。织物沿橡胶毯及压辊间的切线方向进入轧点，仅靠橡胶毯的加压收缩而产生预缩，效果较前一种差，仅为 8%。

图 10-72 各种穿布路线示意
Ⅰ—全防缩型；Ⅱ—简易防缩型；
Ⅲ—部分用户习惯型

为避免操作不当使织物起皱而产生"小耳朵"，织物可先在承压辊上预热一下，也有采用图 10-72 中Ⅲ穿布路线。由于织物是在紧张状态下进入轧点，故预缩效果不理想。

根据预缩原理分析，以穿布方式 1 较合理，有利于提高织物的预缩率。

g. 挤压力决定预缩机能力。加压压力越大，预缩效果越好。因为橡胶毯的变形是通过加压使之曲率发生变化而实现的，故加压压力越大，预缩效果越好。

在特定几何形状的条件下，挤压力的大小直接决定了橡胶毯的变形量，即橡胶毯的经向伸长量。挤压力越大，经向伸长量越大，回缩也越大，织物预缩率也相应较大。

挤压力是预缩机预缩能力的标志。目前，国际水平的预缩机挤压力可达 200～250kN。对于门幅宽 180cm 的橡胶毯，其线压力为 1.1～1.4kN/cm。

橡胶毯在邵氏硬度 40 度时，橡胶毯厚度、最大推荐挤压量与线压力三者间的关系见表 10-53。

需注意的是，对于不同的橡胶毯硬度，当橡胶毯厚度和挤压量相同时，其挤压线压力是不同的。橡胶毯硬度越高，需要的挤压力越大。

表 10-53　橡胶毯厚度、最大推荐挤压量、线压力三者关系

橡胶毯厚度/mm	最大推荐挤压量/mm	线压力/(N/cm)
70	16.0	1000
68	15.0	921
66	14.0	862
64	13.5	804
62	12.5	764
60	12.0	735
58	11.5	700
56	11.0	676
54	11.0	657
52~50	10.0	637
48	9.5	627
46~44	9.0	627

进口橡胶毯推荐最大挤压量 S＝橡胶毯厚度×25%

国内橡胶毯推荐最大挤压量 S'＝橡胶毯厚度×20%

为保证橡胶毯挤压力左中右均匀，应保证压紧辊与承压辊的平行。影响挤压力左中右均匀的另外两个因素：一是橡胶毯自身硬度左中右是否一致；二是压紧辊和承压辊在挤压过程中所产生的挠度变形，对于 180 幅宽系列预缩机，挤压力横向均匀性影响不大，但对于 280~360 系列的预缩机，可能对挤压力横向均匀性影响较大，应在结构上采取相应措施，防止挠度变形过大。在实际操作中，为保证挤压力左中右均匀，最常用的办法是保证压紧辊与承压辊平行，以及磨辊与压紧辊平行。

h. 预缩整理时间（工艺车速）。要充分完成织物随着橡胶毯回弹而回缩这一物理过程，需要一定的预缩时间。若时间较短，即使温度、湿度和橡胶毯压力等因素调整合适，也不会达到预期的预缩效果。预缩时间与橡胶毯的弹性有一定关系，橡胶毯的弹性好，则预缩时间相应短。

织物预缩后的整理过程也与时间密切相关。刚预缩的织物需要一定时间的烘干整理，使其尺寸稳定。为了提高生产效率即提高车速，同时又要保证整理效果即保证整理时间，常采用加大呢毯整理烘筒直径的办法。在保证整理时间相同的条件下，烘筒直径越大，车速相应提高。目前大烘筒直径有不断加大的趋势，从最早的 $\phi1500mm$ 不断发展到 $\phi800mm$、$\phi2000mm$、$\phi2200mm$，最近又发展到 $\phi2540mm$。

预缩整理时间与蒸汽温度即蒸汽压力有关。温度高，传递同样的热量所需时间就少，车速就可提高。实际应用中，可结合具体情况进行调整。

10.4.7.3　预缩工艺参数的在线测控[31,32]

织物预缩必须在一定的含湿率、温度、稳定的车速和稳定的张力等工艺条件下完成，只有工艺条件稳定，才能保证缩率稳定和产品质量稳定。传统的 MA 型预缩机，其工艺参数控制是通过对实验室测试数据进行分析，发现偏差后再作调整；或凭经验掌握（如湿度检测是依靠操作者观察织物表面雾状大小，或用手感觉织物的湿度）。由于没有准确的量值，故调整时重现性差，常造成缩率波动。温度检测是根据蒸汽压力表的指示。理论上，蒸汽压力与其温度值有对应关系，但由于蒸汽质量波动，同样的蒸汽压力，烘筒表面的温度也有差异，也会造成缩率波动。因此，必须改变凭经验操作的状况。

影响织物预缩率的因素是综合性的。而工艺条件间是相互关联的，为了稳定测控，就需要精确测量在线预缩率，从而对相关的工艺参数进行控制，单一工艺参数的闭环控制，有利于预缩率控制系统精确、简单、稳定。

（1）PLC 控制变频调速比例调节系统　图 10-73 为 PLC 控制变频调速比例调节系统框图。

给湿单元（从动 1 单元）、橡胶毯预缩单元（主令单元）和呢毯整理单元（从动 2 单元）三者的速度关系是：

$$K_1V > K_2V > K_3V \qquad (10\text{-}26)$$

式中，K_1 为从动 1 单元的比例系数；K_2 为主令单元的比例系数（$K_2=1$）；K_3 为从动 2 单元的比例系数。

图 10-73　PLC 控制变频调整比例调节系统框图

式中，$K_1 > K_2 > K_3$，V 是工艺车速主令信号。这样形成给湿单元的出布，对预缩单元实施超喂进布（有利织物经向收缩），而预缩单元的出布则超喂进入呢毯整理单元。K_1 与 K_3 值可根据不同织物的预缩率要求进行设置。

要完成稳定的比例调节，则要求三个单元机在各种扰动下以一定的稳速精度长期稳速运行。系统中三个交流变频电动机应用了速度反馈闭环控制，光电编码器检测电动机转速，将脉冲信号反馈给 PLC，经运算控制变频器输出，使电动机的抗扰动能力陡增，减小了由于电网电压波动和负载变化引起的转速波动。速度输出精度高达 0.05%，提高了机械特性的硬度，保证了三单元比例调节速度的稳定性。因此，图 10-73 比例调节系统实际上从属数字稳速系统，信号给定属串联控制。

按"电压链"给定信号是一种串联控制。上例中三个单元不再同时接受工艺车速主令信号 V，给湿单元（V_1）、橡胶预缩单元（V_2）和呢毯整理单元（V_3）三者的关系按式（10-27）的比例是：

$$V_1 = V,\ V_2 = (K_2/K_1)V_1,\ V_3 = (K_3/K_2)V_2 = K_3V_2 \qquad (10\text{-}27)$$

也就是后列单元的给定信号是前序单元的控制信号，后列单元总是按既定的比例跟随前序单元运行。

图 10-74 为 LMA45Z 型预输机工艺流程，图中标出各项在线监控工艺参数装置示意。

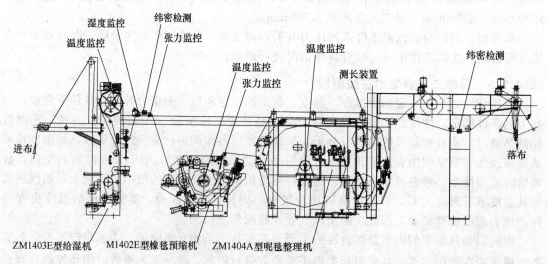

图 10-74　LMA452 型预缩机工艺流程

（2）喷蒸汽给湿烘筒温度在线监控　喷蒸汽给湿烘筒主要由筒体和外层气室及进气头组成。在正常生产过程中，需要先通饱和蒸汽预热烘筒 30min 左右再往外层气室通饱和蒸汽。如果操作不当，通过气室的蒸汽容易冷凝，造成烘筒滴水，导致残次品的产生。为此，通过增加温度在线监控装置（图 10-75）解决了这一难题，具体监控方案是：开机给筒体内通蒸汽预热烘筒筒体，通过铂热电阻检测烘筒回水温度，当回水温度达到设定温度时，通过 PLC 控制打开通往外层气室的蒸汽管路上的电磁气控阀，开始往气室进蒸汽，蒸汽进入外层气室后在烘筒表面均匀溢出穿透织物，进入纤维内部，给湿更均匀，从而更利于织物预缩，同时烘筒也不会产生冷凝水滴。该装置解决了时间不易控制，或者蒸汽压力不稳定，使烘筒加热温度不够，造成烘筒表面结水，导致产生残次品的难题，也减少了资源浪费。

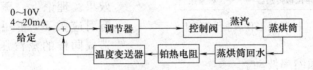

图 10-75　温度控制工作原理框图

（3）对预缩前的织物湿度进行在线监控　织物含湿率是预缩的一个重要条件。含湿过高，会使织物起皱，增加后道烘干整理工序的蒸汽消耗量，影响机器的车速等。因此，织物含湿率一定要控制在一个合适的值，一般为 10%～20%，织物单位质量越大，含湿率也越高。图 10-76 织物含混率控制原理框图。

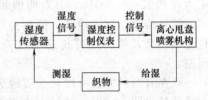

图 10-76　织物含湿率控制原理框图

在线测得织物含湿率信号，输入湿率控制仪表，运算输出湿度差值控制信号，喷雾给湿装置按差值控制信号，向织物提供工艺湿度，形成闭环独立控制系统。

（4）织物张力在线监控

① 给湿单元与预缩单元之间　织物的张力与预缩率有着密切的关系，特别是给湿单元与橡毯之间。织物在进入橡毯预缩单元的进口处，其张力从理论上讲应该是越小越好，以不产生折痕为准。为使张力恒定，在给湿单元与橡毯预缩单元之间安装张力检测辊，通过张力传感器时，张力传感器负责测取织物张力值，通过对实测张力值与设定张力值比较，然后输出给湿单元喂布电机的比例同步控制信号，动态微量调整喂布电机的转速，调整织物张力，从而实现张力在线控制（图 10-77）。

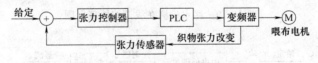

图 10-77　张力控制工作原理框图

② 预缩单元与呢毯单元之间　为保证预缩单元、呢毯单元之间的同步运行，使织物张力恒定，在 2 单元之间可增加松紧架，织物绕过调整辊运行过程中，张力波动使调整辊 A 在其平衡位置附近上下运动。织物内的张力与位移传感器的输出电压一一对应。作为速差检测，松紧架带动位移传感器，将其位移量转化为 ±5V 的信号反馈给同步调节器，调节电动机转速，保证同步运行。角位移传感器的旋转角度为 ±45°，它是将原开环比例调节的超喂量 ±20% 转化为手动超喂量的调节角位移传感器的调节。即在开车穿布时，先手动调整所需的超喂量，以满足不同织物预缩率的要求，在此基础上，再把连接角位移传感器的松紧架架上，单元之间张力调节靠松紧架带动角位移传感器旋转，然后将旋转信号转换成电信号，反馈

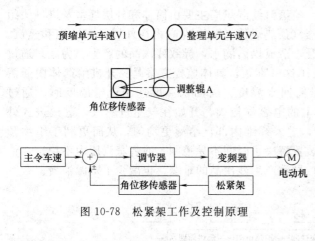

图 10-78 松紧架工作及控制原理

给同步控制器，同步控制器根据反馈信号控制电动机的车速，以满足 2 单元之间的同步运行，保证张力的恒定（图 10-78）。

（5）温度在线监控 温度对预缩率的稳定性起着决定性的作用，在一定的温度条件下，含有一定湿度的织物容易产生预缩变形，且织物预缩后形状可以稳定下来，达到良好的预缩效果。理论上，蒸汽压力与其温度值有对应关系，但由于蒸汽质量波动，造成同样的蒸汽压力，烘筒表面的温度也有差异，导致预缩率波动。

① 承压辊表面温度在线监控 由于承压辊在预缩时处于动态，预缩时饱和水蒸气工作压力在 0.25～0.5MPa，其对应饱和水蒸气的温度在 137～158℃。以前，承压辊采用非接触式的红外传感器温度控制，但在实际工作中，承压辊是高速运转的辊体，被测对象是曲面，且光洁度高，使得红外传感器在对准被测的辊体曲面时，红外线发散，存在较大的测量误差。

现在有两种方法可以对承压辊表面温度进行检测。a. 采用铂热电阻测回水温度的方法在线监控（图 10-79），通过对电动调节阀开启的大小进行比例控制，使承压辊的表面温度自动控制在工艺要求值。这种由气动薄膜阀组成的温控系统，稳定性好，控制可靠，可达到预期的目的。b. 采用无线温度在线检测控制系统在线监控（图 10-80），通过互换式数字化温度传感器，对预缩机承压辊表面温度进行直接测量，并通过无线网络传输系统与嵌入式系统中央处理单元通信、显示。整个系统通过经典 PID 控制算法，结合设定值与实测值的差值，自动控制承压辊的蒸汽流量，达到控制承压辊表面温度的目的，同时可节省蒸汽消耗。

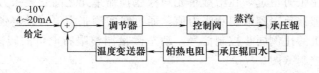

图 10-79 回水检测在线监控原理框图

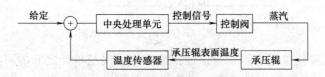

图 10-80 无线传输温控在线监控原理框图

② 大烘筒表面温度在线监控 呢毯整理单元用于预缩后的织物在无张力下进一步烘干定形并改善手感，采用铂热电阻测回水温度的方法在线监控大烘筒表面温度（控制原理同承压辊表面温度控制），达到稳定预缩率的目的。

（6）对预缩率进行在线监控

① 利用测长装置进行预缩率在线监控

$$预缩率 = \frac{(L_1 - L_2)}{L_1} \times 100\% \tag{10-28}$$

式中，L_1 为进布处的织物实测长度；L_2 为出布处的织物实测长度。

在机器进布、出布处通过高精度测长装置在线检测织物长度的变化量再与设定值相比较，当超过误差的 ±1% 时，通过 PLC 控制橡毯预缩单元的压紧电机运转，调节橡毯的压紧量，使预缩率与设定值相符，从而来保证预缩率的稳定。

② 利用纬密检测装置进行预缩率在线监控 采用专用的纬密检测仪检测预缩前后织物的纬密变化，把纬密信号转化成预缩率显示出来。织物的纬密变化，直接代表着预缩率的变化。当预缩率误差超过设定值时，通过 PLC 控制橡毯预缩单元的压紧电机，动态调节橡毯的压紧量，使预缩率与设定值相符，从而来保证预缩率的稳定。

WD1 型智能织物纬密在线检测及控制系统由常州宏大科技（集团）开发。该系统可广泛用于预缩机、热定形机、印花机以及丝光机等后整理中的织物纬密测定。

该系统具有连续、实时在线检测和控制功能，可在织机上直接测定织物纬密，从而提高产品品质。

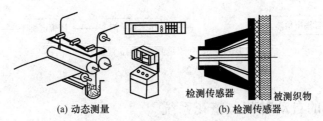

图 10-81 纬密在线测控示意

图 10-81（a）系智能织物纬密在线动态测定装置，图 10-81（b）是检测传感器。

该系统的特点如下所述。

a. 解决了织物纬密在线检测过程中的数据记录及实时打印问题。

b. 创建了系统快速响应方法，织物在高速运行时也能保证精确的测定结果。

c. 提出了一种将图像传感器、特殊光源、高速电子快门和机械转动系统紧密配合，共同实现在线纬密测量的动态图像测量方法。

d. 通过特殊的光源设计，使得系统能够排除色彩和图案的影响。即使是有彩色图案的样品，系统也能给出精确的测量结果。

e. 采用新型 CCD 激光光学检测器，集合最新光电子技术，关键部件采用进口产品，保证整套系统性能稳定，运行可靠。

f. 该系统技术参数：

电源　AC 220V 50Hz

测量范围　8～300 根/cm

测量精度　±1%

自动测量方向线对齐精度　1%

检测时间　<100ms

可适应布速　0～2m/s

防护等级　ip66

（7）压紧量检测和控制装置 由于影响缩率的因素比较多，比如织物含潮率、车速、蒸汽温度、橡毯压紧量等，其中，橡毯压紧量（变形量）是使织物在高温下进行预缩的关键性因素，所以，在其他几种因素比较正常的情况下，通过控制主要因素的方式就可以达到控制缩水率的目的。

当缩率检测系统检测到的缩率与工艺要求值比较，如果偏差值在工艺允许的范围内时，系统不动作，当偏差值大于允差值，在缩率偏小的情况下，中央处理系统将根据偏差幅度的大小确定压辊电机需要的压紧量值，通过伺服驱动器驱动压辊电机对压辊进行压紧动作；当缩率检测系统检测到的缩率与工艺要求值比较超过容差允差值，缩率偏大的情况下，中央处理系统根据偏差幅度的大小确定压辊电机需要的放松量值，通过伺服驱动器驱动压辊电机对压辊进行放松动作。

在缩率控制系统中，增加位置检测系统是非常必要的。如果没有位置检测系统，系统将无法识别橡毯初始值，也无法识别压辊压紧或放松值是否达到系统控制的要求。在该系统中，采用在螺杆轴中心增加旋转编码器的方式来进行检测橡胶毯的压紧量。

压紧量检测和控制系统工作原理如图 10-82 所示。

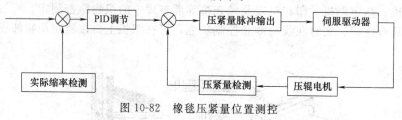

图 10-82　橡毯压紧量位置测控

10.4.8　网印花的自动对花、整花系统[33~35]

智能控制是一种引入人工智能的控制，也就是智能控制技术是通过计算机模拟人类的思想过程，将其应用于自动控制之中。人工智能的内容很方泛，如知识表示、问题求解、机器学习、模式识别、机器视觉、逻辑推理、人工神经网络、专家系统、机器人学等都是人工智能的研究和应用领域。人工智能中有不少内容可用于控制，当前最主要有专家系统、模糊控制、人工神经网络控制三种形式。

染整行业已开发厂印染数控专家管理系统，基于机揣视觉的图像识别自动对花系统及蜡染拉幅机自动整花控制系统，工艺温度模糊控制系统。汪南方等学者进行了神经网络优化棉织物染色工艺的研究等相关智能控制系统。

10.4.8.1　圆网印花机图像识别自动对花系统

基于机器视觉的圆网印花质量在线监测系统，采用图像传感器，在线以一定间隔摄取印花图像，再通过图像处理单元进行相关图像处理及模式识别，将各个单色图案之间的相对位置与标准印花图案套色位置进行对比，并输出处理信号，判断印花布匹是否"跑花"、"错花"，以及是否需要相应的网头调整，最后将检测结果发送到电气控制系统，调节各印花网

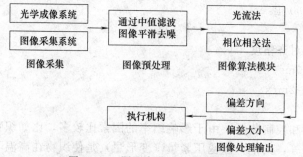

图 10-83　圆网印花在线检测系统

筒，实现自动对花。圆网印花在线监测系统示意见图 10-83。

圆网印花在线智能检测控制系统需要实时检测多个圆网的相对位置是否产生偏差，并根据偏差在线凋檠圆网位置。采用图像处理和分析，必须实现以下两个目标：

① 判断圆网之间是否存在相对位置偏差；

② 判断出那个圆网走偏，并根据走偏量自动调整。

当圆网个数较多（6 套色以上）时，互相之间的套色很复杂，直接根据特征点或者轮廓来判断十分困难。常州宏大科技（集团）在开发此项目时，采用粗细结合的定位算法，首先采用粗定位算法，利用光流法获取当前图像与模板图像之间的运动向量，判断是否存在走偏，以及在哪个区域产生了走偏。当存在较大光流向量（存在走偏），在走片区域采用相位相关法得到走偏量，从而控制走偏圆网的位置，实现自动对花。圆网印花机图像识别自动对花系统系国家科技部支撑项目，深受印花企业的欢迎。

（1）视觉系统中图像噪声及预处理　印花图像在采集、处理等环节都可能会引入噪声，因此噪声抑制对图像处理及后续自动对花控制环节十分重要。噪声主要来源于 CCD（电荷耦合元件）的热噪声、电器机械运动产生的振动噪声等，它们对图像信号幅度和相位的影口向十分复杂。为了抑制噪声，改善图像质量，本项目采用中值滤波法（Median-Filter）。中值滤波法具有去噪能力强、图像边界细节保持好、处理速度快等优点。它是

(a) 印花图像原图　　　　(b) 中值滤波处理图

图 10-84　视觉系统中图像噪声及预处理

一种非线性的空间滤波技术，在一定程度上可以克服线性滤波带来的图像细节模糊化。印花过程中获取的图像具有很强的纹理特征，使用中值滤波可以有效地保留细节，详见图 10-84。

（2）对花偏差检测　圆网印花在线智能监测控制系统需要实时检测多个圆网的相对位置是否产生偏差，并根据偏差在线调整圆网位置。采用图像处理和分析，必须实现以下两个目标：a. 判断圆网之间是否存在相对位置偏差；b. 判断出哪个圆网走偏，并根据走偏量自动调整。当圆网个数较多（6 个以上）时，相互之间的套色很复杂，直接根据特征点或者轮廓来判断十分困难。本项目采用粗细结合的定位算法，首先采用粗定位算法，利用光流法获取当前图像与模板图像之间的运动向量，从而判断是否存在走偏，以及在哪个区域（或灰度值区域）产生了走偏。如果存在走偏（即存在较大光流向量），在走偏区域采用相位相关法得到走偏量，从而控制走偏圆网的位置，实现自动对花。

光流是空间运动物体在观测成像面上像素运动的瞬时速度。光流法是利用目标像素亮度运动，来推导瞬时光流场，然后根据光流场进行目标运动检测。在圆网印花中，由于圆网的走偏，导致当前图像与模板之间存在光流。

设图像平面中一点 (x, y)，在 t 时刻其灰度（亮度值）为 $I(x, y, t)$。当该点发生运动，在 dt 时间内在 x 和 y 方向上分别位移 dx、dy。设在 dt 时间内，其亮度值保持不变，即：

$$I(x,y,t)=i(x+dx,y+dy,t+dt) \tag{10-29}$$

将上式右边进行 Taylor 展开，简化后得到：

$$\frac{\partial I dx}{\partial x dt}+\frac{\partial I dy}{\partial y dt}+\frac{\partial I}{\partial t}=0 \tag{10-30}$$

结合约束条件求解该方程，常见的求解光流方程的算法为 Lucas 和 Hom-Schunck。用光流法对印花图像进行检测的效果见图 10-85。

(a) 模板   (b) 中间色位发生偏移   (c) 走偏区域存在明显的矢量

图 10-85　光流法对印花图像进行检测的效果

光流法可以得到印花图像中走偏的区域以及走偏的方向，但是无法得到走偏的具体位移。针对走偏区域，采用局部相位相关法获得圆网的走偏位移。相位相关法基于傅里叶变换的良好特性，即图像平移、旋转和尺度变换均在频率域有对应特征。传统的相位相关法能定位出整数（像素级）的平移。

相位相关法的理论依据是傅里叶变换的相移定理。相移定理是指空域内函数的位移将会引起频域内变换函数的相移。设 $f(x,y)$ 为在 R^2 上绝对可积的函数，其傅里叶变换为 $F(u,v)$，函数 $g(x,y)$ 在函数 $f(x,y)$ 发生 (x_0,y_0) 的位移：

$$g=(x,y)=f(x-x_1,y-y_0) \tag{10-31}$$

$g(x,y)$ 的傅里叶变换为：

$$G(u,v)=\exp[-j2\pi(ux_0+vy_0)]F(u,v) \tag{10-32}$$

于是，其归一化的互相关的功率谱可以表示为：

$$\frac{F(u,v)G^*(u,v)}{|F(u,v)G^*(u,v)|}=\exp[-j2\pi(ux_0+uy_0)] \tag{10-33}$$

数子图像是一个有限离散的函数，对于这样一个函数 $f(x,y)$（其中，$x=0,1,2,\cdots,M-1$，$y=0,1,2,\cdots,N-1$，M 和 N 为图像的尺寸），与之对应的二维离散傅里叶变换和反变换形式可以写成：

$$F(u,v)=\frac{1}{MN}\sum_{x=0}^{M-1}\sum_{y=0}^{N-1}f(x,y)e^{-2jw(uz/M+w/N)} \tag{10-34}$$

$$F(x,y)=\frac{1}{MN}\sum_{x=0}^{M-1}\sum_{y=0}^{N-1}F(u,v)e^{-2jw(uz/M+w/N)} \tag{10-35}$$

两幅图片的相位相关计算可以归纳为：首先对图片分别计算它们的离散傅里叶变换（DFT）形式，然后计算归一化相关功率谱，最后对其求离散反傅里叶变换（IDFT）。

对于上述两幅印花图像，将图像中发生走偏的灰度值从原图中分割出来，得到的两个分割图形，形状相似，只是在图中的位置不同。再根据相位相关算法得到两幅分割图形之间的像素位移为 3 个像素，即圆网走偏位移。

10.4.8.2　圆网印花在线检测系统

（1）基于机器视觉的圆网印花质量在线检测系统，是通过摄像机获取印染布匹表面图像，并利用计算机所采集到的图像进行分析和处理，自动判断印染布匹是否"跑花"、"错花"并判断需要进行相应调整的网头，最后将检测结果发送到电气控制系统，系统结构如图 10-86 所示。由于它能够实时检测出入眼不易发现的缺陷，并可对全部产品进行全方位自动质量监控，完全克服了人工目视抽检方式所带来的不足，因此这种系统为圆网印花质量在线检测与控制提供了理想的解决方案。

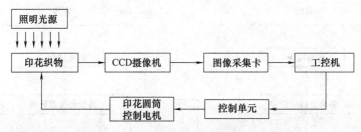

图 10-86　基于视觉的印花网筒控制流程

（2）圆网印花视觉检测系统由照明光源、CCD 相机、镜头、机箱、图像采集、图像处理、监视单元以及控制单元组成，如图 10-87 所示。

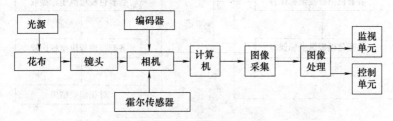

图 10-87　系统硬件结构

其中，相机采用 2K 的线阵 CCD 摄像机，采集图像时采用由编码器信号和霍尔传感器信号输入的帧触发＋行触发方式进行。光源采用由目前寿命最长和最先进的 LED 灯组成的线阵光源，其寿命超过 20000h。从光照方式来看，由于工控机印花织物 CCD 摄像机图像采集卡印花圆筒控制电机控制单元照明光源品具有漫反射特性，因此可以采用对称照明方式，一方面增强光照亮度，进一步延长系统照明寿命；另外一方面可以提升成像对外部产品波动的抗干扰性。

在第一网头上安装一个霍尔传感器，网头每转一圈便向外发送一个帧触发信号，在导带主动传送辊上安装一个编码器，使之随传送辊转动而同步发出行触发信号。将光源对准花布，相机设置为帧触发＋行触发方式采集，当圆网印花机开始印布时 PC 机通过相机开始采集图像，通过图像处理单元得到在线检测的结果并将结果传送给控制单元进行相应的调整。

（3）系统软件算法设计　系统软件主要基于德国著名的视觉软件库 Halcon 来完成。系统中用到的图像处理技术主要是模板匹配技术，可分为离线的模板设定及在线实时检测两大部分。离线时模板设定和在线检测控制流程如图 10-88 所示。

图 10-89 所示为一个基于图像识别技术的二套色圆网印花系统，其中计算机 6 为待印织物纹理图形处理设备和运动控制系统的控制器，将图像数据处理设备和运动控制器设置在同一计算机可简化系统设计。进布装置 1 将待印的织物送到印花毯 9，线阵 CCD2、线阵 CCD4 分别采集待印织物表面纹理图像，作为织物表面经向定位参数；交流伺服驱动器 7、交流伺服驱动器 8 根据计算机 6 的指令分别对交流伺服电机 3、交流伺服电机 5 进行驱动；交流伺服电机 3、交流伺服电机 5 分别对第一版和第二版的印花圆网进行驱动。计算机为工业控制计算机，内置图像采集卡和运动驱动卡分别作为 CCD2、CCD4 与交流伺服驱动器 7、8 的接口。

基于图像识别技术的二套色圆网印花系统中送布装置将待印织物送达印花毯 9；然后，CCD2 对随印花毯 9 运动的待印织物纹理图形进行连续高速扫描，获取图像信息；CCD2 扫描图像的信息通过图像数据采集卡送入计算机 6，计算机 6 将扫描待印织物的表面图像依据识别算法进行处理，以此作为待印织物第一版印花沿经向运动的参数进行记录；同时，对当

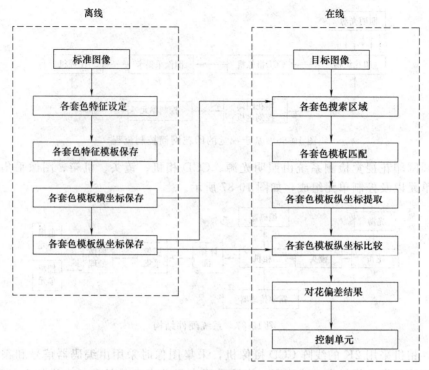

图 10-88　离线时模板设定和在线检测控制流程

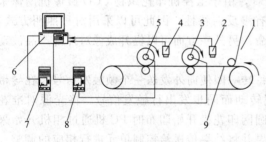

图 10-89　二套色圆网印花系统

时的第一版的印花圆网的角位移进行记录；通过 CCD2 扫描后的待印织物由交流伺服电机 2 按匀速进行第一版印花。然后，CCD4 对随印花毯 9 运动的已印完第一版的织物表面图像纹理进行连续高速扫描；CCD4 扫描织物表面图像的信息通过图像数据采集卡送入计算机 6，计算机 6 将扫描待印织物的表面图像依据识别算法进行处理，以此作为待印织物第二版印花沿经向运动的参数进行记录，交流伺服电机 5 依据 CCD4 获得的运动参数和第一版相关参数的记录，确定当前圆网的正确转角，对圆网转角进行控制。

当圆网印花机正常运行，且对花效果比较理想时，拍摄相应的图像并保存。在离线状态进行模板设定。根据圆网滚筒的顺序依次设定相应的特征并保存模板。如第一个圆网印染的为黄色，则在标准图像黄色图案特征鲜明处画一个框作为特征模板。依次按顺序对每一个圆网对应的颜色图案进行模板设定，并保存相应的模板中心位置横坐标 X_1，X_2，…，X_{12} 与纵坐标 Y_1，Y_2，…，Y_{12}。

在线实时检测时，圆网每滚动一圈，视觉系统便拍摄一幅图像。由于霍尔传感器的触发，使得每幅图像的起始位置都是相同的，因此不需要通过模板定位来校正搜索区域。根据在离线模板设定时保存的模板中心位置横纵坐标可以得到各套色的模板搜索区域，在相应的模板搜索区域中搜索相应的模板并提取模板中心位置所在的纵坐标 y_1，y_2，…，y_{12}。此时各模板纵坐标之间的相对距离与离线设定时各模板纵坐标的相对距离比较便可以求出对花偏差结果 d_1，d_2，…，d_{11}，如式（10-36）所示，将此结果输入到控制单元便可以实现实时检测并调整。

$$\begin{cases} d_1 = (y_2 - y_1) - (Y_2 - Y_1) \\ d_2 = (y_3 - y_1) - (Y_3 - Y_1) \\ \quad\vdots \\ d_{11} = (y_{12} - y_1) - (Y_{12} - Y_1) \end{cases} \tag{10-36}$$

（4）算法结果与分析 本算法在模板匹配时采用几何匹配方法。系统能够成功实现的关键在于各套色所在的位置能够定位准确，即几何模板能够准确匹配。为了简单清楚地说明，算法对比见图 10-90。

对于图 10-90（a）所示的标准图像，首先在较深套色图像的特征鲜明处选一个大小适中的矩形框（图中红色实线所示）用来设定模板，图 10-90（b）为标准图像中虚线框部分的局部放大图像，根据几何匹配的算法特点，会提取出模板的几何特征，如图 10-90（c）所示，保存几何模板并记下模板中心的坐标位置（152，211）。图 10-90（d）为在线检测时的目标图像，以红色虚线框作为搜索区域，图 10-90（e）为模板匹配的几何特征，图 10-90（f）为模板匹配结果并提取模板中心的坐标位置为（153.1，214.7），之后便可以通过与其他套色模板纵坐标比较检测对花偏差。

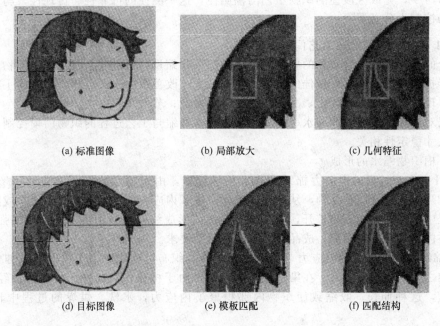

(a) 标准图像　　　　　(b) 局部放大　　　　　(c) 几何特征

(d) 目标图像　　　　　(e) 模板匹配　　　　　(f) 匹配结构

图 10-90　算法实验结果与分析

10.4.8.3　蜡染拉幅机自动整花控制系统

蜡染印花布经过蜡染工艺后，在进行渗透印花（正反花样无色差）时，半制品是带底色图案的布，这样就要求在圆网印花之前的工序落布卷装，必须保证图案不会发生纬斜或纬弯。传统生产过程始终通过人工检测，手动调节满足对花要求，劳动强度很大。

常州宏大科技（集团）采用机器视觉图像处理技术，在拉幅机整纬处实时在线连续检测蜡染图像，通过图像分析，计算图案纬向偏差数据，实时调节整纬机构，保证图案纬向的一致性。图 10-91 是蜡染拉幅机自动整花控制系统的方框示意。

如图 10-91 所示，相机系统获取的半制品底色图案数据，经以太网络总线将信号输送进入工控机，经图像处理得出蜡染布图案的尾箱数据，通过程序运算，输出图像偏差调节信号给整纬机构，整纬执行指令整花。整个测控过程为实时智能控制，较少人工干预。

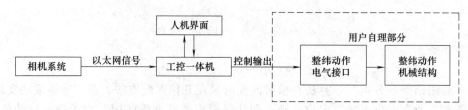

图 10-91　自动整花控制系统框图示意

10.4.9　织物门幅在线检测控制系统

染整生产织物由坯布进入工艺加工，直至成品入库，过程中，坯布门幅、各工艺段落布门幅、成品门幅，因不同织物品种，不同的加工工艺，选用的不同设备，具有不同的织物门幅加工系数，这就要求全程织物门幅的控制。门幅控制的目的，是工艺按成品门幅要求的目标值，经在线检测织物的门幅，反馈信息，控制器（计算机）运算后，给执行器（拉幅机构）发布命令，完成区段性的织物工艺门幅测控，这一测控的可靠性、再现性，与织物尺寸稳定性的控制十分必要[36]。

10.4.9.1　纯棉织物丝光工艺门幅控制

现今的丝光工艺综合效果的要求：最小的门幅收缩量、低的残余收缩量、织物尺寸的稳定、改善折皱及弓纬，具有极佳的染料均匀上染率，改善织物表面光泽，有好的手感及良好的加工再现性；降低烧碱耗量，减少烧碱回收蒸发量；节省水、电、蒸汽。

市场对纯棉服装面料的缩水率要求越来越高，纬缩与工艺过程的织物门幅控制，且丝光工艺的尺寸稳定性相关。

（1）棉织物缩水的形成

① 纤维生产过程的内应力棉纤维在生长过程中，由于随意地在纤维分子间形成氢键，并产生相当量的三维网状结构，从而在纤维间产生了内应力，该内应力如不消除或降低，在丝光过程中织物的门幅不易扩开，增大拉幅功率，形成纬向经纱密度不匀，即使强行扩开，也因存在内应力而容易回缩，成品的缩水率达不到要求。

② 棉织物加工过程的内应力　棉纤维在纺纱、织布过程中，由于机械的拉伸作用，纤维与纤维之间积聚了内应力。在染整加工过程中，由于机械张力的作用，使织物经向伸长、纬向收缩，这种伸长、收缩致使织物内部积聚了内应力，水洗、烘燥的过程中释放形成缩水。

③ 不同织物的缩水特征　织物在加工工程中受到张力的影响，使经纱"拉直"，纬纱"环曲"，这不仅与织物的紧密度有关，而且与织物的组织结构有关。紧密织物的经纱密度比较高，反映出经向缩水大，纬向缩水小，因此，丝光过程解决的重点是经向缩水；稀薄织物的经纱密度比较低，反映出纬向缩水大，因此，丝光过程解决的重点是纬向缩水。

（2）降低纯棉织物缩水率的方法　树脂整理可提高纯棉织物的尺寸稳定性，降低棉织物的缩水率；机械预缩可以有效控制织物经向缩水率达标。

丝光是解决纯棉织物尺寸稳定性最有效的方法。

① 要取得极好的尺寸稳定性，必须使组成织物的所有纤维都达到丝光效果。传统的"表面丝光"由于织物存在较多没有消晶的纤维，内应力未能较好地消除，使织物具有较大的潜在缩水性。

② 布铗扩幅部分门幅要足，除了纱卡一类织物为解决纬向负缩水过大可以酌减以外，其余所有品种皆应扩到坯布幅宽，否则纬向缩水一定会超标。丝光扩幅有较好的"记忆"，

若织物门幅不能按工艺要求扩足，在后序的拉幅工序中，成品幅宽很难达标。

③ 纤维素在 NaOH 的作用下产生了溶胀、改性，除了纤维素分子重排以外，纤维之间、纱线之间同时导致滑移，使纤维进入塑性状态，在有条件地外加张力的影响下，原先存在于织物内的各种应力得以消除，织物的外形在新的张力条件下被固定下来。这要求张力消除之前（布铗脱铗处），织物上残留的碱量必须在 50g/kg 布以下，棉纤维新的结构和已实现定形的尺寸才能得以充分稳定，新排列的各纤维素之间新的氢键才会形成；如若浓度超过 50g/kg 的布，出步铗后纬向收缩不可避免，直接影响到丝光落布幅宽。由于丝光落布门幅狭了，染色后幅宽更狭，在后整理热风拉幅时即使能达到成品门幅，但在堆放过程中，也会明显地自然回缩。

④ 丝光后水洗过程，张力应控制小些，过大有可能将丝光定形建立的新氢键拆散，给织物加大了可塑性，织物经伸、纬缩，对成品的缩水率颇有影响。

丝光工艺要实现透芯丝光，按工艺要求可靠、稳定地布铗将棉织物门幅扩足。要确保工艺门幅控制及时、再现，采用在线门幅检测控制系统是必要的。

10.4.9.2　合成纤维的拉幅热定形

合成纤维的拉幅热定形是针对合成纤维的热塑性，将织物在一定张力下，保持一定尺寸或形态，在高温下实效处理，继而冷却，使其在新的状态下固定下来的加工过程。

通过热定形拉幅，消除织物上已存在的皱痕，使合成纤维织物获得所需的形态和抗皱性、抗起毛起球性、高温条件下的不收缩性，在符合工艺门幅的前提下，织物保持较好的尺寸稳定性。

（1）合纤维织物热定形拉幅的温度　合成纤维的结构紧密、吸湿性低，在通常条件下缩水现象并不显著，其尺寸和形态的稳定性问题，主要是织物受热时，特别是在较高的温度下，发生收缩和变形，即热收缩。

热定形温度越高（120～220℃），织物在指定温度（120～200℃）下的收缩率越低。例如，未定形和分别在 120℃、170℃、220℃定形的织物，在 170℃下的自由收缩率分别为 15%、10%、5.5%、1%。一般定形温度比使用温度高 30～40℃，具有良好的尺寸稳定性。

（2）拉幅定形的张力　对织物施加张力的增加，纤维分子趋向于新的平衡状态的概率提高，有利热定形；施加张力也有利于织物展开折皱、幅面平整。

织物热定形是纵、横向同时施加张力。经水洗、染色后的织物，由于纵向受到拉伸横向收缩，因此，热定形时多数纬向施加较大的张力，而经向一般松弛或超喂。织物尺寸热稳定性、经向断裂延伸度，随着超喂的增加而提高。纬向尺寸的热稳定性、纬向断裂延伸度，随着幅宽拉伸程度的增大降低。通常热定形超喂 3%～4%，纬向根据成品门幅要求，一般拉幅比成品幅宽宽 2～3cm。

（3）拉幅定形的时间　热定形过程实质是热传导至纤维内部，使分子链段"解冻"并扩散调整，然后降温固定的过程。

定形时间包括：加热时间，即织物表面加热到定形工艺温度所需要的时间；热渗透时间，即热量渗透到织物内部，达到定形工艺温度所需要时间；分子调整时间，即纤维内部的大分子按定形条件进行调整所需时间；冷却时间，即织物出烘房，为使织物的尺寸固定下来，以适当的速度冷却，太慢可能发生进一步变形，太快产生内应力织物易起皱，且手感不好。在整个过程中，热传导是最慢的阶段，只要使织物和纤维内部达到了要求的温度，分子链段的调整只需 2s 即可，为了定形均匀，按不同织物，一般在 30～90s。

热定形时间对织物尺寸稳定性及白度等性能皆会有影响。当定形时间从 20s 增加到 30s，织物尺寸稳定性明显改善，继续延长时间对尺寸稳定性无明显改善，而泛黄严重。

合成纤维的拉幅热定形，按织物成品门幅，设置工艺定形幅宽尺寸，工艺幅宽变量控制，必须采用门幅检测控制系统，确保可靠、稳定、再现工艺定形幅宽的目标值，而工艺过程的温度、张力、时间的控制是达到目标值的工艺条件。

10.4.9.3 HD-M 型门幅检测控制系统的应用

（1）系统基本原理 HD-M 型门幅在线检测及控制装置运用红外光电检测技术，通过织物透光强度变化检测织物，非接触式实时在线测量织物门幅，运用微控制器处理数据信息，通过人机界面显示设定参数，并输出控制信号驱动拉幅执行机构，构成闭环控制系统。系统工作原理见图 10-92。

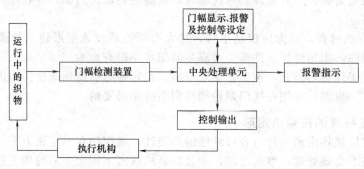

图 10-92 系统工作原理

（2）系统基本特点 HD-M 型门幅在线检测及控制装置美观大方、设计合理、安装方便，可广泛地适用于各类门幅（1.6～3.6m），各类花色和厚、薄织物。

采用最先进的嵌入式系统为控制平台，非接触式测量织物宽度，不影响印染工艺，红外光电技术，抗干扰能力强。

采用了各种软件滤波方式，保证测量的可靠及稳定性，高精度数据采集器测量精度更加精确，检测精度：≤1.5mm 和≤±2.5mm 两种。

可在线显示门幅并输出双位式报警信号，上下限值可自由设定，可靠的数据存储功能，存储年限≥10 年，友好的人机界面（触摸屏），使操作更简单、更直观，高亮大屏幕数显仪，便于操作工观察。

（3）拉幅定形机上的应用 在拉幅定形工艺中，在拉幅定形机落布架上（见图 10-94）安装 HD-M 型门幅在线检测及控制装置后，当门幅值高于或低于其在触摸屏上设置的限定值时，装置会自动报警指示，挡车工及时处理，或者根据控制信号输出直接调节拉幅丝杆，达到稳定幅宽的目的。在定形机上根据不同工艺品种，要求前段、中段（单节或几节组成一段，使中段含有几段），分别调节门幅，每段门幅显示表四位 BCD 码需 16 输入点，这样输

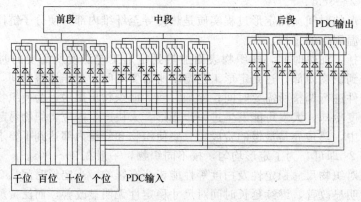

图 10-93 门幅采集控制原理

入点 $n \times 16$（n 为段数），太多。采用分时扫描可节省 I/O 点数，HD-M 型采用红外光电检测技术和阵线 CCD 技术，通过单片机进行信息处理。适应门幅 1.6～3.6m，精度 ±1.25～±2.5mm，消耗功率 10W。

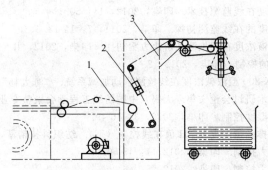

图 10-94　系统在拉幅定形机上的应用
1—织物；2—门幅检测装置；3—落布支架

【结语】

2020 漂白布成品宽 85cm，原丝光工艺落布 78cm，成品缩水率 7.8%，经丝光门幅控制工艺落布 82cm，成品缩水率仅为 2.8%。

参 考 文 献

[1]　陈立秋. 一次准染色装备的技术进步. 2012 年中国国际染整新技术暨印染生产技术改进论坛. 杭州：中国纺织工程学会. 202-210.

[2]　陈立秋. 工艺质量的过程控制. 印染，2012，1：47-49；2011，24：43-45。

[3]　章杰. 纺织品一次成功染色新理念及相关纺织化学品的发展. 2012 年中国国际染整新技术暨印染生产技术改进论坛讲座与交流资料. 杭州：中国纺织工程学会. 150-154.

[4]　傅继树. 重视染色打样质量提高一次成功率. 2012 年中国国际染整新技术暨印染生产技术改进论坛讲座与交流资料. 杭州：中国纺织工程学会. 187-191.

[5]　何亚锡. 连续轧染的一次准确法和即时化生产. 印染，2005，24：26-29.

[6]　杨海桥. 如何提高纯棉布连续轧染染色光准确率. 第五届全国染色学术讨论会论文集. 无锡：中国纺织工程学会染整专业委员会. 184-187.

[7]　刘艳岩，等. 色样复试工作的重要法和影响因素. 染整技术. 2006，2：47-48.

[8]　侯超. 提高宽幅家纺织物轧染符样率. 印染，2008，16：18-19.

[9]　左凯杰，等. 提高染色一次成功率的实践. 印染，2011，4：21-23.

[10]　岳仕芳，李兴. 提高筒子纱活性染料染色的符样率的措施探讨. 全国印染实用新技术与环保高效化学品应用研讨会资料集. 杭州：中国印染行业协会. 293-295.

[11]　方长国. 浅探纱线染色一次准确性. 染整技术，2008，5：19-24.

[12]　武祥珊. 提高印花产品准样率技术与管理. "佶龙杯"第五届全国纺织印花学术研讨会论文集. 绍兴：中国纺织工程学会染整专业委员会. 14-20.

[13]　崔浩然. 轧染现场的技术管理. 全国印染实用新技术与环保高效化学品应用研讨会资料集. 杭州：中国印染行业协会. 128-137.

[14]　崔浩然. 浸染色差色花染疵的产生与应对. 2012 年中国国际染整新技术暨印染生产技术改进论坛讲座与交流资料. 杭州：中国纺织工程学会. 155-174.

[15]　车映红译. 消除配色误差的加料系统. 印染，2010，12：56-57.

[16]　是伟元. 自动配液技术促进液体染料应用的发展. 染整技术，2002，8：16-17.

[17]　张文化，郑荣兴. 活性染料染色数据库的建立及应用. 印染，2009，5：18-20.

[18] 翟保京，等. 活性染料短流程湿蒸染色配色系统的建立. 印染，2004，5：18-20.

[19] 赵涛，等. 针织物全自动加料系统的应用实践. 印染，2012，18：39-42.

[20] 金万树. 染料、助剂自动配送系统介绍. "海大杯"第六届全国染整机电装备暨资源综合利用新技术研讨会论文集. 无锡：中国纺织工程学会染整专业委员会. 123-129.

[21] 靳晓昕，等. 染料浓度在线监测技术. 印染，2012，14：50.

[22] 房文杰，等. 染液浓度的在线监测初探. 印染，2011，7：12-13.

[23] 屠天民，等. 活性染液浓度在线检测的解决方案初探. 印染，2013，1.

[24] 陈立秋. 染色 pH 值的控制. 印染，2012，2.

[25] 顾仁，陈立秋. MAX-300 型浓碱浓度在线检测自动加碱系统. "海大杯"第六届全国染整机电装备暨资源综合利用新技术研讨会论文集. 无锡：中国纺织工程学会染整专业委员会. 32-38.

[26] 陈立秋. 染整工艺的湿度控制. 印染，2012，3：46-49.

[27] 陈立秋. 染色节能减排亟须湿度及 pH 值在线控制（下）. 纺织科技精萃，2010，4：9-10.

[28] 陈立秋. 染整工艺张力控制. 印染，2012，4：48-50.

[29] 陈立秋. 染整工艺张力控制. 印染，2012，5：46.

[30] 陈立秋. 织物缩水率的控制. 印染，2012，11：47-49.

[31] 陈立秋. 织物缩水率的控制. 印染，2012，8：45-47.

[32] 李明昕. LMA 452 型预缩机在线监控系统应用分析. 染整技术，2012，20-23.

[33] 陈立秋. 三种数控系统在染整生产中的应用. 中国纺织报，2013-05-06.

[34] 顾金华，秦晶. 圆网印花机自动对花新技术. "海大杯"第六届全国染整机电装备暨综合利用新技术研讨会论文集. 无锡：中国纺织工程学会染整专业委员会. 47-49.

[35] 朱剑东，等. 基于机器视觉的圆网印花在线检测与控制系统. "海大杯"第六届全国染整机电装备暨资源综合利用新技术研讨会论文集. 无锡：中国纺织工程学会染整专业委员会. 43-45.

[36] 顾金华，陈立秋. HD-M 型门幅检测控制系统在印染行业的应用. "海大杯"第六届全国染整机电装备暨资源综合利用新技术研体会论文集. 无锡：中国纺织工程学会染整专业委员会. 39-42.